U0721839

东北大豆品种资源与遗传育种

任海祥 王燕平 主 编

黑龙江科学技术出版社

图书在版编目（ＣＩＰ）数据

东北大豆品种资源与遗传育种 / 任海祥，王燕平主编. -- 哈尔滨：黑龙江科学技术出版社，2022.1
ISBN 978-7-5719-1207-9

Ⅰ. ①东… Ⅱ. ①任… ②王… Ⅲ. ①大豆 – 种质资源 – 东北地区②大豆 – 遗传育种 – 东北地区 Ⅳ. ①S565.1

中国版本图书馆 CIP 数据核字(2021)第 247571 号

东北大豆品种资源与遗传育种
DONGBEI DADOU PINZHONG ZIYUAN YU YICHUAN YUZHONG

作　　者　任海祥　王燕平
责任编辑　梁祥崇
封面设计　孔　璐
出　　版　黑龙江科学技术出版社
　　　　　地址：哈尔滨市南岗区公安街 70-2 号　邮编：150007
　　　　　电话：（0451）53642106　传真：（0451）53642143
　　　　　网址：www.lkcbs.cn　www.lkpub.cn
发　　行　全国新华书店
印　　刷　黑龙江龙江传媒有限责任公司
开　　本　889 mm×1194 mm　1/16
印　　张　45
字　　数　1200 千字
版　　次　2022 年 1 月第 1 版　2022 年 1 月第 1 次印刷
书　　号　ISBN 978-7-5719-1207-9
定　　价　298.00 元

东北大豆品种资源与遗传育种

编 委 会

序　一

　　《东北大豆品种资源与遗传育种》论文集即将付梓，我由衷感到欣慰。由于研究领域所限，虽然不是发表在知名国际刊物 Cell、Nature、Science 上的论文，但仍然嗅到一缕缕清香，看到一片片秋色，累累硕果、份份感动扑面而来。一个个鲜活的故事，渗透着作者的光辉，永载着科研人员十年来用心血浇铸的历程；一篇篇精美的文章，记录着任海祥和王燕平团队的心灵故事。

　　本论文集编者的初衷是"回顾、总结、答谢和展望"，不奢求给读者更多的启迪，但希望读者关注、赐教和对今后工作给予多多关照。

　　本论文集收集了国家大豆改良中心牡丹江试验站十年来在国内外核心刊物上发表的有关大豆品种资源与遗传育种研究领域的百篇论文以及单独与合作育成的 20 个大豆新品种。

　　翻开论文集，首先映入眼帘的是盖钧镒院士十年来在牡丹江分院工作的缩影。他心系黑土地，助推农科院。十年来，他顶层设计，呕心沥血，用心血灌溉着这片黢黑土地，指导国家大豆改良中心牡丹江试验站在东北大豆品种资源研究方面，由跟跑到并跑，再到领跑。

　　这本论文集记述了黑龙江省农业科学院牡丹江分院在盖院士的支持和协作下，建立了黑龙江省农业科学院现代农业院士工作站、国家大豆改良中心牡丹江试验站、牡丹江大豆研发中心和中国科学院大豆分子设计育种重点实验室牡丹江试验站等科研平台的奋斗历程。

　　本论文集展示了重新收集到的 361 份东北春大豆种质资源群体；在东北 9 个有代表性的生态区进行 3 年试验的结果，所取得的东北大豆种质群体遗传解析和遗传构成及育种潜势分析，以及东北大豆种质群体进化及对世界大豆贡献的原始创新成果。

　　本论文集展示了盖院士带领的东北大豆种质资源研究团队十分重视大豆育种途径和方法的研究与应用。认知分子模块设计育种理念，践行分子模块育种途径和方法与常规育种紧密结合，合作育成东生 77（黑审豆 2015012）、东生 78（黑审豆 2017012）、早熟高油高产东生 79（黑审豆 2018013）和东生 85（黑审豆 20200033）初级分子模块新品种；其中东生 79 大豆品种脂肪含量平均达 24.16%，是黑龙江省 1966 年以来审定 485 个品种中脂肪含量首次突破 24% 的品种。东生 85 是早熟、高产、耐旱新品种，生育期比底盘品种黑农 51 提早 20 进行余天。采用高光效高产育种体系，育成高蛋白高产品种牡豆 15（黑审豆 2019016）和牡试 6 号（黑审豆 20200012）；育成含有一级抗旱品种晋豆 23 血缘的耐旱、抗倒伏、高产品种牡豆 14（黑审豆 20200008）；育成高产极早熟无限结荚习性东生 202（黑审豆 20200060）等品种。用 ^{60}Co 射线 150gy 处理黑农 35 育种家种子 10 000 粒育成矮秆东生 89（黑审豆 20190066）品种等，打破黑龙江省第三积温带仅有 1 个矮秆品种的现状。

本论文集在高产（超高产）品种设计与培育方面有新的建树，可有效地指导大豆产量育种。提出用还原论与整体论相结合的思路进行大豆遗传改良的理念。首先发掘高光效高产（超高产）育种受体亲本，在解析育成品种、各生态区新育成并有很好配合力的主栽品种遗传基础的基础上，发掘受体亲本（底盘品种），包括高光效高（超高）产生态性状在内的优异分子模块。

在发掘供体亲本的高光效高（超高）产和特（优）异分子模块，注重选择产量和产量的主要相关生态性状。在亲本组配时，首先明确受体亲本的特征特性，只有 1～3 项短板，其次发掘能弥补受体短板的供体亲本。利用可弥补受体亲本生态性状短板的稳定优良单株为供体亲本，导入其特定生态性状，用受体亲本为轮回亲本回交 1~3 次，已取得较好的结果，这是可以尝试的方法。

这本论文集，对大豆品种花荚器官脱落、理想株型和理想型设计与培育、光合生理、逆境生理、主要生态性状遗传的研究也均有建树，为在该领域研究提供了铺垫。

退休后，我难舍 40 年大豆情缘，谢绝种业公司的高薪聘请，欣然接受黑龙江省农科院牡丹江分院邀请，融入任海祥和王燕平团队，全身心扶持黑龙江省农业科学院牡丹江分院大豆育种团队建设。十年来，我有幸和盖钧镒院士有比以往更加密切的合作，有幸和刘宝辉研究员团队密切合作，有幸和黑龙江省农业科学院牡丹江分院大豆所的同志们朝夕相处，为提升黑龙江省农业科学院牡丹江分院大豆科学研究水平，服务于黑龙江大豆生产，带动大豆产业的振兴贡献微薄之力。我十分珍惜这十年的大好时光，欣慰退休后还能实现对大豆的情怀，十分感谢各级领导和同志们对我的支持和厚爱。用我对此论文集的感悟代之为序。

杜维广

2021 年 3 月 5 日

序 二

　　打开这本论文集，首先看到的是 80 多岁的盖钧镒院士在国家大豆改良中心牡丹江试验站大豆试验田里辛勤工作的身影，于是我便回想起在盖院士的倡导下，中国科学院东北地理与农业生态研究所与黑龙江省农业科学院牡丹江分院签订科研合作协议，建立了中国科学院大豆分子设计育种重点实验室牡丹江试验站，开启大豆分子模块设计育种新篇章，经过多年合作研究取得系列科研成果等往事……

　　这本论文集记录了科研合作、共谋发展的精彩过程。中国科学院大豆分子设计育种重点实验室第一次学术会议在牡丹江试验站召开，使牡丹江分院大豆育种团队认知分子模块设计育种理念，促进了基础研究与应用研究的有机结合。在大豆分子设计育种重点实验室团队的指导下，探索了分子模块育种途径和方法并与常规育种紧密结合，合作育成东生 77、东生 78、早熟高油高产东生 79 和耐旱东生 85 初级分子模块设计型新品种。

　　这本论文集记录了合作团队的历史贡献。合作育成的优质大豆新品种东生 79 脂肪含量平均达 24.16%，创造黑龙江省优质大豆品种脂肪含量新纪录，是黑龙江省 1966 年以来审定 485 个品种中含油量首次突破 24% 的品种。该品种在品种设计上选择高油种质哈 04-1842（高油黑农 33×高光效高油黑农 44）为受体亲本，选择含有早熟高产分子模块 el-as 的绥 02-282（绥农 29）为供体亲本，在后代选择上导入早熟高产分子模块 el-as。故东生 79 具有高油、早熟、高产和抗病等丰富遗传特征，为其成为高油高产突破性品种奠定遗传基础。

　　这本论文集收录了共同培养硕士研究生论文。在黑龙江省自然科学基金重点项目"东北春大豆育成品种产量和花荚器官脱落率遗传构成解析"资助下，开展大豆花荚器官脱落研究，以多年多生态区的大豆产量和花荚器官脱落率进行关联定位和连锁分析，定位到相关的 QTL 位点，为深入系统研究花荚器官脱落、申请国家自然科学基金委员会重大项目奠定了基础。

　　通过合作，促进黑龙江省农业科学院牡丹江分院大豆团队在大豆种质资源研究领域的水平不断提升。王燕平博士申请的"东北大豆育成品种育种性状分生态区的全基因组关联分析及其在设计育种上的应用"国家自然基金委员会面上项目获得资助，实现了黑龙江省农业科学院牡丹江分院申请国家自然科学基金项目从"0"到"1"的突破。

　　通过合作，育成品种成果转化取得成效。将大豆新品种东生 77、东生 79、东生 202 进行成果转化，获得了一定的经济效益，同时促进了大豆生产优质化率的提高，增加了社会效益，体现科学研究的社会公益属性。

在近十年的合作过程中，两个团队之间建立了深厚的友谊，促进合作研究的深入和持续开展，相互促进，共同提高，合作共赢。我感到很欣慰，为黑龙江省农业科学院牡丹江分院大豆资源研究和育种途径及方法的拓宽等方面做出了贡献。感谢黑龙江省农业科学院牡丹江分院对我们工作的支持与配合，希望在大豆分子设计育种和种质资源研究等方面继续合作，以此代之为序。

刘宝辉

2021 年 3 月 10 日

前　言

黑龙江省农业科学院牡丹江分院大豆研究所，在大豆品种资源与遗传育种研究领域走过了十年发展历程，经历了由弱变强的巨大变化，在大豆生产的谷底时期，我们为黑龙江省大豆科学研究与生产做出了一定的贡献，在大豆品种（种质）资源研究、新品种选育、成果转化等方面获得突破。总结过去十年跨越式的发展进程与收获，伴随国家大豆振兴计划的实施，展望未来，机遇与挑战共存，我们将与时俱进，砥砺前行。

不忘初心，使命担当。

大豆研究所是由黑龙江省农业科学院院牡丹江分院大豆育种室发展演变而来。大豆育种室前身是牡丹江市农科春苗有限责任公司大豆繁育课题组，2008 年经黑龙江省农业科学院正式批准恢复大豆育种室，聘任任海祥研究员为主任；2009 年聘请杜维广研究员为大豆学科导师；2010 年时任牡丹江分院院长柴永山与盖钧镒院士签订建立国家大豆改良中心牡丹江试验站协议；2011 年引进人才王燕平博士，历任副主任、主任，现任大豆研究所所长，建立了一支从事大豆资源研究、品种选育、生态性状遗传、植物保护、品质分析和技术推广等专业交叉的硕博青年人才为主体的大豆研发团队。2012 年时任牡丹江分院院长柴永山与时任中科院东北地理与农业生态研究所副所长刘晓冰研究员签订科研合作协议；2016 年牡丹江分院院长张太忠研究员与盖钧镒院士续签合作协议；2017 年牡丹江分院院长张太忠研究员与与盖钧镒院士签署共享院士协议，与中科院东北地理与农业生态研究所农业技术中心主任张平宇研究员签订科研合作框架协议，开启了牡丹江分院大豆品种资源与遗传育种研究的新篇章。

十年来，在盖钧镒院士的顶层设计和杜维广导师指导下，确立了大豆品种（种质）资源研究、分子模块/基因发掘和种质创制、新品种设计与培育、科研成果转化等方向的科研定位；重点对育成品种资源解析，开展早熟高产、优质、耐逆等生态性状分子模块/基因发掘和种质创制，食用高蛋白高产品种、全营养品种、耐旱/耐盐碱品种及饲用品种选育等研究。在各级领导和部门的大力支持下，在有关科研单位和农业院校的合作支持下，在优秀导师杜维广研究员的精心指导下，经团队成员协同拼搏，创新研究技术路线，采用高光效高产育种体系、分子模块设计育种与常规育种相结合、基因聚合育种、北南穿梭育种等途径和方法，创制培育出食用大豆新种质和新品种。实现了一手出品种，一手交论文，成果出效益，服务龙江大豆产业发展的使命。

合作创新，互补共赢。

1 大豆新品种设计与培育

牡丹江分院大豆育种团队与南京农业大学国家大豆改良中心合作研究，围绕大豆产业对高蛋白大豆品种的需求，创新高蛋白大豆种质，培育审定大豆新品种 3 个，牡试 1 号（黑审豆 2015003）、牡试 2 号（黑审豆 2018009）和牡试 6 号，并申请了新品种保护权。其中牡试 6 号为优异高蛋白高产大豆新品种，蛋白质含量高达 47.18%；3 个品种权已经转让给种子企业生产经营，获得品种转让费 150 万元。牡丹江分院大豆育种团队与刘宝辉团队合作研究，采用分子模块育种＋高光效高产育种体系＋常规育种相结合，通过将早熟模块 el-as 导入底盘品种，育成早熟高产高光效东生 77、东生 78、早熟高油高产东生 79 及早熟高产耐旱东生 85 初级分子模块设计型新品种；采用基因聚合育种和高光效高产育种体系育成早熟高产稳产东生 83（黑审豆 20200027）和极早熟高产东生 202 品种；采用辐射育种方法育成矮秆早熟高产品种东生 89；申请了新品种保护权。其中东生 79 号大豆品种脂肪含量平均达 24.16%，创造黑龙江省高油大豆品种脂肪含量新纪录；东生 202 是适应黑龙江省第六积温带栽培的极早熟无限结荚习性大豆新品种，开创合作研究极早熟大豆育种新纪元；东生 89 补充黑龙江省第三积温带仅有 1 个矮秆品种的短板。东生 77、东生 79、东生 202 三个品种转让给种子企业，获得品种转让费 164 万元。牡丹江分院大豆研究所围绕早熟高产、优质、抗逆大豆新品种设计与培育，采用高光效高产育种体系＋常规育种、基因聚合育种、北南穿梭育种相结合的方法，审定大豆新品种 10 个，并申请了新品种保护权。牡豆 8 号（黑审豆 2012005）、牡豆 9 号（黑审豆 2015006）、牡豆 10（黑审豆 2016004）、牡豆 11（黑审豆 2019019）、牡豆 12（黑审豆 2018010）、牡豆 13（黑审豆 20200002）、牡豆 14（黑审豆 20200008）、牡豆 15（黑审豆 20200016）、牡小粒豆 1 号（黑审豆 2019054）。其中牡豆 8 号属于耐瘠薄品种，适应黑龙江省第二积温带东部半山间平原土壤肥力较低区域种植；牡豆 11 是适于黑龙江省第三积温带种植的株型收敛适合密植的品种；牡豆 13 是适于第一积温带栽培的大豆新品种；牡豆 14 是含有一级抗旱品种晋豆 23 血缘的耐旱抗倒伏高产大豆新品种；牡豆 15 是高蛋白高产大豆品种；牡小粒豆 1 号是特用品种。牡豆 8 号、牡豆 9 号、牡豆 10 号、牡豆 11、牡豆 15 等五个品种转让给种子企业，获得 220 万元品种转让费。

十年来，牡丹江分院独立和合作共育成 20 个大豆新品种，实现了从跟跑到并跑至高油品种领跑的飞跃。回首过去的育种经历对这些育成品种分析表明，2010—2014 年审定 1 个大豆品种，平均每年 0.2 个品种；2015-2020 年审定品种 19 个，平均每年育成 3.2 个品种。育种速度的倍增体现出育种方法和平台建设的不可替代的重要作用。牡丹江分院十分重视科研平台建设，实现单位优势互补、学科交叉；十分重视育种途径方法研究和应用；十分重视重要生态性状分子模块/基因发掘和种质创制；十分重视育种材料平台建设。这些品种类型丰富，适应黑龙江省不同生态区域和不同土壤肥力条件种植。今后要加快这些品种的推广速度，加大品种的转化力度，为黑龙江省大豆品种的更替和产业化发展献出有效的微薄之力。

2 大豆资源研究取得跨跃式发展

东北栽培大豆种质资源群体的研究列入"973"、"863"项目，取得了东北大豆种质资源群体的生态特征和育种潜势分析、东北大豆种质资源群体育种性状的遗传解析和遗传构成等重要原始创新成果，牡丹江分院大豆研究所实现在大豆资源研究领域从跟跑到领跑的飞跃。在盖钧镒院士和杜维广研究员的指导下，搜集东北三省一区（辽宁、吉林、黑龙江、内蒙古）优良大豆种质，对东北大豆优异地方资源（包括祖先亲本）、育成品种 361 份开展系统研究，在黑龙江省的牡丹江、大庆、克山、佳木斯、北安，吉林省长春、白城，辽宁省的铁岭和内蒙古的呼伦贝尔设立 9 个试验点进行三年精准表型鉴定试验。建立了东北大豆优异种质资源数据库，发表 20 多篇研究论文，提升了大豆团队科研业务能力和遗传育种技术水平。为拓宽黑龙江省春大豆的遗传基础，构建大豆遗传育种群体，进行了东北春大豆与黄淮海及南方大豆杂交，牡丹江试验站配制 231 个春夏大豆不完全双列杂交组合，建立不完全双列杂交群体。2015 年在牡丹江分院和辽宁省铁岭市农业科学院培育 F2：3 群体，现已达到第 9 代，有待进行深入挖掘，拓宽黑龙江大豆种质基因来源，构建核不孕育种群体，拓宽育种遗传基础，创制突破性新品种。设计大豆理想株型并通过东北大豆种质资源群体研究得到验证，培育大豆理想株型的品系。构建了大豆资源创新材料平台。

横向联合，争取项目。

十年来，我们承担或主持国家和省部委等科研项目 15 项：国家重点基础研究发展计划（973）项目子课题部分任务；国家高技术研究发展计划（863）项目子课题；国家自然科学基金面上项目；中科院战略性先导科技专项（A 类）子课题部分任务；中科院科技服务网络计划（STS 计划）的部分任务；"中科院重点部署项目"的子课题的部分任务；中科院大豆分子设计育种重点实验室项目；黑龙江省自然科学基金重点项目；黑龙江省省院合作重点项目；东北农业大学科技支撑项目；七大作物育种专项任务；黑龙江省博士后特别资助项目；中国科学院遗传发育研究所精准表型鉴定试验；南京农业大学作物遗传与种质创新国家重点实验室开放课题；吉林省农科院农业部东北作物基因资源与种质创新重点实验室开放课题等。这体现了牡丹江分院大豆研究所对外合作是长久的、互惠的，锻炼了团队，提高了层次。南京农业大学、牡丹江市人民政府、黑龙江省农业科学院三方共同建设"牡丹江大豆研发中心"，成立了以盖钧镒院士为主任的组织机构和学术委员会，标志着大豆品种创制进入新的阶段——大豆分子模块设计育种阶段，牡丹江分院大豆研究正在迈上新的台阶，新的高度。南京农业大学派博士专职到牡丹江大豆研发中心工作，牡丹江市人民政府提供 1000m² 工作用房，黑龙江省农业科学院拨款 50 万元作为该中心运行经费，支持牡丹江，支持黑龙江，预示着牡丹江大豆研发进入到更高层次，"站在牡丹江，服务黑龙江，面向辽吉蒙，展望东北亚"，这是盖院士为下一个十年进行的顶层设计。为大豆事业的发展谋篇布局，指明新的研究方向，开展提高含硫氨基酸（蛋氨酸和胱氨酸）含量研究，培育氨基酸均衡的全营养大豆。盖院士说："让老百姓吃着中国豆子打出的豆浆、磨出的豆腐"。

培养人才，凝聚力量，岗位建功。

盖院士十分重视为农科院培养人才，每次来到牡丹江分院都为青年科技人员进行大豆育种方法、新技术、新理论、新动态的传授，促进了"80 后"青年一代快速成长。人才强基，厚积薄发。2014 年在盖院士、杜老师的指导设计下，牡丹江分院王燕平博士获得国家基金面上项目《东北大豆育成品种性状分生态区的全基因组关联分析及其在设计育种中的应用》，成为黑龙江省农业科学院（哈外）系统第一个获国家自然科学基金面上项目的青年科技人员，实现牡丹江分院基金项目零的突破。耄耋之年的盖院士亲自培养博士生宗春美，又增加博士名额给牡丹江分院，严师出高徒，盖院士在国家大豆改良中心牡丹江试验站培养三名博士，两名硕士，推动分院青年科技人员成长与进步，促进他们在大豆遗传研究方面再上新台阶。每年 2~3 次到黑龙江省农业科学院或牡丹江分院亲临指导，傍晚 6~7 点钟还在田间指导，汗水浸透衣衫，科学严谨的敬业精神给年轻人树立典范。花甲之年的杜维广研究员，与年轻人一道奔赴生产一线，以矫健的步伐走在田间道上，讲述大豆育种艺术的故事。合作团队在国内外核心刊物发表百余篇学术论文，最高影响因子在 7 以上，使牡丹江分院大豆遗传育种研究由跟跑到并跑。科学家为振兴国家大豆产业勤奋无私的奉献精神是我们学习的榜样，给年轻团队注入了精益求精的磅礴力量，激情点燃，青春绽放，智慧闪光，畅游菽海。

多年来，我们不断改进育种方式，跟上育种发展的步伐。建立企业育种试验站，培养企业育种技术人员，提高企业创新能力，符合国家科技发展战略；多点异地鉴定，鉴选广适性大豆新品系，拓宽了育种范围；通过早世代品质分析，高世代分子标记辅助选择育种；加大大豆新品种科研成果转化力度，这是我们大豆资源创新研究飞跃发展的成功经验。

这本论文集共收录104篇论文，共分8章。主要对收集到的361份品种资源，在东北不同生态区9个试验点进行研究，论述了东北大豆种质群体遗传解析和构成及相关生态性状分子生物学等方面的问题；主要阐述了大豆主要生态性状遗传解析，大豆品种设计与培育。主要内容：大豆种质资源的研究，大豆品种光合生理生化，大豆品种逆境生理，大豆品种分子生物学，大豆品种生态性状的遗传解析，大豆高产栽培生理，大豆品种遗传改良与种质创制、大豆分子模块设计与培育。编辑这本论文集的主要目的，一是总结十年来大豆品种资源与遗传育种研究所走过的历程，取得的进展，实现的预期目标。总结过去，展望未来，对推动工作有重大作用。二是对盖钧镒院士、杜维广导师十年来的悉心教导，顶层设计获得的成果进行梳理，让年轻人铭记恩情和奉献，谨将此论文集献给他们以表达感谢之情；继往开来，规划下一个十年的发展方向，加倍努力，实现梦想。三是回报国家、各级部门领导对我们的支持，回报大豆届同仁对我们无私的帮助，希望您通过这本论文集能够对我们有更进一步的了解，在今后的大豆事业发展中给予更多关注，建立联系，协作共赢，携手奋进，为振兴大豆产业做出新的更大贡献。

特别感谢邱丽娟研究员、王曙明研究员在2010年牡丹江分院大豆研究起步阶段提供大量的优异资源，使大豆品种（种质）资源研究有序展开；感谢刘宝辉团队给予的国家级研究任务和多年的资金支持，使我们靠上国家队行列，提高了我们团队的科研能力，认知了分子模块设计育种理念，践行了大豆分子模块设计育种；感谢中国作物学会大豆专业委员会和韩天富主任委员决定2015年第25届大豆科研生产会议在牡丹江市召开，全国625位大豆专业工作者参会，创造当时参会人数的记录，几百位专家莅临牡丹江分院大豆研究所进行田间指导，留下永久的记忆；感谢袁晓辉董事长2019年在牡丹江建立古奥基因大豆分子设计育种中心，开展分子生物学研究工作；感谢黑龙江省农业科学院李文华院长、来永才副院长2019年10月16日于南京农业大学签订三方协议，牡丹江分院领导班子筹划两年的牡丹江大豆研发中心正式建立；感谢黑龙江农业经济职业学院实验中心和绿色农业系的支持。牡丹江分院大豆研究所快速发展到今天，应该铭记曾经帮助过我们的每一个单位和每一个人，将以这本论文集回报大家的恩情！

任海祥

2021年3月25日

目　录

第一章　大豆资源的研究

大豆超高产育种研究进展的讨论

杜维广[1,2]，盖钧镒[3]

（1.黑龙江省农业科学院 大豆研究所，黑龙江 哈尔滨 150086；2.国家大豆改良中心 牡丹江试验站，黑龙江 牡丹江 157041；3.南京农业大学大豆研究所/国家大豆改良中心/农业部大豆生物学与遗传育种重点实验室（综合）/作物遗传与种质创新国家重点实验室，江苏 南京 210095）

摘 要：以提高 C_3 作物大豆光能利用率实现培育超高产大豆新品种的目标为主线，以能量论观点推算大豆产量界限，提出中国大豆超高产育种目标，并从大豆生物量、表观收获指数、生育期、花荚脱落性状、超高产理想株型育种及高光效育种等方面叙述了与超高产大豆育种相关研究的新进展。认为培育和推广超级豆是继有性杂交育种之后，提高大豆综合生产能力、实现大豆产量突破和产业发展的重要途径，超高产理想株型育种和高光效育种是大豆超高产育种的重要途径和方法之一。同时对中国大豆超高产育种的关键科学问题进行了探讨。

关键词：大豆；超高产；育种；育种策略；综述

A Discussion on Advances in Breeding for Super High–yielding Soybean Cultivars

DU Wei-guang[1,2], GAI Jun-yi[3]

(1. Soybean Research Institute of Heilongjiang Academy of Agricultural Sciences, Harbin 150086, China;
2. National Center for Soybean Improvement, Mudanjiang Experimental Station, Mudanjiang 157041, China;
3. Soybean Research Institute of Nanjing Agricultural University / National Center for Soybean Improvement / Key Laboratory for Biology and Genetic Improvement of Soybean (General), Ministry of Agriculture / NationalKey Laboratory for Crop Genetics and Germplasm Enhancement, Nanjing 210095, China)

Abstract: This paper focused on improving the utilization efficiency of solar energy in C_3 crop of soybean for obtaining super high-yielding soybean cultivars. The relative upper limit of soybean yield potential was estimated according to the energy transformation theory and then the super high-yielding objectives for various eco-regions in China were set for yield contest program. For achieving thegoals, the advances in wide areas related to breeding for super high-yielding soybean, including soybean biomass accumulation, apparent harvest index, growth periods, flower and pod abscission, ideal plant types and photosynthetic efficiency were reviewed to provide a comprehensive understanding on the elements of super high-yielding cultivar development. It is proposed that breeding for ideo-type and high utilization efficiency of solar energy is the basis for achieving yield breakthrough in soybean industry with the improved field cultivation and management technology. In addition, the important scientific issues regarding further study on breeding for super high-yielding cultivars were discussed in the present paper.

Keywords: soybean; super high-yielding; breeding; breeding strategy; summary

0 引 言

20 世纪 80 年代，日本提出超高产水稻育种计划，用 15 年时间育成相对产量比对照品种增产 50%的超高产品种[1-2]。1989 年国际水稻研究所（IRRI）也正式启动了"新株型"（NPT）水稻育种计划[3]。中国水稻超高产育种即超级稻研究始于 20 世纪 80 年代中期，被正式纳入国家"七五"和"八五"期间重点科技攻关计划[4]。在超级稻育种启迪下，盖钧镒主持的"八五"国家大豆育种攻关开展了大豆超高产育种研究，并制定了育种目标。即国内大豆主产区高产指标分别为，西北灌区 5.63 t·hm⁻²、东北 4.88 t·hm⁻²、黄淮海 4.50 t·hm⁻²、南方 3.75 t·hm⁻²，由此拉开了我国大豆超高产育种的序幕。经 15 年的努力，各地区均实现了各自的超高产目标，但重演的不多，大豆超高产育种取得阶段性成果，见表 1。

品种（系）/选育单位 Cultivar (line) /Its original institution	地点/年份/产量 Site/Year/Yield record (t·hm⁻²)	亲本 Parents of cultivar	产量结构 Yield components				株型特点 Plant – type characters			
			密度 Plants/666.7 m²	单株荚数 Pod numbers per plant	单株粒数 Seed numbers per plant	百粒重 100-seeds weight	株高 Plant height	节数 Node numbers/main-stem	分枝数 Number of branches	结荚习性 Growth type
新大豆1号/新疆农垦科学院 Xindadou1hao/Xinjiang Acad. of Agri. Reclamation	新疆石河子/1999/5.96 Xinjiang Shihezi/1999/5.96	公交83289/吉林33 Gongjiao 83289/Jilin 33	18 430	32.9	85.9	22.4	76.3	16	少	亚有限 Semi-determinate
辽21051/辽宁农科院 Liao21051/Liaoning Acad. of Agri. Sciences	辽宁海城/2000/4.91 Liaoning Haicheng/2000/4.91	辽86-5433/Mecury Liao 86-5433/Mecury	21 600	–	93.9	17.8	110	24	0.5	亚有限 Semi-determinate
中黄13/中国农科院 Zhonghuang13/CAAS	山西襄垣/2004/4.69 Shanxi Xiangyuan/2004/4.69	豫豆8号/中90052-76 Yudou8Hao/Zhong 90052-76	10 000 ~ 12 000	–	–	24 ~ 26	70	17 ~ 19	3 ~ 5	亚有限 Semi-determinate
MN413/安徽农科院 MN413/Anhui Acad. of Agri. Sciences	安徽蒙城/2000/4.73 Anhui Men gcheng/2000/4.73	皖豆16诱变高产株/豫豆10号 Wandou 16 mutant line/Yudou10	10 800	78.6	160.2	21 ~ 22	76	18 ~ 19	2 ~ 4	有限 Determinate
JN96-2343/济宁农科所 JN96-2343/Jining Agri. Sciences Institute	山东济宁/2000/4.63 Shandong Jining/2000/4.63	（早巨丰/中遗特大粒）F1//高丰大豆 (Zaojufeng/Zhongyi Tedali) F1//Gaofengladou	18 000 ~ 20 000	50 ~ 70	100 ~ 155	12 ~ 18	60-95	17	0 ~ 5	有限 Determinate
诱处4号/中国科学院 Youchu4Hao/CAS	河南邓州/1994/4.88 Henan Dengzhou/1994/4.88	早熟3号/蒙城大青豆辐射诱变选系 Zaoshu 3/Mengcheng Daqingdou Mutant line	14 400	51	111	22	105	23	2	亚有限 Semi-determinate
南农88-31/南京农业大学 Nannong88-31/Nanjing Agri. Univ.	江苏大丰/2002/3.77 Jiangsu Dafeng/2002/3.77	苏协一号/7303-1-1-1 Suxie 1 Hao/7303-1-1-1	16 750	36.4	81.0	19.8	>100	>20	>3	亚有限 Semi-determinate

1 大豆产量相对上限与超高产育种目标

1.1 大豆产量相对上限

人们较普遍认同的是从能量利用率的角度推测作物产量界限。杜维广等[5]以能量论观点推算大豆最高产量相对上限理论光能利用率的最高值为 1.5%~2.4%，即最高产量为 6.00~9.59 t·hm^{-2}，该产量是现阶段在大豆水分以及无机养分充分供应，病虫害、杂草等得到控制的条件下才可能达到。

大豆产量界限是伴随着作物产量理论研究深入、生产水平和土壤耕作条件的不断改善而变化的。目前我国大豆生产水平光能利用率仅为 0.45%~1.00%。可见我国大豆品种产量潜力空间很大。

1.2 大豆超高产育种目标

2005 年，盖钧镒主持国家大豆改良中心召集全国大豆改良分中心一起商讨我国大豆超级豆培育事宜，提出我国大豆超高产育种目标。第一阶段（2006—2010 年）西北灌区、东北春大豆区、黄淮海春夏大豆区、南方多播季大豆区"大豆超级种"要求产量分别达到 6.15 t·hm^{-2}、4.95 t·hm^{-2}、4.65 t·hm^{-2} 和 3.90 t·hm^{-2}。品质指标达大豆二级（行业标准），抗当地主要大豆病（虫）害，耐当地主要逆境。第二阶段再选育出比第一阶段高产品种增产 15% 以上的新品种。绝对指标是在较大面积（0.667 hm^2）达到西北 6.75 t·hm^{-2}、东北 5.70 t·hm^{-2}、黄淮海 5.40 t·hm^{-2}、南方 4.50 t·hm^{-2} 的高产指标[6]。2009 年在辽宁，中黄 35 产量达到 4.50 t·hm^{-2} 的产量指标。

2 大豆品种超高产有关的生物量、表观收获指数、生育期及花荚脱落性状

生物量、表观收获指数、生育期和花荚脱落性状是产量的重要相关性状。人们容易从提高某种产量构成因素（单株荚数、粒数、百粒重）为切入点来实现提高大豆产量目标。这在某种程度上走进"发育研究法"的误区[7]，实践证明这种选择结果，产量并没有明显改良，而只是形态结构发生改变。从生理、生态学观点看，产量形成受遗传控制的 3 个主要生理组分所支配：①净干物量的积累；②收获指数；③达到收获期的生育时间[8]。众所周知，较大的总干物量、较高的收获指数和较长的生育期、源（光合）–流（光合产物运转）–库（籽粒）协调是超高产形成的基础。大豆花荚脱落普遍存在于大豆生殖生长过程中，是影响产量提高的重要因素之一。大豆花荚脱落率可达 30%~80%[9]，实验和实践证明，通过降低花荚脱落率，提高大豆籽粒生产的潜力很大[10]。

2.1 生物量、表观收获指数和生育期性状研究

杜维广等[11]研究了大豆转化系数及产量间的相关系数，研究结果显示可以通过表观收获指数的选择，获得经济系数、实际收获指数、粒茎比和产量增益，它可作为高光效育种衡量产量的指标，见表 2。

黄中文等[12]利用亲本间生物量、收获指数和产量有较大差异的南农 1138–2 和科丰 1 号杂交衍生的大豆重组自交系（NJR1KY），研究始花期（R1）、始荚期（R3）、始粒期（R5）、收获期生物量以及表观收获指数和产量的相关，结果表明：生物量与产量呈显著曲线相关，相关程度从 R1、R3、R5 期到收获期逐渐增加；表观收获指数与产量以 0.42 为转折，表现为先正变后负变关系（仅限于本实验）。晁毛妮等[13]研究指出，大豆鼓粒期的生物量与百粒重和单株籽粒产量存在极显著的正相关及共同的遗传基础。

生物量是植物基因型 C、N 积累能力、栽培措施、环境因素的综合结果[14]，与后期籽粒产量有紧密的相关关系[15]。近年来，大豆育种家已经鉴定出许多与产量有关的 QTL 或 SNP，主要关于成熟期、株高、

百粒重和生长习性等与产量相关的性状[16-21]。但是,关于生育期内大豆生物量积累、收获指数和生育期构成产量形成的主要生理组分的研究却很少。

黄中文等[12]利用 NJR1KY 检测到产量、表观收获指数、收获期生物量有关的 QTL 分别为 9 个、10 个、10 个,其中两年稳定的 QTL 分别有 2 个、3 个、3 个。在 9 个产量 QTL 中的 6 个标记区间同时还检测到生物量积累、收获期生物量和表观收获指数的 QTL,产量和生物量、表观收获指数具有部分共同的遗传基础。晁毛妮等[13]利用自然群体中的 1142SNP,在 2 个环境下通过全基因组关联分析检测大豆基因组中与生物量及产量组分显著关联的 SNP。结果检测到 41 个、56 个和 29 个 SNP,分别与生物量、百粒重和单株籽粒产量显著关联,其中仅有 6 个、19 个和 1 个 SNP 在 2 个环境中都被检测到。共检测到 15 个 SNP 同时控制 2 个或 2 个以上性状,其中位于第 19 染色体上的 BARC-029051-06057 位点被检测到同时与生物量、百粒重和单株籽粒产量 3 个性状显著关联,表明共同的遗传基础,同时也解释了性状间相关的遗传原因。

大豆的生育期是大豆的生理特性在一定条件下的表现,是大豆重要的生态性状。经典遗传学研究发现了 9 个与开花期相关的基因[22-29],除与"长童期"相关的 J 位点[30]外,其余习惯称为 E 系列(E$_1$ 至 E$_8$)基因;特别是 E$_1$、E$_3$、E$_4$ 与 E$_7$ 位点均与大豆光周期敏感性相关联[23-24,31-33]。夏正俊等[34-36]、刘宝辉等[37-38]及孔凡江等[39]与日本科学家原田久也及阿部纯领导的研究小组进行了长期合作,成功克隆了与大豆光周期反应相关 E$_1$、E$_2$、E$_3$、E$_4$ 及 GmFTs 等生育期基因,并深入系统地研究了这些基因之间的关系。

表 2　大豆各转化系数及产量间的相关系数

Tab. 2　The correlation coefficient between conversion factor and yield of soybean

相关因素 Related factors	经济系数 Economic coefficient	实际收获指数 Actual harvest index	表观收获指数 Apparent harvest index	粒茎比 Seed-stem ratio	粒荚比 Seed-pod ratio	收获重 Gain weight	营养体产量 Vegetative yield	粒实产量 Grain yield
经济系数 Economic coefficient		1.00	1.00	0.902	0.116	-0.721	0.743	0.969
实际收获指数 Actual harvest index	0.993＊＊		0.988	0.918	0.162	-0.676	-0.813	0.905
表观收获指数 Apparent harvest index	0.919＊＊	0.887＊		0.906	0.224	-0.172	-0.615	0.921
粒茎比 Seed-stem ratio	0.771	0.811＊	0.637		-0.188	0.293	-0.457	0.481
粒荚比 Seed-pod ratio	0.371	0.322	0.562	-0.183		-1.00	-0.632	-0.055
收获重 Gain weight	-0.212	0.224	-0.166	0.268	-0.694		1.00	0.199
营养体量 Vegetative yield	-0.654	-0.704	-0.410	-0.419	-0.292	0.705		-0.349
籽实产量 Grain yield	0.766	0.701	0.830＊	0.354	0.661	-0.187	-0.272	

注：左下角为表现型相关系数,右上角为遗传相关系数。＊ 表示 5% 显著水准、＊＊ 表示 1% 显著水准。

2.2 花荚脱落性状与 SSR 标记关联分析

在拟南芥中，已鉴定出多个与离层发育和器官脱落相关基因，如影响花器的离层发育的 *KMAT/BP* 基因[40]和引发花器官脱落的 *IDA* 和 *HAESE* 基因[41]。并且解析了由 *AS1*、*AS2*、*JAG*、*KNAT/BP* 和 *FIL* 等组成的拟南芥果荚离层发育调控网络[42-44]。在水稻中，落粒性的分子机制研究已成功克隆了落粒性基因 *SH4*、*SHA1*、*qSH1* 和 *OsSH1*[45-48]。大豆花数和荚数相关 QTL 定位方面取得了较大进展[49-50]，但在花荚脱落基因定位方面研究尚少。王欢等[51]分别以 2011 年种植的 104 个和 2012 年种植的 314 个东北春大豆品种组成的两个自然群体为材料，选用分布于 20 个连锁群的 205 对 SSR 引物对供试材料进行基因型分析。结果共发现 33 个与大豆落花落荚相关的 QTL，不同年际和不同种植密度间与花荚脱落性状关联的 QTL 不同。其中有 4 个 QTL（*Satt*534、*Satt*452、*Satt*244 和 *Satt*478）在两年中都与大豆花荚脱落率相关，是较为可靠的 QTL。并且已有报道称 *Satt*452 与大豆裂荚性状相关，也可能是影响大豆花荚脱落重要的 QTL，可以进一步分析利用。

综上所述，因为大豆品种生物量、表观收获指数和生育期的及花荚脱落性状是表型不易判断的与产量密切相关的生态性状，所以有必要对其深入发掘出对育种有价值超高产分子模块，应用于超高产育种。

3 超高产理想株型育种

3.1 超高产理想株型育种生理基础

盖钧镒[5]指出，光能是地球上食物能源的终极来源。随着人口的大量增长，可用耕地面积的大量缩减，只能靠提高单位面积产量来增加总产，因而提出了超高产育种和超高产栽培的要求。实现超高产有赖于单位面积上光能利用效率的提高，包括光能截取的提高和光合效率的提高。因此，作物科学家提出了株型和群体结构的最优化问题。20 世纪的绿色革命便是围绕株型带动光能利用效率而展开的。

关于中国大豆超高产株型育种研究概况分为三个阶段[6]。第一阶段，早期单一株型性状的研究：早期对大豆理想型的研究是估计产量和一系列形态、生理性状之间的相关，包括结荚习性、小而窄的小叶、直立叶、单位叶面积的光合速率等，这些性状被认为与光合作用及其最终产物（种子）产量有关，但并未发现它们有明显的相关[52]。第二阶段，盖钧镒在国内根据当时的品种研究性状间的相关去推论未来的"高产理想"的思路来探讨高产理想型的群体生理基础。通过 7 年 8 次试验比较不同产量水平大豆品种，结果表明高产类型的叶面积、光合速率、干物重、荚干重、粒干重在动态过程中比中低产类型均较大，成熟时表现生物量及收获指数均较高；其营养生长期相对较短而生殖生长期相对较长，两者的重叠期也相对较短，其产量在空间的分布垂直方向为均匀型，水平方向为主茎型或主茎分枝并重型。由此对高产理想型的形态、生理组成做出推论。苗以农[53]从大豆产量构成因素、田间产量空间分布、产量形成和光合作用、花荚脱落率与营养生长和生殖生长的竞争等方面归纳大豆产量形成生理特点，提出高产特异株型。杜维广、郝迺斌、满为群在大豆高光效育种研究基础上，从大豆光能吸收、传递和转化、光合速率和 RuBP 羧化酶及 C4 途径酶系活性、光合产物运输和分配、光合作用时间等方面研究了超高产理想株型，并提出理想光合生态型构想。第三阶段：从超高产实践探索超高产理想株型。"八五"国家育种攻关计划提出创造高产基因型，从实现的高产结果来追溯验证理想株型的形态、生理及产量构成，并获得成功实例，见表 1。

实现超高产的品种以有限、亚有限结荚为主，新大豆 I 号、中黄 13、MN413、JN96–2343 等品种表现半矮秆（株高 70~80 cm），而辽 21051、诱处 4 号、南农 88–31 等品种则植株高大繁茂（株高>100 cm），品种株型紧凑，秆强抗倒，适宜密植，见表 1。王岚等[54]研究了超高产大豆品种的产量构成：黄淮海及辽宁地区超 4.50 t·hm^{-2} 的大豆产量构成：密度 18.7~35.0 株·m^{-2}，株高 73.6~97.0 cm，节数 16.6~17.0 个，单株荚数 30.1~56.2 个，单株粒数 71.2~115.1 个，单株粒重 21.5~24.4 g，百粒重 24.8~24.9 g，见表 3。

表 3　黄淮海及辽宁地区超 4.50 t·hm⁻² 的大豆产量构成

Tab. 3　Yield composition of soybeans over 4.50 t·hm⁻² in Huanghuaihai and Liaoning

年度 Year	品种 Cultivar	产量 Yield t·hm⁻²	实收面积 Harvest area/m²	密度 Density plants·m⁻²	株高 Plant height /cm	主茎节数 Main Stem nodes	单株荚数 Pods per plant	单株粒数 Seeds per plant	单株粒重 Seed weight per plant/kg	百粒重 100-seed weight/g	地点 Location
2004	中黄 13 Zhonghuang13	4.69	667	22.2	86.4	16.8	36.6	76.5	21.5	24.9	山西襄垣 Shanxi Xiangyuan
2005	中黄 13 Zhonghuang13	4.58	667	26.3	73.6	– –	39.8	87.1	– –	– –	山西襄垣 Shanxi Xiangyuan
2005	中黄 19 Zhonghuang19	4.72	667	25.4	88.6	– –	56.2	115.1	– –	– –	山西襄垣 Shanxi Xiangyuan
1999	中黄 19 Zhonghuang19	4.84	区试	18.7	85.4	17.0	42.1	98.3	24.4	24.8	河南西华 3 次重复 Henan Xihua
2009	中黄 35 Zhonghuang35	4.50	667	35.0	93.7	16.6	30.1	71.2	– –	– –	辽宁普兰店 Liaoning Pulandian
2011	中黄 35 Zhonghuang35	4.87	667	18.7	97.0	17.0	52.4	– –	– –	– –	北京密云师屯 Beijing Miyun

新疆地区超 6.10 t·hm⁻² 的大豆产量构成：密度 28.3~29.9 株·m⁻²，株高 52.4~114.5 cm，节数 11.8~16.8，单株荚数 36.4~47.5 个，单株粒数 94.3~102.1 个，百粒重 20.0~22.1 g。

张性坦等[55-56]对创造高产纪录的大豆品种诱处 4 号研究发现，该品种具有高光能生理特点，光合和抗光抑制能力强，株型紧凑，具有良好的受光态势。苗以农[57]从国内外几例大豆产量 4.50 t·hm⁻² 以上的高产品种特征概括提出超高产大豆群体生理生化特征。魏建军[58]在新疆灌区对中黄 35 超高产大豆群体的生理参数进行了研究，结果表明：中黄 35 和对照新大豆 1 号的最大叶面积指数（LAImax）分别为 4.31 和 3.64，LAI 大于 3 的天数分别持续 50 d 和 36 d，全生期总光合势（LAD）分别为 2 766 375m²·d⁻¹ 和 2 385 645m²·d⁻¹；中黄 35 生育前期（出苗后第 15~58 d）群体的光合生产率为 3.3~5.2 g·m⁻²·d⁻¹，而后期（出苗后第 72~114 d）则为 2.52~5.0 g·m⁻²·d⁻¹；对照分别为 3.8~6.0 g·m⁻²·d⁻¹ 和 0.6 g·m⁻²·d⁻¹ 和 3.5 g·m⁻²·d⁻¹；中黄 35 的生物产量、籽粒产量和经济系数分别为 13 943.2 kg·hm⁻²、5 521.5 kg·hm⁻² 和 0.396，对照则为 13 108.1 kg·hm⁻²、4 666.5 kg·hm⁻² 和 0.356 3。与对照相比，中黄 35 最大叶面积指数持续时间长，全生育期的总光合势高，后期群体的光合生产率大，经济指数高是实现超高产目标的基础。

3.2 超高产理想型设计与实践

盖钧镒等[59]根据从当时品种研究性状间的相关去推论未来的"高产理想型"的思路来探讨高产理想型的群体生理基础，并由此在国内首先对高产理想型的形态、生理性状组成模式做出推论：①成熟时的静态株型：高生物产量和收获指数，有限或亚有限生长习性，主茎上下结荚均匀，主茎型或主茎分枝并重的空间产量分布。②生育期过程中的动态生理模型：营养生长与生殖生长重叠期短；叶面积前期扩展快，达峰值时间短，后期下降缓慢，鼓粒期中上叶位功能期长，叶片光合速率高。并据此选育出大豆新品种南农 88-31，其高产株型结构为亚有限结荚习性，分枝能力强，似塔式株型，结荚节数多，荚粒数多，呈主茎分枝并重的空间产量分布。2002 年实现了 3.75 t·hm⁻² 南方夏大豆高产纪录。

杜维广在大豆高光效育种研究基础上，结合多年育种实践，依据目前大豆生产上群体结构概括为小群体（15~18 株·m⁻²）、中群体（28~35 株·m⁻²）、大群体（40 株·m⁻² 左右），提出如下黑龙江省春大豆理想光合生态型模式，这仍有待实践验证。

小群体：中（半矮）秆，多分枝，节间短，有效节数多，塔型（复叶下披上半挺），秆强。Pn、PSII

综合活力高、RuBPC、PEPC、PPDK 活性高、叶片衰老迟、R6–R8 时间长、花荚脱落率低、高收获指数、均匀主茎型或曲茎分枝并重型；根系活力高。并据此选育出半矮秆曲茎多分枝并重型新品系。

中群体：中高秆，节间短，有效分枝多，每节座荚多，塔型（复叶下披上挺），秆强。Pn、PSⅡ综合活力高、RuBPC、PEPC、PPDK 活性高、叶片衰老迟、R6–R8 时期长、花荚脱落率低、高收获指数、均匀主茎型或曲茎分枝并重型；根系活力高。并据此选育出高光效高产品种黑农 39、40、41 等新品种。大群体：半矮秆，节间短，有效节数多，每节座荚多、塔型（复叶下披上挺），秆强。Pn、PSⅡ综合活力高，RuBPC、PEPC、PPDK 活性高、叶片衰老迟、R6–R8 时期长、花荚脱落率低、高收获指数、均匀主茎型或曲茎分枝并重型；根系活力高。并据此从黑农 35 突变体中选育出半矮秆新品系。

应该指出的是，以上模式应根据不同的生态条件，因地制宜设计品种理想光合生态型模式，同时它和群体结构相互适应。

随着信息技术和精准农业的不断进步，近二三十年发展起来的虚拟植物研究应用于作物高光效株型育种的株型数字化设计。苏中滨等[60]提出通过计算机分析影响株型形态因素与植株形态的相关性，总结功能–结构–环境三者相关规律，构建能合理变化的可视化定量模型，并对给定条件以高光效为目标进行设计，将株型设计模式由定性化转变为定量化，并提出株型数字化设计方法。但是该方法部分流程处于理论设计阶段。大豆群体冠层生长是群体生理组成部分，对其产量有较大影响。吴琼等[61]进行高光谱遥感估测大豆冠层生长和籽粒产量的探讨，结果表明高光谱遥感对大豆冠层生长检测和产量估测有相对可行性，可望在大规模育种计划中用于早期产量估测。育种者期待着上述两项研究的进展。

应该指出，20 世纪 60 年代后期，提倡"理想型"（ideal type）的育种概念，并未像株型育种那样立即受到广泛的认可和应用。大豆超高产株型研究仍处于探索阶段，因此应利用各种特异株型性状的搭配以创造新的株型，在此基础上才能研究高产的田间群体组成，不同时期的形态生理生化特点、动态的产量发展过程等，从而建立高产理想型的形态生理生化模型，进一步揭示高产的遗传组成。这项研究需组织育种、栽培、生理生化、生物技术等多方面人员协同攻关[62]。

4 高光效育种

4.1 高光效育种总体思路

作物遗传改良的实质是提高作物的产量。大豆产量的 90%来自光合作用，因此提高光能吸收、传导、转化的效率是提高单产的根本。

大豆高光效育种初期，将大豆高光效育种划分为两个阶段：第一阶段是以提高大豆光合活性和经济系数为主要目标，用此阶段程序和方法选育出高光效种质哈 79–9440、哈 82–7851；第二阶段是以提高光合活性和固氮活性，调节"源与库"的平衡为主要目标。在高光效基础上，选育出具有高固氮的共生体系，而这种体系对光温反应不是很敏感[63]。20 世纪 80 年代以后作物高光效育种走上作物遗传育种和植物生理生化紧密结合的轨道。此时，大豆高光效育种总体思路是：早在 1984 年我们开始研究 C_3 植物的 C_4 途径酶，提出在 C_3 作物小麦和大豆叶片中，虽然不是具有 C_4 植物的 Kranz 解剖结构，但可能是具有一个完整的 C_4 途径循环系统[64]。根据 C_4 途径酶在 C_3 植物细胞内的定位和 CO_2 浓缩位点，提出设想图，见图 1。

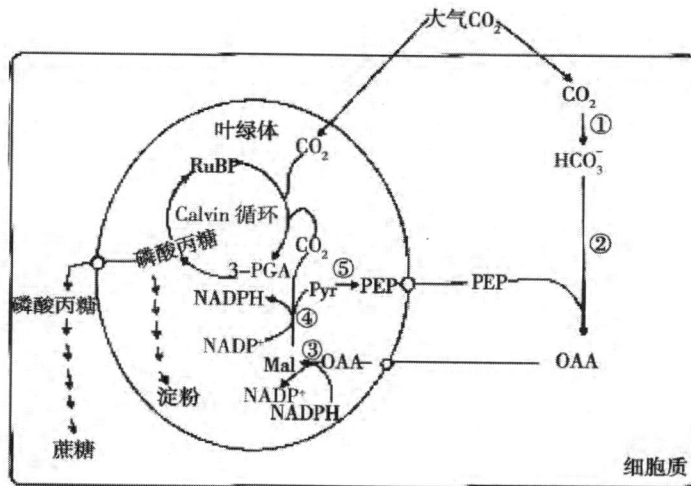

图 1　C_3 植物类似 C_4 途径微循环的设想示意图

Fig. 1　Imaginative diagram for microcirculation of C_3 plants similar to C_4 pathway

注：①CA②PEPCase③NADP – MDH④NADP – ME⑤PPDK

在匡廷云指导下，根据植物生理学原理、生物遗传育种学和光合作用理论，用还原论和整体论相结合思路，研究 C_3 作物大豆的 C_4 途径，进行 C_3 作物大豆遗传改良，在某一地区生态类型基础上，启动和改良 C_3 作物大豆自身的 C_4 途径酶系基因来提高光合速率，并将多项高光效高产优质抗逆基因聚合，与常规育种相结合。这是杜维广等提出的大豆高光效育种总体思路[5]。

4.2　高光效的光合生理基础

杜维广等[5]从高光效大豆叶片光合特性，叶绿体的光能吸收、传导和转化，光合碳同化特点等方面详细阐述了大豆高光效育种的生理生化基础。这里仅简述大豆高光效的光合生理基础。

4.2.1　光合作用光反应得到改善。

采用荧光发射光谱技术及荧光动力学，研究了高光效高产大豆品种黑农 40、黑农 41 和高产大豆品种黑农 37 叶片 PS II 反应中心的综合活力。表明 PS II 反应中心活力的 F_v/F_o、F_v/F_m、q_p、q_n 及 $\phi_{PS II}$ 等荧光参数在不同品种间有着明显的差异，且黑农 40、黑农 41 优于黑农 37，见表 4。此外，叶片叶绿体 DCIP 光还原活性和光系统电子传递率也是黑农 40 优于黑农 37[5]。

4.2.2　光合作用暗反应中 CO_2 同化效率得到改善。

李卫华等以高光效高产品种黑农 40 和高产品种黑农 37 为试验材料，研究了苗期、开花期、初荚期和鼓粒期等不同发育时期的叶片中 PEPcase、NADP–MDH、NADP–ME、PPDK 等 C_4 途径的主要酶和 RuBPcase 活性变化。结果表明两种大豆叶片均含有上述 4 种酶，尤以初荚期活性最大。大豆体内可能构成一个完整的 C_4 循环（PEPcase 羧化–C_4 酸脱羧–PEP 再生），从而发挥高效的碳同化作用。同时黑农 40 叶片 4 种 C_4 途径酶活性明显高于黑农 37，而且从 PEPcase/RuBPcase 的比值看，C_4 酶在黑农 40 叶片中表达较高[65]。

表 4　不同大豆品种的荧光动力学特征

Tab. 4　The chlorophyII fluorescence characteristics of different soybean cultivar

品种 Cultivar	F_v/F_m	F_v/F_o	q_n	q_p	ΦPSII
黑农 40 Heinong40	0.84 ±0.04	5.2 ±0.15	0.65 ±0.06	0.65 ±0.07	0.51 ±0.03
黑农 41 Heinong41	0.84 ±0.00	5.2 ±0.10	0.65 ±0.04	0.64 ±0.05	0.53 ±0.02
黑农 37 Heinong37	0.82 ±0.01	4.5 ±0.31	0.71 ±0.05	0.61 ±0.09	0.40 ±0.03

综上所述，大豆高光效的光合生理基础是其光反应和暗反应过程都有明显的改善。光反应主要表现在光化学反应能量利用的增加和非光化学反应能量耗散的减少。在暗反应方面则是 C_4 途径酶活性的大幅度提高，羧化中 C_4 酸初产物的明显增加。

4.3　大豆高光效高产（超高产）品种选育

作物高光效育种途径和方法，经历了在 C_3 植物中导入筛选 C_4 途径；利用单叶光合速率高的材料与综合性状好的亲本进行杂交，通过传统系谱法选育；和作物遗传育种和生理生化相结合，探索作物高光效育种新途径共 3 个主要时期。采用大豆高光效高产育种体系，杜维广研究团队先后育成高光效高产品种黑农 39、黑农 40、黑农 41、黑农 51，高油高光效高产品种黑农 44、黑农 64、黑农 68，高蛋白高光效高产品种黑农 48、黑农 54 等。

实现大豆超高产有赖于提高作物光能利用率，因此，深入研究 C_3 作物的类似 C_4 途径调控机制，找出 C_4 酶表达的限制因子，采用遗传学和生物学等手段进行修饰和改造，这是作物高光效育种新突破点之一。另外，利用转基因技术将 C_4 植物的 C_4 途径酶系基因导入 C_3 植物中，期望在 C_3 作物中建立类似的 C_4 植物的 C_4 循环系统以提高 C_3 作物光合效率，这是作物高光效育种的另一个新突破点。1976 年以来，在杜维广主持下，黑龙江省农业科学院大豆研究所和中国科学植物研究所合作组成的课题组，在国内率先展开大豆高光效育种研究，实现大豆遗传育种和植物生理生化学科紧密结合，当时国内外尚无成功的先例，也无技术路线可循，课题组成员不断探索，历经 30 年的辛勤耕耘，取得了"大豆光合特性研究和高光效种质哈 79–9440 的发现"、"大豆高光效育种的生理遗传基础及其种质遗传改进"和"高光效大豆品种选育及高光效的光合生理基础"等原始创新成果[5]。

杜维广等课题组试图通过启动和改造 C_3 作物大豆自身的 C_4 酶系基因和多种 C_4 酶基因共转化或单基因分步聚合转化等方式，将 C_4 途径中若干主要光合酶基因导入高光效高产大豆品种中，期望培育出高光效高产大豆新品种，实现大幅度提高 C_3 作物大豆单产水平的目标。并认为这两种途径所获得高光效和高产等优良性状具有异曲同工、殊途同归的效果。

5　超高产育种关键科学问题探讨

盖钧镒曾指出，用理论育种家和实践育种家相结合的思路进行作物遗传改良。这里仅从实践育种家角度对中国大豆超高产育种关键科学问题进行探讨。

5.1　超高产基因/分子模块发掘与种质创制

作物育种的突破和进展，主要依赖于优异资源的发掘和利用。一个优良品种的育成，一般应有一半归功于优异种质资源。应用新技术发掘现有种质的价值，发掘新的基因源，并探明其遗传基础，加强种质创制研究是超高产育种研究的重要科学课题之一。育成品种积聚了多方面的优异种质，是现时品种改良最核心的遗传资源。文自翔等研究表明：育成品种与野生大豆和地方品种相比，虽然分别丢失了 77.7% 和 70.9% 的等位变异，但同时也分别增加了 54.7% 和 45.9% 的新变异[66]。所以育成品种既是重要的受体亲本又是珍贵的供体亲本，因此首要针对育成品种进行解析。野生大豆品种含有丰富遗传资源，Concibido 等[67]对 HS-1PI407305 的回交自交系群体进行产量 QTL 分析，结果发现来自 PI407305 的产量位点可增产 8.0%~9.4%。所以也要关注野生大豆品种遗传构成解析，大豆超高产育种要重视从新育成品种和野生大豆品种中发掘超高产分子模块，同时创制新种质。应该指出，对育种利用而言，只有那些在多数环境和多数遗传材料中都稳定表达的 QTL 才有应用价值[68]。Wu 等[69]认为产量性状是一类复杂性状，受主效和微效基因控制，也受互作基因网络和环境因素影响，在这个基因网络中，每个基因的效应很小。实践育种家根据育种宝贵经验（是不可模拟的）、表型分析和系谱追溯其来源和形成过程等来发掘优异亲本，并提出限制超高产育种瓶颈的主要生态性状。首先发掘超高产育种受体亲本，在解析育成品种、各生态区新育成并有很好配合力的主栽品种遗传基础的基础上，发掘受体亲本（底盘品种），包括超高产分子在内的优异分子模块。其次发掘供体亲本的超高产和特（优）异分子模块，注重选择产量和产量的主要相关生态性状：产量性状、理想株型性状、高光效性状、花荚脱落性状、每节多荚性状、主茎短分枝性状、中秆曲茎短分枝性状、成熟期干物重、收获指数、R6–R8 时期、生育期、高异交率及抗病虫、耐旱等生态性状。对于上述生态性状，至少可在 7 个层次（水平）上分析特性的表现和遗传基础，即由底层到高层次分为基因水平、酶水平、生物化学水平、生理水平、解剖水平、形态水平和农学水平。各层次（水平）都是互相衔接、互不排斥的。

理论育种家用还原论分析方法解析和发掘上述各生态性状分子模块、功能验证、作用机理及互作效应，获得能为育种应用的分子模块，并开发鉴定超高产分子模块等位变异基因的特异分子标记。实践育种家用还原论和整体论相结合的思路，将分子模块导入受体亲本，并通过育种技术培育超高产品种。在发掘现有种质资源超高分子模块的同时，更重要的是加强种质创制研究，探索创新途径和方法，创制新种质并明确其遗传基础，不断地提供超高产育种的供体亲本。就目前黑龙江大豆主产区因受玉米和水稻的影响，由第二积温带（有效活动积温 2 500~2 700℃）转移到第三、四和五积温带（1 900~2 500℃）的现状，要重点解决早熟和高产、高产和优质的矛盾。要重点发掘早熟高产和优质分子模块，夏正俊、刘宝辉、孔凡江等已鉴定出早熟分子模块 E_1、E_3、E_4[34-39]，并开发鉴定 E_1、E_3、和 E_4 等位变异基因的特异分子标记，故应把重点放在每节多荚性状、花荚脱落性状、成熟期干物重性状的高产模块解析和发掘上。

采用春夏大豆杂交、新育成主栽品种和地方品种（含上述生态性状分子模块）杂交、新育成主栽品种和国外品种杂交、新育成主栽品种和野生（半野生）品种杂交，用不孕系构建含东北春大豆、黄淮海春夏大豆、南方多季作大豆和国外大豆品种（系）的育种群体等，通过高光效育种、分子设计育种和常规育种相结合技术路线，创造育种中间材料（新种质），目前诱变育种、基因聚合、基因渗入和转基因育种等也是创制新种质的有效途径和方法。

5.2 超高产育种技术体系

回顾作物育种历史，不难看出每一次育种理论、途径、方法改进和种质资源创新，对提高作物产量所做的贡献。作物育种从开始的农家品种整理、系统育种，到有性杂交育种和诱变育种，每一阶段都使作物产量有了显著的提高。随着分子生物学的发展，标志着现代育种技术作物 DNA 标记辅助育种、转基因育种、分子设计育种悄然崛起，虽然在这方面尚未建成一套完整的体系，但进展还是较快的。在基因组学时代，实践育种家如何在超高产育种中发挥作用是值得探讨的课题。

5.2.1 关于超高产育种亲本形成的遗传基础和选择

超高产育种亲本遗传基础、亲本选择、合理组配及后代预测和选择是制约超高产育种成败之瓶颈。用理论育种家和实践育种家思路相结合来解析超高产育种亲本遗传基础，为合理选择亲本提供理论依据。实践育种家依据第 2 阶段超高产育种目标，设计超高产育种方案。首先选择已明确的已含有在解析育成品种、各生态区新育成并有很好配合力的主栽品种遗传基础的基础上，发掘出的受体亲本（底盘品种），包括含有超高分子模块在内的优异分子模块的优良主栽品种做受体亲本。选择包括上述生态性状并已发掘的超高产和特（优）异分子模块品种、种质和育种中间材料做供体亲本，它不但要弥补受体亲本中欠缺的分子模块，还要考虑携带有利的产量、适应性、抗逆性基因等，确定最佳基因型组合。

5.2.2 关于超高产育种亲本合理组配与后代预测和选择

一个常规育种项目一般每年要配置数百甚至上千杂交组合，然而最终只有 1%~2% 的组合可以选育出符合育种目标的品种，大量的组合在不同世代的选择过程中被淘汰，传统育种在很大程度上仍然依赖表型选择和育种家的经验，提高育种过程的可预见性和效率是育种家很久以来的梦想[70-71]，可通过理想株型育种、高光效育种（高光效高产育种体系）和分子设计育种及常规育种相结合的育种技术路线实现。

以匡廷云为首席专家的"973"项目"光合作用高效转能机理及其在农业中应用"向育种家们提出了"外在光能转化效率（合理株型）加内在光能转化效率（高光效）加杂种优势"的超高产育种的技术路线[5]，这一建议的本质是把光合效率作为超高产育种的重要生理基础并补充到已有的育种路线中。采用受体亲本（底盘品种）和供体亲本杂交，用底盘品种为轮回亲本进行 1~3 次回交转育再自交的回交转育种技术路线；修饰回交和多基因聚合育种技术路线及轮回选择进行亲本组配及后代预测和选择是近期应用较多的技术路线。将分子设计育种应用于超高产育种，进行亲本组配和后代预测和选择是超高产育种亲本合理组配与后代预测和选择的新突破点，但目前分子设计育种仍是新兴研究领域，其核心是建立以分子设计为目标的育种理论和技术体系的研究。作物育种的目标性状大多存在基因和环境间的互作，表型鉴定是研究基因和环境间互作的基础，随着生物技术的发展，基因型的鉴定不再是遗传研究的限制性因素，对各类育种性状大规模、准确的表型鉴定成为最大挑战[72-73]，亟待开展各种重要农作物的表型组学研究。这也是超高产育种技术体系内容之一。杂种优势利用是实现超高产育种重要途径之一，但目前仍要解决高优势（异交率）组合的亲本选择和组配及制种技术等主要问题。高光效理想型和杂优结合可能是新的方向之一。

对后代选择，杜维广等提倡经常田间观察，跟踪各组合世代，依据生态性状遗传规律和分子模块，对目标基因和遗传背景分别进行前景和背景选择；用常规育种（表型值选择、育种经验）和分子设计育种（分子模块选择）有机结合方法选择。这里应该强调建立高通量、高效、便捷、低成本的检测平台，育种模式工具研发和应用，遗传分析新方法的研究及先进仪器的研制也至关重要。

5.3 超高产育种栽培技术体系

要想使超高产育种培育出的"超级豆"产量潜力充分表达，必须研制相适应的超高产栽培技术体系。杜维广曾依据大豆高光效育种实践，提出高光效超高产品种、最大限度截获光能的群体结构及满足品种和群体结构充分发挥潜力的土壤条件，构成超高产栽培技术体系三要素[5]，但是它们之间似乎存在如肥料三要素那样的受"木桶原理"（最小养分律）支配的关系，这个设想仍有待进一步实践证明。要以超高产品种为核心技术，配以相适应的超高产栽培技术，建立超高产育种栽培技术体系。超高产栽培技术体系主要是通过超高产生理研究和栽培技术研究来实现。

5.4 超高产育种顶层设计

综上所述，着眼未来中国大豆发展的战略，建议以学科间协作方式开展新一轮大豆超高产育种计划。依托国家大豆生物学和遗传育种重点实验室，在西北灌区、东北、黄淮海、南方四大主产区开展大豆产量突破关键技术及其理论基础研究的超高产育种计划：①大豆高产典型的创造、解析和重演：针对西北灌区春大豆、东北春大豆区、黄淮海春夏大豆区、南方大豆单作区、南方间套作实际，研究突破高产瓶颈因素的技术措施，创造超高产典型。研究大豆产量突破的个体与群体生物学特点及其与生产环境互作用规律；优化集成后形成适合当地条件的高产高效现代大豆生产技术体系。②大豆种质资源精准鉴定和超高产育种材料的创新及育种技术体系的改进：对大豆种质资源进行表型和分子模块鉴定，通过常规育种和分子设计育种，创造超高产纯系品种和材料，改进大豆突破性高产育种选择技术体系，改进大豆转基因育种技术并合理利用。③提高异交结实率，选育强优势杂交大豆品种：创制新型大豆质核互作雄性不育三系种质，育成强优势、高种子产量的杂交大豆组合，提高异交结实，实现杂交制种技术的突破；优化大豆优势亲本/基因资源高效鉴定与组配技术。④大豆高光能利用效率育种新途径的探索和高光效品种培育：研究大豆高产（超高产）品种光能吸收、传导和转化的机理，大豆自身的 C_4 途径的调控和改造；研究大豆高产（超高产）理想株型、群体结构、群体生理及其调控技术，大豆花荚脱落性状分子机制的解析与育种利用，培育高光效品种。⑤大豆广适应性育种技术及其基础研究：大豆生育期基因调控网络和新基因及其分子元件的发掘与利用；大豆根系发育、高产（超高产）土壤理化性状、微生物区系及其调控技术研究；大豆耐逆机制及高产耐旱优异大豆种质资源的创制；分析不同产量水平下实现产量突破的技术途径。⑥大豆产量生物学与遗传育种。⑦大豆遗传资源学与种质创新。⑧大豆营养高效、耐逆生物学与遗传育种。⑨大豆超高产育种理论与方法。⑩大豆应用基因组学和表型组学研究。⑪我国各生态区合理耕层构建体系研究。

重新启动和实施新一轮大豆超高产育种计划项目可大幅度提高我国大豆单产水平，增加总产量。对缓解我国大豆严重依赖进口的局面，振兴我国大豆产业具有重大而深远的意义。

参考文献（略）
本文原载于《土壤与作物》2014 年 03 期。

我国大豆辐射育种研究领域的开拓者——王彬如先生

杜维广

王彬如（1926—2010），籍贯山东省莱芜市，研究员，民盟盟员。1951年毕业于山东农学院，先后在原东北农业科学研究所（现吉林省农业科学院）、原黑龙江省农科所作物育种系（现黑龙江省农业科学院育种所）、黑龙江省农业科学院大豆研究所从事大豆遗传育种研究工作。历任课题主持人、育种一室主任、农业部大豆专家顾问组成员等职务。在30多年的育种工作中，主持育成并推广了27个优良大豆品种。由于工作成绩卓著，获国家级有突出贡献科技专家称号，被授予黑龙江省农业科学院有突出贡献优秀科技人才，享受国务院的政府特殊津贴。王彬如先生1956—1960年间与东北农学院合作，育成了黑农1号、黑农2号和黑农3号等大豆品种，其丰产性、抗旱性较好，适应性广。1958年他和翁秀英主持，在国内首先开展了大豆辐射育种工作，育成黑农4号、黑农5号、黑农6号、黑农7号和黑农8号5个品种，这些品种早熟、含油量高，在东部垦区农场发挥了显著作用；同时也证明了大豆辐射育种是可行的，为大豆育种开拓了新路。1970年前后，王先生采用有性杂交育种和辐射育种与杂交育种相结合，先后育成推广了黑农10号、黑农11号、黑农16号，其增产显著，适应性广，成为20世纪70年代黑龙江省中南部的主栽品种。其中黑农16号获得全国科学大会奖；黑农10号和黑农11号获得黑龙江省科学大会奖。王先生1962年开始开展辐射育种与杂交育种相结合的育种途径和方法研究，育成了黑农16号、黑农26号、黑农28号、黑农31号、黑农32号、黑农37号和黑农38号7个大豆品种。1980—1990年，王先生采用有性杂交方法育成了黑农24号、黑农33号、黑农36号等品种。其中他与王连铮共同主持育成的黑农26号品种，成为70年代后期至80年代黑龙江省中南部的主栽品种，1984年获得国家发明二等奖，他是此项目的3位主要发明者之一。黑农31号脂肪含量为23.1%，蛋白含量为41.4%，是当时黑龙江省首先推广的双高品种。黑农33号获得国家"七五"重大科技成果奖。黑农37号自1992年推广以来，在生产上应用15年以上，实属罕见。1992—1997年黑龙江省内外累计推广面积759.96万亩，1998年获得黑龙江省科技进步二等奖。30多年的大豆育种实践，王先生深深体会到：针对生产的需求和问题制定育种目标，掌握大量原始材料和了解其特性正确选配亲本，拓宽育种途径和方法，正确的后代选择和培育，即跟踪育种世代选择及经常田间观察，用不同的培育方法选择不同类型的品种是提高大豆育种效率的有效途径和方法。而选、繁、推相结合是使大豆新品种变为生产力的重要环节。

王彬如先生在核心期刊发表了30余篇学术论文，主编《大豆有性杂交育种》一书，参编撰写《中国大豆育种与栽培》《大豆遗传育种学》等著作。

王彬如先生是我国著名的大豆育种学家，是我国大豆辐射育种研究领域的开拓者之一。在大豆有性杂交育种、辐射育种、辐射育种与杂交育种相结合育种、东北地区春大豆品种区划等研究领域做出了历史性贡献。

本文原载于《大豆科技》2012年05期。

东北春大豆熟期组的划分与地理分布

傅蒙蒙 [1]，王燕平 [2]，任海祥 [2]，王德亮 [3]，包荣军 [4]，杨兴勇 [5]，田忠艳 [6]，曹景举 [7]，傅连舜 [8]，程延喜 [9]，苏江顺 [10]，孙宾成 [11]，杜维广 [2]，赵团结 [1]，盖钧镒 [1]

（1.南京农业大学大豆研究所/农业部大豆生物学与遗传育种重点实验室/国家大豆改良中心/作物遗传与种质创新国家重点实验室，江苏 南京 210095；2.黑龙江省农业科学院牡丹江分院/国家大豆改良中心牡丹江试验站，黑龙江 牡丹江 157041；3.黑龙江省农垦科学院作物所，黑龙江 佳木斯 154007；4.黑龙江省农垦北安分局农科所，黑龙江 北安 164009；5.黑龙江省农业科学院克山分院，黑龙江 克山 161606；6.黑龙江省农业科学院大庆分院，黑龙江 大庆 163316；7.山东圣丰种业有限公司五大连池分公司，黑龙江 五大连池 164100；8.铁岭市农业科学院，辽宁 铁岭 112616；9.长春市农业科学院，吉林 长春 130111；10.白城市农业科学院，吉林 白城 137000；11.呼伦贝尔市农科所，内蒙古 扎兰屯 162650）

摘　要：东北春大豆区是我国大豆主产区，大豆品种生育期特性是最主要的生态特性。美国建立的大豆熟期组制度已为全世界采纳。熟期组归类表述了品种最主要的地理生态特性，有利于全世界不同地区间的引种、交流和育种方案设计。本研究搜集了我国东北地区数十年来育种或生产上广泛使用的地方和育成的共计361份品种，于2012—2014年在东北大豆不同气候生态区的9个试验点，以美国和国内已明确 MG000~MGⅢ熟期组的品种为标准，进行东北地区品种熟期划分的研究。鉴定方法为先根据标准品种相邻熟期组生育日数平均值的1/2为界，划定不同熟期组在该环境的范围，初步划定各品种的熟期组归属，然后统计各品种在不同环境的熟期组归属次数，结合考虑该品种适应的生态条件，最终确定其熟期组归属。本研究认为东北地区早春土壤墒情较好，播种后种子开始吸水萌动，而完全成熟则在完熟期（R8时期），大豆的全生育期应为从播种到R8时期的生育日数。获得结果如下：（1）确定了不同试验点/生态亚区各熟期组划分的生育期天数范围和各熟期组鉴定的最佳试验点/生态亚区，具体的说以北安和扎兰屯作为 MG000 和 MG00熟期组适宜的鉴定地点，克山和牡丹江作为MG0和 MGⅠ适宜的鉴定地点，铁岭作为 MGⅡ和 MGⅢ适宜的鉴定地点；（2）361份东北春大豆归入 MG000~MGⅢ共6个熟期组；（3）揭示了不同熟期组在东北地区的地域分布，大致上 MG000和MG00主要分布在黑龙江北部及内蒙古北部，MG0和 MGⅠ主要分布在黑龙江中南部，MGⅡ主要分布在吉林省，MGⅢ主要分布在辽宁省；（4）提出了一批东北地区各熟期组鉴定的本地区标准品种；（5）提出我国东北地区熟期组鉴定的方法，即先在当地将待鉴定的品种生育期天数与标准品种的表现或者本文所给出的各熟期组在当地的表现进行初步划分，然后按照其熟期组划分结果安排在适宜的鉴定点进行统一鉴定，经比对后确定其熟期组的归属。

关键词：东北春大豆；全生育期；熟期组；熟期组标准品种；地理分布

A Study on Criterion, Identification and Distribution of Maturity Groups for Spring-sowing Soybeans in Northeast China

FU Meng-meng[1], WANG Yan-ping[2], REN Hai-xiang[2], WANG De-liang[3], BAO Rong-jun[4], YANG Xing-yong[5], TIAN Zhong-yan[6], CAO Jing-ju[7], FU Lian-shun[8], CHENG Yan-xi[9], SU Jiang-shun[10], SUN Bin-cheng[11], DU Wei-guang[2], ZHAO Tuan-jie[1], GAI Jun-yi[1]

(1.*Soybean Research Institute of Nanjing Agricultural University / Key Laboratory for Soybean Biology,Genetics and Breeding,Ministry of Agriculture / National Center for Soybean Improvement/National Key Laboratory for Crop Genetics and Germplasm Enhancement, Nanjing 210095, China;*
2.*Mudanjiang Branch of Heilongjiang Academy of Agricultural Sciences / Mudanjiang Experiment Station of the National Center for Soybean Improvement, Mudanjiang 157041, China;*
3.*Heilongjiang Academy of Land-reclamation Sciences, Jiamusi 154007, China;*
4.*Beian Branch of Heilongjiang Academy of Land-reclamation Sciences, Beian 164009, China；*

5.Keshan Branch of Heilongjiang Academy of Agricultural Sciences, Keshan 161606, China;

6.Daqing Branch of Heilongjiang Academy of Agricultural Sciences, Daqing 163316, China;

7.Wudalianchi Branch of Shandong Shengfeng Seed Industry Scientific and Technological Co., Ltd, Wudalianchi 164100, China;

8.Tieling Academy of Agricultural Sciences, Tieling 112616, China;

9.Changchun Academy of Agricultural Sciences, Changchun 130111, China;

10.Baicheng Academy of Agricultural Sciences, Baicheng 137000, China;

11.Hulunbuir Academy of Agricultural Sciences, Hulunbuir 162650, China)

Abstract：Northeast China is the major soybean production area in China where the growth period traits，such as the days from sowing to maturity,are the major ecological traits varying from region to region. The maturity group (MG) system of the soybeans was firstly established in the US and then accepted internationally to characterize the cultivars for exchanging materials and planning breeding schedules. In the present study, a collection of soybean varieties composed of 361 landraces and released cultivars used in soybean production during the historical decades were tested with a group of American and domestic MG standard checks (MG000~MGIII) at nine locations in Northeast China in 2011-2012 in order to establish a local MG grouping system and determine the MGs of the local varieties in Northeast China. The grouping procedure was as the following: at each location each year, the class limits of a MG were determined as the average days to maturity plus and minus half distance between the neighboring two MGs, all the MGs limit at all locations in all years were accordingly determined. Then the MG for each variety at each environment was nominated and finally the MG for each variety was determined according to its most counts among locations and years.This study shows that the soil moisture in early spring is good in Northeast China, and the seeds begin to absorb water and sproat after sowing, while the complete maturity is in the mature stage (R8 period). The whole growth days from swoing to R8 period. The results obtained were as follows: (1) The MG class limits for various locations/sub-regions were determined and the best locations for each MG were nominated，such as Beian and Zhalantun for MG000 and MG00，Keshan and Mudanjiang for MG0 and MG Ⅰ,Tieling for MG Ⅱ and MG Ⅲ; (2) The 361 Northeast spring soybean varieties were classified into six groups，MG000-MGⅢ，respectively; (3) The distribution of the various MGs in sub-regions in Northeast China was revealed,such as MG000-MG00 mainly in Northern Heilongjiang and Northern Inner Mongolia, MG0 and MG Ⅰ mainly in Central and Southern Heilongjiang province，MG Ⅱ mainly in Jilin province,and MG Ⅲ mainly in Liaoning province; (4) A number of the local MG standard checks in Northeast China were nominated for local utilization; (5) A local MG grouping procedure in Northeast China was suggested, i. e. the first step to assign an introduction with a preliminary MG through comparison with MG-known varieties and then test and determine its MG at the best locations for MG testing.

Keywords： Northeast spring sowing soybeans; Days from sowing to maturity; Maturity group (MG); Standard check for MG; Geographic distribution

生育期长短主要受日长和温度影响，而这两个因子与地理纬度、种植季节密切相关，是大豆重要的适应性生态性状[1]。生育期是大豆育种和生产中重点考虑的性状之一，选择满足当地生态条件下生育期天数的品种是大豆获得稳产高产的基础。

大豆原产于我国，各地区复杂多样的气候条件和种植制度，形成了多样的大豆生育期类型[2-4]，按照生育期长短进行分类是大豆分类的最主要方法。前人在我国不同地区按照生育期的长短将大豆分为早熟、中熟和晚熟等类型，但全国各地的早、中、晚熟标准不同，不能相互比较，不便于引种和交流[3-7]。国际上对大豆熟期组的划分研究较早，美国于 1938 年起就开始按照熟期组对大豆品种进行分类，其后经过发展最终形成了一套已被全世界广泛采用的熟期组鉴定方法。盖钧镒等借鉴国际通用的熟期组鉴定方法对我国大豆品种熟期组的归属进行了鉴定[8-10]，此后该方法被国内很多研究者[11-12]采纳，但迄今尚未普及。

东北地区是我国大豆主产区，有研究[13]表明 1923—2005 年间北方春大豆育成品种占全国品种总数的一半以上，目前没有系统的对东北地区大豆品种生育期进行划分的报道。本课题组于 2010—2012 年在东北地区广泛征集了主要育种单位的大豆新、老品种 361 份，以已确定熟期组归属的北美和东北品种为对照进行熟期组划分，以期建立东北地区大豆熟期组的划分体系，为东北、全国乃至全世界大豆研究与交流提供一个统一的平台。

1 材料与方法

1.1 试验生态区基本条件

根据熊冬金[14]、潘铁夫[15]、马庆文等[16]对东北地区大豆气候生态区的划分,选取代表东北春大豆品种主要生态亚区的北安、扎兰屯、克山、牡丹江、佳木斯、大庆、长春、白城、铁岭9个试验点。各试验点基本地理和气象资料见表1。

表1 各试验点的地理和气象资料
Table 1 Geographical and meteorological data in different locations

试验地点 Site	纬度(N) Latitude/°	经度(E) Longitude/°	海拔 Altitude/m	有效积温 AT/℃	干燥度 Dryness	降水 Rainfall/mm	夏至可照时数 SS/h
北安 BA	48.24	126.29	267.6	1900～2300	0.8 左右	500～600	15.93～16.92
扎兰屯 ZLT	48.09	122.42	316.6	1800～2300	1.2～1.4	400～450	15.93～16.92
克山 KS	48.02	125.52	218.5	2300～2550	0.8～1.2	500～600	15.69～15.98
牡丹江 MDJ	44.33	129.37	242.1	2550～2800	0.8～1.2	500～600	15.69～15.84
佳木斯 JMS	46.80	130.40	80.0	2550～2800	0.8～1.2	500～600	15.69～15.84
大庆 DQ	46.58	125.16	142.4	2550～2900	1.2～1.4	350～500	15.72～15.98
长春 CC	43.88	125.26	225.3	2800～3050	0.8～1.2	500～700	15.43～15.69
白城 BC	45.62	122.83	153.0	2800～3050	1.2～1.4	350～500	15.43～15.72
铁岭 TL	42.17	123.50	66.7	3050～3300	0.9～1.2	500～800	15.19～15.43

有效积温为日平均温度≥10℃积温,干燥度 $=0.16\sum t/r$ (t 为 >10℃ 有效积温,r 为同期降水量);BA:北安;ZLT:扎兰屯;KS:克山;MDJ:牡丹江;JMS:佳木斯;DQ:大庆;CC:长春;BC:白城;TL:铁岭。下同。

AT means accumulated day temperature of greater than or equal 10℃; Dryness $=0.16\sum t/r$ ($t=$ AT, $r=$ Rainfall in the same period); SS means hours of the summer solstice; BA:Beian; ZLT:Zhalantun; KS:Keshan; MDJ:Mudanjiang; JMS:Jiamusi; DQ:Daqing; CC:Changchun; BC:Baicheng; TL:Tieling. The same below.

1.2 试验材料与试验设计

供试材料为根据王彬如等[17]对东北春大豆区划重新征集到的本区内主要育种单位1923—2010年间育种和生产上常用的地方品种、育成品种及少部分国外种质共361份。该群体不仅衍生后代多,还在高产、油脂、抗病等性状上具有代表性。群体构成如表2,2001年后育成209个,占总数的58%;1971—1980年间育成品种少,占4%;其余年代的品种数目均在40个左右,各占10%左右;黑龙江省和吉林收集的品种占总数的89%,辽宁和内蒙古的品种较少;其他材料指在东北育种历史中广泛使用的国外品种如十胜长叶、Amsoy和Beeson等,占1%。供试群体大致代表了东北地区可能收集到的地方品种和育成品种。

表2　供试材料的构成

Table 2　The constitution of the tested varieties

育成年代 Year	地区 Region					总计 Sum.
	黑龙江 HLJ	吉林 JL	辽宁 LN	内蒙古 INM	其他 Other	
1916 – 1970	16	15	2			33
1971 – 1980	13	2	1			16
1981 – 1990	29	6	4			39
1991 – 2000	33	10	2	2		47
2001 – 2015	134	52	12	11		209
不明 Unknown	8	4			5	17
总计 Sum.	233	89	21	13	5	361

HLJ 表示黑龙江;JL 表示吉林;INM 表示内蒙古。下同。

HLJ means Heilongjiang; JL means Jilin; INM means Inner Mongolia. The same below.

将 361 份东北春大豆按照生育期长度分为极早熟、早熟、中早熟、中熟、中晚熟和晚熟 6 组。采用重复内分组试验设计,4 次重复,每小区面积 1 m²,穴播,每小区 4 穴,每穴保留 4 株,初花时至少拥有 2 穴、每穴中至少 3 株的小区参与调查。按 Fehr[18]提出的大豆生育时期鉴定方法,调查播种期、出苗期、R1、R2、R7 和 R8 期,当地霜降时未达到成熟标准的材料仅记录其所达到的生育时期。19 份国外熟期组标准品种和 18 份东北熟期组标准品种见表 3。

表3　大豆熟期组鉴定标准品种

Table 3　The standard checks for maturity groups

熟期组 MG	名称 Name
MG000	黑河 28 (Heihe 28)、北豆 24 (Beidou 24)、NO. 1 (PI548594)、NO2 (PI567787)
MG00	黑河 8 号 (Heihe 8)、NO. 3 (PI548648)、NO4 (PI548596)、NO. 5 (PI602897)、NO. 6 (PI592523)、黑河 45 (Heihe 45)
MG0	绥农 8 号 (Suinong 8)、垦农 4 号 (Kennong 4)、黑河 36 (Heihe 36)、NO. 7 (PI629004)、NO. 8 (PI596541)、绥农 14 (Suinong 14)、合丰 35 (Hefeng 35)、NO. 9 (PI612764)、NO. 10 (PI599300)
MG I	吉农 9 号 (Jinong 9)、合丰 43 (Hefeng 43)、NO. 12 (PI548641)、NO. 13 (PI614833)、NO. 14 (PI608438)、长农 20 (Changnong 20)、黑农 37 (Heinong 37)
MG II	吉育 72 (Jiyu 72)、吉林 43 (Jilin 43)、NO. 15 (PI561858)、NO. 16 (PI567786)、NO. 18 (PI595843)、NO. 19 (PI533655)
MG III	铁丰 29 (Tiefeng 29)、辽豆 14 (Liaodou 14)、铁丰 31 (Tiefeng 31)、NO. 20 (PI595926)、NO. 21 (PI548634)

MG 表示熟期组;NO. 表示北美材料编号。

MG means maturity group; NO. means the code of checks from North America.

1.3　数据统计分析与品种熟期组归属方法

根据田间性状的调查,计算各个环境播种到成熟期的天数。各品种取平均值。应用 Excel 2010 对表型数据进行统计分析。

熟期组鉴定方法为根据标准品种相邻熟期组生育日数平均值的 1/2 为界,划定不同熟期组在该环境的范围,初步划定各品种的熟期组归属,然后统计各品种在不同环境的熟期组归属次数,结合考虑该品种适应的生态条件,最终确定其熟期组归属。

2 结果与分析

2.1 东北大豆育成品种在各试验点全生育期日数的次数分布和描述统计

从表 4 可以看出，同一试验点不同年份各组生育日数频数具有波动性，遗传率较高而遗传变异系数差别不大。这说明生育期天数主要受遗传因素的影响且大豆品种的绝对生育日数在不同环境下是变化的，表明以相对值来确定各品种熟期组归属更合理。

表 4　各环境生育日数次数分布与变异

Table 4　Frequency distribution and variation of days from sowing to maturity under different environments

环境 Environment	组中值 Class mid-point							总数 Total	平均数 Mean/d	幅度 Range/d	遗传率 h^2/%	遗传变异系数 GCV/%
	94	104	114	124	134	144	154					
12 北安 12BA	0	1	3	18	54	55	67	198	142	103～159	—	—
13 北安 13BA	0	0	14	28	69	126	2	239	138	110～150	98.78	4.86
14 北安 14BA	0	0	7	11	44	73	110	245	145	114～159	99.77	3.40
12 扎兰屯 12ZLT	0	0	19	37	50	67	0	173	134	110～144	87.17	2.70
14 扎兰屯 14ZLT	0	0	9	29	60	123	5	226	138	113～150	93.13	2.68
12 克山 12KS	0	4	19	52	118	30	21	244	134	103～157	98.32	5.05
13 克山 13KS	0	4	28	102	158	0	0	292	128	102～138	95.57	3.52
14 克山 14KS	0	13	26	47	140	33	0	259	131	103～146	96.59	3.37
12 牡丹江 12MDJ	0	8	33	54	52	56	3	206	131	106～151	99.34	5.96
13 牡丹江 13MDJ	0	11	84	148	35	0	0	278	122	106～134	96.49	3.69
14 牡丹江 14MDJ	0	13	51	106	94	9	0	273	127	106～148	92.12	3.17
12 佳木斯 12JMS	0	6	10	82	125	33	0	256	130	106～146	90.56	3.31
13 佳木斯 13JMS	9	43	137	114	40	0	0	343	118	95～139	96.75	3.90
14 佳木斯 14JMS	0	33	94	93	107	9	0	336	124	102～140	83.97	1.77
12 大庆 12DQ	1	6	70	123	10	0	0	210	121	97～133	87.56	2.80
13 大庆 13DQ	7	13	63	178	32	0	0	293	122	96～135	97.13	4.32
14 大庆 14DQ	13	39	68	128	20	0	0	268	118	92～134	94.61	3.69
12 长春 12CC	0	3	25	59	110	56	12	265	133	107～159	97.12	4.64
13 长春 13CC	0	15	67	188	70	6	0	346	124	104～148	92.38	3.80
14 长春 14CC	4	39	66	125	63	40	0	337	133	111～158	91.45	2.48
12 白城 12BC	1	12	62	126	43	25	1	270	125	97～152	80.10	4.37
13 白城 13BC	6	49	145	109	37	2	0	348	118	95～141	92.33	4.27
14 白城 14BC	4	39	66	125	64	39	0	337	124	97～149	97.31	2.65
12 铁岭 12TL	56	91	44	19	43	25	4	282	114	90～151	97.71	7.68
13 铁岭 13TL	16	126	146	55	11	7	0	361	112	90～144	99.86	5.15
14 铁岭 14TL	3	20	117	145	57	10	9	361	122	95～154	99.34	4.30

12:2012 年;13:2013 年;14:2014 年。

12 means year 2012 ; 13 means year 2013 ; 14 means year 2014.

2.2 大豆熟期组标准品种在不同试验点生育日数的变异范围及熟期组范围的确定

从表5可以看出，不同熟期组标准品种的地区间稳定性并不一致。地区内同一个熟期组的品种（系）生育日数相对一致。有些熟期组在所有的生态区中均能正常成熟，有些熟期组则局限在特定的生态区能成熟。根据熟期组划分方法划定各生态区域的熟期组参考范围，如表6。可以看出，MG000~MGⅢ熟期组从出苗到成熟的日数呈逐渐增加趋势，各熟期组的范围清晰且不重叠，能够满足各生态区域对熟期组划分的要求。

表5　9个试验点标准品种播种至完熟期日数

Table 5　Days from sowing to maturity（R8）of the MG checks in the nine locations of Northeast China in 2012-2014

品种 Variety	熟期组 MG	播种至完熟日数 Days from sowing to maturity /d								
		北安 BA	扎兰屯 ZLT	克山 KS	牡丹江 MDJ	佳木斯 JMS	大庆 DQ	长春 CC	白城 BC	铁岭 TL
黑河28 Heihe 28	MG000	118~120	116	107~108	93~108	108	96~106	108~110	101~103	92~100
北豆24 Beidou 24	MG000	114~122	112~119	108~114	101~114	106~109	97~101	101~109	99~103	97~108
黑河8号 Heihe 8	MG00	122~137	119~128	114~115	105~123	110~13	102~110	108~115	97~108	101~111
黑河45 Heihe 45	MG00	123~133	121~128	117~121	104~122	113~117	107~114	105~120	105~115	98~111
绥农8号 Suinong 8	MG0	129~146	132~141	121~132	108~123	115~132	111~122	112~134	109~118	99~117
垦农4号 Kennong 4	MG0	146~151	135~146	132~139	117~129	121~140	119~123	123~135	118~124	108~122
合丰35 Hefeng 35	MG0	141~146	139~142	131~134	117~134	122~133	114~127	114~135	114~128	106~120
黑河36 Heihe 36	MG0	123~142	132	128~130	111~116	119~124	108~111	120~121	110~120	101~117
绥农14 Suinong 14	MG0	148~152	143	133~140	121	126~132	121~128	122~125	119~122	110~122
吉农9号 Jinong 9	MGⅠ	Im	Im	Im	133~Im	Im	Im	134~Im	134~Im	122~135
合丰43 Hefeng 43	MGⅠ	132~155	148	123~142	119~123	127~130	114~124	123~124	112~124	109~122
长农20 Changnong 20	MGⅠ	141~Im	143	132~145	124~139	132~144	124~Im	128~146	125~137	105~122
黑农37 Heinong 37	MGⅠ	154~Im		134~138	125~135	138~145	124~125	131~137	121~131	116~121
吉育72 Jiyu 72	MGⅡ	Im		137~Im	123~Im		129~Im	126~151	126~141	117~141
吉林43 Jilin 43	MGⅡ	149~Im	Im	130~141	124~134	126~146	126~127	126~140	121~130	110~133
铁丰29 Tiefeng 29	MGⅢ	Im	Im	Im	Im	Im	Im	Im	Im	141~Im
辽豆14 Liaodoui 14	MGⅢ	143~Im	Im	Im	143~Im	Im	Im	Im	137~Im	139~153
铁丰31 Tiefeng 31	MGⅢ	143~Im	Im	Im	143~Im	Im	Im	Im	146~Im	144~151

续表5

品种 Variety	熟期组 MG	佳木斯 JMS	大庆 DQ	长春 CC	铁岭 TL
NO. 7 (PI629004)	MG0	115 ~ 125	116 ~ Im	120 ~ 126	103 ~ 121
NO. 8 (PI596541)	MG0	114 ~ 124	117 ~ Im	117 ~ 126	105 ~ 123
NO. 9 (PI612764)	MG0	119 ~ 130	121 ~ Im	138 ~ 152	126 ~ 130
NO. 10 (PI599300)	MG0	131 ~ 146	Im	141	126
NO. 12 (PI548641)	MGI	122 ~ 135	127 ~ Im	127 ~ 133	125 ~ 131
NO. 13 (PI614833)	MGI	136 ~ 148	128 ~ Im	131 ~ 142	124 ~ 125
NO. 14 (PI608438)	MGI	137 ~ 149	129 ~ Im	133 ~ 144	122 ~ 128
NO. 15 (PI561858)	MG II	137 ~ 144	129 ~ Im	130 ~ 138	121 ~ 128
NO. 16 (PI567786)	MG II	139 ~ 146	131 ~ Im	134 ~ 139	125 ~ 126
NO. 18 (PI595843)	MG II	Im	131 ~ Im	135 ~ 147	129 ~ 134
NO. 19 (PI533655)	MG II	Im	134 ~ Im	136 ~ 144	129 ~ 132
NO. 20 (PI595926)	MG III	–	–	156	149
NO. 21 (PI548634)	MG III	–	–	143 ~ 154	137 ~ 152

品种 Variety	熟期组 MG	北安 BA	扎兰屯 ZLT
NO. 1 (PI548594)	MG000	105 ~ Im	106 ~ 107
NO. 2 (PI567787)	MG000	110 ~ Im	109 ~ 110
NO. 3 (PI548648)	MG00	110 ~ Im	111 ~ 116
NO. 4 (PI548596)	MG00	97 ~ Im	110 ~ 112
NO. 5 (PI602897)	MG00	115 ~ Im	112 ~ 119
NO. 6 (PI592523)	MG00	124 ~ Im	116 ~ 123
NO. 7 (PI629004)	MG0	127 ~ Im	122 ~ 127
NO. 8 (PI596541)	MG0	126 ~ Im	121 ~ 126
NO. 9 (PI612764)	MG0	129 ~ Im	129 ~ 133

– : 未播种; Im: 未成熟。

– means not sown; Im means immature.

表6 2012 – 2014 年间各试验点大豆熟期组的参考范围

Table 6 Ranges of days from sowing to maturity of the maturity groups at different locations in 2012-2014

熟期组 MG	北安 BA			扎兰屯 ZLT			克山 KS		
	2012	2013	2014	2012	2013	2014	2012	2013	2014
MG000	≤123	≤123	≤128	≤113		≤115	≤113	≤113	≤114
MG00	124 ~ 137	115 ~ 125	129 ~ 139	114 ~ 123		116 ~ 127	114 ~ 125	114 ~ 121	115 ~ 125
MG0	138 ~ 147	126 ~ 142	140 ~ 149	124 ~ 134		128 ~ 141	126 ~ 136	122 ~ 137	126 ~ 136
MG I			150 ~ 160	135 ~ 142		142 ~ 155	137 ~ 144		137 ~ 144

熟期组 MG	牡丹江 MDJ			佳木斯 JMS			大庆 DQ		
	2012	2013	2014	2012	2013	2014	2012	2013	2014
MG000	≤117	≤102	≤108	≤110	≤111	≤111	≤117	≤102	≤108
MG00	118 ~ 126	103 ~ 110	109 ~ 114	111 ~ 123	112 ~ 116	112 ~ 119	118 ~ 126	103 ~ 110	109 ~ 114
MG0	127 ~ 130	111 ~ 120	115 ~ 125	124 ~ 138	117 ~ 125	120 ~ 130	127 ~ 130	111 ~ 120	115 ~ 125
MG I	131 ~ 133	121 ~ 130	126 ~ 139	139 ~ 149	126 ~ 132	131 ~ 140	131 ~ 133	121 ~ 130	126 ~ 139
MG II	134 ~ 138				133 ~ 136		134 ~ 138		
MG III	139 ~ 148								

熟期组 MG	长春 CC			白城 BC			铁岭 TL		
	2012	2013	2014	2012	2013	2014	2012	2013	2014
MG000	≤113	≤112	≤104	≤104	≤102	≤104	≤97	≤100	≤109
MG00	114 ~ 126	113 ~ 119	105 ~ 115	105 ~ 114	103 ~ 110	105 ~ 112	98 ~ 108	101 ~ 105	110 ~ 115
MG0	127 ~ 136	120 ~ 126	116 ~ 133	115 ~ 124	111 ~ 120	113 ~ 124	109 ~ 119	106 ~ 115	116 ~ 122
MG I	137 ~ 140			125 ~ 130	121 ~ 123	125 ~ 131	120 ~ 126	116 ~ 121	123 ~ 131
MG II	141 ~ 149			131 ~ 139	124 ~ 130		127 ~ 140	122 ~ 131	132 ~ 144
MG III	≥150			≥140		≥131	141 ~ 158	132 ~ 149	145 ~ 158

2.3 东北大豆育成品种熟期组归属

根据各生态区域内熟期组的参考范围，对东北大豆育成品种群体熟期组归属进行划分。

从表7看，根据熟期组划分方法确定的结果与文献结果基本一致。大部分品种熟期组归属较为清晰，而有些品种则表现为两熟期的中间类型，这部分品种的熟期组归属，则还需考虑其适应地区的生态条件，如吉林43则表现为Ⅰ和Ⅱ的中间类型，将其划为Ⅰ组更合适。

为了观察该熟期组鉴定方法的准确性，以牡丹江点为例，将参试品种2012—2014年及3年平均生育日数按熟期组进行分析（图1）。可以看出，不同年份各熟期组的范围不同，但各熟期组在当地按照本文方法均能分开，不同年份各熟期组生育期天数趋势一致且大多数品种生育日数均处于箱体内，这说明本研究划分结果的相对可靠性。

表7 东北春大豆熟期组划分

Table 7 Maturity group of the spring varieties of soybean in Northeast China

熟期组 MG	品种 Variety
MG000	黑河7号（Heihe 7）、黑河28（Heihe 28）、黑河33（Heihe 33）、黑河40（Heihe 40）、丰收11（Fengshou 11）、丰收24（Fengshou 24）、北豆16（Beidou 16）、北豆24（Beidou 24）、北豆38（Beidou 38）、东大1号（Dongda 1）、蒙豆11（Mengdou 11）、蒙豆19（Mengdou 19）、东农45（Dongnong 45）、华疆2号（Huajiang 2）、孙吴大白眉（Sunwudabaimei）、东农43（Dongnong 43）
MG00	黑河48（Heihe 48）、黑河8号（Heihe 8）、黑河18（Heihe 18）、黑河19（Heihe 19）、黑河24（Heihe 24）、黑河27（Heihe 27）、黑河29（Heihe 29）、黑河32（Heihe 32）、黑河38（Heihe 38）、黑河43（Heihe 43）、黑河45（Heihe 45）、黑河5号（Heihe 5）、黑河52（Heihe 52）、丰收17（Fengshou 17）、丰收19（Fengshou 19）、克山1号（Keshan 1）、北豆5号（Beidou 5）、北豆14（Beidou 14）、北豆23（Beidou 23）、北丰3号（Beifeng 3）、北疆2号（Beijiang 2）、垦鉴豆27（Kenjian 27）、垦鉴豆28（Kenjian 28）、蒙豆5号（Mengdou 5）、蒙豆6号（Mengdou 6）、蒙豆9号（Mengdou 9）、蒙豆16（Mengdou 16）、蒙豆26（Mengdou 26）、东农49（Dongnong 49）、合丰40（Hefeng 40）、红丰3号（Hongfeng 3）、垦鉴38（Kenjiang 38）、北丰9号（Beifeng 9）、东生1号（Dongsheng 1）、九丰2号（Jiufeng 2）、九丰4号（Jiufeng 4）、蒙豆36（Mengdou 36）、北豆20（Beidou 20）、北豆22（Beidou 22）、合丰42（Hefeng 42）、垦丰21（Kenfeng 21）、合丰29（Hefeng 29）、绥农8号（Suinong 8）、黑农6号（Heinong 6）、东农38（Dongnong 38）
MG0	黑河36（Heihe 36）、黑河20（Heihe 20）、黑河51（Heihe 51）、黑河53（Heihe 53）、丰收10号（Fengshou 10）、丰收21（Fengshou 21）、克4430-20（Ke 4430-20）、北垦9395（Beiken 9395）、蒙豆10号（Menggou 10）、蒙豆12（Mengdou 12）、蒙豆28（Mengdou 28）、蒙豆30（Mengdou 30）、白宝珠（Baibaozhu）、合丰46（Hefeng 46）、合丰51（Hefeng 51）、丰收12（Fengshou 12）、红丰2号（HongFeng 2）、红丰8号（HongFeng 8）、红丰11（HongFeng 11）、红丰12（HongFeng 12）、垦农4号（Kennong 4）、垦农5号（Kennong 5）、垦农18（Kennong 18）、垦农24（Kennong 24）、垦农26（Kennong 26）、垦农28（Kennong 28）、垦农34（Kennong 34）、垦鉴7号（Kenjian 7）、垦鉴35（Kenjian 35）、垦鉴43（Kenjian 43）、垦鉴豆26（Kenjian 26）、丰收2号（Fengshou 2）、丰收6号（Fengshou 6）、北丰11（Beifeng 11）、绥农15（Suinong 15）、蒙豆14（Mengdou 14）、哈北46-1（Habei 46-1）、丰收25（Fengshou 25）、北豆30（Beidou 30）、北豆18（Beidou 18）、丰收27（Fengshou 27）、北豆3号（Beidou 3）、北豆8号（Beidou 8）、北豆9号（Beidou 9）、北豆10号（Beidou 10）、北豆21（Beidou 21）、北丰14（Beifeng 14）、垦农8号（Kennong 8）、垦丰7号（Kenfeng 7）、垦丰11（Kenfeng 11）、垦丰13（Kenfeng 13）、垦丰22（Kenfeng 22）、垦农29（Kennong 29）、垦农30（Kennong 30）、垦农31（Kennong 31）、东农48（Dongnong 48）、黑农35（Heinong 35）、黑农43（Heinong 43）、黑农44（Heinong 44）、垦丰5号（Kenfeng 5）、垦丰14（Kenfeng 14）、垦丰17（Kenfeng 17）、垦丰19（Kenfeng 19）、垦丰20（Kenfeng 20）、垦豆25（Kendong 25）、垦豆27（Kendou 27）、垦豆30（Kendou 30）、合丰5号（Hefeng 5）、合丰22（Hefeng 22）、合丰23（Hefeng 23）、合丰25（Hefeng 25）、合丰26（Hefeng 26）、合丰33（Hefeng 33）、合丰35（Hefeng 35）、合丰43（Hefeng 43）、合丰45（Hefeng 45）、合丰47（Hefeng 47）、绥农34（Suinong 34）、合丰50（Hefeng 50）、合丰55（Hefeng 55）、合丰56（Hefeng 56）、合农60（Henong 60）、东农50（Dongnong 50）、牡丰3号（Mufeng 3）、绥农35（Suinong 35）、荆山璞（Jinshanpu）、合丰30（Hefeng 30）、绥农10号（Suinong 10）、绥农14（Suinong 14）、东农46（Dongnong 46）、黑生101（Heisheng 101）、合丰39（Hefeng 39）、绥无腥1号（Suiwuxing 1）、延农9号（Yannong 9）、绥农20（Suinong 20）、绥农30（Suinong 30）、吉育69（Jiyu 69）、黑农3号（Heinong 3）、黑农10号（Heinong 10）、黑农11（Heinong 11）、黑农34（Heinong 34）、黑农64（Heinong 64）、

熟期组 MG	品种 Variety
	牡丰1号(Mufeng 1)、牡丰2号(Mufeng 2)、嫩丰1号(Nenfeng 1)、嫩丰4号(Nenfeng 4)、嫩丰7号(Nenfeng 7)、嫩丰9号(Nenfeng 9)、嫩丰12(Nenfeng 12)、嫩丰13(Nenfeng 13)、嫩丰14(Nenfeng 14)、嫩丰15(Nenfeng 15)、嫩丰17(Nenfeng 17)、嫩丰18(Nenfeng 18)、嫩丰19(Nenfeng 19)、元宝金(Yuanbaojin)、十胜长叶(Shishengchangye)、克拉克63(clark 63)、阿姆索(Amsoy)、Beeson、富兰克林(CN210)、旱铁荚青(Hantiejiaqing)、紫花1号(Zihua 1)、绥农3号(Suinong 3)、绥农4号(Suinong 4)、绥农5号(Suinong 5)、绥农6号(Suinong 6)、绥农22(Suinong 22)、绥农26(Suinong 26)、绥农27(Suinong 27)、绥农31(Suinong 31)、绥农32(Suinong 32)、抗线4号(Kangxian 4)、东农4号(Dongnong 4)、东农37(Dongnong 37)、东农47(Dongnong 47)、东农53(Dongnong 53)、黑农65(Heinong 65)、黑农16(Heinong 16)、黑农48(Heinong 48)、吉育58(Jiyu 58)、吉育69(Jiyu 69)、吉育67(Jiyu 67)、群选1号(Qunxuan 1)、黑农23(Heinong 23)、黑农28(Heinong 28)、黑农30(Heinong 30)、黑农31(Heinong 31)、黑农33(Heinong 33)、黑农41(Heinong 41)、黑农57(Heinong 57)、四粒黄(Silihuang)、吉育83(Jiyu 83)、吉育86(Jiyu 86)、杂交豆3(Zajiaodou 3)、四粒荚(Silijia)、吉林48(Jilin 48)
MG Ⅰ	垦农19(Kennong 19)、垦农22(Kennong 22)、垦农23(Kennong 23)、抗线6号(Kangxian 6)、抗线8号(Kangxian 8)、垦豆26(Kendou 26)、垦丰9号(Kenfeng 9)、垦丰10(Kenfeng 10)、垦丰15(Kenfeng 15)、垦丰16(Kenfeng 16)、垦丰18(Kenfeng 18)、垦丰23(Kenfeng 23)、垦豆28(Kendou 28)、绥农33(Suinong 33)、合丰48(Hefeng 48)、吉林26(Jilin 26)、九农29(Jiunong 29)、长农14(Changnong 14)、长农20(Changnong 20)、抗线7号(Kangxian 7)、牡丰6号(Mufeng 6)、牡丰7号(Mufeng 7)、牡豆8号(Mudou 8)、嫩丰20(Nenfeng 20)、满仓金(Mancangjin)、紫花4号(Zihua 4)、绥农29(Suinong 29)、抗线3号(Kangxian 3)、东农33(Dongnong 33)、黑农54(Heinong 54)、黑农58(Heinong 58)、黑农69(Heinong 69)、黑农67(Heinong 67)、吉育35(Jiyu 35)、吉育47(Jiyu 47)、东农42(Dongnong 42)、东农52(Dongnong 52)、东农54(Dongnong 54)、抗线5号(Kangxian 5)、抗线9号(Kangxian 9)、抗线2号(Kangxian 2)、黑农26(Heinong 26)、黑农32(Heinong 32)、黑农37(Heinong 37)、黑农40(Heinong 40)、黑农39(Heinong 39)、黑农47(Heinong 47)、黑农51(Heinong 51)、黑农52(Heinong 52)、黑农53(Heinong 53)、黑农61(Heinong 61)、黑农62(Heinong 62)、吉林20(Jilin 20)、吉林35(Jilin 35)、吉林43(Jilin 43)、吉育73(Jilin 73)、吉育84(Jilin 84)、吉育87(Jiyu 87)、吉育89(Jiyu 89)、长农5号(Changnong 5)、九农13(Jiunong 13)、九农28(Jiunong 28)、九农31(Jiunong 31)、吉育57(Jiyu 57)、吉育59(Jiyu 59)、吉育64(Jiyu 64)、吉科1号(Jike 1)、吉科3号(Jike 3)、吉育72(Jiyu 72)、长农24(Changnong 24)、九农12(Jiunong 12)、吉育39(Jiyu 39)、吉育43(Jiyu 43)、吉育63(Jiyu 63)、吉育85(Jiyu 85)、吉育34(Jiyu 34)、天鹅蛋(Tianedan)、四粒黄(Silihuang)、铁豆42(Tiedou 42)
MG Ⅱ	丰地黄(Fengdihuang)、铁荚四粒黄(Tiejiasilihuang)、小金黄1号(Xiaohuangjin 1)、吉林1号(Jilin 1)、吉林3号(Jilin 3)、集体3号(Jiti 3)、吉林24(Jilin 24)、吉林39(Jilin 39)、吉林44(Jilin 44)、吉育88(Jiyu 88)、吉育93(Jiyu 93)、吉育101(Jiyu 101)、长农13(Changnong 13)、长农15(Changnong 15)、长农16(Changnong 16)、长农17(Changnong 17)、长农19(Changnong 19)、长农21(Changnong 21)、吉林30(Jilin 30)、吉育90(Jiyu 90)、吉育91(Jiyu 91)、吉育92(Jiyu 92)、长农22(Changnong 22)、长农23(Changnong 23)、通农4号(Tongnong 4)、通农9号(Tongnong 9)、通农13(Tongnong 13)、吉农9号(Jinong 9)、吉农15(Jinong 15)、九农9号(Jiunong 9)、九农26(Jiunong 26)、九农36(Jiunong 36)、吉育48(Jiyu 48)、吉育75(Jiyu 75)、九农34(Jiunong 34)、吉育71(Jiyu 71)、九农30(Jiunong 30)、铁荚子(Tiejiazi)、黄宝珠(Huangbaozhu)、辽豆3号(Liaodou 3)、铁丰3号(Tiefeng 3)、铁丰19(Tiefeng 19)、铁丰29(Tiefeng 29)
MG Ⅲ	吉林5号(Jilin 5)、长农18(Changnong 18)、吉农22(Jinong 22)、九农33(Jiunong 33)、通化平顶香(Tonghuapingdingxiang)、九农39(Jiunong 39)、辽豆4号(Liaodou 4)、辽豆14(Liaodou 14)、辽豆15(Liaodou 15)、辽豆17(Liaodou 17)、辽豆20(Liaodou 20)、辽豆22(Liaodou 22)、辽豆23(Liaodou 23)、辽豆24(Liaodou 24)、辽豆26(Liaodou 26)、铁丰22(Tiefeng 22)、铁丰24(Tiefeng 24)、铁丰28(Tiefeng 28)、铁丰31(Tiefeng 31)、铁丰34(Tiefeng 34)、铁豆39(Tiedou 39)

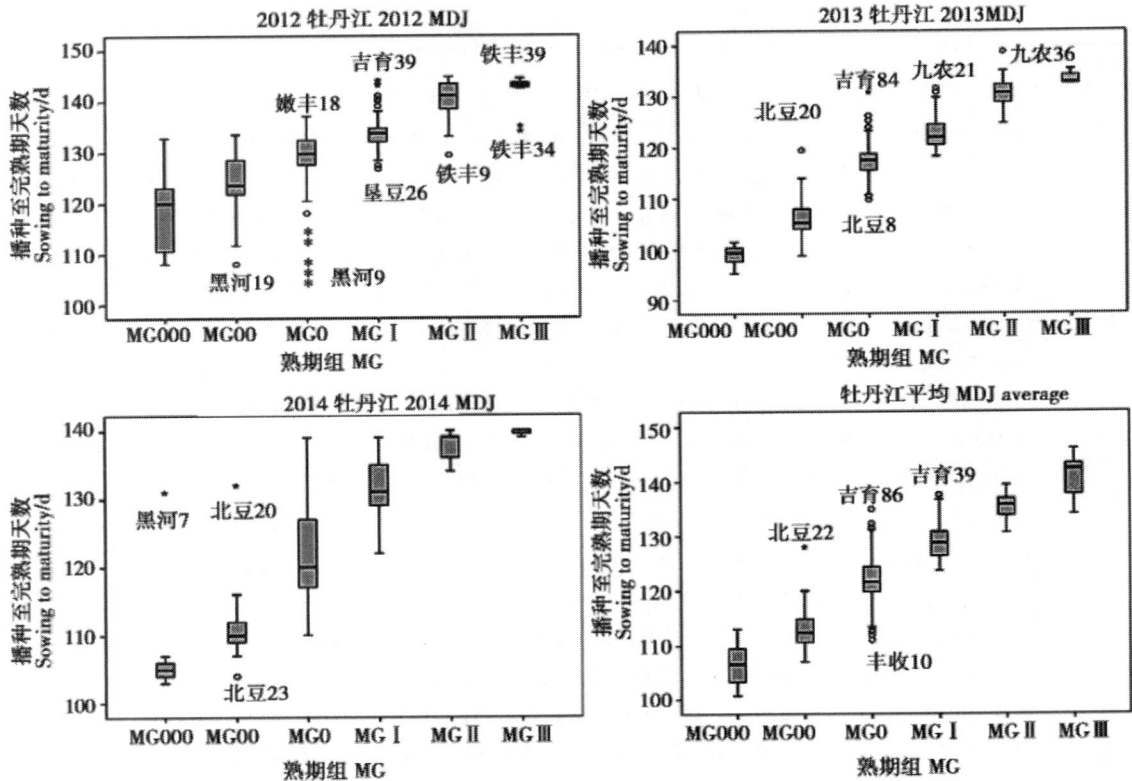

图 1　不同年份参试大豆品种在牡丹江的生育日数箱图

Fig. 1　The Box-plots of days from sowing to maturity of some varieties at Mudanjiang in 2012–2014

2.4　东北各熟期组的地理分布

大豆是典型的短日照植物，其生育期长短受到光温反应的影响，生育期的分布与纬度之间存在着一定的关系。美国大豆熟期组地理分布表现出明显的规律性，每个熟期组分布在一个狭窄地带内，纬度跨幅小，MG000~MGX地理分布由北向南依次对应相应的纬度范围，熟期组地带之间基本没有重叠。而我国由于地理条件和耕作制度较为复杂，大豆表现出相邻熟期组地理分布存在部分交叉重叠现象。在东北地区，前人研究发现 MG000~MGⅠ组主要分布在黑龙江，MGⅡ主要是在吉林，MGⅢ则主要分布在辽宁[1]。

本文通过查阅相关品种志，结合品种的适应区域对东北品种（系）各熟期组的适应范围进行分析，各熟期在东北地区的分布见表8。

表 8　东北大豆生育期组的地域分布

Table 8　Regional distribution of soybean maturity groups in Northeast China

生育期组	地域分布 Regional distribution			
MG	黑龙江 HLJ	吉林 JL	辽宁 LN	内蒙古 INM
MG000	北部山区	东部早熟区		兴安盟、呼伦贝尔
MG00	中北部			兴安盟、呼伦贝尔、通辽
MG0	中部	中南部、延边、敦化、白城、吉林		
MGⅠ	中南部	白城、通化、长春、延边、四平等	沈阳、辽阳、海城、锦州	呼伦贝尔、呼和浩特、通辽、赤峰
MGⅡ	中南部	北至扶余、东至延边、通化	昌图以南	赤峰
MGⅢ		中南部、东部		

可以看出，东北地区熟期组的分布规律与前人的基本一致。但本文所选用的品种（系）更多，结果较前人更加可信。

24

2.5 大豆熟期组鉴定的东北标准品种、参考标准及建议的东北熟期组鉴定方法

大豆熟期组的鉴定依赖于各个熟期组的标准品种，标准品种的选择直接关系到熟期组鉴定的结果。大豆适应性和环境互作效应的存在，使得使用当地的标准品种进行鉴定更具有说服力。如本试验的北安试验点，MG000~MG0组的北美标准品种与东北标准品种在2012、2013年均能正常成熟，且这两种品种（系）生育期日数接近，而在2014年，北美的标准品种则未成熟而东北标准品种则能正常成熟，这充分说明使用当地品种（系）作为标准品种的必要性。

为了确定最适合作为当地标准品种的品种（系），根据本试验各熟期内品种（系）的生育日数，计算平均数和标准差，统计该范围内的品种，稳定出现的品种（系）作为各个熟期组的标准品种，结果如表9。从表9中可以看出，选出的标准品种是在生产中曾经大面积应用的品种，广大育种家对这些品种（系）熟悉且容易获得，适合作为熟期组鉴定的标准品种。

表 9 建议的东北大豆熟期组标准品种
Table 9 The suggested maturity group standard checks in Northeast China

数期组 MG	品种 Variety
MG000	黑河40（Heihe 40）、黑河33（Heihe 33）、蒙豆19（Mengdou 19）、丰收11（Fenghsou 11）、北豆16（Beidou 16）
MG00	黑河38（Heihe 38）、北豆14（Beidou 14）、垦鉴豆28（Kenjina 28）、黑河19（Heihe 19）、黑河43（Heihe 43）
MG0	黑生101（Heisheng 101）、垦农5号（Kennong 5）、垦农26（Kennong 26）、垦农28（Kennong 28）、丰收2号（Fengshou 2）
MG I	吉科1（Jike 1）、东农54（Dongnong 54）、抗线5号（Kangxian 5）、垦丰18（Kenfeng 18）、抗线2号（Kangxian 2）
MG II	小金黄1号（Xiaojinhuang 1）、铁荚四粒黄（Tiejiasilihuang）、长农16（Changnong 16）、吉林1号（Jilin 1）、九农30（Jiunong 30）
MG III	九农39（Jiunong 39）、辽豆14（Liaodou 14）、长农18（Changnong 18）、吉农22（Jinong 22）、铁丰28（Tiefeng 28）

熟期组的划分就是将待定品种（系）与标准品种的生育期进行比较，即以相对生育日数来确定待定品种（系）的熟期归属。该方法较以不论何地只看绝对生育日数来划分的方法更加具可比性，更能反映不同品种（系）的差异，方便大豆品种（系）的引种、交流。

本文根据不同熟期组大豆品种在各大豆生态区多年的表现，划定不同生态区大豆熟期组的参考范围（表10）。表6和表10表明不同试验点及年份下各熟期组的生育日数范围是不一致的，这可能使得不同的鉴定者对相同品种的熟期组的判断不一致。本文在选取东北品种作为标准品种时，就遇到了不同学者对同一种大豆品种划分的熟期组不一致的现象。目前东北品种的熟期组鉴定没有公认的最适合鉴定地点，这不利于熟期组鉴定结果的规范，因此有必要确定不同熟期组最适宜的鉴定地点。通过分析可知，北安在MG000，特别是MG00组各年份熟期组间差异稳定都在10 d左右，而扎兰屯也基本上呈现相同的规律，因此建议北安和扎兰屯作为MG000、MG00组的鉴定地点，而铁岭则在MG II、MGIII熟期组间范围稳定且都在10 d左右，适合作为这两个熟期组鉴定的地点。至于MG0和MG I组，这两组在黑龙江的适应范围最为广泛，建议克山和牡丹江作为这两个熟期组的鉴定地点。

目前东北地区的熟期组鉴定刚开始，可以采取两步鉴定的策略，首先在当地对待定品种做初步鉴定，根据初步鉴定的结果再统一安排在相对应的鉴定地点进行鉴定。初步鉴定时可以按照本文中给出的东北地区不同生态亚区内各熟期组参考范围进行比对后作初分，然后可在建议的鉴定地点进行联合鉴定，确定品种熟期组归属。熟期组鉴定方法使用习惯后就可直接与本地品种的熟期组比较。

表 10　不同熟期组在各生态区的生育日数范围

Table 10　The classification range of days from sowing to maturity for different maturity groups in various eco-regions（d）

熟期组 MG	北安 BA	扎兰屯 ZLT	克山 KS	佳木斯 JMS	牡丹江 MDJ	大庆 DQ	长春 CC	白城 BC	铁岭 TL
MG000	114～126	115～123	106～116	107～113	104～110	99～107	103～111	101～107	97～102
MG00	127～138	124～133	117～126	114～121	111～117	108～116	112～120	108～115	103～109
MG0	139～147	134～141	127～134	122～130	118～125	117～124	121～128	116～123	110～116
MG Ⅰ	148～155	142～147	135～142	131～137	126～132	125～129	129～136	124～131	117～125
MG Ⅱ		143～152		138～143	133～137	130～133	137～142	132～138	126～135
MG Ⅲ					138～143		143～146	139～144	136～147

3　讨　论

3.1　本研究中大豆熟期组划分的侧重点

我国熟期组鉴定方法自 2001 年盖钧镒等[1]建议以来，逐渐被育种家所接受，但品种在不同的地点、年份环境下生育期日数是变化的，合适的熟期组归属方法必须综合考虑一个品种在多个环境的综合反应。

因此本研究重点考虑了以下要点：首先是标准品种。标准品种直接决定了鉴定结果的准确性，目前国内的鉴定者所使用的标准品种均是国外已经鉴定了熟期组的品种（系），由于大豆本身适应性较窄及环境互作的原因，本文在直接使用国外品种作为标准品种的基础上同时将国内不同学者熟期组鉴定结果一致的品种（系）也作为标准品种。这样增加了熟期组鉴定标准品种的数目，提高了各熟期组的代表性，从而降低了少数标准品种的波动对熟期组鉴定产生的不利影响。其次，大豆熟期组的划分中，不同熟期组之间差异在 10~15 d，这个范围能够充分表现出大豆品种（系）在生育期上的差异，只有相邻两熟期组间差值在这个范围的地点才能较好地区分品种的熟期组。鉴于东北高纬度地区光温变化大，地区间生育期差异明显，熟期组地域范围比较小，所以建议要在适宜的地点做熟期组鉴定。再者，生育期的概念对熟期组鉴定非常重要，根据 Fehr 等[18]对大豆生育期的划分，大豆生育期包含营养生长阶段和生殖生长阶段，营养生长阶段从播种至初花（R1），生殖生长则从初花期（R1）至完熟期（R8）；我国有些熟期组划分[10,12]则把从出苗至初熟期（R7）认为是生育期。实际上，东北地区早春土壤墒情较好，播种后种子即开始生理活动，直到 R8 时期才结束，因此我们将东北地区全生育期定为从播种至完熟期（R8）的日数。

3.2　有待进一步验证的结果

大豆熟期组的划分，美国在 1944 年最早分为 Ⅰ~Ⅶ组，到 20 世纪 70 年代发展成为目前的 000~X组。最近，贾鸿昌[11-12]使用从出苗至 R7 为生育期，采用 10~15 d 为范围对东北地区大豆品种进行鉴定，提出了 MG0000 组的概念。在其鉴定的 MG0000 组中包含本试验所鉴定的黑河 28、垦农 8 号、牡丰 1 号品种，这 3 个品种的生育日数及熟期组在本研究中的归属见表11。从中可以看出，无论是按照哪种全生育期概念对本试验所获得的数据进行分析，均未能证实这些品种早于 MG000 组，因而建议作进一步验证。

表11　3个特早熟品种全生育期日数及熟期组鉴定结果

Table 11　Whole growth period days and identified maturity groups of three ultra-early varieties

生育期 Growth period	品种 Variety	北安 Beian			扎兰屯 Zhalantun	
		2012	2013	2014	2012	2014
播种至 R8 Sowing to R8	黑河 28 Heihe 28	118（MG000， ≤123）	120（MG00， 115～125）	145（MG0， 140～149）	116（MG00， 114～123）	–
	垦农 8 号 Kennong 8	未成熟（Im）	142（MG0， 126～142）	148（MG0， 140～149）	未成熟（Im）	137（MG0， 128～141）
	牡丰 1 号 Mufeng 1	141（MG0， 138～147）	138（MG0， 126～142）	148（MG0， 140～149）	未成熟（Im）	138（MG0， 128～141）
出苗至 R7 Emergence to R7	黑河 28 Heihe 28	91（MG00， 86～100）	103（MG00， 94～106）	–	91（MG000， 85～92）	–
	垦农 8 号 Kennong 8	未成熟（Im）	121（MG1， 117～122）	117（MG0， 113～118）	未成熟（Im）	112（MG0）
	牡丰 1 号 Mufeng 1	105（MG0， 101～118）	120（MG0， 107～120）	120（MG1）	115（MG0， 104～116）	112（MG0）

－ 为缺失；Im 为未成熟；品种在不同环境下的数据表示为：生育期日数（熟期组归属，熟期组范围）格式。出苗至 R7 栏中，2014 年北安 MG0 和 MG I 标准品种为 115 和 116 d，两组无法准确区分。

－ means not available; Im means immature; the data of varieties in different environments are expressed as the number of growth period days (Maturity group, range of the maturity group). In the row of emergence to R7, the standard checks of MG0 and MG I at Beian in 2014 were 115 and 116 days, respectively, not distinguishable between MG0 and MG I.

此外，本文鉴定的 361 份材料中有 39 份材料前人已有鉴定。其中，除上述黑河 28、垦农 8 号和牡丰 1 号以外，还有 17 份材料的鉴定结果与本文不同。盖钧镒等[1]曾在南京和哈尔滨将绥农 8 号、黑河 7 号、吉林 20、黄宝珠鉴定为 MG0 组，而本文将它们分别鉴定为 MG00、MG000、MG I 、MG II 组。吴存祥等[13]曾在北京和武汉将吉育 72 鉴定为 MG II 组，而本文则鉴定为 MG I 组。贾鸿昌[12]曾在黑河将黑河 20 鉴定为 MG000 组，本文鉴定为 MG0；将北丰 11、黑河 33、丰收 11、北豆 16、华疆 2 号鉴定为 MG00 组，本文鉴定为 MG0、MG000、MG000、MG000、MG000；将黑河 38、黑河 43、丰收 24、蒙豆 19 鉴定为 MG0 组，而本文则鉴定为 MG00、MG00、MG000、MG000 组。吴存祥等[13]和贾鸿昌[12]将黑河 48 鉴定为 MG0 组，而本文则鉴定其为 MG00 组。盖钧镒等[1]、吴存祥等[13]、贾鸿昌[12]对吉林 30，分别鉴定为 MG I 、MG II 、MG0 组，本文则将其鉴定为 MG II 组。以上比对结果说明在不同地点、采用不同比较标准对同一品种的熟期组鉴定结果会有不同，上下有一个组的差异，个别的甚至有两个组的差异，说明统一标准，选用适当地点做鉴定的必要性。鉴于上述差异中有些鉴定地点离东北地区太远，可能本研究的结果更接近些，建议需要时做进一步的验证。本文所选取的试验点，基本上代表东北地区生态类型，北安、扎兰屯及其邻近地区可对 MG000、MG00 组，而铁岭邻近地区可对 MG II 、MG III 组，克山、牡丹江及其邻近地区可对 MG0 和 MG I 组做更准确的鉴定。

4 结　论

通过 2012—2014 年在东北 9 个大豆气候生态区的试验，对 361 份东北品种的熟期组归属进行了划定，获得了以下结果：（1）确定了不同试验点/生态亚区各熟期组划分的生育期日数范围和各熟期组鉴定的最佳试验点/生态亚区，具体说来北安和扎兰屯作为 MG000、MG00，克山和牡丹江作为 MG0 和 MG I 组，铁岭作为 MG II 、MG III 熟期组的鉴定地点；（2）361 份东北春大豆熟期组归入 MG000~MG III 6 个熟期组；（3）揭示了不同熟期组在东北地区的地理分布范围，大致上 MG000~MG00 主要分布在黑龙江北部及内蒙古北部，MG0~MGI 主要分布在黑龙江中南部，MGⅡ主要分布在吉林省，MGⅢ主要分布在辽宁省；（4）提出了一批东北地区各熟期组鉴定的本地区标准品种；（5）提出我国东北地区熟期组鉴定的方法，首先在当地将待鉴定的品种生育期日数与标准品种的表现或者本文所给出的各熟期组在当地的表现进行初步划分，然后再按照其熟期组划分结果安排在相应的熟期组最佳鉴定点进行统一鉴定，最终确定熟期组的归属。

致谢：感谢中国农业科学院作物科学研究所韩天富课题组提供的北美熟期组标准品种的数据，感谢中国农业科学院作物所、吉林省农业科学院大豆研究所提供部分大豆参试品种（系）。

参考文献〔略〕

本文原载于《大豆科学》2016 年 02 期。

东北大豆种质资源生育期性状的生态特征分析

傅蒙蒙[1]，王燕平[2]，任海祥[2]，王德亮[3]，包荣军[4]，杨兴勇[5]，田中艳[6]，傅连舜[7]，程延喜[8]，苏江顺[9]，孙宾成[10]，杜维广[2]，赵团结[1]，盖钧镒[1]

（1.南京农业大学大豆研究所/农业部大豆生物学与遗传育种重点实验室/国家大豆改良中心/作物遗传与种质创新国家重点实验室，江苏 南京 210095；2.黑龙江省农业科学院牡丹江分院/国家大豆改良中心牡丹江试验站，黑龙江 牡丹江 157041；3.黑龙江省农垦科学院作物研究所，黑龙江 佳木斯 154007；4.黑龙江省农垦北安分局农科所，黑龙江 北安 164009；5.黑龙江省农业科学院克山分院，黑龙江 克山 161606；6.黑龙江省农业科学院大庆分院，黑龙江 大庆 163316；7.铁岭市农业科学院，辽宁 铁岭 112616；8.长春市农业科学院，吉林 长春 130111；9.白城市农业科学院，吉林 白城 137000；10.呼伦贝尔市农科所，内蒙古 扎兰屯 162650）

摘　要：生育期是大豆重要的生态性状，为明确东北大豆生育期性状的生态特性，搜集东北地区代表性品种 361 份，于 2012—2014 年在东北地区 9 个代表性地点进行生育期试验。结果表明：（1）将东北地区按熟期和生态条件划分为 4 个亚区。第一亚区包括以北安、扎兰屯为代表的黑龙江省、内蒙古北部地区，该地区积温偏低，5 月中旬播种，9 月中旬成熟（初霜），主要适合 MG000、MG00 熟期组；第二亚区包括以克山、佳木斯、牡丹江、长春为代表的黑龙江省中南部至吉林省长春等地，该地区气候适宜，4 月下旬至 5 月中旬播种，9 月中旬成熟（初霜），主要适合 MG0、MGⅠ熟期组；第三亚区包括以白城、大庆为代表的黑龙江省西南部、吉林省东北部降水量低的地区，播种从 4 月下旬至 5 月上旬，9 月中下旬成熟（初霜），适合 MG0、MGⅠ熟期组；第四亚区包括以铁岭为代表的辽宁省大部分地区，4 月下旬至 5 月上旬播种，9 月中下旬成熟（初霜），主要适合 MGⅡ和 MGⅢ熟期组。（2）明确了各熟期组大豆的生态特征。MG000 和 MG00 熟期组主要分布在第一生态亚区，在当地生长季节内正常成熟，在其他亚区生育前期、后期略有缩短、提前成熟，不能充分利用当地生长季节。MG0 和 MGI熟期组主要分布在第二和第三生态亚区，在当地生长季节内正常成熟，在第一亚区比当地品种晚 20~30 d、前期晚 7~10 d，在第四生态亚区比当地品种早 10~20d、前期早 3~5d，不适合在这些地区种植。MGⅡ、MGⅢ熟期组仅在第四生态亚区正常成熟，部分品种可以在第二、三生态亚区成熟，生育前期在第二、三亚区比当地品种晚约 10 d、在第一亚区晚约 20 d。

关键词：东北春大豆；生育期性状；遗传变异；生态特征；生态亚区

Ecological Characteristics Analysis of Northeast Soybean Germplasm Growth Period Traits

FU Meng-meng[1], WANG Yan-ping[2], REN Hai-xiang[2], WANG De-liang[3], BAO Rong-jun[4], YANG Xing-yong[5], TIAN Zhong-yan[6], FU Lian-shun[7], CHENG Yan-xi[7], SU Jiang-shun[9], SUN Bin-cheng[10], DU Wei-guang[2], ZHAO Tuan-jie[1], GAI Jun-yi[1]

(1. *Soybean Research Institute of Nanjing Agricultural University / Key Laboratory for Soybean Biology, Genetics and Breeding, Ministry of Agriculture / National Center for Soybean Improvement / National Key Laboratory for Crop Genetics and Germplasm Enhancement, Nanjing 210095, China;*

2. *Mudanjiang Branch of Heilongjiang Academy of Agricultural Sciences / Mudanjiang Experiment Station of the National Center for Soybean Improvement, Mudanjiang 157041, China;*

3. *Heilongjiang Academy of Land reclamation Sciences, Jiamusi 154007, China;*

4. *Beian Branch of Heilongjiang Academy of Land reclamation Sciences, Beian 164009, China;*

5. *Keshan Branch of Heilongjiang Academy of Agricultural Sciences, Keshan 161606, China;*

6. *Daqing Branch of Heilongjiang Academy of Agricultural Sciences, Daqing 163316, China;*

7. *Tieling Academy of Agricultural Sciences, Tieling* 112616, *China*;

8. *Changchun Academy of Agricultural Sciences, Changchun* 130111, *China*;

9. *Baicheng Academy of Agricultural Sciences, Baicheng* 137000, *China*;

10. *Hulunbeier Academy of Agricultural Sciences, Hulunbeier* 162650, *China*)

Abstract: Growth period traits are the most important ecological traits in soybean production. The soybean collection composed of 361 landraces and released cultivars from Northeast China was tested at 9 locations in 2012—2014 for revealing the ecological properties of the growth period traits of soybean varieties. The results obtained were as follows: (1) The Northeast China soybean producing areas were grouped into four ecological sub-regions according to variety maturities and ecological conditions. The first ecological sub-region located in the northern region of Heilongjiang and Inner Mongolia, represented by Beian and Zhalantun. The soybeans were usually sown in mid-May and matured in mid-September (first frost) in this region where the accumulated temperature was relatively low and fit MG000 and MG00. The second ecological sub-region located in the area from the southern of Heilongjiang to Changchun in northern of Jilin, represented by Keshan, Jiamusi, Mudanjiang and Changchun. The soybeans were usually sown in late April to mid-May and matured in mid-September (first frost) in this region where the climate was suitable for MG0 and MG I .The third ecological sub-region located in the area from southwest of Heilongjiang to northeast of Jilin. The soybeans were usually sown from midor late April to early May and mature from midto late September (first frost) in this region where was somewhat lack of rainfall and fit mainly MG0 and MG I . The fourth ecological sub-region located in the most areas of Liaoning province. The soybeans were usually sown from late April to early May and matured from mid to late September (first frost) in this region where the accumulated temperature was relatively high and fit MG II , MG II . (2) The major ecological properties of various maturity groups were revealed. MG000 and MG00 mainly fit the first ecological sub-region but were not suitable for other three sub-regions where could not make full use of the natural growth season due to too early maturity. MG0 and MG I mainly fit the second and third ecological sub-regions, but not suitable for other sub-regions because in the first ecological sub-region they mature later than the local varieties about 20~30 days and 10~20 days earlier in the fourth sub-region, while days to flowering were 7-10 days later in the first sub-region and 3~5 days earlier in the fourth sub-region. MGII and MGIII could only mature naturally in the fourth ecological sub-region and only a part of varieties of these maturity groups could mature reluctantly in second and third sub-regions, while days to flowering was 10 days later in second and third sub-regions and 20 days later in the first sub-region.

Keywords: Northeast spring soybean; Growth period trait; Genetic variation; Ecological characteristic; Ecological sub-region

　　生育期性状包括生育前期、生育后期、全生育期和生育期结构，是大豆重要的适应性生态性状[1]。按照 Fehr[2]的定义，播种至初花期（R1）为生育前期，初花期至完熟期（R8）为生育后期，两者之和为全生育期。有研究将生育后期与生育前期之比称为生育期结构[3]，鉴于该定义不能反映生长阶段与全生育期的关系，本文将生育前期与全生育期的比值定义为生育期结构。生育期性状对大豆的产量、品质、适应性等性状至关重要。选择短日照条件下生育期较长（长童性）的品种解决了低纬度地区大豆产量偏低的问题，扩大了大豆的种植范围[4]。大豆生殖生长阶段特别是花荚期的需水量较大，该阶段和雨期相遇能够提高产量。全生育期长短反映大豆的适应性，根据全生育期长短进行熟期组分类，是大豆分类最主要的方式，对大豆的生产、育种产生了重要影响[1]。生育期结构反映了不同类型大豆的演化进度[5]，在全生育期一定的条件下，调节生育期结构有助于产量的提高[6]。

　　生育期性状是典型的生态性状，表达受生态环境特别是光、温的影响[7]。许多研究者曾对生育期性状的光温反应特性及分类做了研究[8-10]，但由于我国生态环境复杂、试验规模受到限制，结果不够详尽[11]。20 世纪 80 年代初中国农业科学院在全国采用分期和异地播种相结合的试验方式，获得了一批宝贵的原始数据[7]。任全兴等[11]通过分期播种研究表明大豆品种原产地纬度越高，生育期性状越短。王石宝[12]通过地理播种法研究早熟大豆时发现同一品种在不同环境下从低纬度到高纬度生育期逐渐延长；生育期结构发生变化，呈现营养生长延长、生殖生长缩短的趋势。任红玉等[7]研究表明东北春大豆生育前期与生育后期呈现从北向南缩短的趋势，生育后期明显长于生育前期。东北地区在我国大豆生产中占有重要地位，而专门针对该地区进行大规模生育期生态试验的报道并不多。

我国土地辽阔，气候条件复杂多样，采用分区的方式来掌握不同区域的特点是研究品种生态特征简易、有效的办法[13]。在东北地区，潘铁夫等[14]根据温、光、水分和大豆气候生态类型将黑、吉、辽地区分为16个大豆气候生态区；王彬如[15]根据东北地区气候条件、土壤肥力和栽培管理将东北地区划为极早熟至极晚熟共7大区域，各区域内又分为若干个小区域；马庆文等[16]按照农业生物气候和经济发展方向将呼伦贝尔分为了5大类，各类中含有若干个小类型。这些划分方法都是基于生态条件以及当地大豆的生态类型，有2个欠缺：①生态类型是基于本地大豆在当地生育期的绝对长度，相互之间无法比较。②仅仅考虑各地区生态条件的相似性，没有考虑不同生态类型大豆对生态环境反应的相似性。近年来采用相对生育期长度划分熟期组的方法已经取得公认，因而可以根据熟期组归属将不同地区品种进行比较，研究不同熟期组的生态环境的反应特征。

基于此，本文使用已划分熟期组的东北大豆品种群体[17]在北安、扎兰屯、铁岭等9个代表性地点研究各熟期组在东北地区的生态反应，根据不同地区生态条件和各熟期组生育期性状的表现将东北地区划分生态亚区，阐明东北各熟期组种质资源生育期性状的生态特征。

1 材料与方法

1.1 试验设计

2012—2014年将361份东北春大豆在北安、扎兰屯、克山、牡丹江、佳木斯、大庆、长春、白城、铁岭9个代表性地点进行生育期试验。采用重复内分组试验设计，供试材料按照生育期长度分为极早熟、早熟、中早熟、中熟、中晚熟、晚熟6组，4次重复，小区面积1 m²，穴播，每个小区4穴，每穴保留4株，初花时至少拥有2穴、每穴中至少3株的小区参与调查。按Fehr等[2]的大豆生育时期鉴定方法，调查播种期、出苗期、R1、R2、R7、R8期，当地霜降时未达到成熟标准的材料仅记录其所达到的生育时期，计算生育前期（播种至R1天数）、生育后期（R1至R8天数）、全生育期（播种至R8天数）、生育期结构（生育前期/全生育期）。试验点的基本条件与试验材料详情见傅蒙蒙等[17]。

1.2 数据分析

描述统计分析采用SAS/STATV9.1的PROCMEANS程序进行；相关性分析、聚类分析采用SAS/STATV9.1的PROCCORR、PROCCLUSTER程序进行；方差分析采用SAS/STATV9.1的PROCGLM程序进行。联合方差分析时采用多年多点随机区组的线性模型：

$$y_{ijkl} = \mu + \alpha_i + \beta_j + \gamma_k + \delta_{l(j,k)} + A_{ij} + B_{ik} + C_{ijk} + \varepsilon_{ijkl}$$

μ为群体表型数据的平均数，α_i为第i个基因型的效应，β_j为第j年的效应，γ_k为第k个试验点的效应，$\delta_{l(j,k)}$为j年第k个试验点第l个重复的效应，A_{ik}为基因型与年份的互作、B_{jk}基因型与地点的互作、C_{ijk}基因型与年份、地点的互作，ε_{ijkl}为残差。运算过程中，所有变异来源均作为随机效应处理。

2 结果与分析

2.1 东北各熟期组品种生育期性状的变异

表1为生育期性状多年多点联合方差分析结果。生育期各性状品种间均有极显著差异，基因型、年份、地点间各项互作均极显著，不同环境下品种的生育期反应并不一致。

表 1　东北地区大豆生育期性状 9 点 3 年的联合方差分析

Table 1　Joint ANOVA of the growth period traits tested in three years at nine places in Northeast China

变异来源 Variation source	生育前期 Days to flowering（a）			生育后期 Days from flowering to maturity		
	DF	MS	F	DF	MS	F
年份 Year	2	229490	1737.48 **	2	11303	57.96 **
地点 Location	8	91468	1273.95 **	8	72708	744.43 **
重复（年份,地点）Repeat（Yea, Location）	74	18.77	4.23 **	73	57.28	7.02 **
基因型 Genotype	360	3000.89	21.29 **	360	2164.18	12.37 **
年份 × 基因型 Year × Genotype	641	113.15	3.65 **	641	173.29	3.24 **
地点 × 基因型 Location × Genotype	2880	60.46	1.88 **	2564	56.21	1.04 **
年份 × 地点 × 基因型 Year × Location × Genotype	4636	35.54	7.33 **	3840	55.08	6.75 **
误差 Error	23474	4.44		20198	8.155	

	全生育期 Days to maturity（b）			生育期结构 Ratio of（a）to（b）		
年份 Year	2	95993	371.79 **	2	5.36	1665.59 **
地点 Location	8	197501	1792.86 **	8	1.54	744.73 **
重复（年份,地点）Repeat（Yea, Loc）	74	70.46	14.48 **	74	0.0011	4.40 **
基因型 Genotype	360	4692.56	19.42 **	360	0.0130	4.46 **
年份 × 基因型 Year × Genotype	641	235.30	4.76 **	641	0.0028	2.45 **
地点 × 基因型 Location × Genotype	2563	56.84	1.13 **	2562	0.0014	1.19 **
年份 × 地点 × 基因型 Year × Location × Genotype	3841	51.18	10.52 **	3840	0.0012	4.58 **
误差 Error	20294	4.86		20282	0.00026	

DF = 自由度；MS = 均方；（a）、（b）分别为生育前期、全生育期；* 和 ** 分别代表 0.05 和 0.01 水平上的显著性。下同。

DF = Degrees of freedom；MS = Mean square；（a）and（b）represent days to flowering and days to maturity, respectively；* and ** represent significance at 0.05 and 0.01 probability level, respectively. The same below.

　　熟期组分类是国际上通用的大豆分类方法，表 2 是根据材料熟期组归属进行的变异分析。单因素分析将生育期性状作为应变量，熟期组作为因素，多重比较采用 SNK 法。分析的数据是每个品种在所有环境下的平均值，最大限度地降低了环境对表型的影响，反映品种本身的特性。

　　大豆的生育前期、后期及全生育期在不同熟期组间有极显著差异，生育期结构在部分熟期组之间有显著性差异。生育期结构受开花时间的影响，光温对开花时间的影响较大[5]，说明不同熟期组对光温的反应并不一致。比较不同熟期组的生育期性状，随着熟期组的推晚，生育前期、后期及全生育期呈增加的趋势，全生育期增加较一致而 MG000~MG Ⅰ 的前期差别较小而后期差别较大，MG Ⅱ、MG Ⅲ 则与之相反。说明 MG000~MG Ⅰ 全生育期区别主要是由生育后期、MG Ⅱ~MG Ⅲ 是由生育前期长短决定的。变异系数表明 MG Ⅲ 各性状的变异均较为丰富，而 MG000~MG0 的变异较为均衡。近年来，我国大豆生产有北移的趋势，迫切需要培育出生育期更短的品种，该结果表示加大对 MG000~MG00 生育后期的选择可能更容易选育出更早熟的品种。

表 2　不同熟期组生育期性状的变异分析

表 2　不同熟期组生育期性状的变异分析
Table 2　Variation of the growth period traits in different maturity groups

类型 Type	N	生育前期 Days to flowering（a）			生育后期 Days from flowering to maturity		
		平均值 Mean/d	CV/%	范围 Range/d	平均值 Mean/d	CV/%	范围 Range/d
MG 000	16	44.48 f	3.42	41.63～46.85	64.76 e	3.26	61.13～68.31
MG 00	45	46.29 e	4.13	42.22～50.90	70.67 d	3.27	65.89～78.06
MG 0	157	49.26 d	4.1	43.79～55.57	77.75 c	3.42	70.96～84.81
MG Ⅰ	79	52.1 c	6.24	45.90～61.10	81.68 b	2.70	76.52～86.73
MG Ⅱ	43	59.5 b	7.59	52.72～78.72	83.77 a	3.53	75.44～90.50
MG Ⅲ	21	70.98 a	11.84	58.63～81.27	82.72 b	6.95	72.45～93.67
总计 Total	361	51.78	13.44	41.63～81.27	78.16	7.08	61.13～93.67

类型 Type	N	全生育期 Days to maturity（b）			生育期结构 Ratio of（a）to（b）		
		平均值 Mean/d	CV/%	范围 Range/d	平均值 Mean/d	CV/%	范围 Range/d
MG 000	16	108.76 f	1.86	105.89～113.03	0.41 a	3.28	0.38～0.43
MG 00	45	116.2 e	2.82	109.86～125.98	0.40 b	2.76	0.37～0.42
MG 0	157	125.97 d	2.35	118.94～133.63	0.39 c	3.33	0.36～0.41
MG Ⅰ	79	131.38 c	1.51	127.37～136.88	0.38 c	4.12	0.35～0.41
MG Ⅱ	43	136.94 b	1.62	132.95～145.63	0.39 c	5.80	0.35～0.45
MG Ⅲ	21	142.97 a	1.97	136.87～146.87	0.42 ab	9.73	0.37～0.49
总计 Total	361	127.47	6.45	105.89～146.87	0.39	5.23	0.35～0.49

N = 品种数；CV = 变异系数；同一列数字后的不同小写字母说明熟期组间的差异显著性。下同。

MG = Maturity group；N = Number of varieties；CV = Coefficient of variation；Values in the column of mean followed by different letters are significantly different among maturity groups. The same below.

2.2　东北大豆品种熟期组生态亚区的划分

本文根据各试验点生态条件（积温、光照、降水、纬度、经度、海拔）及各熟期组在各试验点的全生育期表现，对 9 个试点进行聚类分析，大致将东北地区归为 4 个亚区，结果见表 3。

第一亚区是以北安、扎兰屯为代表的黑龙江、内蒙古北部地区。该地区的积温较低，一般 5 月中旬播种，9 月中旬成熟。由于积温的原因，一般选用播种到成熟 110～120 d[14]的品种。本试验中虽然 MG000～MG0 及大部分 MG Ⅰ 材料能在该亚区正常成熟，但 MG000、MG00 在该亚区各试验点的差异不大，MG0、MG Ⅰ组则有明显差异，再考虑到当地适宜的成熟天数，当地种植的适宜熟期组为 MG000、MG00。

第二亚区是以克山、佳木斯、牡丹江、长春为代表的黑龙江省中南部至吉林省长春地区。该地区气候条件较为适宜，播种时间可根据当年气象条件适当提早，一般克山 5 月中旬，牡丹江、佳木斯 5 月上旬，长春在 4 月下旬即可播种，成熟在 9 月中旬，该区域生育天数根据播种的早晚为 120～145 d 不等。本试验中各试验点的播种主要在 5 月中旬，因此在当地表现在 120～130 d 的品种即适合在当地种植。在本试验中，

33

虽然 MG000~MGⅠ及部分 MGⅡ组材料在这些地区均能正常成熟（其中 MGⅢ组在长春也可成熟），结合当地无霜期，适宜的熟期组为 MG0、MGⅠ。

第三亚区是以白城、大庆为代表的黑龙江省西南部至吉林北部等降水偏少的地区。当地播种较早，一般大庆在 4 月下旬/5 月上旬、白城在 4 月中下旬即可播种，9 月中下旬成熟。一般大庆选用播种至成熟 130~140 d、白城 135~155 d 的材料，本试验中各试验点的播种主要在 5 月中旬，因此在大庆、白城 120~130 d 的材料即适合在当地种植。本试验中 MG000~MGⅠ及部分 MGⅡ组在这些地区均能正常成熟，结合当地无霜期，适宜的熟期组为 MG0 和 MGⅠ。

第四亚区是以铁岭为代表的辽宁省大部分地区。该地区在 4 月下旬至 5 月上旬播种，9 月中下旬成熟，一般选用播种至成熟 145~150 d 的品种。本试验中，所有熟期组在当地均能成熟，考虑到本试验在当地播种时间（5 月中旬）及各熟期组在当地的表现，适宜的熟期组为 MGⅡ、MGⅢ。

需要说明的是本文给出的各生态亚区适宜的熟期组是针对整个生态亚区，具体到生态亚区内某一地区时，还需具体考虑当地的生态条件。如以牡丹江为代表的第二生态亚区适合种植 MG0、MGⅠ，但牡丹江处于第二生态亚区偏南部，一些 MGⅡ组的材料在当地也能正常成熟。因此文中给出的各地区适宜种植的熟期组仅为参考。

表3　东北大豆品种生态亚区的主要生态条件

Table 3　The major ecological conditions in Northeast soybean ecological sub – regions

生态亚区 ESR	试验点 Testing site	积温 AT/℃	降水 Rainfall /mm	夏至可照时长 Hss /h	播种期 Sowing date	初霜期 First frost date	熟期组 MG	范围 Range
I	北安,扎兰屯 BA, ZLT	1800 ~ 2300	400 ~ 600	15.93 ~ 16.92	5 月中旬 Mid – May	9 月中旬 Mid – September	MG 000 ~ MG I （MG 000，MG 00）	黑龙江和内蒙古北部 Northern part of INM and HLJ
II	克山,佳木斯,牡丹江,长春 KS/JMS/MDJ/CC	2300 ~ 3050	500 ~ 600	15.69 ~ 15.84	4 月下旬至 5 月中旬 Late April to Mid – May	9 月中旬 Mid – September	MG 000 ~ MG II （MG 0,MG I）	黑龙江省中南部至吉林省长春 From middle and southern HLJ to Changchun(JL)
III	白城,大庆 BC, DQ	2800 ~ 3080	350 ~ 500	15.43 ~ 15.72	4 月中下旬至 5 月上旬 Mid or late April to Early May	9 月中下旬 Mid to late September	MG 000 ~ MG II （MG 0,MG I）	黑龙江省西南、吉林东北部等降水量少 Southwest of HLJ and Northeast of JL with less rainfall
IV	铁岭 TL	3050 ~ 3300	500 ~ 800	15.19 ~ 15.43	4 月下旬至 5 月上旬 Late April to Early May	9 月中下旬 Mid to Late September	MG 000 ~ MG III （MG II,MG III）	辽宁省大部分地区 Most part of LN

AT/℃ =10℃以上积温，熟期组栏中括号内为该生态亚区最适宜熟期组。

AT/℃ = Above 10 ℃ accumulated temperature, Hss = Day length hours on summer solstice date.

BA = Beian; ZLT = Zhalantun; KS = Keshan; JMS = Jiamusi; MDJ = Mudanjiang; CC = Changchun; DQ = Daqing; BC = Baicheng; TL = Tieling.

INM = Inner Mongolia, HLJ = Heilongjiang, JL = Jilin, LN = Liaoning. The same below.

Within the brackets in the column of Maturity Group are the most suitable maturity groups for the ecological sub – regions

2.3 东北大豆品种不同熟期组生育期性状的生态特征

对生育期的生态特征进行分析采用以下步骤：首先分析不同熟期组对环境因素（纬度、经度、海拔、积温、光照、降水）的反应，然后对各熟期组的表现进行聚类分析（表4），进而结合各熟期组在生态亚区的分布（表3）及表现（表4、表5），最后归纳各熟期组的生态特性。

MG000、MG00的生态特性相似。两熟期组主要分布在第一生态亚区，能在当地无霜期内正常成熟，在第二、三亚区比当地品种提前成熟10~20 d，在第四亚区则比当地品种提前30~40 d，不能充分利用当地自然条件。生育前期、后期在第一生态亚区平均在50/70 d左右，在其他亚区略有缩短，比第二、三亚区当地品种分别早3~5/10~20 d，比第四亚区当地品种分别早10/10~20 d。两组的全生育期与9月降水呈低度正相关（$r=0.4^*/0.42^*$），前期则与8月降水呈低度负相关（$r=-0.39^*/-0.39^*$），后期与纬度呈低度正相关（$r=0.45^{**}/0.49^{**}$）。MG0、MGI的生态特性相似。两熟期组主要分布在第二、第三生态亚区，能在当地无霜期内正常成熟，在第一生态亚区比当地品种晚成熟20~30 d，在第四亚区比当地早熟10~20 d，不适合在当地种植。生育前期在二、三亚区在50 d左右，在第一亚区时略有延长，比当地品种晚7~10 d；在第四亚区缩短10 d左右，比当地品种缩短约3~5 d。生育后期在各生态区之间差异不大，均在70~80 d。MG0、MGⅠ全生育期与9月降水（$r=0.51^{**}/0.60^{**}$）呈一般性相关，前期与8月降水（$r=-0.36^*/-0.35^*$）呈低度负相关、与9月降水（$r=0.35^*/0.39^*$）呈低度正相关，后期则与6月光照（$r=0.36^*/0.39^*$）呈低度正相关。

MGⅡ、MGⅢ的生态特征相似。两熟期组最适宜第四生态亚区，这两个熟期组的品种在第一生态亚区完全不能成熟，在第四生态亚区成熟，而有部分这两个熟期组的品种可以在第二、三生态亚区成熟。生育前期在第四亚区表现为47~58 d，在其他亚区则略有延长，在第二、三亚区比当地品种延长约10 d，在第一亚区比当地品种延长约20 d。MGⅡ、MGⅢ在全生育期与纬度、海拔不相关；在前期时MGⅡ与9月降水（$r=0.45^{**}$）呈低度正相关、MGⅢ与降水不相关，MGⅡ与8月光照（$r=0.35^*$）呈低度正相关、MGⅢ与光照不相关。

需要说明的是，熟期组与环境因素的反应是将表型数据（各环境及各熟期组表型数据）与各试验点的地理因素（纬度、经度、海拔）及2012—2014年大豆生长季节的气象因素（降水、温度和光照）进行相关性分析，为了方便描述，将相关系数在0.3~0.5称为低度相关，0.5~0.8为一般相关，*和**分别代表了0.05和0.01水平上的显著性。上文中仅列出熟期组与生态因子间较大的相关关系。

表4　各熟期组生育期性状在不同生态区的平均表现（日数）

Table 4　The growth period performance of maturity groups in different ecological sub – regions（d）

| 性状
Trait | 熟期组
MG | I | | II | | | | III | | IV |
		北安 BA	扎兰屯 ZLT	克山 KS	佳木斯 JMS	牡丹江 MDJ	长春 CC	大庆 DQ	白城 BC	铁岭 TL
全生育期 Days to maturity（b）	MG 000	120 ±4	119 ±3	111 ±4	109 ±3	106 ±4	112 ±3	102 ±4	104 ±3	100 ±3
	MG 00	132 ±5	127 ±4	121 ±4	116 ±4	113 ±4	119 ±3	111 ±4	110 ±4	105 ±3
	MG 0	145 ±5	139 ±5	131 ±3	126 ±4	122 ±4	128 ±3	121 ±3	120 ±4	113 ±4
	MG I	151 ±3	144 ±2	138 ±4	135 ±4	129 ±3	134 ±3	127 ±3	127 ±4	120 ±5
	MG II	Im	Im	150 ±5	141 ±5	135 ±2	142 ±3	132 ±2	136 ±3	130 ±4
	MG III	Im	Im	Im	Im	141 ±4	147 ±3	Im	141 ±4	141 ±6
生育前期 Days to flowering（a）	MG 000	50 ±3	52 ±2	45 ±3	41 ±2	45 ±2	44 ±2	39 ±3	47 ±3	40 ±2
	MG 00	54 ±4	54 ±2	48 ±3	42 ±2	46 ±2	45 ±1	41 ±2	48 ±3	41 ±1
	MG 0	59 ±4	59 ±3	52 ±3	45 ±2	49 ±2	46 ±2	45 ±3	50 ±3	42 ±1
	MG I	63 ±5	63 ±4	56 ±4	49 ±6	51 ±3	48 ±3	48 ±4	52 ±4	43 ±2
	MG II	75 ±4	70 ±6	64 ±6	60 ±8	58 ±5	52 ±5	57 ±6	58 ±5	47 ±4
	MG III	77 ±6	87 ±13	77 ±10	74 ±10	68 ±9	67 ±12	71 ±11	70 ±11	58 ±8
生育后期 Days from flowering to maturity	MG 000	70 ±4	67 ±3	66 ±4	68 ±3	61 ±3	69 ±3	63 ±3	60 ±3	60 ±3
	MG 00	78 ±4	73 ±4	73 ±3	74 ±3	67 ±3	74 ±3	70 ±3	64 ±4	64 ±3
	MG 0	86 ±5	81 ±4	79 ±3	82 ±4	73 ±3	82 ±3	76 ±3	72 ±4	71 ±4
	MG I	88 ±5	83 ±4	83 ±4	88 ±3	78 ±3	86 ±3	79 ±4	78 ±3	77 ±4
	MG II	Im	Im	86 ±6	87 ±4	80 ±3	91 ±4	75 ±5	81 ±4	83 ±3
	MG III	Im	Im	Im	Im	79 ±4	89 ±10	Im	79 ±7	83 ±7
生育期结构 Ratio of （a）to（b）	MG 000	0.42 ±0.04	0.44 ±0.02	0.41 ±0.03	0.38 ±0.03	0.42 ±0.04	0.39 ±0.04	0.3 ±0.03	0.45 ±0.05	0.37 ±0.06
	MG 00	0.41 ±0.04	0.43 ±0.02	0.4 ±0.02	0.36 ±0.03	0.41 ±0.03	0.37 ±0.04	0.3 ±0.03	0.43 ±0.06	0.39 ±0.06
	MG 0	0.41 ±0.04	0.42 ±0.02	0.4 ±0.02	0.35 ±0.02	0.4 ±0.04	0.36 ±0.04	0.3 ±0.04	0.42 ±0.06	0.4 ±0.07
	MG I	0.41 ±0.05	0.42 ±0.02	0.4 ±0.03	0.35 ±0.03	0.39 ±0.03	0.36 ±0.04	0.3 ±0.04	0.41 ±0.06	0.36 ±0.06
	MG II	Im	Im	0.42 ±0.03	0.37 ±0.04	0.41 ±0.03	0.36 ±0.04	0.4 ±0.04	0.42 ±0.06	0.36 ±0.06
	MG III	Im	Im	Im	Im	0.42 ±0.03	0.38 ±0.07	Im	0.45 ±0.08	0.41 ±0.07

数据表示为平均数 ± 标准差；Im = 未成熟。下同。

The data are shown in Mean ± Standard Deviation；Im = immature；The same below.

表5　各熟期组生育期性状在不同生态区的变幅（日数）

Table 5　The range of growth period to maturity group in different ecological zones（day）

| 性状
Trait | 熟期组
MG | I | | II | | | | III | | IV |
		北安 BA	扎兰屯 ZLT	克山 KS	佳木斯 JMS	牡丹江 MDJ	长春 CC	大庆 DQ	白城 BC	铁岭 TL
全生育期 Days to maturity（b）	MG 000	114 ~126	115 ~123	106 ~116	107 ~113	104 ~110	99 ~107	103 ~111	101 ~107	97 ~102
	MG 00	127 ~138	124 ~133	117 ~126	114 ~121	111 ~117	108 ~116	112 ~120	108 ~115	103 ~109
	MG 0	139 ~147	134 ~141	127 ~134	122 ~130	118 ~125	117 ~124	121 ~128	116 ~123	110 ~116
	MG I	148 ~155	142 ~147	135 ~142	131 ~137	126 ~132	125 ~129	129 ~136	124 ~131	117 ~125
	MG II	Im	Im	143 ~152	138 ~143	133 ~137	130 ~133	137 ~142	132 ~138	126 ~135
	MG III	Im	Im	Im	Im	138 ~143	Im	143 ~146	139 ~144	136 ~147
生育前期 Days to flowering（a）	MG 000	48 ~52	51 ~53	44 ~47	≤44	≤48	≤40	≤47	≤50	≤44
	MG 00	53 ~56	54 ~56	48 ~50	≤44	≤48	41 ~43	≤47	≤50	≤44
	MG 0	57 ~61	57 ~61	51 ~54	45 ~47	49 ~50	44 ~47	≤47	≤50	≤44

续表5

性状 Trait	熟期组 MG	I 北安 BA	I 扎兰屯 ZLT	II 克山 KS	II 佳木斯 JMS	II 牡丹江 MDJ	II 长春 CC	III 大庆 DQ	III 白城 BC	IV 铁岭 TL
	MG I	62~69	62~66	55~60	48~54	51~54	48~52	48~50	51~55	≤44
	MG II	≥70	67~78	61~69	55~67	55~63	53~64	51~59	56~64	45~52
	MG III	≥70	79~96	70~83	68~81	64~73	65~78	60~75	65~76	53~64
生育后期	MG 000	66~74	64~70	62~69	65~72	58~64	59~66	66~71	≤62	≤62
Days from	MG 00	75~82	71~75	70~76	73~78	65~70	67~73	72~78	63~68	63~67
flowering to	MG 0	≥82	76~82	77~81	79~85	71~75	74~78	79~84	69~76	68~74
maturity	MG I	≥82	≥82	82~85	≥86	76~79	79~81	85~88	77~80	75~80
	MG II	Im	Im	≥86	≥86	≥79	73~77	89~95	≥81	81~86
	MG III	Im	Im	Im	Im	≥79	Im	89~95	≥81	81~86

3 结论与讨论

3.1 与熟期组相结合的生态亚区划分的意义

大豆生态亚区的划分对东北大豆生产和育种工作具有指导意义。和前人所划分的生态亚区相比，本文划分的生态亚区在考虑环境差异的同时考虑了不同熟期组对环境的反应，同一生态亚区内不仅生态因子相似而且同一熟期组类型大豆在该生态亚区内的表现较一致，更加适合于指导大豆生产和育种工作。本文根据各熟期组在各亚区的表现给出了不同亚区最适宜种植的熟期组，为新品种的推广和育种亲本的选择提供了直观的范围。

黑龙江省农业局[19]曾划定黑龙江省农作物品种活动积温带（第一积温带积温在 2 700 ℃以上，第六积温带在 1 900 ℃以下，其余各积温带间相差约 200 ℃），对大豆生产起到了重要的指导作用。本文划分的生态亚区与之相比有以下优势：①有利于东北大豆的交流、推广。积温带划法划定的第四至第六、第一至第三积温带所在的区域大致上与本文所划分的第一/（二、三）亚区相符，可以根据以往大豆品种适宜种植的积温带初步确定品种对应的熟期组，快速将东北大豆与国际大豆分类标准接轨，便于交流、推广。②更加精准地指导品种利用。本文划分的生态亚区除积温因子外，其余如光照、降水等因子相似性均较高，而大豆生产除积温外其他因子特别是光也起到重要作用，据此安排品种更加精准。③降低了认识和利用大豆生态规律的难度。大豆许多经济性状如产量、品质等均为数量性状，易受环境因素的影响，东北地区气候的复杂性决定了难以掌握和利用这些数量性状的生态规律。而本文的生态亚区是依据环境和不同生态类型大豆对环境反应的相似程度划分的。因此，可以简化认识这些复杂性状生态规律的难度，有利于掌握、利用这些规律。

由于本文所选择的试验点数目不多，所划分的生态亚区仍是初步的，只能反映东北地区整体上的趋势。

3.2 不同熟期组生育期性状生态特性的认识

生态特性包含了不同类型大豆的地区分布和在不同地区的表现，傅蒙蒙等[17]研究表明东北地区大豆包含 MG000~MGIII 共 6 个熟期组，本文研究表明各熟期组生育期性状的生态特性既具有一定的相似性又有差异性。MG000 与 MG00、MG0 与 MG I、MG II 与 MGIII 各组之间差异较大而各组内较为相似。这些熟期组与生态因子（纬度、经度、海拔、光照、积温、降水）的反应也呈现这样的规律，这或许就是不同熟期组大豆生育期生态特性形成的基础。认识不同熟期组大豆生育期性状的生态特性，有助于大豆生产。如在牡丹江，播种一般在 5 月初，而初霜大多在 9 月中旬[18]，整个生长过程在 130 d 左右，观察各熟期组在当地的全生育天数，MG0 与 MGI 在当地的生育天数与之相似。其他熟期组如 MG000、MG00 在当地提前成熟，而 MG II 、MGIII 在当地则不能保证成熟，故 MG0 与 MG I 两熟期组的大豆适宜在当地种植。

致谢：感谢中国农业科学院作物所、吉林省农科院大豆所提供部分大豆参试品种（系）。感谢各试验点人员的辛苦工作。

参考文献（略）

本文原载于《大豆科学》2016 年 04 期。

东北大豆种质资源株型和产量性状的生态特征分析

傅蒙蒙 [1]，王燕平 [2]，任海祥 [2]，王德亮 [3]，包荣军 [4]，杨兴勇 [5]，田忠艳 [6]，傅连舜 [7]，程延喜 [8]，苏江顺 [9]，孙宾成 [10]，杜维广 [2]，赵团结 [1]，盖钧镒 [1]

（1.南京农业大学大豆研究所/农业部大豆生物学与遗传育种重点实验室/国家大豆改良中心/作物遗传与种质创新国家重点实验室，江苏 南京 210095；2.黑龙江省农业科学院牡丹江分院/国家大豆改良中心牡丹江试验站，黑龙江 牡丹江 157041；3.黑龙江省农垦科学院作物所，黑龙江 佳木斯 154007；4.黑龙江省农垦总局北安农业科学研究所，黑龙江 北安 164009；5.黑龙江省农业科学院克山分院，黑龙江 克山 161606；6.黑龙江省农业科学院大庆分院，黑龙江 大庆 163316；7.铁岭市农业科学院，辽宁 铁岭 112616；8.长春市农业科学院，吉林 长春 130111；9.白城市农业科学院，吉林 白城 137000；10.呼伦贝尔市农业科学研究所，内蒙古 扎兰屯 162650）

摘　要：为明确东北大豆产量相关性状（地上部生物量、产量、表观收获指数、主茎荚数）和株型相关性状（株高、主茎节数、分枝数目、倒伏程度）生态特性及各亚区改良方向，本研究采用 1916—2012 年间搜集或育成的东北地区代表性资源 361 份，于 2012—2014 年在东北 4 个生态亚区的 9 个代表性地点进行试验研究（Ⅰ亚区：北安、扎兰屯，Ⅱ亚区：克山、牡丹江、佳木斯、长春，Ⅲ亚区：大庆、白城，Ⅳ亚区：铁岭）。（1）将品种在所有环境下的平均值作为该品种的综合值，用以作为与生态区值比较的标准。结果表明：东北大豆群体及各熟期组在各生态区产量和株型性状的差异虽达到显著水平，但绝对差异并不大。第Ⅰ亚区主要包括黑龙江和内蒙古北部地区，东北大豆群体在该亚区的特点是植株高大主茎荚数偏低（仅为其他亚区值的一半左右）；第Ⅱ亚区主要包括黑龙江中南部至吉林省长春地区，东北大豆群体在该亚区的特点是株型高大但倒伏问题突出；第Ⅲ亚区包括黑龙江西南至吉林省东北部缺水地区，东北大豆群体在该亚区的特点是植株矮小，主茎节数降低，但产量、主茎荚数和表观收获指数均较好；第Ⅳ亚区主要包括辽宁省大部地区，东北大豆群体在该亚区的特点是植株矮小，表观收获指数偏低、产量略低。（2）通过将大豆按照产量高低分为 3 组（低产、中产、高产），讨论不同亚区不同产量类型大豆改良的方向和该亚区改良进展及理想的高产株型。结果表明：产量改良应通过改良地上部生物量来实现，不同亚区不同产量类型改良的方向略有不同。第Ⅰ亚区将中产型改良为高产型应重视主茎节数的增加，该地区高产品种应注意改良地上部生物量和主茎荚数，该地区群体在这两个性状优势有限；第Ⅰ亚区各产量类型改良均应注重主茎节数和株高的改良，中产型改良为高产型应重点关注主茎节数；第Ⅲ亚区改良与地上部生物量相关的株高、主茎、分枝性状均能改良各产量类型；第Ⅳ亚区应注意改良当地品种表观收获指数。根据各亚区内群体高产品种及当地适宜熟期组高产品种的株型特点，提出了不同亚区的高产株型，同时筛选出一批各生态亚区内高产品种供育种利用。

关键词：东北春大豆；产量性状；株型性状；生态特征；理想株型

Ecological Characteristics Analysis of Northeast Soybean Germplasm Yield and Plant Type Traits

FU Meng-meng[1], WANG Yan-ping[2], REN Hai-xiang[2], WANG De-liang[3], BAO Rong-jun4, YANG Xing-yong[5], TIAN Zhong-yan[6], FU Lian-shun[7], CHENG Yan-xi[8], SU Jiang-shun[9], SUN Bin-cheng[10], DU Wei-guang[2], ZHAO Tuan-jie[1], GAI Jun-yi[1]

(1. Soybean Research Institute of Nanjing Agricultural University / Key Laboratory for Soybean Biology, Genetics and Breeding, Ministry of Agriculture /National Center for Soybean Improvement / National Key Laboratory for Crop Genetics and Germplasm Enhancement, Nanjing 210095, China;

2. Mudanjiang Branch of Heilongjiang Academy of Agricultural Sciences / Mudanjiang Experiment Station of the National Center for Soybean Improvement, Mudanjiang 157041, China;

3. *Crops Institute of Heilongjiang Academy of Land Reclamation Sciences, Jiamusi* 154007, *China;*

4. *Beian Institute of Agricultural Sciences of Heilongjiang Agricultural Reclamation Bureau, Beian* 164009, *China;*

5. *Keshan Branch of Heilongjiang Academy of Agricultural Sciences, Keshan* 161606, *China;*

6. *Daqing Branch of Heilongjiang Academy of Agricultural Sciences, Daqing* 163316, *China;*

7. *Tieling Academy of Agricultural Sciences, Tieling* 112616, *China;*

8. *Changchun Academy of Agricultural Sciences, Changchun* 130111, *China;*

9. *Baicheng Academy of Agricultural Sciences, Baicheng* 137000, *China;*

10. *Hulunbuir Institute of Agricultural Sciences, Hulunbuir* 162650, *China)*

Abstract: To explore the ecological properties of yield related traits (above ground biomass, yield, apparent economic coefficient and number of pods on main stem) and plant type related traits (plant height, number of nodes on main stem, number of branches on main stem and lodging score) for planning yield improvement approaches in each sub-regions of soybean, the 361 landraces and released cultivars collected or released during 1916—2012 in Northeast China was tested at nine locations in four subregions, including Zalantun and Beian in subregion Ⅰ; Keshan, Jiamusi Mudanjiang and Changchun in subregion Ⅱ; Daqing and Baicheng in subregion Ⅲ, Tieling in subregion Ⅳ in 2012-2014. (1) The mean of a variety averaging over all environments was considered as the general value of the variety to be used as a check in comparison with the subregion values for evaluation of the subregion effect. The result showed that the Northeast population and MG varieties performed significantly different in various subregions, but the absolute differences were not large. In Subregion Ⅰ, located in Northern Heilongjiang and Inner Mongolia, the plant height was taller than those in other areas while the number of pods on main stem was lower, only half of the other areas. In Subregion Ⅱ; located in the area from the Southern Heilongjiang to Northern Jilin, the plant height was taller while lodging score was higher than those in other areas. In Subregion Ⅲ, located in the area from Southwest Heilongjiang to Northeast Jilin where with less rainfall, the plant height was smaller, number of nodes on main stem was lower while the yield, number of pods on main stem and apparent economic coefficient were more than those in other areas. In Subregion Ⅳ, located in the most areas of Liaoning province, the plant height was smaller, apparent economic coefficient and yield were lower than those in other subregions. (2) The emphases and progresses of soybean improvement in each subregion as well as the ideal plant types were discussed based on grouping the yield level as poor, normal and high three categories. The result showed that the above-ground biomass should be the key in the improvement of soybean yield even some different other traits may fits different subregions. In Subregion Ⅰ, to raise the normal to the high category, the number of pods on main stem should be emphasized. For the improvement of the high category, the above-ground biomass and number of pods on main stem should be noticed. All three yield categories in Subregion Ⅱ should pay more attention on the number of pods on main stem and plant height. From the normal to the high category, the number of pods on main stem should be noticed. In Subregion Ⅲ, all the traits, such as plant height, number of nodes on main stem and branch number that related to aboveground biomass should be relevant to yield improvement. In Subregion Ⅳ, the apparent economic coefficient should be important to the improvement of the local varieties. In addition, the plant type characteristics suitable to the respective subregion and maturity groups were proposed according to the performance of the high category soybeans, and a group of high yield varieties were nominated for future breeding in each subregion.

Keywords: Northeast spring soybean; Yield trait; Plant type; Ecological characteristics; Ideal pant type

　　大豆是重要的粮油及饲料作物，当前我国大豆消费呈快速增长的趋势，1961 年我国大豆消费量仅为 607 万 t，至 2013 年大豆消费量则高达 7 756 万 t，而 2013 年产量仅 1 195 万 t[1]，我国大豆供求缺口逐渐增大。在最新的《全国种植业结构调整规划（2016—2020 年）》中强调适当恢复大豆种植面积，争取至 2020 年全国大豆面积达到 1.4 亿亩，实现增产增效[2]。我国大豆生产发展落后的原因是多样的，单产水平低是影响大豆生产的关键因素[3]。杜维广等[4]认为生物量、表观收获指数、生育期等是产量相关的重要性状，而产量构成要素如百粒重、单株荚数、每荚粒数等对产量改良没有明显效果。作为大豆育种及生产中的核心问题，前人对影响产量的各因素均进行过相关研究，如环境条件（如水分[5-6]、光照[7]、气象因子[8-9]、土壤养分[10]等）、栽培方式[11-12]（如密度、播期、行株距等）、品种改良等。盖钧镒[13]研究表明，品种改良是决定大豆增产的根本依据，肥料农药的投入和栽培技术是实现大豆品种潜力的必要保证。

农业生产本质上是植物储存光能的过程。杜维广等[14]指出实现大豆超高产有赖于单位面积上光能利用效率的提高，为此，作物科学家提出了株型和群体结构的最优化问题。狭义的大豆株型仅指植株高效受光态势的茎叶构成，一般指大豆植株的高低、分枝、分枝长度和分枝角度等；广义上则几乎包括与光能截取和利用密切相关的全株形态和生理性状，又称作理想株型[15]。赵团结等[16]总结前人对理想株型的构成及特点的观点，将我国在理想株型的研究归纳为 3 个阶段，第一个阶段为早期单一株型性状的研究，第二个阶段是根据已有品种外延推测研究方法的探索，第三个阶段是从超高产实践探索的理想株型，但总的来说，目前理想株型仍处于探索阶段，有待进一步研究。

东北地区作为我国大豆主产区，气候条件复杂多样，傅蒙蒙等[17]根据各熟期组[18]在东北地区的分布及表现将东北地区划分为 4 个生态亚区，为简化利用不同地区的生态条件提供了方便。产量及株型性状作为复杂的数量性状，受生态环境的综合影响，通过总结已有材料在不同亚区的表现明确不同生态亚区内高产品种的株型特点具有现实及指导意义。本研究于 2012—2014 年间在东北地区选取具有代表性的 9 个试验点对从东北地区广泛收集的包含 361 份材料的大豆群体进行相关试验，该群体在东北育种和生产中广泛使用，时间跨度近 1 个世纪（1916—2012 年），能够代表东北历史上的育种成就。拟从产量相关性状（地上部生物量、表观收获指数、产量、主茎荚数）及株型性状（株高、主茎节数、分枝数目、倒伏）来研究以下问题：①东北地区不同年代及熟期组类型大豆品种产量、株型相关性状的变化。②明确不同熟期组大豆在各生态亚区产量和株型性状的表现及变化特点，归纳各亚区高产大豆的株型特点，提出一批各亚区在产量性状上有潜力的品种。

1 材料与方法

1.1 试验设计

2012—2014 年将 361 份东北春大豆群体在东北地区 4 个生态亚区的北安、扎兰屯（亚区Ⅰ），克山、牡丹江、佳木斯、长春（亚区Ⅱ），大庆、白城（亚区Ⅲ），铁岭（亚区Ⅳ），共 9 个代表性地区进行相关试验[17]。采用重复内分组试验设计，供试材料按照生育期长度分为极早熟、早熟、中早熟、中熟、中晚熟、晚熟 6 组，4 次重复，小区面积 1 m²，穴播，每小区 4 穴，每穴保留 4 株，初花时至少拥有 2 穴、每穴中至少 3 株的小区参与调查。各试验点品种正常成熟后，测量地上部生物量、表观收获指数、产量、主茎荚数、倒伏，地上部生物量指的是从子叶痕部剪取植株的自然风干重量，记载为 g·穴⁻¹；产量指符合考种条件的籽粒产量，记载为 g·小区⁻¹；表观收获指数指每穴粒重除以地上部生物量；主茎荚数指植株主茎上的荚数；株型性状按照邱丽娟和常汝镇[19]标准调查。其中主茎荚数性状仅在 2013 年调查，分枝数目在 2012—2013 年调查。地上部生物量和产量换算为 t·hm⁻²，试验点的基本条件与试验材料详情见傅蒙蒙等[18]。

1.2 数据分析

描述统计分析采用 SAS/STATV9.1 的 PROCMEANS 程序进行；方差分析采用 SAS/STATV9.1 的 PROCGLM 程序进行。平均数间的差异显著性采用 Duncan 新复极差测验。联合方差分析时采用多年多点随机区组的线性模型，所有变异来源均按随机效应处理，线性模型见傅蒙蒙等[17]。

2 结果与分析

为了区分基因型差异与生态环境对大豆产量/株型性状的影响，本文将品种在所有环境下表现的平均值称为该品种在常规田间管理条件下获得的综合值，将品种在特定亚区的表型值称为该品种生态区值，品种综合值排除了生态环境差异的影响，大小反映了品种的遗传差异；品种生态区值在特定生态区获得的表型值，反映了基因型与环境的共同作用，品种生态区值与品种综合值比较可检测该生态区对该品种的特定效应。不同品种生态区值平均值间的比较可排除品种变异的影响，检测生态环境对大豆产量/株型性状的影响。

2.1 东北大豆按育成年代、熟期组归组后产量和株型性状的平均表现和变异

表 1 和 2 为根据育成（或搜集）年代、熟期组对产量、株型性状进行的变异分析，分析的数据是品种在所有环境下的平均值。

不同育成（或搜集）年代间产量相关性状平均数的差异不显著（如地上部生物量相差约 0.92 t·hm^{-2}，产量相差约 0.23 t·hm^{-2}，主茎上荚数相差约 4 个），但呈现一定的趋势。地上部生物量、产量呈现以 1981—1990 年代为底的先下降后上升的趋势（地上部生物量分布在 8.00~8.92 t·hm^{-2}、产量则在 3.01~3.24 t·hm^{-2}）；从主茎荚数各年代间平均值及相对应的范围上，主茎荚数呈随育成年代上升的趋势。变异系数和变幅表明各年代均有表现突出的品种，各年代内育成品种在产量性状上均有突出的品种，相对来说，1971—1980 年代育成品种在材料性状上的变幅略小于其他年代。各年代间株型性状在部分年代间差异达到显著水平但绝对差异较小，随育成年代推移均呈下降的趋势。其中株高分布在 81.84~94.88 cm，相差约 13 cm；主茎节数分布在 16.65~18.17，相差约 2 节；分枝数目在 1.95~3.05，相差约 1 个；而倒伏在 1.73~2.73，相差不到 1 级。不同年代间品种的差异不大，即不同年代内育成品种均保留着株型上多样性。

不同熟期组间产量性状差异显著，随着熟期组变晚，地上部生物量、产量、主茎荚数（MG000~MGⅡ）呈增加的趋势，表观收获指数呈下降的趋势。具体的说，地上部生物量从 MG000 组的 5.37 t·hm^{-2} 增加到 MGⅢ组的 11.74 t·hm^{-2}，产量则相应地从 2.22 t·hm^{-2} 增加到 3.69 t·hm^{-2}，主茎荚数从 MG000 组的 30.80 个增加到 MGⅡ组的 51.09 个（MGⅢ组的平均值略有下降）。对株型性状，各熟期组不同性状基本上差异均达到显著水平，呈现随熟期组变晚增大的趋势。具体的说，株高从 MG000 的 59.10 cm 增大到 MGⅢ组的 102.03 cm；主茎节数从 MG000 的 13.40 增加到 MGⅢ组的 19.71；分枝数从 1.74 增加到 3.80（其中 MG00 组达到最小），而倒伏则从 1.36 增加到 2.46。

表1 东北地区不同年代、不同熟期组大豆品种产量性状的平均表现和变异

Table 1 Average and variation of yield traits of soybean varieties grouped in released years and maturity groups in Northeast China

归类 Group		次数 Frequency	地上部生物量 Above ground biomass /$(t \cdot hm^{-2})$			产量 Yield /$(t \cdot hm^{-2})$		
			Mean	CV/%	Range	Mean	CV/%	Range
育成年份 Years released	1916–1970	33	8.92 a	18.66	5.24~12.26	3.20 a	12.20	2.32~4.19
	1971–1980	16	8.10 a	11.65	6.46~9.81	3.05 a	7.40	2.71~3.58
	1981–1990	39	8.00 a	24.04	4.29~13.02	3.01 a	13.98	1.95~4.23
	1991–2000	47	8.18 a	18.96	4.82~12.12	3.10 a	13.99	1.74~4.00
	2001–2012	209	8.35 a	22.96	4.20~14.56	3.24 a	15.48	1.64~4.90
熟期组 MG	000	16	5.37 f	13.13	4.20~7.08	2.22 e	11.76	1.65~2.53
	00	45	6.57 e	13.02	5.23~9.37	2.75 d	11.40	2.11~3.50
	0	157	7.74 d	9.80	5.10~10.48	3.15 c	8.84	2.32~4.51
	I	79	9.00 c	11.57	7.25~12.26	3.40 b	9.48	2.78~4.30
	II	43	10.70 b	12.89	7.75~14.51	3.49 b	14.33	2.71~4.90
	III	21	11.74 a	11.73	9.57~14.56	3.69 a	14.29	2.79~4.46
群体 Population		361	8.35	21.74	4.20~14.56	3.19	14.67	1.65~4.90

归类 Group		次数 Frequency	表观收获指数 Apparent harvest index			主茎荚数 Main stem pod number		
			Mean	CV/%	Range	Mean	CV/%	Range
育成年份 Years released	1916–1970	33	0.44 a	9.64	0.34~0.51	42.34 a	16.08	27.56~61.26
	1971–1980	16	0.46 a	7.46	0.39~0.50	43.70 a	9.05	38.93~53.47
	1981–1990	39	0.46 a	9.79	0.31~0.53	43.62 a	15.04	25.37~58.22
	1991–2000	47	0.46 a	9.88	0.24~0.52	46.02 a	16.97	27.10~65.24
	2001–2012	209	0.46 a	9.59	0.29~0.54	45.91 a	20.08	21.94~75.08
熟期组 MG	000	16	0.51 a	3.52	0.47~0.54	30.80 d	16.95	21.94~43.52
	00	45	0.49 a	4.33	0.45~0.54	39.52 c	11.99	30.96~51.36
	0	157	0.47 b	4.62	0.41~0.53	44.59 b	13.04	24.83~64.48
	I	79	0.45 c	5.84	0.39~0.50	49.53 a	13.51	38.10~73.22
	II	43	0.40 d	8.84	0.24~0.48	51.09 a	20.59	27.09~69.87
	III	21	0.37 e	10.31	0.29~0.44	44.90 b	27.92	26.50~75.08
群体 Population		361	0.46	9.50	0.24~0.54	45.22	18.71	21.94~75.08

Mean = 平均值;CV = 变异系数;同一列数字后的不同小写字母表示熟期组间的差异显著性。下同。

CV = coefficient of variation. Values in the column of mean followed by different letters are significantly different among experiment sites. The same below.

表2 东北地区不同年代、不同熟期组大豆品种株型性状的平均表现和变异

Table 2 Average and variation of plant type traits of soybean varieties grouped in released years and maturity groups in Northeast China

归类 Group		次数 Frequency	株高 Plant height/cm			主茎节数 Node number on main stem		
			Mean	CV/%	Range	Mean	CV/%	Range
育成年份 Years released	1916–1970	33	94.88 a	16.02	60.11~120.49	18.17 a	9.55	13.94~22.02
	1971–1980	16	88.29 ab	15.42	65.88~114.91	17.48 ab	9.88	14.09~19.71
	1981–1990	39	82.64 b	15.76	54.20~111.79	16.78 b	10.86	11.98~19.69
	1991–2000	47	82.58 b	18.28	52.49~110.71	16.67 b	11.14	11.92~19.86
	2001–2012	209	81.84 b	17.55	50.32~117.57	16.65 b	11.65	11.31~21.59
熟期组 MG	000	16	59.10 e	8.12	50.32~66.84	13.40 f	7.02	11.79~15.08
	00	45	69.55 d	17.37	52.43~95.60	15.07 e	11.55	11.32~18.30
	0	157	80.49 c	12.48	51.79~107.46	16.73 d	8.34	12.97~19.58
	I	79	89.51 b	11.28	70.28~112.82	17.73 c	6.61	15.01~20.35
	II	43	100.70 a	10.65	78.93~120.49	18.60 b	6.80	15.27~21.43
	III	21	102.03 a	6.38	90.29~117.57	19.71 a	5.48	18.24~22.02
群体 Population		361	83.81	14.78	50.32~120.49	16.99	11.36	11.32~22.02

归类 Group		次数 Frequency	分枝数目 Branch number			倒伏 Lodging score		
			Mean	CV/%	Range	Mean	CV/%	Range
育成年份 Years released	1916 – 1970	33	3.05 a	23.64	1.69 ~ 4.77	2.37 a	17.35	1.46 ~ 3.00
	1971 – 1980	16	2.24 b	26.86	0.87 ~ 3.13	2.02 b	21.75	1.39 ~ 3.03
	1981 – 1990	39	2.20 b	47.09	0.81 ~ 5.26	1.95 b	24.74	1.18 ~ 3.09
	1991 – 2000	47	1.98 b	43.89	0.73 ~ 5.07	1.81 bc	23.70	1.19 ~ 2.94
	2001 – 2012	209	1.95 b	40.82	0.53 ~ 4.61	1.73 c	23.44	1.11 ~ 2.95
熟期组 MG	000	16	1.85 c	35.63	0.74 ~ 3.36	1.36 e	9.40	1.11 ~ 1.66
	00	45	1.74 c	44.57	0.81 ~ 5.07	1.52 d	23.02	1.17 ~ 2.94
	0	157	1.99 c	36.99	0.54 ~ 3.77	1.72 c	20.63	1.22 ~ 2.96
	I	79	2.03 c	35.46	0.57 ~ 4.31	1.94 b	20.39	1.36 ~ 2.84
	II	43	2.53 b	33.90	0.98 ~ 4.77	2.42 a	11.93	1.92 ~ 3.03
	III	21	3.80 a	21.86	2.01 ~ 5.26	2.46 a	14.20	1.92 ~ 3.09
	群体 Population	361	2.13	41.38	0.53 ~ 5.26	1.86	24.98	1.00 ~ 4.00

2.2 大豆群体及不同熟期组产量、株型性状在东北各生态亚区的平均表现和变异

表3和表4为东北大豆代表性群体在各生态亚区的表现，其平均值为各熟期组在不同生态亚区的生态特征值。第 I 亚区主要包括黑龙江、内蒙古北部地区，当地适宜 MG000/MG00 组。大豆群体在该亚区表现为植株较高大（87.44 cm）；主茎节数/分枝较多（分别为18.15/2.24）；基本不倒伏（倒伏程度为1.27）；主茎荚数远低于其他亚区，仅为23.10；地上部生物量（6.94 t·hm⁻²）、产量（2.95 t·hm⁻²）及表观收获指数较低（0.45）。具体到各熟期组，地上部生物量较各熟期组综合值低 0.3~1.21 t·hm⁻²；MG000/MG00 产量高对应各熟期组综合值 0.04~0.07 t·hm⁻² 而 MG0/MG I 组低约 0.17~0.26 t·hm⁻²；表观收获指数低 0.01~0.03；主茎荚数则少 7~28；倒伏程度低 0.26~0.55 级，株高除 MG I 高相对应熟期组 1.62 cm 外，其余熟期组则高约 4 cm；主茎节数除 MG II 组高其对应熟期组约 2 节外，其余各组高约 1 节。比较 MG000/MG00 在当地与其他亚区的表现，两熟期组在当地表现最好，产量高对应各熟期组平均值约 0.04~0.07 t·hm⁻²，而在其余亚区则分别低对应各熟期组 0.01~0.27 t·hm⁻²。

第 II 亚区主要包括黑龙江中南部至吉林省长春地区，主要适合 MG0/MG I 组。大豆群体在该亚区表现为植株高大（90.90 cm）、主茎节数/分枝较多（分别为17.58/2.32），但倒伏问题严重（倒伏程度为2.27），地上部生物量最高（8.59 t·hm⁻²），产量（3.02 t·hm⁻²）、表观收获指数（0.46）、主茎荚数（49.16）较高。具体到各熟期组，MG000~MG I 组的地上部生物量高对应熟期组的平均值 0.12~0.79 t·hm⁻²；MG00/MG III 产量性状高约 0.03~0.23 t·hm⁻²，其余熟期组低约 0.01~0.44 t·hm⁻²；株高高各熟期组相对应综合值 4~10 cm；倒伏则高各熟期组对应值 0.31~0.54。比较 MG0/MG I 在该亚区与其他亚区的表现，两熟期组除地上部生物量、倒伏较其他亚区高外，其余各性状在当地的表现一般，未表现出相对应的产量潜力。

第 III 亚区包括黑龙江西南至吉林省东北部缺水地区，该地区主要适合 MG0/MG I 组。大豆群体在该亚区表现为株高降低（70.67 cm），主茎节数远低于其他亚区（14.72），分枝数目较少（1.94），倒伏程度较轻（倒伏程度为1.52），地上部生物量一般但产量最高（分布为7.56，3.02 t·hm⁻²），主茎荚数（53.74）及表观收获指数（0.50）最高。具体到各熟期组，地上部生物量低其综合值 0.21~1.72 t·hm⁻²（MG II 高约

0.07 t·hm^{-2}）；MG0~MGⅢ的产量高 0.76~0.90 t·hm^{-2}；表观收获指数高 0.03~0.06；主茎荚数高 2.5~21.14（MG000 低约 0.3 个）；株高低 10~16cm，主茎节数少 2~3 节；倒伏低 0.14~0.82 级。比较 MG0/MGⅠ在该亚区与其他亚区的表现可以看出，两熟期组在当地表现出其对应的产量潜力，产量高于其在其他亚区的表现。第Ⅳ亚区主要包括辽宁省大部地区，该亚区主要适合 MGⅡ/MGⅢ组。大豆群体在该亚区表现为植株较低（72.08 cm），节数一般（17.09），分枝偏少（1.59），倒伏一般（倒伏程度为 1.80），地上部生物量（8.24 t·hm^{-2}）较高但产量（2.91 t·hm^{-2}）偏低，主茎荚数（49.16）较多但表观收获指数偏低（0.44）。具体到各熟期组，MG000/MG0/MGⅢ组的地上部生物量高 0.14~0.54 t·hm^{-2} 而其余熟期组低 0.22~1.14 t·hm^{-2}；产量均低各熟期组平均值 0.1~0.57 t·hm^{-2}；表观收获指数低约 0~0.06；而荚数则多 3.35~7.66（MGⅢ低约 2.62）；不同熟期组株高降低的程度相差较大，MG000 组仅比其对应熟期组综合值低约 3cm，而 MGⅡ组低约 16 cm；倒伏程度降低 0~0.32 级（MGⅠ高约 0.04 级），比较 MGⅡ/MGⅢ组在该亚区与其他亚区的表现可以看出，除地上部产量外，各性状在当地的表现一般，没有发挥出品种潜力。

表3 各熟期组大豆产量性状在不同生态亚区的表现

Table 3 The yield traits of maturity groups in eco-regions of Northeast China

性状 Trait	熟期组 MG	生态亚区 Ecological sub-region							
		I		II		III		IV	
		Mean	CV/%	Mean	CV/%	Mean	CV/%	Mean	CV/%
地上部生物量	000	4.86 d(b)	23.03	5.93 e(a)	15.94	3.65 e(c)	26.06	5.91 e(a)	21.24
Above ground biomass	00	6.27 c(b)	17.06	7.36 d(a)	12.32	4.92 d(c)	23.67	6.35 e(b)	17.82
/(t·hm^{-2})	0	7.01 b(c)	16.66	8.25 c(a)	9.59	6.78 c(c)	15.88	7.88 d(b)	16.53
	I	7.79 a(b)	22.02	9.12 b(a)	9.54	8.79 b(a)	22.04	8.82 c(a)	19.88
	II	Im	Im	10.49 a(ab)	11.42	10.77 a(a)	28.24	9.56 b(b)	19.74
	III	Im	Im	10.04 a(b)	27.42	11.38 a(ab)	23.28	11.88 a(a)	20.34
	群体 Population	6.94 (d)	21.06	8.59 (a)	17.65	7.56 (c)	35.24	8.24 (b)	24.77
产量	000	2.26 c(a)	20.34	2.21 d(a)	12.98	2.04 d(a)	22.89	2.12 d(a)	20.59
Yield/(t·hm^{-2})	00	2.82 b(a)	16.23	2.78 c(a)	10.89	2.67 c(a)	19.68	2.48 c(b)	18.05
	0	2.98 b(b)	14.73	3.04 b(b)	8.72	3.58 b(a)	15.95	3.00 b(b)	13.94
	I	3.14 a(b)	25.94	3.08 b(b)	10.52	4.30 a(a)	15.40	3.03 ab(b)	19.03
	II	Im	Im	3.05 b(b)	16.23	4.38 a(a)	25.76	2.92 b(b)	19.84
	III	Im	Im	3.92 a(a)	18.03	4.45 a(a)	25.30	3.25 a(b)	19.54
	群体 Population	2.95 (bc)	19.66	3.02 (b)	14.45	3.70 (a)	25.91	2.91 (c)	19.01
表观收获指数	000	0.52 a(ab)	4.28	0.50 a(bc)	4.41	0.54 a(a)	3.94	0.49 a(c)	9.27
Apparent harvest index	00	0.48 b(c)	6.22	0.49 a(b)	5.02	0.52 ab(a)	5.02	0.49 a(bc)	7.65
	0	0.45 c(c)	8.55	0.47 b(b)	5.21	0.51 b(a)	5.12	0.47 a(b)	8.55
	I	0.42 d(c)	12.10	0.45 c(a)	7.52	0.49 c(a)	7.31	0.42 b(c)	10.63
	II	Im	Im	0.41 e(b)	8.31	0.44 d(a)	11.15	0.37 c(c)	11.17
	III	Im	Im	0.43 d(a)	12.91	0.43 d(a)	12.72	0.31 d(b)	12.08
	群体 Population	0.45 (c)	10.46	0.46 (b)	8.59	0.50 (a)	8.81	0.44 (d)	14.50
主茎荚数	000	23.31 ab(c)	27.53	30.24 d(b)	17.96	30.50 d(b)	27.84	38.46 d(a)	16.49
Main stem pod number	00	25.37 a(b)	21.83	40.47 c(a)	12.52	42.02 c(a)	18.33	42.88 c(a)	14.12
	0	23.43 ab(d)	29.32	44.29 b(c)	14.10	51.40 b(a)	17.80	49.28 b(b)	14.94
	I	21.22 b(d)	33.27	49.24 a(c)	15.16	61.75 a(a)	23.09	52.88 ab(b)	19.11
	II	Im	Im	51.11 a(b)	20.28	66.26 a(a)	29.31	55.74 a(b)	20.85
	III	Im	Im	49.40 a(b)	24.53	66.04 a(a)	35.72	42.28 cd(b)	25.65
	群体 Population	23.10 (d)	29.41	45.25 (c)	19.00	53.78 (a)	28.53	49.16 (b)	19.84

Im=未成熟;同一列数字后的不同小写字母说明熟期组间的差异显著性;同一行括号内的不同小写字母说明不同生态亚区间的差异显著性。下同。

Im = immature. Values in the column of Mean followed by different letters are significantly different among maturity groups while values in the row of mean followed by different letters in parentheses are significantly different among ecological sub-regions. The same below.

性状 Trait	熟期组 MG	生态亚区 Ecological sub-region							
		I		II		III		IV	
		Mean	CV/%	Mean	CV/%	Mean	CV/%	Mean	CV/%
株高	000	63.21 e(a)	9.35	63.56 e(a)	8.37	45.16 e(b)	13.79	56.18 e(c)	12.34
Plant height/cm	00	74.37 d(a)	15.60	76.08 d(a)	16.86	55.19 d(b)	24.49	59.71 e(b)	17.87
	0	84.72 c(a)	12.10	87.08 c(a)	12.12	67.28 c(c)	16.45	69.87 d(b)	15.63
	I	91.13 b(a)	12.69	96.51 b(b)	11.48	78.52 b(c)	13.29	75.39 c(c)	15.25
	II	104.22 a(a)	14.22	109.65 a(b)	11.00	86.66 a(c)	12.86	84.25 b(c)	14.04
	III	105.99 a(a)	7.59	112.63 a(a)	7.73	86.34 a(b)	17.08	89.89 a(b)	11.84
	群体 Population	87.44 (b)	17.31	90.90 (a)	17.76	70.67 (c)	22.35	72.08 (c)	19.12
主茎节数	000	14.30 e(ab)	9.55	13.56 f(b)	7.59	11.03 d(c)	11.51	14.70 d(a)	9.56
Node number	00	15.99 d(a)	8.98	15.62 e(a)	11.96	12.76 c(b)	16.31	15.21 d(a)	12.06
on main stem	0	17.67 c(a)	7.98	17.30 d(b)	8.12	14.46 b(d)	11.51	16.96 c(c)	10.14
	I	18.93 b(a)	8.02	18.26 c(b)	6.73	15.81 a(d)	9.29	17.72 bc(c)	9.32
	II	20.70 a(a)	8.70	19.35 b(b)	7.64	16.47 a(d)	8.22	18.59 a(c)	8.08
	III	21.13 a(a)	4.18	20.78 a(a)	5.87	16.28 a(d)	13.71	18.50 ab(c)	10.83
	群体 Population	18.15 (a)	12.17	17.58 (b)	11.79	14.72 (d)	14.60	17.09 (c)	11.74
分枝数目	000	1.75 b(ab)	52.75	2.07bc(a)	36.06	1.59 cd(ab)	48.37	1.22d (b)	49.99
Branch number	00	1.73 b(ab)	50.83	1.98 c(a)	40.86	1.43 d(bc)	75.64	1.11 cd(c)	49.60
	0	2.28 a(a)	38.16	2.17 bc(a)	40.41	1.66 cd(b)	47.72	1.37 cd(c)	50.16
	I	2.35 a(a)	36.63	2.10 bc(ab)	44.06	2.03 c(b)	47.79	1.54 c(c)	48.61
	II	2.55 a(ab)	41.88	2.59 b(ab)	47.25	2.73 b(a)	43.80	2.19 b(b)	40.25
	III	2.42 a(c)	44.47	4.69 a(a)	40.97	3.62 a(b)	30.38	3.52 a(b)	29.18
	群体 Population	2.24 (a)	41.71	2.32 (a)	50.21	1.94 (b)	55.84	1.59 (c)	57.82
倒伏程度	000	1.10 b(c)	8.91	1.67 d(a)	13.66	1.22 d(b)	7.14	1.07 c(c)	12.56
Lodging score	00	1.20 b(c)	24.52	1.89 c(a)	25.83	1.36 c(c)	17.36	1.20 c(c)	37.12
	0	1.25 ab(d)	28.21	2.13 b(a)	21.98	1.50 b(c)	16.47	1.71 b(b)	37.77
	I	1.39 a(d)	37.30	2.34 b(a)	22.13	1.62 a(c)	15.62	1.98 b(b)	37.56
	II	Im	Im	2.91 a(a)	14.18	1.65 a(c)	14.51	2.42 a(b)	30.85
	III	Im	Im	3.00 a(a)	13.51	1.64 a(c)	16.36	2.39 a(b)	33.63
	群体 Population	1.27 (d)	30.56	2.27 (a)	25.56	1.52 (c)	17.43	1.80 (b)	41.96

2.3 东北各生态亚区高产品种改良方向及进展

上文分析表明，不同生态亚区生态条件对大豆产量性状的影响不一致，明确不同生态亚区内高产品种的株型特点、改良方向及改良进展十分必要。本文采取以下分析方法：首先，对群体在各亚区的表现和具体亚区内适宜熟期组品种按照产量的高低进行分组，其中将产量前十的品种归为"高"组，排名后十的品种归为"低"组,其余大豆品种归为"中"组。然后按照分组对群体在各亚区的表现进行单因素分析,用以明确该亚区内高产品种的株型特点。其次,按照分组对各亚区内适宜熟期组品种进行分析,用以明确品种改良的现阶段结果。再次,对各亚区高产组进行分析,从而明确不同亚区间高产型品种的特点。最后,根据以上结果提出当前条件下各亚区高产品种的株型特点及改良方向。具体结果见表5。

表5 东北各亚区所有及适宜熟期组不同产量类型大豆株型特点

Table 5 The characters of plant types of all /adapted maturity groups in eco-regions of Northeast China

生态亚区/熟期组 Eco-sub/MG	类型 Type	产量 Yield/(t·hm⁻²)		地上部生物量 AGB/(t·hm⁻²)		表观收获指数 Apparent harvest index		主茎荚数 Main stem pod number		倒伏 Lodging score		主茎节数 Node number on main stem		株高 Plant height /cm		分枝 Branch number	
		Mean	CV/%	Mean	CV/%	Mean	CV/%	Mean	CV/%	Mean	CV/%	Mean	CV/%	Mean	CV/%	Mean	CV/%
I/	高 High	4.27 a	3.06	9.86 a	7.90	0.43 ab	4.51	22.87 a	29.57	1.31 a	21.50	18.87 a	6.95	90.58 a	9.31	2.54 a(a)	27.84
MG000~	中 Normal	2.96 b	14.81	6.92 b	17.41	0.45 a	8.78	23.39 a	29.12	1.27 a	31.01	17.36 b	9.78	82.57 a	14.79	2.18 a	40.50
MGI	低 Low	1.28 c	34.24	5.49 c	61.14	0.40 b	28.54	22.43 a	22.26	1.03 a	5.32	16.82 b	17.91	81.56 a	20.78	1.28 b	46.64
I/	高 High	3.36 a(c)	5.25	7.12 a(c)	8.62	0.46 b(a)	5.15	24.70 a(c)	18.47	1.34 a(c)	22.16	17.50 a(b)	2.22	85.28 a(a)	11.76	2.40 a(a)	32.65
MG000~	中 Normal	2.70 b	9.61	5.84 b	12.68	0.50 a	6.00	24.83 a	24.28	1.12 b	13.25	15.28 b	8.92	69.12 b	13.41	1.58 b	48.23
MG00	低 Low	1.88 c	24.83	4.92 c	44.25	0.50 a	8.60	23.35 a	27.35	1.21 ab	38.10	14.71 b	12.14	67.11 b	17.55	1.72 b	69.33
II/	高 High	4.38 a	9.04	11.34 a	14.37	0.42 c	16.34	48.71 a	24.51	2.74 a	13.32	20.72 a	5.48	111.25 a	5.90	4.02 a	41.73
MG000~	中 Normal	3.00 b	11.04	8.61 b	15.76	0.46 b	8.12	45.61 a	17.86	2.25 b	24.99	17.55 b	10.53	90.68 b	16.77	2.23 b	47.33
MGIII	低 Poor	2.02 c	10.37	6.03 c	27.00	0.49 a	4.06	30.34 b	22.36	1.68 c	20.52	13.22 c	12.98	63.29 c	15.15	1.92 b	42.36
II/	高 High	3.64 a(c)	4.30	9.30 a(b)	10.91	0.47 a(a)	9.80	52.71 a(b)	15.60	2.17 a(b)	25.15	18.38 a(ab)	7.31	93.04 a(a)	10.14	2.43 a(a)	31.15
MG0~	中 Normal	3.05 b	7.66	8.54 b	9.99	0.46 ab	6.21	45.82 b	14.80	2.18 a	21.82	17.62 ab	7.88	90.29 a	12.63	2.13 a	41.61
MGI	低 Low	2.44 c	3.27	7.90 c	19.11	0.44 b	9.38	41.96 b	19.56	2.54 a	27.93	16.86 b	11.03	86.32 a	19.84	2.20 a	52.26
III/	高 High	6.82 a	10.92	15.89 a	19.12	0.41 c	17.33	75.78 a	35.28	1.92 a	15.46	16.72 a	13.43	95.62 a	13.28	4.07 a	27.93
MG000~	中 Normal	3.66 b	20.03	7.45 b	28.75	0.50 b	8.14	53.89 b	26.30	1.52 b	16.38	14.80 b	13.52	70.43 b	20.25	1.91 b	53.32
MGIII	低 Low	1.65 c	19.03	3.02 c	17.32	0.53 a	2.96	30.31 c	15.96	1.20 c	7.21	10.17 c	8.63	41.77 c	12.28	0.89 c	46.58
III/	高 High	5.85 a(a)	13.94	11.67 a(a)	27.56	0.49 a(a)	13.40	64.44 a(a)	25.50	1.76 a(bc)	17.06	17.33 a(b)	10.19	88.62 a(a)	9.04	2.95 a(a)	45.22
MG0~	中 Normal	3.79 b	12.50	7.37 b	17.23	0.50 a	5.77	54.73 b	21.44	1.54 b	16.37	14.92 b	10.46	71.00 b	15.78	1.76 b	45.77
MGI	低 Low	2.56 c	8.72	5.00 c	15.74	0.51 a	3.72	47.99 b	22.94	1.42 c	13.31	12.22 c	9.99	54.16 c	16.88	1.07 c	62.13
IV/	高 High	4.36 a	8.93	12.08 a	20.12	0.41 b	22.17	55.49 a	26.64	2.33 a	33.50	19.38 a	6.72	89.68 a	11.25	2.48 a	51.85
MG000~	中 Normal	2.90 b	15.87	8.23 b	22.55	0.44 ab	14.25	49.40 a	18.78	1.81 b	41.60	17.12 b	11.25	72.16 b	18.42	1.58 b	56.81
MGIII	低 Low	1.68 c	11.70	4.73 c	14.65	0.46 a	13.79	34.66 b	21.19	1.12 c	27.78	13.86 c	9.98	51.92 c	10.75	0.87 c	36.97
IV/	高 High	4.10 a(b)	12.19	12.89 a(a)	16.73	0.34 b(b)	19.88	50.35 a(b)	29.50	2.70 a(a)	28.57	19.42 a(a)	8.94	92.03 a(a)	9.46	3.19 a(a)	44.76
MGII~	中 Normal	2.95 b	10.56	10.23 b	19.59	0.36 a	13.66	50.66 a	26.17	2.38 a	32.59	18.39 a	8.88	84.97 b	13.25	2.54 a	42.93
MGIII	低 Low	2.30 c	5.10	8.16 b	15.35	0.34 b	10.49	55.24 a	17.66	2.25 a	29.56	18.45 a	9.01	85.17 a	17.69	2.43 a	31.77

同一列数字后的不同小写字母说明产量组间的差异显著性,同一列括号内的不同小写字母说明不同生态亚区间高产组的差异显著性。

Values in the column of Mean followed by different letters are significantly different among yield groups while values in the column of mean followed by different letters in parentheses are significantly different among excellent yield type in ecological sub-regions, AGB = Above-ground biomass.

比较各亚区内大豆群体3类大豆的产量,差异均达到显著水平,说明采用这种分组方法来研究各亚区高产株型是可行的。比较3类大豆各性状上的差异,地上部生物量在3类大豆中差异显著,且该性状与株型性状及主茎荚数均相关,是这些性状的综合表达。地上部生物量随产量的提高而增加,因此,地上部生物量是决定大豆产量的主要因素。

对第Ⅰ亚区,大豆群体中高产型大豆的主茎节数高于其他类型且达到显著水平,说明该性状在将中间型提高到高产型中起作用;分枝性状仅在低产型与其他类型大豆间差异显著,表明该性状主要是在从低产型提高到中间型中起作用。故该地区大豆产量性状的改良应通过地上部生物量的改良来实现,将低产品种提高到产量中间型时应首先关注分枝数目的提高,将中间型提高到高产型时首先关注主茎节数的提高,再次关注株高和分枝数目的增加,最后统筹考虑其他性状。当地最适宜熟期组各类型大豆性状分析可知,低产品种与中间型品种除地上部生物量外各性状差异不显著,继续改良这类品种难度较大;而中间型与高产型的株高、分枝、主茎节数差异均显著,故对株高、分枝、主茎节数的提高均应重点关注。比较该亚区高产型大豆与其他亚区高产型的区别,该地区高产型大豆的地上部生物量和主茎荚数明显低于其他亚区,而该群体在该地区这两个性状优势有限,需采用其他方式进行。

现根据大豆群体在当地的表现和该地区适宜熟期组高产品种特点,初步提出该群体在当地可构建的理想株型:大豆地上部生物量在 9.86 t·hm^{-2} 左右,主茎节数在 19 节左右,株高在 90 cm 左右,分枝在 2.54 左右,而表观收获指数在 0.46 左右,主茎荚数在 25 个左右,倒伏在 1.3 左右,其产量可达到 4.27 t·hm^{-2} 左右。

同理,在第Ⅱ亚区,将低产型提高到中间型时应首先关注主茎节数、株高、主茎荚数的提高,将中间型提高到高产型时应首先关注主茎节数、株高、分枝的提高,其他性状统筹考虑即可。从当地最适宜熟期组各类型大豆性状分析可知,低产品种与中间型品种在各性状上差异均不显著,继续改良这类品种难度较大;而中间型与高产型仅主茎节数达到显著水平,故对主茎节数的提高均应重点关注,其余性状统筹考虑即可。该亚区高产品种与其他亚区相比,在地上部生物量上有提高的空间,而该群体在当地有些材料表现较好,因此可以采用该群体进行改良。根据上文数据,该地区高产大豆的理想株型如下:大豆地上部生物量在 11.34 t·hm^{-2} 左右,主茎节数在 21 节左右,株高在 110 cm 左右,分枝在 2~4,而表观收获指数在 0.47 左右,主茎荚数在 48~52 个,倒伏在 2 级左右,其产量可达到约在 4.38 t·hm^{-2},甚至更高。

对第Ⅲ亚区,将低产型提高到中间型及将中产型提高到高产时,均应同步关注主茎荚数、株高、分枝、主茎节数的提高,其余性状统筹考虑。从当地最适宜熟期组各类型大豆性状分析可知,将低产品种提高到产量中间型时,应重点考虑对株高、分枝、主茎节数的改良;而将中产型提高到高产型时则需同步关注主茎荚数、株高、分枝、主茎节数的提高。与其他亚区高产类型相比,当地高产类型各性状表现较为突出,而群体在各性状上均有表现突出的品种,因此可使用该群体对当地高产株型进行改良。根据上文数据,该地区高产大豆的理想株型如下:大豆地上部生物量在 15.89 t·hm^{-2} 左右,主茎节数在 17 节左右,株高在 95 cm 左右,分枝在 3~4,而表观收获指数在 0.49 左右,主茎荚数在 76 个左右,倒伏在 2 级左右,其产量可达到约 6.82 t·hm^{-2},甚至更高。

第Ⅳ亚区将低产型提高到中间型应同步关注主茎荚数、株高、分枝、主茎节数的提高;将中产型提高到高产时应重点关注株高、分枝、主茎节数的提高,其余性状统筹考虑。从当地最适宜熟期组各类型大豆性状分析可知,地上部生物量构成组分(主茎荚数、株高、分枝、主茎节数)在各类大豆间差异不显著,表明当地已经对这些性状进行了选择,通过对单独某一性状进行改良从而达到提高地上部生物量较难实现,需统筹考虑地上部生物量构成性状的改良。比较当地高产株型与其他亚区高产大豆,该地区大豆在主茎荚数特别是表观收获指数低于群体在当地的表现,而群体有些品种这两个性状在当地的表现较好,因此可以采用该群体进行改良。根据上文数据,该地区高产大豆的理想株型如下:大豆地上部生物量在 12.89 t·hm^{-2} 左右,主茎节数在 19 节左右,株高在 90 cm 左右,分枝在 2~3 左右,而表观收获指数在 0.41 左右,主茎荚数在 55 个左右,倒伏在 2 级左右,其产量可达到约 4.36 t·hm^{-2},甚至更高。

为了方便各亚区内育种家对产量性状的改良,表 6 为各亚区内在产量性状上表现较为突出的材料,供育种家参考。

表6 东北各亚区高产品种

Table 6 The excellent yield varieties in eco-regions of Northeast China

生态亚区 Eco-subregion	品种 Cultivar				
I	合丰29 Hefeng 29	蒙豆5号 Mengdou 5	垦鉴27 Kenjian 27	绥农8号 Suinong 8	北豆14 Beidou 14
	红丰3号 Hongfeng 3	黑农6号 Heinong 6	垦鉴28 Kenjian 28	蒙豆26 Mengdou 26	北豆22 Beidou 22
II	吉育34 Jiyu 34	吉育89 Jiyu 89	丰收27 Fengshou 27	黑农53 Heinong 53	北豆21 Beidou 21
	垦农24 Kennong 24	黑农62 Heinong 62	垦丰10号 Kenfeng 10	垦豆25 Kendou 25	九农28 Jiunong 28
III	吉育86 Jiyu 86	吉育43 Jiyu 43	满仓金 Mancangjin	天鹅蛋 Tianedan	长农5号 Changnong 5
	吉科3号 Jike 3	抗线8 Kangxian 8	长农20 Changnong 20	东农54 Dongnong 54	抗线7号 Kangxian 7
IV	吉育92 Jiyu 92	吉育71 Jiyu 71	铁丰31 Tiefeng 31	辽豆20 Liaodou 20	辽豆14 Liaodou 14
	辽豆26 Liaodou 26	辽豆22 Liaodou 22	吉育91 Jiyu 91	长农19 Changnong 19	吉林5号 Jilin 5

3 讨 论

3.1 对东北地区大豆产量、株型相关性状变异的认识

产量性状是大豆生产中最重要也是最复杂的性状，对该性状的改良一直是大豆育种的中心工作，本文通过采用东北代表性群体的多年多点试验来研究该地区产量、株型性状。由于试验小区较小，只做趋势性分析，不做严格比较。赵团结等[16]在超高产育种的研究中建议东北地区超级种的潜力要达到 4.95 t·hm[-2]。王曙明等[20]则建议按照生育期长短将目标进行细化，其中生育期在 115 d（早熟组）的指标在 3.75 t·hm[-2]，生育日数在 116~130 d（中熟组）的超级种的指标为 4.05 t·hm[-2]，生育日数在 130 d 以上（晚熟组）的指标为 4.2 t·hm[-2]。本文结果表明目前东北地区大豆产量分布在 1.65~4.90 t·hm[-2]，早熟组（MG000/MG00）大豆的品种潜力为 1.65~3.50 t·hm[-2]，中熟组（MG0/MG I）在 2.32~4.51 t·hm[-2]，晚熟组（MG II /MGIII）在 2.71~4.90 t·hm[-2]。本研究种植密度偏小，适当增加密度可能还会增加产量。从本文的结果看，品种产量的遗传潜力在生产上基本未得到实现。综上所述，东北大豆育成品种群体内或者利用该群体育种可能存在或选育出满足高产目标的品种。事实上，本文在各亚区选取的高产品种在生产上已经表现出高产的特性，如辽豆14，创造了东北春大豆超高产记录[21]。

通过产量及相关性状与育成年份的分析可知东北地区倒伏性状得到了明显改善，这与王连铮等[22]结果一致。但东北大豆育成品种中仍然存在倒伏现象，应进一步加大对该性状的关注。而对产量性状，虽然年代间差异不显著，但经过多年的努力，该性状及相关性状均得到了提高，本文的研究表明在 1980 年以前大豆产量是呈略微下降的趋势，而 1980 年后产量则呈增加的趋势，与前人[23-27]研究认为东北大豆产量随年份均呈增加的结果不同。这可能与试验所涉及的品种时间跨度、熟期组类型、品种数目和试验规模有关。事实上，20 世纪 80 年代"六五"开始的育种攻关计划对我国大豆育种起到了重要的作用，本文结果验证了这一点。

通过产量、株型与熟期组的关系可知，随着熟期组的变晚，大豆产量、地上部生物量、主茎荚数、株高、主茎节数、分枝得到了明显提高，表观收获指数和抗倒伏的能力均显著地下降，该结果暗示着对不同熟期组大豆产量性状的改良应采取不同的策略。遗传率及育种经验也表明对产量性状直接进行改良的效果并不好，而通过对产量相关性状的改良从而达到提高大豆产量的方法是可行的[4]。对早熟组大豆（MG000/MG00）的改良应重点关注增加大豆地上部生物量性状的提高，而对晚熟组（MG II /MGIII）则应加大对表观收获指数及抗倒伏性状的改良。

3.2 东北各生态亚区高产品种类型及改良方向

从上文分析可知，产量性状的改良有赖于产量相关性状（产量、株型性状）的改良，而不同熟期组大豆具有不同的特点，再加上生态环境对产量相关性状的影响，不同亚区品种改良方向略有不同。

为了分析各亚区高产株型特点，本文按照产量高低将品种进行分类，通过比较不同类型大豆在产量相关性状上的差异来判断各亚区不同类型大豆的改良方向及适宜当地生态条件品种的改良程度。从结果看，各亚区各类型大豆产量改良均通过改良地上生物量来实现，但地上部生物量构成复杂，几乎与所有株型及主茎荚数相关，不同亚区不同类型大豆改良的方向略有差异。从各亚区适宜熟期组各类型大豆产量相关性状的差异可知，第Ⅰ亚区在过去重点关注的是从低产型改良至中间型，而对中间型改良到高产型仍有较大的改良空间。第Ⅲ亚区各类型大豆地上部生物量相关性状差异较大，表明过去对该地区育种的关注度不够，有很大的提升空间。而第Ⅱ、Ⅳ亚区大豆改良的程度较大，第Ⅱ亚区改良则应注意提高主茎节数，而第四亚区的改良则应关注表观收获指数的提升。

3.3 育成品种基因型效应、生态环境效应的认识

产量、株型性状表型是由基因型效应、生态环境效应以及基因型与生态环境互作所共同决定的。从整体上看，影响产量性状最主要的因子是品种改良，生态环境对该性状的影响是客观、显著的，但从绝对值上看，由生态环境造成的差异非常有限。如经过品种改良，产量从 1.65 t·hm^{-2} 增加至 4.90 t·hm^{-2}，而由生态环境造成的最大差异仅在 0.79 t·hm^{-2}。

致谢：感谢中国农业科学院作物所、吉林省农科院大豆所提供部分大豆参试品种（系）。感谢各试验点辛苦的工作。

参考文献（略）

本文原载于 2017 年《第十届全国大豆学术讨论会论文摘要集》及《大豆科学》2017 年 01 期。

东北春大豆种质资源表型分析及综合评价

王燕平，宗春美，孙晓环，齐玉鑫，白艳凤，李文，任海祥，王晓梅，侯国强，徐德海，张帅，师红财

（黑龙江省农业科学院牡丹江分院/国家大豆改良中心牡丹江试验站，牡丹江 157041）

摘　要：种质资源是大豆遗传育种和解析复杂数量性状的基础，通过对种质资源的评价，可指导育种实践中优异互补亲本的选择，提高优异基因交流累加和新品种培育的效率。本研究选用来自东北三省一区 1923—2010 年间选育的 340 份春大豆种质资源，通过在牡丹江地区对 12 个表型性状的 2 年综合鉴定，评价品种群体遗传变异特点和筛选优异种质资源，结果表明：（1）春大豆种质资源表型变异丰富。除生育期年份间差异不显著外，其他性状品种间和年份间均呈显著的差异，且 2 年变化趋势相同。有效分枝数变异幅度最大，其次是主茎荚数、单株粒重和株高，这些性状选择潜力较大，品质性状的变异幅度较小，选择潜力有限；（2）表型性状特征频率分布均符合正态分布。受育成单位纬度和育种目标的影响，生育期呈现北早南晚，北部育成品种营养体较小、植株矮小、节数相对较少、脂肪含量较高，南部育成品种营养体较大、植株高大、单株有效节数多且主茎单节最多荚数多，部分品种蛋白质含量相对较高；（3）采用主成分分析方法综合评价表明，吉育 71 的 ZF 值最高，综合性状表现最好，表型性状与 ZF 值相关分析结果显示，生育期、株高、主茎节数、地上部生物产量、收获指数、主茎荚数和主茎单节最多荚数等 7 个表型性状可作为春大豆种质资源综合评价指标。在大豆育种中应重视利用具有丰富遗传多样性的基因资源，在亲本选配时适当选择综合性状优良、育种性状优势互补的种质。

关键词：东北春大豆；种质资源；表型变异；综合评价

Phenotype Analysis and Comprehensive Evaluation on Northeast Spring Soybean Resources in Mudanjiang

WANG Yan-ping, ZONG Chun-mei, SUN Xiao-huan, QI Yu-xin, BAI Yan-feng, LI Wen, REN Hai-xiang, WANG Xiao-mei, HOU Guo-qiang, XU De-hai, ZHANG Shuai, SHI Hong-cai

(*Mudanjiang Branch of Heilongjiang Academy of Agricultural Sciences/Mudanjiang Experiment Station of the National Center for Soybean Improvement*, Mudanjiang 157041)

Abstract: Germplasm resources are the genetic basis of breeding and resolution of complicated quantitative characters, and the evaluation of germplasm resources can guide the selection of excellent parents in breeding practice to improve the exchange and accumulation of excellent genes and the efficiency of new varieties breeding. In this study, 340 spring soybean germplasm resources from Northeast China and Inner Mongolia area during 1923—2010 were selected as experimental materials. Based on the comprehensive identification of 12 phenotypic traits in Mudanjiang area, we evaluated the genetic variation of the population and screened out some excellent germplasm resources. The results showed that: (1) There was abundant phenotypic variation in spring soybean germplasm resources in Northeast China. Most traits showed significant differences between different varieties and years, and the same trend was observed in two years in addition to growth period. The maximum variation was the effective branch number, followed by the number of effective pods per plant, grain weight per plant and plant height, which had great selection potential, the variation range of quality traits was smaller than other traits and the selection potential waslimited. (2) The frequency distribution of phenotypic traits was in accordance with the normal distribution, growth period of the northern breeding varieties was earlier than the southern for different latitude breeding units and breeding target. The northern breeds showed smaller nutrients, shorter plants, less effective nodes and higher fat content than the southern in Mudanjiang ecological area. (3) The results of comprehensive evaluation of principal component analysis showed that the ZF value of Jiyu 71 was the highest, and the comprehensive character was the best than the others. The correlation analysis between phenotypic traits and ZF value showed that seven traits, including growth period, plant height, number of main stem nodes, above ground biomass, harvest index, number of pods per plant and maximum pods number of single node on main stem, could be used as a comprehensive evaluation index of spring soybean germplasm resources. It was concluded that soybean breeding should attach importance to the utilization of the genetic resources with genetic diversity, and simultaneously, also pay great attention to the use of the parents with excellent comprehensive performance and complementary breeding traits in breeding parent selection to improve genetic of varieties.

Keywords: Northeast spring soybean; Germplasm resources; Phenotypic variation; Comprehensive evaluation

大豆[*Glycine max*（L.）Merr.]起源于我国，是重要的油料作物，也是人类食用蛋白的重要来源。东北地区是我国最主要的大豆产区，占全国大豆种植总面积50%以上。近年来，作为大豆主产区黑龙江省大豆种植面积逐年下降[1]，严重影响了大豆产品供给。究其主要原因是大豆产量低，种植大豆的比较效益低于玉米和水稻，这就要求我们对现有品种进行遗传改良。在品种改良过程中，受体亲本主要选用能很好地适应当地生态环境的主栽品种，是品种改良的基础。供体亲本主要选用具有受体亲本待改良性状的优异种质，是品种改良成功的关键。大豆育成品种是具有生产应用价值的资源，经育种家长期的杂交、选育，积聚了多方面的优异种质，是目前品种改良最核心的遗传资源。因此，从各类型种质资源中挖掘出对育种性状改良有益的基因，对进一步提高育种效率、培育出更高产更优质的大豆新品种具有重要的指导意义。

国内外学者对大豆资源农艺性状、品质及抗逆性等相关性状进行了广泛的研究报道[2-3]。文自翔等[4]研究表明：育成品种与野生大豆和地方品种相比，虽然分别丢失了77.7%和70.9%的等位变异，但同时也分别增加了54.7%和45.9%的新变异。因此育成品种既是重要的受体亲本又是珍贵的供体亲本。熊冬金等[5-6]、张军等[7]分析了中国1923—2005年间育成的1 300个大豆育成品种（其中东北育成682个），发现其源自670个祖先亲本，其中有267个祖先亲本来自东北，所占比例最高，认为对东北育成大豆进行育种性状的遗传解析最具代表性。傅蒙蒙等[8-9]对361份东北春大豆品种群体进行了3年9点的生态鉴定试验，对东北春大豆熟期组归属进行了划定，认为东北春大豆可以归入 MG000~MGIII熟期组，确定了各个熟期组在不同生态区的天数，并以此为基础确定了一批可以用于熟期组鉴定的标准品种，揭示了不同熟期组在东北地区的地理分布范围。同时根据熟期组归属将不同地区品种进行比较，研究不同熟期组的生态环境的反应特征及生育期性状的生态特征，对阐明东北各熟期组种质资源生育期性状的生态特征具有重要意义。

牡丹江位于黑龙江省东南部，按农业气候地区划分属于半山间农业气候区，具有中温带大陆性季风气候的特点，无霜期140 d左右，平均降水量为550 mm，主要集中在夏季，具有雨热同期的特点，是高蛋白大豆产区[10]。本研究通过对340份东北春大豆种质资源在牡丹江地区的2年试验，明确其在牡丹江生态区表型性状的变异特征及综合表现，为这一区域春大豆种质资源利用提供理论依据。

1 材料与方法

1.1 试验材料

供试材料为根据王彬如[11]对东北春大豆区划重新征集到的本区内主要育种单位1923—2010年间育成和生产上常用的地方品种、育成品种及少部分国外种质共340份。

1.2 试验设计

试验于2013年和2014年在黑龙江省农业科学院牡丹江分院试验园区进行。采用重复内分组试验设计，4次重复，采用穴播，每小区4穴，每穴保留4株，小区面积1 m²。2013年播种期为5月15日，2014年播种期为5月5日。田间管理同当地一般水平。牡丹江试验点生态条件见傅蒙蒙等[8]。

1.3 测定项目与方法

按照 W.R.Fehr 等[12]提出的大豆生育时期的鉴定方法调查生育期，成熟后在每个小区选择具有代表性的 1 穴（4 株），进行室内考种及测产，性状包括：株高、主茎节数、地上部生物产量、单株粒重、百粒重、主茎荚数、有效分枝数和主茎单节最多荚数，其中主茎荚数、有效分枝数和主茎单节最多荚数作为参考性状，2014 年未进行调查。用 Infratec TM 1241 Grain Analyzer V5.00 品质分析仪进行蛋白质含量和脂肪含量的测定。

1.4 数据分析

各性状数据参照《大豆种质资源描述规范和数据标准》[13]记载录入，采用 Microsoft Excel 2010 处理 340 份春大豆种质资源的表型性状数据，采用 SPSS 18.0 进行描述统计、方差分析、相关分析、主成分分析及回归分析。

2 结果与分析

2.1 表型性状遗传变异

种质资源年际间性状的稳定性是资源利用的重要构成因素。从牡丹江生态区连续 2 年大豆种质资源的表型性状均值结果（表 1）可以看出，性状均值 2 年结果均有一定的波动，其中波动幅度最小的是收获指数，其次是脂肪含量。生育期、百粒重、收获指数和蛋白质含量 4 个性状均值 2014 年大于 2013 年，株高、主茎节数、地上部生物产量、单株粒重和脂肪含量 5 个性状的均值 2014 年小于 2013 年。种质资源间不同性状均有较大的遗传变异，其中变异系数最大的是有效分枝数，2013 年为 60.12%，品质性状蛋白质含量和脂肪含量的变异系数最小。生育期：九农 39 生育期最长，2013 年为 124.50 d，2014 年为 120.00 d，来自黑龙江的品种黑河 28 生育期最短，2013 年为 79.25 d，2014 年为 83.00 d。株高：铁荚四粒黄株高最高，2013 年为 127.94 cm，2014 年为 105.64 cm，来自黑龙江的品种合丰 5 株高最低，2013 年为 39.38 cm，2014 年为 36.26 cm。主茎节数：合丰 55 主茎节数最多，2013 年为 20.31 个，2014 年为 18.94 个，来自黑龙江的品种东农 43 主茎节数最少，2013 年为 10.94 个，2014 年为 10.06 个。百粒重：绥农 27 百粒重最大，2013 年为 28.88 g，2014 年为 30.63 g，来自黑龙江的品种东农 50 百粒重最小，2013 年为 6.74 g，2014 年为 10.24 g。地上部生物产量：吉科 3 号地上部生物产量最大，2013 年为 111.94 g，2014 年为 98.99 g，来自黑龙江的品种黑河 7 号地上部生物产量最小，2013 年为 28.50 g，2014 年为 31.35 g。单株粒重：吉科 3 号单株粒重最大，2013 年为 43.80 g，2014 年为 49.98 g。收获指数：吉林 48 收获指数最大，2013 年为 0.63，2014 年为 0.63，来自吉林的品种通农 13 收获指数最小，2013 年为 0.37，2014 年为 0.38。蛋白质含量：蒙豆 11 蛋白质含量最高，2013 年为 45.10%，2014 年为 46.43%，来自吉林的品种长农 17 蛋白质含量最低，2013 年为 35.40%，2014 年为 35.20%。脂肪含量：绥农 20 脂肪含量最高，2013 年为 24.20%，2014 年为 24.53%，来自吉林的品种长农 22 脂肪含量最低，2013 年为 18.50%，2014 年为 18.70%。

表 1 春大豆品种资源在牡丹江生态区的表型变异

Table 1 Gene variation of Northeast spring soybean in Mudanjiang

性状 Character	年份 Year	均值 Mean ± SD	变幅 Range	F 值 F-value	变异系数 （%）CV
生育期（d）GP	2013	103.31 ± 8.47	79.25 ~ 124.25	52.29	8.20
	2014	103.79 ± 10.13	83.00 ~ 120.00	62.00	9.76
株高（cm）PH	2013	82.49 ± 14.88	39.38 ~ 127.94	21.33	18.04
	2014	80.41 ± 11.33	36.26 ~ 105.64	11.14	14.09
主茎节数 SN	2013	16.20 ± 1.67	10.94 ~ 20.31	7.54	10.30
	2014	14.49 ± 1.45	10.06 ~ 18.94	3.65	10.00
百粒重（g）SW	2013	19.29 ± 2.32	6.74 ~ 28.88	15.70	12.05
	2014	20.67 ± 2.35	10.24 ~ 30.63	14.91	11.38
地上部生物产量（g）ABP	2013	58.55 ± 10.03	28.50 ~ 111.94	3.03	17.12
	2014	55.32 ± 10.41	31.35 ~ 98.99	3.37	18.81
单株粒重（g）SWP	2013	29.07 ± 4.85	11.18 ~ 43.80	2.19	16.67
	2014	27.78 ± 4.62	17.65 ~ 49.98	2.81	16.65
收获指数 HI	2013	0.50 ± 0.04	0.37 ~ 0.63	3.47	7.43
	2014	0.51 ± 0.04	0.38 ~ 0.63	1.98	8.13
蛋白质含量（%）PC	2013	39.67 ± 1.60	35.40 ~ 45.10	20.94	4.02
	2014	40.16 ± 1.79	35.20 ~ 46.43	22.88	4.45
脂肪含量（%）FC	2013	22.08 ± 0.98	18.50 ~ 24.20	25.17	4.42
	2014	21.89 ± 0.95	18.70 ~ 24.53	22.46	4.34
主茎荚数 MSP	2013	49.48 ± 9.53	23.41 ~ 81.44	7.39	19.26
有效分枝数 EB	2013	1.63 ± 0.98	0.00 ~ 4.31	7.99	60.12
主茎单节最多荚数 SMN	2013	5.12 ± 0.81	3.12 ~ 8.62	6.67	15.82

GP：Growth period, PH：Plant height, SN：No. of nodes on main stem, SW：100-seed weight, ABP：Aboveground biomass production, SWP：Seed weight per plant, HI：Harvest index, PC：Protein content, FC：Fat content, EB：No. of effective branches, MSP：No. of pods on main stem, SMN：Max. pod No. of single node on main stem. The same as below

2.2 表型性状分布特征

图 1 为 2013 年春大豆种质资源数量性状的表型分布特征频率分布直方图，由图 1 可知，表型性状分布特征均符合正态分布特征，资源具有很好的遗传多样性。

生育期在 100~110 d 的品种最多为 185 份，占 54.41%，大部分为黑龙江省第一和第二积温带选育品种，生育期变化不太明显。生育期 100 d 以下的极早熟品种 87 份，占 25.59%，主要为黑龙江省第三、四积温带及内蒙古等育种单位选育的品种，如黑龙江省农科院黑河分院选育的黑河 43 等系列品种、北安农科所及内蒙古呼伦贝尔农科院选育的蒙豆 11 等系列品种，这部分品种在牡丹江普遍提前成熟，生育期缩短 15~20 d，表现为极早熟。生育期 110 d 以上的品种 68 份，占 20.00%，这些品种为低纬度大豆育种单位选育的品种，如吉林和辽宁，生育期明显延长 10 d 左右。

株高以 70~100 cm 中高秆品种最多为 233 份，占 68.53%，以黑龙江省第一、二积温带育种单位选育品种为主。70 cm 以下的品种 67 份，占 19.71%，主要为高纬度育种单位选育的极早熟、早熟品种，如黑河系列、蒙豆系列、北豆系列和丰收系列品种，与牡丹江地理纬度差距大，表现为生育期缩短、早熟、植株矮小、产量较低。100 cm 以上品种 40 份，占 11.76%，主要为低纬度育种单位选育的品种，如吉林系列、吉育系列、长农系列、九农系列及铁丰系列品系，表现为营养生长时间长、开花晚、生育期长、植株营养体较大，部分品系不能在牡丹江正常成熟。

主茎节数在 15~18 个的品种最多为 222 份，占 65.30%，大部分为黑龙江省第一和第二积温带选育品种。主茎节数 15 个以下的品种 71 份，占 20.88%，主要为黑龙江省第三、四积温带及内蒙古等育种单位选育的早熟品种，主茎节数 18 个以上的品种 47 份，占 13.82%，这些品种为低纬度大豆育种单位选育的品种，如吉林和辽宁。

百粒重在 17~20 g 的品种最多为 172 份，占 50.59%，17 g 以下的品种 49 份，占 14.41%，20 g 以上的品种 119 份，占 35.00%。

地上部生物产量在 50~70g 的品种最多为 242 份，占 71.18%，50 g 以下的品种 61 份，占 17.94%，70 g 以上的品种 37 份，占 10.88%。

单株粒重在 20.5~30.5 g 的品种最多为 218 份，占 64.12%，20.5 g 以下的品种 7 份，占 2.06%，30.5 g 以上的品种 115 份，占 33.82%。

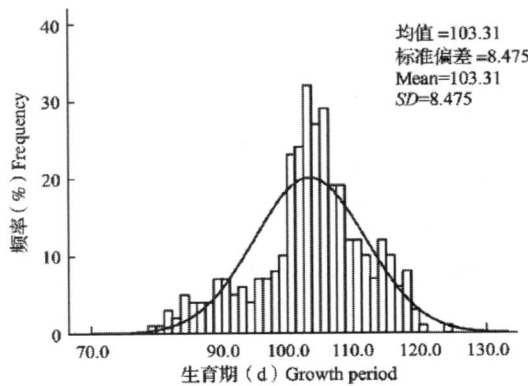

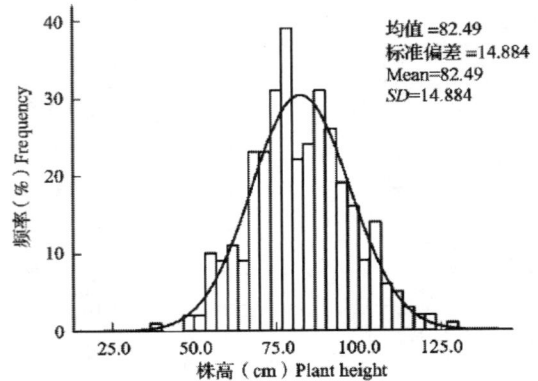

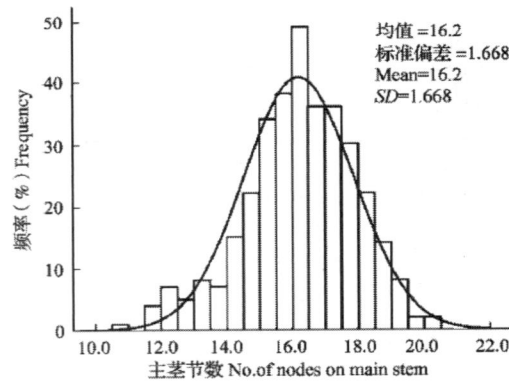

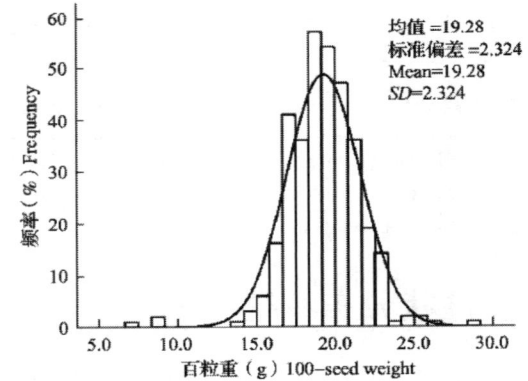

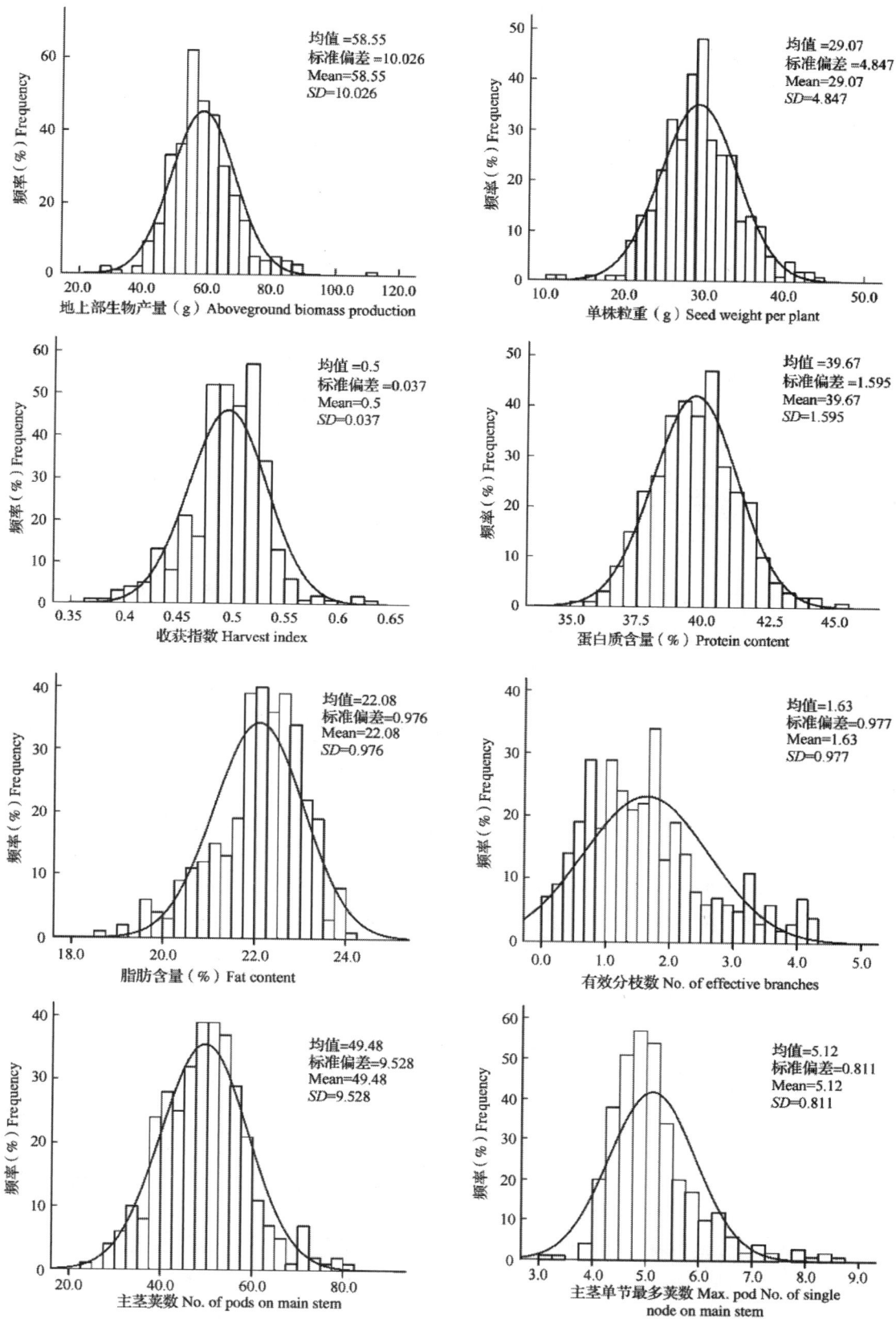

图 1　340 份春大豆种质资源在牡丹江主要数量性状指标的分布特征（2013 年）

Fig. 1　Distribution characteristics of quantitative traits of
340 spring soybean genetic resources in Mudanjiang（2013）

收获指数在 0.45~0.55 的品种最多为 298 份，占 87.65%，0.45 以下的品种 32 份，占 9.41%，0.55 以上的品种 10 份，占 2.94%。

蛋白质含量在 40%~44% 之间的品种 141 份，占 41.47%，40% 以下的品种 196 份，占 57.65%，44% 以上的品种 3 份，占 0.88%。蛋白质含量最高的品种是蒙豆 11（45.1%），其次为丰收 11（44.4%）、黑河 7 号（44.3%），可作为高蛋白大豆育种亲本材料加以利用。

脂肪含量在 21%~23% 之间的品种 235 份，占 69.12%，21% 以下的品种 52 份，占 15.29%，23% 以上的品种 53 份，占 15.59%，脂肪含量最高品种是绥农 20（24.40%），其次是黑农 64（23.85%），可作为高油大豆育种亲本材料加以利用。

有效分枝数在 1~2 个的品种最多为 149 份，占 43.82%，有效分枝数 1 个以下的品种为 96 份，占 28.24%，有效分枝数 2 个以上的品种 95 份，占 27.94%。

主茎荚数在 40~60 个的品种最多为 251 份，占 73.82%，主茎荚数 40 个以下的品种 53 份，占 15.59%，有效分枝数 60 个以上的品种 36 份，占 10.59%。

主茎单节最多荚数在 4~6 个的品种最多为 296 份，占 87.06%，小于 4 个的品种 6 份，占 1.76%，大于 6 个的品种 38 份，占 11.18%。

2.3　表型性状的相关分析

表型性状的相关分析（表 2）表明，12 个表型性状之间存在着不同程度的相关性，且多数性状间为显著或极显著相关。其中单株粒重和地上部生物产量呈极显著正相关，相关系数最大为 0.887，且与主茎荚数、主茎节数和主茎单节最多荚数也有较高的正相关关系，说明在进行单株选择时首先要有一定的营养体，主茎节数、主茎单节最多荚数（结荚潜力）和植株高度均对其有较大影响，通过增加主茎节数或单节最多荚数是提高大豆单产的有效途径之一。而主茎单节最多荚数与主茎荚数呈极显著正相关，相关系数最大 0.775，同时与地上部生物产量、生育期和株高也呈极显著正相关，相关系数较大，但与有效分枝数、百粒重、蛋白质含量、脂肪含量均呈极显著负相关。同时蛋白质含量与单株粒重呈极显著负相关，说明高蛋白育种仅依靠田间表型或者育种经验是不够的，有条件的情况下，需在早代进行单粒或者单株蛋白质含量的跟踪测定，因为在杂交组合配置过程中即使双亲均为高蛋白品种，但后代能被育种者选中的品系往往蛋白质含量较低，部分高蛋白品系田间表现不佳，会有漏选情况。同时应注意研究群体总蛋白和个体蛋白含量之间的矛盾。单株粒重与脂肪含量呈负相关，但相关性不显著，进一步说明生产上多数推广品种为高油品种，这与以往东北三省一区春大豆的主要用途为食用油有一定关系。

2.4　表型性状主成分分析

由于性状之间存在一定的相关性，将影响对种质的评价[14-15]，为了消除此类不利因素的影响，选用主成分分析法对春大豆种质进行评价。由表 3 可知，前 5 个主成分初始特征值解释的总方差均大于 1，且累计贡献率达 86.312%，表明这 5 个主成分可代表春大豆种质表型性状 86.312% 的遗传信息。而春大豆种质表型性状的主成分矩阵反映了主要性状对此主成分的影响程度。由表 3 可知，第 1 主成分的贡献率为 34.149%，地上部生物产量、株高、生育期和主茎节数绝对值大于其他性状，说明第 1 主成分由地上部生物产量、株高、主茎节数和生育期组成；第 2 主成分贡献率 19.939%，主茎荚数、收获指数和脂肪含量绝对值明显大于其他性状，蛋白质含量为相对较高的负向载荷，说明第 2 主成分是主茎荚数、收获指数和脂肪含量等指标的综合反映；第 3 主成分贡献率为 13.381%，单株粒重和地上部生物产量大于其他性状，说明第 3 主成分集中反映的是单株粒重和地上部生物产量性状；第 4 主成分贡献率为 10.423%，百粒重绝对值显著大于其他性状，有效分枝数有较高的负向载荷，说明第 4 主成分是子粒因子；第 5 主成分贡献率为 8.420%，百粒重和脂肪含量绝对值较其他性状大，说明第 5 主成分反映的是子粒品质性状。

表 2 表型性状的相关系数
Table 2 Correlative coefficient of phenotypic

性状 Character	生育期 GP	株高 PH	主茎节数 SN	百粒重 SW	地上部生物产量 ABP	单株粒重 SWP	收获指数 HI	蛋白质含量 PC	脂肪含量 FC	有效分枝数 EB	主茎荚数 MSP
株高 PH	0.727**										
主茎节数 SN	0.551**	0.768**									
百粒重 SW	−0.084	−0.121*	−0.141**								
地上部生物产量 ABP	0.458**	0.493**	0.501**	0.073							
单株粒重 SWP	0.233**	0.250**	0.361**	0.139*	0.887**						
收获指数 HI	−0.479**	−0.533**	−0.289**	0.149**	−0.146**	0.289**					
蛋白质含量 PC	−0.369**	−0.237**	−0.180**	0.221**	−0.248**	−0.229**	0.002				
脂肪含量 FC	−0.431**	−0.387**	−0.224**	0.015	−0.244**	−0.018	0.530**	−0.385**			
有效分枝数 EB	0.079	0.321**	0.235**	−0.252**	0.310**	0.229**	−0.170**	0.088	−0.190**		
主茎荚数 MSP	0.324**	0.137*	0.295**	−0.209**	0.440**	0.474**	0.090	−0.464**	0.052	−0.396**	
主茎单节最多荚数 SMN	0.422**	0.212**	0.100	−0.253**	0.456**	0.392**	−0.127*	−0.459**	−0.198**	−0.132*	0.775**

$** P < 0.01$, $* P < 0.05$, 下同
$**$ indicate $P < 0.01$, $*$ indicate $P < 0.05$, the same as below

表 3 340 份牡丹江春大豆种质资源基于 12 个表型性状的主成分分析
Table 3 Principal component analysis based on 12 phenotypic traits of 340 spring soybean genetic resources in Mudanjaing

性状 Character	特征向量 Power vector				
	PV(1) a1i	PV(2) a2i	PV(3) a3i	PV(4) a4i	PV(5) a5i
生育期 GP	0.792	−0.204	−0.235	0.133	0.224
株高 PH	0.783	−0.421	−0.024	−0.109	0.287
主茎节数 SN	0.719	−0.233	0.123	−0.174	0.330
百粒重 SW	−0.195	0.027	0.477	0.633	0.478
地上部生物产量 ABP	0.803	0.141	0.484	0.077	−0.114
单株粒重 SWP	0.603	0.414	0.654	0.029	−0.123
收获指数 HI	−0.401	0.644	0.426	−0.125	−0.009
蛋白质含量 PC	−0.445	−0.504	0.312	0.390	−0.324
脂肪含量 FC	−0.386	0.598	0.054	−0.491	0.394
有效分枝数 EB	0.234	−0.485	0.444	−0.559	−0.313
主茎荚数 MSP	0.574	0.675	−0.248	0.171	−0.109
主茎单节最多荚数 SMN	0.635	0.459	−0.323	0.183	−0.377
特征值 Eigenvalues	4.098	2.393	1.606	1.251	1.010
贡献率(%) Contribution rate	34.149	19.939	13.381	10.423	8.420
累计贡献率(%) Cumulative contribution rate	34.149	54.088	67.470	77.892	86.312

2.5 春大豆种质资源表型性状的综合评价

以每个主成分所对应的特征值占所提取主成分总的特征值之和的比例作为权重计算主成分综合模型，综合主成分表达式：

$$F=0.132X_1+0.103X_2+0.134X_3+0.139X_4+0.234X_5+0.251X_6+0.056X_7-0.113X_8+0.006X_9-0.063X_{10}+0.191X_{11}+0.136X_{12}，$$

计算表型性状综合主成分值，以综合主成分值（ZF）对春大豆种质资源进行综合评价，ZF 值越大，表型综合性状越好，排名前 10 的种质见表 4。来自吉林的品种 P331（吉育 71）的 ZF 值最大，为 2.14，其次是吉林品种 P338（九农 39），为 2.13。相关分析（表 5）表明，ZF 值与蛋白质含量、脂肪含量和收获指数呈极显著负相关，与百粒重和有效分枝数呈负相关但不显著，和其他 7 个表型性状均为极显著正相关，可作为种质综合评价指标。

表 4 表型性状综合主成分值排名

Table 4 The ranking of comprehensive principal component value of phenotypic traits

材料编号 Material code	主成分值 Principal component value					综合主成分值 ZF	排名 Ranking
	F1	F2	F3	F4	F5		
P331	1.35	5.15	2.86	-1.78	1.91	2.14	1
P338	2.16	4.72	2.76	-1.2	-0.88	2.13	2
P295	2.21	3.07	2.08	0.88	0.03	2.02	3
P287	2.69	3.17	1.9	-0.85	-0.04	1.99	4
P267	4.58	0.81	2.02	-1.25	-1.86	1.98	5
P303	4.43	-0.4	2.35	0.3	-1.13	1.95	6
P322	3.41	1.64	1.66	-1.57	0.81	1.88	7
P308	2.07	3.19	2.23	-0.31	-0.39	1.83	8
P319	3.12	2.51	0.36	-1.34	0.95	1.8	9
P173	1.86	3.67	1.61	-0.6	0.00	1.76	10

表 5 表型性状与表型性状综合主成分值间的相关系数

Table 5 Correlation coefficient between phenotypic character and comprehensive principal component value

性状 Characters	综合主成分值 ZF	性状 Characters	综合主成分值 ZF
生育期 GP	0.839**	收获指数 HI	-0.423**
株高 PH	0.816**	蛋白质含量 PC	-0.572**
主茎节数 SN	0.755**	脂肪含量 FC	-0.192**
百粒重 SW	-0.014	有效分枝数 EB	-0.019
地上部生物产量 ABP	0.593**	主茎荚数 MSP	0.510**
单株粒重 SWP	0.388**	主茎单节最多荚数 SMN	0.457**

3 讨 论

3.1 春大豆种质在育种中的利用价值

东北是大豆主产区，遗传资源丰富，具有很大的遗传变异和选择潜力。1923—2005 年中国育成大豆品种 1 300 个，其中东北育成 682 个，因此研究东北大豆育成品种的遗传变异，对揭示该地区遗传多样性和遗传结构具有重要意义[5]。2 年鉴定结果表明，340 份春大豆种质生育期类型极为丰富，最早的 79.25 d，基本可以满足不同地区生产的需求。其他表型性状具有丰富的遗传多样性，株高 37.82~116.79 cm，主茎节数 10.50~19.63 个，百粒重 8.49~29.76 g，单株粒重 14.42~46.89 g，地上部生物产量 29.93~105.47 g，蛋白质含量 35.30%~45.77%，脂肪含量 18.60%~24.37%。其中蛋白质含量均比品种原生态区提高 0.2~0.4 个百分点，究其原因是牡丹江地区水资源丰富，年降雨量一般在 550 mm 左右，地处黑龙江省东南部，是黑龙江省有效积温较大的低纬度地区，热量资源具有较大优势。极早熟品种蒙豆 11 蛋白质含量 2013 年为 45.10%，2014 年为 46.43%，变幅为 1.33%，可能原因是 2013 年在极早熟种质大豆鼓粒期牡丹江生态区干旱，影响大豆蛋白累积。在牡丹江生态区 2 年表型鉴定试验中，蒙豆 11 较其他参试品种蛋白质含量相对稳定，均在 44% 以上，变化幅度不大，在育种实践中，可作为高蛋白育种亲本加以利用。吉育 71 地上部生物产量、单株粒重、单株荚数及主茎单节最多荚数等表型性状表现优异，在牡丹江地区生育期长、抗倒性较差，可与早熟抗倒或早熟高蛋白品种杂交组配进行品种遗传改良。

3.2 种质资源表型性状综合评价

关于作物品种遗传多样性研究有诸多报道[16-22]，然而对东北春大豆种质综合评价还不多见。为此，本文利用主成分分析法对春大豆种质 12 个表型性状进行综合评价，这一方法在谷子和水稻中有一定应用。通过表型性状的综合得分 ZF 值来评价各种质资源综合性状的优劣，可为育种提供直观、便捷的参考。从分析结果看，吉育 71 种质的综合得分最高，可结合其综合表现，选择差异亲本，构建遗传变异丰富的作图群体。同时由表型性状与 ZF 值的相关分析表明，使用主成分综合评价大豆种质资源整体表现具有可行性。由于大豆数量性状较多，而且彼此之间有着不同程度的相关性，给种质资源的有效研究和利用带来较大的不利影响，为此有必要筛选出影响产量的重要性状进行重点研究，以促进其在育种和生产上的应用。本文结合主成分分析，筛选出生育期、株高、主茎节数、地上部生物产量、收获指数、主茎荚数和主茎单节最多荚数 7 个性状与种质表型性状综合值呈显著正相关，在育种实践中应注重这些性状的把握。

相关选择时，地上部生物产量、主茎节数和主茎单节最多荚数是高产个体的关键性状，应予以高度重视，同时注意个体与群体之间的矛盾，注重单株产量的同时，应将群体产量作为选择的最终目标。试验充分揭示了东北春大豆种质群体具有广泛基因背景和选择潜力，是大豆育种的有益资源。加强对现有品种资源的系统研究，了解其遗传动态、变异水平以及性状间的相关性，对改进育种程序及选择技术有一定的参考价值，对杂交选育有着实际借鉴意义。

参考文献（略）
本文原载于《植物遗传资源学报》2017 年 05 期。

东北春大豆籽粒性状的生态特性分析

傅蒙蒙[1]，王燕平[2]，任海祥[2]，王德亮[3]，包荣军[4]，杨兴勇[5]，田中艳[6]，傅连舜[7]，程延喜[8]，苏江顺[9]，孙宾成[10]，杜维广[2]，赵团结[1]，盖钧镒[1]

（1.南京农业大学大豆研究所/农业部大豆生物学与遗传育种重点实验室/国家大豆改良中心/作物遗传与种质创新国家重点实验室，江苏 南京 210095；2.黑龙江省农业科学院牡丹江分院/国家大豆改良中心牡丹江试验站，黑龙江 牡丹江 157041；3.黑龙江省农垦科学院作物研究所，黑龙江 佳木斯 154007；4.黑龙江省农垦北安分局农科所，黑龙江 北安 164009；5.黑龙江省农业科学院克山分院，黑龙江 克山 161606；6.黑龙江省农业科学院大庆分院，黑龙江 大庆 163316；7.铁岭市农业科学院，辽宁 铁岭 112616；8.长春市农业科学院，吉林 长春 130111；9.白城市农业科学院，吉林 白城 137000；10.呼伦贝尔市农科所，内蒙古 扎兰屯 162650）

摘　要：为明确东北大豆籽粒性状的生态特性，采用东北地区代表性品种 361 份，于 2012—2014 年在东北地区北安、扎兰屯、克山、牡丹江、佳木斯、大庆、长春、白城、铁岭 9 个代表性地点进行了试验研究。本文将品种在所有环境下的平均值作为该品种在常规田间管理条件下获得的常规值，常规值的大小代表了品种的基因型值，用以作为与生态区值比较的标准。研究结果显示：（1）东北地区大豆的蛋白质含量、油脂含量、蛋脂总量为 40.47%、21.35% 和 61.82%，百粒重总平均值为 19.06 g。不同试点间蛋白含量、油脂含量、蛋脂总量最大相差 2~3 个百分点，百粒重最大相差约 3.00 g；而品种间相对应性状则分别相差约 8、4、6 个百分点和 20.00 g，品种间差异远大于试点间表达的平均差异。（2）品种按育成年代归类，不同育成年代品种平均值呈现一定的变异趋势，蛋白质含量和蛋脂总量随育成年代呈现下降趋势，油脂含量和百粒重呈现上升趋势，其中蛋白质含量从 41.23% 降至 40.28%，蛋脂总量从 62.16% 降至 61.74%，油脂含量从 20.92% 升至 21.46%，百粒重从 18.70 g 升至 19.29 g。但同一育成年代内品种的差异大于不同育成年代间平均值间的差异。（3）品种按熟期组归类，平均值呈现一定的变异趋势，蛋白质含量（39.97%~41.31%）呈现以 MGⅠ 组为底端，向早向晚均上升；油脂含量（20.42%~21.83%）与蛋脂总量（61.23%~62.92%）随熟期组变晚呈下降的趋势；百粒重在 MGⅢ组（20.32 g）达到最大，在其他熟期组间（18.86~19.18 g）差异不显著。熟期组内品种籽粒性状的差异远大于熟期组间育成品种籽粒性状平均值间的差异。（4）各熟期组品种在各生态区籽粒性状的差异虽达到显著水平，但差异并不大。第 Ⅰ 亚区主要包括黑龙江、内蒙古北部地区，各熟期组在该地的蛋白质含量、油脂含量、蛋脂含量、百粒重平均值分别低于相应的全试验平均值 0.1~0.4、0.6~1.3 和 1~1.5 个百分点。第 Ⅱ 亚区主要包括黑龙江中南部至吉林省长春地区，MG000–MGⅠ油脂含量在该地比相应的全试验平均高 0.1~0.2 个百分点，百粒重高 0.45~1.10 g。第Ⅲ亚区包括黑龙江西南至吉林省东北部缺水地区，MG000–MGⅡ 的蛋白质含量在该亚区比相对应的常规值高 0.3~0.5 个百分点，MG000–MGⅠ 的蛋脂总量在该亚区均高于相应的常规值，其中 MG000 高约 0.5 个百分点，其余各组高 0.1~0.2 个百分点。第Ⅳ亚区主要包括辽宁省大部地区，MG000–MGⅡ 的蛋白质含量在该亚区比相应的常规值高 0.2~0.6 个百分点，油脂含量比相应的常规值高 0.7~1.64 个百分点，蛋脂总量则比相应的常规值高约 1 个百分点。第 Ⅰ 亚区综合生态条件并不利于大豆高品质的表达，第 Ⅱ 亚区综合生态条件有利于油脂含量、百粒重的表达，第Ⅲ亚区综合生态条件有利于蛋白质含量、蛋脂总量的表达，第Ⅳ亚区综合生态条件有利于各品质性状的表达。东北各亚区生态环境对籽粒品质性状的表达有一定作用，但各亚区内品种间的遗传差异更大。根据品种在各生态亚区的表现筛选出一批籽粒性状有特色的品种供育种利用。

关键词：东北春大豆；品质性状；品种变异；育成年代；熟期组；生态特征

Analysis on Ecological Properties of Soybean Seed Quality Traits in Northeast China

FU Meng-meng[1], WANG Yan-ping[2], REN Hai-xiang[2], WANG De-liang[3], BAO Rong-jun[4], YANG Xing-yong[5], TIAN Zhong-yan[6], FU Lian-shun[7], CHENG Yan-xi[8], SU Jiang-shun[9], SUN Bin-cheng[10], DU Wei-guang[2], ZHAO Tuan-jie[1], GAI Jun-yi[1]

(1. *Soybean Research Institute of Nanjing Agricultural University / Key Laboratory for Soybean Biology, Genetics and Breeding, Ministry of Agriculture/National Center for Soybean Improvement / National Key Laboratory for Crop Genetics and Germplasm Enhancement, Nanjing 210095, China;*
2. *Mudanjiang Branch of Heilongjiang Academy of Agricultural Sciences / Mudanjiang Experiment Station of the National Center for Soybean Improvement, Mudanjiang 157041, China;*
3.*Heilongjiang Academy of Land-reclamation Sciences, Jiamusi 154007, China;*
4.*Beian Branch of Heilongjiang Academy of Land-reclamation Sciences, Beian 164009, China;*
5.*Keshan Branch of Heilongjiang Academy of Agricultural Sciences, Keshan 161606, China;*
6.*Daqing Branch of Heilongjiang Academy of Agricultural Sciences, Daqing 163316, China;*
7.*Tieling Academy of Agricultural Sciences, Tieling 112616, China;*
8.*Changchun Academy of Agricultural Sciences, Changchun 130111, China;*
9.*Baicheng Academy of Agricultural Sciences, Baicheng 137000, China;*
10.*Hulunbeier Academy of Agricultural Sciences, Hulunbeier 162650, China)*

Abstract: The soybean collection composed of 361 landraces and released cultivars from Northeast China was tested for revealing the ecological properties of soybean seed quality traits at nine locations, including Zhalantun in Inner Mongolia, Baian, Keshan, Jiamusi, Mudanjiang, Daqing in, Changchun, Baicheng, Tieling in Liaoning province, in 2012—2014. The mean of a variety averages over all environments was recognized as the conventional value of the variety under normal agricultural conditions or the genotype value which was used as a standard in comparison with the eco-region values for evaluation of the eco-region effect. The results showed: (1) The overall average values of protein content, oil content, total protein-oil content and 100-seed weight were 40.47%, 21.35%, 61.82% and 19.06 g, and their differences among experiment sites were less than 2~3percent point or 3.00g; while the differences among varieties were about 8, 4, 6 percent point and 20.00 g, respectively. It meaned that the differences among varieties were much more than averages among experiment sites. (2) The varieties were organized into released years groups. Along with the advance of released years, the protein content and total protein-oil content decreased from 41.23% to 40.28% and from 62.16% to 61.74%, the oil content and 100-seed weight increased from 20.92% to 21.46% and from18.70 g to 19.29 g, respectively. But the difference among varieties within a group was greater than the difference among the group mean values. (3) The varieties were organized into maturity groups (MG). The protein content changed from 39.97% in early MG to 41.31% in late MG with MG I as the lowest. The oil content and total protein-oil content varied from 21.83% to 20.42% and the total protein-oil content varied from 62.92% to 61.23% along with the MG from early to late. There was no significant difference among maturity groups for 100-seed weight (18.86~19.18 g) except the MGIII was the largest (20.32 g). However, the difference of grain characters in MG was greater than that in the average value of grain characters among the MG. (4) The different MG varieties performed differently in various eco-regions but the absolute difference was small. In eco-region I, located in northern of Heilongjiang and Inner Mongolia, all the four quality traits, protein content, oil content, total protein-oil content and 100-seed weight, performed 0.1~0.4, 0.6~1.3, 1~1.5 percent point and 0.6~1.6 g lower than their respective conventional values, respectively. In eco-region II, located in the area from the southern of Heilongjiang to northern of Jilin, the performance of oil content and 100-seed weight in MG000-MG I was 0.1~0.2 percent point and 0.45~1.1 g higher than the conventional values, respectively. In eco-region III, located in the area from southwest of Heilongjiang to northeast of Jilin where with less rainfall, the performance of protein content in MG000-MGII was 0.3~0.5 percent point more than the conventional values and total protein-oil content in MG000–MG I was more than conventional values 0.5

percent point more in MG000 while 0.1~0.2 percent point more in other maturity groups. In eco-region Ⅳ, located in the most areas of Liaoning province, the performance of protein content, oil content and total protein-oil content was 0.2~0.6, 0.7~1.6 and 1.0 percent point more than the respective conventional values. Therefore, eco-region Ⅰ was not conducive to the expression of the quality traits while eco-region Ⅱ was conducive to the expression of oil content and 100-seed weight, eco-region Ⅲ was conducive to the expression of the protein content and total protein-oil content and eco-region Ⅳ was conducive to the expression of the 4 quality traits. Accordingly, the comprehensive ecological conditions of the sub-ecoregions have significant roles on the expression of the quality treats, but more differences exist among varieties within the same eco-region. Based on the above results, a number of special quality varieties were nominated for quality breeding in soybean.

Keywords: Northeast spring soybean; Seed quality trait; Variety variation; Released years; Maturity group; Ecological property

大豆是人类植物蛋白和脂肪的主要来源，大豆蛋白的营养功效完全可以满足人类需求，大豆油脂的使用量在全球食用油中占第二位[1]。百粒重是研究野生大豆（*Glycine soja*）进化的重要指标[2]，也是栽培大豆（*Glycine max*）产量构成的重要因素。大豆的品质性状和产量性状一直是大豆种质资源研究的重点，费家骅等[3]研究表明夏大豆的蛋白质高于春大豆，春大豆的油脂含量则高于夏大豆。吕景良等[4-5]研究表明蛋白质在东北地区呈现两端高、中间低，东部高、西部低的趋势；脂肪含量呈现两端低、中间高，西部高、东部低的趋势。百粒重在东北地区主要为中至大粒型（16~22 g），在黄淮地区以中小粒为主（13~16 g），而在长江流域变幅较大，为4.7~40 g不等[6]。

大豆的品质性状（蛋白质、油脂、蛋脂总量）及百粒重均为数量性状，表达受环境因素的影响。李为喜等[7]对全国品种品质性状的研究得出北方、黄淮和南方3大生态区蛋白质含量从北往南递增，脂肪则与之相反，各生态区间差异显著，环境对品质的影响不容忽视。各种环境因素（如纬度、海拔、降水、光照、肥料、栽培条件等）对品质性状的影响前人已进行了许多研究[8-9]。百粒重受降水、温度、光照的影响，灌浆期的高温将明显降低大豆粒重，结荚初期增加光照使百粒重有所增加[10-11]，前人根据不同地区大豆的品质性状及环境因子对品质性状的反应划分品质生态区[12-14]。

东北地区为我国大豆主产区，熊冬金[15]研究表明1923—2005年间东北育成的品种占全国育成品种的一半以上。近年来，我国大豆品种选育进程加快，研究历史上育成品种的变化趋势能够对未来育种方向提供参考。本课题组于2010—2012年间搜集了东北三省和内蒙古主要育种单位现存的新、老品种共361份，该试验群体包括了1916—2010年广泛使用的地方品种、育成品种及少部分国外种质，涉及东北地区的所有熟期组类型。该群体具有时间跨度大、类型多的特点，蕴藏了近一个世纪东北大豆育种的遗传变异。

东北地区作为我国大豆主产区，生态环境复杂多变，生态类型丰富，包含MG000~MGⅢ共6个熟期组类型[16]。傅蒙蒙等[17]将东北地区简划为4个生态亚区，为认识利用东北大豆籽粒性状的生态特性提供了方便。本文所说的籽粒品质性状生态特征是指籽粒品质性状蛋白质含量、油脂含量、蛋脂总量、百粒重等性状和生态亚区的地理、光、温、栽培等条件间所形成的综合特征。本文重点解析东北地区及不同年代间与不同熟期组间、不同熟期组大豆在不同生态亚区4个籽粒品质性状的表现和变异，并在此基础上优选一批在各生态亚区籽粒性状有特色的品种。

1 材料与方法

1.1 试验设计

2012—2014年将1916—2015年5个不同育成年代的361份东北春大豆群体在北安、扎兰屯、克山、牡丹江、佳木斯、大庆、长春、白城、铁岭9个代表性地点进行试验。采用重复内分组试验设计，供试材料按照生育期长度分为极早熟、早熟、中早熟、中熟、中晚熟、晚熟6组，4次重复，小区面积1 m²，穴播，每个小区4穴，每穴保留4株，初花时至少拥有2穴、每穴中至少3株的小区参与调查。各试验点品种正常成熟后，将小区脱粒，在各试验点称量百粒重，统一在南京农业大学采用 FOSS 近红外谷物分析仪 Infratec TM 1241 测定蛋白质、油脂含量和蛋脂总量（蛋白质与油脂含量的总和）。

1.2 数据统计分析

描述统计分析采用 SAS/STATV9.1 的 PROCMEANS 程序进行；方差分析采用 SAS/STATV9.1 的 PROCGLM 程序进行。联合方差分析时采用多年多点随机区组的线性模型，所有变异来源均采用随机效应处理，线性模型见傅蒙蒙等[17]。平均数间的差异显著性采用 Duncan 新复极差测验。

2 结果与分析

本研究采用东北三省一区主要育种单位收藏的 361 份前后跨越约 1 个世纪的 MG000~MGIII 组品种为材料，在全区 4 个生态亚区 9 个试验点，按统一的试验设计进行了为期 3 年的试验，采用同一组仪器测定籽粒性状。全试验品种平均数间的比较可排除生态环境差异的影响，检测品种间的遗传差异；不同区域间平均数的比较可排除品种变异的影响，检测区域综合生态条件对大豆籽粒性状的作用，从同一因子品种分组在不同生态区的差异表现可以反映品种分组与生态条件间的交互作用。本文将品种在所有环境下的平均值作为该品种在常规田间管理条件下获得的常规值，品种常规值的差异反映了品种的遗传差异，用品种生态区值与品种常规值比较可检测该生态区对该品种的特定效应。

2.1 东北大豆籽粒性状在各生态区试验点的分布和变异

表 1 为各试点籽粒性状 2012—2014 年平均值的次数分布和描述统计结果。不同生态亚区参与分析的品种数目因品种不能正常成熟而不同[16-17]。

东北地区 361 个大豆品种蛋白质含量平均值为 40.47%，不同试点间平均数为 39.69%~41.29%；油脂含量平均值在 21.35%，不同试点间平均数为 20.14%~22.39%；蛋脂总量平均值在 61.82%，不同试点间平均数为 60.26%~63.26%；百粒重平均值为 19.06 g，不同试点间平均数为 17.24~21.06 g。品种间蛋白质含量常规值变幅为 36.71%~44.83%；油脂含量常规值变幅为 18.79%~23.01%；蛋脂总量常规值变幅为 58.94%~64.87%；百粒重常规值变幅为 8.32~27.56 g，部分试点内品种间变幅甚至略大于品种间总体平均值的变幅。不同试验点平均值间东北大豆籽粒性状略有差异，试点内品种间差异远大于各试验点间平均值的差异。

表 1 东北地区大豆在各生态区试验点籽粒性状的次数分布和描述统计（2012 - 2014 年）

Table 1 Frequency distribution and descriptive statistics of the seed quality traits at experiment sites in eco-regions of Northeast China（2012-2014）

性状 Trait	生态亚区/试验点 Eco-region/Site	组中值 Class mind-point										总数 Total	均值 Mean	变幅 Range	遗传率 h^2/%	遗传变异系数 GCV /%
		35.6	36.8	38.0	39.2	40.4	41.6	42.8	44.0	45.2	46.4					
蛋白质含量 Protein content/%	I/北安 Beian	2	8	43	87	96	22	14	4	2	0	278	39.80 e	35.76~44.70	62.30	2.58
	I/扎兰屯 Zhalantun	0	6	13	16	79	85	47	21	2	2	271	41.29 a	36.37~46.10	54.55	2.23
	II/克山 Keshan	8	16	51	86	101	49	10	3	0	0	324	39.69 e	35.60~44.38	77.12	3.11
	II/牡丹江 Mudanjiang	3	13	52	108	101	50	25	1	0	0	353	39.85 e	35.36~43.62	81.73	3.25
	II/佳木斯 Jiamusi	3	12	57	106	93	50	22	5	1	0	349	39.87 e	35.58~45.10	77.83	3.13
	II/长春 Changchun	0	3	7	49	114	106	66	12	1	1	359	41.10 ab	36.68~45.90	81.87	2.96
	III/大庆 Daqing	0	5	18	73	113	94	38	5	2	0	348	40.68 cd	36.66~45.33	78.95	2.79
	III/白城 Baicheng	0	2	16	55	100	108	51	14	3	1	350	41.00 b	36.80~46.10	79.25	3.00
	IV/铁岭 Tieling	0	0	8	60	128	120	36	7	1	1	361	40.87 bc	37.68~45.89	71.53	2.46
	总计 Total	0	4	16	88	129	96	24	3	1	0	361	40.47 d	36.71~44.83	88.98	2.78
		15.5	16.5	17.5	18.5	19.5	20.5	21.5	22.5	23.5	24.5					
油脂含量 Oil content /%	I/北安 Beian	0	1	0	6	83	114	59	12	0	0	275	20.45 g	15.77~24.54	76.48	3.47
	I/扎兰屯 Zhalantun	0	0	2	16	95	113	44	1	0	0	271	20.14 f	17.20~22.47	64.89	3.15
	II/克山 Keshan	0	0	2	10	61	155	86	10	0	0	324	20.58 ef	17.47~22.84	77.06	3.31
	II/牡丹江 Mudanjiang	0	0	0	1	9	40	122	143	38	0	353	21.95 b	18.92~23.84	84.17	3.50
	II/佳木斯 Jiamusi	0	0	3	4	23	69	124	115	10	1	349	21.50 c	17.75~24.15	78.89	3.38
	II/长春 Changchun	0	0	0	0	39	109	160	38	0	0	359	21.96 b	19.00~23.99	86.99	3.82
	III/大庆 Daqing	1	4	7	12	52	119	121	32	0	0	348	20.68 e	15.77~22.90	80.00	3.87
	III/白城 Baicheng	0	0	1	4	33	83	131	81	17	0	350	21.35 d	17.90~23.66	83.70	4.23
	IV/铁岭 Tieling	0	0	0	0	1	18	84	174	81	3	361	22.39 a	19.78~24.54	76.11	3.14
	总计 Total	0	0	0	1	13	98	179	69	1	0	361	21.35 d	18.79~23.01	88.75	3.37
		53.7	55.1	56.5	57.9	59.3	60.7	62.1	63.5	64.9	66.3					
蛋脂总量 Total protein-oil content/%	I/北安 Beian	0	0	4	15	86	123	39	8	0	0	275	60.29 f	54.00~66.53	67.74	1.45
	I/扎兰屯 Zhalantun	0	0	3	9	23	94	98	41	3	0	271	61.43 e	56.73~64.92	62.69	1.41
	II/克山 Keshan	1	2	15	18	81	140	64	3	0	0	324	60.26 f	54.00~63.97	82.74	1.93
	II/牡丹江 Mudanjiang	0	0	0	3	27	92	157	67	7	0	353	61.80 d	57.74~64.76	85.44	1.78
	II/佳木斯 Jiamusi	0	0	0	9	28	129	151	29	3	0	349	61.36 e	57.4~64.50	81.71	1.57
	II/长春 Changchun	0	0	0	0	2	31	101	173	51	1	359	63.06 b	59.35~66.31	85.12	1.59
	III/大庆 Daqing	0	0	1	13	36	106	157	29	6	0	348	61.36 e	57.08~65.45	82.04	1.57
	III/白城 Baicheng	0	0	0	2	15	52	140	131	9	1	350	62.35 c	58.07~65.83	86.48	1.66
	IV/铁岭 Tieling	0	0	0	0	0	13	92	201	53	2	361	63.26 a	60.61~66.53	77.61	1.31
	总计 Total	0	0	0	0	15	98	190	56	2	0	361	61.82 d	58.94~64.87	90.81	1.55
		7.6	10.8	14	17.2	20.4	23.6	26.8	30	33.2	36.4					
百粒重 100-Seed weight/g	I/北安 Beian	1	0	24	138	105	6	2	1	0	0	277	18.37 e	6.20~28.64	80.05	10.09
	I/扎兰屯 Zhalantun	1	3	37	181	41	7	1	0	0	0	271	17.24 g	6.67~26.22	79.36	10.05
	II/克山 Keshan	3	0	43	198	85	2	5	0	0	0	336	17.61 f	6.13~28.17	85.01	10.34
	II/牡丹江 Mudanjiang	1	1	1	97	210	37	6	1	0	0	354	19.95 c	8.49~29.43	85.73	9.56
	II/佳木斯 Jiamusi	1	2	0	45	181	102	7	2	1	0	341	21.06 a	8.18~31.99	85.20	9.74
	II/长春 Changchun	0	3	1	74	201	68	12	0	0	0	359	20.47 b	9.51~28.20	89.40	10.72
	III/大庆 Daqing	0	5	47	213	77	6	0	1	0	0	349	17.48 fg	9.69~28.42	82.00	9.10

性状 Trait	生态亚区/试验点 Eco-region/Site	组中值 Class mind-point										总数 Total	均值 Mean	变幅 Range	遗传率 h^2/%	遗传变异系数 GCV/%
		35.6	36.8	38.0	39.2	40.4	41.6	42.8	44.0	45.2	46.4					
	Ⅲ/白城 Baicheng	2	1	23	177	130	19	1	0	0	0	353	18.37 e	8.14~35.68	76.85	10.22
	Ⅳ/铁岭 Tieling	0	3	8	197	131	22	0	0	0	0	361	18.63 e	10.99~24.91	75.68	8.84
	总计 Total	1	2	3	160	175	18	2	0	0	0	361	19.06 d	8.32~27.56	91.90	9.27

比较不同试验点间籽粒性状的差异，Ⅲ/Ⅳ亚区各试验点的蛋白质含量平均水平（40.85%）略高于Ⅰ/Ⅱ亚区（40.27%），但Ⅰ/Ⅱ亚区中也存在一些蛋白质水平较高的试验点（如长春为41.10%、扎兰屯为41.29%）；当生态亚区或试验点的蛋白质含量较高时，其蛋白质含量相对高的品种数目相应较多。

油脂性状随着试验点的南移，平均从20.14%增大到22.39%，油脂含量组中值较大组的频数呈向南增多的趋势。不同试验点内品种间差异较大，如扎兰屯品种间差异为17.20%~22.47%，铁岭在19.78%~24.54%。总地说来，Ⅱ/Ⅳ亚区的油脂含量（21.68%）高于Ⅰ/Ⅲ亚区油脂含量（20.66%），各亚区内油脂含量也有差异，如第Ⅲ亚区的大庆油脂水平在20.68%、白城在21.35%。

蛋脂总量随着试验点的南移，其平均数从60.26%增大到63.26%、蛋脂总量组中值较大组的频数呈向南增多的趋势。不同试验点内品种间差异较大，如克山品种间差异为54.00%~63.97%、铁岭在60.61%~66.53%。总地说来，Ⅲ/Ⅳ亚区的蛋脂总量（62.32%）高于Ⅰ/Ⅱ亚区（61.37%）；各亚区内蛋脂总量也有差异，如第Ⅱ亚区的克山蛋脂总量为60.26%、长春为63.06%。

百粒重的平均值和不同组频数分布表明第Ⅱ亚区的百粒重含量（19.77 g）明显高于其他亚区（18.02 g）；各试点品种间变幅则相差不大。上述分析说明大豆籽粒性状在不同环境下的频数分布具有波动性，各亚区内不同试验点间的分布较为相似但也存在一些差异，不同亚区间差异较大。这说明籽粒性状表达既受基因型的影响也受环境的影响。

表2为籽粒性状多年多点联合方差分析结果。籽粒各性状品种间均有极显著差异，基因型、年份、地点各项间均有极显著互作，不同环境下品种的籽粒性状反应并不一致。比较基因型与基因型—环境因子（年份、地点）互作的F值可知，虽然环境因素对大豆籽粒性状表达产生影响，但基因型对籽粒性状的影响占主要地位。

表 2　东北地区大豆籽粒性状 9 点 3 年的联合方差分析

Table 2　Joint ANOVA of the seed quality traits tested in three years at nine places in Northeast China

变异来源 Variation source	蛋白质含量 Protein content/%			油脂含量 Oil content/%		
	自由度 DF	均方 MS	F	自由度 DF	均方 MS	F
年份 Year	2	438.44	43.41**	2	56.15	14.08**
地点 Location	8	865.52	184.05**	8	1812.16	1110.48**
重复（年份，地点）Repeat（Year, Loc）	77	1.59	1.99**	77	0.48	1.82**
基因型 Genotype	360	95.88	8.04**	360	40.52	8.03**
年份×基因型 Year×Genotype	641	11.03	3.31**	641	4.50	4.52**
地点×基因型 Location×Genotype	2624	4.38	1.30**	2621	1.59	1.58**
年份×地点×基因型 Year×Location×Genotype	3744	3.44	4.31**	3734	1.02	3.91**
误差 Error	19779	0.80		19792	0.26	
	蛋脂总量 Total protein-oil content/%			百粒重 100-seed weight/g		
年份 Year	2	668.58	114.54**	2	2380.18	130.54**
地点 Location	8	3443.13	1361.66**	8	4883.80	412.07**
重复（年份，地点）Repeat（Year, Loc）	77	0.78	1.72**	77	5.39	3.03**
基因型 Genotype	360	68.30	9.45**	360	228.45	10.88**
年份×基因型 Year×Genotype	641	6.53	3.87**	641	17.65	2.93**
地点×基因型 Location×Genotype	2621	2.45	1.43**	2632	9.54	1.57**
年份×地点×基因型 Year×Location×Genotype	3734	1.74	3.82**	3771	6.17	3.47**
误差 Error	19776	0.45		20088	1.78	

2.2　东北大豆按育成年代归组后籽粒性状的平均表现和变异

　　表 3 中，根据育成年代进行了变异分析，分析的数据是每个品种在所有环境下的平均值。比较不同育成年代间平均数的大小，不同育成年代间籽粒性状的差异很小，如蛋白质含量最大差异仅为 0.95%，油脂含量最大差异仅为 0.54%，蛋脂总量最大差异仅为 0.42%，百粒重最大差异仅为 0.59 g。虽然不同育成年代品种籽粒性状的平均数差异不大，但呈现一定的变化趋势。蛋脂总量、百粒重不同育成年代间平均数差异不显著，但蛋脂总量随育成年代呈现下降的趋势（从 62.16% 降至 61.74%）。百粒重呈随育成年代增加的趋势（从 18.68 g 增至 19.27 g）。蛋白质含量、油脂含量在部分育成年代间差异显著，蛋白质含量随育成年代呈下降的趋势（从 41.23% 降至 40.28%），而油脂含量则随育成年代呈上升的趋势（从 20.92% 升至 21.46%）。需要说明的是百粒重从 1916—1971 年间 18.70g 增至 1971—1980 年间 19.29 g，而后从 1981 年起又呈增加的趋势，直至 2001 年达到 19.27 g，但总地说来，百粒重随育成年代呈增加的趋势。

表 3 东北地区不同年代、不同熟期组大豆品种籽粒性状的平均表现和变异

Table 3 Average and vriation of soybean seed quality traits grouped in released
years and maturity groups in Northeast China

归类 Group		次数 No.	蛋白质含量 Protein content/%			油脂含量 Oil content/%		
			均值 Mean	变异系数 CV	变幅 Range	平均值 Mean	变异系数 CV	变幅 Range
育成年份 Years released	1916–1970	33	41.23 a	2.85	39.19~43.91	20.92 b	3.53	19.29~22.73
	1971–1980	16	40.90 ab	2.38	38.99~42.64	21.21 ab	3.10	20.02~22.39
	1981–1990	39	40.79 abc	2.93	38.41~43.77	21.20 ab	2.89	19.87~22.93
	1991–2000	47	40.49 bc	2.86	37.73~42.96	21.30 a	2.59	20.06~22.58
	2001–2015	209	40.28 c	3.12	36.71~44.83	21.46 a	3.58	18.79~23.01
熟期组 MG	MG000	16	41.31 a	3.31	39.24~44.83	21.61 ab	3.22	20.05~22.96
	MG00	45	40.63 b	2.12	38.59~42.57	21.83 a	2.70	20.11~22.93
	MG0	157	40.51 bc	2.88	37.10~44.18	21.46 a	3.04	18.79~23.01
	MG Ⅰ	79	39.97 c	2.73	37.69~42.52	21.35 b	2.72	19.74~22.67
	MG Ⅱ	43	40.47 bc	4.23	36.71~43.77	20.76 c	3.87	19.29~22.42
	MG Ⅲ	21	41.04 ab	2.66	38.66~43.26	20.42 d	2.25	19.52~21.37
总计 Total		361	40.47	3.06	36.71~44.83	21.35	3.43	18.79~23.01
归类 Group		次数 No.	蛋脂总量 Total protein-oil content/%			百粒重 100-seed weight/g		
育成年份 Years released	1916–1970	33	62.16 a	1.67	59.7~64.4	18.70 a	7.74	16.09~22.22
	1971–1980	16	62.11 a	0.96	61.08~62.91	19.29 a	8.22	17.06~24.11
	1981–1990	39	62.00 a	1.51	59.38~63.99	18.68 a	8.91	15.22~22.94
	1991–2000	47	61.80 a	1.52	59.29~63.74	18.89 a	13.21	10.147~25.49
	2001–2015	209	61.74 a	1.58	58.94~64.88	19.27 a	10.10	8.32~27.56
熟期组 MG	MG000	16	62.92 a	1.29	61.71~64.88	19.18 b	8.47	17.15~22.83
	MG00	45	62.47 b	1.08	60.87~63.74	18.98 b	10.30	10.14~22.44
	MG0	157	61.97 c	1.23	59.73~64.40	18.86 b	10.56	8.32~27.56
	MG Ⅰ	79	61.32 d	1.34	59.29~63.27	19.11 b	8.18	15.08~22.16
	MG Ⅱ	43	61.23 d	2.04	58.94~63.99	19.09 b	11.39	11.07~25.16
	MG Ⅲ	21	61.46 d	1.50	59.49~62.79	20.32 a	10.94	16.11~23.87
总计 Total		361	61.82	1.56	58.94~64.88	19.06	10.18	8.32~27.56

　　不同育成年代内籽粒性状的变幅和变异系数反映了各育成年代的育种成就，从变幅和变异系数看，各育成年代内品种在籽粒性状上的变异范围相似，不同年代均育成在籽粒性状上表现突出的品种。如蛋白质与蛋脂总量虽然随育成年代呈下降的趋势，各育成年代特别是 2000 年后育成了一些在蛋白质含量、蛋脂总量上表现突出的品种。百粒重随育成年代呈增加的趋势，但在 1991 后特别是 2000 年后育成的品种在百粒重上分化较大，既有大粒型（25~30 g 为大粒型[18]）也有小粒型（<10 g 为超小粒型[18]）品种。比较各育成年代内育成品种的变幅/变异系数和不同育成年代的平均数，不同育成年代内品种籽粒性状的差异远大于不同育成年代间育成品种籽粒性状平均值间的差异。

　　总地说来，品种按育成年代归类，不同育成年代内籽粒性状的变幅差异不大，不同育成年代内品种的差异大于不同育成年代间平均值间的差异，不同育成年代间平均数差异很小，但呈现一定的趋势和显著性；蛋白质含量和蛋脂总量随育成年代呈现下降、油脂含量和百粒重呈现上升趋势，其中蛋白质含量从 41.23%降至 40.28%，蛋脂总量从 62.16%降至 61.74%，油脂含量从 20.92%升至 21.46%，百粒重从 18.70 g 升至 19.29 g。这种平均趋势存在，但每个育成年代内品种间的差异甚至大于年代间平均的差异。

2.3 东北大豆按熟期组归组后籽粒性状的平均表现和变异

表 3 中，根据熟期组归属进行了变异分析。比较不同熟期组平均数的大小，不同熟期组的平均数差异不大，如蛋白质含量最大差异为 1.34%，油脂含量最大差异为 1.41%，蛋脂总量最大差异为 1.69%，百粒重最大差异则为 1.46 g。虽然不同熟期组的平均值差异不大，但呈现一定的趋势。蛋白质含量呈现随熟期组变晚以 MG Ⅰ 组为最低值的高—低—高分布（MG Ⅰ 为 39.97%，MG000、MGⅢ 分别为 41.31% 和 41.04%）。油脂含量与蛋脂总量则随熟期组变晚呈下降的趋势（油脂含量从 21.83% 降至 20.42%，蛋脂总量从 62.92% 降至 61.23%）。百粒重则是 MGⅢ 最大（20.32 g），在其他熟期组间差异不显著（18.86~19.18 g）。这种平均趋势存在，但每个熟期组内品种间的差异甚至大于年代间平均的差异。东北不同地区均育成了籽粒性状表现突出的品种，但不同熟期组（不同区域）的进展不一定相同。

2.4 大豆籽粒性状在东北各生态亚区的平均表现和变异

表 1 和表 3 列出了所有环境下 361 个品种表现的平均值，蛋白质含量、油脂含量、蛋脂总量、百粒重的常规值分别为 40.47%、21.35%、61.82%、19.06 g。表 4 为各熟期组在各生态亚区籽粒性状的表现及多重比较结果，反映环境因素对品种籽粒性状的影响。从结果上看，籽粒性状在不同生态亚区间的差异达到显著水平，即不同生态亚区环境对籽粒性状存在明确的影响。具体地说，第Ⅲ/Ⅳ亚区的蛋白质含量最高（分别为 40.83%、40.89%），与第Ⅰ亚区（40.31%）、第Ⅱ亚区（40.14%）蛋白质含量差异达到显著水平。4 个亚区间油脂含量、蛋脂总量差异均达到显著水平，各亚区油脂含量为第Ⅳ亚区（22.38%）>第Ⅱ亚区（21.57%）>第Ⅲ亚区（21.12%）>第Ⅰ亚区（20.38%），蛋脂总量为第Ⅳ亚区（63.28%）>第Ⅲ亚区（61.95%）>第Ⅱ亚区（61.71%）>第Ⅰ亚区（60.72%）。第Ⅰ/Ⅲ亚区百粒重最低（均为 17.87 g），与第Ⅱ亚区、第Ⅳ亚区差异达到显著水平，表现为第Ⅱ亚区（19.71 g）>第Ⅳ亚区（18.64 g）>第Ⅰ/Ⅲ亚区（17.87 g）。可以看出，第Ⅰ亚区综合条件对品种籽粒性状的表达不利，第Ⅱ亚区较利于油脂性状、特别是百粒重性状的表达，第Ⅲ亚区适合蛋白质含量、蛋脂总量的表达，第Ⅳ亚区适合大豆品质各籽粒性状的表达，特别是油脂含量、蛋脂总量。

从以上分析可知，生态环境对籽粒性状的影响是不一致的，这或许与各生态亚区间环境因子的不同有关。前人研究[8-12]表明生态因子对籽粒性状的影响是复杂的，目前不能明确何种因素是影响大豆籽粒性状的关键因子。蛋白质含量与纬度、生长季节降水、光照时长呈负相关，与温度呈正相关。而油脂含量则与纬度、光照时长、生长季节降水、温度呈正相关，与海拔呈负相关。在灌浆期的高温将明显降低大豆百粒重，结荚初期增加光照对百粒重有所增加，缺水将导致百粒重的降低。比较各生态亚区的环境因子[16]可以看出，第Ⅲ和Ⅳ亚区的纬度、光照时长均较低，且稳定性较高，特别是第Ⅲ亚区的降水偏低，这些因素可能导致了第Ⅲ和Ⅳ亚区的蛋白质水平较高。第Ⅰ亚区的积温明显低于其他亚区，第Ⅲ亚区的降水明显低于其他亚区，这或许是造成这两个亚区油脂含量水平较低的原因。而第Ⅱ亚区的温度、降水等自然条件适宜，这或许是该亚区百粒重性状较其他亚区高的原因。

而与品种的常规值相比，仅第Ⅲ和Ⅳ亚区的蛋白质含量（40.83%~40.89%）、蛋脂总量（61.95%~63.28%），第Ⅱ/Ⅳ亚区的油脂（21.57%~22.38%）和第Ⅱ亚区百粒重（19.71 g）的表现高于相应的常规值。品种常规值的大小反映了品种遗传改良的结果。从上述分析可知，东北大豆育成品种的遗传改良结果在生产上并未得到完全释放。

籽粒性状在不同生态亚区平均值虽然有区别但差别并不大，上文分析中表明各熟期组内均有籽粒性状突出的品种。因此，综合生态条件对籽粒品质性状有一定影响，但并不很大，品种遗传改良的作用更大，可以弥补生态条件的影响，选育各生态亚区在籽粒性状上表现突出的品种是提高大豆籽粒性状的主要途径。

2.5 不同熟期组大豆在东北各生态亚区的平均表现和变异

表4中列出了不同熟期组在各生态亚区的表现及多重比较结果。结合各生态亚区的范围和适宜熟期组类型，可以得出以下结论：

表4　不同熟期组大豆籽粒性状在不同生态亚区的表现

Table 4　The seed quality traits of maturity groups in eco-regions of Northeast China

性状 Trait	熟期组 MG	生态亚区 Ecological sub-region							
		I		II		III		IV	
		Mean	CV	Mean	CV	Mean	CV	Mean	CV
蛋白质含量 Protein content/%	MG000	40.91 a(b)	6.18	41.16 a(ab)	4.88	41.84 a(a)	5.10	41.53 a(ab)	4.36
	MG00	40.33 b(b)	5.67	40.42 bc(b)	4.21	40.92 b(a)	3.29	40.99 b(a)	3.45
	MG0	40.40 ab(b)	5.61	40.22 c(b)	4.48	40.85 b(a)	3.88	40.99 b(a)	3.84
	MG I	39.76 c(b)	5.07	39.63 d(b)	4.20	40.54 b(a)	3.92	40.60 b(a)	3.75
	MG II	Im	Im	39.89 d(b)	5.80	40.80 b(a)	4.72	40.66 b(a)	4.41
	MG III	Im	Im	40.69 b(a)	3.63	40.75 b(a)	3.49	40.97 b(a)	3.62
	总计 Total	40.31 (b)	5.60	40.14 (c)	4.62	40.83 (a)	3.99	40.89 (a)	3.89
油脂 Oil content/%	MG000	20.99 a(c)	5.92	21.67 b(a)	4.89	21.55 ab(b)	5.60	22.40 b(a)	4.11
	MG00	21.11 a(d)	4.45	22.00 a(b)	4.32	21.66 a(c)	4.31	22.82 a(a)	3.34
	MG0	20.20 b(d)	4.87	21.68 b(b)	5.37	21.32 b(c)	5.08	22.61 ab(a)	1.00
	MG I	20.00 b(d)	4.01	21.50 b(b)	5.17	20.94 c(c)	5.08	22.36 b(a)	3.67
	MG II	Im	Im	20.77 c(b)	5.94	19.90 d(c)	5.86	21.74 c(a)	5.01
	MG III	Im	Im	20.20 d(b)	4.55	19.20 e(c)	6.79	21.20 d(a)	4.32
	总计 Total	20.38 (d)	5.13	21.57 (b)	5.48	21.12 (c)	5.69	22.38 (a)	4.42
蛋脂总量 Total protein-oil content/%	MG000	61.86 a(d)	2.53	62.83 a(c)	2.51	63.38 a(b)	2.18	63.92 a(a)	1.94
	MG00	61.44 b(c)	2.74	62.43 b(b)	2.41	62.58 b(b)	1.67	63.81 a(a)	1.76
	MG0	60.62 c(d)	2.85	61.91 c(c)	2.51	62.17 c(b)	1.82	63.60 a(a)	1.71
	MG I	59.83 d(d)	2.82	61.14 d(c)	2.77	61.48 d(b)	2.22	62.96 b(a)	1.76
	MG II	Im	Im	60.66 e(b)	3.30	60.70 e(b)	2.55	62.39 c(a)	1.88
	MG III	Im	Im	60.89 de(b)	2.46	59.96 f(c)	2.13	62.16 d(a)	1.55
	总计 Total	60.72 (d)	2.95	61.71 (c)	2.80	61.95 (b)	2.26	63.28 (a)	1.94
百粒重 100-seed weight/g	MG000	18.54 a(b)	12.60	20.17 b(a)	13.11	17.16 cd(c)	14.54	19.26 b(b)	10.41
	MG00	18.26 ab(c)	13.05	20.11 b(a)	14.65	16.95 d(d)	14.61	19.31 b(b)	11.94
	MG0	17.78 bc(c)	14.87	19.51 b(a)	14.68	17.83 bc(c)	15.01	18.65 bc(b)	12.03
	MG I	17.47 c(c)	13.89	19.70 bc(a)	12.93	18.63 a(b)	14.58	18.23 cd(b)	12.79
	MG II	Im	Im	19.54 c(a)	16.25	18.03 ab(b)	17.63	17.69 d(b)	15.70
	MG III	Im	Im	21.42 a(a)	15.35	17.43 bcd(b)	19.79	20.23 a(a)	17.48
	总计 Total	17.87 (c)	14.32	19.71 (a)	14.50	17.87 (c)	15.48	18.64 (b)	13.35

Im＝未成熟；同一列数字后的不同小写字母说明熟期组间差异显著，同一行括号内的不同小写字母说明不同生态亚区间差异显著。

Im：Immature；Values in the column of mean followed by different letters are significantly different among maturity groups while values in the row of mean followed by different letters in parentheses are significantly different among ecological sub-regions.

第Ⅰ亚区主要包括黑龙江、内蒙古北部地区，各熟期组及试验群体在第Ⅰ亚区的表现均低于其品种在籽粒性状的常规值；多重比较结果表明该亚区籽粒性状也低于其他亚区的表现。该亚区适合 MG000 及 MG00 组，MG000 组的籽粒性状除油脂含量外均略优于 MG00 组。总地说来，在该亚区 MG000 组的籽粒性状略优于 MG00 组，试验群体在当地的蛋白质含量、油脂含量、蛋脂含量、百粒重平均值分别为 40.31%、20.38%、60.72%、17.87 g，而当地适宜熟期组大豆各性状平均值分别在 40.33%~40.91%、20.99%~21.11%、61.44%~61.86%、18.26~18.54 g，当地适宜品质表现优于外生态区品种。

第Ⅱ亚区主要包括黑龙江中南部至吉林省长春地区，其中 MGⅢ组的蛋白质含量在该亚区表现（40.69%）略优于品种常规值（40.04%）。MG000~MGⅠ组的油脂含量在当地比其品种常规值高 0.1~0.2 个百分点；MGⅡ熟期组在当地表现为 20.77%，而品种常规值为 20.76%，几乎无影响；MGⅢ组的油脂含量在当地比其常规值低约 0.2 个百分点。蛋脂总量在当地的表现低于常规值约 0.1~0.6 个百分点。各熟期组百粒重性状在当地均比品种常规值高约 0.45~1.1 g，特别是 MGⅢ及 MG00 组，百粒重均增加 1.00 g 以上。该地区主要适合 MG0/MGⅠ组，MG0 组的蛋白质含量、油脂含量比 MGⅠ组约高 0.2 个百分点，蛋脂总量约高 0.8 个百分点，而百粒重约低 0.3g。总地说来，MG0 组的籽粒性状略优于 MGⅠ组，试验群体在当地的蛋白质含量、油脂含量、蛋脂含量、百粒重平均值分别为 40.14%、21.57%、61.71%、19.71 g，而当地适宜熟期组大豆各性状平均值分别在 39.63%~40.22%、21.50%~21.68%、61.14%~61.91%、19.51~19.70 g。

第Ⅲ亚区包括黑龙江西南至吉林省东北部缺水地区，MG000~MGⅡ的蛋白质含量在该亚区高于品种常规值 0.3~0.5 个百分点，而 MGⅢ与常规值相比则低约 0.3 个百分点。MG000~MGⅠ的蛋脂总量在该亚区均高于常规值，其中 MG000 高约 0.5 个百分点，其余各组高 0.1~0.2 个百分点。MGⅡ/MGⅢ在该亚区的蛋脂总量则低其常规值 0.5~1.5 个百分点。该亚区不利于油脂含量、百粒重的表达，各熟期组均低于其常规值，其中油脂含量低 0.1~1.3 个百分点，百粒重则低 0.50~3.00 g。总地说来，该亚区适合 MG0/MGⅠ，MG0 组的籽粒性状略优于 MGⅠ组。试验群体在当地的蛋白质含量、油脂含量、蛋脂含量、百粒重平均值分别为 40.83%、21.12%、61.95%、17.87 g，而当地适宜熟期组大豆各性状平均值分别在 40.54%~40.85%、20.94%~21.32%、61.48%~62.17%、17.83~18.63 g。

第Ⅳ亚区主要包括辽宁省大部地区，MG000~MGⅡ的蛋白质含量在该亚区高于其品种常规值约 0.2~0.6 个百分点，而 MGⅢ与其常规值相比则低约 0.1 个百分点。油脂含量高于其常规值约 0.70~1.64 个百分点。蛋脂总量则高于其常规值 1.0 个百分点左右。MG000~MG00 的百粒重约高于其常规值 0.10~0.30 g，而其余各组则低 0.10~1.40 g。该亚区主要适合 MGⅡ/MGⅢ组，其中 MGⅡ组的品质性状优于 MGⅢ组。总的说来，试验群体在当地的蛋白质含量、油脂含量、蛋脂含量、百粒重平均值分别为 40.89%、22.39%、63.28%、18.64 g，而当地适宜熟期组大豆各性状平均值分别在 40.66%~40.97%、21.20%~21.74%、62.16%~62.39%、17.69~20.23 g。

表 5 是根据品种在该生态亚区 3 年数据的平均数、标准差选出的特色品种，供育种应用时参考。平均数的大小表明了其在籽粒品质性状的潜力，标准差的大小表明该材料在当地的稳定性，越小则表明该材料在该生态区的表现较为稳定。

表 5　建议的各试验点品质性状特色品种

Table 5　Each test point suggested outstanding species for seed characters

生态亚区/试验点	蛋白质含量	油脂含量	蛋脂总量	百粒重 100-seed weight/g	
Eco-region /Sites	Protein content/%	Oil content/%	Total protein-oil content/%	高 High	低 Low
Ⅰ/北安.扎兰屯	蒙豆 11（44.52±1.86）	北豆 16（22.60±1.1）	蒙豆 11（63.88±1.19）	黑河 33（22.56±3.22）	蒙豆 6 号（12.21±4.70）
Ⅰ/BA，ZLT	Mengdou 11	Beidou 16	Menglou 11	Heihe 33	Mengdou 6
	孙吴大白眉（43.03±2.95）	红丰 3 号（22.04±0.35）	蒙豆 5 号（63.4±0.91）	蒙豆 16（21.24±1.47）	合丰 29（14.64±2.36）
	Sunwudabaimei	Hongfeng 3	Mengdou 5	Mengdou 16	Hefeng 29
	蒙豆 5 号（42.96±1.23）	北豆 14（21.9±0.81）	东农 45（62.84±0.12）	黑河 50（20.99±2.04）	合丰 42（15.03±1.26）
	Mengdou 5	Beidou 14	Dongnong 45	Heihe 50	Hefeng 42

续表5

生态亚区/试验点 Eco-region/Sites	蛋白质含量 Protein content/%	油脂含量 Oil content/%	蛋脂总量 Total protein-oil content/%	百粒重 100-seed weight/g	
				高 High	低 Low
	东农45 (42.52±0.31) Dongnong 45	合丰42 (21.89±1.27) Hefeng 42	孙吴大白眉 (62.84±1.43) Sunwudabaimei	蒙豆19 (20.77±1.57) Mengdou 19	黑河28 (15.58±0.94) Heihe 28
	东农43 (41.72±2.25) Dongnong 43	丰收24 (21.89±1.7) Fengshou 24	华疆2号 (62.73±0.71) Huajiang 2	北豆20 (20.74±1.32) Beidou 20	东农43 (15.73±0.78) Dongnong 43
II/克山,佳木斯, 牡丹江,长春 II/KS-JMS-MDJ-CC	东农50 (43.87±1.44) Dongnong 50	吉育83 (23.25±1.06) Jiyu 83	丰收12 (64.48±1) Fengshou 12	绥农27 (29.45±2.34) Suinong 27	东农50 (8.03±1.62) Dongnong 50
	丰收12 (43.86±1.44) Fengshou 12	吉育87 (23.07±0.92) Jiyu 87	东农48 (63.69±1) Dongnong 48	北丰11 (26.44±2.46) Beifeng 11	长农20 (15.74±2.37) Changnong 20
	黑农43 (43.02±0.76) Heinong 43	东农46 (23.06±0.8) Dongnong 46	黑河36 (63.64±1.51) Heihe 36	嫩丰4号 (25.78±2.74) Nenfeng 4	嫩丰12 (15.93±1.30) Nenfeng 12
	东农48 (43±0.96) Dongnong48	黑农64 (23.01±0.97) Heinong 64	丰收6号 (63.55±1.04) Fengshou 6	吉林48 (25.73±2.74) Jilin 48	黑河20 (16.12±1.50) Heihe 20
	绥农10 (42.41±1.3) Suinong 10	黑河53 (22.98±0.87) Heihe 53	黑农43 (63.52±1) Heinong 43	北垦9395 (24.75±3.49) Beiken9395	吉育87 (16.21±1.48) Jiyu 87
III/白城,大庆 III/BC-DQ	东农50 (44.12±1.23) Dongnong 50	黑农64 (23.35±0.6) Heinong 64	绥农27 (63.99±1.23) Suinong 27	绥农27 (25.23±5.36) Suinong 27	东农50 (9.06±1.58) Dongnong 50
	垦丰14 (43.83±1.81) Kenfeng 14	东农46 (23.06±0.53) Dongnong 46	丰收12 (63.86±0.56) Fengshou 12	北丰11 (25.20±2.51) Beifeng 11	黑河20 (13.64±1.94) Heihe 20
	东农48 (43.59±1) Dongnong 48	垦农18 (22.84±0.82) Kennong 18	合丰45 (63.8±0.94) Hefeng 45	嫩丰4号 (23.23±3.01) Nenfeng 4	垦农18 (14.53±1.12) Kennong 18
	红丰12 (43.57±2.26) Hongfeng 12	嫩丰18 (22.82±0.9) Suinong 18	东农48 (63.68±0.75) Dongnong 48	吉育85 (22.97±1.35) Jiyu 85	长农20 (14.74±2.29) Changnong 20
	黑农43 (43.39±1.34) Heinong 43	黑农57 (22.72±0.7) Heinong 57	合丰55 (63.6±0.56) Hefeng 55	吉林48 (22.89±2.11) Jilin 48	绥农5号 (15.02±1.76) Suinong 5
IV/铁岭 IV/TL	通农4号 (43.66±0.57) Tongnong 4	长农19 (23.27±1.27) Changnong 19	通农9号 (64.45±1.45) Tongnong 9	辽豆26 (24.91±1.84) Liaodou 26	吉育101 (12.22±5.43) Jiyu101
	通化平顶香 (43.57±1.13) Tonghjuapingdingxiang	长农21 (23.23±0.64) Changnong 21	通农4号 (64.43±0.44) Tongmong 4	辽豆15 (24.44±2.94) Liaodou 15	九农39 (14.01±0.36) Jiunong 39
	通农9号 (43.49±1.14) Tongnong 9	长农17 (23.12±1.54) Changnong 17	铁荚子 (64.15±0.77) Tiejiazi	铁丰34 (23.90±2.44) Tiefeng 34	九农34 (14.65±2.33) Jiunong 34
	辽豆17 (43.06±1.59) Liaodou 17	吉林39 (22.97±1.21) Jilin 39	辽豆17 (63.59±0.76) Liaodou 17	铁丰29 (23.05±2.93) Tiefeng 29	吉林44 (14.76±4.38) Jilin 44
	铁荚子 (42.78±0.45) Tiejiazi	长农16 (22.73±1.24) Changnong 16	通化平顶香 (63.48±0.8) Tonghuapingdingxiang	辽豆17 (23.05±1.72) Liaodou 17	吉林3号 (15.68±2.48) Jilin 3

数据表示为平均数±标准差。

The datas are shown in Mean ± Standard Deviation.

3 讨 论

3.1 对东北地区大豆籽粒性状变异的认识

本文研究表明东北地区大豆的蛋白质含量、油脂含量、蛋脂总量平均值为 40.47%、21.35%和 61.82%，且变异较小。田志刚等[19]研究表明东北地区蛋白质、油脂、蛋脂总量分布为 41.54%、20.61%和 62.16%，李为喜等[7]研究结果分别为 39.50%、19.87%和 59.37%。李为喜等[7]研究表明全国大豆种质资源蛋白质、油脂、蛋脂总和分别为 41.15%、19.62%和 60.78%。可以看出，不同研究中东北地区的品质性状虽不同但差异不大，都呈现蛋白质含量较全国水平略低、油脂及蛋脂水平较全国水平略高的趋势。

将本研究的结果与文献做比较，可能会有些不同，例如，从育成年代上看，呈现蛋白质含量及蛋脂总量随育成年代呈现下降、油脂含量呈现增加的趋势，百粒重随年代呈现增加的趋势。而万超文等[20]通过收集 1981—2000 年间东北地区 220 个品种的品质数据分析得出东北大豆蛋白质性状随着时间呈增加趋势、油脂性状则呈下降的趋势，刘忠堂[21]分析黑龙江省 1951—2000 年共 200 个品种也获得相似的结论。显然这种结果的差异与供试品种育成年代、群体构成、试验地点和数量、仪器是否同一等诸多因子有关。鉴于本研究采用了东北三省一区主要育种单位收藏的 361 个、前后跨越约 1 个世纪的 MG000~MGIII组品种为材料，在全地区 4 个生态亚区 9 个试验点，按统一的试验设计进行了为期 3 年的试验，还用同一组仪器测定籽粒性状。因而本研究的结果和推论是具有较广覆盖度的，合乎逻辑的。Hwang 等[22]研究表明美国农业部（USDA）种质资源信息网（GRIN）的品质数据与重新试验获取的数据仅为中度相关。刘忠堂[21]也认为历史资料可能混有人为因素，因此这类数据有可能并不能反映品种的自然特征。事实上，1981 年后的确育出了部分在蛋白质和蛋脂总量性状上有突出表现的品种，但还未能改变东北地区育成品种蛋白质含量、蛋脂总量下降的趋势。百粒重随年代呈现增加的趋势，与万超文等[20]的结果一致；从变幅上既有大粒型又有小粒性，这或许与我国特用大豆的发展有关。

3.2 育成品种基因型效应、生态环境效应和品质生态区

籽粒性状的表型值是由基因型效应、生态环境效应以及基因型与生态环境互作所共同决定的。整个试验表明东北大豆籽粒品质性状提高的积极因子是品种遗传改良；生态区环境效应的作用也是客观的、显著的，但东北各生态区间所致的差异相对还是有限的。如品种改良已使蛋白质含量从 36.71%提高到 44.83%，油脂含量可从 18.79%提高到 23.01%，蛋脂总量从 58.94%提高到 64.88%，百粒重则分布在 8.32~27.56 g 的范围内。而生态环境对蛋白质含量、油脂含量、蛋脂总量和百粒重的影响则相对较小，最大差距分别仅为 0.75%、2.00%、2.56%和 1.73 g。前人曾研究了大豆在东北的品质生态区划[12-14,23-24]，本文提出的生态亚区划分相当于一个籽粒品质生态区划的方案。这个方案是纯粹根据生态条件做的区分，排除了品种因子。如果不排除品种因子，便可能将生态因子和品种因子混在一起，因而夸大了生态因子的作用。以往有些研究因为没有做品种与生态区正交的完整试验，有可能出现这种情况。从本文的结果来看，东北生态亚区间对籽粒品质性状有一定作用，但更重要的是增强育种力度，弥补不利生态环境的负面作用，发挥有利生态环境的正面作用。

此外，从本试验的结果看，有的生态亚区籽粒品质性状未能充分表达，还有遗传潜力可以实现，从 4 个籽粒性状在 4 个生态亚区的表现看，仅第III和IV亚区的蛋白质含量、蛋脂总量，第II/IV亚区的油脂和第II亚区百粒重的表现高于相应的常规值。因而生产上可以通过栽培技术的弥补适当提高籽粒的品质表现。

致谢： 感谢中国农业科学院作物所、吉林省农科院大豆所提供部分大豆参试品种（系）。感谢各试验点辛苦的工作。

参考文献（略）

本文原载于《大豆科学》2016 年 05 期。

东北大豆种质群体在克山的表现及其潜在的育种意义

张勇[1]，傅蒙蒙[2]，杨兴勇[1]，董全中[1]，薛红[1]，张明明[1]，李微微[1]，王燕平[3]，任海祥[3]，赵团结[2]，杜维广[3]，盖钧镒[2]

（1.黑龙江省农业科学院克山分院，黑龙江 克山 161606；2.南京农业大学大豆研究所/农业部大豆生物学与遗传育种重点实验室/国家大豆改良中心/作物遗传与种质创新国家重点实验室，江苏 南京 210095；3.黑龙江省农业科学院牡丹江分院/国家大豆改良中心牡丹江试验站，黑龙江 牡丹江 157041）

摘　要：东北是我国大豆的主要生态区，克山是东北北部重要产区。本研究于 2012—2014 年，以搜集到的东北地区各单位现存的 361 份大豆地方品种和育成品种作为东北现存的本地种质，观察该群体在克山地区的表现，研究其在克山的潜在育种意义。获得以下主要结果：（1）东北大豆种质群体平均表现为全生育期 132.5 d（103.8~157.0 d）、蛋白质含量 39.69%（35.60%~44.38%）、油脂含量 20.58%（17.47%~22.84%）、蛋脂总量 60.27%（54.00%~63.97%）、百粒重 17.61 g（6.13~28.17 g）、株高约 96.2 cm（54.9~146.8 cm）、主茎 19.0 节（11.2~25.8）、分枝 2.75 个（0.22~7.63）、倒伏 2.18 级（1.00~4.00）；（2）当地适合熟期组为 MG0 和 MGⅠ，各性状的平均值与群体平均相近，其他熟期组在当地的表现与之不同。MG000 和 MG00 的生育天数集中在 110.0~120.0 d，比当地无霜期早 10.0~20.0 d，不能充分利用当地的自然条件；而品质性状表现则略优于 MG0 和 MGⅠ，特别是油脂含量和蛋脂总量分别高约 1.00%、1.50%；株高、节数均低于 MG0 和 MGⅠ，分别低 10.0~40.0 cm、2.0~8.0 节。MGⅡ的生育天数在当地高达 150.0 d，不能稳定正常成熟，不适合当地种植；品质性状表现低于当地品种水平，特别是蛋白质、蛋脂总量均低约 2.00%，油脂含量低约 0.50%；而株高、节数高于当地品种，分别高约 10.0 cm、2.0 节，倒伏程度则高达 3 级。MGⅢ在克山不能正常成熟，导致其他性状表达不正常，生长量和倒伏度增加；（3）根据各农艺品质性状在克山表现的遗传进度估计，虽然油脂和蛋白质含量相对小些，但均有一定的改良潜力。克山地区利用东北大豆资源育成了许多适于东北北部的优异品种，体现了东北种质的重要作用。根据当地品种的表现，从供试的东北资源中提出了各农艺、品质性状改良可用的亲本品种名单，供育种工作者参考。

关键词：东北春大豆；熟期组；农艺品质性状；遗传变异；育种潜势

Performance and Breeding Potential of the Northeast China Soybean Germplasm Population in Keshan Area

ZHANG Yong[1], FU Meng-meng[2], YANG Xing-yong[1], DONG Quan-zhong[1], XUE Hong[1], ZHANG Ming-ming[1], LI Wei-wei[1], WANG Yan-ping[3], REN Hai-xiang[3], ZHAO Tuan-jie[2], DU Wei-guang[3], GAI Jun-yi[2]

(1. *Keshan Branch of Heilongjiang Academy of Agricultural Sciences, Keshan 161606, China;*
2. *Soybean Research Institute of Nanjing Agricultural University / Key Laboratory for Soybean Biology, Genetics and Breeding, Ministry of Agriculture / National Center for Soybean Improvement / National Key Laboratory for Crop Genetics and Germplasm Enhancement, Nanjing 210095, China;*
3. *Mudanjiang Branch of Heilongjiang Academy of Agricultural Sciences / Mudanjiang Experiment Station of the National Center for Soybean Improvement, Mudanjiang 157041, China)*

Abstract: Northeast China is a major ecoregion for soybean production in China, while Keshan area is a major soybean production area in northern of Northeast China. The soybean germplasm population composed of 361 landraces and released cultivars collected in Northeast China was tested in Keshan in 2012—2014 for evaluation of its characterization and genetic potential in local breeding programs. The results obtained were as follows: (1) the average performances with ranges of agronomic and seed quality traits were characterized as that the days to maturity was 133 d (103.8~157.0 d), the protein content, oil content, total protein and oil, 100-seed weight were 39.69%(35.60%~44.38%), 20.58%(17.47%~22.84%), 60.27%(54.00%~63.97%) and 17.61 g(6.13~28.17 g), the plant height, nodes on main stem, number of branches and lodging score were 96 cm (54.92~146.80 cm), 19 nodes (11.23~25.83), 2.75(0.22~7.63) and 2.18(1.00~4.00), respectively. (2) The MG 0 and MG I were the best adapted maturity groups that could fully use the local frost-free period with the averages of all traits similar to the population averages. The other maturity groups performance differently in Keshan. The MG000 and MG00 matured at about 110~120 d, 10~20 d earlier than the local first frost; the seed quality traits were better than those of MG0 and MG I with oil content and protein-oil content about 1% and 1.5% higher, while their plant height and nodes on main stem were about 10~40cm and 2~8 nodes less than those of MG0 and MG I . The MG II toke about 150 d and could not mature constant-naturally before the first frost; their seed quality traits were not as good as MG0 and MG I with protein content and protein–oil content about 2% less and oil content 0.5% less than those of MG0 and MG I , the plant height and nodes on main stem were about 10cm and 2 nodes more than those of MG0 and MG I ; while the lodging score were one grade more (grade 3) than that of MG0 and MGI. The MG III did not mature naturally, causing abnormal development of the other traits with growth amount and lodging score increased. (3) There were certain breeding potential for all the agronomic and seed quality traits according to the estimates of genetic gains, even oil and protein contents, which was demonstrated by a number of superior cultivars been released based on the germplasm population. From the present data, a group of superior accessions were nominated as parental materials for the improvement of agronomic individual traits of the adapted local cultivars in Keshan area.

Keywords: Northeast spring-sowing soybean; Maturity group; Agronomic and seed quality traits; Genetic variation; Breeding potential

随着我国经济的发展和人民生活水平的提高，大豆消费呈快速增长的趋势，1961 年我国大豆消费量仅为 607 万 t，至 2013 年大豆消费量则高达 7 756 万 t，已成为全球大豆消费第一大国[1]，然而我国大豆生产面积下滑明显，总产降低，国内大豆的自给能力已降至 20%，对粮食保障造成压力。有研究表明全国大豆种植面积自 2008 年的 950 万 hm^2 降至 2012 年的 718 万 hm^2；总产也从 2009 年的 1 680 万 t 降至 2012 年的 1280 万 t[2]。基于此，国家在《全国种植业结构调整规划（2016—2020 年）》中强调增加大豆种植面积（力争到 2020 年大豆面积达到 1.4 亿亩），提高大豆的供应量[3]。

东北地区作为我国大豆主产区，在我国大豆生产中占有重要地位。我国大豆生产落后的原因很多，但单产水平低是关键因素[4]。盖钧镒[5]研究表明，品种改良是决定大豆增产的重要因素。文自翔等[6]研究表明育成品种是经育种家长期杂交、选育，积累了多方面的优异变异，育成品种与野生豆和地方品种相比，虽然丢失 77.7%、71.09%的等位变异，但同时分别增加了 54.7%、45.9%的新变异，是品种改良最核心的遗传资源。

评价种质资源的多样性和遗传潜力可以为大豆育种提供参考。种质资源多样性的评价一般包括表型、染色体、等位酶、DNA 等不同的层次，其中表型评价是最基本的，最为简便、经济，在种质资源特别是群体较大时广泛采用。表型评价一般采用遗传变异系数、表型变异系数、遗传率、遗传进度和相对遗传进度等指标[7-8]，这些指标同时也反映群体的育种潜势。遗传率反映了由遗传所引起的变异占总变异的比例，遗传率高，育种选择的效率就高。遗传变异系数是性状遗传变异程度的指标。遗传进度和相对遗传进度是遗传变异、遗传力和选择强度的综合指标，可以衡量群体的性状选择的潜力。

熟期组分类是目前最主要的分类方式，傅蒙蒙等[9-10]研究表明本试验群体包含东北地区 MG000~MGIII 的所有熟期组类型，其中 MG0~MG I 为当地适宜熟期组类型。比较 MG0~MG I 与其他熟期组的材料在当地的表现有助于认识当地品种与其他品种的特点，对利用其他地区品种改良当地品种具有重要意义。克山地区自 1934 年始创克山农事试验场以来，在东北大豆育种及产业中占有重要地位，采用克山种质育成品种多达 119 个[11]。本研究小组于 2012—2014 年在克山种植由东北地区广泛征集的东北大豆种质资源 361 份。以期明确东北种质资源群体在克山地区的表现和育种潜势，为克山地区品种改良提出建议并提供部分优异亲本材料。

1 材料与方法

1.1 生态区基本情况

克山县位于黑龙江省西部、齐齐哈尔地区东北部，属于黑龙江省品种生态区划的克拜生态区。地势属丘陵漫岗，土壤以黑土为主，大于 10 ℃的积温 2 300~2 500 ℃，年降水量 500~600 mm，无霜期 120~125 d[12]。

1.2 试验设计

试验于 2012—2014 年在黑龙江省农业科学院克山分院试验地进行，将 361 份东北春大豆按照生育期长度分为极早熟、早熟、中早熟、中熟、中晚熟、晚熟 6 组。采用重复内分组试验设计，4 次重复，小区面积 1 m²，穴播，每小区 4 穴，每穴保留 4 株，初花时至少拥有 2 穴、每穴中至少 3 株的小区参与调查。按 Fehr 等[13]提出的大豆生育时期鉴定方法，调查播种期、VE、R1、R2、R7、R8 期，当地霜降时未达到成熟标准的材料仅记录其所达到的生育时期。生态区基本条件与试验材料详情见傅蒙蒙等[9]。收获后调查项目及标准参考邱丽娟等[14]的标准、品质性状的检测统一在南京农业大学采用 FOSS 近红外谷物分析仪 Infratec TM 1241。

1.3 数据统计分析

描述统计分析采用 SAS/STAT V9.1 的 PROC MEANS 软件进行。方差分析采用 SAS/STAT V9.1 的 PROC GLM。平均数间的差异显著性采用 Duncan 新复极差测验。根据方差分析结果计算相对应的遗传率（h^2）、遗传变异系数（GCV）、遗传进度（G）和相对遗传进度（ΔG），计算方法参考文献[15-17]。

多年联合方差分析线性模型：$y_{ijkl}=a_i+b_j+d_{l(j)}+A_{ij}+e_{ijl}$

广义遗传率 h^2 公式：$h^2=\sigma^2_g/\sigma^2_p\times100\%$

表型方差：$\sigma^2_p=\sigma^2_g+\sigma^2_{gj}/j+\sigma^2_e/(j\times r)$

遗传变异系数 GCV 公式：$GCV=\sigma_g/\mu\times100\%$

遗传进度 G 公式：$G=k\times\sigma_g\times\sqrt{h^2}$

相对遗传进度 ΔG 公式：$\Delta G=100\times G/\bar{X}$

其中，μ 为群体表型数据的平均数，a_i 为第 i 个基因型的效应，β_j 为第 j 年的效应，$\delta_{l(j)}$ 为 j 年第 1 个重复的效应，A_{ij} 为基因型与年份的互作，ε_{ijl} 为残差。运算过程中，所有变异来源均作为随机效应处理。σ^2_g 为基因型方差，σ^2_p 为表型方差，σ^2_{gj} 为基因型与年份互作方差，σ^2_e 为误差方差，j 为年份，r 为重复，$\bar{X}$ 为性状平均值，k 为选择强度，5%选择强度下为 2.06。

2 结果与分析

2.1 东北大豆种质群体及各熟期组在克山地区的农艺品质性状表现

表 1~4 为大豆种质群体生育期性状、籽粒性状、产量性状、株型性状在克山地区的次数分布和描述统计。对生育期性状，生育前期、后期、全生育期的平均值分别为 55.1，79.3，132.5 d，变幅分别为 40.0~89.3、61.2~97.5、103.8~157.0 d。各熟期组在生育期性状上差异均达到显著水平，生育天数随熟期组的变晚程度呈增大的趋势。MG0 和 MG Ⅰ 全生育期天数最适合当地无霜期长度，满足当地的生产需求（130 d）。MG000 和 MG00 在当地全生育期平均天数在 111~120 d，不能充分利用当地自然条件。MG Ⅱ 组的生育天数明显超过当地无霜期天数，不能稳定成熟，不适合在生产上使用。至于 MG Ⅲ 组，在当地基本上不能成熟。

对籽粒性状，蛋白质含量、油脂含量、蛋脂总量、百粒重的平均值分别为39.69%、20.58%、60.27%、17.61 g，变幅分别为35.6%~44.38%、17.47%~22.84%、54.00%~63.97%、6.13~28.17 g。部分熟期组在该类性状上差异达到显著水平，MG0 和 MGⅠ较MG000 和 MG00 的籽粒性状水平略低，比 MGⅡ水平略高。具体地说，MG0 和 MGⅠ的蛋白质含量、油脂含量、蛋脂总量、百粒重平均值在 39.24%~40.11%、20.30%~20.54%、59.53%~60.66%、17.70 g，比MG000和MG00低0.45%~1.32%、0.69%~1.00%、0.52%~2.27%、0.11~0.57 g（MG00组蛋白质含量为38.88%除外），比 MGⅡ组高 2.00%、0.40%、2.00%、1.30 g。

关于产量性状，本试验设计小区较小，重在考察不同熟期组和地理群体间的变化趋势。地上部生物量、产量的平均值分别为6.30 和 2.90 t·hm⁻²，变幅分别为1.92~13.79 t·hm⁻²、1.11~4.32 t·hm⁻²。不同熟期组间地上部产量相差较大，达到显著水平，呈现随熟期组变晚而增高的趋势（4.26~8.74 t·hm⁻²）；比较各组的变幅，其最小值差异不大，而最大值相差较大。产量性状 MG00 和 MG0 组达到最大，为 3.00 t·hm⁻² 左右，而其余组在 2.00~2.60 t·hm⁻²。

株高、主茎节数、分枝数目、倒伏程度分别为96.2 cm、19.0 节、2.75 个、2.18，变幅分别为54.9~146.8 cm、11.2~25.8、0.22~7.63、1.00~4.00。各熟期组间达到显著水平。随着熟期组变晚，各性状均呈增大的趋势。MG0 和 MGⅠ的株高、主茎节数、分枝数目和倒伏程度分别为 97.0cm、19.0 节、2.67 个、2.13，比MG000 和 MG00 高 10.0~40.0 cm，节位多 2.0~8.0 节；比 MGⅡ低约 10.0 cm，节位少约 2.0 节，倒伏程度低 1 个等级。

从群体水平上，各性状在频数分布上基本呈现以平均值所在组为最高值的钟形分布。标准差和变幅反映了不同性状的多样性水平，各性状内均含有丰富的变异。变异系数反映了不同性状的多样性水平，其中分枝数目及倒伏程度的多样性水平最高，均在37.00%以上，其原因是 MGⅡ和 MGⅢ品种在克山生态条件下表现繁茂；品质性状的多样性水平最低，在2.46%~3.98%；其余性状则分布在 7.00%~25.00%。

表1 东北大豆种质群体在克山生育期性状的次数分布和描述统计（2012－2014 年）

Table 1 Frequency distribution and descriptive statistics of the growth period traits of the Northeast China soybean germplasm population in Keshan（2012-2014）

性状 Trait	MG	次数 f	组中值 Class mid-point										平均值 Mean	SD	CV	变幅 Range
			42.5	47.5	52.5	57.5	62.5	67.5	72.5	77.5	82.5	87.5				
生育前期	000	16	5	11									45.8 f	2.66	5.82	40.0~49.7
Days to flowering/d	00	45	3	31	11								48.3 e	2.62	5.43	43.7~54.8
	0	157		28	110	18							52.2 d	2.63	5.04	45.2~60.5
	Ⅰ	79		5	31	30	10	2	1				56.0 c	4.32	7.72	48.2~71.1
	Ⅱ	43			1	7	14	17	2	1	1		64.3 b	5.63	8.76	52.8~84.2
	Ⅲ	21					3	6	1	0	2	9	77.1 a	10.37	13.45	64.2~89.3
总计 Total		361	8	75	153	55	28	25	4	1	3	9	55.1	8.36	15.17	40.0~89.3
			61.9	65.7	69.5	73.3	77.1	80.9	84.7	88.5	92.3	96.1				
生育后期	000	16	6	5	4	1							65.7 e	3.59	5.47	61.2~71.8
Days from flowering	00	45		3	11	24	6	0	1				72.6 d	3.09	4.26	66.2~83.5
to maturity/d	0	157			2	12	57	66	20				79.2 c	2.99	3.77	70.8~85.4
	Ⅰ	75				1	9	24	34	4	1	2	82.8 b	4.05	4.89	74.0~97.2
	Ⅱ	34					3	9	7	4	6	5	86.4 a	6.01	6.95	77.7~97.5
	Ⅲ	3								1	2		87.5 a	1.8	2.06	86.0~89.5
总计 Total		330	6	8	17	38	75	99	63	10	7	7	79.3	6.1	7.69	61.2~97.5

续表1

全生育期	MG	f	105.7	111.1	116.5	121.9	127.3	132.7	138.1	143.5	148.9	154.3	Mean	SD	CV	Range
Days to maturity/d	000	16	4	7	5								111.2 f	3.9	3.5	103.8~119.2
	00	45		2	13	25	4	1					120.8 e	4.4	3.63	111.2~135.2
	0	157				2	48	97	10				131.2 d	3.1	2.34	123.6~138.8
	I	75						21	45	6	0	3	137.9 c	4.3	3.14	132.8~157.0
	II	34						1	7	9	17		150.0 b	5.4	3.61	137.0~157.0
	III	3										3	155.1 a	1.0	0.61	154.0~155.8
总计 Total		330	4	9	18	27	52	119	56	13	9	23	132.5	10.0	7.52	103.8~157.0

f＝次数；SD＝标准差；CV＝变异系数；MG＝熟期组；同一列数字后的不同小写字母说明熟期组间的差异显著性,下同。

f = Frequency；SD = Standard deviation；CV = Coefficient of Variation；MG = Maturity group；Values in the column of mean followed by different letters are significantly different among maturity groups. The same below.

表2 东北大豆种质群体在克山籽粒性状的次数分布和描述统计（2012－2014 年）

Table 2 Frequency distribution and descriptive statistics of the seed quality traits of the Northeast China soybean germplasm population in Keshan（2012-2014）

性状 Trait	MG	次数 f	35.5	36.5	37.5	38.5	39.5	40.5	41.5	42.5	43.5	44.5	平均值 Mean	SD	CV	变幅 Range
蛋白质含量	000	16				3	1	6	4	1	0	1	40.56 a	1.51	3.72	38.18~44.10
Protein content/%	00	45			2	6	16	16	5				38.88 ab	1.00	2.56	37.35~41.58
	0	157	1	0	5	25	46	41	27	9	1	2	40.11 ab	1.33	3.31	35.82~44.38
	I	77	1	4	8	22	19	13	8	2			39.24 b	1.39	3.54	35.95~42.21
	II	26	3	6	6	4	5	0	1	1			37.83 c	1.69	4.48	35.60~42.50
	III	3	1	0	2								37.80 c	1.05	2.77	36.60~38.42
总计 Total		324	5	11	21	62	87	76	45	13	1	3	39.69	1.51	3.8	35.6~44.38

性状 Trait	MG	次数 f	17.3	17.9	18.5	19.1	19.7	20.3	20.9	21.5	22.1	22.7	平均值 Mean	SD	CV	变幅 Range
油脂含量	000	16					1	2	5	6	1	1	21.23 a	0.75	3.52	19.65~22.84
Oil content/%	00	45			1	1	4	8	22	9			21.30 a	0.68	3.20	19.20~22.30
	0	157	1	0	1	4	27	46	53	17	8		20.54 b	0.72	3.50	17.47~22.13
	I	77	0	1	0	3	20	29	16	7	1		20.30 b	0.66	3.24	18.04~21.97
	II	26	0	2	2	1	7	4	7	3			19.98 b	1.06	5.32	17.70~21.43
	III	3				1	1	1	0				20.28 b	0.52	2.55	19.80~20.82
总计 Total		324	1	3	3	9	57	86	90	55	19	1	20.58	0.82	3.98	17.47~22.84

性状 Trait	MG	次数 f	54.5	55.5	56.5	57.5	58.5	59.5	60.5	61.5	62.5	63.5	平均值 Mean	SD	CV	变幅 Range
蛋脂总量	000	16							2	7	6	1	61.80 a	0.93	1.50	60.00~63.75
Total protein-oil/%	00	45					1	3	11	21	9	0	61.18 ab	0.83	1.36	58.75~62.57
	0	157		1	0	0	0	38	64	42	11	1	60.66 c	0.99	1.63	55.95~63.97
	I	77		1	2	5	12	27	23	6	1		59.53 d	1.27	2.14	55.66~62.05
	II	26	1	1	8	5	4	5	1	1			57.80 d	1.65	2.85	54.00~61.58
	III	3			1	0	1						58.08 d	1.49	2.57	56.40~59.25
总计 Total		324	1	3	11	10	18	74	101	77	27	2	60.27	1.48	2.46	54~63.97

百粒重 100-seed weight/g	MG	f	7.15	9.45	11.75	14.05	16.35	18.65	20.95	23.25	25.55	27.85	Mean	SD	CV	Range
	000	16					7	6	3				18.28 a	1.56	8.56	15.76~21.67
	00	45		0	1	1	17	22	3	1			17.88 a	2.03	11.38	8.92~22.85
	0	157	1	0		14	63	57	17	4		1	17.71 ab	2.21	12.48	6.13~28.17
	I	79				7	30	30	12				17.73 ab	1.94	10.97	13.02~21.92
	II	32			1	8	15	7			1	0	16.43 bc	2.77	16.88	9.15~26.48
	III	7				3	3	0	1				15.97 c	2.22	13.91	12.90~19.80
总计 Total		336	1	2		33	135	122	36	5	1	1	17.61	2.20	12.49	6.13~28.17

表 3 东北大豆种质群体在克山产量性状的次数分布和描述统计（2012－2014 年）

Table 3 Frequency distribution and descriptive statistics of the yield traits of the Northeast China soybean germplasm population in Keshan （2012-2014）

性状 Trait	MG	次数 f	组中值 Class mid-point										平均值 Mean	SD	CV	变幅 Range
			2.48	3.67	4.86	6.05	7.24	8.44	9.63	10.82	12.01	13.20				
地上部生物量 Above ground biomass/t·hm^{-2}	000	16	2	8	4	2							4.26 e	24.92	23.40	2.96~6.30
	00	45	0	2	25	15	3						5.46 d	21.45	15.73	3.49~7.63
	0	157	1	2	23	84	45	2					6.15 c	19.92	12.95	1.92~8.08
	I	76	0	1	1	28	35	5	1	0	4	1	7.04 b	39.95	22.68	3.11~13.35
	II	15	2	0	0	2	2	2	2	1	1	3	8.74 a	89.19	40.82	2.39~13.79
总计 Total		309	5	13	53	131	85	9	3	1	5	4	6.30	39.02	24.78	1.92~13.79
			1.27	1.59	1.91	2.23	2.55	2.88	3.20	3.52	3.84	4.16				
产量 Yield/t·hm^{-2}	000	16		2	3	2	4	5					2.38 b	46.16	19.41	1.53~3.01
	00	45				1	6	16	11	6	5		3.08 a	38.13	12.39	2.38~3.85
	0	157	3	1	1	9	22	30	44	32	13	2	3.06 a	52.12	17.01	1.17~4.32
	I	71	1	4	6	11	12	20	11	6			2.64 b	53.58	20.26	1.20~3.58
	II	10	3	1	1	1	3	0	0	0	1		2.05 c	85.67	41.82	1.12~3.84
总计 Total		299	7	8	11	24	47	71	66	44	19	2	2.90	58.09	20.06	1.11~4.32

表 4 东北大豆种质群体在克山株型性状的次数分布和描述统计（2012－2014 年）

Table 4 Frequency distribution and descriptive statistics of the plant-type traits of the Northeast China soybean germplasm population in Keshan （2012－2014）

性状 Trait	MG	次数 f	组中值 Class mid-point										平均值 Mean	SD	CV	变幅 Range
			58.65	67.95	77.25	86.55	95.85	105.15	114.45	123.75	133.05	142.35				
株高 Plant height/cm	000	16	4	9	3								67.4 e	6.80	10.09	54.9~79.0
	00	45	8	6	9	11	6	5					81.2 d	14.18	17.46	58.8~108.9
	0	157	2	5	26	49	42	19	10	4			91.7 c	12.24	13.35	59.1~123.2
	I	79		1	10	5	16	22	16	8	1		102.7 b	13.97	13.61	71.9~130.2
	II	43				1	3	9	11	11	5	3	117.4 a	12.73	10.84	91.2~146.8
	III	21					1	5	7	6	2		115.8 a	9.12	7.88	98.5~134.8
总计 Total		361	14	21	48	66	68	60	44	29	8	3	96.2	17.78	18.49	54.9~146.8

主茎节数 Nodes on main stem		11.75	13.25	14.75	16.25	17.75	19.25	20.75	22.25	23.75	25.25				
	000	16	3	5	6	2							13.9 e	1.56	11.20	11.2~17.0
	00	45		5	9	10	13	6	2				16.5 d	2.07	12.50	12.7~20.6
	0	157			8	21	48	56	20	4			18.5 c	1.58	8.55	14.4~22.2
	Ⅰ	79				4	7	21	36	9	2		20.2 b	1.58	7.82	16.3~24.3
	Ⅱ	43					1	6	10	16	7	3	21.9 a	1.77	8.09	18.2~25.8
	Ⅲ	21							4	13	3	1	22.2 a	1.025	4.62	20.4~24.7
总计 Total		361	3	10	23	37	69	89	72	42	12	4	19.0	2.57	13.51	11.2~25.8

分枝数目 Branch number		0.4	1.2	2	2.8	3.6	4.4	5.2	6	6.8	7.6				
	000	16	1	4	5	3	2	1					2.32 b	1.11	47.95	0.31~4.46
	00	45	3	12	13	7	5	2	2	0	1		2.36 b	1.32	55.89	0.59~6.88
	0	157	4	27	38	33	25	22	5	2	0	1	2.75 b	1.27	46.19	0.22~7.50
	Ⅰ	76	4	13	23	14	12	5	3	2	0		2.59 b	1.21	46.89	0.42~6.25
	Ⅱ	36		10	3	10	7	3	1	1	1		2.84 b	1.43	50.52	0.81~7.00
	Ⅲ	18			1	1	3	5	3	4	0	1	4.64 a	1.37	29.54	1.88~7.62
总计 Total		348	12	66	83	68	54	38	14	9	2	2	2.75	1.36	49.45	0.22~7.63

倒伏程度 Lodging		1.5	2.5	3.5				
	000	16	13	3	0	1.63 c	0.36	23.62	1.08~2.33
	00	45	28	14	3	1.85 c	0.65	35.04	1.00~3.62
	0	157	87	48	22	1.98 bc	0.72	36.48	1.00~3.83
	Ⅰ	78	31	26	21	2.28 b	0.83	36.59	1.00~4.00
	Ⅱ	39	2	18	19	3.02 a	0.65	21.36	1.34~4.00
	Ⅲ	21	3	8	10	2.78 a	0.72	25.82	1.67~3.75
总计 Total		361	164	117	75	2.18	0.82	37.61	1.00~4.00

2.2 东北大豆种质群体在克山地区的可能遗传潜势

表5为方差分析结果，各性状的年份、基因型、年份与基因型互作均达到显著水平，表明这些农艺性状不同年份间存在一定的差异，其表达均受基因型和环境互作的影响。

表5 东北大豆种质群体农艺品质性状方差分析表(2012 – 2014)

Table 5 ANOVA of agronomic and seed quality traits of the Northeast China soybean germplasm population in Keshan(2012-2014)

变异来源 Variation source	生育前期 Days to flowering/d		生育后期 Days from flowering to maturity/d		全生育期 Days to maturity/d		蛋白质含量 Protein content/%		油脂含量 Oil content/%	
	DF	F	DF	F	DF	F	DF	F	DF	F
年份 Year	2	98.93**	2	94.95**	2	69.27**	2	53.72**	2	198.53**
重复(年份) Rep(Year)	9	1.61	9	1.98*	9	3.43**	9	0.83	9	0.66
基因型 Genotype	360	14.26**	329	6.48**	329	10.73**	323	3.91**	323	3.91**
年份×基因 Year×Genotype	641	10.74**	491	9.53**	491	19.06**	510	8.42**	509	7.67**
误差 Error	3001		2409		2410		2398		2398	

	蛋脂总量 Total protein-oil/%		百粒重 100-seed weight/g		地上部生物 Above ground biomass/t·hm^{-2}		产量 Yield/t·hm^{-2}		株高 Plant height/cm	
年份 Year	2	254.42**	2	354.18**	2	1208.55**	2	176.58**	2	22.23**
重复(年份) Rep(Year)	9	0.78	9	0.98	9	4.85**	9	9.63**	9	4.10**
基因型 Genotype	323	5.14**	335	6.01**	308	1.62**	298	2.34**	360	10.51**
年份×基 Year×Genotype	509	6.4**	538	12.11**	492	3.35**	473	4.26**	572	5.22**
误差 Error	2398		2466		2159		2064		2791	

	主茎节数 Nodes on main stem		分枝数目 Branch number		倒伏程度 Lodging	
年份 Year	2	50.27**	1	13.20**	2	4.96*
重复(年份) Rep(Year)	9	2.95**	6	2.52*	9	3.64**
基因型 Genotype	360	8.67**	347	3.36**	360	5.86**
年份×基 Year×Genotype	572	5.81**	225	3.25**	641	3.32**
误差 Error	2791		1714		3000	

*，** 分别代表0.05和0.01水平上的显著性。

* and ** represent significance at 0.05 and 0.01 probability level, respectively.

表6列出各性状遗传进度、遗传率、遗传变异系数。分枝数目、倒伏程度的相对遗传进度均大于40.00%，表明这些性状进行选择的潜力大；株型、生育期相关性状的遗传率高于 80.00%且相对遗传进度大于10.00%，拥有较好的选择效果；而蛋白质含量、油脂含量等性状的遗传率水平较高但相对遗传进度较低，需加大选育的强度；蛋脂总量是由蛋白质含量和油脂含量共同决定的，从相对遗传进度可知，对该性状直接进行选择的效果不好，该性状的改良应建立在改良蛋白质含量、油脂含量性状的基础上。

表6 东北大豆种质群体农艺品质性状育种潜势估计
Table 6 Estimation of breeding potential of agronomic and seed quality
traits in Northeast China soybean germplasm population

性状 Trait	遗传变异系数 GCV	遗传率 h^2	遗传进度 G	相对遗传进度 ΔG
生育前期 Days to flowering/d	14.53	93.47	15.98	28.95
生育后期 Days from flowering to maturity/d	6.65	86.73	10.00	12.76
全生育期 Days to maturity/d	6.10	92.05	15.75	12.06
蛋白质含量 Protein content/%	3.11	77.12	2.24	5.62
油脂含量 Oil content/%	3.31	77.06	1.24	6.01
蛋脂总量 Total protein-oil/%	1.93	82.74	2.18	3.61
百粒重 100-seed weight/g	10.34	85.01	3.46	19.65
地上部生物量 Aboveground biomass/（t·hm^{-2}）	10.07	43.85	21.36	13.74
小区产量 Yield/（t·hm^{-2}）	12.82	62.75	61.94	20.92
株高 Plant height/cm	17.12	91.68	32.04	33.78
主茎节数 Nodes on main stem	11.99	89.90	4.39	23.41
分枝数目 Branch number	40.74	81.11	2.03	75.59
倒伏程度 Lodging score	33.73	83.99	1.40	63.63

2.3 东北大豆种质群体中可供克山地区育种用的优异资源

克山地区适宜的熟期组类型为 MG0~MGⅠ，产量是大豆改良的首要目的，而倒伏程度对大豆产量影响较大且较易改良，群体及 MG0~MGⅠ的表现说明该地区大豆生产中倒伏问题仍需迫切提高。倒伏问题的本质是根冠比的失衡，若没有较大的地上部产量则讨论倒伏问题无意义。本文拟选取倒伏程度低于 2 级且地上部生物量较大的品种作为改良的亲本。其余性状，如品质性状、株型等，选取表现突出的品种作为改良亲本，详情见表 7。需要说明的是，本文所选取的材料是在当地能正常成熟的材料。

表7 可用于克山地区大豆品种改良的亲本材料
Table 7 The suggested parental materials for the improvement of soybean cultivars in Keshan

倒伏 Lodging score	蛋白质含量 Protein content	油脂含量 Oil content	蛋脂总量 Total protein – oil
黑农 51/MGⅠ(1.75,8.26 t·hm^{-2}) Heinong 51	丰收 12/MG 0(44.38%) Fengshou 12	北豆 16/MG 000(22.84%) Beidou 16	丰收 12/MG 0(63.97%) Fengshou 12
垦豆 28/MGⅠ(1.88, 8.03 t·hm^{-2}) Kendou 28	蒙豆 11/MG 000(44.10%) Mengdou 11	合丰 42/MG 00(22.37%) Hefeng 42	蒙豆 11/MG 000(63.75%) Mengdou 11
北豆 22/MG 00(1.50, 7.63 t·hm^{-2}) Beidou 22	东农 50/MG 0(44.08%) Dongnong 50	红丰 3/MG 00(22.32%) Hongfeng 3	合丰 45/MG 00(62.95%) Hefeng 45
北豆 21/MG 0(2.00, 7.56 t·hm^{-2}) Beidou 21	黑农 43/MG 0(43.06%) Heinong 43	北豆 14/MG 00(22.21%) Beidou 14	东农 48/MG 0(62.59%) Dongnong 48
合丰 45/MG 0(1.08, 7.54 t·hm^{-2}) Hefeng 45	东农 48/MG 0(45.98%) Dongnong 48	垦鉴 27/MG 00(22.19%) Kenjian 27	蒙豆 9/MG 000(62.57%) Mengdou 9

续表 7

主茎节数 Nodes on main stem	株高 Plant height/cm	百粒重 Large 100-seed weight/g	百粒重 Small 100-seed weight/g
长农 5/MGⅠ(24.33) Changnong 5	吉林 26/MGⅠ(130.22) Jilin 26	绥农 27/MG 0(28.17) Suinong 27	东农 50/MG 0(6.13) Dongnong 50
吉育 85/MGⅠ(23.33) Jiyu 85	满仓金/MGⅠ(127.50) Mancangjin	吉林 18/MG 0(23.10) Jilin 18	蒙豆 6/MG 00(8.92) Mengdou 6
九农 28/MGⅠ(22.88) Jiunong 28	长农 14/MGⅠ(127.25) Changnong 14	北丰 11/MG 0(23.09) Beifeng 11	长农 20/MGⅠ(13.02) Changnong 20
吉育 34/MGⅠ(22.61) Jiyu 34	抗线 3/MGⅠ(126.40) Kangxian 3	蒙豆 16/MG 00(22.85) Mengdou 16	吉育 89/MGⅠ(13.76) Jiyu 89
吉育 39/MGⅠ(22.60) Jiyu 39	四粒黄/MGⅠ(124.00) Silihuang	嫩丰 4 号/MG 0(22.58) Nenfeng 4	嫩丰 18/MG 0(13.93) Nenfeng 18

每格数据表示为品种/熟期组（平均值），其中倒伏栏括弧中的数据为倒伏程度和地上部生物量。

The data in each cell is variety /maturity group（mean of the treatments）; in parentheses of column lodging score, the left value is lodging score while the right value is the aboveground biomass.

3 讨 论

生育期是重要的生态性状，从本文获得的结果看，东北大豆群体在克山地区生育前期平均 55.1 d，生育后期为 79.3 d，全生育期平均为 132.5 d。傅蒙蒙等[10]表明本地无霜期为 130d 左右，从各熟期组的全生育天数看，MG0 和 MGⅠ组能充分利用该地的生长季节，产量潜力可以充分表达；MG00 组虽未能充分利用生长季节，但产量潜力实现得还较好；MG000 组因成熟过早，产量潜力不大；MGⅡ和 MGⅢ则因不能充分成熟，纵有产量潜力也不能实现。

品质性状是大豆的重要性状，国家在《全国种植业结构调整规划（2016—2020 年）》中对大豆的品质改良给予了强调，东北地区应重点关注蛋白质性状的改良。本文结果显示，克山地区各熟期组大豆的蛋白质水平相差不大，均在 40%左右。从变幅上看，MG000、MG0 组中存在一些蛋白质水平高达 44%的材料。而油脂性状则呈现随熟期组变晚下降的趋势，各组内均存在一定的油脂水平较高的材料。从蛋白质含量和油脂含量的相对遗传进度来看，这两个性状的改良较为困难，需要付出更多的育种努力。克山地区适宜 MG0~MGⅠ组，将其与早熟的 MG000~MG00 组品质性状表现较为突出的品种杂交可能有助于扩展大豆品质的遗传基础。

产量性状是大豆改良的最主要目标，由于本文的试验设计并不是严格的测产试验，所获得的有关产量的数据仅能提供趋势上的描述。杜维广等[18]总结我国高产育种时指出生物量、表观收获指数、生育期等是决定大豆产量的重要因子，而产量要素构成因子如百粒重、单株荚数等没有明显效果。本文结果表明生物量的平均值从 MG000 的 4.26 t·hm^{-2} 增大到 MGⅡ的 8.74 t·hm^{-2} 以上，而小区产量则从 MG000 的 2.38 t·hm^{-2} 到 MG00 的 3.08 t·hm^{-2} 后不再增加甚至出现下降。有研究表明，倒伏性状虽然不是大豆产量的构成因素，但对大豆产量影响巨大，倒伏可致大豆减产高达 56%[19]。从各熟期组的倒伏情况看，比 MG0 组晚的其他各组倒伏程度平均达到了 2 级以上，这或许就是本群体产量限制的原因。从遗传变异系数及相对遗传进度看，群体内地上部生物量及小区产量的多样性较为丰富，为这两个性状的选育提供了材料。

农艺性状作为一类最易观察的性状，方差分析表明其表型性状构成复杂，受到许多方面的影响。从各性状的变幅和变异系数可以看出，伴随着近一个世纪的品种选育，各熟期组内均蕴含着丰富的变异，为品种改良提供了基础材料。育种潜势表明了育种过程中性状改良的难易程度。从本文结果可知，倒伏和分枝数目是最易改良的性状，从生产考虑，倒伏性状应为首要考虑的性状；品质性状虽然不易改良，但存在丰富的变异，完全可以通过育种加以改良。需要说明的是，相对遗传进度、遗传率、遗传变异系数由于使用的群体、试验设计等会略有不同，但趋势是一致的，本文的结论与前人关于农艺性状的遗传潜势的分析结果类似[20-22]。

根据各农艺品质性状在克山表现的遗传进度估计，虽然油脂和蛋白质含量相对小些，但均有一定的改良潜力。克山地区利用东北大豆资源育成了许多适于东北北部的优异品种，体现了东北种质的重要作用。这批资源应该还有很大重组潜力可以挖掘，关键在于要进一步对它进行育种性状的遗传解析，以便设计最佳基因型，优选组合，优选重组型。

综上，克山县属黑龙江省大豆品种生态区的克拜地区，适宜种植 MG0 和 MGⅠ组的大豆品种，其大豆品种改良的目标以高产、稳产、商业品质好（外观品质和高蛋白/高油）为主，在 MG0 和 MGⅠ组内，以增加生物量、收获指数及耐逆性和秆强度（提高秆韧性）实现高产、稳产、商业品质好的目标。今后的研究应以本地近期育成的主栽品种为受体亲本，分别以 MGⅠ、MGⅡ组和 MG000 组含高生物量、高收获指数、耐逆性、秆强和高蛋白/高油生态性状品种为供体亲本杂交（可选用表 7 中相关的品种，它们具有较好的配合力），用本地近期育成的主栽品种为回交亲本，进行 1~3 次回交，可能是有效技术路线之一。

鉴于本文研究东北资源群体在克山的表现和育种潜势，以上讨论只局限于本群体在克山育种的利用。实际上东北的大豆育种已经扩展到全国和全世界大豆种质资源的利用[23-25]，这里暂不做更多的讨论。

致谢：感谢中国农业科学院作物科学研究所、吉林省农业科学院大豆所提供部分大豆参试品种（系）。感谢各试验人员辛苦的工作。

参考文献（略）

本文原载于《大豆科学》2016 年 06 期。

东北大豆种质群体在大庆的表现及其育种意义

田中艳[1]，宗春美[2,3]，杨柳[1]，李建英[1]，吴耀坤[1]，周长军[1]，王燕平[3]，任海祥[3]，傅蒙蒙[2]，赵团结[2]，杜维广[3]，盖钧镒[2]

（1.黑龙江省农业科学院大庆分院，黑龙江 大庆 161606；2.南京农业大学大豆研究所/农业部大豆生物学与遗传育种重点实验室/国家大豆改良中心/作物遗传与种质创新国家重点实验室，江苏 南京 210095；3.黑龙江省农业科学院牡丹江分院/国家大豆改良中心牡丹江试验站，黑龙江 牡丹江 157041）

摘 要：表型评价是鉴别高产、优质和抗逆性优良大豆资源的必要步骤。为更好利用东北大豆种质资源，2012—2014 年在大庆农科院将搜集到的东北地区各育种单位现存的 361 份大豆地方品种和育成品种（系）进行田间试验，采用重复内分组试验设计，对 4 类 13 个农艺、品质性状进行统计分析。结果表明：（1）东北大豆种质群体在大庆平均表现为：全生育期 120.8 d（94.3～134.0 d）、蛋白质含量 40.68%（36.66%~45.33%）、脂肪含量 20.68%（15.77%~22.90%）、蛋脂总量 61.36%（57.08%~65.45%）、百粒重 17.48 g（9.69~28.42 g）、株高 65.5 cm（33.1~96.2 cm）、主茎 16.6 节（9.8~24.0）、分枝 1.3 个（0~7.4）、倒伏 1.4 级（1.0~4.0）。（2）大庆地区适合熟期组（MG）为 MG0 和 MGⅠ，更趋向于 MGⅠ，各性状的平均值与群体平均相近。MG000~MG00 组生育期较短，未能充分利用当地生态气候资源，品质性状与MG0~MGⅠ相差不大；而株高、产量性状表现较 MG0~MGⅠ偏低（如株高低约 20 cm，地上部生物量低约 1.2 t/hm²）。MGⅡ~MGⅢ品种则大多未能充分成熟，导致其他性状表达不正常。大庆地区未来大豆改良的主要方向是适合的熟期组（MG0~MGⅠ）、高产、高蛋白兼顾高脂肪含量，应重视耐逆性。从资源群体中优选出一批用以改良大庆大豆性状的不同熟期组亲本，为育种工作者提供参考。

关键词：东北春大豆；熟期组；农艺品质性状；遗传变异；育种潜势

Performance and Breeding Potential of the Northeast China Soybean Germplasm Population in Daqing, China

TIAN Zhong-yan[1], ZONG Chun-mei[2,3], YANG Liu[1], LI Jian-ying[1], WU Yao-kun[1], ZHOU Chang-jun[1], WANG Yan-ping[3], REN Hai-xiang[3], FU Meng-meng[2], ZhaoTuan-jie[2], Du Wei-guang[3], GAI Jun-yi[2]

(1. Daqing Branch of Heilongjiang Academy of Agricultural Sciences, Daqing 161606, China;
2. Soybean Research Institute of Nanjing Agricultural University / Key Laboratory for Soybean Biology, Genetics and Breeding, Ministry of Agriculture / National Center for Soybean Improvement / National Key Laboratory for Crop Genetics and Germplasm Enhancement, Nanjing 210095, China;
3. Mudanjiang Branch of Heilongjiang Academy of Agricultural Sciences / Mudanjiang Experiment Station of the National Center for Soybean Improvement, Mudanjiang 157041, China)

Abstract: Phenotypic evaluation is an essential step in identifying excellent soybean germplasm accessions with high yield, quality seed and resistance to stresses. For better use of soybean germplasm resources in Northeast China, 361 soybean landraces and released cultivars (breeding lines) kindly provided by breeding institutions in Northeast China were tested in an experiment using a block in replication design at Daqing Agricultural Academy in 2012—2014. The population was evaluated on thirteen agronomic and seed quality traits. The results are summarized, including: (1) The soybean accessions in Northeast China showed a great variation in Daqing area, with an average of 121 d growth period (ranging in 94~134 d), 40.68% protein content (36.66%~45.33%), 20.68% oil content (15.77%~22.90%), 61.36% Total protein& oil content (57.08~65.45%), 17.48 g 100-seed weight (9.69~28.42 g), 66 cm plant height (33.1~96.2 cm), 17.00 nodes on main stem (9.76~24.00), 1.25 branches (0.0-7.4), 1.4 lodging score (1.0~4.0). (2) In Daqing, the best fitted maturity groups are MG0 and MGⅠ, especially MGⅠ, with the average values of various characters close to the population mean values in Daqing. MG000~MG00 showed early-maturation and could not make full use of local ecological climate resources, consequently the other traits, such as plant height and yield-related traits were lower than those of MG0~MG I groups (20 cm shorter in plant height and 1.2 t/hm² lower in biomass), even though their seed quality traits were similar to those of MG0~MG I . The majority of accessions in MG II and MGIII were not fully matured, which led to abnormal performances of many traits. This resulted suggested the objective in soybean breeding for suitable MG (MG0 – MG I), increased yield and protein content, higher oil content and enhanced stress-tolerance in Daqing area. Furthermore, the materials excellent in the target traits with the variation on maturity were identified and valuable for future breeding in Daqing area.

Keywords: Northeastern spring-sowing soybean; Maturity group; Agronomic and seed quality traits; Genetic variation; Breeding potential

为系统考察东北地区种质资源的特点及在不同生态区域的表现，本课题组将东北地区具有代表性的种质进行广泛搜集，主要搜集 1960—2010 年间的东北三省一区育成品种、地方品种以及少数国外引种材料，共获得 361 份种质资源，组成了宝贵的东北大豆种质群体，根据盖钧镒等[1]提出的中国大豆熟期组归属的鉴定方法及傅蒙蒙等[2]对东北大豆的熟期组分类结果，将不同熟期的种质划归到 000、00、0、I、II、III 等 6 个熟期组（Maturity Group，MG）中。除 MG II 含有 61 份材料外，其他 5 个熟期组均包含 60 份材料。于 2012—2014 年在东北地区选取了 9 个具有典型生态代表性的育种单位为试验点（北安、扎兰屯、克山、牡丹江、佳木斯、长春、大庆、白城、铁岭），采用相同试验设计对 4 类 13 项农艺、品质性状进行精准表型鉴定试验。本研究拟对该群体在大庆的表现进行评价。潘铁夫等[3]研究认为，大庆地区位于松嫩平原中西部，土壤多为风沙盐碱土，肥力低，为黑龙江省大豆低产区，>10 ℃活动积温 2 600～2 800 ℃，年降水量 400～450 mm，生育季干旱指数为 1.2～1.4，春旱比较严重，属于半干旱类型，该地区的生态条件影响该群体的农艺性状表现及对其评价。

傅蒙蒙等[2,4]根据各熟期组大豆材料在东北代表性地区的生育期表现和各地区生态条件将东北地区划为 4 个生态亚区，大庆地区属于第 3 亚区，该亚区主要分布在以大庆、白城为代表的黑龙江西南部、吉林省东北部降水量低的区域，该区域土壤盐碱化较为严重，是世界三大片苏打盐碱地集中区域之一，同时也是我国大豆胞囊线虫病比较严重的地区[5-6]，主要适宜 MG0 / MG I 组。大庆地区大豆育种基础较好，拥有黑龙江省农业科学院大庆分院、黑龙江八一农垦大学等多家育种单位，其中前者多年从事抗胞囊线虫大豆育种工作，培育出多个抗线虫品种来满足生产上的需要[6]。张勇等[7]、程延喜等[8]、任海祥等[9]采用遗传变异系数、表型变异系数和遗传率、遗传进度和相对遗传进度等指标来分别评价本群体在克山、长春、牡丹江的表现，同时通过比较适合当地条件的熟期组及其他熟期组在当地的表现来评价该群体对当地生态环境的反应及潜在的育种价值。本文也是 9 个代表地点系列研究报告之一。

本文旨在重点研究：（1）东北大豆种质群体在大庆地区的表现和育种潜势。（2）为大庆地区品种改良提出建议并筛选部分优异亲本材料。

1 材料与方法

1.1 试验材料与设计

试验材料：361 份东北春大豆种质组成的自然群体，其中，黑龙江省 233 份，吉林省 89 份，辽宁省 21 份，内蒙古自治区 13 份，国外 5 份。

试验设计：本试验于 2012—2014 年在黑龙江省农业科学院大庆分院（地址：黑龙江省大庆市）进行，试验采用重复内分组试验设计，4 次重复，穴播，穴距 0.4 m×0.65 m，每小区 4 穴，小区面积 1 m²，每穴保留 4 株，初花时选择至少拥有 2 穴、每穴中至少 3 株的小区进行调查，为有效减小边际效应，成熟期每小区选取中间 2 穴收获。

调查项目及标准：按 Fehr 等[10]提出的大豆生育时期鉴定方法，调查播种期、出苗期、始花期、盛花期、初熟期、完熟期，当地霜降时记录未达到成熟标准的材料所处生育时期。

室内考种及品质测定：收获后以邱丽娟等[11]的标准进行室内考种，在南京农业大学使用 FOSS 近红外谷物分析仪 Infratec TM 1241 对试验收获材料统一进行品质性状测定。

1.2 数据统计分析

采用 SAS 9.1 软件进行表型分析：利用 PROC MEANS 进行表型的描述统计包括频率分布、群体平均值；利用 PROC GLM 进行方差分析，并估算遗传率：

遗传率 $h^2=\sigma_g^2/(\sigma_g^2+\sigma_e^2/r)$

其中，σ_g^2=遗传方差，σ_e^2=误差方差，r=重复；

遗传变异系数（GCV）计算公式为 $GCV=\sigma_g/\mu$

其中，μ 为群体的平均值。

在 PROC GLM 中，利用 means 语句进行多重比较，比较方法为 Duncan，显著水平位 $P\leq0.05$。

多年联合方差分析线性模型：$y_{ijk}=\alpha_i+\beta_j+\delta_{l(j)}+A_{ij}+\varepsilon_{ijl}$

其中，αi 为第 i 个基因型的效应，β_j 为第 j 年的效应，$\delta_{l(j)}$ 为 j 年第 l 个重复的效应，A_{ij} 为基因型与年份的互作，ε_{ijl} 为残差。运算过程中，所有变异来源均作为随机效应处理。σ_p^2 为表型方差，σ_{gj}^2 为基因型与年份互作方差，j 为年份，r 为重复，$\bar{X}$ 为性状平均值；

遗传进度(G)：$G=k\times\sigma_g\times\sqrt{h^2}$

相对遗传进度 ΔG 公式：$\Delta G=100\times G/\bar{X}$

其中，$\bar{X}$ 为性状平均值，k 为选择强度，5%选择强度下为 2.06[12]。

2 结果与分析

2.1 东北大豆种质群体主要农艺性状的表现

表 1~表 4 列举了大豆种质群体 4 类 13 项主要农艺性状在大庆地区的次数分布。4 类及 13 项农艺性状包括：生育期性状（生育前期、生育后期、全生育期）、籽粒性状（蛋白质含量、脂肪含量、蛋脂总量、百粒重）、株型性状（株高、主茎节数、分枝数、倒伏程度）、产量性状（地上部生物量、籽粒产量）。

生育期性状中，生育前期、生育后期、全生育期的均值为 47.4 d、75.6 d、120.8 d，变幅为 35.8~82.9 d、57.1~87.1 d、94.3~134.0 d（表 1）。

根据本试验区播种方式，当地适宜生育期为 120~130 d。各熟期组在部分生育期性状上差异达到显著水平，具体到各熟期组，MG000/MG00 在当地全生育期平均天数在 101.0~110.8 d，浪费当地有效活动积温；MGⅡ的材料在当地不能稳定成熟而 MGⅢ组仅一个品种正常成熟，故该熟期组不能在当地生产应用。MG0/MGⅠ全生育期平均天数在 120.8~127.2 d，特别是 MGⅠ熟期组材料的生育日数为当地生态条件首选，MG0 熟期组材料略早但可充分发育成熟，因此在分析各熟期组间材料差异时，宜以 MG000/MGⅠ的材料为主，MGⅡ/MGⅢ仅可作为参考。对 MG000/MGⅠ，生育期各性状均呈随熟期组的变晚呈增长的趋势。至于 MGⅡ/MGⅢ组，呈现生育前期较其他熟期组大约长 10~30.0 d、而生育后期相差不大的趋势（表1）。

籽粒性状中，蛋白质、脂肪、蛋脂总量、百粒重的均值为 40.68%、20.68%、61.36%、17.48 g，变幅分别为 36.66%~45.33%、15.77%~22.90%、57.08%~65.45%、9.69%~28.42 g；部分熟期组间差异虽达到显著水平但绝对差异并不大，各组蛋白质、脂肪、蛋脂总量及百粒重性状的平均值最大差异约 2.00%、3.00%、4.00%、2.00 g（大部分熟期组间差异不到 1.00 g），各组内均含有在籽粒性状上突出的资源。具体到各熟期组，MGⅡ/MGⅢ除蛋白质性状外明显低于其他各熟期组，如 MGⅡ/MGⅢ组脂肪性状平均值约为 19.00%，而其余各组主要集中在 21.00%。这可能与这两个熟期组的材料不能正常成熟，从而影响到籽粒性状有关。

MG000/MG00 与 MG0/MG I 的籽粒性状相差不大，但 MG000/MG00 脂肪、蛋脂总量较 MG0/MG I 略高而百粒重略低，如 MG000/MG00 的蛋脂总量在 62.11%～63.40%而 MG0/MG I 在 60.86%～61.68%（表2）。

表1 东北大豆种质群体生育期性状的次数分布和描述统计

Table 1 Frequency distribution and descripitive statostics of the growth period traits of the Chinese Northeastern soybean Variety resources population

性状 Trait	熟期组 MG	次数 f	分级组 Grading group										均值 Mean	标准差 SD	变异系数 (%)CV	变幅 Range
			37.4	42.2	47.0	51.8	56.6	61.4	66.2	71.0	75.8	80.6				
生育前期（d）Days from seeding stage to flowering	000	16	12	3	1								38.9e	2.68	6.89	35.8～45.0
	00	45	16	26	3								40.7e	2.50	6.15	37.1～49.1
	0	157	3	87	62	5							44.1d	2.44	5.52	38.1～50.8
	I	79		15	37	23	2	2					48.0c	3.84	8.00	40.4～60.1
	II	43				18	13	9	1	1	1		56.9b	5.61	9.86	50.0～77.8
	III	21				1	2	6		1	2	9	71.0a	10.64	14.99	52.3～82.9
总计 Total		361	31	131	103	47	17	17	1	2	3	9	47.4	8.58	18.12	35.8～82.9

性状 Trait	熟期组 MG	次数 f	分级组 Grading group										均值 Mean	标准差 SD	变异系数 (%)CV	变幅 Range
			57.6	60.8	64.0	67.2	70.4	73.6	76.8	80.0	83.2	86.4				
生育后期（d）Days from flowering to maturity	000	16	2	7	4	3							62.5d	2.62	4.19	57.1～67.5
	00	45			2	14	16	11	2				70.1c	3.09	4.40	64.0～77.9
	0	157				9	44	52	39	13			76.7ab	3.12	4.07	69.3～83.9
	I	75				1	8	21	22	21	2		79.4a	3.52	4.44	71.0～87.1
	II	25		1	2		11	6	3	1	1		74.8b	4.53	6.06	64.5～85.0
	III	1			1								68.0c			68
总计 Total		319	2	7	7	20	26	74	81	64	35	3	75.6	5.30	7.02	57.1～87.1

性状 Trait	熟期组 MG	次数 f	分级组 Grading group										均值 Mean	标准差 SD	变异系数 (%)CV	变幅 Range
			96.0	100.0	104.0	108.0	112.0	116.0	120.0	124.0	128.0	132.0				
全生育期（d）Whole growth period	000	16	2	10	3	1							101.0e	3.57	3.53	94.3～110.6
	00	45		2	5	10	17	9		2			110.8d	4.76	4.30	101.2～123.4
	0	157				1	6	27	64	52	6	1	120.8c	3.56	2.95	109.8～130.5
	I	75								28	32	15	127.2b	2.66	2.09	122.6～133.0
	II	25									2	23	132.1a	1.38	1.05	128.5～134.0
	III	1							1				122.0c	.		122.0
总计 Total		319	2	12	8	11	24	36	64	83	40	39	120.8	8.08	6.70	94.3～134.0

同一列数字后的不同小写字母说明熟期组间的差异显著性，下同

f: Frequency, The different letters in the mean value column denote significant difference among maturity groups. The following is the same

表 2 东北大豆种质群体籽粒性状的次数分布和描述统计

Table 2 Frequency distribution and descripitive statostics of the seed quality traits of the Chinese Northeastern soybean Variety resources population

性状 Trait	熟期组 MG	次数 f	分级组 Grading group 36.5	37.5	38.5	39.5	40.5	41.5	42.5	43.5	44.5	45.5	均值 Mean	标准差 SD	变异系数 (%) CV	变幅 Range
蛋白质含量（%）Protein content	000	16			1	1	1	3	4	4	1	1	42.34a	1.70	4.00	38.30~45.28
	00	45			3	11	16	9	6				40.61b	1.10	2.70	38.41~42.73
	0	157	2	2	7	33	54	42	12	4	1		40.65b	1.23	3.03	36.66~44.55
	I	76	0	4	9	20	18	17	6	1		1	40.34b	1.44	3.56	37.30~45.33
	II	36	1	2	7	3	6	7	6	3	1		40.66b	1.85	4.54	36.98~44.18
	III	18			1	3	4	5	4	1			41.04b	1.27	3.10	38.47~43.17
总计 Total		348	3	8	28	71	99	83	38	13	3	2	40.68	1.41	3.47	36.66~45.33

性状 Trait	熟期组 MG	次数 f	分级组 Grading group 15.4	16.2	17.0	17.8	18.6	19.4	20.2	21.0	21.8	22.6	均值 Mean	标准差 SD	变异系数 (%) CV	变幅 Range
脂肪含量（%）Oil content	000	16						1	4	5	5	1	21.07b	0.75	3.58	19.59~22.34
	00	45						2	4	10	20	9	21.50a	0.76	3.51	19.39~22.89
	0	157					1	7	33	67	40	9	21.02b	0.75	3.58	18.48~22.90
	I	76	1			1	1	8	24	31	9	1	20.52c	0.96	4.70	15.77~22.50
	II	36		1		3	8	10	9	4	1		19.43d	1.07	5.53	16.00~21.43
	III	18		2	2	3	1	9		1			18.51e	1.30	7.00	16.10~20.90
总计 Total		348	1	3	2	7	11	37	74	118	75	20	20.68	1.14	5.53	15.77~22.90

性状 Trait	熟期组 MG	次数 f	分级组 Grading group 57.45	58.35	59.25	60.15	61.05	61.95	62.85	63.75	64.65	65.55	均值 Mean	标准差 SD	变异系数 (%) CV	变幅 Range
蛋脂总量（%）Total protein-oil	000	16		1				1	3	5	5	1	63.40a	1.56	2.46	58.53~65.45
	00	45				3	5	21	12	4			62.11b	0.86	1.38	59.83~63.85
	0	157		1	2	9	46	74	20	5			61.68b	0.82	1.34	58.13~63.99
	I	76		3	7	18	21	24	3				60.86c	1.05	1.73	58.31~62.80
	II	36	1	7	7	8	5	6	2				60.08d	1.40	2.32	57.76~63.05
	III	18	1	4	3	5	5						59.55e	1.25	2.10	57.08~61.30
总计 Total		348	2	16	19	43	82	126	40	14	5	1	61.36	1.31	2.14	57.08~65.45

续表2

性状 Trait	熟期组 MG	次数 f	10	12	14	16	18	20	22	24	26	28	均值 Mean	标准差 SD	变异系数 (%)CV	变幅 Range
百粒重（g） 100-seed weight	000	16				7	6	1	2				17.66a	2.01	11.39	15.43~22.35
	00	45	1		1	15	21	7					17.29a	1.73	10.00	9.69~20.78
	0	157	1	0	4	40	75	28	7	1		1	17.93a	2.03	11.30	10.55~28.42
	Ⅰ	77	1	0	5	21	26	19	4	1			17.95a	2.21	12.30	9.81~23.25
	Ⅱ	36		2	10	14	8	1	1				15.64b	2.00	12.79	11.34~21.13
	Ⅲ	18		1	7	7	3						15.43b	1.76	11.36	12.80~18.65
总计 Total		349	3	3	27	104	139	56	14	2		1	17.48	2.17	12.44	9.69~28.42

因本试验设计并非以考察产量为重点，所获得的各熟期组相关产量数据（表3）仅反映不同熟期组产量趋势，且各熟期组材料发育成熟情况不尽相同，产量间并无可比性。地上部生物量、产量的平均值分别为 4.97 t/hm²、3.11 t/hm²，变幅为 2.07~8.73 t/hm²、0.50~4.74 t/hm²。对 MG000 至 MGⅠ，各熟期组间地上部总生物量及籽粒产量存在较大差异，除 MG0 和 MGⅠ间差异不显著外，其他熟期组间差异存在统计学意义，且随熟期组变晚地上部总生物量和籽粒产量均呈增大的趋势，分别从 3.61 t/hm²、1.83 t/hm² 增长至 5.37 t/hm²、3.54 t/hm²。至于 MGⅡ/MGⅢ，其地上部产量呈现低于 MG0/MGⅠ而略高于 MG000/MG00 的趋势，而对于产量而言，则表现为高于 MG000 但低于 MG00/MG0/MGⅠ，究其原因，大部分 MGⅡ/MGⅢ材料不能正常成熟，而 MG000 材料在大庆地区表现为过早成熟，营养体太小。如对产量性状，其主要分布在 2.34~2.49 t/hm² 而 MG0/MGⅠ 则分布在 3.36~3.54 t/hm²，MG000/MG00 分布在 1.83~2.62 t/hm²。

表3 东北大豆种质群体产量性状的次数分布和描述统计

Table 3 Frequency distribution and descriptive statostics of the yield traits of the Chinese Northeastern soybean Variety resources population

性状 Trait	熟期组 MG	次数 f	2.35	3.05	3.75	4.45	5.15	5.85	6.55	7.25	7.95	8.65	均值 Mean	标准差 SD	变异系数 (%)CV	变幅 Range
地上部生物量 （t/hm²） Above ground biomass	000	16		7	7	2							3.61d	0.51	14.25	2.82~4.56
	00	45		2	9	25	6	3					4.42c	0.60	13.57	3.33~5.94
	0	157			3	47	74	30	3				5.06ab	0.54	10.64	3.56~6.49
	Ⅰ	79			5	12	28	22	10	2			5.37a	0.76	14.13	3.78~7.14
	Ⅱ	43	1	2	5	11	15	4	1	3		1	4.98b	1.21	24.40	2.07~8.73
	Ⅲ	21			5	4	8	2	1	1			4.94b	1.00	20.15	3.52~7.32
总计 Total		361	6	9	19	56	94	83	47	24	8	3	4.97	0.83	16.72	2.07~8.73

性状 Trait	熟期组 MG	次数 f	0.67	1.11	1.55	1.99	2.43	2.87	3.31	3.75	4.19	4.63	均值 Mean	标准差 SD	变异系数 (%)CV	变幅 Range
产量（t/hm²） Yield	000	16	1	1	5	6	2	1					1.83c	0.52	28.33	0.50~2.96
	00	45			2	9	10	16	5	3			2.62b	0.52	19.76	1.48~3.69
	0	156			3	10	24	57	51	9	1		3.36a	0.46	13.72	1.92~4.72
	Ⅰ	71			1	4	3	3	12	37	9	2	3.54a	0.63	17.77	1.59~4.64
	Ⅱ	22	2	1		6	6	3	3	1			2.34b	0.75	31.99	0.81~3.66
	Ⅲ	18		1	8	4	1	2	1			1	2.49b	0.83	33.24	1.41~4.74
总计 Total		327	3	2		36	35	48	79	93	18	4	3.11	0.74	23.91	0.50~4.74

在株型性状表现上，各熟期组中主茎节数、株高、倒伏程度、分枝数的平均值分别为 16.6 节、65.5 cm、1.4 及 1.3，变幅为 9.8～24.0、33.1～96.2 cm、1.0～4.0、0～7.4。对各熟期组虽然差异达到显著水平但绝对差异并不大，株高、主茎节数和分枝最多相差约 28.0 cm（主要集中在 10.0 cm 以内），7.0 节（主要集中在 3.0 节内）及 3.0 个（主要集中在 1.0 个以内），对 MG000/MG Ⅰ，各性状呈随熟期组变晚增大的趋势，如株高从 MG000 的 45.1 cm 增长至 MG Ⅰ 的 72.9 cm，随着熟期变晚，株高又呈降低趋势；但主茎节数、分枝数目上，MG Ⅱ/MGⅢ组材料较 MG0/MG Ⅰ 则多 1.0～2.0 节、1.0～3.0 个（表4）。

从群体整体看，除生育期性状外，各性状表现值在次数分布上均表现为以均值所在组为峰值的正态分布。不同性状的多样性水平是通过标准差和变异系数来体现，变异系数越大体现该性状的多样性水平越高。群体各熟期组间各性状的变异系数均大于熟期组内部的变异系数，这说明外来熟期组材料可能含有本地熟期组材料所不具有的变异，采用外来材料可能有利于当地熟期组材料的改良。而对群体，不同性状所含有的多样性水平并不一致，如生育期性状的变异系数主要在 10.00% 以下，而分枝数目的变异系数远大于其余性状，达到 96.45%，其余性状变异系数主要集中在 15.00%～35.00% 间。

表 4 东北大豆种质群体株型性状的次数分布和描述统计

Table 4 Frequency distribution and descripitive statostics of the plant-type traits of the Chinese Northeastern soybean Variety resources population

性状 Trait	熟期组 MG	次数 f	分级组 Grading group										均值 Mean	标准差 SD	变异系数 (%)CV	变幅 Range
			36.2	42.6	49.0	55.4	61.8	68.2	74.6	81.0	87.4	93.8				
株高（cm）Plant height	000	16	3	6	5	1	1						45.1e	7.32	16.24	33.1～59.0
	00	45	2	8	9	8	7	5	3	2	1		56.9d	12.50	21.96	36.0～84.4
	0	157	1	1	10	25	43	33	22	18	4		65.7bc	9.90	15.08	33.7～88.6
	Ⅰ	78				4	11	24	17	13	3	6	72.9a	9.53	13.07	54.9～96.2
	Ⅱ	36				7	6	7	8	5	2	1	69.7ab	10.09	14.48	53.3～92.3
	Ⅲ	18			3	3	3	6	2	1			63.3c	8.87	14.02	47.7～78.2
总计 Total		350	6	15	27	48	71	75	52	39	10	7	65.50	11.95	18.24	33.1～96.2

性状 Trait	熟期组 MG	次数 f	分级组 Grading group										均值 Mean	标准差 SD	变异系数 (%)CV	变幅 Range
			10.25	11.75	13.25	14.75	16.25	17.75	19.25	20.75	22.25	23.75				
主茎节数 Nodes on main stem	000	16	4	4	6	2							12.3e	1.58	12.85	9.8～15.4
	00	45	2	8	9	8	11	7					14.5d	2.16	14.86	10.3～17.9
	0	157		1	19	38	40	42	14	3			16.3c	1.81	11.16	11.7～21.0
	Ⅰ	78			1	9	16	25	21	4	1	1	17.7b	1.83	10.34	12.8～24.0
	Ⅱ	36					1	10	13	11	1		19.2a	1.31	6.84	16.1～21.1
	Ⅲ	18			1	4	5	3	4	1			18.3ab	1.86	10.14	14.8～21.5
总计 Total		350	6	13	35	58	72	89	51	22	3	1	16.58	2.41	14.51	9.76～24.00

续表 4

性状 Trait	熟期组 MG	次数 f	分级组 Grading group										均值 Mean	标准差 SD	变异系数 (%) CV	变幅 Range
			0.55	1.65	2.75	3.85	4.95	6.05	7.15	8.25	9.35	10.45				
分枝数目 Branch number	000	16	12	3	1								1.0c	0.69	69.80	0.4~2.8
	00	45	37	3	3		1			1			0.8c	0.91	113.98	0.0~5.4
	0	157	100	40	13	3						1	1.0c	0.85	88.97	0.0~4.1
	I	76	39	25	6	3	1		1			1	1.3c	1.22	95.60	0.0~7.4
	II	36	11	11	10	1	2	1					1.9b	1.32	68.10	0.2~5.8
	III	18		1	5	7	4	1					3.8a	1.16	30.70	1.4~5.6
总计 Total		348	199	83	38	14	8	2	1		1	2	1.25	1.21	96.45	0.0~7.4

性状 Trait	熟期组 MG	次数 f	分级组 Grading group			均值 Mean	标准差 SD	变异系数 (%) CV	变幅 Range
			1.5	2.5	3.5				
倒伏程度 Lodging	000	16	16			1.0c	0.07	6.56	1.0~1.2
	00	45	43	2		1.3bc	0.38	29.89	1.0~2.5
	0	157	138	19		1.4ab	0.45	31.30	1.0~2.9
	I	78	66	10	2	1.5a	0.54	35.44	1.0~4.0
	II	36	33	2	1	1.4ab	0.48	33.94	1.0~3.0
	III	18	16	2		1.4ab	0.36	25.76	1.0~2.3
总计 Total		350	312	35	3	1.42	0.47	32.92	1.0~4.0

2.2 东北大豆种质群体在大庆地区的可能遗传潜势

表 5 为三年试验的方差分析结果，各性状的年份、基因型、年份与基因型互作均达到显著水平，表明这些农艺性状年份间存在差异，表型值不仅受基因型影响，还受基因型和环境互作影响。所以仅关注基因型而忽视基因型和生态条件的关联互作，很难育成理想的品种。

种质资源多样性评价的重要内容之一就是育种潜势分析，利用相对潜势分析资源群体，可为种质资源的利用提供理论依据。在育种材料的选择过程中提供重要参考价值的遗传参数有遗传率、遗传变异系数、相对遗传进度等，遗传率（也称遗传力）是反映性状遗传能力的大小，根据遗传率的大小，可进行有效的性状选择。而衡量性状遗传变异能力大小指标的重要参数则是遗传变异系数，变异系数愈大，获得具有优良遗传性状类型的概率愈大[13]。相对遗传进度可挖掘性状选择的潜力，进度大表明对该性状改良潜力也大。

表 5 东北大豆种质群体农艺性状育种潜势估计

Table 5 Estimation of breeding potential of agronomic traits in variety resources population

性状 Trait	遗传变异系数(%)GCV	遗传率(%)h^2	遗传进度(%)G	相对遗传进度(%)ΔG
生育前期(d) Days to flowering	17.07	93.58	16.23	34.02
生育后期(d) Days from flowering to maturity	6.08	82.03	8.56	11.34
全生育期(d) Whole growth period	5.91	91.10	13.94	11.63
蛋白质含量(%) Protein content	2.79	78.95	2.08	5.12
脂肪含量(%) Oil content	3.87	80.00	1.49	7.14
蛋脂总量(%) Total protein-oil	1.57	82.04	1.80	2.92
百粒重(g) 100-seed weight	9.10	82.00	2.99	16.69
地上部生物量(t/hm²) Aboveground biomass	7.41	31.32	0.42	8.48
小区产量(t/hm²) Yield	10.55	46.88	0.47	14.80
株高(cm) Plant height	17.80	88.92	22.52	34.58
主茎节数 Nodes on main stem	11.71	83.33	3.59	22.04
分枝数目 Branch number	72.76	80.63	1.58	126.40
倒伏程度 Lodging score	22.04	54.30	0.47	33.13

GCV: genetic coefficient of variation, h^2: heritability, G: genetic advance, ΔG: relative Genetic Progress

　　表 5 列出各性状遗传进度、遗传率、遗传变异系数。株高、分枝数目的遗传率均大于 80% 且相对遗传进度大于 30%，说明对其进行改良的潜力大；对于生育前期、百粒重性状及株型性状（倒伏性除外），其遗传率高于 80% 且相对遗传进度大于 14%，尤其是分枝数的相对遗传进度竟达到 126.40%，说明对这几个遗传率和相对遗传进度均高的性状进行选择会取得较好的效果；籽粒性状尤其是蛋白质和脂肪含量，虽然遗传率较高但相对遗传进度却较低，需加大选择强度，以期获得具有理想品质含量的后代；蛋脂总量的改良应建立在改良蛋白质含量、脂肪含量性状的基础上。

2.3 东北大豆第Ⅲ亚区祖先亲本来源及贡献率

　　根据付蒙蒙等[4]研究结果将大庆归为第Ⅲ亚区，该地区共搜集/育成 47 个品种，其中除垦农 24 系谱资料未明确外，其余 46 个品种均清晰追溯了其遗传系谱，直至最初祖先亲本信息。46 个品种共有 71 个祖先亲本，其中 43 个来源于黑龙江，国外 13 个、吉林省 10 个、辽宁 4 个、其他来源 1 个。该地区育成/搜集品种平均 10.39 个祖先亲本，其中绥农 33 共含有 23 个祖先亲本血缘。表 6 为第Ⅲ亚区衍生品种最多的 20 个祖先亲本。这 20 个祖先亲本以黑龙江、吉林来源为主，与其他亚区前 20 的祖先亲本相比，该亚区使用了一些在其他亚区使用不多的亲本。这 20 个祖先亲本对当地品种的贡献为 58.78%，而前 10 个祖先亲本的贡献约为 46.63%。

表 6 第三亚区衍生品种最多的 20 个祖先亲本来源及贡献率

Table 6 The main 20 ancestor parents and their contribution rates for their own derived soybean varieties in the Sub-region III of Northeast China

祖先亲本 Ancestor	来源 Origin	衍生品种数 NDV	贡献率（%） CR	祖先亲本 Ancestor	来源 Origin	衍生品种数 NDV	贡献率（%） CR
金元	辽宁	40	6.42	小金黄	黑龙江	14	2.35
四粒黄（P340）	吉林	40	6.50	Amsoy	美国	12	3.01
大白眉	黑龙江	38	5.54	小粒豆9	黑龙江	9	1.14
四粒荚	黑龙江	35	7.17	熊岳小黄豆	辽宁	9	1.15
小粒黄	黑龙江	33	5.12	佳木斯秃子	黑龙江	9	0.06
东农20	黑龙江	27	1.25	海伦金元	黑龙江	8	0.62
永丰豆	吉林	27	5.00	辉南青皮豆	吉林	8	0.62
十胜长叶	日本	19	5.06	洋蜜蜂	吉林	8	1.23
铁荚四粒黄	吉林	18	2.81	蓑衣领	黑龙江	7	1.52
嘟噜豆	吉林	16	1.76	一窝蜂	吉林	6	0.45

NDV：各祖先亲本在育成/搜集品种中所衍生品种数量；CR：各祖先亲本在衍生品种中的遗传贡献率

NDV：number of derived varieties, is the number of varieties derived from each ancestral parent in bred / collected breeds, CR：contribution rate, is ancestor parents and their contribution rates for their own derived soybean varieties

2.4 东北大豆种质群体中可供大庆地区育种用的优异资源

进入 21 世纪，伴随全球气候变暖，极端天气频繁发生，高温、干旱、土壤贫瘠及盐碱化等问题日益严重，病虫害生理小种加速变异，这就要求作物改良的方向应逐渐转变为适当耐逆前提下的高产优质[14]。随着全球气候变暖，大庆市的气候也有相同趋势，主要表现为冬、春季明显增温，升温直接导致蒸发量增大，从而进一步增加了干旱程度和沙漠化进程，未来 10~20 年间大庆市的主要气象灾害将是由干旱所引发的一系列严重后果[15]。选择适合当地生态条件的亲本材料是实现该地区育种目标的重要前提，表 7 为根据本群体各性状在当地的表现选出的一些表现突出的材料，对某个性状进行改良还应充分考虑总体性状，所以在鉴选参考品种时，我们还充分考虑了熟期，尽量以早熟并含有优良目标性状的材料为主，为当地品种的改良提供材料基础。

表7 可用于大庆地区大豆品种改良的亲本材料的某些性状表现

Table 7 Some traits of parental materials that can be used to improve soybean varieties in Daqing area

可改良性状 Traits can be improved	优异亲本 Excellent parents	性状均值 Average value of traits	熟期组(d) MC
蛋白质含量(%) Protein content	克山1号	45.33	000
	北豆38	43.94	000
	绥农27	44.55	0
	北豆10	43.94	000
	合丰42	43.67	00
脂肪含量(%) Oil content	嫩丰19	23.03	I
	黑农6号	22.87	00
	黑农3号	22.75	0
	垦丰7号	22.61	00
	合丰5号	22.54	0
蛋脂总量(%) Total protein-oil	北豆38	65.45	000
	克山1号	65.00	000
	东农43	64.46	0
	黑河52	64.34	00
	东大2号	64.31	000
主茎节数 Nodes on main stem	辽豆3号	24	III
	九农31	22.30	I
	抗线7号	21.50	II
	长农19	21.41	II
	长农22	21.19	II
株高(cm) Plant height	吉林44	96.00	II
	合丰48	93.13	II
	垦丰8号	92.63	00
	早熟荚青	88.57	0
	垦豆30	86.38	I
百粒重(大)(g) Large seed weight	黑农65	28.42	I
	垦丰22	24.73	00
	抗线4号	22.60	0
	垦丰21	22.21	000
	黑河27	21.90	000
百粒重(小)(g) small seed weight	黑河8号	14.10	000
	东农50	9.90	0
	长农20	12.94	I
	黑河20	13.06	000
	蒙豆6	9.69	00

3 讨　论

本研究选取东北三省一区 361 份育成品种及祖先亲本组成的种质群体，可均匀代表东北地区各不同生态类型品种，通过对该群体主要农艺性状进行精准表型鉴定和评价，可充分了解各性状的遗传多样性，是发掘有利基因、遗传改良的重要基础[16]，进而科学充分利用现有宝贵种质资源。如何将现有资源优势转化为品种优势，以应对不断变幻和频发的复杂自然灾害，是目前遗传改良的重要研究内容[17]。本研究对生育期、籽粒、产量及株型这 4 类性状进行了鉴定，各性状间遗传变异丰富，为有针对地改良某一性状提供了材料基础。

东北大豆种质群体在大庆地区的全生育期平均为 121.0 d。综合各熟期组的生育期及产量表现，MG0和 MGⅠ组能充分利用该地的生长季节，产量明显高于其他熟期组，本研究认为大庆地区适宜 MG0/MGⅠ，特别是 MGⅠ组。MG000/MG00 组生育期较短，未能充分利用当地生态气候资源，部分 MGⅡ及大部分MGⅢ品种均未能充分成熟，虽有产量潜力但无从发挥，通过综合比较品质性状及株型性状，其他 4 个熟期组材料均包含有 MG0/MGⅠ所不具备或表现不突出的优良性状，可通过基因聚合方式，将有利基因渗透到当地骨干亲本中，拓宽遗传变异基础。

随着粮食加工业快速发展及居民膳食结构变化，农业生产也由数量型向数量质量并重型逐步转变[18]。通过本研究可知，东北大豆种质群体品质性状在大庆市的表现较其他优势区域呈中等偏低水平，蛋白质含量、脂肪含量、蛋脂总含量和百粒重的均值分别为 40.68%、20.68%、61.36%和 17.48 g。从遗传潜势上看，虽然品质性状遗传率较高，但是遗传进度均较小，应加大选择力度，宜在早代进行选择并世代跟踪，从而实现在品质上的突破。从变幅上，各熟期组均包含在品质性状上表现突出的品种，如何充分利用这些优异种质对当地主要受体亲本进行遗传改良是一个复杂的课题，胡国华等[19]将大庆划归为黑龙江西部高油大豆产区，并认为当地土壤主要为风沙土、盐碱土，土质瘠薄，气候较干旱，所以在改良种质产量和品质的同时，要重视种质的耐逆及养分高效利用基因的深度挖掘，本研究下一步将对这个种质群体进行耐逆性的深入研究。

通过比较该群体各性状在不同地区的遗传率及相对遗传进度可知，品质性状的改良需要付出更多的育种努力，而对产量相关的性状，不同地区的表现和改良难度差异较大，如本群体在克山、牡丹江及长春的倒伏情况均较为严重（倒伏程度均大于 2 级），且在长春、牡丹江地区对该性状的改良较为困难而在克山地区改良难度较小，而本群体在大庆地区几乎不存在倒伏问题（平均倒伏程度不到 2 级），这充分说明了对产量性状改良的复杂性，不同生态类型区域对产量性状的改良应采取不同策略。

本研究追溯了本亚区育成品种的系谱和祖先亲本及其贡献，这为研究该亚区育成品种的遗传基础提供依据。对品种系谱的研究有效地指导育种工作，在选择受体和供体亲本时首先要掌握其系谱，才能合理组配，所以本研究为育种选择本亚区优异资源作受体或供体亲本时提供资料平台。

综上，依据大庆地区的生态条件和本研究的结果，建议本地区育种目标主要解决"高产稳产与耐逆性"和"高产稳产与优质"矛盾的科学问题，培育耐逆、高产稳产、优质突破性品种。

致谢：感谢黑龙江省农业科学院大庆分院和各试验点的辛苦工作。感谢吉林省农业科学院大豆研究所和中国农业科学院作物科学研究所及东北三省一区各育种单位提供部分大豆参试品种。

参考文献（略）
本文原载于《植物遗传资源学报》2018 年 04 期。

.

东北大豆种质群体在牡丹江的表现及其潜在的育种意义

任海祥[1]，白艳凤[1]，王燕平[1]，宗春美[1]，孙晓环[1]，齐玉鑫[1]，李文[1]，傅蒙蒙[2]，赵团结[2]，杜维广[1]，盖钧镒[2]

（1.黑龙江省农业科学院牡丹江分院/国家大豆改良中心牡丹江试验站，黑龙江 牡丹江 157041；2.南京农业大学大豆研究所/农业部大豆生物学与遗传育种重点实验室/国家大豆改良中心/作物遗传与种质创新国家重点实验室，江苏 南京 210095）

摘 要：东北是我国春大豆的主要生态区，牡丹江位于黑龙江省东南部，属第Ⅱ亚区。本研究于2012—2014年间，以搜集到的东北地区各单位现存的361份大豆育成品种和地方品种作为东北现存的本地种质，观察该群体在牡丹江地区的表现，研究其在牡丹江的潜在育种意义。主要结果如下：（1）东北大豆种质群体平均表现为全生育期分布在100.8~146.6 d（平均为124.1 d）、蛋白质含量范围为35.36%~45.36%（平均为39.69%）、油脂含量范围为18.93%~23.78%（平均为21.96%）、蛋脂总量范围57.74%~66.67%（平均值61.82%）、百粒重范围在8.49~29.43 g（平均值19.91 g）、株高36.6~115.3 cm（平均值82 cm）、主茎11.2~20.4节（平均为15.9节）、分枝为0~4.8个（平均2.80个）、倒伏在1.2~3.6（平均2.1级左右）。（2）当地适合熟期组为MG0和MGⅠ，各性状的平均值与群体平均值相近，其他熟期组在当地的表现与之不同。MG000和MG00的生育天数集中在106~113 d，比当地无霜期早10.0~20.0 d，不能充分利用当地的自然条件；而品质性状表现则略优于MG0/MGⅠ，特别是蛋白质含量和蛋脂总量分别高约1.62%、1.59%；株高、节数均低于MG0/MGⅠ，分别低10~30 cm、2~4节。MGⅡ的生育天数高达136 d，不能稳定成熟；品质性状表现低于当地品种水平，特别是油脂含量、蛋脂总量分别低约1.5%、2%；而株高、节数高于当地品种，分别高约10.0 cm、1~2节，倒伏程度则高达3.0级。MGⅢ在牡丹江不能正常成熟，导致其他性状表达不正常，生长量和倒伏度增加。（3）本群体中包含第二亚区育成217个品种，查到系谱资料的208个，这208个品种共涉及169个祖先亲本，其中黑龙江来源有77份、吉林省48份、辽宁省8份、国外来源26份，其他来源10份。衍生品种最多的前10个祖先亲本主要来源于吉林，对该亚区品种的贡献率约48.9%；衍生品种数在11~20间主要来源于黑龙江，前20个祖先亲本对该亚区品种的贡献率约62.4%。（4）根据各农艺品质性状在牡丹江表现的遗传进度估计，虽然油脂和蛋白质含量相对小些，但均有一定的改良潜力。根据当地品种的表现，从供试的东北资源中提出了各农艺、品质性状改良可用的亲本品种名单，供育种工作者参考。

关键词：东北春大豆；熟期组；农艺品质性状；遗传变异；育种潜势

Performance and Breeding Potential of the Northeast China Soybean Germplasm Population in Mudanjiang Area

REN Hai-xiang[1], BAI Yan-feng[1], WANG Yan-ping[1], ZONG Chun-mei[1], SUN Xiao-huan[1], QI Yu-xin[1], LI Wen[1], FU Meng-meng[2], ZHAO Tuan-jie[2], DU Wei-guang[1], GAI Jun-yi[2]

(1. *Mudanjiang Branch of Heilongjiang Academy of Agricultural Sciences/Mudanjiang Experiment Station of the National Center for Soybean Improvement, Mudanjiang* 157041, *China;*
2. *Soybean Research Institute of Nanjing Agricultural University/Key Laboratory for Soybean Biology, Genetics and Breeding, Ministry of Agriculture/National Center for Soybean Improvement/National Key Laboratory for Crop Genetics and Germplasm Enhancement, Nanjing* 210095, *China*)

Abstract: Northeast China is a major ecological region of spring-sowing soybean in China, Mudanjiang is located in the south-east of Heilongjiang province, and belongs to the sub-region Ⅱ of Northeast China. The soybean germplasm population composed of 361 landraces and released cultivars collected in Northeast China was tested in Mudanjiang in 2012—2014 for evaluation of its characterization and genetic potential in the local breeding programs. The results obtained were as follows: (1) The range and average performance of agronomic and seed quality traits were characterized as: the days to maturity ranges from 101~147 d with average of 124 d, the protein content/oil content/total protein and oil/100-seed weight ranged from 35.63% to 45.36% (average of 39.69%), 18.93% to 23.78%(average of 21.96%), 57.74% to 66.67%(average of 61.82%) and 8.49-29.43 g(average of 19.91 g), the plant height, nodes on main stem, number of branches and lodging score ranged from 36. 6 to 115.3 cm (average of 82.2 cm), 11.2~20.4 nodes (average of 15.9 nodes), 0~4.8 branches (average of 2.8 branches) and 1.2~3.6 grade (average of 2.1 grade), respectively. (2) MG0 and MG I were the best adapted maturity groups that could use fully the local frost-free period with the averages of all traits similar to the population averages. The other maturity groups perormed differently in Mudanjiang. The MG000 and MG00 matured at 106~113 d, 10~20 d earlier than the local first frost; the seed quality traits were better than those of MG0/MG I with oil content/protein-oil content about 1.62%/1.59% higher than those of MG0/MGI; while their plant height and nodes on main stem were 10.0~30.0 cm and 2.0~4.0 nodes less than those of MG0/MG I. The MG II toke about 136 d but could not mature naturally very often before the first frost; their seed quality traits were not as good as MG0/MG I with protein content/protein-oil content about 1.5%less and oil content 2.0% less than those of MG0 / MG I; the plant height and nodes on main stem were about 10.0 cm and 1~2nodes more than those of MG0/MG I; while the lodging score were one grade more (grade3) than that of MG0/MG I. The MGIII did not mature naturally, causing abnormal development of the other traits with growth amount and lodging score increased. (3) There were 217 varieties in Northeast China soybean germplasm population from subregion II, among which 208 soybean cultivars could be traced to 169 ancestors, among which, 77 from Heilongjiang, 48 from Jilin, 8 from Liaoning, 26 from abroad, 10 from other sources. The top 10 ancestors which had most derived varieties were mainly from Jilin, which contributed about 48.9% of the germplasm to the derived varieties; the number of derived varieties from Heilongjiang ancestors was between 11 to 20, and the top 20 ancestors contributed about 62.4% of the germplasm to the derived varieties. (4) There were certain breeding potential for all the agronomic and seed quality traits according to the estimates of genetic gains, even oil and protein contents, which was demonstrated by a number of superior cultivars having been released based on the germplasm population. From the present data, a group of superior accessions were nominated as parental materials for the improvement of individual traits of the adapted local cultivars in Mudanjiang area.

Keywords: Northeast spring-sowing soybean; Maturity group; Agronomic and seed quality traits; genetic variation; Breeding potential

牡丹江地区位于黑龙江省东南部,地势属丘陵漫岗,土壤以黑土为主。大于10 ℃的积温2 550~2 800 ℃,一般5月上旬播种,9月中旬初霜,无霜期120~140 d。年降水量500~600 mm,生长季干燥度0.8~1.2,属于半湿润类型[1]。1958年建立牡丹江农科所,育成了一批优良品种,如1989年审定推广的牡丰6号曾为该地区的主栽品种[2]。傅蒙蒙等[3-4]研究表明牡丹江地区适宜MG0/MG I熟期组,属于第II亚区。该亚区包括以克山、牡丹江、佳木斯、长春为代表的黑龙江中南部至吉林省长春等地,该地区气候适宜,适合大豆生长。为系统研究东北地区种质资源的特点及在不同生态条件下的表现,本课题组于2010—2012年间在东北地区广泛搜集代表性品种资源,获得包含地方品种、育成品种及国外引种材料共361份(其中第二亚区品种217份),并对其系谱关系进行追踪。同时于2012—2014年在东北地区4个生态亚区的9个代表性地点(I区:北安、扎兰屯;II区:克山、牡丹江、佳木斯、长春;III区:大庆、白城;IV区:铁岭)进行试验。张勇等[5]在克山采用遗传变异系数、表型变异系数和遗传率、遗传进度和相对遗传进度等指标来评价本群体在克山的表现,结果表明当地种质与外来种质在生育期性状、籽粒性状、株型及产量性状上均存在一定的差异,可以利用外来种质改良当地品种的农艺性状,如可以利用比当地适宜熟期组偏早的MG000/MG00组资源改良当地品种的油脂含量和蛋脂总量性状。程延喜等[6]利用系谱分析与表型分析的方法研究本群体在长春的表现及该地区育成品种常用祖先亲本。

参考张勇和程延喜等[5-6]的工作,本文重点研究:(1)东北种质资源群体在牡丹江地区的表现和育种潜势。(2)为牡丹江地区品种改良提出建议并提供部分优异亲本材料。(3)明确包括牡丹江地区在内的东北第Ⅱ亚区育成品种/搜集品种的祖先亲本构成。

1 材料与方法

1.1 试验设计

将361份东北春大豆按照生育期长度分为极早熟、早熟、中早熟、中熟、中晚熟、晚熟6组，于2012-2014年种在黑龙江省农业科学院牡丹江分院试验地（位于黑龙江省牡丹江市西安区）。采用重复内分组试验设计，4次重复，每小区面积1 m²，穴播，每小区4穴，每穴保留4株，初花时至少拥有2穴、每穴中至少3株的小区参与调查。按Fehr等[7]提出的大豆生育时期鉴定方法，调查播种期、出苗期、R1、R2、R7、R8期，当地霜降时未达到成熟标准的材料仅记录其所达到的生育时期。生态区基本条件与试验材料详情见傅蒙蒙等[3]。收获后调查项目及标准参考邱丽娟等[8]的标准，品质性状的检测统一在南京农业大学采用FOSS近红外谷物分析仪Infratec TM 1241。

1.2 数据分析

描述统计分析采用SAS/STAT V9.1的PROC MEANS软件进行。方差分析采用SAS/STAT V9.1的PROC GLM。平均数间的差异显著性采用Duncan新复极差测验。根据方差分析结果计算相对应的遗传率（h^2）、遗传变异系数（GCV）、遗传进度（G）和相对遗传进度（ΔG），计算方法参考[9-11]，线性模型见张勇等[5]。育成品种的系谱资料主要来源于崔章林等[12]、盖钧镒等[13]及其他已发表资料，育成品种祖先亲本贡献的计算方法参考崔章林等[12]、盖钧镒等[13]，具体见程延喜等[6]。

2 结果与分析

2.1 东北大豆种质群体各熟期组农艺品质性状在牡丹江地区的表现

表1~4为大豆种质群体生育期性状、籽粒性状、产量性状、株型性状在牡丹江地区的次数分布和描述统计。生育期性状，生育前期、后期、全生育期的变幅分别为42.0~86.5d、55.1~86.8d和100.8~146.7d，平均值分别为50.8，74.1和124.0 d，；籽粒性状，蛋白质含量、油脂含量、蛋脂总量、百粒重的变幅分别为35.36%~45.36%、18.93%~23.78%、57.74%~66.67%和8.49~29.43 g，平均值分别为39.86%、21.96%、61.82%和19.91 g；地上部生物量和产量的变幅分别为4.19~14.58t·hm⁻²和1.69~4.78 t·hm⁻²，平均值分别为9.12和3.16 t·hm⁻²；株高、主茎节数、分枝数目和倒伏程度变幅分别为36.6~115.3 cm、11.2~20.4个、0~4.8个和1.2~3.6级，平均值分别为82.2 cm、15.9节、2.0个、2.1级。从频数分布上，除生育前期外各性状基本上呈现以平均值所在组为最高值的钟形分布。标准差和变幅反映了不同性状的多样性水平，各性状内均含有丰富的变异。变异系数反映了不同性状的多样性水平，其中分枝数目的多样性水平最高（47.00%以上）。品质性状的多样性水平最低（2.10%~3.91%）；其余性状则分布在7.00%~23.00%。对生育前期，呈现以平均值所在组为最高值的偏态分布，这可能是由于不同熟期组品种对光温反应的不同造成的[14]。

表 1　东北大豆种质群体在牡丹江生育期性状的次数分布和描述统计（2012 – 2014 年）

Table 1　Frequency distribution and descriptive statistics of the growth period traits of the Northeast China soybean germplasm population in Mudanjiang（2012 – 2014）

性状 Trait	MG	次数 f	组中值 Class mid-point/d										平均值 Mean/d	SD	CV/%	变幅 Range/d
生育前期			44.3	48.8	53.3	57.8	62.3	66.8	71.3	75.8	80.3	84.8				
Days to flowering	000	16	14	2									44.8 d	1.91	4.26	42.0~49.2
	00	45	28	16	1								46.0 d	2.18	4.74	42.2~52.0
	0	157	20	113	23	1							48.7 c	2.16	4.45	43.2~55.8
	I	79		5	40	32	1	1					50.8 b	3.05	6.00	45.8~63.6
	II	43			18	14	7	9			1		57.7 a	5.21	9.03	51.2~76.0
	III	21			2	4	1	4	3	3	3	1	68.1 a	9.39	13.78	54.2~86.6
总计 Total		361	67	171	76	20	9	7	3	4	3	1	50.8	6.52	12.83	42.0~86.6
生育后期			56.7	59.9	63.0	66.2	69.4	72.5	75.7	78.8	82.0	85.2				
Days from flowering to maturity	000	16	2	7	6	1							61.38 d	2.69	4.38	55.13~65.75
	00	45		0	9	20	14	0	1				67.02 c	2.79	4.17	62.25~78.75
	0	157			1	5	31	62	38	16	3	1	73.33 b	3.35	4.56	63.17~86.63
	I	79				1	3	21	44	9	1		78.28 a	2.51	3.20	70.83~84.31
	II	41						2	5	14	17	3	80.19 a	3.03	3.78	72.33~86.75
	III	16				1	0	1	3	4	5	2	78.99	4.82	6.10	67.00~84.25
总计 Total		354	2	7	16	27	46	69	67	79	34	7	74.11	5.70	7.69	55.13~86.75
全生育期			102.4	107.0	111.8	116.4	121.1	125.8	130.6	135.2	14.0	144.6				
Days to maturity	000	16	8	5	3								105.9 e	3.75	3.54	100.8~112.8
	00	45		7	26	8	3	1					113.0 d	3.93	3.48	106.9~127.9
	0	157			5	21	73	51	6	1			122.1 c	4.00	3.28	111.3~134.6
	I	79					1	31	39	8			129.0 b	3.78	2.62	123.4~137.6
	II	42							6	31	5		135.5 a	2.08	1.54	130.8~139.3
	III	15								5	3	7	140.5 a	4.21	3.00	133.6~146.6
总计 Total		354	8	12	34	29	77	83	51	45	8	7	124.1	8.91	8.28	100.8~146.6

f = 次数；*SD* = 标准差；*CV* = 变异系数；MG = 熟期组；同一列数字后的不同小写字母说明熟期组间的差异显著性，下同。

f = Frequency；*SD* = Standard deviation；*CV* = Coefficient of variation；MG = Maturity group；Values in the column of mean followed by different letters are significantly different among maturity groups. The same as below.

2.2　东北大豆种质群体中适宜牡丹江地区的熟期组与其他熟期组农艺品质性状在当地表现的比较

傅蒙蒙等[3]研究表明本试验群体包含东北地区 MG000~MGIII的所有熟期组类型，其中 MG0~MG I 为当地适宜熟期组类型。比较 MG0~MG I 与其他熟期组的表现，可以看出其他熟期组的材料在某些性状上含有当地适宜熟期组所不具有的优点，这对利用其他地区品种改良当地品种具有重要意义。

生育期性状是保证品种稳产高产的基础，比较各熟期组全生育期，随着熟期组的变晚呈延长的趋势。本试验播种在 5 月中旬，生育期在 120.0~130.0 d 的品种适宜于当地生产。从表 1 可知，MG0/MG I 熟期组最适合当地无霜期长度，满足生产需求；MG000/MG00 在当地全生育期平均天数在 105.9~113.0 d，不能充分利用自然条件。部分 MGⅡ组品种可在当地成熟，但整个熟期组在当地并不能稳定成熟，不适宜在生产上使用。至于MGⅢ组，在当地不能正常成熟。

表2 东北大豆种质群体在牡丹江籽粒性状的次数分布和描述统计(2012－2014年)

Table 2　Frequency distribution and descriptive statistics of the seed quality traits of the Northeast China soybeangermplasm population in Mudanjiang(2012－2014)

性状 Trait	MG	次数 f	组中值 Class mid-point/%(g)										平均值 Mean/%(g)	SD	CV/%	变幅 Range/%(g)
蛋白质含量 Protein content			35.9	36.9	37.9	38.9	39.9	40.9	41.9	42.9	43.9	44.9				
	000	16				1	4	5	1	2	2	1	41.45 a	1.80	4.34	39.25~45.36
	00	45			1	7	8	14	12	2	1		40.72 ab	1.30	3.20	37.37~43.60
	0	157		2	13	43	44	34	12	8	1		39.91 ab	1.33	3.23	37.13~43.65
	Ⅰ	79			7	18	24	15	13	2			39.03 c	1.30	3.32	36.44~41.63
	Ⅱ	41	4	0	4	9	11	6	2	5			39.50 c	1.89	4.78	35.36~43.16
	Ⅲ	4				2	1	1					39.84 bc	1.17	2.94	38.56~41.21
总计 Total		342	4	9	36	86	83	73	29	17	4	1	39.86	1.55	3.88	35.36~45.36
油脂含量 Oil content			19.2	19.7	20.1	20.6	21.1	21.6	22.1	22.6	23.1	23.5				
	000	16			1	3	2	5	4	1			21.98 a	0.62	2.82	20.82~22.96
	00	45				1	3	13	6	12	10		22.21 a	0.70	3.15	20.38~23.25
	0	157			2	5	10	34	42	39	18	7	22.14 a	0.70	3.18	20.13~23.77
	Ⅰ	79			1	3	6	16	22	19	10	2	22.11 a	0.69	3.13	20.04~23.78
	Ⅱ	41	2	3	7	7	11	5	1	1	4		20.19 b	1.08	5.16	18.93~23.09
	Ⅲ	4		1	1	2							20.19 c	0.49	5.69	19.59~20.70
总计 Total		342		4	11	19	33	70	76	75	43	9	21.96	0.86	3.91	18.93~23.78
蛋脂总量 Total protein-oil			58.2	59.1	60.0	60.9	61.8	62.6	63.5	64.4	65.3	66.2				
	000	16			1	1	6	3	2	2	1		63.43 a	1.50	2.37	61.11~66.67
	00	45				1	7	18	15	4			62.93 a	0.82	1.31	60.53~64.76
	0	157			3	22	74	38	14	6			62.05 b	0.89	1.44	60.06~64.63
	Ⅰ	79		6	14	23	23	12	1				61.13 c	1.02	1.68	58.79~63.10
	Ⅱ	41	2	9	8	11	4	5	2				60.44 cd	1.34	2.21	57.74~63.28
	Ⅲ	4	1	0	2	0	1						60.03 d	1.26	2.10	58.59~61.67
总计 Total		342	3	15	27	110	79	35	35	12	2	1	61.82	1.30	2.10	57.74~66.67
百粒重 100-seed weight			9.5	11.6	13.7	15.8	17.9	20.0	22.1	24.2	26.3	28.4				
	000	16				4	7	4	1				20.20 b	1.88	9.30	17.54~23.19
	00	45	1	0	0	2	8	20	13	1			19.98 b	2.40	12.00	9.66~23.76
	0	157	1	0	0	8	49	72	20		2	1	19.61 b	2.18	11.13	8.49~29.43
	Ⅰ	79				2	22	34	19	2			19.86 b	1.58	7.96	15.92~23.42
	Ⅱ	42					9	20	9	1	1	1	20.49 b	2.43	11.84	12.41~27.89
	Ⅲ	15					1	6	4	3	1		22.09 a	2.41	10.89	19.02~26.72
总计 Total		354	2	1		12	93	159		12	4	2	19.91	2.15	10.77	8.49~29.43

籽粒性状是品种主要生态性状，部分熟期组间虽然差异达到显著水平但绝对差异并不大，且各熟期组内均含有表现突出的品种。MG0/MGⅠ的蛋白质含量、油脂含量、蛋脂总量、百粒重平均值在39.91%~39.03%、22.14%~20.11%、62.05%~61.13%、19.61~19.86 g，比 MG000/MG00 相对应性状的平均值低约1.62%、1.59%、0.36 g，油脂含量高0.03%；比 MGⅡ 组的油脂含量、蛋脂总量高约1.94%、1.15%，蛋白质含量、百粒重平均低0.03%、0.65 g。

产量性状始终是品种追求的目标生态性状，由于试验设计的限制，本文获得的产量相关数据仅反映趋势上的变化。不同熟期组间地上部生物量差异达到显著水平，呈现随熟期组变晚增大的趋势（6.72~12.08 $t \cdot hm^{-2}$ 以上）；比较各组的变幅，其最小值、最大值差异较大，最大地上部产量出现在 MGⅠ组。对产量性状,虽然在 MG Ⅱ 组平均值达到最大（3.29 t·hm⁻²），但仅 MG000 组与其余各组的差异达到显著水平，从平均值上看，MG0~MGⅢ组差异较小，分布在 3.22~3.29 t·hm⁻²，而 MG000/MG00 产量水平较其他熟期组偏低，平均为 2.44~2.96 t·hm⁻²。

表3 东北大豆种质群体在牡丹江产量性状的次数分布和描述统计（2012 – 2014 年）

Table 3 Frequency distribution and descriptive statistics of the yield traits of the Northeast China soybean germplasm population in Mudanjiang（2012 – 2014）

地上部生物量 Above ground biomass — 组中值 Class mid-point / $(t \cdot hm^{-2})$

性状 Trait	MG	次数 f	2.48	3.67	4.86	6.05	7.24	8.44	9.63	10.82	12.01	13.20	平均值 Mean /$(t \cdot hm^{-2})$	SD	CV /%	变幅 Range /$(t \cdot hm^{-2})$
Above ground biomass	000	16	3	5	6	1	1						6.72 e	1.13	16.87	4.79 ~ 9.15
	00	45		2	9	19	13	2					8.36 d	0.80	9.57	6.56 ~ 10.81
	0	157		1	12	64	51	24	5				8.85 cd	0.89	10.07	6.36 ~ 11.53
	Ⅰ	79			1	16	39	16	2	2	0	3	9.46 c	1.33	14.05	7.14 ~ 14.58
	Ⅱ	42			2	4	14	10	7	4	1		10.95 b	1.33	12.15	8.48 ~ 13.81
	Ⅲ	4					1			1	1	2	12.08 a	1.28	10.60	10.38 ~ 13.29
总计 Total		342	3	8	28	102	108	57	17	10	6	4	9.12	1.43	15.66	4.19 ~ 14.58

产量 Yield — 组中值 Class mid-point / $(t \cdot hm^{-2})$

性状 Trait	MG	次数 f	1.27	1.59	1.91	2.23	2.55	2.88	3.20	3.52	3.84	4.16	平均值 Mean /$(t \cdot hm^{-2})$	SD	CV /%	变幅 Range /$(t \cdot hm^{-2})$
Yield	000	16	2	5	3	2	3	1					2.44 b	0.51	20.70	1.69 ~ 3.32
	00	45		3	5	14	6	10	8	5			2.96 a	0.42	14.11	2.11 ~ 3.80
	0	157		6	10	24	27	50	27	10	3		3.25 a	0.47	14.39	2.11 ~ 4.28
	Ⅰ	79		1	10	14	18	12	12	8	4		3.22 a	0.53	16.50	1.20 ~ 3.58
	Ⅱ	41		3	7	5	9	2	4	2		5	3.29 a	0.81	24.56	2.06 ~ 4.78
	Ⅲ	4			1	0	1	1	1				3.23 a	0.55	16.98	2.49 ~ 3.79
总计 Total		342	2	18	36	59	68	74	49	22	9	5	3.16	0.56	17.60	1.69 ~ 4.78

株型性状是影响产量的主要生态性状，理想株型育种是实现育成品种产量提高的重要途径方法。株型性状在各熟期组间达到显著水平，呈现随着熟期组变晚增大的趋势。MG0/MGⅠ 的株高、主茎节数、分枝数目和倒伏程度分别为 83.8 cm、16.2 节、1.9 个、2.2，比 MG000/MG00 高 10.0~30.0 cm，节位多 2.0~4.0 节；比 MGⅡ 低约 15 cm，节位少约 0.1 节，倒伏程度略低（表4）。

表4 东北大豆种质群体在牡丹江株型性状的次数分布和描述统计（2012 – 2014 年）

Table 4 Frequency distribution and descriptive statistics of the plant-type traits of the Northeast China soybean germplasm population in Mudanjiang（2012 – 2014）

株高 Plant height — 组中值 Class mid-point / cm

性状 Trait	MG	次数 f	40.5	48.4	56.2	64.1	72.0	79.8	87.7	95.6	103.5	111.3	平均值 Mean /cm	SD	CV /%	变幅 Range /cm
Plant height	000	16		1	8	7							58.3 e	4.74	8.12	47.2 ~ 66.3
	00	45			11	10	11	8	4	1			69.2 d	11.00	15.91	53.2 ~ 91.9
	0	157	1	0	1	14	34	56	38	11	2		79.8 c	9.56	11.97	36.6 ~ 106.9
	Ⅰ	79					11	11	28	22	6	1	87.7 b	8.68	9.90	70.6 ~ 109.5
	Ⅱ	42						2	18	13	17	2	98.1 a	7.17	7.31	81.9 ~ 115.3
	Ⅲ	14						1	2	3	5	3	101.3 a	12.14	11.99	76.7 ~ 113.9
总计 Total		353	1	1	20	31	56	78	80	50	30	6	82.2	13.48	16.40	36.6 ~ 115.3

续表4

性状 Trait	MG	次数 f				组中值 Class mid-point							平均值 Mean	SD	CV /%	变幅 Range
主茎节数			11.7	12.6	13.6	14.5	15.5	16.4	17.4	18.3	19.3	20.2				
Nodes on	000	16	3	7	3	3							13.2 d	0.99	7.56	11.2~14.8
main stem	00	45	3	5	9	7	6	9	6				14.8 c	1.63	11.03	11.6~17.7
	0	157	1	2	5	18	50	48	25	7	1		16.0 b	1.21	7.57	11.4~19.5
	I	79				7	17	31	21	3			16.3 b	0.92	5.69	14.2~18.5
	II	42		1	0	6	12	11	7	4	1		16.3 b	1.25	7.69	13.0~18.9
	III	14						1	2	5	2	4	18.2 a	1.22	6.70	16.2~20.4
总计 Total		353	7	15	17	41	85	100	61	19	4	4	15.9	1.53	9.59	11.2~20.4
分枝数目			0.2	0.7	1.2	1.7	2.1	2.6	3.1	3.6	4.0	4.5				
Branch number	000	16		1	5	4	1	1	2	1	1		2.0 a	0.91	45.05	0.9~4.0
	00	45		2	14	12	6	5	3	1	2		1.9 a	0.85	44.22	0.5~4.2
	0	157	4	20	23	31	25	29	9	7	9		2.0 a	0.93	46.86	0.3~4.1
	I	79	7	5	12	20	11	13	2	6	3		1.9 a	0.93	49.87	0.0~4.1
	II	42	1	4	1	8	8	10	2	6	1	1	2.3 a	1.01	43.94	0.4~4.8
	III	14		1	2	3	2	1	1	1	0	3	2.3 a	1.15	50.04	0.7~4.5
总计 Total		353	12	33	57	78	53	59	19	22	16	4	2.0	0.95	47.18	0.0~4.8
倒伏程度			1.6	2.4	3.2											
Lodging	000	16	15	1	0								1.6 d	0.24	14.54	1.2~2.0
	00	45	33	10	2								1.8 c	0.45	24.60	1.4~3.6
	0	157	76	70	11								2.05 b	0.41	20.06	1.4~3.3
	I	79	20	47	12								2.3 a	0.48	20.70	1.4~3.6
	II	43	3	31	9								2.5 a	0.37	15.04	1.7~3.2
	III	21	1	16	4								2.4 a	0.48	19.80	1.8~3.4
总计 Total		361	148	175	38								2.1	0.48	22.56	1.2~3.6

2.3 东北大豆种质群体在牡丹江地区的可能遗传潜势

表5为方差分析结果，各性状的年份、基因型、年份与基因型互作均达到显著水平，表明这些农艺性状不同年份间存在一定的差异，其表达均受基因型和环境互作的影响。

本文采用张勇等[5]使用的指标评价东北大豆种质资源群体在牡丹江地区的育种潜势。表6表明，株高、生育期性状、百粒重的遗传率高于80.00%且相对遗传进度大于10.00%，具有较好的选择潜势；而蛋白质含量、油脂含量等性状的遗传率水平虽然较高但相对遗传进度较低，需加大选育的强度；蛋脂总量是由蛋白质含量和油脂含量共同决定的，从遗传率和相对遗传进度可知，对该性状直接进行选择的潜势不大，其改良应建立在改良蛋白质含量、油脂含量性状的基础上；而其他性状的遗传率水平偏低，直接改良的潜势不大。

表5 东北大豆种质群体农艺品质性状方差分析表(2012－2014)

Table 5 ANOVA of agronomic and seed quality traits of the Northeast China soybean germplasm population in Mudanjiang（2012－2014）

变异来源 Variation source	生育前期 Days to flowering /d		生育后期 Days from flowering to maturity/d		全生育期 Days to maturity/d		蛋白质含量 Protein content/%		油脂含量 Oil content/%	
	DF	F	DF	F	DF	F	DF	F	DF	F
年份 Year	2	578.41**	2	25.51**	2	182.12**	2	25.63**	2	5.92
重复（年份）Repeat（Year）	9	5.64**	9	14.08*	9	35.37**	9	2.86	9	5.10**
基因型 Genotype	360	7.04**	329	5.08**	353	12.82**	352	4.88**	352	5.62**
年份×基因 Year×Genotype	640	23.05**	491	9.98**	591	35.37**	588	7.70**	588	7.12**
误差 Error	2996		2409		2640		2456		2456	

	蛋脂总量 Total protein-oil/%		百粒重 100-seed weight/g		地上部生物 Above ground biomass/t·hm⁻²		产量 Yield/t·hm⁻²		株高 Plant height/cm	
	DF	F	DF	F	DF	F	DF	F	DF	F
年份 Year	2	42.61**	2	98.42**	2	52.00**	1	124.78**	2	4.18**
重复（年份）Repeat（Year）	9	7.13**	9	1.42	9	4.76*	6	6.05**	9	5.41**
基因型 Genotype	360	2.22**	335	6.17**	308	3.35**	341	1.45	352	7.56**
年份×基 Year×Genotype	641	2.44**	538	4.91**	492	1.69**	185	4.25**	594	4.81**
误差 Error	2573		2466		2159		2064		2582	

	主茎节数 Nodes on main stem		分枝数目 Branch number		倒伏程度 Lodging	
	DF	F	DF	F	DF	F
年份 Year	2	37.65**	1	94.38**	2	219.86**
重复（年份）Repeat（Year）	9	29.60**	7	4.61*	9	6.17**
基因型 Genotype	360	3.09**	360	1.80**	360	1.32
年份×基 Year×Genotype	572	3.85**	605	4.99**	641	7.57**
误差 Error	2583		1565		3000	

*，** 分别代表0.05和0.01水平上的显著性。

*，** represent significance at 0.05 and 0.01 probability level, respectively.

表6 东北大豆种质群体农艺品质性状育种潜势估计

Table 6 Estimated breeding potential of agronomic and seed quality traits in Northeast China soybean germplasm population

性状 Trait	遗传变异系数 GCV	遗传率 h^2	遗传进度 G	相对遗传进 ΔG
生育前期 Days to flowering	11.62	86.72	11.38	22.31
生育后期 Days from flowering to maturity	6.87	82.13	9.47	12.81
全生育期 Days to maturity	6.60	93.14	16.17	13.13
蛋白质含量 Protein content	3.25	81.73	2.41	6.05
油脂含量 Oil content	3.50	84.17	1.46	6.64
蛋脂总量 Total protein-oil	1.78	85.44	2.10	3.40
百粒重 100-seed weight	9.56	85.73	3.62	18.22

性状 Trait	遗传变异系数 GCV	遗传率 h^2	遗传进度 G	相对遗传进 ΔG
地上部生物量 Aboveground biomass	13.15	74.16	2.04	23.38
小区产量 Yield	8.49	41.82	0.36	11.36
株高 Plant height	15.38	87.96	23.64	28.95
主茎节数 Nodes on main stem	7.23	69.03	1.95	12.36
分枝数目 Branch number	28.65	58.93	0.92	45.35
倒伏程度 Lodging score	11.18	26.67	0.25	11.77

2.4 东北大豆种质群体中可供牡丹江地区育种用的优异资源

牡丹江地区属东北大豆生态区第Ⅱ亚区[6-7]，该区大豆育种目标应以高产稳产、高蛋白（蛋脂总和高）、抗灰斑病兼抗花叶病毒病、耐旱、广适性为主要目标，选择适宜的亲本是实现该目标的重要前提。为此，建议选取在当地能正常成熟的、倒伏程度低于 2.0 级且地上部生物量较大、株型好、主茎节数多、表现突出的品种用以作为本地品种改良的亲本，特别需要说明的是，倒伏性状的改良建议应在一定生物量的基础上（表7）。

表7　可用于牡丹江地区大豆品种改良的亲本材料

Table 7　The suggested parental materials for the improvement of soybean cultivars in Mudanjiang

倒伏 Lodging score	蛋白质含量 Protein content/%	油脂含量 Oil content/%	蛋脂总量 Total protein-oil/%
延农9号/MGⅠ(1.67,11.53 t·hm^{-2}) Yannong 9	蒙豆11/MG 000(45.36) Mengdou 11	绥农20/MG 0(23.80) Suinong 20	蒙豆11/MG 000(65.90) Mengdou 11
长农21/MGⅠ(1.91,10.64 t·hm^{-2}) Changnong 21	黑河7号/MG 000(44.23) Heihe 7	吉育87/MGⅠ(23.79) Hefeng 42	丰收12/MG 0(65.05) Fengshou 12
九农9号/MG 00(1.67,10.49 t·hm^{-2}) Jiunong 9	丰收11/MG 0(43.88) Fengshou 11	牡丰1号/MG 0(23.77) Mufeng 1	丰收11/MG 0(64.86) Fengshou 11
东农46/MG 0(1.88,10.46 t·hm^{-2}) Dongnong 46	黑农35/MG 0(43.65) Heinong 35	黑河53/MG 0(23.71) Heihe 53	黑河7号/MG 000(64.88) Heihe 7
吉育59/MG 0(1.67,10.38 t·hm^{-2}) Jiyu 59	通农13/MGⅡ(43.16) Tongnong 13	嫩丰17/MG 0(23.68) Nenfeng 17	黑河52/MG 00(64.76) Heihe 52
主茎节数 Nodes on main stem	株高 Plant height/cm	百粒重 Large seed weight/g	百粒重 Small seed weight/g
合丰55/MGⅠ(19.46) Hefeng 55	吉育39/MGⅠ(109.47) Jiyu 39	绥农27/MG 0(29.44) Suinong 27	东农50/MG 0(8.49) Dongnong 50
吉育101/MGⅠ(18.90) Jiyu 101	铁丰28/MGⅠ(113.90) Tiefeng 28	吉农15/MGⅡ(26.03) Jinong 15	蒙豆6号/MG 00(9.66) Mengdou 6
垦鉴豆26MGⅠ(18.27) Kenjiandou 26	九农39/MGⅠ(109.97) Jiunong 39	北丰11/MG 0(26.84) Beifeng 11	吉育101/MGⅡ(10.64) Jiyu 101
吉育63/MGⅠ(18.48) Jiyu 63	九农30/MGⅠ(107.51) Jiunong 30	通农13/MGⅡ(27.90) Mengdou 16	吉育89/MGⅠ(15.33) Jiyu 89
黄宝珠/MGⅠ(18.30) Huangbaozhu	东农48/MGⅠ(106.88) Dongnong 48	铁丰28/MGⅢ(27.70) Tiefeng 28	合丰26/MG 0(15.79) Hefeng 26

表格数据表示为品种/熟期组（平均值），其中倒伏栏括弧中的数据为倒伏程度和地上部生物量。

The data in each cell are variety /maturity group (mean of the treat); In parentheses of Column Lodging score, the left value is lodging score while the right value is the above ground biomass.

2.5 第Ⅱ亚区育成品种的祖先亲本构成

本文将第Ⅱ亚区[6-7]内包括牡丹江、佳木斯、长春、克山、哈尔滨等地区相关单位育成的217个品种归为该亚区育成品种，其中208个查到相关系谱资料。这208个品种共涉及169个祖先亲本，这些祖先亲本来源广泛，既包含东北三省、河南、山东、北京等地，也包含国外。这169个祖先亲本来源中，黑龙江来源有77份、吉林省48份、辽宁省8份、国外来源26份，其他来源10份。各品种平均含有祖先亲本8.86个，其中吉育69含有最多的亲本血缘、共25个祖先亲本。含有10及10个以上祖先亲本的育成品种有91个，占当地群体的43.8%。表8为第Ⅱ亚区衍生品种最多的前20个祖先亲本及其贡献率，衍生品种最多的前10个祖先亲本基本上来源于东北三省，主要来源于吉林，其对当地育成/搜集品种的贡献率约48.9%；衍生品种数在11~20的主要来源于黑龙江，前20个祖先亲本对当地育成/搜集品种的贡献率约62.4%。

表8　东北第二亚区育成品种的主要祖先亲本来源
Table 8　The main ancestor parent sources forreleased soybean varieties in the Sub-region Ⅱ of Northeast China

祖先亲本 Ancestor	来源 Origin	衍生品种数 NDV	贡献率 RC/%	祖先亲本 Ancestor	来源 Origin	衍生品种数 NDV	贡献率 RC/%
金元 Jinyuan	辽宁 Liaoning	166	8.59	小粒黄 Xiaolihuang	黑龙江 Heilongjiang	54	1.25
四粒黄（P340）Silihuang（P340）	吉林 Jilin	149	8.34	Amsoy	美国 USA	47	3.12
大白眉 Dabaimei	黑龙江 Heilongjiang	122	6.43	铁荚子 Tiejiazi	吉林 Jilin	42	1.87
十胜长叶 Shishengchangye	日本 Japan	115	8.41	小粒豆9 Xiaolidou 9	黑龙江 Heilongjiang	41	1.69
四粒荚 Silijia	黑龙江 Heilongjiang	93	4.56	永丰豆 Yongfengdou	吉林 Jilin	36	1.62
铁荚四粒黄 Tiejiasilihuang	吉林 Jilin	93	4.59	东农20 Dongnong 20	黑龙江 Heilongjiang	34	0.25
嘟噜豆 Duludou	吉林 Jilin	84	2.94	佳木斯秃子 Jiamusituzi	黑龙江 Heilongjiang	29	0.23
熊岳小黄豆 Xyxiaohuangdou	辽宁 Liaoning	61	1.21	蓑衣领 Suoyiling	黑龙江 Heilongjiang	28	0.94
四粒黄 Silihuang	吉林 Jilin	58	1.79	小金黄 Xiaojinhuang	黑龙江 Heilongjiang	28	1.33
一窝蜂 Yiwofeng	吉林 Jilin	56	2.25	洋蜜蜂 Yangmifeng	吉林 Jilin	24	1.23

衍生品种数（NDV）指含有该祖先亲本血缘的育成品种数目；贡献率（RC）指祖先亲本对第Ⅱ亚区地区各育成品种贡献之和与群体品种数（208）的比值。

NDV is the number of derived varieties with germplasm from the ancestor; CR is the contribution rate of the ancestor to the total number of released varieties in sub-region Ⅱ (208 varieties).

3 结论与讨论

高产稳产始终是作物育种的重要目标。杜维广等[15]总结我国高产育种时指出生物量、表观收获指数、生育期等是决定大豆产量的重要因子。由于本文的试验设计并不是严格的产量比较试验，所获得的有关产量的数据仅能提供趋势上的描述。本文结果表明生物量的平均值从MG000的6.72 t·hm² 增大到MGⅢ的12.08 t·hm⁻² 以上，而小区产量则除MG000/MG00较低外，其余各熟期组差异并不大，但也呈现从MG0的3.25 t·hm⁻² 小量增加到MGⅡ的3.29 t·hm⁻²，而MGⅢ略有下降。有研究[16]表明倒伏性状对大豆产量影响巨大，最多可致大豆减产56%。从各熟期组生育期长短和倒伏程度看，MG000/MG00的倒伏程度虽然较低，但成熟较早，不能充分利用无霜期长度，这可能导致了这两个熟期组的产量潜力没有得到实现；MGⅡ/MGⅢ的倒伏程度较高且不能正常成熟，这或许是限制这两个熟期组产量性状实现的原因，而MG0和MGⅠ组能充分利用该地的生长季节，产量潜力可以充分表达。从遗传变异系数及相对遗传进度看，群体内地上部生物量及小区产量的多样性较为丰富，为这两个性状的选育提供了基础。

品质性状是大豆的重要性状，国家在《全国种植业结构调整规划（2016—2020年）》中对大豆的品质改良给予了强调，东北地区应重点关注蛋白质性状的改良。本文结果表明，牡丹江地区各熟期组大豆的蛋白质水平相差不大，均在40%左右，从变幅上看，各熟期组特别是早熟组（MG000/MG00）中存在一些蛋白质水平较高的材料，如 MG000 中存在蛋白水平高达 45.36%的材料。而油脂性状则呈现随熟期组变晚而下降的趋势，但各组内均存在一些油脂水平较高的材料。从蛋白质含量和油脂含量的相对遗传进度来看，这两个性状的改良较为困难，需要引进优良种质（基因）资源，并付出更多的育种努力。牡丹江地区适宜 MG0~MGⅠ组，将其与早熟的 MG000~MG00 组品质性状表现较为突出的品种杂交可能有助于扩展大豆品质的遗传基础。

方差分析表明农艺性状的表达受到多方面的影响，从各性状的变幅和变异系数可以看出，各熟期组内均蕴含着丰富的变异，为品种改良提供了基础材料。育种潜势表明了育种过程中性状改良的可能程度。本研究中，牡丹江地区改良品质性状的难度与克山[5]、长春[6]地区基本一致，而对产量相关的地上部生物量和倒伏性状的改良难度更接近长春地区，即地上部生物量改良相对容易而倒伏性状在当地难以改良，这可能与这两个地区的生态条件较克山更为接近有关。上述分析表明这批资源应该还有很大重组潜力可以挖掘，关键在于要进一步对它进行育种性状的遗传解析，以便设计最佳基因型，优选组合，优选重组型。

第Ⅱ亚区各育种单位利用东北大豆资源育成了适于东北北部的优异品种，体现了东北种质的重要作用，本试验的结果表明该亚区衍生品种最多的前 10 个祖先亲本主要来源于吉林，其对当地育成/搜集品种的贡献率约 48.9%；衍生品种数在 11~20 个，主要在黑龙江；前 20 个祖先亲本对当地育成/搜集品种的贡献率约 62.4%。这表明该地区品种存在着遗传基础狭窄的问题，应扩大亲本的来源，适当引进夏大豆和地理远缘品种作供体亲本有助于牡丹江地区乃至第Ⅱ亚区大豆的遗传改良。

综上，牡丹江适宜种植 MG0 和 MGⅠ组的大豆品种，其大豆品种改良的目标以高产稳产、高蛋白、抗灰斑病兼抗花叶病毒病、耐旱、广适性商业品质好（外观品质）为主，在 MG0 和 MGⅠ组内，以增加生物量、收获指数及耐逆性和秆强度（提高秆韧性）实现高产稳产商业品质好的目标。应以本地近期育成的主栽品种为受体亲本，分别以 MGⅠ、MGⅡ和 MG000 组含高生物量、高收获指数、耐逆性、秆强和高蛋白/高油生态性状品种为供体亲本杂交（可选用表 7 中相关的品种，它们具有较好的配合力），用本地近期育成的主栽品种为回交亲本，进行 1~3 次回交可能是有效技术路线之一。

致谢：感谢中国农业科学院作物所、吉林省农科院大豆所提供部分大豆参试品种（系）。感谢各试验人员辛苦的工作。

参考文献（略）

本文原载于《大豆科学》2017 年 03 期。

东北大豆种质群体生态性状在北安地区的表现及其潜在的育种意义

宋豫红 [1]，白艳凤 [2]，包荣军 [1]，王燕平 [2]，单利民 [1]，任海祥 [2]，谭淑玲 [1]，傅蒙蒙 [3]，王晓梅 [2]，赵团结 [3]，杜维广 [2*]，盖钧镒 [3*]

（1 黑龙江省农垦北安分局农科所，黑龙江 北安 164009；2 黑龙江省农业科学院牡丹江分院/国家大豆改良中心牡丹江试验站，黑龙江 牡丹江 157041；3 南京农业大学大豆研究所/农业部大豆生物学与遗传育种重点实验室/国家大豆改良中心/作物遗传与种质创新国家重点实验室，江苏 南京 210095）

摘 要：大豆种质资源的鉴定、挖掘及利用对新品种选育及品种遗传改良具有重要的意义。为明确东北大豆种质资源群体生态性状在北安地区生态条件下的表现及其育种潜势，本研究以东北三省一区 361 份大豆种质资源群体为材料，于 2012—2014 年在北安地区采用重复内分组试验设计，针对主要生态性状进行了三年精准表型鉴定。结果表明：东北大豆种质资源群体在北安地区全生育期为 127.3 d（96.8d~143.0 d），当地最适宜熟期组为 MG00 组，全生育期平均为 117.4 d。地上部生物量随熟期组变晚而增大，产量则为当地最适宜熟期组（MG00）最高；生育期、株高、主茎节数、百粒重遗传率超过 75.0%，遗传进度相对较大；蛋白质含量、脂肪含量、蛋脂总量遗传率超过 60.0%，遗传进度相对较低。探讨了北安地区大豆育种目标及第 I 亚区种质群体遗传构成，并选出优异种质资源，旨在为该生态区大豆种质资源利用及品种遗传改良提供理论参考。

关键词：东北大豆；生态性状；熟期组；育种潜势；北安

Performance and Breeding Potential of Northeast Soybean Germplasm Population in Bei'an

SONG Yu-hong[1], BAI Yan-feng[2], BAO Rong-jun[1], WANG Yan-ping[2], SHAN li-min[1], REN Hai-xiang[2], TAN shu-ling[1], FU Meng-meng[3], WANG Xiao-mei[2], ZHAO Tuan-jie[3], DU Wei-guang[2*], GAI Jun-yi[3*]

(1. *Bei'an Branch of Heilongjiang Academy of Land-reclamation Sciences, Bei'an 164009, China;*
2. *Mudanjiang Branch of Heilongjiang Academy of Agricultural Sciences / Mudanjiang Experiment Station of the National Center for Soybean Improvement, Mudanjiang 157041, China;*
3. *Soybean Research Institute of Nanjing Agricultural University / Key Laboratory for Soybean Biology, Genetics and Breeding, Ministry of Agriculture / National Center for Soybean Improvement / National Key Laboratory for Crop Genetics and Germplasm Enhancement, Nanjing 210095, China)*

Abstract: The identification, excavation and utilization of soybean germplasm resources play an important role in new varieties breeding and genetic improvement. In order to identify the performance and breeding potential in Bei'an, 361 soybean germplasm resources of Northeast China were used to evaluate phenotype identification of main ecological traits by repeating internal grouping design from 2012 to 2014. The result showed that the whole growth period of Northeast soybean germplasm resource group was 127.3 d (96.8~143.0 d) in Bei'an, the most suitable maturity group was MG00, and the average growth period was 117.4 d; The aboveground biomass increased with the later maturity, the most suitable local maturity group (MG00) had the highest yield and the average yield has a decreasing trend toward the near maturity. The heritability of growth period, plant height, main stem node number and 100 grain weight was more than 75.0%, and the genetic progress was relatively larger than other traits. The heritability of protein, fat and total content was over 60.0%, and the genetic progress was relatively smaller. We discussed the soybean breeding objective in Bei'an and the germplasm population genetic composition in the subregion Ⅰ, and selected some excellent germplasm resources. The result could provide theoretical reference for the soybean germplasm resources utilization and varieties genetic improvement in Bei'an ecological area.

Keywords: Northeast soybean; Ecological characters; Maturity group; Breeding potential; Bei'an

大豆种质资源的贫乏已经成为限制品种改良的瓶颈，优异种质资源的引进与利用是大豆育种突破的关键[1-7]。大豆优异性状的表达是种质基因与生态环境互作的结果，同一种质在不同的生态条件生长则表现不甚相同的表型。引进的种质资源要进行生育期等生态性状的精准表型鉴定，在此基础上才能挖掘和利用其优异的种质基因，为品种生态性状的改良奠定基础。

前人[8-11]根据耕作方式和气候特点制定了我国大豆品种生态区域划分的方案，各地区[12-15]也根据当地气候特点对品种进行熟期组（Maturity Group，MG）的区域划分，但各地标准不一，不利于品种的引进与交流，限制各地种质遗传基础的拓宽。美国[16-18]拥有一套国际通用的熟期组鉴定方法，盖钧镒等[19-22]也对我国大豆品种熟期组进行归属鉴定，目前该方法正逐渐在国内普及[23-27]。傅蒙蒙等[25-26]将东北春大豆按生态区和熟期划分4个亚区，北安地区为第Ⅰ亚区[26]。本课题组收集东北春大豆生产区部分育成品种和祖先品种共361份，构建了东北大豆种质群体，于2012—2014年在东北春大豆生产区9个主要生态区（北安、扎兰屯、克山、大庆、牡丹江、佳木斯、长春、白城和铁岭）进行了精准表型鉴定试验，其目的是确定主要生态区适宜的熟期组归属及明确东北大豆种质群体生态性状在特定生态区的表现及其育种潜势，本文是该项研究的系列研究之一。

北安市位于黑龙江省北部，是东北春大豆主要生态区之一。该区的生态条件有别于其他生态区，所以有必要开展此项研究。辖区内东部是海拔400~500 m的低山区，中部是海拔300~400 m的丘陵，南部为平岗宽谷区，土壤以黑土为主，大于10℃的积温1 900~2 300 ℃，年降水量500~600 mm，20世纪80年代之前无霜期不足120 d[12-13]，但随着全球气候变暖，黑龙江省有效积温普遍增加了200 ℃左右[28-29]。本研究目的：（1）明确北安地区适宜熟期组。（2）对东北春大豆种质群体生态性状在北安地区生态条件下进行精准表型鉴定和潜在育种意义分析。（3）北安地区育成品种/搜集品种遗传构成。（4）北安地区品种改良的目标和可利用的育种亲本。研究结果可为北安生态区大豆种质资源的利用与育种实践提供理论参考。

1 材料与方法

1.1 试验材料

试验材料采用东北春大豆生产区主要育种单位1923—2013年审定推广的部分大豆品种及祖先亲本共计361份，傅蒙蒙等[25-26]根据研究结果，将试验材料划归为MG000、MG00、MG0，MGⅠ、MGⅡ、MGⅢ等6个熟期组。试验地的生态条件和试验材料见傅蒙蒙等[25-26]。

1.2 试验方法

试验在黑龙江省农垦北安分局农科所试验地种植（地址：黑龙江省北安市，东经126.52°、北纬48.23°）。试验设计参照傅蒙蒙等[26-27]，即采用重复内分组试验设计，4次重复，行长1.66 m，行距60 cm，小区面积1 m²，每小区4穴，每穴保苗4株。初花时至少拥有2穴3株以上的小区参与调查，按Fehr[30]方法调查各生育时期，在北安地区霜降时未达到成熟标准的大豆品种仅记录当时的生育时期；田间调查各品种的倒伏程度。成熟后，每次重复随机收获5株，参考邱丽娟[31]的标准进行室内考种，测定包括株型性状（株高、主茎节数、分枝数）、籽粒性状（百粒重、脂肪含量、蛋白质含量、蛋脂和含量）及产量等13个生态性状。在南京农业大学统一用FOSS近红外谷物分析仪Infratec TM 1241分析品质。

1.3 数据统计分析

参照任海祥等[32]（2017）方法：即用SAS/STAT V9.1的PROC MEANS进行统计分析，方差分析采用

SAS/STAT V9.1 的 PROC GLM，平均数间的差异显著性用 Duncan 新复极差测验。根据方差分析结果计算遗传率（h^2）、遗传变异系数（GCV）、遗传进度（G）、相对遗传进度（ΔG）[33-35]。

2 结果与分析

2.1 东北春大豆种质资源群体主要生态性状在北安的表型变异特征

由于 MGIII 熟期组的品种在北安不能正常成熟，所以没有生育后期的天数，而全生育期也不含 MGIII（其他性状下同）。东北大豆种质群体在北安地区生育前期、后期、全生育期的平均值分别为 46.8 d、84.0 d、127.3 d，变幅分别为 29.0~73.7 d、63.5~99.3 d、96.8~143.0d；MG00 组品种生育前期、后期、全生育期的平均值分别为 35.0 d、77.7 d、117.4 d，变幅分别为 29.5~46.8 d、67.8~88.1 d、108.4~128.2 d（表 1）。各熟期组间的生育期差异达到显著水平，随着熟期组的变晚生育期的天数呈增加的趋势。MG000 熟期组品种生育前期、后期、全生育期平均为 39.1d、70.3d、105.2d（表 1），熟期较早可在北安地区北部种植，有效利用当地活动积温；MG00 组品种在当地全生育期平均天数 117.4 d，与 20 世纪 80~90 年代记载的当地无霜期接近[12-13]，能正常成熟，是该地区最适宜熟期组；MG0 组品种全生育期天数虽然超过 20 世纪 80~90 年代记载的当地无霜期的上限[12-13]，但在全球气候变暖的大形势下[28-29]，MG0 熟期组的品种可在北安地区的南部（在赵光以南）种植。而 MGI 和 MGII 组的品种生育期超过当地无霜期不能稳定成熟，没有生产利用价值。至于 MGIII 组品种则更不适宜当地种植。

株高和主茎节数各熟期组的平均值显著性分析表明（表 2），随着熟期组从 MG000 到 MGIII，株高和主茎节数有增加的趋势，MGIII 组品种和 MGII 组品种之间差异不显著，但与其他熟期组差异显著，其他熟期组之间差异均显著。分枝数目和倒伏程度各组之间差异不显著。种质群体材料株高由 MGII 的 111.4 cm 向两侧递减，MG00 熟期组株高为 79.2 cm；主茎节数 MGII、MGIII 分别为 20.2、20.9 节，MG00 熟期组为 16.3 节。种质群体材料分枝数目除 MGIII 为 4.6 外，其他熟期组分枝数目在 2.3~2.8，差异不显著。分枝数目变异系数较其他性状都高很多，达到 49.5%，说明这个性状各熟期组内遗传多样性丰富，选择的机会非常大。倒伏程度多在 1~1.2 级，差异不显著，MG00 熟期组为 1.2 级。株高和主茎节数各熟期组的变异系数比总变异系数小，这也说明株高和主茎节数是重要的生态性状，可在早世代选择。不同生态区熟期组内适应的株高和主茎节数总体差异较大。

表 1　东北春大豆种质群体在北安的生育期性状的频率分布和描述（2012 – 2014 年）

Table 1　Frequency distribution and descriptive statistics of the growth period traits of the northeast China soybean germplasm population in Beian（2012 – 2014）

性状 Trait	生育期组 MG	次数 Frequency	31.2	35.7	40.2	44.6	49.1	53.6	58.0	62.5	67.0	71.4	平均值 Mean/d	标准差 SD	变异系数 CV/%	变幅 Range/d
生育前期	000	16	2	12	2								39.0 e	2.9	8.4	29.0~40.4
Days to flowering	00	45	4	14	18	9							35.0 f	4.1	10.5	29.5~46.8
	0	157	1	3	50	69	28	6					44.1 d	3.8	8.3	32.6~55.3
	I	79		3	8	21	26	13	7	1			48.2 c	5.3	11.1	36.3~60.9
	II	43					1	6	20	14		2	59.3 b	4.3	7.3	47.6~73.1
	III	21					1	3	4	8	1	4	61.9 a	6.4	10.3	50.3~73.7
总计 Total		361	7	32	78	99	56	28	31	23	1	6	46.8	8.3	17.6	29.0~73.7

性状 Trait	生育期组 MG	次数 Frequency	65.3	68.8	72.4	76.0	79.6	83.1	86.7	90.3	93.9	97.5	平均值 Mean/d	标准差 SD	变异系数 CV/%	变幅 Range/d
生育后期	000	16	3	8	2	2	1						70.3 c	4.5	6.4	63.5~80.8
Days from flowering	00	45		4	5	11	18	5	2				77.7 b	4.7	6.3	67.8~88.13
to maturity	0	157				5	22	48	45	19	15	3	85.6 a	4.8	5.5	75.00~99.3
总计 Total	I	59				2	5	8	15	14	1	5	88.3 a	5.3	6.0	74.9~98.9
	II	1						1					83.0 ab			83.0~83.0
		278	3	12	7	2	46	62	62	33	25	8	84.0	6.7	8.0	63.5~99.3

性状 Trait	生育期组 MG	次数 Frequency	99.6	103.7	108.3	112.9	117.6	122.2	126.8	131.4	136.1	140.7	平均值 Mean/d	标准差 SD	变异系数 CV/%	变幅 Range/d
全生育期	000	15	4	3	7	1							105.2 d	4.2	4.0	96.8~110.8
Days to maturity	00	45			3	15	13	10	4				117.4 c	5.0	4.2	108.4~128.2
	0	155					7	24	57	46	21		128.3 b	4.5	3.5	115.9~136.9
	I	65							7	14	38	6	134.0 a	3.4	2.6	125.0~141.0
	II	16							1	1	5	9	138.1 a	5.1	3.7	125.0~143.0
总计 Total		296	4	3	10	16	20	34	69	61	66	15	127.3	8.7	6.9	96.8~143.0

同一列数字后的不同小写字母表示熟期组间差异显著，下同。

Values in the column of mean followed by different letters are significantly different among maturity groups. The same below.

表 2 东北春大豆种质群体在北安的株型性状的频率分布和描述（2012 – 2014 年）

Table 2 Frequency distribution and descriptive statistics of the plant-type traits of the northeast China soybean germplasm population in Beian（2012 – 2014）

性状 Trait	生育期组 MG	次数 Frequency	组中值 Class mid-point/cm										平均值 Mean/cm	标准差 SD	变异系数 CV/%	变幅 Range/cm
			58.7	68.0	77.3	86.6	95.9	105.2	114.5	123.8	133.1	142.4				
株高 Plant height	000	16	3	3	7	3	0						67.3 e	9.4	14.0	48.9~80.9
	00	45		7	9	12	12	5					79.2 d	10.7	13.5	59.2~99.8
	0	157	1	3	4	31	56	39	18	5			90.1 c	10.7	11.9	56.0~118.7
	I	79			2	9	12	20	22	8	5	1	99.4 b	12.6	12.7	71.9~135.9
	II	43				1	4	5	8	13	8	4	111.4 a	12.7	11.4	82.8~136.2
	III	21						6	7	8			106.1 a	8.1	7.6	93.7~118.2
总计 Total		361	4	22	22	56	84	75	55	34	13	5	93.3	15.5	16.6	48.9~136.2
			11.8	13.3	14.8	16.3	17.8	19.3	20.8	22.3	23.8	25.3				
主茎节数 Nodes on main stem	000	16				1	6	9					14.3 e	1.5	10.4	10.8~16.2
	00	45				1	5	22	17				16.3 d	1.5	9.2	12.1~18.8
	0	157					5	23	97	32			17.9 c	1.5	8.4	13.1~21.20
	I	79	1					1	32	37	7	1	19.2 b	2.5	13.0	12.7~26.2
	II	43	1						9	21	10	2	20.2 a	3.2	15.5	12.9~25.1
	III	21								17	4		20.9 a	0.8	4.0	19.3~22.6
总计 Total		361	2	0	0	2	16	55	155	107	21	3	19.0	2.5	13.7	12.7~26.2
			0.4	1.2	2.0	2.8	3.6	4.4	5.2	6	6.8	7.6				
分枝数目 Branch number	000	16		3	3	2	3	2	2		1		2.3 b	1.1	48.0	0.3~4.5
	00	45		3	7	13	12	5	4		1		2.4 b	1.3	55.9	0.6~6.9
	0	157	1	13	14	31	38	30	20	7	1		2.8 b	1.3	46.2	0.2~7.5
	I	78	2	11	9	15	22	10	2	5	1	1	2.6 b	1.2	46.9	0.4~6.3
	II	41		6	3	7	11	6	6		1	1	2.8 b	1.4	50.5	0.8~7.0
	III	20		4	3	3	1	6	2	1			4.6 a	1.4	29.5	1.9~7.6
总计 Total		355	3	40	39	71	87	69	36	13	5	2	2.8	1.4	49.5	0.2~7.6
			1.5	2.5	3.5											
倒伏程度 Lodging score	000	16	16										1.1 a	1.0	45.5	1.0~2.6
	00	45	42	3									1.2 a	0.8	34.4	1.0~2.3
	0	157	141	16									1.2 a	0.8	33.5	1.0~2.2
	I	60	53	5	2								1.3 a	0.8	36.6	1.0~3.2
	II	1	1										1.0 a			1.0~1.0
总计 Total		279	253	24	2								1.2	0.8	37.6	1.0~4.0

表 3 和表 4 的结果表明：各熟期组脂肪含量、蛋白质含量、百粒重差异均不显著，各熟期组之间变化不呈规律性分布，说明脂肪含量、蛋白质含量、百粒重与熟期关系不大；本试验目的不是对参试种质的产量进行比较，故设计小区面积较小，小区产量仅代表一种趋势，生物产量和籽粒产量仅供参考。不同熟期组品种间产量和地上部生物产量都呈现随熟期组变晚而增大的趋势。变异系数反映了不同性状的多样性水平，东北大豆种质资源群体主要性状变异系数由高到低的顺序为地上生物产量（31.4%）＞产量（28.1%）、

本文前段：

百粒重（11.9%）＞脂肪含量（4.3%）＞蛋白质（3.7%）＞蛋脂总量（2.1%）。当地适宜熟期组品种的表现接近东北大豆种质群体的平均表现。

表3 东北春大豆种质群体在北安的籽粒性状的频率分布和描述(2012 – 2014 年)

Table 3 Frequency distribution and descriptive statistics of the seed quality traits of the northeast China soybean germplasm population in Beian（2012 – 2014）

性状 Trait	生育期组 MG	次数 Frequency	35.9	36.8	37.8	38.7	39.6	40.5	41.4	42.3	43.3	44.2	平均值 Mean/%（g）	标准差 SD	变异系数 CV/%	变幅 Range/%（g）
蛋白质含量 Protein content	000	16		2		3	3	3	2	2	1		40.1 a	1.9	4.7	36.7～43.6
	00	44		1	6	10	13	12	1	1			39.4 a	1.1	2.7	37.2～42.3
	0	154	1	7	18	24	41	37	12	9	3	2	39.7 a	1.5	3.8	35.5～44.6
	Ⅰ	60	2	3	7	19	11	12	2	3	1		39.3 a	1.5	3.9	36.2～43.6
	Ⅱ	4		1	1		1	1					38.6 a	1.7	4.4	36.8～40.1
总计 Total		278	3	14	32	56	69	65	17	15	5	2	39.6	1.5	3.7	35.5～44.6

性状 Trait	生育期组 MG	次数 Frequency	17.5	18.1	18.7	19.2	19.8	20.4	21.0	21.6	22.1	22.7	平均值 Mean/%（g）	标准差 SD	变异系数 CV/%	变幅 Range/%（g）
脂肪含量 Oil content	000	16					2	2	3	6	1	2	21.3 a	0.9	4.2	19.7～23.0
	00	44					1	4	12	19	8		21.4 a	0.5	2.6	20.1～22.4
	0	154	1		4	16	40	40	36	10	7		20.2 a	1.6	8.0	17.2～22.4
	Ⅰ	58			3	12	20	12	9	2			20.0 a	0.7	3.3	18.7～21.4
	Ⅱ	3					1	2					20.1 a	0.1	0.7	19.9～20.2
总计 Total		275	1		7	28	64	60	60	37	16	2	20.5	0.9	4.3	17.2～23.0

性状 Trait	生育期组 MG	次数 Frequency	57.3	57.9	58.6	59.2	59.9	60.6	61.2	61.9	62.5	63.2	平均值 Mean/%（g）	标准差 SD	变异系数 CV/%	变幅 Range/%（g）
蛋脂总含量 Total protein-oil	000	16			1		3	5	3	3		1	59.4 c	1.2	1.9	58.8～63.3
	00	44			2	3	9	10	11	7	1	1	60.1 b	1.0	1.6	58.6～62.9
	0	153	1	4	15	28	44	34	12	9	3	3	60.7 ab	1.1	1.8	57.3～63.5
	Ⅰ	58	7	4	11	10	11	8	3	2	1	1	61.4 a	1.3	2.3	57.2～63.0
	Ⅱ	3	1				2						59.0 c	1.8	3.0	56.9～60.1
总计 Total		274	9	8	29	1	69	52	31	21	8	6	60.1	1.3	2.1	56.9～63.5

性状 Trait	生育期组 MG	次数 Frequency	7.3	9.5	11.7	13.9	16.1	18.3	20.5	22.8	25.0	27.2	平均值 Mean/%（g）	标准差 SD	变异系数 CV/%	变幅 Range/%（g）
百粒重 100-seed weight	000	16					3	9	3	1			18.7 a	1.9	10.2	15.5～22.4
	00	45				3	5	22	14	1			18.6 a	1.9	9.9	13.5～21.9
	0	155	1			8	36	75	29	2	3	1	18.2 a	2.3	12.5	6.2～28.3
	Ⅰ	58				5	16	21	13	3			18.1 a	2.1	11.4	14.8～22.7
	Ⅱ	2					1	1					17.6 a	1.3	7.3	16.7～18.5
		276	1			16	61	129	59	7	3	1	18.3	2.2	11.9	6.2～28.3

组中值 Class mid-point/%（g）

表4 东北春大豆种质群体在北安的产量性状的频率分布和描述(2012 – 2014 年)

Table 4　Frequency distribution and descriptive statistics of the yield traits of the northeast China soybean germplasm population in Beian(2012 – 2014)

性状 Trait	生育期组 MG	次数 Frequency	组中值 Class mid-point/(t·hm⁻²)										平均值 Mean/(t·hm⁻²)	标准差 SD	变异系数 CV/%	变幅 Range/(t·hm⁻²)
			2.5	3.7	4.9	6.1	7.2	8.4	9.6	10.8	12.0	13.2				
地上部生物量 Above ground biomass	000	16	1	1	3	8	2	1					5.3 a	1.4	27.4	2.0~7.7
	00	45		1	6	7	11	17	3				6.9 a	1.6	23.4	2.6~9.6
	0	157	2	3	18	26	48	34	22	2		2	7.0 a	1.9	26.9	11.2~13.2
	I	60	5	1	4		10	6	6	9	4	4	7.7 a	3.2	41.9	1.1~13.9
	II	1						1					8.6 a			8.6~8.6
总计 Total		279	8	6	31	52	71	59	31	11	4	6	7.0	2.2	31.4	11.1~13.9

性状 Trait	生育期组 MG	次数 Frequency	组中值 Class mid-point/(t·hm⁻²)										平均值 Mean/(t·hm⁻²)	标准差 SD	变异系数 CV/%	变幅 Range/(t·hm⁻²)
			2.5	3.7	4.9	6.1	7.2	8.4	9.6	10.8	12.0	13.2				
产量 Yield	000	16	1		3	6	4	2					2.4 b	0.7	28.6	0.7~3.5
	00	44			4	4	18	12	6				3.1 a	0.6	19.6	1.7~4.2
	0	156		2	6	29	43	53	19	2			3.1 a	0.7	22.5	1.3~5.8
	I	60	1	3	6	6	15	9	6	3	9	2	3.3 a	1.3	38.5	0.4~6.0
	II	1						1					3.5 a			3.5~3.5
总计 Total		278	2		19	45	80	77	31	5	10	3	3.2	0.9	28.1	0.4~6.0

2.2 东北春大豆种质资源在北安地区的可能遗传潜势

4 类 13 个主要生态性状经 3 年表型精准鉴定,结果显示:生态性状年份间、基因型、年份间和基因型互作均达到差异显著或极显著水平,表明这些生态性状存在着差异,其表达受基因型和环境共同互相作用的影响。

表 5 列出各性状遗传变异系数、遗传率、遗传进度和相对遗传进度。生育期、株高、主茎节数、百粒重的遗传率高于 75.0%、相对遗传进度也较大,说明亲本对杂交后代的影响很大,具有较好的选择效果。

表5　东北春大豆种质资源农艺品质性状育种潜势估计

Table 5　Estimation of breeding potential of agronomic and seed quality traits
in northeast China soybean germplasm population

性状 Trait	遗传变异系数 GCV /%	遗传率 h^2 /%	遗传进度 G	相对遗传进度 ΔG
生育前期 Days to flowering	15.5	90.5	13.0	30.3
生育后期 Days from flowering to maturity	6.9	84.0	11.2	13.0
全生育期 Days to maturity	6.8	92.3	17.0	13.4
蛋白质含量 Protein content	2.6	60.8	1.7	4.1
脂肪含量 Oil content	3.5	75.1	1.3	6.2
蛋脂总量 Total protein-oil	1.5	65.9	1.5	2.4
百粒重 100-seed weight	10.1	79.2	3.4	18.5
地上部生物量 Aboveground biomass	11.4	36.3	1.1	14.1
小区产量 Yield	8.4	21.5	0.3	8.0
株高 Plant height	14.8	78.4	25.5	27.0
主茎节数 Nodes on main stem	10.4	75.1	3.5	18.6
分枝数目 Branch number	18.7	42.3	0.7	25.1
倒伏程度 Lodging score	16.5	29.7	0.2	18.5

2.3 东北春大豆种质资源群体中可供北安地区育种利用的优异资源

东北大豆种质群体中有许多表现突出的品种可作为该地区育种的供体亲本利用（表6）。黑农58、黑农61、牡豆8号、黑农62、黑农54等材料与北安地区适宜熟期相近，倒伏程度低，产量相对较高，可作为改良倒伏性状的供体亲本；增加主茎节数可选黑农62、垦丰10、吉育35、黑农61、牡豆8号；百粒重是数量遗传性状，以基因的累加效应为主[36]，绥农27、吉林48、北垦9395、北丰11、黑农43百粒重较高，熟期也与北安地区最适宜熟期相近，可以作为增加百粒重的供体或受体亲本。；蛋白质含量较高的品种有黑农43、丰收12、东农50、蒙豆11、东农48；脂肪含量较高的品种有北豆16、丰收24、蒙豆9号、黑农64、蒙豆12等品种，可为改良品质的优异基因源；若要增加株高，可用四粒黄、嫩丰18、黑农35、黑农11、嫩丰7号作改良供体亲本。

表6　可用于北安地区大豆品种改良的亲本品种

表6　可用于北安地区大豆品种改良的亲本品种
Table 6　The suggested parental materials for the improvement of soybean cultivars in Beian

性状 Trait	品种/熟期组（平均值）Cultivars/MG（average）
倒伏程度 Lodging score	黑农 58 Heinong 58/MGⅠ（1.0 级），黑农 61 Heinong 61/MGⅠ（1.0 级），牡豆 8 号 Mudou 8/MG 0（1.0 级），黑农 62 Heinong 62/MGⅠ（1.0 级），黑农 54 Heinong 54/MGⅠ（1.0 级）
株高 Plant height/cm	四粒黄 Silihuang/MG 0（119.7）；嫩丰 18 Nenfeng 18/MG 0（118.6）；黑农 35 Heinong 35/MG 0（118.3）；黑农 11 Heinong 11/MG 0（116.1）；嫩丰 7 号 Nenfeng 7/MG 0（111.5）
主茎节数 Nodes on main stem	黑农 62 Heinong 62/MGⅠ（20.7），垦丰 10 号 Kenfeng 10/MGⅠ（20.7），吉育 35 Jiyu 35/MGⅠ（20.7），黑农 61 Heinong 61/MGⅠ（20.6），牡豆 8 号 Mudou 8/MG 0（20.5）
百粒重 Large seed weight/g	绥农 27 Suinong 27/MG 0（28.6），吉林 48 Jilin 48/MG 0（26.0），北垦 9395 Beiken 9395/MG 0（25.3），北丰 11 Beifeng 11/MG 0（24.6），黑农 43 Heinong 43/MG 0（22.9）
蛋白质含量 Protein content/%	黑农 43 Heinong 43/MG 0（44.7），丰收 12 Fengshou 12/MG 0（44.6），东农 50 Dongnong 50/MG 0（44.5），蒙豆 11 Mengdou 11/MG 000（43.7），东农 48 Dongnong 48/MG 0（43.5）
脂肪含量 Oil content/%	北豆 16 Beidou 16/MG 000（22.9），丰收 24 Fengshou 24/MG 000（22.5），蒙豆 9 号 Mengdou 9/MG 00（22.3），黑农 64 Heinong 64/MG 0（22.3），蒙豆 12 Mengdou 12/MG 0（22.2）
蛋脂总量 Total protein-oil/%	丰收 12 Fengshou 12/MG 0（63.7），黑农 43 Heinong 43/MG 0（63.5），蒙豆 11 Mengdou 11/MG 000（63.4），克拉克 63 Clark 63/MG 0（63.2），合丰 45 Hefeng 45/MG 0（63.0）

2.4　北安地区育成品种遗传基础

大豆育种过程中，我们既要考虑品种的生态适应性问题，又要有意识地拓宽品种的遗传宽度，这样才能育成有突破性的品种。本试验整理出第Ⅰ亚区品种主要的祖先亲本来源和贡献率，研究发现，北安地区育成品种中有许多其他地区没有或应用较少的祖先亲本（表7），如来源于俄罗斯的黑河 1 和黑龙江 41、美国的种质 Wilkin、日本的十胜长叶、逊克地方品种北良 10、黑河 104、野 3-A、五顶珠等，可以为其他地区的种质资源遗传多样性的拓宽和一些性状的改良提供目标性状基因来源；而其他地区大量使用的、北安地区育成品种中缺乏的嘟噜豆、佳木斯秃夹子、小金黄、熊岳小粒黄、一窝蜂、永丰豆等祖先亲本，也可有计划地作为供体亲本利用于北安地区品种改良中，创造突破性的品种。

表 7　北安育成品种主要祖先亲本构成

Table 7　The composition of main ancestor parents for Beian soybean germplasm population

祖先亲本 Ancestor	来源 Origin	衍生品种数 NDV	贡献率 RC/%
金元 Jinyuan	辽宁 Liaoning	65	7.7
四粒黄（P340）Silihuang（P340）	吉林 Jilin	65	7.7
大白眉 Dabaimei	黑龙江 Heilongjiang	63	17.4
十胜长叶 Shishengchangye	日本 Japan	47	6.6
蓑衣领 Suoyiling	黑龙江 Heilongjiang	43	3.4
四粒荚 Silijia	黑龙江 Heilongjiang	42	5.0
四粒黄（P266）Silihuang（P266）	黑龙江 Heilongjiang	35	1.5
黑河 1 号 Heihe 1	俄罗斯 Russia	32	1.9
小粒豆 9 号 Xiaolidou 9	黑龙江 Heilongjiang	30	2.9
逊克地方品种 Xunkelandraces	黑龙江 Heilongjiang	28	4.4
长叶 1 号 Changye 1	黑龙江 Heilongjiang	22	0.8
黑龙江 41 Heilongjiang 41	俄罗斯 Russia	20	1.1
北良 10 号 Beiliang 10	黑龙江 Heilongjiang	18	0.4
Wilkin	美国 USA	18	0.4
黑河 104 Heihe 104	黑龙江 Heilongjiang	18	0.2
Amsoy	美国 USA	16	2.5
野 3-A Ye3-A	黑龙江 Heilongjiang	10	1.1
五顶珠 Wudingzhu	黑龙江 Heilongjiang	9	1.3
东农 20 Dongnong 20	黑龙江 Heilongjiang	7	0.1
铁荚四粒黄 Tiejiasilihuang	吉林 Jilin	7	0.5

贡献率（RC）指祖先亲本对北安地区各育成品种贡献之和与群体品种数的比值，衍生品种数（NDV）指含有该祖先亲本血缘的育成品种数目。

CR is the contribution rate of the ancestor to the total number of released varieties in Beian area；NDV is the number of derived varieties with germ-plasm from the ancestor.

3　讨　论

3.1　北安地区大豆品种改良目标及方法

北安地区属第Ⅰ亚区，全区最适宜的熟期组为 MG00，全生育期 117.4 d，主要解决的科学问题是"早熟与高产稳产"和"优质与高产稳产"的矛盾。其育种目标是以早熟、高产、稳产为主，注重品质和抗逆性的改良。

在选择受体和供体亲本时首先要考虑其遗传基础，表 7 指出第Ⅰ亚区的育成品种的遗传基础，这对指导该区育种提供依据。在北安地区适宜的 MG00 和 MG0 熟期组内应聚合增加生物量、耐逆性和抗倒性、收获指数及优质的生态性状基因，有助于北安地区品种改良。用本地近期育成的主栽品种为受体亲本，分别与生物量高、根冠比适宜、茎秆有韧性、抗倒伏、多抗、收获指数高、蛋白质和脂肪含量高的品种为供体亲本，可以考虑利用第Ⅰ亚区品种资源群体的优异种质资源和遗传构成的品种（表 6、7）进行有性杂交，再用本地近期育成的主栽品种为轮回亲本，进行 1~3 次回交，可育成适合北安地区早熟、高产、稳产、优质的突破性品种。

3.2 北安地区大豆产量生态性状的改良

杜维广等[6]等总结我国高产育种的途径和方法时指出植株地上部生物量、表观收获指数、生育期等可受遗传控制的 3 个生态性状是决定大豆产量的重要因素。生育期（开花期和开花后期），特别是开花期是大豆光周期反应的重要指标，是重要的农艺性状，对大豆的产量、品质和适应性至关重要[39]。20 年前，黑龙江省北安地区的无霜期在 120 d 左右[12-13]，随着全球气候变暖，黑龙江省有效积温普遍增加了 200 ℃左右[28-29]，根据东北春大豆品种各熟期组在北安地区的表现，认为全生育期平均值为 117.4 d 的 MG00 组、128.3 d 的 MG0 组和 105.2 d 的 MG000 组，分别是北安地区全区和北安南部及北部适宜熟期组。大豆植株地上部生物量与产量密切相关，其遗传变异系数及相对遗传进度显示，地上部生物量其遗传多样性较广泛，为选择该性状提供依据。不同熟期组品种间地上部生物产量呈现随熟期组变晚而增大的趋势，产量则以当地最适应熟期组 MG00 和南部较适应熟期组 MG0 较高，二者之间差异不显著，但与其他熟期组差异显著，产量平均值有向临近两侧熟期组递减的趋。这为北安地区大豆品种通过对生物量的改良获得产量的提高提供依据。

株高、主茎节数和倒伏性是主要株型性状。在产量生态性状改良中，理想株型育种是重要途径方法之一[6]。孔凡江等[39]指出，大豆的结荚习性、主茎节数、茎粗、株高、节间距、叶片大小和分枝数等是与产量相关的重要农艺性状，表明 E_3 和 E_4 基因不仅影响大豆的开花期，对产量形成也具有重要作用。本文分析结果显示，随着熟期组的延长，株高和主茎节数有增加的趋势，晚熟组品种之间差异不显著，但与其他熟期组差异显著，当地全区最适应熟期组 MG00 的株高为 79.2 cm，变异系数为 59.2%~99.8%；主茎节数为 16.3 节，变异系数为 12.1%~18.8%，所以株高和主茎节数都有增加的空间，也就间接增加生物量。植株倒伏尤其是生育前期倒伏将严重影响产量，甚至可导致大豆减产高达 56%[40]。钟超[41]认为筛选和发掘抗性种质资源是抗性育种的基础。东北大豆种质群体在北安严重倒伏材料较少，但培育抗倒伏材料仍是不能忽略的目标。育种潜势分析也表明，株高、分枝数、主茎节数、百粒重、倒伏程度是最易改良的性状，本文结论与前人关于农艺性状遗传潜势的分析结果类似[42-43]。

3.3 北安地区大豆品质生态性状的改良

品质性状也是北安地区育种关注的重要生态性状。由于蛋白质含量和脂肪含量相对遗传进度分别为 1.7 和 1.3，给这两个品质性状的改良带来难度。但是在 MG000、MG0 熟期组中也存在一些蛋白质含量高达 44%左右和脂肪含量 22%达以上的品种，这就表明在北安地区对这两个性状的改良是可能的。在该地区品种品质改良方面可利用 MG000/MG I 熟期组中蛋白质和脂肪含量较高的品种作供体亲本进行回交转育，有可能实现北安地区大豆品种蛋白质和脂肪含量遗传改良的目标。

致谢：感谢黑龙江省农垦北安分局农科所和各试验点的辛苦工作。感谢吉林省农科院大豆所和中国农业科学院作物所及东北三省一区各育种单位提供部分大豆参试品种。

参考文献（略）

本文原载于《大豆科学》2018 年 06 期。

东北大豆种质群体在长春的表现及其潜在的育种意义

程延喜[1]，孙晓环[2]，郑朝春[1]，李海波[1]，兰磊[1]，赵宽[1]，王燕平[2]，任海祥[2]，傅蒙蒙[3]，杜维广[2*]，
盖钧镒[3*]

（1.长春市农业科学院，吉林 长春 130111；2.黑龙江省农业科学院牡丹江分院，黑龙江 牡丹江 157041/
黑龙江省农业科学院牡丹江分院/国家大豆改良中心牡丹江试验站，黑龙江 牡丹江 157041；3.南京农业大
学大豆研究所/农业部大豆生物学与遗传育种重点实验室/国家大豆改良中心/作物遗传与种质创新国家重点
实验室，江苏 南京 210095）

摘　要：东北是我国大豆的主要生态区，长春是东北中部重要产区。本研究于 2012—2014 年间，以搜集
到的东北地区各单位现存的 361 份大豆地方品种和育成品种作为东北现存的本地种质，观察该群体在长春
地区的表现，研究其潜在育种意义。所获主要结果如下：（1）东北大豆种质群体在长春地区平均表现为
全生育期 114.31 d（93.88~137.75 d）、蛋白质含量 41.09%（36.68%~45.85%）、油脂含量 21.94%
（19.00%~23.94%）、蛋脂总量 63.09%（59.49%~66.24%）、百粒重 20.53 g（9.47~28.20 g）、株高约 83.8
cm（45.8~146.8 cm）、主茎 16.7 节（10.3~25.3）、分枝 2.0 个（0.1~10.1 个）、倒伏 2.6 级（1.4~4.0）。
（2）当地适合熟期组为 MG0/MGⅠ，生育天数在 120 d 左右。MG000、MG00 生育天数集中在 98.08~104.18
d，不能充分利用当地的自然条件；株高、节数均比 MG0/MGⅠ低约 20.0~28.0 cm、3.0~4.0 节。MGⅡ/MG
Ⅲ在长春不能稳定成熟，其株高、主茎节数比 MG0/MGⅠ高约 25.0~35.0 cm、2.0~3.0 节。至于籽粒性状（蛋
白质含量、油脂含量和百粒重），不同熟期组间绝对差异不大，而各熟期组内均含有表现突出的资源。（3）
根据各农艺品质性状在长春表现，油脂和蛋白质含量遗传率高但相对遗传进度较低，需加大选育强度；蛋
脂总量的改良应建立在蛋白质、油脂改良的基础上；本群体在倒伏性状上潜力有限，应通过引进新的种质
来进行改良。（4）长春当地的 82 个地方/育成品种（共 88 个，其中 6 个育成品种未查到系谱资料）共有
99 个祖先亲本，这些祖先亲本主要来源于当地，其次为黑龙江和国外；其中衍生品种最多的前 20 个祖先
亲本对群体的贡献率约达 63.00%，衍生品种最多的前 5 个祖先亲本衍生品种数及贡献率分别为金元（58，
6.35%）、铁荚四粒黄（50，8.16%）、十胜长叶（49，6.61%）、嘟噜豆（44，4.02%）、四粒黄（P340）
（41，6.36%）；虽然当地育成品种平均含有 9.3 个祖先亲本，但当地品种的遗传基础仍较为狭窄，需通过
其他地区资源扩展当地种质的遗传基础。

关键词：东北春大豆；熟期组；农艺品质性状；遗传变异；育种潜势；祖先亲本

Characteristics and Breeding Potential of Northeast China Soybean Germplasm Population in Changchun Area

CHENG Yan-xi[1], SUN Xiao-huan[2], ZHENG Chao-chun[1], LI Hai-bo[1], LAN Lei, ZHAO Kuan[1], WANG Yan-ping[2], REN Hai-xiang[2], FU Meng-meng[3], Du Wei-guang[2*], GAI Jun-yi[3*]

(1 ChangchunAcademy of Agricultural Sciences, Changchun 130111, China;
2. Mudanjiang Branch of Heilongjiang Academy of Agricultural Sciences / Mudanjiang Experiment Station of the National Center for Soybean Improvement, Mudanjiang 157041, China;
3. Soybean Research Institute of Nanjing Agricultural University / Key Laboratory for Soybean Biology, Genetics and Breeding, Ministry of Agriculture / National Center for Soybean Improvement / National Key Laboratory for Crop Genetics and Germplasm Enhancement, Nanjing 210095, China)

Abstract: Northeast China is a major ecoregion for soybean production in China, and of which, Changchun region is a major area. A soybean germplasm population composed of 361 landraces and released cultivars collected in northeast China was tested in Changchun in 2012—2014 for evaluation of its characterization and genetic potential in local breeding programs. The following results were obtained: (1) The average performances with ranges of agronomic and seed quality traits were characterized as that whole growth period was 114.31 d (93.88~137.75 d), protein content / oil content / total protein and oil / 100-seed weight were 41.09% (36.68%~45.85%), 21.94% (19%~23.94%), 63.09% (59.49%~66.24%)and 20.53g (9.47g~28.2g), plant height, nodes on main stem, number of branches and lodging score were 83.8 cm (45.8~146.8 cm), 16.7nodes (10.3~25.3), 2.0 (0.1~10.1) and 2.6 (1.4~4.0), respectively. (2) Group MG0/MG I especially MG I was the best adapted maturity period groups that could fully utilize the local frost-free period for which the days to maturity was 120.00 d. Groups MG000, MG00 matured in about 98.08~104.18 d, could not fully utilize the local frost-free period; while their plant heights and nodes on main stem were about 20.0~28.0 cm and 3.0~4.0 nodes less than those of MG0/MG I, respectively. Group MG II /MGIII did not mature naturally, plant heights and nodes on main stem were about 20.0~35.0 cm and 2.0~3.0 nodes more than those of MG0/MG I. Seed quality traits (protein content, oil content and protein+oil content) of all groups were similar, while each group has elite cultivars in seed quality traits. (3) There were certain breeding potentials for all the agronomic and seed quality traits, the heritiability values were higher while the relative genetic progresses were low for oil content and protein content, suggesting these traits need more genetic improvement; the improvement of protein-oil content should be based on the improvement of the respective two traits; however, in this local population, the lodging score improvement is not potential, except some new germplasm is introduced from other areas. (4) The 82 local varieties could be traced to the 99 ancestors (the total number of varieties in Changchun area was 88, but no pedigree record could be traced for six released cultivars) in an average of 9.3 ancestors per variety. The 99 ancestors are mainly from the local area with some from Heilongjiang and abroad. The genetic contribution rate of the 20 ancestors out of the 99 ones from which most of the varieties derived accounted for 63.00% of the total germplasm of the 82 local varieties. The top ancestors were Jinyuan (58 varieties derived from it with total contribution rate to the 82 varieties of 6.35%), Tiejiasilihuang (50,8.16%), Shishengchangye (49,66%), Duludou (44,4.02%) and Silihuang (P340) (41,6.36%). The genetic background of the local varieties was relatively narrow and was to be expanded through introduction of germplasm from outside areas.

Keywords: Northeast spring-sowing soybean; Maturity group; Agronomic and seed quality traits; Genetic variation; Breeding potential; Ancestor

　　吉林省地处东北春大豆产区的中部，自然条件优越，十分有利于大豆生长发育，历史上是我国大豆的主要产区之一。该省的大豆育种工作始于 1913 年，1949 年后更取得显著进展，在大豆种质资源、生物技术和杂种优势利用的研究上处于全国前列，育成了大量优秀的品种满足生产需求。育成品种经育种家长期选育，积累了多方面优异变异，是品种改良最核心的遗传资源[1]。崔章林、盖钧镒[2,3]等研究表明我国大豆育成以杂交方式为主，亲本来源主要为地方品种和育成品种（系）。本课题组于 2010—2012 年间在东北地区广泛收集主要育种单位的大豆地方/育成品种 361 份，这些品种来源广泛（包含东北地区及部分国外品种）、时间跨度大（约 1 个世纪），衍生后代多，主要农艺性状（高产、油脂、抗病等）上大致能够代表东北地区种质资源的特点[4]。通过系谱资料对育成品种的亲本来源进行追踪，有助于理解当地育成品种的遗传基础，对育种工作具有指导意义，崔章林、盖钧镒[2]、熊冬金[3]通过对我国大豆品种进行系谱分析，总结出我国大豆育成品种重要亲本及其贡献率。种质资源的评价方式较多，张勇等[5]采用遗传变异系数、表型变异系数和遗传率、遗传进度和相对遗传进度等指标[6]来评价该群体在克山的育种潜势。

　　熟期组分类是大豆目前最主要的生态分类方式，傅蒙蒙等[4,7]研究表明本试验群体包含东北地区 MG000~MGIII的所有熟期组类型，其中 MG0 和 MG I 为长春地区适宜熟期组类型。本研究小组于 2012—2014 年在东北地区 4 个生态亚区的 9 个代表性地点（I区：北安、扎兰屯，II区：克山、牡丹江、佳木斯、长春，III区：大庆、白城，IV区：铁岭）进行试验研究。通过比较适合当地条件的熟期组及其他熟期组材料在当地的表现来认识当地品种与其他地区品种的特点。本文研究东北大豆资源群体在长春地区的表现、变异与遗传潜势，长春当地资源与东北其他地区资源在长春表现的差异，以及长春地区育成品种的主要祖先亲本构成。

1 材料与方法

1.1 生态区基本情况

傅蒙蒙等[7]根据不同熟期组在东北地区的生态反应及各地区生态条件，将东北地区初步划分为 4 个生态亚区，长春市属第 II 亚区。纬度 43.88°，干燥度 0.8~1.2，降水在 500~700 mm，均年降水量为 567 mm，年度降水量的 70%集中在 6、7、8 月，雨热同季，有利农作物的生长。大于 10℃的有效积温 2 800~3 050 ℃，根据播种时间大豆生长时间在 120~145 d 左右（播种时间一般为 4 月下旬至 5 月中旬，成熟在 9 月中旬），土壤地力条件良好[8]。

1.2 试验设计

将 361 份东北春大豆按照生育期长度分为极早熟、早熟、中早熟、中熟、中晚熟、晚熟 6 组，于 2012—2014 年种在吉林省长春市农业科学院试验地（地址：吉林省长春市）。采用重复内分组试验设计，4 次重复，每小区面积 1 m²，穴播，每小区 4 穴，每穴保留 4 株，初花时至少拥有 2 穴、每穴中至少 3 株的小区参与调查。按 Fehr[9]提出的大豆生育时期鉴定方法，调查播种期、VE、R1、R2、R7、R8 时期，当地霜降时未达到成熟标准的材料仅记录其所达到的生育时期。生态区基本条件与试验材料详情见傅蒙蒙[4]。收获后调查项目参考邱丽娟和常汝镇[10]的标准、品质性状统一在南京农业大学采用 FOSS 近红外谷物分析仪 Infratec TM 1241 检测。

1.3 数据统计分析

描述统计分析采用 SAS/STAT V9.2 的 PROC MEANS 软件进行。方差分析采用 SAS/STAT V9.2 的 PROC GLM。平均数间的差异显著性采用 Duncan 新复极差测验。根据方差分析结果计算相对应的遗传率（h^2）、遗传变异系数（GCV）、遗传进度（G）和相对遗传进度（ΔG），计算方法参考[11-13]，线性模型等见张勇等[5]。

育成品种祖先亲本贡献的计算参考崔章林[2]、熊冬金[3]等。具体地说，凡祖先亲本自然变异选择法育成的品种其祖先亲本贡献为 1；凡杂交育成品种，其双亲贡献分别为 0.5，每一亲本再按均等分割至祖先亲本；凡诱变、诱变与杂交相结合育成的，其计算同自然变异；混合花粉作为单独亲本列出；DNA 导入计算同自然变异选择法。祖先亲本的贡献则为祖先亲本对群体内各育成品种贡献之和，反映了该祖先亲本材料对育成品种群体的贡献。

2 结果与分析

2.1 东北大豆种质群体及各熟期组农艺品质性状在长春地区的平均表现、变异和遗传潜势

表 1~表 4 为大豆种质群体生育期性状、籽粒性状、产量性状、株型性状在长春地区的次数分布和描述统计。对生育期性状，生育前期、后期、全生育期的平均值分别为 33.14 d、82.42 d、114.31 d，品种间变幅分别为 26.00~66.67 d、65.61~103.00 d、93.88~137.75 d；各熟期组在部分性状上差异达到显著水平，生育天数随着熟期组的变晚呈增多的趋势。本试验播种在 5 月中旬，当地最适宜全生育期约在 120.00 d。MG000/MG00 在当地全生育期平均天数在 100.00 d 左右，不能充分利用当地自然条件；MGIII组的生育天数明显超过当地无霜期天数，不适合在生产上使用；MG I 的生育天数最适宜当地自然条件，MG0 虽略早

于当地条件但可保证稳定成熟，而 MGⅡ的材料在当地不能稳定成熟。总地说来，MG0 和 MGⅠ适宜当地无霜期的要求，满足当地生产需求。

表1 东北大豆种质群体在长春生育期性状的次数分布和描述统计（2012－2014 年）

Table 1 Frequency distribution and descriptive statistics of the growth period traits of Northeast China soybean germplasm population in Changchun（2012－2014）

性状 Trait	MG	次数 Frequency	组中值 Class mid-point											平均值 Mean/d	SD	CV /%	变幅 Range/d
			28.0	32.1	36.2	40.2	44.3	48.4	52.4	56.5	60.6	64.6				
生育前期	000	16	12	4									28.98 e	1.44	4.98	26.00~31.58
Days to flowering/d	00	45	28	17									29.65 de	1.34	4.53	26.63~32.92
	0	157	35	114	8								31.24 cd	1.74	5.58	27.88~37.25
	Ⅰ	79	8	53	15	2		1					32.71 c	2.73	8.33	28.63~46.42
	Ⅱ	43		13	20	6	1	2		1			36.84 b	4.77	12.94	31.50~56.13
	Ⅲ	21			4	3	2		1	1	4	6	51.99 a	11.98	23.03	34.25~66.67
群体 Population		361	83	201	47	11	3	3	1	2	4	6	33.14	6.34	19.12	26.00~66.67
			67.5	71.2	75.0	78.7	82.4	86.2	89.9	93.7	97.4	101.1				
生育后期	000	16	10	4	1	1							69.09 e	3.67	5.31	65.61~77.89
Days from flowering	00	45		12	26	6	1						74.50 d	2.54	3.40	70.33~82.56
to maturity/d	0	157			10	49	70	26	1	1			81.51 c	3.01	3.69	75.00~93.25
	Ⅰ	79				2	20	41	15	1			85.91 b	2.93	3.41	78.63~93.22
	Ⅱ	42				1	2	8	14	13	3	1	90.64 a	4.11	4.53	78.17~99.89
	Ⅲ	14		1	2	1	0	2	0	3	3	2	89.03 a	10.47	11.76	71.67~103.00
群体 Population		353	10	17	39	60	93	77	30	18	6	3	82.42	6.50	7.89	65.61~103.00
			96.1	100.5	104.8	109.2	113.6	118.0	122.4	126.8	131.2	135.6				
全生育期	000	16	11	3	1	1							98.08 f	3.63	3.70	93.88~107.75
Days to maturity/d	00	45	1	13	24	6	1						104.18 e	3.14	3.01	97.00~114.75
	0	157			7	53	64	29	4				112.71 d	3.48	3.08	104.50~123.50
	Ⅰ	79					17	43	16	3			118.30 c	3.57	3.02	111.50~127.42
	Ⅱ	42							9	26	6	1	126.67 b	3.00	2.37	120.92~137.33
	Ⅲ	14									7	7	133.40 a	2.70	2.02	129.38~137.75
群体 Population		353	12	16	32	60	82	72	29	29	13	8	114.31	8.22	7.19	93.88~137.75

f = 次数；SD = 标准差；CV = 变异系数；MG = 熟期组；同一列数字后的不同小写字母说明熟期组间的差异显著性，下同。

f = Frequency；SD = Standard deviation；CV = Coefficient of variation；MG = Maturity group；Values in the column of Mean followed by different letters are significantly different among maturity groups. The same below.

表2 东北大豆种质群体在长春籽粒性状的次数分布和描述统计（2012－2014 年）

Table 2 Frequency distribution and descriptive statistics of the seed quality traits of Northeast China soybean germplasm population in Changchun（2012－2014）

性状 Trait	MG	次数 Frequency	组中值 Class mid-point										平均值 Mean/d	SD	CV /%	变幅 Range/d
			37.1	38.1	39.0	39.9	40.8	41.7	42.6	43.6	44.5	45.4				
蛋白质含量	000	16			1	2	2	5	3	2		1	41.90 a	1.61	3.83	39.22~45.85
Protein	00	45			2	6	12	10	14		1		41.44 ab	1.08	2.60	38.87~44.28
	0	157		2	11	28	47	37	20	10	1	1	41.18 ab	1.27	3.08	38.17~45.35
	Ⅰ	79		4	10	17	24	12	11	1			40.64 b	1.26	3.10	37.97~43.14
	Ⅱ	42	4		5	4	12	8	4	4	1		40.81 b	1.80	4.41	36.68~44.54
	Ⅲ	20			1	2	6	6	4	1			41.25 ab	1.14	2.80	38.98~42.30
群体 Population		359	4	6	30	59	103	78	56	18	3	2	41.09	1.37	3.32	36.68~45.85

续表2

性状 Trait	MG	次数 Frequency	19.6	20.1	20.5	21.0	21.4	21.9	22.3	22.8	23.3	23.7	Mean	SD	CV/%	Range
油脂含量 Oil content/%	000	16			1		1	3	6	3	2		22.10 a	0.70	3.18	20.39~23.10
	00	45			1	1	2	9	11	13	6	2	22.35 a	0.70	3.13	20.43~23.62
	0	157		1		4	19	31	37	40	20	5	22.22 a	0.72	3.24	19.56~23.94
	I	79			2	4	9	17	21	20	6		22.03 a	0.69	3.14	20.01~23.41
	II	42	3	3	8	7	5	10		1	3	2	21.06 b	1.12	5.33	19.37~23.61
	III	20	1	5	9	2	3						20.27 c	0.59	2.89	19.00~21.43
群体 Population		359	4	9	21	18	39	70	75	77	37	9	21.94	0.94	4.27	19.00~23.94

性状 Trait	MG	次数 Frequency	59.8	60.5	61.2	61.9	62.5	63.2	63.9	64.6	65.2	65.9	Mean	SD	CV/%	Range
蛋脂总量 Total protein and oil/%	000	16					3	2	5	2	3	1	64.00 a	1.07	1.67	62.62~66.24
	00	45					5	10	15	13	2		63.79 a	0.74	1.16	62.17~65.28
	0	157		1		4	29	51	48	18	5	1	63.40 a	0.81	1.27	60.46~65.56
	I	79		1	8	13	18	23	14	2			62.67 b	0.95	1.51	60.48~64.42
	II	42	1	6	7	11	10	3	3	1			61.79 c	1.10	1.77	59.49~64.82
	III	20	1	2	8	3	4	2					61.46 c	1.16	1.88	60.25~63.13
群体 Population		359	2	10	23	31	69	91	85	36	10	2	63.09	1.10	1.74	59.49~66.24

性状 Trait	MG	次数 Frequency	10.4	12.3	14.2	16.0	17.9	19.8	21.7	23.5	25.4	27.3	Mean	SD	CV/%	Range
百粒重 100-seed weight/g	000	16					2	6	7	1			20.69 b	1.86	8.99	17.28~23.86
	00	45	1				3	12	16	8	5		21.32 b	2.62	12.31	10.15~25.58
	0	157	1			3	33	54	45	14	2	5	20.39 b	2.33	11.44	9.47~28.23
	I	79				5	15	32	17	10			20.10 b	1.88	9.37	15.59~23.75
	II	42	1			4	7	14	12	2	1	1	19.92 b	2.70	13.58	9.72~26.48
	III	20	0			1	1	4	3	4	4	3	23.08 a	2.98	12.92	17.45~27.55
群体 Population		359	3			13	61	122	100	39	12	9	20.53	2.44	11.88	9.47~28.20

表3　东北大豆种质群体在长春产量性状的次数分布和描述统计（2012 - 2014 年）

Table 3　Frequency distribution and descriptive statistics of the yield traits of Northeast China soybean germplasm population in Changchun（2012 - 2014）

性状 Trait	MG	次数 Frequency	组中值 Class mid-point										平均值 Mean/d	SD	CV/%	变幅 Range/d
			5.3	7.3	9.3	11.4	13.4	15.4	17.4	19.4	21.5	23.5				
地上部生物量 Above ground biomass /(t·hm^{-2})	000	16	6	8	1	1							6.77 f	1.75	25.80	4.27~11.33
	00	45	7	25	10	2	1						7.73 e	1.66	21.53	5.04~13.52
	0	157		53	68	28	5	1	2				9.26 d	1.79	19.29	6.33~16.69
	I	79		9	31	24	11	4					10.55 c	1.95	18.45	6.32~15.94
	II	42			6	15	11	9	1				12.52 b	1.95	15.56	9.25~17.15
	III	19				4	3	6	1	3	2		16.23 a	3.74	23.05	11.12~24.50
群体 Population		358	13	95	116	74	31	20	4	3	2		10.01	2.86	28.61	4.27~24.51

性状 Trait	MG	次数 Frequency	1.6	1.9	2.3	2.7	3.1	3.5	3.8	4.2	4.6	5.0	平均值 Mean/d	SD	CV/%	变幅 Range/d
产量 Yield/(t·hm^{-2})	000	16	3	3	10								2.10 e	0.35	16.76	1.37~2.49
	00	45	3	6	12	11	11	2					2.58 d	0.47	18.29	1.69~3.46
	0	157			13	36	65	37	6				3.05 c	0.36	11.90	2.20~3.96
	I	79			3	9	22	19	21	3	2		3.37 b	0.48	14.29	2.27~4.76
	II	42			4	9	12	7	7	1	2		3.19 bc	0.55	17.36	2.28~4.49
	III	14				2	1	3	2	4	2		4.12 a	0.62	14.97	3.06~5.17
群体 Population		353	6	9	42	65	112	66	37	6	8	2	3.08	0.58	18.71	1.37~5.17

表4 东北大豆种质群体在长春株型性状的次数分布和描述统计（2012－2014年）

Table 4 Frequency distribution and descriptive statistics of the plant-type traits of Northeast China soybean germplasm population in Changchun（2012－2014）

性状 Trait	MG	次数 Frequency	组中值 Class mid-point										平均值 Mean/d	SD	CV/%	变幅 Range/d
			50.9	61.0	71.1	81.2	91.3	101.4	111.5	121.6	131.7	141.8				
株高 Plant height/cm	000	16	5	8	3								59.8 f	7.03	11.74	45.8~72.0
	00	45	11	14	12	3	3	2					68.0 e	13.35	19.64	51.2~103.6
	0	157	4	18	52	39	20	17	7				79.4 d	13.60	17.13	50.4~115.8
	I	79		3	17	20	17	11	9	1	1		87.9 c	15.12	17.19	60.1~131.4
	II	42			4	9	5	6	6	4	3	5	103.7 b	21.87	21.09	70.6~144.6
	III	20					1	4	6	5	2	2	115.6 a	13.90	12.02	87.0~146.8
群体 Population		359	20	43	88	71	46	40	28	10	6	7	83.8	19.79	23.61	45.8~146.8
			11.0	12.5	14.0	15.5	16.9	18.4	19.9	21.3	22.8	24.3				
主茎节数 Nodes on main stem	000	16	3	5	7	1							13.0 e	1.24	9.55	10.6~15.1
	00	45	6	10	9	10	5	3	2				14.5 d	2.38	16.41	10.3~19.8
	0	157	1	11	31	38	29	26	15	4	2		16.4 c	2.31	14.08	11.6~22.7
	I	79		1	7	23	15	13	13	5	1	1	17.4 c	2.38	13.69	12.9~23.6
	II	42		1	3	4	8	8	7	6	3	2	18.7 b	2.90	15.53	13.2~25.0
	III	20				1	2	3	5	4	3	2	20.3 a	2.51	12.37	16.0~24.7
群体 Population		359	10	28	57	77	59	52	43	20	7	6	16.70	2.90	17.30	10.3~25.3
			0.6	1.6	2.6	3.6	4.6	5.6	6.6	7.6	8.6	9.6				
分枝数目 Branch number	000	16	6	6	2	2							1.6 b	0.89	55.85	0.4~3.1
	00	45	14	20	9	1	1						1.5 b	0.79	52.01	0.6~4.4
	0	157	40	59	37	19	2						1.8 b	0.99	54.49	0.1~4.7
	I	79	19	33	17	7	3						1.8 b	1.04	58.30	0.1~4.7
	II	42	9	12	9	9	1	1	1				2.3 b	1.34	58.62	0.1~6.4
	III	20	1	1	4	1	3	2	4	2		2	5.4 a	2.77	51.17	1.1~10.1
群体 Population		359	89	131	78	39	10	3	5	2		2	2.0	1.42	70.87	0.1~10.1
			1.8	2.7	3.6											
倒伏程度 Lodging	000	16	11	5									2.5 c	0.33	15.54	1.4~2.6
	00	45	29	12	4								2.2 d	0.54	24.79	1.4~3.9
	0	157	50	95	12								2.1 d	0.44	17.47	1.6~3.7
	I	79	20	51	8								2.6 c	0.45	17.32	1.6~3.8
	II	43	1	22	20								3.2 b	0.50	15.75	2.2~4.0
	III	21		5	16								3.4 a	0.37	10.82	2.8~4.0
群体 Population		361	111	190	60								2.6	0.56	21.56	1.4~4.0

东北资源群体籽粒性状，蛋白质含量、油脂含量、蛋脂总量、百粒重在长春的平均值分别为41.09%、21.94%、63.09%、20.53 g，品种间变幅分别为36.68%~45.85%、19.00%~23.94%、59.49%~66.24%、9.47~28.20 g；部分熟期组间差异达到显著水平但绝对差异不大，各组蛋白质、油脂含量、百粒重平均值最大相差分别仅约1.00%、2.00%、2.5.00%、3.00 g（主要集中在1 g左右），各组内均含有在籽粒性状上突出的资源。

关于产量性状，由于本试验设计小区较小的限制，重在考察不同熟期组的变化趋势。从结果看，地上部生物量、产量的平均值分别为10.01 t·hm^{-2}、3.08 t·hm^{-2}，品种间变幅分别为4.27~24.51 t·hm^{-2}、1.37~5.17 t·hm^{-2}；不同熟期组间产量相关性状的平均值相差较大，达到显著水平，呈现随熟期组变晚增大的趋势；

比较各组的变幅，组内品种间的变幅明显大于熟期组间的变幅。产量性状在 MGIII 组达到最大，平均值为 4.12 t·hm^{-2} 左右，而其余组在 2.10~3.19 t·hm^{-2} 左右。

对株型性状，各熟期组间达到显著水平。随着熟期组变晚，各性状均呈增大的趋势，MG0 和 MG I 的株高、主茎节数、分枝数目和倒伏程度平均值分别为 79.4~87.9 cm、16.4~17.4 节、1.8 个、2.1~2.6 级，比早熟组（MG000/MG00）高 20~28 cm，节位多约 3.0~4.0 节；比晚熟组（MG II /MGIII）低约 25.00~35.00 cm，节位少约 2.0~3.0 节，倒伏程度低约 1.0 个等级。

从群体水平上，各性状在频数分布基本呈现以平均值所在组为最高值的钟形分布。标准差和变幅反映了不同性状的多样性水平，各性状内均含有丰富的变异。变异系数反映了不同性状的多样性水平，一般地，株型相关性状的多样性水平最高而品质性状相关性状多样性水平最低，特别是株型性状中分枝数目多样性水平在 70% 以上，远高于其他性状；品质性状的多样性水平最低，在 1.74%~4.27%；其余性状则分布在 7.19%~28.61%。

表 5 为方差分析结果，各性状的年份、基因型、年份与基因型互作均达到显著水平，表明这些农艺性状不同年份间存在一定的差异，其表达均受基因型和环境互作的影响。

表 5 东北大豆种质群体农艺品质性状方差分析表（2012 – 2014 年）

Table 5 ANOVA of agronomic and seed quality traits of Northeast China soybean germplasm population in Changchun（2012 – 2014）

变异来源 Variation source	生育前期 Days to flowering /d		生育后期 Days from flowering to maturity /d		全生育期 Days to maturity /d		蛋白质含量 Protein content /%		油脂含量 Oil content /%	
	DF	F	DF	F	DF	F	DF	F	DF	F
年份 Year	2	597.03**	2	152.58**	2	204.55**	2	142.59**	2	30.77**
重复（年份）Repeat（Year）	9	4.21**	8	6.53**	9	9.3**	9	0.64	9	1.55
基因型 Genotype	360	12.48**	352	8.62**	352	11.94**	358	4.94**	358	6.8**
年份×基因型 Year×Genotype	641	7.73**	607	6.58**	608	11.32**	609	4.60**	609	4.29**
误差 Error	2990		2590		2852		2588		2588	

变异来源	蛋脂总量 Total protein-oil /%		百粒重 100-seed weight /g		地上部生物 AGB/（t·hm^{-2}）		产量 Yield/（t·hm^{-2}）		株高 Plant height cm	
年份 Year	2	220.04**	2	108.94**	2	43.66**	2	203.95**	2	256.04**
重复（年份）Repeat（Year）	9	0.37	9	0.78	9	1.12	9	8.95**	9	2.21*
基因型 Genotype	358	5.92**	358	7.51**	360	3.66**	352	2.47**	358	9.28**
年份×基因型 Year×Genotype	609	4.91**	610	2.32**	641	2.62**	598	3.12**	618	6.92**
误差 Error	2587		2584		2768		2543		2794	

变异来源	主茎节数 Nodes on main stem		分枝数目 Branch number		倒伏程度 Lodging	
年份 Year	2	91.4**	1	238.28**	2	50.61**
重复（年份）Repeat（Year）	9	1.34	6	3.2**	9	1.11
基因型 Genotype	360	5.87**	358	2.74**	360	1.86**
年份×基因型 Year×Genotype	641	3.48**	273	3.74**	641	13.26**
误差 Error	2877		1761		2946	

AGB = Above-ground biomass；*，** 分别代表 0.05 和 0.01 水平上的显著性。

* and ** represent significance at 0.05 and 0.01 probability level, respectively.

表 6 列出各性状遗传进度、遗传率、遗传变异系数。分枝数目、株高的相对遗传进度均大于 40.00%，表明这些性状进行选择的潜力大；生育期相关性状的遗传率高于 80.00% 且相对遗传进度大于 10.00%，拥有较好的选择效果；蛋白质含量、油脂含量等性状的遗传率水平较高但相对遗传进度较低，需加大选育的强度；蛋脂总量是由蛋白质含量和油脂含量共同决定的，从相对遗传进度可知，对该性状直接进行选择的效果不好，该性状的改良应建立在改良蛋白质含量、油脂含量性状的基础上。而对倒伏性状，虽然其相对

遗传进度较高但遗传率明显低于其他性状，表明现有材料在长春地区改良的潜力不大，需要引进外地种质。

通过群体在长春地区的表现和各农艺性状育种潜势分析，可知本群体中一些材料在部分性状上的表现较为突出且具有一定的改良潜力，如蒙豆 11（45.85%）、东农 50（45.35%）、通农 9（44.53%）、黑河 29（44.28%）、丰收 12（44.10%）可用来进行蛋白质性状的改良；嫩丰 17（23.94%）、吉育 83（23.93%）、北豆 14（23.62%）、牡丰 1（23.61%）、长农 17（23.61%）可用来进行油脂性状的改良。

表6 东北大豆种质群体农艺品质性状育种潜势估计
Table 6 Estimation of breeding potential of agronomic and seed quality traits in Northeast China soybean germplasm population

性状 Trait	遗传变异系数 GCV /%	遗传率 h_2 /%	遗传进度 G	相对遗传进度 ΔG /%
生育前期 Days to flowering /d	18.09	92.52	11.92	35.84
生育后期 Days from flowering to maturity /d	17.76	89.29	11.50	34.58
全生育期 Days to maturity /d	6.92	92.35	15.67	13.70
蛋白质含量 Protein content /%	2.96	81.87	2.26	5.50
油脂含量 Oil content /%	3.82	86.99	1.62	7.36
蛋脂总量 Total protein and oil /%	1.59	85.18	1.90	3.01
百粒重 100-seed weight /g	10.70	88.44	4.23	20.74
地上部生物量 Aboveground biomass /(t·hm^{-2})	9.66	73.67	3.40	17.09
小区产量 Yield /(t·hm^{-2})	15.00	62.49	0.75	24.50
株高 Plant height /cm	21.71	90.11	35.11	42.44
主茎节数 Nodes on main stem	14.89	84.42	4.64	28.17
分枝数目 Branch number	47.42	74.39	1.66	84.15
倒伏程度 Lodging score	20.44	37.58	0.71	25.95

h^2 = 遗传率；G = 遗传进度；ΔG = 相对遗传进度。
h^2 = Heritability；G = Genetic progress；ΔG = Relative genetic progress.

2.2 长春当地资源与东北其他地区资源在长春表现的差异

长春地区的大豆育种工作成绩突出，本群体含有当地品种 88 个。比较当地与其他地区种质资源在当地表现（表7），当地种质资源的全生育期和生育后期在 138.33 d、88.20 d，比其余地区资源长约 11.00 d、8.00 d；蛋白质含量、油脂含量、蛋脂总量及百粒重分别在 40.65%、21.53%、62.18%、19.87 g，比其余地区种质资源分别低约 0.6%、0.57%、1.17%、0.80 g；株高、分枝、主茎节数分别为 95.1 cm、2.1、18.0，比其他地区种质资源分别高约 15.0 cm、0.1、2 节；产量性状是多种性状综合体现的结果，当地种质的产量平均约 3.35 t·hm^{-2}，比其他地区种质高约 0.36 t·hm^{-2}。当地种质资源与其他地区的种质资源在农艺性状上存在一定的差异，通过引种、杂交可能对当地品种的改良有帮助。

表7　当地与其余地区种质资源农艺品质性状在长春的表现

Table 7　The difference performance of agronomic and seed quality traits in Changchun areas with Changchun and other region soybean germplasm population

性状 Trait	当地 Local			其他地区 Other region		
	平均值 Mean	变异系数 CV/%	范围 Range	平均值 Mean	变异系数 CV/%	范围 Range
生育前期 Days to flowering/d	50.10	9.01	44.50~80.42	47.78	13.99	42.00~81.67
生育后期 Days from flowering to maturity/d	88.20	5.67	71.67~99.64	80.32	7.02	65.64~103.00
全生育期 Days to maturity /d	138.33	4.03	126.00~152.33	127.00	5.68	109.50~151.86
蛋白质含量 Protein content/%	40.65	3.90	36.68~44.54	41.25	3.01	38.35~45.90
油脂含量 Oil content/%	21.53	4.92	19.37~23.93	22.10	3.85	19.00~23.99
蛋脂总量 Total protein and oil/%	62.18	1.87	59.49~64.83	63.35	1.53	59.35~66.31
百粒重 100-seed weight/g	19.87	11.60	9.72~27.75	20.67	11.88	9.51~28.20
地上部生物量 Aboveground biomass/$(t \cdot hm^{-2})$	9.25	21.96	3.83~14.28	7.04	26.76	2.83~15.51
小区产量 Yield/$(t \cdot hm^{-2})$	3.35	17.52	2.27~4.81	2.99	19.37	1.18~5.17
株高 Plant height/cm	95.1	19.98	66.5~142.8	79.8	22.7	45.8~146.8
主茎节数 Nodes on main stem	18.0	15.4	11.6~25.0	16.2	16.9	10.3~24.7
分枝数目 Branch number	2.1	58.9	0.1~7.0	1.9	74.9	0.1~10.1
倒伏程度 Lodging score	2.9	17.2	1.6~3.92	2.5	21.7	1.4~4.0

2.3　长春地区育成品种的主要祖先亲本

表7说明当地与其他地区种质资源在表型性状上存在着一定程度的区别，因而追溯了长春地区品种的遗传来源。通过查阅崔章林、盖钧镒[2]、熊冬金[3]等编著的中国大豆系谱分析及相关公开发表资料对当地88个品种进行分析，其中82个品种查到系谱资料，涉及99个祖先品种。这99个祖先亲本从地理来源上当地种质有46个，黑龙江23个，辽宁与南方等15个，国外15个；占总数55.56%（55个）的亲本仅在育种过程中使用一次。品种所含有的祖先亲本数目一定程度上反映了育成品种的遗传基础，82个品种平均含有9.3个祖先亲本，具体到各品种，含有的祖先亲本说明相差较大，一些材料如吉育69共含有25个祖先亲本的血缘，含有10及10个以上祖先亲本血缘的材料共31个，约占总数的37.8%。

表8为在这些品种育成过程中最常使用的前20个祖先亲本及其衍生品种数和贡献。从这前20个常用祖先亲本的来源看，主要来自本地和黑龙江，这20个祖先亲本对本地品种的贡献率约达63.00%；而前10个常用祖先亲本主要来自当地，其对本地品种的贡献率约为48.00%。可以看出，当地育成品种主要使用当地种质资源作为亲本来源，遗传基础较为狭窄。

表8 当地种质资源主要亲本构成

Table 8 The composition of main ancestor parents for Changchun soybean germplasm population

祖先亲本 Ancestor	来源 Origin	衍生品种数 NDV	贡献率 CR/%	祖先亲本 Ancestor	来源 Origin	衍生品种数 NDV	贡献率 RC/%
金元 Jinyuan	辽宁 Liaoning	58	6.35	Amosoy	美国 USA	25	4.33
铁荚四粒黄 Tiejiasilihuang	吉林 Jilin	50	8.16	四粒荚 Silijia	黑龙江 Heilongjiang	20	1.10
十胜长叶 Shishengchangye	日本 Japan	49	6.61	东农33 Dongnong 33	黑龙江 Heilongjiang	20	2.10
嘟噜豆 Duludou	吉林 Jilin	44	4.02	小金黄 Xiaojinhuang	黑龙江 Heilongjiang	20	1.82
四粒黄（P340）Silihuang（P340）	吉林 Jilin	41	6.36	平与苯 Pingyuben	河南 Henan	14	2.02
四粒黄 Silihuang	吉林 Jilin	41	3.90	小粒豆9 Xiaolidou 9	黑龙江 Heilongjiang	11	0.52
一窝蜂 Yiwofeng	吉林 Jilin	41	4.46	小粒黄 Xiaolihuang	黑龙江 Heilongjiang	11	0.46
熊岳小黄豆 XYxiaohuangdou	吉林 Jilin	36	1.82	Hun1	黑龙江 Heilongjiang	11	0.34
铁荚子 Tiejiazi	吉林 Jilin	36	4.35	立新9 Lixin 9	其它 Other	10	1.39
大白眉 Dabaimei	黑龙江 Heilongjiang	34	1.98	Beeson	美国 USA	9	0.76

Hun1 为东农10、荆山璞、紫花4号的混合花粉；衍生品种数（NDV）指含有该祖先亲本血缘的育成品种数目；贡献率（RC）指祖先亲本对长春地区各育成品种贡献之和与群体品种数（82）的比值。

Hun1 was pollination with a pollen mixture from Dongnong 10, Jingshangpu and Zihua 4; NDV is the number of derived varieties with germplasm from the ancestor; RC is the contribution rate of the ancestor to the total number of released varieties in Changchun area (82 varieties).

3 讨 论

生育期是重要的生态性状，从本文获得的结果看，东北大豆群体在长春地区生育前期平均在 32.99 d，生育后期在 82.33 d，全生育期平均在 114.31 d。傅蒙蒙等[5]表明本地大豆生长至 9 月中旬左右，5 月中旬播种则生长天数在 120d 左右。从各熟期组的全生育天数看，MG0/MGⅠ组特别是 MGⅠ最能充分利用该地的生长季节，产量潜力可以充分表达；而 MG000/MG00 组因成熟过早，产量潜力不大；MGⅡ和 MGⅢ大多数则因不能充分成熟，籽粒脱水过程不完全，纵有产量潜力也不能实现。而对品质性状，各熟期组间平均值的绝对差异很小，但各熟期组内均育成有品质性状表现突出的品种，从遗传进度上看，品质性状继续改良潜力不大，通过对不同熟期组间品质性状表现突出品种进行杂交或引进外地种质可能有助于该类性状的改良。

产量性状是大豆改良的最主要目标，由于本文的试验设计并不是严格的测产试验，所获得的有关产量的数据仅能提供趋势上的描述。杜维广等[14]总结我国高产育种时指出生物量、表观收获指数、生育期等是决定大豆产量的重要因子，而产量要素构成因子如百粒重、单株荚数等没有明显效果。倒伏性状虽然不是大豆产量的构成因素，但对大豆产量影响巨大，倒伏可致大豆减产高达 56%[15]。从本文的结果看，各熟期组材料在当地的倒伏程度较高，平均倒伏程度达到了 2 级，而从遗传率上看倒伏性状在长春主要受环境的影响，较难改良。在长春改良倒伏性状应通过引入其他抗倒伏性状表现突出的材料进行。

张勇等[5]通过本群体在克山地区表现来研究该群体在克山地区的表现和潜在的育种意义，两者获得的结论不完全一致。对品质性状，两者研究均表明对这类性状虽然改良的难度较大但仍有很大的潜力，通过优化亲本组合，优选重组类型完全可以实现在当地对该性状的改良；而对产量相关的地上部生物量和倒伏性状，两者的结果不相同，在克山地区对倒伏性状改良的难度较低，地上部生物量的遗传率较低（43.85%），而在长春地区则与之相反，这充分说明产量性状改良的复杂性，不同地区对产量性状的改良应通过不同的策略。

遗传基础狭窄是大豆育种中需要克服的问题，从本文分析的结果看，长春地区当地育成品种所涉及的祖先亲本仅 99 个，特别常用的祖先亲本则以当地品种为主。虽然各材料平均含有的祖先亲本数目较多，特别是一些材料含有的祖先亲本多达 25 个，但当地品种存在着一定程度的遗传基础狭窄问题。因此，通过选取一些其他地区育成品种来改良当地品种相关性状有助于拓宽当地育成品种的遗传基础。

致谢：感谢中国农业科学院作物所、吉林省农科院大豆所提供部分大豆参试品种（系）。感谢各试验人员辛苦的工作。

参考文献（略）

本文原载于《大豆科学》2017 年 02 期。

东北大豆种质群体生态性状在铁岭地区的表现及育种潜势研究

王树宇[1]，宗春美[2,3]，刘德恒[1]，傅连舜[1]，朱海荣[1]，孙国伟[1]，王燕平[3]，任海祥[3]，傅蒙蒙[2]，赵团结[2]，杜维广[3]，盖钧镒[2]

（1.铁岭市农业科学院，辽宁 铁岭 112616；2.南京农业大学大豆研究所/农业部大豆生物学与遗传育种重点实验室/国家大豆改良中心/作物遗传与种质创新国家重点实验室，江苏 南京 210095；3.黑龙江省农业科学院牡丹江分院/国家大豆改良中心牡丹江试验站，黑龙江 牡丹江 157041）

摘 要：为深入发掘和有效利用东北大豆优异种质资源，本研究于 2012—2014 年对铁岭市种植的东北地区各育种单位现存的大豆地方品种和育成品种（系）361 份，利用重复内分组设计试验方法，采用频次分布和描述统计及方差分析对 4 类 13 个表型性状进行了统计分析以期揭示其育种潜势。结果表明：（1）东北大豆种质群体在铁岭平均表现值为：全生育期 104.3 d（83.6~136.3 d）、蛋白质含量 40.9%（37.7%~45.9%）、脂肪含量 22.4%（18.9%~23.8%）、蛋脂总量 63.3%（60.4~66.5%）、百粒重 18.8 g（11.0~34.7 g）、株高 72.0 cm（42.4~122.0 cm）、主茎 17.1 节（11.5~23.1）、分枝 1.6 个（0.3~5.1）、倒伏 1.8 级（0.9~4.0）。（2）当地适合熟期组为 MGⅡ和 MGⅢ，该熟期组品种的各性状的平均值与群体平均值相近，其他熟期组在当地的表现与之不同。而品质性状表现则略优于当地品种水平。（3）群体各生态遗传性状均有一定的改良潜力空间，部分优异亲本品种，可供育种工作者在改良各生态、品质性状时参考利用。（4）追溯第Ⅳ亚区品种祖先来源及贡献率表明：该地区育成/搜集品种平均含有祖先亲本 7.8 个，其中前 20 个祖先亲本对当地育成品种的贡献率为 70.62%，而前 10 个祖先亲本对群体的贡献率为 61.05%。

关键词：东北大豆；种质资源；熟期组；生态品质性状；遗传变异；育种潜势

Ecological Traits Performances and Their Breeding Potential for Northeast China's Soybean Germplasm Population Grown in Tieling Area, Liaoning Province

WANG Shu-yu[1], ZONG Chun-mei[2,3], LIU De-heng[1], FU Lian-shun[1], ZHU Hai-rong[1], SUN Guo-wei[1], WANG Yan-ping[3], REN Hai-xiang[3], ZHAOTuan-jie[2], DU Wei-guang[3], GAI Jun-yi[2]

(1. *Tieling Academy of Agricultural Sciences, Tieling 112616, China;*
2. *Soybean Research Institute of Nanjing Agricultural University / Key Laboratory for Soybean Biology, Genetics and Breeding, Ministry of Agriculture / National Center for Soybean Improvement / National Key Laboratory for Crop Genetics and Germplasm Enhancement, Nanjing 210095, China;*
3. *Mudanjiang Branch of Heilongjiang Academy of Agricultural Sciences / Mudanjiang Experiment Station of the National Center for Soybean Improvement, Mudanjiang 157041, China)*

Abstract: To further dwascover elite germplasm resources and effective utilization of Northeast China's soybean germplasm resources, 361 available soybean landrace varieties and breeding varieties (or lines) from breeding agencies in Northeast China were planted to observe the phenotype variations in Tieling city in 2012—2014 growing seasons. The variances of 13 phenotypic traits belonging to 4 classes of thwas population were analyzed to investigate the breeding potential through a blocking in replicated designs experiment using frequency dwastribution statwastics method. The following results were obtained: (1) In Tieling area，the average value of the whole growth period of the population was 104.3 d (range from 83.6 d to136.3 d), protein content was 40.9% (37.7%~45.9%), oil content was 22.4% (18.9%~23.8%), protein-oil content was 63.3% (60.5%~66.53%), the 100-seed weight was 18.78 g (11.0~34.7 g), plant height was 72.0 cm (42.4~122.0 cm), node number in main stem was 17.1 (11.5~23.1), the number of branch was 1.6 (0.3~5.1), lodging level was 1.8(0.9~4.0). (2) The local maturity group was MG Ⅱ and MGⅢ, plants belonging these two groups showed similar average values of main traits as above. However, the plants from other maturity groups dwasplayed varied average values. The quality traits of thwas population are slightly better than local varieties. (3) Each ecologic trait genetic progress had a certain improvement potential, and some excellent germplasm resources selected could be used for plant breeders in the improvement of the ecological and quality traits. (4) The tracing of the origin and contribution rate of the soybean ancestors in region Ⅳ showed that the average number of ancestral parents cultivated/collected in thwas region was 7.8, of which the top 20 ancestral parents contributed 70.62% to the local cultivars, while the contribution rate of top 10 ancestral parents was 61.05%.

Keywords: Northeast spring-sowing soybean; Maturity group; Ecologic and seed quality traits; Genetic variation; Breeding potential

0 引　言

限制我国大豆总产的关键因素之一是单产水平低[1]。盖钧镒[2]、文自翔等[3]认为，品种改良是提高大豆生产水平的重要方法。育成品种在漫长的选育进化进程中，积累了多方面优良变异，是最核心的遗传基础。丰富的种质资源是大豆育种的基因宝库，现阶段我国已成为世界上搜集到栽培大豆种质资源最多的国家，并对所搜集的种质资源的农艺性状、抗病虫、耐逆性等诸多性状进行了表型评价，为大豆研究者及育种提供了大批优异种质，并在大豆进化及遗传多样性上取得了突破[4]。我国虽是大豆起源地，但在种质资源研究上却并非强国，现阶段对大豆种质资源研究上与国际主要生产国仍存在显著差距[5]。种质资源评价是常做常新的研究课题，种质资源的深入研究要求在现有评价基础上，进一步采用更简便、精确的方法深入研究[6]。种质资源的表型评价一般采用遗传变异系数、表型变异系数和遗传率等指标[7]。

铁岭市位于辽宁省北部，松辽平原中段，是辽宁省大豆主要产区。属于暖温半湿润中晚熟区，活动积温 3 200~3 400 ℃，无霜期 140~160 d，年降水量 500~700 mm，夏至日照时长可达 15.19~15.43 h。地势平坦，土壤肥沃，肥力中上等，土壤以棕壤、黑土、河淤土等为主[8]。傅蒙蒙等[9,10]研究表明该地区适宜 MG Ⅱ、MGⅢ熟期组，属东北地区第四亚区。铁岭市地区是辽宁省北部重要的大豆生态区，自 1958 年开展大豆育种以来，共育成了铁丰（豆）系列品种 63 个[11]，以及一大批优良大豆种质，其中铁丰 18、铁 5621 等优秀品种（系）及其衍生品种获多项国家级或省部级科技成果奖励[12]。

为明确东北种质资源群体在铁岭地区的表现和育种潜势，本课题组在东北地区广泛征集了东北大豆种质资源 361 份，组成东北大豆种质群体，并按照各品种生育期将其归为 MG000、MG00、MG0、MG Ⅰ、MG Ⅱ、MGⅢ共 6 个熟期组；于 2012—2014 年在铁岭市农业科学院种植，对试验中各性状进行描述性统计和方差分析，并筛选出部分优异亲本以供利用参考，研究结果可为铁岭地区大豆品种改良提出合理化建议。

1 材料与方法

1.1 试验内容及试验设计

试验材料：361 份东北春大豆于 2012—2014 年种在铁岭市农业科学院试验地（地址：辽宁省铁岭市，经纬度：42°25′N，123°81′E）。

试验设计：重复内分组试验设计，4 次重复，穴播，穴距 0.4 m×0.65 m，每小区 4 穴，每穴保留 4 株，小区面积 1 m²，选取至少 2 穴且每穴 3 株以上的小区进行生态性状调查。为减小边际效应，材料成熟后选取中间 2 穴收获并室内考种。试验材料的来源构成详见表 1。

调查标准及项目：以 Fehr[13]提出的大豆生育时期鉴定方法，调查播种期、出苗期、R1、R2、R7、R8

期。室内调查项目及标准参考邱丽娟、常汝镇[14]的标准、在南京农业大学使用 FOSS 近红外谷物分析仪 Infratec TM 1241 对品质性状进行统一测定。

表1　试验材料的来源构成
Table 1　The composition of test material sources

| | 来源 Source | | | | | 总计 Sum |
	黑龙江 HLJ	吉林 JL	辽宁 LN	内蒙古 IMG	国外 Foreign	
份数 Numbers	233	89	21	13	5	361

注：HLJ = 黑龙江，JL = 吉林，LN = 辽宁，IMG = 内蒙古。

Note：HLJ = Heilongjiang province，JL = Jilin province，LN = Liaoning province，IMG = Inner Mongolian autonomous region.

1.2 数据统计分析

采用 SAS 9.1 软件进行表型分析：利用 PROC MEANS 进行表型的描述统计包括频率分布、群体平均值；利用 PROC GLM 进行方差分析，并估算遗传率。

遗传率 $h^2=\sigma_g^2/(\sigma_g^2+\sigma_e^2/r)$

其中，σ_g^2=遗传方差，σ_e^2=误差方差，r=重复；

遗传变异系数（GCV）计算公式为 $GCV=\sigma_g/\mu$

其中，μ 为群体的平均值。在 PROC GLM 中，利用 MEANS 语句进行多重比较，比较方法为 Duncan，显著水平位 P≤0.05。

多年联合方差分析线性模型：$y_{ijkl}=\alpha_i+\beta_j+\delta_{l(j)}+A_{ij}+\varepsilon_{ijl}$

遗传进度(G)：　$G=k\times\sigma_g\times\sqrt{h^2}$

相对遗传进度 ΔG 公式：$\Delta G=100\times G/\bar{X}$

其中，αi 为第 i 个基因型的效应，β_j 为第 j 年的效应，$\delta_{l(j)}$ 为 j 年第 l 个重复的效应，A_{ij} 为基因型与年份的互作，ε_{ijl} 为残差。运算过程中，所有变异来源均作为随机效应处理。σ_p^2 为表型方差，σ^2_{gi} 为基因型与年份互作方差，j 为年份，r 为重复，$\bar{X}$ 为性状平均值，k 为选择强度，5%选择强度下为 2.06[15]。

2 结果与分析

2.1 东北大豆种质群体在铁岭的主要生态性状表现

本试验群体囊括了东北地区 MG000-MGⅢ的所有熟期组类型，通过对不同熟期组材料主要生态性状进行的 3 年表型鉴定，可以考察各性状间的差异，将 000-MGI 这四个较早熟组的材料与 MG Ⅱ-MGⅢ 这两个较晚组材料对比可知，在某些性状上早熟组材料中可以找到用以弥补本地区材料存在缺陷的供体材料，对改良当地品种某些性状具有重要的意义。

表2~表5为大豆种质群体4类13项主要生态性状在铁岭地区的描述统计。4类性状及13项生态性状包括：生育期性状（生育前期、生育后期、全生育期）、籽粒性状（蛋白质含量、脂肪含量、蛋脂和、百粒重）、株型性状（株高、主茎节数、分枝数、倒伏程度）、产量性状（地上部生物量、籽粒产量）。

从次数分布来看，各性状均呈现以均值所在组为波峰的正态分布。各性状的表型多样性情况可从标准差和变异系数来反映，而变异系数则反映性状的遗传多样性水平，从表中可知，各性状均包含丰富的遗传变异。

2.1.1 东北大豆种质群体生育期性状在铁岭的表现

如表 2 所示，生育期性状中，生育前期（从出苗到 R1）、生育后期（R1 到 R8）、全生育期（出苗到 R8）的均值为 67.4 d、72.9 d、104.3 d，变幅分别为 54.1~88.1 d、53.6~100.1 d、82.6~136.3 d，各生育阶段生育日数随熟期组增加均呈变长的趋势，且各群体的生育前期（即营养生长期）和生育后期（即营养和生殖生长并存期及生殖生长期）均变长，生育期性状的标准差和变异系数均较小，表明本研究对群体根据不同熟期划分的 6 个熟期组是合理的。

MG000~MG I 在当地全生育期平均天数在 88.4 d~108.0 d，比无霜期早 25.0~40.0 d，不能充分利用当地自然条件；MG II/MGIII 全生育期天数平均为 118.0~129.0 d，最适合当地无霜期长度，能充分利用本地区的活动积温资源，满足当地生产（135.0~140.0 d）。

表 2　东北大豆种质群体生育期性状在铁岭的描述统计（2012 – 2014 年）

Table 2　Descriptive statistics of the growth period traits of the Northeast China soybean germplasm population in Tieling （2012 – 2014）

性状 Trait	熟期组 MG	次数 f	分级组 Grading group										平均值 Mean	标准差 SD	变异系数 CV	变幅 Range
			55.8	59.2	62.6	66.0	69.4	72.8	76.2	79.6	83.0	86.4				
生育前期 Days to flowering (d)	000	16	10	5	0	1							57.1 F	2.48	4.34	54.1~64.5
	00	45	3	27	14	1							60.0 E	2.01	3.35	55.7~64.5
	0	154		3	55	77	14	5					65.2 D	2.60	3.99	60.2~73.7
	I	78				25	29	18	5	1			69.4 C	3.12	4.50	64.8~79.3
	II	43					1	12	26	2	2		75.6 B	2.47	3.27	70.5~82.7
	III	21						1	4	2	5	9	82.4 A	4.44	5.39	73.4~88.1
总计 Total		357	13	35	69	104	44	36	35	5	7	9	67.4	2.78	4.13	54.1~88.1
			37.9	40.3	42.7	45.1	47.6	50.0	52.4	54.9	57.3	59.7				
生育后期 Days from flowering to maturity (d)	000	16	5	9	1	1							60.2 E	3.32	5.51	53.6~67.9
	00	45	2	19	17	7							63.9 D	3.12	4.88	59.0~71.1
	0	154		3	22	77	41	9	1	1			70.6 C	3.93	5.56	61.8~80.2
	I	78				23	27	22	5	0	1		76.6 B	4.17	5.44	68.9~88.7
	II	43					3	16	19	3	1	1	83.1 A	2.91	3.50	76.1~89.0
	III	21						4	2	3	7	5	83.3 A	6.87	8.24	71.1~100
总计 Total		357	7	31	40	108	71	51	27	7	9	6	72.9	3.99	5.48	53.6~100
			86.2	91.5	96.8	102	107	113	118	123	128	134				
全生育期 Days to maturity (d)	000	16	10	5	1								88.4 F	4.09	4.50	84.1~100
	00	45	1	27	16	1							92.9 E	4.57	4.59	88.8~111
	0	157		4	59	76	12	6					101 D	3.61	3.30	99.3~120
	I	79				23	32	18	5	1			108 C	2.59	2.25	110~123
	II	43						10	26	5	1	1	118 B	2.00	1.67	117~124
	III	21						1	3	2	5	10	129 A	6.58	5.10	114~136
总计 Total		361	11	36	76	100	44	35	34	8	6	11	104	3.53	3.24	83.6~136

注：MG = 熟期组；f = 次数；CV = 变异系数；SD = 标准差；数字后的不同大写字母说明熟期组间在 1% 水平上的差异显著性，下同。

Note：MG = Maturity group；f = Frequency；CV = Coefficient of variation；SD = Standard deviation；The different capital letters mean significant differences among maturity groups at 1% level. The same is as belows.

2.1.2 东北大豆种质群体籽粒性状在铁岭的表现

表 3 为东北种质群体的籽粒性状表现，蛋白质、脂肪、蛋脂总量的均值为 40.87%、22.4%、63.26%，变幅为 37.7%~45.9%、18.9%~23.8%、60.5~66.5%，这三个性状的标准差和变异系数均不大；就蛋白质含量来看，各熟期组间材料均值无显著差异；MG II、MGIII 材料脂肪含量较其他熟期组材料低 1.5% 左右，差异达到极显著水平；由傅蒙蒙[10]研究可知，铁岭地区可以划归到 MG II、MGIII，说明适宜该地区材料的蛋白质和脂肪含量均不突出，表明该地区属于蛋白脂肪平衡区，与宁海龙[16]研究一致；蛋脂总和是蛋白质

和脂肪的总和，呈非线性变化，脱离蛋白质或脂肪单独对其分析毫无意义；而群体的百粒重平均值为 18.8 g，变幅为 11.0 g~34.7 g，标准差较小，变异系数较大，说明百粒重这一性状具有较大的遗传多样性，遗传改良的潜力也较大。

表 3　东北大豆种质群体在铁岭籽粒性状的描述统计（2012 – 2014 年）

Table 3　Descriptive statistics of the seed quality traits of the Northeast China soybean germplasm population in Tieling（2012 – 2014）

性状 Trait	熟期组 MG	次数 f	分级组 Grading group										平均值 Mean	标准差 SD	变异系数 CV	变幅 Range
			38.1	38.9	39.7	40.6	41.4	42.2	43.0	43.8	44.7	45.5				
蛋白质含量 Protein content（%）	000	16			3	1	7	3	1			1	40.0 A	1.51	3.63	39.5~45.9
	00	45			10	11	15	7	1	1			40.6 A	0.96	2.35	39.4~44.2
	0	154	3	7	26	41	40	23	10	3	1		40.9 A	1.21	2.94	37.7~44.7
	I	77	2	8	18	23	18	5	3				41.5 A	1.09	2.69	37.9~43.2
	II	43	1	7	7	12	7	6	1	2			41.0 A	1.09	1.34	38.5~43.7
	III	21		3	1	6	2		1	1			41.0 A	1.34	3.29	38.6~43.6
总计 Total		356	6	25	65	95	93	46	17	7	1	1	40.9	1.19	2.91	37.7~45.9
			20.1	20.6	21.1	21.5	22.0	22.5	22.9	23.4	23.8	24.3				
脂肪含量 Oil content（%）	000	16		1	1		3	6	3	1	1		22.4 A	0.78	3.47	20.6~23.8
	00	45			1	3	5	13	12	4			22.8 A	0.66	2.88	21.3~23.7
	0	154	1		5	12	24	42	35	23		3	22.6 A	0.73	3.22	20.1~24.5
	I	78		1	3	9	18	18	21	5	3		22.4 A	0.62	2.77	20.7~23.7
	II	43			5	7	10	8	3	2			21.8 B	0.80	3.67	20.4~23.3
	III	21	2	4	5	6	4						21.2 C	0.60	2.83	19.9~22.1
总计 Total		357	4	13	20	37	64	81	75	43	17	3	22.4	0.70	3.13	18.9~23.8
			60.8	61.4	62.0	62.6	63.2	63.8	64.4	65.0	65.6	66.2				
蛋脂总量 Total protein – oil（%）	000	16			1	4	7	2	0		1	1	63.9 A	0.96	1.50	62.7~66.5
	00	45			1	4	11	14	12	2	1		63.8 A	0.73	1.14	62.2~65.6
	0	154	1	1	4	17	47	49	27	6	2		63.6 A	0.75	1.18	61.0~65.7
	I	78		1	6	11	20	18	16	6			62.9 B	0.83	1.31	61.1~64.6
	II	43	3	6	11	13	7		3				62.3 C	0.81	1.30	60.5~64.5
	III	21	3	4	4	6	3	1					62.2 C	0.84	1.35	60.7~63.6
总计 Total		357	8	17	31	61	90	87	50	8	4	1	63.3	0.79	1.24	60.5~66.5
			12.2	14.5	16.9	19.3	21.7	24.0	26.4	28.8	31.1	33.5				
百粒重 100 – seed weight（g）	000	16			4	9	2	1					19.2 AB	1.74	9.04	16.6~22.9
	00	45	1		10	21	12		1				19.4 AB	2.26	11.7	11.0~26.1
	0	157	1	1	55	80	13	6		1			18.8 B	2.00	10.7	11.6~29.6
	I	79		4	35	34	5					1	18.4 B	2.41	13.1	13.8~34.7
	II	43	1	3	22	14	1	1		1			18.0 B	2.62	14.6	12.2~29.9
	III	21		1	4	6	5	5					20.2 A	3.01	14.9	14.0~24.9
总计 Total		361	3	9	130	164	38	13	1	2		1	18.8	2.26	12.1	11.0~34.7

2.1.3　东北大豆种质群体在铁岭产量性状的总体表现

通过对表 4 分析，地上部生物量、产量的平均值分别为 5.9 t/hm²、2.5 t/hm²，变幅分别为 2.4~13.5 t/hm²、1.8~3.8 t/hm²，东北种质群体的地上部分生物量和产量这两方面上均随着熟期组的增加而显著增大，不同熟期组间达到极显著水平，较多的研究表明，大豆产量与生物量存在较为显著的正相关[17]。

135

研究获得的相关产量数据反映不同熟期组趋势上变化而各熟期组的具体数据无实质性比较意义。从结果看，各熟期组间地上部生物量随熟期变晚呈增大趋势（4.16 t/hm² 到 8.32 t/hm² 以上）存在显著差异。MG Ⅲ平均籽粒产量（3.3 t/hm²）最高，其余组在 2.1 t/hm²~2.9 t/hm²，同时参考表 2 结果，MGⅢ能充分利用当地气候条件，所以铁岭地区的最适宜熟期组品种应为MGⅢ品种，可以根据当地不同生态条件适当搭配MGⅡ品种，这与傅蒙蒙的结论吻合[9,10]。

表4 东北大豆种质群体产量性状在铁岭的描述统计（2012－2014 年）

Table 4　Descriptive statistics of the yield traits of the Northeast China soybean germplasm population in Tieling（2012－2014）

性状 Trait	熟期组 MG	次数 f	分级组 Grading group										平均 Mean	标准差 SD	变异系数 CV	变幅 Range
			2.9	4.0	5.2	6.3	7.4	8.5	9.6	10.7	11.9	13.0				
地上部生物量	000	16	5	6	4	1							4.2 E	0.90	21.5	2.53~6.23
Aboveground	00	45	8	22	11	3	1						4.4 E	0.98	22.2	2.37~7.42
biomass	0	157	3	25	65	43	15	3	2	1			5.6 D	1.19	21.2	3.26~10.3
(t·hm⁻²)	Ⅰ	79		10	20	17	27	3	1	1			6.3 C	1.41	22.5	3.57~10.8
	Ⅱ	43			10	15	12	3	1	1		1	6.9 B	1.55	22.4	5.03~13.5
	Ⅲ	21		1	1	4	2	5	4	1		3	8.3 A	2.19	26.3	4.38~12.2
总计 Total		361	16	64	111	83	57	14	8	4	3	1	5.85	1.33	22.7	2.37~13.5
			1.9	2.1	2.3	2.5	2.7	2.9	3.1	3.3	3.5	3.7				
产量	000	16	8	7	0	1	0	0	0	0	0	0	2.1 F	0.15	7.44	1.84~2.47
Yield	00	45	8	25	0	11	1	0	0	0	0	0	2.2 E	0.14	6.44	1.88~2.54
(t·hm⁻²)	0	154	0	15	75	46	14	3	1	0	0	0	2.4 D	0.18	7.27	2.08~3.16
	Ⅰ	78	0	0	17	20	15	0	1	0	0	0	2.7 C	0.21	8.07	2.29~3.41
	Ⅱ	43	0	0	0	3	14	17	7	1	0	0	2.9 B	0.21	7.39	2.59~3.82
	Ⅲ	21	0	0	0	4	2	2	5	5	3		3.3 A	0.34	10.4	2.65~3.84
总计 Total		357	16	47	103	76	52	37	10	7	5	4	2.53	0.20	7.81	1.84~3.84

2.1.4 东北大豆种质群体在铁岭株型性状的总体表现

由表5可见，株型性状熟期组间差异达到极显著水平。株高、主茎节数、分枝数目、倒伏程度分别为 72.0 cm、17.1 节、1.6 个、1.8，变幅分别为 42.4~121.5 cm、11.5~23.1、0.3~5.1、0.9~4.0。

其中分枝数目和倒伏程度这两个性状的多样性水平最高，达到 46.3% 和 36.6%，其原因是各熟期组的品种在铁岭生态条件下植株繁茂，分枝数增加，直接导致倒伏。

随着熟期延迟，株高、主茎节数、分枝数及倒伏程度这四个性状均呈增大的趋势，MGⅡ和 MGⅢ的分枝数及倒伏程度均明显高于其他熟期组材料，MGⅡ/MGⅢ的分枝数目为 2.2/3.5 个，比其他熟期组平均多 0.7~2.5 个，倒伏等级为 2.4/2.4，比其他熟期组材料平均高 0.4~1.3 个等级，究其原因，MGⅡ/MGⅢ的品种在铁岭地区生长过于繁茂，分枝数增加，进而增加倒伏概率。

2.2 东北大豆种质群体在铁岭地区的育种潜势分析

育种潜势分析是品种资源多样性分析的重要内容，探讨资源群体在育种中利用的相对潜势，可为种质资源的利用提供理论依据。遗传率反映了由遗传所引起的变异占总变异的比例，遗传率高，说明该性状遗传保守型高，则可以在育种早代进行选择，选择标准可严格些，选择优良目标性状后代的概率大[18]。遗传变异系数是衡量性状遗传变异丰富程度的指标，系数大表示从群体中选择出具有优良性状个体的概率大，可采取相应的方法来选择目标性状。如某一目标性状的均值大，且变异系数小，则在该生态区对此目标性状进行选择优良个体的概率就大；同等条件下，若变异系数大，则含有目标性状的优良个体选择难度就大，却有可能选择到含有显著超亲表现的个体；反之，在性状均值和变异系数均小的地区，对目标性状进行选择难度就很大。相对遗传进度反映了对目标性状改良的潜力，相对遗传进度越大则表明对该性状改良仍有很大潜力。

东北种质群体生态性状的方差分析表明，各性状的年份效应、基因型效应、年份与基因型互作效应均存在显著差异，表明这些生态性状表现受年份、基因型及基因型和年份互作的共同影响。

表5 东北大豆种质群体株型性状在铁岭的描述统计（2012－2014年）

Table 5 Descriptive statistics of the plant－type traits of the Northeast China soybean germplasm population in Tieling （2012－2014）

性状 Trait	熟期组 MG	次数 f	\(\)	\(\)	\(\)	\(\)	分级组 Grading group	\(\)	\(\)	\(\)	\(\)	\(\)	平均值 Mean	标准差 SD	变异系数 CV	变幅 Range
株高 Plant height (cm)			46.3	54.2	62.1	70.1	78.0	85.9	93.8	102	110	118				
	000	16	3	6	6	1							56.0 E	6.87	12.3	44.7~68.0
	00	45	9	13	13	5	3	2					59.7 E	10.8	18.0	42.4~86.2
	0	157	3	17	48	38	30	11	8	2			69.9 D	10.9	15.6	49.0~98.8
	Ⅰ	79		3	14	22	18	15	5	1	1		75.4 C	11.6	15.4	50.7~108
	Ⅱ	43			5	4	9	9	11	4	1		84.2 B	11.9	14.1	59.7~106
	Ⅲ	21					1	4	4	8	2	1	89.4 A	10.7	11.9	73.6~122
总计 Total		361	15	39	86	71	64	42	32	9	2	1	72.0	11.0	15.3	42.4~122
主茎节数 Nodes on main stem			12.0	13.2	14.4	15.5	16.7	17.8	19.0	20.2	21.3	22.5				
	000	16	2	3	3	4	4						14.7 C	1.41	9.58	12.5~17.0
	00	45	3	10	5	14	6	5	2				15.3 C	1.86	12.2	11.5~19.5
	0	157	1		16	42	29	31	28	9	1		17.0 B	1.71	10.1	12.2~21.1
	Ⅰ	79			2	12	20	20	13	10	2		17.7 AB	1.66	9.37	14.5~21.3
	Ⅱ	43			1	1	6	11	12	9	2	1	18.6 A	1.50	8.08	14.7~21.5
	Ⅲ	21				2	5	5	3	3	2	1	18.5 A	2.01	10.9	15.5~23.1
总计 Total		361	6	13	27	75	70	71	58	34	6	1	17.1	1.70	9.97	11.5~23.1
分枝数目 Branch number			0.5	1.0	1.5	2.0	2.4	2.9	3.4	3.9	4.4	4.9				
	000	16	5	4	4	2	1						1.2 C	0.62	50.3	0.4~2.3
	00	45	11	22	5	4	2	1					1.1 C	0.56	50.9	0.4~2.9
	0	157	28	54	37	18	10	9		1			1.4 C	0.69	50.4	0.3~3.8
	Ⅰ	79	12	14	22	19	8	2				1	1.5 C	0.75	48.3	0.3~4.7
	Ⅱ	43	1	5	7	9	11	6		2	1	1	2.2 B	0.89	40.6	0.7~4.8
	Ⅲ	21		1	1		2	2	4	4	5	2	3.5 A	1.04	29.6	1.0~5.1
总计 Total		361	57	100	76	52	34	19	6	7	6	4	1.59	0.74	46.3	0.27~5.09
倒伏程度 Lodging score			1.4	2.4	3.5											
	000	16	16										1.1 C	0.13	12.2	1~1.42
	00	45	40	4	1								1.2 C	0.45	37.3	1~3
	0	157	102	46	9								1.7 B	0.65	37.7	1~3.58
	Ⅰ	79	40	27	12								2.0 B	0.75	37.9	0.88~3.58
	Ⅱ	43	9	24	10								2.4 A	0.75	30.8	1~4
	Ⅲ	21	5	7	9								2.4A	0.82	34.2	1~3.42
总计 Total		361	212	108	41								1.8	0.66	36.6	0.88~4

东北大豆种质群体的主要生态性状的遗传分析表明，变异系数和遗传率的测定数值受群体遗传组成和环境条件的影响而变化（表6），同一性状的遗传变异系数和遗传率估值在不同条件下虽有变化，但多个性状相对位次的排列，在不同世代却是较稳定的，所以性状间遗传变异系数和遗传率大小的相对位次具有

重要的参考意义[19]。本研究中全生育期、株高、主茎节数及地上部分生物量的相对遗传进度较其他性状大，为18.23%~57.04%，表明这些性状选择上仍有潜力可挖，尤其是地上部分生物量；对于生育前期、全生育期这两个性状而言，其遗传率均大于85.0%，相对遗传进度也高于18.0%，所以对这两个性状进行早代选择效果较理想；而蛋白质含量、脂肪含量等性状则需加大选择强度，因为这两个性状遗传率较高，相对遗传进度却较小。蛋脂总量性状是蛋白质和脂肪含量之和，与两者间无直接线性关系，其相对遗传进度很小，所以对蛋脂总量进行直接选择无显著效果，改良该性状应在改良蛋白质含量、脂肪含量性状及蛋脂含量平衡点上来综合考虑。

表6 东北大豆种质群体生态性状遗传分析

Table 6 Estimation of breeding potential of ecological and seed quality traits in Northeast China soybean germplasm population

性状 Trait	遗传变异系数 GCV	遗传率 h^2	遗传进度 G	相对遗传进度 ΔG
生育前期 Days to flowering（d）	13.7	90.2	8.45	26.7
生育后期 Days from flowering to maturity（d）	9.13	76.7	12.0	16.5
全生育期 Whole growing period（d）	9.47	87.2	19.0	18.2
蛋白质含量 Protein content（%）	2.46	71.5	1.75	4.28
脂肪含量 Oil content（%）	3.14	76.1	1.26	5.63
蛋脂总量 Total protein - oil（%）	1.31	77.6	1.50	2.37
百粒重 100 - seed weight（g）	8.83	75.5	2.94	15.8
地上部生物量 Aboveground biomass（t•hm^{-2}）	42.9	42.8	33.1	57.8
株高 Plant height（cm）	17.0	78.6	22.3	31.0
主茎节数 Nodes on main stem	10.2	77.5	3.20	18.6
分枝数目 Branch number	12.7	64.0	0.91	20.9
倒伏程度 Lodging score	28.3	48.7	0.73	40.7

2.3 东北大豆种质群体中第4亚区衍生品种祖先来源及贡献率

根据傅蒙蒙[10]研究结果，根据不同地区生态条件和各熟期组生育期性状的表现将东北三省一区划分为4个生态亚区，以铁岭为代表的辽宁省大部分地区划归为第Ⅳ亚区，该亚区共育成/搜集21个品种，其中天鹅蛋为地方品种，与本群体其他材料无亲缘关系。这20个育成/搜集品种共有43个祖先亲本。其中13个祖先亲本来源于辽宁省，吉林省8个，国外8个，来源于安徽、北京、湖北、江苏等地区共14个。该地区育成/搜集品种平均含有祖先亲本7.8个，其中铁丰28、铁丰29含有最多的祖先亲本数17个。前20个祖先亲本对当地育成品种的贡献率为70.62%，而前10个祖先亲本对群体的贡献为61.05%。该亚区祖先亲本与其他亚区相比，来源更为广泛，相对较多地使用了南方种质作为祖先亲本。表7分析了该亚区所育成品种的主要祖先亲本及各亲本的遗传贡献。

2.4 东北大豆种质群体中可供铁岭地区育种用的优异资源

随着生活水平的提高及饮食习惯的逐步改变，人们对作物品质的要求不断改变并逐步提高，就需要作物在产量提高的同时，更要兼顾品质的改良；进入21世纪，极端恶劣天气频繁，洪水、干旱、土壤盐碱化等时有发生，病虫害优势小种发生变化，这就需要大豆品种除应具有高产特性外，更应具有适当的耐逆性，能适应极端天气变化及病虫害生理小种的不断变异[20]，以保证粮食安全。

铁岭地区适宜熟期组为MGⅡ/MGⅢ，在大豆产量提高的同时要兼顾提高品质；大豆植株倒伏对产量影响很大，东北大豆种质群体尤其是MGⅡ/MGⅢ这两个熟期组种质在铁岭地区表现表明，该地区大豆倒伏问题亟待解决，该性状改良难度较小。植株倒伏主要原因是根冠比失衡[21]，若无较大的根冠比率则无法从根本上解决倒伏问题，还有学者认为茎秆强度是提高大豆抗倒伏能力的最重要因素[22]。本文鉴选出部分倒伏程度小于 2.0 级且地上部生物量较大的品种，以供育种者在改良倒伏性状时参考（详见表 8）。铁岭地区为蛋脂平衡区域，在蛋白质和脂肪含量上仍有改良空间，其余性状如株型等，选取表现突出的品种作为改良亲本，需要说明的是，笔者认为对某个性状进行改良时还应充分考虑总体性状，提出的建议供体亲本在改良相关性状同时，适当提前后代的熟期，以应对极端恶劣天气。

表7 第4亚区衍生品种前20祖先亲本来源及贡献率

Table 7　The main 20 ancestor parents and their contribution rates for their own derived soybean varieties in the Sub－region IV of Northeastern China

祖先亲本 Ancestor	来源 Origin	衍生品种数 NDV	贡献率 CR（%）	祖先亲本 Ancestor	来源 Origin	衍生品种数 NDV	贡献率 CR（%）
熊岳小黄豆 Xyxiaohuangdou	辽宁 Liaoning	18	8.25	通州小黄豆 TZxiaohuangdou	北京 Beijing	5	2.30
嘟噜豆 Duludou	吉林 Jilin	18	13.0	白扁豆 Baibiandou	辽宁 Liaoning	3	1.17
铁荚子 Tiejiazi	吉林 Jilin	14	9.22	大粒黄 Dalihuang	吉林 Jilin	3	0.94
小金黄 Xiaojinhuang	黑龙江 Heilongjiang	9	5.92	四粒黄 Silihuang	吉林 Jilin	3	0.47
金元 Jinyuan	辽宁 Liaoning	8	5.92	SRF400	美国 USA	2	0.62
四粒黄（P340）Silihuang（P340）	吉林 Jilin	8	2.71	大粒黄 Dalihuang	湖北 Hubei	2	0.31
Amsoy	美国 USA	8	10.0	济南1 Jinan1	山东 Shandong	2	0.47
铁荚四粒黄 Tiejiasilihuang	吉林 Jilin	8	4.51	小平顶 Xiaopingding	安徽 Anhui	2	0.47
辉南青皮豆 Huinanqingpidou	吉林 Jilin	6	1.05	海白花 Haibaihua	江苏 Jiangsu	2	0.31
十胜长叶 Shishengchangye	日本 Japan	5	4.02	东山101 Dongshan101	日本 Japan	2	2.50

表8 铁岭地区大豆品种改良的参考供体亲本

Table 8　The suggested parental materials for the improvement of soybean cultivars in Tieling

倒伏 Lodging score	蛋白质含量 Protein content（%）	脂肪含量 Oil content（%）	蛋脂总量 Total protein－oil（%）	百粒重（大） Large 100－seed weight（g）	百粒重（小） Small 100－seed weight（g）
绥农8号/MG00 （1.00，7.42 t·hm⁻²） Suinong NO. 8	蒙豆11/MG000 （44.1%） Mengdou11	北豆16/MG000 （23.8%） Beidou16	丰收11/MG000 （65.5%） Fengshou11	黑河27/MG00 （26.1） Heihe27	东农50/MG0 （11.6） Dongnong50
垦农26/MG0 （1.00，6.83 t·hm⁻²） Kennong26	东农50/MG0 （44.1%） Dongnong50	黑农6号/MG00 （23.7%） Heinong NO. 6	蒙豆11/MG000 （66.6%） Mengdou11	吉林30/MGⅡ （29.9） Jilin30	蒙豆6号/MG00 （11.0） Mengdou NO. 6
北豆3号/MG0 （1.00，6.93 t·hm⁻²） Beidou NO. 3	黑河29/MG00 （44.2%） Heihe29	红丰3号/MG00 （23.7%） Hongfeng NO. 3	克山1号/MG00 （64.9%） Keshan NO. 1	合丰33/MG0 （29.6） Hefeng33	吉育101/MGⅡ （12.2） Jiyu101
嫩丰1号/MG0 （1.00，6.72 t·hm⁻²） Nenfeng NO. 1	丰收2号/MG03 （43.8%） Fengshou NO. 2	北豆14/MG00 （23.7%） Beidou14	丰收24/MG000 （64.6%） Fengshou24	蒙豆19/MG000 （22.9） Mengdou19	黑河20/MG0 （14.1） Heihe20

倒伏 Lodging score	蛋白质含量 Protein content（%）	脂肪含量 Oil content（%）	蛋脂总量 Total protein－oil（%）	百粒重（大） Large 100－seed weight（g）	百粒重（小） Small 100－seed weight（g）
垦农 19/MGⅠ （1.08，6.59 t·hm⁻²） Kennong19	丰收 6 号/MG0 （43.8%） Fengshou NO.6	垦鉴 27/MG00 （23.7%） Kenjian27	蒙豆 9 号/MG00 （64.8%） Mengdou NO.9	黑河 24/MG000 （22.2） Heihe24	长农 20/MGⅠ （13.8） Changnong20

注：数据格式为品种/熟期组（该性状均值），倒伏一栏括号内为倒伏程度和地上部生物量。

Note：The data formatting is variety /maturity group（mean of the treat）；In parentheses of column mean lodging score and the aboveground biomass.

辽宁省是我国大豆的主产地之一，随着种植业结构调整，鲜食大豆发展已越来越成为辽宁省的特色之路，据统计全国 70%以上的鲜食大豆制种基地均落户辽宁省[23]，所以努力发展辽宁省鲜食大豆育种对我国大豆种植业结构调整具有重要意义。本研究所采用的种质资源群体中含有较为丰富的大粒资源，且综合考虑其熟期，筛选出部分亲本供育种者参考利用。

通过上述株型形状的次数分析和描述统计可见，铁岭地区为代表的 MGⅢ种质相对于整个种质群体，存在着株高最高，主茎节数最多的优点，所以在建议改良的种质筛选时，若大量采用本地种质，就存在地理及遗传近缘的限制，因此在考虑改良株高和主茎节数性状时，宜选取黄淮海及南方春夏大豆进行拓宽遗传基础，以期产生更大的超亲效应。

3 讨 论

生育期长短是决定大豆品种适应性的重要因素[24]。本研究表明，东北大豆群体在铁岭地区生育前期平均为 67.4 d，生育后期为 72.9 d，全生育期平均为 104.3 d。潘铁夫将铁岭划归为铁岭暖温半湿润中晚熟区，无霜期在 140-160d[25]，从本试验中各熟期组的生育期来看，MGⅢ组品种可以充分利用该地区的活动积温，能充分发挥产量潜力；MGⅡ组品种虽熟期较早，未充分利用本地区活动积温，但仍能充分发挥其产量潜力，所以在选择品种时，可根据不同生态区域合理搭配；而 MG000~MGⅠ这 4 个熟期组品种过早成熟，在本区域无产量潜力可挖掘。

产量是遗传改良的最主要目标，本试验设计目的并非严格测产，所获的产量数据仅描述产量趋势。东北大豆种质群体的地上部生物量平均值从 MG000 的 4.2 t/hm² 增大到 MGⅢ的 8.7 t/hm²，而小区产量则从 2.1 t/hm² 到 3.3 t/hm²，产量随熟期组增加而增加，大豆产量与其地上部生物量存在较为显著的正相关，为实现产量提高，将优良品种与优良的耕作栽培措施结合，使高生物产量、合理株型同合理器官平衡有机结合[26]。研究表明，倒伏性状对大豆产量影响巨大。通过分析各熟期组的倒伏程度可知，MGⅡ和 MGⅢ这两个晚熟区组的倒伏程度均超过 2.4 级，这也成为限制该群体产量因素之一。分析群体地上部生物量及籽粒产量遗传多样性可知，从遗传变异系数及相对遗传进度看，其多样性较为丰富，为这两个性状的改良提供了材料基础。

除提高产量外，改良品质也是主要方向。铁岭地区各熟期组间大豆的蛋白质含量差异均不显著，而脂肪含量较其他熟期组低 1.5 个百分点，所以在蛋白质和脂肪这两个性状上仍有改良空间。MG000-MG0 组中存在一些蛋白质水平高达 44.0%~45.0%的材料，也包含部分脂肪含量较高的资源。分析蛋白质含量和脂肪含量这两个性状的相对遗传进度（4.28、5.63），可见对其改良难度很大，需加大选择力度。铁岭地区适宜熟期组为 MGⅡ~MGⅢ组，为拓宽当地大豆的遗传基础，可适当导入 MG000~MG0 中品质性状突出的品种，并可提早熟期，以应对极端恶劣天气。

生态性状是一类最易准确考察的性状，方差分析表明本研究应用的种质资源群体遗传多样性较高，通过分析各性状的变幅和变异系数可知，不同熟期组中均包含丰富的变异，为品种改良提供了材料基础。性状改良的难易由育种潜势来考察，本研究中对倒伏和分枝数目这两个性状进行改良最容易，而结合生产实际，应首先将解决品种倒伏问题放在首位；群体中籽粒性状蕴含广泛变异，可通过育种手段进行改良，同一性状变异系数和遗传率的数值受群体遗传组成和环境条件的影响而变化，但在不同世代却较稳定，变化趋势是相同的，与前人对主要生态性状的遗传潜势分析结果一致。

本试验追溯第Ⅳ亚区品种祖先来源及贡献率表明：该地区育成/搜集品种遗传基础较复杂，平均每个品种由 7.8 个祖先亲本衍生而来，含有祖亲本数目最多的两个品种为铁丰 28、铁丰 29，为 17 个。其中前 20 个祖先亲本对当地育成品种的贡献率为 70.62%，而前 10 个祖先亲本对群体的贡献为 61.05%。因此，在培育新品种时，一是从品种系谱分析来总结和指导育种，二是在选择受体和供体亲本时，要考虑其祖先是否含有这些祖先亲本，从而提高育种效率。

综上，铁岭市属辽宁省大豆品种生态区的铁岭暖温半湿润中晚熟区，适宜种植 MGⅡ/MGⅢ的大豆品种，其大豆品种改良的方向为适宜本地区种植的高产、稳产、耐逆、优质的品种。为实现这一目标，应采取增大地上部生物量、增加收获指数、提高耐逆性和秆强度等措施。在选择杂交亲本时，以本地近期育成的主栽品种（系）为骨干受体亲本，进一步拓宽遗传基础，导入早熟区组 MG000~MGⅠ中包含生物量高、收获指数大、耐逆、秆强和蛋白/脂肪含量高等优良性状的品种，可适当增加黄淮海及南方春夏大豆及外国血缘中具有优良生态性状品种的使用（可选用表 8 中相关的品种，它们具有较好的配合力），用骨干亲本为轮回亲本，回交 1~2 次，并辅以生态回交[27]，培育符合本地区育种目标的突破性品种；解决在某一生态区内选育适宜其他生态区的品种，可能是有效的技术路线之一。

致谢：感谢铁岭市农业科学院和各试验点的辛苦工作。感谢吉林省农业科学院大豆研究所、中国农业科学院作物所及东北三省一区各育种单位提供部分大豆参试品种。

参考文献（略）
本文原载于《土壤与作物》2018 年 02 期。

东北大豆种质群体在吉林省白城市的表现及其潜在的育种意义

苏江顺[1]，齐玉鑫[2]，杨君[1]，彭浩[1]，程学良[1]，谭程友[1]，王燕平[2]，任海祥[2]，傅蒙蒙[3]，赵团结[3]，杜维广[2]，盖钧镒[3]

（1.吉林省白城市农业科学院，吉林 白城 137000；2.黑龙江省农业科学院牡丹江分院/国家大豆改良中心牡丹江试验站，黑龙江 牡丹江 157041；3.南京农业大学大豆研究所/农业部大豆生物学与遗传育种重点实验室/国家大豆改良中心/作物遗传与种质创新国家重点实验室，江苏 南京 210095）

摘　要：本研究于 2012—2014 年间，以搜集到的东北地区各育种单位现存的大豆育成品种和地方品种共计 361 份为试验材料，通过在白城市田间表型，研究其在该地区的潜在育种价值。研究结果表明：（1）东北大豆种质群体在白城平均全生育期 105 d（80.4~130.0 d）、株高 73.3 cm（30.1~131.0cm）、主茎节 12.9 个（7.1~18.9 个）、分枝数 2.53 个（0.08~8.83 个）、蛋白质含量 41.0%（36.8%~46.1%）、油脂含量 21.4%（18.0%~23.7%）、蛋脂总量 62.3%（58.1%~65.8%）和百粒重 18.4 g（8.3~25.7 g）。（2）MG000 和 MG00 的生育天数比当地无霜期早约 50.0~60.0 d，集中在 83.0~92.0 d，不能充分利用当地的自然条件；当地适合熟期组为 MGⅠ、MGⅡ，各性状的平均值与群体平均相近。MG000 和 MG00 品质性状优于 MGⅠ、MGⅡ，蛋脂总量分别高约 2%；株高低 20.0~50.0 cm，节数低 3.0~9.0 节。MGⅢ熟期中的少部分品种，不能正常成熟，不适合当地种植；品质性状表现差于当地品种，蛋脂总量均低约 1%，油脂含量低约 1%；而株高高出约 16.0 cm，节数多 2.0 节。（3）油脂含量、蛋白质含量及产量的遗传进度小。根据育种潜势分析，提出了在农艺和品质性状上可用于改良的亲本。

关键词：东北春大豆；熟期组；农艺品质性状；育种潜势；遗传变异

Performance and Genetic Potential of Northeast China Soybean Germplasm Population in Baicheng City of Jilin Province

SU Jiang-shun[1], QI Yu-xin[2], YANG Jun[1], PENG Hao[1], CHENG Xue-liang[1], TAN Cheng-you[1], WANG Yan-ping[2], REN Hai-xiang[2], FU Meng-meng[3], ZHAO Tuan-jie[3], DU Wei-guang[2], GAI Jun-yi[3]

(1. Baicheng Academy of Agricultural Sciences, Baicheng 137000, China;

2. Mudanjiang Branch of Heilongjiang Academy of Agricultural Sciences / Mudanjiang Experimental Station of the National Center for Soybean Improvement, Mudanjiang 157041, China;

3. Soybean Research Institute of Nanjing Agricultural University / Key Laboratory for Soybean Biology, Genetics and Breeding, Ministry of Agriculture / National Center for Soybean Improvement / National Key Laboratory for Crop Genetics and Germplasm Enhancement, Nanjing 210095, China)

Abstract: To evaluate the performance and genetic potential of the soybean germplasm population, we collected 361 landraces and released cultivars in Northeast China and conducted a field experiment to test their local phenotypes in Baicheng City of Jilin Province in 2012—2014. The results showed as follows: (1) Averagely, the population was with 105 d (80.4~130.0 d) of full growth period, 73.3 cm (30.1~131.0cm) of plant height, 12.9 (7.1~18.9) of nodes on main stem, 2.53 (0.08~8.83) of branch number, 41.0% (36.8%~46.1%)of the protein content, 21.4% (18.0%~23.7%) of oil content, 62.3% (58.1%~65.8%) of total protein and oil content, and 18.4 g(8.3~25.7 g) of 100-seed weight. (2) The MG000 and MG00 matured in 83~92 d, 50~60 d earlier than the first local frost-day, which could not fully use local climatic conditions; while the agronomic traits of MGⅠ and MGⅡ groups were similar to those of the population, which could fully use the local frost-free period. The seed quality traits of MG000 and MG00 were better than those of MGⅠ and MGⅡ, with 2.0%higher oil content or protein-oil content, while their plant heights and nodes on main stem were about 20.0~50.0 cm and 3.0~9.0 nodes

less than those of MG Ⅰ and MG Ⅱ, respectively. Some of the MGⅢ could not mature on time and were not suitable for local planting. The seed quality traits of MGⅢ were not as good as those of local varieties, with 1.0%less oil content or protein-oil content, respectively; while the plant height and nodes on main stem of MGⅢ were about 16.0 cm and 2.0 nodes more than those of local varieties, respectively. (3) The genetic progress of oil content, protein content and yield were lower than other agronomic and seed quality traits. Based on the tested data, we proposed some superior accessions as parental materials to improve individual traits for local cultivars.
Keywords: Northeast spring-sowing soybean; Maturity group; agronomic and seed quality traits; Genetic potential; Genetic variation

0 引　言

在漫长的大豆生产过程中，通过自然演化与人工创造形成了重要的种质资源。人类通过杂交、辐射及转基因等手段不断丰富着大豆种质的遗传信息，同时也在利用各种方法，从表型性状、酶、染色体及 DNA 等不同层次进行种质资源的评价。为了加速大豆资源的评价并促进其利用，在国家重点基础研究发展规划项目（973 计划）的连续资助下，开展了"大豆核心种质构建（1998—2003）"和"大豆微核心种质基因多样性（2004—2009）"研究，目的是强化大豆种质资源表型和基因型鉴定，为发掘和利用大豆资源中的优异基因提供指导[1]。种质资源的评价也为育种者选择育种材料提供了理论依据。

为了研究东北地区大豆种质资源的特点，将东北地区具有代表性的种质进行了搜集，包括 1960—2010 年间的东北三省一区育成品种、地方品种以及少数国外引种材料共 361 份作为研究对象，在白城市、北安市、克山市、扎兰屯市、牡丹江市、长春市、佳木斯市、大庆市和铁岭市 9 个地区，于 2012—2014 年采用相同试验设计对 4 大类，共 13 项农艺、品质性状进行精准表型鉴定试验。本文为 9 个代表地点系列研究报告之一。

白城市位于吉林省西部，属于吉林省品种生态区划的干旱生态区。地势以丘陵漫岗为主，土壤类型主要包括黑钙土、草甸土和盐碱土，有效积温 2 952 ℃，年降水量 408 mm，无霜期 144 d 左右。傅蒙蒙等[2-3]以美国和国内已明确 MG000~MGⅢ熟期组的品种为标准，对东北地区大豆品种进行了熟期划分，并将东北大豆品种生态区划分了 4 个亚区。结果表明：白城市适应种植 MGⅢ熟期组大豆，属于第Ⅲ生态亚区。本研究以东北大豆种质群体 3 年间在白城市的表型数据为依据，分析了该群体在白城市的育种潜势，针对不同性质的改良筛选出一些优异亲本以供参考利用，为白城市大豆品种改良提出了建议。

1 材料与方法

1.1 试验生态区基本条件、试验材料、试验设计及调查标准

试验于 2012—2014 年在吉林省白城市农业科学院（45°38′N，122°50′E）进行。试验材料为东北大豆种质群体共 361 份。采用重复内分组设计，将 361 份材料分为极早熟、早熟、中早熟、中熟、中晚熟和晚熟 6 组，4 次重复。小区面积 1—m²，每小区 4 穴，每穴保苗 4 株。生育期调查包括：播种期、出苗期、R1、R2、R7 及 R8。若初霜到来仍未成熟，记录初霜日期时所达到的生育期。试验材料详情与生态区基本条件参考傅蒙蒙等[2]。试验材料收获以后的调查项目及标准参考邱丽娟等[5]，品质性状的检测采用 FOSS 近红外谷物分析仪 Infratec TM 1241 在南京农业大学进行。

1.2 数据统计分析

利用 SAS/STATv9.1 的 PROCMEANS 软件进行表型性状的描述统计分析。用 SAS/STAT V9.1 的 PROCGLM 进行方差分析。用 Duncan 新复极差测验平均数间的差异。相对应的遗传率（h^2）、遗传变异

系数（GCV）、遗传进度（G）和相对遗传进度（ΔG），计算方法参考文献[6-8]。

表型方差：$\sigma^2_p = \sigma_g{}^2 + \sigma_{gj}{}^2/j + \sigma_e{}^2/(j \times r)$

遗传变异系数（GCV）：$GCV = \sigma_g/\mu \times 100\%$

遗传进度（G）：$G = k \times \sigma_g \times \sqrt{h^2}$

相对遗传进度（ΔG）：$\Delta G = 100 \times G/\bar{X}$

广义遗传率（h^2）：$h^2 = \sigma_g{}^2/\sigma_p{}^2 \times 100\%$

多年联合方差分析线性模型：$y_{ijkl} = \alpha_i + \beta_j + \delta_{l(j)} + A_{ij} + \varepsilon_{ijl}$

以上公式中，μ 为群体表型数据的平均数；α_i 为第 i 个基因型的效应；β_j 为第 j 年的效应；$\delta_{l(j)}$ 为 j 年第 l 个重复的效应；A_{ij} 为基因型与年份的互作；ε_{ijl} 为残差。运算过程中，所有变异来源均作为随机效应处理。$\sigma_g{}^2$ 为基因型方差；$\sigma_p{}^2$ 为表型方差；$\sigma_{gj}{}^2$ 为基因型与年份互作方差；$\sigma_e{}^2$ 为误差方差；j 为年份，r 为重复；$\bar{X}$ 为性状平均值，k 为选择强度，5%选择强度下为 2.06。

群体农艺性状的系数分析及描述统计，遗传潜势的分析及可用于白城市大豆品种改良的亲本材料的选择方法参照张勇等[9]。

2 结果与分析

2.1 东北大豆种质群体农艺品质性状在白城市的表现

生育期性状不仅包括全生育期的长短，而且包括生育前期、生育后期及各期的组成。从表 1 中可以看出：群体在白城市生育前期平均值为 35.1 d，变幅 24.3~68.0；生育后期平均值 73.2 d，变幅 28.7~89.3 d；全生育期平均值 106 d，变幅 80.4~130.0 d。各熟期组之间的差异显著（P<0.05），MG000~MGIII生育前期的标准差和变异系数逐渐增加，生育前期和生育后期的标准差和变异系数都以 MGIII组的最大。

表 1　东北大豆种质群体在白城市生育期性状的次数分布和描述统计（2012－2014 年）

Table 1　Frequency distribution and descriptive statistics of the growth period traits of the northeast China soybean germplasm population in Baicheng City of Jilin Province （2012－2014）

性状 Trait	MG	次数 f	组中值 Class mid－point										平均值 Mean	SD	CV	变幅 Range
			26.4	30.8	35.2	39.6	43.9	48.3	52.7	57.1	61.4	65.8				
生育前期	000	16	4	12									29.4 d	2.39	8.14	24.4~32.9
Days to	00	45	7	32	6								30.5 d	2.46	8.05	24.3~35.6
flowering/d	0	157	5	59	90	3							33.1 c	2.56	7.74	26.0~39.8
	I	79		23	39	17							34.8 c	3.30	9.46	28.7~41.2
	II	43		1	5	24	10	1	1				40.9 b	5.08	12.4	32.5~65.3
	III	21				3	5	3		2	3	5	53.2 a	10.5	19.8	37.6~68.0
总计 Total		361	16	127	140	47	15	4	1	2	3	6	35.1	6.65	19.0	24.3~68.0
			55.4	59.0	62.5	66.1	69.6	73.2	76.7	80.3	83.9	87.4				
生育后期	000	16	1	5	21	12	3	2	1				59.8 e	3.57	5.97	53.7~65.8
Days from	00	45		1	20	46	65	21	3		1		64.4 d	3.89	6.03	54.8~76.4
flowering to	0	157				1	18	32	16	12			71.9 c	3.53	4.92	64.3~88.8
maturity/d	I	75			3	10	11	8	10				77.6 b	3.30	4.25	28.7~41.2
	II	34		1	1	1	0	2	6	5	2		81.5 a	4.19	5.14	72.3~89.3
	III	3	1	5	21	12	3	2	1				79.4 b	6.82	8.59	62.3~87.3
总计 Total		357	3	13	27	35	51	88	66	36	25	13	73.2	6.89	9.42	28.7~89.3

续表 1

性状 Trait	MG	次数 f	82.9	87.8	92.8	97.7	103	108	113	118	123	127	平均值 Mean	SD	CV	变幅 Range
全生育期	000	16	7	7	2								86.2 f	3.01	3.49	80.4~92.4
Days to	00	45		15	21	6	3						92.6 e	4.07	4.40	85.8~105
maturity /d	0	157			3	32	82	37	2		1		103 d	3.64	3.54	93.2~121
	Ⅰ	79				5	39	21	14				111 c	4.05	3.66	105~120
	Ⅱ	42						4	21	16	1		119 b	3.28	2.75	112~126
	Ⅲ	18							1	3	8	6	123 a	4.07	3.31	114~130
总计 Total		357	7	22	26	38	90	76	28	38	25	7	106	9.91	9.39	80.4~130

注：f：次数；SD：标准差；CV：变异系数；MG：熟期组；同一列数字后的不同小写字母说明熟期组间在 0.05 水平上差异显著性，下同。

Note：f：Frequency；SD：Standard deviation；CV：Coefficient of variation；MG：Maturity group；values in the same column with lower case letters indicate significant differences among maturity groups at 0.05 level. The same is as below.

群体株高平均值 73.0cm，变幅 30.1~131.0 cm；主茎节数平均值 12.9，变幅 7.1~18.9；分枝数平均值 2.53，变幅 0.08~8.83（表 2）。MGⅡ、MGⅢ株高与其他熟期组之间差异显著（P<0.05）；MGⅠ、MGⅡ、MGⅢ主茎节数与其他熟期组之间差异显著（P<0.05）；MGⅡ、MGⅢ分枝数与 MG0、MG00、MG000 组有显著差异（P<0.05），MGⅠ与其他熟期组无显著差异。随着生育期的延长，株型相关性状均呈增大趋势。

表 2 东北大豆种质群体在白城市株型性状的次数分布和描述统计（2012－2014 年）

Table 2 Frequency distribution and descriptive statistics of the plant-type traits of the northeast China soybean germplasm population in Baicheng City area of Jilin Province（2012－2014）

性状 Trait	MG	次数 f	35.2	45.2	55.2	65.3	75.3	85.4	95.4	105	116	123	平均值 Mean	SD	CV	变幅 Range
株高	000	16	5	9	2								43.2 e	7.29	16.9	32.9~55.2
Plant	00	45	13	10	12	3	3	3	1				52.2 d	15.5	29.7	30.1~93.0
height/cm	0	157	2	11	39	42	36	18	6	3			67.8 c	13.6	20.1	36.3~110
	Ⅰ	79			4	12	17	24	13	8	1		82.5 b	13.4	16.3	52.9~115
	Ⅱ	43				6	10	14	7	3	3		95.5 a	14.5	15.2	70.9~131
	Ⅲ	21					4	11	2	3	1		98.1 a	11.1	11.3	81.9~121
总计 Total		361	20	30	57	57	62	59	45	20	7	4	73.0	20.1	27.5	30.1~131

性状 Trait	MG	次数 f	7.7	8.9	10.1	11.3	12.4	13.6	14.8	16.0	17.2	18.3	平均值 Mean	SD	CV	变幅 Range
主茎节数	000	16	1	7	4	3	1						9.66 d	7.29	16.9	7.43~16.4
Nodes on	00	45	3	11	11	9	3	3	3	2			10.9 c	2.24	20.6	7.68~17.4
main stem	0	157	1	6	18	30	37	36	17	10	1	1	12.6 b	1.82	14.5	7.71~18.4
	Ⅰ	79		3	5	14	24	20	10	2	1		14.0 a	1.64	11.7	10.4~18.9
	Ⅱ	42			2	6	13	11	7	3			14.4 a	1.50	10.5	10.8~17.4
	Ⅲ	19	1	1	2	2		1	2	2	6	2	14.3 a	3.42	23.9	7.13~18.4
总计 Total		358	6	25	38	51	61	77	53	31	12	4	12.9	2.28	17.7	7.13~18.9

性状 Trait	MG	次数 f	0.5	1.4	2.3	3.1	4.0	4.9	5.8	6.6	7.5	8.4	平均值 Mean	SD	CV	变幅 Range
分枝数目	000	16	1	7	5	1	1	1	0	0	0	0	2.12 b	1.15	54.3	0.75~4.67
Branch	00	45	6	17	15	4	1	1	0	0	0	1	2.02 b	1.39	68.9	0.08~8.83
number	0	157	4	46	56	32	16	1	1	1	0	0	2.36 b	0.95	40.4	0.61~6.31
	Ⅰ	79	0	12	32	22	7	4	2	0	0	0	2.70 ab	0.98	36.3	1.00~5.67
	Ⅱ	42	1	5	10	12	7	4	1	2	0	0	3.20 a	1.38	43.2	0.27~6.92
	Ⅲ	19	0	1	5	5	2	3	1	1	0	1	3.32 a	1.40	42.0	1.07~7.39
总计 Total		358	12	88	123	78	35	13	4	3	1	1	2.53	1.17	46.2	0.08~8.83

地上部生物产量平均 8.87 t·hm^{-2}，变幅 2.43~19.7.0 t·hm^{-2}；产量平均值 2.27 t·hm^{-2}，变幅 0.46~4.67 t·hm^{-2}（表 3）。地上部生物产量在不同熟期组间相差很大，达到了显著水平（$P<0.05$），变化趋势为随着熟期组变晚，地上部生物产量递增，由于本研究小区面积较小，产量数据与大田生产上有很大的差别，因此，只能反映出产量随着生育期的延长各熟期组的变化趋势。

表 3　东北大豆种质群体在白城市产量性状的次数分布和描述统计（2012－2014 年）

Table 3　Frequency distribution and descriptive statistics of the yield traits of the northeast China soybean germplasm population in Baicheng City of Jilin Province（2012－2014）

性状 Trait	MG	次数 f	组中值 Class mid-point										平均值 Mean	SD	CV	变幅 Range
			3.3	5.0	6.8	8.5	10.2	11.9	13.7	15.4	17.1	18.8				
地上部生物量 Above ground biomass/ (t·hm^{-2})	000	16	8	7	1								4.22 f	1.10	24.3	2.82~5.96
	00	45	9	21	9	4	2						5.51 e	1.65	29.9	2.43~10.6
	0	157	2	14	53	50	25	13					8.80 d	1.87	23.9	2.49~12.3
	Ⅰ	79		2	8	19	20	23	5	2			10.2 c	2.20	21.7	5.60~15.5
	Ⅱ	42				3	9	15	9	4	2		12.4 b	2.80	16.9	8.12~17.2
	Ⅲ	19			1	1	1	4	3	5	3	1	13.7 a	3.13	22.9	7.60~19.7
总计 Total		358	19	44	72	77	57	55	17	11	5	1	8.87	3.13	35.3	2.43~19.7
			0.7	1.1	1.5	1.9	2.4	2.8	3.2	3.6	4.0	4.5				
产量 Yield/ (t·hm^2)	000	16	2	12	2								1.10 e	0.25	23.2	0.46~1.52
	00	45	3	16	19	6		1					1.37 d	0.34	25.1	0.78~2.73
	0	157		4	22	39	58	26	7			1	2.20 b	0.49	22.0	1.05~4.26
	Ⅰ	79				5	22	21	21	8	2		2.84 a	0.50	17.7	1.81~4.22
	Ⅱ	42		1	1	1	6	15	10	6	1	1	2.93 a	0.63	21.5	1.12~4.67
	Ⅲ	10		1	4	4			1				1.80 c	0.86	44.4	0.90~3.64
总计 Total		349	5	34	48	55	86	63	38	15	3	2	2.27	0.74	32.5	0.46~4.67

蛋白质含量平均值 41.0%，变幅为 36.8%~46.1%；油脂含量平均值 21.4%，变幅 18.0%~23.7%；蛋脂总量平均值 62.3%，变幅为 58.1%~65.8%；百粒重的平均值分别为 18.4 g，变幅为 8.3~25.7 g（表 4）。各熟期组在蛋白含量上无显著差异；油脂含量上，MG000~MGⅠ与 MGⅡ、MGⅢ之间有显著差异（$P<0.05$）；MG000、MG00 与 MG0~MGⅢ在百粒重上有显著差异（$P<0.05$）。

结合白城市的气候条件分析，MG000~MG0 所有材料都能够稳定成熟但生育期短，不能充分利用有效积温，MGⅠ和 MGⅡ组能够充分利用有效积温，骨干亲本材料应在这两组材料中选择。在 9 个地点的系列研究中，白城市的大豆株型性状与产量性状表型与长春市[10]较为接近，与同属第Ⅲ亚区的大庆市[11]相比，白城市大豆各熟期组生育天数平均值少 10 d 左右。白城市大豆生育后期 MGⅡ最大（81.5 d），大庆 MGⅠ最大（79.4 d）；白城市大豆株高 MGⅢ（98.1 cm）最大，大庆市 MGⅠ（72.9 cm）；白城市大豆地上部生物量最大 MGⅢ（13.7 t·hm^{-2}），大庆市 MGⅠ（5.37 t·hm^{-2}）。可见白城市与大庆市虽划分到同一亚区，但由于地理纬度和气候环境的不同，大豆品种生育期与株型性状差异很大。MGⅢ组适应区域是铁岭市[12]，在白城市部分大豆品种未能成熟。对比这组材料在两地的表现，大豆株高白城市（98.1 cm）高于铁岭市（89.4 cm），主茎节数铁岭市（18.5）多于白城市（14.3），其地上部生物量白城市（13.7 t·hm^{-2}）高于铁岭市（8.3 t·hm^{-2}）。从上面 3 个性状的对比可以看出：与铁岭市相比，MGⅢ组材料在白城市大豆植株高大繁茂，节间长，节数少，容易倒伏。

2.2　东北大豆种质群体在白城市的可能遗传潜势

除油脂含量和蛋质总量外，各性状的年份差异达到显著水平（$P<0.05$）（表 5）。生育后期、全生育

期、地上部生物产量、产量及分枝数在年份重复上达到极显著水平（P<0.01）。油脂含量、主茎节数在基因型上无显著差异，蛋脂总量在基因型上差异显著（P<0.05），其余性状均有极显著差异（P<0.01），这说明通过育种手段来改变基因型能有效改变大豆的一些农艺性状。除油脂含量、蛋脂总量以外，其他性状在年份基因型互作均达到极显著水平（P<0.01），表明这些农艺性状表达均受基因型和环境共同作用影响，这些性状的改良要充分考虑当地自然条件因素，能够充分发挥当地自然条件和克服不利条件的种质在品种改良过程中都能够发挥重要的作用。

表4　东北大豆种质群体在白城市籽粒性状的次数分布和描述统计（2012－2014 年）

Table 4　Frequency distribution and descriptive statistics of the seed quality traits of the northeast China soybean germplasm population in Baicheng City of Jilin Province （2012 – 2014）

性状 Trait	MG	次数 f	组中值 Class mid – point										平均值 Mean	SD	CV	变幅 Range
			37.3	38.2	39.1	40.1	41.0	41.9	42.8	43.8	44.7	45.6				
蛋白质含量	000	16			4	2	5	1	1	2		1	41.2 a	1.99	4.83	38.9 ~ 46.1
Protein	00	45		2	2	5	18	10	6	2			41.3 a	1.22	2.96	38.4 ~ 44.0
content/%	0	157	2	6	12	30	49	37	15	4	1	1	41.1 a	1.34	3.27	36.8 ~ 45.3
	Ⅰ	79		6	12	24	14	10	9	3	1		40.6 a	1.46	3.60	37.9 ~ 44.9
	Ⅱ	42	1	4	5	5	7	11	5	2	2		41.0 a	1.77	4.32	37.7 ~ 44.5
	Ⅲ	11	1		2	1	5	1		1			40.4 a	1.79	4.43	36.8 ~ 44.0
总计 Total		350	4	18	37	67	98	70	36	14	4	2	41.0	1.47	3.59	36.8 ~ 46.1
			18.3	18.8	19.4	20.0	20.5	21.1	21.7	22.2	22.8	23.4				
油脂含量	000	16			1		4	1	4	3		3	22.1 ab	1.05	4.77	19.7 ~ 23.6
Oil content/%	00	45			2	2	13	7	13	6		2	21.8 ab	0.70	3.15	20.4 ~ 23.3
	0	157			3	3	19	38	41	30	15	8	21.6 ab	0.83	3.86	19.2 ~ 23.7
	Ⅰ	79		2	1	8	12	21	14	18	1	2	21.3 b	0.88	4.14	19.0 ~ 23.1
	Ⅱ	42	2	4	12	7	6	6	3	2			20.1 c	1.03	5.13	18.0 ~ 22.4
	Ⅲ	11		1	2	4	2	1		1			20.1 c	1.18	5.69	19.0 ~ 22.0
总计 Total		350	2	7	18	25	41	83	66	68	25	15	21.4	1.04	4.88	18.0 ~ 23.7
			58.5	59.3	60.1	60.8	61.6	62.4	63.1	63.9	64.7	65.4				
蛋脂总量	000	16					2	3	6	2	2	1	63.3 a	1.07	1.69	61.8 ~ 65.8
Total	00	45				3	0	10	18	13	1		63.1 a	0.82	1.30	60.7 ~ 64.4
protein – oil	0	157			1		24	56	46	21	5		62.7 a	0.84	1.33	59.8 ~ 64.7
content/	Ⅰ	79		2	7	11	21	18	14	6			61.9 b	1.10	1.78	59.4 ~ 64.0
%	Ⅱ	42	1	4	8	14	3	2	2				61.1 c	1.26	2.07	58.1 ~ 64.0
	Ⅲ	11	2		2	5	1		1				60.7 c	1.25	2.07	58.5 ~ 63.3
总计 Total		350	3	6	18	31	62	90	87	44	8	1	62.3	1.20	1.92	58.1 ~ 65.8
			9.2	10.9	12.7	14.4	16.1	17.9	19.6	21.3	23.1	24.8				
百粒重	000	16				2	9	3	2				16.8 b	1.49	8.85	14.6 ~ 20.2
100 – seed	00	45	1		2	3	20	15		4			16.7 b	2.21	13.2	8.33 ~ 21.5
weight/g	0	157	1		3	42	49	48	9	4	1		18.2 a	2.01	11.1	8.51 ~ 25.7
	Ⅰ	79			7	21	29	14	7	1			19.5 a	1.93	9.89	15.7 ~ 24.3
	Ⅱ	42	1		5	8	12	13	1	2			19.4 a	2.54	13.1	9.93 ~ 25.0
	Ⅲ	14			2	3	3	3		2	1		18.8 a	3.08	16.4	15.2 ~ 24.6
总计 Total		353	3		2	10	86	99	94	40	14	5	18.4	2.31	12.5	8.33 ~ 25.7

表5 东北大豆种质群体在白城市农艺性状和品质性状方差分析表（2012－2014）

Table 5 ANOVA of agronomic and seed quality traits of the northeast China soybean germplasm population in Baicheng City of Jilin Province（2012－2014）

变异来源 Variation source	生育前期 Days to flowering/d		生育后期 Days from flowering to maturity/d		全生育期 Days to maturity/d		蛋白质含量 Protein content/%		油脂含量 Oil content/%	
	df	F	df	F	df	F	df	F	df	F
年份 Year	2	1 719.11**	2	114.66**	2	79.16**	2	29.01**	2	2.78
重复（年份）Rep（Year）	9	0.93	9	3.8**	9	7**	9	0.59	9	0.75
基因型 Gen	360	5.91**	356	5.37**	356	10.39**	349	3.86**	349	1.32
年份×基因 Year×Gen	628	5.34**	604	3.44**	603	7.77**	473	3.69**	473	0.86
误差 Error	2 742		2 619		2	79.16**	2 098		2 099	

	蛋脂总量 Total protein－oil/%		百粒重 100－seed weight/g		地上部生物 Aboveground biomass/（t·hm⁻²）		产量 Yield/（t·hm⁻²）		株高 Plant height/cm	
年份 Year	2	4.26	2	78.96**	2	403.44**	2	403.44**	2	831.31**
重复（年份）Rep（Year）	9	0.81	9	1.88	9	4.6**	9	4.6**	9	0.7
基因型 Gen	349	1.42*	352	3.47	360	1.9**	360	1.9**	360	6.8**
年份×基因 Year×Gen	473	1.02	478	4.5**	641	2.3**	641	2.3**	623	3.2**
误差 Error	2 098		2 141		2 518		2 518		2 474	

	主茎节数 Nodes on main stem		分枝数目 Branch number	
年份 Year	2	156.61**	2	4591.4**
重复（年份）Rep（Year）	9	2.7	7	4.81**
基因型 Gen	357	3.92**	360	1.3
年份×基因 Year×Gen	588	2.12**	622	1.66**
误差 Error	2 346		1 729	

注：* 与 ＊＊分别代表0.05和0.01水平上的显著性。

Note：* and ＊＊ indicate significant differences at 0.05 and 0.01 level, respectively.

根据东北大豆种质群体各农艺性状3年间在白城市的表型数据，对其进行育种潜势估计（表6）。株高、地上部生物量遗传变异系数较大，获得株高较高、地上部生物量较大的后代材料概率大。遗传率是度量性状的遗传变异占表现型变异相对比率的重要遗传参数，生育前期、生育后期、全生育期和株高的遗传率大于80.0%，这些性状早期选择效果较好。株高的相对遗传进度最高，说明了株高是相对比较容易改良的性状。蛋白质含量遗传率高，但遗传进度和变异系数低，油脂含量、蛋脂总和各项系数都不高，这也说明品质性状改良难度很大，要获得理想的后代，还需要获得蛋白质和油脂含量更高的种质材料作为育种亲本。

2.3 东北大豆种质群体中可供白城市育种利用的优异资源

根据本研究所得的表型数据进行分析整理，最后得到了可用于白城市大豆改良的亲本材料（表7）。傅蒙蒙等[3]的研究结果表明：与其他亚区对比，大豆群体在第Ⅲ亚区表现为株高降低，主茎节数远低于其他亚区，分枝数目较少，倒伏程度较轻。本研结果表明适宜白城市的MGⅡ组材料主茎节数、分枝数上高于其他熟期组材料，由此可见应用东北大豆种质群体所提供的亲本材料改良主茎节数和分枝数以实现白城市大豆产量的突破比较困难；但在品质改良，尤其是脂肪含量和蛋脂总量方面会有较好的效果。由于地处盐碱地区，白城市大豆育种还要注意品种的抗病性（花叶病毒病、胞囊线虫病）和耐盐碱性。

表 6　东北大豆种质群体农艺品质性状育种潜势估计

Table 6　Genetic potential of agronomic and seed quality traits of northeast China soybean germplasm population in Baicheng City of Jilin Province

性状 Trait	遗传变异系数 GCV	遗传率 h^2	遗传进度 G	相对遗传进度 ΔG
生育前期 Days to flowering/d	13.8	85.8	9.10	26.3
生育后期 Days from flowering to maturity/d	8.31	84.1	11.5	15.7
全生育期 Days to maturity/d	8.72	91.8	18.1	17.2
蛋白质含量 Protein content/%	3.00	79.3	2.26	5.51
油脂含量 Oil content/%	4.51	57.4	1.51	7.04
蛋脂总量 Total protein – oil content/%	1.79	59.5	1.77	2.83
百粒重 100 – seed weight/g	10.2	76.9	3.38	18.5
地上部生物量 Aboveground biomass/ （t·hm^{-2}）	22.7	50.3	8.35	33.1
小区产量 Yield/ （t·hm^{-2}）	21.6	50.0	1.64	31.5
株高 Plant height/cm	24.8	87.6	35.1	47.7
主茎节数 Nodes on main stem	14.5	77.8	3.38	26.4
分枝数目 Branch number	8.64	51.1	0.70	12.7

表 7　可用于白城市大豆品种改良的供体亲本材料

Table 7　The proposed parental materials for soybean cultivars improvement in Baicheng City of Jilin Province

主茎节数 Nodes on main stem	蛋白质含量 Protein content/%	油脂含量 Oil content/%	蛋脂总量 Total protein – oil content/%
抗线 9/MGⅠ（18.9）Kangxian9	蒙豆 11/MG000（46.1）Mengdou11	黑农 64/MG0（23.7）Heinong64	蒙豆 11/MG000（65.8）Mengdou11
吉育 86/MG0（18.4）Jiyu86	丰收 12/MG0（45.3）Fengshou12	红丰 3/MG00（23.7）Hongfeng3	丰收 12/MG0（64.7）Fengshou12
吉农 22/MGⅢ（18.4）Jinong22	垦丰 14/MG0（45.1）Kenfeng14	北豆 16/MG000（23.6）Beidou16	丰收 11/MG000（64.6）Fengshou11
辽豆 26/MGⅢ（18.0）Liaodou26	垦农 22/MGⅠ（44.9）Kennong22	嫩丰 18/MG0（23.5）Nenfeng18	黑河 28/MG000（64.5）Heihe28
九农 39/MGⅢ（17.8）Jiunong39	通农 9/MGⅡ（45.1）Tongnong9	东农 46/MG0（23.4）Dongnong46	黑河 36/MG0（64.4）Heihe36

株高 Plant height/cm	百粒重 Large seed weight/g	百粒重 Small seed weight/g	
辽豆 3/MGⅡ（131）Liaodou3	北丰 11/MG0（25.7）Beifeng11	蒙豆 6/MG00（8.33）Mengdou6	
吉育 75/MGⅡ（126）Jiyu75	通农 13/MGⅡ（25.0）Tongnong13	东农 50/MG0（8.51）Dongnong50	
吉林 30/MGⅡ（123）Jilin30	铁豆 39/MGⅢ（24.6）Tiedou39	吉育 101/MGⅡ（9.93）Jiyu101	
九农 39/MGⅢ（121）Jiunong39	抗线 8（24.3）Kangxian8	合丰 29/MG00（12.9）Hefeng29	
铁丰 22/MGⅢ（119）Tiefeng22	集体 3/MGⅡ（24.1）Jiti3	绥农 8/MG00（13.4）Suinong8	

注：每格数据表示为品种/熟期组（平均值），其中倒伏栏括弧中的数据为倒伏程度和地上部生物量。

Note：The cell data are variety /maturity group values （mean of the treatment），and the column data in parentheses are lodging score and aboveground biomass values，respectively.

3 讨　论

产量的高低是衡量大豆种质的最关键指标，而构成大豆产量的因素是极其复杂的，它可以看成是诸多性状共同作用的结果。本研究结果表明：从生育日期上看，MGⅠ、MGⅡ的大部分品种熟期组能充分利用白城市的无霜期，产量潜力可以充分表达；MG000、MG00 组因成熟过早，对有效积温不能充分利用，产量潜力很小，在改善产量方面用处不大；MGⅢ的部分品种无法正常成熟，即使产量潜力很大，在应用上也有很大困难。韩天富等[13]提出：大豆品种生育前期、生育后期长短与它们在该期的光周期敏感性呈正相关关系，而且影响大豆的单株粒数和百粒重。杨倩等[14]的研究表明：全生育期的天数是影响单株产量的最主要因素。由此可见，大豆的生育期不仅能够反映出其在当地自然条件下能否正常稳定地成熟，也与产量和籽粒性状有关联，改变品种生育前期、生育后期的比例也会对大豆的产量构成影响。大豆株型性状对产量也有着影响，郑洪兵等[15]研究表明，株型可以作为大豆高产、高光效育种的重要依据。本研究从株高、主茎节数及分枝数 3 个方面对不同熟期组品种进行了比较分析，这 3 个性状的变化规律都是随熟期组变晚而增加，这与地上部生物量的变化规律是相同的，产量的分析结果中 MGⅠ、MGⅡ高于 MGⅢ，这是由于有些品种无法正常成熟造成的。

《全国种植业结构调整规划（2016—2020 年）》中对东北地区大豆的发展也给出了方向，其中指出东北地区大豆未来应向高蛋白方向发展。东北大豆种质群体各熟期组蛋白含量在白城市相差不大，均在 41.0%左右，但也有蒙豆 11、丰收 12 等蛋白含量在 45.0%以上的种质。可通过多次回交来解决，直接利用早熟高蛋白种质来改良白城市当地大豆品种造成的育期缩短、产量下降等问题，把这些高蛋白种质资源用于白城高蛋白大豆育种中，扩大白城市大豆的遗传基础。

品种改良工作中材料平台是基础，杜维广等[16]指出：作物育种要有所突破，主要依赖发掘和利用优异资源，一个优异品种的育成，一半归功于优异种质。随着其他地区的大豆种质在白城市大豆品种选育中大量应用，本地大豆种质的遗传背景会越来越丰富，这一点可以从各性状的变异系数和变幅中体现出来的。育种潜势表明了育种过程中性状是否容易改良，性状的遗传力越高，越容易在后代群体中表现出来。根据种质群体在白城市表现的育种潜势分析，油脂含量、蛋白质含量及产量的遗传进度都相对要小，改良难度大，而育种工作也正是针对这些性状而展开的。白城市地处大兴安岭山脉东麓平原区，光照充足，降水变率大，旱多涝少，且存在十年九春旱的现象，育种主要目标仍以高产稳产为主，重视提高蛋白质含量和耐旱性。依据白城市生态条件和本研究的结果，本地区大豆育种主要解决的关键科学问题是"高产稳产"与"优质"的矛盾，同时还要考虑品种的耐盐碱性。如何将东北大豆种质群体高效地应用到育种工作中，拓宽育种的遗传基础，获取优质的种质资源，在白城市今后的育种工作中充分挖掘优异基因并在育种中发挥其潜力，是我们下一步需要进行的工作。

致谢：感谢吉林省白城市农业科学院和各试验点的辛苦工作。感谢吉林省农科院大豆所和中国农业科学院作物所及东北三省一区各育种单位提供部分大豆参试品种。

参考文献（略）
本文原载于《土壤与作物》2019 年 01 期。

东北大豆种质群体在呼伦贝尔的表现及其潜在的育种意义

孙宾成 [1]，王燕平 [2]，傅蒙蒙 [3]，任海祥 [2]，赵团结 [3]，杜维广 [2*]，盖钧镒 [3*]

（1.呼伦贝尔市农业科学研究所，内蒙古 呼伦贝尔 162650；2.黑龙江省农业科学院牡丹江分院/国家大豆改良中心牡丹江试验站，黑龙江 牡丹江 157041；3.南京农业大学大豆研究所/农业部大豆生物学与遗传育种重点实验室/国家大豆改良中心/作物遗传与种质创新国家重点实验室，江苏 南京 210095）

摘　要：课题组把搜集到的、东北地区各大豆育种单位普遍使用的 361 份大豆品种或品系组成种质群体，2012—2014 年间，把该种质群体种植在呼伦贝尔市农业科学研究所，观察该种质群体在该地区的表现，研究其潜在的育种意义。获得以下主要结果：（1）内蒙古呼伦贝尔地区无霜日数 127.00 d 左右，MG0 组种质平均生育日数 123.33 d（111.20~131.00 d），MG I 组种质平均生育日数为 128.77 d（123.88~130.75 d）。MG0 组和 MG I 组种质大部分适宜在呼伦贝尔地区种植，是当地适宜熟期组。MG000 和 MG00 种质平均熟期为 102.77 d 和 111.05 d，成熟较早，不能充分利用当地的有效积温。MG II 和 MGIII组种质霜降前不能成熟，不能在呼伦贝尔地区种植。当地适宜熟期组 MG0 和 MGI组种质主茎节数为 17~18 节，平均株高为 79.76~89.59 cm，平均生物产量为 12.00~12.32 t/hm²。MG000 和 MG00 组种质脂肪含量和蛋脂总量显著高于 MG0 和 MG I 组种质，蛋白质含量和百粒重各熟期组之间差异不显著。（2）适宜呼伦贝尔地区种植的品种主要包括蒙豆系列品种、黑河系列品种、红丰系列品种、丰收系列品种、北豆系列品种、垦鉴系列品种、垦丰系列品种、合丰系列品种、绥农系列品种、嫩丰系列品种、东农系列品种和黑农系列大豆品种，吉育系列品种中少量早熟种质可以种植，辽宁品种不适宜在此地种植。（3）大豆种质较易改良的性状是生育期和株高；蛋白质、脂肪、蛋脂总量、百粒重、主茎节数等籽粒性状的遗传率虽然很高，但遗传进度小，改良需要较长的过程，使用时可直接利用其优势性状；地上部生物产量遗传率不高，不适合作为目标性状进行改良；东北大豆种质群体中有改良各个性状的优良种质。

关键词：东北春大豆；呼伦贝尔；熟期组；遗传变异；育种潜势

Performance and Breeding Potential of the Northeast China

Soybean Germplasm Population in Hulunbuir

(1. *Hulunbeier Institute of Agricultural Sciences, Hulunbeier 162650, China;*
2. *Mudanjiang Branch of Heilongjiang Academy of Agricultural Sciences / National Soybean Improvement Center Mudanjiang Experimental Station, Mudanjiang 157041, China;*
3. *Soybean Research Institute of Nanjing Agricultural University / Key for Soybean Biology and Genetic Breeding, Ministry of Agriculture Laboratory / National Center for Soybean Improvement / State Key Laboratory of Crop Genetics and Germplasm Innovation, Nanjing 210095, China)*

Abstract: In thwas study, 361 samples of soybean germplasm commonly used in various units in Northeast China were collected and planted in Hulunbuir Institute of Agricultural Science from 2012 to 2014. The performance of thwas group in thwas region was observed and its potential breeding significance was studied. The results obtained were as follows: (1) The number of frost-free days in Hulunbuir region of Inner Mongolia was about 127.00 d, the days of MG0 were on average 123.33 d(111.20~131.00 d) and the days of MG I are on average 128.77 d(123.88~130.75d). The most MG0 and MG I material was suitable for planting in Hulunbuir. The average ripening period of MG000 and MG00 was 102.77 d and 111.05 d. The materials in the ripening period group are mature earlier, and the effective accumulated temperature in the local area could not be fully utilized. Because materials of MGII and MG III group were not mature before frost, so they were not suitable to grow in Hulunbuir. The number of main stem nodes was 17.31~18.02, the average plant height was 79.76~89.59 cm, and the average biological yield was 12.00~12.32 t/hm². The total fat content and total protein-oil content of MG000 and MG00 are significantly higher than Those of MG0 and MGⅠgroup. There was no significant difference in protein content and 100-seed weight among the ripening groups. (2) The suitable varieties mainly included Mongolian bean series, Heihe series, Hongfeng series, Bumper harvest series, North bean series, Kenjian series, Kenfeng series, Hefeng series, Suinong series, Nengfeng series, Dongnong series and Henong series. A small amount of early maturing materials in Jiyu series could be cultivated, but Liaoning varieties are not suitable for cultivation here. (3) The traits that are easy to be improved in soybean gerplasm were growth period and plant height. Although the heritability of protein, fat, total total protein-oil content, 100-seed weight, number of main stem node and other grain traits was high, the genetic progress was small and the improvement needs a long process. The yield heritability of overground organwasms was not high, so it was not suitable to be used as the target character for improvement. The germplasm population of Northeast Soybean contains excellent materials for improving each character.

Keywords: Northeast spring-sowing soybean; Hulunbuir; Maturity group; Genetic variation; Breeding potential

大豆是重要的蛋白和油料作物，为人类提供了 67%的蛋白源和 28%的食用油，对保障我国粮油战略安全和农业的可持续发展具有重要的意义[1-2]。呼伦贝尔市位于经度 115°31′~126°04′E，纬度 47°05′~53°20′N，属于内蒙古自治区的东北部，北部与南部被大兴安岭南北直贯境内，东部为大兴安岭东麓、东北平原——松嫩平原边缘。属温带半湿润大陆性季风气候区，全市平均降水量为 396 mm[3-4]。年播种面积 50 万 hm²，总产量在 80 万 t 左右，占内蒙古自治区的 75%，全国的 5.5%[5-6]，是内蒙古自治区大豆核心产区，亦是全国优质大豆产业带。

1979—2020 年，内蒙古自治区共审定品种 98 个，引进和认定品种 58 个，育种者和大豆种植户可选用种质和品种不是很丰富，需要加强育种和引种的工作，而育种和引种最重要的是了解东北大豆种质群体在当地生态条件下的表现，进而分析其潜在的育种意义，然后根据当地的生态特征有针对性地引用适合的大豆种质。

东北春大豆种质在内蒙古呼伦贝尔地区的生态表现研究不足，课题组于 2012—2014 年在呼伦贝尔市扎兰屯对 361 份东北春大豆育成品种种质群体进行了 3 年表型鉴定试验，以明确其在该生态区的差异表现及育种潜势，为该区品种引用、品种改良及大豆育种提供理论参考。

1 材料与方法

1.1 材料与试验设计

搜集东北大豆育种单位普遍使用的 361 份大豆品种或品系组成种质群体。将该群体种质按照生育期长度分为极早熟组、早熟组、中早熟组、中熟组、中晚熟组、晚熟组，2012—2014 年在呼伦贝尔市农业科学研究所种植，试验共设 4 次重复，每次重复小区垄距 0.65 m，行长 1.6 m，穴播，十字交叉种植，共 4 穴。出苗后保留 4 株，初花时仅对小区至少拥有 2 穴、每穴不少于 3 株的小区进行调查。

1.2 调查及考种

按 Fehr[7]提出的大豆生育期鉴定方法，调查播种期、出苗期、R1、R2、R7、R8 期，当地霜降时还未达到成熟标准的试验种质仅记录其所能达到的生育时期。收获后考种项目及标准参考邱丽娟[8]制定的标准；品质性状统一在南京农业大学用 FOSS 近红外谷物分析仪 Infratec TM 1241 检测。

1.3 统计分析

统计分析用 SAS/STAT V9.1 的 PROC MEANS 软件进行。方差分析用 SAS/STAT V9.1 的 PROC GLM。平均数间的差异显著性用 Duncan 新复极差测验。根据方差分析结果计算相对应的遗传进度(G)、相对遗传进度(ΔG)、遗传率(h^2)和遗传变异系数(GCV)，计算方法参考[9]。

2　结果与分析

2.1　东北大豆种质群体在呼伦贝尔地区的表现

对东北大豆种质群体农艺性状和品质性状在呼伦贝尔地区的表现进行分析，可以掌握适宜该地区种植的种质类型。

2.1.1　东北大豆种质群体农艺品质性状方差分析

表1方差分析结果表明，东北大豆种质生育期、株高、主茎节数、生物产量、蛋白质含量、脂肪含量、蛋脂总量和百粒重的年份、基因型、年份与基因型互作均达到极显著水平，说明差异真实存在，多年多点的试验设计可使分析的数据更合理。分枝数目、倒伏程度和产量的基因型差异不显著，这可能与本试验的种植方式有关，这些性状不适宜进一步分析。

表1　东北大豆种质群体农艺品质性状方差分析（2012—2014 年）

Table 1 Variance analysis of agronomic quality characters of soybean germplasm population in Northeast China (2012—2014)

变异来源 Variation source	生育前期 Days to flowering /d		生育后期 Days from flowering to maturity/d		全生育期 Days to maturity/d		株高 Plant height/cm		主茎节数 Nodes on main stem	
	DF	F	DF	F	DF	F	DF	F	DF	F
年份 Year	1	280.90**	1	157.60**	1	0	1	531.58**	1	34.41**
重复(年份)Rep(Year)	6	1.81	6	6.04**	6	12.91**	6	8.42**	6	3.34**
基因型 Gen	360	8.54**	273	4.46**	273	7.57**	294	3.35**	274	2.65**
年份×基因型 Year×Gen	254	7.32**	166	5.62**	166	9.53**	172	2.98**	172	2.98**
误差 Error	1758		1251		1251		1384		1306	

变异来源 Variation source	分枝数目 Branch number		倒伏程度 Lodging		蛋白质含量 Protein content/%		油脂含量 Oil content/%		蛋脂总量 Total protein-oil/%	
	DF	F	DF	F	DF	F	DF	F	DF	F
年份 Year	1	5197.58**	1	35.50**	1	87.66**	1	37.96**	1	60.34**
重复(年份)Rep(Yea)	4	10.64**	6	7.01**	6	3.93**	6	4.78**	6	2.29*
基因型 Gen	360	0.65	270	1.17	270	2.00**	270	2.53**	270	2.37**
年份×基因型 Year×Gen	221	2.81**	165	3.90**	162	7.70**	162	6.78**	162	7.63**
误差 Error	993		1141		1130		1130		1130	

变异来源 Variation source	百粒重 100-seed weight(g)		地上部生物 Aboveground biomass(t/hm²)		产量 Yield(t/hm²)	
	DF	F	DF	F	DF	F
年份 Year	1	48.31**	1	1067.54**	1	35.50**
重复(年份)Rep(Yea)	6	4.48**	6	0.51	6	7.01**
基因型 Gen	270	4.08**	270	1.59**	270	1.17
年份×基因型 Year×Gen	163	4.49**	165	3.79**	165	3.90**
误差 Error	1134		1137		1141	

*, **分别代表 0.05 和 0.01 水平上的显著性。

*, ** represent significance at 0.05 and 0.01 probability level, respectively.

2.1.2 东北大豆种质群体生育期在呼伦贝尔地区的表现

生育期性状是大豆最重要的生态性状，决定大豆品种的适应种植区域[9]。随着全球气候变暖，呼伦贝尔地区 1961—2000 年平均无霜期为 119d，无霜日数增加趋势为 4.1 d/10 年，其中 1981—2000 年中就有 16 年在 120 d 以上[3]。按此推算，该区无霜日数应在 127 d 左右。为了便于种质交流，许多育种家用不同的方法研究了生育期分组的问题[10-16]，但研究多有地域局限性，标准不统一，不利于种质交流，为此，本课题组完成了 361 份东北大豆种质熟期组划分[17-22]，这是东北大豆种质统一熟期标准的重要参考依据。

由表 2 数据可知，MG000、MG00、MG0、MG I 组种质在呼伦贝尔地区能够成熟，但 MG000 和 MG00 组种质全生育期平均分别为 102.77 d 和 111.05 d，变幅分别为 95.50~108.38 d 和 103.25~121.38 d，过早成熟，无法充分利用当地的有效积温。MG0 组种质平均生育日数 123.33 d（111.20~131.00 d），平均比当地无霜期早 3.00 d 左右，大部分种质能充分利用当地有效积温，不成熟风险小，是当地适宜的熟期组类型，这与胡兴国等[16]得出的结论一致。MG I 组种质全生育期平均生育日数 128.77 d（123.88~130.75 d），一部分种质成熟期比当地平均无霜期晚 2.00~3.00 d 成熟，有不成熟的风险，需探索种植。MG II 和 MGIII 组种质生育前期平均日数比适宜当地种植的 MG0 组种质生育前期平均日数多 11.00~25.00d，显著高于当地适宜熟期组 MG0 组种质的生育前期日数，导致生育后期生育日数不足，霜降前不能成熟，所以 MG II 和 MG III 组种质不能在当地种植。

表 2 东北大豆种质群体在呼伦贝尔生育期性状的次数分布和描述统计（2012-2014 年）

Table 2 Frequency distribution and descriptive statistics of the growth period traits of the Northeast China soybean germplasm population in Hulunbuir (2012-2014)

性状 Trait	MG	f	33.6	39.2	44.9	50.5	56.2	61.8	67.5	73.1	78.8	84.4	Mean	SD	CV/%	变幅 Range
生育前期 Days to flowering/d	000	16	5	10	1								36.59 e	3.69	10.1	30.75~46.75
	00	45	10	33	2								38.09 e	2.53	6.65	31.5~42.75
	0	157	2	70	76	9							42.47 d	3.02	7.11	32.5~49.29
	I	79		12	41	24	2						45.90 c	3.99	8.70	36.50~57.25
	II	43			3	24	10	4	1	1			53.45 b	5.05	9.46	45.75~73.25
	III	21				2	5	3		4	6	1	67.94 a	11.88	17.49	52.67~87.25
总计 Total		361	17	135	123	59	17	7	1	5	6	1	45.21	8.42	18.62	30.75~87.25
			63.7	66.8	69.8	72.9	76.0	79.1	82.2	85.3	88.4	91.5				
生育后期 Days from flowering to maturity/d	000	15	6	6	2		1						66.85 d	3.36	5.03	62.10~75.50
	00	44	1	1	15	14	7	4	2				73.00 c	3.73	5.11	65.10~82.30
	0	141			3	6	15	36	43	23	13	2	81.23 b	4.13	5.08	71.20~91.80
	I	26						3	8	6	6	3	85.11 a	3.87	4.54	78.90~93.00
总计 Total		226	7	7	20	20	23	43	53	29	19	5	79.12	6.32	7.99	62.13~93.00
			97.3	100.8	104.4	107.9	111.5	115.0	118.6	122.1	125.7	129.2				
全生育期 Days to maturity/d	000	15	1	6	5	3							102.77 d	3.17	3.08	95.50~108.38
	00	44			3	15	12	11	2	1			111.05 c	4.05	3.64	103.25~121.38
	0	141					4	12	23	35	37	30	123.33 b	4.78	3.88	111.20~131.00
	I	26								1	3	22	128.77 a	1.77	1.37	123.88~130.75
总计 Total		226	1	6	8	18	16	23	25	37	40	52	120.20	8.34	6.94	95.50~131.00

f=次数；*SD*=标准差；*CV*=变异系数；MG=熟期组；同一列数字后的不同小写字母说明熟期组间的差异显著性，下同。

f=Frequency; *SD*=Standard deviation; *CV*= Coefficient of Variation; MG=Maturity group; Values in the column of mean followed by different letters are significantly different among maturity groups. The same is true for below.

2.1.3 东北大豆种质群体植株性状在呼伦贝尔地区的表现

表3中各熟期组株高平均值显著性表明，东北春大豆种质群体较长熟期组株高都显著高于较短熟期组的株高，MGⅠ和MG0组种质主茎节数差异不显著，但显著高于MG00和MG000组种质。MG0和MGⅠ组种质生物产量差异不显著，都显著高于MG00和MG000组种质，MG0和MGⅠ组种质平均生物产量为12.32 t/hm² 和12.00 t/hm²，MG00和MG000组种质生物产量分别为10.02 t/hm² 和7.02 t/hm²。

表3 东北大豆种质群体在呼伦贝尔植株性状的次数分布和描述统计（2012—2014年）

Table 3 Frequency distribution and descriptives tatistics of the plant-type traits of the Northeast China soybean germplasm population in Hulunbuir (2012—2014)

性状/Trait	MG	f	组中值 Class mid-point										Mean	SD	CV/%	变幅 Range
			51.6	60.6	68.5	76.5	84.5	92.4	100.4	108.3	116.3	124.3				
株高 Plantheight(cm)	000	15	4	8	1	2							60.13d	8.11	13.48	48.63~76.75
	00	44	10	8	16	2	2	1	4	1			69.63c	14.71	21.12	52.00~107.50
	0	141	2	15	24	37	27	23	9	3		1	79.76b	12.38	15.52	54.63~128.25
	I	26			2	3	5	12	2	1	1		89.59a	11.45	12.78	64.63~115.25
总计 Total		226	16	31	43	44	34	36	15	5	1	1	77.61	14.41	18.56	48.63~128.25

性状/Trait			12.4	13.3	14.2	15.1	16.0	16.9	17.8	18.7	19.6	20.5				
主茎节数 Nodeson mainstem	000	15	2	3	4	2	3		1				14.47c	1.61	11.15	11.94~18.21
	00	44	1	6	4	8	12	7	2	3	1		15.73b	1.63	10.37	12.81~19.50
	0	141			5	13	19	36	30	19	11	8	17.31a	1.55	8.94	13.75~20.92
	I	26				4	7	3	5	5	2		18.02a	1.47	8.14	15.71~20.90
总计 Total		226	3	9	13	23	38	50	36	27	17	10	16.9	1.82	10.77	11.94~

性状/Trait			0.4	1.2	2	2.8	3.6	4.4	5.2	6	6.8	7.6				
分枝数目 Branchnumber	000	12	4	4	1	1	1	1					0.84a	0.94	111.45	0.00~2.75
	00	37	16	7	4	2	4	1	1	2			0.86a	1.07	124.40	0.00~3.75
	0	125	9	15	23	7	14	19	13	5	6	6	2.06a	1.23	58.98	0.00~5.00
	I	44	1	1	6	4	6	10	8	4	4		2.43a	1.02	41.70	0.33~4.25
	II	3		1	1					1			1.72a	1.70	98.85	0.50~3.67
总计 Total		221	30	28	35	22	25	31	22	12	10	6	1.86	1.25	67.24	0.00~5.00

性状/Trait			1.2	1.9	2.6											
倒伏程度 Lodging	000	15	15										1.12a	0.11	9.89	1.00~1.25
	00	44	39	4	1								1.23a	0.35	28.18	1.00~2.75
	0	141	124	14	3								1.22a	0.36	29.18	0.88~3.00
	I	26	20	5	1								1.31a	0.39	29.77	1.00~2.38
总计 Total		226	198	23	5								1.23	0.35	28.39	0.88~3.00

2.1.4 东北大豆种质群体籽粒性状在呼伦贝尔地区的表现

表4中数据表明，各熟期组种质之间蛋白质含量差异不显著。东北春大豆品种各熟期组种质百粒重表现为熟期越早，百粒重平均值越大，但差异不显著。油脂含量平均值和蛋脂总量平均值也表现为熟期越早，含量越高，但都表现为MG000组种质和MG00组种质差异不显著，MG0组和MGⅠ组种质差异不显著，但MG000组和MG00组种质显著高于MG0组和MGⅠ组种质。这些差异产生的原因部分来自熟期越早、籽粒发育越好的环境因素，也来自不同熟期组所包含的品种自身特性。

表4 东北大豆种质群体在呼伦贝尔籽粒性状的次数分布和描述统计（2012—2014年）

Table 4 Frequency distribution and descriptive statistics of the seed quality traits of the Northeast China soybean germplasm population in Hulunbuir (2012—2014)

性状/Trait	MG	次数 f	组中值 Classmid-point										平均值 Mean	SD	CV	变幅 Range
			37.8	38.7	39.5	40.4	41.3	42.1	43.0	43.8	44.7	45.6				
蛋白质含量 Proteincontent/%	000	15			1	2	3	4	2	2		1	42.16a	1.57	3.71	39.96-45.98
	00	44		1	8	14	10	7	1	2	1		41.85a	1.20	2.86	39.73-45.73
	0	140	2	1	12	33	34	32	11	9	5	1	41.50a	1.39	3.35	37.40-45.90
	I	26			2	7	6	9	1	1			41.36a	1.08	2.61	37.90-44.00
总计 Total		225	2	1	16	50	57	55	21	13	7	3	41.6	1.34	3.23	37.40-45.98

续表4

性状/Trait	MG	f	17.4	17.9	18.4	18.9	19.4	19.8	20.3	20.8	21.3	21.8	平均值 Mean	SD	CV	变幅 Range
	000	15				1	1	3	3	4	1	2	20.53a	0.86	4.19	18.78-22.02
油脂含量	00	44	1			1	1	6	7	12	14	2	20.66a	0.76	3.69	17.67-21.89
Oilcontent/%	0	140	1	1	3	10	28	36	32	16	9	4	19.98b	0.77	3.86	17.20-21.68
	I	26			1	3	9	2	7	4			19.78b	0.67	3.41	18.44-20.90
总计 Total		225	2	1	4	15	39	47	49	36	24	8	20.12	0.82	4.07	17.20-22.02

性状/Trait	MG	次数 f	组中值 Classmid-point										平均值 Mean	SD	CV	变幅 Range
			59.0	59.6	60.3	60.9	61.5	62.1	62.7	63.4	64.0	64.6				
	000	15				1	1	4	4	4		1	62.69a	0.99	1.57	60.83-64.76
蛋脂总量	00	44				3	5	13	9	12	1	1	62.51a	0.80	1.28	60.73-64.43
Totalprotein-oil(%)	0	140	3	8	13	33	32	27	12	8	3	1	61.48b	1.09	1.76	58.71-64.93
	I	26		2	4	4	5	7	1				61.14b	0.82	1.31	59.85-62.44
总计 Total		225	3	10	17	44	43	51	26	24	4	3	61.72	1.81	1.12	58.76-64.93

性状/Trait	MG	f	7.6	9.6	11.6	13.5	15.5	17.4	19.4	21.3	23.3	25.2	平均值 Mean	SD	CV	变幅 Range
	000	15				2	9	2	1	1			18.19a	1.69	9.29	16.23-22.87
百粒重	00	44		1			8	23	11	1			17.48a	1.80	10.30	9.60-21.00
100-seedweight(g)	0	141	1			6	46	55	24	3	3	3	17.28a	2.30	13.30	6.67-26.23
	I	26				2	6	8	10				17.51a	1.82	10.41	13.48-20.18
总计 Total		226	1	1		8	62	95	47	5	4	3	17.41	2.12	12.19	6.67-26.23

2.2 东北大豆种质群体在呼伦贝尔地区的引用

表 5 列出本试验所用种质的具体熟期分组情况，MG0 熟期组的种质主要包括有蒙豆 30、蒙豆 28、蒙豆 14、蒙豆 12、蒙豆 10 号、黑河 53、黑河 51、黑河 36、黑河 20、克 4430-20、北垦 9395、白宝珠、红丰 12、红丰 11、红丰 8 号、红丰 2 号、丰收 27、丰收 25、丰收 21、丰收 12、丰收 10 号、丰收 6 号、丰收 2 号、北丰 14、北丰 11、北豆 30、北豆 21、北豆 18、北豆 10 号、北豆 9 号、北豆 8 号、北豆 3 号、垦农 34、垦农 28、垦农 26、垦农 24、垦农 18、垦农 5 号、垦农 4 号、垦鉴 43、垦鉴 35、垦鉴豆 26、垦鉴 7 号、垦丰 22、垦丰 20、垦丰 19、垦丰 17、垦丰 14、垦丰 13、垦丰 11、垦丰 7 号、垦丰 5 号、垦农 31、垦农 30、垦农 29、垦农 8 号、垦豆 30、垦豆 27、垦豆 25、合农 60、合丰 56、合丰 55、合丰 51、合丰 50、合丰 47、合丰 46、合丰 45、合丰 43、合丰 39、合丰 35、合丰 33、合丰 30、合丰 26、合丰 25、合丰 23、合丰 22、合丰 5 号、绥农 35、绥农 34、绥农 33、绥农 32、绥农 30、绥农 31、绥农 27、绥农 26、绥农 22、绥农 20、绥农 15、绥农 14、绥农 10 号、绥农 6 号、绥农 5 号、绥农 4 号、绥农 3 号、绥无腥 1 号、牡丰 3 号、牡丰 2 号、牡丰 1 号、荆山璞、嫩丰 19、嫩丰 18、嫩丰 17、嫩丰 15、嫩丰 14、嫩丰 13、嫩丰 12、嫩丰 9 号、嫩丰 7 号、嫩丰 4 号、嫩丰 1 号、十胜长叶、元宝金、clark63、CN210、Amsoy、Beeson、旱铁荚青、紫花 1 号、抗线 4 号、东农 53、东农 50、东农 48、东农 47、东农 46、东农 37、东农 4 号、哈北 46-1、黑农 65、黑农 64、黑农 48、黑农 44、黑农 43、黑农 35、黑农 34、黑农 16、黑农 11、黑农 10 号、黑农 3 号、黑生 101、黑农 57、黑农 41、黑农 33、黑农 31、黑农 30、黑农 28、黑农 23、四粒黄、吉育 86、吉育 83、吉育 69、吉育 67、吉育 58、吉林 48、群选 1 号、杂交豆 3、四粒荚、延农 9 号等品种，这些品种熟期适宜内蒙古自治区呼伦贝尔地区种植，也可引种熟期特征与之相仿品种。

表 5 东北春大豆种质熟期组划分及适宜呼伦贝尔地区的种质

Table 5 Division of maturity stage of spring soybean germplasm resources in Northeast China and the suitable germplasm resources in Hulunbuir

熟期组 MG	品种 Variety
MG0	蒙豆 30(Mengdou30)、蒙豆 28(Mengdou28)、蒙豆 14(Mengdou14)、蒙豆 12(Mengdou12)、蒙豆 10 号(Menggou10)、黑河 53(Heihe53)、黑河 51(Heihe51)、黑河 36(Heihe36)、黑河 20(Heihe20)、丰收 21(Feng-shou21)、丰收 12(Fengshou12)、丰收 10 号(Fengshou10)、克 4430-20(Ke4430-20)、北垦 9395(Beiken9395)白宝珠(Baibaozhu)、合农 60(Henong60)、合丰 56(Hefeng56)、合丰 55(Hefeng55)、合丰 51(Hefeng51)、合丰 50(Hefeng50)、合丰 46(Hefeng46)、合丰 5 号(Hefeng5)、红丰 12(HongFeng12)、红丰 11(HongFeng11)、红丰 8 号(HongFeng8)、红丰 2 号(HongFeng2)、垦农 34(Kennong34)、垦农 28(Kennong28)、垦农 26(Kennong26)、垦农 24(Kennong24)、垦农 18(Kennong18)、垦农 5 号(Kennong5)、垦农 4 号(Kennong4)、垦鉴 43(Kenjian43)、垦鉴 35(Kenjian35)、垦鉴豆 26(Kenjian26)、垦鉴 7 号(Kenjian7)、丰收 27(Fengshou27)、丰收 25(Fengshou25)、丰收 6 号(Fengshou6)、丰收 2 号(Fengshou2)、北丰 14(Beifeng14)、北丰 11(Beifeng11)、绥农 15(Suinong15)、

熟期组 MG	品种 Variety
	哈北 46-1(Habei46-1)、北豆 30(Beidou30)、北豆 21(Beidou21)、北豆 18(Beidou18)、北豆 10 号(Beidou10)、北豆 9 号(Beidou9)、北豆 8 号(Beidou8)、北豆 3 号(Beidou3)、垦丰 22(Kenfeng22)、垦丰 20(Kenfeng20)、垦丰 19(Kenfeng19)、垦丰 17(Kenfeng17)、垦丰 14(Kenfeng14)、垦丰 13(Kenfeng13)、垦丰 11(Kenfeng11)、垦丰 7 号(Kenfeng7)、垦丰 5 号(Kenfeng5)、垦农 31(Kennong31)、垦农 30(Kennong30)、垦农 29(Kennong29)、垦农 8 号(Ken-nong8)、垦豆 30(Kendou30)、垦豆 27(Kendou27)、垦豆 25(Kendou25)、东农 48(Dongnong48)、黑农 44(Heinong44)、黑农 43(Heinong43)、黑农 35(Heinong35)、合丰 47(Hefeng47)、合丰 45(Hefeng45)、合丰 43(Hefeng43)、合丰 39(Hefeng39)、合丰 35(Hefeng35)、合丰 33(Hefeng33)、合丰 30(Hefeng30)、合丰 26(Hefeng26)、合丰 25(Hefeng25)、合丰 23(Hefeng23)、合丰 22(Hefeng22)、绥农 35(Suinong35)、绥农 34(Suinong34)、绥农 30(Suinong30)、绥农 20(Suinong20)、绥农 14(Suinong14)、绥农 10 号(Suinong10)、绥无腥 1 号(Suiwuxing1)、东农 50(Dongnong50)、东农 46(Dongnong46)、牡丰 3 号(Mufeng3)、荆山璞(Jinshanpu)、黑农 64(Heinong64)、黑农 34(Heinong34)、黑农 11(Heinong11)、黑农 10 号(Heinong10)、黑农 3 号(Heinong3)、黑生 101(Heisheng101)、延农 9 号(Yannong9)、吉育 69(Jiyu69)、牡丰 2 号(Mufeng2)、牡丰 1 号(Mufeng1)、嫩丰 19(Nenfeng19)、嫩丰 18(Nenfeng18)、嫩丰 17(Nenfeng17)、嫩丰 15(Nenfeng15)、嫩丰 14(Nenfeng14)、嫩丰 13(Nenfeng13)、嫩丰 12(Nenfeng12)、嫩丰 9 号(Nenfeng9)、嫩丰 7 号(Nenfeng7)、嫩丰 4 号(Nenfeng4)、嫩丰 1 号(Nenfeng1)、十胜长叶(Shishengchangye)、元宝金(Yuanbaojin)、克拉克 63(clark63)、富兰克林(CN210)、阿姆索(Amsoy)、Beeson、旱铁荚青(Hantiejiaqing)、紫花 1 号(Zihua1)、绥农 33(Suinong33)、绥农 32(Suinong32)、绥农 31(Suinong31)、绥农 27(Suinong27)、绥农 26(Suinong26)、绥农 22(Suinong22)、绥农 6 号(Suinong6)、绥农 5 号(Suinong5)、绥农 4 号(Suinong4)、绥农 3 号(Suinong3)、抗线 4 号(Kangxian4)、东农 53(Dongnong53)、东农 47(Dongnong47)、东农 37(Dongnong37)、东农 4 号(Dongnong4)、黑农 65(Heinong65)、黑农 48(Heinong48)、黑农 16(Heinong16)、吉育 69(Jiyu69)、吉育 67(Jiyu67)、吉育 58(Jiyu58)、群选 1 号(Qunxuan1)、黑农 57(Heinong57)、黑农 41(Heinong41)、黑农 33(Heinong33)、黑农 31(Heinong31)、黑农 30(Heinong30)、黑农 28(Heinong28)、黑农 23(Heinong23)、四粒黄(Sili-huang)、吉育 86(Jiyu86)、吉育 83(Jiyu83)、杂交豆 3(Zajiaodou3)、四粒荚(Silijia)、吉林 48(Jilin48)
MG I	垦农 23(Kennong23)、垦农 22(Kennong22)、垦农 19(Kennong19)、垦豆 28(Kendou28)、垦豆 26(Kendou26)、垦丰 23(Kenfeng23)、垦丰 18(Ken-feng18)、垦丰 16(Kenfeng16)、垦丰 15(Kenfeng15)、垦丰 10(Kenfeng10)、垦丰 9 号(Kenfeng9)、抗线 8 号(Kangxian8)、抗线 9 号(Kangxian9)、抗线 7 号(Kangxian7)、抗线 6 号(Kangxian6)、抗线 5 号(Kangxian5)、抗线 2 号(Kangxian2)、合丰 48(Hefeng48)、吉林 26(Jilin26)、九农 29(Jiunong29)、长农 20(Changnong20)、长农 14(Changnong14)、牡丰 8 号(Mudou8)、牡丰 7 号(Mufeng7)、牡丰 6 号(Mufeng6)、嫩丰 20(Nenfeng20)、满仓金(Mancangjin)、紫花 4 号(Zihua4)、绥农 29(Suinong29)、抗线 3 号(Kangxian3)、东农 33(Dongnong33)、黑农 69(Heinong69)、黑农 67(Heinong67)、黑农 62(Heinong62)、黑农 61(Heinong61)、黑农 58(Heinong58)、黑农 54(Heinong54)、黑农 53(Heinong53)、黑农 52(Heinong52)、黑农 51(Heinong51)、黑农 47(Heinong47)、黑农 40(Heinong40)、黑农 39(Heinong39)、黑农 37(Heinong37)、黑农 32(Heinong32)、黑农 26(Heinong26)、东农 54(Dongnong54)、东农 52(Dongnong52)、东农 42(Dongnong42)、吉育 89(Jiyu89)、吉育 87(Jiyu87)、吉育 85(Jiyu85)、吉育 84(Jilin84)、吉育 73(Jilin73)、吉育 72(Jiyu72)、吉育 64(Jiyu64)、吉育 63(Jiyu63)、吉育 59(Jiyu59)、吉育 57(Jiyu57)、吉育 47(Jiyu47)、吉育 43(Jiyu43)、吉育 39(Jiyu39)、吉育 35(Jiyu35)、吉育 34(Jiyu34)、吉林 43(Jilin43)、吉林 35(Jilin35)、吉林 20(Jilin20)、长农 24(Changnong24)、长农 5 号(Changnong5)、九农 31(Jiunong31)、九农 28(Jiunong28)、九农 13(Jiunong13)、九农 12(Jiunong12)、吉科 3 号(Jike3)、吉科 1 号(Jike1)、四粒黄(Silihuang)、天鹅蛋(Tianedan)、铁豆 42(Tiedou)
MG II	丰地黄(Fengdihuang)、铁荚四粒黄(Tiejiasilihuang)、集体 3 号(Jiti3)、小金黄 1 号(Xiaohuangjin1)、吉育 101(Jiyu101)、吉育 93(Jiyu93)、吉育 92(Jiyu92)、、吉育 91(Jiyu91)、吉育 90(Jiyu90)、吉育 88(Jiyu88)、吉育 75(Jiyu75)、吉育 71(Jiyu71)、吉育 48(Jiyu48)、吉林 44(Jilin44)、吉林 39(Jilin39)、吉林 30(Jilin30)、吉林 24(Jilin24)、吉林 3 号(Jilin3)、吉林 1 号(Jilin1)、长农 23(Changnong23)、长农 22(Changnong22)、长农 21(Changnong21)、长农 19(Changnong19)、长农 17(Changnong17)、长农 16(Changnong16)、长农 15(Changnong15)、长农 13(Changnong13)、通农 13(Tongnong13)、通农 9 号(Tongnong9)、通农 4 号(Tongnong4)、吉农 15(Jinong15)、吉农 9 号(Jinong9)、九农 36(Jiunong36)、九农 34(Jiunong34)、九农 30(Jiunong30)、九农 26(Jiunong26)、九农 9 号(Jiunong9)、铁荚子(Tiejiazi)、黄宝珠(Huangbaozhu)、辽豆 3 号(Liaodou3)、铁丰 29(Tiefeng29)、铁丰 19(Tiefeng19)、铁丰 3 号(Tiefeng3)
MG III	吉农 22(Jinong22)、吉林 5 号(Jilin5)、长农 18(Changnong18)、九农 39(Jiunong39)、九农 33(Jiunong33)、通化平顶香(Tonghuapingdingx-iang)、辽豆 26(Liaodou26)、辽豆 24(Liaodou24)、辽豆 23(Liaodou23)、辽豆 22(Liaodou22)、辽豆 20(Liaodou20)、辽豆 17(Liaodou17)、辽豆 15(Liaodou15)、辽豆 14(Liaodou14)、辽豆 4 号(Liaodou4)、铁丰 34(Tiefeng34)、铁豆 31(Tiefeng31)、铁豆 39(Tiedou39)、铁丰 28(Tiefeng28)、铁丰 24(Tiefeng24)、铁丰 22(Tiefeng22)

2.3 东北大豆种质群体在呼伦贝尔地区的改良

2.3.1 东北大豆种质群体农艺品质性状育种潜势

表 6 列出各性状遗传变异系数、遗传率、遗传进度和相对遗传进度。从表中数据分析，生育期和株高的遗传率和遗传进度较高，较易改良；蛋白质、脂肪、百粒重、主茎节数等籽粒性状的遗传率虽然高，但

遗传进度小，改变是一个漫长的过程，直接利用优势性状则较好。地上部生物产量遗传率不高，不易作为改良的目标。

表6 东北大豆种质群体农艺品质性状育种潜势估计

Table 6 Estimation of breeding potential for agronomic and quality traits of soybean germplasm population in Northeast China

性状 Trait	遗传变异系数 GCV	遗传率 h^2	遗传进度 G	相对遗传进度 ΔG
生育前期 Days to flowering/d	0.16	0.93	13.93	31.26
生育后期 Days from flowering to maturity/d	0.07	0.86	10.16	12.91
全生育期 Days to maturity/d	0.07	0.92	15.60	12.93
株高 Plant height/cm	0.14	0.82	19.88	26.57
地上部生物量 Above ground bio mass/t/hm²	0.17	0.46	2.97	23.29
蛋白质含量 Protein content/%	0.02	0.64	1.53	3.69
油脂含量 Oil content/%	0.03	0.73	1.12	5.56
蛋脂总量 Total protein-oil/%	0.01	0.72	1.52	2.47
百粒重 100-seed weight/g	0.10	0.85	3.30	19.11

2.3.2 东北大豆种质群体中可供呼伦贝尔地区的改良创新的优异种质

由表7数据分析，在生育期的改良上，MG00熟期组种质单株产量较高的合丰29、绥农8号、黑农6号、丰收19、黑河19可作为改良MG0组种质的供体种质。MG0组的丰收12、蒙豆11、东农50、黑农43、东农48蛋白质含量高，即是优良的受体种质，也是优良的供体种质。北豆16、合丰42、红丰3号、北豆14、垦鉴27脂肪含量高，在当地熟期早，作为改良脂肪性状的供体种质需要考虑熟期的问题。丰收12、合丰45、蒙豆9号的蛋脂含量高、熟期早，作为供体种质时受体种质可适当使用晚熟品种，蒙豆11和东农48蛋脂含量高，熟期适宜，可作为改良蛋脂含量的重要种质。株高和主茎节数的改良可考虑使用MGⅠ的种质，如MGⅠ组的长农5号、吉育85、九农28、吉育34、吉育39主茎节数多，若改良MG0组种质的节数可参考使用，吉林26、满仓金、长农14、抗线3号、四粒黄是改良MG0组种质的可用种质；绥农27、吉林18、北丰11是提高百粒重的可用种质，东农50和蒙豆6号是小粒豆品种的重要种质。

表7 可用于呼伦贝尔地区大豆品种改良的亲本种质

Table 7 The suggest that it can be used as parent material for improving soybean varieties in Hulunbuir

生育前期 Days to flowering (d)	株高 Plant height(cm)	主茎节数 Nodes on main stem	蛋白质含量 Protein content(%)
合丰29/MG00(41.25) Hefeng29	吉林26/MGI(130.22) Jilin26	长农5号/MGI(24.33) Changnong5	丰收12/MG0(44.38) Fengshou12
绥农8号/MG00(41.12) Suinong8	满仓金/MGI(127.50) Mancangjin	吉育85/MGI(23.33) Jiyu85	蒙豆11/MG000(44.10) Mengdou11
黑农6号/MG00(40.88) Heinong6	长农14/MGI(127.25) Changnong14	九农28MGI(22.88) Jiunong28	东农50/MG0(44.08) Dongnong50
丰收19/MG00(37.50) Fengshou19	抗线3号/MGI(126.40) Kangxian3	吉育34/MGI(22.61) Jiyu34	黑农43/MG0(43.06) Heinong43
黑河19/MG00(38.75) Heihe19	四粒黄/MGI(124.00) Silihuang	吉育39/MGI(22.60) Jiyu39	东农48/MG0(45.98) Dongnong48
油脂含量 Oil content(%)	蛋脂总量 Total protein-oil(%)	百粒重 Large seed weight(g)	
北豆16/MG000(22.84) Beidou16	丰收12/MG0(63.97) Fengshou12	绥农27/MG0(28.17) Suinong27	
合丰42/MG00(22.37) Hefeng42	蒙豆11/MG000(63.75) Mengdou11	吉林18/MG0(23.10) Jilin18	
红丰3号/MG00(22.32) Hongfeng3	合丰45/MG00(62.95) Hefeng45	北丰11/MG0(23.09) Beifeng11	
北豆14/MG00(22.21) Beidou14	东农48/MG0(62.59) Dongnong48	东农50/MG0(6.13) Dongnong50	

续表 7

生育前期 Days to flowering (d)	株高 Plantheight(cm)	主茎节数 Nodesonmainstem	蛋白质含量 Proteincontent(%)
北豆 14/MG00(22.21) Beidou14	东农 48/MG0(62.59) Dongnong48	东农 50/MG0(6.13) Dongnong50	
垦鉴 27/MG00(22.19) Kenjian27	蒙豆 9 号/MG000(62.57) Mengdou9	蒙豆 6/号 MG00(8.92) Mengdou6	

注：每格数据表示为品种/熟期组(平均值)
Note:The datain each cell are variety/maturity group(mean of the treat)

3 讨 论

3.1 东北大豆种质群体在呼伦贝尔地区的表现

适宜的大豆品种最重要的要求是熟期适宜，能充分利用当地的无霜期内的水温等条件，稳定成熟。内蒙古呼伦贝尔地区无霜日数 126 左右。MG0 组平均生育日数 123.33 d（111.20~131.00 d），较能充分利用当地有效积温，不成熟风险小；MGⅠ组种质平均全生育期 128.77d（123.88~130.75 d），部分种质比当地无霜期长，有不成熟的风险，当地选用需慎重，MG0 和 MGⅠ中大部分种质能在当地成熟，是当地适宜的熟期组类型。MG000 和 MG00 熟期组种质平均熟期为 102.77 d 和 111.05 d，熟期组种质成熟较早，不能充分利用当地的有效积温；MGⅡ和 MGⅢ组种质霜降前不能成熟，不能在呼伦贝尔地区种植。当地适宜熟期组种质主茎节数为 17.31~18.00 节，平均株高为 79.76~89.59 cm，平均生物产量为 12.00~12.32 t/hm²。东北大豆种质群体籽粒性状方面表现是熟期早的 MG000 和 MG00 脂肪含量和蛋脂总量显著高于 MG0 和 MGⅠ组种质，也就是熟期越早，脂肪含量和蛋脂总量越高，这个原因尚需研究。蛋白质含量和百粒重各熟期组之间差异不显著，蛋白质含量和百粒重的差异主要是品种个体的差异。

3.2 东北大豆种质群体在呼伦贝尔地区的引用

引种适合当地生态条件的优良大豆品种可直接提高当地大豆产量；对现有品种进行改良和选育新的大豆品种是大豆增产的主要途径，而育成的大豆品种中含有育种家累积选育的优良的农艺性状基因，是品种改良和选育新品种最核心的遗传种质。适宜的品种主要包括蒙豆系列品种、黑河系列品种、红丰系列品种、丰收系列品种、北豆系列品种、垦鉴系列品种、垦丰系列品种、合丰系列品种、绥农系列品种、嫩丰系列品种、东农系列品种、黑农系列大豆品种，吉育系列品种中少量早熟种质可以种植，辽宁品种不适宜在此地种植。

3.3 东北大豆种质群体在呼伦贝尔地区的改良

大豆种质较易改良的性状是生育期和株高；蛋白质含量、脂肪含量、蛋脂总量、百粒重、主茎节数等籽粒性状的遗传率虽然很高，但遗传进度小，要是作为目标性状进行改变需要一个较长的过程，要是作为种质直接利用其优势性状则较好；地上部生物产量遗传率不高，不适合作为目标性状进行改良。合丰 29、绥农 8 号、黑农 6 号、丰收 19、黑河 19 是改良熟期的优良种质；长农 5 号、吉育 85、九农 28、吉育 34、吉育 39 是改良株高的优良种质；丰收 12、蒙豆 11、东农 50、黑农 43、东农 48 是改良蛋白质含量的优良种质；北豆 16、合丰 42、红丰 3 号、北豆 14、垦鉴 27 是改良脂肪含量的优良种质；丰收 12、合丰 45、蒙豆 9 号、蒙豆 11 和东农 48 是改良蛋脂总量的优良种质；绥农 27、吉林 18、北丰 11 是提高百粒重的优良种质，东农 50 和蒙豆 6 号是小粒豆品种的重要种质。

致谢：感谢中国农业科学院作物所、吉林省农科院大豆所提供部分大豆参试品种(系)。感谢各试验人员辛苦的工作。

参考文献（略）
该文章尚未见刊。

东北大豆种质群体在佳木斯的表现及其潜在的育种意义

王德亮 [1*]，宗春美 [2,3*]，王燕平 [2]，王继亮 [1]，蒋宏鑫 [1]，杨丹霞 [1]，傅蒙蒙 [3]，任海祥 [2]，赵团结 [3]，
杜维广 [2*]，盖钧镒 [3*]

（1. 黑龙江省农垦科学院作物开发研究所，黑龙江 佳木斯 154007；2. 黑龙江省农业科学院牡丹江分院/
国家大豆改良中心牡丹江试验站，黑龙江 牡丹江 157041；3. 南京农业大学大豆研究所/农业部大豆生物
学与遗传育种重点实验室/国家大豆改良中心/作物遗传与种质创新国家重点实验室，江苏 南京 210095）

摘　要：东北是我国大豆的主要生态区，佳木斯是东北北部重要产区。本研究于 2012—2014 年间，以搜集到的东北地区各单位现存的 361 份大豆地方品种和育成品种作为东北现存的本地种质，观察该群体在佳木斯地区的表现，研究其在佳木斯的潜在育种意义。获得以下主要结果：（1）东北大豆种质群体平均表现为全生育期 133 d（103.8~157.0 d）、蛋白质含量 39.8%（35.6%~44.4%）、油脂含量 20.58%（17.47%~22.84%）、蛋脂总量 60.27%（54.00%~63.97%）、百粒重 17.61 g（6.13g~28.17g）、株高约 96.0 cm（54.9~146.8cm）、主茎 19.00 节（11.23~25.83）、分枝 2.75 个（0.22~7.63）、倒伏 2 级左右（1.0~4.0）。（2）当地适合熟期组为 MG0 和 MGⅠ，各性状的平均值与群体平均相近，其他熟期组在当地的表现与之不同。MG000 和 MG00 的生育天数集中在 110.0~120.0 d，比当地无霜期早 10.0~20.0 d，不能充分利用当地的自然条件；而品质性状表现则略优于 MG0/MGⅠ，特别是油脂含量和蛋脂总量分别高约 1.0%、1.5%；株高、节数均低于 MG0/MGⅠ，分别低约 10.0~40.0 cm、2.0~8.0 节。MGⅡ的生育天数在当地高达 150.0 d，不能稳定正常成熟，不适合当地种植；品质性状表现低于当地品种水平，特别是蛋白质、蛋脂总量均低约 2.0%，油脂低约 0.5%；而株高、节数高于当地品种，分别高约 10.0 cm、2.0 节，倒伏程度则高达 3.0 级。MGⅢ在佳木斯不能正常成熟，导致其他性状表达不正常，生长量和倒伏度增加。（3）根据各农艺品质性状在佳木斯表现的遗传进度估计，虽然油脂和蛋白质含量相对小些，但均有一定的改良潜力。佳木斯地区利用东北大豆资源育成了许多适于东北北部的优异品种，体现了东北种质的重要作用。根据当地品种的表现，从供试的东北资源中提出了各农艺、品质性状改良可用的亲本品种名单，供育种工作者参考。

关键词：东北春大豆；　熟期组；　农艺品质性状；　遗传变异；　育种潜势

Performance and breeding potential of the Northeast China soybean germplasm population in Jiamusi

WANG De-liang[1], ZONG Chun-mei[2,3], WANG Ji-liang[1], JIANG Hong-xin[1], YANG Dan-xia[1], WANG Yan-ping[2], FU Meng-Meng[3], REN Hai-xiang[2], ZHAOTuan-jie[3], DU Wei-guang[2*], GAI Jun-yi[3*]

(1. *Institute of crop development of Heilongjiang province Agricultural reclamation, Jiamusi* 154007, *China*;
2. *Mudanjiang Branch of Heilongjiang Academy of Agricultural Sciences / Mudanjiang Experiment Station of the National Center for Soybean Improvement, Mudanjiang* 157041, *China*;
3. *Soybean Research Institute of Nanjing Agricultural University / Key Laboratory for Soybean Biology, Genetics and Breeding, Ministry of Agriculture / National Center for Soybean Improvement / National Key Laboratory for Crop Genetics and Germplasm Enhancement, Nanjing* 210095, *China*)

Abstract: Northeast China is a major ecoregion for soybean production in China, while Jiamusi area is a major soybean production area in northern Northeast China. The soybean germplasm population composed of 361 landraces and released cultivars collected in Northeast China was tested in Jiamusi in 2012—2014 for evaluation of its characterization and genetic potential in local breeding programs. The results obtained were as follows: (1) The average performances with ranges of agronomic and seed quality traits were characterized as that the days to maturity was 133.0 d(103.8 d~157.0 d), the protein content /oil content /total protein and oil /100-seed weight were 39.69%(35.6%~44.38%), 20.58%(17.47%~22.84%), 60.27%(54.00%~63.97%)and 17.61 g(6.13 g~28.17 g) , the plant height, nodes on main stem, number of branches and lodging score were 96.00 cm(54.92~146.80 cm), 19.00 nodes (11.23~25.83), 2.75(0.22~7.63) and 2.18(1.00~4.00), respectively. (2) The MG0 and MG I were the best adapted maturity groups that could use fully the local frost-free period with the averages of all traits similar to the population averages. The other maturity groups performance differently in Jiamusi. The MG000 and MG00 matured at about 110.0~120.0 d, 10.0~20.0 d earlier than the local first frost; the seed quality traits were better than those of MG0/MGI with oil content /protein–oil content about 1.0%/1.5% higher; while their plant height and nodes on main stem were about 10.0~40.0 cm and 2.0~8.0 nodes less than those of MG0/MG I. The MG II toke about 150.0 d and could not mature constant-naturally before the first frost; their seed quality traits were not as good asMG0/MG I with protein content/protein-oil content about 2.0% less and oil content 0.5% less than those of MG0/MG I, the plant height and nodes on main stem were about 10 cm and 2 nodes more than those of MG0/MG I; while the lodging score were one grade more (grade 3.0) than that of MG0/MG I. The MGIII did not mature naturally, causing abnormal development of the other traits with growth amount and lodging score increased.(3) According to the genetic progress estimation of agronomic quality traits in Jiamusi, although the content of oil and protein was relatively small, they had a certain improvement potential. Many excellent characters suitable for the north of Northeast China had been bred by using Northeast soybean resources in Jiamusi, which reflected the important role of Northeast germplasm. According to the performance of local varieties, a list of available parent varieties for agronomic and quality improvement was put forward from the tested Northeast resources for referrnce by breeders.

Keywords: Northeast spring-sowing soybean; Maturity group; Agronomic and seed quality traits; Genetic variation; Breeding potential

随着我国经济的发展和人民生活水平的提高，大豆消费呈快速增长的趋势，1961 年我国大豆消费量仅为 607 万吨，至 2013 年大豆消费量则高达 7 756 万 t，已成为全球大豆消费第一大国[1]。然而我国大豆生产面积下滑明显，总产降低，国内大豆的自给能力已降至 20%，对粮食保障造成压力。有研究表明全国大豆种植面积自 2008 年的 950 万 hm² 降至 2012 年的 718 万 hm²；总产也从 2009 年的 1 680 万 t 降至 2012 年的 1 280 万 t[2]。基于此，国家在《全国种植业结构调整规划（2016—2020 年）》中强调增加大豆种植面积（力争到 2020 年大豆面积达到 1.4 亿亩），提高大豆的供应量[3]。

东北地区作为我国大豆主产区，在我国大豆生产中占有重要地位。我国大豆生产落后的原因很多，但单产水平低是关键因素[4]。盖钧镒[5,6]研究表明，品种改良是决定大豆增产的重要因素。育成品种是经育种家长期杂交、选育，积累了多方面的优异变异，育成品种与野生豆和地方品种相比，虽然丢失 77.7%、71.09% 的等位变异，同时分别增加了 54.7%、45.9% 的新变异，是品种改良最核心的遗传资源。

评价种质资源的多样性和遗传潜力，可以为大豆育种提供参考。种质资源多样性的评价一般包括表型、染色体、等位酶、DNA 等不同的层次，其中表型评价是最基本的，最为简便、经济，在种质资源特别是群体较大时广泛采用。种质资源的表型评价一般是采用遗传变异系数、表型变异系数和遗传率等指标[7]；遗传潜力的评价一般是采用遗传进度和相对遗传进度[8]。遗传进度反映了群体选择的潜势；相对遗传进度可以方便地比较不同性状的遗传潜势，反映了对性状改良的难易程度。

佳木斯市位于黑龙江省东部，属于黑龙江省品种生态区划的冷凉半湿润中早熟区组。土壤以黑土、河淤土为主，大于 10 ℃的积温 2 550~2 800 ℃，年降水量 500~600 mm，无霜期 125~140 d[9]。傅蒙蒙等[10,11]研究表明该地区适宜 MG0/MG I 熟期组，属于第 II 亚区。佳木斯地区自 1934 年始创佳木斯农事试验场以来，在东北大豆育种及产业中占有重要地位，采用佳木斯种质育成品种多达 119 个[12]。本研究团队于 2012—2014 年在佳木斯种植从东北地区广泛征集的东北大豆种质资源 361 份。以期明确以下问题：（1）东北种质资源群体在佳木斯地区的表现和育种潜势。（2）为佳木斯地区品种改良提出建议并提供部分优异亲本材料。

1 材料与方法

1.1 试验生态区基本条件、试验材料、试验设计及调查标准

将 361 份东北春大豆按照生育期长度分为极早熟、早熟、中早熟、中熟、中晚熟、晚熟 6 组，于 2012—2014 年种在黑龙江省农垦科学院试验地（地址：黑龙江省佳木斯市）。采用重复内分组试验设计，4 次重复，每小区面积 1m²，穴播，每小区 4 穴，每穴保留 4 株，初花时至少拥有 2 穴、每穴中至少 3 株的小区参与调查。按 Fehr[13] 提出的大豆生育时期鉴定方法，调查播种期、出苗期、R1、R2、R7、R8 时期，当地霜降时未达到成熟标准的材料仅记录其所达到的生育时期。生态区基本条件与试验材料详情见傅蒙蒙[10]。收获后调查项目及标准参考邱丽娟的标准[14]，品质性状的检测统一在南京农业大学采用 FOSS 近红外谷物分析仪 Infratec TM 1241。

1.2 数据统计分析

描述统计分析采用 SAS/STAT v9.1 的 PROC MEANS 软件进行。方差分析采用 SAS/STAT V9.1 的 PROC GLM。平均数间的差异显著性采用 Duncan 新复极差测验。根据方差分析结果计算相对应的遗传率（h^2）、遗传变异系数（GCV）、遗传进度（G）和相对遗传进度（ΔG），计算方法参考[15-17]。

多年联合方差分析线性模型：$y_{ijkl} = \alpha_i + \beta_j + \delta_{l(j)} + A_{ij} + \varepsilon_{ijl}$

广义遗传率 h^2 公式：$h^2 = \sigma^2_g / \sigma^2_p \times 100\%$

表型方差：$\sigma^2_p = \sigma^2_g + \sigma^2_{gj}/j + \sigma^2_e/(j \times r)$

遗传变异系数 GCV 公式：$GCV = \sigma_g / \mu \times 100\%$

遗传进度 G 公式：$G = k \times \sigma_g \times \sqrt{h^2}$

相对遗传进度 ΔG 公式：$\Delta G = 100 \times G / \overline{X}$

其中，μ 为群体表型数据的平均数，α_i 为第 i 个基因型的效应，β_j 为第 j 年的效应，$\delta_{l(j)}$ 为 j 年第 l 个重复的效应，A_{ij} 为基因型与年份的互作，ε_{ijl} 为残差。运算过程中，所有变异来源均作为随机效应处理。σ^2_g 为基因型方差，σ^2_p 为表型方差，σ^2_{gj} 为基因型与年份互作方差，σ^2_e 为误差方差，j 为年份，r 为重复，$\overline{X}$ 为性状平均值，k 为选择强度，5% 选择强度下为 2.06。

2 结果与分析

2.1 东北大豆种质群体农艺品质性状在佳木斯地区的表现

表 1~表 4 为大豆种质群体生育期性状、籽粒性状、产量性状、株型性状在佳木斯地区的次数分布和描述统计。对生育期性状，生育前期、后期、全生育期的平均值分别为 55.1 d、79.3 d、132.5 d，变幅分别为 40.0~89.3 d、61.2~97.5 d、103.8~157.0 d；对籽粒性状，蛋白质含量、油脂含量、蛋脂总量、百粒重的平均值分别为 39.69%、20.58%、60.27%、17.61 g，变幅分别为 35.6%~44.38%、17.47%~22.84%、54.00%~63.97%、6.13~28.17 g；地上部生物量、产量的平均值分别为 6.30 t/hm²、2.90 t/hm²，变幅分别为 1.92~13.79 t/hm²、1.11~4.32 t/hm²；株高、主茎节数、分枝数目、倒伏程度分别为 91.2 cm、19.0 节、2.75 个、2.18，变幅分别为 54.9~146.8cm、11.23~25.83、0.22~7.63、1.0~4.0。从频数分布上，各性状基本上呈现以平均值所在组为最高值的钟形分布。标准差和变幅反映了不同性状的多样性水平，各性状内均含有丰富的变异。变异系数反映了不同性状的多样性水平，其中分枝数目/倒伏程度的多样性水平最高，均在 37% 以上，其原因是 MGⅡ 和 MGⅢ 品种在佳木斯生态条件下表现繁茂所致；品质性状的多样性水平最低，在 2.46%~3.98% 间；其余性状则分布在 7%~25% 间。

表1 东北大豆种质群体在佳木斯生育期性状的次数分布和描述统计（2012—2014年）

Table 1 Frequency distribution and descriptive statistics of the growth period traits of the Northeast China soybean germplasm population in Jiamusi (2012—2014)

性状 Trait	MG	次数 f	27.5	32.4	37.2	42.1	46.9	51.7	56.6	61.4	66.2	71.1	平均值 Mean	SD	CV	变幅 Range
生育前期 Days to flowering (d)	000	16	14	2									27.8E	2.3	8.2	25.1-34.5
	00	45	36	8	1								28.5E	2.1	7.4	25.5-36.5
	0	157	39	105	12		1						31.5D	2.6	8.2	27.5-48
	I	79	8	37	20	6	5	2	1				35.7C	6.0	16.8	28.6-58.8
	II	43			10	11	6	6	7	1	1	1	46.8B	8.8	18.8	35.4-69
	III	21				1	2	3	3	1	4	7	61.5A	9.7	15.8	43.1-73.5
总计 Total		361	97	152	43	18	14	11	11		5	8	35.5			

性状 Trait	MG	次数 f	66.4	70.1	73.8	77.5	81.2	84.9	88.6	92.3	96.0	99.7	平均值 Mean	SD	CV	变幅 Range
生育后期 Days from flowering to maturity (d)	000	16	10	4	1	1							68.5D	3.32	4.84	64.5-77.8
	00	45	2	10	23	9	1						73.9C	2.83	3.84	67.8-82.3
	0	156			8	28	60	47	12	1			81.8B	3.57	4.37	73.1-91.2
	I	76				7	21	34	13			1	87.6A	3.47	3.96	79.8-101.5
	II	13					2	3	4	4			87.3A	3.79	4.34	80-9.56
	III	0														-
总计 Total		306	12	14	32	38	70	71	50	18	0	1	72.9	3.4	4.2	

性状 Trait	MG	次数 f	94.7	99.0	103.4	107.7	112.1	116.4	120.8	125.1	129.5	133.8	平均值 Mean	SD	CV	变幅 Range
全生育期 Days to maturity (d)	000	16	12	2	2								96.3E	4.40	4.57	92.5-108.1
	00	45	2	16	20	5	1	1					102.3D	3.76	3.68	95.6-114.7
	0	156			7	30	63	43	9	4			113.0C	4.42	3.91	103.8-126
	I	76					17	30	20	7	2		122.2B	4.34	3.55	114.6-135.8
	II	13						2	2	6	3		128.2A	5.22	4.07	118.8-136
	III	0														
总计 Total		306	14	18	27	37	64	61	41	26	13	5	113.5	4.34	3.83	92.5-136

f=次数；SD=标准差；CV=变异系数；MG=熟期组；同一列数字后的不同小写字母说明熟期组间的差异显著性，下同。

f=Frequency; SD=Standard deviation; CV= Coefficient of variation; MG=Maturity group; Values in the column of mean followed by different letters are significantly different among maturity groups. The same is true for below.

表2 东北大豆种质群体在佳木斯籽粒性状的次数分布和描述统计（2012—2014年）

Table 2 Frequency distribution and descriptive statistics of the seed quality traits of the Northeast China soybean germplasm population in Jiamusi (2012—2014)

性状 Trait	MG	次数 f	36.1	37.0	37.9	38.9	39.8	40.8	41.7	42.6	43.6	44.5	平均值 Mean	SD	CV	变幅 Range
蛋白质含量 Protein content(%)	000	16	0	0	0	2	4	1	5	2	1	1	41.2A	1.53	3.72	39.0-44.1
	00	43	0	0	4	6	20	8	5				39.9B	0.94	2.36	37.9-41.9
	0	153	1	8	15	46	41	26	8	6	2		39.6B	1.36	3.44	36.2-43.7
	I	75	2	2	17	11	17	15	7	4	0		39.6B	1.54	3.90	35.8-43.0
	II	41	1	3	6	4	6	8	7	3	2	1	40.1B	1.54	2.03	35.6-45.0
	0III	14	1		1		2	4	4	1	1		40.6AB	2.03	5.07	36.4-43.2
总计 Total		342	5	13	43	69	90	62	36	16	6	2	39.82	1.48	3.73	37.7-45.9

性状 Trait	MG	次数 f	17.8	18.5	19.2	19.8	20.5	21.2	21.8	22.5	23.2	23.8	平均值 Mean	SD	CV	变幅 Range
油脂含量 Oil content(%)	000	16					5	2	6	2	1		21.4B	0.79	3.68	20.3-22.9
	00	43					3	2	19	14	5		22.1A	0.63	2.88	20.6-23.2
	0	155			1	2	8	36	50	45	11	2	21.9AB	0.75	3.44	19.4-24.2
	I	79	1		1	1	13	20	26	16	1		21.5B	0.84	3.92	18.0-23.1
	II	40	1	2	7	10	12	3	2	3			20.1C	1.04	5.17	17.5-22.3
	III	12	1	1	4	6							19.3D	0.66	3.40	17.8-20.1
总计 Total		345	3	3	13	19	41	63	103	80	18	2	21.5	0.80	3.71	18.9-23.8

续表2

性状 Trait	MG	次数 f	组中值 Class mid-point										平均值 Mean	SD	CV	变幅 Range
			57.7	58.4	59.1	59.8	60.5	61.2	61.9	62.6	63.3	64.0				
蛋脂总量 Total protein-oil (%)	000	16	0	0	0	0	0	2	4	4	4	2	62.7A	0.94	1.50	61.4-64.3
	00	43				1	4	8	17	10	3		61.8B	0.74	1.19	59.8-63.2
	0	155			1	9	32	39	47	14	10	3	61.5BC	0.93	1.50	59.2-64.3
	I	79		1	5	12	18	17	19	6	1		61.0CD	1.01	1.65	58.8-63.2
	II	40	3	5	2	8	7	4	4	2	3	2	60.5D	1.73	2.85	57.8-64.3
	III	12	2		1	5	1	3					59.9E	1.25	2.09	57.4-61.6
总计 Total		345	5	6	9	35	62	73	91	36	21	7	61.3	1.06	1.73	60.5-66.5
			9.4	11.7	14.1	16.5	18.9	21.3	23.7	26.0	28.4	30.8				
百粒重 100-seed weight(g)	000	16				4	8	3	1				21.3A	2.38	11.18	17.8-26.8
	00	45		1		11	25	7	1				20.9A	2.17	10.37	11.1-25.2
	0	156	1			6	49	74	20	3	2	1	20.7A	2.45	11.82	8.2-32.0
	I	78				2	18	31	26	1			21.5A	1.95	9.09	17.3-24.9
	II	35		1		1	9	10	11	2	1		21.5A	2.83	13.18	11.7-28.2
	III	11					4	5		2			21.3A	2.34	10.98	18.6-25.4
总计 Total		341	1	2		9	95	153	67	10	3	1	21.1	2.35	11.14	8.2-32.0

表3 东北大豆种质群体在佳木斯产量性状的次数分布和描述统计（2012—2014 年）

Table 3 Frequency distribution and descriptive statistics of the yield traits of the Northeast China soybean germplasm population in Jiamusi (2012—2014)

性状 Trait	MG	次数 f	组中值 Class mid-point										平均值 Mean	SD	CV	变幅 Range
			2.0	3.9	5.8	7.7	9.6	11.5	13.5	15.4	17.3	19.2				
地上部生物量 Above ground bio-mass(t/hm²)	000	16	9	6	1								2.7C	1.00	37.63	1.02-4.86
	00	45	12	33									3.3C	0.72	21.73	1.61-4.47
	0	156	32	113	10	1							3.6C	0.93	25.77	1.42-6.89
	I	77	26	41	5	4	1						3.9C	1.59	40.82	1.69-10.45
	II	31	1	4	6	3	8	7	1	1			8.4B	3.15	37.66	2.81-14.6
总计 Total		330	80	197	22	8	10	9	2	1		1	4.	1.50	35.92	1.02-20.16
			1.9	2.1	2.3	2.5	2.7	2.9	3.1	3.3	3.5	3.7				
产量 Yield (t/hm²)	000	16	8	7	0	1							2.05F	0.15	7.44	1.84-2.47
	00	45	8	25	11	1							2.16E	0.14	6.44	1.88-2.54
	0	154	0	15	75	46	14	3	1				2.44D	0.18	7.27	2.08-3.16
	I	78			17	25	20	15	0	1			2.64C	0.21	8.07	2.29-3.41
	II	43				3	14	17	7	1		1	2.90B	0.21	7.39	2.59-3.82
总计 Total		357	16	47	103	76	52	37	10	7	5	4	2.53	0.20	7.81	1.84-3.84

表4 东北大豆种质群体在佳木斯株型性状的次数分布和描述统计（2012—2014 年）

Table 4 Frequency distribution and descriptive statistics of the plant-type traits of the Northeast China soybean germplasm population in Jiamusi (2012—2014)

性状 Trait	MG	次数 f	组中值 Class mid-point										平均值 Mean	SD	CV	变幅 Range
			59.3	68.1	76.8	85.6	94.4	103.2	111.9	120.7	129.5	138.2				
株高 Plant height (cm)	000	16	4	8	4								67.0F	6.71	10.01	54.9-76.6
	00	45	3	6	10	9	9	4	2	2			85.2E	14.65	17.19	62.9-119.3
	0	157	2	1	2	30	55	40	18	8	1		97.6D	10.55	10.81	61.8-126.5
	I	79				4	14	22	18	13	8		108.4C	11.52	10.62	86.5-133.7
	II	42					1	3	5	14	9	10	123.9A	11.52	9.30	97.9-142.6
	III	19				1	1	3	4	5	3	2	116.9B	14.02	11.99	89.1-142.5
总计 Total		358	9	15	16	44	80	72	47	42	21	12	101.5	11.53	11.40	54.9-142.6

续表4

主茎节数 Nodes on main stem

性状 Trait	MG	次数 f	13.0	14.2	15.4	16.7	17.9	19.1	20.3	21.6	22.8	24.0	平均值 Mean	SD	CV	变幅 Range
主茎节数 Nodes on main stem	000	16	5	7	4								14.1E	0.88	6.26	12.6-15.3
	00	45	3	8	6	9	11	7	1				16.7D	1.92	11.51	12.4-20.1
	0	156		2	5	21	43	65	18	2			18.4C	1.33	7.24	13.6-22.0
	I	79				4	12	35	24	3	1		1945B	1.08	5.56	16.3-22.3
	II	36					1	9	8	13	4	1	20.9A	1.47	7.05	18.4-24.6
	III	18						1	7	6	4		21.4A	1.08	5.03	18.9-23
总计 Total		350	8	17	15	34	67	117	58	24	9	1	18.6	1.36	7.30	12.4-24.6

分枝数目 Branch number

性状 Trait	MG	次数 f	0.5	1.3	2.0	2.7	3.4	4.1	4.9	5.6	6.3	7.0	平均值 Mean	SD	CV	变幅 Range
分枝数目 Branch number	000	16	0	4	3	5	4	0	0	0	0	0	2.3688C	0.80	33.94	1.2-3.7
	00	45	0	13	16	12	3	0	0	1	0	0	2.1667C	0.85	39.00	1-5.6
	0	154	12	31	46	39	18	6	2	0	0	0	2.2019C	0.90	40.77	0.2-4.6
	I	74	4	17	22	15	8	3	4	0	1	0	2.3716C	1.14	47.87	0.3-6.1
	II	36	1	4	5	3	10	4	3	3	1	2	3.5167B	1.68	47.86	0.8-7.4
	III	18	0	0	0	0	1	4	4	2	3		5.2056A	1.35	25.87	3.1-7.4
总计 Total		343	17	69	92	74	47	14	13	8	4	5	2.534477243	1.07	42.31	0.2-7.4

倒伏程度 Lodging

性状 Trait	MG	次数 f	1.5	2.5	3.5	平均值 Mean	SD	CV	变幅 Range
倒伏程度 Lodging	000	16	15	1	0	1.3E	0.29	22.06	1-2
	00	45	35	6	4	1.7D	0.59	35.20	1-3.6
	0	156	83	63	10	2.0CD	0.61	31.27	1-3.8
	I	79	35	31	13	2.1C	0.75	37.92	0.9-3.6
	II	36	2	13	21	3.0B	0.59	19.58	1.3-4
	III	18	0	4	14	3.4A	0.56	16.77	2-4
总计 Total		350	170	118	62	2.1	0.63	29.93	1-4

2.2 东北大豆种质群体各熟期组品种农艺品质性状在佳木斯地区的表现

熟期组分类是目前最主要的分类方式，傅蒙蒙等[10, 11]研究表明本试验群体包含东北地区 MG000~MG III的所有熟期组类型，其中MG0~MG I为当地适宜熟期组类型。比较 MG0~MG I 与其他熟期组的材料，可以看出其他地区的材料在某些性状上含有本地区材料所不具有的优点，认识当地品种与其他品种的特点对利用其他地区品种改良当地品种具有重要意义。

对生育期性状，各性状熟期组间差异达到显著水平，生育期天数随着熟期组的变晚呈增大的趋势。MG0/MGI 全生育期天数最适合当地无霜期长度，满足当地的生产需求（130 d）。MG000/MG00 在当地全生育期平均天数在 113.0~122.2 d，不能充分利用当地自然条件。MG II 组的生育天数明显超过当地无霜期天数，不能稳定成熟，不适合在生产上使用。至于 MG III 组，在当地基本上不能成熟。

对籽粒性状，部分熟期组间差异达到显著水平。MG0/MG I 较 MG000/MG00 的籽粒性状水平略低，比 MG II 水平略高。具体地说，MG0/MG I 的蛋白质含量、油脂含量、蛋脂总量、百粒重平均值在 39.24%~40.11%、20.30%~20.54%、59.53%~60.66%、17.7 g，比 MG000/MG00 低约 1.00%、1.00%、2.00%、0.4 g(MG00 组蛋白质含量为 38.88%除外)，比 MG II 组高约 2.00%、0.40%、2.00%、1.3 g。

对产量性状，由于试验设计的限制，本文获得的相关产量数据反映不同熟期组趋势上变化而各熟期组的具体数据无实质性比较意义。从结果看，不同熟期组间地上部产量相差较大，达到显著水平，呈现随熟期组变晚增大的趋势（从 4.26 t/hm² 到 8.74 t/hm² 以上）；比较各组的变幅，其最小值差异不大，而最大值相差较大。产量性状在 MG00/MG0 组达到最大，为 3.00 t/hm² 左右，而其余组在 2.00~2.60 t/hm² 左右。

对株型性状，各熟期组间达到显著水平。随着熟期组变晚，各性状均呈增大的趋势。MG0/MG I 的株高、主茎节数、分枝数目和倒伏程度分别为 97 cm、19 节、2.67 个、2.13，比 MG000/MG00 高 10~40 cm，节数多 2~8 节；比 MG II 低约 10 cm，节数少约 2 节，倒伏程度低 1 个等级。

2.3 东北大豆种质群体在佳木斯地区的可能遗传潜势

表 5 为方差分析结果，各性状的年份、基因型、年份与基因型互作均达到显著水平，表明这些农艺性状不同年份间存在一定的差异，其表达均受基因型和环境互作的影响。

表 5 东北大豆种质群体农艺品质性状方差分析表（2012—2014 年）

Table5 ANOVA of agronomic and seed quality traits of the Northeast China soybean germplasm population in Jiamusi (2012—2014)

变异来源 Variation source	生育前期 Days to flowering (d)		生育后期 Days from flowering to maturity(d)		全生育期 Days to maturity(d)		蛋白质含量 Protein content(%)		油脂含量 Oil content(%)	
	DF	F	DF	F	DF	F	DF	F	DF	F
年份 Year	2	504.94**	2	57.69**	2	240.6**	2	169.11**	2	68.11
重复(年份)Rep(Yea)	9	1.61	9	3.46**	9	3.31**	9	2.16	9	1.87
基因型 Gen	360	7.48**	305	5.94**	305	7.97**	348	4.03**	348	4.09
年份×基因 Year×Gen	561	10.33**	493	14.3**	493	23**	539	4.67**	539	5.49
误差 Error	2569		2301		2301		2494		2494	

	蛋脂总量 Total protein-oil(%)		百粒重 100-seed weight(g)		地上部生物 Above ground biomass(t/hm²)		产量 Yield(t/hm²)		株高 Plant height(cm)	
	DF	F	DF	F	DF	F	DF	F	DF	F
年份 Year	2	134.51	2	65.62**	2	1290.48**	2	176.58**	2	85.38**
重复(年份)Rep(Yea)	9	2.48	9	3.7	9	5.12**	9	9.63**	9	1.63
基因型 Gen	348	4.75*	340	5.77	329	2.27**	298	2.34**	357	9.3**
年份×基因 Year×Gen	539	3.56	507	5.44**	507	2.96**	473	4.26**	545	3.8**
误差 Error	2494		2473		2406		2064		2530	

	主茎节数 Nodes on main stem		分枝数目 Branch number		倒伏程度 Lodging	
	DF	F	DF	F	DF	F
年份 Year	2	84.47**	1	68.35**	2	125.45**
重复(年份)Rep(Yea)	9	1.35	6	9.87**	9	3.83**
基因型 Gen	349	4.96**	342	3.15	349	3.92
年份×基因 Year×Gen	511	3.35**	216	1.67**	513	2.15**
误差 Error	2531		1550		2566	

*, **分别代表 0.05 和 0.01 水平上的显著性。

*, ** represent significance at 0.05 and 0.01 probability level, respectively.

育种潜势分析是品种资源多样性分析的重要内容，探讨资源群体在育种中利用的相对潜势，可为种质资源的利用提供理论依据。遗传率反映了由遗传所引起的变异占总变异的比例，遗传率高，育种选择的效率就高。遗传变异系数是性状遗传变异能力的指标，系数大表示从群体中选择出优良性状个体的概率大。相对遗传进度可以衡量对性状选择的潜力，越大表明对该性状改良越有潜力。

表 6 列出各性状遗传进度、遗传率、遗传变异系数。分枝数目、倒伏程度的相对遗传进度均大于 40.00%，表明这些性状进行选择的潜力大；株型、生育期相关性状的遗传率高于 80.00%且相对遗传进度大于 10.00%，拥有较好的选择效果；而蛋白质含量、油脂含量等性状的遗传率水平较高但相对遗传进度较低，需加大选育的强度；蛋脂总量是由蛋白质含量和油脂含量共同决定的，从相对遗传进度可知，对该性状直接进行选择的效果不好，该性状的改良应建立在改良蛋白质含量、油脂含量性状的基础上。

表 6 东北大豆种质群体农艺品质性状育种潜势估计

Table 6 Estimation of breeding potential of agronomic and seed quality traits in Northeast China soybean germplasm population

性状 Trait	遗传变异系数 GCV	遗传率 h^2	遗传进度 G	相对遗传进 ΔG
生育前期 Days to flowering　(d)	18.43	91.2	12.06	36.27
生育后期 Days from flowering to maturity (d)	6.99	84.7	10.74	13.24
全生育期 Days to maturity (d)	6.82	88.71	14.87	13.23
蛋白质含量 Protein content(%)	3.14	78.03	2.27	5.7
油脂含量 Oil content(%)	3.37	78.45	1.33	6.14
蛋脂总量 Total protein-oil(%)	1.58	81.77	1.81	2.95
百粒重　100-seed weight(g)	9.74	85.2	3.87	18.5
地上部生物量 Aboveground biomass(t/hm²)	61.38	60.04	0.5	98.86
小区产量 Yield(t/hm²)	12.08	59.37	0.53	19.07
株高　Plant height(cm)	15.3	90.99	29.54	30.05
主茎节数 Nodes on main stem	9.15	82.81	3.15	17.16
分枝数目 Branch number	31.63	80.36	1.5	58.4
倒伏程度 Lodging score	26.58	78.09	0.97	48.25

2.4 东北大豆种质群体中可供佳木斯地区育种用的优异资源

佳木斯地区适宜的熟期组类型为 MG0~MGⅠ，产量是大豆改良的首要目的，而倒伏程度对大豆产量影响较大且较易改良，群体及 MG0~MGⅠ 的表现说明该地区大豆生产中倒伏问题仍需迫切解决。倒伏问题的本质是根冠比的失衡，若没有较大的地上部产量则讨论倒伏问题无意义。本文拟选取倒伏程度低于 2 级且地上部生物量较大的品种用以作为改良的亲本。其余性状，如品质性状、株型等，选取表现突出的品种作为改良亲本，详情见表 7。需要说明的是，本文所选取的材料是在当地能正常成熟的材料。

表 7　可用于佳木斯地区大豆品种改良的亲本材料

Table 7 The suggested parental materials for the improvement of soybean cultivars in Jiamusi

倒伏 Lodging score	蛋白质含量 Protein content(%)	油含量 Oil content(%)	蛋脂总量 Total protein-oil(%)
丰收 24(1.0，MG000)	九农 9(45.0，MGⅡ)	吉育 83(24.15，MG0)	蒙豆 11(64.34,MG000)
东大 1 号(1.0，MG000)	蒙豆 11(44.06，MG000)	东农 46(23.81，MG0)	通农 13(64.28，MGⅡ)
抗线 6(1.0，MGⅠ)	丰收 12(43.72,MG0)	黑农 64(23.48，MG0)	丰收 12(64.27,MG0)
抗线 8(1.0，MG00)	丰收 11(43.4,MG000)	嫩丰 18(23.28，MG0)	丰收 11(64.19,MG000)
北豆 20(1.0，MG0)	小金黄 1 号(43.39,MGⅡ)	蒙豆 10(23.23，MG0)	东农 48(63.93,MG0)

主茎节数 Nodes on main stem	百粒重大 Large seed weight(g)	百粒重小 Small seed weight(g)	
吉育 101(24.6，MGⅡ)	绥农 27(31.99,MG0)	东农 50(8.18 MG0)	
九农 26(23.4，MGⅡ)	吉林 48(28.93,MG0)	蒙豆 6 号(11.08，MG00)	
集体 3(23.2，MGⅡ)	北丰 11(28.44,MG0)	吉育 101(11.69，MGⅡ)	
辽豆 15(23.0，MGⅢ)	通农 13(28.16,MGⅡ)	嫩丰 12(16.72，MG0)	
吉林 5(22.9，MGⅢ)	嫩丰 4(26.8,MG000)	垦农 18(17.07，MG0)	

每格数据表示为品种/熟期组(平均值)，其中倒伏栏括弧中的数据为倒伏程度和地上部生物量。

the data in each cell are variety /maturity group (mean of the treat);in parentheses of column Lodging score, the left value is lodging score while the right value is the aboveground biomass.

3 讨　论

生育期是重要的生态性状，从本文获得的结果看，东北大豆群体在佳木斯地区生育前期平均在 55.1 d，生育后期在 79.3 d，全生育期平均在 132.5 d。傅蒙蒙等[11]表明本地无霜期在 130 d 左右，从各熟期组的全生育天数看，MG0 和 MGⅠ组能充分利用该地的生长季节，产量潜力可以充分表达；MG00 组虽未能充分利用生长季节，但产量潜力实现得还较好；MG000 组因成熟过早，产量潜力不大；MGⅡ和 MGⅢ则因不能充分成熟，纵有产量潜力也不能实现。

品质性状是大豆的重要性状，国家在《全国种植业结构调整规划（2016—2020 年）》中对大豆的品质改良给予了强调，东北地区应重点关注蛋白质性状的改良。本文结果表明，佳木斯地区各熟期组大豆的蛋白质水平相差不大，均在 40.00%左右。从变幅上看，MG000、MG0 组中存在一些蛋白质水平高达 44.00%的材料。而油脂性状则呈现随熟期组变晚下降的趋势，各组内均存在一定的油脂水平较高的材料。从蛋白质含量和油脂含量的相对遗传进度来看，这两个性状的改良较为困难，需要付出更多的育种努力。佳木斯地区适宜种植 MG0~MGⅠ组，将其与早熟的 MG000~MG00 组品质性状表现较为突出的品种杂交可能有助于扩展大豆品质的遗传基础。

产量性状是大豆改良的最主要目标，由于本文的试验设计并不是严格的测产试验，所获得的有关产量的数据仅能提供趋势上的描述。杜维广等[18]总结我国高产育种时指出生物量、表观收获指数、生育期等是决定大豆产量的重要因子，而产量要素构成因子如百粒重、单株荚数等没有明显效果。本文结果表明生物量的平均值从 MG000 的 4.26 t/hm² 增大到 MGⅡ的 8.74 t/hm² 以上，而小区产量则从 MG000 的 2.38 t/hm² 到 MG00 的 3.08 t/hm² 后不再增加甚至出现下降。有研究表明，倒伏性状虽然不是大豆产量的构成因素，但对大豆产量影响巨大，倒伏可致大豆减产高达 56%[19]。从各熟期组的倒伏情况看，比 MG0 组晚的其他各组倒伏程度平均达到了 2 级以上，这或许就是本群体产量受限制的原因。从遗传变异系数及相对遗传进度看，群体内地上部生物量及小区产量的多样性较为丰富，为这两个性状的选育提供了材料。

农艺性状作为一类最易观察的性状，方差分析表明其表型性状构成复杂，受到许多方面的影响。从各性状的变幅和变异系数可以看出，伴随着近 1 个世纪的品种选育，各熟期组内均蕴含着丰富的变异，为品种改良提供了基础材料。育种潜势表明了育种过程中性状改良的难易程度。从本文结果，倒伏和分枝数目是最易改良的性状，从生产考虑，倒伏性状应为首要考虑的性状；品质性状虽然不易改良，但存在丰富的变异，完全可以通过育种加以改良。需要说明的是，相对遗传进度、遗传率、遗传变异系数由于使用的群体、试验设计等会略有不同，但趋势是一致的，本文的结论与前人关于农艺性状的遗传潜势的分析结果类似[20-22]。

根据各农艺品质性状在佳木斯表现的遗传进度估计，虽然油脂和蛋白质含量相对小些，但均有一定的改良潜力。佳木斯地区利用东北大豆资源育成了许多适于东北北部的优异品种，体现了东北种质的重要作用。这批资源应该还有很大重组潜力可以挖掘，关键在于要进一步对它进行育种性状的遗传解析，以便设计最佳基因型，优选组合，优选重组型。

综上，佳木斯县属黑龙江省大豆品种生态区的三江平原地区，适宜种植 MG0 和 MGⅠ组的大豆品种，其大豆品种改良的目标以高产、稳产、商业品质好（外观品质和高蛋白/高油）为主，在 MG0 和 MGⅠ组内，以增加生物量、收获指数及耐逆性和秆强度（提高秆韧性）实现高产稳产商业品质好的目标。应以本地近期育成的主栽品种为受体亲本，分别以 MGⅠ和 MGⅡ组和 MG000 组含高生物量、高收获指数、耐逆性、秆强和高蛋白/高油生态性状品种为供体亲本杂交（可选用表 7 中相关的品种，它们具有较好的配合力），用本地近期育成的主栽品种为回交亲本，进行 1~3 次回交可能是有效技术路线之一。

鉴于本文研究东北资源群体在佳木斯的表现和育种潜势，以上讨论只局限于本群体在佳木斯育种的利用。实际上东北的大豆育种已经扩展到全国和全世界大豆种质资源的利用[23-25]，这里暂不做更多的讨论。

致谢：感谢中国农业科学院作物所、吉林省农科院大豆所提供部分大豆参试品种(系)。感谢各试验人员辛苦的工作。

参考文献（略）
该文章尚未见刊。

东北大豆种质群体百粒重 QTL–等位变异的全基因组解析

郝晓帅[1]，傅蒙蒙[1]，刘再东[1]，贺建波[1]，王燕平[2]，任海祥[2]，王德亮[3]，
杨兴勇[4]，程延喜[5]，杜维广[2]，盖钧镒[1]

（1.南京农业大学大豆研究所/国家大豆改良中心/农业部大豆生物学与遗传育种重点实验室/作物遗传与种质创新国家重点实验室/江苏省现代作物生产协同创新中心，江苏 南京 210095；2.黑龙江省农业科学院牡丹江分院/国家大豆改良中心牡丹江试验站，黑龙江 牡丹江 157041；3.黑龙江省农垦科学院，黑龙江 佳木斯 154007；4.黑龙江省农业科学院克山分院，黑龙江 克山 161606；5.长春市农业科学院，吉林 长春 130111）

摘 要：【目的】对东北大豆种质群体百粒重性状进行全基因组关联分析，全面解析中国大豆主产区百粒重 QTL–等位变异遗传构成，为东北地区大豆籽粒大小遗传改良提供理论基础。【方法】以东北地区育种和生产上常用的 290 份大豆材料作为试验群体，于 2013 和 2014 年在东北第二生态亚区的克山、牡丹江、佳木斯和长春 4 个地点进行百粒重表型鉴定试验。利用 RAD-seq 方法对试验群体进行基因组测序分析，对原始 SNP 数据进行过滤及填补缺失数据后，最终获得了 82 966 个高质量的 SNP 标记。根据限制性两阶段多位点全基因组关联分析（restricted two-stage multi-locus genome-wide association analysis，RTM-GWAS）方法，首先构建获得 15 546 个具有复等位变异的 SNPLDB 标记，然后使用两阶段多位点模型对百粒重性状进行全基因组关联分析。对检测到的百粒重关联 SNPLDB 标记位点附近（50 kb 范围内）的基因进行分析，根据基因内 SNP 与 SNPLDB 标记位点之间关联性的卡方测验，筛选可能与百粒重性状相关的候选基因并进行功能注释。最后基于检测的百粒重 QTL–等位变异体系分析了不同熟期组材料间的遗传分化。【结果】试验群体百粒重变异范围为 18.3~20.7 g，性状遗传率为 92.3%。RTM-GWAS 方法共检测到 76 个与大豆百粒重性状关联的 SNPLDB 标记位点，其中 15 个位点主效不显著，另外 61 个主效显著位点解释了 65.40% 的表型变异；68 个与环境互作效应显著的位点解释了 17.46% 的表型变异，另外 8 个位点与环境互作效应不显著。在检测到的 76 个位点中有 34 个位点与已报道的 30 个百粒重 QTL 重叠，另外 42 个位点为本研究新检测百粒重位点。基于检测的 SNPLDB 标记位点，共筛选到 137 个百粒重相关候选基因，功能注释显示这些候选基因不仅参与大豆百粒重的调节，还参与了初级新陈代谢、蛋白质修饰、物质运输、胁迫响应和信号转导等。对各熟期组间 QTL–等位变异的遗传分化分析显示，尽管熟期组间百粒重差异不明显，但其 QTL–等位变异遗传结构却发生了新生和汰除的变化。【结论】RTM-GWAS 方法能相对全面地解析东北大豆种质群体百粒重 QTL–等位变异遗传构成。东北大豆种质群体百粒重由大量 QTL 调控，且 QTL 与环境互作效应大，QTL 存在丰富的复等位变异。由 RTM-GWAS 方法建立的 QTL–等位变异矩阵为群体遗传及演化研究提供了新工具。

关键词：大豆；百粒重；限制性两阶段多位点全基因组关联分析；QTL-allele 矩阵；候选基因

Genome-Wide QTL-Allele Dissection of 100-Seed Weight in the Northeast China Soybean Germplasm Population

HAO Xiao-shuai[1], FU Meng-meng[1], LIU Zai-dong[1], HE Jian-bo[1], WANG Yan-ping[2], REN Hai-xiang[2], WANG De-liang[3], YANG Xing-yong[4], CHENG Yan-xi[5], DU Wei-guang[2], GAI Jun-yi[1]

(1. Soybean Research Institute, Nanjing Agricultural University/National Center for Soybean Improvement/Key Laboratory of Biology and Genetic Improvement of Soybean (General), Ministry of Agriculture/State Key Laboratory for Crop Genetics and Germplasm Enhancement Jiangsu Collaborative Innovation Center for Modern Crop Production, Nanjing 210095, China;

2. Mudanjiang Branch of Heilongjiang Academy of Agricultural Sciences/Mudanjiang Experiment Station of the

National Center for Soybean Improvement, Mudanjiang 157041, China;

3. Heilongjiang Academy of Land-reclamation Sciences, Jiamusi 154007, China;

4. Keshan Branch of Heilongjiang Academy of Agricultural Sciences, Keshan 161606, China;

5. Changchun Academy of Agricultural Sciences, Changchun 130111, China)

Abstract:【Objective】A genome-wide association study in the Northeast China soybean germplasm population was conducted for a relatively thorough detection of the QTL-allele constitution of 100-seed weight, which may provide a theoretical basis for soybean breeding for seed size improvement. 【Method】In the present study, a total of 290 soybean accessions that were frequently used for soybean breeding and production in the Northeast China were tested in 2013 and 2014 for 100-seed weight at four locations, including Keshan, Mudanjiang, Jiamusi and Changchun, which are all in the second sub-ecoregion of the Northeast China. RAD-seq (restriction site-associated DNA sequencing) was used for SNP genotyping, and 82 966 high-quality SNPs were obtained after filtering and imputation. According to the RTM-GWAS (restricted two-stage multi-locus genome-wide association analysis) method, firstly a total of 15 546 multi-allelic SNPLDBs were constructed, and then a multi-locus model was used for genome-wide association study of 100-seed weight. The genes near (within 50 kb) the detected SNPLDBs were analyzed, and candidate genes for 100-seed weight were identified and annotated according to Chi-square test of independence between the SNPs within genes and the detected SNPLDBs. Finally, genetic differentiation among maturity groups were investigated based on the detected QTL-allele system of 100-seed weight. 【Result】The 100-seed weight of the present population ranged from 18.3 to 20.7 g, and the trait heritability was 92.3%. A total of 76 SNPLDBs were detected to be associated with 100-seed weight, among which there were 15 SNPLDBs with non-significant main effect and the 61 SNPLDBs with significant main effect explained 65.40% phenotypic variation. There were 68 SNPLDBs that had significant interaction effect with environment and explained 17.46% phenotypic variation. In addition, 34 out of 76 detected SNPLDBs overlapped 30 previously reported QTLs and 42 SNPLDBs were novel loci. A total of 137 candidate genes for 100-seed weight were annotated in the detected SNPLDB regions, and functional annotation showed that these genes were not only involved in regulation of 100-seed weight, but also involved in primary metabolism, translation, protein modification, material transport, stress response and signal transduction, etc. Although there was no obvious difference in the 100-seed weight among different maturity groups, genetic differentiation analysis showed varying changes of allele emergence and exclusion in QTL-allele structure of 100-seed weight among maturity groups. 【Conclusion】The RTM-GWAS method used in the present study provided a relatively thorough detection of genome-wide QTLs and their multiple alleles for 100-seed weight in the Northeast China soybean germplasm population. The 100-seed weight of the Northeast China soybean germplasm population was controlled by a large number of QTLs with large significant interaction effect with environment, and there was also abundant multiple allelic variation in these QTLs. The QTL-allele matrix established from RTM-GWAS provided an efficient tool for population genetics and evolution study.

Keywords: Soybean; 100-seed weight; RTM-GWAS; QTL-allele matrix; Candidate gene

0 引　言

　　【研究意义】百粒重是大豆产量重要构成因素之一[1-3]，并受多基因控制，有较高的遗传力[4-5]。全面解析大豆百粒重的遗传机制，并挖掘控制大豆百粒重基因对大豆高产育种具有重要意义。另外，生育期是大豆光周期反应重要生态指标，决定着大豆在不同纬度、地区的种植范围，对产量、品质和适应性都至关重要[6]。东北地域辽阔，大豆资源是美洲大豆的主要种质基础，研究东北大豆百粒重的遗传基础，对世界大豆育种具有重要意义。【前人研究进展】随着科技的发展和大豆公共数据的扩增，越来越多的科研工作者投入到了百粒重 QTL（quantitative trait locus）定位和全基因组关联分析研究中[7-10]。目前，SoyBase（http://soybase.org）数据库已收录约 280 个基于连锁分析检测的大豆百粒重性状 QTL，全基因组关联分析检测的百粒重相关位点也约有 90 个。例如，SUN 等[11]通过构建重组自交家系定位到分布在 5 个连锁群体上 23 个大豆百粒重 QTL。在所有定位到的 QTL 中，有 9 个通过复合区间作图法得到，另外 14 个通过多区间作图法得到。KASTOORI 等[12]利用 3 个大豆重组自交家系作图群体，并利用这三个群体构建了联合连锁图谱，最终定位到 1 个百粒重相关主效 QTL。该研究同时还鉴定到了一些百粒重候选基因，这些基因参与了蛋白转运、氨基酸合成等过程。KATO 等[13]利用日本和美国 2 个不同遗传背景下的栽培种构建了 2 个重组自交家系，在 3 个环境下定位到了 15 个大豆百粒重 QTL。以上研究结果为从分子水平揭示大豆百粒重性状的遗传机制奠定了基础。虽然基于连锁分析的 QTL 定位方法可以估计 QTL 的位置和效应，但由于其通常仅涉及 2 个亲本，因此，该方法所能检测到的等位变异较少，例如在重组自交系群体中，每个位点最多有 2 个等位变异，所以连锁定位方法无法较全面地解析数量性状。基于自然群体的全基因组关联分析为全面解析数量性状提供了方法，其可以检测到群体内单个位点上所有等位变异，相比于连锁定位更加全面，定位精度也比较高。例如，HAO 等[14]通过构建关联分析群体，并在 5 个环境下种植，结合 1 142 个单核苷酸多态性（single-nucleotide polymorphism，SNP）和 209 个单倍型进行关联分析，分别定位到 40 个和 9 个与大豆百粒重性状显著关联的 SNP 位点和单倍型。其中，可以同时在 3 个环境、4 个环境以及 5 个环境下都检测到的 SNP 分别为 3、2 和 4 个。ZHOU 等[15]通过对 302 份大豆自然群体进行至少 11×的重测序，利用全基因组关联分析的方法检测到第 3、13 和 17 染色体上共计 4 个大豆百粒重位点。SONAH 等[16]对试验材料进行高密度测序，检测到第 2、13 和 20 染色体上的 3 个百粒重性状显著关联的区域。【本研究切入点】尽管全基因关联分析已广泛用于动植物数量性状遗传解析，然而以往方法主要基于双等位 SNP 标记进行分析[17-18]，由于自然群体存在广泛的复等位变异，因此，SNP 标记无法估计位点的复等位变异效应。其次，以往关联分析研究通常基于单位点模型，忽略了相邻位点间的相互作用[19]，导致表型变异解释率可能溢出（>h^2，甚至>100%）。另外，单位点模型对每个位点的假设测验均相互独立，这会导致多重测验标准的设置问题，进而导致较高的全试验错误率。对此，以往方法通过提高显著水平进行多重测验矫正，例如 Bonferroni 方法[20-21]，而这又导致以往方法仅能检测少数位点，进而导致遗传率缺失。针对上述全基因组关联分析在数量性状遗传解析中的限制，HE 等[22]通过构建具有复等位变异的 SNPLDB（SNP linkage disequilibrium block）标记，并基于多位点复等位变异模型，提出了限制性两阶段多位点全基因组关联分析（restricted two-stage multi-locus genome-wide association analysis，RTM–GWAS）方法。该方法基于多位点模型，使用常规显著性水平 0.01 或 0.05，无需进行额外多重测验矫正。多位点模型充分考虑了相邻位点间的相互影响，因此，所检测位点表型变异解释率不会超过性状遗传率。目前，该方法已应用于多个数量性状遗传解析研究[23-25]。东北是中国大豆的主产区[26]，有着复杂多变的生态环境和相应的生态类型。研究东北地区代表性品种群体百粒重的遗传结构可以为该地区百粒重乃至产量的育种改良提供参考。【拟解决的关键问题】本研究以东北地区 290 份大豆材料为试验群体，该群体不仅时间跨度大、类型多，而且包含了东北地区近 100 年来大豆育种的遗传变异。利用 RTM–GWAS 方法并结合该群体两年四点表型数据进行关联分析，并利用结果进行候选基因预测及不同大豆成熟期组间控制百粒重性状的遗传结构变化的研究，以期全面解析大豆百粒重性状的遗传机制，并为未来选育高产优质的大豆品种提供理论支撑。

1 材料与方法

1.1 材料与田间试验

以 2010—2012 年在东北地区收集到的在 1916—2010 年种植比较广泛的 361 份大豆品种为试验材料。该群体具有衍生后代多，高产、油脂含量高、抗病等特点。2013—2014 年将该群体在包括克山（KS）、牡丹江（MDJ）、佳木斯（JMS）和长春（CC）4 个代表性地点东北地区的第二生态亚区进行田间试验。采用重复内分组设计，穴播，小区面积为 1 m²，每小区种植 4 穴，每穴保留 4 株植株，4 次重复。待到初花时期，仅调查至少拥有 2 穴、每穴中至少 3 株的小区。各试验点采用常规田间管理。各试验点品种正常成熟后，将小区内植株混合收获，室内脱粒后，32 ℃ 烘干 48 h，然后随机选取 100 粒种子称量 3 次取平均值。由于材料之间成熟期差异比较大，361 份材料中的 71 份成熟期过长，最终没有获得百粒重的数据，因此表型数据实际为 290 份正常成熟材料（包括 9 份地方品种、276 份育成品种以及 5 份国外品种）的百粒重数据。

1.2 线性模型与方差分析

试验数据采用多年多点随机区组方法做近似方差分析，SAS 软件 PROC GLM 程序中方差分析的线性模型为：

$$y_{ijkl} = \mu + s_i + t_j + b_{k(i,j)} + g_l + (gs)_{il} + (gt)_{jl} + (gst)_{ijl} + \varepsilon_{ijkl}$$

其中，y_{ijkl} 为第 i 个年份第 j 个地点下第 k 个区组内第 l 个品种的表型观测值，μ 为群体平均数，s_i 为第 i 个年份效应，t_j 为第 j 个地点效应，$b_{k(i,j)}$ 为第 i 个年份第 j 个地点下第 k 个区组的效应，g_l 为第 l 个品种的效应，$(gs)_{il}$ 为第 i 个年份与第 l 个品种的互作效应，$(gt)_{jl}$ 为第 j 个地点与第 l 个品种的互作效应，$(gst)_{ijl}$ 为第 i 个年份、第 j 个地点与第 l 个品种的三级互作效应，ε_{ijkl} 为随机误差效应。品种视为固定效应，年份、地点、区组以及互作效应视为随机效应。

单个环境下百粒重性状遗传率估计为：$h^2 = \sigma_g^2 / (\sigma_g^2 + \sigma^2 / r)$

多环境联合遗传率估计为：$h^2 = \sigma_g^2 / (\sigma_g^2 + \sigma_{gs}^2 / m + \sigma_{gt}^2 / n + \sigma_{gst}^2 / mn + \sigma^2 / mnr)$

其中，σ_g^2 为基因型方差，σ_{gs}^2 为基因型与年份互作方差，σ_{gt}^2 为基因型与地点互作方差，σ_{gst}^2 为基因型与年份地点三级互作方差，σ^2 为误差方差，m 为年份数目，n 为地点数目，r 为重复数目。方差组分使用 SAS 软件 VARCOMP 程序估计。

1.3 全基因组 SNP 分析

使用 RAD-seq（restriction-site-association DNA sequencing）对 290 份材料在深圳华大基因进行简化测序。采用常规的 CTAB 法从新鲜大豆幼苗叶片中提取 DNA，借助 Illumina Hiseq 2000 测序平台并结合多元鸟枪法进行基因组分析[27]。利用 SOAP2 软件[28]并参考大豆参考基因组 Wm82.a1.v1.1[29]对测序所获得的序列进行比对。利用 RealSFS 检测 SNP 位点，之后对检测到的 SNP 位点按照缺失和杂合率≤20%和最小等位基因频率（MAF）≥1%的标准过滤[30]，并利用 fastPHASE[31]软件对缺失数据填补，最终获得 82 966 个高质量的 SNP。

1.4 全基因组关联分析

根据 HE 等[22]提出的限制性两阶段多位点全基因组关联分析（RTM-GWAS）方法，首先基于全基因组 SNP 构建获得了 15 546 个具有复等位变异的 SNPLDB 标记，每个 SNPLDB 标记的等位变异数目变化范围为 2~9 个。然后基于全基因组 SNPLDB 标记计算个体间的遗传相似系数，并提取特征向量用于控制全基因组关联分析的群体结构。最后，利用多位点模型对百粒重性状进行全基因组关联分析，显著水平设为 0.05。由于多位点模型内建全试验误差控制，因此无需进行额外的多重测验矫正。以上计算分析采用 RTM-GWAS 软件[22]完成。

同时，基于 SNPLDB 构建的遗传相似系数矩阵，使用 MEGA 7.0 软件[32]构建了 neighbor-joining 聚类树以观察群体结构是否异常。

1.5 候选基因的预测

根据检测到的 QTL 预测候选基因的方法，首先将定位到的 SNPLDB 两端各扩展 50 kb，然后根据 SoyBase（http://soybase.org）上提供的基因信息，将全部落在扩展后的 SNPLDB 区间内的基因选出。然后对每一个选出的基因中的全部 SNP 和 SNPLDB 之间的关联进行卡方（Chi-square）检验，显著性水平设为 0.05。

2 结 果

2.1 东北大豆种质群体百粒重的表型和基因型变异特征

各试验点百粒重性状平均值的次数分布和描述统计见表 1。东北地区 290 份大豆品种百粒重平均值为 19.8 g，变幅为 8.2~29.5 g。不同环境下百粒重平均数变幅为 18.3~20.7 g，百粒重最小为 6.4~9.7 g，最大为 28.2~32.0 g，环境间百粒重存在较大差异。

东北地区大豆百粒重两年四点联合方差分析显示（表 2），百粒重在品种间有极显著差异，基因型、年份、地点间两两互作以及三级互作效应也呈现极显著差异，说明百粒重存在基因型与环境互作效应。但相比基因型方差，互作效应方差相对较小，多地点百粒重遗传率为 0.923，单地点下遗传率变幅为 0.64~0.780。

2.2 东北大豆种质群体百粒重全基因组关联分析

聚类分析(图 1–a)显示东北大豆种质群体具有一定的群体结构，但群体分化相对不明显，基于 SNPLDB 标记的主成分分析（图 1–b）也显示该群体虽然有一定的分类倾向，但整体上没有明显的聚类特征。

使用 RTM-GWAS 方法，第一阶段筛选出 12 305 个候选标记，第二阶段最终检测到 76 个与大豆百粒重性状显著关联的 SNPLDB 标记，分布在大豆 18 条染色体上（表 3、图 1–c 和图 1–d），每条染色体上检测到 2~7 个不等，其中第 15、17 和 20 染色体上最少，均只检测到 2 个 SNPLDB 标记，第 6 和 18 染色体上最多，均检测到 7 个显著关联的 SNPLDB 标记。第 5 和 11 染色体上没有检测到与大豆百粒重性状相关的 SNPLDB 标记。由于 RTM-GWAS 基于多位点模型，所有 QTL 在同一模型进行拟合，因此，一个位点只能筛选到一个显著的标记，而且通过对存在 QTL 比较多的染色体上的位点之间物理距离比较发现，相邻 2 个 QTL 之间的距离最小为 0.58 Mb，最大达到 18.21 Mb，且绝大多数相邻位点间的物理距离都超过了 5 Mb，因此 QTL 在各条染色体上并非成簇分布。关联的 76 个位点中，有 15 个位点主效不显著，8 个位点与环境互作效应不显著。61 个主效显著位点总表型变异解释率为 65.40%，68 个位点与环境互作效应显著位点总表型变异解释率为 17.46%，合计解释了 82.86% 的表型变异（表 3）。61 个主效显著位点包括 18 个大效应（$R^2 \geqslant 1\%$）位点和 43 个小效应（$R^2 < 1\%$）位点，分别解释了 52.15% 和 13.25% 的表型变异。与以往研究比较显示，检测的 76 个 SNPLDB 标记中，有 34 个与前人报道的 30 个 QTL 存在重叠，另外 42 个 SNPLDB 位点为本研究新检测到的位点。

表 1 东北大豆种质群体百粒重次数分布及描述统计

Table 1 Frequency distribution and descriptive statistics of 100-seed weight in the Northeast China soybean germplasm population

类型 Type	百粒重 100-seed weight (g)															N	平均数 Mean	变幅 Range	遗传率 h^2
	7	9	11	12	14	16	17	19	21	23	24	26	28	29	31				
环境 Environment																			
长春 CC		1	1	0	0	9	45	75	85	52	14	4	4			290	20.3	9.7-28.2	0.642
佳木斯 JMS	1	2	10	3	1	1	17	57	93	68	28	4	4	0	1	290	20.7	8.1-32.0	0.780
克山 KS	3	2	0	1	5	45	91	83	49	9	1	0	1			290	18.3	6.4-28.2	0.777
牡丹江 MDJ		2	0	0	0	10	48	98	85	39	4	3	0	1		290	19.9	6.7-28.9	0.726
Mean		1	1	0	0	7	53	89	90	39	5	4	0	1		290	19.8	8.2-29.5	0.923
熟期组 Maturity																			
MG0				1	2	25	55	51	16	4	1					155	19.9	13.6-25.6	
MG00			1	0	0	0	6	11	15	10	2					45	20.3	9.9-24.8	
MG000							3	3	5	3	1					15	20.4	18.8-21.8	
MGI+II						2	9	33	25	6						75	19.7	15.6-22.7	
MG0+00+000			1	0	1	2	34	69	71	29	7	1				215	20.0	9.9-25.6	

MG0、MG00、MG000 分别是 3 个早期成熟期组的名称；MG0+00+000 是 MG0、MG00、MG000 的合并名称；MGI+II 是 MGI 和 MGII 的合并名称

MG0, MG00, MG000 are three early maturity groups; MG0+00+000 is the union of MG0, MG00 and MG000; MGI+II is the union of MGI and MGII

表 2 东北大豆种质群体百粒重多年多点联合方差分析

Table 2 Multi-year multi-location joint analysis of variance of 100-seed weight in the Northeast China soybean germplasm population

模型 Model	变异来源 Source	自由度 DF	均方 MS	F	p
基因型×年份×地点 Genotype×Year×Location	年份 Year	1	835.46	81.59	<0.001
	地点 Location	3	3156.29	493.80	<0.001
	区组（年份，地点）Block(Year, Location)	24	2.59	1.86	0.0068
	基因型 Genotype	289	146.47	13.74	<0.001
	基因型×年份 Genotype×Year	289	9.10	2.65	<0.001
	基因型×地点 Genotype×Location	867	5.22	1.41	<0.001
	基因型×年份×地点 Genotype×Year×Location	849	3.70	2.65	<0.001
	误差 Error	6791	1.40		
基因型×环境 Genotype×Environment	环境 Environment	7	1978.57	308.84	<0.001
	区组（环境）Block(Environment)	24	2.59	1.86	0.0068
	基因型 Genotype	289	147.00	28.15	<0.001
	基因型×环境 Genotype×Environment	2005	5.24	3.75	<0.001
	误差 Error	6791	1.40		

基因型×环境模型为年份和环境合并为环境后的方差分析，用于 RTM-GWAS 关联分析

In Genotype×Environment model, Year and Location are combined into Environment which is used in RTM-GWAS

2.3 东北大豆种质群体百粒重 QTL-allele 矩阵及候选基因

与大豆百粒重关联的 61 个主效显著位点等位变异数目为 2—8 个，共计 288 个，其中 47 个位点存在复等位变异。等位变异效应值变化范围为–7.39~12.74，并进一步构建了 61×290（位点×材料）的 QTL-allele 矩阵（图 1–e）。该矩阵代表了东北大豆种质群体百粒重性状的遗传构成，可进一步用于群体分化、候选基因分析以及优化组合设计。

61 个主效显著位点中仅有 39 个位点上或其扩展区域中存在共计 739 个基因，其中 602 个基因中没有 SNP 或者没有检测到与 SNPLDB 显著连锁的 SNP，另外 137 个基因中包含了 248 个与 SNPLDB 显著关联的 SNP。GO 分析显示这 137 个基因中的 83 个涉及多种生物过程，包括初级新陈代谢、翻译、蛋白修饰、物质运输、胁迫响应、信号转导、对刺激的响应、器官发育、细胞生长以及一些未知过程（图 1–f）。例如，候选基因 *Glyma18g52250* 内包含了 8 个 SNP，组成了 7 种单倍型，对应着位点 q–SW–18–7 中的 5 种等位变异。由于候选基因 *Glyma18g52250* 前 3 个 SNP 并不在位点 q–SW–18–7 的区间内，因此，候选基因的单倍型数目比位点的等位变异数目多。另外，12 个大效应 QTL 筛选到的候选基因主要参与大豆的代谢、转录、翻译、对刺激响应以及一些未知的生物过程，6 个大效应 QTL 位点没有筛选到候选基因（表 4）。

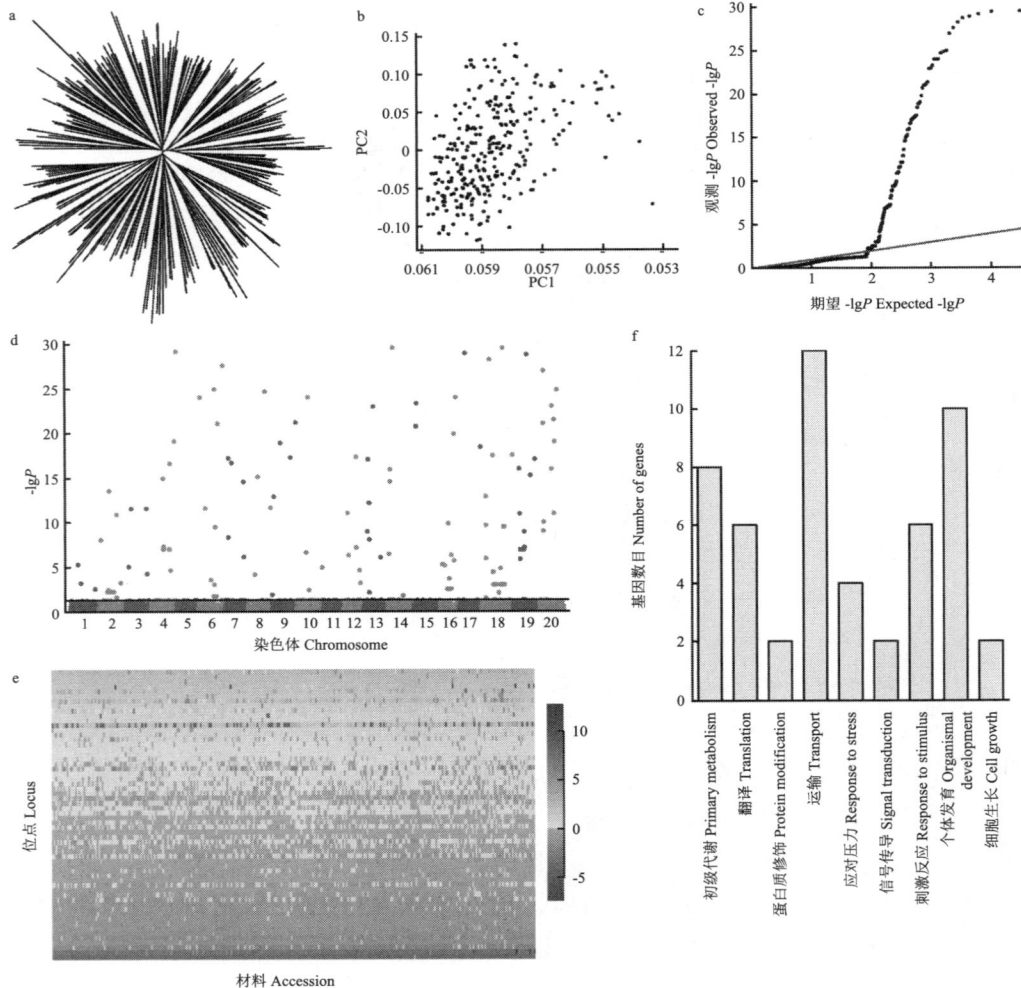

a：Neighbor-joining 聚类树；b：遗传相似系数矩阵特征向量散点图，PC1、PC2 分别表示前 2 个特征向量；c：RTM-GWAS 方法 QQ 图。其中-log₁₀P 大于 30 的记为 30；d：RTM-GWAS 方法 Manhattan 图；e：东北大豆种质群体百粒重 QTL-allele 矩阵；f：百粒重候选基因 GO 生物过程分布

a: Neighbor-joining tree; b: Scatter plot of top two eigenvectors of genetic similarity coefficient matrix; c: QQ plot of RTM-GWAS result. $-\log_{10}P$ value greater than 30 were shown as 30; d: Manhattan plot of RTM-GWAS result; e: QTL-allele matrix of 100-seed weight in the Northeast China soybean germplasm population; f: GO biological process distribution of 100-seed weight candidate genes

图 1 东北大豆种质群体百粒重表型变异的遗传解析

Fig. 1 Genetic dissection of 100-seed weight in the Northeast China soybean germplasm population

表 3 大豆百粒重显著相关 SNPLDB 位点

Table 3 SNPLDBs significantly associated with 100-seed weight in soybean

QTL	AN	主效 QTL		QTL×Env. [a]		QTL	AN	主效 QTL		QTL×Env. [a]	
		$-\lg P$	R^2 (%)	$-\lg P$	R^2 (%)			$-\lg P$	R^2 (%)	$-\lg P$	R^2 (%)
q-SW-1-1	2	-	-	6.07	0.10	q-SW-12-1	2	7.95	0.08	6.99	0.11
q-SW-1-2	2	-	-	3.47	0.06	q-SW-12-2	8	4.34	0.07	4.63	0.24
q-SW-1-3	2	-	-	2.55	0.05	q-SW-12-3	4	5.30	0.06	20.46	0.35
q-SW-2-1	5	2.87	0.04	7.60	0.21	q-SW-12-4	2	2.27	0.02	3.83	0.07
q-SW-2-2	3	-	-	2.85	0.06	q-SW-12-5	2	-	-	3.50	0.06
q-SW-2-3	5	203.54	2.40	11.07	0.26	q-SW-13-1	6	150.15	1.76	20.04	0.42
q-SW-2-4	2	-	-	2.29	0.05	q-SW-13-2	7	76.04	0.90	46.13	0.80
q-SW-2-5	2	13.60	0.14	-	-	q-SW-13-3	5	28.30	0.33	14.53	0.31
q-SW-2-6	2	3.00	0.03	-	-	q-SW-13-4	4	102.12	1.16	10.74	0.23
q-SW-3-1	3	5.73	0.06	-	-	q-SW-14-1	7	-	-	7.12	0.26
q-SW-3-2	6	3.19	0.05	12.21	0.31	q-SW-14-2	6	192.85	2.28	19.05	0.41
q-SW-3-3	5	307.65	4.26	18.50	0.37	q-SW-14-3	2	63.12	0.69	-	-
q-SW-3-4	4	-	-	4.81	0.14	q-SW-14-4	2	-	-	2.26	0.05
q-SW-4-1	6	19.08	0.24	5.81	0.21	q-SW-15-1	6	34.07	0.41	7.51	0.24
q-SW-4-2	5	14.91	0.18	10.54	0.26	q-SW-15-2	6	40.33	0.48	15.05	0.35
q-SW-4-3	2	307.65	10.56	-	-	q-SW-16-1	3	213.17	2.49	3.98	0.10
q-SW-4-4	6	59.53	0.70	12.31	0.31	q-SW-16-2	4	-	-	11.03	0.23
q-SW-6-1	2	35.63	0.38	3.29	0.06	q-SW-16-3	2	2.74	0.02	2.41	0.05
q-SW-6-2	6	8.46	0.11	8.63	0.26	q-SW-16-4	5	20.46	0.24	14.44	0.31
q-SW-6-3	2	2.61	0.02	2.41	0.05	q-SW-16-5	7	29.99	0.37	19.95	0.45
q-SW-6-4	7	29.03	0.36	23.57	0.50	q-SW-17-1	5	53.76	0.62	7.77	0.21
q-SW-6-5	8	7.57	0.12	6.58	0.27	q-SW-17-2	5	2.98	0.04	26.98	0.48
q-SW-6-6	3	35.92	0.40	3.54	0.09	q-SW-18-1	5	145.14	1.69	4.18	0.16
q-SW-6-7	4	49.75	0.56	8.91	0.20	q-SW-18-2	2	-	-	2.29	0.05
q-SW-7-1	5	12.92	0.16	15.52	0.33	q-SW-18-3	6	262.05	3.16	31.38	0.57
q-SW-7-2	2	147.28	1.66	2.36	0.05	q-SW-18-4	7	17.23	0.22	13.01	0.35
q-SW-7-3	6	11.66	0.15	10.25	0.28	q-SW-18-5	2	-	-	5.50	0.09
q-SW-8-1	2	-	-	4.40	0.08	q-SW-18-6	4	200.62	2.35	10.23	0.22
q-SW-8-2	3	90.82	1.02	4.07	0.10	q-SW-18-7	5	228.35	2.71	88.81	1.24
q-SW-8-3	2	-	-	-	-	q-SW-19-1	8	15.85	0.21	10.59	0.32
q-SW-8-4	2	45.35	0.49	-	-	q-SW-19-2	7	178.86	2.12	14.09	0.37
q-SW-8-5	4	114.44	1.31	8.39	0.19	q-SW-19-3	7	54.88	0.64	16.95	0.38
q-SW-9-1	2	-	-	2.12	0.05	q-SW-19-4	6	74.96	0.87	11.80	0.30
q-SW-9-2	6	8.40	0.11	10.50	0.28	q-SW-19-5	5	23.13	0.27	5.86	0.18
q-SW-9-3	2	24.99	0.26	4.68	0.08	q-SW-20-1	8	307.65	5.77	55.70	0.97
q-SW-9-4	6	59.00	0.69	17.45	0.39	q-SW-20-2	5	34.46	0.40	13.88	0.30
q-SW-9-5	6	95.80	1.11	14.16	0.34	LC-QTL	83	18	52.15		
q-SW-10-1	5	6.28	0.08	3.34	0.14	SC-QTL	205	43	13.25		
q-SW-10-2	2	307.65	4.35	7.36	0.11	总 Total	328	61	65.40	68	17.46
q-SW-10-3	2	89.96	0.99	-	-						

AN: 等位变异数目。[a]: QTL 与环境互作效应。LC-QTL 和 SC-QTL 分别为大贡献（$R^2 \geq 1\%$）和小贡献（$R^2 < 1\%$）QTL

AN: Number of alleles. [a]: QTL-by-environment interaction effect. LC-QTL and SC-QTL represent large ($R^2 \geq 1\%$) and small ($R^2 < 1\%$) contribution QTL

2.4 东北大豆种质群体新熟期组百粒重 QTL-等位变异的新生和汰除

将大豆品种按照生育期划分熟期组，有助于品种交流、引种以及育种方案的设计。根据盖钧镒等[33]提出的中国大豆熟期组划分方法，将本研究群体材料划分为000、00、0、Ⅰ和Ⅱ等5个熟期组。其中，Ⅰ和Ⅱ为东北大豆种质旧熟期组，000、00和0为东北大豆种质新熟期组。不同熟期组的百粒重均值变幅为19.7~20.4 g，虽然平均数差异不大，但百粒重最小值为9.9~18.8 g，最大值为21.8~25.6 g，各熟期组之间百粒重变幅差异较大（表1）。基于百粒重 QTL-等位变异体系分析，东北大豆熟期缩短过程中百粒重位点等位变异发生了一定的新生和汰除（表5）。这里将旧熟期组Ⅰ和Ⅱ合并（MGⅠ+Ⅱ）作为基础，将新熟期组遗传结构与之比较，结果显示，从 MGⅠ+Ⅱ到 MG0，MG0 中同时新生了一些大效应的正效应和负效应等位变异，例如在 QTL q–SW–20–1 上新生了第1、2、7 和 8 号等位变异，QTL q–SW–14–2 的上新生了第 1 号等位变异。q–SW–20–1 的第 8 号和 QTL q–SW–14–2 的第 1 号等位变异分别是本研究中百粒重 QTL–等位变异体系中正负效应的最大值。由 MG0 到 MG00，MG0 中新生的 QTL q–SW–20–1 的第 8 号等位变异以及其他 33 个小到中等正效应的等位变异在 MG00 中被汰除，但 MG00 中汰除的负效应大部分为小效应等位变异。由 MG00 到 MG000，MG000 汰除了一批效应较大的负效和正效等位变异，其中就包括最大负效应等位变异（q–SW–14–2 的第 1 号等位变异，效应值为–7.39）以及较大正效等位变异（q–SW–20–1 的第 7 号等位变异，效应值为4.74）。而新增的等位变异中最大正、负效应分别仅为 1.20 和–3.78，这就使得 MG000 中材料的百粒重变幅在 2 个方向均大幅缩小，即从 9.9~24.8 到 18.8~21.8。

进一步将熟期组 0、00 与 000 的材料合并（MG0+00+000）后与 MGⅠ+Ⅱ进行比较分析。从熟期组 MGⅠ+Ⅱ到 0、到 00、再到 000 的过程中，新生的等位变异累计共 56 个（34+3+19），但 MGⅠ+Ⅱ和 MG0+00+000 相差的新生等位变异却只有 36 个（表5）。同时从熟期组 MGⅠ+Ⅱ到 0、到 00、再到 000 的过程中，汰除的等位变异共计 140 个（5+74+61），但 MGⅠ+Ⅱ和 MG0+00+000 相差的汰除等位变异只有 4 个，这说明一些等位变异在 MG0、MG00、MG000 之间存在新生和汰除的反复过程，即在一个熟期组中被汰除后，又在其他熟期组中作为新生等位变异重新出现。例如，QTL q–SW–4–4 上的第 1 号等位变异在 MG0 中被汰除后，又在 MG00 新生出来，并继续传递给了 MG000，QTL q–SW–20–1 的第 8 号等位变异在 MG0 组中新生，随后又在 MG00 中被汰除。综上所述，等位变异在不同熟期组间正效和负效等位变异几乎是同等数量新生或汰除，使得东北大豆群体各熟期组之间百粒重均值变化不大。但各熟期组的 QTL–等位变异构成不尽相同，从而导致各熟期组之间百粒重的变化范围呈现差异。因而新生的熟期组群体中，百粒重的 QTL–等位变异结构是有差异的，说明百粒重还有重组的潜力。

3 讨 论

本研究采用限制性两阶段多位点全基因组关联分析（RTM-GWAS）方法，能够较全面地解析东北大豆种质群体百粒重性状 QTL 及其复等位变异，分析结果不仅可用于个别基因挖掘，还可用于群体遗传以及作物育种的优化组合设计等方面的研究。RTM-GWAS 方法通过构建 SNPLDB 标记来检测资源群体的复等位变异，从而提高检测功效。本研究检测的 76 个位点上共计存在 328 个复等位变异（表3），平均每个位点存在 4.3 个复等位变异。与以往 GWAS 基于的 SNP 标记仅有 2 种变异相比，SNPLDB 标记的复等位性更符合资源群体遗传特性。其次，RTM-GWAS 方法采用多位点模型检测全基因组 QTL，相比以往单位点模型方法，不仅提高了检测功效，还将检测位点的表型变异解释率控制在性状遗传率范围内。本研究定位到与百粒重关联的 SNPLDB 位点中 61 个主效显著位点共解释 65.40%的表型变异。而以往方法往往只能检测到个别位点，例如 COPLEY 等[34]利用 67 594 个 SNP 标记仅定位到了 5 个百粒重相关位点。另外，本研究有 34 个 SNPLDB 标记位点与 30 个已报道 QTL 重叠，其余 42 个为本研究新检测位点。

表 4 百粒重性状相关大效应 QTL 和候选基因

Table 4 Large contribution QTLs and candidate genes for 100-seed weight

QTL	R^2 (%)	候选基因 Candidate gene	基因本体生物学过程 Gene ontology biological process
q-SW-3-3	4.43	Glyma03g31790	囊泡介导的运输 Vesicle-mediated transport
		Glyma03g31810	线粒体 mRNA 修饰 Mitochondrial mRNA modification
		Glyma03g31820	微管细胞骨架组织 Microtubule cytoskeleton organization
		Glyma03g31940	甲壳素响应 Response to chitin
		Glyma03g32040	高尔基体内囊泡介导转运 Intra-Golgi vesicle-mediated transport
q-SW-4-3	10.93	Glyma04g38830	细胞分裂素代谢 Cytokinin metabolic
		Glyma04g38870	甲基转移酶活性 Methyltransferase activity
		Glyma04g38955	糖介导的信号通路 Sugar mediated signaling pathway
q-SW-8-5	1.36	Glyma08g44800	RRNA 加工 RRNA processing
		Glyma08g44820	蛋白水解 Proteolysis
		Glyma08g44960	未知 Unknown
		Glyma08g44921	跨膜运输 Transmembrane transport
q-SW-9-5	1.16	Glyma09g41070	液泡运输 Vacuolar transport
		Glyma09g41140	肌醇六磷酸磷酸酯的生物合成过程 Myo-inositol hexakisphosphate biosynthetic process
		Glyma09g41150	胚胎发育以种子休眠结束 Embryo development ending in seed dormancy
		Glyma09g41260	氧化应激响应 Response to oxidative stress
		Glyma09g41320	鸟嘌呤运输 Guanine transport
		Glyma09g41121	未知 Unknown
q-SW-13-1	1.83	Glyma13g08170	翻译调控 Regulation of translation
q-SW-13-4	1.21	Glyma13g29011	种子萌发 Seed germination
q-SW-14-2	2.37	Glyma14g08040	嘧啶核糖核苷酸生物合成 Pyrimidine ribonucleotide biosynthetic
		Glyma14g08050	缺氧响应 Response to hypoxia
		Glyma14g08070	种子萌发正调控 Positive regulation of seed germination
		Glyma14g08220	脱落酸应激响应 Response to abscisic acid stimulus
		Glyma14g08075	未知 Unknown
		Glyma14g08145	未知 Unknown
q-SW-16-1	2.58	Glyma16g06320	未知 Unknown
q-SW-18-1	1.75	Glyma18g10460	新陈代谢 Metabolic
		Glyma18g10470	防御反应 Defense response
q-SW-18-3	3.28	Glyma18g16720	蛋白质折叠 Protein folding
		Glyma18g16761	蛋白水解 Proteolysis
q-SW-18-6	2.44	Glyma18g36455	未知 Unknown
q-SW-18-7	2.81	Glyma18g52250	盐胁迫响应 Response to salt stress
		Glyma18g52260	转录调控 Regulation of transcription
		Glyma18g52290	碳水化合物代谢 Carbohydrate metabolic
		Glyma18g52350	Basipetal 生长素运输 Basipetal auxin transport

表 5 百粒重 QTL-等位变异在熟期组间的变化

Table 5 The 100-seed weight QTL-allele changes among maturity groups

QTL	a1	a2	a3	a4	a5	a6	a7	a8
1-1	yz							
1-2		y						
1-3		yz						
2-1	z				z			
2-2	z	yz						
2-3	X			XY	z			
2-4	XZ							
2-5		z						
2-6	yz							
3-1	XY		XYZ	Y				
3-2	X		XZ					
3-3	yz		yz					
3-4			y					
4-1		yz	z		z			
4-2	z	yz		yz				
4-3	z							
4-4	YZ	yz	xz		z	z		
6-1								
6-2				X				
6-3		XZ						
6-4			z	yz		z		
6-5		yz	y		yz	Y	yz	
6-6	yz	yz						
6-7			xyz					
7-1	XYZ			z				
7-2								

QTL	a1	a2	a3	a4	a5	a6	a7	a8
7-3			X	yz				
8-1			z					
8-2			z					
8-3	XYZ	yz		XZ				
8-4	xyz	XYZ	XYZ	XYZ	XYZ	xyz		
8-5	xyz	xyz	xyz	xyz				
9-1	z							
9-2	xy							
9-3			XY					
9-4				XYZ	y	z		
9-5				yz				
10-1	X			XY				
10-2			X					
10-3								
12-1								
12-2	z		XZ		yz	z	z	yz
12-3	yz							
12-4			yz					
12-5			yz					
13-1				z	yz	z		
13-2	yz		yz		XZ			
13-3				z	XYZ	z		
13-4				yz				
14-1	yz							
14-2	XYZ	XY		yz				
14-3			xy					

QTL	a1	a2	a3	a4	a5	a6	a7	a8
14-4	yz							
15-1				X				
15-2	z	z						
16-1								
16-2				XY	yz			
16-3								
16-4								
16-5	yz						z	
17-1		XY			z			
17-2	z				y			
18-1	XYZ	y						
18-2								
18-3	y		z			yz		
18-4				yz	yz		XY	
18-5								
18-6	yz	y			z			
18-7					z			
19-1							X	
19-2		z	xyz					
19-3		XY			XY			
19-4		yz			YZ			
19-5								
20-1	XZ	X		z	y	yz	XY	X
20-2	y				y			

熟期组 Maturity group	等位变异总数 Total allele		继承等位变异 Inherent allele		变化等位变异 Changed allele		新生等位变异 Emerged allele		汰除等位变异 Excluded allele	
	Allele no.	QTL no.	Allele no.	QTL no.	Allele no.	QTL no.	Allele no.	QTL no.	Allele no.	QTL no.
I+II	292 (147, 145)	76								
0 vs.I+II	321 (162, 159)	76	287 (144, 143)	76	39 (21,18)	30	34 (18,16)	25	5 (3,2)	5
00 vs. 0	250 (125,125)	76	247 (123, 124)	76	77(41,36)	49	3 (2,1)	2	74 (39,35)	49
000 vs. 00	208 (105,103)	76	189 (96,93)	76	80(38,42)	52	19 (9,10)	17	61(29,32)	44
0+00+000 vs.I+II	324 (163, 161)	76	288 (144, 144)	76	40 (22,18)	31	36 (19,17)	27	4(3,1)	4

表格的上半部分：a1—a8 表示每个 QTL 等位变异的编号，由 a1 至 a8 效应依次增大。表格中白色单元格表示负效应等位变异，灰色单元格表示正效应等位变异，没有大写字母的单元格表示 MGI+II 的所有等位变异。带有小写字母"x"、"y"、"z"的单元格分别表示 MG0、MG00、MG000 3 个熟期组中汰除的等位变异（与 MGI+II相比）。带有大写字母"X"、"Y"、"Z"的单元格分别表示 MG0、MG00、MG000 3 个熟期组中新生的等位变异（与 MGI+II相比，且所有新生等位变异都不存在于 MGI+II中）。QTL 名称列为简化后的名称，例如 1-1，省去了"q-SW-"。表格的下半部分：等位变异数目一列，括号外面数字表示等位变异数目，括号内分别表示负效应和正效应的个数。遗传等位变异个数表示由 MGI-II 中传递给各个带比较熟期组亚群的等位变异数目。变化的等位变异包括新生和汰除 2 种类型的等位变异

In the upper part: a1-a8 are the alleles of each QTL, arranged in a rising order according to their effect value. All the white cells represent alleles with negative effect and all the grey cells represent alleles with positive effect, and the cells without capital letters represent all the alleles of MGI+II. The cells with lowercase "x", "y", "z" are alleles excluded in MG0, MG00, MG000 (vs. MGI+II), respectively. The uppercase of "X", "Y", "Z" in cells means the alleles emerged in MG0, MG00, MG000 (vs. MGI+, but not exist in MGI+II), respectively. In the column of QTL, the QTL name is simplified, such as 1-1, with "q-SW-" omitted. In the lower part: In columns of Alleles, the number outside parentheses is the number of alleles, and the number in parentheses is the number of negative and positive alleles, respectively. Inherent allele means alleles passed from the compared MG. Changed allele includes the alleles excluded and emerged

　　候选基因分析共筛选到了 137 个与大豆百粒重相关的候选基因。这一数量远远超过前人研究结果。例如 WANG 等[35]利用 SNP 芯片定到了 11 个百粒重位点，但是只筛选到 5 个候选基因。CONTRERAS-SOTA 等[36]仅得到了 2 个大豆百粒重相关的候选基因。ZHANG 等[37]总共筛选到 6 个候选基因。将前人的结果和 RTM–GWAS 方法的结果比较，充分证明了 RTM–GWAS 方法的优势和可行性。

　　本研究利用定位结果的 QTL–等位变异体系对大豆各熟期组百粒重性状的遗传机制进行了研究，分析表明各熟期组间百粒重的变异幅度变化较大，主要是因为等位变异在新熟期组形成过程中发生了新生或汰

除，比如，等位变异由熟期组 00 向熟期组 000 过渡过程中第 14 染色体上的 QTL q–SW–14–2 的第 1 号等位变异（效应值为–7.39，是全部 76 个位点的 328 个等位变异中最大的负效等位变异，等位变异的顺序按照效应值从小到大排列）的汰除使得熟期组 000 中百粒重的最小值得到了大大提升，另外 4 个 QTL，q–SW–2–3 的第 5 号等位变异，q–SW–13–1 的第 6 号等位变异，q–SW–18–4 的第 2 号等位变异，q–SW–20–2 的第 5 号等位变异（以上 4 个 QTL 的 4 个等位变异均为相应 QTL 位点上效应值最大的等位变异）的汰除也使得熟期组 000 百粒重的最大值由熟期组 00 的 24.8 g 降到 21.8 g。从百粒重均值来看，各熟期组间变化不大，这主要是因为等位变异在传递过程中正效和负效等位变异几乎是同等数量的新生或汰除，但是比较发现各成熟期组中新生和汰除的等位变异不尽相同，发生了很大变化，说明百粒重的遗传机制在各熟期组间发生了变化。本研究为研究群体间等位变异的迁移汰除以及群体结构的变化提供了新思路。

4 结　论

东北大豆种质群体中检测到 76 个大豆百粒重相关 SNPLDB 标记位点，共存在 328 个等位变异，其中 61 个主效显著位点解释了 65.40%表型变异（大效应和小效应位点分别为 18 和 43 个，解释表型变异的 52.15%和 13.25%），68 个与环境互作效应显著位点解释了 17.46%的表型变异。所检测的 34 个 SNPLDB 标记位点与已报道 30 个 QTL 重叠。基于检测的 SNPLDB 标记位点，共注释到 137 个百粒重相关候选基因。各熟期组百粒重均值变化不大，但是 QTL–等位变异比较分析显示各熟期组间百粒重的遗传结构发生了变化。

参考文献（略）
本文原载于《中国农业科学》2020 年 09 期。

世界大豆的生育期遗传分化和生育期组的地理分布

刘学勤[1]，吴纪安[2]，任海祥[3]，齐玉鑫[3]，李春燕[4]，曹基秋[4]，张小燕[4]，张志鹏[1]，
蔡昭艳[5]，盖钧镒[1]

（1.南京农业大学大豆研究所/农业部大豆生物学与遗传育种重点实验室/国家大豆改良中心/作物遗传与种质创新国家重点实验室，江苏 南京 210095；2.黑河农业科学院，黑龙江 黑河 164300；3.牡丹江农业科学院，黑龙江 牡丹江 157041；4.圣丰试验站，山东 济宁 272400；5.广西农业科学院，广西 南宁 530007）

关键词：生育期；生育期组（MG）；大豆[*Glycine Max*（L.）Merr.]；世界地理分布

Genetic variation of world soybean maturity date and geographic distribution of maturity groups

LIU Xue-qin[1], WU Ji-an[2], REN Hai-xiang[3], QI Yu-xin[3], LI Chun-yan[4], CAO Ji-qiu[4], ZHANG X iao-yan[4],
ZHANG Zhi-peng[1], CAI Zhao-yan[5], GAI Jun-yi[1]

(1. *Soybean Research Institute, Nanjing Agricultural University; MOA National Center for Soybean Improvement; MOA Key Laboratory of Biology and Genetic Improvement of Soybean; National Key Laboratory for Crop Genetics and Germplasm Enhancement, Nanjing Agricultural University, Nanjing* 210095;
2. *Heihe Academy of Agricultural Sciences, Heihe* 164300;
3. *Mudanjiang Academy of Agricultural Sciences, Mudanjiang* 157041;
4. *Shengfeng experiment station, Jining* 272400;
5. *Guangxi Academy of Agricultural Sciences, Nanning* 530007)

KeyWords: Maturity date; Maturity group (MG); Soybean [*Glycine Max*（L.）Merr.]; World geographic distribution

大豆的生育期对光周期反应特别敏感，不同的纬度和种植制度形成了丰富多样的大豆生育期类型。大豆的生育期系统（MG）是一个主要用来描述大豆品种的生态特性和适应范围的方法，它是由13个生育期组构成。选自全世界512份世界大豆品种，包括48份生育期组对照品种，在全国5个试验点（以南京32.04°N为主，黑河50.22°N、牡丹江44.60°N、济宁35.38°N和南宁22.84°N四个试验站为辅）进行生育期的鉴定和生育期组的划分，探索全世界大豆的生育期组分布。结果表明大豆的全生育期在南京的变异幅度非常大，可达75~201 d。随着大豆向新地区的传播，生育期组在最近的70年从最初的Ⅰ~Ⅶ组向北部地区扩展到早熟的0-000组，向南部地区扩展到晚熟的Ⅷ~Ⅹ组，并且生育期结构在0~Ⅷ组（除了Ⅴ组）发生了亚组的分化。利用全基因组分子标记对生育期组和亚组进行聚类分析，结果也验证了生育期组的出现顺序和亚组的分化。在今后对大豆生育期组进行鉴定时，除了设立一个主要的试验站（南京），再补充一个南方（南宁）和北方（黑河）的试验站点就足够了。

本文原载于《中国作物学会会议论文集学》2017年。

从获奖品种系谱分析大豆杂交亲本选配方法

王玉莲[1]，白艳凤[2]，王燕平[2]，宗春美[2]，杜维广[2]，任海祥[2]

（1.黑龙江农业经济职业学院，牡丹江 157041；2.黑龙江省农业科学院牡丹江分院/国家大豆改良中心牡丹江试验站，牡丹江 157041）

摘　要：通过对获奖大豆品种黑河 3 号、合丰 25 号和绥农 14 号的系谱分析，归纳出获奖大豆品种的直接亲本和祖先亲本，总结了这些亲本的来源和类型，梳理出获奖品种培育过程中亲本选择和组配上的共同特点，分析了获奖品种在亲本选配上的方法，直接亲本对获奖品种的遗传贡献率。获奖品种比普通品种含有较多的祖先亲本血缘，遗传基础比较丰富，新育成的获奖品种比早期育成品种更加拓宽了遗传基础。对大豆杂交亲本选配和提高育种工作效率有重要的预测指导作用。

关键词：大豆；品种系谱；杂交；亲本选配

Analysis on Hybrid Parent Selection Method with the Award-winning Soybean CultivarsPedigree

WANG Yu-lian[1], BAI Yan-feng[2], WANG Yan-ping[2], ZONG Chun-mei[2], DU Wei-guang[2], REN Hai-xiang[2]

(1 *Heilongjiang Agricultural Economy Vocational College, Mudanjiang* 157041;
2 *Mudanjiang Branch of Heilongjiang Academy of Agricultural Sciences / Mudanjiang Experiment Station of the National Center for Soybean Improvement, Mudanjiang* 157041)

Abstract:Based on the pedigree analysis of the award-winning soybean cultivars "Heihe 3", "Hefeng 25" and "Suinong 14", we could know their direct parents and ancestors, summarize the sources and types of these parents and the common features of the parents selection and setting in the breeding process of award-winning, analyse the parents selection methods of award-winning and genetic contribution rate of the direct parents to award-winning species. The results showed that the award-winning species had more ancestors blood and richer genetic basis than ordinary varieties, new bred award-winning cultivars further broaden the genetic basis than the earlier. This study provideD a valuable reference to soybean hybrid parents selection and breeding efficiency.

Keywords: Soybean; Cultivars pedigree; Hybrid; Parents slection

　　科技进步奖主要是奖励对推动经济社会发展有重大效益的科技成果。1985 年大豆品种黑河 3 号获得国家发明奖二等奖[1]。合丰 25 号大豆品种 1988 年获国家科技进步奖三等奖。绥农 14 号大豆品种 2003 年获得国家科技进步奖二等奖。黑河 3 号品种成熟期早、丰产性好、品质优良，对土壤肥力要求不严，因此种植范围很广，曾是黑龙江省第四积温带主栽品种。全省推广面积达 635 万亩，同时在内蒙古、吉林、新疆、河北、甘肃、宁夏、辽宁、北京等省、市、地区种植达 20 余万亩，为我国栽培面积较大的早熟春大豆优良品种。合丰 25 号 1988 经年国家农作物品种审定委员会审定推广，相继扩大推广到吉林、辽宁、内蒙、新疆、四川、云南等全国 12 个省（区），年最大推广面积 1 500 万亩，创中国大豆品种年推广面积最高纪录。1987—1998 年连续 11 年推广面积超 1 000 万亩，推广面积一直居全国大豆品种的首位[2]。绥农 14 号大豆品种 2003 年经国家品种审定委员会审定为国家级品种。1996 年审定以来，推广面积迅速扩大，至 2004 年仅黑龙江省累计推广面积达 4 592.4 万亩，增产大豆 8.1 亿 kg，增加社会经济效益 14.6 亿元。连续六年成为全省和全国推广面积最大的大豆品种，是当前生产应用的最理想品种[3]。获奖大豆品种不仅极大地提升了大豆综合生产能力，增加农民收入，促进农业经济快速发展，而且提高大豆育种水平和科技能力进步。

1 获奖品种的来源与特点

　　黑河 3 号：由黑龙江省农科院黑河农科所 1959 年从克山农科所引入的以丰收 6 号为母本，克山四粒黄为父本杂交的 F₃ 代材料选育而成。在 1964—1966 三年区域试验中，平均亩产 118.1 kg，比标准品种平均增产 8.4%。1971 年由省农作物品种审定委员会审定命名，确定在黑河等地推广。黑河 3 号品种植物学特征：无限结荚习性，株高中等，一般 70~80 cm。秆强不倒，主茎发达，分枝较少，主茎节数 12 个，平均每荚 2.2 粒。针型叶，中等大小，绿色。灰毛，紫花。荚褐色，粒椭圆形，种皮黄色，有光泽，百粒重 10~20 g。生物学特性：早熟品种。在黑河生育期 125 d 左右。平均出苗到开花 44 天，开花到成熟 71 天。喜肥耐湿，亦耐瘠薄，适应性广。

合丰 25：黑龙江省农业科学院合江农业科学研究所利用秆强、喜肥、高产、病虫害轻的合丰 23 号为母本，与具有高产的国外品种十胜长叶血缘的克交 4430–20 为父本有性杂交育成。原代号合交 77–153。1981—1982 年区域试验，15 点次平均亩产 276 斤，比对照品种合丰 23 号增产 11.8%。1982-1983 年生产试验 11 点次平均亩产 302.7 斤，比对照品种合丰 23 号增产 13.4%。1984 年审定推广。合丰 25 号植物学特征：亚有限结荚习性，株高中等，秆强不倒，分枝较少，主茎结荚密，三四粒荚多。针型叶，茸毛灰白色，白花。粒圆形，鲜黄色，有光泽，百粒重 20~22 g。生物学特性：生育日数，出苗至成熟 120 天左右，需活动积温为 2 413 ℃。脂肪含量 19.26% 蛋白质含量 40.57%。病害轻，病粒率 2.4%，虫食率 1.7%。

绥农 14：由黑龙江省农科院绥化农科所以合丰 25 号为母本，绥农 8 号为父本杂交育成。1993—1994 年参加黑龙江省大豆品种区域试验，两年平均亩产 162 kg，比对照合丰 25 号增产 12.3%；1995 年全省 4 点生产试验，平均亩产量 157.1 kg，比对照合丰 25 号增产 11.4%。1996 年经黑龙江省农作物品种审定委员会审定。绥农 14 号品种植物学特征：株高 110 厘 cm 左右，植株繁茂，紫花，长叶，灰毛，亚有限结荚习性，节间短，结荚密，三四粒荚多。籽粒圆形，种皮黄色，种脐浅黄，百粒重 21~22 g，病虫粒率低。生物学特性：出苗至成熟 120 d 左右，需活动积温 2 450 ℃左右，为中熟品种。秆强不倒，喜肥水。中抗灰斑病。黑龙江省审定时化验分析粗蛋白含量 41.72%，粗脂肪含量 20.48%。

2 获奖品种的系谱

育成品种的系谱分析能够较好地阐明作物育种的整体育成基础，发现育成品种性状的演变和品种更替演变规律，总结出在育种过程中亲本选择和组合配制上的规律，发现用于育种中的受体和供体亲本[4]。获奖品种系谱主要参考《中国大豆品种志》。获奖品种的系谱追溯到东北大豆地方品种，国外品种不追溯亲本组成。克 69–5236 和丰收 7 号亲本系谱由黑龙江省农科院克山分院杨兴勇研究员提供。获奖品种系谱见图 1。

3 获奖大豆品种系谱分析

获奖大豆品种的系谱分析能够清楚了解大豆杂交亲本的选用，分析掌握大豆性状的遗传变异规律，对大豆育种工作具有重要的预测指导参考价值。

3.1 黑河 3 号系谱分析

从图 1 中可知，黑河 3 号直接亲本是丰收 6 号和克山四粒黄，祖先亲本是紫花 4 号和元宝金，及克山白眉、黄宝珠、金元、盖家屯四粒黄。克山四粒黄遗传贡献率 50%，紫花 4 号和元宝金遗传贡献率均为 25%。黑河 3 号细胞质基因来源于克山白眉，通过紫花 4 号、丰收 6 号传递给黑河 3 号。

3.2 合丰 25 号系谱分析

从图 1 中看出合丰 25 号品种直接亲本是合丰 23 号和克 4430-20，祖先亲本有小粒豆 9 号、克山四粒黄、紫花 4 号、黄宝珠、金元、十胜长叶等。关荣霞[5]等研究合丰 23 号和克 4430-20 对合丰 25 号的遗传

184

贡献率分别为 39.4% 和 48.3%。在 G 和 E 两个连锁群发现克 4430–20 有大片段传递给合丰 25 号，特别是 G 连锁群没有发现来自合丰 23 号的片段，而合丰 23 号在 L 连锁群传递给合丰 25 号的位点是克 4430-20 的 2.3 倍。不同连锁群亲本染色体片段的组成不同，可能与产量、抗病性等重要性状相关 QTL 的分布有关，从而使合丰 25 号通过重组集合了两个亲本的优点。合丰 25 号有效地集中了农家品种、当地推广品种早熟、适应性强和日本高产品种结荚密、高产的特性，所以具有良好的遗传基础和优良种性[6]。

从图 1 中可以看出获奖品种绥农 14 号系谱中包含了黑河 3 号、合丰 25 号两个获奖品种。直接亲本是合丰 25 号和绥农 8 号。祖先亲本包括满仓金、元宝金、小粒豆 9 号、克山四粒黄、紫花 4 号、黄宝珠、金元、秃荚子、十胜长叶、Amsoy 等，其中黄宝珠、紫花 4 号、元宝金、满仓金是在东北地区种植品种选育过程中，被直接或间接作为亲本使用次数最多、面积较大的 4 个品种。绥农 14 是由小粒豆 9 号衍生出来的[7]。绥农 14 细胞质基因来源于小粒豆 9 号，由合丰 23 号、合丰 25 号传递到绥农 14 号。

绥农 14 大豆品种包含美国大豆血缘 Amsoy 和日本血缘十胜长叶。秦君等[8]利用系谱追踪与 SSR 标记分析了大豆品种绥农 14 号和合丰 25 号的遗传组成，聚类分析结果表明，十胜长叶与绥农 14 号或合丰 25 号有较大的亲本系数，Amsoy 与绥农 14 号有较大的亲本系数。绥农 14 号与合丰 25 号的遗传相似性高达 60.58%，推测国外品种与特有等位变异相关的优异性状经合丰 25 号传递给绥农 14 号，其在我国大豆品种改良中发挥了重要作用。

4 大豆杂交亲本的选配

杂交育种是迄今大豆育种最主要、最常用、最有效的途径，新品种中有 90% 以上是通过杂交途径培育的。杂交亲本传递给杂种的基因是杂种性状形成的物质基础。在育种工作中，深入分析种质，选择和配组亲本是杂交育种成败的关键。获奖品种黑河 3 号、合丰 25 号和绥农 14 号的产量与其直接亲本和祖先亲本品种相比有显著的提高。因此分析获奖品种的系谱，掌握大豆杂交亲本选配的方法，对于提高育种工作效率、指导育种工作是十分重要的。结合黑河 3 号、合丰 25 号、绥农 14 号获奖品种的系谱分析，在大豆育种杂交亲本选配上有以下几点启示。

4.1 选择含有地方品种血缘材料作骨干亲本

亲本选择是指根据品种选育目标，选用具有优良性状并能遗传给后代的品种、类型作为杂交亲本。地方品种是当地长期自然选择和人工选择的产物，对当地的自然条件和栽培条件都有良好的适应性，更适合当地的消费习惯。用它们作亲本选育的品种对当地条件适应性强，容易在当地推广。如图 1 中的紫花 4 号、元宝金、满仓金、丰收 10 号、绥农 4 号等。其中紫花 4 号、丰收 10 号、绥农 4 号在黑龙江省推广面积曾达到 300 万亩以上，成为主要推广品种，满仓金在 20 世纪 50 年代及 60 年代初曾为全国栽培面积最大的一个大豆优良品种[9]。从系谱图上可以看出获奖品种直接或间接以地方品种为母本，以含有外来血缘的品种为父本，在 17 个杂交组合中，有 10 个组合选用地方品种，占杂交组合的 58.7%。应尽可能多地搜集大豆种质资源，从中精选具有育种目标性状的材料作骨干亲本。黑河 3 号品种是典型的利用地方品种通过杂交和系统选择培育的优良获奖大豆品种。

4.2 国外大豆亲本的利用

从获奖品种系谱图上可以看出有三个组合使用了国外大豆品种十胜长叶和 Amsoy。合丰 25 号大豆品种的祖先亲本包含有国外引进品种十胜长叶，继承了十胜长叶结荚密、高产特性，使其具有节间短、结荚密、秆强、多花多荚、适应性广、配合力高等特点。绥农 14 号品种既包含十胜长叶血缘，又含美国品种 Amsoy 的基因，拓宽了遗传基础。Amsoy 品种具有较好的丰产性和抗性。Amsoy 呈塔形结构，通风透光性好、产量高、配合力较高、抗倒伏，含油率 22.5%，蛋白含量 39%。在两个国外种质特有的 SSR 变异位点中，Amsoy 有 5 个传递给绥农 14 号，十胜长叶有 3 个传递给绥农 14 号[10]。绥农 14 大豆品种是利用国外亲本培育新品种的典型例证。

4.3 注重选择性状有差异的材料作亲本

明确育种目标突出主要性状，尽可能选用优良性状多的种质材料作亲本，优良性状越多，需要改良完善的性状越少。绥农 14 就是利用遗传基础丰富、优良性状互补性强的合丰 25 号和抗性强、分枝多、丰产好的绥农 8 号进行杂交，采用主要病害抗性鉴定、品质跟踪化验分析、创造高肥足水条件、加大后代定向跟踪选择强度而育成的集高产、优质、抗病、适应性广于一身的大豆新品种。合丰 25 与绥农 8 号植物学性状差异较大，绥农 8 号植株高大、分枝多、株型呈塔形，下部叶片圆形，上部叶片转变成长叶形，结荚密、粒大皮薄。表现出合丰 25 品种的秆强、耐瘠薄等特点，对土壤、温光环境变化反应不敏感，具有很强的稳产性和适应性，绥农 14 号大豆品种产量、品质、抗病性、适应性等方面在目前推广品种中占有很强的优势[11]。

4.4 根据配合力选择亲本

一般配合力是指某一亲本品种或品系与其他品种或品系杂交的全部组合的平均表现。它主要决定于可以固定遗传的加性效应。一般配合力高，反映了杂种后代的表现受亲本性状值的影响较大。但是一般配合力高低目前还不能根据亲本性状的表现估算，只能根据杂种的表现来判断。

4.5 选用遗传基础丰富的大豆中间材料作亲本

选用遗传基础丰富的中间材料作供体亲本，以保证品种具有广泛的遗传基础。绥 77–5047×Amsoy 的 F1 代含有地方品种克山四粒黄 25%的血缘，含有 5% Amsoy62 的血缘，拓宽了国外种质在品种中的遗传基础，绥农 14 品种遗传了 Amsoy 抗性基因，增强了品种的抗病基础。绥 69–4258×群选 1 的 F1 代受体亲本含有黑龙江早熟品种血缘，供体亲本含有吉林晚熟品种血缘，同时地理、生态差异较大，后代分离类型的变异幅度较宽，提供选择的机会增多，可以提高选择效果。

4.6 同一组合选出不同品种（系）

黄宝珠和金元杂交组合选育出元宝金与满仓金两个姊妹系品种，满仓金不耐肥易倒伏，食心虫害重，蛋白质含量 40%；元宝金耐肥抗倒伏，食心虫害轻，蛋白质含量 40.6%。从系谱图中看出丰收 6 号和克山四粒黄杂交组合培育了黑河 3 号和丰收 10 号两个姊妹系品种以及克 69–5236 品系。黑河 3 号主茎节数 12 个，生育日数 125 d，适应黑河地区种植；丰收 10 号主茎节数 15~16 个，生育日数 130 d，主要分布在克山、拜泉、海伦地区，品种间特征特性差异较大，生态特征比较明显。通过系谱分析表明同一杂交组合，可以培育出不同生态类型品种，不同品种适应不同生态环境。

附图　获奖大豆品种绥农14号、合丰25号、黑河3号亲本系谱图

绥农14号

合丰25号　　克友4430-20　　绥农8号

绥农4号　　（绥77-5047×Amsoy）F₁

小粒豆9号 × 合丰23号　　丰收10号　克69-5236　十胜长叶　绥农3号　（绥69-4258×群选1）　克山四粒黄

黑河3号 ← 克56-4087 × 哈光1657　克5501-3 × 克56-4258　吉林永丰豆

丰收6号 × 克山四粒黄　满仓金　丰收7号 × 丰收10号　黑农4号 × 丰收8号

东农1号 × 铁荚子　丰收6号 × 克山四粒黄　黄·中20 × 东农1号　满仓金　丰收1号 × 秃荚子

紫花4号 × 元宝金　克山四粒黄　紫花4号 × 元宝金

克山白眉　黄宝珠 × 金元　黑龙江小粒黄

盖家屯四粒黄

参考文献（略）

本文原载于《大豆科技》2014年05期。

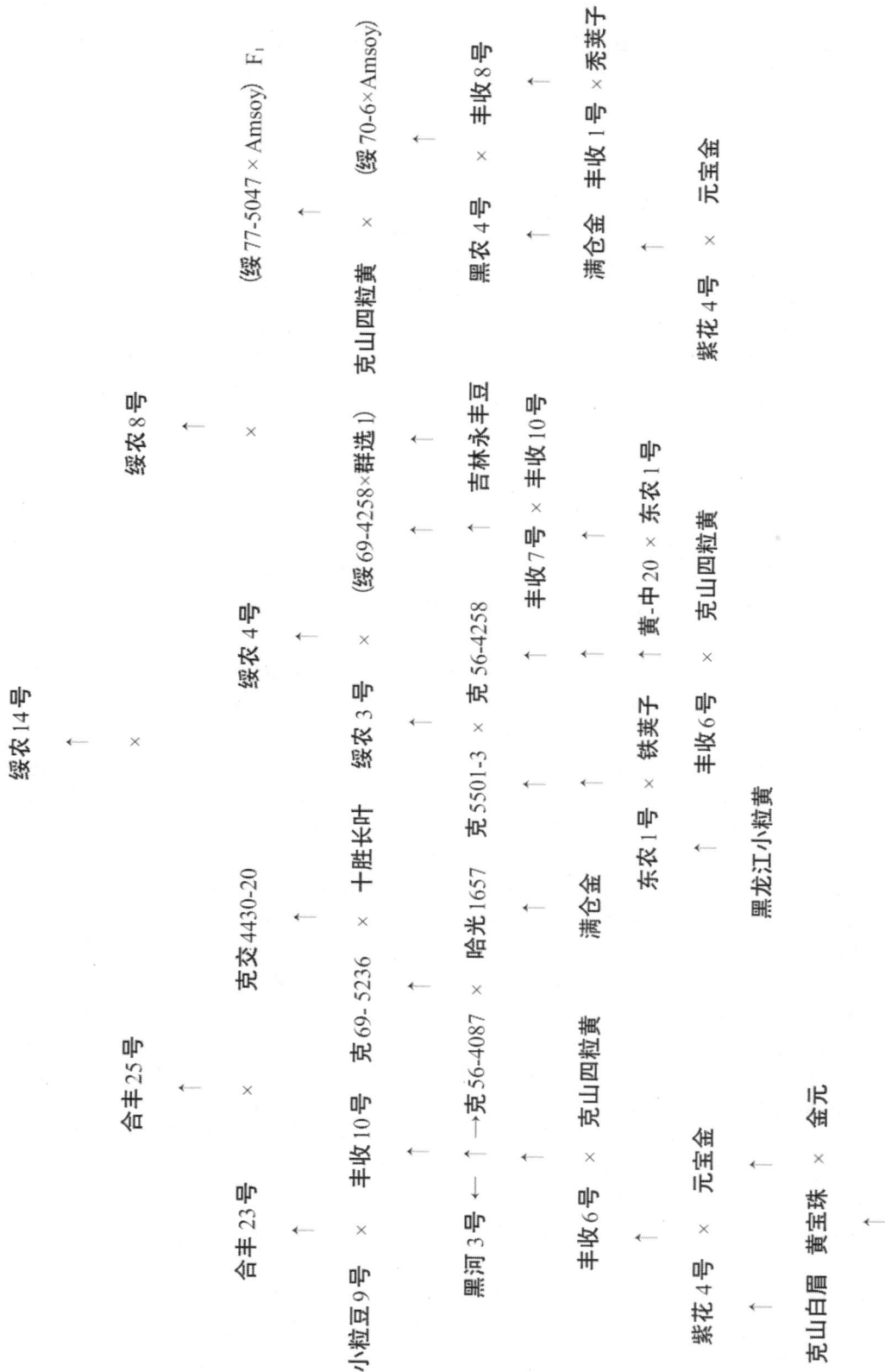

^{60}Co–γ 诱变大豆品质与农艺性状关联度分析

郭数进[1]，杨凯敏[1]，周永航[1]，王燕平[2]，李贵全[1*]

（1.山西农业大学农学院，山西 太谷 030801；2.黑龙江省农业科学院牡丹江分院，黑龙江 牡丹江 157041）

摘 要：以经 60Co–γ 辐射的大豆品种晋大 78M5 代为材料，应用灰色关联度分析诱变后代蛋白质、脂肪含量与各农艺性状的关联度；利用聚丙烯酰胺凝胶电泳（SDS–PAGE）技术，研究后代各品系 7S、11S 及其亚基相对含量，并分析其与蛋白质、脂肪含量的相关性。结果表明：各性状中，脂肪和蛋白质的变异系数最小，主茎粗、株高、百粒重和主茎节数 4 个农艺性状的变异程度较低；单株产量、主茎节数、百粒重和主茎粗 4 个农艺性状与蛋白质含量、脂肪含量均有较高的关联度；7S 相对含量与 11S 相对含量呈极显著负相关，7S、11S 各亚基与其相对含量均呈极显著正相关；7S 相对含量与蛋白质、脂肪含量均呈正相关，11S 相对含量与蛋白质含量呈正相关，与脂肪含量呈负相关。品系 14、16 的 α′、α 亚基相对含量较低，可用于特殊加工，也可为选育 7S 球蛋白缺失品种提供种质资源。

关键词：大豆；^{60}Co–γ 诱变；品质；农艺性状；关联度

Correlation Analysis Between Quality and Agronomic Traits of Mutation Soybean Irradiated by ^{60}Co–γ

GUO Shu-jin[1], YANG Kai-min[1], ZHOU Yong-hang[1], WANG Yan-ping[2], LI Gui-quan[1*]

(1. *College of Agriculture, Shanxi Agricultural University, Taigu* 030801, *China*;

2.*Mudanjiang Branch of Heilongjiang Academy of Agricultural sciences, Mudanjiang* 157041, *China*)

Abstract: Taking soybean cultivar Jinda 78 and its mutation progeny M5 irradiated by ^{60}Co–γ as materials, coefficient of variation was utilized for genetic analysis of quality and 11 agronomic traits in mutation progeny. Grey relational analysis was conducted for correlation between quality and 11 agronomic traits in mutation progeny. SDS-PAGE was used for analysis of relative contents of β-conglycinin soy protein(7S), glycinin soy protein(11S), and their subunits. Further more, the correlation between protein and oil contents and the relative contents in mutation progeny were researched. The results showed that: Among the traits, oil and protein displayed the lowest coefficients of variation; Mainstem thickness, plant height, 100-seed weight and mainstem node number showed lower variation degree; Yield perplant, mainstem node number, 100-seed weight and mainstem thickness had higher relational degree with the contents of both protein and oil; The relative content of 7S showed significant and strong negative correlation with the relative content of 11S. All relative contents of the subunits of 7S and 11S showed significant and strong positive correlation with their relative contents; The relative content of 7S had positive correlation with both protein and oil contents. The relative content of 11S had positive correlation with protein content, and negative correlation with oil content. In conclusion, line 14 and 16 of Jinda78M5 had lower relative contents of the subunits of α′ and α. Therefore, these two lines can be used in special processing and plant breeding for cultivars without β-conglycinin soy protein.

Keywords: Soybean; 60Co–γirradiation; Quality; Agronomic traits; Correlation degree

大豆[*Glycine max*（L.）Merri.]是世界上栽培最广的豆科作物，在粮食生产和食品加工领域发挥着重要作用[1]。尽管大豆的种质资源比较丰富，但仍存在着遗传基础狭窄的问题，不利于持续开发品种的品质潜力[2]。诱变育种可以增加品种变异概率，改善特定性状，因此作为常规育种的重要补充，可扩大变异谱，优化后代品质[3]。大豆富含优质的植物性蛋白和油脂，且不含胆固醇[4-5]，大豆最主要的品质性状是蛋白质和脂肪含量[6]。在大豆蛋白质中，7S 组分占 30%~35%，11S 组分占 25%~35%，是大豆蛋白质的主要组成部分[7]。7S 和 11S 组分具有重要的营养特性[8]，两者在亚基构成、功能特性上均有较大差异[9]，这两种组分及其亚基的相对含量对大豆蛋白质和脂肪含量、加工品质均具有重要影响[10,11]。

随着诱变育种技术的发展，^{60}Co–γ 辐射诱变以其高效能、无污染、低成本、速度快的优点，成为了应用最广泛的一种核育种技术[12-13]。目前，对应用 $^{60}Co-\gamma$ 辐射诱变作物品种的研究已有一定的报道：Tshilenge-Lukanda 等[14]研究表明，经 $^{60}Co-\gamma$ 射线照射后的品种，可以产生较高的变异率，诱变后代的品质有显著提高；Mudibu 等[15]用 $^{60}Co-\gamma$ 对 3 个不同大豆品种进行诱变，发现诱变后代群体的籽粒产量和产量构成因子均有显著增加；李慧峰等[16]对大豆品种晋豆 24 $^{60}Co-\gamma$ 诱变后代蛋白亚基所做的聚类分析表明，后代群体中 7S、11S 组分的含量变化明显，7S/11S 比值分布范围较大。这些研究侧重于辐射诱变后，大豆品质、7S 和 11S 的组分含量及亚基组成的变化，少有报道涉及诱变后代品质与农艺性状的关联分析，以及7S、11S 组分及其各亚基与蛋白质、脂肪含量的相关性。

本研究旨在通过变异系数研究大豆品种晋大 78 经 $^{60}Co-\gamma$ 辐射处理后，其诱变后代（M5 代）群体中品质与农艺性状的变异，用灰色关联度鉴别出与蛋白质、脂肪关系最为密切的农艺性状，并结合聚丙烯酰胺（SDS–PAGE）凝胶电泳图谱技术和变异分析，研究诱变后代 7S、11S 及其各亚基相对含量及变异程度；进一步分析蛋白质、脂肪含量与 7S、11S 及其各亚基相对含量的相关性，从遗传、表型、亚基等综合水平，甄别出特定农艺性状、亚基和品系，为应用 $^{60}Co-\gamma$ 辐射诱变技术选育高品质大豆品种提供优良种质和理论依据。

1 材料与方法

1.1 试验材料

选用山西农业大学大豆育种室育成的大豆品种晋大 78（晋审豆 2007001），对晋大 78 种子进行 $^{60}Co-\gamma$ 辐射处理（剂量率为 1.6 Gy/min），选择其诱变后代 M5 代的 28 个品系为材料。

1.2 试验方法

1.2.1 品质和农艺性状测定

2013、2014 年连续 2 年在山西农业大学大豆实验田育种圃种植供试品系材料。试验地块按照随机区组设计规划，设置 3 次重复，每小区：行长 5.0 m，行距 0.5 m，株距 0.2 m。每个品系种植 50 株左右，栽培与田间管理按正常方法实施。收获时每个品系随机取样 10 株，测定株重、株高、结荚高度、有效分枝数、主茎节数、主茎荚数、主茎粗、单株荚数、单株粒数、单株产量、百粒重 11 个农艺性状；品质性状包括蛋白质和脂肪含量，用 Infratec TM1241 Grain Analyzer V5.00 改进型近红外分析仪测定。

1.2.2 SDS–PAGE 凝胶电泳

种子脱脂：将种子脱壳，在无菌双层滤纸间碾成粉末，称取 0.1 g，置于 2 mL 离心管中，每管加入 1.9 mL 无水乙醚脱脂过夜，脱脂后，倾去脱脂液，用滤纸吸干脱脂液，风干，得到脱脂大豆干粉。

贮藏蛋白的提取：干粉中加入 20 mL0.05 mol/L 的 Tris–HCl（pH=8.0，含 0.01 mol/Lβ-巯基乙醇）提取液，室温下提取 1 h；于 4 ℃10000 r/min 离心 20 min，取上清，用 1 mol/L HCl 调 pH 至 4.5；于 4 ℃2 500 r/min 离心 15 min，弃上清，得到沉淀，用双纯水清洗 2 次，用滤纸吸干水分，室温风干，加入 500 μL 上样缓冲液（1%SDS，0.1 mol/L Tris–HCl，0.01 mol/Lβ–巯基乙醇，0.1 g/L 溴酚蓝，150 g/L 蔗糖，pH 8.0），于4℃冰箱中过夜，点样前沸水中煮 5 min，混匀。

电泳：不连续垂直板状凝胶电泳[17]。凝胶厚 0.75 mm，浓缩胶浓度 5%，分离胶浓度 10%~13%。取 5 μL 贮藏蛋白提取液点样，接通电源，在 120 V 稳压下电泳。电泳后，立即将凝胶置于染色液（考马斯亮蓝 R–250 200 mg，甲醇 100 mL，冰醋酸 20 mL，蒸馏水 80 mL）中，30 min 后，倒去染色液，加入脱色液（甲醇 30 mL，冰醋酸 10 mL，蒸馏水 60 mL），直至谱带清晰，用 250 mL 7%冰乙酸固定，凝胶成像系统拍照。

1.3 数据转换

根据灰色系统理论,分析 11 个农艺性状对蛋白质含量和脂肪含量的影响,按下列公式求得关联系数和关联度,关联度越大,则性状对蛋白质或脂肪含量的影响越大。关联系数公式为:

关联系数 $\varepsilon_{0i}(K) = \Delta_{min} + \rho\Delta_{max}/\Delta_{0i}(K) + \rho\Delta_{max}$

关联度 $$\gamma_{0i} = \frac{1}{N}\sum_{k=1}^{N}\varepsilon_{0i}(k)$$

式中:Δ_{min}、Δ_{max} 分别为各个时刻绝对差中的最小值和最大值;Δ_{min} 取值为 0;ρ 为分辨率,取值为 0.1,Δ_{0i} 为被测性状数列与参考数列对应值之间的绝对值差。

1.4 数据分析

蛋白谱带的识读依据 Liu 等[18]和 Mujoo 等[19]的方法,亚基相对含量为该亚基光密度占所在泳道总光密度的百分率(包括条带间区域),采用 Bio-Rad 公司的 Quantity one 4.52 软件分析。试验数据用 Microsoft Office Excel 2003 及 DPS 6.5 软件进行分析,运用 Paired-Samples T test 进行配对样本 T 检验,比较亲本与诱变后代间的差异显著性。

2 结果与分析

2.1 亲本及诱变后代群体品质、农艺性状变异分析

结合变异系数,并利用 Paired-Samples T test 方法对材料的 11 个农艺性状和 2 个品质性状进行分析可以看出(表 1),诱变后代群体中农艺性状遗传变异系数由大到小为:有效分枝数、结荚高度、单株粒数、单株产量、株重、单株荚数、主茎荚数、主茎粗、株高、百粒重、主茎节数、脂肪含量、蛋白质含量。脂肪含量和蛋白质含量变异系数最小,且均小于 10.00%,属弱变异[20]。农艺性状中,主茎粗、株高、百粒重、主茎节数的变异系数均不到 20.00%,其中百粒重和主茎节数的变异系数也均小于 10.00%[20]。除结荚高度、脂肪含量和蛋白质含量外,诱变后代在其他性状上均高于亲本,尤其由差异性分析可看出,诱变后代在单株粒数和单株产量上显著高于亲本。

表 1 品质和农艺性状变异系数及变异范围

Table 1 Coefficient of variation and range between quality and agronomic traits

性状 Traits	亲本 Parents	诱变后代 Mutation progeny			显著性 Significance	
	平均值 Mean±SD	平均值 Mean±SD	变异系数/% Coefficient of variation	变异范围 Range	t	P
有效分枝数 Number of valid branch	3.3±0.17	4.38±0.68	31.78	1.20～8.20	−3.723	0.065
结荚高度/cm Height of 1st pod	13.2±3.95	7.11±0.25	31.75	4.30～15.14	2.631	0.119
单株粒数 Seeds per plant	125.1±14.50	195.54±2.91	27.49	55.66～300.20	−10.442	0.009
单株产量/g Yield per plant	22.16±4.15	39.85±1.41	24.95	12.50～59.72	−10.907	0.008
株重/g Weight per plant	52.74±17.93	92.80±2.87	23.69	36.74～134.36	−4.277	0.051
单株荚数 Pods per plant	56.6±13.31	83.28±4.29	23.14	28.00～120.60	−3.514	0.072
主茎荚数 Number of stem pod	33.6±6.16	40.52±3.17	23.09	21.80～58.00	−1.289	0.326
主茎粗/cm Mainstem thickness	0.86±0.04	1.11±0.15	14.13	0.55～1.45	−2.234	0.155
株高/cm Plant height	86.35±5.63	96.99±1.40	12.53	75.98～121.06	−2.628	0.119
百粒重/g 100-seed weight	22.09±1.42	22.58±1.82	8.53	19.00～27.15	−0.277	0.808
主茎节数 Number of stem nodes	22.5±1.77	24.15±2.33	6.65	21.25～27.20	−0.698	0.557
脂肪含量/% Content of fat	20.28±0.08	20.20±0.93	3.44	19.17～22.03	0.151	0.894
蛋白质含量/% Content of protein	44.82±1.07	43.04±0.74	3.25	40.77～45.63	4.162	0.053

注:t 为负值表示前面一组样本的均值低于后面一组的均值;P＜0.05 差异显著。

Notes:Negative value of t means the average value of the former group was lower than that of the latter group;P＜0.05 represents significant difference.

2.2 亲本及诱变后代群体品质与农艺性状关联度分析

通过分析蛋白质、脂肪含量与 11 个农艺性状的关联度值可知（表 2、表 3）：各农艺性状与蛋白质含量的关联度由大到小为：主茎荚数、单株产量、主茎节数、脂肪、百粒重、主茎粗、结荚高度、有效分枝数、株高、单株荚数、株重、单株粒数。其中，主茎荚数、单株产量、主茎节数、百粒重、主茎粗 5 个性状的关联度分别是 0.88、0.68、0.65、0.62、0.52。各农艺性状与脂肪含量的关联度由大到小为：百粒重、主茎节数、单株产量、主茎粗、结荚高度、有效分枝数、主茎荚数、株高、单株荚数、株重、单株粒数。其中，百粒重、主茎节数、单株产量、主茎粗、结荚高度 5 个性状的关联度分别为 0.96、0.94、0.86、0.77、0.71。由此可见，单株产量、主茎节数、百粒重、主茎粗 4 个农艺性状与蛋白质和脂肪含量的关系均较为密切。大豆蛋白和脂肪的形成，是干物质积累并定向运输的结果，而这些性状也与物质的积累和运输有密切关系[21]，因而可以作为高油或高蛋白品系鉴定的表型指标。

表2 农艺性状与蛋白质含量的关联度

表2　农艺性状与蛋白质含量的关联度
Table 2　Correlation degree between protein content and agronomic traits

性状 Trait	与蛋白质含量的关联度 Correlation degree with protein content	位次 Rank
主茎荚数 Number of mainstem pod	0.88	1
单株产量 Yield per plant	0.68	2
主茎节数 Number of mainstem node	0.65	3
百粒重 100-seed weight	0.62	4
主茎粗 Mainstem thickness	0.52	5
结荚高度 Height of 1st pod	0.49	6
有效分枝数 Number of valid branch	0.48	7
株高 Plant height	0.46	8
单株荚数 Pods per plant	0.42	9
株重 Weight per plant	0.36	10
单株粒数 Seeds per plant	0.27	11

表3　农艺性状与脂肪含量的关联度
Table 3　Correlation degree between oil content and agronomic traits

性状 Trait	与脂肪含量的关联度 Correlation degree with oil content	位次 Rank
百粒重 100-seed weight	0.96	1
主茎节数 Number of mainstem node	0.94	2
单株产量 Yield per plant	0.86	3
主茎粗 Mainstem thickness	0.77	4
结荚高度 Height of 1st pod	0.71	5
有效分枝数 Number of valid branch	0.70	6
主茎荚数 Number of mainstem pod	0.63	7
株高 Plant height	0.37	8
单株荚数 Pods per plant	0.35	9
株重 Weight per plant	0.30	10
单株粒数 Seeds per plant	0.24	11

2.3 诱变后代 7S、11S 及其各亚基 SDS-PAGE 谱带分析

对 ^{60}Co-γ 诱变后代各品系进行 SDS–PAGE 凝胶电泳试验后发现（图 1），各品系 7S、11S 球蛋白 SDS–PAGE 图谱由一系列亚基组成，不同品系间谱带由上至下都含有 α′、α、β、A3、Acid、Basic 6 种带，不同品系各亚基含量不同，尤其是 14、16 两个品系的 α′、α 亚基的含量已明显低于其他品系，表明对大豆进行 ^{60}Co-γ 诱变处理后，诱变后代 M5 代中出现了 7S 球蛋白含量较低、11S/7S 比值较高的品系，有效地拓展了大豆品种遗传变异的范围。品系 16、23 和 25 在 α′亚基上有新带，表明有新的亚基出现[22]，这可能是由于 ^{60}Co-γ 辐射的高能电离作用对特定蛋白产生了影响，从而改变了蛋白结构[14]。

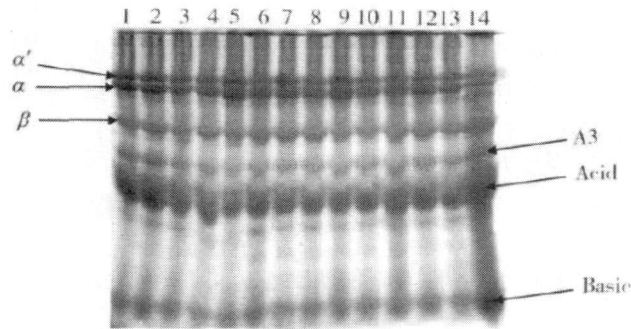

(a) 品系1~14电泳谱带
(a) Bands of lines 1-14

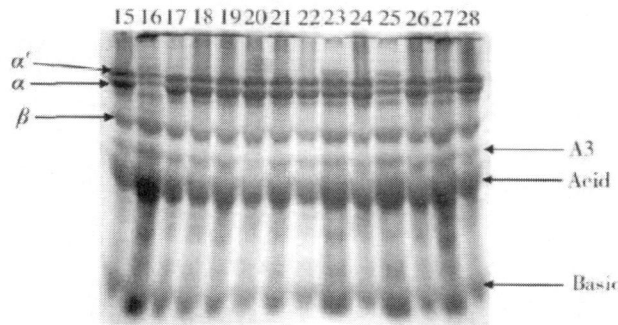

(b) 品系15~28电泳谱带
(b) Bands of lines 15-28

箭头分别指示 7S 组分的 α′、α、β 亚基和
11S 组分的 A3、Acid、Basic 亚基
The arrowheads indicate the subunits α′, α and β of 7S,
and the subunits A3, acid and basic of 11S, respectively

图 1　诱变后代各品系 7S 和 11S 电泳谱带

Fig. 1　Electrophoresis bands of 7S and 11S in
lines of mutation progeny

2.4　诱变后代蛋白 11S、7S 组分及其各亚基变异分析

利用方差和变异系数对诱变后代不同蛋白亚基相对含量分析后可以看出（表 4），各蛋白亚基相对含量变异较大，7S 球蛋白中的 α′、α、β 和总 7S 平均质量分数分别为 6.22%、6.07%、7.79% 和 20.08%；11S 球蛋白中的 A3、Acid、Basic 和总 11S 平均质量分数分别为 8.92%、9.70%、7.85% 和 27.47%。从各亚基平均含量可知，诱变后代中 11S 球蛋白含量高于 7S 球蛋白含量。7S 球蛋白中 β 亚基含量最高，其次是 α′亚基，α 亚基含量最低，11S 球蛋白中 Acid 亚基含量最高，其次为 A3 亚基，Basic 亚基含量最低。

变异系数从大到小排列分别为：Basic（68.15%）、Acid（67.01%）、α（56.51%）、β（55.46%）、A3（54.74%）、7S（41.83%）、11S（38.26%）、α′（37.62%）。11S/7S 均值为 1.05，变异系数为 50.48%，各亚基和总 7S、11S 含量的变异系数均超过 10%，变异幅度较大，说明 ^{60}Co–γ 诱变处理增加了大豆 M5 代蛋白组分与亚基含量的变异程度，丰富了变异后代在营养成分和加工品质方面的遗传背景，因此，^{60}Co–γ 辐射诱变可以在多用途大豆原料开发、利用方面发挥作用。

2.5　诱变后代蛋白质、脂肪含量与 7S、11S 组分相关性分析

对诱变后代蛋白质、脂肪含量与 7S、11S 组分的相关性分析表明（表 5），7S、11S 含量与蛋白质含量呈正相关。同时，7S 含量与脂肪含量呈正相关，11S 含量与脂肪含量呈负相关，而 7S 含量与 11S 含量

呈极显著负相关，因此在 7S 含量低的大豆品系中，11S 含量会相应提高，而脂肪含量也会相应降低。从 2.3 中的 SDS–PAGE 图谱分析可知，14、16 两个品系 7S 球蛋白含量明显低于其他品系，因而其 11S/7S 比值较高。而诱变后代蛋白质、脂肪含量分别与 7S、11S 各亚基相对含量的相关性分析则表明（表6、7），α′、α、β 与 7S 组分的含量均呈极显著正相关，其相关系数由大到小为 β（0.77）、α（0.62）、α′（0.42）；A3、Acid、Basic 与 11S 也呈极显著正相关，其相关系数由大到小为 Acid（0.83）、Basic（0.62）、A3（0.33）。因此，可以通过 ^{60}Co–γ 辐射诱变处理，改变大豆诱变后代中 7S、11S 组分特定亚基含量，继而改变 11S/7S 比值，获取优质、专用的大豆原料。

表4 诱变后代 7S、11S 及其亚基相对含量的变异

Table 4　Variation of relative contents of 7S、11S and their subunits in mutation prl

球蛋白 Globulin	亚基 Subunit	最大值/% Max	最小值/% Min	平均值(%) Mean	方差 Variance	标准差 Standard deviation	变异系数(%) Coefficient of variation
7S	α′	13.37	1.17	6.22	5.51	2.34	37.62
	α	20.06	2.70	6.07	12.23	3.43	56.51
	β	20.42	1.34	7.79	18.66	4.32	55.46
	总和 Total	53.85	5.21	20.08	4.77	8.40	41.83
11S	A3	21.12	1.84	8.92	7.45	5.31	54.74
	Acid	27.45	1.35	9.70	26.90	6.50	67.01
	Basic	18.19	1.44	7.85	28.02	5.35	68.15
	总和 Total	54.16	8.00	27.47	54.38	10.51	38.26
	11S/7S	2.23	0.12	1.05	0.29	0.53	50.48

表5 诱变后代蛋白质、脂肪含量与 7S、11S 含量的相关性分析

Table 5　Correlation between relative contents of 7S、11S and contents of
protein and oil in mutation progeny

| 项目
Item | 相关系数
Correlation coefficient | | | |
	7S 含量 7S content	11S 含量 11S content	蛋白质含量 Protein content	脂肪含量 Oil content
7S 含量 7S content				
11S 含量 11S content	−0.98**			
蛋白质含量 Protein content	0.11	0.14		
脂肪含量 Oil content	0.48	−0.32	−0.43**	

注：** 表示 $P<0.01$ 为极显著，下同。Note：** means extremely significant at $P<0.01$. The same below.

表6 诱变后代蛋白质、脂肪含量与7S各亚基相对含量的相关性分析

Table 6 Correlation between relative contents of subunits of 7S and contents of protein and oil in mutation progeny

项目 Item	相关系数 Correlation coefficient					
	α′亚基 α′ subunit	α亚基 α subunit	β亚基 β subunit	7S含量 7S content	蛋白含量 Protein content	脂肪含量 Oil content
α′亚基 α′ subunit						
α亚基 α subunit	0.23					
β亚基 β subunit	0.08	0.13				
7S含量 7S content	0.42**	0.62**	0.77**			
蛋白含量 Protein content	−0.07	−0.09	−0.09	0.11		
脂肪含量 Oil content	0.12	0.11	0.17	0.48	−0.43**	

表7 诱变后代蛋白质、脂肪含量与11S各亚基相对含量的相关分析

Table 7 Correlation between relative contents of subunits of 11S and contents of protein and oil in mutation progeny

项目 Item	相关系数 Correlation coefficient					
	A3亚基 A3 subunit	Acid亚基 Acid subunit	Basic亚基 Basic subunit	11S含量 11S content	蛋白含量 Protein content	脂肪含量 Oil content
A3亚基 A3 subunit						
Acid亚基 Acid subunit	−0.02					
Basic亚基 Basic subunit	−0.31**	0.44**				
11S含量 11S content	0.33**	0.83**	0.62**			
蛋白含量 Protein content	0.03	−0.06	0.04	0.14		
脂肪含量 Oil content	−0.06	0.01	−0.08	−0.32	−0.43**	

3 讨 论

大豆蛋白质和脂肪含量是典型的数量性状，由多基因控制，并且涉及多种基因间及基因与环境间的互作效应[23]，因此在育种过程中较难把握，而农艺性状直观、准确、易于测定[24]，可以作为品质育种的选择指标[25]。本研究通过变异分析，从 ^{60}Co–γ 诱变后代的 11 个农艺性状中筛选出了主茎粗、株高、百粒重、主茎节数 4 个变异系数较低的性状；通过品质与农艺性状的关联度分析，进一步得出主茎节数、百粒重和主茎粗 3 个变异程度小、对蛋白质和脂肪含量均有极大影响的农艺性状。在 ^{60}Co–γ 诱变育种工作中，这些特殊性状可以作为筛选高品质材料的表型指标，也为寻求高品质大豆品种的理想株型提供了理论依据[26]。

改善大豆品质是 ^{60}Co–γ 诱变育种的重要目的[27]。本研究表明：在 ^{60}Co–γ 辐射处理的大豆诱变后代中，

7S、11S 球蛋白分别由 α′、α、β 和 A3、Acid、Basic 6 种亚基组成，7S 和 11S 组分各亚基与其相对含量均呈极显著正相关，因此，可以通过亚基组成和含量来调控两种组分的含量，这与 Quiroga 等[28]的研究结果一致；诱变后代 7S、11S 组分的相对含量与蛋白质和脂肪含量有密切关系；在诱变后代的 28 个品系中，14、16 两个品系的 7S 球蛋白亚基含量较低，11S/7S 比值较高。因此，对大豆进行 $^{60}Co-\gamma$ 辐射诱变，可以获得低 7S 含量、高 11S/7S 比值的诱变后代，改善了大豆加工品质[29]，丰富了变异后代的加工类型[30]，从而满足优质低脂豆奶[31]等食品产业对大豆的特殊需求。

$^{60}Co-\gamma$ 辐射诱变育种技术，能够提高品种突变率，扩大突变谱，缩短育种年限，且有利于性状的稳定，已经成为获取优良种质、改善品种品质的一种重要育种手段[32-33]。在应用 $^{60}Co-\gamma$ 辐射诱变进行大豆育种时，对目标性状的选择应该有多种方式，本研究依据灰色关联度方法，将与蛋白质、脂肪含量关系最密切的农艺性状作为选择指标，同时把 7S、11S 组分及其各亚基的相对含量作为品质选择的依据。随着分子生物学技术的发展，许多与大豆品质有关的数量性状基因座（QTLs）已经被定位[34]；也可以通过分子标记辅助选择手段来提高大豆蛋白特定亚基的含量[8]。因此，在 $^{60}Co-\gamma$ 辐射诱变育种实践中，应将表型鉴定、细胞学分析与分子生物学技术有机结合，增加分子标记检测指标，丰富诱变大豆的性状选择和品系鉴定体系。

4 结　论

本研究对大豆品种晋大 78 及其 $^{60}Co-\gamma$ 辐射诱变后代（M5 代）群体的品质与农艺性状进行了关联度分析，并分析了诱变后代 7S、11S 及其各亚基相对含量，各相对含量与蛋白质和脂肪的相关性，筛选出了主茎节数、百粒重和主茎粗 3 个变异系数低，且与蛋白质含量和脂肪含量均有较高关联度的农艺性状。诱变后代 28 个品系中，14、16 两个品系的 α′、α 亚基相对含量较低，因而其 7S 球蛋白含量较低，11S/7S 比值较高，可以用作特殊加工，也可以为选育 7S 球蛋白亚基缺失品种提供种质资源。

参考文献（略）
本文原载于《中国农业大学学报》2016 年 06 期。

第二章　大豆品种光合生理生化

光周期调控大豆开花期分子机理研究的新进展

杜维广 [1,2]，盖钧镒 [3]

（1.黑龙江省农业科学院大豆研究所，黑龙江 哈尔滨 150086；2.国家大豆改良中心牡丹江试验站，黑龙江 牡丹江 157041；3.南京农业大学大豆研究/国家大豆改良中心/作物遗传与种质创新国家重点实验室 / 农业部大豆生物学与遗传育种重点实验室（综合），江苏 南京 210095）

摘 要：综述了中国科学院大豆分子设计育种重点实验室国际合作团队关于大豆光周期调控开花期分子机理及其相关领域研究取得的新进展，并评述了其所获成果的理论和实践意义。

关键词：大豆光周期；开花；分子机理

Advances in Molecular Mechanism of Photoperiod-mediated Flowering Date in Soybean

DU Wei-guang[1,2], GAI Jun-yi[3]

(1. *Soybean Research Institute, Heilongjiang Academy of Agricultural Sciences, Harbin* 150086, *China*;
2. *Mudanjiang Experimental Station National Center for Soybean Improvement, Mudanjiang* 157041, *China*;
3. *Soybean Research Institute, Nanjing Agricultural University / National Center for Soybean Improvement / National Key Laboratory for Crop Genetics and Germplasm Enhancement / Key Laboratory for Biology and Genetic Improvement of Soybean (General), Ministry of Agriculture, Nanjing* 210095, *China*)

Abstract: The research progresses on molecular mechanism of photoperiod-mediated flowering date in soybean obtained by an international research team of the Key Laboratory of Soybean Molecular Design Breeding, Chinese Academy of Sciences were reviewed, and the evaluation of the significance of the results to the research area and potential application in plant breeding were provided.

Keywords: Soybean photoperiod; Flowering date; Molecular mechanism

大豆是我国主要的蛋白质和油脂作物。大豆的产量、蛋白质、油脂与大豆的生育期有关，因而与生态区域和播种季节都有关。光周期是调控大豆开花期的重要因子。随着分子遗传学及其研究技术的发展，探讨大豆光周期调控开花期的分子机理已经成为大豆功能基因组学领域研究的一个热点与前沿命题。中国科学院大豆分子设计育种重点实验室科学家和以日本为主的国外科学家合作，经过多年的系统工作，在光周期调控开花期的相关领域取得多方面的新进展。

经典遗传学研究表明：与大豆光周期和开花期有关的基因有 10 个，分别是 $E1$、$E2$、$E3$、$E4$、$E5$、$E6$、$E7$、$E8$、$E9$ 和 J。该研究团队经过近 10 年的努力，已成功地将 $E1$ 基因定位于第六号染色体 LGC2 连锁群上约 17 kb 区域，在该区间鉴定出唯一候选基因，通过转基因技术对候选基因的功能进行了验证，生物信息学分析表明在拟南芥和水稻基因组中不存在近等同源序列，发现该基因是豆科植物特有的转录因子，并且 $E1$ 基因处于开花期基因表达的中枢位置[1]。在大豆基因组中，同时存在着 2 个 $E1$ 同源基因 $E1La$ 和 $E1Lb$，进一步的研究表明 $E1$ 与 $E1L$（E1–Like）的表达受控于 $E3$ 与 $E4$（$E3$、$E4$ 编码光敏色素 A 蛋白）。揭示了在光周期调控的大豆开花期机制中，光敏色素 A 介导的 $E1$ 与 $E1$ 同源基因的光诱导转录起着关键作用。预示着大豆基因组中存在着控制开花期与成熟期的独特途径与调控网络[2]。

该研究团队通过图位克隆策略将 $E2$ 基因定位于一个约 100 kb 的 BAC 克隆 GMMIB300H1 中，通过近等基因系序列解析和突变体表型分析证明了 $E2$ 基因为 *GIGANTEA* 的同源基因。由于该基因对生育期贡献值大，对光周期反应影响较小，具有受外在的环境影响较小的特性，因此在育种实践上具有很广阔的应用前景[3]。

该研究团队利用图位克隆策略将 $E3$ 位点定位于 L 连锁群上，与 $Dt1$ 连锁。通过突变体和近等基因系分析证明，$E3$ 基因为 *GmPhyA3*；同时发现 $E3$ 基因受控于 $E1$，在 $E1$ 遗传背景下，$E3$ 的功能得不到充分发挥[4]，为揭示大豆光周期调控开花期分子机理提供了重要依据。E3 基因同时也存在着 3 种等位变异，E3 和 E4 基因的不同等位变异组合控制着大豆品种在高纬度地区的光周期不敏感性，决定大豆品种在高纬度地区的生态适应区域[5-6]；将 E4 基因定位在 I 连锁群上，证明 E4 基因编码光敏色素蛋白基因[7-9]。进一步通过一对 E4 近等基因系解析表明 E4 是由于在 E4 位点第一个外显子上插入 LTR 型反转录转座子进而造成该基因失活的突变类型，与已报道的其他 LTR 型反转录转座子比较，该反转录转座子是一个新家族的成员，命名为 SORE1 型反转录转座子，并且在高温诱导下，SORE1 型反转录转座子易发生转座，类似于 E4 基因的开关[10]。发现大豆生育期新基因，精细定位到 16 号染色体上介于标记 M5 和 M7 之间 245 kb 区间内。该基因被美国大豆遗传委员会审阅后，命名为 E9。E9 基因的精细定位及连锁标记（ID1）的开发对于高纬度地区大豆的稳产及早熟品种的分子标记辅助育种具有理论和实际意义[11]。

该研究团队还图位克隆了大豆结荚习性 Dt1 基因，序列分析表明 Dt1 是拟南芥 Terminal Flower1（TFL1）的同源基因，发现了第四个外显子上发生单碱基置换的突变类型，通过其在大豆中过量和减少表达验证了其功能，开发了鉴定大豆结荚习性类型的方法。研究结果揭示了大豆结荚习性的分子机理，解决了大豆结荚习性鉴定的科学问题[1-2]。证实 TFL1 基因抑制大豆开花，阐明了不同 FT 基因参与不同日照条件中的功能，揭示了短日照植物含有与长日照植物不同的光周期反应调控机制。研究揭示了大豆 FT 蛋白与 FD 蛋白互作及其调控机理，表明大豆 FT 基因调控开花和生育期，与模式植物拟南芥存在着相同的调控机制[13]。

该研究团队发现 E4 基因存在 5 种突变类型，其中 E4a 型变异与光形态建成相关，种植在相同纬度具有纯合半显性 E4a 基因型品种比纯合 E4 基因型品种生育期提前 3 d 左右成熟，但产量几乎没有变化。因此，E4a 基因的科学意义在于不仅为早熟分子设计育种提供了关键模块，解决了早熟与高产间的矛盾[5-6]。同时发现，E3 和 E4 基因不但控制大豆的开花期，同时控制大豆开花后期的光周期敏感性，决定大豆开花后期的籽粒灌浆期长度、大豆节数和大豆荚数，最终影响大豆产量；E3 和 E4 基因控制大豆开花后期的光周期敏感性是通过诱导大豆结荚习性基因 Dt1（TFL1b）来实现的[5]。

综上（1）大豆生育期 E3、E4 基因是拟南芥光敏色素 PHYA 的同源基因[4,8]，E2 基因是拟南芥开花控制基因 GIGANTEA 的同源基因[3]，E1（E1L）是豆科植物特有的转录因子[1-2]，预示着大豆基因组中存在着独特的控制开花期与成熟期的调控网络；（2）E3、E4 基因的功能受控于 E1，E3、E4 调控大豆生育期，通过调控 E1 或 E1L 实现的，而 E1 或 E1-Like 基因通过调控两个 FT 基因（GmFT2a 和 Gm-FT5a 基因）控制大豆生育期，从而证明了大豆存在着特有的大豆光周期对开花期和生育期的调控途径 PHYA-E1/E1L-FT[1-2,14]；（3）研究还发现大豆光周期开花基因 CO、miR156、miR172 调控大豆光周期和开花期均受到 E1 的调控作用，从而进一步证明了大豆光周期的开花期调控途径 PHYA-E1/E1L-FT 是大豆光周期对开花期和生育期调控的主要调控途径[15-18]。上述研究结果揭示了大豆基因组中存在着与拟南芥和水稻不同的光周期控制开花期与成熟期特异的且主要的遗传调控网络：PHYA-E1/E1L-FT。

以上研究成果以论文形式发表，其中至 2015 年 SCI 收录的论文共 31 篇，总影响因子达 121.5，文章被引用次数至 2014 年达 840 余次。这组研究推进了大豆光周期调控开花期分子机理研究的进展，对于深刻理解长、短日照作物光周期调控开花期进化的分子机制具有重要参考价值[19-27]。研究结果对于指导生育期育种、选育早熟高产或超早熟高产大豆品种有重要科学意义和应用价值。大豆生育期的经典遗传学研究是从熟期组 II~IV 的材料开始的，近半个世纪来大豆的生育期通过人工进化已衍生出特早的 000 组品种和特晚的 X 组品种，希望中国科学院大豆分子设计育种重点实验室的国际团队再接再厉，把光周期调控开花期和成熟期的研究向更宽、更深的领域发展。

参考文献（略）

本文原载于《大豆科学》2015 年 04 期。

大豆高光效育种研究

满为群[1]，杜维广[1]，郝迺斌[2]

（1.黑龙江省农业科学院大豆研究所，黑龙江 哈尔滨 150086；2.中国科学院植物研究所，北京 100093）

摘　要：从探索提高 C_3 作物光合效率途径为切入点，在分析作物高光效育种历程阶段的基础上，从大豆高光效育种的总体思路、高光效的光合生理基础、高光效育种理论、高光效高产育种体系、高光效品种选育 5 个方面讨论了大豆高光效育种。旨在为通过高光效育种途径来提高 C_3 作物光合效率提供理论依据和技术支撑，促进大豆高光效育种的进程。提出了启动 C_3 作物自身 C_4 途径，将多项高光效功能整合，并与常规育种相结合，可能是提高 C_3 作物光合效率新的突破点，从而确定了大豆高光效育种的总体思路。大豆高光效的光合生理基础是高光效品种的光反应和暗反应过程与常规品种相比都有明显改善，并且它们之间存在密切的连锁相关。大豆高光效育种理论是依据作物遗传育种理论和作物生理学原理构成的。建立在作物生态类型基础上的高光效育种生理遗传基础和高光效的光合生理基础是大豆高光效育种理论基础。依据大豆高光效育种总体思路和理论，通过高光效育种实践建立了大豆高光效高产育种体系，育成了高光效品种黑农 39、黑农 40 和黑农 41。

关键词：大豆；C_3 作物中类似 C_4 途径；高光效育种

Study on Soybean Breeding for High Photosynthetic Efficiency

MAN Wei-qun[1], DU Wei-guang[1], HAO Nai-bin[2]

(1. *Soybean Research Institute, Heilongjiang Academy of Agricultural Sciences, Harbin* 150086, *China*;

2. *Botany Institute, Chinese Academy of Sciences, Beijing* 100093, *China*)

Abstract: On the basis of analyzing the courses of crop breeding for high photosynthetic efficiency (HPE) and improving the photosynthetic efficiency of C_3 crop, we discussed soybean breeding for HPE in five aspects including breeding strategy, photosynthetic physiology, breeding methodology, breeding system and cultivar development, aimingat providing the oretical basis for increasing photosynthetic efficiency of C_3 crop through the way of soybean breeding for HPE and promoting its progress. It might be a new way of improving soybean photosynthetic efficiency that starting up the C_4 path way in C_3 crops, through in tegrating function associated with HPE and combing with the conventional breeding. As result the methodology of soybean breeding for HPE could be determined. The photosynthetic and physiological basis of soybean HPE were that light and dark reactions were obviously improved compared with that of normal soybean cultivars. The breeding theory of soybean consisted of crop genetic breeding theory and crop physiological principle. The theoretical basis of soybean breeding for HPE included physiological genetics, photosynthetic physiologyon specific cropeco–types. According to the methodology and theory of soybean breeding for HPE as well as breeding practice, the high yield breeding system on the base of HPE was established, and soybean cultivars with HPE, Heinong39, Heinong40 and Heinong 41 were developed.

Keywords: Soybean; C_4 analogous path way in C_3 Crop; High photosynthetic breeding

自 20 世纪 70 年代，国内外育种学家和植物生理学家开始积极探讨以提高 C_3 作物光合生产力遗传改进为目标的育种途径和方法，经过对各阶段农业增产途径分析后，明确提出提高 C_3 作物的光合效率是今后育种的重要途径。其方法主要有以下两个方面：一是转基因途径，即通过转 C_4 植物的光合效率；二是种质改良，通过高光效育种途径与方法，使 C_3 作物固有的 C_3 和 C_4 途径酶系基因得以充分表达。

20 世纪 70 年代初，是作物高光效育种初期阶段。研究者试图通过"作物同室效应"和"提高作物单叶光合效率去大幅度提高作物产量"，这是作物高光效育种的初级路线，因其局限性未能取得预期效果，使作物高光效育种的研究陷入困境，到 80 年代，研究者初步认识到作物高光效育种必须在常规育种基础上，注入作物光合作用理论和指标，使作物高光效育种有了新发展。80 年代中期至今，科学家探索了作物遗传育种和植物生理生化紧密结合，在作物遗传育种和光合作用理论指导下，建立了作物高光效育种新思路、新途径和新方法，使作物高光效育种迈进深入发展阶段。

作物高光效育种的深入发展主要体现在以下 5 个方面的研究领域。一是作物高光效育种生理遗传基础研究；二是作物高光效的光合生理基础研究，三是作物高光效育种新思路探讨；四是作物高光效育种体系建立；五是培育作物高光效品种和种质创新。以探索提高 C_3 作物光合效率的途径为切入点，主要从大豆高光效育种总体思路、光合生理基础、大豆高光效育种理论、大豆高光效高产育种体系、大豆高光效品种选育等 5 个方面论述大豆高光效育种。

1 大豆高光效育种总体思路

有报道通过转基因技术将某种特定的 C_4 关键酶基因转移到 C_3 植物中，试图提高 C_3 植物光合效率，但目前仅有少数获得成功[1-3]。近来研究发现，将玉米的 *PEPC* 基因转入水稻后，*PEPC* 基因的转导只是促进了 C_3 植物本身原有的有限的 C_4 代谢途径的转运，改善了水稻的光合生理特性，促进了产量的增加，但转基因水稻仍属 C_3 代谢类型[4]。

C_4 植物具有高的光合效率是因为它有一个能浓缩的 CO_2 的 C_4 途径，该途径使植物更有效地吸收并保持着高的 CO_2 同化效率。如果 C_3 作物也具有类似 C_4 途径，就有可能调动 C_3 作物内在的 C_4 途径来提高光合效率。据此，课题组提出研究并启动 C_3 作物自身的 C_4 途径，将多项高光效功能整合聚集，并与常规育种相结合，可能是提高 C_3 作物光合效率的新突破点。

1984 年本课题组便开始研究 C_3 植物的 C_4 途径酶，并提出在 C_3 作物的小麦和大豆叶片中，虽然不具有 C_4 植物的 Kranz 解剖结构，但可能具有一个完整的 C_4 途径循环系统[5]，Hata 和 Matsuoka[6]也曾报道在小麦的叶片中存在 C4 途径的关键酶。Bandur–sk[7]曾报道在 C_3 植物中也存在着 C_4 途径的酶系统，如 PEPCase、NAD(P)–ME、NAD(P)–MDH、PPDK 等，但是因活性较低，长期以来不为人们重视。这些研究表明在 C_3 植物叶片确实存在 C_4 途径的关键酶，但这些试验都没有进一步系统地证明在 C_3 植物叶片中 C_4 途径酶的存在。本课题组以不同产量水平的黑农 41、黑农 40、黑农 37 品种为材料，测定了 4 种 C_4 途径关键酶活性。结果表明不同发育时期大豆叶片内均存在 C_4 途径酶：PEPCase NAD(P)–MDH、PPDK，使大豆本体内可能构成一个完整的 C_4 循环（PEPC 羧化 C_4 酸脱羧 PEP 再生），从而发挥高效的碳同化作用。同时高产的黑农 40 叶片中几个 C_4 途径关键酶活性明显高于对照品种黑农 37。而且黑农 40 的 PEPCase/RuBPCase 比值高于黑农 37，表明 C_4 途径酶与作物生产潜力具有相关性，因为可通过 C_4 途径酶重新固定呼吸作用所释放的 CO_2，以减少 CO_2 的损失，增加碳素积累[8-9]。有些实验室研究表明，虽然 Kranz 结构是 C4 植物的标志，但是目前已经发现无 Kranz 结构的水生植物和陆生植物，Reiskind 等[10]研究发现，水生单子叶植物黑藻（*Hydric–caverticillata*）在低 CO_2 诱导下是 C4 植物，陆生植物 *Borszceouia aralocaspica*（藜科）也是无 Kranz 结构的 C4 植物，说明 Kranz 结构不是 C4 植物的唯一标志。这些研究结果表明在 C_3 植物叶片中确实存在完整的 C_4 循环，不同基因型 C_4 途径酶系活性存在显著差异。这为本课题组提出提高 C_3 作物光合效率的新观点提供理论依据。在这种观点指导下，依据作物遗传育种和光合作用理论，以高光效高产育种体系为手段，根据当地大豆生态资源优势和国内外市场需求等，辅以南繁北育及酶学指标等措施，进行高光效高产品种选育和种质创新，来解决目前国内外大豆常规育种难以大幅度提高 C_3 作物大豆光合效率进而提高单产的难题。其次，以高光效品种为核心技术，以高产理论和栽培技术研究结果为配套技术，建立高光效品种生产技术规程，推进高光效品种推广，从而确立了大豆高光效育种的总体思路（图1）。

按着该思路进行的高光效育种选育出的 C_4 酶活性高表达的品种与转 C_4 酶系基因到 C_3 植物相比，具有异曲同工、殊途同归的效果。

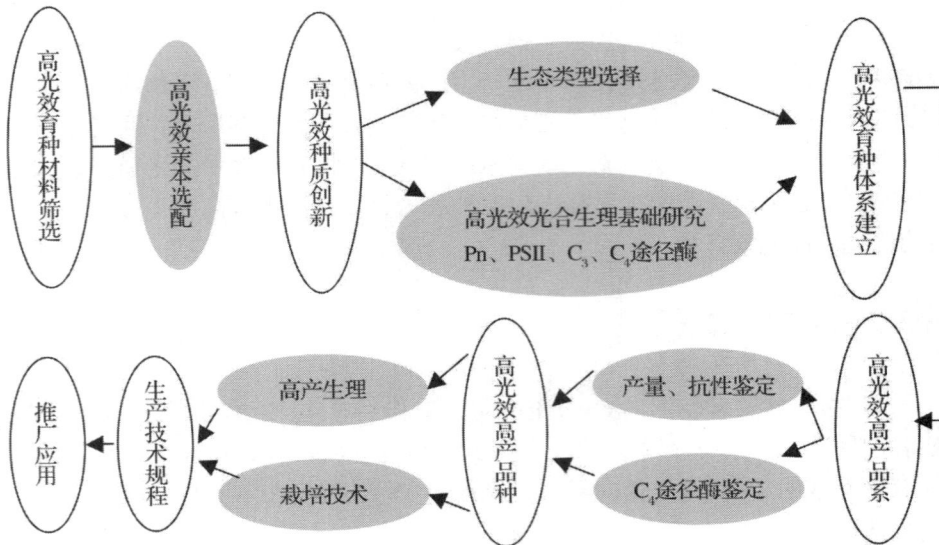

图1 大豆高光效育种的总体思路

Fig.1 The methodology of soybean breeding for HPE

2 大豆高光效的光合生理基础

2.1 光能转化效率的提高

2.1.1 大豆叶片光系统II光化学功能

通过对高光效大豆品种黑农 40、黑农 41 及对照品种黑农 37 的光系统II（PSII）原初光能转化效率（Fv/Fm）、PSD 活性（Fv/Fo）、PSII实际光化学效率（$\varphi PSII$）以及光化学猝灭系数（q^p）和非光化学猝灭系数（q^n）等荧光动力学参数的测定，显示出 PSII反应中心综合活力（光能吸收传递和转换效率）在大豆初荚期光合作用最旺盛时达到最大，并表现出高光效品种黑农 40 和黑农 41 高于高产品种黑农 37（表 1）。

表1 不同大豆品种在初荚期的光合速率和光饱和点及荧光动力学参数

Table 1 The Pn and light saturation point and chlorophyll fluorescence parameters of different soybean cultivar in pod–bearing stage

品种 Cultivar	Pn/ （$\mu molCO_2 \cdot m^{-2} \cdot s^{-1}$）	PDF/ （$\mu E \cdot m^{-2} \cdot s^{-1}$）	Fv/Fo	Fv/Fm	q^p	q^n	$\varphi PSII$
黑农 40 Heinong40	17.76 ±1.05	1 360	5.2 ±0.15	0.84 ±0.04	0.65 ±0.07	0.65 ±0.06	0.51 ±0.03
黑农 41 Heinong41	17.27 ±1.20	1 188	5.2 ±0.10	0.84 ±0.00	0.64 ±0.05	0.65 ±0.04	0.53 ±0.02
黑农 37 Heinong37	13.59 ±1.02	1 146	4.5 ±0.31	0.82 ±0.01	0.61 ±0.09	0.71 ±0.05	0.40 ±0.03

2.1.2 大豆豆荚光系统II光化学功能

研究表明，初荚期、鼓粒期和衰老期豆荚光系统II光化学功能的 q^p 和 $\varphi PSII$值及叶绿体 DCIP 活性均在鼓粒期达到高峰，黑农 40 高于黑农 37，而 q^n 值则是黑农 37 高于黑农 40 和黑农 41（表 1），说明高光效品种豆荚光系统II光化学功能优于黑农 37。

上述结果充分说明高光效光合生理基础，主要表现在叶片和豆荚光化学反应能量利用的增加和非光化学能量耗散的减少，从而使 PSII反应中心把捕获的光能更有效地用于光合作用中。

2.2 光合碳同化酶活性明显提高

2.2.1 大豆叶片 C_3 与类似 C_4 循环途径酶活性

C_3 和类似 C_4 途径酶活性，随着大豆生长发育过程而有规律地变化，其变化趋势是从苗期到初荚期酶活性逐渐升高，然后降低，在初荚期酶活性达到最高值。就初荚期而言，黑农 40 和黑农 41 不仅光合速率高，而且 RuBPC、PEPC、NADP–NDH、NADP–ME 和 PPDK 活力也均比黑农 37 高（表 2）。

PEPCase/RuBPCase 比值反映了 C_4 途径在 C_3 途径中表达的比例关系，其变化趋势与 C_4 途径酶活性的变化趋势一致。各品种的 PEPCase/RuBPCas 值在初荚期达到最大，黑农 40 的 PEPCase/RuBPCase 值比黑农 37 提高 18%。表明高光效大豆黑农 40 叶片内 C_4 途径酶表达程度较高。从稳定同位素分馏率（Δ 值）看，也表明 $^{14}CO_2$ 在高光效大豆叶片中更多地被分馏。Δ 值的提高意味着 $^{14}CO_2$ 在叶肉细胞内更多地被分馏，使细胞内的 CO_2 分压增加，从而使叶肉细胞内的 HCO_3^- 浓度及 RuBPC 作用部位附近的 CO_2 浓度提高，此乃 PEPC 的高效表达所致。该结果说明大豆叶片的类似 C_4 途径具有初级 CO_2 浓缩机制（表 3），其代谢产物是苹果酸（Mal）和天冬氨酸（Asp）（图 2）。

表 2 不同大豆品种在初荚期的光合速率和 C_3、C_4 关键酶活性

Table 2 The photosynthetic rate and the activities of C_3 and C_4 enzymes of different soybean cultivar in pod–bearing stage

品种 Cultivar	Pn / ($\mu molCO_2 \cdot m^{-2} \cdot s^{-1}$)	RuBPC / ($\mu mol \cdot mgpro \cdot min^{-1}$)	PEPC / ($\mu mol \cdot mgpro \cdot min^{-1}$)	NADP-MDK / ($\mu mol/mgpro \cdot min^{-1}$)	NADP-ME / ($\mu mol \cdot mgpro \cdot min^{-1}$)	PPDK / ($\mu mol \cdot mgpro \cdot min^{-1}$)
黑农 40 Heinong40	17.76 ±1.05	0.85 ±0.02	0.11 ±0.01	0.22 ±0.02	1.94 ±0.04	2.70 ±0.02
黑农 41 Heinong41	17.27 ±1.20	0.82 ±0.10	0.09 ±0.01	0.25 ±0.01	0.89 ±0.01	2.35±0.10
黑农 37 Heinong37	13.59 ±1.02	0.77 ±0.01	0.06 ±0.02	0.18 ±0.05	0.75 ±0.04	2.20 ±0.02

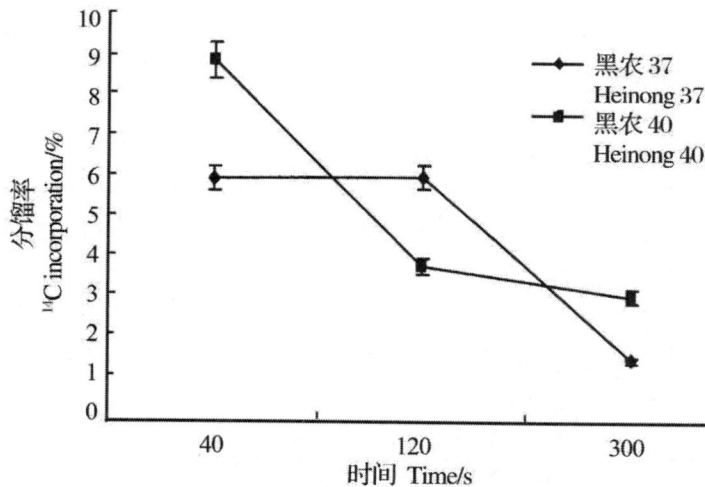

图 2 初荚期黑农 37 和黑农 40 叶片 $^{14}CO_2$ 喂饲试验中 Mal+Asp 的代谢

Fig.2 The metabolism on Mal+Asp in fed $^{14}CO_2$ test in leaves of Heinong 37 and Heinong 40 in pod–bearing stage

表 3 不同大豆品种在初荚期叶片中稳定同位素分馏率（Δ 值）比较

Table 3 The comparison on the value(Δ) of fractionation on stable isotope of different soybean cultivar in pod-bearing stage

品种 Cultiva	RuBPC / （µmol·mgpro.min^{-1}）	PEPC / （µmol·mgpro.min^{-1}）	δ13 C/‰	Δvalue/‰
黑农37 Heinong37	0.77 ±0.01	0.06 ±0.01	−28.10 ±0.02	20.68 ±0.01
黑农41 Heinong41	0.82 ±0.02	0.09 ±0.01	−29.38 ±0.00	22.05 ±0.01

综上所述，当大豆由营养生长进入生殖生长阶段时，C_4 途径酶活性与 C_3 途径关键酶 RuBPCase 活性同步达到高效表达，这种同步表达说明 C_3 与 C_4 酶之间的互为依存关系。从不同产量水平大豆的光合速率、光合碳同化酶活性、C_4 途径 CO_2 同化最初产物（Mal 和 Asp）以及稳定同位素分馏率等差异看，高光效品种黑农 40 和黑农 41 优于对照品种黑农 37。这些光合参数的差异源于品种的基因型。

2.2.2 大豆豆荚 C_3 与类似 C_4 途径酶

研究黑农 37、黑农 40 品种豆荚在初荚期、鼓粒期和成熟期 RuBPCase、PEPCase、PPDK、NADP–MDH 和 NADP–ME 活性。结果表明，各品种上述酶活性均在鼓粒期出现高峰，并且高光效品种黑 4 和高于对照品种黑 37[4]。结果说明高光效的光合生理基础还表现在大豆豆荚 C_4 途径酶活性大幅度提高，羧化中 C_4 酸初产物的明显增加。

2.2.3 大豆 C_3 和类似 C_4 途径酶活性与光系统II光化学功能的相互关系

对高光效大豆品种叶片荧光参数与光合速率及光合碳同化酶活性之间的相关分析发现，它们之间表现出明显的连锁相关（表 4）。当 PSII 综合活力提高时，为光合碳同化提供了充足的能量（ATP）和还原力（NADPH），导致 C_3 和 C_4 途径高效运转，反过来 C_3 和 C_4 途径的高效运转需要更多的能量，必然又拉动了光化学反应的加速，促进了光能的高效转换。由此可见，上述各项光合生理功能的相互协调互动，导致光合效率的提高，其中类似 C_4 途径酶活性起着举足轻重的作用。因此，启动光合碳同化酶的羧化效率，对光合作用的提高至关重要。

3 大豆高光效育种理论

大豆高光效育种是作物育种学生理学的重要组成部分，其理论是基于作物遗传育种理论和作物生理学原理（主要是作物光合作用理论）指导下开展研究的。显然，大豆高光效育种生理遗传基础和高光效的光合生理基础是大豆高光效育种理论基础之一。作物育种就是为一定的目的与要求去选育一定生态类型的作物品种[11]。因此作物生态类型也必然是大豆高光效育种的理论基础。只是大豆高光效育种更注重于从提高作物光能利用效率角度出发，选育的高光效高产品种既具有形态、株型和群体最大限度地吸收光能，又具有自身生理功能改善，最大限度地提高光能的传递效率和光能转化效率，构成理想光合生态型。

表 4 大豆光合碳同化酶活性和荧光动力学参数的相关性

Table 4 Correlation between the activities of C_4 pathway enzymes and the chlorophyll fluorescence parameter

	Pn	PEPCase	NADP–MDH	NADP–ME	PPDK	RUBPCase	Fv/Fo	q^P	q^N	φPSII
Pn	1.00	0.75	0.81*	0.78	0.54	0.94*	0.70	0.99**	−0.93*	0.93*
PEPCase		1.00	0.81*	0.84*	0.80	0.99*	0.84*	0.83*	−0.66	0.85*
NADP–MDH			1.00	0.96**	0.34	0.86*	0.82*	0.85*	0.67	0.78
NADP–ME				1.00	0.48	0.88*	0.95**	0.82*	−0.56	0.83*
PPDK					1.00	0.76	0.66	0.58	−0.44	0.74
RUBPCase						1.00	0.85*	0.77	−0.58	0.80
Fv/Fo							1.00	0.73	−0.42	0.83*
q^P								1.00	−0.93*	0.96**
q^N									1.00	−0.82*
φPSII										1.00

4 大豆高光效高产育种体系

依据课题组提出的大豆高光效育种总体思路及大豆高光效育种理论，通过大豆高光效育种实践验证，提出了大豆高光效高产育种体系（图3）。该体系与常规育种途径比较，在育种理论、育种目标、亲本及后代选择和鉴定等方面均存在着差异（图4）。

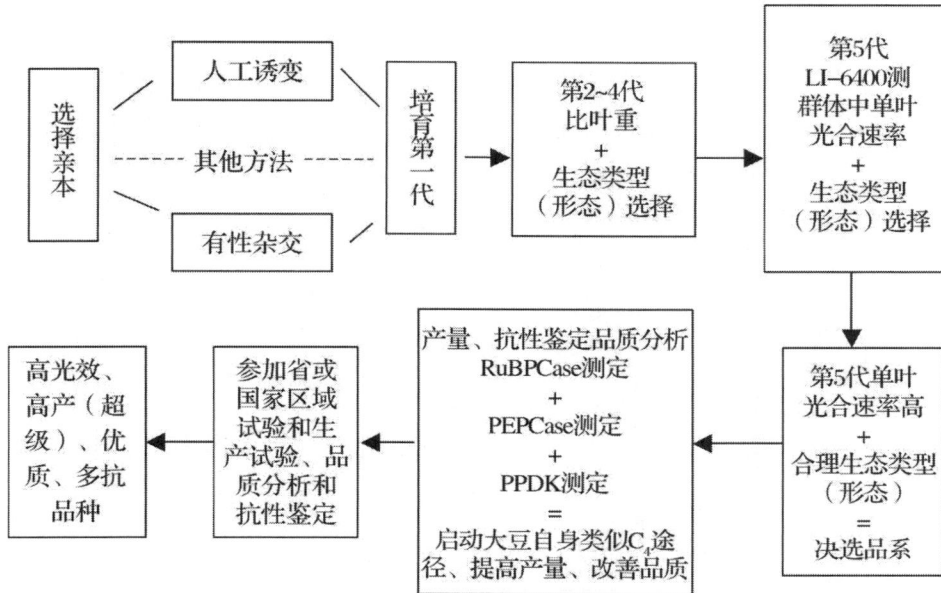

图3 高光效高产育种体系

Fig.3 The breeding program for HPE and high yield

5 大豆高光效品种选育

采用大豆高光效高产育种体系选育出大豆高光效品种黑农39、黑农40、黑农41。黑农39、黑农40、黑农41均属均匀一主茎型。R_1、R_3、R_5期单株叶面积比哈79–9440、黑农33有较大提高（表5）。

高光效品种 R_4 期光合生理特性：黑农39、黑农40光合速率比最高亲本绥农4分别提高25%和18%；黑农41光合速率比亲本黑农33提高41%。RuBPC活性和PEPC活性也有类似的提高。黑农40和黑农41荧光动力学参数和 C_4 途径酶活性显著高于高产品种黑农37[8–9]。哈79–9440、哈82–7799光合速率比最高亲本十胜长叶分别提高14%和42%。

表5 不同大豆高光效品种（种质）和高产品种单株叶面积比较

Table 5 The comparison on leaf area perplant between soybean cultivars with HPE and high yield cultivars

品种（系）	单株叶面积 Leaf area per plant/cm²		
Cultivar (line)	R_1	R_3	R_5
哈 79–9440 Ha79–9440	53.07	1590.1	2060.3
黑农 33 Heinog33	710.44	1771.0	2296.3
黑农 39 Heinong39	742.3	2665.0	2594.0
黑农 40 Heinong40	656.4	1818.7	3498.5
黑农 41 Heinong41	747.3	2437.2	2446.7

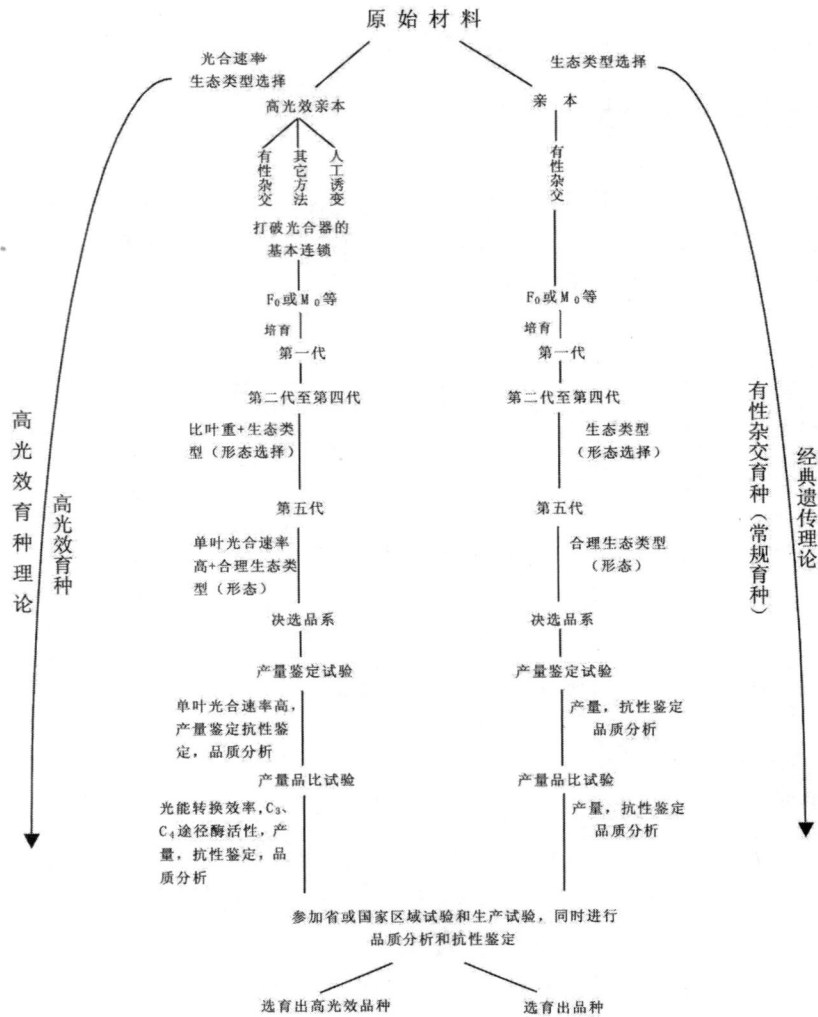

图 4 大豆高光效高产育种体系与常规育种途径比较

Fig.4 The comparison on the breeding program between soybean breeding for HPE and conventional breeding

黑农 39、黑农 40、黑农 41 分别于 1994 年、1996 年、1999 年经黑龙江省农作物品种审定委员会审定命名为高光效品种。黑农 39 和黑农 40 被新疆农作物品种审定委员会认定为推广品种。

参考文献（略）

本文原载于《大豆科学》2009 年 03 期。

多小叶源对大豆光合特性和产量的影响

宗春美 [1,2]，岳岩磊 [2]，邵广忠 [2]，童淑媛 [3]，徐显利 [3]，杜震宇 [3]，任海祥 [2]

（1.东北农业大学农学院，哈尔滨 150030；2.黑龙江省农科院牡丹江分院，黑龙江 牡丹江 157041；3.黑龙江农业经济职业学院，黑龙江 牡丹江 157041）

摘 要：为了解多小叶源对大豆光合特性和产量的影响，评价多小叶大豆品系，以多小叶大豆品系牡 5796–3 为材料，设 5 个处理，全生育期摘除多的 2 片叶（T1）为对照；R1 期开始摘多的 2 片叶（T2）；R3 期开始摘多的 2 片叶（T3）；R5 期开始摘多的 2 叶片（T4）；全生育期不摘叶片，始终保留多小叶（T5）。结果表明，各处理 R6 期叶绿素含量虽有差异，但差异不显著；T5 处理光合速率、单株叶面积和叶面积指数均明显高于对照 T1 处理。由此导致 T5 处理产量明显高于对照，其增产表现在单株荚数、单株粒数、百粒重的提高。综合多小叶大豆品系的光合速率，单株叶面积和叶面积指数比对照 T1 处理明显增加，导致产量大幅度提高，并且具有良好的农艺性状表现，认为该多小叶大豆品系有利用价值，可作育种亲本加以利用和逐级参加黑龙江省大豆品种产量鉴定试验。

关键词：大豆；多小叶；光合特性；产量

Effects of Leaf Source on Photosynthetic Characteristics and Yield in Multifoliolate Soybean Multifoliolate Compound Leaf

ZONG Chun-Mei[1,2], YUE Yan-Lei[2], SHAO Guang-Zhong[2], TONG Shu-Yuan[3], XU Xian-Li[3], DU Zhen-Yu[3] REN Hai-Xiang[2]

(1. *College of Agriculture Northeast Agricultural University*, *Harbin* 150030, *China*;

2. *Mudanjiang Branch of Heilongjiang Academy of Agricultural Sciences*, *Mudanjiang* 157041, *China*;

3. *Heilongjiang Agricultural Economy Vocational College*, *Mudanjiang* 157041, *China*)

Abstract: To investigate the effect of leaf source on photosynthetic characteristics and yield in multifoliolate soybean, and evaluate multifoliolate soybean strains, the multifoliolate soybean strain Mu 5796–3 was selected as the material. There were five treatments: T1 (removing 2 extra leaflets in the whole growth period), T2 (removing 2 extra leaflets from R1 stage), T3 (removing 2 extra leaflets from R3 stage), T4 (removing 2 extra leaflets from R5 stage), T5 (preserving all leaflet in the whole growth period). Among them, T1 was used as comparison. The results showed that although there was a diffierence in chlorophyll content between different treatments at R6 stages, but it was not significant. The net photosynthetic rate (P^n), leaf area per plant and leaf area index (LAI) of T5 were significantly higher than those of control. Thereby leading to the yield of T5 was significantly higher than control, such as the increasing of the pod, seeds and 100–seed weight. It had complementary effects on the leaf area of terrately compound leaf by removing 2 extra leaflets of multifoliolate soybean strains in different growing stages. In consideration of the increasing of yield and better agronomical characters in multifoliolate soybean strains, including the increasing of Pn, leaf area per plant and LAI, it was considered that multifoliolate soybean strain Mu 5796–3 could be used for breeding parents and put into soybean variety productive test in Heilongjiang province.

Keywords: Soybean; Multifoliolate; Photosynthetic characteristics; Yield

　　大豆叶先后出现子叶、真叶、复叶和先出叶。复叶是典型的完全叶，由托叶、叶柄和叶片三部分组成。叶片一般由三枚组成（常称三出复叶），也有个别品种或植株由小叶片的托叶变大则产生 4~5 片复叶[1]。

　　大豆产量主要受遗传特性和环境因素的影响，同时也受"源流库"变化的影响。大豆"源流库"的关系与其生理特性密切相关[2]，而且严重影响大豆产量的高低[3]。大豆的源是指能够进行光合作用的器官和组织，即广义的源[4]；功能叶在大豆生殖生长阶段成为主要的源，即狭义的源[5]。目前大豆生产上推广品种均为三出复叶的品种。多小叶大豆品系是在大豆叶片性状上表现特异的生态类型。多小叶大豆多叶性状对产量及生理的影响方面的研究在国内外较少，郭明学[13]利用 $^{60}Co–\gamma$ 射线照射铁 6817 干种子，决选出牡辐

81–6009 和 6010 两个多小叶品系，多叶性状稳定，多叶频率为 100%，认为多叶突变系由于小叶数增加而相应提高了叶面积系数，采光结构合理，并有较高的光合强度和蛋白质含量，是有价值的新种质资源。高明杰对三份多小叶大豆种质评价，多小叶的小叶数以 5 片小叶居多，分别占总叶数的 30.6%、21.1%、31.1%，多小叶数分别占大豆总叶片数的 46.7%、75.3%、68.2%，农艺性状和产量性状较好，蛋白质含量高、中抗灰斑病及病毒病，是优异大豆种质资源[14]。就其单株看来，增加了叶片—源，由于单株源的增加，是否对库发生影响，打破源库平衡；这种多小叶源对大豆生理功能及产量等性状的贡献如何，是否有利用价值，目前尚未见较多报道。本试验从影响大豆产量的源的光合特性、叶面积指数及对产量的影响为切入点，来探讨多小叶源对大豆光合特性和产量的影响，为评价多小叶大豆品系是否有可利用价值提供理论依据。

1 材料与方法

1.1 供试品系

多小叶大豆品系牡 5796–3。亚有限结荚习性，株高 90 cm，披针叶形，5 片复叶率达 100%，称为多小叶类形，紫花，杆较强，籽粒圆形，种皮黄色，脐黄色，生育期 120~125 d，品质优良。

1.2 试验设计

试验于 2009 年在黑龙江省农科院牡丹江分院试验田进行。随机区组排列，行长 8 m，株距 8 cm，三次重复，常规田间管理。试验共设 5 个摘叶处理，T1：全生育期摘除（全文同）植株多的叶片，为对照（CK）；T2：R1 期开始摘除植株多的叶片；T3：R3 期开始摘除植株多的叶片；T4：R5 期开始摘除植株多的叶片；T5：全生育期不摘叶，保持多小叶。

R6 期测定各处理群体单株叶片叶绿素含量、光合速率，R5 期测单株叶面积及群体叶面积指数，R8 期测定小区产量及调查产量构成因子。

1.3 测定项目与方法

1.3.1 叶绿素的测定

从各处理植株选择合适叶片用直径 1 cm 打孔器打取叶圆片混匀，随机抽取其中 10 片以 80% 丙酮 20 mL 于暗处浸提 48 h，至叶片呈白色。用 T6 紫外可见光分光光度计分别在 663 nm、646 nm 测定 OD 值，计算出叶绿素 a(chl a)，叶绿素 b(chl b) 的含量。

1.3.2 光合速率的测定

各处理于 R6 期取群体生长正常单株，选取从上数第 3~4 片复叶中间叶片，用 EcA–PB0402 光合测定仪，在饱和光强下，于上午 9：00~11：00 测定群体单株叶片光合速率，每重复随机测 5 片叶，求其平均值。

1.3.3 产量及产量构成因子的测定

成熟期测定各处理小区产量，每行从两头各去 0.5 m，小区实收面积 19.6 m^2，折合成公顷产量。每小区在中间行连续取 10 株考种，调查单株荚数、单株粒数、单株粒重和百粒重等产量构成因子。

1.4 数据分析

用 DPS 数据处理系统对测量的结果进行差异显著性分析。

2. 结果与分析

2.1 各处理叶绿素含量变化

叶绿素含量是衡量光合功能的一个重要参数，在一定范围内与光合速率呈正相关。不同生育阶段摘除多小叶品系多的叶片，保持以后生长阶段为三出复叶，在 R6 期测定各处理叶绿素含量，其含量虽然有变化，但通过 DPS 数据处理系统进行 T 测验，表明各处理叶绿素含量无明显差异（表 1）。但 R6 期仍表现 T5 叶绿素含量高于其他处理和对照。

表 1 各处理 R6 期叶绿素含量比较
Table 1 Chlorophyll content of different treatments at R6 stages /（mg·g^{-1}）

处理 Treatment	叶绿素a含量 Chl a content	叶绿素b含量 Chl b content
T1	119.15 aA	214.28 aA
T2	79.03 aA	142.14 aA
T3	92.45 aA	166.26 aA
T4	101.26 aA	182.1 aA
T5	128.34aA	230.8 aA

同列不同小写字母表示差异显著性（$P<0.05$）；同列不同大写字母表示差异显著性（$P<0.01$）。
Different lowercase letters in the same column indicate significant difference ($P < 0.05$); different uppercase letters in the same column indicate significant difference ($P < 0.01$).

2.2 光合速率的变化

大豆产量的90%来自光合作用，因此提高光能吸收、传导、转化的效率是提高单产的根本。在不同生长发育阶段摘去多的叶片均能改变多小叶源大豆品系的光合速率，表现为 T5＞T3＞T4＞T2＞T1。即全生育期保持多小叶的群体单叶光合速率最高，而始终摘除多余叶片的群体单叶光合速率最低，充分表明多小叶源具有较高光合速率（表2）。而水分利用效率也表现 T5 处理高于其他处理，这些指标的提高，为 T5 处理具有高的产量奠定了光合生理基础。

表 2 各处理 R6 期群体单叶光合特性
Table 2 Photosynthetic characteristics of different treatments at R6 stage

处理 Treatment	光合速率 Pn/（μmol·m^{-2}·s^{-1}）	蒸腾速率 Tr/（mmol·m^{-2}·s^{-1}）	水分利用效率 WUE/（μmolCO$_2$·mmol^{-1}H$_2$O）	气孔导度 Cond/（mol·m^{-2}·s^{-1}）
T1	8.97 cB	1.1 bB	1.67 aA	0.09 bB
T2	12.67 bA	1.4 bB	1.30 aA	0.09 bB
T3	14.53 abA	1.4 bB	1.83 aA	0.09 bB
T4	12.86 bA	1.5 bB	2.60 aA	0.10 bB
T5	15.3 aA	5.4 aA	3.40 aA	0.36 aA

2.3 单株叶面积和叶面积指数的变化

由图 1 可知在 R5 期测定各处理单株叶面积和叶面积指数，依次为 T5＞T4＞T3＞T2＞T1。表明较长时间保留多小叶有促进原节位叶片叶面积增加的趋势，单株叶面积和叶面积指数以全生育期不摘叶保持多小叶为最高，叶面积指数达到6.14，而且未发生植株倒伏。由于是同一品系，全生育期光合作用时间相同，则随着叶面积指数增加，光合势也随之增加，导致产量的提高。

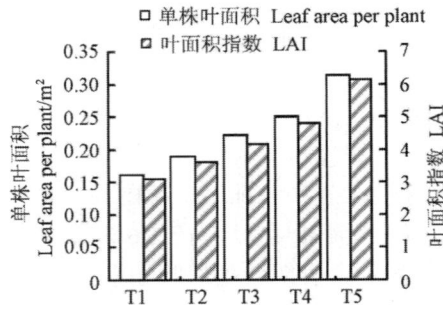

图 1 各处理 R5 期单株叶面积和叶面积指数

Figure 1 Leaf area per plant and *LAI* of different treatments at R5 stage

2.4 产量构成因子和产量的差异

由表 3 看出，各处理产量构成因子和产量存在差异。处理 T5 产量最高，达到 4 432.2 kg/hm²，比 T1 增产 56.54%，各处理产量依次为 T5＞T3＞T4＞T2＞T1。T5 比 T1 增产的主要原因，在于单株荚数增加 37.95%、单株粒数增加 52.01%和百粒重增加 3.41%，库的差异影响大豆产量的变化。

表 3 各处理产量及产量构成因子比较

Table 3 Yield and yield component factors of different treatments

处理 Treatment	分枝数 Branch No.	总荚数 Total pods	四粒荚数 4-seeded podper plant	三粒荚数 3-seeded podper plant	二粒荚数 2-seeded podper plant	一粒荚数 1-seeded podper plant	瘪荚数 0-seeded podper plant	单株粒数 Seed No. per plant	单株粒重 Seed weight per plant /g	百粒重 100-seeded weight /g	产量 Yield /（kg·hm⁻²）	比对照增产 Increased yield /%
T1	3.4	44.0	3.5	14.9	13.6	6.8	5.2	92.7	18.48	19.94	2 831.40	0
T2	3.4	51.0	5.4	18.7	17.1	6.5	3.3	118.4	22.51	19.01	3 701.85	30.74
T3	4.0	59.2	5.4	22.2	19.4	7.7	4.5	134.7	26.47	19.65	4 062.00	43.50
T4	3.7	56.0	5.1	22.6	18.3	7.0	3.0	131.8	25.40	19.27	3 841.95	35.69
T5	2.9	60.7	7.4	20.8	20.9	6.2	5.4	140.0	28.87	20.62	4 432.20	53.54

3 讨 论

多小叶大豆品系，全生育期均保持多小叶源，其产量达到 4 432.2 kg/hm²，比对照全生育期保持 3 出复叶增产 56.54%，充分表明多小叶大豆品系具有较好的丰产性能。追其增产原因，主要是由于多小叶品系增加 2 片叶—源的贡献，即增加了单株叶面积和群体叶面积指数，增加了光合势，而且群体单叶光合速率提高，这些与大豆产量有直接正相关的生理指标，构成大豆增产的生理基础。适当地增大叶面积指数是现阶段提高大豆产量的主要途径之一[8]。多小叶大豆品系在不同生育阶段摘去 1~2 片小叶，对保留原节位的三出复叶叶面积有补偿作用（叶面积 T5＞T4＞T3＞T2＞T1），使之单株叶面积和群体叶面积指数增加，则可更有效地吸收光能。而高的光合速率和水分利用效率又使吸收地光能较快的传导和转化，提高传导和转化效率，为提高大豆产量奠定生理基础。

本试验采用在多小叶大豆品系不同生长发育阶段摘去多的 2 片叶，而在 R6 期测定光合速率。但是结果表明，这种摘去多的 2 片叶，并未发生光合作用的补偿作用。这不同于以往研究：Board 等[11]在大豆生殖生长期去掉植株不同层次的叶和荚后，研究表明保留叶片的光合作用和干物质积累均出现了强的补偿作用；高光效种质的补偿能力和源库平衡能力均大于高产品种[12]的报道。

综上所述，通过不同生育阶段摘去多小叶大豆品系多的 2 片叶，与全生育期保留多小叶类型相比，单株叶面积和叶面积指数减少，光合速率下降，产量降低。而全生育期保持多小叶源与上述结果相反，而且在 17.9 株/m² 密度下不倒伏，产量达到 4 432.2 kg/hm²，百粒重 20.62 g，田间表现抗灰斑病，兼抗花叶病毒病，外观品质优良，故该多小叶大豆品系是有可利用价值的优良品系，可作为育种亲本加以利用和逐级参加黑龙江省大豆品种产量鉴定试验。

参考文献（略）

本文原载于《大豆科学》2010 年 04 期。

不同施肥和栽培密度对双高大豆品种牡丰7号光合特性的影响

王玉莲 1,2，杨克军 1，任海祥 3，童淑媛 2，宗春美 3

（1.黑龙江八一农垦大学，黑龙江 大庆 163319；2.黑龙江农业经济职业学院，黑龙江 牡丹江 157041；3.黑龙江省农业科学院 牡丹江分院，黑龙江 牡丹江 157041）

摘 要：采用裂区设计，以双高大豆牡丰 7 号为材料，以施肥水平（300、345、390、435 和 480 kg·hm^{-2}）为主区，栽培密度（30×10^4、32×10^4、34×10^4、36×10^4 和 38×10^4 株·hm^{-2}）为副区，研究了施肥水平和栽培密度对大豆光合特性的影响。结果表明：牡丰 7 号叶片叶绿素 a、叶绿素 b 和总叶绿素含量受施肥量和栽培密度的影响不大，其含量主要是由该品种特性决定的；在一定范围内，牡丰 7 号群体叶面积指数随施肥量和栽培密度的增加而增加，分别在施肥量为 435 kg·hm^{-2} 和密度为 36×10^4 株·hm^{-2} 时达到最大值；开花期光合速率随着栽培密度的增加逐步降低，在栽培密度超过 32×10^4 株·hm^{-2} 后结荚期光合速率随着栽培密度的增加逐步增大，而结荚期光合速率随着施肥量的增加呈现出逐渐下降的趋势；随着施肥量的增加，开花期叶片蒸腾速率表现出先增后降的趋势，结荚期表现出逐渐下降的趋势；栽培密度在 30×10^4~36×10^4 株·hm^{-2} 时，牡丰 7 号结荚期叶片蒸腾速率随着栽培密度的增加逐步降低。

关键词：施肥水平；栽培密度；双高大豆；牡丰 7 号；光合特性

Effects of Fertilization Level and Planting Density on the Photosynthetic Characteristics of Double-High Soybean Variety Mufeng No.7

WANG Yu-lian[1,2], YANG Ke-jun[1], REN Hai-xiang[3], TONG Shu-yuan[2], ZONG Chun-mei[3]

(1. *Agricultural College of Heilongjiang Bayi Agricultural University, Daqing* 163319, *China*;

2. *Heilongjiang Agricultural Economy Professional College, Mudanjiang* 157041, *China*;

3. *Mudanjiang Branch of Heilongjiang Academy of Agricultural Sciences, Mudanjiang* 157041, *China*)

Abstract:Taking double–high soybean variety Mufeng No.7 as material, the effects of fertilization level and planting density on photosynththetic characteristics were investigated in a split–plot experiment with 5 fertilizer levels (300, 345, 390, 435, 480 kg·hm^{-2}) and 5 planting densities (30×10^4, 32×10^4, 34×10^4, 36×10^4, 38×10^4 plants·hm^{-2}). The results showed that: the fertilization levels and planting densities had little impacts on the chlorophyll a, chlorophyll b and total chlorophyll contents for the leaves of Mufeng No.7, and their contents were mainly determined by the characteristics of the species. Within a certain range, the leaf area index of Mufeng No.7 increased as the fertilizer application and planting density increased with the peak value for the 435 kg·hm^{-2} of fertilizer application and 36×10^4 plants·hm^{-2} of planting density, respectively. During the flowering period, the photosynthetic rate decreased with the gradual increase of plant density. After the planting density was more than 32×10^4 plants·hm^{-2}, the photosynthetic rate increased gradually as the planting densities increased while the photo synthetic rate declined as the fertilizer application increased during the podding period. With the increase of fertilizer application, the transpiration rate first increased and then decreased during the flowering period, while decreased gradually during podding period. In the range of 30×10^4~36×10^4 plants·hm^{-2} for the planting density, the transpiration rate for leaves of Mufeng No.7 was reduced gradually as the planting density increased during the podding period.

Keywords: Fertilization level; Planting density; Double high soybean; Mufeng No.7; Photosynthetic characteris–tics

　　光合作用是决定作物产量最重要的因素，光合能力大小直接影响作物产量的高低[1]。大豆是我国重要的粮食和经济作物，提高大豆群体光能利用率[2]，特别是维持中上部叶片较大的光合速率及持续时间对于产量的形成尤其重要[3]。不同的施肥处理可以促进大豆相应生长中心器官对养分的吸收[4]，不同种植密度可以调控大豆群体冠层结构性状[5]。所以，合理的施肥管理和适宜的栽培密度可进一步改善大豆群体冠层结构，提高光能利用率，最终获得更高的产量。前人对普通大豆冠层光合速率[6]、光合作用对光强的反应[7]、光合速率日变化[8]、叶面积指数变化[9]等与籽粒产量的关系进行了较多的研究，但对高产大豆品种的光合特性研究还不够深入。本研究试图通过不同施肥和种植密度处理，探讨高产大豆新品种牡丰7号的光合反应特性，为高产大豆栽培提供理论依据。

1 材料与方法

1.1 材　料

供试大豆品种为牡丰7号，由黑龙江省农业科学院牡丹江分院大豆室选育并提供。供试氮肥：尿素（含纯 N 46%）；磷肥：磷酸二铵（含 P_2O_5 46%，含 N 18%）；钾肥：氯化钾（含 K_2O 62%），均由牡丹江市牡丰专用肥厂提供。

1.2 方　法

试验于 2010 年在黑龙江农业经济职业学院试验田（N44°26′，E129°31′）进行，供试土壤 20 cm 以上土层有机质含量为 29.90 g·kg^{-1}，全氮为 2.60 g·kg^{-1}，全磷为 0.71 g·kg^{-1}，全钾为 22.20 g·kg^{-1}。试验采用裂区设计，以施肥水平（300、345、390、435 和 480 kg·hm^{-2}）为主区，栽培密度（30×10^4、32×10^4、34×10^4、36×10^4 和 38×10^4 株·hm^{-2}）为副区。小区行长 5 m，6 行区，行距 65 cm，面积 19.5 m^2。肥料均以底肥施入，设 3 次重复。2010 年 5 月 8 日播种，进行人工精量点播，田间管理实行常规管理。

1.3 测定项目与方法

叶面积指数应用打孔法测定；叶绿素含量采用乙醇提取法测定；叶片光合速率（P）、蒸腾速率（E）采用 EcA–PB0402 光合测定仪进行测定。

1.4 数据分析

所有数据均在 Excel 和 DPS 软件中进行分析和处理。

2 结果与分析

2.1 不同施肥和密度处理对牡丰 7 号叶片叶绿素含量的影响

该研究分别考察了开花期和结荚期牡丰 7 号叶片叶绿素 a、叶绿素 b 和总叶绿素含量响应与施肥水平和栽培密度的变化。从表 2，表 3 中可以看出，牡丰 7 号叶片叶绿素 a、叶绿素 b 和总叶绿素含量受施肥量和栽培密度的影响不大，均未达到显著水平（$P<0.05$），揭示了叶绿素含量主要是由该品种特性决定的。但相比较而言，施肥量为 345 kg·hm^{-2} 和密度为 30×10^4 株·hm^{-2} 时，牡丰 7 号叶片叶绿素 a、叶绿素 b 和总叶绿素含量均为最大值。

表 2　施肥水平对牡丰 7 号
叶片叶绿素含量的影响

Fig. 2 Effects of fertilization level on chloro phyll content in leaves of Mufeng No.7.

施肥水平 /kg·hm^{-2}	叶绿素 a/ mg·dm^{-2}		叶绿素 b/ mg·dm^{-2}		总叶绿素/ mg·dm^{-2}	
	开花期	结荚期	开花期	结荚期	开花期	结荚期
300	2.52 a	2.56 a	0.85 a	0.87 a	3.37 a	3.43 a
345	2.58a	2.68 a	0.87 a	0.88 a	3.45 a	3.56 a
390	2.40a	2.48 a	0.79 a	0.83 a	3.19 a	3.31 a
435	2.44a	2.57 a	0.80 a	0.84 a	3.25 a	3.42 a
480	2.35a	2.59 a	0.78 a	0.87 a	3.13 a	3.46 a

表 3　栽培密度对牡丰 7 号
叶片叶绿素含量的影响

Fig.3 Effects of density on chlorophyll comtent ileaves of Mufeng No.7.

栽培密度 / kg·hm^{-2}	叶绿素 a/ mg·dm^{-2}		叶绿素 b/ mg·dm^{-2}		总叶绿素/ mg·dm^{-2}	
	开花期	结荚期	开花期	结荚期	开花期	结荚期
30×10^4	2.61 a	2.64 a	0.87 a	0.86 a	3.48 a	3.50 a
32×10^4	2.41 a	2.62 a	0.80 a	0.86 a	3.22 a	3.48 a
34×10^4	2.50 a	2.47 a	0.82 a	0.81 a	3.31 a	3.28 a
36×10^4	2.26 a	2.36 a	0.76 a	0.77 a	3.02 a	3.13 a
38×10^4	2.42 a	2.52 a	0.80 a	0.85 a	3.21 a	3.38 a

同列不同小写字母表示差异显著性（$P<0.05$）。

Different lowercase letters in the same column showed significant difference ($P < 0.05$).

2.2 不同施肥和密度处理对牡丰 7 号群体叶面积指数的影响

为了明确施肥和密度处理对双高大豆牡丰 7 号群体叶面积指数的影响，分别于 7 月 13 日、8 月 4 日和 8 月 26 日测定了各处理的群体叶面积指数。结果表明，无论在什么处理条件下，7 月 13 日的群体叶面积指数都是最低的，而 8 月 26 日的群体叶面积指数都是最高的（见图 1），说明整个测定时期都处于大豆叶片的生长发育阶段。大豆叶片发育前期（7 月 13 日），施肥水平和栽培密度对牡丰 7 号群体叶面积指数的影响很小，而在大豆叶片发育中后期（8 月 4 日和 8 月 26 日），在一定范围内群体叶面积指数随着施肥水平和栽培密度的增加而增加，分别在施肥量为 435 kg·hm^{-2} 和密度为 36×10^4 株·hm^{-2} 时达到最大值，说明适当增加施肥量和栽培密度可提高群体叶面积指数，但施肥量和栽培密度过大却不利于叶面积指数的增加。

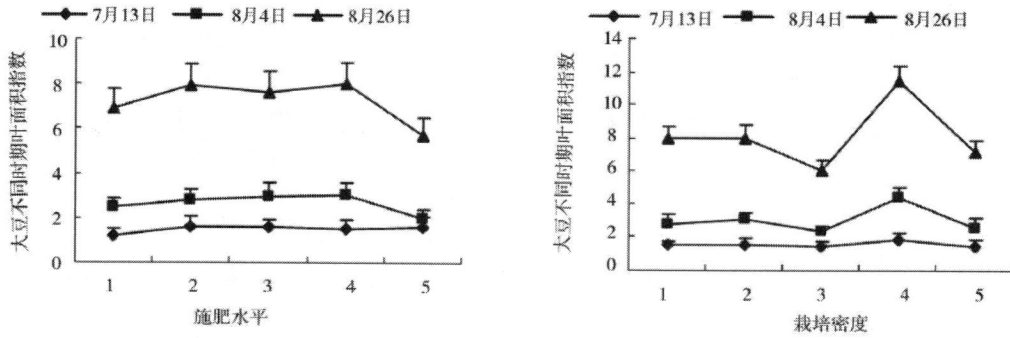

图 1　施肥和密度处理对牡丰 7 号群体叶面积指数的影响

Fig.1 Effects of fertilization and density treatment on leaf area index of Mufeng No.7 population.

2.3　不同施肥和密度处理对牡丰 7 号叶片光合速率的影响

由图 2 可知，施肥水平对牡丰 7 号叶片开花期光合速率的影响较小，而对结荚期光合速率的影响较大，并随着施肥量的增加呈现出逐步下降的趋势。栽培密度对它不同时期叶片光合速率的影响均较大，开花期光合速率随着栽培密度的增加逐步降低，而结荚期除了栽培密度为 30×10^4 株·hm^{-2} 时有较大的光合速率外，在栽培密度超过 32×10^4 株·hm^{-2} 后光合速率随着栽培密度的增加逐步增大。其中，开花期以 32×10^4 株·hm^{-2} 密度的光合速率最大，结荚期以 32×10^4 株·hm^{-2} 密度的光合速率最小。

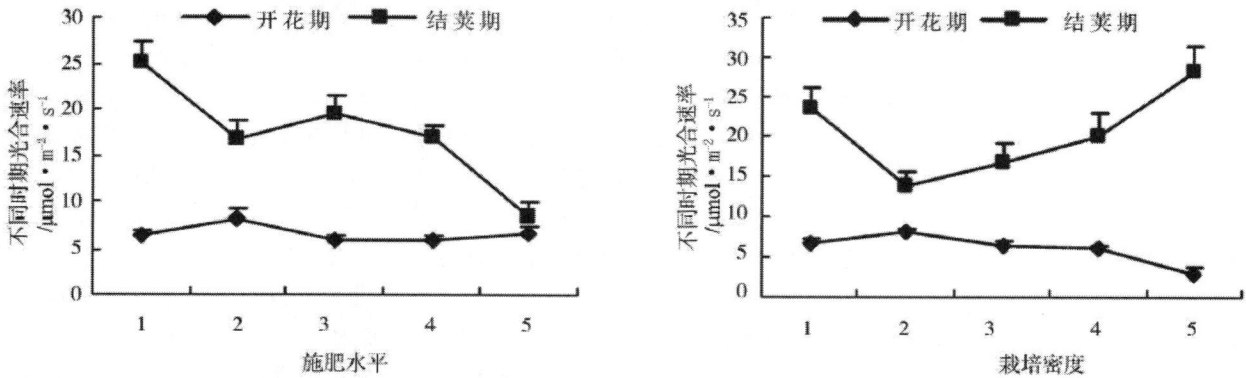

图 2　施肥和密度处理对牡丰 7 号叶片光合速率的影响

Fig.2 Effects of fertilization and density treatwent on leaf photosynthetic rate of Mufeng No.7.

2.4　不同施肥和密度处理对牡丰 7 号叶片蒸腾速率的影响

从图 3 可看出，在开花期，牡丰 7 号叶片蒸腾速率随着施肥量的增加表现出先增后降的趋势，其中以施肥量为 390 kg·hm^{-2} 时叶片蒸腾速率最高；在结荚期，牡丰 7 号叶片蒸腾速率随着施肥量的增加则表现出逐步下降的趋势。栽培密度对牡丰 7 号开花期叶片蒸腾速率影响较小，但对结荚期叶片蒸腾速率影响较大，表现为栽培密度在 $30 \times 10^4 \sim 36 \times 10^4$ 株·hm^{-2} 时，牡丰 7 号叶片蒸腾速率随着栽培密度的增加逐步降低，而当栽培密度为 38×10^4 株·hm^{-2} 时，叶片蒸腾速率则明显增加。

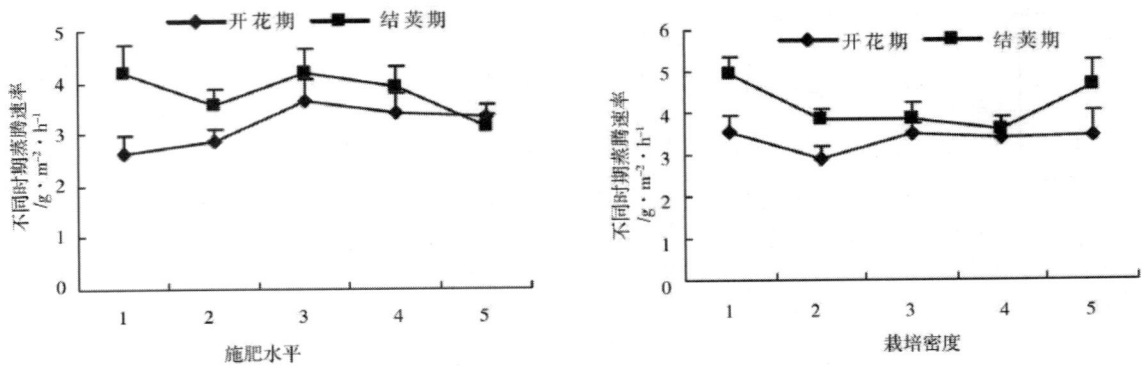

图3 施肥和密度处理对牡丰 7 号叶片蒸腾速率的影响

Fig.3 Effects of fertilization and density treatment on leaf transpiration rate of Mufeng No.7.

3 结论与讨论

大豆叶片叶绿素含量的高低直接影响大豆群体光合作用，进而影响大豆产量。胡明祥等[10]研究指出：大豆在开花、结荚、鼓粒期叶绿素含量与产量呈正相关（$r=0.41$，$n=15$）。张恒善等[11]也指出，大豆在结荚期叶片的叶绿素含量对产量形成起重要作用，可以作为高光效种质生理指标参考。本研究表明，不同处理对双高大豆牡丰 7 号的叶片叶绿素含量没有明显的影响，结荚期总叶绿素含量介于 3.13~3.56 mg·dm^{-2}，认为叶绿素含量主要是由品种特性决定的。鉴于大豆叶片最适叶绿素含量以 3.05~5.7 mg·dm^{-2} 为宜[11]，认为牡丰 7 号叶片叶绿素含量比较理想，可能是一个高光效品种，这也是其高产、稳产的重要生理基础。

大豆叶面积指数、光合速率、蒸腾速率都与产量有密切的关系，并随施肥水平和栽培密度表现出很大的差异。肖万欣[12]指出，超高产大豆叶片光合速率受施肥水平影响很大，并随发育进程表现出单峰或双峰曲线。王滔[13]研究表明，密度对叶面积指数影响显著，密度不同叶面积指数变化很大；章建新等[14]认为，春大豆随着密度的增加，最大叶面积指数及光合势呈现增加的趋势；朱洪德等[15]对高油大豆研究得出，高油大豆的叶面积指数和光合势随着密度的升高呈上升趋势。本研究也发现，在一定范围内，牡丰 7 号群体叶面积指数随着施肥水平和栽培密度的增加而增加，这与多数人的研究结果是一致的。牡丰 7 号开花期光合速率随着栽培密度的增加逐步降低，在栽培密度超过 32×10^4 株·hm^{-2} 后结荚期光合速率随着栽培密度的增加逐步增大，这也是与叶面积指数的变化相吻合的；而结荚期光合速率和蒸腾速率都随着施肥量的增加呈现出逐步下降的趋势，这在文献中还未见报道，有待于进一步深入探讨。

参考文献（略）

本文原载于《黑龙江农业科学》2011 年 09 期。

栽培条件对大豆牡丰 7 号光合特性及保护性酶活性的影响

齐玉鑫[1]，杜维广[1]，任海祥[1]，邵广忠[1]，王燕平[1]，宗春美[1]，孙晓环[1]，王玉莲[2]，岳岩磊[1]

（1.黑龙江省农科院牡丹江分院/国家大豆改良中心牡丹江试验站，黑龙江 牡丹江 157041；2.黑龙江农业经济职业学院，黑龙江 牡丹江 157041）

The Research on Effect of Photosynthetic Characteristic and Activity of Protective Enzymes of Soybean Mufeng NO.7 In Different Cultured Factors

QI Yu-xin[1], DU Wei-guang[1], REN Hai-xiang[1], SHAO Guang-zhong[1], WANG Yan-ping[1], ZONG Chun-mei[1], SUN Xiao-huan[1], WANG Yu-lian[2], YUE Yan-lei[1]

(1. *Mudanjiang Branch of Heilongjiang Academy of Agricultural Sciences*,Heilongjiang *Mudanjiang* 157041, *China*;

2. *Heilongjiang Agricultural Economy Professional College*,Heilongjiang *Mudanjiang*, 157041, *China*)

本研究以牡丰 7 号大豆品种为供试材料，试验设施肥量、栽培密度、施肥有效养分含量 3 个因素，每因素设 5 个水平，研究施肥量、栽培密度及有效养分含量 3 个栽培因子对牡丰 7 号的叶片光合特性和保护性酶活性的影响，以期探讨牡丰 7 号大豆品种的高产机理，为高效栽培提供理论依据。具体研究结果如下。

（1）在不同栽培因子条件下，牡丰 7 号在开花期其单株叶面积无显著差异，直到结荚期，尤其到鼓粒期差异变得明显。

（2）在不同栽培因子条件下，牡丰 7 号群体叶面积指数在开花期最小，鼓粒期最大。

（3）牡丰 7 号大豆单株光合速率随着栽培密度的减小呈上升趋势，随着施肥量的增加而增加。

（4）牡丰 7 号在开花期，相对较小栽培密度、相对低施肥量和较高有效养分含量有利于叶绿素的形成。

（5）牡丰 7 号在栽培密度较低的条件下，或相同密度下适当增加施肥量，有利于提高 SOD、POD、CAT 酶的活性。

本文原载于 2012 年《中国作物学会会议论文集》。

大豆多小叶突变体的遗传分析及其光合生理特性的研究

宗春美 [1,2]，任海祥 [2]，杜维广 [2]，宁海龙 [1]，邵广忠 [2]，王玉莲 [3]，岳岩磊 [2]，王燕平 [2]，孙晓环 [2]，齐玉鑫 [2]

（1.东北农业大学大豆研究所/大豆生物学教育部重点实验室，黑龙江 哈尔滨 150030；2.黑龙江省农科院牡丹江分院/国家大豆改良中心牡丹江试验站，牡丹江 157041；3 黑龙江农业经济职业学院，黑龙江 牡丹江 157041）

The Research of Genetic Analysis and Photosynthetic Characteristics for the Multi-leaf Mutant of Soybean

ZONG Chun-mei[1,2], REN Hai-xiang[2], DU Wei-guang[2], NING Hai-long[1], SHAO Guang-zhong[2], WANG Yu-lian[3], YUE Yan-lei[2], WANG Yan-ping[2], SUN Xiao-huan[2], QI Yu-xin[2]

(1. *Soybean Research Institute of Northeast Agricultural University / Key Laboratory of Soybean Biology of Ministry of Education, Harbin 150030, China;*

2. *Mudanjiang Branch of Heilongjiang Academy of Agricultural Sciences / National Soybean Improvement Center Mudanjiang Experimental Station, Mudanjiang 157041, China;*

3 *Heilongjiang Vocational College of Agricultural Economics, Mudanjiang 157041, China*)

大豆产量突破是大豆产业急需解决的问题。现阶段大豆育种的瓶颈主要是种质资源匮乏,充分挖掘优异种质资源是育种工作中经久不变的主题。本课题组通过常规有性杂交(合丰 2×5 东农 7296)，在其 F_5 代发现一个多小叶大豆突变体牡 5796–3，该突变体较常规 3 出复叶大豆品种多了 2 个小叶。再利用多小叶突变体作父本分别与 8 个小叶数正常的大豆品种配置杂交组合，通过调查 F_1、F_2 世代多小叶性状的分离情况，并对分离比例进行适应性测验，结果表明，5 叶性状受 1 对显性核基因控制。为了解多小叶对大豆光合特性和产量的影响，以多小叶大豆品系牡 5796–3 为材料，设 5 个处理，全生育期摘除多出的 2 片小叶（T_1）；Rl 期开始摘除多出的 2 片小叶（T_2）；R_3 期开始摘除多出的 2 片小叶（T_3）；R_5 期开始摘除多出的 2 片小叶（T_4）；全生育期不摘除多出的小叶片，始终保留多出小叶（毛）。

结果表明，各处理 R_6 期叶绿素含量虽有差异，但差异不显著；F_5 处理光合速率、单株叶面积和叶面积指数均明显高于对照 T_1 处理。由此导致 T_5 处理产量明显高于对照，其增产表现在单株荚数、单株粒数、百粒重提高。不同生育阶段摘去多小叶大豆品系多出的 2 片小叶，与全生育期保留多小叶类型相比，单株叶面积和叶面积指数减少，光合速率下降，产量降低。全生育期不摘除多出小叶处理在 1.79 万株/hm² 密度下不倒伏，产量达到 4 432.2 kg/hm²，百粒重 20.62g，此外。该品系田间表现抗灰斑病，兼抗花叶病毒病，外观品质优良，还可作为特殊指示性状，对提高光合作用及产量均有促进作用，所以此突变体是有很好应用价值的种质资源，在今后突破大豆高产瓶颈问题及基因克隆并进一步探索基因功能等方面具有重要意义。

参考文献（略）

本文原载于 2012 年《第 23 届全国大豆科研生产讨论会论文摘要集》。

大豆多小叶类型遗传规律初探

宗春美 [1,2]，宁海龙 [1]，任海祥 [2]，杜维广 [2]，岳岩磊 [2]，邵广忠 [2]，孙晓环 [2]，齐玉鑫 [2]

（1.大豆生物学教育部重点实验室，东北农业大学大豆研究所，黑龙江 哈尔滨 150030；2.黑龙江省农科院牡丹江分院，黑龙江 牡丹江 157041）

摘 要：分析大豆突变体牡 5796–3 的多小叶性状的遗传规律。利用合丰 25×东农 7296 系谱法经 5 个世代选育获得多小叶突变体，并以其作为父本分别与 4 个小叶正常的栽培大豆配制杂交组合的 F₁、F₂ 代为试验材料，进行多小叶类型的遗传分析。小叶正常的不同大豆亲本与多小叶杂交（3 叶×5 叶），F₁ 世代均表现为 5 叶，说明 5 叶性状是受显性核基因控制；不同组合 3 片叶、3+4 片叶、3+5 片叶、4+5 片叶、3+4+5 片叶和 5 片叶类型组成遗传分离模式存在显著差异，而在 3 片叶和>3 片叶的遗传分离模式相同。杂交 F₂ 代单株复叶为 3 片叶和>3 片叶的个体分离的比例呈 1：3 分离，符合一对显性单基因的遗传规律。该多小叶突变体牡 5796–3 的复叶数受一对显性基因控制，该多小叶突变体可作为新种质用于大豆遗传育种及基因克隆和功能研究。

关键词：大豆；多小叶突变体；小叶类型；遗传规律

Primary Research on Heredity Rule of Multi–leaflet Mutant in Soybean

ZONG Chun-mei[1,2], NING Hai-long[1], REN Hai-Xiang[2], DU Wei-guang[2], YUE Yan-Lei[2], SHAO Guang-Zhong[2], SUN Xiao-huan[2],QI Yu-xin[2]

（1. *Soybean Biology Key Laboratory of Educational Ministry*, *Soybean Research Institute*, *Northeast Agricultural University*, *Harbin* 150030, *China*；

2. *Mudanjiang Branch of Heilongjiang Academy of Agricultural Sciences*, *Mudanjiang* 157041, *China*）

Abstract: The objective of present research was to analyze the inheredity of multi–leaflet in a mutant Mu5796–3. Genetic analysis of multi–leaflet trait were conducted by four crosses from 4 normal female parents with 3–leaflets and 1 mutantal male parent with 5–leaflet which was derived from 5th selfbred of cross Hefeng25×Dongnong7289. All leaves of F₁ individual had 5 leaflet in 4 crosses, which indicated that 5–leaflet is dominantly controlled by nuclear genes. The segaration mode of 3 leaflet, 3+4 leaflet, 3+5 leaflet, 4+5 leaflet, 3+4+5 leaflet and 5 leaflet were different according to crosses in F₂. While the inheridtary pattern of 3–leaflet and >3–leaflet were coherent in various genetic background with a segarating ratio of 1：3, which meant that leaflet traits followed one dominant gene inheridity. Leaflet were controlled by one dominant gene and the new soybean mutant germplasm Mu5796–3 could be used in soybean breeding and gene cloning.

Keywords: Soybean; Multi–leaflet mutant; Leaflet type; Heredity

　　栽培大豆（*Glycine max*）叶片一般为三出复叶，也有个别品种或植株突变产生 4~7 片叶，为多小叶[1]。突变体是遗传研究和培育品种的基础，具有极端性状的突变，可以为育种、科研、生产提供丰富的种质类型和基因源。尤其是具有优良性状的突变体更可作为种质资源直接用于品种的遗传改良。多小叶大豆品系是在大豆叶片性状上表现特异的生态类型。郭明学[2]利用 ⁶⁰Co–γ 射线照射干种子，决选出牡辐 81–6009，多叶性状稳定，多叶频率为 100%，认为是有价值的新种质资源。本课题组创制一个多小叶大豆品系，通过对其杂交组合 F₁、F₂ 世代的遗传规律分析，初步得到多小叶性状的遗传规律，为评价多小叶大豆突变系性状遗传规律提供理论依据，丰富了大豆遗传基础材料，对大豆育种具有现实意义。

1 材料与方法

1.1 试验材料

多小叶大豆突变系牡 5796–3，紫花，长叶，亚有限结荚习性，5 片复叶率 100%，是本课题组利用（合丰 25×东农 7296）系谱法经 5 个世代选育而成的多小叶大豆突变系；以其作为父本分别与小叶正常的栽培大豆品种垦丰 16、合丰 50、垦鉴豆 43、绥农 28 杂交组合 F_1，F_2 代。

1.2 试验地点

试验设在黑龙江省农科院牡丹江分院试验田中，土壤为暗棕壤，肥力较高，前茬为马铃薯。

1.3 试验设计

试验区采用 4 m 行长，行距 70 cm，株距 8 cm，杂交亲本、F_1、F_2 世代依次种植，F_1 世代按组合种植，单粒点播，F_2 世代种植株行。

1.4 试验方法

杂交亲本农艺性状的调查：在整个生育期观察各组合杂交亲本 F_1、F_2 的不同小叶数目类型叶片的数目。

1.5 数据分析方法

对 4 个组合的联合数据采用卡方分布进行独立性测验，对不同组合的数据分别采用卡方分布进行适合性测验。

2 结果与分析

2.1 多小叶突变体的创制

产生大豆突变体的方法主要有理化诱变、有性杂交、T–DNA 植入，转座子插入等。本课题组采用有性杂交方法配制合丰 25×东农 7296 等杂交组合，在合丰 25×东农 7296 杂交组合后代分离出 5 片复叶的单株，利用系谱法经 5 个世代选育创制了多小叶突变系牡 5796–3；另外，本课题组通过对黑农 38×九农 29 组合 F_4 中也发现分离出多小叶品系。

表 1 各杂交组合亲本农艺性状

Table 1 Agronomic traits of the crossing parents

杂交亲本 Crossing parents	花色 Flower color	叶形 Leaf shape	复叶数目 No. of leaflet	多叶比率 Multi–leaf ratio/%
牡 5796–3	紫	尖叶	5	100
合丰 50	紫	尖叶	3	0
垦丰 16	白	尖叶	3	0
绥农 28	紫	尖叶	3	0
垦鉴豆 43	紫	尖叶	3	0

2.2 各杂交亲本的农艺性状调查

由图1可见，多小叶大豆突变系牡5796–3叶片复叶数目均较常规栽培大豆多2片（表1），在大豆种质资源中较为少见，傅来卿[1]进行大豆辐射诱变育种过程中，出现了双复叶和多小叶突变。双复叶突变是单复叶呈对生状态着生在茎节上。多小叶突变是单复叶的三出复叶突变为4~7个小叶着生在一个叶柄上。经过几年观察，牡5796–3农艺性状稳定，群体整齐一致，并具有良好的农艺性状和品质，是较好的种质资源。

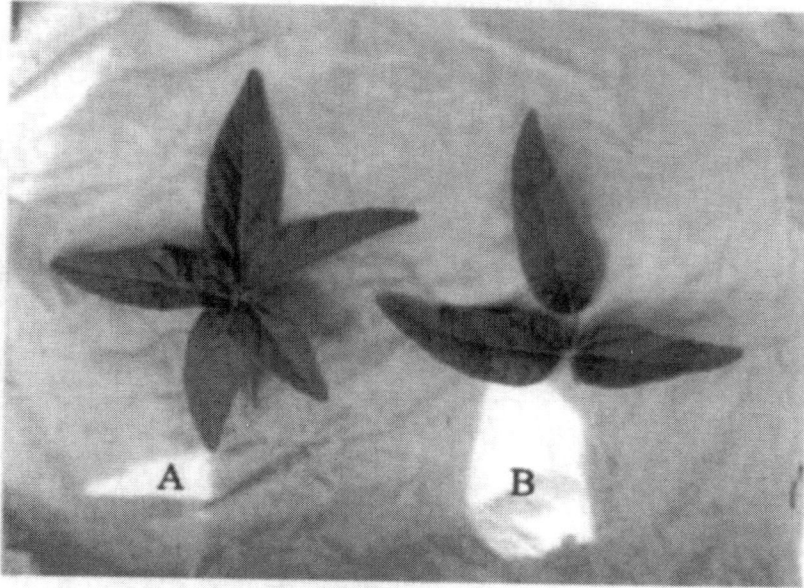

A：多小叶突变系叶片；B：常规栽培大豆叶片

A：leaf of muti-leaflet soybean, B：leaf of conventional soybean

图1 多小叶大豆与常规大豆叶片比较

Fig. 1 Multi-leaflet soybean compared to conventional soybean leaves

2.3 牡5796–3与常规大豆杂交 F_1 世代表现

由表2可见，正常大豆不同亲本与多小叶大豆杂交（3叶×5叶），F_1世代均表现为5叶，说明5叶性状是显性核基因控制。

表2 各杂交组合 F_1 叶片表现

Table 2 Leave performance of F_1 generation of 4 crossing com binations

杂交组合 Crossing combination	植株总数 Total plants	5片复叶植株数 5–leaflet plants
绥农28×牡5796–3	13	13
垦丰16×牡5796–3	15	15
垦鉴43×牡5796–3	11	11
合丰50×牡5796–3	19	19

2.4 牡5796-3与常规大豆杂交 F_2 代表现

对4个组合的不同组合的叶片类型组成按照3片叶、3+4片叶、3+5片叶、4+5片叶、3+4+5片叶和5片叶类型进行独立性测验，$x^2=10601.3157$，达到显著水平（$P<0.0001$），说明不同组合3片叶、3+4片叶、3+5片叶、4+5片叶、3+4+5片叶和5片叶类型组成遗传分离模式存在显著差异。

对4个组合的不同组合的叶片类型组成按照3片叶和>3片叶分两组，进行独立性测验，$x^2=0.003859$，未达到显著水平（$P=0.9999$），说明全部组合在3片叶和>3片叶的相同。

不同组合单株的复叶数目示于图2。由图2可看出，在4个组合中，随着单株叶片总数的增加，3小叶数量增加，4小叶和5小叶的数量逐渐减少。

表3 各杂交组合 F_2 叶片表现
Table 3 Leave performance of F_2 generation of 4 crossing com binations

杂交组合 Crossing combination	叶片数表现情况 Leave performance					
	植株总数	正常叶3	3+4	3+5	3+4+5	4+5	5
绥农28×牡5796-3	200	63	41	23	72	1	0
垦丰16×牡5796-3	299	79	48	28	144	0	0
垦鉴43×牡5796-3	840	235	17	46	540	0	2
合丰50×牡5796-3	736	261	41	55	362	8	9

2.5 小叶数的分离比例

将每一个组合的分离群体按照小叶数目分为3片复叶和>3片复叶两组，不同组合的不同叶片组成的单株分离比例适合性测验结果列于表4。

经卡方测验可知，3片叶和>3片叶的个体分离符合3：1理论比例，说明大豆复叶数受一对基因控制，并表现为完全显性。

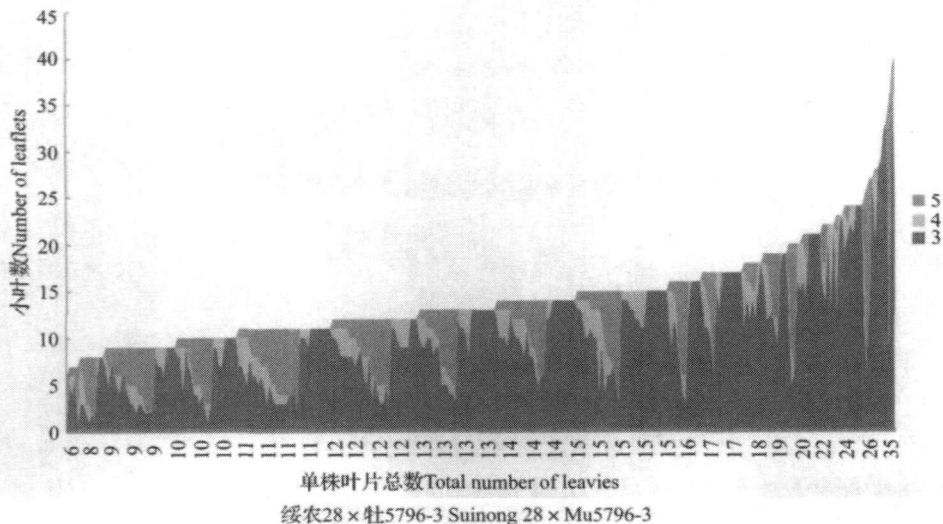

单株叶片总数Total number of leavies
绥农28×牡5796-3 Suinong 28×Mu5796-3

222

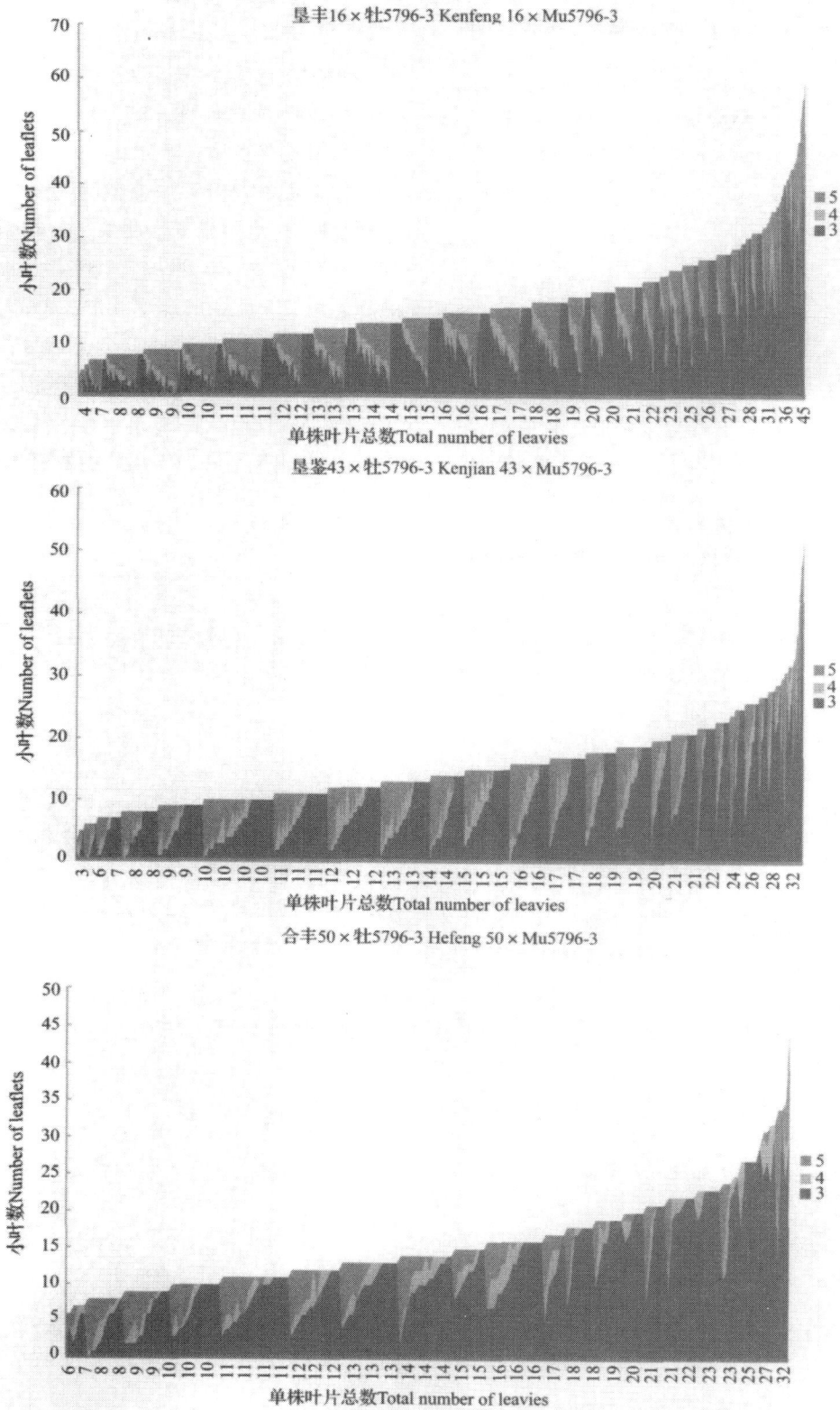

图 2　不同杂交组合单株的复叶数目

Fig. 2　The number of compound leaf for different combinations

表 4 不同组合的不同叶片组成的单株分离比例适合性测验

Table 4 The suitability test for composed of different combinations of different leaves per plant segregation ratio

杂交组合 Crossing combination	植株总数 Total plants	3 片叶植株数 No. of 3-leaflet plant	>3 片叶植株数 No. of more than 3-leaflet plant	χ^2	$Pr < \chi^2$
合丰 50 × 牡 5796–3	200	63	137	0.034	0.854
绥农 28 × 牡 5796–3	299	79	220	0.570	0.450
垦丰 16 × 牡 5796–3	840	235	605	0.046	0.830
垦鉴 43 × 牡 5796–3	736	261	475	0	1.000

3 讨论

多小叶突变体既可作为新的种质用于大豆遗传育种研究，又可用于基因克隆和功能研究。王克晶[4]等发现一个起源于野生大豆不完全显性的多小叶突变体，本课题组创制一个较少见的显性多小叶突变体。利用（合丰 25×东农 7269）多谱法经 5 个世代选育成多小叶大豆突变系，经 3 年田间观察和农艺性状鉴定证实该种质具有稳定性、一致性、特异性，并有优良的农艺性状。多小叶性状突变稳定，不受环境影响，在田间极易识别。

大豆"源、流、库"的关系与其生理特性密切相关[5]，而且严重地影响大豆产量的高低[6]。本课题组前期以牡 5796–3 多小叶突变系为试材，进行多小叶源对大豆光合性状及产量影响初步研究，表明多小叶相对三片复叶而言，具有增加单株叶面积和叶面积指数及提高群体单叶光合速率的作用，对产量有促进作用[7]。说明了牡 5796–3 不仅是突变体，也是一个优良的种质资源。

王克晶等[4]在对一个起源于野生大豆的多小叶性状遗传分析表明，除了一个已知的 Lf1 基因控制 5 叶遗传外，可能还存在另外 2 个控制 5 叶的基因，5 叶多小叶性状基因对正常 3 叶是不完全显性的，这 3 个基因是独立遗传的，并且具有重叠效应。

本研究结果表明，正常大豆不同亲本与多小叶杂交（3 叶×5 叶），F_1 代均表现为 5 叶，说明 5 叶性状是显性核基因控制。这种具有显性性状的优良多小叶突变体创制，有利于大豆育种对后代选择，从而提高育种效率，对丰富大豆品种遗传多样性有较大意义。

F_2 代群体 3 片叶和＞3 片叶的个体分离符合 3：1 理论比例，符合 1 对基因的遗传规律，为一个显性多小叶突变体。该突变体具有较好农艺性状，是一个优良大豆种质，也为下一步克隆该基因并深入研究该基因功能奠定了一定基础。

本研究和王克晶等[4]研究结果表明，不同遗传背景的杂交组合，其多小叶性状遗传机制可能不同。

参考文献（略）

本文原载于《植物遗传资源学报》2012 年 02 期。

苗期不同抗性大豆荧光参数及叶绿素含量对 SMV 胁迫的响应

齐玉鑫，王燕平，宗春美，孙晓环，白艳凤，任海祥，杜维广，侯国强，徐德海，李文，王晓梅，张帅

（黑龙江省农业科学院牡丹江分院，黑龙江 牡丹江 157041）

摘 要：以感 SMV 品种合丰 25 和抗 SMV 品系牡 304 为材料，以 SMV 东北 I 号株系为毒源，研究了苗期不同抗性大豆荧光参数及叶绿素含量对 SMV 胁迫的响应，结果表明；与对照相比，SMV 胁迫下，除 F_o、qN 升高外，其他荧光参数均有所降低，抗 SMV 品种（系）变化幅度较小。随着胁迫时间的推移，Fm、Fm'、Φ_{PSII} 和 F_v/F_m 逐渐降低，F_o 和 qN 逐渐升高，qP 先降低后升高，且抗 SMV 品系牡 304 和感 SMV 品种合丰 25 分别在 6 d 和 12 d 出现最低值。受 SMV 胁迫后，叶绿素 a、b 的变化趋势相同，叶绿素上升幅度抗病品种（系）＞感病品种（系），叶绿素含量的降低率感病品种（系）＞抗病品种（系）。

关键词：大豆；SMV 胁迫；荧光动力学参数；叶绿素含量

Effect of SMV Stress on Chlorophyll Fluorescence Parameters and Chlorophyll Content at Seedling Stage of Soybean with Different Resistant Levels

QI Yu-xin, WANG Yan-ping, ZONG Chun-mei, SUN Xiao-huan, BAI Yan-feng, REN Hai xiang, DU Wei-guang, HOU Guo-qiang, XU De-hai，LI Wen，WANG Xiao-mei，ZHANG Shuai

(*Mudanjiang Branch of Heilongjiang Academy of Agricultural Sciences*, *Mudanjiang* 157041, *China*)

Abstract: In this study,"Hefeng25" and "Mu304" were used as experiment materials, and virus source was SMVI, effect of SMV stress on chlorophyll fluorescence parameters was researched at soybean seedling stage. The result showed that the other declined except F_o and qN increasing compared with the control in SMV stress, and change range of SMV–resistant variety (line) was wider. F_m、F_m'、Φ_{PSII} and F_v/F_m declined, F_o and qN increased and qP firstly increased and then declined with the day passing, the minimum qP value of SMV–resistant and susceptible cultivar(line) respectively happened in sixth and twelfth day. Changes of chlorophyll a and b were same on chlorophyll content under SMV stress, change range of chlorophyll content resistant variety (line)＞susceptible variety (line), reduction rate of chlorophyll content resistant variety (line)＞susceptible variety (line).

Keywords: Soybean; SMV Stress; Chlorophyll fluorescence parameters; Chlorophyll content

　　大豆花叶病毒(Soybean Mosaic Virus，SMV)病是影响世界大豆生产的主要病害之一，也是目前我国东北、黄淮海、长江流域和南方大豆产区最重要的大豆病害之一。大豆花叶病毒属马铃薯 Y 病毒科(Potyviridae)Y 病毒属(Potyvirus)，大豆花叶病毒种。SMV 在大豆植株上表现的症状非常复杂，有多种类型，主要与大豆品种、毒株类型、环境条件有关，也受播期、传播介体的影响。SMV 侵染大豆后，会导致大豆叶片中叶绿素含量及叶质下降，叶面积减小，影响光合面积和光合能力，植株矮小，生长量下降，单株荚数减少，降低种子百粒重、萌发率、蛋白质含量及含油量，并影响脂肪酸、蛋白质、微量元素及游离氨基酸的组分等，严重影响大豆产量[1]。感染 SMV 后的大豆病株籽粒会出现褐斑，严重时病粒率达 50%以上[2]，当与菜豆荚斑驳病毒（BPMV）复合侵染大豆时出现斑驳的种子比率高达 96%[3]，严重影响籽粒的外观品质和商品价值。SMV 在大豆分枝期至开花期为发病高峰，鼓粒期叶部症状开始潜隐，因此前人研究发现感染 SMV 后大豆的生理指标变化多从始花期到鼓粒期。在发病初期，大豆植株并无明显症状，对这一时期大豆在 SMV 胁迫下的生理指标变化鲜见报道。本文研究了大豆真叶期接种 SMV 后 15d 内叶绿素含量和荧光参数的变化规律，同时比较了抗病品种和感病品种在此期间叶绿素含量及荧光参数的差异，为揭示 SMV 胁迫对不同抗性大豆苗期光合作用的影响以及大豆对 SMV 的抗性生理机制提供理论依据。

1 材料与方法

1.1 试验材料

选用黑龙江省农业科学院牡丹江分院选育的大豆新品系"牡304"作为抗病材料,该品种以黑农48为母本,合丰47为父本通过有性杂交获得,2011及2012年的病毒病抗病性鉴定中均表现为抗病;以合丰25为感病材料。供试毒源采用东北地区SMVI号株系,由黑龙江省农业科学院大豆研究所提供。

1.2 试验设计

本试验设置4个处理,分别为:I、接种SMV的合丰25;II未接种SMV的合丰25;III接种SMV的牡304;IV、未接种SMV的牡304,3次重复。供试大豆幼苗载于营养体中,接种病毒时期为大豆对生真叶期,接种病毒方法采用人工汁液摩擦法。幼苗接种后在智能温室中培养,设定温度25 ℃,光照18 h;20 ℃,黑暗6 h;从接种第3天开始,每隔6d对叶绿素含量进行测定,每隔3d对第一片复叶进行叶绿素荧光参数的测定。

1.3 指标测定

荧光参数测定:

利用调制式荧光仪mini–PAM(德国WALZ公司生产)测定荧光动力学参数。叶片经暗适应20 min后,首先用弱测定光测定初始荧光 F_o,随后给一个强闪光测得最大荧光 F_m。然后在智能温室恒定光源照射下适应20 min,当荧光基本稳定时测定荧光产量 F_t,之后加一次强闪测量光适应的样品的最大荧光产量 F_m'。通过计算得到:

光系统II(PSII)最大光化学量子产量 $F_v/F_m=(F_m-F_o)/F_m$;

PSII的电子传递量子效率 $\Phi PSII=(F_m'-F_t)/F_m'$;

光化学猝灭系数 $qP=(F_m'-F_t)/(F_m'-F_o)$;

非光化学猝灭系数 $qN=(F_m-F_m')/(F_m-F_o)$。

叶绿素含量测定采用牛俊义[4]乙醇丙酮混合法。

2 实验结果与分析

2.1 SMV胁迫对大豆苗期荧光参数的影响

通过比较四个参数的测定值可以看出(表1): F_o 在处理II与处理IV间无显著差异,都呈现出逐渐减小的趋势,处理I从9 d开始与其他处理出现显著差异,且逐渐增加,处理III的 F_o 变化不大且与处理II、IV无显著差异。 F_o 是在暗适应状态下当PSII的所有反应中心处于完全开放状态($qP=1$)并且所有的非光化学过程处于最小时($qN=0$)的荧光产量,它的大小与叶绿素浓度有关。有研究表明: F_o 的增加可能是植物叶PSII反应中心出现可逆的失活或出现不易逆转的破坏,也可能是植物叶片类囊体膜受到损伤,而且 F_o 增加量越多,类囊体膜受损程度就越严重[5]。通过处理I与III的对比可以看出在SMV胁迫下,抗病植株 F_o 增加的幅度要远远小于感病植株,这说明了抗病植株受SMV胁迫时PSII反应中心受到的影响更小。

各处理Fm值在6 d前无差异,9 d以后,处理I与其他处理开始出现显著差异,处理II、III、IV、 F_m 无明显变化,处理I的 F_m 逐渐下降。处理I的 F_m' 在3d开始与其他处理有显著差异,处理III在12 d开始与处理I、II有显著差异,处理II、IV的 F_m' 无显著变化,处理I、III均表现出下降趋势,下降幅度处理I较大。

F_m 是在暗适应状态下当 PSII 的所有反应中心处于完全关闭状态(qP=0)并且所有的非光化学过程处于最小时(qN=0)的荧光产量，F_m 大小与 QA 的氧化还原状态有关；F_m'是在光适应状态下当 PSII 的所有反应中心处于关闭态（qP=0）并且所有的非光化学过程处于最优态时（qN>0）的荧光产量，两者都可以反映出 PSII 的电子传递情况，通过以上分析可以看出，SMV 胁迫下抗病植株和感病植株的 PSII 反应中心电子传递都受到影响，抗病植株受影响小于感病植株。

F_t 呈现出不规律变化，但从第 3 天与第 15 天的结果看出：处理I的 F_t 出现明显降低。其他三个处理没有明显变化。

表1　SMV 胁迫对大豆苗期 F_o、F_m、F_m' 和 F_t 的影响
Table 1　Responses of F_o, F_m, F_m' and F_t of soybean to SMV stress at seedling stage

胁迫时间/d Stress time//d	处理 Treatment	F_o	F_m	F_m'	F_t
3	I	307.33 ± 1.53 a	1 579.00 ± 3.61 a	1 081.67 ± 3.51 b	643.00 ± 8.89 a
	II	304.67 ± 3.51 a	1 580.67 ± 3.06 a	1 122.33 ± 4.93 a	616.67 ± 7.02 b
	III	300.67 ± 7.09 a	1 581.00 ± 5.57 a	1 120.67 ± 7.02 a	656.67 ± 12.74 a
	IV	296.33 ± 6.66 a	1 584.00 ± 3.61 a	1 122.67 ± 7.57 a	616.67 ± 6.66 b
6	I	313.33 ± 4.73 a	1 532.67 ± 34.02 a	1 020.67 ± 7.02 b	622.33 ± 9.07 b
	II	286.67 ± 10.69 a	1 576.67 ± 8.08 a	1 125.33 ± 6.43 a	625.00 ± 5.57 b
	III	299.67 ± 12.50 a	1 577.33 ± 8.08 a	1 114.00 ± 6.00 a	650.67 ± 5.13 a
	IV	303.33 ± 9.02 a	1 580.00 ± 8.00 a	1 125.00 ± 5.57 a	624.00 ± 10.58 b
9	I	335.00 ± 6.56 a	1 561.67 ± 11.50 b	993.00 ± 12.12 c	600.00 ± 12.00 c
	II	303.67 ± 8.50 c	1 594.33 ± 7.51 a	1 127.33 ± 7.02 a	642.00 ± 4.00 a
	III	308.33 ± 5.13 b	1 582.00 ± 6.25 a	1 100.00 ± 16.00 b	661.00 ± 7.55 a
	IV	292.67 ± 6.11 c	1 595.33 ± 8.08 a	1 137.00 ± 4.36 a	620.67 ± 2.52 b
12	I	352.00 ± 10.15 a	1 547.67 ± 5.13 b	932.33 ± 3.77 c	581.67 ± 6.66 c
	II	288.67 ± 4.62 b	1 582.33 ± 5.69 a	1 120.33 ± 6.51 a	639.33 ± 5.03 b
	III	297.33 ± 9.29 b	1 574.00 ± 8.72 a	1 084.67 ± 9.50 b	661.00 ± 7.00 a
	IV	292.00 ± 8.72 b	1 581.33 ± 4.16 a	1 124.00 ± 6.00 a	632.67 ± 10.07 b
15	I	349.67 ± 13.20 a	1 515.33 ± 25.58 b	898.33 ± 10.60 c	555.00 ± 11.79 c
	II	282.33 ± 12.58 c	1 593.67 ± 7.64 a	1 123.00 ± 4.58 a	645.33 ± 7.57 a
	III	318.33 ± 5.13 ab	1 586.00 ± 7.21 a	1 049.67 ± 11.50 b	644.33 ± 9.07 a
	IV	292.00 ± 9.17 bc	1 592.67 ± 9.02 a	1 126.00 ± 11.14 a	612.00 ± 8.00 b

同列不同小写字母表示差异显著性（P<0.05）。
Different lowercase letters in the same column indicate significant difference (P < 0.05).

2.2 SMV 胁迫下 Φ_{PSII}、F_v/F_m、qP 与 qN 的变化

Φ_{PSII} 表示实际光化学量子产量可反映 PSII 反应中心部分关闭情况下实际光能捕获的效率。处理I与 IIIΦ_{PSII} 显著低于健康植株，处理I与处理III均呈下降趋势（图 1），这说明在 SMV 胁迫下抗病植株与感病植株捕获光能的能力都受到了影响，有研究表明，受 SMV 侵染的大豆叶片叶绿素含量下降，这可能是受 SMV 胁迫时大豆植株捕获光能力下降的主要因素。

叶绿素荧光参数 F_v/F_m 表示最大光化学量子产量，可反映 PSII 反应中心内部光能的转换效率，非胁迫条件下该参数的变化极小，不受物种和生长条件的影响。胁迫条件下参数明显下降。本研究结果表明，SMV 对大豆叶片 F_v/F_m 有显著影响，SMV 胁迫下的大豆植株 F_v/F_m 比未受胁迫的植株要低，处理I呈显著下降趋势，并且下降幅度很大，而处理III基本保持稳定（图 1）。这说明抗病品种 SMV 胁迫后，抗病植株 PSII 反应中心仍然能够保持较高的活性。

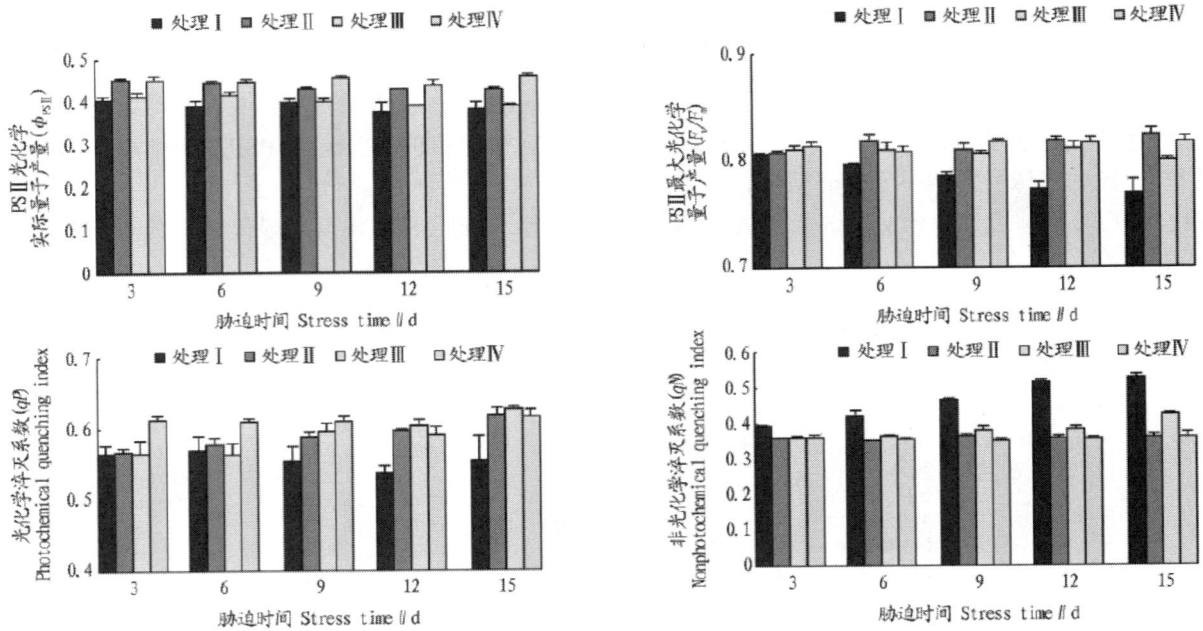

图1 SMV 胁迫下 F_v/F_m、Φ_{PSII}、qP 和 qN 的变化

Fig.1 Changes of F_v/F_m, Φ_{PSII}, qP and qN under SMV stress

光化学淬灭反映的是 PSII 天线色素吸收的光能用于光化学电子传递的份额,要维持高的光化学淬灭就要使 PSII 反应中心处于开放状态,所以光化学淬灭在一定程度上反映了 PSII 反应中心的开放程度。光化学淬灭反映了 PSII 原初电子受体 QA 的还原状态,它由 QA 重新氧化形成[6]。光化学淬灭系数 qP 愈大 PSII 的电子传递活性愈大[7]。处理I、III的 qP 值均呈现先下降后上升趋势,处理III最低值出现在第 6 天,处理I最低值出现在第 12 天(图 1)。这表明大豆叶片在 SMV 胁迫下,受到破坏的 PSII 电子传递是可以逐渐修复的,抗病植株在自我修复的能力上要优于感病植株。

qN 反映的是 PSII天线色素吸收的不能用于光合电子传递而以热形式耗散掉的光能部分,它是一种自我保护机制,对光合机构起一定的保护作用,qN 的升高说明 PSII正受到破坏。未受 SMV 胁迫处理II、IV的 qN 值变化不大,处理I出现较明显上升,处理III上升幅度要小于处理I(图 1)。这表明随着 SMV 胁迫时间变长,PSII天线色素吸收的光能用于光合作用所占的份额在逐渐减少,抗病植株减小的幅度小于感病植株。

2.3 SMV 胁迫对大豆苗期叶绿素含量的影响

叶绿素 a 是光合反应中心复合体的主要组成成分,其中处于特殊状态的反应中心叶绿素 a 分子是执行能量转化的光合色素,而叶绿素 a 是捕光色素蛋白复合体的重要组成部分,主要作用是捕获和传递光能它们在活体中大概都是与蛋白质结合在一起,存在于类囊体膜上[8]。四个处理的叶绿素 a 含量均随着胁迫时间的推移而增加,相同品种(系)受胁迫的处理增加速度要低于未受胁迫的处理;同品种不同处理在同一天叶绿素 a 含量差异不大,只有合丰 25 在 15 d 受胁迫的处理(I)与未受胁迫的处理(II)出现显著差异;合丰 25 叶绿素 a 含量的降低率随着胁迫时间推移而增加,牡 304 则呈现出先下降后上升的趋势,降低率都在 15 d 出现明显上升,上升幅度合丰 25 大于牡 304(表 1)。

叶绿素 b 含量的变化规律与叶绿素 a 基本相同。3 d 和 9 d 相同品种(系)的 2 个处理叶绿素含量并没有明显的变化,15 d 降低率都明显升高,合丰 25 在 15 d 受胁迫的处理(I)与未受胁迫的处理(II)叶绿素 b 含量出现显著差异(表 2)。

228

表2 SMV 胁迫对大豆苗期叶绿素含量的影响

Table 2 Changes of chlorophyll content in soybean at seedling stage under SMV stress

mg/g

处理 Treatment	叶绿素 a 含量 Chlorophyll a content			叶绿素 b 含量 Chlorophyll b content		
	3 d	9 d	15 d	3 d	9 d	15 d
I	2.833 a	2.847 a	2.877 a	0.730 a	0.733 a	0.730 a
II	2.837 a	2.853 a	2.947 b	0.733 a	0.736 a	0.746 b
III	2.753 a	2.755 a	2.757 a	0.713 a	0.723 a	0.726 a
IV	2.757 a	2.757 a	2.767 a	0.717 a	0.726 a	0.730 a

同列不同小写字母表示差异显著性（P<0.05）。

Different lowercase letters in the same column indicate significant difference (P < 0.05).

3 讨 论

前人在研究中发现，棉花在黄萎病胁迫下随着病害严重度增加，棉叶叶绿素 a、叶绿素 b、叶绿素 a+b、叶片含水率，病叶叶绿素荧光参数可变荧光、最大荧光、光系统II最大光化学效率、光系统II的潜在活性、最大荧光与最小荧光比、光系统II的量子产额均减小，而初始荧光增加[9]；青枯病侵染的烟草叶片 F_v、F_v/F_m、F_v/F_o 受到抑制，感病品种抑制程度大于抗病品种[10]；感染炭疽病的枇杷叶片 Fv、Fv/Fm、Fv/Fo 及量子产量受到抑制[11]，受根腐病胁迫后，大豆植株样本叶片荧光参数 F_v/F_m、NPQ、Φ_{PSII} 均极低于正常植株[12]；玉米感大斑病后，各品种叶片叶绿素含量显著降低，叶绿素含量依次为感病品种>中抗品种>抗病品种[13]，这与笔者在本研究中所得到的结论相同；马铃薯 Y 病毒（PVY）侵染后不同发育期马铃薯叶片的光合参数表明：侵染初期病株的净光合速率(P_n)、F_v/F_m、电子传递速率(ETR)与健康植株基本相同，随着发育进程推进病株的 P_n 和 ETR 下降速度显著大于健康株，而 F_v/F_m 则变化不大[14]，这与笔者所得到的结论不同，这有可能是不同种植物对不同病原菌的抗性差异所造成的。

病害胁迫会造成叶绿体结构的破坏和叶绿素含量的变化，从而影响植物的光合作用。电镜扫描接种 SMV Nl 株系 21 d 的细胞超微结构发现：细胞形状异常，少数细胞有质壁分离现象发生，细胞核中核仁溶解，叶绿体肿胀变形，淀粉粒减少，叶绿体上嗜锇颗粒增加，颜色加重，边缘清晰，基粒和基质片层断裂细胞壁附近的线粒体数目增多[15]。还有研究表明，植物感染病毒后除表现为叶绿体遭到破坏、叶绿素含量的下降以外，一些病程相关蛋白酶的活性得以提高，使正常生长发育受到抑制[16]。植物感染烟草花叶病毒（TMV）、黄瓜花叶病毒（CMV）等病毒后，叶绿体内发生病毒积累，放氧复合体（OCE）中的多肽成分发生变化，光系统 II(PSII)电子传递显著降低，同时，病毒外壳蛋白 CP 积累于叶绿体内光化学反应中心之间，诱导产生光抑制，从而降低植物的光合作用[17]。这些都是病毒侵染植物体后导致其光合生理指标受到影响的因素。

除病害外，生理胁迫[18]、环境污染[19]等也会对植物光合生理产生影响。为避免植株长势不同、其他病害和生理胁迫对研究结果造成影响，本试验所选用的植株长势一致，培养大豆幼苗所用的土壤高温灭菌，营养钵全部经过紫外线照射消毒，避免出现复合侵染，试验进行过程中，每次用注射器向营养钵中加入等量的蒸馏水，以免出现因水分引起生理胁迫。

叶绿素荧光动力学方法因其快速、灵敏、无损伤等特点，正在被广泛应用于研究和探测各种逆境对植物光合生理的影响。本研究表明不同抗性大豆幼苗受 SMV 胁迫后抗病和感病品种（系）的 PSII 系统捕捉光能的能力、反应中心活性和电子传递都受到影响，F_v/F_m、Φ_{PSII}、qP、qN、有显著的差异，抗病品种（系）受到的影响较小，综合分析苗期荧光参数以及叶绿素含量可作为鉴定大豆对 SMV 抗性的重要依据之一。

参考文献（略）

本文原载于《安徽农业科学》2016 年 28 期。

第三章　大豆品种逆境生理

大豆抗旱性的遗传改良研究

任海祥[1]，王全伟[2]，满为群[3]，栾晓燕[3]，邵广忠[1]，徐香玲[2]，杜维广[1,3]

（1.黑龙江省农业科学院牡丹江分院，黑龙江 牡丹江 157041；2.哈尔滨师范大学生命科学与技术学院，黑龙江 哈尔滨 150080；3.黑龙江省农业科学院大豆研究所，黑龙江 哈尔滨 150086）

摘 要：干旱是影响大豆产量重要限制因素，进行大豆抗旱性的遗传改良研究，培育抗旱高产大豆新品种是有效解决干旱胁迫的最有效途径。在调动 C_3 作物大豆内在 C_4 途径来提高光合效率的大豆高光效育种总体思路基础上，提出了大豆抗旱性遗传改良的两条技术路线，即转抗旱内源或外源基因的转基因育种技术路线和高光效育种及回交转育的技术路线，并指出二者具有异曲同工、殊途同归的效果。同时着重论述了大豆品种抗旱性与丰产性关系，耐光氧化特性与抗旱性关系，植物抗旱相关基因研究概况及 QTL 标记辅助选择抗旱育种的方法。旨在为大豆抗旱性的遗传改良提供相关理论依据和技术支撑。

关键词：大豆；抗旱性；遗传改良

Genetic Improvement of Soybean Drought Resistance

REN Hai-xiang[1], WANG Quan-wei[2], MAN Wei-qun[3], LUAN Xiao-yan[3], SHAO Guang-zhong[1], XU Xiang-ling[2], DU Wei-guang[1,3]

(1. *Mudanjiang Branch of Heilongjiang Academy of Agricultural Sciences, Mudanjiang* 157041, *China*;
2. *College of Life and Technology of Harbin Normal University, Harbin* 150080, *China*;
3. *Soybean Institute of Heilongjiang Academy of Agricultural Sciences, Harbin* 150086, *China*)

Abstract: The drought is an important limited factor affecting soybean yield, and the genetic improvement of soybean drought resistance is an effective way to solve drought stress. On the base of methodology for soybean high photo synthetic breeding by mobilizing C_4 path way enzymes of C_3 crop, we provide two kinds of technical lines, one is transgenic breeding transferring drought resistance genes, including inner and exotic genes. Another is soybean high photo synthetic breeding and back cross breeding. Both of them have same effect to improve soybean drought resistance. We also discussed the relationship between drought resistance and high yield of soybean cultivar, the characteristic of photooxidation tolerance and drought resistance, the research survey of related genes in plant drough tresistance and MAS breeding. The aim is to provide the oretical and technical bas is forgenetic improvement of soybean drought resistance.

Keywords: Soybean; Drought resistance; Genetic improvement

中国的干旱、半干旱地区约占国土面积的一半以上，年受害面积达到 200 万~270 万 hm^2，特别是担负中国粮食生产任务 65%以上的华北、东北和西北地区，恰是中国最缺水的地区，即使在非干旱的农业区，季节性干旱也常常对农业生产产生严重的影响[1]。黑龙江省是我国春大豆重要产区，然而干旱和半干旱区占黑龙江省 16 个农业气候区 50%，干旱和半旱地区大豆种植面积占黑龙江省种植面积的 60%，黑龙江省具有十年九春旱和大豆结荚鼓粒期气候干旱两个干旱发生期。大豆的需水量高，根系不够发达，是豆类作物中对水分最敏感的一种[2]。干旱对作物产量的影响在诸多逆境中占首位，其危害相当于其他自然灾害之和[3]。因此，大豆抗旱性的遗传改良成了大豆育种工作中的重要研究领域，尤其在干旱和半干旱地区有着十分重要的意义。

1 大豆品种抗旱性与丰产性关系

在作物高产育种、品质育种、抗病虫育种不断取得令人瞩目成就同时，抗旱育种工作却发展迟缓。由于在实践中，抗旱性强的品种往往趋于低产，因此一个时期内是否需要专门进行"抗旱育种"，即将抗旱性作为一个主要育种目标存在不同意见[3]。关于品种的抗旱性与丰产性的关系，长期存在着两种认识：一种观点认为提高抗旱性和增产两者不可兼得。另一种观点认为，丰产性与抗旱性可看作是相对独立的遗传特性，一般由不同的基因或基因间的相互作用控制，通过遗传改良，特别是通过分子育种，将不同亲本的抗旱性和丰产性结合于同一品种之中是可能的[3]，从理论上分析，大豆品种的抗旱性与丰产性的统一是成立的。而且育种家也培育出高产抗旱大豆新品种。例如，山西省农业科学院经济作物研究所在山西西部黄土高原重旱区的临县榆林村建立抗旱育种基地，选育出1级强抗旱的晋豆21，适于山西、陕西、甘肃、宁夏等黄土高原干旱地区种植。

2 大豆耐光氧化特性与抗旱性关系

在光合作用中，由于光合结构所吸收的光能超过光合作用所能利用的光能数量时，导致光合效率降低的现象，称为光合作用的光抑制。如果光合机构较长时间暴露于强光下，特别在各种胁迫（生物和非生物胁迫）条件下，过剩光能极易诱发产生单线态氧（$^1O_2$），从而引起光合色素降解和光合结构的破坏，即发生光氧化。在饱和光强下引起的光抑制一般不伴随光合结构的破坏，只有在严重胁迫下，如高温、低温、干旱以及微量元素铁、锰缺乏条件下，光抑制不仅加重，甚至出现光破坏现象。前人研究发现，在大田条件下，作物总是处在变化的气候和高低温、干旱、淹水、盐碱等氧化逆境中，它们会产生光抑制和光氧化，造成光合机构的伤害，从而导致生产力的下降。现已证明，在一些作物如水稻[4]、小麦[5]、大豆[6-7]等对光抑制和光氧化的抵御，有着明显的基因型差异。这些作物之所以有较强的抵御光抑制和耐光氧化能力，主要是因为他们的光合效率高。虽然在饱和光强下，往往导致光能过剩，但由于高效运转的CO_2同化效率，拉动了光系统反应中心的光化学过程，加速了电子传递速率，使所形成的同化力（ATP和NADPH）被充分地用于光合CO_2同化中，从而减少了光能的积聚。与CO_2光合有关的酶在对生物和非生物逆境（如机械创伤、低温、盐害及紫外辐射）的防御反应中有较重要作用。顾和平[8]利用人工控水法研究了大豆的抗旱性，指出大豆的抗光氧化性和抗旱性有着较高的相关性。

综上所述，大豆耐光氧化特性与光合效率和抗旱性有着显著正相关。选育光能转换效率高、抗早衰、抗逆性强的高光效大豆品种（系），可能成为抵御光抑制、光氧化和抗旱的有效途径。目前刘鑫磊[7]等已建立了大豆耐光氧化品种（系）的简易筛选技术。

3 大豆抗旱性的遗传改良

3.1 总体思路

通过大豆抗旱性的遗传改良，培育抗旱大豆新品种是有效解决干旱胁迫的最有效途径。在调动 C_3 作物大豆内在的 C_4 途径来提高光合效率的大豆高光效育种总体思路基础上，采用两条技术路线来实现大豆抗旱性遗传改良。一是拟采用与抗旱高效相关的内源或外源基因的转基因育种的技术路线，二是将携带高抗旱和高水分利用效率基因大豆种质，通过杂交、回交转育途径导入高光效高产品（系）中的回交转育技术路线。通过形态指标和耐光氧化特性生理指标相结合的综合指标进行评价和筛选。使传统的抗旱育种选择方法和高光效育种及分子标记辅助选择相结合进行大豆抗旱性的遗传改良。

3.2 转抗旱基因育种

3.2.1 植物抗旱相关基因研究概况

干旱胁迫是影响植物生长发育、产量和品质的主要非生物胁迫因子之一，对植物的影响主要体现在渗透胁迫、离子胁迫及其引起的一系列次级胁迫如氧化胁迫等方面，严重干扰植物体细胞及整株水平上的水分及离子稳态，造成生长延滞甚至死亡。克隆抗旱相关的关键基因，并通过基因工程手段导入植物基因组中是提高植物抗旱能力、培育抗旱新品种的有效途径。目前，用于抗旱基因工程的目的基因主要有：合成各类渗透保护剂的酶类基因，抗氧化系统酶类基因以及与抗逆相关的转录因子和信号传导有关的蛋白激酶基因。

海藻糖是细胞渗透调节时产生的重要相溶性物质之一，在干旱等逆境胁迫下对生物膜、蛋白质和核酸等生物大分子发挥保护作用，使生物提高抗逆能力。近年来，许多微生物中各种海藻糖合成酶基因已相继被克隆，如大肠杆菌的 *otsA*、*otsB* 基因，酿酒酵母中的 *tps*1、*tps*2、*ts*11 基因，担子菌灰树花中的 *Tsase* 基因等。Pilon–Smits 和 Goddijn 等分别将 *tps*1 基因转入烟草，获得具有抗旱性的转基因植株[9–10]。荷兰植物生物技术公司把 *OstBA* 导入甜菜、马铃薯中，增强了植物的抗旱性和抗寒性。赵恢武、戴秀玉也相继分别将 *tps* 基因和 *ost* 基因转入烟草，使其耐旱性增强[11–12]。Garg 将 *otsA* 和 *otsB* 融合，成功地获得了抗旱转基因水稻[13]。王自章等将担子菌树花的 *Tsase* 基因转入甘蔗，增加植株的抗渗透能力[14]。这充分说明把来源于微生物的海藻糖合酶基因转入植物中使其在体内表达可提高植物的抗旱性。Na^+/H^+ 逆向转运蛋白是植物抗旱耐盐的关键因子，它利用质膜 H^+-ATPase 或液泡膜 H^+-ATPase 及 H^+-ATPase 泵 H+ 产生的驱动力把 Na+ 排出细胞或将其区溶化入液泡中以消除 Na+ 的毒害，在植物耐盐性方面起关重要的作用。研究表明，通过转单一的 Na^+/H^+ 逆向转运蛋白基因能够明显提高作物的耐盐性，其原因可能是 Na^+/H^+ 逆向转运蛋白导入植物细胞后激活了一系列与耐盐相关的基因，从而明显提高植物耐盐性。目前已从大肠杆菌、酵母、拟南芥、水稻、北滨藜、柑橘、碱蓬、小麦、番茄等中克隆到 Na^+/H^+ 逆向转运蛋白编码基因，并被广泛用于作物的遗传改良，如转化番茄[15]、油菜[15]、玉米[16]、水稻[17–18]、小麦[19]等，获得的转基因植株对高盐环境的耐性显著增强。可见细胞离子内稳态相关基因在增强植物的耐盐性中具有重要作用。

在干旱、盐渍和低温等环境胁迫条件下，植物细胞膜脂过氧化会产生大量高毒性的醛类物质，只有将这些有毒的醛类转变成无毒的羧酸，才能维护细胞中醛类物质的微量平衡，降低由活性氧物质造成的氧化胁迫，从而达到抵抗逆境维持细胞的生存。植物中不同的醛脱氢酶与非生物逆境的胁迫有很大的相关性。乙醛脱氢酶（简称 *ALDHs*）是醛脱氢酶家族的一个成员，能有效地降低乙醛的浓度，是乙醇消化代谢过程中消除有毒的醛类物质的关键性酶。*ALDHs* 基因是一种诱导型表达的基因，在受到逆境因素（盐浓度、重金属离子、脱水剂等）的胁迫时其开始表达，分解醛类物质，从而降低毒性物质对细胞的损坏，提高植物的抗性。分别来自耐旱的复苏植物和拟南芥的醛脱氢酶基因 CP–ALDH 和 Ath–AL–DH3 产物在植物体内的累积是脱水反应和 ABA 处理的结果，其功能是氧化壬醛、丙醛和乙醛分别形成壬酸、丙酸和乙酸[20]；从苔藓中克隆的水分胁迫应答的醛脱氢酶基因 *ALDH*21A1，在由干旱和盐诱导产生的醛的脱毒反应中发挥着重要功能[21]，在大麦的抗旱性研究中发现了两个醛脱氢酶基因受干旱和高盐诱导上调表达[22]。植物的醛脱氢酶在植物抗逆境生理代谢中发挥着重要作用，在植物抗旱基因工程中具有广阔的应用前景。

抗逆相关的转录因子是植物逆境胁迫中的重要调控因子，在植物逆境应答中充当"总开关"的角色，一个转录因子的过量表达可以同时调控多个功能基因的表达，广泛参加与植物抗逆的生理生化过程，综合改良植物的抗逆性状。主要分为 MYB 类、bZIP 类、WRKY 类、AP2/EREBP 类和 NAC 类 5 个家族[23]，其中 DREB（Dehydration–responsive element binding）是植物抗脱水胁迫信号传递途径中的重要组成部分，它可与干旱、高盐及低温耐性相关功能基因启动子区的 DRE/CRT（Dehydration–responsive element/C–repeat）元件特异识别并结合，激活一系列逆境应答靶基因的表达，如 *rd*17、*kin*1、*cor*6.6、*erd*10 和 *rd*29a 等。Stockinger 等[24]和 Liu 等[25]相继从拟南芥 cDNA 文库中克隆出 DREB1A/CBF3、DREB1B/CBF1 和 DREB1C/CBF2 基因，并在干旱处理的拟南草 cDNA 文库中克隆到 2 个受干旱和高盐胁迫诱导的转录因子 DREB2A 和 DREB2B，它们都受低温、干旱、高盐的诱导。随后相继又从油菜、黑麦、小麦、番茄、油菜、大豆中分离到 DREB 类转录因子基因。目前，已将 DREB 转录因子导入拟南芥、烟草和番茄等植物，均获得了抗旱、耐盐、耐冷性显著提高的转基因植株[26–32]。

植物抗旱性是由多基因控制的数量性状，只有导入主效功能基因或调节基因或采用多功能基因等策略，才能真正提高植物抗逆性。而利用特异启动子如组织器官特异性启动子或逆境诱导型启动子，可以使转基因植株在获得抗旱性的同时，既不影响植株的正常生长发育，又有利于提高大豆产量和改良品质。随着对抗旱分子机制的深入研究，植物抗旱分子育种将更加有针对性和有效性。特别是对大豆这样的重要经济作物，在抗虫、抗病及品质改良基因工程已经取得丰硕成果的同时，抗旱等非生物逆境胁迫基因工程也将顺利开展起来。

3.2.2 转抗旱基因育种技术路线

在总结分析大豆抗旱性状遗传机理基础上，选择与抗旱高效相关的内源或外源基因，通过农杆菌介导、基因枪直接导入和外源 DNA 直接导入转基因技术，采用单基因或多基因聚合检验转化等方式直接转化大豆品种，或构建这些基因过表达的载体，以当地新推广品种和参加生产试验待推广品种或以再生能力强品种为受体，进行遗传转化，获得转基因植株。通过转基因技术与分子标记选择和高光效育种及常规育种相结合，创制抗旱转基因大豆新品种。

利用抗旱基因高效表达的转抗旱基因大豆植株（T_0 代）为父本，与当地高光效高产品种杂交，选育具有优良性状抗旱高光效高产新品种，是一条可行育种途径。

对其转抗旱基因育种后代评价和选择主要采用形态指标和耐光氧化特性生理指标相结合的综合指标，这样可以使高光效高产性状和抗旱性统一，最终培育出抗旱高光效高产大豆新品种。

3.3 抗旱分子标记辅助选择育种

尽管在作物抗旱相关性状 QTL 分子标记方面已进行了不少研究，但研究结果在育种上的应用还很有限。影响分子标记辅助的因素有分子标记与目的基因或 QTL 之间的遗传距离，选用的分子标记数目、已有的 QTL 定位研究上都局限于初级定位，目前只能对那些已初步定位的 QTL 进行基因型值选择、进行分子标记的遗传群体和育种群体脱解和抗旱性精准鉴定等。Kristin 等[33]报道，对像抗旱性一样的数量性状育种，借助分子标记辅助选择则更易实现，可在早期世代对表现优良的基因型进行鉴定。在 Sierra/Ler–ZRB 群体中，用来进行分子标记辅助选择的 5 个 RAPD 标记，在干旱条件下，选择效率为 11%，在没有干旱胁迫时，则选择效率为 8%。但依产量表现来选择的传统选择方法，在改良大豆抗旱性方面的效率很低。关于 QTL 标记辅助育种方法，Tankeley 等[34]提出了同步发现并转移宝贵 QTL 进入栽培品种方法，Tanksley 等[35]的 AB–QTL 分析（Advanced back cross QTL analysis）可以大大缩短从 QTL 发现到品种培育的时间，从 QTL 发现到测试 QTL–NIL 系仅 1~2 年。该技术可较好地应用于作物抗旱标记辅助选择，其步骤包括：（1）用具有良好农艺性状的育种材料与抗旱供体材料杂交得到种子；（2）用后代种子与农艺性状优良亲本回交得到回交群体，定位不同性状 QTL，同时用标记或表现型对抗旱亲本的优良等位基因进行选择；（3）继续回交，对 BC2 或 BC3 群体进行分子标记调查；（4）产生农艺性状得到改良的 BC3 或 BC4 家系来分析 QTL；（5）用标记辅助筛选以受体遗传背景为主的含有抗旱性状目的基因区域，产生近等基因系；（6）评价 NIL 和亲本的农艺性状表现。

3.4 回交转育

到目前为止，已相继克隆出若干与耐旱有关的基因，有些已导入农作物，并获得了转基因植株，但对增强抗旱性作用有限，为实现农作物抗旱基因改良需要转移多个基因，并联合起来进行系统整合分析[36-37]。水分利用效率（WUE）系指植物消耗单位水量生产出的同化量。近年研究认为，WUE 是一个可遗传性状，高 WUE 是植物适应干旱环境，同时利于形成高生产力的重要机制之一。在作物种间，WUE 的差异可达 2~5 倍，品种间差异也显著。但到目前为止还未见有直接克隆和转 WUE 基因的报道[38]。鉴于这种认识，在大豆抗旱性的遗传改良中另辟新径，即通过高光效育种技术，将携带高抗旱和高 WUE 大豆种质转入高光效高产品种中，并用受体高光效高产品种为轮回亲本进行 1~2 次回交，对后代进行耐光氧化特性选择，则是培育抗旱品种途径之一。它与转抗旱基因育成抗旱转基因大豆品种是异曲同工。

参考文献（略）
本文原载于《大豆科学》2009 年 03 期。

不同基因型大豆花荚期抗旱性综合评价

王燕平 [1,2]，任海祥 [2]，孙晓环 [2]，白艳凤 [2]，宗春美 [2]，齐玉鑫 [2]，王晓梅 [2]，侯国强 [2]，徐德海 [2]，郭数进 [1]，李贵全 [1]

（1.山西农业大学农学院/山西省遗传育种重点实验室，山西 太谷 030801；2.黑龙江省农业科学院牡丹江分院，黑龙江 牡丹江 157041）

摘 要：为了解不同基因型大豆花荚期抗旱表现，挖掘抗旱种质资源，在称重法人工控水条件下，通过干旱棚盆栽试验，在大豆植株的花荚期，测定 22 个品种（品系）的茎粗、株高、分枝数等与抗旱相关的 18 个表型性状和生理生化指标，以各项指标的干旱胁迫系数作为衡量抗旱性的指标，利用隶属函数值法、主成分分析和聚类分析对其抗旱性进行综合评价，结果表明，在水分胁迫条件下，大豆花荚期形态和生理生化指标抗旱系数都存在一定的变异，且变异系数均大于 10%。主成分分析结果显示，5 个主成分累计贡献率为 84.82%，可代表大豆抗旱性 84.82% 的原始数据信息，利用抗旱性度量值（D 值）进行聚类，可将供试品种（品系）划分为抗旱性强、中和弱 3 种类，晋大 78、晋大 74、晋大 70 和晋大 73 具有较强的抗旱能力，晋大 75、扁茎豆、黑珍珠抗旱能力弱；其他 15 个品种（品系）具有中等抗旱能力。利用主成分分析与模糊聚类对大豆的抗旱性进行综合评价，可避免单一性状的片面性和不稳定性，为大豆抗旱性综合评价及抗旱品种选育提供一个较为有效的鉴定方法。

关键词：大豆；水分胁迫；抗旱性；主成分分析；综合评价

Comprehensive Evaluation on Drought Resistance of Different Soybean Cultivars at Flowering–Podding Stage

WANG Yan-ping[1,2], REN Hai-xiang[2], SUN Xiao-huan[2], BAI Yan-feng[2], ZONG Chun-mei[2], QI Yu-xin[2], WANG Xiao-mei[2], HOU Guo-qiang[2], XU De-hai[2], GUO Shu--jin[1], LI Gui-quan[1]

（1. *Genetics and Breeding Key Laboratory of Shanxi, Shanxi Agricultural University, Taigu* 030801；

2. *Mudanjiang Branch of Heilongjiang Academy of Agricultural sciences, Mudanjiang* 157041）

Abstract: In order to know the performance of different genotypes of soybean germplasms at flowering–podding stage, explore drought–resistant resource, we determined 18 morphological and biochemical indexes including stem thickness, branch No. and plant height in the pot experiment at flowering–podding stage with 22 soybean varieties(lines) widely grown under artificial water stress condition. Drought resistances of varieties were scored with drought coefficient method and principle component analysis and cluster under water stress. The result showed that there were certain variations of drought coefficient of 18 morphological and biochemical indexes under water stress and variation coefficient was more than 10%. The accumulative contribution rate of 5 comprehensive principle components was 84.82%, which could stand for 84.82% of primitive information of soybean drought resistance. Using drought–resistant balancing D–value, 22 different ecotype soybeans were divided into 3 types: high tolerant, moderate tolerant and weaker tolerant. In 22 varieties (lines), we screened out the high drought tolerant varieties consisting of Jinda78, Jinda74, Jinda70 , and Jinda73.The varieties (lines) Jinda75, Bianjing and Heizhenzhu had weaker drought resistance. The rest had medium drought resistance. We could avoid one–sidedness and instability by using principle component analysis and fuzzy cluster than single trait. The comprehensive D–value was a method for soybean drought resistance comprehensive evaluation and drought–resistant cultivars breeding, it could be used to identify soybean drought resistance.

Keywords: Soybean; Water stress; Drought resistance; Principle component analysis; Comprehensive evaluation

　　干旱是一个世界性的问题，也是世界农业面临的最严重问题，干旱是影响农作物生产的非生物胁迫因子之一[1-2]。巴西在 2003—2005 年因干旱危害大约损失 45 亿美元，我国 3 个大豆生态区受干旱危害状况各异，北方常遇春旱、黄淮海地区常遇伏旱、南方常遇伏旱和秋旱[3-4]，大豆生产中干旱造成的减产大于其他不利因素的总和[5-7]。抗旱育种是提高干旱条件下作物产量的经济有效的手段[8]。因此，在全球气候异常、干旱频发的背景下，研究大豆的抗旱性鉴定评价技术，对于筛选抗旱种质、培育节水品种以获得高产稳产具有重要意义。近年来国内外学者从形态、生理生化和产量的角度，对大豆抗旱性鉴定指标、抗旱性评价方法做了较多研究[9-16]，筛选出一些与抗旱有关的生理生化指标、形态指标及抗旱种质。但有关花荚期大豆抗旱性鉴定与筛选的报道相对较少，李贵全等[17]利用水旱处理条件下生理生化指标的变化，运用灰色关联多维综合评估法评价了10个山西不同生态型大豆新品种，鉴选出2份抗旱性较强的品种，指出此法在大豆花荚期评价抗旱性具有较高的可靠性。王敏等[18]利用不同处理条件下形态指标的变化，用主成分分析法评价了15份不同类型种质资源的抗旱性，并将材料划分为高抗、抗、敏感、高度敏感4类。本研究将干旱胁迫下大豆花荚期生理生化指标和形态指标相结合，以各指标的抗旱胁迫系数为依据，采用综合抗旱性评价的方法，从生理和形态抗旱角度对22份试验材料进行抗旱性评价鉴定，进一步探索山西不同生态型大豆的抗旱潜力，以期拓宽大豆抗旱育种的基因资源。

1 试验材料

从山西农业大学农学院大豆育种室现有的种质资源中，选择代表山西省生态条件、在山西种植较为广泛的22份不同生态型大豆品种（品系），作为本试验的研究材料，材料编号及名称见表1。

表1 供试大豆编号及名称

Table 1 Number and name of soybean varieties tested in the study

编号 No.	品种名称 Varieties name	编号 No.	品种名称 Varieties name
1	晋豆19	12	晋大83
2	晋豆24	13	晋大84
3	晋豆25	14	晋大85
4	晋豆26	15	绿宝石
5	晋豆27	16	黑珍珠
6	晋大73	17	扁茎豆
7	晋大74	18	SN420
8	晋大75	19	太古回马
9	晋大78	20	兴县大豆
10	晋大80	21	石楼大豆
11	晋大82	22	晋大70

2 试验方法

2.1 试验设计

本试验于2009年在山西农业大学遗传育种实验楼后进行，在实验室内对试验材料进行严格挑选，去杂，选取健康饱满、整齐一致的种子，用0.1‰的高锰酸钾溶液消毒5 min，蒸馏水冲洗3次，蒸馏水浸种24 h，5月2日将浸泡的种子播种于塑料桶内，桶高27 cm，上口直径为35 cm，底部直径为22 cm，每桶装土10 kg，每桶留苗5株，设正常供水和水分胁迫2种处理，3次重复，共132盆。盆栽基质为沙土有机肥的混合物，每盆沙：土：有机肥=2：1：0.1，土壤肥力为有机质65.3 g/kg，速效氮70.3 mg/kg，速效磷48.9 mg/kg，速效钾266.6 mg/kg，可满足植株正常生长需求。桶底放3 cm高的蛭石，并插入长度40 cm的塑料管，使植株根部通气良好，同时便于从盆底部浇水，避免土壤板结。自制防雨棚，雨天使用防雨棚遮雨，晴天露天生长。采用称重法定量控制土壤水分，在整个生长期间正常浇水，土壤基本保持湿润状态，相对含水量控制在 23%~25%，水分胁迫处理土壤含水量为 13%~15%。在大豆花荚期进行干旱处理，处理 7 d 后，取植株顶端向下第 4 节充分展开的叶片测定各项生理生化指标，3 次重复。成熟后取花盆中全部 5 株植株进行室内考种，按照考种结果统计各形态指标。

2.2 测定方法

过氧化物酶（POD，Peroxidase）活性采用愈创木酚法，超氧化物歧化酶（SOD，Superoxide dismutase）活性采用 NBT 光化还原法。叶片相对含水量（RWC，Relative water content）、丙二醛（MDA，Malondialdehyde）、相对电导率（REC，Relative electric conductivity）、可溶性糖（SS，Soluble sugar）、脯氨酸（Pro，Proline）和叶绿素含量（Chl，Chlorophyll content）均参考高俊凤[19]的方法进行。净光合速率（Pn，Net photosynthesis rate）用便携式 CI–340 型光合作用仪测定。

2.3 数据分析

2.3.1 抗旱系数的计算

抗旱系数的计算方法参考兰巨生等[20]和李贵全等[21]的方法进行。所有数据均为干旱胁迫下指标性状与非干旱胁迫下指标性状的比值。

$$指标性状的抗旱系数 = \frac{干旱胁迫下指标性状值}{非干旱胁迫下指标性状值} \times 100\%$$

2.3.2 不同品种综合指标隶属函数值计算

应用模糊数学中的隶属函数值法，对品种各综合指标采用隶属函数公式进行定量换算。

当指标性状与抗旱性呈正相关时，隶属函数值公式为：$\hat{\chi}_{ij} = \frac{\chi_{ij} - \chi_{jmin}}{\chi_{jmax} - \chi_{jmin}}$；

当指标性状与抗旱性呈负相关时，隶属函数值公式为：$\hat{\chi}_{ij} = 1 - \frac{\chi_{ij} - \chi_{jmin}}{\chi_{jmax} - \chi_{jmin}}$。

其中，$\hat{\chi}_{ij}$ 为第 i 个品种第 j 个性状的隶属函数值，χ_{ij} 为第 i 个品种第 j 个性状值，χ_{jmin} 为各品种 j 性状的最小值，χ_{jmax} 为各品种 j 性状的最大值。

2.3.3 各综合指标的权重计算

综合指标权重计算参考谢志坚[22]的方法进行，计算公式：

$$W_j = \frac{p_i}{\sum_{j=1}^{n} p_j} \quad (j=1, 2, \dots n)$$

式中：W_j 表示第 j 个综合指标在所有综合指标中的重要程度即权重；p_j 为各基因型第 j 个综合指标的贡献率。

2.3.4 品种抗旱综合能力的计算

品种抗旱综合能力的计算参考赵红梅等[23]、李贵全等[21]的方法进行，计算公式：

$$D = \sum_{j=1}^{n} \left[\mu(X_j) \times w_j \right] \quad (j=1, 2, \dots n)$$

其中：D 值为各基因型在干旱胁迫条件下用综合指标评价所得的抗旱性综合评价值。

采用 Exce l2003 进行全部原始数据处理，统计分析采用 SPSS 13.0 程序进行。

3 结果与分析

3.1 花荚期干旱对大豆生理生态指标的影响

根据大豆花荚期干旱胁迫和正常供水条件下各生理生态指标值，计算各品种生理生态性状的胁迫系数（表 2 和表 3），由表可知，在干旱胁迫下，所有参试品种的农艺性状均有不同程度的下降，而部分生理生化指标值则呈现不同程度的升高，这一结果表明，干旱胁迫条件下，大豆可通过自身代谢调节来抵御这一不利环境。在本试验条件下，依据同一指标不同品种生理指标的胁迫系数变化幅度，将生理指标对干旱逆境的敏感程度进行排序：相对电导率＞丙二醛＞脯氨酸＞可溶性糖＞过氧化物酶＞超氧化物歧化酶＞相对含水量＞叶绿素含量＞净光合速率；同样根据形态指标的胁迫系数变化幅度，将形态指标对干旱逆境的敏感程度加以排序：单株粒数＞单株粒重＞主茎节数＞分枝荚数=结荚高＞主茎荚数＞株高＞分枝数＞茎粗。其中，相对电导率（$\Delta_{max-min}=0.98$）对干旱最为敏感，其次为单株粒数（$\Delta_{max-min}=0.79$）、丙二醛（$\Delta_{max-min}=0.0.72$）和单株粒重（$\Delta_{max-min}=0.68$），其他生理和形态指标的敏感程度则相对较小。

从表 4 可以看出，干旱胁迫条件下，不同品种（品系）形态指标和生理生化指标的抗旱系数均存在一定程度的变异，且变异系数都大于 10.00%，其中生理生化指标变异系数最大的为 Pro，变化幅度为 2.10~8.15，$CV=0.42$，变异系数最小的为 SS 含量，变化幅度为 1.13~1.81，$CV=0.11$，生态指标变异系数最大的为结荚高，变化幅度为 0.49~0.97，$CV=0.45$，变异系数最小的为茎粗，变化幅度为 0.45~0.80，$CV=0.15$。从同一指标不同品种生理生态指标的平均抗旱系数来看，单株粒重平均抗旱系数最小，为 0.47，对干旱胁迫最为敏感。

由表 2、表 3 和表 4 可得知，在干旱胁迫下，干物质合成和转运受阻，对其他生态性状造成不同程度的影响，同时水分亏缺降低了大豆叶片相对含水量，膜脂过氧化伤害加重，引起丙二醛的累积，相对电导率升高，游离脯氨酸及可溶性糖含量升高，而丙二醛含量的升高导致保护酶活性降低，水分亏缺导致叶绿素含量降低，净光合速率下降，最终导致生物产量下降。从各项生理和形态指标干旱胁迫系数看，同一品种不同指标或同一指标不同品种的干旱胁迫系数变化幅度和指标抗旱系数的变异都较大，难以直接用某一指标胁迫系数来判断品种的抗旱性。

238

表 2 生理指标胁迫系数

Table 2 Stress coefficient of physiological characters

编号 No.	相对含水量 RWC	丙二醛 MDA	相对电导率 REC	可溶性糖 SS	脯氨酸 Pro	过氧化物酶 POD	超氧化物歧化酶 SOD	叶绿素 a+b Chl a+b	净光合速率 Pn
1	0.81	1.46	1.40	1.62	6.51	0.60	0.51	0.54	0.52
2	0.64	1.43	1.90	1.55	3.43	0.58	0.41	0.50	0.54
3	0.70	1.14	1.26	1.36	6.81	0.60	0.67	0.64	0.60
4	0.61	1.65	1.76	1.73	3.25	0.52	0.40	0.49	0.49
5	0.88	1.12	1.10	1.35	7.24	0.76	0.69	0.69	0.59
6	0.86	1.21	1.20	1.35	6.54	0.71	0.65	0.65	0.59
7	0.95	1.16	1.02	1.28	7.50	0.82	0.65	0.71	0.69
8	0.69	1.78	2.00	1.77	2.14	0.48	0.32	0.41	0.40
9	0.87	1.35	1.14	1.32	3.69	0.73	0.71	0.65	0.65
10	0.76	1.35	1.31	1.46	3.55	0.59	0.54	0.60	0.59
11	0.82	1.30	1.40	1.51	4.87	0.64	0.52	0.60	0.55
12	0.84	1.60	1.31	1.41	6.67	0.66	0.61	0.64	0.61
13	0.60	1.44	1.86	1.68	3.15	0.50	0.40	0.43	0.46
14	0.80	1.41	1.42	1.58	6.13	0.62	0.49	0.57	0.50
15	0.70	1.65	1.57	1.81	2.99	0.53	0.43	0.49	0.52
16	0.80	1.71	1.95	1.74	2.46	0.51	0.36	0.48	0.46
17	0.68	1.69	1.46	1.76	2.10	0.46	0.32	0.42	0.43
18	0.65	1.72	1.50	1.65	3.54	0.58	0.36	0.50	0.55
19	0.71	1.68	1.50	1.60	3.54	0.61	0.48	0.51	0.56
20	0.72	1.75	1.64	1.72	2.79	0.54	0.36	0.50	0.51
21	0.70	1.20	1.45	1.60	5.14	0.58	0.48	0.53	0.59
22	0.95	1.06	1.09	1.29	8.50	0.80	0.64	0.68	0.65

表 3 形态指标胁迫系数

Table 3 Stress coefficient of morphological characters

编号 No.	茎粗 Spear thickness	株高 Plant height	结荚高 Height of pod set	分枝数 Branch number	主茎节数 Nodes of main stem	主茎荚数 Pots of main stem	分枝荚数 Pots of branches	单株粒数 Grains per plant	单株粒重 Grain yield per plant
1	0.56	0.42	0.50	0.64	0.55	0.49	0.59	0.61	0.46
2	0.78	0.46	0.70	0.59	0.62	0.48	0.45	0.59	0.15
3	0.77	0.62	0.69	0.68	0.61	0.67	0.67	0.71	0.68
4	0.58	0.72	0.20	0.50	0.41	0.59	0.68	0.51	0.58
5	0.64	0.46	0.23	0.78	0.69	0.25	0.77	0.81	0.61
6	0.80	0.90	0.13	0.97	0.61	0.59	0.82	0.71	0.69
7	0.76	0.76	0.77	0.84	0.67	0.88	0.80	0.93	0.42
8	0.67	0.29	0.76	0.54	0.44	0.49	0.41	0.46	0.59
9	0.67	0.69	0.65	0.80	0.84	0.78	0.32	0.97	0.63
10	0.78	0.76	0.60	0.92	0.68	0.59	0.51	0.56	0.37
11	0.70	0.77	0.59	0.66	0.54	0.57	0.59	0.63	0.66
12	0.48	0.62	0.57	0.61	0.80	0.66	0.16	0.39	0.23
13	0.57	0.41	0.62	0.49	0.28	0.40	0.33	0.39	0.21
14	0.56	0.70	0.13	0.74	0.49	0.69	0.76	0.76	0.80
15	0.45	0.28	0.53	0.58	0.74	0.52	0.44	0.18	0.21
16	0.66	0.59	0.11	0.67	0.53	0.51	0.67	0.51	0.37
17	0.71	0.66	0.30	0.52	0.49	0.41	0.57	0.48	0.12
18	0.62	0.50	0.63	0.61	0.90	0.74	0.65	0.50	0.44
19	0.70	0.49	0.44	0.66	0.95	0.65	0.78	0.73	0.43
20	0.68	0.60	0.37	0.57	0.48	0.50	0.66	0.65	0.61
21	0.71	0.65	0.77	0.77	0.78	0.55	0.58	0.43	0.64
22	0.57	0.81	0.42	0.86	0.69	0.86	0.79	0.83	0.38

表 4 生理生态性状抗旱系数的变异

Table 4 Variation drought–stress coefficient of physiological and ecological traits

性状 Traits	平均 Mean	标准差 SD	方差 Variance	最小值 Min.	最大值 Max.	变异系数 CV
相对含水量（%）RWC	0.76	0.10	0.01	0.60	0.95	0.14
丙二醛（mmol/g·FW）MDA	1.45	0.23	0.06	1.06	1.78	0.16
相对电导率（%）REC	1.47	0.29	0.08	1.02	2.00	0.20
可溶性糖（mg/g·FW）SS	1.55	0.17	0.03	1.28	1.81	0.11
脯氨酸（μg/g·FW）Pro	4.66	1.98	3.91	2.10	8.50	0.42
过氧化物酶（μg/g·FW/min）POD	0.61	0.10	0.01	0.46	0.82	0.16
超氧化物歧化酶（U/g·FW/h）SOD	0.50	0.13	0.02	0.32	0.71	0.26
叶绿素（mg/g·FW）Chl a+b	0.56	0.09	0.01	0.41	0.71	0.16
净光合速率（$\mu molCO_2/m^2 \cdot s$）Pn	0.55	0.07	0.01	0.40	0.69	0.13
茎粗（cm）Spear thickness	0.66	0.10	0.01	0.45	0.80	0.15
株高（cm）Plant height	0.60	0.17	0.03	0.28	0.90	0.28
结荚高（cm）Height of pod set	0.49	0.22	0.05	0.11	0.77	0.45
分枝数 Branch number	0.68	0.14	0.02	0.49	0.97	0.20
主茎节数 Nodes of main stem	0.63	0.17	0.03	0.28	0.95	0.27
主茎荚数 Pots of main stem	0.59	0.15	0.02	0.25	0.88	0.26
分枝荚数 Pots of branches	0.59	0.18	0.03	0.16	0.82	0.30
单株粒数 Grains per plant	0.61	0.19	0.04	0.18	0.97	0.32
单株粒重（g）Grain yield per plant	0.47	0.20	0.04	0.12	0.80	0.42

3.2 主成分分析

同一品种不同生理生态指标抗旱系数及不同品种的同一生理生态指标抗旱系数都存在一定程度的变幅。且不同抗旱指标之间均存在一定的相关性，因此使用某一生理生态指标的抗旱系数来评价大豆品种的抗旱性，存在片面性，需用多指标进行综合评价。主成分分析的目的在于对高维变量系统进行最佳综合与简化，同时也客观地确定各个指标的权重，避免主观随意性。以不同品种各生理生态指标的抗旱系数为基础，采用 SPSS 13.0 软件程序进行主成分分析（表 5），从表可以看出主成分特征值中前 10 个成分因子的累计贡献率已达到 97.53%，而前 5 个综合指标的累计贡献率为 84.82%，可解释 84.82% 的方差，基本上可以代表 18 个指标的绝大部分信息。把 18 个指标转换为 5 个相互独立的综合指标，分别定义为主成分 1～5。

表 5 规范化特征向量及因子累计贡献百分率

Table 5 Planning feature vector and the percentage of the factors cumulative contribution

项目 Items	特征向量 Eigenvector									
	1	2	3	4	5	6	7	8	9	10
相对含水量 RWC	−0.0078	0.3622	−0.2662	0.0141	−0.0029	0.0615	−0.1405	0.4648	0.4965	−0.3290
丙二醛 MDA	−0.2622	−0.0287	−0.0474	0.3963	0.1004	0.2452	−0.2089	0.2238	−0.0367	−0.2127
相对电导率 REC	−0.2875	0.0728	0.0917	0.3198	−0.0730	0.0341	0.1100	0.1696	0.2188	0.6838
可溶性糖 SS	−0.3038	0.0641	−0.0795	0.1627	0.3054	−0.0011	0.0619	−0.1042	0.2087	−0.1898
脯氨酸 Pro	0.2668	−0.0390	−0.2480	−0.2112	0.2564	0.0647	0.3214	−0.2973	0.1077	−0.0612
过氧化物酶 POD	0.3035	−0.0722	−0.0998	−0.4143	0.0819	0.0581	0.1091	0.2136	0.0095	0.0574
超氧化物歧化酶 SOD	0.0958	−0.1952	−0.0481	−0.3117	0.0568	0.0797	−0.1699	−0.0474	−0.1937	0.1789
叶绿素 Chl a + b	−0.0424	0.2997	−0.0793	−0.0916	0.0133	0.0518	−0.0877	−0.0247	−0.0572	−0.0063
净光合速率 Pn	−0.2145	0.3888	0.1104	0.0938	0.0257	−0.0450	0.0089	−0.1053	−0.1655	0.1376
茎粗 Spear thickness	0.0878	0.1153	0.0637	−0.0431	0.0379	−0.3708	−0.0403	0.1992	−0.0558	−0.1374
株高 Plant height	0.2713	0.1031	0.6163	0.0692	0.0361	−0.2971	−0.2622	0.0196	0.5644	0.2983
结荚高 Height of pod set	0.0087	−0.2377	0.5385	−0.1980	−0.0901	0.0765	0.3188	0.0025	0.2548	−0.3068
分枝数 Branch number	0.0715	0.2024	0.2821	−0.1322	0.2403	0.6767	−0.1863	−0.3254	0.2120	−0.0112
主茎节数 Nodes of main stem	0.1402	−0.1409	0.1490	0.1557	0.1408	−0.0961	−0.2247	−0.1874	−0.0534	0.0425
主茎荚数 Pots of main stem	0.3804	−0.1599	0.1286	0.2469	−0.1428	0.2961	0.2722	−0.0448	0.1309	0.1795
分枝荚数 Pots of branches	0.1266	0.2038	−0.1149	0.2034	0.2058	−0.2246	0.5538	−0.1733	0.0493	−0.0980
单株粒数 Grains per plant	0.3469	0.2182	0.1097	0.0681	0.1103	0.2685	0.1955	0.5352	−0.3236	0.0906
单株粒重 Grain yield	0.4049	0.2558	0.0489	0.2199	−0.1817	−0.0856	−0.3045	−0.2161	−0.1488	−0.1757
特征值 Eigenvalue	9.7609	2.1829	1.4651	1.1065	0.7518	0.7238	0.5905	0.4753	0.2999	0.1982
方差百分率 Proportion	0.5423	0.1212	0.0814	0.0615	0.0417	0.0400	0.0320	0.0260	0.0170	0.0110
贡献率 Cumulative contribution	0.5423	0.6635	0.7449	0.8064	0.8482	0.8884	0.9212	0.9476	0.9643	0.9753

其中决定第 1 主成分的主要是单株粒重（0.404 9）、主茎荚数（0.380 4）、单株粒数（0.346 9）、可溶性糖（−0.303 8），表明大豆品种干胁迫系数越大，可溶性糖含量就越小，第 1 主成分就越大，因而把第 1 主成分称为单株因子。

第 2 主成分主要由净光合速率（0.388 8）、叶片相对含水量（0.366 2）、叶绿素含量（0.299 7）决定，因此称为光合作用因子。

第 3 主成分主要由株高（0.616 3）、结荚高（0.538 5）和分枝数（0.282 1）决定，称为株型因子。

第 4 主成分主要由 POD（−0.414 3）、丙二醛（0.396 3）、相对电导率（0.319 8）和 SOD（−0.311 7）决定，称为膜稳定因子。

第 5 主成分主要由可溶性糖（0.305 4）、脯氨酸（0.256 4）和分枝数（0.240 3）决定，称为渗透调节因子。

在各主成分的特征向量及各指标的抗旱系数的基础上，分别求出每一个大豆品种的 5 个综合指标值。在干旱胁迫下，对于同一综合指标而言，指标数值较大，说明某一品种在这一综合指标上的抗旱性表现越好，反之则差。但各大豆品种的抗旱性由这 5 个综合指标值所共同决定，而且这 5 个综合指标在评价大豆的抗旱性中所起的作用不同，应在此基础上用隶属函数的方法进行评价。

3.3 抗旱性综合评价

为了较全面地反映品种抗旱能力，又避免因使用性质相同或相互关联的指标而对结果造成偏差，本研究选用反映不同方面的 5 个相互独立的主成分作综合评价。在 μ 值的基础上计算各大豆品种干旱胁迫下用综合指标评价所得的抗旱性度量值，即 D 值，根据 D 值大小进行品种的抗旱性判定（表 6）。

表 6 各品种综合指标的 μ（x）值、D 值及抗旱性综合评价

Table 6 Comprehensive evaluation on soybean drought–resistant and μ（x）value，D value of varieties comprehensive index

编号 No.	综合指标的 $\mu(x)$ 值 $\mu(x)$ value of varieties comprehensive index					D 值 D value	位次 Order
	$\mu(x1)$	$\mu(x2)$	$\mu(x3)$	$\mu(x4)$	$\mu(x5)$		
1	0.698	0.814	0.299	0.458	0.351	0.571	6
2	0	0.401	0.812	0.536	0.745	0.520	15
3	0.352	0.908	0.751	0.735	0.461	0.565	7
4	0	0.554	0.412	0.535	0.889	0.507	19
5	0.761	0.605	0.501	0.523	0	0.574	5
6	0.611	0.844	0.941	0.799	0.597	0.702	4
7	0.901	0.412	1.000	0.605	0.571	0.776	2
8	0	0.402	0.832	0.521	0.753	0.358	21
9	0.645	1.000	0.634	0.889	0.636	0.779	1
10	0.588	0.952	0.222	0	0.589	0.567	8
11	0.091	0.547	0.752	0.698	0.377	0.509	18
12	0.666	0.884	0.598	0.044	0	0.543	9
13	0.213	0.387	0.455	0	0.448	0.514	17
14	0.301	0.545	0.608	0.771	0.462	0.537	11
15	0.467	0.512	0	0.536	0.601	0.531	13
16	0.088	0.138	0.754	0.554	0.769	0.387	20
17	0.442	0.216	0.168	0.208	0.098	0.309	22
18	0.635	0.567	0	0.495	0.568	0.540	10
19	0.546	0	0.098	0.631	0.551	0.535	12
20	0.221	0.718	0.479	0.338	0	0.517	16
21	0.514	0.411	0.231	0.600	0.574	0.528	14
22	1.000	0.237	0.944	0.601	0.551	0.712	3
权重系数 Weight coefficient	0.431	0.219	0.154	0.106	0.087		

根据隶属函数计算公式求出每个品种所有综合指标的隶属函数值，对某一综合指标而言，品种隶属函数值越大，表明该品种在这一综合指标中表现为强抗旱，否则相反。本研究中晋大 78 在主成分 2 这一综合指标上的 μ 值为 1.000，表明晋大 78 在这一综合指标上表现为强抗旱。根据 5 个主成分综合指标贡献率的大小求出其权重。

利用品种抗旱综合能力 D 值对不同大豆品种抗旱能力进行强弱排序，结果见表 6。其中晋大 78 综合抗旱 D 值最大，说明其抗旱能力最强；扁茎豆的 D 值最小，抗旱能力最弱。

采用最大距离法对品种综合能力 D 值进行聚类分析（图1），当卡方距离为 0.74 时，将 22 份不同生态型大豆品种分为 3 类，晋大 78、晋大 74、晋大 70 和晋大 73 这 4 个品种为第 1 类，属强抗旱类型；晋大 75、扁茎豆、黑珍珠为第 3 类，属弱抗旱类型；其他为第 2 类，属中度抗旱类型。

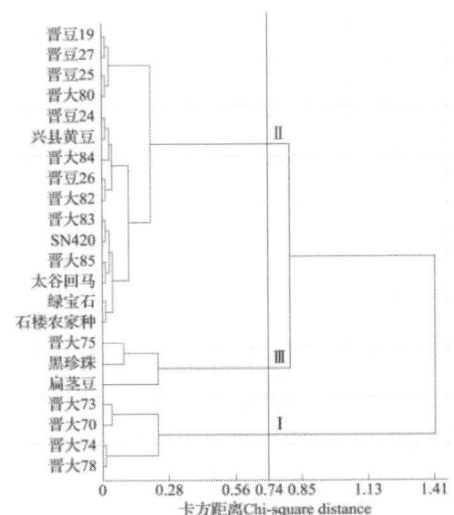

图 1 不同大豆品种的聚类图

Fig. 1 Clustering diagram of different soybean cultivars

4 结论与讨论

植物体是一个统一的有机体，植物抗旱性是一个复杂的生理过程，是多基因控制的、复杂的数量性状。水分胁迫对大豆的影响不仅仅表现在不同的生长发育阶段，同时也表现在具体的生理生化过程中。大豆抗旱性不仅与品种、遗传特性、形态性状及生理生化反应有关，而且受干旱的类型、程度、发生时期等影响，是作物体内水分生理功能与代谢相互作用、作物与环境相互作用的结果[25-26]。以往研究表明，大豆品种类型、植株形态和生理生化指标对水分胁迫都有明显的响应，而且品种间存在显著差异，可较好地反映品种抗旱性的机理，为大豆抗旱育种提供了一定理论基础。随着研究者对作物生理学、解剖学、生态学的抗旱性表现的深入研究，提出了作物抗旱性鉴定的生理生化指标，并强调大豆抗旱性综合评价。但由于作物抗旱性是受多基因控制的数量性状，如果直接利用单项形态或生理指标评价其抗旱性，则具有一定的片面性，必须用多个指标进行综合评价。因此本试验利用主成分分析方法将抗旱相关的 18 个表型性状和生理生化指标综合成 5 个综合因子。单株因子（单株粒重、主茎荚数、单株粒数），光合作用因子（Pn、RWC、Chla+b）决定，株型因子（株高、结荚高、分枝数），膜稳定因子（POD、MDA、REC、SOD），渗透调节、分枝因子（SS、Pro、分枝数），均可作为大豆抗旱性的鉴定指标，这与王启明等[15]、孔照胜等[26]的观点基本一致。

本试验通过对 22 个不同生态型大豆品种在干旱胁迫下形态生理生化指标的测定，利用隶属函数加权平均法，获得大豆抗旱性度量值（D 值），因为 D 值为[0，1]闭区间上的无量纲纯数，所以根据 D 值的大小可以较准确地评价各大豆品种的抗旱性，生态型抗旱性的差异也具有可比性，前期试验[21]结果表明，D 值与大豆实际抗旱性呈极显著的正相关（$r=0.859\ 6$），远高于任何单一指标与大豆抗旱性的相关性。抗旱性鉴定的主要目的是培育干旱条件下能高产、稳产的品种。采用本试验方法鉴定出的抗旱性强的大豆品种晋大 78、晋大 74、晋大 70 和晋大 73，其抗旱性与生产上的表现基本吻合。

参考文献（略）
本文原载于《植物遗传资源学报》2015 年 01 期。

非生物胁迫诱导的 *GmMYB* 基因克隆与表达分析

孙霞[1]，刘晋跃[1]，袁晓辉[1]，潘相文[1]，杜维广[2]，任海祥[2]，马永波[3]，Jun ABE[4]，邱丽娟[5]，刘宝辉[1]

（1.中国科学院东北地理与农业生态研究所大豆分子育种实验室/中国科学院黑土区农业生态院重点实验室，黑龙江 哈尔滨 150081；2.黑龙江省农业科学院牡丹江分院/国家大豆改良中心牡丹江试验站，黑龙江 牡丹江 157041；3.辽宁省农业环境保护监测站，辽宁 沈阳 110034；4.日本北海道大学农学院，日本 札幌 060–8589；5.中国农业科学院作物科学研究所，北京 100081）

摘 要：本研究室根据一段抗逆的 EST 序列，从栽培大豆东农 42 中克隆到 4 个开放阅读框均是外显子和内含子间隔构成的 R2R3–MYB 基因，其中 Gm02g01300、Gm03g38040 和 Gm10g01340 与已公布的 Williams82 基因组序列完全一致，Gm19g40650 第 375 位的单核苷酸突变导致多肽链第 125 位的氨基酸发生置换（$GAG^{375} \rightarrow GAC^{375}$，$E^{125} \rightarrow D^{125}$）。以人工气候箱内模拟非生物胁迫（盐、碱、干旱和低温）处理栽培大豆东农 42 芽期，选择适宜时间点，采用荧光定量 PCR 技术，检测 R2R3–MYB 基因的表达。结果表明，4 个基因的表达水平都存在明显波动，呈诱导后短暂上调或下调两种表达模式，但表达时间、强度和趋势存在明显差异；Gm02g01300 受干旱诱导明显，Gm03g38040 受多种胁迫条件诱导表达强烈，推测这些基因在大豆非生物胁迫的调控中起到重要作用；另外，在子叶与胚间，单个基因的表达也存在差异；多种非生物胁迫条件下，基因的表达不仅存在时空差异，可能也具有调控模式的差异。

关键词：非生物胁迫；*GmMYB*；芽期；表达分析

Cloning and Expression Analysis of *GmMYB* Genes Induced by Abiotic Stresses

SUN Xia[1], LIU Jin-Yue[1], YUAN Xiao-Hui[1], PAN Xiang-Wen[1], DU Wei-Guang[2], REN Hai-Xiang2, MA Yong-Bo[3], Jun ABE[4], QIU Li-Juan[5], LIU Bao-Hui[1]

(1. *Laboratory of Soybean Molecular Breeding, Northeast Institute of Geography and Agro ecology, Chinese Academy of Sciences / Key Laboratory of Mollisols Agro ecology, Chinese Academy of Sciences, Harbin 150081, China;*

2. *Mudanjiang Branch of Heilongjiang Academy of Agricultural Sciences, Mudanjiang 157041, China;*

3. *Liaoning Agricultural Environmental Protection Monitoring Station, Shenyang 110034, China;*

4. *Research Faculty of Agriculture, Hokkaido University, Sapporo, Hokkaido 060-8589, Japan;*

5. *Institute of Crop Sciences, Chinese Academy of Agricultural Sciences, Beijing 100081, China)*

Abstract: Response to external environment is the outcome of stress induced gene expression. In this paper, based on one stress–induced EST sequence, we cloned four R2R3–MYB genes from soybean cultivar Dongnong 42, whose genomic sequences consisted of three exons and two introns. Three of them corresponding to Gm02g1300, Gm03g38040, and Gm10g01340 were respectively consistent with these quences of Williams 82. Amutation at the 375th single nucleotide in these quence of Gm19g40650 from Dongnong 42 caused a synonymous amino acid substitution ($E^{125} \rightarrow D^{125}$). To test the relationship of four MYB genes with stress resistance, we treated the seedlings of cultivar Dongnong 42 with abiotic stresses including salt, alkali, drought and low temperature in the artificial lclimate chamber. Quantitative PCR analysis indicated that all of the four genes were transient down regulatedor up–regulated when subjected to the stresses, but different in the expression time, level and tendency. Gm02g01300 was induced by drought stress while Gm03g38040 was strongly induced by multiple stresses, indicating that they play important roles in responding to external stresses. There were also differences in the expression of individual gene between cotyledons and embryos. These results under a variety of abiotic stress conditions suggested that the four R2R3–MYB genes were different not only in the expression patterns, but also in the regulation modes.

244

Keywords: Abiotic stress; *GmMYB*; Bud period; Expression analysis

高盐、极端温度、干旱等非生物胁迫因子是全球粮食减产的重要因素，导致世界主要农作物产量每年损失约 50%（http://www.isaaa.org/）。面对复杂的环境影响因子，植物体内功能蛋白和调节蛋白两大类基因被诱导表达，产生一系列形态和生理生化方面的适应性变化，从而在一定范围内耐受非生物胁迫。

转录因子（调节蛋白中的重要一类）又称反式作用因子，是指能够与基因启动子区域中顺式作用元件发生特异性相互作用的 DNA 结合蛋白，通过它们之间以及与其他相关蛋白之间的相互作用激活或抑制某些基因的转录[1]。在信号传递与胁迫应答基因表达中，通过转录因子调控功能基因的表达，是植物逆境应答反应的关键环节。一个转录因子可以调控多个与同类性状有关的基因表达[2]。对压力诱导基因的启动子分析结果表明，植物受到低温和渗透压（例如干旱、高盐）等胁迫时，体内至少有 4 条独立途径控制基因的表达，除 *DREB*1/*CBF* 仅对冷刺激相应的多个组件具有诱导作用外，MYB 具有参与多条途径响应胁迫信号的功能[2]。MYB（v–myb avian myeloblastosis viral oncogene homolog）是植物体内最大的转录因子家族之一，不仅参与了细胞分化、细胞周期的调节、激素、植物次生代谢以及叶片等器官形态建成的调控，并对环境因子应答起着重要的作用[3]。自 1987 年克隆出第一个植物 *R2R3–MYB* 基因 *ZmMYBC1* 以来，已从各种植物中分离鉴定了大量 MYB 类基因[4-7]。已有研究表明，MYB 类转录因子在植物抗非生物胁迫过程中起着重要的作用[8]。

厚叶悬莛苣苔（*Boea crassifolia*）中的 *BcMYB*1 受干旱强烈诱导，同时对 PEG、高盐、低温等胁迫产生一定程度的应答[9]；水稻（*Oryza sativa*）中的 *OsMYB*4 基因的高量表达能显著提高转基因植株对干旱、高盐、UV 辐射等的耐受性[10]；*OsMYB3R–2* 基因的过量表达不仅能提高拟南芥转基因植株耐受低温、干旱和高盐的能力[11]，还能增强转基因水稻耐受低温的能力[12]。转录因子 MYB 基因还参与植物营养成分缺乏等的应答反应，如：拟南芥中参与高等植物及单细胞藻类磷酸盐饥饿应答信号传导途径的 MYB 基因 *PHR*1 与 *PSR*1[13]，涉及 N 缺乏调控和色氨酸饥饿应答的 MYB 基因 *ATR*1 和 *ATR*2 等也相继被克隆[14-15]。拟南芥中已发现的 100 多个 *R2R3–MYB* 基因[16-17]中，至少有 23 个 *At MYB* 基因（*AtMYB*2[18-19]、*AtMYB*4[20]、*AtMYB*8[21]、*AtMYB*12[22]、*AtMYB*15[23-24]、*AtMYB*21[25]、*AtMYB*30[26]、*AtMYB*32[27]、*AtMYB*34[28]、*AtMYB*41[29]、*AtMYB*44[30]、*AtMYB*51[31]、*AtMYB*52[32]、*AtMYB*60[33]、*AtMYB*61[34]、*AtMYB*68[35]、*AtMYB*73[24,36]、*AtMYB*74[16]、*AtMYB*77[24,36]、*AtMYB*94[16]、*AtMYB*96[37]、*AtMYB*102[38]和 *AtMYB*108[39]）被证实参与了非生物胁迫的应答过程，提高了转基因植株的耐逆性。

大豆作为人类植物蛋白质和油分的重要来源，是我国重要的油料和经济作物。随着生态环境的不断恶化，干旱、低温、多雨、盐碱以及病虫害已成为限制大豆生产的瓶颈，选育抗逆性强的优良大豆品种是实现高产、优质、高效大豆产业的根本途径。利用生物芯片分析大豆相关基因的表达，发现大豆根中受低磷诱导的转录因子大部分为 MYB 类转录因子[40]，说明该类转录因子参与缺磷应答反应。豆科模式植物百脉根（*Lotus japonicus*）中的 *LjMYB*101 基因和大豆中的 *GmMYB*101 基因参与缺氮的应答反应[14]。*GmMYB*76、*GmMYB*92 和 *GmMYB*177 基因在 ABA、高盐、干旱和/或低温诱导时均表现为上调，拟南芥转基因植株表现出抗逆性的增强[3]。Yang 等[41]利用 UV–B 射线、干旱和高盐处理中豆 27，诱导 *GmMYBJ6* 基因的表达水平增加，暗示 *GmMYBJ6* 基因表达与非生物胁迫密切相关。因此，开展大豆 *GmMYB* 功能的研究对于大豆抗逆分子育种研究十分必要。

1 材料与方法

1.1 大豆基因组 DNA 的提取与 MYB 基因的克隆

大豆品种 Williams 82、东农 42、黑农 35 和合丰 25 分别由本研究室、东北农业大学大豆所、黑龙江省农业科学院大豆所和合江大豆所提供。将种子于室温下（24±0.5 ℃，湿度 70%）吸胀，避光培养 4 d，取黄化苗，经液氮冷冻贮存在–80℃冰箱中备用。以 CTAB 法（Sigma）小量提取基因组 DNA，Thermo Scientific

NaNoDrop 2000c 检测提取 DNA 的浓度和质量。

应用本研究室已获得的一段抗逆 EST 序列（未公布）搜索大豆基因组数据库（http：//www.phytozome.net/soybean），获得高度相似的 MYB 基因 *Gm*02*g*01300、*Gm*03*g*38040、*Gm*10*g*01340 和 *Gm*19*g*40650。根据基因全序列分别设计特异性引物（表 1），以基因组 DNA 为模板在 GeneAmpPCRSystem9700 上进行全序列的扩增（Invitrogen，Platinum *Taq* 高保真 DNA 聚合酶），PCR 条件为 94 ℃5 min；94 ℃30 s，55 ℃30 s，68 ℃90 s，38 个循环；68 ℃5 min。用 0.8%琼脂糖，TAE 缓冲液，100 V，分离 30 min；将回收的 PCR 产物（Promega）连接至 T 载体（Promega）上，送交 Invitrogen 公司测序。

1.2 大豆芽期非生物胁迫条件的设定

大豆芽期采用 PEG6000（10%、20%、30%和 40%）、盐（50、100、150 和 200mmol·L^{-1}NaCl）和碱（20、37.5、50 和 100mmol·L^{-1}Na$_2$CO$_3$）胁迫处理，低温下（0、2.0、4.0 和 6.0±0.5 ℃）使种子萌发，与对照比较，根据种子发芽率或芽成活率，设定 20%PEG6000、100·mmolL^{-1}NaCl、20·mmolL^{-1}Na$_2$CO$_3$ 和 6.0±0.5 ℃的胁迫条件。

1.3 总 RNA 的提取纯化和 cDNA 第一链的合成

选取饱满的东农 42 种子，室温下，避光吸胀萌发 48 h，分别采用低温、干旱、盐和碱胁迫处理，间隔 0、0.5、1、2、4、6、8、12 和 24 h 分别收集胚和子叶，液氮冻存，放于 –80 ℃冰箱中备用。以 TRIzol（Invitrogen）和 LiCl（Sigma）沉淀相结合小量提取总 RNA，经 DNaseI（Promega）处理后，以电泳与 Thermo Scientific NaNoDrop 2000c 相结合检测 RNA 的浓度和质量，Super Script III First–Strand Synthesis System for RT–PCR 试剂盒（Invitrogen）合成第一条单链 cDNA，–20 ℃保存备用。

表 1　研究中所需引物
Table 1　Primers used in this study

引物名称 Primer name	引物序列 Primer sequence (5'→3')
Gm02g01300F	**ATG**GAGACCATGAATGTTCAGG
Gm02g01300R	**TCA**TAATTCATCAGCAAGATGC
Gm03g38040F	**ATG**GAGAGAAGTAGTGAAGAGG
Gm03g38040R	**TCA**GAACAAGTCATGATGAGCAAG
Gm10g01340F	**ATG**GATACGATCAGTGTTCAGG
Gm10g01340R	**TCA**TAAGTGATCAGCAAGATGC
Gm19g40650F	**ATG**GAGAGGAGTTTATCAGGAAG
Gm19g40650R	**TCA**CGACAAGTCATGATCAGCG
qRT-β-tublin F[42-45]	GAGAAGAGTATCCGGATAGG
qRT-β-tublin R[42-43]	GAGCTTGAGTGTTCGGAAAC
qRT-Gm02g01300F	ATGGAGACCATGAATGTTCAGGT
qRT-Gm02g01300R	AACATTTGGGCGCAAGTAGTTC
qRT-Gm03g38040/Gm19g40650F	CCTCCATTCCCGTTGGGGCAACAG
qRT-Gm03g38040R	GTTACTGTTGGAGATTAAGCTGC
qRT-Gm19g40650R	TTGAGCGTTGGAGATTAACGTGG
qRT-Gm10g01340F	ATGGATACGATCAGTGTTCAGGC
qRT-Gm10g01340R	GAACATTTGGTCGCAAATAGTTC

下画线的核苷酸分别为起始密码子(ATG)和终止密码子(TGA)。
The iniation and termination codes are underlined, respectively.

1.4 4 个 *GmMYB* 基因的克隆

以干旱和碱胁迫处理 2 h 的 cDNA 为模板，分别扩增 4 个 *GmMYB* 基因序列（Invitrogen），PCR 条件为 94 ℃2 min；94 ℃30 s, 55 ℃30 s, 68 ℃60 s, 38 个循环；68 ℃5 min。将扩增产物克隆至 T 载体（Promega）上，送交 Invitrogen 公司测序。

1.5 以 MEGA4.0 构建系统发生树

基于已公布的拟南芥中参与非生物胁迫应答的 23 个 *R2R3–MYB* 蛋白序列和 *ZmMYBC*1、*AmMYBMIXTA*、*AmMYBPHAN*、*HvMYBGA*、*NtMYB*1、*PhMYBAn*2 和 *LjMYB*101 同源蛋白保守结构域 *DOMAIN* 以及本研究克隆到的 *GmMYB*、*GmMYB*92、*GmMYB*101 和 *GmMYBJ*6，用 Neighbor–Joining（NJ）方法构建系统发生树，Bootstrap 值为 1 000。

1.6 GmMYB 基因表达模式分析

根据已获得的测序结果，设计特异的荧光定量 PCR（quantitative real–time PCR，qRT–PCR）引物（表 1），以东农 42 的基因组 DNA 和 cDNA 分别为模板，扩增内参基因 β–tublin 和 *GmMYB* 基因，连接至 T 载体（Promega）上，送交 Invitrogen 公司测序，克隆片段与预测结果间的大小和序列相一致。

以东农 42 非生物胁迫下不同时间点合成的第一链 cDNA 为模板，在 Bio–Rad DNA Engine Chromo 4 多色实时荧光定量 PCR 仪上进行 qRT–PCR，反应体系含待测样品 cDNA1 L，1.2 mol·L⁻¹ 上下游引物混合液 5 L，2×SYBR 溶液 10 L（Greenq PCR Super Mix–UDG 试剂盒，Invitrogen），超纯水补充体积至 20 L；每个样品至少独立重复 3 次。反应条件为 95 ℃预变性 5 min；95 ℃10 s, 60 ℃20 s, 72 ℃20 s, 40 个循环。由荧光定量 PCR 仪自动读取数据。参见 Liu 等[42]和 Kong 等[43]的方法处理和分析数据。

2 结果与分析

2.1 *GmMYB* 基因的克隆与序列分析

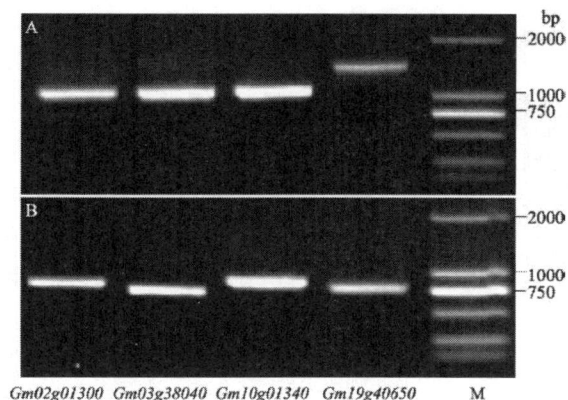

图 1　4 个大豆 *R2R3-MYB* 基因的克隆
Fig. 1　Cloning of four *R2R3-MYB* genes in soybean

依据本研究室在多种非生物胁迫条件下获得的一段 EST 序列（259 bp，未发表），在大豆基因组数据库（http://www.phytozome.net/soybean）中运用 Blast 比对获得 *Gm*02g01300、*Gm*03g38040、*Gm*10g01340 和 *Gm*19g40650 四个高度相似的基因序列。设计特异性引物在大豆东农 42 基因组中分别扩增获得 1 080、1 069、1 085 和 1 481 bp 的基因全序列（图 1–A）；以东农 42 干旱和碱胁迫的 cDNA 为模板，获得片段长度分别为 783、714、849 和 783 bp（图 1–B）的表达序列，预测氨基酸序列长度（不计终止密码子）分别为 260、237、282 和 260。其中 *Gm*03g38040 和 *Gm*19g40650 在 NCBI 上分别注册命名为 *GmMYB*12a 和 *GmMYB*12b，登录号为 AB510903 和 AB510904，*Gm*02g01300 与已发表的 *GmMYB*76（DQ822895）高度同源。

247

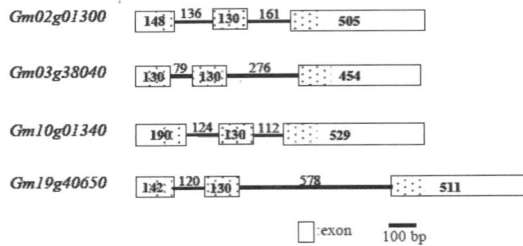

图 2　4 个大豆 R2R3-MYB 基因的外显子与内含子结构
Fig. 2　Exon/intron structures of four R2R3-MYB genes in soybean

对 GmMYB 的基因组和 cDNA 序列进行比较，4 个基因都是由外显子和内含子间隔构成（图 2）；基因间基因组序列长度的差异主要由内含子的长度所决定，Gm19g40650 的第 2 个内含子明显较其他基因多 400 bp 左右，因此全基因序列约 1 500 bp；基因第 2 个外显子的核苷酸数目均是 130 bp，开放阅读框（open reading frame，ORF）长度的差异是由第 1 和第 3 个外显子的核苷酸数目所决定的，而 DNA 结合域 R2 和 R3 的核苷酸序列固定分配在 3 个外显子上，第 1 至第 3 外显子上分别由 94、115 和 127 个核苷酸构成（图 2）。

植物 MYB 蛋白氨基端的 DNA 结合域（R1、R2 和 R3）中一般都含有起着疏水作用的保守的色氨酸残基（Trp，W），通过对 4 个 GmMYB 氨基酸序列的分析，均具有 MYB 类转录因子的共同特征，其 N 端具有 R2、R3 两个 MYB 结构域（图 3–A），R3 结构域的第一个色氨酸残基被异亮氨酸残基（Ile，I）所取代；C 端均含有一个富含酸性氨基酸残基（Asp，D；Glu，E）的转录激活区（Transcription activation domain），因此确定 Gm02g01300、Gm03g38040、Gm10g01340 和 Gm19g40650 均是 R2R3–MYB 基因。

将 GmMYB 基因表达的 cDNA 序列分别与已公布的基因组序列相比较，Gm02g01300、Gm03g38040 和 Gm10g01340 基因完全一致；Gm19g40650 的测序结果较预测的 cDNA 序列在第 1 和第 2 外显子间插入了 30bp 核苷酸（10 个氨基酸残基：HWNSVARYTG）；对东农 42、Williams 82、黑农 35 和合丰 25 中的 Gm19g40650 的 cDNA 序列进行比较，东农 42、黑农 35 和合丰 25 在第 2 和第 3 外显子上各存在一个单核苷酸突变（$A^{156} \to G$，$G^{375} \to C$），且第 125 位的氨基酸残基发生突变（GAG→GAC，E→D）（图 3–B）。

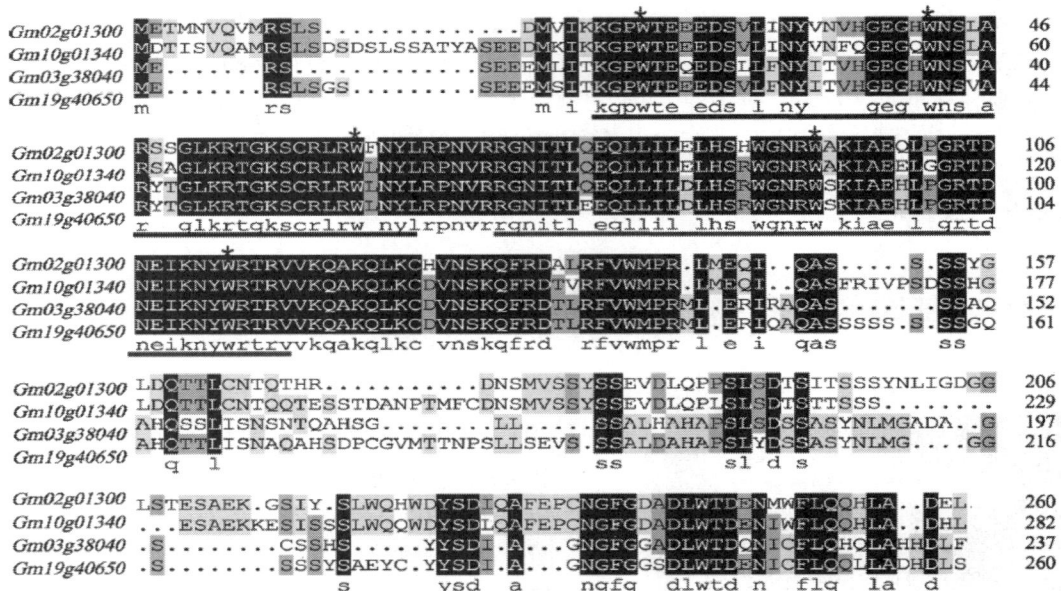

图 3　GmMYB 蛋白序列的多重比较
Fig. 3　Multiple alignment of GmMYB amino acid sequences

2.2 GmMYB 序列的生物信息学分析

利用 MEGA 程序将拟南芥 R2R3–MYB 基因家族中参与非生物胁迫调控的 23 个 MYB 基因，其他物种和栽培大豆的 R2R3–MYB 基因各 7 个进行保守区结构域氨基酸比对，相似度达 68.60%。利用蛋白质序列构建系统发生树（图 4），这些 R2R3–MYB 蛋白可分为 3 个主要的分支，其中本研究中的 GmMYB 与拟南芥中参与抗逆的 AtMYB2、AtMYB21 和 AtMYB108 蛋白距离较近，共同组成一个分支，亲缘关系最近，与其他抗逆的 AtMYB 蛋白距离较远，这可能与 MYB 在逆境胁迫中的功能多样性相关。

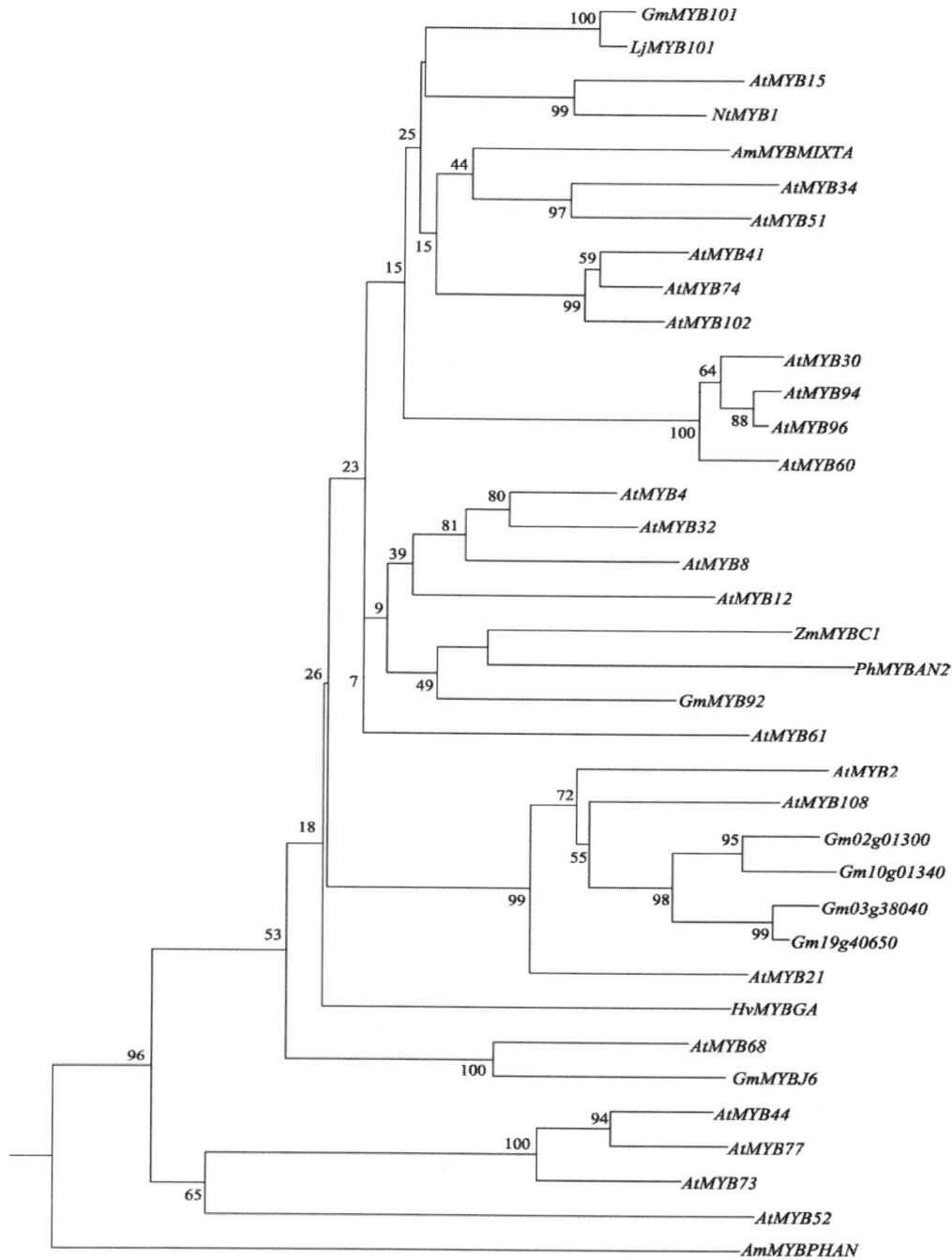

The phylogenetic tree is constructed by the MEGA (Ver. 4.0). The number at the cluster nodes is percentage of homology among MYB verified by bootstrap. Accessions are as follows: *Arabidopsis thaliana* (*AtMYB2*, At2g47190; *AtMYB4*, At4g38620; *AtMYB8*, At4g09460; *AtMYB12*, At2g47460; *AtMYB15*, At3g23250; *AtMYB21*, At3g27810; *AtMYB30*, At3g28910; *AtMYB32*, At4g34990; *AtMYB34*, At5g60890; *AtMYB41*, At4g28110; *AtMYB44*, At5g67300; *AtMYB51*, At1g18570; *AtMYB52*, At1g17950; *AtMYB60*, At1g08810; *AtMYB61*, At1g09540; *AtMYB68*, At5g65790; *AtMYB73*, At4g37260; *AtMYB74*, At4g05100; *AtMYB77*, At3g50060; *AtMYB94*, At3g47600; *AtMYB96*, At5g62470; *AtMYB102*, At4g21440; *AtMYB108*, At3g06490), *Zea may* (*ZmMYBC1*, X06333), *Antirrhinum majus* (*AmMYBMIXTA*, X79108; *AmMYBPHAN*, AJ005586), *Hordeum vulgare* (*HvMYBGA*, X87690), *Nicotiana tabacum* (*NtMYB1*, U72762), *Petunia × hybrida* (*PhMYBAn2*, AF146702), *Lotus japonicus* (*LjMYB101*, AB108648), *Glycine max* (*GmMYB92*, DQ822903; *GmMYB101*, AB108651; *GmMYBJ6*, DQ902863).

图 4 *GmMYB* 与其他植物 MYB 蛋白的系统发生树

Fig. 4 Phylogenetic tree analysis of *GmMYB* and MYBs from other plants

多种植物的 MYB 系统发生树用 MEGA(Ver.4.0)程序构建，分支上的数字表示 Bootstrap 验证中该树枝可信度的百分比。

2.3 非生物胁迫条件下大豆芽期 *GmMYB* 基因的表达分析

在干旱、盐、碱和低温等非生物胁迫条件下，栽培大豆东农 42 胚中 *GmMYB* 上调表达的最大强度为

（图 5–A~D）干旱>盐>碱>低温；*Gm02g01300* 明显受干旱强烈诱导，胁迫处理 2 h 达到最大值（1.075 6），
Gm03g38040 紧随其后，最高值出现在干旱处理 2 h，但比值仅约为前者的 1/2（0.527 2）（图 5–A）；而
其他 3 种非生物胁迫下 *Gm03g38040* 的诱导表达水平均高于其余 *GmMYB* 基因（图 5–B~D）；干旱、盐和
碱胁迫条件下，*GmMYB* 基因受胁迫诱导呈现表达上调的趋势，最大值明显高于初始值，而后呈现下降趋
势，24 h 接近初始值（图 5–A~C）；低温处理 4 个 MYB 基因的表达呈现"降–升–降"的不同趋势，最大值
仅接近或略高于初始值（图 5–D）。

同一非生物胁迫处理条件下，*R2R3–MYB* 基因的诱导表达量存在明显差异。干旱处理后 *GmMYB* 基因
表达量最大比值为 *Gm02g01300*>*Gm03g38040*>*Gm10g01340*>Gm19g–40650；低温后为 *Gm03g38040*>*Gm10g01340*>*Gm19g–40650*>*Gm02g01300*；100 mmol·L⁻¹ NaCl 胁迫后为 *Gm03g38040*>*Gm10g01340*>*Gm02g013-00*>*Gm19g40650*；0 mmol·L⁻¹ Na₂CO₃ 胁迫后为 *Gm03g38040*>*Gm19g40650*>*Gm02g01300*>*Gm10g01340*，*G-m02g01300* 和 *Gm03g38040* 明显呈现双峰曲线，但出峰时间存在差异，*Gm02g01300* 是在碱胁迫诱导后的
1 h 和 6 h，而 *Gm03g38040* 是 2 h 和 6 h。同一 *R2R3–MYB* 基因在不同的非生物胁迫条件下，基因表达
水平和达到最大值的时间也存在差异。从 *Gm02g01300* 诱导表达的最大比值来看，干旱>盐胁迫>碱胁迫>
低温，出现最大值的时间依次为 2、1、1 和 0 h；*Gm03g38040* 和 *Gm10g01340* 表达的最大比值均为盐胁迫>
干旱>碱胁迫>低温，但 *Gm03g38040* 最大值出现时间依次为 2、2、4 和 4h，*Gm10g01340* 为 0.5、1、2 和
0 h；*Gm19g40650* 的表达为碱胁迫>盐胁迫>干旱>低温，时间依次为 2、0.5、2 和 6 h。

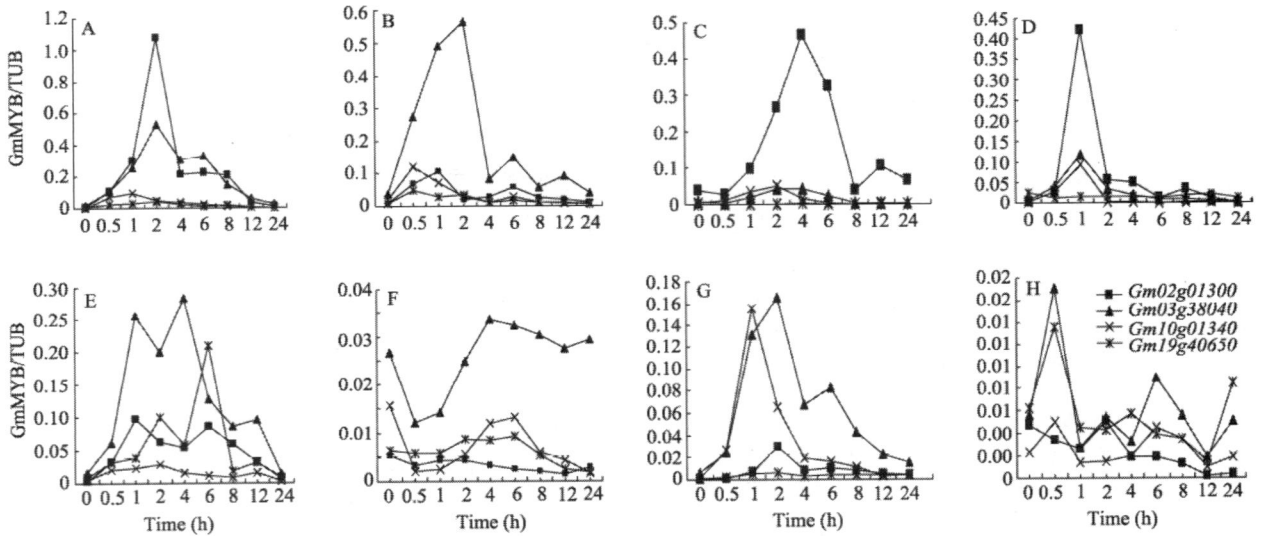

A~D：胚；E~H：子叶；A 和 E：干旱；B 和 F：100 mmol L⁻¹ NaCl；C 和 G：20 mmol L⁻¹ Na₂CO₃；D 和 H：低温。
A–D: embryos; E–H: cotyledons; A and E: drought; B and F: 100 mmol L⁻¹ NaCl; C and G: 20 mmol L⁻¹ Na₂CO₃; D and H: low temperature.

图 5　*GmMYB* 在非生物胁迫下表达模式
Fig. 5　Expression profile of four *GmMYB*s induced by different abiotic stresses

在非生物胁迫条件下，东农 42 子叶内 *GmMYB* 上调表达的最大强度为（图 5–E~H）干旱、盐胁迫>碱
胁迫>低温；且 *Gm02g01300* 明显受干旱和盐胁迫诱导（图 5–E~F），*Gm03g38040* 和 *Gm10g01340* 在 20
mmol·L⁻¹Na₂CO₃ 胁迫处理条件下大量诱导表达（图 5–G）；而低温处理后 MYB 基因的表达呈现复杂趋势，
通过与对照比较发现，低温下 *R2R3–MYB* 基因的表达量极低，没有明显的诱导上调或下调表达趋势（图 5
–H）。同一非生物胁迫处理条件下，*GmMYB* 基因的诱导表达量存在明显差异。干旱处理后 *GmMYB* 基因
表达量最大比值为 *Gm02g01300*>*Gm10g01340*>*Gm03g38040*>*Gm19g40650*；100 mmol·L⁻¹ NaCl 胁迫后为 *G-m02g01300*>*Gm03g38040*>*Gm10g01340*>*Gm19g40650*；20 mmol·L⁻¹ Na₂CO₃ 胁迫后为 *Gm03g38040*>*Gm10g01340*>*Gm02g01300*>*Gm19g40650*，且 *Gm19g40650* 在干旱、盐和碱胁迫条件下表达都极低。同一 *GmMY-B* 基因在不同的非生物胁迫条件下，基因表达水平和达到最大值的时间也存在差异。从 *Gm02g01300* 诱导
表达的最大比值来看，盐胁迫>干旱>碱胁迫，出现最大值的时间依次为 1、4 和 2 h；*Gm03g38040* 表达的
最大比值为碱胁迫>盐胁迫>干旱，最大值出现时间为 2、1 和 4 h；*Gm10g01340* 的表达为碱胁迫>盐胁迫>

干旱，时间依次为 1、1 和 2 h。*Gm19g40650* 在 4 种非生物胁迫处理条件下均未表现出明显的上调或下调趋势。

3 讨论

近年来，转录因子诱导提高转基因植物抗非生物胁迫的能力一直是国内外的研究热点[2,9-12,18-39]，对一些模式植物（如拟南芥、水稻、番茄、烟草）的研究表明，转录因子在调节植物对非生物胁迫的防御过程中起着重要作用。MYB 基因作为植物体内最大的转录因子家族之一，与植物抗逆性密切相关，可以通过控制相关 MYB 转录因子的表达而调节植物的抗逆能力，但有关大豆 MYB 基因在非生物胁迫过程中的相关研究较少[3,14,41]，利用 qRT–PCR 技术研究胁迫条件下大豆 MYB 基因的表达模式还鲜见报道。

根据本研究室已获得的一段抗逆 EST 序列，克隆了 4 个都是由 3 个外显子和 2 个内含子间隔构成的 *GmMYB* 基因。*Gm02g01300*、*Gm03g38040*、*Gm10g01340* 和 *Gm19g40650* 基因序列分别为 783、714、849 和 783bp，编码氨基酸残基数目（不含终止密码子）分别为 260、237、282 和 260。*GmMYB* 基因序列的 N–端均具有 R2 和 R3–MYB 结构域，C 端含有一个富含酸性氨基酸残基的转录激活区，因此确定克隆的都是 R2R3–MYB 基因。在一定程度上，进化树反应了功能的相关性[44]。4 个 *GmMYB* 基因的相似性程度很高，系统发生树中，与参与抗逆的 *At MYB*2、*At MYB*21 和 *At MYB*108 蛋白距离较近，与其他抗逆的 *At MYB* 蛋白距离较远，而且 4 个 *GmMYB* 基因在各种非生物胁迫过程中的表达模式存在着很大差异，这可能与 MYB 基因功能的复杂性密切相关。

在非生物胁迫条件下，*Gm02g01300* 明显受干旱强烈诱导，2 h 达到最大比值（1.0756），紧随其后的 *Gm03g38040* 仅约为前者的 1/2（0.527 2），而 *Gm03g38040* 在多种胁迫条件下的诱导表达水平均明显高于其他基因，暗示二者可能在大豆非生物胁迫的调控中起到重要作用。植物感受到各种非生物胁迫后，通过体内不同的途径启动相关基因的表达[2]，其中 *DREB1/CBF* 参与的冷刺激调控独立于其他胁迫应答机制，这与本研究中 *GmMYB* 基因在 4 种非生物胁迫条件下表达模式相一致。干旱、盐和碱胁迫条件下，*GmMYB* 基因被诱导呈表达上调的趋势，最大值明显高于初始值，而后呈下降趋势，24 h 时接近初始值；而低温处理时 MYB 基因的表达呈无明显波动的趋势，最大值仅接近或略高于初始值，说明植物对低温胁迫的应答机制不同于前面 3 种胁迫。

除低温外，干旱和盐碱胁迫都能诱导子叶中 4 个 *GmMYB* 基因表达水平的上调，但表达数量和出现时间的最大值要低于和晚于胚中，这在一定程度上可以说明基因表达具有组织特异性，大豆芽期受到非生物胁迫时，胚中基因的调控作用可能更利于其抗逆性的提高。

参考文献（略）
本文原载于《作物学报》2012 年 02 期。

结荚鼓粒期土壤水分胁迫对不同大豆品种形态和生理特性的影响

任海祥[1]，童淑媛[2]，杜维广[1]，邵广忠[1]，杜震宇[2]，宗春美[1]，岳岩磊[1]，王玉莲[2]

（1.黑龙江省农业科学院牡丹江分院/国家大豆改良中心牡丹江试验站，黑龙江 牡丹江 157041；2.黑龙江农业经济职业学院，黑龙江 牡丹江 157041）

摘　要：为探讨土壤水分胁迫对大豆品种形态性状和生理特性的影响，以 3 个抗旱性不同的大豆品种（合丰 25、黑农 44、晋豆 21）为试验材料，在盆栽条件下，于大豆始荚期至鼓粒期进行中度和严重土壤水分胁迫试验，对形态性状、叶绿素含量、光合速率、超氧化物歧化酶（SOD）活性、过氧化物酶（POD）活性、过氧化氢酶（CAT）活性进行测定。结果表明，供试品种抗旱性依次是晋豆 21＞黑农 44＞合丰 25。干旱胁迫下，一级抗旱类型的晋豆 21 表现出较强的生长优势，同一水分供给条件下，其株高、单株荚数、单株粒数、单株产量、叶绿素含量、净光合速率（Pn）、POD 活性均高于较耐旱的黑农 44 和合丰 25；而气孔导度和蒸腾速率明显低于其他两个品种，且在严重水分胁迫下与对照相比，其降低幅度均显著高于其他两个品种，晋豆 21 在水分胁迫条件下表现出较高的水分利用效率。说明这些形态性状和生理指标可作为大豆抗旱性鉴定指标加以综合利用。

关键词：大豆；抗旱性；土壤水分胁迫；产量；形态和生理特性

Effects of Soil Water Stress During Seed Formation Stage On Morphological And Physiological Characteristics In Various Soybean Varieties

REN Hai-xiang[1], TONG Shu-yuan[2], DU Wei-guang[1], SHAO Guang-zhong[1], DU Zhen-yu[2], ZONG Chun-mei[1], YUE Yan-lei[1], WANG Yu-lian[2]

(1. *Mudanjiang Branch of Heilongjiang Academy of Agricultural Sciences / Mudanjiang Experimental Station National Center for Soybean Improvement, Mudanjiang 157041, China;*

2.*Heilongjiang Agricultural Economy Vocational College, Mudanjiang 157041, China*)

Abstract: In order to investigate the effects of soil water stress on morphology and physiological characteristics of soybean, three different drought–resistant soybean varieties (Hefeng 25, Heinong 44 and Jindou 21) were selected for pot experiment.Moderate and severe soil water stress were applied from beginning of pod formation to seed filling stage. Morphological characteristics, chlorophyll content, photosynthetic rate, SOD activity, POD activity, CAT activity were examined. The results of drought resistance of tested cultivars were shown as: Jindou21＞Heinong44＞Hefeng 25. Jindou 21 of the most resistant rootstocks demonstrated the powerful growth advantage under soil water stress. Many indices of Jindou 21 were higher than Heinong 44 and Hefeng 25, including plant height, pods number per plant, grain number per plant, grain weight per plant, chlorophyll content, Pn(photosynthetic rate) and POD activity. But GS(stomatal conductance) and Tr(transpiration rate) of Jindou 21 were higher than Heinong 44 and Hefeng 25, their decrease were significantly higher than Heinong 44 and Hefeng 25 under severe soil water stress. Jindou 21 had higher water use efficiency. These morphological characteristics and physiological index could be used to evaluate drought resistance of soybean.

Keywords: Soybean; Drought tolerance; Soil water stress; Yeild; Morphology and physiological characteristics

　　干旱是世界上频发的自然灾害，每年因旱灾造成的粮食减产位于各种灾害造成的损失之首。中国是淡水资源十分缺乏的国家，干旱已成为我国农业生产的最大挑战。黑龙江省大豆播种面积近年在 388 万公顷左右，大部分分布在干旱、半干旱地区。干旱使产量受到严重影响，同时也降低了大豆的品质，选育和利用抗旱大豆品种具有重要意义。大豆抗旱性的遗传改良已成为大豆育种的重要组成部分。研究表明，大豆粒重的绝大部分来源于开花后的光合产物，后期的水分供应直接影响叶片的生长，大豆灌水有效时期为开花至鼓粒期，其中结荚至鼓粒期灌水增产效果最明显[1]，开花结荚期和鼓粒期干旱将使产量分别降低44%和29%[2]。抗旱性是可以遗传的[3]，因此，利用抗旱大豆自身的抗旱能力可以减轻干旱威胁[4]。应用限制性片段长度多态性（RFLP）技术对作物抗旱基因（或控制与抗旱性密切相关的性状的基因）进行定位，从而建立 RFLP 遗传连锁图。如德克萨斯理工大学正在建立与抗旱性相关的"常绿"（stay green）性状的 RFLP 标记探针，便可以容易地辨别出抗旱基因存在[9]。干旱条件下大豆生长状况指标如生长速率、株高、分枝数、主茎节数、叶片数、叶面积、干物质积累等都可以用来评定品种间的抗旱差异。大豆抗旱性是一个复杂性状，任何抗旱性评价方法，都是对抗旱性的实际结果进行评估，目前国内外对抗旱性评价方法仍未取得突破性进展。大豆植株受到干旱胁迫新陈代谢发生变化，与抗旱性相关的生理生化指标如光合速率、呼吸强度、酶活力、叶绿素、气孔开度、水分利用效率、水势、抗脱水能力、脱落酸积累能力及其生命物质等将受到严重影响，可以通过生理生化指标综合分析，从而评价大豆的抗旱性。本试验选用 3 个抗旱性不同的大豆品种，对结荚鼓粒期受水分胁迫而产生的形态和生理性状变化进行了研究，以期为黑龙江省抗旱大豆品种资源的利用和揭示大豆抗旱机制及抗旱性综合评价提供理论依据。

1 材料与方法

1.1 供试材料

选用 3 个大豆品种为试验材料。合丰 25（简记 HF），亚有限结荚习性，披针叶，百粒重 20g，喜肥水类型；黑农 44（简记 HN），亚有限结荚习性，圆形叶，百粒重 20～22g，中耐旱类型；晋豆 21（简记 JD）[16]，无限结荚习性，圆形叶，百粒重 13～15g。合丰 25、黑农 44 是适应黑龙江省大豆主产区种植的优良品种，在生产上有较大的种植区域和播种面积，是适应区域的主栽品种。晋豆 21 是高抗旱的大豆品种类型[9]，目前在黑龙江省没有种植，由刘学义研究员提供。

1.2 试验设计

盆栽试验在黑龙江省农业科学院牡丹江分院进行。用 35 cm×35 cm 的盆栽培，每盆装冲击草甸土 9 kg，其有机质含量 27.80 g/kg，全氮 2.57 g/kg，全磷 0.72 g/kg，全钾 21.83 g/kg。选用饱满无病的大豆种子，于 5 月 8 日播种。

在始荚期（R3）至鼓粒期（R6）期进行土壤水分胁迫，其他时期在自然条件下正常生长发育。R3～R6 期设置 3 种水分供应处理：采用称重法控制土壤水分，同时设防雨棚。对照（CK）视情况正常灌水，每次 4 000 mL；中度水分胁迫（M）占最大持水量的 40%～45%；严重胁迫（S）占最大持水量的 30%～35%；各处理栽种 5 盆，每盆留苗 3 株。参照山西农科院刘学义研究员成株期耐旱性分级标准：1 级，耐（抗旱系数平均值＞0.650 0）；2 级，较耐（0.500 0＜抗旱系数平均值≥0.6500）；3 级，中耐（0.350 0＜抗旱系数平均值≥0.500 0）；4 级，较敏感（抗旱系数平均值≤0.350 0）；5 级，敏感（植株枯死或不开花结荚）。虽然 3 个品种的生育期不同，但是水分胁迫是处在同一生育阶段进行的，每个品种达到 R3 期的日期不同，水分胁迫按生育进程处理。

1.3 测定项目

R6 期在各处理中选取 2 盆，测定各品种大豆功能叶片（从上往下数第 4 个节位的叶片）的光合特性，之后将叶片取下，带回实验室内测定叶绿素含量、超氧化物歧化酶（SOD）活性、过氧化物酶（POD）活性、过氧化氢酶（CAT）活性。所测定指标均为 3 次重复。成熟后，将剩余 3 盆收获考种，同时测量各处理的形态性状，包括株高、节数、有效节数、分枝数、单株荚数、粒数、粒重。

1.3.1 光合特性的测定

测量时选择晴朗无风的天气，在上午 10:00 用美国拉哥公司（LI–COR）生产的 LI–6400 便携式光合作用测定系统对功能叶片进行净光合速率（Pn）测定，同时记录蒸腾速率（Tr）和气孔导度（GS）。

1.3.2 叶绿素含量测定

采用丙酮乙醇混合液提取法。剪取大豆功能叶片 0.2 g（不取中间叶脉部分），用乙醇、丙酮混合液（1:1）在黑暗处浸提叶绿素约 12 h，直至叶片变成白色。然后取出叶片，将剩余液体在 645 nm 和 663 nm 波长下测吸光度值，计算出叶绿素含量。

1.3.3 保护酶活性测定

SOD 活性用抑制 NBT 光化还原法测定[5]，POD 活性测定采用愈创木酚法[6]，CAT 活性测定采用紫外吸收法[7]。

1.4 数据分析

数据使用 SPSS 13.0 软件进行分析。

2 结果与分析

2.1 水分胁迫对植株形态性状的影响

2.1.1 水分胁迫对株高的影响

水分胁迫下，植株的生理功能受到影响，最直接表现是形态的改变。从图 1 可见，同一品种在不同水分供给下株高差异不同，合丰 25 和晋豆 21 在高水分胁迫下株高明显降低，黑农 44 在中度水分胁迫和严重水分胁迫下株高均明显降低，在中度水分胁迫下晋豆 21 和合丰 25 株高与对照间无明显差异，严重胁迫下，晋豆 21 株高下降幅度最小，为 14.6%，其次为合丰 25（20.9%）和黑农 44（25.6%）。在水分胁迫条件下，三个大豆品种中，晋豆 21 株高较高，且株高受水分胁迫影响较小。表明在水分胁迫下，株高的变化与抗旱性呈极显著正相关[8]，可以作为衡量抗旱性的指标之一，也说明土壤水分胁迫对株高的影响程度因品种抗旱性而异。

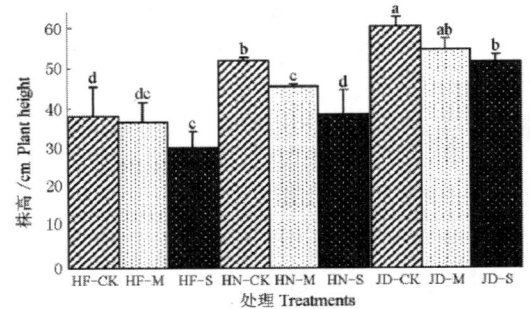

注：HF、HN、JD 分别表示大豆品种合丰 25、黑农 44 和晋豆 21，M、S 和 CK 分别表示中度水分胁迫、严重水分胁迫和正常水分供给。不同小写字母表示处理间的差异显著（P < 0.05），下同
Note：HF，HN and JD represent Hefeng 25，Heinong44 and Jindou21；M, S and CK represent moderate water stress, severe water stress and enough water supply respectively. The content means followed by different letter were significantly different at 5% level. The same as below

图 1　水分胁迫下不同大豆品种的株高
Fig. 1　Plant height of different soybean varieties under water stress

2.1.2 水分胁迫对单株节数和分枝数的影响

从图 2 和图 3 可见，同一大豆品种在不同水分供给下，单株节数、单株有效节数、单株分枝数无明显差异。张海燕等[8]认为大豆节数和分枝数与抗旱性无相关关系，不宜作为抗旱性鉴定的指标，本试验中也表明品种的单株节数、单株有效节数、单株分枝数不受水分胁迫影响，只与品种特性有关。

2.2 水分胁迫对产量性状的影响

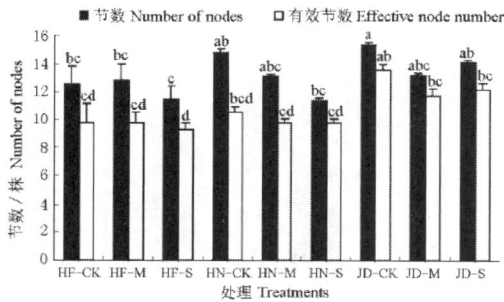

图2 水分胁迫下不同大豆品种的节数与有效节数
Fig. 2 Nodes of different soybean varieties under water stress

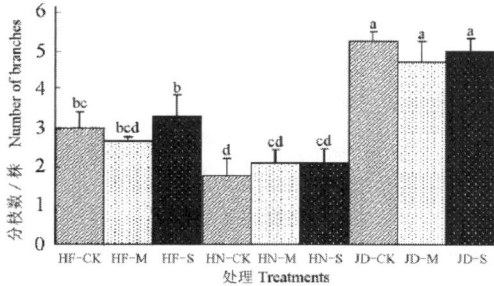

图3 水分胁迫下不同大豆品种的分枝数
Fig. 3 Branch number of different soybean varieties under water stress

从表1可知，土壤干旱胁迫使抗旱性不同的大豆品种单株产量下降，且产量均呈对照＞中度胁迫＞严重胁迫。合丰25和黑农44的对照与水分胁迫处理间差异显著（P＜0.05），中度和严重水分胁迫处理间无显著差异；晋豆21在3种处理间的差异均达显著水平（P＜0.05）。在同一水分供给条件下，品种间的产量表现为晋豆21＞黑农44＞合丰25，差异显著，说明抗旱性不同品种受同一水分胁迫下，其产量降低幅度不同，晋豆21表现在中度水分胁迫和严重胁迫下产量降低最小，其次为黑农44，再次为合丰25。依据土壤水分胁迫单株产量与非胁迫单株产量（CK）之比，计算出的抗旱系数，土壤中度水分胁迫下抗旱系数分别为：晋豆21为0.85，黑农44为0.68，合丰25为0.65；严重胁迫抗旱系数分别为：晋豆21为0.69，黑农44为0.63，合丰25为0.60。说明供试品种抗旱性为晋豆21＞黑农44＞合丰25。按照刘学义提出的成株耐旱性级别标准[9]，严重水分胁迫下，晋豆21仍然属于1级，耐；黑农44和合丰25属于2级，较耐。但这只表现出始荚至鼓粒期土壤水分胁迫下的结果。从整个生育期来看，合丰25仍属于喜肥水类型，在生育前期遇到干旱胁迫，则影响营养生长，植株矮小，最终影响产量。这也表明大豆品种的抗旱能力不仅与品种有关，而且与水分的时空有效性关联密切。

表1 水分胁迫下不同大豆品种的产量性状
Table 1 Yield traits of different soybean varieties under water stress

处理 Treatments	单株粒重 Grain weight per plant/(g/plant)	单株粒数 Grain number per plant	单株荚数 Pods number per plant
HF-CK	11.9ab	60.4b	30.0a
HF-M	7.79c	43.25cd	22.0ab
HF-S	7.15c	33.75d	20.8ab
HN-CK	12.1a	60.3b	27.5a
HN-M	8.29c	39.1d	19.3b
HN-S	7.67c	39.0d	18.4b
JD-CK	12.77a	82.2a	29.7a
JD-M	10.97b	68.5b	25.0a
JD-S	8.87c	53.3bc	23.5ab

注:同列数据后不同字母代表在 α=0.05 水平下的差异显著性。下表同
Note:Different letters following the figures in the same column represent significance at 0.05 level. The same as below

2.3 水分胁迫对大豆生理特性的影响

2.3.1 水分胁迫对叶绿素含量的影响

从图4可以看出，在水分胁迫条件下3个大豆品种的叶绿素含量均降低，其中合丰25和黑农44，处理间差异显著（P＜0.05），随胁迫程度增强，叶绿素含量降低幅度变大。晋豆21在中度水分胁迫和严重水分胁迫下的叶绿素含量差异不显著。在相同的水分条件下，品种间的叶绿素含量差异表现为晋豆21＞黑农44＞合丰25。从下降幅度看，随水分胁迫程度加重，品种间叶绿素含量下降幅度表现为合丰25＞黑农44＞晋豆21。表明叶绿素含量可以衡量大豆品种抗旱性的强弱，但干旱引起的叶绿素含量降低与叶绿体结构破坏有关，还是与叶绿素降解有关还有待于进一步研究。

2.3.2 水分胁迫对光合特性的影响

光合作用是大豆产量形成的基础。虽然目前大量研究表明干旱胁迫叶片光合速率降低,但其机制尚不十分清楚[10],有的认为与气孔因素有关,有的认为与叶绿体结构被破坏有关[11-13]。从表2可见,在水分胁迫条件下,3个大豆品种的光合速率明显降低($P<0.05$),且随着水分胁迫程度加重,降低幅度增大,晋豆21的下降幅度较小,说明在干旱条件下3个大豆品种的蒸腾速率受气孔因素的影响较大,而光合速率的主要影响因素为非气孔因素。郭屹立等[14]的研究也表明,水分散失对气孔开度的依赖大于光合对气孔的依赖,在不显著影响光合速率的前提下,尽可能地降低蒸腾速率,是

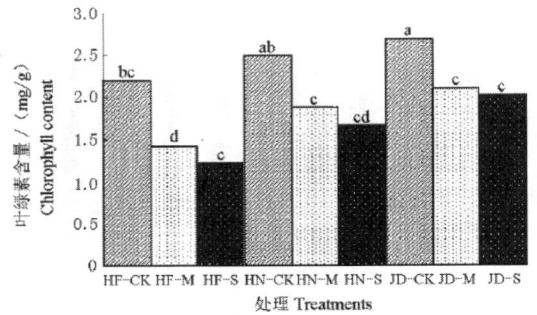

图4 水分胁迫下不同大豆品种的叶绿素含量
Fig. 4 Chlorophyll content of different soybean varieties under water stress

作物适应干旱的一种重要机制。不同水分供给条件下,大豆的蒸腾速率与气孔导度的变化趋势相同,合丰25和黑农44在3种水分供给条件下,因气孔导度无明显变化,蒸腾速率也无明显变化;晋豆21在严重水分胁迫条件下,气孔导度和蒸腾速率明显降低,说明其在干旱条件下可以通过气孔调节降低水分蒸发,对植株起到一定的保护作用。晋豆21在受到不同程度水分胁迫时,光合速率的下降程度最小,其原因之一可能与气孔的有效调节有关。

表2 水分胁迫下不同大豆品种的光合特性
Table 2 Photosynthetic characteristics of different soybean varieties under water stress

处理 Treatments	净光合速率 Pn / ($\mu molCO_2/m^{-2} \cdot s$)	蒸腾速率 Tr / ($mmolH_2O/m^{-2} \cdot s$)	气孔导度 GS / ($mol/m^{-2} \cdot s$)
HF–CK	17.17c	8.90a	0.42a
HF–M	14.77d	8.03a	0.39a
HF–S	8.60e	7.50a	0.38a
HN–CK	18.17c	7.47a	0.39a
HN–M	12.17d	7.03a	0.36a
HN–S	7.60e	6.37a	0.32a
JD–CK	27.63a	1.63b	0.08b
JD–M	23.77b	1.37bc	0.06bc
JD–S	14.10d	0.93c	0.04c

2.3.3 水分胁迫对保护酶活性系统的影响

干旱条件下,SOD、POD、CAT等能够有效清除植物体内的活性氧和自由基,控制细胞质膜的过氧化作用,减少干旱对膜结构的伤害。有关干旱胁迫下大豆保护酶系统活性变化的研究结果较为复杂,董钻等认为,干旱胁迫会使SOD活性和CAT活性降低,与干旱时期无关[15],而苗期和开花期干旱会使POD活性增强,鼓粒期干旱使POD活性减弱。也有人认为,干旱会使SOD活性、POD活性、CAT活性都呈增强趋势[5]。从表3可见,水分胁迫对不同大豆品种的SOD活性均无明显影响,但抗旱性不同品种间SOD活性存在差异,表现出晋豆21＞黑农44＞合丰25(JD–M和HN–M除外)。说明晋豆21叶片组织具有较强的抑御活性氧伤害能力。合丰25和黑农44的POD活性虽然随着干旱胁迫均有增高,但其差异不显著,故受干旱胁迫的影响较小。而晋豆21在中度和严重水分胁迫下的POD活性明显增加($P<0.05$);且三种水分胁迫下均显著高于其他两个品种。合丰25CAT活性受干旱胁迫的影响不明显;黑农44在中度水分胁迫下CAT活性明显增加($P<0.05$),重度胁迫条件下活性降低,SOD活性和CAT活性无明显变化。

表3　水分胁迫下不同大豆品种的SOD、POD、CAT活性

Table 3　SOD, POD and CAT activity of different soybean varieties under water stress

处理 Treatments	SOD 活性 SOD activity/(U/g_{FW})	POD 活性 POD activity$(\Delta_{470}/min \cdot g_{FW})$	CAT 活性 CAT activity/$(\Delta_{240}/min \cdot g_{FW})$
HF – CK	10.72 abc	31.39 c	7.36 b
HF – M	10.05 c	33.83 c	6.49 b
HF – S	10.36 bc	36.44 c	5.44 bc
HN – CK	10.72 abc	31.39 c	7.36 b
HN – M	11.37 a	39.83 c	10.36 a
HN – S	11.13 ab	41.22 c	4.36 cd
JD – CK	11.44 a	163.50 b	4.22 cd
JD – M	10.96 abc	185.11 a	2.07 e
JD – S	11.49 a	185.06 a	5.42 bc

3　结论与讨论

作物的抗旱性是一个综合性状。大豆品种的抗旱能力不仅与品种有关，而且与水分的时空有效性关联密切，作物生长发育时期水分供给不协调是作物不能实现其产量潜力的主要限制因素。因此，要获得较高的大豆产量，在生长发育及产量形成期，特别是水分敏感时期（开花至鼓粒期），能够避开干旱影响，以减少水分亏缺对作物生长与产量形成的胁迫作用。在大豆抗旱性机制与抗性育种的研究中，抗性指标确定及抗性生理基础的揭示始终是一个重要问题。但在抗性指标的筛选与确定方面、抗旱性生理基础研究方面，很多研究结果也不尽相同，这与选择的大豆品种、测定时间、胁迫强度的不同等因素有一定的关系。

通过对抗旱性不同大豆品种进行土壤水分胁迫试验表明，土壤水分胁迫对不同大豆品种的影响存在明显差异。本试验结果证明，供试品种抗旱性依次是晋豆21＞黑农44＞合丰25；同时明确黑农44、合丰25为较抗旱品种，在大豆生产中有较高的稳定性，因而具有较广泛的适应性，成为生产上种植的主要栽培品种。选择抗旱性强的大豆品种进行生产，能够获得较高的产量。从晋豆21、黑农44、合丰25品种在土壤水分胁迫下的形态性状和生理指标上的差异分析，株高、单株荚数、单株粒数、单株粒重、叶绿素含量、光合速率及 POD 活性与品种的抗旱性相关，但单一指标评价大豆的抗旱性都具有片面性，而用多个指标综合评价大豆的抗旱性才较为可靠[8,17–19]。

本试验结果表明，同一水分供给胁迫下，SOD 和 POD 活性差异依次为晋豆21＞黑农44＞合丰25，说明在干旱胁迫下 SOD 和 POD 活性变化可以调节大豆的抗旱能力，在某种程度上揭示抗旱性生理基础。本试验结果表明气孔调节也是抗旱性的生理基础。晋豆 21 在严重水分胁迫下，气孔导度和蒸腾速率明显降低，说明在土壤干旱胁迫条件下可以通过气孔调节降低水分蒸发，对植株起到一定的保护作用。进一步证明晋豆 21 在水分胁迫下的生长发育表现出明显的优势，属于强抗旱类型品种，其农艺性状优良，可以作为大豆抗旱育种亲本加以利用。

参考文献（略）

本文原载于《中国油料作物学报》2011 年 04 期。

室内模拟干旱对大豆萌发性状的影响及抗旱性评价

王燕平[1,2]，王晓梅[1]，侯国强[1]，孙晓环[1]，齐玉鑫[1]，宗春美[1]，白艳凤[1]，徐德海[1]，郭数进[2]，李贵全[2]，任海祥[1]

（1.黑龙江省农业科学院牡丹江分院，黑龙江 牡丹江 157041；2.山西农业大学，山西 太谷 030801）

摘 要：本试验以 22 份不同基因型大豆品种（品系）为研究材料，使用快速简便的高渗溶剂聚乙二醇（PEG$_{6000}$）进行室内模拟干旱胁迫试验，探讨干旱胁迫对不同大豆品种（品系）萌发性状的影响，并采用隶属函数值法对不同品种进行抗旱适应性评价。结果表明干旱胁迫条件下不同生态型大豆品种的吸水率、相对发芽率、相对发芽势、根长指数均比清水对照低。品种间萌发性状存在差异，其中变异系数最大的为相对发芽率，为73.29%，变异幅度为4.25%～44.56%，变异系数最小的为12 h 吸水率，为11.29%，变异幅度为28.54%～48.75%，12h 吸水率、相对发芽势、相对发芽率、根长指数与萌发抗旱系数呈极显著正相关，可作为大豆芽期抗旱性鉴定的重要指标。初步鉴选出 4 个强抗型大豆品种，分别为晋大 74、晋大 70、晋大 83 和晋大 73，鉴选出 3 份敏感型品种，分别为晋大 75、黑珍珠、扁茎豆，其他 15 份品种为中抗型品种。研究结果可为大豆萌发期抗旱性评价提供理论参考。

关键词：室内模拟；大豆；萌发性状；抗旱评价

Influence of Indoor Simulative Drought on Germinal Traits of Soybeans and Drought-Resistant Evaluation

WANG Yan-ping[1,2], WANG Xiao-mei[1], HOU Guo-qiang[1], SUN Xiao-huan[1], QI Yu-xin[1], Zong Chun-mei[1], Bai Yan-feng[1], Xu De-hai[1], GUO Shu-jin[2], LI Gui-quan[2], REN Hai-xiang[1]

（1. *Mudanjiang Branch of Heilongjiang Academy of Agricultural sciences, Mudanjiang, Heilongjiang 157041, China;*

2. *Shanxi Agricultural University, Taigu, Shanxi 030801, China*）

Abstract: In this study, taking 22 soybean cultivars from different eco–types as materials tested and using a simple high–osmosis chemical PEG$_{6000}$ to conduct indoor simulative drought–stress tests, influence of drought on germinal traits of different soybean cultivars (strains) was probed and drought–resistant adaptability of different cultivars were evaluated by subordinate function. The results showed that under water stress, water absorption rate, relative germination rate, relative germination potential and root length index of different eco–types were lower than those of pure water. There was difference between germinal traits of cultivars, among the traits the variation coefficient of relative germination rate was the highest (73.29%), the variation rage was 4.25%～44.56%. The variation coefficient of 12 h water absorption rate was the lowest (11.29%), the variation rage was 28.54%～48.75%. 12 h water absorption rate, relative germination potential, relative germination rate, root length index were significantly positively correlated with germinal drought–resistant index and they could be the important indexes for evaluation of drought resistance of soybeans in seedling stage. 4 cultivars with strong drought resistance were initiatively selected; they were 'Jinda74', Jinda70, Jinda80, and Jinda73. 3 sensitive cultivars were selected; they were Jinda75, Black Pearl and Bianjing. The rest 15 varieties (lines) were cultivars with medium drought resistance. The results mentioned above could provide evaluation of drought resistance of soybeans in germination stage with theoretical reference.

Keywords: Laboratory simulation; Soybean; Germination traits; Drought–resistant evaluation

　　大豆抗旱性是对干旱胁迫的适应性反应。生产实践表明，具有广泛适应性的品种，即使种植在有不确定的胁迫因子存在的低产环境条件下，也有可能达到优良的表现水平。干旱是影响农作物生产的主要非生物胁迫因素，鉴定筛选抗旱大豆种质资源对大豆抗旱新品种培育具有重要的意义。国内外学者对农作物种质资源的抗旱性鉴定工作都非常重视[1-6]，对大豆干旱胁迫的形态、生理生化和产量形成的适应性反应及机理、抗旱种质资源评价与筛选进行了广泛的研究，并取得了丰硕的成果[7-10]。大多数研究者采用温室人工控水鉴定和田间自然鉴定，费工费时，而室内模拟干旱胁迫，可控性强，且简单易行。本试验采用山西不同生态型大豆种质资源进行室内干旱模拟实验，旨在为抗旱种质的早期筛选鉴定提供理论和实践依据。

1 材料与方法

1.1 供试材料

选择在山西种植和推广面积较大的国审品种晋豆 19、晋豆 24、晋豆 25、晋豆 26、晋豆 27，省审品种晋大 70、晋大 73、晋大 74、晋大 75、晋大 83、晋大 84、晋大 85，山西地方品种太谷回马、兴县大豆、石楼大豆及黑珍珠、绿宝石和扁茎豆等种质资源为本试验的研究材料。试验材料基本生物学性状见表 1。

表 1 供试大豆基本生物学性状

Table 1 The basic biological character of tested soybean varieties

品种名称 Name of varieties	叶形 Leaf shape	花色 Flower color	脐色 Umbilicus color	茸毛色 Pubescence color	生育期 Growth period/ d	百粒重 100 – grain weightg/g	结荚习性 Podding habit
晋豆 19 'Jindou19'	椭圆 Elliptical	紫色 Purple	褐色 Brown	棕色 Brown	135	20.7	亚有限 Sub – indeterminate
'晋豆 24' Jindou 24	披针 Lanceolate	紫色 Purple	淡色 Light	棕色 Brown	125	22.8	亚有限 Sub – indeterminate
晋豆 25 'Jindou 25'	椭圆 Elliptical	紫色 Purple	褐色 Brown	棕色 Brown	110	22.2	无限 Indeterminate
晋豆 26 'Jindou 26'	椭圆 Elliptical	白色 White	淡色 Light	棕色 Brown	128	18.8	无限 Indeterminate
晋豆 27 'Jindou 27'	圆 Round	白色 White	褐色 Brown	棕色. Brown.	107	15.6	亚有限 Sub – indeterminate
晋大 73 'Jinda 73'	披针 Lanceolate	白色 White	黑色 Black	棕色 Brown	127	19.2	无限 Indeterminate
晋大 74 'Jinda 74'	椭圆 Elliptical	白色 White	黑色 Black	棕色 Brown	128	19.5	无限 Indeterminate
晋大 75 'Jinda 75'	披针 Lanceolate	白色 White	淡色 Light	灰色 Gray	100	20.5	亚有限 Sub – indeterminate
晋大 78 'Jinda 78'	椭圆 Elliptical	白色 White	褐色 Brown	灰色 Gray	120	21.0	亚有限 Sub – indeterminate
晋大 80 'Jinda 80'	椭圆 Elliptical	紫色 Purple	褐色 Brown	棕色 Brown	119	22.6	亚有限 Sub – indeterminate
晋大 82 'Jinda 82'	椭圆 Elliptical	白色 White	褐色 Brown	灰色 Gray	123	20.8	亚有限 Sub – indeterminate
晋大 83 'Jinda 83'	椭圆 Elliptical	紫色 Purple	褐色 Brown	棕色 Brown	122	19.8	亚有限 Sub – indeterminate
晋大 84 'Jinda 84'	椭圆 Elliptical	白色 White	褐色 Brown	棕色 Brown	120	20.6	亚有限 Sub – indeterminate
晋大 85 'Jinda 85'	披针 Lanceolate	紫色 Purple	褐色 Brown	棕色 Brown	121	20.4	亚有限 Sub – indeterminate
绿宝石 'Lvbaoshi'	披针 Lanceolate	紫色 Purple	淡色 Light	棕色 Brown	121	20.4	亚有限 Sub – indeterminate
黑珍珠 'Heizhenzhu'	圆 Round	紫色 Purple	淡色 Light	棕色 Brown	123	19.1	亚有限 Sub – indeterminate
扁茎豆 'Bianjingdou'	披针 Lanceolate	紫色 Purple	淡褐色 Light brown	灰色 Gray	121	18.2	有限 Determinate
SN420 'SN420'	披针 Lanceolate	紫色 Purple	淡褐色 Light brow	灰色 Gray	120	20.5	亚有限 Sub – indeterminate
太谷回马 'Taiguhuima'	椭圆 Elliptical	紫色 Purple	淡褐色 Light brow	棕色 Brown	120	22.6	亚有限 Sub – indeterminate
兴县大豆 'Xingxian soybean'	圆 Round	紫色 Purple	淡褐色 Light brow	棕色 Brown	132	14.1	无限 Indeterminate
石楼大豆 'Shilou soybean'	圆 Round	紫色 Purple	淡褐色 Light brow	棕色 Brown	135	14.6	无限 Indeterminate
晋大 70 'Jinda 70'	椭圆 Elliptical	白色 White	淡色 Light	棕色 Brown	107	16.6	有限 Determinate

1.2 试验设计

本试验在山西农业大学遗传育种重点实验室进行。经严格挑选，去杂，选取健康饱满、整齐一致的大豆种子，先用 0.1‰的高锰酸钾溶液消毒 5min，再用蒸馏水冲洗干净，晾干，放入事先消毒、洗净、烘干的 9 cm×9 cm 培养皿中，铺 2 层滤纸。每皿摆 25 粒大豆种子。用快速简便的聚乙二醇（PEG_{6000}）处理全部 22 份试验材料，参考杨剑平等[11]构建的实验室 PEG_{6000} 模拟干旱胁迫体系进行种子处理。其中种子吸水率试验的处理浓度为 30%（W/V）。种子萌发数、种子发芽率、种子发芽势、根长等试验处理浓度为 15%（W/V），以蒸馏水处理为对照。每个培养皿中加入 20 mL PEG_{6000} 溶液，重复 3 次，置于恒温光照培养箱中，25℃条件下进行萌发。

1.3 测定项目与方法

1.3.1 种子吸水率测定

处理浓度为 30%，分别在 6、12、18、24、30、36、42、48、54、60 h 10 个时间点测定种子的吸水率。计算公式：

种子吸水率=（$B-A$）/A×100%

其中，A、B 分别为吸水前后的种子重量。

1.3.2 萌发性状测定

处理浓度为 15%，以蒸馏水处理为对照，在直径为 9 cm×9 cm 的培养皿铺两层滤纸，每皿摆 25 粒大豆种子，加 20 mL PEG_{6000} 溶液，对照加蒸馏水 20 mL，重复 3 次，置于 25 ℃条件下进行萌发，每天清洗种子，换溶液 2～3 次。为了测定种子萌发抗旱指数，每隔 2 d 调查一次发芽数（以胚根长 2 mm 为标准），直至第 8 天。第 5 天调查发芽势，第 7 天调查发芽率，第 8 天测定胚根长（在每个培养皿中随机抽取 10 粒测量，求平均值）。计算公式：

种子萌发抗旱指数=水分胁迫下种子萌发指数/对照种子萌发指数

其中，萌发指数=（1.00）Rd_2+（0.75）Rd_4 +（0.50）Rd_6+（0.25）Rd_8 （Rd_2、Rd_4、Rd_6、Rd_8 分别为第 2、4、6、8 天的种子萌发率）[12-14]。

相对发芽势=处理发芽势/对照发芽势×100%

相对发芽率=处理发芽数/对照发芽数×100%

根长指数=处理根长/对照根长×100%

1.4 数据分析

采用 EXCEL2003 进行全部原始数据处理，采用 DPS6.05 进行数据处理。抗旱性评价应用模糊数学中的隶属函数值法[15-16]，对不同品种各个与抗旱性相关的萌发性状的隶属函数值进行累加，求其平均值，进行品种间的比较，来评价品种抗旱性。计算公式：

当指标性状与抗旱性呈正相关时，公式为：

$$\hat{\chi}_{ij} = \frac{\chi_{ij} - \chi_{jmin}}{\chi_{jmax} - \chi_{jmin}}$$

当指标性状与抗旱性呈负相关时，

$$\hat{\chi}_{ij} = 1 - \frac{\chi_{ij} - \chi_{jmin}}{\chi_{jmax} - \chi_{jmin}}$$

其中，$\hat{\chi}_{ij}$ 为第 i 个品种第 j 个性状的隶属函数值，χ_{ij} 为第 i 个品种第 j 个性状值，χ_{jmin} 为各品种 j 性状的最小值，χ_{jmax} 为各品种 j 性状的最大值。

将每一个品种各指标的抗旱隶属函数值进行累加，求平均值。计算公式：

261

$$\bar{x_1} = \frac{1}{n}\sum_{j=1}^{n} \hat{x}ij$$

其中，n 为指标的性状数量，$\bar{x_1}$ 为品种抗旱隶属函数平均值。

2 结果与分析

2.1 室内 PEG_{6000} 模拟干旱胁迫下萌发性状的变异分析

为了明确不同生态型大豆品种之间抗旱能力是否存在真实差异，利用 DPS6.05 分析软件进行方差分析。发现不同生态型大豆品种间萌发性状变异系数均大于 10.00%，存在较大变异（表2）。其中变异系数最大的为相对发芽率，为 73.29%，变异幅度为 4.25%～44.56%，变异系数最小的为 12h 吸水率，为 11.29%，变异幅度为 28.54%～48.75%，这说明不同生态型品种之间在干旱胁迫下萌发性状产生较大的变异，对干旱胁迫的抵御能力存在较大的遗传差异。

表2 干旱胁迫下芽期萌发性状的变异
Table 2 The variation of germination traits under drought stress

项目 Items	最大值 Max	最小值 Min	平均值 Mean	标准差 Std Dew	方差 Variance	变异系数 CV/%
萌发抗旱指数 GDRI	1.74	0.12	0.58	0.23	89.57	39.66
12h 吸水率 12h WA	48.75	28.54	42.42	4.79	22.97	11.29
24h 吸水率 24h WA	59.56	42.30	53.63	6.58	68.25	12.27
相对发芽势 RGE	45.98	5.24	19.20	11.39	129.81	59.32
相对发芽率 RGR	44.56	4.25	15.46	11.33	128.29	73.29
根长指数 RLI	120.58	15.22	46.38	30.95	957.98	66.73

Note: GDRI: Germination drought resistance index; WA: Water absorption; RGE: Relative germination; RGR: Relative germination rate; RLI: Root length index.

2.2 室内 PEG_{6000} 模拟干旱胁迫下种子吸水率与抗旱性的关系

种子吸水率可用以表示种子在胁迫条件下对水分的摄取状况，反映了种子在干旱条件下可以维持生命的能力。王以芝等[17]研究指出，不同抗旱型的大豆种子吸水力不同。萌发时的临界吸水量及种子萌发速率也不同。抗旱类型的吸水率均高于非抗旱类型。抗旱型大豆种子吸水速度快，萌发时间短，萌芽吸水量少。由图1可以看出，在 30%PEG_{6000} 旱胁迫条件下，所观察记录的 60 h 之内，所研究的大豆种子吸水率总体变化规律为：快—慢—快，符合种子萌发吸水规律。本试验 22 个大豆品种在 30% 的 PEG_{6000} 溶液中，不同品种吸水率差异比较明显，且其吸水率均比清水对照低，说明 30% 的 PEG_{6000} 溶液所形成的干旱胁迫影响了大豆种子的正常吸水功能，也为选择在干旱胁迫下吸水力大、吸水速度快的品种提供了条件。其中在 60h 这一时间点，吸水速率大于等于 70% 的品种有 4 个，分别为：晋豆 27、晋大 74、晋大 70 和晋大 83；吸水速率大于 60% 而小于 70% 的品种有 16 个，分别为：晋豆 19、晋豆 24、晋豆 25、晋豆 26、晋大 73、晋大 75、晋大 78、晋大 80、晋大 82、晋大 84、晋大 85、绿宝石、SN420、太谷回马、兴县农家种、石楼农家种；小于等于 60% 的品种有 2 份，分别为：黑珍珠和扁茎豆。根据品种在 30% 的 PEG_{6000} 溶液模拟胁迫下吸水率这一指标筛选出的强抗旱品种是：晋豆 27、晋大 74、晋大 70 和晋大 83 等 4 个品种。

2.3 干旱胁迫对大豆发芽势、发芽率和根长的影响

由表3可知，经 15%PEG_{6000} 溶液处理之后，各品种发芽势均低于清水对照，抗旱性强的大豆品种在干旱胁迫条件下，相对发芽势降低幅度较小，能够保持较高的相对发芽势，而抗旱性低的品种则相反。本

试验中不同生态型大豆品种的相对发芽势变异幅度为 5.24%～45.98%，其中相对发芽势最大的为晋大 74，为 45.98%，相对发芽势最小的为黑珍珠，为 5.24%，相对发芽势大于 30% 的有 5 个品种，分别为晋大 73、晋大 74、晋大 75、晋大 83 和晋大 70，占品种总数的 22%，为强抗旱品种，小于 10% 的有 4 个品种，分别为晋豆 27、晋大 78、黑珍珠和扁茎豆，占品种总数的 18%，为干旱敏感型品种。其他 13 个品种的相对发芽势介于 10% 与 30% 之间，为中抗旱品种。

与相对发芽势相同，在 15%PEG$_{6000}$ 溶液处理之后，不同生态型大豆品种的发芽率均低于清水对照，在干旱胁迫条件下，抗旱强性的品种能保持较高的发芽能力，具有较高的相对发芽率，而非抗旱品种则相反。本试验中不同生态型大豆品种的相对发芽率变异幅度为 4.25%～44.56%，其中相对发芽率最大的为晋大 74，为 44.56%，相对发芽率最小的为黑珍珠，为 4.25%，相对发芽率大于 20% 的有 6 个品种，为强抗旱品种，分别为晋豆 26、晋大 73、晋大 74、晋大 75、晋大 83 和晋大 70，占品种总数的 27%，相对发芽率小于 10% 的有 9 个品种，为干旱敏感型品种，分别为晋豆 19、晋豆 25、晋豆 27、晋大 78、晋大 84、黑珍珠、扁茎豆、SN420、石楼农家种，占品种总数的 41%，其他品种介于 10% 与 20% 之间，为中抗旱品种。

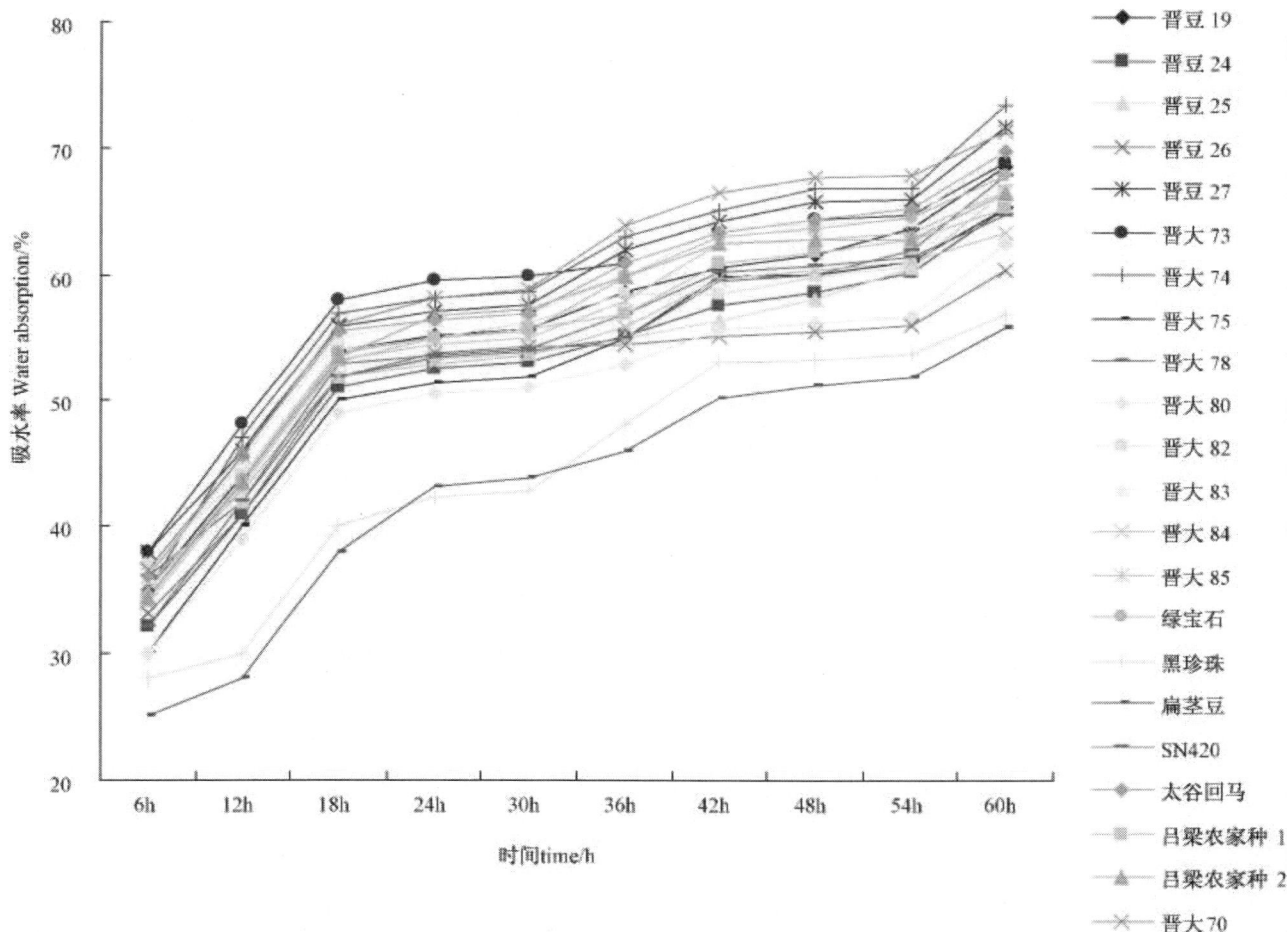

图 1   不同生态型大豆种子吸水率

Fig. 1   Water absorption of different ecological soybeans

PEG$_{6000}$ 作为一种高渗溶剂，对不同生态型大豆品种的胚根生长有较为显著的抑制作用。在萌发第 8 天测得的大豆种子胚根长度，可以作为抗旱指标。抗旱型大豆品种具有较强的适应干旱能力，在干旱胁迫条件下，因萌芽时间短，胚根生长速度快，抗旱性大豆品种的根系生长速度大于非抗旱型大豆。本试验使用相对根长，即用根长指数来区分品种的抗旱能力，根长指数＞60% 为抗旱型品种的鉴定标准，本试验中筛选出的较抗旱品种有晋大 73、晋大 74、晋大 80 和晋大 70 共 4 个品种。

表 3   不同生态型大豆萌发的表现

Table 3   The performance of germination traist in different ecological soybeans

品种 Varieties	发芽势 Germination energy/%			发芽率 Germination rate/%			根长 Root length/cm		
	对照 CK	PEG6000	相对发芽势 RGE	对照 CK	PEG6000	相对发芽势 RGE	对照 CK	PEG6000	相对发芽势 RGE
晋豆 19	84.11	12.72	15.12	75.56	6.49	8.59	2.80	0.74	26.35
晋豆 24	78.30	15.28	19.51	84.11	8.87	10.55	5.25	1.85	35.26
晋豆 25	57.65	10.67	18.50	48.55	4.65	9.58	4.98	1.31	26.37
晋豆 26	71.25	8.05	11.30	78.29	15.76	20.13	6.56	2.48	37.85
晋豆 27	80.10	7.43	9.28	90.50	7.10	7.85	2.82	0.55	19.58
晋大 73	95.78	34.72	36.25	85.45	32.86	38.45	9.58	9.60	100.23
晋大 74	90.79	41.75	45.98	97.22	43.32	44.56	10.69	10.68	99.86
晋大 75	67.15	20.29	30.21	64.12	18.30	28.54	4.85	2.23	45.89
晋大 78	70.20	4.20	5.98	72.58	5.50	7.58	3.68	2.25	61.22
晋大 80	68.45	12.70	18.55	68.50	7.13	10.41	4.79	2.66	55.48
晋大 82	91.25	19.78	21.68	92.55	11.21	12.11	5.62	2.67	47.48
晋大 83	77.50	31.09	40.12	68.12	15.42	22.63	7.50	9.04	120.58
晋大 84	75.14	7.70	10.25	71.10	6.07	8.54	4.56	1.53	33.55
晋大 85	87.25	17.35	19.88	82.5	9.55	11.58	1.26	0.25	19.55
绿宝石	68.70	10.48	15.25	70.15	9.53	13.59	5.54	1.14	20.58
黑珍珠	64.89	3.40	5.24	65.48	2.78	4.25	2.65	0.52	19.50
扁茎豆	59.80	4.59	7.68	58.47	3.71	6.35	3.26	0.50	15.22
SN420	80.12	9.26	11.56	85.45	6.73	7.88	4.58	1.38	30.21
太谷回马	78.12	14.34	18.35	79.50	9.19	11.56	6.89	3.12	45.23
兴县农家种	68.79	11.38	16.55	67.00	7.30	10.89	5.68	1.65	28.98
石楼农家种	66.57	7.04	10.58	54.58	4.88	8.95	6.54	2.09	31.89
晋大 70	89.49	30.92	34.55	95.25	33.79	35.48	8.95	8.90	99.41

表 4 萌发性状相关性
Table 4 Correlation of germination Traits

项目 Items	萌发抗旱指数 PI	12h 吸水率 12h WA	24h 吸水率 12h WA	相对发芽势 RGE	相对发芽率 RGR	根长指数 RLI
萌发抗旱指数 GDRI						
12h 吸水率 12h WA	0.568 **	1				
24h 吸水率 24h WA	0.102	0.136	1			
相对发芽势 RGE	0.810 **	0.545 **	0.056	1		
相对发芽率 RGR	0.791 **	0.289	0.278	0.848 **	1	
根长指数 RLI	0.982 **	0.535 **	0.158	0.578 **	0.746 **	

注:表中 ** 表示在 0.01 水平上显著, * 表示在 0.05 水平上显著。
Note:** significant at the 0.01 level, * indicates significant at the 0.05 level.

2.4 干旱胁迫下大豆芽期萌发性状相关分析

有研究表明，种子萌发指数是评价种子萌发耐旱性的可靠指标[18-19]。用 SPSS 13.0 软件对 22 份大豆芽期萌发性状指标进行相关分析（表 4），结果表明：不同萌发指标均存在一定的相关性，12 h 吸水率、相对发芽势、相对发芽率、根长指数均与萌发抗旱指数呈极显著正相关，相关系数分别为 $r=0.568$、0.810、0.791 和 0.982，其中相关系数最大的为根长指数（$r=0.982$），而 24 h 吸水率与 12 h 吸水率、萌发抗旱指数相关性不显著，12 h 吸水率与相对发芽势之间呈极显著正相关。

2.5 不同生态型大豆品种芽期的隶属函数值法评价

Bouslama 等[12]根据种子在高渗溶液中的发芽势和发芽率来评价萌发期的抗旱性，安永平等[19]提出用种子萌发抗旱指数这一指标来鉴定品种间芽期抗旱性差异，认为种子萌发抗旱指数是评价种子萌芽期抗旱性的可靠指标。以大豆种子萌发抗旱系数作为大豆实际抗旱性的评价标准，22 个大豆品种的萌发抗旱性系数间的极差都比较小，用来分级存在一定的困难，所以本研究以 12h 吸水率、相对发芽势、相对发芽率、根长指数 4 个与萌发胁迫指数相关性显著指标为依据（表 5），计算各个指标的隶属函数值，采用模糊数学中的隶属函数值法进行综合评价，将品种的抗旱系数定于（0，1）闭区间上，从而可把全部参试品种的抗旱性分为三级：强抗（抗旱系数≥0.5）、中抗（0.2≤抗旱系数 < 0.5）、弱抗（抗旱系数 < 0.2）。从所试验的 22 个品种中鉴选出 4 个强抗旱品种，分别为：晋大 74、晋大 70、晋大 83 和晋大 73，鉴选出 3 份弱抗品种，分别为晋大 75、黑珍珠、扁茎豆，其他 15 份品种为中抗型品种。

3 讨 论

3.1 室内模拟干旱胁迫聚乙二醇的生理效应

聚乙二醇（PEG）是一种高分子物质，其本身不能渗入活细胞，处理之后使种子处于一定渗透压溶液中，使种子处于低水势介质中，部分水合但又不发生可见的萌发[20]。一定浓度 PEG 具有改变种子的渗透势、诱发植物合成与抗逆相关的物质（POD、SOD、CAT）、诱导细胞膜及 DNA 损伤修复等特点，可加快种子萌发，提高萌发整齐度，提高种子抗逆性[21-22]。从 20 世纪 70 年代中期，Heydecker 等[23-24]首次使用聚乙二醇引发洋葱种子试验获得成功，至今，PEG 已被广泛应用于种子引发及室内模拟干旱胁迫的研究中，因其使用过程快速简便，所以可作为植物种质资源前期抗旱性鉴定与筛选较为常用的处理物质。不同的作物其模拟干旱适合的浓度不同。本试验所用 PEG_{6000} 的处理浓度与杨剑平[11]室内模拟干旱处理浓度一致。需要注意，在整个试验过程中，由于种子吸水和水分自然蒸发导致处理液浓度会有一定的变化，每天换清水和处理溶液 1~2 次，不但防止种子腐烂，而且可使处理液浓度维持在一定水平。

本研究通过采用快速简便的 PEG_{6000} 处理种子，对山西省不同生态型大豆品种的芽期萌发性状及芽期抗旱性进行分析，在试验过程中我们发现经 PEG_{6000} 处理的大豆种子富有光泽，且种子无损伤，而清水对照则相反，表现为种子表面无光泽，这可能是因为在未完成种子损伤修复的前提下快速吸水，下胚轴与种子连接点极易脱落，导致出现烂种现象。处理组较对照种子萌发表现得更健康、整齐、一致（图 2），且不同品种间萌发性状存在较为明显的差异。

表 5 品种萌发性状隶属函数值

Table Membership function value of germination traist of different varieties

品种 Varieties	12h 吸水率 WAR in 12h	相对 发芽势 RGE	相对 发芽率 RGR	根长指数 RLI	平均数 Average	抗旱性排序 Sort	抗旱等级 Rank
晋大 74 'Jinda 74'	0.66	0.79	0.66	0.89	0.75	1	强抗
晋大 70 'Jinda 70'	0.65	0.77	0.60	0.89	0.73	2	Strong resistance
晋大 83 'Jinda 83'	0.69	0.55	0.52	0.74	0.62	3	
晋大 73 'Jinda 73'	0.41	0.54	0.45	0.90	0.57	4	
晋大 85 'Jinda 85'	0.30	0.60	0.41	0.46	0.44	5	中抗
晋豆 25 'Jindou 25'	0.28	0.54	0.52	0.41	0.44	6	Medium resistance
太谷回马 'Taiguhuima'	0.35	0.54	0.49	0.32	0.42	7	
晋大 82 'Jinda 82'	0.32	0.46	0.42	0.34	0.38	8	
晋大 80 'Jinda 80'	0.23	0.54	0.34	0.42	0.38	9	
晋豆 19 'Jindou 19'	0.32	0.40	0.32	0.43	0.37	10	
晋大 84 'Jinda 84	0.28	0.49	0.37	0.19	0.33	11	
晋豆 27 'Jindou 27'	0.37	0.17	0.28	0.49	0.33	12	
晋豆 26 'Jindou 26'	0.25	0.25	0.32	0.39	0.30	13	
晋大 78 'Jinda 78	0.29	0.16	0.25	0.48	0.29	14	
兴县豆 'Xingxian soybean'	0.30	0.46	0.27	0.14	0.29	15	
晋豆 24 'Jindou 24'	0.26	0.58	0.06	0.26	0.29	16	
石楼豆 'Shilou soybean'	0.30	0.22	0.42	0.18	0.28	17	
绿宝石 'Lvbaoshi'	0.31	0.41	0.13	0.26	0.28	18	
SN420 'SN420'	0.27	0.26	0.29	0.16	0.24	19	
晋大 75 'Jinda 75'	0.14	0.26	0.14	0.12	0.16	20	弱抗
黑珍珠 'Heizhenzhu'	0.36	0.00	0.00	0.24	0.15	21	Sensitiveness to drought
扁茎豆 'Bianjingdou'	0.00	0.06	0.23	0.00	0.07	22	

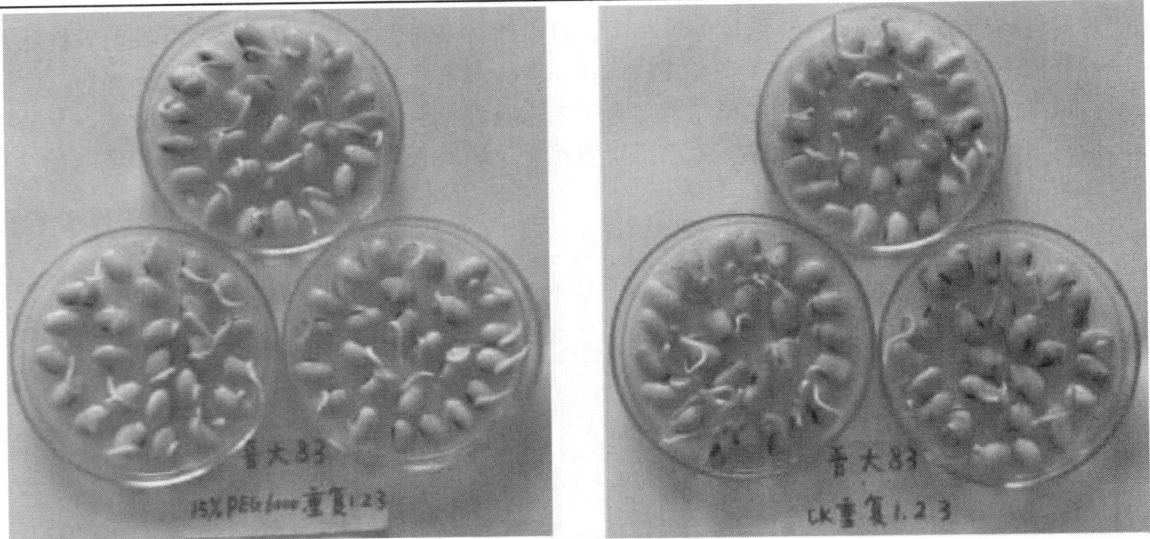

图 2 处理与清水对照

Fig.2   15% PEG$_{6000}$ and CK

3.2 大豆萌发期抗旱性评价

植物的抗旱性是植物在干旱环境中生长、繁殖或生存以及在干旱解除后迅速恢复生长的能力。是一个受多种因素影响的复杂的数量性状，是多个抗旱相关基因在精确的调控之下时间或组织特异性协调表达的结果[25]，单一指标难以全面准确地反映抗旱性强弱[26-28]，耐旱指标的选择直接关系到实验结果的可靠性，各个材料不可能在所有的指标上都表现突出，且各萌发性状指标间都存在一定的相关性，所以应综合多方面的指标来对品种芽期的抗旱能力做一个较为合理的评价[29]。本研究通过室内 PEG$_{6000}$ 模拟干旱，研究胁迫条件下不同生态型大豆芽期吸水率及萌发性状指标，这些指标基本可以反映所研究品种的遗传特性，通过萌发抗旱系数与各性状之间的相关分析，确定与芽期抗旱密切相关的几个指标，并使用抗旱隶属函数值法对所研究的 22 份材料进行芽期抗旱适应性综合评价与排序。结果表明芽期 12 h 吸水率、相对发芽势、相对发芽率、根长指数与萌发抗旱系数呈极显著正相关，可作为大豆芽期抗旱性鉴定的重要指标。使用快速简便的室内 PEG$_{6000}$ 模拟干旱，可在早期对不同大豆种质资源进行抗旱能力鉴选，为抗旱高产大豆选育及亲本选配提供较为科学的理论依据。

4 结 论

提出了萌发期室内抗旱性鉴定指标，筛选出晋大 74、晋大 70、晋大 83 和晋大 73 等 4 份强抗旱材料，这些材料可在适宜生态区被进一步验证和利用。

参考文献（略）

本文原载于《核农学报》2014 年 06 期。

干旱胁迫对不同生态型大豆生理生化特征的影响

王燕平 [1,2]，王晓梅 [2]，侯国强 [2]，孙晓环 [2]，白艳凤 [2]，齐玉鑫 [2]，宗春美 [2]，徐德海 [2]，海祥 [2]，郭数进 [1]，李贵全 [1]

（1.山西农业大学农学院 山西省遗传育种重点实验室，山西 太谷 030801；2.黑龙江省农业科学院牡丹江分院，黑龙江 牡丹江 157041）

摘 要：本试验选用 22 份不同生态型大豆品种为研究材料，使用盆栽试验与大田试验相结合的方法，设正常供水和水分胁迫两个处理，研究不同生态型大豆抗旱性特征。结果表明：干旱胁迫下，不同生态型大豆品种的叶片相对含水量、POD 和 SOD 酶活性、叶绿素 a 含量、总叶绿素含量和净光合速率都有一定程度的降低，与大豆品种的抗旱性均呈正相关，表现为抗旱性强的品种下降幅度较小，而抗旱性弱的品种下降幅度较大；而丙二醛含量、相对电导率和可溶性糖都有一定程度的增加，与抗旱性均呈极显著负相关，表现为抗旱性强的品种丙二醛含量、相对电导率、可溶性糖增加的幅度较小，而抗旱性弱的品种则相反；脯氨酸含量与抗旱性呈极显著正相关，表现为抗旱能力强的品种脯氨酸含量增加幅度大。这一结果说明，在干旱胁迫环境下，水分亏缺降低了大豆叶片相对含水量，膜脂过氧化伤害加重，引起丙二醛的累积，相对电导率升高，游离脯氨酸及可溶性糖含量升高，而丙二醛含量的升高导致保护酶活性降低，同时水分亏缺导致叶绿素含量降低，净光合速率下降，最终导致生物产量下降。

关键词：山西；大豆；抗旱；生理；应答机制

Influence of Drought Stress on Physiological and Biochemical Characteristics of Different Eco-types of Soybeans

WANG Yan-ping[1,2], WANG Xiao-mei[2], HOU Guo-qiang[2], SUN Xiao-hhhuan[2], BAI Yan-feng[2], QI Yu-xin[2], ZONG Chun-mei[2], XU De-hai[2], REN Hai-xiang[2], GUO Shu-jin[1] LI Gui-quan[1]

(1. *Genetics and Breeding Key Laboratory of Shanxi, Shanxi Agricultural University, Taigu, Shanxi* 030801, *China*;

2. *Mudanjiang Branch, Heilongjiang Academy of Agricultural sciences, Mudanjiang, Heilongjiang* 157041, *China*)

Abstract: In this study, 22 soybean cultivars from different eco-types were taken as materials tested drought-resistant characteristics and physiological response mechanism of different eco-types of soybeans were researched in the conditions of pot experiments and field tests with two treatments of normal water supply and water stress. The results showed that under drought stress, relative water content, activities of POD and SOD, chlorophyll a content, total chlorophyll content and net photosynthetic rate declined. The cultivars with strong drought resistance had smaller declining rages while the cultivars with weak drought resistance had greater declining rage. The indexes were positively correlated with drought resistance. MDA content, relative conductivity and soluble sugar content increased. The cultivars with strong drought resistance had smaller increasing rages while the cultivars with weak drought resistance had greater increasing rage. These indexes were negatively correlated with drought resistance, proline content had greater increasing rage which performed that the cultivars with strong drought resistance had greater increasing rages of proline content and proline content was significantly positively correlated with drought resistance. The result indicated that under drought stress, water deficit decreased relative water content in soybean leaves, overoxidation damage of membrane fat were worsened which led to accumulation of MDA. Relative conductivity increased and so did proline and soluble sugar content. Increasing MDA content was responsible for declining activity of protecting enzymes. At the same time, water deficit resulted in declining content of chlorophyll, photosynthetic rate and biomass,and eventally lead ta a decline in biological production.

Keywords: Shanxi; Soybeans; Drought Resistance; Physiology; Response Mechanism

大豆抗旱性是由多基因控制的，因而抗旱性应答本身就是多层次水平的，所以应从生理指标、形态观摩等多角度入手，把应答能力全面指标化。大豆需水较多，根系不发达，是豆类作物中对干旱最为敏感的一种[1-4]。山西省十年九旱，是全国春旱和夏旱发生频率最高的省份之一，干旱影响大豆生理生化的多种代谢过程，如光合作用、呼吸作用、水分代谢等，不同基因型大豆品种对干旱的适应能力不同，前人对大豆生理生化指标与大豆抗旱性的关系研究比较混乱，研究结果不一致，甚至得到相反的结论，且大多研究主要侧重于抗旱机制的研究，对大豆生理功能与抗旱性、生理功能与产量方面的研究较少。大豆的整个生育过程需水较多，但各个生育时期的耗水量差异很大，花期需水最多，约占总耗水量的45%，是大豆需水的关键时期，因这一时期是大豆营养生长和生殖生长并进时期，因此花期遇旱将会引起大量落花、落荚，对大豆单产形成造成严重的影响。深入研究干旱条件下大豆的生理生化特征，对于大豆生产具有重要的意义。本研究采用自制遮雨棚盆栽试验与大田试验相结合的方法，以产量为大豆抗旱性鉴定的一级指标，探讨山西不同生态型大豆抗旱性特性及生理应答机制，以期为大豆抗旱育种及大豆抗旱性评价提供理论依据。

1 试验材料

从山西农业大学农学院大豆育种室现有的种质资源中，选择代表山西生态条件，在山西种植较为广泛的22份不同生态型大豆，作为本试验的研究材料，材料编号及名称见表1。

2 试验方法

2.1 试验设计

2.1.1 盆栽试验

本试验在山西农业大学遗传育种实验楼后进行，室内对试验材料进行严格挑选，去杂，选取健康饱满、整齐一致的种子，用0.1‰的高锰酸钾溶液消毒5 min

表1 供试大豆编号及名称
Table1 Number and name of tested soybean

编号	品种名称	编号	名称
1	晋豆19	12	晋大83
2	晋豆24	13	晋大84
3	晋豆25	14	晋大85
4	晋豆26	15	绿宝石
5	晋豆27	16	黑珍
6	晋大73	17	扁茎豆
7	晋大74	18	SN420
8	晋大75	19	太谷回马
9	晋大78	20	兴县大豆
10	晋大80	21	石楼大豆
11	晋大82	22	晋大70

之后，用蒸馏水冲洗干净，用蒸馏水浸种24 h，与为5月2日播种，为确保每盆中大豆种子都能正常出苗，每盆10粒，最后每盆留苗3株，设正常供水和水分胁迫两种处理，每处理3次重复，共132盆。塑料桶高27 cm，上口径直径为35 cm，底部直径为22 cm，每盆装土10 kg，盆栽基质为沙土有机肥的混合物，每盆沙:土:有机肥=2:1:0.1，土壤肥力为有机质65.3 g/kg，速效氮70.3 mg/kg，速效磷48.9 mg/kg，速效钾266.6 mg/kg。桶底放3 cm高的蛭石，并插入长度40cm的塑料管，使植株根部通气良好，同时便于从盆底部浇水，避免土壤板结。将塑料桶2/3埋入土壤中，确保盆体内温度与外部土壤温度相同，自制防雨棚，雨天使用防雨棚遮雨，晴天露地生长。采用称重法定量控制土壤含水量，在整个生长期间正常浇水，土壤基本保持湿润状态，相对含水量控制在23%～25%，水分胁迫处理土壤含水量为13%～15%，其他栽培管理措施照常规方法进行，力求每盆管理水平一致。在大豆花荚期进行处理，干旱胁迫处理7 d后，取同一部位叶片测定各项生理生化指标，成熟后进行室内考种。

2.1.2 田间试验

田间试验于2009、2010年在山西农业大学作试验站试验田进行。试验采用二因素裂区设计，主区因素为水分处理，设正常供水和水分胁迫，副区因素为品种，每小区5行，行距0.5 m，3次重复，分别于4

月 28 日、5 月 3 日播种，播前浇足底墒水，正常供水处理于苗期、始花期和鼓粒前各浇水一次，干旱处理不浇水，田间管理按照当地一般水平进行。成熟收获后计产，取 2 年的平均值。

2.2 测定指标和测定方法

2.2.1 光合生理指标

用便携式 CI–340 型光合作用仪测定光合生理指标，测定重复 3 次，在光线好的晴天测定，于上午 9 点到下午 3 点这一时间段测定，日照强度为 800±20 μmol/(photons·m^{-2}·s^{-1})，叶片净光合速率[Pn，μmol/(m^{-2}·s^{-1})]。

2.3 数据分析

采用 EXCEL 2003 进行原始数据处理并作图。抗旱系数及抗旱指数的计算方法参考兰巨生[14]和李贵全等[15]的方法进行。

抗旱系数=(干旱胁迫产量/非干旱胁迫产量)×100%

抗旱指数=品种抗旱系数×(品种胁迫产量/所有品种胁迫产量的平均值)

指标性状的胁迫系数=(干旱胁迫下指标性状值/非干旱胁迫下指标性状值)×100%

3 结果与分析

3.1 抗旱性确定与抗旱性评价

不同生态型大豆品种在干旱胁迫下的适应能力，即抗旱性，最终表现在品种产量上[16-18]，抗旱性系数只能表明品种在旱地条件下的稳产性，不能提供品种基因型产量高低的信息，说明不了品种在旱地条件下高产潜力的可塑性。而品种抗旱性指数是品种抗旱能力的综合表现，是在抗旱性和产量性状的基础上得出的，表明抗旱品种同时具有旱地高产和抗旱系数大的双重特征。因此本试验采用大田试验条件下，以大豆产量抗旱指数（DRI）作为不同生态型大豆品种实际的抗旱性评价依据。初步评价结果见表 2，由表 2 可知，本研究供试的 22 份山西不同生态型大豆品种的抗旱性由强到弱顺序是：晋大 74、晋大 70、晋豆 27、晋大 78、晋大 73、晋豆 24、晋豆 25、晋大 83、晋大 80、晋大 82、太谷回马、石楼黄豆、兴县黄豆、黑珍珠、晋豆 19、SN420、绿宝石、晋大 85、晋大 75、晋大 84、晋豆 26、扁茎豆。这说明抗旱性强的品种在正常供水条件下有较高产量，在干旱胁迫条件下仍能保持稳产性。

表 2 不同大豆品种抗旱指数
Table 2 Drought resistance index of different soybea varieties

品种	产量/(kg/hm²)		抗旱系数	抗旱指数	排序
	对照	处理			
晋豆 19	2213.54	1389.45	0.63	0.62	10
晋豆 24	2242.51	1225.25	0.55	0.47	15
晋豆 25	2364.05	1489.32	0.63	0.66	6
晋豆 26	2178.09	1125.89	0.52	0.41	18
晋豆 27	2511.81	1834.09	0.73	0.95	3
晋大 73	2617.42	1701.32	0.65	0.78	5
晋大 74	2681.00	2078.25	0.78	1.14	1
晋大 75	1266.13	759.68	0.60	0.32	22
晋大 78	2481.27	1802.30	0.73	0.93	4

品种	产量/(kg/hm²)		抗旱系数	抗旱指数	排序
	对照	处理			
晋大80	2877.20	1611.23	0.56	0.64	8
晋大82	2447.27	1478.56	0.60	0.63	9
晋大83	2810.93	1602.23	0.57	0.65	7
晋大84	2435.69	1136.23	0.47	0.38	19
晋大85	2312.58	1402.17	0.61	0.60	11
绿宝石	2500.28	1242.36	0.50	0.44	16
黑珍珠	2415.36	1106.52	0.46	0.36	20
扁茎豆	1436.58	845.21	0.59	0.35	21
SN420	2457.47	1368.63	0.56	0.54	14
太谷回马	2472.23	1384.45	0.56	0.55	13
兴县黄豆	2330.04	1173.08	0.50	0.42	17
石楼农家种	2241.23	1335.68	0.60	0.56	12
晋大70	2408.11	1955.58	0.81	1.13	2

3.2 不同生态型大豆品种生理生化指标与抗旱性的关系

3.2.1 叶片相对含水量的与抗旱性的关系

植物在生长过程中从环境中不断吸收水分以满足正常生命活动对水分的需求，而叶片作为光合作用的介质，不同大豆品种受干旱胁迫时，叶片相对含水量存在差异，相对含水量的高低可以反映其生理代谢的强弱，同时在一定程度上反映了大豆植株在干旱胁迫逆境环境下吸水与抗脱水的能力以及适应干旱环境的能力。由图1可以看出，与对照相比，干旱胁迫下，不同生态型大豆品种的叶片相对含水量都有一定程度的降低，表现为抗旱性强的品种下降幅度较小，而抗旱性弱的品种下降幅度较大。大豆叶片相对含水量胁迫系数与大豆品种的抗旱性呈极显著正相关，相关系数 $r=0.845\,5$。

3.2.2 大豆细胞膜透性与抗旱性的关系

植物生物膜透性对干旱比较敏感，在干旱胁迫下，植物细胞失水，原生质膜透性增大。有研究表明[19,20]，膜脂过氧化作用是水分胁迫下自由基对大豆植株细胞膜造成伤害的基本机制，膜脂分子结构发生紊乱，内膜系统出现膨胀、收缩或破损，导致细胞内大量无机离子和有机小分子外渗，引起植物组织浸泡液电导率增加，丙二醛是细胞膜脂过氧化的最终产物之一，丙二醛含量的高低可反映细胞膜受损伤的程度，由图2和图3可以看出，在本试验条件下，相对对照而言，不同生态型大豆品种叶片丙二醛含量和相对电导率都有一定程度的增加，抗旱性强的品种丙二醛含量和相对电导率增加的幅度较小，而抗旱性弱的品种则相反，丙二醛含量和相对电导率胁迫系数与抗旱性均呈极显著负相关，相关系数分别为：$r=-0.784\,7$、$r=-0.872\,6$。

这说明，丙二醛含量是鉴定植物质膜过氧化程度的重要指标。丙二醛含量越高，表明细胞质膜受干旱胁迫伤害越严重。此外，在受干旱胁迫时，将造成细胞内物质，尤其是电解质外渗而引起组织浸泡液电导率增加。根据组织浸泡液相对电导率就可以判断细胞膜的受损害程度。

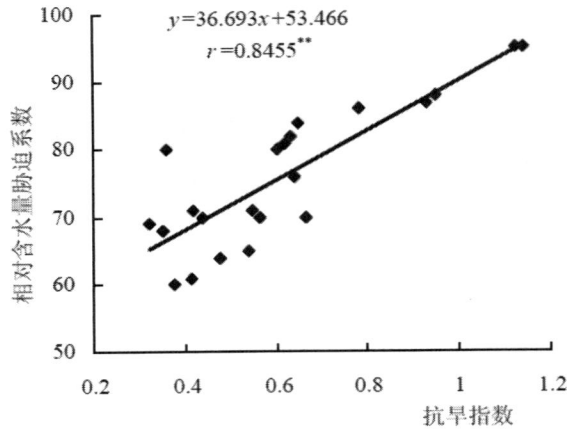

图1 大豆叶片相对含水量与抗旱性的关系
Fig.1 Relationship between relative water content of soybean leaves and drought resistance

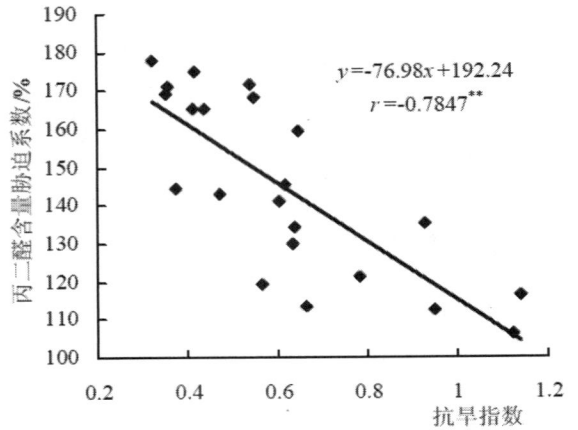

图2 叶片丙二醛含量胁迫系数与抗旱性的关系
Fig.2 Relationship betweem MDA content stress coefficient and drought resistance in leaves

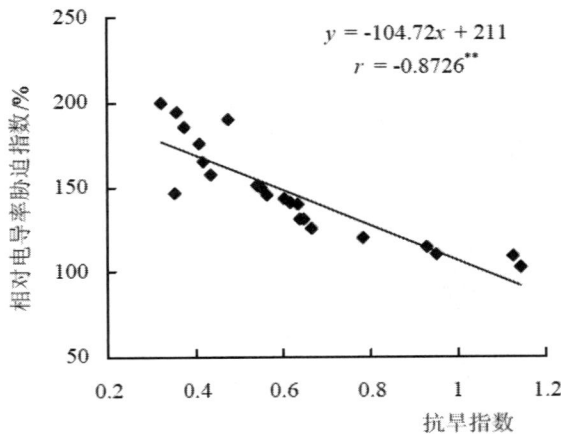

图3 叶片相对电导率胁迫系数与抗旱性的关系
Fig.3 Relationship between leaf relative conductivity stress coefficient and drought resistance

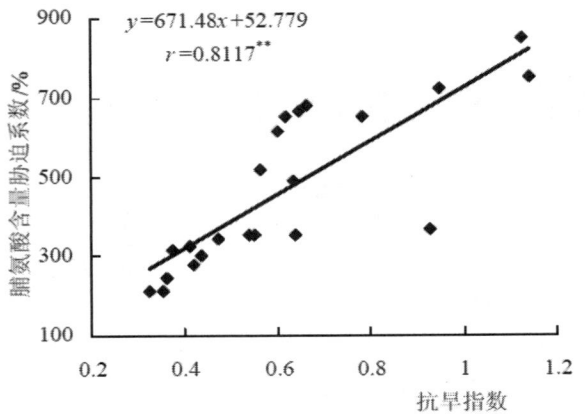

图5 叶片脯氨酸含量胁迫系数与抗旱性的关系
Fig.5 relationship between leaf Pro content stress and drought resistance

3.2.3 大豆渗透调节物与抗旱性的关系

渗透调节是植物对逆境的一种适应反应[21]。在干旱胁迫下，植物体内积累各种有机和无机物质，提高植物细胞液浓度，降低细胞渗透势，防止植物组织内水分丢失，以适应水分胁迫的不良环境，保证植物组织内水分生理的正常代谢。当植物受到环境胁迫时，会使植物体内游离脯氨酸和可溶性糖发生变化[21-23]。通过对不同生态型大豆叶片中可溶性糖和脯氨酸等主要有机渗透调节物质的研究表明（图4和图5），在干旱胁迫条件下，不同生态型大豆品种叶片中可溶性糖含量均有所增加，且抗旱能力强的品种增加幅度较小，抗旱能力弱的品种增加幅度较大。可溶性糖含量胁迫系数与抗旱性呈极显著负相关，$r=-0.702\,5$。干旱胁迫条件下，不同大豆品种脯氨酸含量均有明显增加，且增加倍数都较大，最大为7.5倍，最小为2.13倍，抗旱能力强的品种脯氨酸增加幅度较抗旱能力弱的品种大，脯氨酸胁迫系数与抗旱性呈极显著正相关，$r=0.811\,7$。

3.2.4 保护酶的与抗旱性的关系

植物组织保护酶系统主要包括 SOD、POD、CAT 等，他们可以清除羟基自由基（—OH）和过氧化氢（H_2O_2）单线态氧（singlet oxygen）$^1O_2$，从而起到对作物的保护作用。在正常情况下，细胞内活性氧的产生和消除处于动态平衡状态，活性氧水平较低，不会伤害细胞。当植物受到干旱胁迫时，活性氧大量积累，平衡被打破。由图6和图7可以看出，在干旱胁迫条件下，不同生态型大豆品种 POD 和 SOD 酶活性均有所降低，抗旱性强的品种 POD 和 SOD 酶活性降低幅度较低，POD 和 SOD 酶活性胁迫系数和抗旱性呈极显著正相关，相关系数分别为：$r=0.976\ 4$，$r=0.877\ 6$。

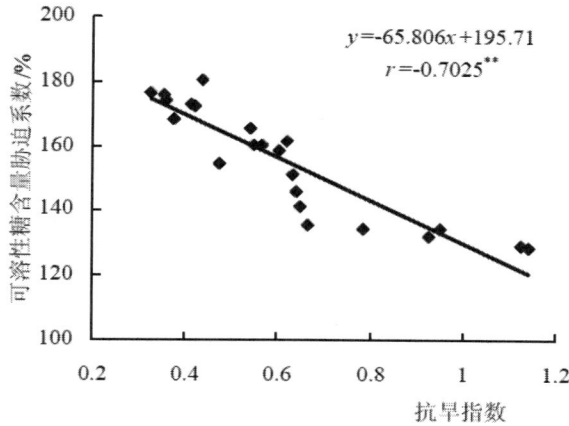

$y=-65.806x+195.71$
$r=-0.7025^{**}$

图4 叶片可溶性糖含量胁迫系数与抗旱性的关系
Fig.4 Relationship between leaf soluble sugar content stress coefficient drought resistance

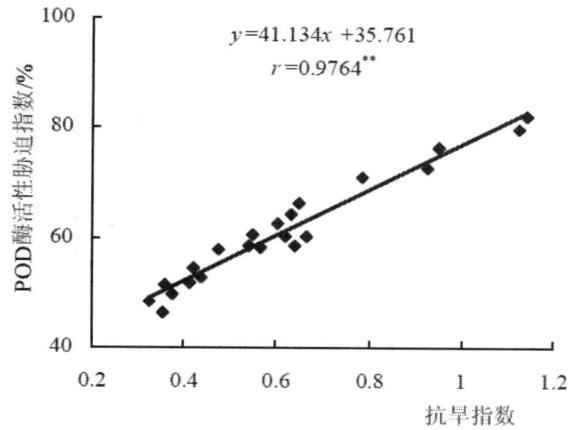

$y=41.134x+35.761$
$r=0.9764^{**}$

图6 叶片POD活性胁迫系数与抗旱性的关系
Fig.6 Relationship between leaf POD enzyme activient stress coefficient and drought resistance

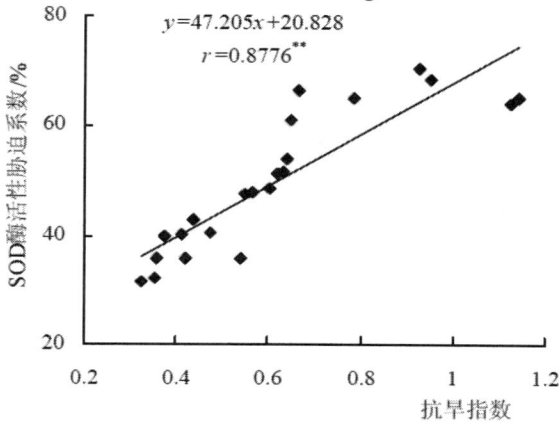

$y=47.205x+20.828$
$r=0.8776^{**}$

图7 叶片SOD活性胁迫系数与抗旱性的关系
Fig.7 Relationship between leaf SOD enzyme activity stress coefficient and drought resistance

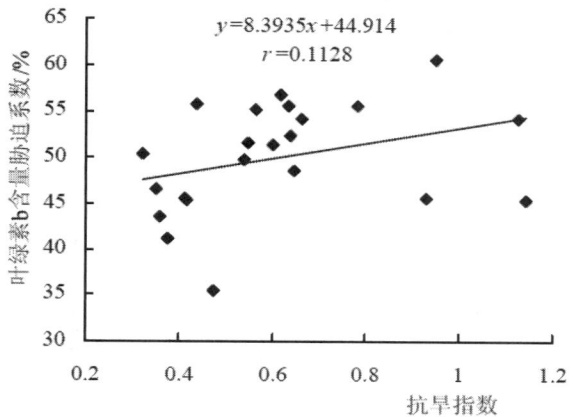

$y=8.3935x+44.914$
$r=0.1128$

图9 叶片叶绿素b含量胁迫系数与抗旱性的关系
Fig.9 Relationship between leaf chlorophyll b content stress coefficient and drought resistance

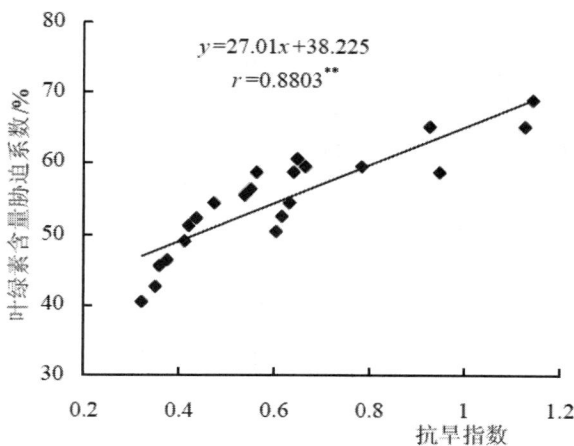

$y=27.01x+38.225$
$r=0.8803^{**}$

图10 叶片叶绿素含量胁迫系数与抗旱性的关系
Fig.8 Relationship between leaf chlorophy a content sress coefficient and drought resistance

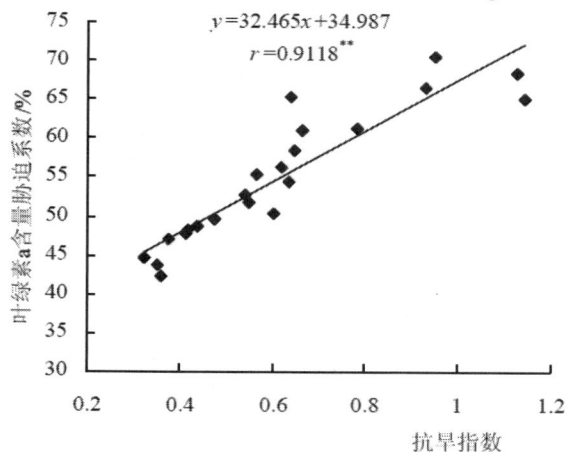

$y=32.465x+34.987$
$r=0.9118^{**}$

图8 叶片叶绿素含量a胁迫系数与抗旱性的关系
Fig.10 Relationship between leaf chlorophyll contect stress coefficient and drought resistance

这一结果说明，在干旱胁迫下，POD 和 SOD 酶活性降低，清除活性氧能力减弱，膜脂过氧化程度加重，细胞组织中丙二醛含量和相对电导率增加。POD 和 SOD 酶活性与丙二醛和相对电导率之间都存在负相关关系。

3.2.5 大豆叶绿素含量与抗旱性的关系

叶绿素作为光合色素中的重要色素分子，参与植物光合作用中光能的吸收、传递和转化，在光合作用中占有重要的地位，可在外部环境变化的过程中动态地调节它们之间的比例关系，以合理分配和耗散光能，从而保证光合作用的正常进行。

由图8、图9和图10可以看出，在干旱胁迫下，不同生态型大豆叶绿素a、叶绿素a+b含量变化幅度较大，变化趋势一致，而叶绿素b只是出现了较小的波动，这说明干旱胁迫并没有严重影响到叶绿素b的含量，叶绿素含量变化主要是由叶绿素a的变化引起的。与对照相比，干旱胁迫条件下，不同品种叶绿素a含量、叶绿素b含量和总叶绿素含量都有一定程度减少，表现为抗旱能力强的品种降低幅度较小。叶绿素b胁迫系数与抗旱性相关不显著，$r=0.112\,8$。而叶绿素a和叶绿素a+b含量的斜坡系数与抗旱性呈极显著正相关，相关系数分别为，$r=0.911\,8$，$r=0.880\,3$。

3.2.6 净光合速率与抗旱性的关系

光合作用是植物生长和产量形成的重要生理过程，已成为植物抗旱性研究的重点之一。在干旱胁迫条件下，土壤中可利用的有效水减少，根系吸水能力与效率受到限制，植株组织含水量下降，从而影响植株的光合作用进程。

由图11可以看出，在干旱胁迫条件下，不同生态型大豆品种净光合速率（Pn）有不同程度的下降，抗旱性强的品种净光合速率下降的幅度较抗旱性弱的品种小。净光合速率胁迫系数与抗旱性之间呈极显著正相关，相关系数$r=0.831\,2$。这是因为当水分亏缺时，叶片中脱落酸含量增加，从而引起气孔关闭，气孔导度下降，进入叶片的CO_2减少，叶片中淀粉水解作用加强，糖类积累，导致光合速率下降。

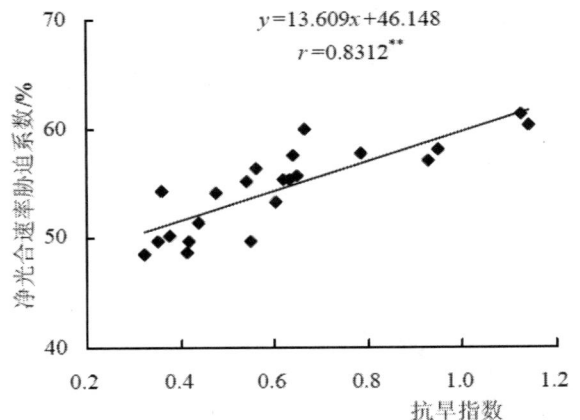

$$y=13.609x+46.148$$
$$r=0.8312^{**}$$

图11 叶片净光合速率胁迫系数与抗旱性的关系

Fig.11 Relationship between P_n and drought resistance

4 讨 论

现有关于大豆抗旱性鉴定指标很多，众多学者认识到采用单一指标评价大豆抗旱性是很难符合实际的，并且提出多指标的评价，但由于研究结果之间缺少可比性、系统性，到目前为止对该问题的认识仍然比较混乱，未形成一套简单准确的并被广大研究者公认的指标体系。抗旱性强的品种在正常供水条件下有较高产量，而在干旱胁迫下仍能保持产量的稳定性，所以产量是抗旱性鉴定首要考虑的问题。目前根据产量来判定大豆的抗旱性主要有抗旱系数和抗旱指数，其中抗旱系数是作物抗旱性鉴定中比较通用的指标。它是干旱胁迫产量相对于非干旱胁迫产量的比值，即抗旱系数=胁迫产量/非胁迫产量，可反映不同品种对干旱的敏感程度。这种方法往往会把抗旱系数低，而将产量高的品种漏掉，如A品种干旱胁迫产量为100 Kg，非干旱胁迫产量为150 kg，抗旱系数66.7，B品种干旱胁迫产量为120 kg，非干旱胁迫产量为200 kg，抗旱系数0.6，品种A的抗旱系数大于品种B的抗旱系数，但在实践中选择品种时，育种工作者会选择品种B，因为品种B不仅在正常供水条件下有较高的产量，同时在干旱胁迫下产量表现也较好。同时这种方法未能考虑环境因素的影响，在不同环境条件下难以做出准确的比较。鉴于抗旱系数鉴定品种抗旱性的缺点，兰巨生于1990年对抗旱系数进行了改进，提出了抗旱指数的概念，表达式为抗旱指数=品种抗旱系数×该品种旱地产量/所有鉴定品种干旱胁迫产量的平均值，抗旱指数不仅与抗旱系数有关，而且与旱地产量也有关。这说明抗旱指数反映了不同水分条件下品种稳产性，又体现品种在旱地条件下的产量水平。品种抗旱能力的综合表现（抗旱指数）越高，表明该品种的在干旱胁迫下获得高产的潜力就越大，抗旱性就越强。本研究使用品种抗旱性指数，先将所研究的22份山西不同生态型大豆分为高、中、低3个抗旱类型，再以品种不同生理性状的干旱胁迫系数为依据，与品种抗旱系数进行相关分析，揭示山西不同生态型大豆抗旱特征及干旱应答机制，为大豆抗旱性研究提供理论参考。

作物在干旱胁迫条件下叶片生长对水分条件较为敏感，轻度干旱就会使其生长受到抑制[24]。水分胁迫对作物生理特性的影响与胁迫程度有密切的关系。轻度水分胁迫对植物组织和器官伤害不大，通过组织内发生一定的适应性变化，可以调节干旱逆境对组织的伤害。但随着水分胁迫程度的增加，由于植株强烈脱水而导致整体结构功能受到严重影响，甚至导致死亡。所以探索不同抗旱能力品种在干旱胁迫下的生理生化反应规律，对于采取适当理化措施改善干旱条件下植株生长状况、对于大豆抗旱高产育种及栽培具有重要的意义。叶片相对含水量表示作物在受干旱胁迫条件下水分亏缺程度。本研究结果表明，在干旱胁迫条件下，抗旱性强的品种具有较高的叶片相对含水量、较强的叶片保水能力，在干旱胁迫下叶片相对含水量下降幅度越大，叶片保水力越差，品种抗旱性越差。所以叶片相对含水量是反映作物水分生理代谢的重要指标，可用来衡量不同品种的抗旱能力。

在正常情况下，细胞内活性氧的产生和清除处于动态平衡状态，活性氧水平很低，不会伤害细胞，可是当植物受到胁迫时，这个平衡就被打破，活性氧累积过多，就会伤害细胞。活性氧伤害细胞的机理在于活性氧导致膜脂过氧化链式反应，积累过多的脂膜过氧化产物，如丙二醛含量升高，膜的完整性被破坏，损伤大分子生命物质，植株受到伤害，而丙二醛含量的积累会进一步对 POD、SOD 酶活性产生一定抑制作用，进而使植株体内酶系统功能丧失，加重细胞膜损伤程度[25]。因此，POD、SOD、丙二醛和相对电导率的高低可以反映植物膜受伤害的程度[26-28]。本研究结果表明丙二醛含量与 POD 和 SOD 酶活性之间为负相关，在干旱胁迫下，POD 和 SOD 酶活性都有一定程度的降低，这一结果与董钻等[29]的研究结果一致。

光合作用是植物生长和产量形成的重要生理过程，已成为植物抗旱性研究的重点之一。水分胁迫引起作物光合作用减弱，是干旱条件下作物减产的一个主要原因。其中叶绿素作为光合色素中的重要色素分子，在光合作用中占有重要的地位，有研究表明，叶绿素含量影响作物的生长发育，在一定程度上反映了作物光合作用的强度，进而反映对逆境的适应能力。本研究结果表明，在干旱胁迫下，不同生态型大豆叶绿素a、叶绿素 a+b 含量变化幅度较大，变化趋势一致，而叶绿素 b 只是出现了较小的波动，这说明干旱胁迫并没有严重影响到叶绿素 b 的含量，叶绿素含量变化主要是由叶绿素 a 的变化引起的。与对照相比，干旱胁迫条件下，不同品种叶绿素 a 含量、叶绿素 b 含量和总叶绿素含量都有一定程度减少，表现为抗旱能力强的品种降低幅度较小。水分胁迫对植物光合作用的影响是多方面的，不仅影响光合电子传递、光合磷酸化，也在一定程度上损害植物光合作用组织细胞机构。在干旱胁迫条件下，植物光合能力有不同程度的降低，且干旱胁迫对植物的光合作用的影响也较为复杂。本试验结果表明，大豆相对净光合速率与大豆抗旱性呈极显著正相关。

5 结 论

（1）22 份不同生态型大豆品种的实际抗旱性由强到弱顺序是：晋大 74、晋大 70、晋大 27、晋大 78、晋大 73、晋豆 24、晋豆 25、晋大 83、晋大 80、晋大 82、太谷回马、石楼黄豆、兴县黄豆、黑珍珠、晋豆 19、SN420、绿宝石、晋大 85、晋大 75、晋大 84、晋豆 26、扁茎豆。

（2）干旱胁迫下，不同生态型大豆品种的叶片相对含水量都有一定程度的降低，表现为抗旱性强的品种下降幅度较小，而抗旱性弱的品种下降幅度较大。大豆叶片相对含水量胁迫系数与大豆品种的抗旱性呈正相关关系，相关性达极显著正相关，$r=0.845\ 5$。

（3）干旱胁迫下，不同生态型大豆品种叶片丙二醛含量和相对电导率都有一定程度的增加，抗旱性强的品种丙二醛含量和相对电导率增加的幅度较小，而抗旱性弱的品种则相反，丙二醛含量和相对电导率胁迫系数与抗旱性均呈极显著负相关，相关系数分别为：$r=-0.784\ 7$、$r=-0.872\ 6$。

（4）干旱胁迫下，不同生态型大豆品种叶片中可溶性糖和脯氨酸含量均有所增加，抗旱能力强的品种可溶性糖含量增加幅度较小而脯氨酸含量增加幅度大。可溶性糖含量胁迫系数与抗旱性呈极显著负相关，$r=-0.702\ 5$。脯氨酸胁迫系数与抗旱性呈极显著正相关，$r=0.811\ 7$。

（5）干旱胁迫下，不同生态型大豆品种 POD 和 SOD 酶活性均有所降低，抗旱性强的品种 POD 和 SOD 酶活性降低幅度较小，POD 和 SOD 酶活性胁迫系数和抗旱性呈极显著正相关，相关系数分别为：$r=0.9764$，$r=0.8776$。

（6）干旱胁迫下，不同生态型品种叶绿素 a 含量、叶绿素 b 含量和总叶绿素含量都有一定程度减少，表现为抗旱能力强的品种降低幅度较小。叶绿素 b 胁迫系数与抗旱性相关不显著，$r=0.1128$。而叶绿素 a 和叶绿素 a+b 含量的胁迫系数与抗旱性呈极显著正相关，相关系数分别为，$r=0.9118$，$r=0.8803$。

（7）干旱胁迫下，不同生态型大豆品种净光合速率（Pn）有不同程度的下降，抗旱性强的品种净光合速率下降的幅度较抗旱性弱的品种小。净光合速率胁迫系数与抗旱性之间呈极显著正相关，相关系数 $r=0.8312$。

参考文献（略）
本文原载于《中国农学通报》2014 年 12 期。

施肥量和种植密度对大豆牡丰 7 号保护性酶活性的影响

齐玉鑫 [1,2]，李文滨 [1]，任海祥 [2]，邵广忠 [2]，王燕平 [2]，宗春美 [2]，孙小环 [2]

（1.东北农业大学，黑龙江 哈尔滨 150030；2.黑龙江省农业科学院 牡丹江分院/国家大豆改良中心牡丹江试验站，黑龙江 牡丹江 157041）

摘　要：为了明确种植密度及施肥量对大豆保护性酶活性的影响，以牡丰 7 号为研究对象，采取裂区设计，施肥量为主区，种植密度为副区，研究了不同施肥量和种植密度下大豆不同时期超氧化物歧化酶（SOD）、过氧化物酶（POD）和过氧化氢酶（CAT）的变化规律。结果表明：施肥量和种植密度对大豆牡丰 7 号不同时期叶片保护性酶活性有着较大的影响。从始花期到鼓粒期，3 种保护性酶存在着先升后降的变化规律。随施肥量的增加，保护性酶活性的变化幅度增大，在一定范围内提高施肥量有利于增强牡丰 7 号抗逆性。随着种植密度增加 SOD 活性下降；CAT 活性随种植密度的变化在不同时期表现出了不同的规律。POD 活性与种植密度关系不大。

关键词：施肥量；种植密度；保护性酶活性；牡丰 7 号

Effects of Fertilizer Application and Planting Density on Activity of Protective Enzymes of Soybean Variety Mufeng No.7

QI Yu-xin[1,2], LI Wen-bin[1], REN Hai-yang[2], SHAO Guang-zhong[2], WANG Yan-ping[2], ZONG Chun-mei[2], SUN Xiao-huan[2]

(1. *Northeast Agricultural University, Harbin* 150030, *China*;
2. *Mudanjiang Branch of Heilongjiang Academy of Agricultural Sciences / Experimental Station of Mudanjiang of National Center for Soybean Improvement, Mudanjiang* 157041, *China*)

Abstract: For the purpose to identify the effects of fertilizer application and planting density on soybean protective enzymes, soybean variety Mufeng No.7 was taken as material, the effects of fertilizer application and planting density on activity of SOD, POD and CAT of Mufeng No.7 were investigated in a split–plot experiment with fertilizer application to the main plot and planting densities to the subplot. The results showed that: the fertilizer application and planting density had great impact on activity of protective enzymes in the leaves of Mufeng No.7 at different stages. The activity of three kinds of protective enzymes first increased and then decreased from the flowering stage to the seed–filling stage. While the fertilizer application increased, the change range of activity of protective enzymes increased. Adverse resistance of Mufeng No.7 increased as the fertilizer application increased within a certain range. Activity of SOD decreased while planting density increased. Activity of CAT with the change of planting density in different stage showed different law. Activity of POD had little relation with planting density.

Keywords: Fertilizer application; Planting density; Protective enzymes; Mufeng No.7

在通常情况下，植物体内产生的活性氧（如 H_2O_2，OH^-，O_2^- 等）不足以使植物受到伤害，因为植物体内有一套行之有效的抗氧化系统可以清除产生的活性氧自由基。超氧化物歧化酶（SOD）、过氧化物酶（POD）和过氧化氢酶（CAT）是植物体内的重要保护酶，在清除自由基中起重要作用[1]。SOD 是一种含金属的酶，主要功能是清除 O_2^-，O_2^- 可被 SOD 歧化，产生 H_2O_2，而植物细胞中 H_2O_2 累积具有更大的毒害作用，它可与 H_2O_2 相互作用产生更多的自由基 OH、OH^- 和 O_2^-，而 OH 毒性极大，它是引发膜脂过氧化作用的主要自由基。另外，H_2O_2 还可以使 CO_2 的固定效率降低[2]。因此，清除细胞中的 O_2^- 和 H_2O_2，使之维持在一个低水平，对防止自由基伤害是至关重要的。在生物体内 O_2^- 是通过 SOD 歧化分解的，H_2O_2 通过 CAT 和 POD 氧化分解，所以，在生物体中只有通过 SOD、CAT、POD 三者的协同作用，才能使自由基维持在一个低水平，从而防止自由基的伤害，使需氧生物得以生存[3]。本次试验，我们分别在大豆始花期、结荚期和鼓粒期取样，对大豆叶片中 3 种保护性酶活性进行了测定，分析了种植密度、施肥量对 3 种保护性酶活性的影响以及 3 个生育时期中，大豆叶片保护性酶活性在不同施肥量和种植密度下的变化以及 3 种保护性酶在大豆这 3 个不同生育时期的变化规律，为高产大豆栽培提供理论依据。

1 材料与方法

1.1 材 料

供试大豆品种为牡丰 7 号，由黑龙江省农业科学院牡丹江分院大豆育种研究室于 2007 年育成，该品种生育期 125 d，亚有限结荚，为高油、高蛋白品种。适应黑龙江省第二、三积温带广大地区，以及吉林省和内蒙古自治区相适应的积温区种植。供试肥料为 45%大豆专用肥，N:P:K 含量比为 14:20:11，由牡丹江市牡丰专用肥公司提供。

1.2 方 法

1.2.1 试验设计

试验于 2011 年在黑龙江省农业科学院牡丹江分院大豆研究室试验田进行，供试土壤 20 cm 以上土层有机质含量为 29.90 $g \cdot kg^{-1}$，全氮为 2.60 $g \cdot kg^{-1}$，全磷为 0.71 $g \cdot kg^{-1}$，全钾为 22.20 $g \cdot kg^{-1}$。试验为 8 行区，行长 5 m，行距 65 cm，面积 26 m^2。肥料按方案计量称重，按行施肥。参照王玉莲等人[4]的试验方案，采用裂区试验设计，设置施肥量（300、345、390、435、480 $kg \cdot hm^{-2}$）为主区，种植密度（3.0×10^5、3.2×10^5、3.4×10^5 株·hm^{-2}）为副区，设 3 次重复，人工点播，肥料作基肥一次性施入。

1.2.2 测定项目

于大豆始花期、鼓粒期和结荚期采大豆叶片，每区采 5 株，进行酶活性测定。采用氮蓝四唑 NBT 法测定 SOD 活性，高锰酸钾滴定法测定 CAT 活性，愈创木酚法测定 POD 活性[5]。

1.2.3 数据分析

所有数据采用 Excel 软件进行整理，用 DPS 软件对数据进行统计分析。

2 结果与分析

2.1 不同施肥量对牡丰 7 号保护性酶活性的影响

从表 1 可以看出，SOD 活性随着施肥量的变化明显，始花期施肥量为 435 $kg \cdot hm^{-2}$ 时 SOD 活性最高，结荚期和鼓粒期均以施肥量 480 $kg \cdot hm^{-2}$ 时 SOD 活性最高。在始花期施肥量 480 $kg \cdot hm^{-2}$ 时 POD 活性最高，结荚期和鼓粒期施肥量 435 $kg \cdot hm^{-2}$ 时 POD 活性最高。CAT 活性在始花期和结荚期施肥量为 480 $kg \cdot hm^{-2}$ 时最高，随着施肥量的变化，CAT 活性在各个时期变化也比较显著，鼓粒期 CAT 活性在施肥量 435 $kg \cdot hm^{-2}$ 时最高。在综合比较各施肥量下酶活性的变化可以看出：施肥量为 435 和 480$kg \cdot hm^{-2}$ 时，3 种酶活性在各个时期都处于较高的水平。随着施肥量的变化，虽然各处理间酶活性差异显著，但同一种酶在同一时期不同施肥量下未呈现较明显的变化规律。

3 种酶活性在不同施肥量下表现均呈现先升后降的趋势，各种酶活性最大值都出现在结荚期。SOD、POD 活性总体表现为：结荚期＞始花期＞鼓粒期；CAT 活性总体表现为：结荚期＞鼓粒期＞始花期。三种酶活性变化幅度 CAT 最大，POD 次之，SOD 最小。3 种酶的变化幅度以施肥量在 480 $kg \cdot hm^{-2}$ 时最大。

表 1　施肥量对牡丰 7 号保护性酶活性的影响

Table 1　Effect of fertilization application on activity of protective enzymes for Mufeng No. 7

施肥量/kg·hm^{-2} Fertilization rates	SOD 活性/U·g^{-1}FW Activity of superoxide dismutase			POD 活性/U·g^{-1}FW Activity of peroxidase			CAT 活性/U·g^{-1}FW Activity of catalase		
	始花期 Flowering stage	结荚期 Podding stage	鼓粒期 Seed-filling stage	始花期 Flowering stage	结荚期 Podding stage	鼓粒期 Seed-filling stage	始花期 Flowering stage	结荚期 Podding stage	鼓粒期 Seed-filling stage
300	9.22BC	19.97A	5.61B	15.30C	26.96BC	5.44B	6.10B	45.61D	8.01D
345	10.77B	17.39B	3.72C	19.22B	22.76C	8.30B	4.97C	53.28C	8.63D
390	8.45C	15.81C	5.61B	19.55B	31.98AB	14.99A	4.77C	68.18B	19.27B
435	11.35A	16.73BC	5.52B	19.98B	36.85A	16.01A	6.29B	72.73B	26.26A
480	9.43BC	20.43A	6.51A	21.22A	36.06A	6.73A	6.96A	83.31A	15.76C

注：不同大写字母代表在 0.01 水平下的差异显著。下同。

Note：The different capital letters mean significantly difference at 0.01 level. The same below.

2.2　不同种植密度对牡丰 7 号保护性酶活性的影响

从表 2 可以看出，SOD 活性各时期均以种植密度为每公顷 3.0×10^5 株时 SOD 活性最高，且与其他两个种植密度下 SOD 活性有显著差异；种植密度在每公顷 3.0×10^5～3.4×10^5 株时 POD 活性在结荚期和鼓粒期无显著差异。CAT 活性变化在三个时期出现了不同的变化规律，在始花期，CAT 活性随种植密度增加而增加，而在结荚期和鼓粒期 CAT 活性又随着种植密度的增加而减小，在结荚期各种植密度下 CAT 活性差异不大。

表 2　种植密度对牡丰 7 号保护性酶活性的影响

Table 2　Effect of planting density on activity of protective enzymes for Mufeng No. 7

种植密度/10^5 株·hm^{-2} Planting density	SOD 活性/U·g^{-1}FW Activity of superoxide dismutase			POD 活性/U·g^{-1}FW Activity of peroxidase			CAT 活性/U·g^{-1}FW Activity of catalase		
	始花期 Flowering stage	结荚期 Podding stage	鼓粒期 Seed-filling stage	始花期 Flowering stage	结荚期 Podding stage	鼓粒期 Seed-filling stage	始花期 Flowering stage	结荚期 Podding stage	鼓粒期 Seed-filling stage
3.0	10.18A	18.80A	5.71A	19.70A	32.33A	10.86A	5.41B	65.68A	16.24A
3.2	9.56B	17.52B	5.34B	19.57A	30.17A	9.69A	5.66B	64.18AB	15.89A
3.4	9.34B	17.88B	5.13B	17.89B	30.47A	10.33A	6.39A	65.00A	14.62B

三种酶活性在不同种植密度下的变化趋势与不同施肥量相同，均呈现先升后降的趋势。相对于施肥量来说，种植密度对三种酶活性的影响差异并不显著，总体看来，较低的种植密度下，保护性酶活性较高。

3　结论与讨论

在正常生长条件下，植物体内活性氧自由基的产生与保护酶系统 SOD、POD 等和非保护酶系统如抗坏血酸和谷胱甘肽等有效的清除作用维持氧化–还原的动态平衡，从而不会引起氧化伤害[6]。植物在逆境因子作用下，通过自身防御机制对有害物质作出的保护性应激反应，导致这 3 种酶活性增强[7]。由于生长环境条件的不同，造成了这种防御机制强弱的差异。该研究表明：施肥量和种植密度对大豆牡丰 7 号不同时期叶片保护性酶活性有着较大的影响。较高的施肥量下，保护性酶活性变化幅度大，说明在一定范围内增加氮、磷、钾含量可增强大豆抵御逆境的能力，这与张瑞朋[8]、李志刚[9]、刘颖[10]、等人的结论一致。

从理论上分析，较低的种植密度有利于植物吸收水分和养料，接受光照充足而且通风条件好，这有利于提高植物的自我调节能力，从而增加植物体内保护性酶活性，但在该试验中，种植密度对三种保护性酶的影响却各有不同。在试验设定的范围内，随着种植密度增加 SOD 活性下降；POD 活性与种植密度关系不大；而 CAT 活性在始花期时表现为随种植密度增加而增加，与理论上的结果相悖。我们认为出现这种现象的原因可能是该试验中只设置了 3 个种植密度水平，而且种植密度只能通过间接的方式影响植物体内物质的变化。

参考文献（略）

本文原载于《黑龙江农业科学》2012 年 05 期。

水分胁迫对大豆形态和生理特性影响的研究

任海祥[1]，童淑媛[2]，杜维广[1]，邵广忠[1]，杜震宇[2]，宗春美[1]，岳岩磊[1]，王玉莲[2]

（1.黑龙江省农业科学院牡丹江分院/国家大豆改良中心牡丹江试验站，黑龙江 牡丹江 157041；2.黑龙江农业经济职业学院，黑龙江 牡丹江 157041）

Study on the Effect of Water Stress on the Morphological and Physiological Characteristics of Soybean

REN Hai-xiang[1], TONG Shu-yuan[2], DU Wei-guang[1], SHAO Guang-zhong[1], DU Zhen-yu[2], ZONG Chun-mei[1], Yue UEYan-lei[1], WANG Yu-lian[2]

(1. *Mudanjiang Branch of Heilongjiang Academy of Agricultural Sciences / National Soybean Improvement Center Mudanjiang Experimental Station, Mudanjiang 157041, China;*
2. *Heilongjiang Vocational College of Agricultural Economics, Mudanjiang 157041, China*)

为探讨土壤水分胁迫对不同抗旱性大豆品种形态性状和生理特性的影响，以 3 个抗旱性不同的大豆品种（合丰 25、黑农 44、晋豆 21）为试验材料，在盆栽条件下，于大豆始荚期至鼓粒期进行中度和严重土壤水分胁迫试验。

盆栽试验用 35 cm×35 cm 盆栽培大豆，每盆装混合田土 9 kg，选用饱满无病的大豆种子，于 5 月 8 日播种。R3~R6 期设置 3 种水分胁迫处理，采用称重法控制土壤水分，同时设防雨棚。对照（CK）视情况正常管水，每次 4 000 mL；中度水分胁迫（M）占最大持水量的 40%~45%；严重胁迫（S）占最大持水量的 30%~35%；各处理栽种 5 盆，每盆留苗 3 株。

测定光合速率、叶绿素含量、超氧化物歧化酶（SOD）、过氧化物酶（POD）活性、过氧化氢酶（CAT）活性。生态性状包括株高、节数、有效节数、分枝数、单株荚数、粒数、粒重。

研究分析表明，干旱胁迫下一级抗旱类型的晋豆 21 表现出较强的生长优势，同一水分供给条件下，其株高、单株荚数、单株粒数、单株产量、叶绿素含量、净光合速率（P_n）、POD 活性均高于抗性相对较弱的黑农 44 和合丰 25，这些形态性状和生理指标可作为抗旱性鉴定的指标加以综合利用。形态抗性和细胞膜稳定性作用等研究结果在一定程度上揭示了大豆抗旱性的生理基础。

本文原载于 2012 年《全国大豆科研生产讨论会》。

大豆远缘嫁接诱变技术的优化

潘相文 [1]，孙晓环 [2]，张凤芸 [3]，赵超 [3]，张雪松 [3]，杜维广 [1]

（1.中国科学院东北地理与农业生态研究所黑土生态重点实验室，黑龙江 哈尔滨 150081；2.黑龙江省农业科学院牡丹江分院，黑龙江 牡丹江 157041；3.黑龙江生物科技职业技术学院，黑龙江 哈尔滨 150025）

摘 要：为完善和优化大豆远缘嫁接诱变技术体系，以与大豆远缘的 8 种植物为砧木，以 4 个大豆品种（系）为接穗进行嫁接试验。结果表明：以 6~8 日龄的大豆幼苗作为接穗可提高远缘嫁接成活率，其中 7 日龄大豆幼苗的嫁接成活率最高。砧木类型对远缘嫁接大豆后代诱变率和诱变方向有重要影响，番茄/龙选 1 号、蓖麻/科绿 2 号、生姜/科绿 2 号、蓖麻/田丰 90 和洋姜/田丰 90 嫁接组合的诱变率较高，同时以生姜和番茄作为砧木与大豆接穗嫁接后代可出现高蛋白、高油和晚熟类型突变；以甘薯和马铃薯为砧木与大豆接穗嫁接后代可出现多分枝和丰产类型突变；以蓖麻和洋姜为砧木与大豆接穗嫁接后代可出现抗逆性强（抗倒伏）和植株矮化的突变类型；以南瓜和葫芦为砧木与大豆接穗嫁接后代可出现晚熟和高大植株的突变类型。嫁接亲和力评价结果表明，以南瓜、马铃薯、番茄和生姜作为砧木的嫁接亲和力较高，以科绿 2 号为接穗的嫁接亲和力较高。

关键词：大豆；远缘嫁接；诱变技术；优化

Optimization of Distant Grafting Mutagenesis Technology in Soybean

PAN Xiang-wen[1], SUN Xiao--huan[2], ZHANG Feng--yun[3], ZHAO Chao[3], ZHANG Xue--song[3], DU Wei--guang[1]

(1. *Key Laboratory of Mollisols Soil Ecology, Northeast Institute of Geography and Agroecology, Chinese Academy of Sciences, Harbin* 150081, *China*;

2. *Mudanjiang Branch of Heilongjiang Academy of Agricultural Sciences, Mudanjiang* 157041, *China*;

3. *Heilongjiang Vocational College of biology Science and technology, Harbin* 150025, *China*)

Abstract: Heterograft mutagenesis technology of plant is a kind of effective way for plant resources innovation, optimizing and improving the technical system of heterograft mutagenesis is presently an important and urgent task. The heterograft experiments with 8 species far from soybean in genetic relationship used as the rootstocks and 4 soybean varieties or lines used as the scions were conducted to improve and optimize the technical system of heterograft mutagenesis in soybean. The results indicated that the 6~8 days–old soybean seedlings as the scions when grafted could improve the survival rate of graft, among which the grafting survival rate for 7 days–old soybean seedlings was the highest. The types of rootstock had an important influence on the mutation rates and directions of heterografted soybean offspring, the grafting combinations for tomato / Longxuan 1, castor / Kelv 2, ginger / Kelv 2, castor / Tianfeng 90 and Jerusalem artichokes / Tianfeng 90 performed with higher mutation rate. At the same time, the soybean scions grafted with ginger and tomatoes as the rootstocks might induce the mutations with high protein, high oil and late mature in the offspring, the branchy and high yield mutations in the offspring for the combinations of sweet potato and potatoes as the rootstocks, the strong resistance (lodging–resistance) and dwarf plant height mutations in the off spring for the combinations of castor and Jerusalem artichokes as rootstocks, and the late mature and tall plant height mutations in the off-pring for the combinations of pumpkin and gourd as the rootstocks. Through the grafting compatibility evaluation, It was found that the rootstocks such as pumpkin, potatoes, tomatoes and ginger had higher grafting compatibility while soybean line Kelv 2 as the scion possessed higher grafting compatibility.

Keywords: Soybean (*Glycine max* L. Merr.); Heterograft; Mutagenesis technology Optimization;

嫁接技术起源于中国，并认为是受到自然界中"连理枝"现象的启发而发展起来的，距今已有 3 000 多年的历史[1]。最初，嫁接技术被用于果树的繁殖和生产，以提高抗寒性、抗病性及加快品种更替。后来，嫁接技术在蔬菜、花卉的繁殖和生产得到了迅速应用。在生产实际和研究中，人们发现远缘嫁接（种间嫁接）不仅可以提高植物的抗逆性，还可以导致果实形状和口味的改变，而且这种变异是可以稳定遗传的[2-4]。于是，科研工作者就开始了利用远缘嫁接创造植物遗传变异的探索研究，进而初步形成了植物远缘嫁接诱变技术。近年来，利用该技术已在棉花、绿豆、小麦、甘薯、花生等作物上创造出大量优异的资源，并培育出很多抗逆、优质、丰产新品种（系）[5]。然而，这项技术并没有得到科研工作者的普遍认可和应用，主要原因在于远缘嫁接诱变的机理尚不清楚，同时远缘嫁接诱变技术的掌握和熟练程度也是限制该技术推广应用的重要瓶颈。为此，研究以与大豆远缘的8种植物为砧木，以4个大豆品种（系）为接穗，探究大豆接穗接龄对嫁接成活率的影响及砧木类型对嫁接诱变率的影响，评价砧木与大豆嫁接的亲和力，最终完善和优化大豆远缘嫁接诱变技术体系，以推进大豆资源创新和品种改良的进程。

1 材料与方法

1.1 材料

砧木材料：生姜、南瓜、葫芦、番茄、洋姜、马铃薯、甘薯和蓖麻，分别购于农贸市场和农科院园艺所。

大豆材料：龙选1号、东农42、科绿2号和田丰90，选自中国科学院东北地理与农业生态研究所种质资源库。

1.2 方法

1.2.1 砧木材料的培育

甘薯块茎于2010年4月20日播种在直径为50 cm的塑料桶中，栽培基质是由河沙与农田土以2：1混合而成，待甘薯苗长至10 cm时移栽到直径为25 cm的塑料桶中，每桶栽3株，及时补水保证甘薯苗健康生长；番茄种子于5月1日播种在温室内的营养钵中，栽培基质由草炭土和农田土以1：2比例混合而成，待小苗长到10 cm时移栽到直径为25 cm的塑料桶中，每桶栽3株，及时补水保证番茄苗健康生长；生姜、马铃薯和洋姜块茎及南瓜、葫芦和蓖麻种子于5月10日直接播种在直径为25 cm的塑料桶中，遮阴保湿7 d后在正常条件下生长，出苗后保证每盆3株幼苗，及时补水保证幼苗健康生长。

1.2.2 接穗材料的培育

选取整齐一致的龙选1号、东农42、科绿2号和田丰90大豆种子分别于6月1日、11日和21日播种在直径为15 cm的塑料桶中，每桶播20粒种子，每份材料每期播10桶，播种时要均匀浅播，保证大豆出苗整齐一致。

1.2.3 远缘嫁接及其后期管理

远缘嫁接技术及其嫁接后遮阴管理、水分管理、

表1 不同嫁接组合收获的 G_0 代种子数量

Table 1 Seeds numbers of G_0 generation harvested from different grafting combinations

砧木材料 Root stocks	接穗大豆品种（系） Varieties or lines of scion soybean			
	龙选1号 Longxuan 1	东农42 Dongnong 42	科绿2号 Kelv 2	田丰90 Tianfeng 90
南瓜 Pumpkin	6	7	8	5
甘薯 Sweet poatato	6	5	7	4
马铃薯 Potato	6	6	8	4
蓖麻 Castor	3	4	3	3
番茄 Tomato	8	5	8	5
洋姜 Jerusalem ar-tichoke	4	3	4	3
葫芦 Bottle gourd	7	6	6	5
生姜 Ginger	8	7	6	6

接穗自生根剔除和砧木主茎去除等参照潘相文等[6]的程序和方法进行。嫁接后 7~45 d，检查接穗自生根生长状况，并及时用刀片剔除，注意不要伤及嫁接结合处；嫁接后 15 d，调查不同日龄大豆幼苗成活的株数，并计算嫁接成活率；嫁接后 50 d，嫁接体停止遮阴，并切断砧木主茎，仅保留地上部 15 cm 以下的部分；最后成活的嫁接材料采取正常管理一直到成熟，并收获嫁接当代（G_0 代）种子。

1.2.4 嫁接后代突变类型的鉴定

于 2011 年 5 月 8 日将 2010 年不同嫁接组合收获的 176 粒 G_0 代种子以嫁接组合为单元进行种植，各嫁接组合及其收获的 G_0 代种子数量见表 1。每个组合种植 1~2 桶，每桶 3~5 粒种子，同时种植原始接穗大豆材料各 5 桶，每桶 4 株。根据大豆形态性状和生态性状差异，鉴别株高、叶形、叶色、花色、茸毛色、分枝数、熟期、抗倒伏性、丰产性、蛋白质含量和油分含量 12 个性状的突变体，并计算出不同嫁接组合的嫁接诱变率。

1.3 数据分析

所有数据采用 Excel 进行录入和分析，图形采用 Sigma Plot（10.0）绘制。

2 结果与分析

2.1 大豆接穗接龄对嫁接成活率的影响

分别以 5~9 日龄的大豆幼苗作为接穗，以番茄作为砧木，探讨了大豆接穗接龄对嫁接成活的影响。

根据图 1 可以看出，嫁接时接穗接龄对嫁接成活率有重要的影响，其中以 6~8 日龄的大豆幼苗为接穗时嫁接成活率较高，均在 70% 以上，最高可达到 80%。因此，在嫁接时，选择适宜日龄的大豆幼苗作为接穗才能取得较高的成活率，日龄过小或者过大都会降低成活率。

2.2 大豆远缘嫁接的亲和力评价

采用嫁接成活率来体现嫁接亲和力。根据表 2 可以看出，南瓜与龙选 1 号和科绿 2 号、马铃薯与东农 42和科绿 2 号、番茄与龙选 1 号和科绿 2 号、葫芦与龙选1 号以及生姜与龙选 1 号和东农 42 嫁接的成活率最高，

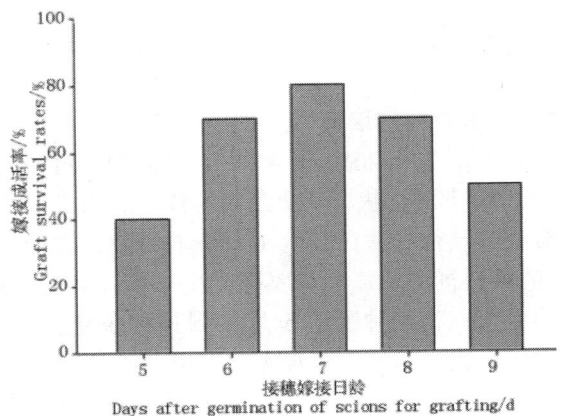

图 1　嫁接时接穗接龄对嫁接成活率的影响
Fig. 1　Effects of scion days after germination on grafting survival rates when grafted

达到了 80%，说明它们之间具有较好的嫁接亲和力。针对不同砧木而言，南瓜、马铃薯、番茄和生姜的嫁接成活率较高，表现出较好的嫁接亲和力；而蓖麻和洋姜的嫁接成活率较低，表现出较差的嫁接亲和力。针对不同大豆接穗而言，科绿 2 号的嫁接成活率较高，表现出较好的嫁接亲和力，而田丰 90 的嫁接成活率相对较低，表现出较差的嫁接亲和力。从整体上来看，各种嫁接组合的平均成活率为 65%，这不仅证明了远缘嫁接技术的可行性，也为后期的嫁接诱变的发生提供了保障。

砧木材料 Root stocks	接穗大豆品种(系) Varieties or lines of scion soybean				
	龙选 1 号 Longxuan 1	东农 42 Dongnon 42	科绿 2 号 Kelv 2	田丰 90 Tianfeng 90	平均 Average
南瓜 Pumpkin	80	70	80	70	75
甘薯 Sweet potato	60	70	70	60	65
马铃薯 Potato	75	80	80	65	75
蓖麻 Castor	40	50	40	30	40
番茄 Tomato	80	70	80	70	75
洋姜 Jerusalem artichoke	50	40	50	40	45
葫芦 Bottle gourd	80	70	70	60	70
生姜 Ginger	80	80	70	70	75
平均 Average	65.6	66.3	67.5	58.1	65.0

2.3　砧木类型对大豆远缘嫁接诱变效率的影响

　　所有 G_0 代种子播种后,出苗率为 87.5%,即有 154 粒种子正常出苗。通过精细的形态学和生态学鉴定,共鉴定出 31 个突变材料,总突变率达 20.13%。研究表明,不同砧木类型对嫁接诱变率的贡献率是不同的,番茄、蓖麻、生姜、蓖麻和洋姜与大豆嫁接表现为相对较高的诱变效率。研究也发现,不同嫁接组合后代的突变类型是有区别的,而且与砧木类型明显相关。以生姜和番茄作为砧木与大豆接穗嫁接后代可出现高蛋白、高油和晚熟类型突变;以甘薯和马铃薯为砧木与大豆接穗嫁接后代可出现多分枝和丰产类型突变;以蓖麻和洋姜为砧木与大豆接穗嫁接后代可出现抗逆性强（抗倒伏）和植株矮化的突变类型;以南瓜和葫芦为砧木与大豆接穗嫁接后代可出现晚熟和高大植株的突变类型。

表3　不同嫁接组合诱变效率的比较

Table 3　Comparison of induction efficiency for different grafting combinations

嫁接组合 Grafting combinations	出苗数 Seedling numbers	突变植株数 Numbers of mutation plant	突变性状 Traits of mutation	突变率 Mutation rates/%
南瓜/龙选1号 Pumpkin/Longxuan 1	5	1	植株高大、晚熟	20.0
甘薯/龙选1号 Sweet potato/Longxuan 1	5	1	分枝、荚密、抗倒	20.0
马铃薯/龙选1号 Potato/Longxuan 1	4	1	分枝、荚密、早熟	25.0
蓖麻/龙选1号 Castor/Longxuan 1	3	0	—	—
番茄/龙选1号 Tomato/Longxuan 1	6	2	高油、抗倒、晚熟	33.3
洋姜/龙选1号 Jerusalem artichoke/Longxuan 1	4	1	抗倒、分枝、植株矮	25.0
葫芦/龙选1号 Bottle gourd/Longxuan 1	6	1	植株高大、荚大、晚熟	16.7
生姜/龙选1号 Ginger/Longxuan 1	7	1	高油、晚熟、分枝	14.3
南瓜/东农42 Pumpkin/Dongnong 42	6	1	植株高大、分枝、晚熟	16.7
甘薯/东农42 Sweet potato/Dongnong 42	5	1	分枝、节间短、抗倒	20.0
马铃薯/东农42 Potato/Dongnong 42	5	1	分枝、荚密、早熟	20.0
蓖麻/东农42 Castor/Dongnong 42	4	1	抗倒、抗病、植株矮	25.0
番茄/东农42 Tomato/Dongnong 42	4	1	高油、晚熟、荚多	25.0
洋姜/东农42 Jerusalem artichoke/Dongnong 42	3	0	—	—
葫芦/东农42 Bottle gourd/Dongnong 42	5	1	植株高大、荚密、晚熟	20.0
生姜/东农42 Ginger/Dongnong 42	6	1	高油、高糖、晚熟	16.7
南瓜/科绿2号 Pumpkin/Kelv 2	8	2	植株高大、抗倒、晚熟	25.0
甘薯/科绿2号 Sweet potato/Kelv 2	6	1	分枝、荚密、荚大	16.7
马铃薯/科绿2号 Potato/Kelv 2	7	1	分枝、荚密、叶大	14.3
蓖麻/科绿2号 Castor/Kelv 2	3	1	抗倒、荚密、植株矮	33.3
番茄/科绿2号 Tomato/Kelv 2	7	1	高油、晚熟、分枝少	14.3
洋姜/科绿2号 Jerusalem artichoke/Kelv 2	4	1	抗倒、植株矮	25.0
葫芦/科绿2号 Bottle gourd/Kelv 2	5	1	植株高大、晚熟、抗倒	20.0
生姜/科绿2号 Ginger/Kelv 2	6	2	高蛋白、晚熟、抗倒	33.3
南瓜/田丰90 Pumpkin/Tianfeng 90	4	1	植株高大、荚密、晚熟	25.0
甘薯/田丰90 Sweet potato/Tianfeng 90	4	1	分枝、高蛋白、荚密	25.0
马铃薯/田丰90 Potato/Tianfeng 90	3	0	—	—
蓖麻/田丰90 Castor/Tianfeng 90	3	1	抗倒、植株矮、荚密	33.3
番茄/田丰90 Tomato/Tianfeng 90	4	1	高油、抗逆、晚熟	25.0
洋姜/田丰90 Jerusalem artichoke/Tianfeng 90	3	1	抗倒、植株矮、分枝	33.3
葫芦/田丰90 Bottle gourd/Tianfeng 90	4	0	—	—
生姜/田丰90 Ginger/Tianfeng 90	5	1	高蛋白、晚熟、荚密	20.0

3 讨 论

3.1 接穗接龄对嫁接成活率的影响

成功的嫁接必须有维管束连接，同时接口处新形成的连结完善的形成层向内产生的木质部中出现导管，向外产生的韧皮部中出现筛管[1]。一般来讲，嫁接成活的过程需要 10~15 d，因嫁接组合而异，所以文中根据嫁接后 15 d 大豆接穗与不同砧木的结合和生长状况来评定嫁接的成活。除了嫁接技术及应用有效的调控剂外，适宜的嫁接时期是嫁接成功的关键。不同日龄大豆接穗与番茄砧木嫁接的试验表明，大豆接穗的嫁接日龄对嫁接成活率有重要的影响。其中以 6~8 日龄的大豆幼苗为接穗时嫁接成活率较高，均在 70%以上，最高可达到 80%，日龄过小或者过大都会降低嫁接成活率。因此，在今后的嫁接实践中建议以 6~8日龄的大豆幼苗作为接穗材料。

3.2 砧木与接穗的嫁接亲和力

嫁接亲和力一般是指砧木和接穗在遗传上、生理上的关系，以及通过嫁接后的愈合生长能力。植物的亲缘关系、生理、形态结构和遗传特性以及内含物决定亲和力的大小[7]。因此，不同的嫁接组合会表现出不同的嫁接亲和力。本研究通过嫁接成活率的比较反映了嫁接亲和力的高低，结果表明，南瓜、马铃薯、番茄和生姜的嫁接成活率较高，表现出较好的嫁接亲和力；而蓖麻和洋姜的嫁接成活率较低，表现出较差的嫁接亲和力。针对不同大豆接穗而言，科绿 2 号的嫁接成活率较高，表现出较好的嫁接亲和力，而田丰90 的嫁接成率相对较低，表现出较差的嫁接亲和力。然而，嫁接亲和力往往会与嫁接诱变率呈负相关，可见，在嫁接实践中要结合嫁接成活率和嫁接诱变率来确定适于资源创新的嫁接组合。

3.3 砧木类型对大豆远缘嫁接诱变效率的影响

远缘嫁接诱变率受到多种因素和管理措施的影响，其中砧木类型是相对重要的影响因素，因为它不仅影响嫁接后代的突变数量，还在一定程度上决定突变产生的类型和方向，这将对定向诱变或创新种质资源提供非常有意义的指导。研究发现，大部分组合（87.5%）均有突变性状的产生，这进一步证明了植物间的远缘嫁接是创造遗传变异的有效途径。而且，不同砧木类型对嫁接诱变率的贡献率不同，番茄、蓖麻、生姜和洋姜与大豆嫁接表现为相对较高的诱变效率，因此在今后的嫁接实践中应主要利用这些砧木类型来重点研究。研究还发现不同嫁接组合后代的突变类型是有区别的，而且与砧木类型明显相关。如果要创造品质和熟期类型突变，应以利用生姜和番茄等砧木类型为主；如果欲创造多分枝和丰产类型突变，应以利用甘薯和马铃薯等砧木类型为主；如想创造植株矮化和抗逆类型突变，应以利用蓖麻和洋姜等砧木类型为主；如果要获得株高和熟期类型突变，应以利用南瓜和葫芦等砧木类型为主。

参考文献（略）
本文原载于《大豆科学》2012 年 02 期。

第四章　大豆品种分子生物学

东北春大豆花荚脱落性状与 SSR 标记的关联分析

王欢 [1,2]，孙霞 [1]，岳岩磊 [3]，孙晓环 [3]，徐琰 [1]，王燕平 [3]，宗春美 [3]，潘相文 [1]，杜维广 [3]，孔凡江 [1]，任海祥 [3]，刘宝辉 [1]，袁晓辉 [1]

（1.中国科学院大豆分子设计育种重点实验室，中国科学院东北地理与农业生态研究所，黑龙江 哈尔滨 150081；2.中国科学院大学，北京 100049；3.黑龙江省农业科学院牡丹江分院，黑龙江 牡丹江 157041）

摘　要：花荚脱落是大豆生殖生长过程中的一种自我调节现象，同时也是限制大豆产量提高的主要因素之一。为了筛选与大豆花荚脱落相关的 SSR 标记位点，研究分别以 2011 年种植的 104 个和 2012 年种植的 314 个东北春大豆种品种组成的两个自然群体为材料，选用分布于 20 个连锁群的 205 对 SSR 引物对供试材料进行基因分型。利用 TASSEL 软件包中的 GLM 程序，以 Q 值作为协变量，进行花荚脱落性状与 SSR 标记的关联分析。结果显示，在供试材料中共检测到 763 个等位变异，每个标记有 2~12 个等位变异，每个标记多态性信息量为 0.054~0.771。花荚脱落性状与 SSR 标记的关联分析表明，共有 33 个 SSR 标记位点与东北春大豆花荚脱落性状显著相关，在 2011 年和 2012 年均检测到的位点有 4 个，分别为 B2 连锁群上的 Satt534、E 连锁群上的 Satt452、J 连锁群上的 Satt244 以及 O 连锁群上的 Satt478。本研究结果为选育出花荚脱落率低的东北春大豆的标记辅助育种提供了理论依据。

关键词：大豆；多样性信息量；连锁不平衡；群体结构；关联分析

Association Mapping of Flower and Pod Abscission with SSR Markers in Northeast Spring Sowing Soybeans

WANG Huan[1,2], SUN Xia[1], YUE Yan–lei[3], SUN Xiao–huan[3], XU Yan[1], WANG Yan–ping[3], ZONG Chun–mei[3], PAN Xiang–wen[1], DU Wei–guang[3], KONG Fan–jiang[1], REN Hai–xiang[3], LIU Bao–hui[1], YUAN Xiao–hui[1]

(1. *Key Laboratory of Soybean Molecular Design Breeding, Northeast Institute of Geography and Agroecology, CAS, Harbin* 150081, *China*;
2. *University of Chinese Academy of Sciences, Beijing* 100049, *China*;
3. *Heilongjiang Academy of Agricultural Sciences, Mudanjiang Branch, Mudanjiang* 157041, *China*)

Abstract: Flower and pod abscission is a self–adjusting phenomenon in the reproductive stage of soybean, which is one of the most important factors restricting soybean yield. Elite SSR markers associated with the flower and pod abscission rate in the northeast spring so–wing soybean, consisting of 104 (in 2011) and 314 (in 2012) accessions were measured at flowering and maturation stage under the same field management in Mudanjiang experimental locations, China. A total of 205 SSR markers distributing on the 20 linkage groups of soybean were utilized to genotype the tested materials. The linkage disequilibrium and the structure of the population were analyzed. The association analysis between SSR and flower and pod abscission rate was performed using TASSEL GLM (general linear model) program with the Q value as the covariate, aimed to screen out the loci with significant effects on the flower and pod abscission of northeast spring soybeans. A total of 763 alleles were identified on 205 SSR loci, and each locus had 2~12 alleles. The polymorphism information contents (PICs) of the SSR loci ranged from 0.054~0.771. SSR loci were found to be significantly associated with flower and pod abscission rate on the 205 SSR markers. The results showed that, both in 2011 and 2012, four SSR loci associated with the phenotype of flower and pod abscission rate were detected, and they were mapped on the Satt534 (B2), Satt452 (E), Satt244 (J), Satt478 (O). The results of this study were meaningful for the marker assisted selection breeding of northeast spring sowing soybean varieties with low flower and pod abscission rate quality.

Keywords: Soybean; Polymorphism informal contents; Iinkage disequilibrium; Population structure; Association mapping

0 引 言

植物器官脱落是自然界中的普遍现象，是植物自我保护的方式之一，但是在农业生产中，植物器官的脱落会带来严重的损失，如大豆的落花落荚。对植物器官脱落，特别是作物器官脱落进行研究，具有重要的意义。近年来，关于植物器官脱落的研究已深入到分子生物学水平，研究认为植物器官脱落的生理生化活动主要发生在器官基部的离区内。在植物离区发育和器官脱落相关基因的研究中，拟南芥和水稻的研究较为成熟。在拟南芥中，已鉴定出多个与离区发育和器官脱落相关基因，如影响花器官的离层发育的 *KNAT/BP* 基因[1]和引发花器官脱落的 *IDA* 和 *HAESE* 基因[2]。并且解析了由 *AS*1、*AS*2、*JAG*、*KNAT1BP* 和 *FIL* 等组成的拟南芥果荚离层发育调控网络[3-5]。在水稻中，落粒性的分子机制研究也有了突破性进展，目前已成功克隆了落粒性基因 *SH*4、*SHA*1、*qSH*1 和 *OsSH*1[6-9]。

大豆花荚脱落普遍存在于大豆生殖生长过程中，是影响产量提高的重要因素之一。实验和实践证明，通过降低花荚脱落率，提高大豆籽粒生产的潜力很大[10]。大豆花荚脱落率可达 30%~80%[11]，在不同品种间存在明显差异，这为研究调控大豆花荚离区发育和器官脱落相关基因提供了材料平台。长期以来，研究者对大豆花荚脱落的生理生化和激素水平进行了大量研究，在大豆花数和荚数相关 QTL 定位方面也取得了较大的进展[12-13]，但在花荚脱落基因定位方面的研究相对较少。关联作图是以自然群体为材料，以连锁不平衡为基础的一种分析方法，可用于鉴定群体内与目标性状密切相关的候选基因或遗传标记。关联作图自 Thornsberry 等[14]首次应用于植物数量性状研究后，因其作图不需构建群体、定位精确、考察位点多[15]等优点，被广泛应用于作物数量性状基因定位研究。近些年利用关联作图解析与大豆产量性状相关 SSR 分子标记的研究已成为热点，2008 年文自翔等[16]对大豆的 16 个农艺、品质性状与 SSR 标记进行了关联分析；2013 年范虎等[17]对百粒重、开花期、成熟期等农艺性状与 SSR 标记进行关联分析。在范虎的研究中共获得 51 个关联位点，其中 16 个与连锁分析定位的 QTL 一致。

研究以东北春大豆种质资源组成的自然群体为试验材料，种植于黑龙江省农科院牡丹江分院大豆试验田，对其花荚脱落情况精确鉴定，2 年重复。利用分布于 20 个连锁群上的 205 个 SSR 标记进行基因分型。在遗传多样性、群体结构和连锁不平衡情况的分析基础上，利用关联分析方法解析与东北春大豆花荚脱落率显著相关的分子标记位点。研究结果可为后续相关基因克隆和分子育种提供参考。

1 材料与方法

1.1 试验材料及田间设计

以 1960 年—2011 年东北育种单位育成的主要品种和部分祖先品种为材料，2011 年为 104 个东北春大豆品种，2012 年在 2011 年已有品种的基础上增加至 314 个。田间试验分别于 2011 年和 2012 年在黑龙江省农科院牡丹江分院大豆试验田进行，随机区组实验设计。2011 年每个品种种植 4 行，行长 3 m，行距 70 cm，种植密度为每平方米 10 株，3 次重复。2012 年行长 2 m，行距 65 cm，种植密度分别为每平方米 10 株和 20 株。2 年使用同样的田间管理方法。

1.2 表型性状调查与分析

根据 Fehr[18]提出的大豆生育时期的鉴定方法确定大豆生育时期。在 R1 期，每品种连续取 5 株，在垄上用纱布网将 5 株围起，垄上地面纱布网封闭，形成上开口的长方形箱，保证花荚脱落在封闭的长方形箱内。在花期和成熟期分别调查纱布网内花和荚的脱落数，R8 期对纱网内 5 株进行考种，花荚脱落率为平均单株花荚脱落数占平均单株花荚总数的百分比。利用 SAS 8.0 软件分别统计花荚脱落率的平均值、标准差、变异系数等。

1.3 SSR 标记全基因组扫描

利用改良的 SDS 法[19]，从大豆种子中提取总 DNA。依据 2011 年统计的花荚脱落率结果，由高到低选择 10 份有代表性的品种作为样本筛选引物，从大豆公共遗传图谱的 1 000 对引物中筛选出均匀分布于在 20 个连锁群具有多态性的引物 205 对。PCR 反应体系为 10 μL，含 1 μLDNA（100 ng·L⁻¹）、1 μL 引物对（10ng·L⁻¹）、5 μL 2×Takara PCR master mix，3 μLdH₂O，使用 ABI Gene Amp PCR System 9700 PCR 仪扩增。PCR 反应程序为 95 ℃ 4 min；95 ℃ 30 s，46 ℃ 30 s，72 ℃ 30 s，40 个循环；72 ℃ 7 min，4 ℃保存。用 12%的聚丙烯氨酰胺凝胶分离 PCR 扩增产物，EB 替代染料染色。胶片在 BIO–RAD Gel Doc XR System 成像系统中扫描分析。

1.4 数据处理

1.4.1 SSR 标记分析

用 Quantity One 软件依据 Takara 50 bp DNA Ladder Marker 确定 SSR 等位变异的分子量，根据聚丙烯凝胶电泳的结果统计每个样品的等位变异类型。用 Power Marker V 3.25 软件计算每个 SSR 位点的变异数目、变异频率和多态信息含量（polymorphism information content，PIC）。用 STRUCTURE2.3 软件对 2011 年（104 个品种）和 2012 年（314 个品种）的群体进行类群划分。本文选取 205 个 SSR 位点进行分析，假设每个位点独立，并设定群体数目（K）为 2~10 每个 K 值运行 5 次，再跟据 Evanno[20]等发表的方法确定合适的 K 值。公式为：$\Delta k = m[|L(K+1)-2L(K)+L(K-1)|]/s[L(K)]$。用 TASSEL 2.1 软件中 Link.Diseq.分析样本中成对 SSR 位点的 r² 和 D'值，绘制 LD 配对情况矩阵图。从中筛选出共线（位于同一连锁群）SSR 位点对，以 D'值作为纵坐标，以 SSR 位点对的相对遗传距离为横坐标，利用 SPSS 19 绘制衰减散点图、并配置对数函数方程。

1.4.2 表型性状与 SSR 标记的关联分析

用 TASSEL 2.1 软件中的 GLM（general linear model）程序，将各个体的 Q 值作为协变量，对东北春大豆的表型数据和 SSR 标记的变异进行回归分析，分析结果中 $P < 0.05$ 的标记被认为与目标性状相关联。

2 结果与分析

2.1 表型性状分析

对 2011 年和 2012 年的田间表型数据统计分析结果，见表 1。

表1　供试群体材料花荚脱落率的统计分析

Tab. 1　Statistic data of flower and pod abscission rate

年份 Year	种植密度 Plant density（plant·m⁻²）	平均值 Mean（%）	标准差 SD	最小值 Min（%）	最大值 Max（%）	变异系数 CV（%）
2011	10	49.26	11.72	22.62	77.90	23.80
2012	10	32.84	10.22	10.86	59.16	31.12
2012	20	33.36	7.56	15.93	53.34	22.66

2011 年大豆花荚脱落率为 22.63%~77.90%，平均花荚脱落率为 49.26%。2012 年，种植密度为每平方米 10 株的大豆花荚脱落率为 10.86%~59.16%，平均花荚脱落率为 32.84%；种植密度为每平方米 20 株的大豆花荚脱落率为 15.93%~53.34%，平均花荚脱落率为 33.36%。比较两年的统计数据可知，2011 年的大豆花荚脱落率的平均值高于 2012 年两种种植密度，且差异较大。比较 2012 年不同种植密度的统计数据可知，种植密度为每平方米 10 株的大豆花荚脱落率低于种植密度为每平方米 20 株，差异也较大。2 年测得的相

同品种大豆花荚脱落率虽然不同，但在不同年际、不同种植密度的群体中各品种的花荚脱落率高低趋势是一致的。

2.2 遗传多样性分析

利用 205 对 SSR 引物标记分析 2011 年和 2012 年的参试东北春大豆的遗传多样性，统计各位点等位变异数和多样性信息量（polymorphism information contents，PIC），见表 2。2 年中所有标记位点的等位变异数与其 PIC 值都呈极显著正相关（2011 年：$r=0.551$，$P<0.01$；2012 年：$r=0.528$，$P<0.01$）。

在 2011 年 104 份大豆材料的 205 个 SSR 标记中共检测到等位变异 659 个，标记的等位变异数目变化范围为 2~10 个，每个标记平均有 3.214 个等位变异，标记 PIC 值变幅为 0.054~0.766。其中，N 连锁群的平均 PIC 值最高，为 0.456；H 连锁群的平均 PIC 值最低，为 0.27。在 2012 年 314 份供试材料的 205 个 SSR 标记中共检测到等位变异 763 个，标记的等位变异数目变化范围为 2~12 个，每个标记平均有 3.722 个等位变异，标记 PIC 值变幅为 0.054~0.771。其中，D1b 连锁群的平均 PIC 值最高，为 0.453；H 连锁群的平均 PIC 值最低，为 0.280。

在所有 SSR 标记中，Satt406（A2）和 Satt592（O）均检测到 5 个等位变异，PIC 值分别为 0.703 和 0.357，差异很大。Satt592 等位变异的分布不均匀，其中 Satt592-1 的频率高达 76%，说明 Satt592 的选择倾向性较强，说明 Satt592 可能与控制某农艺性状的基因紧密连锁。

表 2　2011 年和 2012 年东北春大豆品种中 205 个 SSR 位点的等位变异和多态性信息含量（PIC）

Tab. 2　Allele number and polymorphic information content（PIC）of 205 SSR markers in 2011 and 2012 northeast spring sowing soybeans

连锁群 Linkage group	标记数目 Number of markers	2011 年			2012 年		
		平均等位变异数目 Average number of alleles	平均 PIC Average PIC	PIC 范围 Range of PIC	平均等位变异数目 Average number of alleles	平均 PIC Average PIC	PIC 范围 Range of PIC
A1	10	3	0.351	0.195 ~ 0.560	3	0.361	0.222 ~ 0.593
A2	11	3	0.441	0.203 ~ 0.728	4	0.435	0.140 ~ 0.703
B1	6	3	0.420	0.331 ~ 0.566	3	0.421	0.349 ~ 0.564
B2	8	4	0.440	0.103 ~ 0.766	5	0.446	0.117 ~ 0.771
C1	9	3	0.355	0.259 ~ 0.432	3	0.364	0.256 ~ 0.461
C2	13	3	0.387	0.180 ~ 0.659	3	0.388	0.220 ~ 0.642
D1a	13	3	0.343	0.071 ~ 0.508	3	0.347	0.054 ~ 0.523
D1b	13	4	0.448	0.155 ~ 0.669	4	0.453	0.123 ~ 0.686
D2	8	3	0.363	0.103 ~ 0.582	4	0.357	0.102 ~ 0.594
E	7	3	0.355	0.270 ~ 0.492	4	0.365	0.279 ~ 0.460
F	11	3	0.303	0.054 ~ 0.472	3	0.308	0.076 ~ 0.485
G	19	3	0.408	0.118 ~ 0.645	4	0.422	0.141 ~ 0.675
H	8	3	0.270	0.071 ~ 0.550	4	0.280	0.088 ~ 0.534
I	8	4	0.418	0.195 ~ 0.589	6	0.444	0.223 ~ 0.652
J	9	3	0.352	0.200 ~ 0.566	4	0.328	0.143 ~ 0.573
K	9	4	0.405	0.071 ~ 0.620	4	0.403	0.060 ~ 0.609
L	8	3	0.375	0.118 ~ 0.537	4	0.381	0.148 ~ 0.508
M	13	3	0.373	0.150 ~ 0.626	3	0.382	0.159 ~ 0.644
N	10	4	0.456	0.155 ~ 0.597	4	0.449	0.161 ~ 0.605
O	12	3	0.367	0.089 ~ 0.636	3	0.383	0.060 ~ 0.623
平均值 Mean	10	3	0.382		4	0.386	

2.3 群体遗传结构分析

群体结构是关联分析在植物遗传学中应用的首要限制因素，在进行关联分析之前，明确群体的遗传结构并在分析中加以控制，能够降低伪关联的概率。本研究利用 205 对引物数据，采用基于数学模型的聚类方法对参试材料进行遗传结构分析，确定参试材料的亚群数目和群体结构。根据 Evanno 的方法，用 ΔK 确定 K 值。结果表明当参试种质的等位变异频率特征类型数 $K=2$ 时，2011 年 104 份和 2012 年 314 份材料的 ΔK 都为最大值。因此判断两样本亚群数都为 2，群体结构分析结果如图 1 所示。按上述方法分类方法，将组成各亚群中品种的花荚脱落率进行统计，见表 3。结果表明 2011 年不同品种间花荚脱落率差异为 3.5 倍，2012 年种植密度为 10 株每平方米的不同品种间脱落率差异可达 5.4 倍，2012 年种植密度为 20 株每平方米的不同品种间脱落率差异为 3.3 倍。分别对不同年际、不同种植密度两亚群进行单因素方差分析（Analysis of Variance，ANOVA）显示，两亚群间花荚脱落率差异显著，说明 $K=2$ 与大豆花荚脱落率高低亚群的划分一致。

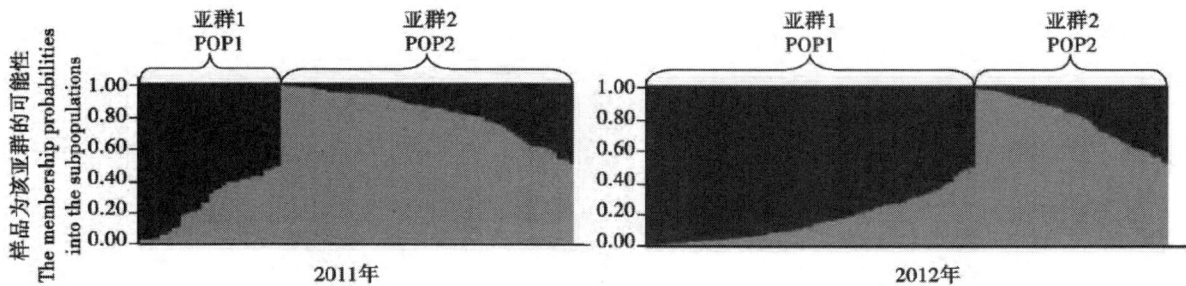

图 1 2011 年及 2012 年参试东北春大豆群体结构

Fig. 1 Population structure in Northeast spring sowing soybeans of 2011 and 2012

注：2011 年和 2012 年参试东北春大豆群体结构都为 2 个亚群，X 轴为品种数目，Y 轴上标记的数值代表该样品为该亚群的可能性。两种不同颜色代表 STRCTURE 软件预测被分为 2 个亚群。

The population of Northeast spring soybean tested in 2011 and 2012 was two subgroups, the *X*-axis was the number of varieties, and the value warked on the *Y*-axis,represented the possibility that sample was the subgroup. The two different colors represent STRCTVRE software prodiction are devided into two groups.

表 3 两亚群大豆花荚脱落率的统计

Tab. 3 Statistical description for soybean flowers and pods abscission rate in two subpopulations

亚群 Subpopulation	2011 年（10 plants·m⁻²）		2012 年（10 plants·m⁻²）		2012 年（20 plants·m⁻²）	
	POP1	POP2	POP1	POP2	POP1	POP2
数量 Number	34	70	197	116	197	116
平均值 Mean（%）	51. 33	45. 25	29. 20	39. 26	31. 63	36. 29
标准差 SD（%）	11. 38	11. 84	8. 29	10. 06	6. 95	7. 67
范围 Range（%）	32. 66~77. 90	22. 62~72. 09	10. 86~51. 99	16. 49~59. 16	15. 93~52. 92	17. 27~53. 34
F 值 F value	2.59		91.66		30.30	
p 值 p value	0.01		0.00		0.00	

注：两个亚群的单因素方差分析：$p<0.05$ 表示两亚群间差异显著，$p<0.01$ 表示两亚群间差异极显著。

ANOVA of the two subgroups $P<0.05$ indicates the difference between the two subgroups is significant, $P<0.01$ indicates the difference between the two subgroups is very significant.

2.4 东北春大豆的连锁不平衡

图 2 显示了各个连锁群上 SSR 位点间连锁不平衡的情况，在 205 个 SSR 位点所有组合中，共线性的

组合（同一连锁群）和非共线性组合（不同连锁群）都存在一定程度连锁不平衡（LD）。LD 成对位点数在 2011 年群体基因组中占所有位点组合的 5.40%，在 2012 年群体基因组中占 17.08%。从绝对数量上看，2012 年群体拥有的不平衡成对位点数较 2011 年群体位点多，但从 D'值次数分布及平均值来看，2011 年群体间连锁不平衡程度更高，见表 4。

LD 衰减延伸的距离决定了关联分析所需使用分子标记数量以及关联分析精度。将共线性成对 SSR 位点的 D'值随遗传距离的增加而发生的变化做回归分析，无论是在 2011 年还是 2012 年群体中，SSR 位点 D'值的衰减都很快，见图 3，且两年 D'值衰减都遵循方程 $Y=b\ln(x)+c$。以 D'最大值与最小值中点 0.415（2011 年）和 0.492（2012 年）为衰减临界，可分别求出 2011 年群体和 2012 年群体 LD 衰减延伸的最小距离分别为 23.37cM 和 2.62cM。两年 LD 衰减延伸的最小距离不同且差别较大，可能是由于 2012 年的实验材料多，品种间亲缘关系复杂所致。

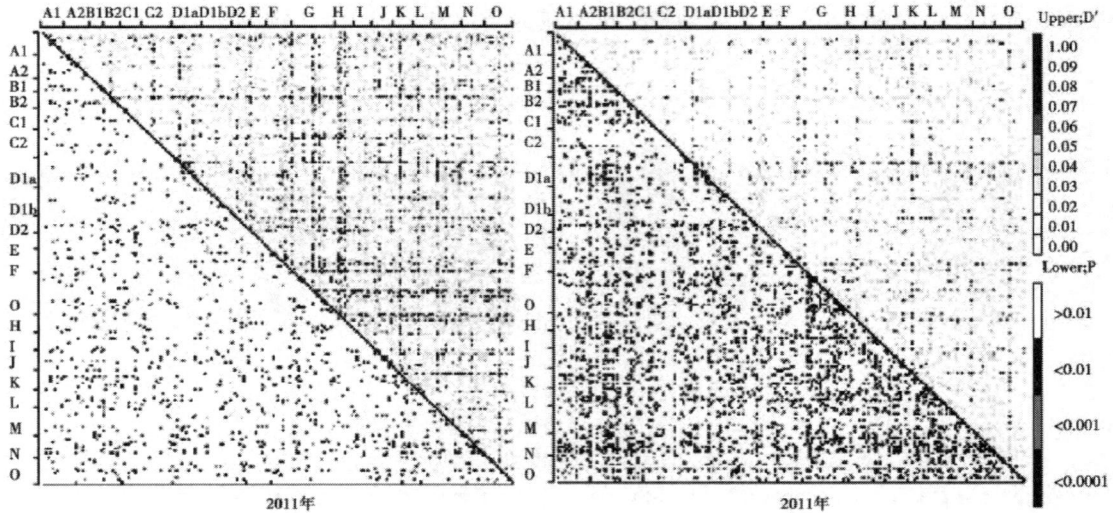

图 2   2011 和 2012 年东北春大豆 20 个连锁群 205 个 SSR 位点间连锁不平衡的分布

Fig. 2   Distribution of LD among 205 SSR loci on 20 linkage groups in northeast spring sowing soybeans of 2011 and 2012

注：黑色对角线上方每一像素格使用右侧的色差代码表征成对位点间 D'值大小，对角线下方为成对位点间 LD 的支持概率。

Each pixel lattice above the black diagonal uses the color difference code on the right to represent the D' value between the diagonal pointes, and below the diagonal is the support probability of LD between the diagonal points.

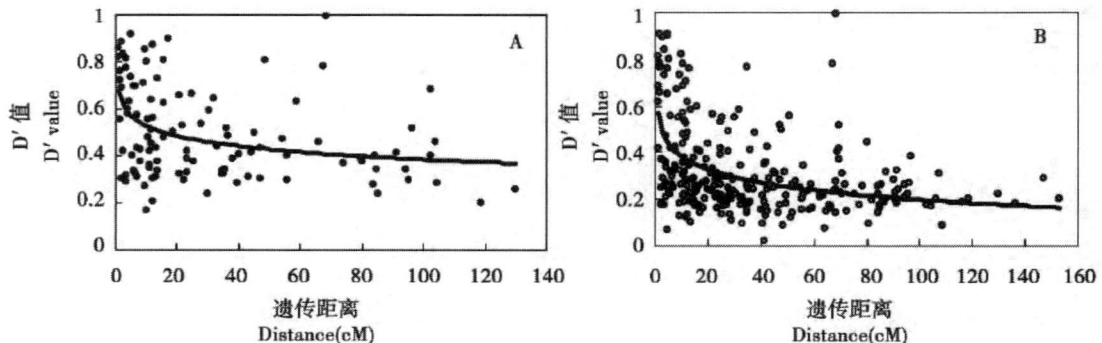

图 3   共线 SSR 位点 D′在 2011 年群体（A）及 2012 年群体（B）基因组随遗传距离衰减散点图

Fig. 3   Attenuation of D′value between synthetic marker pairs along with genetic distance increase in 2011（A）and 2012（B）

2.5 SSR 标记与东北春大豆花荚脱落性状的关联分析

关联分析结果发现共有 33 个位点与大豆花荚脱落性状显著相关，其中 Satt534（B2）、Satt452（E）、Satt244（J）和 Satt478（O）在两年中都被检测到，见表 5。

表5　与东北春大豆落花落荚率显著相关的标记位点及其对表型变异的解释率

Tab. 5　Marker loci associated with flower and pod abscission rate of northeast spring sowing soybeans and their explained phenotypic variation

连锁群 Linkage group	位点 Locus	图位 Position（cM）	104 个品种（104 accessions） 2011（10 plants·m⁻²） p 值 p-value	解释率 R^2	104 个品种 2012（10 plants·m⁻²） p 值 p-value	解释率 R^2	314 个品种（314 accessions） 2012（10 plants·m⁻²） p 值 p-value	解释率 R^2	314 个品种 2012（20 plants·m⁻²） p 值 p-value	解释率 R^2
A1	Satt526	27.98							2.50×10^{-2}	0.03
	Satt155	32.68	6.00×10^{-3}	0.10						
B1	Satt359	102.56					4.40×10^{-2}	0.02		
B2	Satt577	6.05							2.90×10^{-2}	0.08
	Satt534	87.59	9.99×10^{-4}	0.21	9.99×10^{-4}	0.17	9.99×10^{-4}	0.06		
C1	Satt578	65.08							9.99×10^{-4}	0.05
	Satt164	132.46					3.60×10^{-2}	0.02	1.80×10^{-2}	0.03
C2	Satt371	145.48					9.99×10^{-4}	0.04		
	Satt357	151.91					9.99×10^{-4}	0.04		
D1a	Satt071	100.39							1.40×10^{-2}	0.03
D1b	BF070293	47.28			9.99×10^{-4}	0.12				
E	Satt452	45.10	9.99×10^{-4}	0.19			9.99×10^{-4}	0.08		
	Sat_273	47.50			4.40×10^{-2}	0.07	3.40×10^{-2}	0.02	9.99×10^{-4}	0.04
F	Satt160	33.19	9.99×10^{-4}	0.14						
	Satt510	71.41			9.00×10^{-3}	0.11				
	Satt554	111.89					2.80×10^{-2}	0.04		
H	Satt052	64.10	9.99×10^{-4}	0.13						
I	Satt049	58.82					9.99×10^{-4}	0.05	9.99×10^{-4}	0.04
J	Satt244	65.04	9.99×10^{-4}	0.14	9.99×10^{-4}	0.15				
K	Satt055	32.96			7.00×10^{-3}	0.16				
	Satt349	42.39			8.00×10^{-3}	0.14			9.99×10^{-4}	0.07
	Satt381	44.99			9.99×10^{-4}	0.16	9.99×10^{-4}	0.06	9.99×10^{-4}	0.09
L	Satt143	30.19							9.99×10^{-4}	0.04
	Satt006	92.00					9.99×10^{-4}	0.07		
	Sat_245	115.07			9.99×10^{-4}	0.20	1.60×10^{-2}	0.03		
M	Sat_389	0.00					9.99×10^{-4}	0.05	2.10×10^{-2}	0.04
	Satt201	13.56			2.40×10^{-2}	0.08	9.99×10^{-4}	0.05		
N	Satt080	45.14					1.30×10^{-2}	0.03		
O	Sat_196	0.00			3.10×10^{-2}	0.12				
	BF008905	28.95					1.10×10^{-2}	0.03	1.00×10^{-2}	0.04
	Satt653	38.09					9.99×10^{-4}	0.03	9.99×10^{-4}	0.04
	Satt420	49.71					9.99×10^{-4}	0.03	9.99×10^{-4}	0.05
	Satt478	71.10	2.20×10^{-2}	0.12	9.99×10^{-4}	0.16			9.00×10^{-3}	0.05

比较 2011 年与 2012 年重复的 104 个品种的花荚脱落率关联分析结果发现：①与 2011 年花荚脱落性状显著相关的 SSR 位点有 7 个，其中解释率最高的为 Satt534（B1），其对表型变异的解释率为 0.21。与 2012 年花荚脱落率显著相关的 SSR 位点有 12 个，其中解释率最高的为 Satt245（L），其对表型变异的解释率为 0.20。②两年均与花荚脱落率显著相关的位点有 3 个，分别为 Satt534（B2）、Satt244（J）以及 Satt478（O），平均解释率分别为 0.19、0.15 和 0.14。

比较 2012 年不同密度下种植的 314 个品种的花荚脱落率关联分析结果发现，①与每平方米 10 株的材料大豆花荚脱落率性状显著相关的位点有 18 个，其中解释率最高的为 Satt452（E），其对表型变异的解释率为 0.08。与每平方米 20 株的材料大豆花荚脱落率性状显著相关的位点有 15 个，其中解释率最高的为 Satt381（K），其对表型变异的解释率为 0.09。②两种种植密度条件下均与花荚脱落率显著相关的位点有 8 个，其中 Satt381（K）的解释率最高为 0.08。

比较 2011 年 104 个品种和 2012 年种植密度为每平方米 10 株 314 个品种的花荚脱落率关联分析结果发现，Satt534（B2）和 Satt452（E）均与花荚脱落率显著相关。

3 讨 论

3.1 关联分析与连锁不平衡

关联分析是以连锁不平衡为基础的一种分析方法，可以用于分析表型性状与标记或候选基因遗传变异之间联系[21]。LD 分析的是一个群体内的不同座位等位基因之间的非随机关联，可以是两个标记间或两个基因/QTL 间的随机关联，也可以是一个基因/QTL 与一个标记座位间的随机关联，所以又称配子不平衡、配子相不平衡或等位基因关联[22]。在影响群体 LD 水平的众多因素中，其中对 LD 程度具有决定性的影响是物种的交配方式，通常自交物种具有较高水平的 LD，异交物种具有较低水平的 LD。大豆是自花授粉植物，其 LD 水平较高。有研究表明大豆的 LD 衰减距离大于 50 kb[23]，甚至超过 10 cM[24]。本研究中东北春大豆的 LD 衰减距离为 23.37 cM（2011 年）和 2.62cM（2012 年），与前人研究相符。同时也说明 LD 具有明显的群体依赖性，研究中两群体品种虽然都为东北春大豆，但由于群体的组成不同，最终导致两群体 LD 衰减距离不同。

3.2 关联分析与功能标记的开发及应用

近年来，随着关联分析在植物研究中的成功应用，许多与大豆产量性状相关的功能标记被成功开发并应用。郝德荣等[25]利用 1 536 个 SNP 标记和 209 个单倍型分析 191 个大豆地方品种，得到与产量和产量组成性状显著相关的标记。张丹等[26]应用关联分析鉴定大豆开花基因，将该基因定位在 6 号染色体上 BARC–014947–01929 和 Satt365 两个标记之间大约 300 kb 范围内，并找到 3 个候选基因。研究共检测到 33 个与东北春大豆花荚脱落性状显著相关（P<0.05）的 SSR 标记。其中，Satt534（B2）、Satt452（E）、Satt244（J）和 Satt478（O）在两年中都被检测到是较为可信的标记位点。已有文献报道称 Satt534 与抗大豆花叶病毒 R_{SC4} 有关[27]，Satt452 与成熟期基因 $E4/e4$ 紧密连锁[28]，Satt244 与抗大豆灰斑病 R_{cs3} 有关[29]，Satt478 与大豆叶子导水率有关[30]。其中 Satt452 与 soybase 网站上发布的大豆裂荚基因的 QTL 有关，也可能是影响大豆花荚脱落重要的 QTL。可以对这些标记进行发掘，找到具有等位变异的东北春大豆品种，应用于大豆育种工作中。

4 结 论

研究共发现 33 个与大豆落花荚脱落相关的 QTL，不同年际和不同种植密度间与花荚脱落性状关联的 QTL 不同。其中有 4 个 QTL（Satt534、Satt452、Satt244 和 Satt478）在两年中都与大豆花荚脱落率相关，是较为可靠的 QTL。并且已有报道称 Satt452 与大豆裂荚性状相关，也可能是影响大豆花荚脱落重要的 QTL，可以一步分析利用。

参考文献（略）

本文原载于《土壤与作物》2014 年 01 期。

不同世代间大豆蛋白质和脂肪含量相关 QTL 的稳定性分析

李文[1]，孙明明[2]，赵丹[3]，张继雨[1]，曹广禄[1]，韩英鹏[1]，李文滨[1]，滕卫丽[1]

（1.东北农业大学大豆研究所/大豆生物学教育部重点实验室/农业部东北大豆生物学与遗传育种重点实验室，黑龙江 哈尔滨 150030；2.黑龙江省农业科学院信息中心，黑龙江 哈尔滨 150086；3.哈尔滨商业大学食品工程学院，黑龙江 哈尔滨 150076）

摘　要：以高油大豆东农 46 为母本，高蛋白大豆 L–100 为父本，建立 F_2、$F_{2:3}$、$F_{2:4}$、$F_{2:5}$ 代群体。应用 SSR 标记技术，对不同世代在不同地点条件下遗传群体的蛋白质、脂肪含量进行 QTL 分析。结果表明：不同世代群体的蛋白质含量、脂肪含量均接近于正态分布，其中群体脂肪含量偏向于东农 46，蛋白质含量偏向于 L–100。在 $F_{2:4}$ 代检测到 2 个与蛋白质含量相关的 QTL，分别位于 D2 和 K 连锁群，能够解释的表型变异率为 1.92%~2.03%，其中位于 Satt226 附近的 QTL 在 F_2、$F_{2:3}$ 和 $F_{2:5}$ 代能够稳定地被检测到。在 $F_{2:4}$ 代检测到 2 个与脂肪含量相关的 QTL，分别位于 F 和 B2 连锁群，能够解释的表型变异率为 2.56%~6.98%，其中位于 Satt577 附近的 QTL 在 $F_{2:3}$、$F_{2:5}$ 代能够稳定地被检测到。因此，本研究获得 1 个与蛋白质含量相关的稳定 QTL 和 1 个与脂肪含量相关的稳定 QTL。

关键词：大豆；遗传群体；蛋白质含量；脂肪含量；QTL；稳定遗传

Stability Analysis of QTL Associated with Soybean Protein and Oil Content across Different Generations

LI Wen[1], SUN Ming–ming[2], ZHAO Dan[3], ZHANG Ji–yu[1], CAO Guang–lu[1], HAN Ying–peng[1], LI Wen–bin[1], TENGWei–li[1]

(1. *Soybean Research Institute, Northeast Agricultural University/ Key Laboratory of Soybean Biology in Chinese Ministry of Education/ Key Laboratory of Soybean Biology and Breeding/ Genetics of Chinese Agriculture Ministry, Harbin* 150030, *China*;

2. *Information Center, Heilongjiang Academy of Agricultural Sciences, Harbin* 150086, *China*;

3. *School of Food Engineering, Harbin University of Commerce, Harbin* 150076, *China*)

Abstract: In this study, F_2, $F_{2:3}$, $F_{2:4}$ and $F_{2:5}$ generation families were formed from a cross between high oil content cultivar Dongnong 46 and the high protein content line L–100. QTL analysis of protein, oil contents for genetic populations were carried via using SSR markers under different generations in different locations. Distribution of the protein and oil content in different generations nearly fitted normal distribution. The expression of the oil content trait in the populations trended to that of the parent Dongnong 46, and the expression of the protein content trait trended to that of the parent L–100. In $F_{2:4}$ generation, 2 QTLs of protein content were detected, located in MLG D2, K and explained the phenotypic variation from 1.92%to 2.03%; especially the QTL in the vicinity of Satt226 in F_2, $F_{2:3}$ and $F_{2:5}$ generations under different environmental conditions could be stably detected. In $F_{2:4}$ generation, 2 QTLs of oil content were detected, located in MLG F, B2 and explained the phenotypic variation from 2.56% to 6.98%; especially the QTL in the vicinity of Satt577 in $F_{2:3}$ and $F_{2:5}$ generations under different environmental conditions could be stably detected. This study obtained a stable QTL associated with protein content and oil content, separately.

Keywords: Soybean; Genetic population; Protein content; Oil content; QTL; Genetic stability

　　大豆是世界上重要油料作物之一，其籽粒蛋白质含量约为 40%，脂肪含量约为 20%，是人类植物蛋白和脂肪的主要来源[1]。改良大豆品质对改善人类膳食结构具有重要的意义。大豆蛋白质和脂肪含量属于数量性状，受多基因控制，其性状表现是基因型与环境共同作用的结果。Chapman 等[2]利用 Essex 和 Williams 形成的重组自交系群体将有关蛋白质和脂肪含量 QTL 定位在 M、L、A1、D2 等连锁群上，陈庆山等[3]利用 Charleston 和东农 594 的 $F_{2:10}$ 代重组自交系将有关蛋白质和脂肪含量 QTL 定位在 B2、D1a、N、E 等连锁群上。因此前人定位的蛋白质含量和脂肪含量 QTL 几乎分散在大部分连锁群上[4]，表明关于蛋白质和脂肪含量 QTL 的数量很多，但在不同遗传背景的群体中检测到的 QTL 数量有差异，所在的连锁群或连锁区域也多有不同[5]。因此分析在不同世代间 QTL 的稳定性有助于提高大豆蛋白质和脂肪含量的选择效率，加速育种进程[6]。

本研究通过构建不同世代的遗传群体，采用完备区间作图法（ICIM）对蛋白质和脂肪含量进行 QTL 分析，以期明确不同世代间 QTL 的遗传稳定性，从而为大豆蛋白质和脂肪含量的分子辅助育种提供理论依据。

1 材料与方法

1.1 试验材料

高油品种东农 46（东北农业大学大豆研究所选育）和高蛋白大豆种质 L-100（由日本引进）及其杂交衍生的 F_1 代单株（$n=30$）和 F_2、$F_{2:3}$、$F_{2:4}$、$F_{2:5}$ 代群体（$n=131$）。

参照 Cregan 等的"大豆公共图谱"选择 600 对 SSR 引物，用于本研究中大豆遗传图谱的构建，引物序列均在 Soybase 网站上获得，并由哈尔滨博仕生物技术有限公司合成。

1.2 试验设计

2011 和 2012 年春季分别将供试材料 F_1 代单株、$F_{2:3}$ 代家系种植于东北农业大学香坊农场试验基地，秋季收获 F_2 代单株、$F_{2:4}$ 代家系的籽粒。在 2011 和 2012 年冬季分别将供试材料 F_2 代单株、$F_{2:4}$ 代家系种植于海南，分别在第二年春季收获 $F_{2:3}$、$F_{2:5}$ 代家系的籽粒。在 V5 时期取亲本和各分离群体的嫩叶，置于 -80℃冰箱中备用。

1.3 试验方法

1.3.1 蛋白质和脂肪含量的测定

取适量大豆籽粒，用 FOSS-1241 谷物分析仪测定蛋白质和脂肪含量。蛋白质含量以蛋白质占大豆种子干物质重量的百分率为标准；脂肪含量以脂肪占大豆种子干物质重量的百分率为标准，用百分数（%）表示[7]。

1.3.2 总 DNA 的提取

取大豆嫩叶大约 1 g，按照 CTAB 法提取亲本和各分离群体的总 DNA，参照楼巧君等[8]的方法。

1.3.3 QTL 定位分析

利用 Mapmaker/EXP3.0b 和 Mapchart 2.1 构建遗传图谱[9]，利用 QTL IciMap-ping V3.2 的完备区间作图法（ICIM），LOD 值等于 2.5 作为 QTL 存在的阈值，进行 QTL 定位和效应估算[9]。利用获得的与蛋白质含量、脂肪含量 QTL 相关的分子标记，在 F_2、$F_{2:3}$ 和 $F_{2:5}$ 代不同世代分离群体中进行检测，检验 QTL 在不同世代中的稳定性。

2 结果与分析

2.1 大豆各世代群体蛋白质和脂肪含量表现型的分布

试验结果表明：蛋白质和脂肪含量在亲本之间存在明显差异，在不同世代间也存在着差异，蛋白质含量的变化幅度为 38.3 %~51.2 %，标准差在 1.24~2.34，脂肪含量的变化幅度为 17.30%~23.10%，标准差在 0.60~0.96。各世代群体的蛋白质、脂肪含量分布均接近于正态分布，其中蛋白质含量偏向于 L–100，脂肪含量偏向于东农 46（表 1 和图 1）。

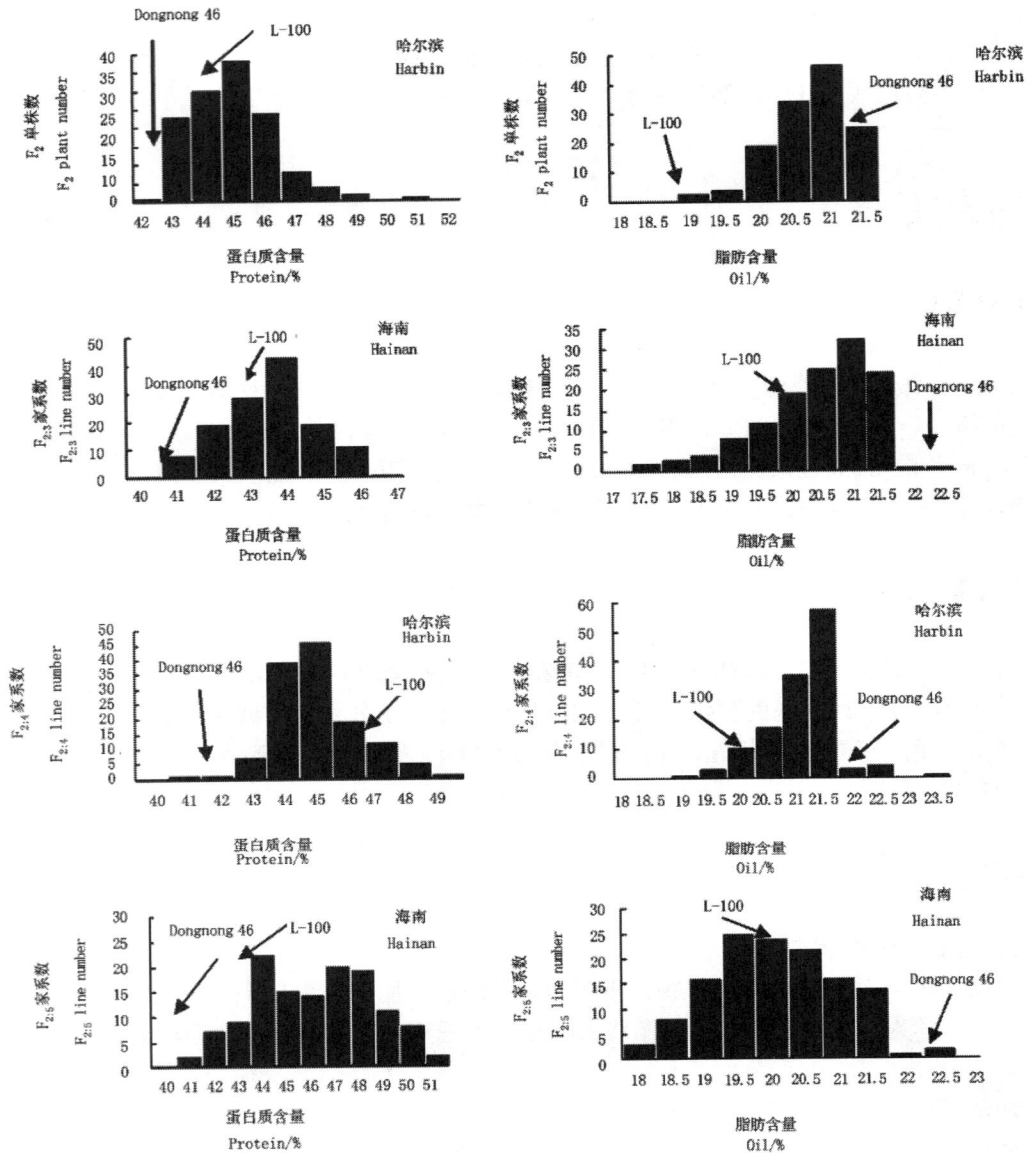

图 1　大豆各世代群体蛋白质和脂肪含量频率分布图

Fig. 1　Frequency distribution of soybean protein and oil content in different generations

2.2　遗传连锁图谱构建

利用 600 对 SSR 引物对亲本东农 46 和 L–100 进行筛选，共获得 150 对具有多态性的引物，多态性引物频率为 25.0%。选择亲本间多态性良好的 95 对 SSR 引物对 $F_{2:4}$ 代重组自交系群体进行检测，并构建遗传连锁图谱。遗传连锁图谱上总标记数 83 个，分布在 18 个连锁群上，全长 2 858.0 cm。标记间平均距离 34.44 cm，最小间距为 7.1 cm，其中 D2、H 和 K 连锁群上标记数较多。

表 1　亲本和群体的蛋白质和脂肪含量统计分析

表 1　亲本和群体的蛋白质和脂肪含量统计分析
Table 1　Statistical analysis for protein and oil content of parents and different populations

| 性状 Traits | 世代 Generation | 群体 Populations | | | | | 亲本 Parents | |
		均数 Mean	幅度 Range	标准差 SD	峰度 Kurtosis	偏度 Skewness	东农 46 Dongnong 46	L-100
蛋白质 Protein	F_2	44.95	42.00~51.20	1.44	2.01	0.96	42.00	44.00
	$F_{2:3}$	44.54	40.70~48.40	1.24	0.62	-0.36	40.35	43.23
	$F_{2:4}$	43.11	38.30~46.70	1.39	1.06	0.57	42.00	46.70
	$F_{2:5}$	45.58	40.50~50.90	2.34	-0.81	0.04	39.60	43.50
脂肪 Oil	F_2	19.85	17.60~22.50	0.96	-0.34	0.11	21.40	18.56
	$F_{2:3}$	20.20	17.30~22.10	0.96	2.05	-0.35	22.20	19.70
	$F_{2:4}$	20.90	18.70~23.10	0.61	0.39	-0.92	21.80	19.80
	$F_{2:5}$	20.50	17.80~21.40	0.60	2.67	-1.29	22.20	19.60

2.3 $F_{2:4}$ 代分离群体中大豆蛋白质和脂肪含量 QTL 定位

在以 $F_{2:4}$ 代大豆分离群体的 SSR 标记作为变异分析的基础上，应用完备区间作图法（ICIM），LOD 取 2.5 作为阈值，进行 QTL 定位和效应估算[10]。在 $F_{2:4}$ 代大豆分离群体中，检测到 2 个与蛋白质含量相关的 QTL，分别位于 D2 和 K 连锁群上，分别在标记区间 Satt226~Satt386 和 Satt381~Sat_116，其中以 K 连锁群上的 QTL 贡献率较大，为 2.03%；检测到 2 个与脂肪含量相关的 QTL，分别位于 F 和 B2 连锁群上，分别在标记区间 Satt114~Satt490 和 Satt577~Satt556，其中以 F 连锁群上的 QTL 贡献率较大，为 6.98%（表 2）。

表 2　$F_{2:4}$ 代检测到的蛋白质和脂肪含量 QTL
Table 2　QTLs of soybean protein and oil content in $F_{2:4}$ population

性状 Trait	连锁群 LG	标记区间 Maker interval	QTL 位置 Position of QTL/cM	似然比 LR	加性效应 a	贡献率 R^2/%
蛋白质含量 Protein content	D2	Satt226~Satt386	22	5.0225	0.2953	1.92
	K	Satt381~Sat_116	50	10.8698	0.1982	2.03
脂肪含量 Oil content	F	Satt114~Satt490	22	2.5215	0.2076	6.98
	B2	Satt577~Satt556	11	2.8807	0.2114	2.56

2.4 不同分离世代群体中大豆蛋白质和脂肪含量稳定 QTL 检测

利用 $F_{2:4}$ 代分离群体中获得大豆蛋白质和脂肪含量 QTL 相关标记，对 F_2、$F_{2:3}$ 和 $F_{2:5}$ 代分离群体进行检测。结果表明：在 F_2、$F_{2:3}$ 和 $F_{2:5}$ 代均稳定检测到 1 个与蛋白质含量相关的 QTL，位于 D2 连锁群上，在标记区间 Satt226~Satt386，其中以 $F_{2:5}$ 代的贡献率较高；在 $F_{2:3}$ 和 $F_{2:5}$ 代均稳定检测到 1 个与脂肪含量相关的 QTL，位于 B2 连锁群上，在标记区间 Satt226~Satt386（表 3）。

表3　大豆不同世代检测到的与蛋白质和脂肪含量相关的稳定 QTL

Table 3　QTLs of protein and oil content in different soybean generations

性状 Trait	世代 Generation	连锁群 LG	标记区间 Maker interval	QTL 位置 Position of QTL/cM	似然比 LR	加性效应 a	贡献率 R^2/%
蛋白质含量 Protein content	F_2	D2	Satt226 ~ Satt386	17	11.1227	0.3127	1.62
	$F_{2:3}$	D2	Satt226 ~ Satt386	19	6.2337	0.2448	4.43
	$F_{2:5}$	D2	Satt226 ~ Satt386	16	6.2341	0.2428	5.07
脂肪含量 Oil content	$F_{2:3}$	B2	Satt577 ~ Satt556	16	2.6171	0.2119	2.69
	$F_{2:5}$	B2	Satt577 ~ Satt556	12	2.9309	0.2131	2.43

3　结论与讨论

本研究在 F_2、$F_{2:3}$、$F_{2:4}$ 和 $F_{2:5}$ 代获得了 1 个关于蛋白质含量稳定遗传的 QTL，位于 D2 连锁群的 Satt226~Satt386 区间内，其在不同世代的遗传贡献率为 1.62%~5.07%，说明各世代群体具有遗传稳定性，与刘顺湖等[4]检测到的 QTL 定位在同一连锁群上（D2），对于大豆高蛋白质育种具有重要意义。在 $F_{2:3}$、$F_{2:4}$、$F_{2:5}$ 代检测到 1 个与脂肪含量相关的 QTL，其位于 B2 连锁群 Satt577~Satt556 区间，其遗传贡献率为 2.43%~6.98%，这与 Liu 等[11]报道的位点一致。F_2 代未检测到稳定的 QTL 位点，可能是由于低世代分离群体不稳定造成的[12]；另一个可能是由于 F_2 代群体的单株种子量较少，试验数据存在一定的误差[13]，从而影响后续的 QTL 定位；另外环境条件也是影响 QTL 不稳定的一个主要因素[14]。检测到 1 个与蛋白质含量相关的 QTL GM–D2（Satt226~Satt386）和 1 个与脂肪含量相关的 QTLGM–B2（Satt577~Satt556）在不同世代间稳定出现，这两个 QTL 在大豆分子标记辅助育种工作中将具有一定的应用价值。

参考文献（略）

本文原载于《大豆科学》2015 年 01 期。

大豆花荚脱落及单株荚数的 QTL 定位

徐琰 [1,2]，孙晓环 [3]，孙霞 [1]，王燕平 [3]，宗春美 [3]，齐玉鑫 [3]，白艳凤 [3]，任海祥 [3]，潘相文 [1]，杜维广 [3]，孔凡江 [1]，刘宝辉 [1]

（1.中国科学院大豆分子设计育种重点实验室，中国科学院东北地理与农业生态研究所，黑龙江 哈尔滨 150081；2.中国科学院大学，北京 100049；3.黑龙江省农业科学院牡丹江分院，黑龙江 牡丹江 157041）

摘　要：大豆花荚脱落率和单株荚数是影响大豆单株产量的两个主要性状。本研究以花荚脱落率高的大豆品种吉育 73 为母本及花荚脱落率低的铁荚四粒黄为父本，构建了样本容量为 100 的 F2 遗传群体。所构筑的遗传图谱总长为 1351.5cM，具 34 个连锁群。利用多 QTL 模型（MQM）对该群体花荚脱落率和单株荚数进行 QTL 定位，共鉴定出 2 个花荚脱落率 QTL，同位于 GM16 染色体上，遗传贡献率分别为 10.9% 和 9.7%；同时鉴定出 5 个控制单株荚数的 QTL，分别位于 GM02、GM07、GM10、GM04 和 GM05 染色体上，遗传贡献率介于 8.8%～15.9% 之间。研究结果为大豆花荚脱落性状 QTL 的精细定位、候选基因克隆和分子标记辅助育种提供了理论基础和育种材料。

关键词：大豆；花荚脱落率；单株荚数；QTL

QTL Mapping of Flower and Pod Abscission and Pod Number per Plant in Soybean

XU Yan[1,2], SUN Xiao–huan[3], SUN Xia[1], WANG Yan–ping[3], ZONG Chun–mei[3], QI Yu–xin[3], BAI Yan–feng[3], REN Hai–xiang[3], PAN Xiang–wen[1], DU Wei–guang[3], KONG Fan–jiang[1], LIU Bao–hui[1]

(1. *Key Laboratory of Soybean Molecular Design Breeding, Northeast Institute of Geography and Agroecology, CAS, Harbin* 150081, *China*;

2. *University of Chinese Academy of Sciences, Beijing* 100049, *China*;

3. *Heilongjiang Academy of Agricultural Sciences, Mudanjiang Branch, Mudanjiang* 157041, *China*)

Abstract: Flower and pod abscission rate and pod number per plant are two key factors that influence plant yield in soybean. AF2 population of 100 plants were derived from a cross between cultivar Jiyu 73 and Tiejiasilihuan, both of which had contrasting flower and pod abscission rates. A genetic linkage map of soybean was constructed, that consisting 34 linkage groups covering 1 351.5 cM. The multiple–QTL models (MQM) was used to identify quantitative trait loci (QTL) associated with flower and pod abscission rate and pod number per plant. Two QTLs were identified for flower and pod abscission rate on the same chromosome 16 (GM16) and their genetic contribution rates were 10.9% and 9.7%, respectively. Five QTLs for pods number per plant were detected on chromosome GM02, GM07, GM10, GM04 and GM05, respectively. The genetic contribution rates were from 8.8% to 15.9%. The results obtained in this study will be useful for further fine mapping, gene cloning and marker assisted selection of these traits.

Keywords: Soybean; Flower and pod abscission rate; Pod number per plant; QTL

0 引 言

植物器官脱落（organ abscission）是植物以一种可控方式将其某一器官与母体分离的过程，通常发生在植物一个特定的区域离区（abscission zone）[1]。花和果实脱落会严重导致农作物产量下降，有关植物器官脱落的研究已在其分子机制方面逐步深入，研究表明植物器官脱落是一个包括离区分化、脱落信号激活、细胞分离等诸多步骤的复杂过程。相关研究在拟南芥、水稻、番茄中较为成熟[2]，已经克隆到 *BOP*1/*BOP*2[3]、*SH*4[4]、*qSH*1[5]、*SHAT*1[6]、*MADS–box*[7]等多个控制离区分化的基因。在拟南芥中，离区形成后，MAPK

联级通路被激活，能抑制 KNAT1 从而调节脱落发生[8]；在对拟南芥因荚果开裂导致的落粒性研究中，已初步明确了调控荚果离层发育的网络[9]。在其他作物中，对器官脱落的分子机制的相关研究也逐步展开，例如在小麦种子落粒的研究中，对小麦驯化过程起重要作用的 Q 基因调控离区分化，并且与水稻 SHAT1 同源[10]。

大豆作为重要的油料作物，花、荚器官的脱落严重影响了大豆产量，因此揭示其分子机理对大豆高产分子育种具有重要的意义。研究者对影响大豆花荚脱落的环境因素[11]、生理生化和激素水平[12-14]进行了大量研究，但直接调控大豆花荚脱落的分子机理尚不清楚。近代以来，利用分子生物学的技术手段研究复杂的数量性状有了跨越式的发展，大量的功能基因通过 QTL 定位的方法被找到。在大豆花荚 QTL 定位方面，已有大量与花数和荚数相对的研究报道[15-24]，但与花荚脱落相关的 QTL 定位则较少。2014 年王欢等[25]以东北春大豆组成的自然群体为材料，进行花荚脱落性状与 SSR 标记的关联分析，初步鉴定出有 4 个与大豆花荚脱落率显著相关的位点。

研究选择花荚脱落率差异显著的大豆品种吉育 73 和铁荚四粒黄为亲本，配制 F2 遗传群体，通过对群体的单株及亲本的花荚脱落性状进行表型鉴定，以 SSR 分子标记为基础构建遗传图谱，分析获得大豆花荚脱落性状的 QTL。本研究是从分子水平初步定位与大豆花荚脱落性状相关的 QTL 位点，为后续构建永久群体进行精细定位奠定基础。

1 材料与方法

1.1 试验材料

根据实验室 2012 年自然群体花荚脱落田间试验结果[25]，选用大豆花荚脱落率高的吉育 73 为母本，花荚脱落率低的铁荚四粒黄为父本，配制杂交组合，获得 F2 代群体（100 个单株）作为试验材料。2014 年将 F2 代群体和两个亲本材料种植于黑龙江省农业科学院牡丹江分院大豆试验田，种植行长 2 m，行距 65 cm，株距 25cm，采取常规田间管理。

1.2 性状调查与分析

根据 Fehr 等[26]提出的大豆生育时期的鉴定方法确定大豆生育时期。参照王欢[25]的试验方法，在始花期（R1 期），对每个单株套网箱；在始荚期（R3）、成熟期（R8）调查纱布网内花和荚的脱落数；成熟后对每个单株分别考种，记录单株荚数。计算公式为：花荚脱落率（%）=[单株花荚脱落总数/（单株花荚脱落总数+单株荚数）]×100%。利用 SPSS 20.0 软件分别统计花荚脱落率的平均值、标准差等。

1.3 标记分析

分别取植株顶端第二节嫩叶，用 CTAB 法[27]提取总 DNA。结合 Song 等[28]构建的公共图谱和大豆数据库 Soybase(http: //soybean.org/)提供的大豆 SSR 序列，合成 1 015 对 SSR 引物；根据基因组重测序结果，利用生物信息学预测了启动子特异性标记（PSI），合成了 207 对 PSI 引物，用于筛选。PCR 反应体系：包括 50ng DNA、0.5 μl 引物对（10ng·L[-1]）、5 μL 2×Takara PCR master mix，加 d H$_2$O 至 10 μL。SSR 引物的反应程序为 94 ℃ 5 min；94 ℃ 30 s，46 ℃ 30 s，72 ℃ 30 s，40 个循环；72 ℃ 5 min。PSI 引物的反应程序为 94 ℃ 5 min；94 ℃ 30 s，56 ℃ 30 s，72 ℃ 30 s，35 个循环；72 ℃ 5 min。聚丙烯氨酰胺凝胶分离 PCR 扩增产物，在成像系统中扫描。

1.4 连锁作图和 QTL 分析

运用 Map Manager QTXb20 软件的 Kosambi 函数和 P 值为 0.001 构建分子标记连锁图谱，用 Mapchart 2.1 绘制连锁图谱。根据苏成付等[29]的研究，选择较为稳定的、假阳性比率低的 QTL 分析方法，即 MapQTL5.0（Van Ooijen 2004）[30]软件多 QTL 模型（MQM）。以排列测验法（permutation test）[31]确定每个性状 LOD 值的阈值，如果临近位点间图距小于 5 cM，初步认定是同一个 QTL。采用 McCouch 等[32]的方法命名定位到的 QTL。

2 结果与分析

2.1 大豆花荚脱落相关性状在 F2 群体中的表现

对 F2 群体的 100 个单株花荚脱落率和单株荚数进行统计分析的结果表明，花荚脱落率幅度为 8.0%~49.0%，平均花荚脱落率为 29.0%，标准差 8.97，见表 1。单株荚数幅度为每株 27~222 个，平均 122.2 个，标准差为 36.87。两个性状在 F2 群体中最小值和最大值之间差异明显，标准差大，变异幅度较大，均呈连续的正态分布且具有广泛的分布频率，满足 QTL 分析要求。

表 1　F2 群体中花荚脱落率与单株荚数的描述性统计

Tab. 1　Descriptive statistics for flower and pod abscission rate and pods number per plant in F2 population

性状 Trait	F2 群体 F2 population					
	平均值 Mean	最小值 Min	最大值 Max	标准差 SD	偏度 Skewness	峰度 Kurtosis
花荚脱落率 Flower and pod abscission rate	29.0%	8.0%	49.0%	8.97	0.071	-0.602
单株荚数 Pods number per plant	122.2	27.0	222.0	36.87	0.057	-0.300

2.2 连锁图谱的构建

以合成的 1 015 对 SSR 引物和 207 对 PSI 引物进行扩增，其中 138 个 SSR 标记和 13 个 PSI 标记具有多态性，见表 2。利用作图软件 Map Manager QTXb 20 绘制连锁图谱，得到一张包括 34 个连锁群的分子遗传图谱，共 151 个标记，覆盖大豆基因组长度为 1 351.5 cM，标记间平均距离为 11.55 cm。与公共图谱进行比较，结果表明 34 个连锁群都可以与公共图谱中的染色体对应上，1、2、8、10、11、13、14、15、16、17、18、20 号染色体分为 2 个连锁群，4 号染色体分为 3 个连锁群，见图 1。

表 2　PSI 标记信息
Tab. 2　Marker information for PSI

编号	染色体	位置	引物序列	引物序列
Num	GM	Indel site	FORWARD PRIMER1 (5′－3′)	REVERSE PRIMER1 (5′－3′)
PSI0151	GM02	3094502	CGGGAATAACAGCAGAGATA	CGAGTCCCTACTCAGTTCAC
PSI0160	GM02	3920603	CATTGTTACTACTTTACACCTTTTG	TGACGAAAGCATCAATTAAA
PSI0204	GM02	14104110	TGTTTACTTTTGTTAGACACCG	AAAACTCTTTTAGGGTGTGTTTT
PSI0295	GM02	51372655	TGCATTCAACACGAAATCTA	TGCCTTTTTCTTCTCTTCTTC
PSI0492	GM04	2656302	TCGTTTCTTTAGTAGGGTAGGA	TGCACAAATAGTTAGATGAAACA
PSI0526	GM04	5773533	TTTTGGAGTTAGGTTTGGTG	CCATCGCATTTCAAAAGTTA
PSI1469	GM10	5310810	TTCCTCCGGTTGATGATAA	ATTAACGCTTAATTCAACTTC
PSI1531	GM10	45650580	TCTGTCAACGCAGTACTTCTC	TCAGTGTTCACAACTGATGATT
PSI1654	GM11	11528649	CCAAATTATTTTAGAGAAGATCG	CAAATTCAGCCTGTGTCTTT
PSI1797	GM12	34713080	GATTTCGTACCTCTTTATATTTTT	CCTAATGCTTATGCCAAA
PSI2296	GM15	13910737	GCAGTAAATGTGGACAAAAGA	AAACACAGTGATGTTAGAAAAA
PSI2525	GM16	36969656	AGTAGTCATTTATAAGAATTTTCAA	TTATCAACAATATTTTTAAAAGGG
PSI3010	GM20	41415153	CGACTAACTCTTAATGTATTTTGC	CAACTTCACTCTCAGATCGC

2.3　大豆花荚脱落相关性状的 QTL 定位

采用多 QTL 模型对大豆花荚脱落率及其相关性状进行 QTL 分析，结果表明花荚脱落率和单株荚数这两个性状共定位到 7 个 QTL，见图 1、表 3。

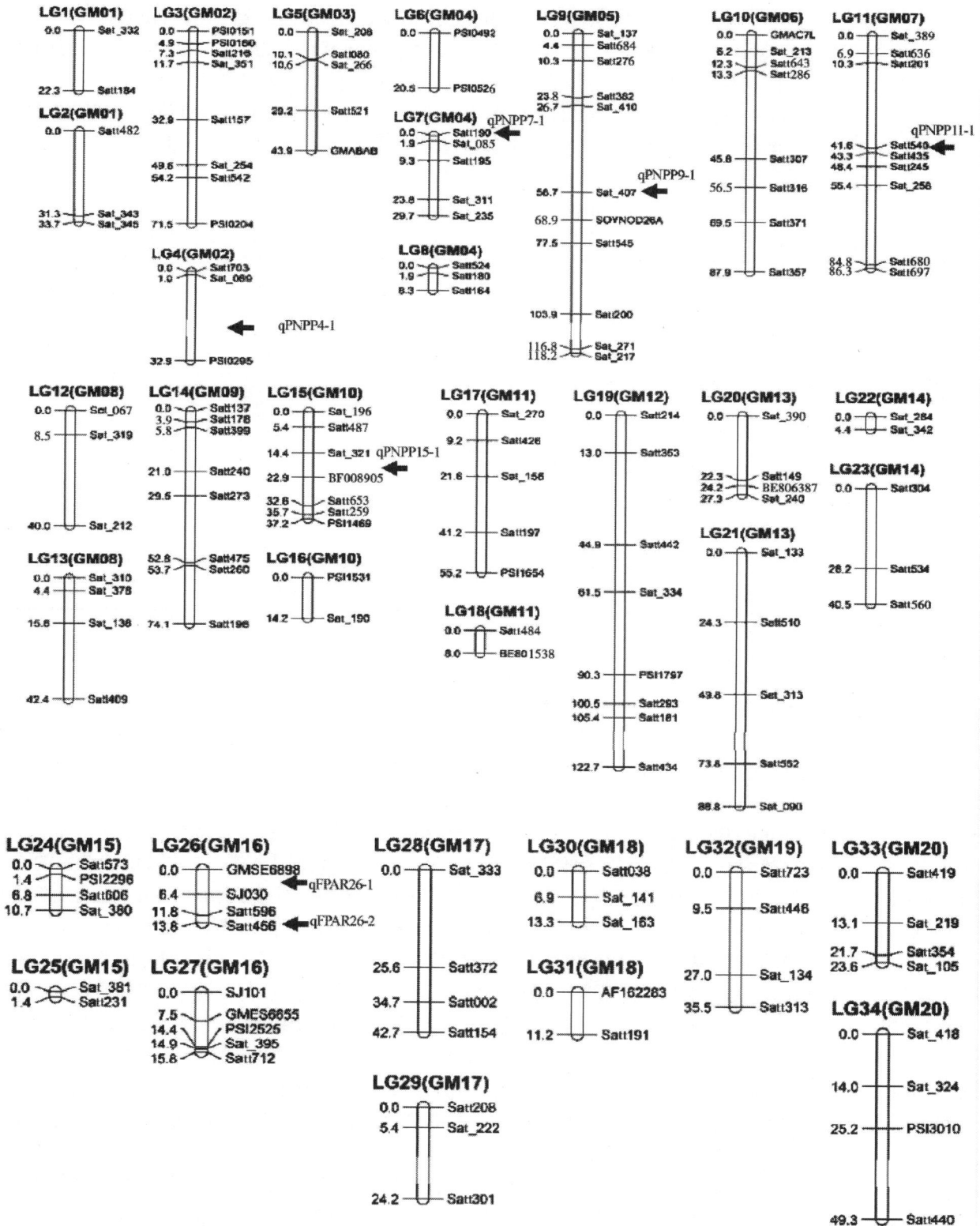

图 1 大豆分子遗传图谱

Fig. 1 Molecular genetic map for soybean

注：括号内为对应的公共图谱染色体编号；箭头所示位置为检测到的 QTL

The chromosome number of the corresponding common map is in brackets;the position shown by the arrow is the detected QTL

检测到控制大豆花荚脱落率的 2 个 QTL 都定位于 LG26（GM16）连锁群。qFPAR26-1 位于 GMES6898-SJ030 区间，与 GMES6898 距离为 4.0cM，遗传贡献率为 10.9%；qFPAR26-2 定位于标记 Satt456，遗传贡献率为 9.7%。两个 QTL 的加性效应为正，表明增效基因均来自母本吉育 73。检测到了 5 个单株荚数 QTL，分别位于 LG4（GM2）、LG7（GM4）、LG9（GM5）、LG11（GM7）、LG15（GM10）连锁群上，遗传贡献率在 8.8%~15.9%。所定位到的这 5 个 QTL 的加性效应也都为正值，即加性效应都是来自吉育 73 的贡献。

表3　F2 群体中花荚脱落率与单株荚数 QTL 检测结果

Tab. 3　QTL analysis of flower and pod abscission rate and pods number per plant in F2 population

性状 Traits	QTL	连锁群 （染色体） LG (GM)	标记区间 Marker flanking	置信区间（cM） Confidence interval	位置（cM） Position	LOD	贡献率 R^2/%	加性效应 Additive
花荚脱落率 Flower and pod abscission rate	qFPAR26-1	26（16）	GMEA6898-SJ030	3.0-6.4	4.0	2.15	10.9	0.32
	qFPAR26-2	26（16）	Satt456	13.8	13.8	2.21	9.7	0.04
单株荚数 Pods number per plant	qPNPP4-1	4（2）	Sat_069-PSI0295	14.0-32.9	23.0	2.38	15.9	17.55
	qPNPP7-1	7（4）	Satt190-Satt195	0.0-2.02	0.0	2.19	9.6	13.89
	qPNPP9-1	9（5）	Sat_407	58.7	58.7	2.00	8.8	14.18
	qPNPP11-1	11（7）	Satt201-Satt245	30.3-45.3	41.6	3.19	13.7	21.21
	qPNPP15-1	15（10）	Sat_321-Satt653	18.4-26.9	20.4	2.15	10.3	17.17

3　讨论

大豆花荚脱落是影响大豆产量的一个重要因素，长期以来对如何降低大豆花荚脱落率进行了大量的研究，而对其 QTL 定位的研究还较少。本研究运用 MQM 方法对大豆 F2 群体的花荚脱落率进行分析，检测到 2 个与其相关的 QTL，都位于 LG26（GM16）连锁群上。王欢等[25]采用关联分析的方法对大豆自然群体的花荚脱落性状进行了分析，发现在 16 号染色体上与大豆花荚脱落率显著相关的位点 Satt244。在 LG26（GM16）上定位到的 qFPAR26-2 距该位点 25cM，qFPAR26-1 距该位点 35 cM。将 QTL 分析结果与大豆数据库 Soybase 已有的相应 QTL 进行了对比分析，LG26（GM16）上的这两个 QTL 与大豆单株荚数的 QTL（qpn-Chr16）[19]位置重叠，与调控大豆荚开裂性状的基因 SHAT1-5[33-34]相距 10cm~20cm。已有研究表明相关性状 QTL 位点聚集分布可能是由于控制相关性状的基因紧密排列所致，即相关性状的 QTL 有集中分布的现象[21]。实验中将花荚脱落率 QTL 定位在 16 号染色体上，并且附近有已定位到的调控相关性状的 QTL 和基因，可能是调控大豆花荚脱落较为可靠的 QTL。此结果是获得大豆花荚脱落相关 QTL 精细定位的基础试验，为后续试验提供参考。与公共图谱相比，研究所构建的遗传图谱还存在不少未覆盖到的部分，王欢等[25]关联到与大豆花荚脱落率显著相关的位点 Satt244，不在已构建的遗传图谱范围内，这也可能是导致本研究定位到的相关 QTL 位点较少的原因。因此进一步研究需要开发新的标记，完善该图谱。大豆单株荚数是一个与产量相关的农艺性状，在多个染色体上都已检测到了相应的 QTL。研究在 LG4（GM02）上定位到的 qPNPP4-1 与向仕华等[16]检测到的单株荚数 QTL（Satt644-Sat_069）位置重叠，可能属于同一个 QTL 位点；在 LG7（GM04）上定位到的 qPNPP7-1 与王智贤等[17]检测到的 1 个位于 4 号染色体上的 QTL（Satt661~EA1MC11-2）位置重合。另外陈庆山等[18]将单株荚数 QTL 定位在 6 和 10 号染色体上；Zhang 等[19]在 5、8、16 号等染色体上检测到单株荚数 QTL。这些检测到的单株荚数 QTL 有些与前人研究一致，表明该位点可在不同群体、环境条件下重复检测到，是较为可靠的 QTL 位点。在实验中也同样在 LG9（GM05）、LG15（GM10）上定位到 QTL，但距离较远。LG11（GM07）连锁群上定位到的 qPNPP11-1 与前人研究结果不同，但在相同位置有一个与大豆每节荚数性状相关的 QTL[19]，考虑到相关性状 QTL 存在共位性的特点，也极有可能是新的与单株荚数相关的位点。

参考文献（略）

本文原载于《土壤与作物》2015 年 02 期。

控制大豆油分含量和百粒重的 QTL 定位

郭洁，张继雨，陈峰娜，李文，滕卫丽

（东北农业大学大豆研究所，大豆生物学教育部重点实验室/农业部东北大豆生物学遗传育种重点实验室，
黑龙江 哈尔滨，150030）

摘　要：油分含量和百粒重是大豆中两个重要的性状。本研究利用东农46和L–100衍生的重组自交系（RIL）群体，经过两年3个地点种植，通过分子标记技术定位与大豆油分含量和百粒重相关的QTL（quantitative traitlocus）。结果表明，检测到6个与油分含量相关的QTL，分别位于E、H、G和I连锁群上，可解释的表型贡献率范围为2.12%~2.77%；检测到5个与百粒重相关的QTL，分别位于K、H、B2和G连锁群上，可解释的表型贡献率范围为2.30%~7.59%，在H连锁群上有2个QTL两年均被检测到，标记区间分别为Satt279–Sat_122和Satt192–Satt568。在H连锁群上Satt192–Satt568标记区间内同时检测到与油分含量和百粒重相关的QTL。研究结果为大豆油分含量和百粒重等性状的分子辅助育种提供了理论依据。

关键词：大豆；油分含量；百粒重；QTL

QTL Mapping for Controlling Oil Content and 100-Seed Weight in Soybean

GUO Jie, ZHANG Ji-yu, CHEN Feng-na, LI Wen, TENG Wei-li

（*Key Laboratory of Biology in Chinese Ministry of Education/Key Laboratory of Soybean Biology and Breeding/Genetics of Chinese Agriculture Ministry, Soybean Research Institute, Northeast Agriculture Vniversity, Harbin*, 150030)

Abstract: Oil content and 100-seed weight are two important traits in soybean.In this study, we planted the recombinant inbred lines (RIL) derived from Dongnong 46 and L–100 in 2 years at 3 sites, and located the related QTLs of oil content and 100-seed weight by molecular marker techniques.The results showed that we detected 6 related QTLs of oil content, which located in the E, H, G, and I linkage group respectively, and the explained phenotypic contribution rate ranged from 2.12% to 2.77%. We detected 5 related QTLs of 100–seed weight, which located in K, H, B2, and G linkage group respectively, and the explained phenotypic contribution rate ranged from 2.30% to 7.59%. We found two QTLs located on H linkage group in two years and their marker intervals were Satt279–Sat_122 and Satt192–Satt568.In addition, we detected QTLs both associated with oil content and 100–seed weight in Satt192–Satt568 of H linkage group. These results would provide theoretical basis for molecular assistant breeding of oil content and 100–seed weight in soybean.

Keywords: Soybean; Oil content; 100–seed weight; QTL

　　大豆起源于中国（韩立德等，2003；王艳等，2015），其高油含量使其价值大大提高。在中国的食用油中，大豆油使用偏多，因此提高大豆油分含量是极具价值的育种方向。大豆油分属于数量性状遗传（曹永强等，2012），可通过SSR、RELP等分子标记技术定位相关的QTL（Song et al.，2004），利用相关QTL开展分子辅助育种，有助于提高油分含量的选择效率，加快育种进程（沈新莲等，2001；Chen et al.，2007）。

　　国内外研究中已定位了很多与油分含量相关的QTL（Fasoula et al.，2004；Reinprecht et al.，2006），控制油分相关的QTL基本分散在大豆20个连锁群上（Wang et al.，2012；Rossi et al.，2013），在B1、B2、C2、D1a、D1b、D2、J、G和I连锁群上有最新报道（沈岩茹等，2014；闫海波等，2016）。大豆百粒重也属于数量性状遗传，是重要的产量相关性状之一。研究发现，与大豆百粒重相关的QTL分别在A2、C2、D1b、D2、F、I、K、O等连锁群上有分布（Mansur et al.，1996；吴晓雷等，2001；Rein precht et al.，2006；汪霞等，2010；陈强等，2016）。

通过分子标记技术对大豆油分和百粒重开展 QTL 研究，为分子辅助选择优异育种材料具有极其重要的意义。本研究利用重组自交系群体，通过两年三点种植，利用完备区间作图法对大豆油分和百粒重两个性状进行 QTL 分析，为大豆油分含量和百粒重的分子辅助育种提供理论依据。

1 结果与分析

1.1 大豆油分和百粒重表型分析

对亲本及重组自交系后代群体的油分含量和百粒重进行统计分析（表 1），东农 46 和 L–100 的油分含量和百粒重的差异均较大。RIL 群体 3 个地点的油分含量平均值稳定于 18%左右，变化幅度为 11.31%~21.10%，偏度都为负值（左偏分布）；2013 年和 2014 年的油分含量频率分布（图 1）呈现正态的连续分布，符合数量性状的遗传方式；RIL 群体的百粒重平均值在 8.00 g 左右，变化幅度为 1.10~16.22 g，最大值与最小值差异很大，百粒重频率分布（图 2）也呈现近似正态分布，符合 QTL 分析的要求。

表 1 2013—2014 年亲本及 RIL 群体油分含量和百粒重数据分析
Table 1 Data analysis of oil content and 100–seed weight of parents and RIL population in 2013—2014

性状 Traits	环境 Environments	年份 Years	亲本 Parents		重组自交系 RILs population				
			东农 46 Dongnong46	L–100	平均值 Average	最大值 Maximum	最小值 Minimum	标准差 SD	偏度 Skewness
油分(%) Oil (%)	哈尔滨 Harbin	2013	22.10	16.90	18.22	21.10	15.40	4.97	-0.49
		2014	21.27	16.28	18.13	20.09	14.61	3.17	-1.88
	阿城 Acheng	2013	20.90	17.10	17.28	20.55	15.02	3.07	-2.97
		2014	21.50	16.60	17.20	20.66	11.31	6.75	-1.76
	呼兰 Hulan	2013	21.28	18.20	18.05	21.10	15.40	3.07	-0.90
		2014	21.00	17.85	17.16	20.62	13.80	6.70	-0.71
百粒重(g) 100-seed weight (g)	哈尔滨 Harbin	2013	21.70	5.38	8.45	16.22	1.10	4.80	-0.43
		2014	20.45	5.50	8.46	15.45	1.20	4.42	-0.64
	阿城 Acheng	2013	19.95	4.67	7.76	12.97	1.14	2.61	-0.92
		2014	20.03	4.65	7.56	12.69	1.21	3.29	-1.08
	呼兰 Hulan	2013	19.50	4.11	7.33	13.80	1.21	2.87	-0.60
		2014	19.60	5.00	7.18	12.73	1.52	3.39	-0.82

1.2 大豆油分和百粒重 QTL 定位

利用 IciMapping V3.2 进行分析，通过完备区间作图法，利用两年三个地点种植获得的 RIL 群体，共检测到 11 个与油分含量和百粒重相关的 QTL，其中 6 个 QTL 与油分含量相关，5 个 QTL 与百粒重相关（表 2）。

与油分相关的 6 个 QTL 分别位于 H、E、G 和 I 号连锁群上，其中 H 和 G 连锁群上分别有 2 个 QTL；与百粒重相关的 5 个 QTL 分别位于 K、H、B2 和 G 号连锁群上，其中 H 连锁群上有 2 个 QTL，标记区间分别为 Satt279–Sat_122 和 Satt192–Satt568，这 2 个 QTL 在 2013 年和 2014 年均被检测到。在 H 连锁群上 Satt192~Satt568 区间内，同时检测到与油分含量和百粒重相关的 QTL。

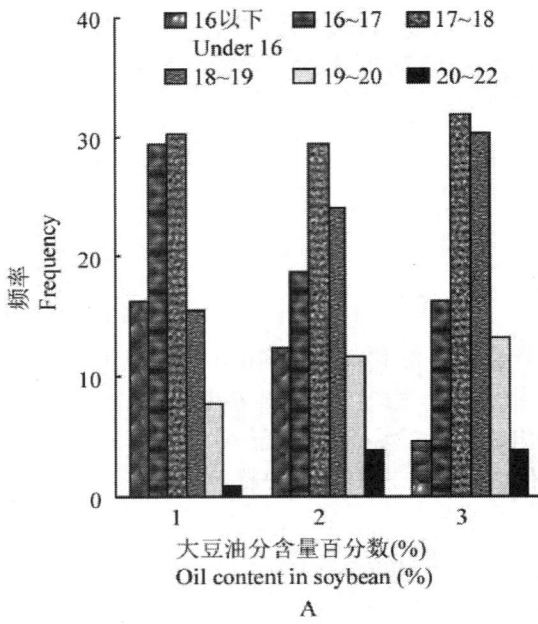

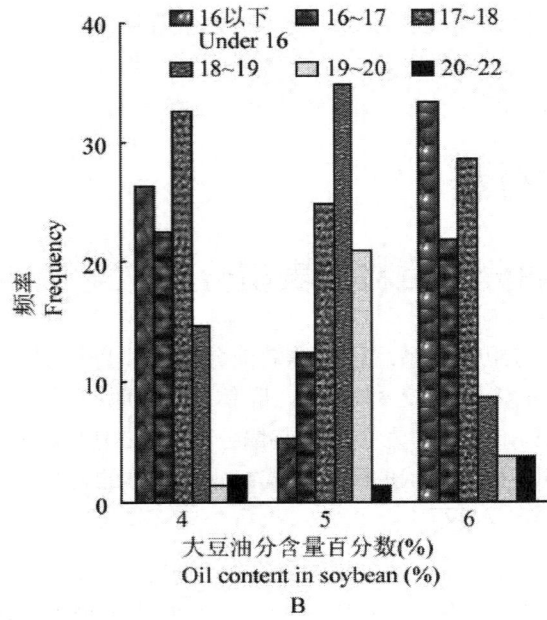

图 1 大豆 RIL 群体油分含量频率分布

Figure 1 Frequency distribution of oil content of RTL population in soybean

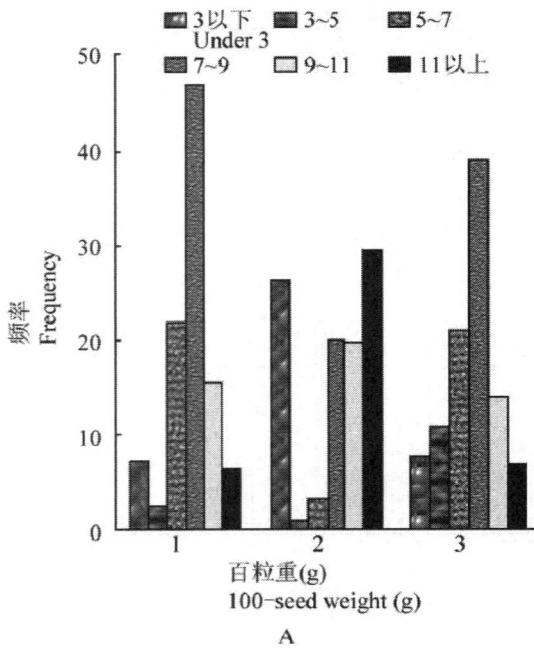

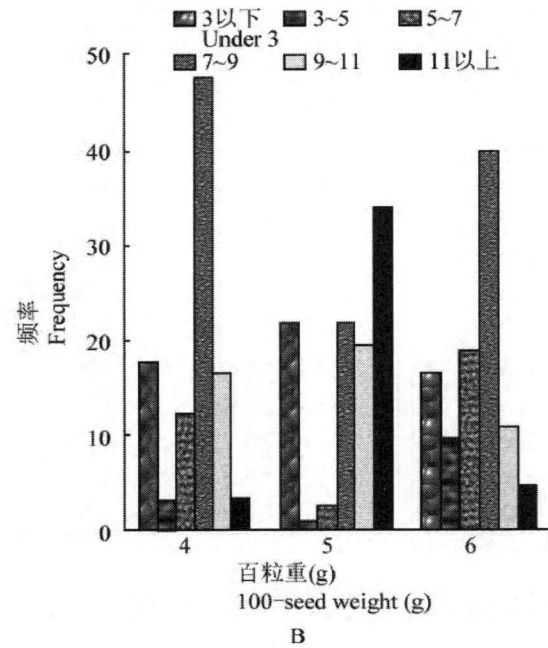

图 2 大豆 RIL 群体百粒重频率分布

Figure 2 Frequency distribution of 100-seed weight of RIL population in soybean

A: 2013 年 3 个地点百粒重频率分布；B: 2014 年 3 个地点百粒重频率分布；1:2013 年阿城；2: 2013 年哈尔滨；3: 2013 年呼 兰；4: 2014 年阿城；5: 2014 年哈尔滨；6: 2014 年呼兰

A: Frequency distribution of soybean 100-seed weight in three places in 2013; B: Frequency distribution of soybean 100-seed weight in three places in 2014; 1: Acheng in 2013; 2: Harbin in 2013; 3: Hulan in 2013; 4: Acheng in 2014; 5: Harbin in 2014; 6: Hulan in 2014

1.3 与大豆油分含量和百粒重相关 QTL 的效应分析

大豆油分含量和百粒重的加性效应分析（表 2）表明，6 个与大豆油分含量相关的 QTL 加性效应值在 −0.18~0.17 之间，有 3 个效应值为正值，是正效应，说明增加油分含量的等位基因主要来自母本。6 个 QTL 的贡献率平均在 2.45% 左右，遗传相对比较稳定；LOD 值在 2.70~3.16 之间，标记间距离大部分为 6.59~13.40 cM 之间，只是在 G 连锁群上的 2 个 QTL 的标记间距离稍大。5 个与大豆百粒重相关的 QTL 加性效应值在 −0.53~0.34 之间，其中 3 个为正效应值，都在 0.30 左右，说明增加百粒重的等位基因主要来自母本。5 个 QTL 的贡献率在 2.30%~7.59% 之间，其中在 H 连锁群上检测到的 2 个位点贡献率相对较大，其中一个 QTL（Satt279–Sat_122）的贡献率为 4.90%，另一个 QTL（Satt192–Satt568）贡献率为 7.59%，LOD 值为 7.73，相对较大，加性效应分别为 −0.43 和 −0.54。在 H 连锁群上 Satt192~Satt568 标记区间内，同时也检测到与油分含量相关的 QTL。

表 2 大豆 RIL 群体油分和百粒重相关的 QTL
Table 2 Related QTL of oil content and 100–seed weight for RIL population in soybean

性状 Traits	染色体 Chr	标记区间 Maker interval	加性效应 Add	贡献率(%) R2 (%)	LOD 值 LOD	QTL 位置 Position of QTL
油分(%) Oil (%)	H	Satt192–Satt568	−0.12	2.12	3.06	13.40
	H	Sat_214–Satt635	−0.17	2.77	2.70	7.56
	E	Satt263–Satt355	0.17	2.67	2.68	6.59
	G	Satt217–Sct_187	0.14	2.33	3.02	54.46
	G	Satt612–18_1641	0.08	2.36	2.75	22.71
	I	Satt367–Satt614	−0.18	2.48	3.16	11.62
百粒重(g) 100–seed weight (g)	K	Sat_116–Sat_119	0.30	2.63	2.85	45.61
	H	Satt279–Sat_122	−0.43	4.90	4.93	16.88
	H	Satt192–Satt568	−0.54	7.59	7.73	13.40
	B2	Satt168–Satt577	0.34	3.66	3.41	46.45
	G	Sat_088–Satt564	0.30	2.30	2.75	12.48

2 讨　论

与传统的遗传育种方法相比，分子标记育种大大加速了育种进程，提高育种效率，节省人力物力（方宣均等，2001；黎裕等，2010），因此标记辅助育种方法倍受人们关注。前人研究发现，与油分含量相关的 QTL 主要分布在 A1、A2、B1、B2、C2、D1a、D1b、D2、E、F、G、H、I、J、O 等连锁群上（闫海波等，2016）。本研究以东农 46 和 L-100 及其衍生的重组自交系为材料，通过两年多点种植，对油分含量和百粒重两个性状进行 QTL 定位，发现油分含量主要定位在 E、H、G 和 I 连锁群上，与前人的定位结果具有相似性。在 E 连锁群上的 Satt263~Satt355 区间内的 QTL 与任君等（2011）定位的 QTL 标记区间相同，在 H 连锁群上的 Satt192~Satt568 区间内的 QTL 与沈岩茹等（2014）定位的相邻。

百粒重是与大豆产量相关的重要性状，开展百粒重 QTL 相关研究对于大豆生产具有极其重要的作用。已经报道的与大豆百粒重相关的 QTL 主要位于 A2、B2、C2、D1a、D1b、D2、E、I、L、M、N 和 O 等连锁群上（孙亚男等，2012；陈强等，2016）。本研究定位出的与百粒重相关的 QTL 分别位于 B2、G、H 和 K 连锁群上，在 B2 连锁群上的 Satt168~Satt577 区间内的 QTL 与 Liu 等（2011）定位的 QTL 相同。其中 H 连锁群上的 2 个 QTL，在 2013 和 2014 两年内均被检测到，属于年份间稳定的 QTL，可应用于分子标记辅助育种工作中。

近些年来，许多学者开展了多年多点环境下大豆各农艺性状的稳定 QTL 挖掘方面的工作（Jansen et al.，1995；年海等，1997）；孙恩玉等，2007；王贤智，2008；陈佳琴等，2011）。本研究通过两年三点的试验，对大豆油分含量和百粒重的表型和标记区间进行了分析，发现油分含量和百粒重两个性状的标记区间在 H 连锁群上具有一定的重叠性，在 Satt192~Satt568 标记区间内，QTL 对油分含量的贡献率为 2.12%，对百粒重的贡献率为 7.59%，该 QTL 为油分及百粒重性状的深入研究提供了重要的基础。

3 材料与方法

3.1 材料来源

以高油大豆品种东农 46、大豆种质 L–100 及其重组自交系群体 $F_{2:6}$ 和 $F_{2:7}$（n=129）为材料，2013 年和 2014 年分别在哈尔滨、阿城和呼兰 3 个地点种植。

3.2 油分测定

取适量大豆籽粒，利用 FOSS–1241 谷物分析仪测定亲本及其重组自交系群体的油分含量。

3.3 百粒重测定

取 100 粒大豆籽粒，按照《大豆种质资源描述规范和数据标准》用百分之一的天平称量并计数。

3.4　QTL 定位分析

利用 Mapmaker V3.0（Lander et al.，1987）和 IciMapping V3.2（Li et al.，2007），通过完备区间作图法，LOD 值为 2.5，作为 QTL 存在的阈值，进行 QTL 定位和对油分含量、百粒重的加性效应分析。

参考文献（略）
本文原载于《基因组学与应用生物学》2017 年 07 期。

大豆与南瓜远缘嫁接接合部组织形态解剖学研究

孙晓环[1]，潘相文[2,3]，王燕平[1]，白艳凤[1]，宗春美[1]，齐玉鑫[1]，张彦丽[4]，任海祥[1]

（1.黑龙江省农业科学院牡丹江分院，黑龙江 牡丹江 157041；2.黑龙江省农业科学院博士后科研工作站，黑龙江 牡丹江 157041；3.中国科学院东北地理与农业生态研究所 大豆分子设计育种重点实验室，黑龙江 哈尔滨 150081；4.牡丹江师范学院生物系 黑龙江 牡丹江 157012）

摘　要：本研究以大豆品种黑农 48 为接穗，黑籽南瓜为砧木进行嫁接，接穗切面长度设置了 5 个不同处理。通过嫁接部位组织解剖学分析，深入研究接穗切面长度对嫁接成活率的影响及组织变化规律，探索嫁接诱导植物变异的机理。研究结果表明：各处理间成活率差异显著，接穗切面长度为 1.0cm 时成活率最高，可以达到 80%，愈合的速度也最快；其次是 1.3 cm。对 1.0 cm 接穗切面结合部不同时期的电镜动态观察表明，接穗与砧木的愈合过程可分为三个阶段：愈伤组织形成期（1~8 d）、维管组织分化期（9~12 d）、维管组织分化完成期（13~35d）。研究结果可为大豆远缘嫁接提供理论和实践参考。

关键词：大豆；远缘嫁接；接合部组织；石蜡切片；解剖结构

Anatomical Study of Integration Sections for Distant Grafting between Soybean and Pumpkin

SUN Xiao–huan[1], PAN Xiang–wen[2,3], WANG Yan–ping[1], BAI Yan–feng[1], ZONG Chun–mei[1], QI Yu–xin[1], ZHANG Yan–li[4], REN Hai–xiang[1]

（1. *Mudanjiang Branch of Heilongjiang Academy of Agricultural Sciences, Mudanjiang* 157041;

2. *Heilongjiang Academy of Agricultural Sciences Postdoctoral Programme, Mudanjiang* 157041;

3. *Key Laboratory of molecular design breeding of soybean, Northeast Institute of Geography and Agroecology, Chinese Academy of Sciences, Harbin* 150081;

4.*Mudanjiang Normal University Biology Department, Mudanjiang* 157012）

Abstract: Dynamic changes of morphological anatomy of integration sections for distant grafting between soybean and pumpkin were analyzed to explore the mechanism of graft–induced plant variation. Soybean scions from soybean varieties Heinong 48 were grafted onto the stocks (black seed pumpkin) with five treatments for the section length of soybean scions so that the effects of scion section length on graft survival rate and the dynamic changes of morphological anatomy of integration sections were explored. The results showed that there were significant differences for the survival rate between the groups, the highest survival rate reached 80%with the fastest healing speed when the scion section length was 1.0 cm, and 1.3 cm scion section length ranked second. Electron microscopy scan results of integration sections for 1.0 cm scion section length at different periods after grafting showed that the healing process of scion and stock could be divided into three stages: callus formation stage (1~8 d after grafting); vascular tissue differentiation stage (9~12 d after grafting); terminal stage of vascular tissue differentiation (13~35 d after grafting). These results would provide theoretical and practical reference for soybean distant grafting.

Keywords: Soybean; Distant grafting; Jntegration sections; Paraffin sections; Anatomical structure

　　嫁接技术可以提高植物的抗寒性、抗病性及加快品种更替，被广泛应用在园艺和农业方面。在生产实际和研究中，利用远缘嫁接和蒙导嫁接都会增加诱变率，近些年来，科研人员对远缘嫁接的研究更加深入，人们发现远缘嫁接（种间嫁接）不仅可以提高植物的抗逆性，还可以导致果实形状和品质的改变，这种变异是可以稳定遗传的[1-6]。而且远缘嫁接组合有很多匪夷所思的组合，比如水稻和竹子、小麦和甘薯、大豆和玉米等，给人们巨大的视觉冲击，现在发现通过远缘嫁接可以使砧穗之间的可运转信号分子相互交流，从而导致砧穗发生 DNA 甲基化、基因沉默、基因激活等[7]。

现在，远缘嫁接机理研究尚不明确，这大大影响了远缘嫁接在作物上的应用和推广。河南昊坤农业科技有限公司利用远缘嫁接诱变技术，已获得 500 多个农作物变异新材料，并在河南、安徽、山东、黑龙江、江苏、河北等省种植，表现出优质高产、抗逆性强等特点，但是到目前为止还没有审定品种。为解析远缘嫁接的诱变机理，我们以大豆为接穗，分别以花生、马铃薯、红薯、洋姜、白籽南瓜、黑籽南瓜、生姜、黑芝麻、蓖麻作砧木进行远缘嫁接试验，改变了过去远缘嫁接成活率低的状况，经过三年的远缘嫁接试验，已经建立了比较完善的嫁接技术，成活率现今达到 80%以上，突变类型也涉及抗逆性、生育期、品质、种皮色等多个方面。本课题曾发表大豆远缘嫁接诱变技术优化的文章[8]。本文以最易成活、且诱变率较高的黑籽南瓜作为砧木，高产高蛋白的大豆品种黑农 48 作为接穗材料，预期从解剖学的角度解析远缘嫁接成活及诱变的可能机理，同时研究不同接穗切面长度对嫁接成活及其愈合的影响，进一步优化远缘嫁接诱变技术体系，以推进远缘嫁接诱变技术在作物资源创新选育和品种选育上的应用。

1 材料与方法

1.1 供试材料

供试大豆品种为黑农 48，由黑龙江省农业科学院大豆所提供，黑籽南瓜由黑龙江省农业科学院园艺分院提供。

1.2 试验设计

在黑龙江省农业科学院牡丹江分院的大豆温室大棚种植 200 盆黑籽南瓜，每盆出苗 3 株，当南瓜幼苗直径长到 0.5cm 左右时，分期播种黑农 48 大豆，于大豆出苗后 7 d，即大豆真叶展开时进行嫁接[8]，使大豆幼苗切面部位完全寄生在南瓜茎基部，形成结合部组织，通过砧穗间物质的交换诱导大豆遗传性状的变异。接穗切面长度采用五种处理，即 A：0.4 cm 接穗切面长度；B：0.7 cm 接穗切面长度；C：1.0 cm 接穗切面长度；D：1.3 cm 接穗切面长度；E：1.6 cm 接穗切面长度，三次重复，每重复 30 株。

1..3 测定项目与方法

1.3.1 接穗切面长度处理
选择苗龄 7 d、整齐一致的接穗大豆幼苗，分别用刀片切削长度为 0.4 cm、0.7 cm、1.0 cm、1.3 cm、1.6 cm 切面准备嫁接。砧木用竹签进行相应深度的处理。

1.3.2 结合部的管理方法
在嫁接后用湿润的土壤对嫁接的接合部进行掩埋，放入遮阳网内进行避光处理。每天早晚对接合部喷水，为提高嫁接诱变率，每天对嫁接后的大豆长出的根毛进行人工切断处理，不让其自行长根，使大豆幼苗完全依靠南瓜的营养进行生长。

1.3.3 嫁接接合部组织石蜡切片观察
在进行插接过程中，分别用长度为 0.4 cm、0.7 m、1.0 cm、1.3 cm、1.6 cm 接穗切面进行嫁接并且对成活率筛选。选取成活率最高的切面长度分别在嫁接成活后的 8 d、15 d、17 d、20 d、25 d、35 d 进行结合部的石蜡切片试验。用锋利的刀片将材料分割成小块（不超过 1 cm³），并立即投入到 FAA 固定，液中固定时间在 24 h 以上，采用番红–固绿双重滴染法[9]，选用 10 μm 连续切片，利用光学显微镜观察照相。

2 结果与分析

2.1 接穗切面长度对嫁接成活率的影响

不同长度接穗切面的成活率见表 1，在接穗切面长度不同的五个处理试验中，1.0cm 的成活率最高，愈合的速度也最快。

表 1　接穗不同切面长度的嫁接成活率比较
Table 1　Comparison on grafting survival rates
of different sections length of scions

处理 Treatment	平均成活株数 Average survival plant	成活率 Survival rate/%	标准差 Standard deviation
A	9.33	31.11	2.52 c
B	17.33	57.78	2.08 b
C	24.33	81.11	0.58 a
D	19.00	63.33	2.00 b
E	12.67	42.22	2.31 c

不同小写字母表示在 5% 水平上显著。
The different lowercase letters show significance at 5 % level.

2.2 不同的切面长度对接穗生长的形态解剖学分析

在嫁接 17 d 时，进行石蜡切面显微观查，石蜡切片如图 1。嫁接后发现 A 和 B 两个处理，因其细胞损伤小，嫁接初期接穗失水较慢出现假活现象，但是在嫁接后由于接合部组织细胞愈合过程中对接穗切面产生挤压，接穗被挤出砧木的情况非常明显，导致此嫁接成活率低，以 A 处理表现更为突出。而 E 处理的切面太长，容易导致接穗在砧木内部断裂，并且发现接合部组织产生的破裂细胞数较多，接合部的死细胞多，形成的愈伤组织也较多，使接穗和砧木的接合部形成较厚的死细胞形成层，这个形成层对嫁接的愈合产生不良影响。本试验发现，在接穗切面长度不同的试验中，C 处理的愈合速度最快，嫁接成活率达到 81.11%。

2.3 对嫁接后不同时期接合部组织进行显微解剖分析

选用远缘嫁接成活率最高、愈合速度最快的 C 处理进行蜡切片电镜扫描。嫁接后 8 d，接穗和砧木的接合部可以看到隔离层和愈伤组织。嫁接后的 17 d，已经分化形成了维管组织。维管细胞连接着接穗和砧木，这也是砧木和接穗间营养和水分交流的唯一通道；嫁接后 20 d，可以看到接穗已经形成新的韧皮部和木质部；嫁接后 35 d，可以看到木质部形成环纹导管和网纹导管。

利用南瓜根系营养，诱导大豆遗传性状变异的嫁接试验证明：大豆与南瓜的亲合力较强，嫁接成活率较高。通过对嫁接后不同时期嫁接点的组织切片分析，接穗与砧木的愈合过程可分为以下三个阶段：

愈伤组织形成期：该阶段经历 1~8 d 的时间，愈伤组织形成的过程体现在以下两方面。一是砧木顶端嫁接点部位的薄壁细胞恢复分裂，形成大量愈伤组织，通过愈伤组织的形成，使砧木与接穗在接口处愈合；二是接入砧木内的接穗部分，外围的薄壁组织恢复分裂，形成大量的增生组织。

维管组织分化期：该阶段需经历 12 d。随着接入砧木内接穗外部组织的增生，增生组织内分化形成接穗维管组织。通过分化形成的维管组织将砧木根系吸收的水分和无机盐输送到接穗生长部位。此时接穗开始恢复生长。

维管组织分化完成期：该阶段从切片的横切面上看，接穗维管组织发育完全，木质部和韧皮部特征显著。虽然砧木与接穗之间在横切面上仍存在一定的间隙，但接穗的维管组织已与砧木的维管组织相连接，砧木与接穗完全愈合，如图2。

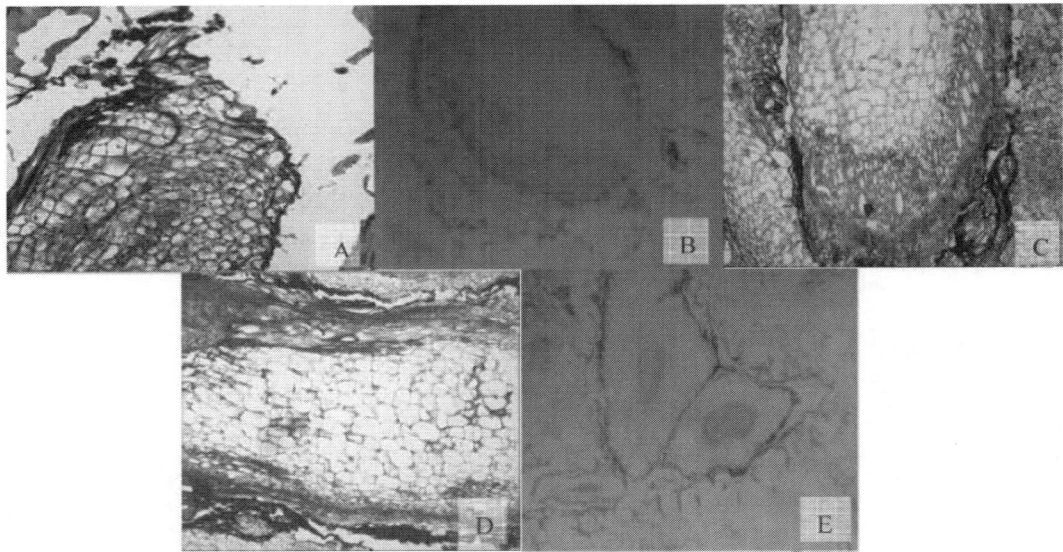

图1　不同时期嫁接结合部石蜡切片的电镜扫描结果
Fig. 1　Electron microscopy scan results of paraffin sections of integration sections for different sections length of scions

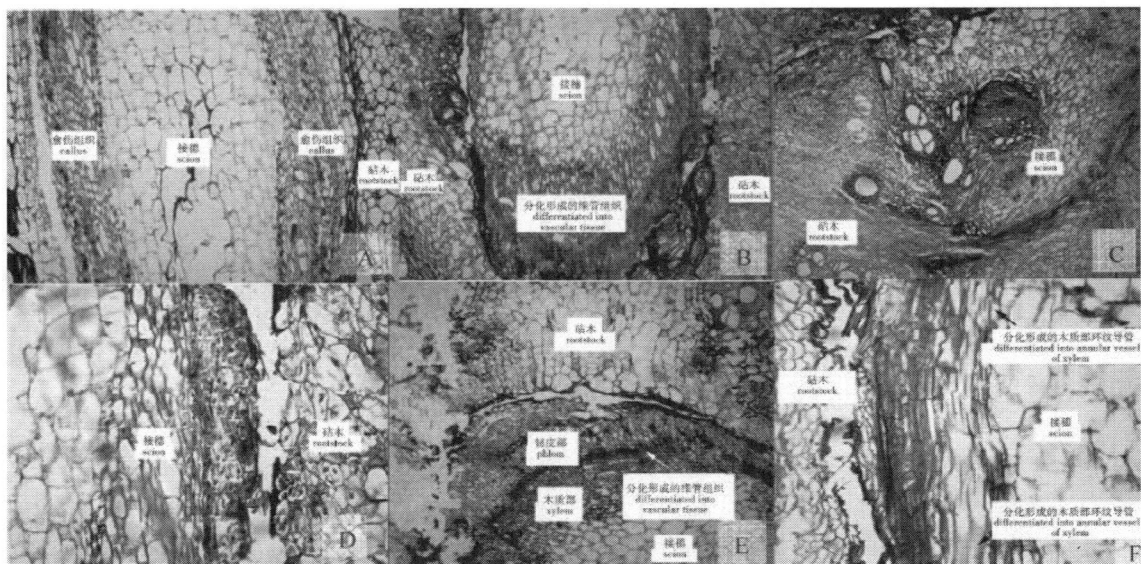

A：嫁接后 8 d；B,C,D：嫁接后 17 d；E：嫁接后 20 d；F：嫁接后 35 d。
A：8 d after grafting；B,C,D：17 d after grafting；E：20 d after grafting；F：35 d after grafting.

图2　不同时期嫁接结合部石蜡切片的电镜扫描结果
Fig. 2　Electron microscopy scan results of paraffin sections of integration sections for different periods

3　讨　论

早在 20 世纪，苏联著名的园艺学家、植物育种学家米丘林曾经提出：利用两个果树的幼苗，同属感受态阶段，可以诱导植株产生变异。当今的嫁接研究中，嫁接在诱导变异上并没有得到足够的重视，大多数的嫁接是近缘嫁接，变异诱变率较低，也很少有人选择幼苗的砧木和接穗。有时，嫁接产生了遗传变异，并不一定与目标育种性状相符合，而被忽略。本试验通过远缘嫁接将接穗的根部切断，并且切面只能接触到砧木细胞，不能接触到土壤，同时，我们长期人为地将其长出的自生根切断，强制接穗大豆只能依靠砧木南瓜生长，接穗大豆在其逆境胁迫的条件下，将迅速与砧木南瓜的维管束接通。张丹华等推测远缘嫁接变异很有可能是嫁接生长逆境诱导的抗逆变异结论[9]。事实上，在嫁接试验中，大多数人不会去除嫁接后的接穗自生根。笔者认为，嫁接在有优良性状的砧木上，相当于在培养基上生根，没有产生逆境胁迫，大大降低诱变率。到目前为止，远缘嫁接还没有审定的品种，根本原因是对嫁接的机理不是很明确。本文通过比较接穗不同的切面长度的成活率和石蜡切片电镜扫描结果：切面长度过长、过短均不利于嫁接成活及愈合，1.0 cm 长度的嫁接效果最好；并对 1.0 cm 切面长度接穗嫁接接合部组织在不同时期进行解剖学分析，为研究嫁接机理提供理论依据。嫁接接合部组织的愈合过程对于嫁接是否成活起到关键的作用，试验证明接合部组织的愈合过程可分为三个阶段：一是愈伤组织形成期（1~8 d）。二是维管组织分化期（9~12 d）。三是维管组织分化完成期（13~35 d）。当接穗的维管组织已与砧木的维管组织相连接，证明砧木与接穗完全愈合。刘勇等在近缘嫁接解剖学研究中发现：愈合过程包括未形成愈伤组织、开始形成愈伤组织、砧穗愈伤组织的连接、形成层的分化与连接及输导组织的分化与连接等 5 个阶段[10]，说明远缘嫁接与近缘嫁接的愈合规律相似，但是愈合的时间明显不同。

参考文献（略）

本文原载于《大豆科学》2015 年 04 期。

不同世代间大豆粒形相关 QTL 的稳定性分析

张继雨，郭洁，陈峰娜，李文，赵雪，韩英鹏，李文滨，滕卫丽

（东北农业大学 大豆研究所/大豆生物学教育部重点实验室/农业部东北大豆生物学与遗传育种重点实验室，黑龙江 哈尔滨 150030）

摘 要：以东农 46 和 L–100 构建的重组自交系群体（RILs）为试验材料，利用 2013 和 2014 年分别在哈尔滨、呼兰、阿城 3 个地点共 6 个环境的数据对不同世代的遗传群体粒形进行单环境 QTL 分析及多环境联合检测。结果表明：单环境 QTL 分析中，检测到 13 个与粒形相关的 QTL，位于第 5、9、12、15 及 18 连锁群上，其中粒长 QTL2 个，表型变异贡献率为 21.61%~26.81%；粒宽 QTL5 个，表型变异贡献率为 7.28%~18.38%；粒厚 QTL6 个，表型变异贡献率为 10.19%~18.44%。位于 Sat_122~Satt052 标记区间的 QTL 位点在粒长及粒厚中都被检测到，位于 Sat_119~Satt588、Satt192~Satt568 及 Sat_401~Satt192 标记区间 QTL 位点在粒宽及粒厚中同时被检测到，存在一因多效性。多环境联合分析中，共检测到 15 个与粒形相关的 QTL。并且有 9 个 QTL 位点在单环境及多环境联合检测中均被检测到，表明这些 QTL 表达较为稳定。因此，本研究获得 1 个粒长 QTL（Sat_122~Satt052）、1 个粒宽 QTL（Satt192~Satt568）及 2 个粒厚 QTL（Satt192~Satt568，Sat_401~Satt192）为表现较好的稳定 QTL。

关键词：大豆；RILs；粒形；QTL；稳定遗传

Stability Analysis of QTL Associated for Seed Shape Traits in Soybean Content Across Different Generations

ZHANG Ji–yu, GUO Jie, CHENG Feng–na, LI Wen, ZHAO Xue, HAN Ying–peng, LI Wen–bin, TENG Wei–li

(*Soybean Research Institute, Northeast Agricultural University/ Key Laboratory of Soybean Biology in Chinese Ministry of Education/ Key Laboratory of Soybean Biology and Breeding/ Genetics of Chinese Agriculture Ministry, Harbin 150030, China*)

Abstract: A RILs population derived from a cross between Dongnong 46 and L–100 was used in the experiment. The different generation populations were evaluated in three locations (Harbin, Hulan and Acheng), in 2013 and 2014 using single enviroment QTL analysis and multi enviroment joint analysis. The results showed that, thirteen QTLs were detected associated with seed shape in single enviroment QTL analysis, located in 5, 9, 12, 15, and 18 linkage group. Two QTLs were associated with seed length, explained 21.61%~26.81%of the phenotypic variation. Five QTLs were associated with seed width, explained 7.28%~18.38%of the phenotypic variation. Six QTLs were associated with seed thick, explained 10.19%~18.44%of the phenotypic variation. The QTLs located in the marker interval of Sat_122~Satt052 associated both seed length and seed thick. The QTLs located in the marker interval of Sat_119~Satt588, Satt192~Satt568 and Sat_401~Satt192 associated both seed width and seed thick, showed pleiotropy. Fifteen QTLs were detected associated with seed shape in multi enviroment joint analysis. Nine QTLs were detected in both methods, showed genetic stability, Therefore, one QTL (sat_122~satt052) for seed length, one QTL (satt192~satt568)for seed width and two QTL (satt192~satt568, sat401~satt192) for seed thickness were obtained in this study.

Keywords: Soybean; RILs; Seed Shape; QTL; Genetic Stability

大豆是重要的油料作物，籽粒中蛋白质含量约 40%，油分含量约 20%，是人类植物蛋白及脂肪的主要来源[1]。但大豆产量偏低导致大豆产业的发展受到影响。大豆单产是由种植密度、百粒重和单株粒数共同决定的，粒长、粒宽和粒厚是百粒重的重要性状，关系大豆产量、品质和商品外观性，直接影响其市场价值[2–3]。因此，研究大豆粒形性状具有很重要的意义。

大豆粒形是受多个基因控制的数量性状，其性状表现由基因型与环境共同决定。利用分子标记定位其

基因位点，明确其效应大小及作用方式，不仅能了解大豆粒形的遗传机制，而且能为分子标记辅助育种提供理论基础。目前，已有大豆粒形 QTL 定位的相关报道，但由于所用的群体及环境不同，检测到的 QTL 有较大差异。梁慧珍等[4-5]利用晋豆 23 和灰布支杂交构建的 RILs 将粒形相关 QTL 定位在第 1、6、8、10、11、17、20 等连锁群上。Salas 等[6]以 Minsoy、Archer 和 Noir1 为亲本，使其分别杂交构建了 3 个组合，检测到在 3 个环境 3 个组合中均稳定存在的 1 个粒形相关 QTL，位于 4 号连锁群上。刘晓芬[7]用不同生态环境的 215 份栽培品种构建关联分析群体，对粒形相关性状做了关联定位分析，检测到的 QTL 在第 2、6 等连锁群上。Moongkanna 等[8]以 Pak Chong 2×Laos7122 杂交构建的 $F_{2:3}$ 群体为材料，将粒形 QTL 定位在第 6、18 号等连锁群上。Yu 等[9]以溧水中子黄豆×南农 493-1 群体 3 个世代（$F_{2:3}$~$F_{2:5}$）为材料，检测到的 QTL 位点位于第 6、7、18、20 等连锁群上。刘春燕等[10]以美国大豆品种 Charleston 为母本，东农 594 为父本构建的 $F_{2:14}$ 代 RILs 为材料，检测到 QTL 位点在第 5、6、10 等连锁群上。这些研究定位的粒形相关的 QTL 分布于不同连锁群中，表明粒形相关性状的 QTL 数量虽然很多，但不同遗传背景的群体检测到的 QTL 数量及位置也多有不同。因此，有必要采用与以往不同的群体、在不同的环境条件下对已定位的粒形 QTL 进行验证或检测 QTL 位点。

本研究以性状差异较大的栽培大豆品种东农 46 和野生大豆 L-100 为亲本构建的重组自交系群体为试验材料，利用两年三点的数据，采用 QTL IciMapping V3.2 的完备区间作图法（ICIM）对粒长、粒宽和粒厚等粒形性状进行单环境的 QTL 定位；同时联合检测哈尔滨、呼兰及阿城 3 个地点粒形性状表型数据，以期明确不同世代间 QTL 的遗传稳定性，从而为大豆粒形的分子辅助育种提供理论依据。

1 材料与方法

1.1 材料

东农 46 为栽培大豆，由东北农业大学大豆研究所选育；L-100 为野生大豆，从日本引进；东农 46 和 L-100 杂交衍生的 $F_{2:6}$（n=129）和 $F_{2:7}$（n=129）代群体。

1.2 SSR 引物

参照 Cregan 等的"大豆公共图谱"选择了 727 对 SSR 引物，用于本研究中大豆遗传图谱的构建，引物序列均来自 Soybase 网站，由哈尔滨博仕生物技术有限公司合成。

1.3 试验设计

2013 和 2014 年春季分别将供试材料 $F_{2:5}$、$F_{2:6}$ 代家系种植于东北农业大学香坊农场试验基地哈尔滨（E1）、呼兰（E2）及阿城（E3），秋季收获 $F_{2:6}$、$F_{2:7}$ 代家系的籽粒。取亲本及重组自交系群体的 V5 期的嫩叶，于 -80 ℃冰箱中备用。

1.4 方 法

1.4.1 总 DNA 的提取
取大豆嫩叶约 1 g，采用改良的 CTAB 法提取亲本及其后代群体的 DNA，参照楼巧君等[11]的方法。
1.4.2 粒形测定
按照《中国大豆品种志》的标准进行调查考种粒长（seed length，SL）、粒宽（seed width，SW）、粒厚（seed thickness，ST）3 个性状[12]。

1.5 数据分析及 QTL 定位

将亲本及其后代群体性状测量值的平均数用于数据分析。表型数据处理及频率分布图在 Excel 2010 中完成。利用 QTL IciMapping V3.2 的完备区间作图法（ICIM），取 LOD 值 2.5 为 QTL 的标准，进行 QTL 定位和效应估算[13]。利用获得的粒形 QTL 相关的分子标记，在 $F_{2:6}$ 和 $F_{2:7}$ 代不同世代分离群体中进行检测，检验 QTL 在不同世代中的稳定性。

2 结果与分析

2.1 大豆各世代群体粒形的分布

通过对群体亲本 2013 和 2014 年两年三点表型数据统计（表 1），两亲本在粒形之间有较明显的差异，为粒形的 QTL 分析提供了良好的遗传背景。RILs 群体的粒长、粒宽和粒厚的最小值、最大值差异显著，对偏度及峰度检验表明，多个环境下粒形相关性状的峰度和偏度的绝对值均小于 1，只有个别环境表现出较高的值，但是不影响各性状的正态分布，适合进行 QTL 分析（表 1 和图 1）。

表 1　亲本及群体的粒形统计分析

Table 1　Statistical analysis for seed shape traits of parents and different populations

性状 Trait	世代 Generation	环境 Environment	群体 Population					亲本 Parent	
			幅度 Range	均数 Mean	标准差 SD	峰度 Kurtosis	偏度 Skewness	东农 46 Dongnong 46	L–100
粒长 SL /mm	$F_{2:6}$	E1	5.21 ~ 8.23	6.84	0.54	−0.26	0.37	7.87	5.73
	$F_{2:7}$	E1	4.77 ~ 7.89	6.62	0.53	−0.22	0.50	7.44	6.77
	$F_{2:6}$	E2	5.02 ~ 7.90	6.47	0.62	−0.19	−0.24	7.60	5.71
	$F_{2:7}$	E2	4.39 ~ 7.59	6.23	0.67	−0.29	0.26	7.17	6.76
	$F_{2:6}$	E3	5.34 ~ 8.21	6.36	0.55	0.74	0.61	7.78	5.62
	$F_{2:7}$	E3	4.81 ~ 7.98	7.14	7.02	−0.15	−0.17	7.54	6.26
粒宽 SW /mm	$F_{2:6}$	E1	4.11 ~ 6.48	5.53	0.40	−0.60	1.73	7.14	3.70
	$F_{2:7}$	E1	4.27 ~ 6.34	5.43	0.38	−0.27	0.14	6.69	4.34
	$F_{2:6}$	E2	3.58 ~ 6.37	5.12	0.52	−0.39	0.23	7.04	3.81
	$F_{2:7}$	E2	3.36 ~ 6.09	5.02	0.46	−0.60	1.40	6.60	4.44
	$F_{2:6}$	E3	3.98 ~ 6.14	5.21	0.44	−0.20	−0.13	7.12	3.57
	$F_{2:7}$	E3	3.95 ~ 6.02	5.03	1.05	0.03	−0.08	6.79	4.00
粒厚 ST /mm	$F_{2:6}$	E1	3.23 ~ 5.67	4.78	0.39	−0.88	2.70	6.25	3.53
	$F_{2:7}$	E1	3.66 ~ 5.74	4.80	0.37	0.12	−0.06	6.31	3.80
	$F_{2:6}$	E2	2.63 ~ 5.55	4.35	0.54	−0.87	1.33	5.89	3.41
	$F_{2:7}$	E2	2.35 ~ 5.23	4.20	0.50	−1.22	2.45	5.94	3.69
	$F_{2:6}$	E3	3.45 ~ 5.47	4.47	0.45	−0.08	−0.35	5.6	3.27
	$F_{2:7}$	E3	2.63 ~ 5.40	4.28	0.75	−0.36	0.70	5.65	3.16

2.2 遗传连锁图谱构建

利用 727 对 SSR 引物在亲本东农 46 和 L–100 进行筛选，其中 245 对引物具有多态性，多态性引物的频率 33.7%。选择亲本间多态性表现良好的 155 对 SSR 引物对 RILs 进行检测，并构建遗传图谱。遗传图谱总标记数 153 个，分布于 17 个连锁群上，全长 3 198.2 cM，标记间平均距离为 20.9 cM，最小间距为 0.42 cM，其中第 7、9、12、13 和 18 连锁群上标记数较多。

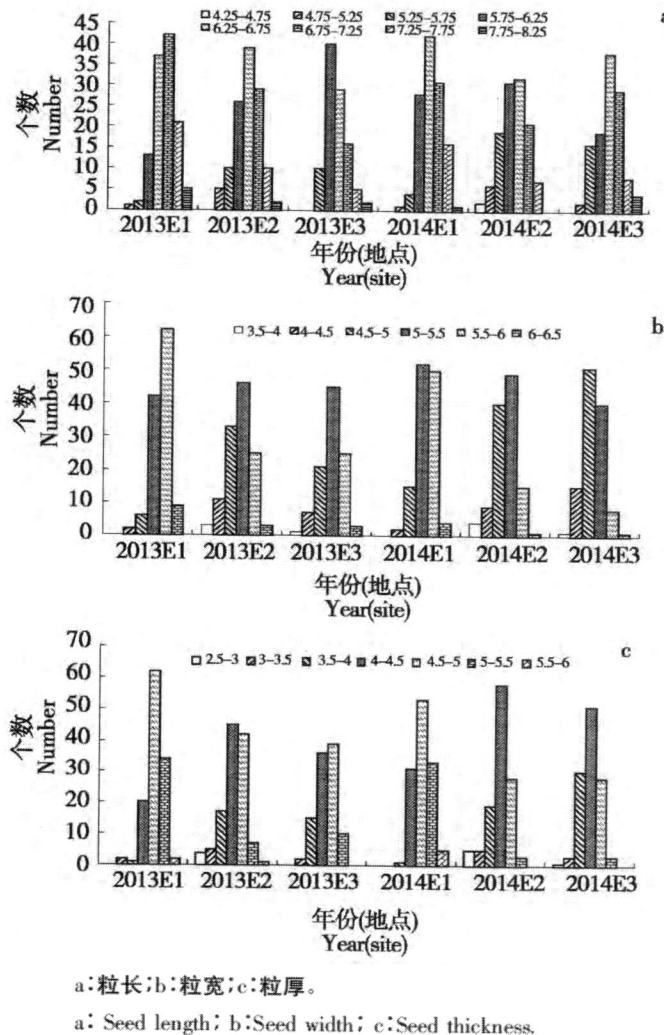

a：粒长；b：粒宽；c：粒厚。

a：Seed length；b：Seed width；c：Seed thickness.

图1　大豆 RIL 群体 2013 和 2014 年 3 个
地点粒形性状的频率分布图

Fig. 1　Seed shape frequency distribution diagram
of soybean RIL in 2013 and 2014

2.3 单环境检测的粒形性状 QTL

根据东农 46 和 L–100 及 RILs 构建的大豆遗传图谱，取 LOD 值 2.5 为 QTL 的阈值，对群体中分离的大豆粒形进行单环境 QTL 分析。结果表明：控制大豆粒形相关性状的 QTL 定位在 5 个连锁群中。两年三点 6 个环境下 3 个表型性状共检测到 13 个 QTL（表 2）。

粒长性状在 2013 年的 E2 环境下检测到 2 个 QTL 位点，位于第 5 及 12 号连锁群上，LOD 值在 2.55~5.26，解释表型贡献率为 21.61%~26.81%，加性效应在 −0.32~−0.29。在 2014 年没有检测到 QTL。

粒宽性状在 2013 年的 3 个环境下共检测到 5 个 QTL 位点，分别位于第 9、12 及 15 号连锁群上，LOD 值为 2.57~4.40，解释表型贡献率为 7.28%~18.38%，加性效应在 −0.20~0.17。在 2014 年的环境中没有检测到 QTL。

粒厚性状在 2013 年的环境下检测到 5 个 QTL 位点，分别位于第 9、12 及 18 号连锁群上，LOD 值为 2.55~5.39，解释表型贡献率为 10.19%~18.44%，加性效应为 −0.23~0.19。在 2014 年的环境中检测到 1 个 QTL 位点 Satt192~Satt568，位于第 12 号连锁群上，LOD 值为 2.95，解释表型贡献率为 11.87%，加性效应为 −0.13。该 QTL 在 2013 及 2014 年粒厚检测中均被检测到，其 LOD 值分别为 3.39 和 2.95，解释表型贡献率分别为 14.74%、11.87%，加性效应分别为 −0.17 和 −0.13。此外，在第 9 号染色体 Sat_119~Satt588 及第 12 号染色体 Satt192~Satt568 区间，同时检测到粒宽及粒厚的 QTL；在第 12 号染色体 Sat_122~Satt052 区间，同时检测到粒长及粒厚的 QTL；在第 12 号染色体 Sat_401~Satt192 区间，同时检测到粒宽及粒厚的 QTL，证明存在一因多效性。

表 2   2013 和 2014 年不同环境下 RIL 群体粒形相关性状 QTL

Table 2   Grain shape traits QTL of RIL populations in different environments during 2013 and 2014

性状 Trait	世代 Generati-on	环境 EN	染色体 Chromosome	位置 Position	标记区间 Marker interval	LOD	贡献率 PVE/%	加性效应 Add
粒长 SL	$F_{2:6}$	E2	5	20	Satt619 ~ Satt236	2.55	21.61	−0.29
			12	215	Sat_122 ~ Satt052	5.26	26.81	−0.32
粒宽 SW	$F_{2:6}$	E1	9	208	Sat_119 ~ Satt588	3.47	18.38	0.17
		E2	12	228	Satt052 ~ Sat_401	3.64	10.88	−0.17
			12	258	Sat_401 ~ Satt192	4.40	14.29	−0.20
			15	53	Satt045 ~ Sat_124	2.57	7.28	−0.14
		E3	12	266	Satt192 ~ Satt568	2.77	16.46	−0.18
粒厚 ST	$F_{2:6}$	E2	12	213	Sat_122 ~ Satt052	3.04	11.23	−0.18
			12	257	Sat_401 ~ Satt192	5.39	18.44	−0.23
			18	207	Satt564 ~ Sat_315	3.22	11.84	0.19
		E3	9	203	Sat_119 ~ Satt588	2.55	10.19	0.14
			12	263	Satt192 ~ Satt568	3.39	14.74	−0.17
	$F_{2:7}$	E1	12	262	Satt192 ~ Satt568	2.95	11.87	−0.13

2.4 多环境联合检测粒形 QTL 及 QTL 与环境的互作

应用基于 ICIM 的分析方法，联合检测 2013 和 2014 年 E1、E2 及 E3 共 6 种环境的粒形性状表型数据，共检测到 15 个粒形 QTLs（表 3）。其中有 3 个粒长 QTLs，位于第 12 和 14 号连锁群上，LOD 值为 3.19~6.22，加性效应值在 −0.32~−0.1，解释表型贡献率为 1.04%~6.35%；6 个粒宽 QTLs，位于第 9、12、14 及 15 号连锁群上，LOD 值为 3.03~8.01，加性效应值为 −0.12~0.1，解释表型贡献率为 2.17%~7.12%；6 个粒厚 QTLs，位于第 9、12、13 及 18 号连锁群上，LOD 值在 2.52~8.18，加性效应值为 −0.13~0.09，解释表型贡献率为 1.99%~8.37%。在 $F_{2:6}$ 代和 $F_{2:7}$ 代都检测到 1 个与粒长相关的 QTL 位点，位于 12 号连锁群上，在标记区间 Sat_122~Satt052，LOD 值为 3.61~6.22，解释表型贡献率为 1.04%~6.35%，并且在该标记区间 $F_{2:6}$ 代同样检测到与粒厚相关的 QTL 位点，其 LOD 值 4.18，解释表型贡献率 3.82%；在标记 Satt052 附近同样检测到与粒宽相关的 QTL 位点；在 $F_{2:6}$ 代和 $F_{2:7}$ 代同时检测到 1 个与粒宽相关的 QTL 位点，位于 12 号连锁群上，在标记区间 Satt192~Satt568，LOD 值为 3.98~8.01，解释表型贡献率为 3.08%~7.12%，并且在该标记期间 $F_{2:6}$ 代也检测到与粒厚相关的 QTL 位点，其 LOD 值为 5.65，解释表型贡献率为 5.30%；$F_{2:6}$ 和 $F_{2:7}$ 代在 12 号连锁群上均检测到与粒厚相关的 QTL 位点，位置有所不同，但都在 Satt192 附近。

在所检测到的 15 个 QTL 中，位于 Sat_122~Satt052 的 1 个粒长 QTL、位于 Satt052~Sat_401 的 1 个粒宽 QTL 及位于 Sat_122~Satt052、Sat_401~Satt192、Satt564~Sat_315 的 3 个粒厚 QTL 共 5 个 QTL 与环境之间存在很明显的互作效应（表 3），但单个 QTL 表型变异的贡献率较小，在 0.08%~2.27%。以 Sat_401~Satt192 的粒厚 QTL 的解释表型贡献率最大，也仅为 2.27%，远小于其自身加性效应 8.37% 的贡献率，表明粒形性状受环境影响相对较小。

表 3　ICIM 法检测 RIL 群体的粒形 QTL 与环境互作结果

Table 3　QTL detection and environment interaction results of seed shape traits from RIL populations under different environments using ICIM method

性状 Trait	世代 Generation	染色体 Chromosome	位置 Position	标记区间 Marker interval	LOD	LOD (A)	LOD (AbyE)	贡献率 PVE/%	PVE (A)	PVE (AbyE)	Add	AbyE_01	AbyE_02	AbyE_03
粒长 SL	F$_{2:6}$	12	214	Sat_122 ~ Satt052	6.22	5.21	1.01	6.35	4.82	1.53	-0.13	0.01	-0.09	0.08
		14	180	Satt168 ~ Satt556	3.19	3.11	0.08	3.07	2.99	0.08	-0.1	-0.02	0	0.02
	F$_{2:7}$	12	216	Sat_122 ~ Satt052	3.61	0.65	2.96	1.04	0.62	0.42	-0.32	0.21	0.17	-0.37
粒宽 SW	F$_{2:6}$	9	203	Sat_119 ~ Satt588	4.57	3.44	1.14	3.70	3.00	0.70	0.08	0.05	-0.04	-0.01
		12	227	Satt052 ~ Sat_401	4.92	3.91	1.01	4.80	3.45	1.35	-0.08	0.02	-0.07	0.06
		12	263	Satt192 ~ Satt568	8.01	7.87	0.15	7.12	6.54	0.58	-0.12	0.04	-0.05	0.01
		15	53	Satt045 ~ Sat_124	3.55	3.00	0.55	3.51	2.62	0.89	-0.07	0.03	-0.06	0.03
	F$_{2:7}$	12	267	Satt192 ~ Satt568	3.98	2.83	1.15	3.08	2.84	0.24	-0.12	0.04	0.01	-0.05
		14	101	Satt687 ~ Satt577	3.03	1.91	1.12	2.17	2.05	0.12	0.1	-0.03	0	0.03
粒厚 ST	F$_{2:6}$	9	202	Sat_116 ~ Sat_119	4.82	4.02	0.80	3.75	3.39	0.35	0.09		-0.04	0.02
		12	205	Sat_122 ~ Satt052	4.18	2.31	1.87	3.82	1.98	1.84	-0.07	-0.02	-0.07	0.08
		12	260	Sat_401 ~ Satt192	8.18	6.77	1.42	8.37	6.1	2.27	-0.11	0.09	-0.08	-0.01
		13	232	Satt395 ~ Satt649	2.52	2.37	0.14	1.99	1.95	0.05	-0.06	0.01	0.01	-0.01
		18	204	Satt564 ~ Sat_315	3.44	2.62	0.82	3.38	2.22	1.15	0.07	-0.04	0.07	-0.03
	F$_{2:7}$	12	263	Satt192 ~ Satt568	5.65	4.75	0.90	5.30	5.03	0.28	-0.13	0.01	0.03	-0.04

3　讨　论

本研究采用的亲本材料是东农 46 和 L–100，二者在粒长、粒宽及粒厚上均具有较大的差异，因此在利用其后代群体进行 QTL 定位研究时具有很多的优势，能更好地发现影响性状的 QTL 位点。另外环境条件也是影响 QTL 不稳定的一个重要因素[11]。将不同世代群体 RILs 连续两年在相同的 3 个地点种植，避免了因环境引起的 QTL 检测的误差；由于基因受到环境的影响，在 3 个地点环境下检测到的 QTL 有很大差异，但在不同环境下检测到相同位点，表明该位点更加稳定。

本研究利用东农 46 和 L–100 构建的 RILs 对粒形性状进行了单环境的 QTL 定位，共有 13 个粒形性状相关 QTL 被检测到，但不同试验地点不同年份检测到的 QTL 数量及位点具有很大差异。本研究定位的粒形 QTL 位点主要位于第 5、9、12、15 及 18 号连锁群上，与陈强[14]、梁慧珍等[12]定位的结果不同，可能是研究材料遗传背景不同。应用多环境联合分析检测法，两年三点 6 个环境下共检测到 15 个粒形相关 QTL，其中位于 Sat_122~Satt052 标记区间的粒长 QTL 位点不仅同时被两种方法重复检测到，并且在 2013 及 2014 年的环境互作分析中都被检测到；位于 Sat_119~Satt588、Satt052~Sat_401、Satt045~Sat_124 及 Satt192~Satt568 标记区间的粒宽 QTL 位点同时被两种方法重复检测到，其中 Satt192~Satt568 标记区间的 QTL 位点环境互作分析时在 2013 和 2014 年中均被检测到；位于 Sat_401~Satt192、Sat_122~Satt052、Satt564~Sat_315 及 Satt192~Satt568 标记区间的粒厚 QTL 位点同时被两种方法重复检测到，其中 Satt192~Satt568 标记区间的 QTL 位点在单环境的 QTL 定位中在 2013 和 2014 年均被检测到。以上 QTL 在单个环境及多环境联合检测中均能被检测到，表明其表达较稳定。但两种方法检测的 QTL 解释表型贡献率有所不同，多环境联合法检测的 QTL 解释表型贡献率较小。杨占烈等[15]检测水稻粒形相关性状 QTL 及 QTL 与环境的互作研究中也有类似的结果。

4 结 论

利用东农 46×L-100 构建的重组自交系在两年三种生态环境下，利用 ICIM 法对不同年份种植的不同世代遗传群体的粒形性状进行单环境 QTL 分析及多环境联合检测。分别检测到 13 及 15 个 QTL，重复检测到 9 个 QTL，稳定性较强。其中以 1 个粒长 QTL（Sat_122~Satt052）、1 个粒宽 QTL（Satt192~Satt568）及 2 个粒厚 QTL（Satt192~Satt568，Sat_401~Satt192）等 QTL 表现较好，并且粒形 3 个性状的稳定 QTL 集中分布在 12 号染色体上，这些 QTL 集中分布的情况为粒形 QTL 的精细定位及分子辅助育种提供了可能，这 4 个 QTL 在大豆分子标记辅助育种工作中将具有一定的应用价值。

参考文献（略）

本文原载于《大豆科学》2016 年 04 期。

山西不同生态型大豆种质资源蛋白亚基的变异分析

王燕平，李贵全，郭数进，王鹏

（山西农业大学农学院，山西 太谷 030801）

摘 要：本文选用山西 57 份不同生态型大豆种质资源为材料，利用 SDS–PAGE 梯度电泳技术分离 11S 球蛋白和 7S 伴球蛋白各主要亚基，通过 Quantity One 4.52 软件得出 11S 和 7S 及其亚基的相对含量。结果表明，不同生态型大豆种质资源间同一亚基相对含量存在较大变异，其中变异系数最大的为 β 亚基，变异幅度为 7.32~21.71%，变异系数为 17.46%。11S/7S 比值平均值为 1.78±0.33，变异幅度为 1.46~3.45%，变异系数为 18.55%，差异较大。11S、7S 含量与蛋白质和脂肪含量没有相关性。可以看出大豆蛋白亚基相对含量随品种和产地变化存在明显的变异。本研究同时发现 4 份自然变异的特异大豆种质，为专用型优质大豆品种的选育及大豆食品加工原料的选择提供重要的参考种质。

关键词：山西；大豆；种质资源；蛋白亚基；变异

Variation Analysis of Protein Subunits of Soybean Germplasms of Different Eco–types in Shanx

WANG Yan-ping, LI Gui-quan, GUO Shuj-in, WANG Peng

(*College of Agriculture, Shanxi Agricultural University, Taigu, Shanxi* 030801, *China*)

Abstract: In this study, 57 soybean germplasms of different eco–types from Shanxi Province were tested, various main subunits of 11S glycinin and 7s conglycinin were separated by SDS–PAGE gradient electrophoresis and relative contents of 11s, 7S and their subunits were acquired by Quantity One 4.52. The relative contents of the same subunits of different eco-types soybean germplasms showed wide variation. The variant range for β subunit was 7.32%～21.71% and it showed the highest variation coefficient(17.46%). The average of the 11S/7S ratio was 1.78±0.33, the variant range was 1.46%~3.45% and the variation coefficient was 18.55%, showing large difference. The contents of 11S and 7S were not correlated with the contents of proteins and fats. The contents of subunits of soybean protein varied with the varieties and locations. We discovered four excellent soybean germplasms of natural mutation in this study, which would provide breeding programmes for excellent soybean varieties and food-processing with important germplasms.

Keywords: Shanxi; Soybean; Germplasm; Protein subunit; Variation

　　大豆是高蛋白作物，其籽粒蛋白质含量一般在 40% 左右。大豆籽粒蛋白质含量因品种、产地和生态条件不同而不同[1-2]。根据沉降系数将大豆蛋白质区分为 15S、11S、7S 和 2S 4 种组分，这已经被众多的研究者所接受[3-4]。大豆贮藏蛋白主要由 7S 和 11S 组成，占大豆总蛋白的 70% 左右[5]，根据理化特性的不同可将 7S 划分为三种类型：β–伴大豆球蛋白、γ–伴大豆球蛋白和碱性 7S 球蛋白，其中 β–伴大豆球蛋白是主要的存在形式，由 α′（MW–72000）、α（MW–68000）、β（MW–52000）三种亚基组成[6]。大豆 11S 球蛋白可分为酸性区域和碱性区域两部分，酸性区域分子量为 34.8 kDa。碱性区域分子量为 19.6 kDa。其中酸性亚基有 A1a（MW–38000）、A1b（MW–38000）、A2（MW–38000）、A3（MW–45000）、A4（MW—38000）、A5（MW—11000），碱性亚基有 B1a（MW—19000）、B1b（MW—19000）、B2（MW—19（H10）、B3（MW—20000）、B4（MW—19000），它们以二硫键结合形成特定的酸–碱配对的二聚体[7]。Cai 等[8]研究指出，11S 和 7S 的含量受大豆品种和环境的影响。关荣霞等[9]对 175 份中国大豆品种资源 11S/7S 组分分析结果表明，11S 和 7S 的含量呈极显著负相关（r＝－0.95），11S/7S 比值范围为 0.77~4.67，并鉴定出 1 份自然缺失 β 亚基的材料。Kitamura 等[10]对 1 700 份大豆种质贮藏蛋白分析结果表明，11S/7S 比值平均为 1.12，并发现毛振（Keburi）和秣食豆（公 503）二种质具有较高的 11S/7S 比值，分别为 1.61 和 2.59，它们的含硫氨基酸比正常品种高 1.2 倍，而蛋白质含量与正常品种相似，因此他们认为，通过增加 11S/7S 比值而不降低蛋白含量来提高大豆种子中贮藏蛋白含硫氨基酸含量是可行的。徐豹等[11]分析了我国不同纬度 213 份生大豆种子贮藏蛋白的 11S/7S 比值，平均值为 1.06，比值范围为 0.36~4.40，获得了 1 份 11S/7S 比值为 4.40 的品种。所有这些研究对于改良大豆贮藏蛋白的营养价值和加工品质都具有重要意义。本研究通过对山西农业大学 57 份大豆资源的蛋白亚基相对含量检测与分析，旨在探索山西及黄土高原这一生态区大豆种质资源中蛋白亚基组成以及变异规律，筛选优质蛋白种质，为蛋白亚基含量遗传差异分析及机理研究奠定基础。

1 材料与方法

1.1 材料与仪器

1.1.1 试验材料

本研究从山西农业大学大豆资源中选取不同生态型种质资源共 57 份（见表 1）。2009 年春播种植于山西农业大学农作站，每个材料 3 行，行长 5 m，行距 0.5 m，重复 3 次，大田管理按一般栽培水平进行，收获后，采用 InfratecTM 1241 Grain Analyzer V5.00 品质分析仪测定蛋白质和脂肪含量，采用 SDS–PAGE 凝胶电泳进行蛋白组分分析。

1.1.2 主要试验仪器

DYCZ–30 型电泳槽：北京市六一仪器厂；DYY-10C 型电泳仪：北京市六一仪器厂；CR3i 型多功能台式高速冷冻离心机：法国 Thermo Jouan 东胜创新生物科技有限公司；TY4133 型凝胶成像分析系统：伯乐生命医学产品上海有限公司；InfratecTM 1241 Grain Analyzer V5.00 品质分析仪：伯乐生命医学产品上海有限公司。

1.2 试验方法

1.2.1 脱脂豆粉的制备

将待测的大豆种子去皮，磨成粉后过 60 目筛，所得豆粉与乙醚按 1：10（g/mL）比例混合，放置室温过夜，弃去上清液，得到脱脂豆粉，将脱脂豆粉风干后，–20℃保存备用。

1.2.2 贮藏蛋白的提取

将提取液（0.05mol/LTris–HCl pH8.0，0.01mol/Lβ–巯基乙醇）与脱脂豆粉按 10：1（mL/g）的比例混合，室温提取 2 h，5000r/min 离心 15min，取上清液，备用。

1.2.3 贮藏蛋白最佳沉淀效果 pH 值的确定

在所选大豆种质资源中随机选取 1 份大豆种质资源，按 1.2.2 的方法得到上清液。设 9 个不同 pH 值沉淀大豆贮藏蛋白，再 5000 r/min 离心 10 min，弃去上清液，沉淀的球蛋白冷冻干燥备用。

1.2.4 上样缓冲液的制备

将球蛋白溶解于含 0.1 mol/LTris–HClpH8.0，0.01 mol/Lβ–巯基乙醇，30% 的蔗糖，1–2 滴溴酚蓝溶液中，配成样品缓冲液用于电泳。

1.2.5 贮藏蛋白 SDS–PAGE 凝胶电泳

采用不连续垂直板状凝胶电泳，凝胶厚度 1 mm，浓缩胶浓度为 5%，电流 15 mA，分离胶浓度为 12%，电流 30mA。用考马斯亮蓝 R–250 染色 2 h，用蒸馏水漂洗 2–3 次，再用甲醇、冰醋酸溶液（甲醇：冰醋酸：水=1：6：3）在脱色摇床上脱色，直至各亚基条带清晰，最后 7% 冰醋酸固定。电泳完成后用 TY4133 型凝胶成像分析系统拍照。

表1 供试种质资源名称及编号

表1 供试种质资源名称及编号

Table 1　Names and numbers of germplasms

编号 No.	种质资源名称 Names of germplasms	编号 No.	种质资源名称 Names of germplasms	编号 No.	种质资源名称 Names of germplasms
1	晋豆 25	20	晋大 78	39	中品 88 × 晋大 47
2	晋大 53 × 晋豆 19–1	21	晋豆 27	40	晋旱 125 × 9886083–1
3	晋大 53 × 晋豆 19–2	22	晋豆 26	41	6001 × 晋品 55
4	(69 × 701) × 晋大 53	23	晋大 74	42	955061 × 7310
5	209 × 邯 93–420	24	晋豆 24	43	SN–Z420
6	51 × 67–1	25	绿宝石	44	扁茎豆
7	晋大 75	26	中作 966 × 晋大 47	45	69 × 50
8	52 × 57–1	27	晋大 84	46	52 × 四粒黄
9	52 × 57–2	28	中遗 8902 × 日本恩来	47	晋旱 125 × 55
10	晋大 80	29	晋大 78	48	昔野 501 × 科丰 6 号
11	61 × 57–2	30	51 × 57	49	(复 61 × 25) × (28 × 34)
12	尖紫 73	31	延安豆	50	65 × 绿宝石
13	尖白 73	32	晋大 82	51	(61 × 23) × 独灰紫
14	圆白 73	33	太谷回马	52	晋旱 125 × 67
15	圆紫 73	34	吕梁农家种	53	52 × 晋豆 1 号
16	69 × 冀豆–1	35	兴县黄豆–1	54	52 × 晋豆 8 号
17	69 × 冀豆–2	36	兴县黄豆–2	55	晋旱 125 × 9886083–2
18	晋大 83	37	农科 6 号	56	鲁豆 4 号 × 晋豆 8 号
19	黑珍珠	38	科丰 6 号	57	52 × 47

1.3　大豆蛋白组分和相关性状的测定

1.3.1　蛋白质和脂肪含量

在每份种质资源中，选取健康饱满的种子 1 500 粒，用 InfratecTM 1241 Grain Analyzer V5.00 品质分析仪测定粗蛋白质和粗脂肪含量，每份种质资源重复 3 次。

1.3.2　11S 组分和 7S 组分亚基的划分及相对含量

电泳图片用 TY4133 型凝胶成像分析系统拍照，蛋白亚基条带的识别依据 Mujoo 等[12]、Chun Liu 等[13]的研究结果进行。亚基的相对含量定义为其光密度占该泳道总光密度的百分率（包括带之间的区域），采用 Quantity One 4.52 软件完成。

1.4　数据分析

原始试验数据处理采用 Excel 软件完成，相关性分析采用 SPSS13.0 软件。

2　结果与分析

2.1　梯度 pH 沉淀大豆贮藏蛋白效果比较

本试验参考 Mujoo[12]等和 Chun Liu 等[13]的研究结果，将 7S 组分分为 α′、α、β3 个亚基，11S 分为 A3、AS、BS3 种（见图 1）对不同 pH 值沉淀的同一大豆种质资源总蛋白进行 SDS–PAGE 电泳分析，从图 1 可以看出，不同 pH 值条件下，蛋白亚基条带染色深浅及条带粗细存在明显的差异。pH 在 3.4~4.2 范围内，各亚基得率差异均不明显；pH 在 4.6~5.8 范围内，11S 组分亚基得率差异不太明显，而 7S 组分亚基得率存在很大差异；当 pH 值为 2.8 时，11S 和 7S 组分各亚基得率均显著降低。结果表明，pH 值为 4.6 时，11S 和 7S 各亚基综合得率最高。

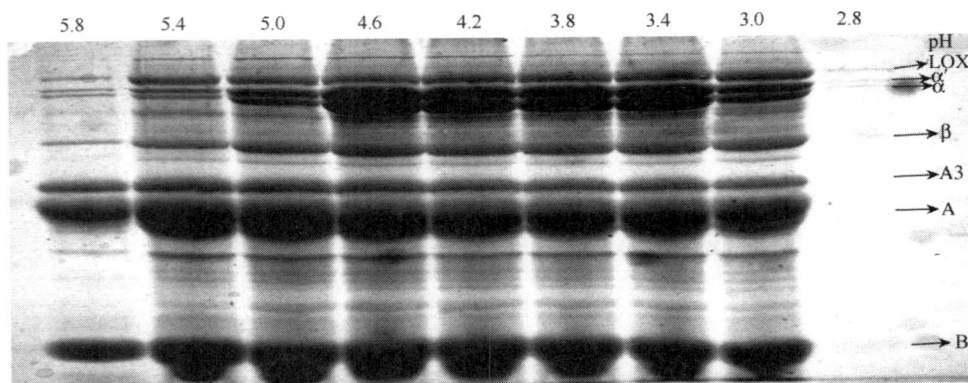

图 1　梯度 pH 沉淀大豆贮藏蛋白效果比较

Fig. 1　Comparison of gradient pH to precipitate soybean storage protein

2.2　山西不同生态型大豆种质资源 11S 和 7S 亚基图谱分析

在 2.1 所得结果的基础上，对 57 份不同生态型大豆种质资源进行 SDS–PAGE 电泳，见图 2，由图 2 可以看出，同一品种各亚基带型清晰可辨，相对含量差异较大。而不同品种在亚基组成上没有差异，但同一亚基在不同品种间带型的粗细和染色深浅存在较大差异。由图可见，43 号种质（SN–Z420）与其他种质差异尤为明显，表现为缺失脂肪氧化酶（Lipoxygenase）。41 号种质（6001×晋品 55）AS 和 BS 亚基带型染色较其他品种深。

2.3　山西不同生态型大豆种质资源 11S 和 7S 亚基相对含量变异

根据不同生态型大豆种质资源贮藏蛋白各亚基相对含量的统计分析结果（表 2）可知：11S 和 7S 组分及其亚基相对含量在不同生态型种质资源间存在较大变异。经分析，7S 组分中的 α′、α、β 平均含量分别为 9.81%、10.58%、15.97%，平均相对含量最高的为 β 亚基；11S 组分中的 A3、AS、BS 平均含量分别为 7.92%、10.94%、44.76% 平均相对含量最高的 BS 亚基。

由表 2 可以看出，57 份被检测种质资源的 11S 和 7S 组分及同一亚基在不同种质资源间平均相对含量的变异很大。7S 组分的相对含量变异系数为 9.44%，变异幅度为 21.67%~40.65%，11S 的相对含量变异系数为 5.16%，变异幅度为 59.73%~76.33%，11S/7S 比值的变异系数为 18.55%，变异幅度为 1.46~3.45。各亚基的变异系数分别为 α′（13.49%）、α（13.42%）、β（17.46%）、A3（16.25%）、AS（11.61%）、BS（5.65%）。其中变异系数最大的为 β 亚基（17.46%），最小的为 BS 亚基（5.65%），具有丰富的遗传多样性。

2.4　山西不同生态型大豆种质资源 11S 和 7S 组分亚基相对含量的相关性分析

经 SPSS 13.0 软件对 11S 与 7S 组分进行统计分析（见表 3），结果表明：总 7S 球蛋白与 α′、α 和 β 亚基在 0.01 水平上均达极显著正相关；总 11S 球蛋白与 α′、α 和 β 亚基在 0.01 水平上达到极显著负相关，与总 7S 球蛋白（−0.998**）为极显著负相关；总 7S 球蛋白与 AS 和 BS 在 0.01 水平上达到极显著负相关；11S/7S 与 7S 球蛋白及亚基均为极显著负相关，与 11S 蛋白及 AS 和 BS 亚基为极显著正相关，与 A3 亚基相关性不显著。以上结果说明：11S 和 7S 球蛋白相互制约，此消彼长。可以通过增大 11S 球蛋白含量或减少 7S 球蛋白含量的方法来增大 11S 与 7S 的比值，为选育出高 11S 含量的优质大豆品种提供理论依据。相关分析结果表明大豆球蛋白各成分间相互影响，改变其中任意一种成分都会直接或间接的影响其他成分。

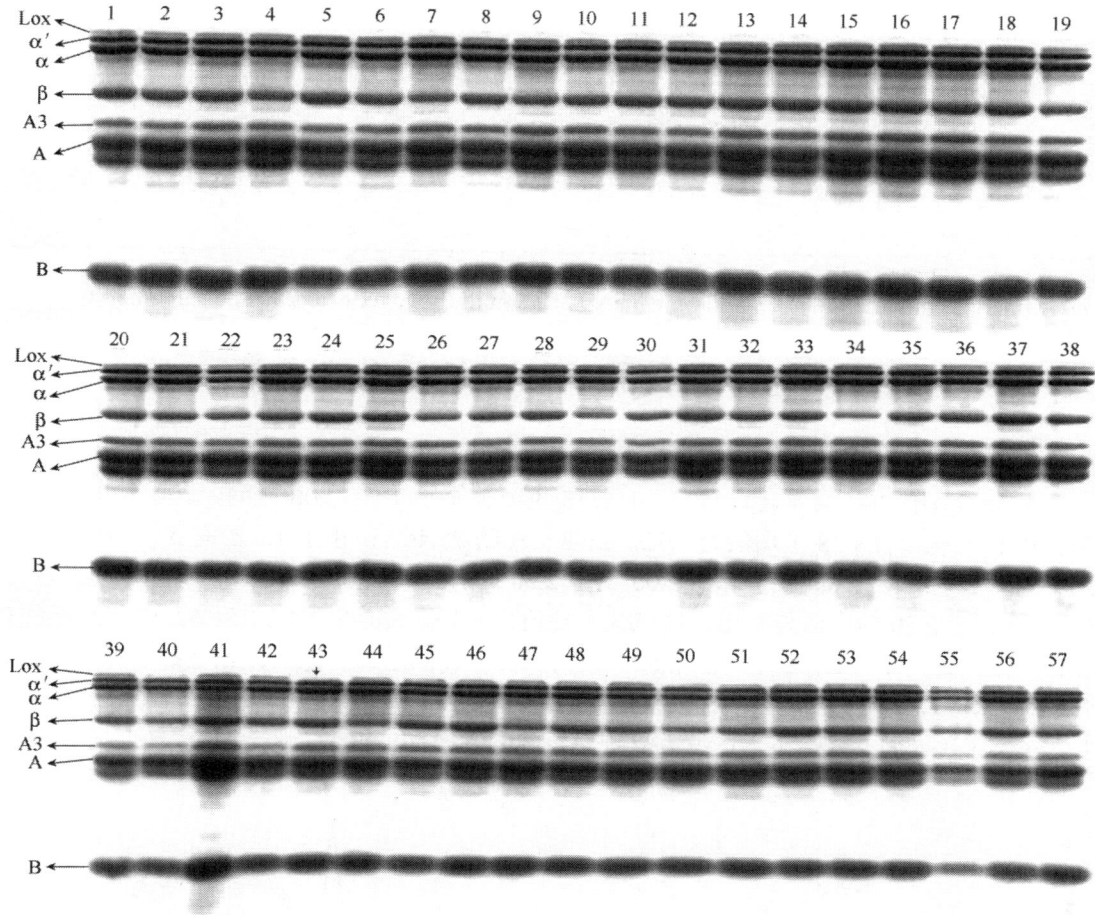

图2 山西不同生态型大豆种质资源蛋白亚基电泳图谱

Fig. 2 Electrophoresis bands of protein subunits of soybean germplasms of different eco-types in Shanxi

表2 11S 和 7S 组分亚基相对含量的变异

Table 2 Variation of relative contents of 11S and 7S subunits

项目 Item	变幅/% Rang of variation	平均数±标准差/% Mean ± Sd	变异系数/% Coefficient of variation
α′	6.24—12.45	9.81±1.32	13.49
α	6.18—13.37	10.58±1.42	13.42
β	7.32—21.71	15.97±2.79	17.46
7S	21.67—40.65	36.32±3.43	9.44
A3	4.52—10.12	7.92±1.29	16.25
AS	7.87—19.40	10.94±1.27	11.61
BS	36.65—51.86	44.76±2.53	5.65
11S	59.35—76.33	63.65±3.28	5.16
11S/7S	1.46—3.45	1.78±0.33	18.55

表3 11S和7S组分亚基相对含量的相关分析

Table 3 Correlation analysis of relative contents of 11S and 7S subunits

	α´	α	β	7S	A3	AS	BS	11S	11S/7S
α´	1								
α	0.447**	1							
β	−0.244	−0.138	1						
7S	0.415**	0.523**	0.683**	1					
A3	−0.065	−0.096	0.160	0.064	1				
AS	−0.388**	−0.407**	−0.366**	−0.668**	−0.296*	1			
BS	−0.124	−0.229	−0.650**	−0.696**	−0.332*	0.086	1		
11S	−0.404**	−0.513**	−0.699**	−0.998**	−0.067	0.662**	0.709**	1	
11S/7S	−0.446**	−0.528**	−0.632**	−0.984**	−0.070	0.697**	0.635**	0.972**	1

注:表中＊＊表示在0.01水平上显著,＊ 表示在0.05水平上显著

**means significant at the level of 0.01 and *means significant at the level of 0.05. The same below.

2.5 山西不同生态型大豆种质资源 11S/7S 比值分布分析

由表2可知:大豆球蛋白11S/7S比值的最大值和最小值分别为3.45和1.46,平均值为1.78±0.33,变异系数为18.55%。从图3和表4可以看出,11S/7S主要分布于1.50~2.00之间。其中大于等于1.50小于2.00的共有43份种质,11S/7S平均值为1.72,占总资源的75.44%;小于1.5的有5份种质,11S/7S平均值为1.48,占总资源的8.77%;大于等于2.00小于2.50的有4份种质,11S/7S平均值为2.17,占总资源的7.02%;大于等于2.50的有2份种质,11S/7S平均值为3.16,占总资源的3.51%。57份被检测种质资源中11S/7S值最大的是41号种质6001×晋品55),为3.45,该品系株形紧凑,较晚熟,并可以稳定遗传。而11S/7S值最小的是37号种质（农科6号）,为1.46。总体而言,57份被检测的种质资源11S和7S及11S/7S比值存在比较大的变异,可为区域大豆种质资源的利用提供依据。

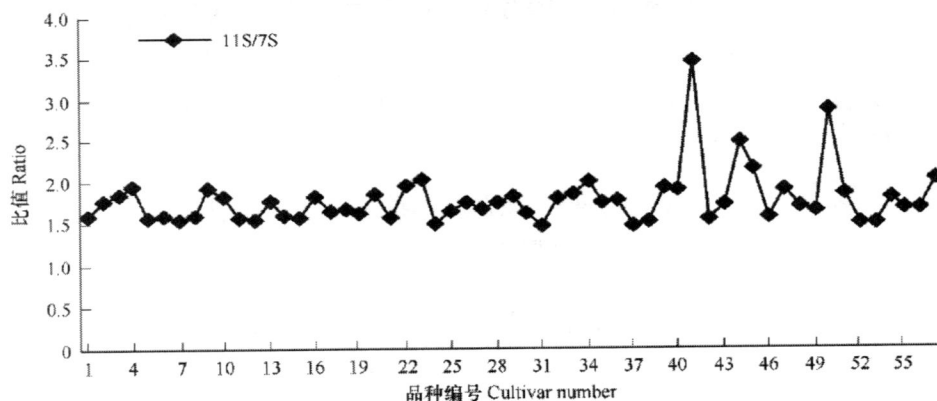

图3 57 份种质资源 11S/7S 比值

Fig. 3 Ratios of 11S/7S in 57 germplasms

表4 11S/7S 比值的分布

Table 4 Distribution of ratios of 11S/7S

11S/7S 比值 11S/7S Ratios	种质资源数量 Germplasm quantity	平均比值 Average ratio	百分比 Percentage
11S/7S < 1.50	5	1.48	8.77
1.50≤11S/7S<2.00	43	1.72	75.44
2.00≤11S/7S<2.50	4	2.17	7.02
11S/7S≥2.50	2	3.16	3.51

2.6 山西不同生态型大豆种质资源 11S 和 7S 组分与蛋白和脂肪含量的相关分析

57 份大豆种质资源蛋白质和脂肪含量统计分析结果列于表 5，11S 组分和 7S 组分及 11S/7S 比值与蛋白质和脂肪含量相关性列于表 6。结果表明，被检测的 57 份大豆资源品质性状存在较大差异，其中蛋白质含量变幅为 38.27%~46.11%，变异系数为 6.81%，脂肪含量变幅为 16.90%~23.09%，变异系数为 4.83%。大豆蛋白 11S、7S、11S/7S 比值与蛋白质和脂肪的含量无显著相关性。这一结果说明：通过选择高 11S 和 7S 组分及 11S/7S 比值的种质资源的途径来培育高蛋白或者高脂肪含量的大豆品种的可行性较小。

表5　57 份大豆种质资源蛋白和脂肪含量的变异
Table 5　Variation of contents of protein and fat in 57 soybean germplasms

项目 Item	变幅/% Rang of variation	平均数 ± 标准差/% Mean ± Sd	变异系数/% Coefficient of variation
蛋白质 Protein	38.27—46.11	42.50 ±2.89	6.81
脂肪 Fat	16.90—23.09	20.17 ±0.97	4.83

表6　11S 和 7S 组分与蛋白和脂肪含量的相关性
Table 6　Correlation between components of 11S, 7S and contents of protein and fat

项目 Item	7S	11S	11S/7S	蛋白质 Protein	脂肪 Fat
7S	1				
11S	− 0.998 **	1			
11S/7S	− 0.984 **	0.972 **	1		
蛋白质 Protein	− 0.004	− 0.011	0.050	1	
脂肪 Fat	0.054	− 0.050	− 0.068	− 0.636 **	1

2.7 特异大豆种质的发现

在被检测的 57 份不同生态型大豆种质资源中发现了一些在蛋白质亚基组成上具有明显变异的特异大豆种质，共 4 份，见表 7。这些特异种质的鉴定不仅为大豆亲本选配提供了信息，而且可为豆制品加工原料的选择提供参考。特别是 SN−Z420，该品种是自然变异的脂肪氧化酶缺失材料。蛋白质含量 44.5%，脂肪含量 20.1%，无豆腥味，株型紧凑，中晚熟，农艺性状与普通品种差异不明显，能够稳定遗传。

表7　亚基组成上具有明显变异的特异大豆种质
Table 7　Special soybean germplasms with obvious variation in subunit composition

	品种特征 Variety characters	品种名称 Names of varieties
脂肪氧化酶 Lipoxygenase	脂肪氧化酶极低或缺失	SN−Z420
亚基 Subunit	β 亚基含量较低	吕梁农家种
	A3 亚基含量较低	晋旱 125 ×9886083−l
11S/7S	比值最高	6001 × 晋品 55

3 讨论

3.1 关于沉淀大豆贮藏蛋白的 pH 值

在试验过程中发现不同 pH 值对同一品种大豆贮藏蛋白的沉淀影响较大，由于 pH 值不同，可导致蛋白组分亚基含量极低、极高、甚至缺失，使科研工作者产生误判，而导致试验结果严重偏离实际。所以必须对每份实验材料沉淀贮藏蛋白 pH 值进行严格的控制，以期得到较为科学的电泳图谱，为后续电泳图谱的软件分析提供保证，得到更准确的试验数据。

3.2 山西生态区大豆种质资源蛋白亚基的变异

山西省地处华北平原西部的黄土高原东翼，地理坐标为北纬 34。34′~40。43′，东经 110。14′~114。33′地貌复杂，气候生态类型复杂，导致大豆生态型具有较为明显的遗传多样性。大豆是一种多型性作物，除有适应不同土质，不同肥力的各种类型外，还有适应不同地理纬度变化和不同气候栽培的各种生育期类型。大豆种子蛋白质含量及蛋白质组成，在不同品种、不同品系和不同地域间存在较大的变异。大豆品种 11S 和 7S 的含量差异，不仅直接影响蛋白的功能，也直接影响其营养特性，从而影响其应用价值[14]。本研究通过对山西不同生态型大豆种质资源蛋白亚基组成、亚基相对含量变异、11S/7S 比值及与大豆品质的相关性 4 个方面进行分析，发现某个或某些亚基相对含量的差异可直接导致 11S/7S 比值的不同。得出 11S/7S 比值平均为 1.78±0.33，变异幅度为 1.46~3.45，变异系数为 18.55%，具有明显的生态多样性。因此从亚基组成和亚基变异的角度分析山西生态区大豆种质资源的品质状况，进一步明确各亚基在食品加工中的作用具有重要的意义。

3.3 低（无）脂肪氧化酶特异大豆种质资源演变与发掘

山西栽培大豆历史悠久，在这一生态区大豆已被广大农民广为栽培。这一地区蕴藏着丰富的不同生态类型大豆种质资源。例如本实验发现的 SN–Z420 资源，就是经自然变异演化而来的脂肪氧化酶缺失特异种质，从品质分析结果可看出，其蛋白质含量 44.5%，脂肪含量 20.1%。株型紧凑，中晚熟，农艺性状与普通品种差异不明显，遗传性状稳定。脂肪氧化酶可催化大豆种子中不饱和脂肪酸的加氧反应，形成过氧化氢衍生物等挥发性物质，能直接与食品中的蛋白质和氨基酸结合，产生豆腥味及苦涩味[15-16]，而且破坏了包括亚麻酸和亚油酸等几种人体必需的脂肪酸，是大豆的抗营养因子。因此，低含量甚至是缺失脂肪氧化酶特异种质的筛选与发掘，将为开发新的豆类产品，进而为提高大豆的经济利用价值开创更为广阔的前景。随着大豆品质改良育种的深入研究，选育专用型优质大豆品种已成为大豆品质育种的发展方向。Kitamura 等[10]用 Lox1 缺失型和 Lox3 缺失型进行杂交，从其后代中选取优异植株再与 Lox3 缺失型和 Lox2 缺失型材料进行杂交，从中获得了 Lox1、Lox3 同时缺失及 Lox3、Lox2 同时缺失的 Suzuyulaka 系列材料。Hajika 等[17]用杂交与辐照相结合的方法获得了 3 种 Lox 同时缺失的材料。脂肪氧化酶缺失对大豆各种农艺性状没有明显的影响[18-21]。所以先利用常规育种、诱变育种和分子育种相结合的手段选育（筛选）脂肪氧化酶缺失种质，然后与大豆产量和品质性状结合起来进行深入研究，选育出高产、质优、广适的特异大豆新品种，为区域大豆品质改良提供参考材料。本试验是在 SDS–PAGE 电泳基础上检测到 SN–Z420 资源缺失脂肪氧化酶，还有待于对其 3 种同工酶（L–1、L–2 和 L–3）缺失情况做进一步的鉴定研究。

4 结论

（1）大豆贮藏蛋白 11S 和 7S 组分亚基相对含量在 57 份种质资源中存在较大变异，其中变异系数最大的为 β 亚基（17.46%），最小的为 BS 亚基（5.65%），除 BS 亚基（5.65%）外，其他亚基变异系数均大于 10.00%，具有丰富的遗传多样性。

（2）山西生态区大豆 11S/7S 比值的平均值为 1.78±0.33，变异幅度为 1.46~3.45，变异系数为 18.55%。11S/7S 主要介于 1.50~2.00 之间，共有 43 份种质；小于 1.5 的有 5 份种质；介于 2.00~2.50 的有 4 份种质；大于 2.50 的有 2 份种质。

（3）相关分析表明，各亚基之间、亚基与 11S 和 7S 之间均存在相关关系。11S 与 7S 为极显著负相关（r= −0.998**）。11S、7S 及 11S/7S 与蛋白质和脂肪之间无相关性。

（4）检测到 4 份特异种质，分别为 SN–Z420（脂肪氧化酶缺失）、吕梁农家种（β 亚基含量极低）、晋旱 125×9886083–1（A3 亚基含量低）和 6001×晋品 55（11S/7S 最高）。为大豆育种者及大豆生产加工企业提供了信息和参考。

致谢：感谢山西农业大学李贵全教授和英国巴斯大学植物分子生物学博士、英国诺丁汉大学资深研究员韩渊怀对本文写作的帮助。

参考文献（略）

本文原载于《生态学报》2011 年 01 期。

黑龙江省大豆骨干亲本及其后代衍生品种遗传构成解析

王伟威，魏崃，于志远，王金星，郑伟，任海祥，王燕平，盖钧镒，刘丽君.
（黑龙江省农业科学院大豆院士工作站）

Genetic Structure Analysis of Soybean Bone Parents and Off-spring derivative Variety in Heilongjiang Province

WANG Wei-wei, WEI Lai, YU Zhi-yuan, WANG Jin-xing, ZHENG Wei, REN Hai-xiang, WANG Yan-ping GAI Jun-yi, LIU Li-jun

(*Heilongjiang Academy of Agricultural Sciences*)□

为挖掘和解析骨干亲本的分子遗传特征、采用田间试验，接种鉴定和 SLAF–seg 技术相结合的方法，对黑龙江省不同积温区大豆骨干亲本及其后代衍生品种的遗传性状和基因组遗传特征进行解析，结果表明：满仓金与衍生品种间遗传保守位点 6 804 个，占进化标记位点的 8.5%，不同染色体上相同等位变异比例在 54.22%~97.99%范围内；绥农 4 号与衍生品种间遗传保守位点 3 561 个，占标记进化位点的 3.44%，绥农 4 在衍生品种中的相同等位变异传递比例在 59%以上，合丰 25 与衍生品种间遗传保守位点 4 834 个，占进化标记位点 4.27%，合丰 25 的遗传信息在后代品种不同染色体上的传递比例在 64%以上；黑农 37 与衍生品种间遗传保守位点 7 328 个，占标记进化位点 7.64%，其遗传信息在后代传递的相同等位变异比例在 61.72%以上；骨干亲本与其衍生品种具有相同的基因组区段，且是主要性状的位点。绥农 4、合丰 25、黑农 37 三个骨干亲本与衍生的大品种合丰 55、绥农 14、黑农 44，在 2、8、18 号染色体上的相同等位变异都超过了 90%以上，而在 18 号染色体上超过了 95%以上，推测骨干亲本在 18 号染色体上含有一些特殊的重要农艺性状如光周期钝感、光合特性、根腐病抗性、产量、抗倒性、节间长度相关的基因组位点，并成为骨干亲本的遗传特征。

关键词：大豆骨干亲本；等位变异；遗传贡献
Keywords: Soybean bone parent; Allele; Genetic contribution

参考文献（略）
本文原载于 2017 年《第十届全国大豆学术讨论会论文摘要集》。

大豆贮藏蛋白 11S 和 7S 组分亚基的相关性研究

王燕平、李贵全

（山西农业大学 农学院，山西 太谷 030801）

摘　要：本研究以晋大 62 与高蛋白品种诱处 4 号杂交亲本及后代的 40 个品系种子样品为材料，利用聚丙烯酰胺凝胶电泳技术（SDS–PAGE），得到蛋白质的各个条带组分图，通过分析大豆贮藏蛋白含量、7S 组分与 11S 组分亚基含量及其相关性，来探索大豆蛋白与品质性状的关系及在育种上的利用。SDS–PAGE 电泳图谱显示：亲本及杂交后代群体贮藏蛋白亚基的组成基本相同，没有出现亚基缺失现象，但是不同品系间各亚基存在变异。SPSS 分析结果表明，亲本及杂交后代贮藏蛋白 11S 与 7S 球蛋白含量为是显著的负相关（−0.200），以上研究结果为今后提高大豆蛋白品质、选育优质大豆新品种提供了理论基础和实践依据。

关键词：大豆；贮藏蛋白；亚基相对含量；相关性；品质性状

Studies on Relationship of 11S and 7S of Soybean Storage Protein

WANG Yan-Ping, LI Gui-Quan

(*Shanxi Agricultural University, Taigu* 030801)

Abstract: In this study, Jinda62, Youchu4 and their hybrid descendants were selected as test materials.With SDS–PAGE electrophoresis, We got the picture of content of Fractions.Through analysis the content of soybean storage protein and relationship of 11S and 7S fractions, We could exlove the relationship between soybean storage protein and quality traits and its utilization in breeding. SDS–PAGE electrophoresis showed that the parents and their hybrid descendants had similar constitution in storage protein subunit, but the contents of subunit in different strains of breed was very different, possess obvious diversity. 11S of storage protein was negatively correlative with 7S globulin(−0.200). The results above could provide the theoretical guidance and practice basis to enhance protein quality, and to cultivate new soybean varieties with the character of well–quality.

Keywords: Soybean: Storage protein; Relative Content of Concentration; Correlation; Quality Traits

大豆蛋白质的功能特性和制品与蛋白质组分及其亚基密切相关，将大豆蛋白质划分为 15S、11S、7S 和 2S 四种组分已经被众多的研究者所接受[1]。Kitamura 等[2]和 Davies 等[3]对 11S 和 7S 组分的亚基进行遗传学研究，发现部分亚基是由显性基因控制，为培育专用大豆品种打下了基础。Hayashi 等[4]发现了缺少 7S 组分的 α′、α 和 β 亚基的突变材料，这使得选育只含有 11S 组分的特殊大豆品种成为可能。国外研究者已通过杂交育种和辐射诱变育种培育出了高 11S/7S 比值的品系，通过外源基因导入和编码大豆贮藏蛋白基因修饰来提高大豆种子蛋白品质的遗传工程方面已经起步，理化诱变也是改良大豆蛋白品质的一条可行途径。所有这些研究对于改良大豆贮藏蛋白的营养价值和加工品质都具有重要意义[5]。本研究通过对大豆杂交后代材料的蛋白亚基含量进行检测与分析，旨在探索大豆资源中蛋白亚基组成以及变异类型、筛选优质蛋白种质，为种质资源评价、鉴定和利用提供一定的理论参考，为蛋白亚基含量遗传差异分析及机理研究奠定基础。

1 材料与方法

1.1 试验材料

本试验以晋大 62×诱处 4 号杂交组合的亲本及其 40 个较稳定的后代品系为材料。其中母本晋大 62 由山西农业大学大豆育种室杂交选育而成，父本诱处 4 号系由（早熟 3 号×安徽大青豆）F_6 经 $60Co$ 辐照处理后选育出的高产品系。2008 年夏播种植于山西农业大学农作站，每个材料 2 行，行长 5 m，行距 0.5 m，生长期间田间管理如常，收获后进行大豆蛋白组分的电泳分析。

1.2 试验样品的制备

将待测的大豆种子去皮，磨成粉，加乙醚脱脂过夜，得到脱脂豆粉，然后取 0.25 g 豆粉，加 5 mL 提取液（0.05 mol/L Tris–HClpH 8.0，0.01 mol/L β–巯基乙醇），室温提取 1 h，5 000 r/min 离心 15 min，取上清液，调 pH 值至 4.5，沉淀总球蛋白，再 5 000 rpm 离心 10 min，弃上清液，沉淀的球蛋白冷冻干燥备用。

将球蛋白溶解于含 0.1 mol/L Tris–HCl，pH 8.0，0.01 mol/L β–巯基乙醇，30%的蔗糖，1～2 滴溴酚蓝溶液中，配成样品缓冲液用于电泳。

1.3 SDS–PAGE 凝胶电泳方法

采用不连续垂直板状凝胶电泳。凝胶厚 0.75 mm，浓缩胶浓度为 5%，分离胶浓度为 12%。电流 20 mA，用考马斯亮蓝 R–250 染色，用甲醇、冰醋酸溶液（甲醇:冰醋酸:水=1:6:3），在脱色摇床上脱色，直至蛋白质条带清晰，再用 7%冰醋酸固定。电泳完成后的凝胶用系统拍照。

1.4 数据分析

蛋白谱带用 Image Master ID Elite V4.00 软件分析并确定 7S、11S 组分的含量，各试验数据采用 Microsoft Office Excel 2003 及 SPSS 13.0 软件进行分析。

2 结果与分析

2.1 亲本及杂交后代贮藏蛋白 11S 和 7S 组分 SDS–PAGE 电泳图谱

研究[6–9]表明，11S 和 7S 组分在理化性质、营养和功能特性方面均有很大差异，是大豆蛋白营养价值和功能特性的主要决定组分，因此通过培育不同亚基组成的大豆可以改良大豆蛋白品质和功能特性。用 SDS–PAGE 电泳对参试材料进行检测（图 1、图 2），没有发现蛋白亚基缺失的材料，但通过肉眼观察和 Image Master ID Elite V4.00 软件分析发现，各条带的粗细、染色深浅存在差异，所以含量差异较大。供试材料谱带由上至下都含有 α′、α、β、A3、Acid、Basic 这七种带，其他含量较少的谱带类型差异也不大，没有获得 α′、α 或 β 亚基缺失的品种，但是不同品种间同一谱带含量有较大的差异，特别是品系 3、6 和 36，其 α′、α 亚基的含量已经非常低。这为进一步选育 7S 球蛋白亚基缺失品种、提高 11S 的相对含量、改善大豆贮藏蛋白的品质提供了基础。

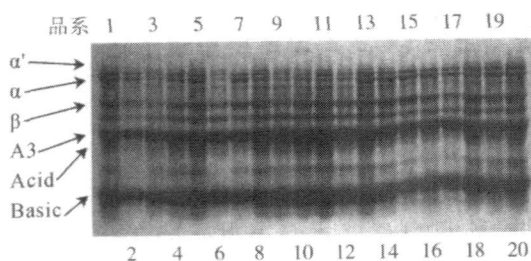

图 1　品系 1～20 贮藏蛋白 SDS – PAGE 电泳图谱
Fig.1 SDS-PAGE electrophoresis of stroage proteims of strain 1~20

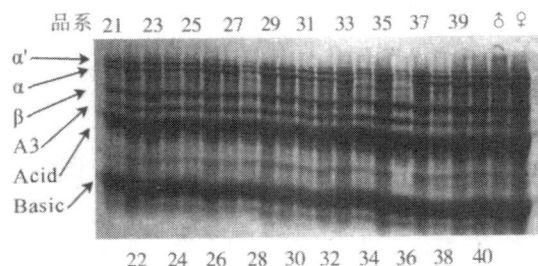

图 2　品系 21～40 及父母本贮藏蛋白 SDS – PAGE 电泳图谱
Fig.2 SDS-PAGE electrophoresis of storage proteins of strain 21~40

2.2 晋大 62×诱处 4 号杂交亲本及后代贮藏蛋白 11S 和 7S 组分亚基含量的分析

大豆贮藏蛋白不同亚基含量变异较大。经过统计分析结果表明：大豆种子球蛋白各亚基含量存在广泛的变异（表 1、2），大豆 7S 球蛋白中的 α′、α、β 和 7S 组分平均含量分别为 4.11%，5.15%，9.32% 和 18.58%；大豆 11S 球蛋白中的 A3、A、B 和 11S 组分平均含量分别为 7.68%、18.04%、19.74% 和 45.47%。由各亚基平均含量分析可知，11S 球蛋白含量高于 7S 球蛋白含量。11S 组分中 Basic 亚基含量略高于 Acidic 亚基含量；7S 组分中 β 亚基含量最高，其次是 α 亚基，α′亚基含量最低。

大豆贮藏蛋白的各个亚基在不同大豆品系间含量变异也很大。由表 1、2 可知，各亚基含量的变异系数，分别为 α′（0.24），α（0.27），β（0.10）、总 7S 球蛋白（0.12）、A3（0.36）、A（0.29）、B（0.21）和总 11S 球蛋白（0.16）。其中变异系数最大的为 A3 亚基，达到 36%，变异系数最小的是 β 亚基，为 10%；各亚基变异系数都比较大，均大于 10%，且种质间存在显著差异。

表 1 大豆 7S 组分亚基含量变异分析
Table 1 Variation analysis of 7S component subunit content in soybean

亚基	最大值	最小值	变幅	平均值	方差	标准差	变异系数
α′	8.14	2.19	5.96	4.11	1.00	1.00	0.24
α	9.28	2.43	6.85	5.15	1.95	1.39	0.27
β	11.31	7.25	4.01	9.32	0.94	0.97	0.10
总 7S	22.63	14.23	8.40	18.58	4.77	2.18	0.12

表 2 大豆 11S 组分亚基含量变异差异的分析
Table 2 Variation analysis of 11S component subunit content in soybean

亚基	最大值	最小值	变幅	平均值	方差	标准差	变异系数
A3	22.94	5.82	17.12	7.68	7.45	2.73	0.36
Acid	27.15	5.21	21.95	18.04	26.90	5.19	0.29
Basic	25.82	4.57	21.25	19.74	17.96	4.24	0.21
总 11S	58.31	27.20	31.11	45.47	54.38	7.37	0.16

2.3 晋大 62×诱处 4 号杂交亲本及后代贮藏蛋白 11S 和 7S 组分亚基含量的相关性分析

经 SPSS 软件计算得到如表 3 的分析结果，结果表明：总 7S 球蛋白与 α′亚基（0.808）、α 亚基（0.791）在 0.01 水平上达极显著正相关；总 11S 球蛋白与 α 亚基（−0.485）在 0.05 水平上达到显著负相关，与总 7S 球蛋白（−0.200）为负相关；总 11S 球蛋白与 A（0.908）和 B（0.806）在 0.01 水平上达到极显著正相关；以上结果说明：总 11S 和 7S 球蛋白以及各亚基之间为负相关关系（−0.200），彼此制约，此消彼长。同时，可以通过增大 11S 球蛋白含量或减小 7S 球蛋白含量的方法来增大 11S 与 7S 的比值，为选育出高 11S 相对含量高的优质大豆品种提供了理论依据。相关分析结果表明大豆球蛋白各成分间相互影响，改变其中任意一种成分都会直接或间接地影响其他成分。

表 3 11S/7S 比值的分布
Table 3 11S/7S ratio distribution

11S/7S	品种数量	平均比值	比例 /%
<2.0	8	1.76	19.05
2.0~2.49	13	2.24	30.95
2.5~2.99	13	2.68	30.95
>3.0	8	3.32	19.05

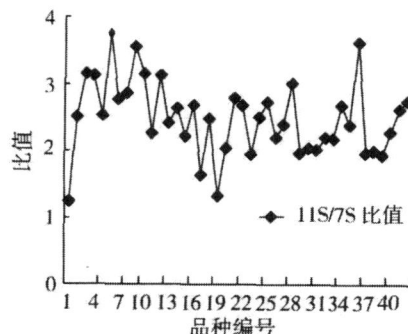

图 3 11S 与 7S 比值分布图
Fig.3 11S and 7S ratio distribution

3 讨论

由于大豆贮藏蛋白 11S 球蛋白含硫氨基酸较多，并且具有较高的凝胶形成能力，因而，大豆籽粒蛋白中 11S 和 7S 的相对含量不仅可直接影响蛋白的功能性，也可直接影响其营养特性，从而影响其应用[10]。本研究结果表明，晋大 62 与诱处 4 号杂交后代种子 11S 和 7S 各亚基的相对含量变异广泛，a′亚基和 A 亚基含量都存在极差，而 B 亚基含量极差极为明显，并且各亚基含量在品种间有显著的差异。已有许多研究证明，不同亚基的营养价值和功能特性不同。因此我们可以从现有品种资源中筛选出 11S 和 7S 亚基特异材料，并对它们的营养价值和功能特性进行评价，然后根据它们的变异幅度来选育有利于生产的大豆品种。大豆种子贮藏蛋白各亚基含量存在广泛的变异；晋大 62×诱处 4 号杂交亲本及后代群体贮藏蛋白亚基组成基本一致，但是各亚基含量在不同品系间差异较大，具有明显的遗传多样性，变异系数均在 10%以上，变异幅度较大。不同亚基的营养价值和功能特性不同。因此我们可以从现有品种资源中筛选出 11S 和 7S 亚基特异材料，并对它们的营养价值和功能特性进行评价，然后根据它们的变异幅度来选育有利于生产的大豆品种。这对选育出高营养价值和良好功能特性的新品种具有重要意义.

大豆蛋白 11S 和 7S 组分间、构成亚基间以及它们相互间基本上都存在相关性。11S 与 7S 呈负相关关系（−0.200），11S 和 7S 亚基含量的相关分析表明，亚基含量间存在直接或间接的相关关系，但亚基含量与大豆种子的总贮藏蛋白及脂肪含量没有显著的负相关性。所以通过改变球蛋白亚基含量来获得优良基因源而总蛋白、脂肪含量高的品种是可行的。但在改变球蛋白亚基含量时要注意亚基之间的均衡点，使改良后的大豆蛋白既具有良好的营养品质又具有良好的功能性。

而大豆种子贮藏蛋白组分的变异主要包括亚基含量和亚基组成的变异，亲本及 40 份大豆品种（系）种子贮藏蛋白 11S 和 7S 组分及其亚基相对含量的分析见表 1、表 2，各亚基相对含量的变异幅度都较大，其中总 7S、A3、A、B 和总 11S 亚基变幅均超过 10%、α′、α、β 亚基变异幅度均超过 5%。本研究的亲本经物理诱变对大豆贮藏蛋白亚基均产生了明显的影响，其中 $_{60}Co–\gamma$ 射线慢照射的物理诱变效果尤为明显，产生了更多的变异类型，尤其是 7S 含量极低、11S 含量高的变异类型。如果在后续世代能够稳定遗传，其对选育出高营养价值和良好功能特性的新品种具有重要意义。目前我国有关大豆蛋白亚基缺失材料的筛选和通过亚基缺失材料进行大豆蛋白品质改良的研究很少，因此本研究中筛选出的亚基特异材料有助于我国大豆蛋白品质改良、选育新品种的研究。

参考文献（略）
本文原载于《中国粮油学报》2010 年 08 期。

第五章　大豆主要生态性状遗传解析

大豆地理远缘品种杂交后代抗旱材料筛选及其适应性研究

王燕平，任海祥，邵广忠，宗春美，孙晓环，齐玉鑫，杜维广

（黑龙江省农科院牡丹江分院，黑龙江 牡丹江 157041）

Screening and Adaptability of Early Resistant Materials for Hybrid Offspring of Soybean Geographically Distant Varieties

WANG Yan-ping, REN Hai-xiang, SHAO Guang-zhong, ZONG Chun-mei, SUN Xiao-huan, QIYu-xin, DU Wei-guang

(*Mudanjiang Branch of Heilongjiang Academy of Agricultural Sciences*, Heilongjiang *Mudanjiang* 157041, *China*)

针对近年来黑龙江东南部生态区大豆结荚鼓粒期季节性旱灾频繁发生，严重影响大豆成荚率，造成大面积减产的特殊情况，本研究以当地主栽的高产优质品种为母本，以地理远缘的山西抗旱大豆品种为父本，配置杂交组合，以 230 份稳定的 F_6 后代品系为研究材料，利用田间水旱对比试验条件下产量指标和室内人工模拟光抑制的方法进行 R_3 期耐光氧化试验，研究耐光氧化与产量及抗旱性之间的关系。结果表明，不同后代品系之间的产量及耐光氧化特性存在明显的差异，两者在群体水平上均呈正态分布，且 R3 期耐光氧化特性与产量及抗旱性存在显著相关，相关系数分别为 0.884 3 和 0.840 3。耐光氧化试验简单便捷，可作为作物抗旱性鉴定的依据。以抗旱性鉴定结果为依据，选用 20 份不同基因型大豆品系为研究材料，用盆栽试验方法，设正常供水和水分胁迫 2 个处理，研究不同基因型大豆结荚鼓粒期抗旱适应性。结果表明，干旱胁迫下，不同基因型大豆品种的叶片相对含水量、POD 和 SOD 酶活性、叶绿素 a 含量、总叶绿素含量和净光合速率都有一定程度的降低，表现为抗旱性强的品种下降幅度较小，而抗旱性弱的品种下降幅度较大。与大豆品种的抗旱性均呈正相关，相关系数分别为 0.845 5、0.976 4、0.877 6、0.911 8、0.880 3、0.831 2；丙二醛含量、相对电导率和可溶性糖都有一定程度的增加，表现为抗旱性强的品种丙二醛含量、相对电导率、可溶性糖增加的幅度较小，而抗旱性弱的品种则相反，与抗旱性均呈极显著负相关，相关系数分别为-0.784 7、-0.872 6、-0.702 5。在干旱胁迫下，脯氨酸含量增加幅度较大，表现为抗旱能力强的品种脯氨酸含量增加幅度大，与抗旱性呈极显著正相关（r=0.811 7）。研究结果说明，在干旱胁迫环境下，水分亏缺降低了大豆叶片相对含水量，膜脂过氧化伤害加重，引起丙二醛的累积，相对电导率升高，游离脯氨酸及可溶性糖含量升高，而丙二醛含量的升高导致保护酶活性降低，同时水分亏缺导致叶绿素含量降低，净光合速率下降，最终导致生物产量下降.抗旱性强的品种在正常供水条件下有较高产量，而在干旱胁迫条件下仍能较好的稳产性。

参考文献（略）

本文原载于 2012 年《第 23 届全国大豆科研生产研讨会》。

牡试 6 号的遗传解析及增产潜势研究

孙晓环 [1,2]，王燕平 [1]，宗春美 [1]，白艳凤 [1]，齐玉鑫 [1]，李文 [1]，孙国宏 [1]，任海祥 [1]

（1.黑龙江省农业科学院牡丹江分院/国家大豆改良中心牡丹江试验站，黑龙江 牡丹江 157041；2.吉林省农业科学院作物资源研究所，吉林 四平 136100）

摘　要：为研究黑龙江大豆育成品种的遗传解析及增产潜势规律，以黑龙江省农业科学院牡丹江分院选育的大豆品种牡试 6 号为研究对象，进行品种的亲本血缘特点和遗传贡献率分析。结果表明：牡试 6 号是通过四粒黄细胞质遗传的，具体选育过程：四粒黄→黄宝珠→满仓金→克交 5501–3→绥农 3 号→绥农 4 号→绥 81–242→黑农 40→黑农 48→牡试 6 号。细胞核由祖先亲本 ZYD355 野生豆、十胜长叶、嫩 78631–5、四粒黄、金元、五顶珠、白眉、克山四粒荚、平地黄、Amsoy、Anoka、小粒黄、永丰豆、通州小黄豆、熊岳小黄豆、佳木斯突荚子、柳叶齐和东农 20 共同提供，核遗传贡献率分别是：25.00%、18.74%、12.50%、6.58%、6.58%、6.25%、3.14%、3.14%、3.14%、3.13%、3.13%、1.95%、1.56%、1.56%、1.19%、0.98%、0.78%、0.39%。牡试 6 号高度聚合了东北大豆核心种质的优良基因，经过大豆杂交重组基因，具有高产高蛋白的遗传基础潜力，其遗传解析及增产潜势的研究能够为大豆育种工作提供理论支持。

关键词：大豆；牡试 6 号；遗传贡献率；遗传解析；增产潜势

Genetic Dissection and Yield Increase Potential of Released Soybean Cultivar Mushi 6

SUN Xiao-huan[1,2], WANG Yan-ping[1], ZONG Chun-mei[1], BAI Yan-feng[1], QI Yu-xin[1], LI Wen[1], SUN Guo-hong[1], REN Hai-xiang[1]

(1. *Mudanjiang Branch of Heilongjiang Academy of Agricultural Sciences / Mudanjiang Experiment Station of the National Center for Soybean Improvement, Mudanjiang* 157041, *China;* 2. *Crop Germplasm Resources Institute, Jilin Academy of Agricultural Sciences, Siping* 136100, *China*)

Abstract: In order to investigate the genetic dissection and competence of yield increase of accessed–varieties in soybeans, Mushi 6 which was breed by Mudanjiang Branch of Heilongjiang Academy of Agricultural Sciences was used as candidate to analyze the characteristics of all parental blood ties and genetic contribution. The results showed: Mushi 6 was inherited bycytoplasmic genetic of Silihuang, its transfer process was Silihuang→Huangbaozhu→Mancangjin→Kejiao 5501–3→ Suinong 3→Suinong 4→Sui 81–242 →Heinong 40→Heinong 48→Mushi 6. Nuclear genes were provided by all the ancestors, including ZYD 355, Tokchi Nagaha, Nen 78631–5, Silihuang, Jinyuan, Wudingzhu, Baimei, Keshansilijia, Pingdinghuang, Amsoy, Anoka, Xiaolihuang, Yongfengdou, Tongzhouxiaohuangdou, Xiongyuexiaohuangdou, Jiamusitujiazi, Liuyeqi, and Dongnong 20. The nuclear genetic contribution rate was 25.00% ,18.74%, 12.50%, 6.58%, 6.58%, 6.25%, 3.14%, 3.14%, 3.14%, 3.13%, 3.13%, 1.95%, 1.56%, 1.56%, 1.19%, 0.98%, 0.78% and 0. 39%, respectively. The geneticgenes of high yield of northeast core germplasm were polymerized by Mushi 6. The soybean hybridization and recombinantgenes revealed that Mushi 6 had the genetic basis potential of high yield and high protein concentration, this research could provide theoretical support for soybean breeding.

Keywords: Soybean; Mushi 6; Genetic contribution rate; Genetic dissection; Potential yield increase

随着社会的发展和人民生活水平的提高，国内外市场对优质大豆的需求量大幅增加，大豆优质优价也势在必行[1]。中国大豆与国外主产国的大豆相比，单产水平较低、品质较差、生产成本较高、商品市场竞争力弱，中国已成为世界上最大的大豆进口国[2-3]。为提高中国商品大豆的市场竞争力，育种家们在追求大豆高产的同时，更加注重大豆育种的力度，以加速培育出具有高蛋白、高油、抗逆等特性的大豆品种，推动大豆种植业结构的调整，促进优质大豆产业化的发展[4-5]。

近些年来，大豆科研人员更加重视大豆育成品种亲本选育的规律和配合力的研究。白艳凤等[6]对牡豆8号进行祖先亲本追溯及遗传解析，研究表明：牡豆8号属于四粒黄细胞质家族，传递过程是：四粒黄→黄宝珠→满仓金→克5501-3→绥农3号→绥农4号→绥农8号→垦农19→牡豆8号。核基因由祖先亲本农大4840、克山四粒荚、小粒豆9号、十胜长叶、Amsoy、四粒黄、金元、白眉、永丰豆、小粒黄、黄-中-中20和佳木斯秃夹子共同提供。在选择亲本时，母本往往选择当地有广泛适应性的主栽品种，而父本则选择融入地理远缘基因和生态远缘基因的桥梁亲本。品种遗传基础狭窄仍然是限制大豆育种进展的瓶颈问题。刘秀林等[7]对黑农48进行祖先亲本追溯及蛋白遗传解析，研究结果表明：黑农48的细胞质传递过程为四粒黄→黄宝珠→满仓金→绥农3号→绥农4号→黑农40→黑农48。在选择育种亲本时，应以适应当地气候条件的具有广适性的主栽高蛋白品种为母本，以融入地理远缘基因和生态远缘基因的材料为父本。任海祥等[8]对牡豆11的亲本追溯研究发现：祖先亲本中含有很多大面积推广品种。例如，群选1号、黄宝珠、紫花4号、满仓金、丰收6号、黑农16、绥农4号、垦农4号等核心祖先亲本；牡豆11号聚合了东北核心种质高产遗传基因，这些优良种质基因杂交重组，使其具有高产遗传基础潜力。

东北地区的大豆种植占全国面积的50%以上，东北大豆的产量直接影响中国大豆总产值。黑龙江省是东北大豆主产区，具有悠久的栽培历史，以大豆色泽金黄、品质良好、蛋白质含量高等优点在世界上享有盛誉[9]。黑龙江省大豆品种的遗传背景相对比较狭窄，应多利用外国大豆血缘、野生大豆血缘、变异株系、辐射育种等方法来拓宽大豆遗传背景。本研究对黑龙江省农业科学院牡丹江分院培育的祖先亲本中野生大豆血缘遗传贡献率较高且蛋白含量高的大豆品种牡试6号进行遗传系谱分析和增产潜势分析，旨在为选育高产稳产、高蛋白、适应性广、适宜机械化收获的大豆新品种提供理论基础。

1 材料与方法

1.1 材　料

牡试6号是黑龙江省农业科学院牡丹江分院以黑农48为母本、龙品8807为父本，2010年在牡丹江分院试验田内人工进行杂交配制组合，经系谱法选育的品种。2010年冬天通过海南繁种F_1代；2011年在牡丹江分院试验田里种植F_2代，2011年冬季在海南繁种F_3代；2012年在牡丹江分院试验田里种植F_4代；2013年在牡丹江分院试验田中种植F_5代并决选；2014和2015年在牡丹江分院试验地参加鉴定试验；2016年参加省高蛋白大豆一年区域试验；2017年参加黑龙江省两年区域试验；2018年参加黑龙江省生产试验。

牡试6号具有亚有限结荚习性，株高95 cm左右，紫花尖叶，有分枝，茸毛为灰白色，荚为弯镰形，籽粒为圆形且有光泽，种皮为黄色，种脐为黄色。百粒重20 g左右，三年平均蛋白质含量为45.08%，三年平均脂肪含量17.50%，抗病接种鉴定结果为中抗灰斑病。牡试6号在有效积温2 450 ℃左右情况下，从出苗到成熟需约120 d。

1.2 方　法

牡试6号的系谱分析资料来源于《中国大豆育成品种系谱与种质基础（1923—2005）》[10]、《中国大豆品种志》[11]、《中国大豆品种志（1978—1992）》[12]和相关研究结果[13]。从牡试6号的父母本开始向上追溯亲本，直至祖先亲本不能再追溯为止[7]。细胞质通过母本遗传，按贡献率100%计算；同时计算出祖先亲本细胞核遗传贡献率，凡由亲本通过自然变异选择法、辐射育种法育成的品种其亲本的核遗传贡献率为100%，凡由杂交育成的品种其双亲的核遗传贡献率均为50%，每一亲本再按均等分割方法上推至双亲，直至终极的祖先亲本，最后育成品种的各祖先亲本核遗传贡献值总和应等于100%。系谱树图绘制及贡献率的计算参照盖钧镒等[13]方法。

2 结果与分析

2.1 牡试 6 号的系谱树

牡试 6 号是通过四粒黄细胞质遗传的，遗传过程是：四粒黄→黄宝珠→满仓金→克交 5501-3→绥农 3 号→绥农 4 号→绥 81-242→黑农 40→黑农 48→牡试 6 号。亲本优良基因由祖先亲本 ZYD355 野生豆、十胜长叶、嫩 78631-5、四粒黄、金元、五顶珠、白眉、克山四粒荚、平地黄、Amsoy、Anoka、小粒黄、永丰豆、通州小黄豆、熊岳小黄豆、佳木斯突荚子、柳叶齐、东农 20 共同提供（图 1 和 2）。

2.2 牡试 6 号的培育过程

牡试 6 号融合了野生大豆种质 ZYD355、地方品种金元、四粒黄、白眉、平地黄、佳木斯突荚子、熊岳小黄豆、克山四粒荚、五顶珠、小粒黄、柳叶齐、东农 20、永丰豆、荆山朴、通州小黄豆。并且，聚合了国外血缘美国种质 Amsoy、Anoka 和日本种质十胜长叶，打破了中国大豆遗传背景的局限性。

首先，育种家通过杂交组配出祖先亲本，包括四粒黄、金元、白眉、克山四粒荚、平地黄、五顶珠、佳木斯秃荚子等地方品种。在育成祖先亲本的基础上，育种家们配制了一批广泛被使用的亲本种质，包括黄宝珠、紫花 4 号、元宝金、满仓金、黑农 4 号、丰收 4 号、东农 20、绥农 1 号姊妹系、荆山朴、东农 1 号等品种(品系)。后来，引入变异种质和外国种质。选用的变异种质包括群选 1 号(永丰豆自然变异选系)、五顶珠和荆山朴的辐射后代，满仓金诱变株系。还有国外血缘的祖先亲本：十胜长叶、Amsoy、Anoka。从而，选育品种(系)有绥农 4 号、克交 5610、绥6310E1-1-4、绥 67-5093、丰收 12、克 5501-3、克交 56-4258、克 56-10013-2、5621、6038、绥农 3 号、绥 71-9c、绥 70-6、绥 74-5319、绥 69-4258、6038、铁丰 8 号、铁 7116-10-3、绥 76-686、哈 76-6045、铁 7116-10-3 以及铁 7555-4-2、绥 78-5061 和绥79-5278、铁 78057、嫩 78631-5、绥 81-242 以及绥86-5342，育成高蛋白材料黑农 48。最终，引用具有野生豆血缘的龙品 8807 为父本，用高产高蛋白的黑农 48 为母本进行杂交，进一步提升育种材料的高蛋白特性。

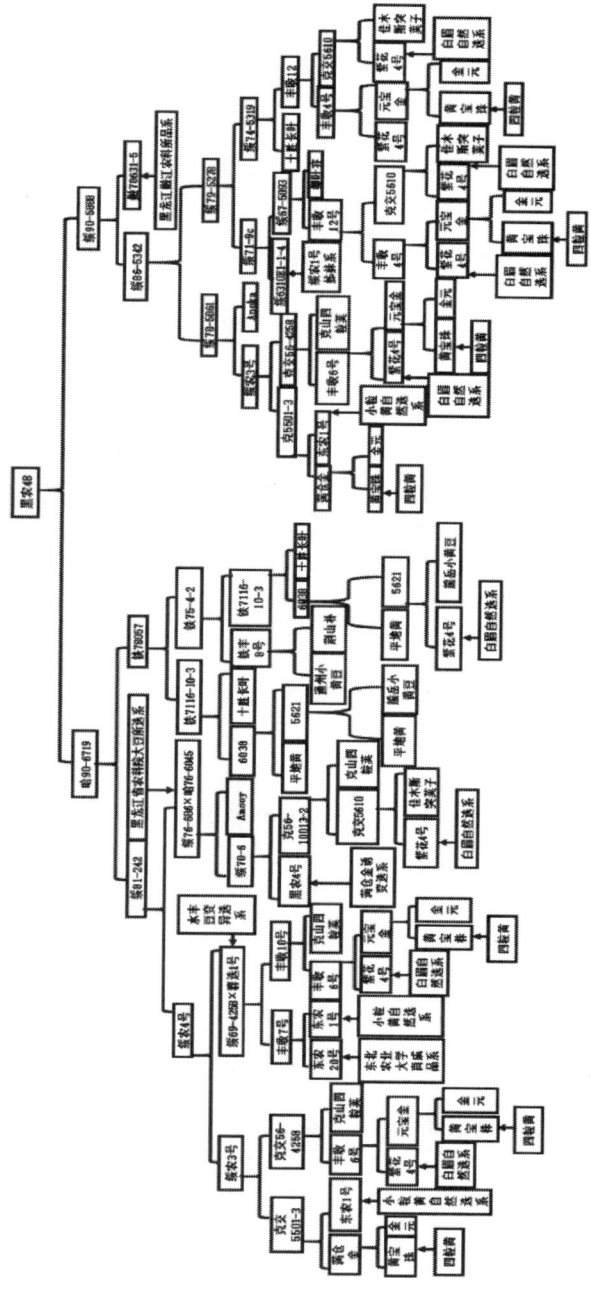

图 1 牡试 6 号母本系谱树
Fig. 1 Mushi6 female genealogical tree

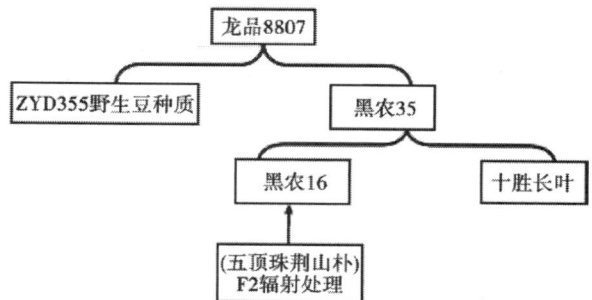

图 2 牡试 6 号父本系谱树
Fig. 2 Mushi6 male genealogical tree

2.3 牡试 6 号的亲本来源

从表 1 的牡试 6 号亲本来源可以看出，牡试 6 号融合了不同地域来源、不同生态类型、不同生长环境的亲本。应用远缘杂交优势的特点，充分利用了北京、辽宁省、吉林省、黑龙江省、美国、日本等大豆和野生豆的血缘。

结合牡试 6 号的系谱树（图 1 和 2）进行分析，四粒黄和金元为祖先亲本被应用了 12 次，是本系谱引用次数最多的亲本，由四粒黄和金元育成的满仓金和元宝金两个种质被育种家广泛应用，配合力很好；元宝金和满金仓有许多优良的特性，在黑龙江省和吉林省被农民大面积种植[14]；满仓金具有抗虫性强、耐盐碱等特性；元宝金具有倒伏少、抗虫害、耐肥水等特点；另外，白眉是黑龙江省的地方品种，是黑龙江省大豆品种的祖先亲本；紫花 4 号是白眉的自然优系，具有产量高、抗倒伏、喜肥耐湿、品质好等特点；丰收 6 号是以紫花 4 号为母本，元宝金为父本杂交组合育成的，其丰产性好，得到了农民的广泛好评；克山四粒黄是黑龙江省地方品种，具有品质好、荚粒大、虫食率少等特点[15]；东农 1 号是黑龙江小粒黄的自然优系，是育种家选择亲本常用的品种；佳木斯秃荚子具有喜肥、适于密植等特点，产量低于满仓金，品质稍差；美国大豆 Amsoy 具有抗灰斑病、分枝多、高大繁茂、结荚密等特点；十胜长叶是日本的大豆种质[16]，具有配合力高、结荚多、抗倒伏等特点；黑农 48 在黑龙江省第二积温带种植，具有高蛋白、高产、抗倒伏等特点。

2.4 祖先亲本核遗传贡献率

牡试 6 号的祖先亲本核遗传贡献率从大到小分别为 ZYD355 野生豆、十胜长叶、嫩 78631-5、四粒黄、金元、五顶珠、白眉、克山四粒荚、平地黄、Amsoy、Anoka、小粒黄、永丰豆、通州小黄豆、熊岳小黄豆、佳木斯突荚子、柳叶齐、东农 20，核遗传贡献率分别是：25%、18.74%、12.5%、6.58%、6.58%、6.25%、3.14%、3.14%、3.14%、3.13%、3.13%、1.95%、1.56%、1.56%、1.19%、0.98%、0.78%、0.39%(表 2)。

其中，高蛋白的野生豆 ZYD355 核遗传贡献率达到 25%，应用 1 次；日本血缘的十胜长叶核遗传贡献率为 18.74%，应用 4 次；嫩 78631-5 由于没有查到相关的资料，无法继续追踪其亲本，视其为祖先亲本，核遗传贡献率为 12.5%，应用 1 次；四粒黄、金元直接或间接应用的次数最多，均为 12 次，遗传贡献率均为 6.58%；五顶珠应用过 1 次，遗传贡献率均为 6.25%，克山四粒荚、平地黄、白眉核遗传贡献率均为 3.14%；小粒 9 号和十胜长叶均提供遗传贡献率为 12.5%；美国血缘的 Amsoy 和 Anoka 均提供 3.13%；小粒黄应用 4 次，虽然引用次数较多，但是由于小粒黄为祖先亲本，所以核遗传贡献率仍较小，为 1.95%；永丰豆、

表 1 牡试 6 号祖先品种生长区域

Table 1 Cultivation area of the ancestral varieties of Mushi 6

品种 Cultivar	生长区域 Cultivation area
四粒黄 Silihuang	吉林省中北部
黄宝珠 Huangbaozhu	吉林省和辽宁省北部
ZYD355	黑龙江省佳木斯地区野生大豆
金元 Jinyuan	吉林省南部及辽宁省北部
小粒黄 Xiaolihuang	黑龙江省勃利县
永丰豆 Yongfengdou	吉林省永吉县地区
白眉 Baimei	黑龙江省北部的德都、克山
克山四粒荚 Keshansilijia	黑龙江省中部、东部和北部
满仓金 Mancangjin	黑龙江省中南部及吉林省中北部
元金宝 Yuanbaoji	黑龙江省中南部及吉林省中北部
紫花 4 号 Zihua 4	黑龙江省北部的克山、北安
佳木斯秃夹子 Jiamusitujiazi	黑龙江省佳木斯地区
十胜长叶 Tokchi Nagaha	日本十胜农场
Amsoy	美国
绥农 3 号 Suinong 3	黑龙江省绥化
绥农 4 号 Suinong 4	黑龙江省第二积温带
丰收 12 Fengshou 12	黑龙江省北部
丰收 4 Fengshou 4	黑龙江省克拜、嫩江
黑农 48 Heinong 48	黑龙江省第二、三积温带
熊岳小黄豆 Xiongyuexiaohuangdou	辽宁省熊岳
平地黄 Pingdihuang	吉林中南部、东部、辽宁东北部
通州小黄豆 Tongzhouxiaohuangdou	北京通县地方品种
黑农 40 Heinong 40	黑龙江省第一积温带
东农 1 号 Dongnong 1	黑龙江省中南部地区
群选 1 号 Qunxuan 1	吉林省中南部及东部
铁丰 25 Tiefeng 25	吉林省
丰收 10 号 Fengshou 10	黑龙江省北部
铁丰 8 号 Tiefeng 8	吉林省
丰收 6 号 Fengshou 6	黑龙江省北部
黑农 4 号 Heinong 4	黑龙江省第二积温带
荆山朴 Jingshanpu	黑龙江中、东部，吉林、内蒙古
绥农 1 号 Suinong 1	黑龙江省绥化
柳叶齐 Liuyeqi	黑龙江地方品种
黑农 35 Heinong 35	黑龙江省二、三积温带
黑农 16 Heinong 16	黑龙江省二积温带
Anoka	美国
黑农 48 Heinong 48	黑龙江省第二积温带

通州小黄豆、熊岳小黄豆、佳木斯突荚子、柳叶齐、东农20由于引用时期较早且引用的次数较少，核遗传贡献率均较小，分别为1.56%、1.56%、1.19%、0.98%、0.78%、0.39%。

2.5 增产浅势分析

从牡试6号系谱树中可以看出，引用亲本材料元宝金、满仓金、紫花4号、十胜长叶等一系列高产且配合力高的材料进行遗传构建，使牡试6号具备可遗传的增产潜势。

2014—2015年牡试6号在牡丹江分院参加两年的产量鉴定试验平均产量3 005 kg·hm^{-2}，比对照品种绥农26增产7.1%。2016年区域试验平均产量2 287.6 kg·hm^{-2}，比对照品种绥农26增产4.1%，2017年区域试验平均产量2 847.3 kg·hm^{-2}，比对照品种绥农26增产6.9%。2018年生产试验平均产量2 992.7 kg·hm^{-2}，比对照品种绥农26增产5.7%。两年的区域试验和生产试验平均产量达2 709.2 kg·hm^{-2}，比对照品种绥农26增产5.6%。以上试验结果说明大豆品种牡试6号增产稳定，具有创造高产遗传潜能。

3 讨 论

3.1 杂交组合的亲本选择

牡试6号是采用常规育种方法育成的，属于四粒黄细胞质家族。从牡试6号亲本来源可以看出，四粒黄、金元多次参与遗传背景的构建，造成遗传基础狭窄，影响了大豆育种的突破性进展。目前，育种家普遍认为：杂交的父母本均是高蛋白材料，后代较容易选出高蛋白材料。牡试6号的母本选择了高蛋白材料黑农48，父本选择了具有高蛋白成分的野生大豆亲本，三年的蛋白质含量为45.08%，从而证明选择高蛋白亲本可以优化高蛋白的遗传基础。

3.2 拓宽品种的遗传基础

在一般杂交育种过程中，母本选择当地有广泛适应性的主栽品种，而父本选择具有地理远缘的种质和生态不同基因型的亲本。通过对牡试6号系谱树上的亲本分析发现，金元和四粒黄的使用次数最多，均达12次，另外，在东北地区有很多育成品种和地方品种都有四粒黄和金元的血缘，如黑农48，绥农3、绥农4号、黑农40、黑农48、牡豆8、牡豆10等。说明金元和四粒黄这两个祖先亲本对于黑龙江省大豆育种意义深远。

牡试6号有25%的核遗传贡献率来自野生大豆资源，大约25%的核遗传贡献率由国外种质提供。应用外国遗传基础丰富的种质作亲本[17]，拓宽现有品种资源遗传基础，同时也可引进国外优良的性状基因，为今后培育突破性的大豆品种提供有利条件[18-19]。另外，在提高大豆品种蛋白含量方面，野生大豆具有高蛋白、高异黄酮、抗逆等优良特性[20]，但是融入野生大豆血缘的材料不稳定，经常被育种者摒弃，而常会选用性状优良、适应性好、稳定的品种作为亲本，造成基因来源单一，不易拓宽品种遗传基础。因此，野生大豆血缘亲本的加入是值得进一步思考的问题。而中国有着世界上最为丰富的野生大豆资源[21]，董英山等[22]对国家种质库保存的6 172份野生大豆资源进行遗传变异分析，来永才[23]对黑龙江省野生大豆做了全面

表2　牡试6号祖先亲本核遗传贡献率
Table 2　The nuclear genetic contribution ratio of the Mushi 6 ancestors

亲本 Parent	应用次数 Application time	核遗传贡献率 Genetic contribution/%
ZYD355	1	25.00
十胜长叶 Tokchi Nagaha	4	18.74
嫩78631-5 Nen 78631-5	1	12.50
四粒黄 Silihuang	12	6.58
金元 Jinyuan	12	6.58
五顶珠 Wudingzhu	1	6.25
白眉 Baimei	8	3.14
克山四粒荚 Keshansilijia	5	3.14
平地黄 Pingdihuang	3	3.14
Amsoy	1	3.13
Anoka	1	3.13
小粒黄 Xiaolihuang	4	1.95
永丰豆 Yongfengdou	1	1.56
通州小黄豆 Tongzhouxiaohuangdou	1	1.56
熊岳小黄豆 Xiongyuexiaohuangdou	2	1.19
佳木斯秃夹子 Jiamusitujiazi	3	0.98
柳叶齐 Liuyeqi	1	0.78
东农20 Dongnong 20	1	0.39

的收集和研究。为解决中国大豆供给和安全问题[24-25]，利用变异品系、外国种质、野生大豆资源、辐射育种等扩宽遗传背景的方法，打开育种思路和方法，挑战传统的育种思想，对于拓宽品种遗传基础和指导育种者的育种工作具有较重要的参考价值。

4 结 论

牡试 6 号的亲本遗传背景构成丰富，采用地理位置较远、生态类型多样的种质，包括国外种质和野生大豆基因类型。亲本血缘品种资源类型丰富，为拓宽大豆新品种的遗传背景、选育优质高产大豆提供有效途径。

牡试 6 号高度聚合了东北大豆核心种质的优良基因，经过大豆杂交重组基因，具有高产高蛋白的遗传基础潜力。

参考文献（略）

本文原载于《大豆科学》2020 年 02 期。

高脂肪高产大豆品种东生 79 的选育及系谱分析

宗春美 [1,3]，任海祥 [1]，潘相文 [2]，王燕平 [1]，孙霞 [2]，李文 [1]，杜维广 [1]，刘宝辉 [2]

（1.黑龙江省农业科学院牡丹江分院/国家大豆改良中心牡丹江试验站/牡丹江大豆研发中心，黑龙江 牡丹江 157041；2.中国科学院东北地理与农业生态研究所，黑龙江 哈尔滨 150001；3.南京农业大学/作物遗传与种质创新国家重点实验室，江苏 南京 210095）

摘　要：为明确脂肪含量在高脂肪高产大豆品种东生 79 系谱中的传递规律，本研究分析东生 79 选育过程及系谱，追溯其祖先亲本对东生 79 细胞质及细胞核基因的贡献值。结果表明：东生 79 的细胞质由四粒黄提供，贡献率 100%。传递过程是：四粒黄—黄宝珠—满仓金—克 5501-3—绥农 3 号—黑农 33—哈 04-1824—东生 79。核基因由祖先亲本 Clark 63、克山四粒黄等 25 个农家和育成品种提供，细胞核贡献值从 0.1%~12.5% 不等。脂肪含量是通过受体亲本哈 04-1824 的母性超亲遗传实现的。哈 04-1824 的脂肪含量来源于黑农 33 和黑农 44 的杂交组合，而黑农 33 和黑农 44 的脂肪含量又分别可追溯到绥农 3 和黑农 37 的组合，依此类推追溯到祖先亲本。高脂肪生态性状的遗传改良是发挥高脂肪受体亲本（母本）超亲遗传特性，选择脂肪含量高、缺点少的受体亲本（母本）与多个早熟高产供体亲本杂交，或用受体亲本作轮回亲本进行 1~3 次回交是其有效的途径。

关键词：大豆；东生 79；祖先亲本；系谱分析；遗传改良

Selection and Pedigree Analysis of High-oil and High-yield Soybean Variety Dongsheng 79

ZONG Chun-mei[1,3], REN Hai-xiang[1], PAN Xiang-wen[2], WANG Yan-ping[1], SUN Xia[2], LI Wen[1], DU Wei-guang[1], LIU Bao-hui[2]

(1. *Mudanjiang Branch of Heilongjiang Academy of Agricultural Sciences / Mudanjiang Experiment Station of the National Center for Soybean Improvement /Soybean Research and Development center of Mudanjiang, Mudanjiang 157041, China;*

2. Northeast Institute of Geography and Agroecology, Chinese Academy of Sciences, Harbin 150081, China;

3. Nanjing Agricultural University/National Key Laboratory for Crop Genetics and Germplasm Enhancement, Nanjing 210095, China)

Abstract: To clarify the transmission law of oil content in high-yield and high-oil soybean variety Dongsheng 79 pedigree, we analyzed the breeding process and pedigree of Dongsheng 79, traced the contribution of their final ancestors to the cytoplasmic and nuclear genes. The results showed that the cytoplasm of Dongsheng 79 was provided by Silihuang, and the contribution rate was 100%. The transfer process was Silihuang—Huang Baozhu—Mancangjin—Ke 5501-3—Suinong NO.3—Heinong 33—Ha 04-1824—Dongsheng 79. The nuclear gene was provided by 25 landrace varieties and breeding varieties, such as final ancestors Clark 63 and Keshan Sihuanghuang, and the nuclear contribution value ranged from 0.1% to 12.5%. The oil content was achieved by maternal super-parental inheritance of the recipient parent, Ha 04-1824. The oil content of Ha 04-1824 was derived from the hybrid combination of Heinong 33 and Heinong 44, while the oil content of Heinong 33 and Heinong 44 could be traced back to the hybrid combination of Suinong No. 3 and Heinong 37, and so on.The genetic improvement of high-oil ecological traits was to exert the hyper-genetic characteristics of high-oil receptor parents (female parent), and to select a recipient with a high-oil content and a low defect (female parent) to hybridize with multiple early maturing and high-yield donor parents, to use the recipient parent as a recurrent parent for backcrossing 1~3 times was an effective way.

Keywords: Soybean; Dongsheng79; Final ancestors; Pedigree analysis; Genetic improvement strategy

大豆原产于中国，但诸多原因导致现阶段国产大豆种植面积和产量均落后于美国、巴西、阿根廷，处于世界第4位。国产大豆平均脂肪量较进口转基因大豆低1.0~1.5个百分点[1,2]，大豆加工企业出于利润考虑，对加工原料的选择更青睐于脂肪含量较高的进口大豆。针对目前国产高油大豆品种短缺现状，培育高脂肪、高产大豆新品种，对增强国产大豆的国际竞争力、抵御国外大豆冲击、振兴我国大豆产业具有重要意义[3]。近年来国内高脂肪大豆育种取得了长足发展，育成多个脂肪含量超过进口转基因大豆的品种[1,2]，高脂肪高产大豆新品种东生79就是很好的实例，该品种的审定填补了黑龙江省大豆品种含油量无高于24%品种的空白[4]。对育成品种的系谱加以分析可以更好地阐明作物育种整体遗传基础，总结育种过程中亲本选择和组配上的规律，进一步发掘出可用于遗传改良中的受体和供体亲本[5]。本研究对东生79品种的选育途径、方法及对其系谱分析进行研究，其目的一是阐明脂肪生态性状如何在东生79品种系谱中传递，二是提出脂肪生态性状遗传改良的有效途径和方法及指出系谱分析在指导大豆产量及品质改良中的意义。

1 材料和方法

1.1 材 料

高脂肪高产大豆品种东生79是中国科学院东北地理与农业生态研究所与黑龙江省农业科学院牡丹江分院合作育成，于2018年通过黑龙江省农作物品种审定委员会审定，审定编号黑审豆2018013。

系谱分析资料主要来源于《中国大豆育成品种系谱与种质基础(1923—2005)》[6]和大豆品种志[7-8]等有关资料[9-11]。

1.2 方 法

追溯东生79的系谱，找到祖先亲本（主要指地方品种、国外引种材料以及部分中间品系）并建立系谱树。

遗传贡献率的计算方法：大豆细胞质由母系遗传，即祖先亲本的细胞质贡献率100%；细胞核遗传由父母本双亲共同承担。通过自然变异选择法、辐射诱变育种法育成的品种其亲本的核遗传贡献率为100%，由杂交育成的品种其双亲的核遗传贡献率均为50%，每一亲本按均等分割方法下推至双亲，直至终极的祖先亲本。如果某一亲本无法追踪到系谱，则视为祖先亲本[6]。

2 结果与分析

2.1 东生79的选育途径及特征特性

2.1.1 选育途径

东生79品种（参试品系号：中牡511），采用高光效高产育种体系和分子设计育种及常规育种相结合，经多代个体选择系谱法选育而成。

2.1.2 特征特性

东生79在适应区出苗至成熟生育日数118 d左右，需≥10 ℃活动积温2 350 ℃左右。亚有限结荚习性。株高101 cm左右，有分枝，白花，尖叶，灰色茸毛，荚弯镰刀形，成熟时呈褐色。籽粒圆形，种皮黄色，种脐黄色，有光泽，百粒重20 g左右。该品种平均脂肪含量为24.16%（年际间变幅0~0.12%），平均蛋白质含量为36.33%，蛋脂和为60.49%，超过审定标准，是黑龙江省自1966年以来审定的大豆品种中首个脂肪含量突破24%的品种。东生79具有早熟、高产、多抗的特点。区域试验平均比对照品种合丰50增产

8%，生产试验比对照品种增产 9.5%。三年抗病接种鉴定结果表明中抗大豆灰斑病，同时兼抗大豆花叶病毒病。

东生 79 具有节间短、荚密、顶荚丰富、株型收敛、群体通风透光性好、秆强抗倒、丰产稳产性好、生态适应性广、适合黑龙江省大豆主产区种植的突出优点。

2.2 东生 79 系谱树的建立及分析

东生 79 是以哈 04-1824 为受体亲本（母本），绥农 29 为供体亲本（父本）的杂交组合。依次追溯其父母本的系谱关系，建立了东生 79 的系谱树。

分析系谱可知，系谱中包含了四粒黄、黄宝珠、金元、紫花 4 号、满仓金、铁荚四粒黄、克山白眉、一窝蜂、佳木斯秃荚子、嘟噜豆、五顶珠、小金黄、熊岳小黄豆、秃荚子等祖先亲本，小粒豆 9 号、丰收 6 号、绥农 3 号、克 4430–20、哈 49–2158、哈 61–8134、铁 7518 等育成品种（系）及引自国外品种 Clark63、十胜长叶、Amsoy 等多个优良亲本，因此东生 79 具有丰富的遗传基础，兼具各亲本的优点，为今后高脂肪品种遗传改良和高效利用奠定了基础

通过分析整理，东生 79 通过 7 轮杂交选育而来（图 1 和图 2）。

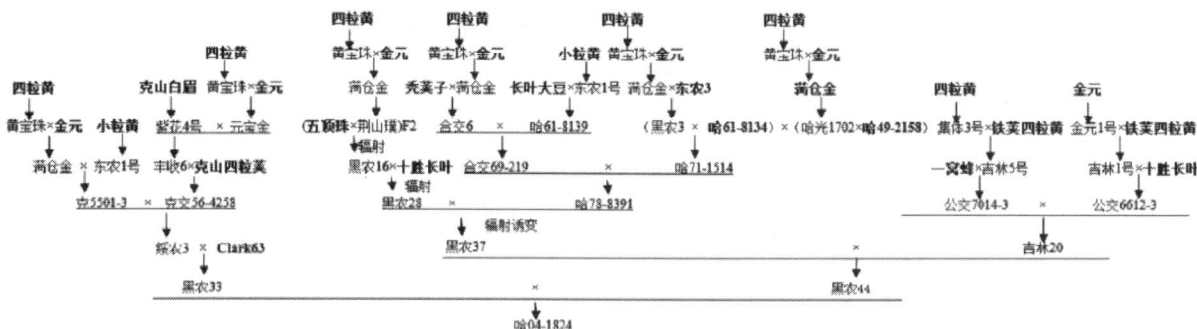

图 1　东生 79 受体亲本的系谱树

Fig. 1　The family tree of Dongsheng 79's receptor

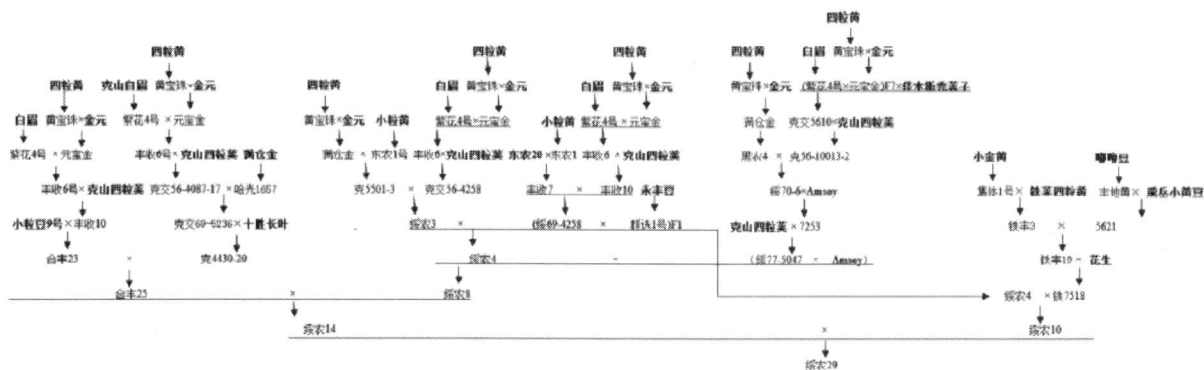

图 2　东生 79 供体亲本的系谱树

Fig. 2　The family tree of Dongsheng 79's donor

第 1 轮育种工作主要是对祖先品种及 1949 年前育成品种的搜集、整理和提纯，育成四粒黄、黄宝珠、金元、满仓金、铁荚四粒黄、克山白眉、一窝蜂、佳木斯秃荚子、嘟噜豆、五顶珠、小金黄、熊岳小黄豆、秃荚子等农家品种，部分育成品种（系）如紫花 4 号和元宝金选育出的丰收 6 号、金元和铁荚四粒黄育成的吉林 1 号。

第 2 轮育种工作主要包括早期杂交育成品种(系)以及继续整理部分地方品种，如选育出东农 1 号、黑农 4 号、吉林 5 号、丰地黄、通州小黄豆、丰收 4 号、克山四粒荚等地方品种以及引入国外血缘品种十胜

351

长叶。

第 3 轮是国内育成品种(系)，如克 5501–3、克交 56–4258、黑农 28、绥农 3 号、绥 70–6、丰收 10 号，以及引入国外血缘材料 Amsoy 等。

第 4 轮主要育成品种(系)有黑农 37、吉林 20、绥农 4、合丰 23 和克 4430–20 等。

第 5 轮是育成的主要品种黑农 33、黑农 44、绥农 14 和绥农 10。

第 6 轮育成东生 79 的母本哈 04–1824 和父本绥农 29。

第 7 轮育成东生 79。

2.3 脂肪含量性状在系谱中传递及祖先亲本的遗传贡献

东生 79 在品种设计上首先考虑高脂肪含量和早熟高产等育种目标，选择含有高脂肪分子模块的种质哈 04–1824（高脂肪广适应性品种黑农 33×高光效高脂肪品种黑农 44）为母本，该品系具有高脂肪、高光效、广适性等优点，选择含有早熟高产分子模块 el–as 的绥农 29 为父本进行杂交。

分析东生 79 双亲的脂肪含量可知，东生 79 的脂肪含量这一生态性状主要来源于哈 04–1824（23.7%，括号内数字表示该品种脂肪含量，以下同）。图 1 指出哈 04–1824 是由高脂肪含量品种黑农 33（22.2%）和高脂肪含量品种黑农 44（23.01%）有性杂交，采用系谱法育成。黑农 33 细胞质传递顺序依次为四粒黄（19.5%）—黄宝珠（21%）—满仓金（22%）—克 5501–3（未知）—绥农 3 号（23%）—黑农 33（22.2%）。

黑农 44 细胞质传递顺序:为五顶珠（20.12%）—黑农 16（22.25%）—黑农 28（21%）—黑农 37（21.6%）—黑农 44（23.01%）

综上可知，东生 79 细胞质基因由四粒黄提供，贡献率 100%，传递过程依次是：四粒黄—黄宝珠—满仓金—克 5501–3—绥农 3 号—黑农 33—东生 79。

结合图 1 和图 2，追溯东生 79 的祖先亲本可知，东生 79 的核基因由 Clark63、克山四粒黄、十胜长叶等 25 个祖先亲本共同提供，这些祖先亲本包含 16 个东北地方品种、5 个育成品种/系、4 个国外品种，以及 1 个属间远源亲本（花生）；各祖先亲本的核遗传贡献值为 0.1%~12.5% 不等，各祖先亲本应用次数和核基因遗传贡献率详见表 1。

表 1　东生 79 各祖先亲本应用次数和核基因遗传贡献率

Table 1　The application numbers and nuclear genetic contribution rates of each
ancestor parent of Dongsheng 79

祖先亲本 Ancestral ancestor	应用次数 Number of applications	核遗传贡献率 Nuclear genetic contribution rate/%	来源 Source
Clark 63	1	12.50	美国品种
克山四粒荚 Keshansilijia	8	10.74	黑龙江省克山地方品种
十胜长叶 Tokachi nagaha	1	9.38	引自日本
金元 Jinyuan	16	9.30	辽宁省开原地方品种
四粒黄 Silihuang	16	7.74	吉林省公主岭地方品种
小粒黄 Xiaolihuang	6	7.42	黑龙江省地方品种
花生 Peanut	1	6.25	不详
铁荚四粒黄 Tiejiasilihuang	4	4.69	吉林省中南部地方品种
永丰豆 Yongfengdou	2	4.69	吉林省永吉地方品种
白眉 Baimei	6	4.54	黑龙江省克山地方品种
Amsoy	2	3.91	美国品种
小粒豆 9 号 Xiaolidou 9	1	3.13	黑龙江省勃利地方品种
一窝蜂 Yiwofeng	1	3.13	吉林省中部偏西地区地方品种
嘟噜豆 Duludou	1	1.56	吉林省中南部地方品种
四粒黄 Silihuang	2	1.56	吉林省东丰地方品种
五顶株 Wudingzhu	1	1.56	黑龙江省绥化地方品种
小金黄 Xiaojinhuang	1	1.56	辽宁省沈阳地方品种
熊岳小黄豆 Xiongyuexiaohuangdou	1	1.56	辽宁省熊岳地方品种
东农 20 Dongnong 20	2	1.17	东北农业大学育成品种
哈 49-2158 Ha 49-2158	1	0.78	黑龙江省农业科学院育种材料
哈 61-8134 Ha 61-8134	1	0.78	黑龙江省农业科学院育种材料
秃荚子 Tujiazi	1	0.78	黑龙江省木兰地方品种
长叶大豆 Changyedadou	1	0.78	黑龙江省地方品种
东农 3 号 Dongnong 3	1	0.39	东北农业大学育成品种
佳木斯秃荚子 Jiamusitujiazi	1	0.10	黑龙江省佳木斯地方品种
合计 Total	25	100.00	

这些祖先亲本经过多年育种及生产实践证明具有广适性、高产、高配合力以及缺点少等诸多优良特征，尤其是 4 个国外品种的引进，很大程度丰富了我国大豆的遗传基础。这些亲本的优异性状逐步累积，最终育成了东生 79 这一高脂肪高产突破性品种。

3. 讨 论

3.1 大豆脂肪性状的遗传改良以及优化设计策略的思考

从东生 79 的系谱分析得出，高脂肪生态性状的遗传改良是发挥高脂肪受体亲本（母本）母性超亲遗传特性，与早熟高产供体亲本杂交。如黑农 33 是绥农 3 号×clark 63；黑农 44 是黑农 37×吉林 20；东生 79 是哈 04–1824×绥农 29。在选择亲本和组配上，尤其要考虑品种（系）的系谱细胞质和细胞核基因含有高脂肪的血缘。其组配方式是高脂肪含量品种（系）为受体亲本，高产稳产品种（系）为供体亲本，进行杂交或回交。

杜维广等[11]指出，在解析育成品种（系）各生态区新育成并有很好配合力的主栽品种（系）遗传基础的基础上，发掘受体亲本（底盘品种）。其次发掘供体亲本，注重选择产量和与产量相关的主要生态性状：产量、理想株型、高光效、花荚脱落、每节多荚、主茎短分枝、中秆短分枝、成熟期干物重、收获指数、R6-R8 时期、生育期、高异交率、抗病虫和耐旱等与产量密切相关的生态性状。同时他还依据多年育种的经历指出，常规育种在亲本组配时往往利用较多的骨干亲本为母本与较少父本（品种或品系）组配，但改造母本效果较低。要想提高改造母本的育种效率，建议利用多个供体亲本改造仅有 2~4 个缺点的受体亲本（母本），将有利于培育出突破性品种[11]。在 1993—2004 年间，育成品种和育成品系在亲本选配上占主要地位[12]，我国大豆杂交育种采用的直接亲本多为育成品种和育成品系，分别占 44.44%、39.23%，国外品种和地方品种仅占 6.64% 和 6.69%。而使用育成品种作为母本的直接亲本为 50.34%，育成品系为 38.31%，国外品种为 2.75%，地方品种 8.85%[6]。利用综合性状优良的育成品种和品系作直接亲本，能较好地育成普通新品种。目前育成品种推广势头良好，但要想育成突破性品种，必须打破这种杂交组合配置模式。建议用具有弥补受体亲本生态性状短板的稳定优良单株为供体亲本，导入其特定生态性状，用受体亲本为轮回亲本回交 1~3 次，这是可以尝试的方法，目前已取得较好的结果。

依据东生 79 的系谱分析结果得出，吉林 20、绥农 10、绥农 14、十胜长叶、Clark 63、Amsoy 等都是很好的供体亲本，这些品种作直接亲本育成衍生系个数分别为 88、14、60、287、29 和 129[6]。

综合上述，就为大豆高脂肪育种提出了新思路。

3.2 突破大豆遗传基础狭窄，拓宽大豆遗传基础

从整体论来分析品种遗传基础的方法之一，是追溯品种系谱。一要看品种系谱中细胞质和细胞核基因的数量和利用的次数，二要看品种系谱中生态类型的多样性和地理远缘及国外血缘等。

东生 79 的核基因由克山四粒黄、金元等 18 个农家品种和 Clark 63、十胜长叶、Amsoy 这 3 个国外血缘及东农 20、哈 49–2158、哈 61–8134、东农 3 号 4 个育成品种共 25 个祖先亲本提供，其遗传基础还不算太狭窄，正是因为含有高脂和早熟高产基因的祖先亲本在各轮的组配中参与系谱的构建才构成东生 79 的高脂肪早熟高产的遗传基础。

虽然如此，但东生 79 有的祖先亲本在系谱构建中应用的次数仍较多，Clark 63、十胜长叶、Amsoy 这 3 个国外血缘核基因的贡献率分别为 12.5%、9.38% 和 3.91%，累积贡献率 25.79%；东农 20、哈 49–2158、哈 61–8134、东农 3 号这 4 个育成品种累积贡献率 3.12%，正因如此，一是国外血缘和育成品种细胞核累积贡献率总和为 28.91%，仍显得偏少；二是细胞质基因单一，造成东生 79 的遗传基础仍较狭窄。细胞质来源单一成为制约突破性的大豆品种培育的重要因素[13]。

目前，国外大豆品种资源类型多，遗传基础丰富[14]。盖钧镒等[12]指出，中国东北、黄淮海和南方各大产区的育成品种，绝大多数以本地大豆品种或品系为亲本，各区内的大豆品种遗传基础趋于狭窄。因此，拓宽现有大豆品种的遗传基础将为大豆育种持续发展提供可靠保证。

3.3 我国现阶段国产大豆脂肪现状及解决对策

在本文前言中提到，国产大豆脂肪含量低于进口转基因大豆，进口大豆脂肪含量比我国东北大豆高0.5%~1.5%[2]，相比之下，我国东北大豆竞争力较弱[3]。但我国近年来审定的品种中脂肪含量不乏超过23%的品种[3]，总体平均脂肪含量较低的主要原因是国内大豆品种未能按品质区域化种植、收获、储存和运输。农业部曾根据我国不同区域大豆生产状况，制定了相应产业结构调整和大豆产业发展方向，对各省进一步进行了区划[15]。宁海龙[16]等将东北地区绝大部分区域划为高油大豆产区。

针对这种现状，提出以下建议：

一是给予按品质区域化种植户以政策上的扶持，在种植环节，鼓励高油优势区域豆农选取脂肪含量在21.5%以上的高脂肪大豆新品种种植，形成高油品种集中化、区域化。同时国家应对良种进行补贴，完善农资补贴政策，降低大豆生产成本。

二是大豆加工环节，对我国国产大豆油脂企业，国家应给予税收或贷款等方面的优惠，对有潜力建立独立产业链条的大豆压榨企业要给予重点支持[17]，鼓励大油脂企业对国产高脂肪大豆专收、专储、专加工。

三是提高国家对大豆科技投入和技术推广的投资力度。国家应充分整合高校及研究机构的科研力量，加大对大豆研发的投入，有针对性地改良大豆品种，针对我国大豆含油率低的缺点，培育高脂肪高产的专用品种；同时要积极完善配套栽培技术，实施大豆种植的精细管理，形成良种+良法的模式；完善成果推广体系，通过大豆协会或专业合作社进行推广，尽快将最新成果有效运用到实践中[18]。

参考文献（略）

本文原载于《大豆科学》2020 年 01 期。

吉林省龙井保护区野生大豆居群遗传多样性的研究

孙晓环 [1,2]，刘晓冬 [2]，赵洪锟 [2]，王玉民 [2]，刘宪虎 [1]

（1.延边大学农学院农学系，吉林 龙井 133400；2.吉林省农业科学院生物技术研究中心，吉林 长春 130033）

摘 要：利用 28 对 SSR 引物对吉林省龙井保护区一个居群的 32 份野生大豆进行了遗传多样性分析，共检测到 120 个等位变异，平均等位变异数为 4.29 个。32 份野生大豆的遗传相似系数为 0.58~1.00，平均相似系数为 0.63。聚类分析结果表明，此居群野生大豆的生长趋势与地理位置有明显的相关性，呈遗传斑块生长。28 对 SSR 引物得到的 Simpson 指数分布范围为 0.119 1~0.673 8，平均值为 0.454 4；Shannon-weaver 指数分布范围为 0.277 1~1.478 3，平均值为 0.886 5。通过遗传多样性指数表明：吉林省龙井保护区此居群的野生大豆具有较高的遗传多样性。

关键词：野生大豆；居群；遗传多样性

Diversity of a Population of Wild Soybean (*G. soja*) Growing in Longjing Conserved Region of Jilin Province

SUN Xiao-huan[1,2], LIU Xiao-dong[2], ZHAO Hong-kun[2], WANG Yu-min[2], LIU Xian-hu[1]

(1. *Department of Agronomy, Agricultural College of Yanbian University, Longjing* 133400, *China*;
2. *BiotechnologyResearch Center, Academy of Agricultural Sciences of Jilin Province, Changchun* 130033, *China*)

Abstract: 28 SSR markers were used to evaluate the genetic diversity of 32 wild soybean accessions collected from Longjing Conserved Region in Jilin Province. A total of 120 polymorphic bands were amplified with these SSR markers and the average alleles were 4.29 for each marker. The coefficient of genetic similarity among 32 wild soybean accessions ranged from 0.58 to 1.00, the average genetic similarities coefficient was 0.63. Clustering analysis showed that there was a relationship between growth tendency and geographic proximity, and the phenomenon of genetic plaque could be seen clearly. The distribution of Simpson index for 28 SSR loci was 0.119 1~0.673 8, the average Simpson index was 0.454 4; Shannon-weaver index for 28 SSR loci was 0.277 1~1.478 3, the average Shannon-weaver index was 0.886 5. These results showed that there existed a highly genetic diversity for wild soybean accessions from Longjing area in Jilin Province.

Keywords: Wild soybean (*G. soja*); Population; Genetic diversity

中国是世界上公认的大豆起源地，而且是拥有野生大豆(*G.soja*)资源生物多样性最丰富、分布最广的国家。目前，国家基因库收集保存的野生大豆资源达 8 500 余份。野生大豆种群生态学研究表明，野生大豆小种群内存在非常丰富的遗传变异。过去，我国野生大豆只注重资源的收集与考察，对于种群内的遗传多样性研究不足，导致了一些遗传变异收集的不全面。本文对吉林省龙井保护区野生大豆的一个居群进行了遗传多样性研究，旨在为野生大豆保护策略的制定和大豆遗传基础的拓宽提供理论依据。

1 材料与方法

1.1 取样方法

吉林省龙井野生大豆保护区面积 60 hm^2，属温带大陆性半湿润季风气候区，春季干燥多风，夏季湿热多雨。伴生植物有狗尾草、芦苇、野艾蒿、香蒿、拂子毛等。保护区包括一段山地、一段草场和一段平原，野生大豆数量也较多，分布相对均匀，山地上的树林因为遮盖比较严重，没有野生大豆分布；草场上野生大豆分布较均匀，但是因为不能完全禁止放牧，所以野生大豆数量不多；平原上部分地方有耕地，除了耕地外，野生大豆分布较均匀，数量很多。采样点选择在保护区的平原上，此野生大豆居群分布较均匀，数量较多，每个采样点收获 20~30 粒野生大豆种子。此居群约 6 175 m²，共设置 32 个采样点。采样点设计间隔为 18 m，按野生大豆实际分布情况有改动，每个采样点都进行 GPS 定位确定其位置（图 3）。

1.2 实验方法

1.2.1 DNA 提取

选取单株幼苗的三出复叶叶片，采用高盐 CTAB 法提取总 DNA[1]。

1.2.2 SSR 标记

选择 28 对本实验室筛选的核心 SSR 引物，按照 Soybase（网址 http://soybase.agron.iastate.e-du/resources/ssr.php）提供的大豆微卫星序列送交北京鼎国生物技术公司合成。

PCR 反应体系总体积为 20 μL，其中分别加入模板 DNA（30 ng·μL⁻¹）3.0 μL；10×buffer（含 Mg²⁺）2.0 μL；2.5 mol·L⁻¹ dNTP 0.4 μL；10 pmol·μL⁻¹ Primer（forward）1 μL，Primer（reverse）1 μL；Taq 酶（2U·μL⁻¹）0.64 μL；ddH₂O11.96 μL。PCR 反应程序：94 ℃预变性 4 min；94 ℃变性 30 s，47~61 ℃退火 30 s，72 ℃延伸 50 s，运行 35 个循环；72 ℃延伸 5 min；最后于 4 ℃保存待测。PCR 反应在 Tgradient Thermal Cycler PCR 扩增仪（Bio-metra）上进行。

1.2.3 电泳分析检测

PCR 扩增产物采用 6%变性聚丙烯酰胺胶（8 mol/L 尿素）进行电泳分离，银染后检测其等位变异。电泳分离过程中保持 60 W 恒定功率，电泳时间为 2 h 左右，数码相机照相记录。

1.3 数据分析方法

SSR 扩增谱带以 0、1 和 2 统计，即在相同迁移率位置上，有带记为"1"，无带记为"0"，缺失记为"2"，获得矩阵。利用 NTSYS pc 2.02a 软件进行遗传相似系数计算，并绘制亲缘关系树状图。

遗传相似性计算：$S_{XY}=2Nxy/（Nx+Ny）$。

其中，N_x 为在材料 X 中某一引物扩增的条带数，N_y 为在材料 Y 中同一引物扩增出的条数，N_{xy} 为在 X 和 Y 中扩增出片段长度相同的条带数[2]。

利用 POPGENE3.0 软件计算 Simpson 遗传多样性指数和 Shannon-weaver 遗传多样性指数。

Simpson 遗传多样性指数（也称位点多态信息量，PIC）：$PIC=1-\Sigma P_{2i}P_i$：第 i 个等位变异出现的频率。

Shannon-weaver 遗传多样性指数（也称基因型多样性，H'），$H'=-\Sigma P_i \ln P_i P_i$：第 i 个等位变异出现的频率[3]。

2 结果与分析

2.1 SSR 位点多态变异和遗传多样性指数

利用 28 对 SSR 引物对 32 个野生大豆样本进行 SSR 分析，均能扩增出较清晰的谱带，共检测到 120 个等位基因变异，等位基因数范围为 2~7 个，每对引物平均等位基因变异数为 4.29 个。其中，2~4 个等位基因变异的有 15 对引物，5~7 个等位基因变异的有 13 对引物。Sat_112 和 Satt178 检测到的等位基因变异最少，都只有 2 个；Satt180 和 Satt590 检测到的等位基因变异最多，都有 7 个。可见，不同的 SSR

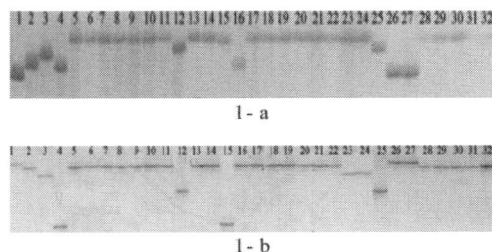

图 1　32 份野生大豆的 SSR 图谱

图 1-a 引物 Satt596 聚丙烯酰胺电泳检测结果
图 1-b 引物 Satt487 聚丙烯酰胺电泳检测结果
1,2,3……31,32 依次为图 3 中 LJz01,LJz03,LJz04,LJz6,LJz11,LJz12,LJz13,LJz14,LJz15,LJz16,LJz17,LJz18,LJz19,LJz20,LJz21,LJz22,LJz23,LJz24,LJz25,LJz26,LJz27,LJz28,LJz29,LJz30,LJz31,LJz32,LJz33,LJz34,LJz35,LJz36,LJz37,LJz38

引物多态性具有很大的差异。

Simpson（PIC）指数和 Shannon-weaver（H'）指数常用来衡量某一种群或地区的遗传多样性高低，我们用这两个指数评价各引物遗传多样性的状况及在居群中的分布。Simpson（PIC）指数分布范围为 0.119 1~0.673 8，平均值为 0.454 4。当 PIC>0.50 时，该位点为高度多态性，标记可以提供合理的信息；当 0.25<PIC<0.50 时，为中度多态性位点，标记可以提供较合理的信息；当 PIC<0.25 时，为低度多态性位点，标记提供信息的能力较差。由表 3 可以看出，除引物 Satt175 和 Satt178 的 PIC<0.25，其他引物的 PIC>0.25，都能提供较合理的信息。28 对引物中的 10 对引物 PIC>0.50，在这些位点上属高度多态性，其中引物 Satt180 的 PIC 值（0.673 8）最高。Shannon－weaver 指数最低值为 0.277 1（Satt175），最高值为 1.4783（Satt180），平均值为 0.886 5。按 Shannon-weave 遗传多样性指数把 28 对引物分为高、中、低 3 类：指数值高的引物（H'>0.7）有 23 对；指数值中等的引物（0.3<H'<0.7）有 4 对，指数值低的引物（H'<0.3）只有一对（Satt175），可以看出 Simpson 指数和 Shannon-weaver 指数反映遗传多样性的趋势相同，均可以表现出此居群的野生大豆的遗传多样性水平较高。

表1 28 对 SSR 引物的 Simpson 指数和 Shannon-weaver 指数

引物	连锁群	等位基因数	Simpson 指数（PIC）	Shannon-weaver 指数（H'）
Satt022	N	5	0.546 9	0.997 9
Sat-112	E	2	0.263 7	0.433 4
Satt168	B2	5	0.560 5	1.111 1
Satt173	O	6	0.572 3	1.203 5
Satt175	M	3	0.119 1	0.277 1
Satt178	K	2	0.194 8	0.345 2
Satt180	C1	7	0.673 8	1.478 3
Sct-189	I	4	0.502 0	0.904 6
Satt213	E	4	0.416 0	0.832 9
Satt226	D2	4	0.525 4	0.932 1
Satt239	I	3	0.404 3	0.727 7
Satt268	E	3	0.406 2	0.735 6
Satt281	C2	3	0.361 3	0.656 2
Satt300	A1	5	0.568 4	1.152 3
Satt308	M	3	0.470 7	0.748 2
Satt309	G	5	0.568 4	1.143 8
Satt339	N	3	0.275 4	0.538 6
Satt408	D1a	5	0.457 0	0.935 8
Satt431	J	5	0.498 0	1.021 0
Satt442	H	5	0.492 2	0.986 2
Satt453	B1	4	0.484 4	0.918 0
Satt462	L	4	0.527 3	1.010 3
Satt487	O	5	0.462 9	0.979 1
Satt505	G	3	0.476 6	0.831 4
Satt553	E	6	0.609 4	1.217 0
Satt561	L	4	0.400 4	0.746 2
Satt590	M	7	0.466 8	1.065 8
Satt596	J	5	0.419 9	0.892 6
总数	17	120		
平均		4.29	0.454 4	0.886 5

2.2 聚类分析

利用 NTSYS pc 2.02a 软件分析 32 份野生大豆样本的 120 个等位基因变异，计算 32 份样本之间的遗传相似系数，得到 32 份样本间的遗传相似数矩阵，按照 UPGMA 方法对 32 份样本进行聚类分析（图2）。从聚类分析树状图来看，32 份样本可在遗传相似系数为 0.60 处划分为两大类群，其地理位置在图 3 上体现为三角框和方形框两大类。从图 3 可以看出野生大豆居群遗传结构与地理分布有着一定的相关性，呈斑块分布。从图 2 可以看出，LJZ11 和 LJZ23 亲缘关系非常近，从地理位置看，两份材料离的也不远，很可能是一个母本的种子。因为野生大豆自花授粉特性，子代的亲缘关系非常近，28 对多态性较好的引物也没有把两份材料区分开。

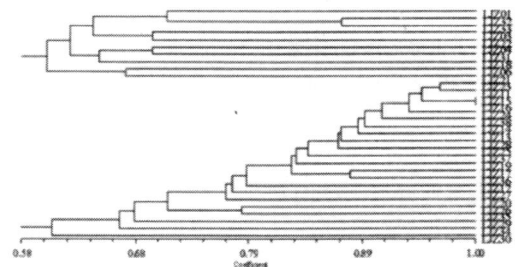

图 2 32 份野生大豆聚类分析树状图

3 讨 论

鉴于朱维岳等[4]的研究结论：居群内进行采样，样本之间距离应在 18 m 以上，以保证采集到完全不同的基因型；赵茹等[5]的研究结论：野生大豆居群遗传多样性估算与取样

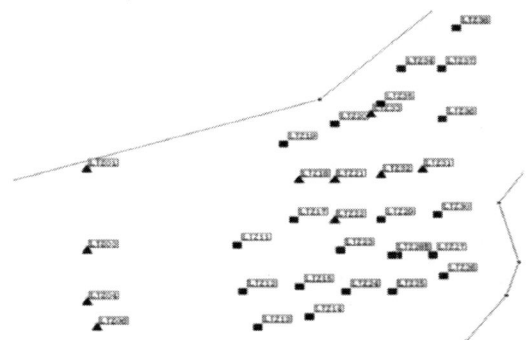

图 3 32 份野生大豆的采样点

策略样本量达到 30~45h，遗传多样性水平能达到总体变异的 90％以上。所以，龙井保护区居群野生大豆采样点选用 18 m 采样距离，并且选择的 32 个样本基本能反映出遗传多样性水平。同时，按 50 m 采样距离（共取 90 份材料）取样，覆盖整个保护区，研究其采样方法不同引起的遗传多样性差异（研究中，尚未发表）。

28 对 SSR 引物对 32 份野生大豆材料进行 SSR 遗传多样性分析，共检测到 120 个等位基因变异，平均每对引物为 4.29 个，等位基因数范围为 2~7 个。高于关荣霞等[6]在辽宁新宾县野生大豆 10 个自然居群遗传多样性研究中，53 对引物共检测到 123 个等位变异，平均每对引物为 2.3 个；低于朴向民等[7]在中国吉林省的野生大豆和韩国比较中，9 对引物共检测到 172 个等位变异，平均每对引物为 19.1 个，等位基因数范围为 12~24 个。因此本文认为材料采集地不同，对等位变异的影响较明显。

从聚类分析图可以看出，龙井保护区的野生大豆居群遗传结构与地理分布有着一定的相关性，由图 3 可见，三角框区域有部分遗传距离较远的方形框存在，呈遗传斑块生长。野生大豆是一年生自花传粉的草本植物，具有高度自交性，而其种子主要通过炸荚的方式进行传播，种子的传播距离比较近[7]。野生大豆居群内的个体之间在远距离的基因流受到限制。理论和实验研究均表明：空间距离或基因流的限制，均会影响植物居群内不同个体之间的有性交配和种子散布，进而导致居群内的不同基因型呈集聚分布或簇状分布[8-9]。从聚类分析中得到遗传相似系数为 0.58~1.00，平均遗传相似系数为 0.63。遗传相似系数比较低，说明材料间遗传变异大，野生大豆居群内存在很高的遗传多样性。遗传多样性指数是反映种质材料遗传多样性的有效指标，遗传多样性指数高的地区说明种质类型较多，遗传差异较大，在品种改良中有较多可利用的遗传性状。Simpson 指数和 Shannon-weaver 指数值都比较高，并且趋势相同。Simpson 指数高，杂合度大，说明居群内基因型一致性差，遗传变异大，选择潜力大；Shannon-weave 指数分为高、中、低三类，而指数值高的引物有 23 对，占所用引物总数的 82.1％。所以，可以表现出此居群的野生大豆的遗传多样性水平很高。李军等[10]用同工酶、周晓馥等[11]用 RAPD 技术，分别对野生大豆不同居群的遗传多样性进行了研究，发现野生大豆居群内存在高度的遗传多样性，建议进一步保护野生大豆居群内的遗传多样性。

野生大豆居群内高度的遗传多样性，可能是由于龙井保护区居群是原生野生大豆居群和历史时间较长而形成的。同时，野生大豆遗传多样性研究也为丰富野生大豆有利基因资源提供理论依据。通过对吉林省龙井保护区野生大豆的考察，发现野生大豆的分布面积锐减，曾经大的群体现在已经不多见了，野生大豆的分布及生存的空间越来越小，寻找一块分布均匀的居群非常困难。这种现象主要是因为保护不及时造成的。从考察情况可以看出，对龙井保护区居群内野生大豆遗传资源的保护和研究十分必要。

参考文献（略）
本文原载于《吉林农业科学》2010 年 02 期。

吉林省龙井原位保护区野生大豆遗传多样性分析

孙晓环 [1,2]，刘晓冬 [1]，赵洪锟 [1]，沈波 [1]，王玉民 [1]，董英山 [1]

（1.吉林省农业科学院生物技术研究中心，吉林 长春 130033；2.黑龙江省农业科学院牡丹江分院，黑龙江牡丹江 157041）

摘 要：利用 GPS 对吉林省龙井原位保护区野生大豆定点采种，种群 L(取样距离设计为 50 m)覆盖整个龙井原位保护区。按天然地理分布人为分成 A、B、C3 个小种群；同时，在小种群 B 中取小种群 B′(包括 32 份材料，取样距离设计为 18 m)。聚类结果表明，90 份材料主要划分为两大类群，其他材料亲缘关系较远。龙井原位保护区的野生大豆呈斑块分布，而且小种群间的遗传多样性与地理位置有一定的相关性。25 个 SSR 位点的 Simpson 指数分布范围是 0.307 2~0.839 3，平均值为 0.678 8；Shannon-weaver 指数分布范围是 0.585 6~1.934 8，平均值为 1.366 3，表明龙井原位保护区的野生大豆具有较高的遗传多样性。3 个小种群的 Simpson 和 Shannon-weaver 指数趋势一致，均为 A＜B＜C。小群体间分化系数 Fst 为 0.141 9，基因流 Nm 为 1.511 2，说明龙井原位保护区野生大豆 14.19%的遗传变异存在于小种群间，基因流频率较高。

关键词：野生大豆；SSR 标记；遗传多样性；小种群；原位

Genetic Diversity of Wild Soybean (*G. soja*) from Longjing in-situ Conserved Region of Jilin Province

SUN Xiao-huan[1,2], LIU Xiao-dong[1], ZHAO Hong-kun[1], SHEN Bo[1], WANG Yu-min[1], DONG Ying-shan[1]

(1. *Biotechnology Research Center, Jilin Academy of Agricultural Sciences, Changchun* 130033, *Jilin, China*;
2. *Mudanjiang Branch, Heilongjiang Academy of Agricultural Sciences, Mudanjiang* 157041, *Heilongjiang, China*)

Abstract: Wild soybean accessions were collected from Longjing situ conserved region in Jilin province by GPS positioning. Population L, in which 90 wild soybean samples were collected (collection interval was 50 m) covered the whole insitu conserved region. According to the natural geographical distribution, population L were divided into 3 sub-population A, B and C, respectively; meanwhile, a small sub-population B′ (including 32 wild soybean samples, collection interval was 18 m) was taken from sub-population B. Clustering analysis shows that the 90 materials were mainly divided into 2 groups, and the others had a distant relationship, the distribution of the wild soybeans in Longjing conserved region was spotted, a correlation between the genetic diversity and geographical location were found among sub-populations. Simpson index ranged from 0.307 2 to 0.839 3, with an average of 0.678 8. Shannon-weaver index ranged from 0.585 6 to 1.934 8, with a mean of 1.366 3. These results indicated that there existed a highly genetic diversity in Longjing in-situ conserved population of Jilin province, and the genetic diversity of the three sub-populations had the same trend: A＜B＜C. The index of subdivision (Fst) among the subpopulations is 0.141 9 and the gene flow (Nm) was 1.511 2, indicating that 14.19% of genetic variations existed among sub-populations, and a relatively higher frequency of gene flow among the sub-populations.

Keywords: Wild soybean; SSR marker; Genetic diversity; Sub-population; In-situ conservation.

　　野生大豆（*G.soja*）是栽培大豆（*G.max*）的野生祖先种，具有高蛋白、抗逆性强、多花多荚、繁殖系数大等优良特点。野生大豆是世界珍稀物种，在国家公布的濒危野生植物重点保护名录中属国家二级保护植物。我国相关学者多注重野生大豆资源的收集与考察，对于小种群内的遗传多样性研究不足，导致了一些遗传变异收集的不全面。府宇雷等[1]研究了金华地区野生大豆小种群的分子生态学；朱维岳等[2]对野生大豆居群采样策略进行分析，测定 45 株能达到 90%遗传多样性。本研究立足于合理保护，充分利用原位保护区的野生大豆资源，于 2008 年 9 月对龙井原位保护区的野生大豆进行考察并取样，利用 SSR 分子标记技术对龙井原位保护区内的野生大豆的遗传多样性进行评估。

1 材料与方法

1.1 试验设计

根据龙井原位保护区野生大豆地理分布，将龙井保护区野生大豆种群 L 人为分成 A，B，C 三个小种群。其中，小种群 A（35 个取样点）位于山上，小种群 B（25 个取样点）和小种群 C（30 个取样点）位于平原地带，B、C 两个小群体被一条公路分隔开来。三个小种群共设计 90 个取样点，取样距离设计为 50 m，根据野生大豆分布情况有小部分改动，并且对每个取样点都进行 GPS 定位确定其位置（图 1）。同时，为了对比不同取样距离对龙井原位保护区野生大豆遗传多样性的影响，在小种群 B 中选择一个野生大豆分布较均匀的小种群 B′，取样距离设计为 18 m（32 个取样点），根据实际情况略有改动（图 1）

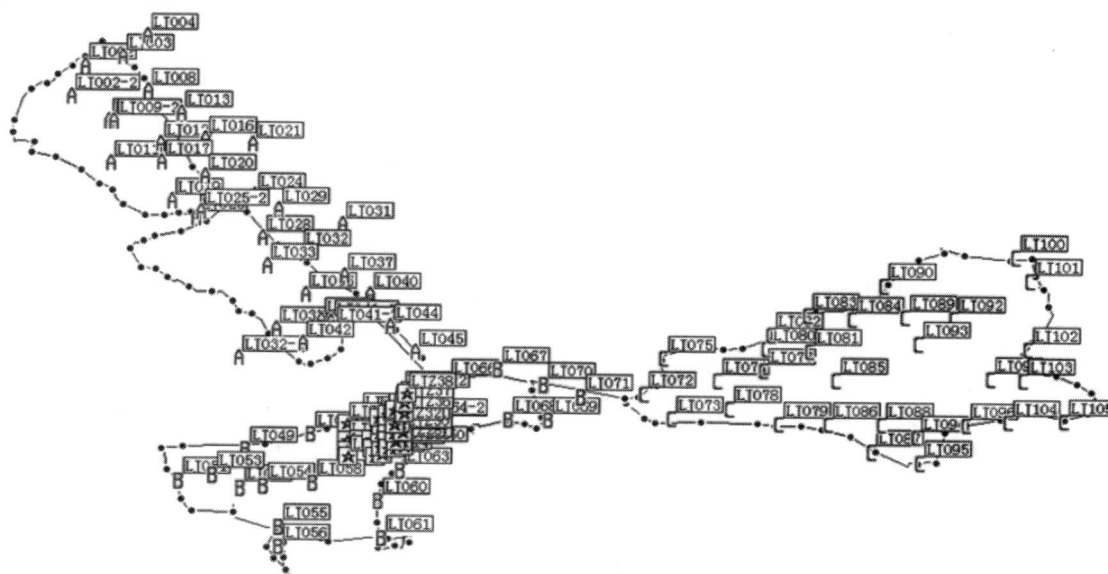

A、B、C 表示 3 个小种群，小种群 B′ 标为 ★。

A, B, C represent 3 sub-populations, ★ shows sub-population B′

图 1　龙井原位保护区野生大豆样本采集点

Fig. 1　Collection sites of the wild soybean in Longjing conserved region

1.2 测定项目与方法

1.2.1 DNA 提取

采用改良的高盐 CTAB 法提取野生大豆 DNA[3]。

1.2.2 SSR 引物合成及 PCR 扩增选择

25 对本实验室筛选的核心 SSR 引物，按照 Soybase（网址 http://soybase.agron.iastate.edu/resources/ssr.php）提供的大豆微卫星序列送交北京鼎国生物技术公司合成。

PCR 反应体系总体积为 20 μL。其中包括模板 DNA60 ng；1×PCR buffer（含 Mg^{2+}）；200 μmol·L^{-1} dNTPs；0.15 μmol·μL^{-1} 正向引物和反向引物；TaqDNA 聚合酶 1.5 U。

PCR 反应程序：94 ℃预变性 4 min；94 ℃变性 30 s，47 ℃退火 30 s，72 ℃延伸 50 s，运行 35 个循环；72 ℃延伸 5 min；最后于 4 ℃保存待测。

1.2.3 电泳检测与染色

采用 6%聚丙烯酰胺凝胶进行电泳。以 1×TBE 为下槽电极缓冲液、0.5×TBE 为上槽电极缓冲液，80 W

恒定功率预电泳 30 min 左右。取上样缓冲液 6 μL 加入 20 μL SSR 扩增产物中混合，95 ℃变性 10 min，迅速置于冰水混合物上冷却，防止复性。点入 6 μL 样品，60 W 恒功率电泳 2 h 左右。采用银染法进行 DNA 显带。

1.3 数据分析

SSR 扩增谱带以 0，1 和 2 统计，即在相同迁移率位置上，有带记为"1"，无带记为"0"，缺失记为"2"，获得矩阵。利用 NTSYS pc 2.02a 软件，按 UP-GMA 建立聚类树状图。同时，采用双字母记带法：纯合用 AA、BB、CC 等表示；杂合用 2 个不同的字母表示，如 AA 和 EE 的杂合用 AE 表示。利用 POP-GENE3.0 软件计算 Simpson 指数和 Shannon-weaver 指数，计算遗传分化系数 Fst，并根据 Fst 计算基因流 Nm。基因流 $Nm=0.25×（1-Fst）/Fst$，基因流 Nm 平均值=1.511 2。

2 结果与分析

2.1 SSR 多态性位点变异分析

2.1.1 龙井原位保护区野生大豆种群的遗传多样性

利用 25 对引物对龙井原位保护区野生大豆种群 L 进行遗传多样性分析，共检测到 138 个等位基因变异，每个 SSR 位点等位基因数目 3~8 个，平均为 5.52 个。其中 Satt 268 和 Satt 178 的等位基因变异最少，均为 3 个；Satt 339、Satt 553、Satt 462 和 Satt 590 的等位基因变异最多，均为 8 个。

2.1.2 保护区 3 个小种群野生大豆的遗传多样性对比

利用 25 对 SSR 引物进行检测，结果小种群 A、B、C 分别有 95、123、128 个等位基因变异，每对引物的平均等位变异数分别为 3.80、4.92、5.12 个。从等位变异数上可以初步判断遗传多样性最高的是小种群 C，最低的是小种群 A。

2.1.3 近距离取样小种群 B′的遗传多样性

在近距离取样小种群 B′中，25 对 SSR 引物共检测到 108 个等位基因变异，每个 SSR 位点等位基因数 2~7 个，平均 4.32 个。Sat-112 和 Satt178 检测到的等位基因变异最少，都只有 2 个；Satt180 和 Satt590 检测到的基因变异最多，都为 7 个。龙井原位保护区野生大豆种群 L 大多数 SSR 位点的等位基因变异要多于近距离取样小种群 B′；但是，有 4 个 SSR 位点（Satt168、Satt180、Satt300、Satt309）等位基因变异少于近距离取样小种群 B′。这说明大部分的等位基因变异存在于种群 L，但是，还有少数的等位基因变异是近距离取样小种群 B′所特有的。

2.2 遗传多样性指数分析

利用 Simpson 指数和 Shannon-weaver 指数来评价 SSR 位点的遗传多样性及在种群中的分布。

从表 1 可以看出，在龙井原位保护区野生大豆种群 L 中，25 个 SSR 位点的 Simpson 指数的分布范围为 0.370 2~0.839 3，平均值为 0.678 8；Shannon-weaver 指数的分布范围为 0.585 6~1.934 8，平均值为 1.366 3。

在小种群 A、B、C 中，25 个 SSR 位点的 Simpson 指数平均值分别为 0.386 7、0.684 0、0.688 9；Shannon-weaver 指数平均值分别为 0.753 6、1.350 0、1.357 1。Simpson 指数和 Shannon-weaver 指数反映的多样性指数趋势一致，即小种群 C 的遗传多样性最高，小种群 A 的遗传多样性最低。

从表 1 还可以看出，龙井原位保护区野生大豆种群 L 和小种群 B 的遗传多样性均高于近距离取样的小种群 B′，需要特别注意的是，在小种群 B 范围内的小种群 B′，其遗传多样性远远低于小种群 B，说明取样方式对遗传多样性指数有较大影响。

表 1　龙井原位保护区的野生大豆遗传多样性指数

Table 1　Simpson index and Shannon-weaver index of wild soybean in Longjing conserved region

位点 Locus	Simpson					Shannon - weaver				
	种群 L Population L	小种群 A Sub-population A	小种群 B Sub-population B	小种群 C Sub-population C	小种群 B' Sub-population B'	种群 L Population L	小种群 A Sub-population A	小种群 B Sub-population B	小种群 C Sub-population C	小种群 B' Sub-population B'
Satt022	0.7657	0.6906	0.7648	0.6889	0.5469	1.557	1.3726	1.5305	1.4380	0.9979
Sat-112	0.7620	0.4261	0.7904	0.7133	0.2637	1.5535	0.8824	1.6449	1.3022	0.4334
Satt168	0.6467	0.2971	0.5824	0.6511	0.5605	1.1633	0.5673	1.0950	1.1980	0.4334
Satt173	0.7681	0.6057	0.8032	0.4244	0.5723	1.6403	1.1799	1.6833	0.7563	1.1111
Satt175	0.5928	0.2073	0.6720	0.7022	0.1191	1.0849	0.4196	1.2211	1.2654	1.2035
Satt178	0.3072	0.1078	0.2688	0.4978	0.1948	0.5856	0.2190	0.4397	0.8609	0.2771
Satt180	0.3590	0.1078	0.4864	0.4800	0.6738	0.7298	0.2190	0.8487	0.9753	1.4783
Satt213	0.6568	0.5241	0.4736	0.6578	0.4160	1.1810	0.9994	0.8068	1.2150	0.8329
Satt226	0.6469	0.2988	0.7488	0.7267	0.5254	1.2605	0.5770	1.4677	1.3409	0.9321
Satt268	0.5435	0.2024	0.6208	0.6400	0.4062	0.9183	0.3554	1.0210	1.0606	0.7356
Satt281	0.7052	0.3020	0.7872	0.7622	0.3613	1.4709	0.6315	1.6460	1.5068	0.6562
Satt300	0.6074	0.2547	0.6624	0.6867	0.5684	1.1283	0.5063	1.2176	1.2609	1.1523
Satt308	0.7660	0.5551	0.7520	0.6317	0.4707	1.5194	1.1044	1.4887	1.2398	0.7482
Satt309	0.6311	0.1078	0.4416	0.5156	0.5684	1.1238	0.2190	0.7842	0.9882	1.1438
Satt339	0.7536	0.4555	0.8192	0.8089	0.2754	1.6493	0.8678	1.7914	1.8032	0.5386
Satt408	0.7701	0.3053	0.7680	0.7222	0.4570	1.6240	0.6861	1.5673	1.4135	0.9358
Satt442	0.7602	0.6808	0.7584	0.7933	0.4922	1.5125	1.2944	1.4994	1.5935	0.9862
Satt453	0.6921	0.3020	0.7456	0.7511	0.4844	1.3523	0.6315	1.4467	1.4727	0.9180
Satt462	0.8393	0.6253	0.8480	0.8294	0.5273	1.9348	1.0973	1.9707	1.9202	1.0103
Satt487	0.7901	0.3445	0.7648	0.7756	0.4629	1.6725	0.7013	1.5119	1.5540	0.9791
Satt505	0.7326	0.5600	0.7264	0.7911	0.4766	1.4384	1.0052	1.3975	1.5868	0.8314
Satt553	0.7430	0.3771	0.6880	0.7400	0.6094	1.5600	0.6888	1.4088	1.5594	1.2170
Satt561	0.6062	0.4229	0.6080	0.7333	0.4004	1.2632	0.8655	1.1237	1.5222	0.7462
Satt590	0.7672	0.3837	0.7840	0.7644	0.4668	1.6725	0.7602	1.7070	1.6685	1.0658
Satt596	0.7573	0.5224	0.7360	0.7356	0.4199	1.5619	0.9897	1.4293	1.4243	0.8926
平均 Average	0.6788	0.3867	0.6840	0.6889	0.4528	1.3663	0.7536	1.3500	1.3571	0.8868

2.3　小种群间遗传分化指数

遗传分化指数是衡量种群遗传分化最常用的指标[3]。用 Wright 的 F 统计量来计算群体的遗传分化指数，25 对引物的遗传分化指数 *Fst* 最大值为 0.026 4（Satt453），最小值为 0.404 9（Satt339），平均值为 0.141 9。说明龙井原位保护区野生大豆 14.19%的遗传变异存在于小种群间，基因流频率较高，小种群间交流频繁。

2.4　聚类分析

利用 NTSYS pc 2.02a 软件对龙井原位保护区野生大豆种群 L 进行分析，得到 90 份野生大豆样本间的遗传相似数矩阵，结果表明，90 份野生大豆的遗

表 2　野生大豆小种群间的 Fst 和 Nm

Table 2　*Fst* and *Nm* of wild soybeans sub-population

位点 Locus	*Fst*	*Nm*	位点 Locus	*Fst*	*Nm*
Satt022	0.0720	3.2246	Satt309	0.1466	1.4552
Sat-112	0.1595	1.3178	Satt339	0.4049	0.3674
Satt168	0.2165	0.9048	Satt408	0.0856	2.6696
Satt173	0.1989	1.0066	Satt442	0.2238	0.8671
Satt175	0.1295	1.6802	Satt453	0.0264	9.2100
Satt178	0.0746	3.0991	Satt462	0.1392	1.5465
Satt180	0.0590	3.9849	Satt487	0.0924	2.4565
Satt213	0.1349	1.6038	Satt505	0.2036	0.9779
Satt226	0.1084	2.0557	Satt553	0.0594	3.9596
Satt268	0.1448	1.4765	Satt561	0.1877	1.0822
Satt281	0.1350	1.6013	Satt590	0.0471	5.0586
Satt300	0.1485	1.4333	Satt596	0.1666	1.2502
Satt308	0.1466	1.4552	平均 Average	0.1419	1.5112

传相似系数为 0.56~0.99，平均为 0.66。进一步按照 UPGMA 方法对 90 份材料进行聚类分析，得 90 份野生大豆材料亲缘关系树状图（图 2）。由图 2 可见，在相似系数为 0.65 处，可以将 90 份材料划分为两大类群，在图 3 中分别用圆形框（●）和三角框（▲）标注，还有 14 份材料亲缘关系比较远，散落在 3 个小种群中，在图 3 中用方形框（■）标注。由图 3 可见，标为三角框的材料主要分布在小种群 A5 中，在小种群 B 和小种群 C 中，呈零星斑块分布；标有圆形框的材料主要分布在小种群 B 和小种群 C 中。

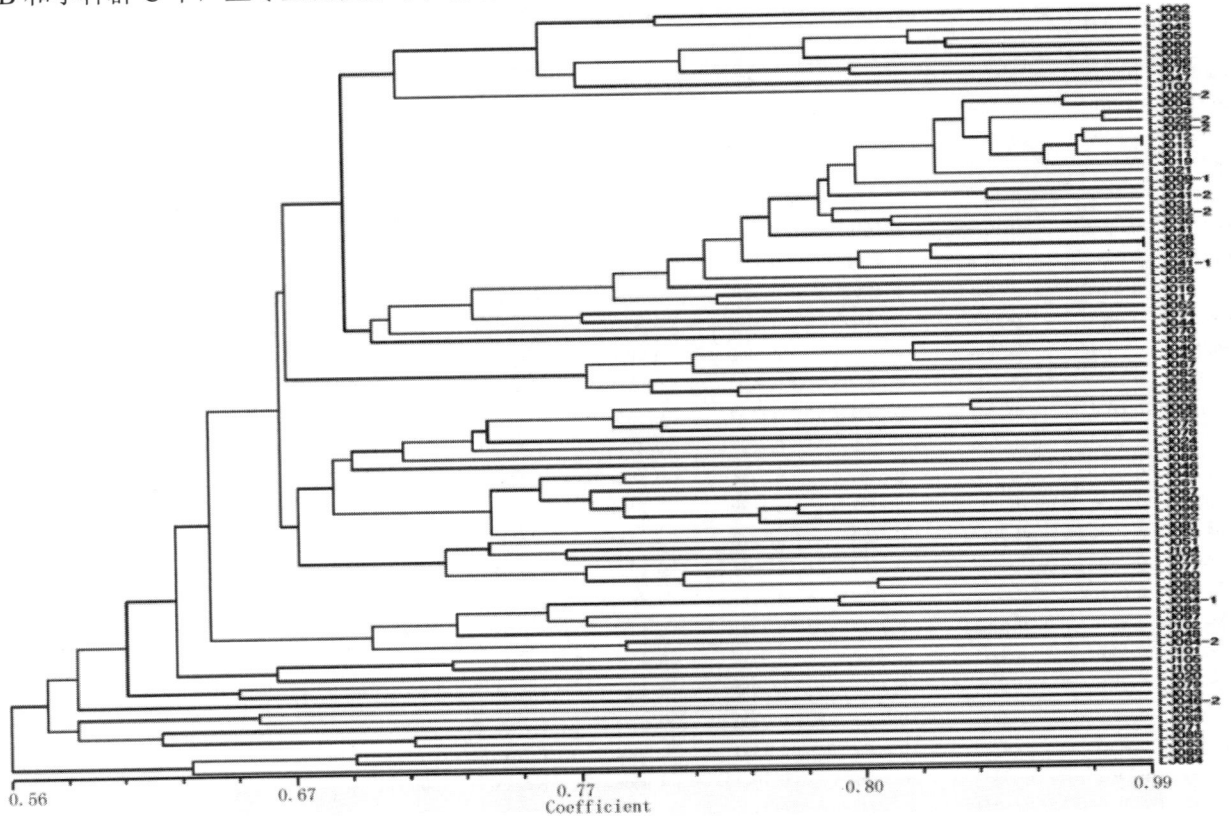

图 2　基于 SSR 标记建立的龙井原位保护区 90 份野生大豆聚类图

Fig. 2　Dendrogram of 90 wild soybeans from Longjing conserved region based on SSR data（UPGMA）

2.5　遗传相似系数和地理距离的相关性

通过 GPS 坐标，计算出龙井原位保护区野生大豆种群 L 内任意两份野生大豆材料之间的地理距离，结合 NTSYS pc 2.02a 获得的遗传相似系数，进行相关性分析。由图 4 可见，随着地理距离的增加，野生大豆材料之间的遗传相似系数缓慢减少。

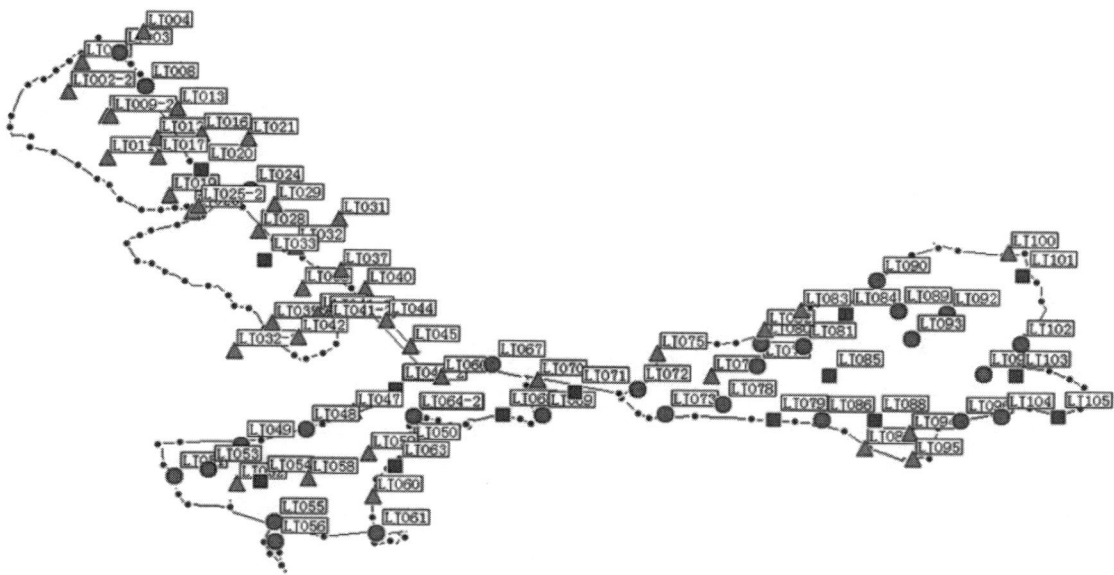

图 3 龙井原位保护区野生大豆遗传相似系数与地理位置的相关性

Fig. 3 Correlation between genetic similarity and geographical location of wild soybean in Longjing conserved region

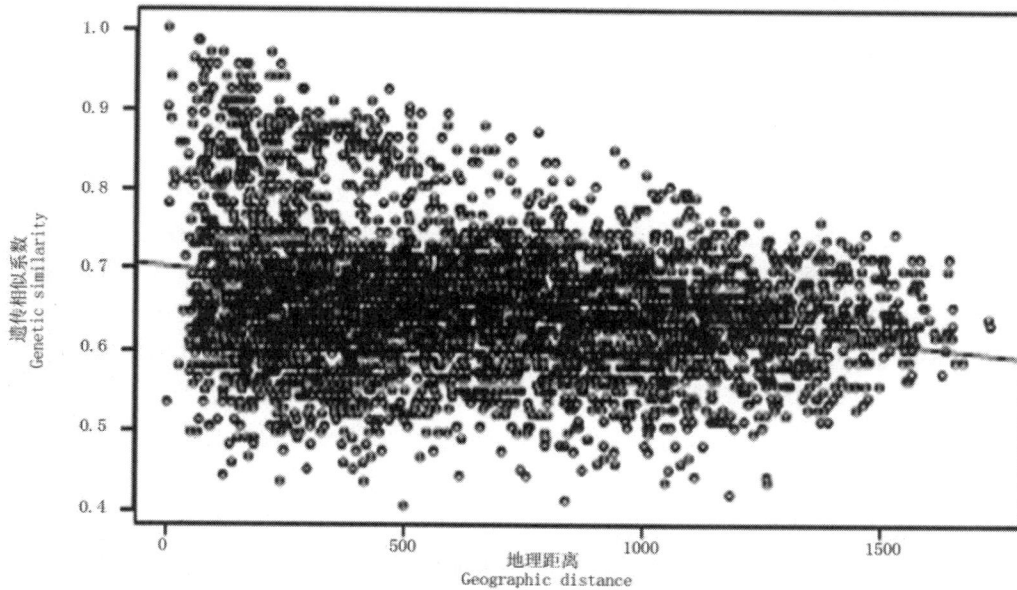

图 4 遗传相似系数和地离距离的相关性

Fig. 4 The relationship between individual pair-wise genetic similarity and geographic distance

3 讨 论

3.1 原位保护区野生大豆的遗传多样性

本研究利用 25 对引物对龙井原位保护区野生大豆种群进行遗传多样性分析，共检测到 138 个等位基因变异，等位基因数目范围为 3~8 个，平均为 5.52 个。严茂粉等[4]利用 40 对 SSR 引物分析了北京地区野生大豆（*Glycine soja*）天然种群的遗传结构与遗传多样性，结果 10 个种群共检测到 526 个等位变异，平均每对引物等位基因数为 13.15 个。但对于每个小种群而言，北京地区种群平均等位基因数为 2.890，最高为 4.375（3 号种群），最低为 1.125（2 号种群），平均有效等位基因数为 2.029。赵青松等[5]对湖南新田

8 个野生大豆居群原位采样后用 73 对 SSR 引物进行了分析，发现野生大豆每个位点的平均等位基因数为 5.44，8 个居群平均等位变异为 1~3.38 个。关荣霞等[6]利用 53 对 SSR 引物对辽宁新宾野生大豆原位保护区 10 个居群 150 个样本进行检测，共检测到 123 个等位变异，平均等位基因数为 2.3 个。由于不同研究所用的群体和 SSR 标记不同，因此无法简单地通过比较等位变异多少来评估群体的遗传多样性丰富程度。尽管如此，本研究发现在近距离取样小种群 B′中，25 对 SSR 引物共检测到 108 个等位基因变异，等位基因数范围为 2~7 个，每个 SSR 位点平均等位变异数为 4.32 个，说明龙井原位保护区野生大豆具有较高的遗传多样性。

3.2 野生大豆遗传多样性与地理距离的关系

关荣霞等[6]对辽宁新宾县原位保护区野生大豆的研究表明，地理距离越远，其遗传距离也越大，说明地理距离对种群分化产生了影响。徐立恒等[7]对全国东北、华北、华中、华南地区大的空间范围 15 个野生大豆种群进行遗传多样性研究，发现我国野生大豆在种群水平上 SSR 标记地理遗传分化有地理相关性。赵青松等[5]比较了湖南新田野生大豆 8 个居群的地理分布和聚类结果，发现一般先聚在一起的居群其地理距离也相对较近，遗传距离矩阵和地理距离矩阵的 Mental 测试结果显示二者之间存在线性相关，说明随着地理距离的增大，野生大豆居群间的遗传距离有增大的趋势。本研究发现龙井原位保护区的野生大豆呈斑块分布，而且小种群间的遗传距离与地理位置以及地理距离有一定的相关性。这与居群内的不同基因型呈集聚分布或簇状分布的观点相同。

3.3 原位保护区野生大豆收集策略

关于野生大豆的取样策略已有很多报道。Jin 等[8]用 15 个 ISSR 引物对上海江弯机场约 10000 m² 的种群进行分析的结果显示，当以 Shannon 指数（I）衡量遗传多样性程度时，取样株距不小于 10 m 时随机取 35~45 单株样本能够代表种群的遗传多样性。赵茹等[9]利用 20 对 SSR 引物对上海江弯机场同一个样本分析的结果显示，当以多态位点百分率（P）衡量时，测定 45 株能反映遗传多样性的一般水平。朱维岳等[2]利用 17 对 SSR 引物对山东垦利黄河口自然保护区野生大豆种群 10 000 m² 范围样本研究显示，当以 P 参数衡量时，随机取样 27 株能够达到种群 95% 的遗传多样性，当以平均等位基因数目（A）衡量时，抽取 52 株才能达到种群 95% 的遗传多样性。严茂粉等[4]对北京地区野生大豆种群进行遗传多样性分析，认为种群面积在 10 000 m² 以下，每个种群取样 30 单株左右是适宜的。关荣霞等[6]认为了解不同地区野生大豆遗传多样性分布规律，确定原位保护策略及保护区的数量和范围，才能使资源的搜集和保护更加高效、合理。本研究发现，龙井原位保护区内野生大豆具有较高的遗传多样性。在对野生大豆进行原位保护时，可以根据保护区内野生大豆的分布情况，采取不同的取样策略，建议在野生大豆分布密集区域，采取近距离取样策略（距离 10~20 m），防止野生大豆优良基因被遗漏。

参考文献（略）

本文原载于《大豆科学》2012 年 03 期。

图们江下游地区野生大豆遗传多样性分析

朴向民，刘宪虎，许明子，李美善，孙晓环

（延边大学农学院农学系，吉林 龙井 133400）

摘　要：利用 9 对多样性较高的 SSR 引物分析来自图们江下游地区的 36 份野生大豆材料的遗传多样性。结果表明，36 份材料中，共检测到 111 个等位基因，每对引物检测出 5（Satt 141）~16 个（Satt 157），平均每个位点 12 个，平均多态性信息含量（PIC）为 0.821，说明图们江下游沿岸的野生大豆具有比较丰富的遗传多样性。聚类分析结果表明，SSR 分子标记的结果与品种的地理来源及特性有一定的联系。

关键词：野生大豆；遗传多样性；SSR 标记；聚类分析

Genetic diversity of Glycinesoja in the lowern reaches of Tumen Riverby SSR markers

PIAO Xiang-min, LIU Xian-hu, XU Ming-zi, LI Mei-shan, SUN Xiao-huan

(*Agricultural Department, Agricultural College of Yanbian University, Longjing*-133400, *China*)

Abstract: Investigated genetic diversity and relationships among 36 Glycine soja accessions from the lower reaches of Tumen River using 9 simple sequence repeat (SSR) markers. All of 111 alleles were observed in 36 accessions ranged from 5 (Satt141) ~ 16 (Satt157), average of 12. The average of PIC value was 0.821. It showed that *Glycine soja* accessions from the lower reaches of Tumen River have high genetic diversity. Cluster analysis manifests that there is a certain relationship between the SSR makers and the geographical origin of the species.

Keywords: *Glycine soja*; genetic diversity; SSR marker; Cluster analysis

一年生野生大豆（*Glycinesoja*，以下简称野生大豆）是栽培大豆（*G.max*）的祖先物种，局限分布在中国、朝鲜半岛、日本、俄罗斯远东等地区。野生大豆作为大豆的天然基因库，具有高蛋白、抗逆性强、繁殖系数大等优良特点，是我国乃至世界的宝贵植物遗传资源[1]。作物的遗传多样性是作物改良的基础，遗传多样性研究是保护生物学的核心研究领域之一。近 10 年来，国内外对野生大豆的遗传多样性进行了广泛的研究，为拓宽大豆育种遗传生物学技术的发展奠定了基础[2]。

简单重复序列（simple sequence repeat，SSR），也称微卫星 DNA（micro-satellite DNA）或短串联重复（short tandem repeat，STR），是以 1~6 个核苷酸为重复单位组成的长达几十个核苷酸的串联重复序列。因其具有不易受环境影响，多态性高，能较好地反映出种质资源之间遗传差异等优点而被广泛应用于野生大豆的遗传多样性研究中[3,4]。本试验利用 9 对多样性相对较高的 SSR 引物，主要分析了来自图们江下游地区的 36 份野生大豆材料的遗传多样性，为利用野生大豆资源作为新的基因源来拓宽我国大豆育成品种的遗传基础提供参考信息。

1 材料与方法

1.1 材　料

2007 年采自图们江下游地区的 27 份野生大豆和其他地区的 9 份野生大豆种子。其中，CWS19、CWS20、CWS28 为半野生型（百粒重>3.0 g）。

1.2 方 法

（1）DNA 的提取。将野生大豆种子以 Cho 等[5]的方法进行 DNA 提取，然后将 DNA 浓度调整为 30~50 ng/μL。

（2）引物选择。为充分揭示位于不同连锁群上的 SSR 位点在供试材料中的遗传多样性，通过调整 PCR 反应条件，由韩国生物技术公司合成的 100 对引物中筛选 9 对谱带清晰且具有较好多态性的 SSR 引物（表 1）。

（3）SSR 分析。PCR 反应体系总体积为 20 μL，其中分别加入模板 DNA（30 ng/μL）2.0 μL；10 buffer（含 Mg^{2+}）2.0 μL；2.5mol/L dNTP 1.0 μL；10 pmoles/μL Primer（forward）0.5 μL，Primer（reverse）0.5 μL；Taq 酶（2 U/μL）0.5 μL；ddH₂O 13.5 μL。PCR 反应程序：94 ℃预变性 5 min，1 个循环；94 ℃变性 40 s；47~52 ℃退火 40 s；72 ℃延伸 60 s；36 个循环；72 ℃延伸 7 min，1 个循环；4 ℃保存。扩增的 DNA 产物在 6%的聚丙烯酰胺凝胶上，电泳 1 h 后，采用银染法进行 DNA 显带。

（4）数据处理。SSR 扩增带形以 0，1 和 9 统计，即在相同迁移率位置上，有带记为"1"，无带记为"0"，缺失记为"9"，获得矩阵。将全部电泳结果数据利用 Power marker V 3.25 软件，计算得到品种间的遗传相似值（genetic similarity，GS），计算公式为：$GS=m/(m+n)$ 式中，m 为基因型间共有的带数目，n 为差异带数目。多态性信息量（polymorphism information content，PIC），其计算公式为：

$Hi=1-\sum f_i^2$ 式中，Hi 是某个位点的预期异质结合度，指从群体中随机选取的 2 个个体在某位点具有不同等位变异的可能性，多用来表示标记检测遗传多样性，f_i 表示某一位点的第 i 个等位变异在群体中出现的频率[6]。

利用 Power marker V 3.25 软件进行聚类分析，在遗传相似系数矩阵的基础上，用 UP-GMA（Unweighted Paired Group Method Using Arithmetic Averages）方法构建 36 份材料的分子系统树。

表 1　9 个 SSR 引物及其所在连锁群、引物序列及退火温度
Table 1　SSR loci sequence and annealing temperature of 9 primers used for investigate genetic diversity of *Glycine soja* 　（℃）

引物 Primer	连锁群 Linkage group	Forward primer	Reverse primer	退火温度 Annealing temperature
1（Satt185）	E	GCGCATATGA ATAG GTAA GTTGCACTAA	GCGTT TTCCTACA ATATTTCCAT	49
2（Satt187）	A2	GCGTTT TAA TT TAT GATAT AACCAA	GCGT TTTA TCTCTTTTCCACAAC	48
3（Satt141）	D1b	CGG TGG TGG TGTGCAT AATA A	CCGT CATA AAAAG TCCCTCAGAA T	47
4（Satt245）	M	AACGGGACTAGGACA TTTTATT	GCGCCT CCTGAATTTCAAAGAATGAAGA	46
5（Satt197）	B1	CACTGCTTTTTCCCCTCTCTCT	AAGAT ACCCCCAACATTATTTGTAA	47
6（Satt157）	D1b	GGGCTCACTCTCGATAGTAGGGATAAAG	GGGATACCAAAAGGAATAATTGCTT	49
7（Sat_022）	N	GCGGCCTTTTCTGACTGTTAA	GCGCAGTGAAAACTACTTACTAT	47.5
8（Sat_036）	D1a	GCGACTCCAAG TTTTTTTTGTTT	GCGGGAGTTAGAGGAAGAGAACA	52
9（Sat_043）	K	GCGGTCCG TCAATGAA TATTAAAA TTAAAA	GCGAAAGCGGCAGAGAGAGAAAGGT	48

2 结果与分析

2.1 SSR 多态性分布和遗传多样性检测

对于图们江下游地区采集的 36 份野生大豆材料用 9 对 SSR 引物共检测到 111 个等位基因，每对引物检测出 5~16 个等位基因，平均 12 个，检测等位基因数最多的引物为 Satt 157、Satt 197 和 Sat 043，最少的引物为 Satt 141，其多态性位点的扩增片段大小为 119~332 bp。9 对 SSR 引物的多态性信息含量（PIC）范围为 0.677~0.890，平均值 0.821（表 2）。

由表 2 可知，用 SSR 标记揭示野生大豆不同种的遗传多样性效率较高。从以往对我国野生大豆多样性进行的研究成果来看，本试验结果略低于丁艳来[7]的平均等位基因数量（1.61）和平均多态性信息含量（0.851），而略高于李向华[8]的 9.5 和 0.800 8，这可能与试验材料的来源和引物的筛选有关。本试验材料多数采自图们江下游地区，采样比较集中，材料间的遗传关系比较接近，但在本试验中，根据引物多态性信息量的大小，选择了 9 对分布在不同连锁群上、多态性信息量大的 SSR 引物，这可以快速、有效地对供试材料进行遗传差异分析（图 1）。本研究结果能充分说明图们江下游地区的野生大豆具有比较丰富的遗传多样性。

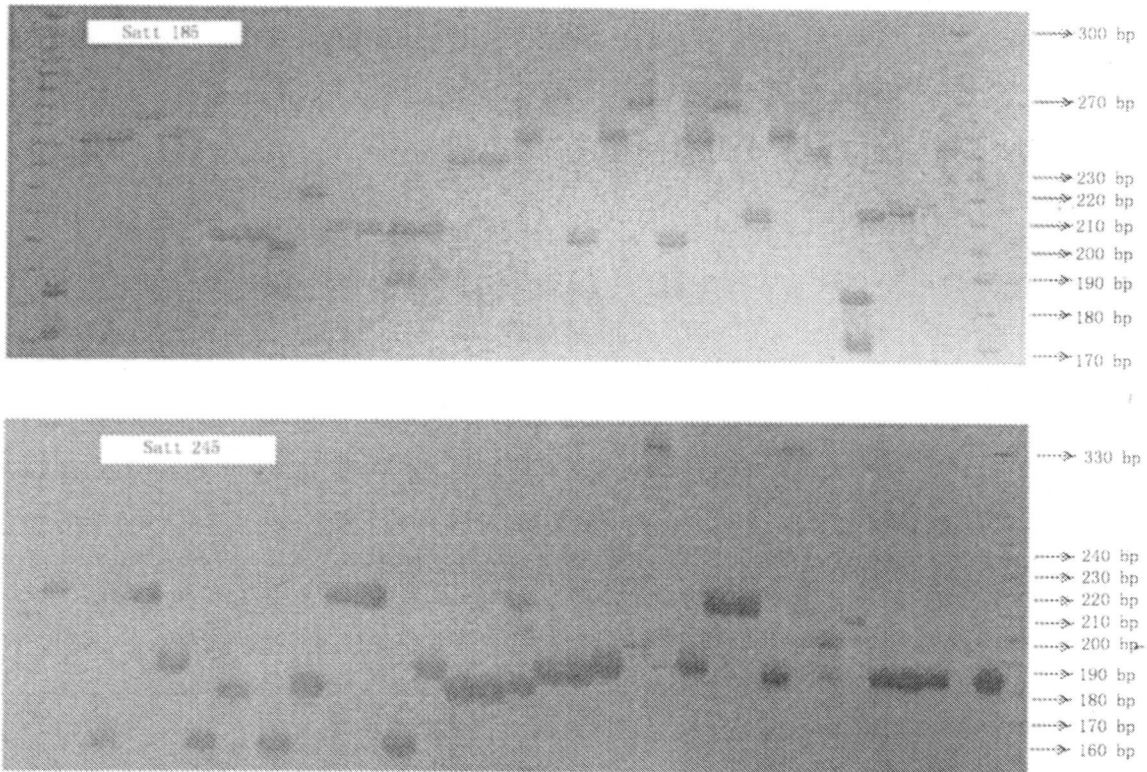

图 2　引物 Satt185 和 Satt245 在 36 份野生大豆中的 SSR 扩增图谱

Fig. 2　SSR fingerprint of 36 wild soybean in 36 *Glycine soja* at locus Satt185 and Satt245

表2 9个引物检测到的等位基因数量、分子量范围及PIC

Table 2 Range of allele size, number of alleles and PIC value by 9 SSR primer

引物名称 Primer	等位基因分布范围/bp Range of allele size	等位基因数量 Number of allele	PIC 值 PIC value
Satt185	270～182	11	0.875
Satt245	328～158	10	0.888
Satt187	291～233	8	0.760
Sat_043	332～250	16	0.890
Satt141	190～146	5	0.677
Satt197	214～136	16	0.752
Sat_022	227～190	15	0.880
Satt157	328～201	16	0.797
Sat_036	163～119	14	0.870
Total	—	111	—
Max	332	16	0.890
Min	119	5	0.677
Mean	—	12.3	0.821

2.2 聚类分析

利用 Power marker V 3.25 软件分析 36 份野生大豆材料中检测到的 111 个等位基因，计算 36 份样本之间的遗传相似系数，得到 36 份样本间的遗传相似系数矩阵，然后按照 UPGMA 方法对 36 份材料进行聚类分析（图 2）。由图 3 可见，图们江下游地区采集的 36 份野生大豆材料在遗传相似系数为 0.73 处可以区分为 5 个类群。分析这些材料的来源地与分类的联系，可以看出 SSR 分子标记的结果与品种的地理来源以及特性有一定的联系：第 1 类群的 1 和 9 两份材料均来自珲春；第 2 类群由 3 份来自珲春（3、4、5）、1份来自图们（12）、8 份来自龙井（15、16、17、18、22、23、25、27）的材料组成；第 3 类群由 4 份来自珲春（2、6、7、8）、4 份来自图们（10、11、13、14）、4 份来自临江（30、31、32、34）以及 1 份来自吉林（37）的材料组成；第 4 类群由 36、29、42 三份材料组成；而 3 份半野生型大豆（19、20、28）则都集中在第 5 类群。该聚类并没有将 36 份材料按照地理来源严格地区分开来。这可能与本试验材料来源地过于集中、地理环境条件接近，导致材料间的遗传关系比较接近，利用有限的引物资源很难将其严格地区分开。但该研究结果已然证实随着材料地理来源的不同，材料间的遗传基础存在一定差异。

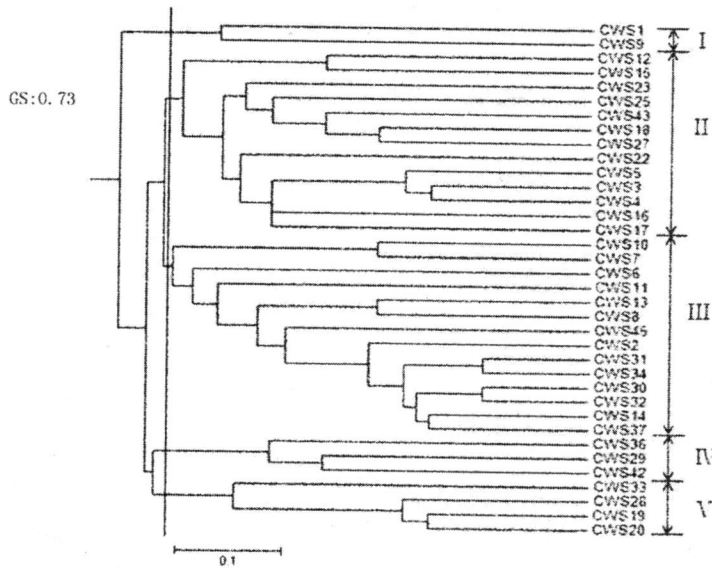

图3 利用 UPGMA 法分析供试材料遗传距离建立的树状图

Fig. 3 UPGMA dendrogram based on genetic distance among *Glycine soja*

3 讨论与结论

利用 SSR 分子标记技术对图们江下游地区的 36 份野生大豆材料进行遗传多样性分析，9 对引物共检测到 111 个等位基因，每个位点 5~16 个，平均 12 个，平均多态性信息量为 0.821。聚类分析的结果显示，SSR 分子标记的结果与品种的地理来源以及特性具有一定的联系，这为今后进一步利用图们江流域野生大豆资源来拓宽我国大豆育成品种的遗传基础提供参考信息，为种质资源的扩增、改良和创新提供分子依据。本试验所选用的 9 对 SSR 标记均表现出较高的多态性，显示了 SSR 标记的高效性，同时说明 SSR 标记是进行野生大豆材料遗传多样性分析的有效工具，因此在种质的遗传多样性检测中核心引物的筛选也是一个重要的方面。

参考文献（略）

本文原载于《延边大学农学学报》2009 年 01 期。

牡豆 8 号祖先亲本追溯及遗传解析

白艳凤 [1]，王玉莲 [2]，王燕平 [1]，宗春美 [1]，孙晓环 [1]，齐玉鑫 [1]，杜维广 [1]，任海祥 [1]，姜龙 [1]，王晓梅 [1]

（1.黑龙江省农业科学院牡丹江分院，牡丹江 157041；2.黑龙江农业经济职业学院，牡丹江 157041）

摘　要：牡豆 8 号是黑龙江省农业科学院牡丹江分院选育的高油、高产的大豆品种，具有高产、抗旱、优质等特点，受到农民的欢迎。本文通过对其亲本进行追溯，建立系谱树，分析其亲本的地理来源及核遗传贡献率，揭示其遗传基础，为大豆育种亲本的选择利用提供参考。结果表明：牡豆 8 号属于四粒黄细胞质家族，传递过程是：四粒黄→黄宝珠→满仓金→克 5501 - 3→绥农 3 号→绥农 4 号→绥农 8 号→垦农 19→牡豆 8 号。核基因由祖先亲本农大 4840、克山四粒荚、小粒豆 9 号、十胜长叶、Amsoy、四粒黄、金元、白眉、永丰豆、小粒黄、黄-中-中 20 和佳木斯秃荚子共同提供，核遗传贡献率分别是：25.00%、15.23%、12.50%、12.50%、7.81%、7.28%、7.28%、5.96%、3.13%、2.34%、0.78%和 0.20%；选择亲本时，母本往往选择在当地有广泛适应性的主栽品种，而父本则选择融入地理远缘基因和生态远缘基因的桥梁亲本；品种遗传基础狭窄仍然是限制大豆育种进展的瓶颈问题。

关键词：大豆；牡豆 8 号；祖先亲本；遗传贡献率

Ancestors Tracking and Genetic Dissection for Released Soybean Cultivar Mudou No.8

BAI Yan-feng[1], WANG Yu-lian[2], WANG Yan-ping[1], ZONG Chun-mei[1], SUN Xiao-huan[1], QI Yu-xin[1], DU Wei-guang[1], REN Hai-xiang[1], JIANG Long[1], WANG Xiao-mei[1]

(1. *Mudanjiang Branch of Heilongjiang Academy of Agricultural Sciences*, *Mudanjiang* 157041, *China*; 2 *Heilongjiang Agricultural Economy Vocational College*, *Mudanjiang* 157041, *China*)

Abstract: Mudou No.8, bred by Mudanjiang Branch of Heilongjiang Academy of Agricultural Sciences, was a high oil and high yield soybean cultivar, was welcome by soybean planters with high yield, drought resistance and high quality. Based on ancestors tracking and pedigree tree building, we analyzed Mudou No.8 parent geographical origin and nuclear genetic contribution, and revealed its genetic basis.This research could provide a reference for soybean breeding parent selection and use. The result showed that Mudou No.8 belongs to Silihuang cytoplasm family, transfer process was: Silihuang → Mancangjin → Ke5501–3 → Suinong No.3 → Suinong No.4→ Suinong No.8 → Kennong19 → Mudou No.8. Nuclear genes were provided by the ancestors, including Nongda4840, Keshansilijia, Xiaolidou No.9, Tokachi-Nagaha, Amsoy, Silihuang, Jinyuan, Baimei, Yongfengdou, Xiaolihuang, Huang-zhong-zhong20 and Jiamusitujiazi. Nuclear genetic contribution rate respectively was:25.00%, 15.23%, 12.50%, 12.50%, 7.81%, 7.28%, 7.28%, 5.96%, 3.13%, 2.34%, 0.78% and 0.20%. In the parent selection process, the local cultivars with a wide adaptation were often selected as the female, and the bridge parents with the geographical and ecological distant gene were used as the male. Narrow variety genetic basis was still a bottle-neck problem of limitting soybean breeding progress.

Keywords: Soybean; Mudou No.8; Ancestor; Genetic contribution rate

　　黑龙江省是北方春大豆主产区之一，大豆色泽金黄，在世界上享有盛誉。20 世纪 50 年代，黑龙江省各地首先进行了农家品种整理、试验、应用和推广，共整理推广了 65 个农家品种，占当时品种总数的 81.5%；同时开展了系统选种和引种工作；又通过杂交育种、辐射育种等方法选育了众多的优良大豆品种和品系，这些种质资源是大豆育种的宝贵财富。"七五"至"九五"期间的育成品种相比"六五"期间育成品种，在主要生态性状方面获得了很大的遗传改进，主要表现为生育日数趋向合理、丰产性不断提高、抗病虫能力增强、脂肪与蛋白质含量和产量关系趋向密切。"九五"以后黑龙江省大豆育种又得到快速发展。但是，黑龙江省大豆生产仍然存在单产低和高脂肪含量品种少等问题，培育高产（超高产）品种是提高大豆单产重要举措之一。牡豆 8 号就是依据黑龙江省大豆生产的需要育成的，具有抗旱、抗倒、产量高、品质好等优点，深受农民欢迎，应用潜力巨大，分析牡豆 8 号的遗传组成和育种过程，对进一步研究育种理论、确定育种目标、选择育种亲本和种质创新具有重要指导意义。

1 材料与方法

1.1 材 料

牡豆 8 号（黑审豆 2012005）是黑龙江省农业科学院牡丹江分院选育的高油、高产的大豆品种，株高 102 cm，主茎型无分枝；紫花，尖叶，灰色茸毛；荚弯镰形，成熟时呈褐色；百粒重 20 g 左右；秆强壮，根系发达，抗旱性较好；蛋白质含量 37.56%、脂肪含量 21.24%；中抗灰斑病，兼抗霜霉病和大豆花叶病；区域试验和生产试验平均产量 2 429.3 kg/hm²，比对照品种增产 8%[1]。

系谱分析资料主要来源于《中国大豆品种志》[2]、《中国大豆品种志(1978—1992)》[3]和相关育种单位在各类刊物上发表的相关资料[4-7]。

1.2 方 法

从牡豆 8 号开始逐级向上追溯亲本，直至祖先亲本(主要指地方品种、国外引种材料和无法再进一步追溯其遗传来源的育种品系)，分析牡豆 8 号的细胞遗传路径。细胞质通过母本遗传，贡献率 100%；计算出祖先亲本细胞核遗传贡献率，凡由亲本通过自然变异选择法、辐射育种法育成的品种其亲本的核遗传贡献率为 100%，凡由杂交育成的品种其双亲的核遗传贡献率均为 50%，每一亲本再按均等分割方法上推至双亲，直至终极的祖先亲本，这样育成品种的各祖先亲本核遗传贡献值总和应等于 100%。系谱树图绘制及贡献率的计算参照盖钧镒、崔章林等在《中国大豆育种的核心祖先亲本分析》[8]和《中国大豆育成品种及其系谱分析(1923—1995)》[9]中使用的方法。

2 结果与分析

东北大豆栽培历史悠久，由于气候、地形、土壤条件差异较大，在特定生态条件下，形成了遗传基础差异较大的种质资源，牡豆 8 号就是在此基础上育成的。对牡豆 8 号进行亲本追踪，建立系谱树，解析其祖先亲本和直接亲本的地理来源、选育历程和祖先亲本的遗传贡献，可以总结选用亲本的经验，为今后育种目标的确立和亲本的选择与利用提供参考。

2.1 牡豆 8 号系谱树

由图 1 可见，细胞质基因是由四粒黄提供，贡献率 100%，传递过程是：四粒黄→黄宝珠→满仓金→克 5501–3→绥农 3 号→绥农 4 号→绥农 8 号→垦农 19→牡豆 8 号。

核基因由祖先亲本农大 4840、克山四粒荚、小粒豆 9 号、十胜长叶、Amsoy、四粒黄、金元、白眉、永丰豆、小粒黄、黄–中–中 20、佳木斯秃夹子共同提供。

牡豆 8 号是在不同阶段选育的品种基础上育成的，各阶段都是以主栽品种的育成与更替、推广为标志，视为一轮育种进程。

第 1 轮育种是在 1956 年之前，主要是对农家品种和 1949 年前育成品种的搜集、整理和提纯，整理出克山四粒荚、小粒黄、佳木斯秃夹子、四粒黄、白眉、金元、小粒豆 9 号、永丰豆、黄宝珠、满仓金、元宝金、紫花 4 号等；第 2 轮在 1957—1964 年，主要包括优良品系、早期杂交育成的品种、地方品种经系统选种育成的品种，如克 5501–3、克 56–4258、克 5610、克 56–10013–2、克交 56–4087、哈光 1657、黄–

中-中 20、东农 1 号、丰收 6 号、丰收 7 号、群选 1 号等；第 3 轮在 1965—1973 年，除了国内育成品种(系)外，还有外国引种材料，有丰收 10 号、十胜长叶、Amsoy、绥 69–4258、克 69–5236、绥 7253、绥农 3 等；第 4 轮在 1982 年之前，育成的主要品种和品系是绥 77–5047、克 4430–20、合丰 23、绥农 4 号；第 5 轮在 1989 年之前，育成了主栽品种绥农 8 号和合丰 25 等；第 6 轮在 2003 年之前，育成了垦农 19（农大 5270）和决选了滴 2003（龙选 1 号）；牡豆 8 号是在前 6 轮的遗传基础上育成的。

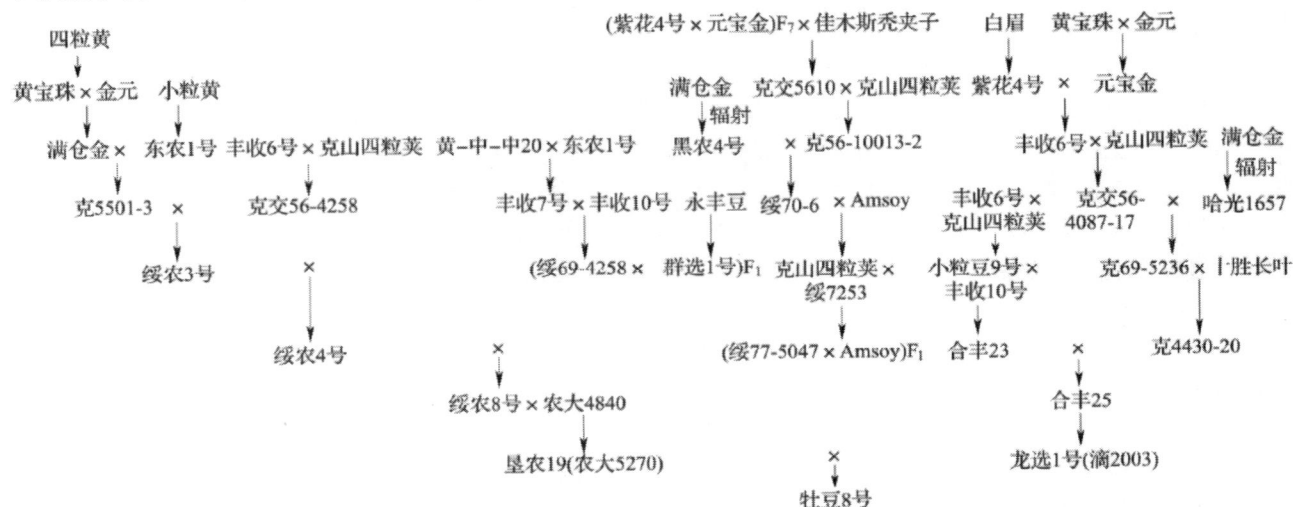

图 1　牡豆 8 号系谱树

Fig. 1　Mudou No. 8 genealogical tree

2.2 亲本来源

分析牡豆 8 号系谱树母本和父本分枝上的亲本，发现系谱树上聚合了大量不同生态区的基因型，它们的优良基因经杂交重组，在自然选择、人工选择的作用下，有益增效基因不断累加、减效基因不断剔除，构成了牡豆 8 号优秀特征特性的遗传基础。

首先从母本分枝上分析，吉林省公主岭地区科研人员从吉林地方品种四粒黄中系选出黄宝珠，黄宝珠和分布在吉林省南部与辽宁省北部的地方品种金元杂交，育成满金仓和元宝金，满仓金耐盐碱、对光照反应敏感、抗蚜虫能力强，不耐肥水，易倒伏、食心虫害重，元宝金是满仓金的姊妹系，同时育成推广，较满仓金耐肥水、不易倒伏、食心虫害轻，满金仓和元宝金在 20 世纪 50 年代和 60 年代初在黑龙江省中南部、东部及吉林省中北部地区大面积种植[2]；白眉是黑龙江省德都、克山等地的地方品种，黑龙江省北部地区的黑龙江省农业科院克山分院从白眉中系选紫花 4 号，紫花 4 号丰产性好、喜肥耐湿，秆强抗倒伏、品质好[2]；紫花 4 号元与元宝金杂交，育成丰产性好的丰收 6 号，丰收 6 号后来在生产上取代了紫花 4 号；地方品种克山四粒荚粒大、虫食率少，完全粒率较高、品质好[2]，丰收 6 号与克山四粒荚杂交，育成丰收 10 号、克交 56–4258、克交 56–4087–17，丰收 10 号早熟、丰产、喜水耐肥、对菌核病有一定的抵抗力[2]，丰收 10 号又逐渐取代了丰收 6 号的生产地位；东农 1 号是黑龙江省勃利等地区的地方品种小粒黄的系选后代，克 5501–3 是满仓金和东农 1 号的杂交后代，黑龙江省中北部地区的黑龙江省农业科学院绥化分院 1963 年用克 5501–3 与克交 56–4258 杂交，于 1973 年育成绥农 3 号，绥农 3 号茎秆富有韧性、秆强不倒伏、喜肥喜水，耐湿性好，不抗旱，不耐瘠[2]；黄–中–中 20 与东农 1 号杂交育成了丰收 7 号，用丰收 7 号与丰收 10 号杂交，育成品系绥 69–4258，绥 69–4258 融入吉林地方品种永丰豆的后代群选 1 号的基因后，再与绥农 3 号杂交，育成绥农 4 号，绥农 4 号茎秆强壮、株型收敛，在高肥水条件下增产潜力大，生产上替代了绥农 3 号[3]；佳木斯秃夹子喜肥、适于密植、产量低于满仓金、品质较差[2]，Amsoy 晚熟、高大繁茂、分枝多、结荚多[13]、是灰斑病抗源[16]，绥化分院用绥农 3 号与融合了 Amsoy、白眉、四粒黄、佳木斯秃夹子、克山四粒荚等基因的（绥 77–5047×Amsoy）F₁ 杂交，育成了绥农 8 号，绥农 8 号蛋白质含量 41.8%、

374

脂肪含量 20.3%、出苗快、喜肥水、高抗灰斑病[3]，是推广面积很大的主栽品种；黑龙江省东部地区的八一农垦大学用绥农 8 号与农大 4840 杂交，育成牡豆 8 号的母本垦农 19（代号农大 5270），垦农 19 植株直立发达、茎秆强壮、抗倒能力强、节短荚密，全株结荚分布均匀、3 或 4 粒荚多、蛋白质含量 37.74%、脂肪含量 23.27%[7]，是 2012 年农业部向农民推荐种植的高油大豆品种之一，至此，垦农 19 中聚合了黑龙江省不同生态区的地方种质、吉林省和辽宁省的地方种质，还有外引的美国种质。

表 1 牡豆 8 号亲本
Table 1 Mudou No.8 parent materials

品种名称 Cultivars	栽培区域 Cultivation area	审定推广时间 Extension of time
四粒黄 Silihuang	吉林省中北部地区	栽培史 40 ~ 50 年之久,1951 年整理
黄宝珠 Huangbaozhu	吉林省大部分地区和辽宁省北部地区	1923 育成,栽培至 1956 年前后
黄-中-中 20 Huang-zhong-zhong20	黑龙江省龙江县地区等	未查到
金元 Jinyuan	吉林省南部地区及辽宁省北部地区	栽培史 40 ~ 50 年之久,1955 年整理
小粒黄 Xiaolihuang	黑龙江省勃利县的丘陵岗地	栽培有 40 年之久,1956 年整理
永丰豆 Yongfengdou	吉林省永吉县地区等	20 世纪 60 年代之前
白眉 Baimei	黑龙江省北部的德都、克山等地区	栽培约 50 年之久,1956 年整理
克山四粒荚 Keshansilijia	黑龙江省中部、东部和北部地区	栽培约 50 年之久,1956 年整理
小粒豆 9 号 Xiaolidou No. 9	黑龙江省勃利县地区等	未查到
满仓金 Mancangjin	黑龙江省中南部及吉林省中北部地区	1935 年育成,20 世纪 50 年代到 60 年代初主栽
元金宝 Yuanbaojin	黑龙江省中南部及吉林省中北部	1935 年育成,20 世纪 50 年代到 60 年代初主栽
紫花 4 号 Zihua No. 4	黑龙江省北部的克山、北安等地区	1941 年育成,1951 年重新整理推广
佳木斯秃夹子 Jiamusitujiazi	黑龙江省佳木斯地区	1956 年整理
克 5501-3 Ke5501-3	黑龙江省克山地区等	1955 年组合、品系
克交 5610 Kejiao5610	黑龙江省克山地区等	1956 年组合、品系
克 56-10013-2 Ke56-10013-2	黑龙江省克山地区等	1956 年组合、品系
克交 56-4258 Kejiao56-4258	黑龙江省绥化地区等	1956 年组合、品系
克交 56-4087-17 Kejiao56-4087-17	黑龙江省克山地区等	1956 年组合、品系
哈光 1657 Haguang1657	黑龙江省哈尔滨地区等	未查到
东农 1 号 Dongnong No. 1	黑龙江省中南部地区等	1956 年
丰收 6 号 Fengshou No. 6	黑龙江省北部地区	1958 年
丰收 7 号 Fengshou No. 7	黑龙江省北部地区	未查到
群选 1 号 Qunxuan No. 1	吉林省中南部及东部地区	1964 年
丰收 10 Fengshou10	黑龙江北部地区等	1966 年
黑农 4 号 Heinong No. 4	黑龙江省哈尔滨地区	1966 年
十胜长叶 Tokachi - Nagaha	日本十胜农场	1947 年
Amsoy	美国	未查到
绥 69-4258 Sui69-4258	黑龙江省绥化地区等	1969 年组合、品系
克 69-5236 Ke69-5236	黑龙江省克山地区等	1956 年组合、品系
绥 70-6 Sui70-6	黑龙江省绥化地区等	1970 年组合、品系
绥 7253 Sui7253	黑龙江省绥化地区等	1972 年组合、品系
绥农 3 号 Suinong No. 3	黑龙江省绥化地区等	1973 年
绥 77-5047 Sui77-5047	黑龙江省绥化地区	1977 年组合、品系
克 4430-20 Ke4430-20	黑龙江省克山地区	未查到
合丰 23 Hefeng23	黑龙江省佳木斯地区等	1977 年
绥农 4 号 Suinong No. 4	黑龙江省第二积温带地区	1982 年
合丰 25 Hefeng25	黑龙江省第二积温带地区	1984 年
农大 4840 Nongda4840	黑龙江密山地区等	未查到
绥农 8 号 Suinong No. 8	黑龙江绥化、松花江、佳木斯等地区	1989 年
垦农 19 Kennong19	黑龙江省第二积温带地区	2002 年
龙选 1 号 Longxuan No. 1	黑龙江省第二、三积温带地区	2008 年
牡豆 8 号 Mudou No. 8	黑龙江省第二积温带地区	2012 年

牡豆 8 系谱树父本分枝上，十胜长叶是对黑龙江省乃至东北地区大豆育种影响深远的种质，具有节间短、结荚密、杆强、多花多节、适应性广，配合力高等特点[17]，克 4430-20 是黑龙江省农业科学院克山分院的育成品系，有效融合了克山地方品种白眉与克山四粒荚、吉林省和辽宁省的地方品种四粒黄与金元、日本品种十胜长叶的基因，具有早熟、主茎发达、有一定分枝、杆强不倒伏、多花多荚、不炸荚、喜肥耐湿、抗病、高寒地区适应性强、单株生产力高等优点[14-15]；合丰 23 是黑龙江省农业科院佳木斯分院用地方品种小粒豆 9 号和丰收 10 号杂交育成的，耐湿性强、对低温反应敏感、抗倒伏、适于机械化栽培[2]；位于黑龙江省中东部地区的黑龙江省农业科学院佳木斯分院用自育品种合丰 23 与骨干品系克 4430-20 杂交，育成了至今影响广泛的国审主栽品种合丰 25，合丰 25 蛋白质含量 40.6%、脂肪含量 19.3%，具有丰产、早熟、喜肥耐湿、抗倒伏、适应性广、中抗灰斑病、虫食率低等优点，缺点是在干旱年份植株矮小[3]，合

丰 25 也成为了重要的种质材料，牡豆 8 号的父本龙选 1 号（代号滴 2003）就是黑龙江省中南部哈尔滨地区的育种单位从合丰 25 大田中系选的品种，龙选 1 号在产量比较试验中，综合性状好，增产显著，蛋白质平均含量 41.88%，脂肪含量 20.47%[4]。

2.3 祖先亲本核遗传贡献率

表 2 是牡豆 8 号祖先亲本核遗传的贡献率表。农大 4840 由于没有查到相关的资料，无法继续追踪其亲本，视其为祖先亲本，核遗传贡献率为 25.00%；克山四粒荚共应用 6 次，核遗传贡献率达 15.23%；小粒豆 9 号和十胜长叶各提供 12.50% 的遗传贡献率；美国种质 Amsoy 提供 7.81%；四粒黄、金元直接或间接应用各 9 次，遗传贡献率为 6.05%；永丰豆和小粒黄的遗传贡献率为 3.13% 和 2.34%；由于应用时期较早且应用的次数较少，黄-中-中 20 和佳木斯秃荚子的核遗传贡献率较小。

表 2 牡豆 8 号祖先亲本核遗传贡献率
Table 1 Mudou No.8 ancestors nuclear genetic contribution ratio

亲本 Parents	应用次数 Application number	核遗传贡献率（%） Genetic offer ratio
农大 4840	1	25.00
克山四粒荚	6	15.23
小粒豆 9 号	1	12.50
十胜长叶	1	12.50
Amsoy	2	7.81
四粒黄	9	7.28
金元	9	7.28
白眉	5	5.96
永丰豆	1	3.13
小粒黄	2	2.34
黄 - 中 - 中 20	1	0.78
佳木斯秃荚子	1	0.20

3 讨 论

3.1 育种亲本

育成品种的系谱分析对指导育种者的育种工作具有重要的参考价值。它能较好地阐明作物育种的整体遗传基础，并具有经济简便的优点；它能发现育成品种性状的演变和品种更替演变规律，总结出在育种过程中亲本选择和组合配制上的规律；而且能够发现用于育种中的受体和供体亲本不同特征特性的遗传特点。

牡豆 8 号系谱分析表明，它是采用常规育种方法育成的，其重要的直接亲本和间接亲本如绥农 4 号、绥农 8 号、垦农 19、合丰 23、合丰 25、龙选 1 号等也是常规方法育成的，因此常规育种方法仍然是育种主要途径和方法。

牡豆 8 号类属于四粒黄细胞质家族，传递过程是：四粒黄→黄宝珠→满仓金→克 5501-3→绥农 3 号→绥农 4 号→绥农 8 号→垦农 19→牡豆 8 号。

核基因由祖先亲本农大 4840、克山四粒荚、小粒豆 9 号、十胜长叶、Amsoy、四粒黄、金元、白眉、永丰豆、小粒黄、黄-中-中 20、佳木斯秃荚子共同提供，核遗传贡献率分别是：25.00%、15.23%、12.50%、12.50%、7.81%、7.28%、7.28%、5.96%、3.13%、2.34%、0.78% 和 0.20%。

从牡豆 8 号和牡豆 8 号系谱树上重要育成品种的亲本选择特点归纳结果表明，选择亲本时，母本往往选择在当地有广泛适应性的主栽品种，而父本则选择融入地理远源基因和生态远源基因的桥梁亲本。如黑龙江省农业科学院绥化分院用此法育成了绥农 3 号、绥农 4 号、绥农 8 号等；八一农垦大学育成了高产高油大豆品种垦农 19；黑龙江省农业科学院佳木斯分院育成了合丰 23、合丰 25 等。

受体亲本（骨干亲本）能提供给衍生品种更多遗传基础，所以，多数性状与其类似，选择育种亲本时，要更多考虑受体亲本的特征特性，同时要选择合适的供体亲本，如垦农 19 是高油品种，脂肪含量达 23.27%，牡豆 8 号脂肪含量 21.24%，也是高油品种；垦农 19 抗倒、荚密，龙选 1 号比合丰 25 综合性状好、增产显著，所以，牡豆 8 号具有高油、高产、抗旱、抗倒、粒大整齐等优点。

3.2 拓宽品种的遗传基础

通过对牡豆 8 号系谱树上的亲本分析发现，牡豆 8 号的祖先亲本遗传构成中，只有 20.31% 的核遗传贡献率由国外种质提供，遗传贡献率主要还是来自第一轮育种过程中整理的东北春大豆产区地方品种，虽然经过了几轮育种，品种遗传基础仍然狭窄。国外品种资源类型多，与我国现有品种比，遗传基础丰富，要在大豆育种上取得飞跃式的进展，就要突破遗传基础狭窄的瓶颈，需要采用地理远缘、生态远缘的种质，用推广面积大、优点多的新审定主栽品种与含国外种质的育成品种或品系杂交，是拓宽品种遗传基础、选育新品种的一条捷径方法；另外，值得思考的是：生物性状的表达是细胞质和细胞核共同作用的结果[11]，若总是以优良的、适应当地生态条件的品种作为母本，虽经多轮品种更新，细胞质来源却始终单一，用适应当地生态条件的优异外来种质作母本配制组合，也是拓宽品种遗传基础值得去探索的一条路径。

参考文献（略）
本文原载于《植物遗传资源学报》2015 年 03 期。

牡豆 10 号亲本追溯及遗传基础解析

任海祥[1]，王玉莲[2]，王燕平[1]，宗春美[1]，孙晓环[1]，齐玉鑫[1]，白艳凤[1]，孙国宏[1]，李文[1]，杜维广[1]

（1.黑龙江省农业科学院牡丹江分院/国家大豆改良中心牡丹江试验站，黑龙江 牡丹江 157041；2.黑龙江农业经济职业学院，黑龙江 牡丹江 157041）

摘 要：牡豆 10 号是以黑农 48 为母本，黑河 46 为父本，经有性杂交，系谱法选育而成。本文建立牡豆 10 号亲本系谱树，追溯祖先亲本，统计祖先亲本的核遗传贡献率，分析系谱树大豆祖先亲本的遗传贡献。分析结果表明，牡豆 10 号属于吉林四粒黄细胞质家族，传递过程是：吉林四粒黄→黄宝珠→满仓金→克5501－3→绥农 3 号→绥农 4 号→绥81－242→黑农 40→黑农 48→牡豆 10 号。核基因由 25 个祖先亲本共同提供：十胜长叶、嫩 78631、克山白眉、吉林四粒黄、金元、Amsoy、克山四粒黄、野3－A、黑龙江 41、小粒豆 9 号、克霜、大白眉、小金黄、衰衣领、四粒黄、嘟噜豆、熊岳小黄豆、通州小黄豆、Korean、佳木斯秃荚子、Lincoln、Richland、柳叶齐、黄中 20、尤比列。祖先亲本十胜长叶和嫩 78631 核遗传的贡献率最大为 12.5%。金元、吉林四粒黄作为直接或间接亲本频次达到 24 次，遗传贡献率为 8.74%。系谱树中含有东北大面积推广品种：黄宝珠、黑农 40、黑河 19、合丰 25、满仓金、黑河 3 号、合丰 23、绥农 4 号、绥农 3 号等核心祖先亲本，这些优良种质基因杂交重组，构成了牡豆 10 号种质遗传基础，使其具有高产、抗病、优质的遗传潜力。

关键词：大豆；牡豆 10 号；系谱；核遗传贡献率

Ancestors Tracking and Genetic Dissection for Released Soybean Cultivar Mudou 10

REN Hai-xiang[1], WANG Yu-lian[2], WANG Yan-ping[1], ZONG Chun-mei[1], SUN Xiao-huan[1], QI Yu-xin[1], BAI Yan-feng[1], SUN Guo-hong[1], LI Wen[1], DU Wei-guang[1]

(1. *Mudanjiang Branch of Heilongjiang Academy of Agricultural Sciences / Mudanjiang Experiment Station of the National Center for Soybean Improvement, Mudanjiang 157041, China;*

2. Heilongjiang Agricultural Economy Vocational College, Mudanjiang 157041, China)

Abstract: Mudou 10 was bred from female parent Heinong 48 and male parent Heihe46 through sexual hybridization and pedigree selection. Based on the pedigree tree and ancestral parent of Mudou 10, we analyzed the nuclear genetic contribution rate of ancestral parents and the genetic contribution of the core soybean germplasm spread in pedigree tree of Mudou 10. The result showed that Mudou 10 belonged to Jilinsilihuangcytoplasmic family, and its transmission process was Jilinsilihuang → Huangbaozhu → Mancangjin → Ke 5501–3 → Suinong 3 → Suinong 4 → Sui81–242 → Heinong 40 → Heinong 48 → Mudou 10. The nuclear genes were provided by 25 ancestral parents followed by Shishengchangye, Nen 78631, Keshan white eyebrow, Jilin four–grain yellow, Jinyuan, Amsoy, Keshan four–grain yellow, Ye3–A, Heilongjiang 41, Xiaolidou 9, Keshuang, Da white eyebrow, Xiaojinhuang, Shuayiling, Silihuang, Duludou, Xiongyao little–grain yellow, Tongzhou little–grain yellow, Korean, Jiamusitudingzi, Lincoln, Richland, Liuyeqi, Huangzhong 20 and Youbilie. The top two ancestor parents with larger nucleus inheritance contribution rate were Shishengchangye, Nen 78631. Jinyuan and Jilin Four–grain Yellowrespectively, and the latter two parents were used 24 times as direct or indirect parents. Some core ancestor parents, such as Huang Baozhu, Heinong 40, Heihe No. 19, Hefeng 25, Mancangjin, Heihe 3, Hefeng 23 Suinong No .4 and Suinong No. 3, were used to be widely promoted and applied in soybean production in Northeast China. The genes of these fine germplasms were hybridized and recombined. Mudou 10 constituted the stag bean germplasm genetic basis, making it have the genetic potential of high yield, disease resistance and high quality.

Keywords: Soybean; Mudou 10; Pedigree; Nuclear genetic contribution rate

1 引 言

大豆是世界上蛋白质的重要来源，更是重要的经济、饲料和工业原料作物。随着人们生活水平的提高，对优质大豆的需求不断增长。目前美国大豆平均单产达到 200kg，供过于求，而国内大豆平均单产 125kg，差距较大，供不应求，大量进口。提高国内大豆生产能力，提升国内大豆有效供给，是解决优质食用大豆有效供给的最佳途径。因此，加快培育高产优质早熟大豆新品种，提高单产，改善品质，发挥国产非转基因大豆优势，满足人民需要和市场需求，增加农民种植大豆比较效益，具有重要战略意义。牡豆 10 号是高产、高油、抗病的早熟大豆新品种，2016 年 5 月通过黑龙江省农作物品种审定委员会审定。全省 10 点区域试验两年平均公顷产量 3 125 kg，较标准品种绥农 28 平均增产 9.9%。三年抗病接种鉴定结果为中抗灰斑[1]。本研究旨在建立牡豆 10 号系谱树，解析其祖先亲本的遗传贡献，总结选用亲本的经验，分析其遗传增产潜势，为今后育种亲本的选择与高产品种创制提供理论参考。

2 材料与方法

2.1 材 料

牡豆 10 号母本黑农 48 由黑龙江省农科院大豆研究所提供，父本黑河 46 由黑龙江省农科院黑河分院提供，同时提供了相应的系谱资料。系谱分析部分资料源于《中国大豆育成品种系谱与种质基础(1923—2005)》[2]。

2.2 方 法

从牡豆 10 号逐级向上追溯父母本，直至祖先亲本(主要指地方品种、国外引种材料和无法再进一步追溯其遗传来源的育种品系)建立系谱树。计算牡豆 10 号的细胞质遗传和核遗传贡献率。细胞质属于母系遗传，贡献率 100%。细胞核遗传贡献率的计算参照《中国大豆育成品种及其系谱分析(1923—1995)》的分析方法。计算祖先亲本遗传贡献率，凡由亲本通过自然变异选择法、辐射育种方法育成的品种其亲本的核遗传贡献率为 100%，凡由杂交育成的品种其双亲的核遗传贡献率均为 50%，每一亲本再按均等分割方法上推至双亲，直至终极的祖先亲本[3]。

3 结果与分析

3.1 牡豆 10 号特征特性

黑农 48 是黑龙江省主推的高蛋白高产大豆品种，生育日数 120d，活动积温 2 450 ℃左右。株高 90 cm，亚有限结荚习性，紫花尖叶。子粒圆形，百粒重 22g。蛋白质含量 44.71%，脂肪含量 19.05%，属高产高蛋白品种[4]。黑河 46 大豆品种通过国家品种审定委员会审定，该品种具有早熟、高产稳产、秆强度好、不炸荚、适应性广、适宜机械收获等突出特点，适宜在黑龙江省第四积温带种植，生育期 112d，紫花长叶、百粒重 17.9g，蛋白质含量 39.74%，脂肪含量 20.11%[5]。牡豆 10 号的直接亲本是黑农 48 和黑河 46，经有性杂交，优良性状基因进行重组与交换，由双亲的遗传物质形成了牡豆 10 号的遗传基础。通过田间进行表型选择，牡豆 10 号新品种性状特征为亚有限结荚习性，生育期 116d，活动积温 2 325 ℃。株高 90cm 左右，茎秆强，抗倒伏，有分枝，株型收敛；尖叶，紫花，荚弯镰形，成熟时呈淡褐色。籽粒圆形，种皮黄色，种脐黄色，有光泽，百粒重 20.8g。三年平均蛋白质含量 40.24%，脂肪含量 21.35%[6]。

3.2 牡豆 10 号系谱树

由图 1 可见，牡豆 10 号属于吉林四粒黄细胞质家族，通过九轮传递到牡豆 10 号，传递过程是：吉林四粒黄→黄宝珠→满仓金→克 5501 - 3→绥农 3 号→绥农 4 号→绥 81 - 242→黑农 40→黑农 48→牡豆 10 号。

由图 1、图 2 可知核基因由 25 个祖先亲本共同提供，十胜长叶、嫩 78361、克山白眉、吉林四粒黄、金元、Amsoy、克山四粒黄、野 3 - A、黑龙江 41、小粒豆 9 号、克霜、大白眉、小金黄、衰衣领、四粒黄、嘟噜豆、熊岳小黄豆、通州小黄豆、Korean、佳木斯秃荚子、Lincoln、Richland、柳叶齐、黄中 20、尤比列。牡豆 10 号祖先亲本数为全国平均每个育成品种使用祖先亲本数 7.44[2]的 3.36 倍，从牡豆 10 号品种系谱看出其遗传基础有所拓宽。从系谱树上看出嫩 78361、黄中 20 两个亲本祖先不详。

3.3 祖先亲本核遗传贡献率

从表 1 看出牡豆 10 号祖先亲本核遗传的贡献率最大的是十胜长叶和嫩 78361，为 12.50%。位列前九位的依次是十胜长叶、嫩 78361、克山白眉、吉林四粒黄、金元、Amsoy、克山四粒黄、野 3 - A、黑龙江 41、小粒豆 9 号、克霜、大白眉等 13 个祖先品种，其累计遗传贡献率达 83.04%。国外种质十胜长叶、Amsoy、黑龙江 41 分别提供 12.50%、6.25%、3.13%的遗传基础。吉林四粒黄、金元作为直接或间接亲本频次达到 24 次，遗传贡献率为 8.74%，成为核心种质。Lincoln、Richland、柳叶齐、黄中 20、尤比列的核遗传贡献率较小，为 0.78%。

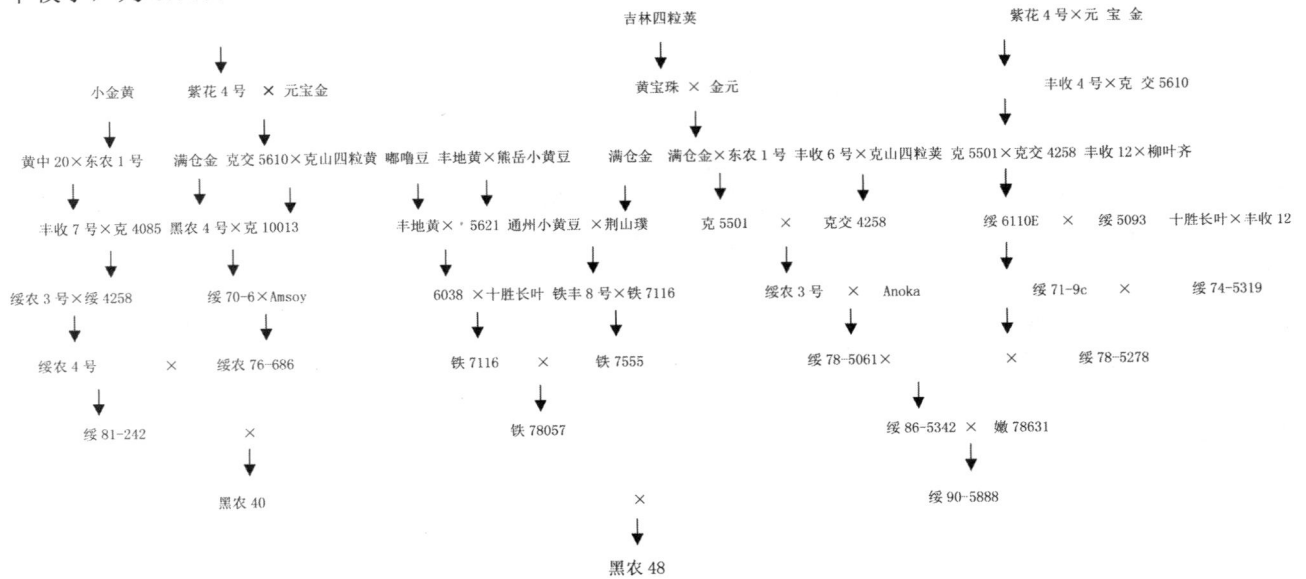

图 1 牡豆 10 号母本系谱树

Fig. 1 The female parent of Mudou 10 genealogical tree

吉林四粒黄　　　　　　　　　　　　克山白眉

↓

黄宝珠 × 金元　　　　紫花4号×元宝金　丰收6号×克山四粒黄　　　克山白眉

↓

紫花4号×元宝金　丰收6号×四粒黄　丰收6号×四粒黄　克交4087×哈 光1657　　紫花4号　　　大白眉

↓

黑河54×Amsoy　丰收1号×衰衣领　黑河3号×尤比列　满仓金×黑龙江41　小粒豆9号×丰收10　克 交69-5236 ×十胜长叶　北良5号 × 克 霜　克 系283×北良56-2

↓

黑河5号 × （黑河54 × 黑河103）　合 交13 × 克4430-20　合丰23　　× 克4430-20　　北交58-6146 × 北交58-1372

↓

黑 交85-1033　　×　　合丰26　　　合丰25　　×　　北交69-1483

↓

黑河19　　　　　　　×　　北垦94-11

↓

黑河46

图 2　牡豆 10 号父本系谱树

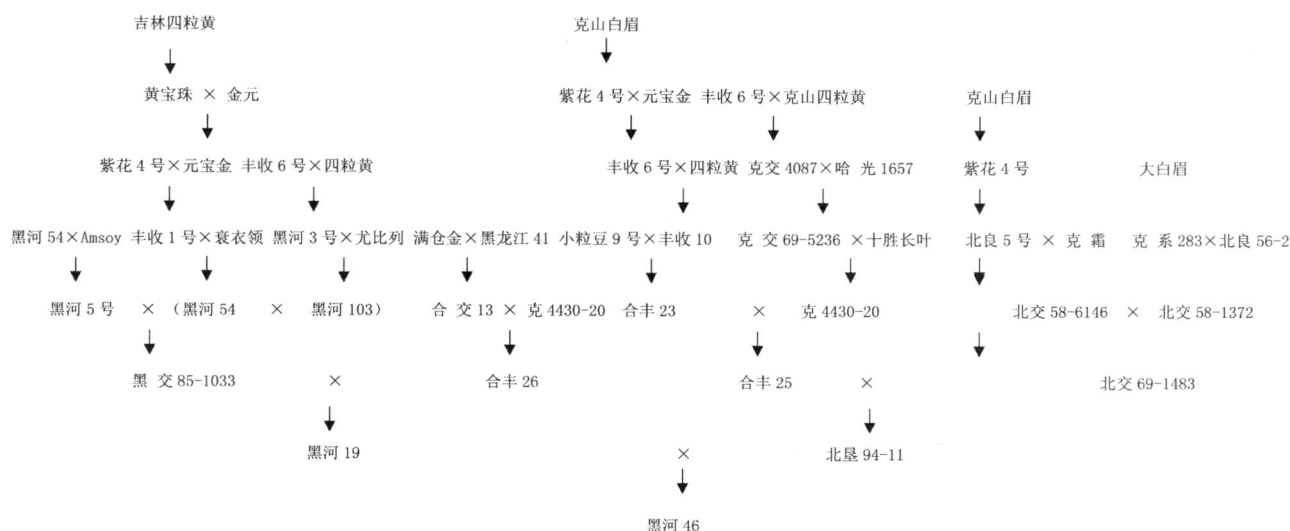

Fig. 2 The male parent of Mudou 10 genealogical tree

3.4　核心祖先亲本

盖钧镒等(2015)认为，系谱分析结果表明一些重要的祖先亲本早期育成了一些优异品种或种质，以这些品种或种质作为直接或间接亲本又育成了新的品种，通过多轮育种过程衍生了大量的现在育成品种，这些遗传贡献率较大的祖先亲本称之为核心祖先亲本。从表 2 中可以看出，牡豆 10 号核遗传贡献率达到 6.25%以上的核心祖先亲本品种为：黑农 40、黑河 19、合丰 25、满仓金、黑河 5 号、合丰 23、绥农 4 号、绥农 3 号。它们是东北地区主要的核心种质。黄宝珠在系谱树中出现的频次最多。高光效大豆品种黑农 40 和早熟高产抗病大豆品种黑河 19 的核遗传贡献率达到 25%。全国推广面积最大品种合丰 25 贡献率为 12.50%。大面积品种绥农 4 号茎秆强壮、株型收敛，增产潜力大，生产上替代了绥农 3 号[7]。满仓金是中国第一个杂交种[8]，在系谱树中出现 8 次，遗传贡献率 10.52%，在黑龙江省中南部、东部及吉林省中北部地区大面积种植。牡豆 10 号聚合了上述大面积生产应用的东北核心种质遗传基因，具有早熟、高油、抗病的遗传基础和表现特征。

3.5　国外种质的间接应用

牡豆 10 号含有美国、日本、俄罗斯国外种质遗传基础，十胜长叶(12.5%)、Amsoy(6.25%)、黑龙江 41(3.13%)、Korean(1.56%)、Lincoln(0.78%)、Richland(0.78%)、尤比列(0.78%)是间接祖先亲本，合计核遗传贡献率分别为 25.78%(见表 1)。十胜长叶是日本品种，具有节间短、结荚密、秆强、多花多节、适应性广、配合力高等特点[9]。十胜长叶与克 69-5236 杂交育成了核心种质克 4430-20[10]。黑龙江 41、尤比列是俄罗斯品种，具有超早熟、抗病特点。这些国外种质的应用拓宽了大豆种质遗传基础，产生超亲遗传选择效果。

表 1 牡豆 10 号祖先亲本核遗传贡献率

Table 1 Mudou No.10 ancestors nuclear genetic contribution ratio

祖先亲本 Parents materials	频次 f	贡献率% Genetic offer ratio	位次 Rank
十胜长叶	5	12.50	1
嫩 78631	1	12.50	1
克山白眉	17	10.06	3
吉林四粒黄	24	8.74	4
金元	24	8.74	4
Amsoy	2	6.25	6
克山四粒黄	7	5.08	7
嘟噜豆	4	3.52	8
野 3-A	1	3.13	9
黑龙江 41	1	3.13	9
小粒豆 9 号	1	3.13	9
克霜	1	3.13	9
大白眉	1	3.13	9
小金黄	4	2.73	14
衰衣领	2	2.34	15
四粒黄	2	1.95	16
通州小黄豆	1	1.56	17
Korean	1	1.56	17
熊岳小黄豆	2	1.17	19
佳木斯秃荚子	3	0.98	20
Lincoln	1	0.78	21
Richland	1	0.78	21
柳叶齐	1	0.78	21
黄中 20	1	0.78	21
尤比列	1	0.78	21

表 2 牡豆 10 号核心祖先亲本核遗传贡献率

Table 2 Mudou 10 ancestors nuclear genetic contribution ratio

核心亲本 Parents	频次 f	贡献率%Genetic offer ratio	位次 Rank
黑农 40	1	25.00	1
黑河 19	1	25.00	1
合丰 25	1	12.50	3
满仓金	8	10.52	4
黄宝珠	24	8.74	5
黑河 5 号	1	6.25	6
合丰 23	1	6.25	6
绥农 4 号	1	6.25	6
绥农 3 号	1	6.25	6

4 小结与讨论

国内外大豆育种家都重视大豆育成品种及其亲本的研究，着重分析品种的系谱，获得品种间亲缘关系信息，为大豆育种理论与应用研究提供参考。

4.1 亲本选择

牡豆 10 号系谱分析表明，其遗传物质由 25 个祖先亲本提供。牡豆 10 号祖先亲本数为全国平均每个育成品种使用祖先亲本数 7.44 个的 3.36 倍，从单个育成品种看牡豆 10 号遗传基础比较宽广。核心祖先亲本黑农 40、黑河 19、合丰 25、黄宝珠、满仓金、黑河 5 号、合丰 23、绥农 4 号、绥农 3 号等间接亲本的核遗传贡献率比较大，遗传倾向高，性状表现明显。通过系统选择，集聚了优异遗传基础，培育出较好的育种资源。常规育种方法仍然是育种的主要途径。选择亲本组配时，受体[2]亲本主要选择具有广适应性的主栽品种，而供体[2]亲本侧重选择地理远源和生态类型差异大的间接亲本。如黑河 19、绥农 3 号、绥农 4 号、黑农 48、合丰 25 等大面积品种即用此法育成。受体亲本能提供给衍生品种更多的细胞质遗传基础[11]和细胞核遗传信息，所以多数性状与其类似，选择育种亲本时，要更多考虑受体亲本的特征特性，同时掌握供体亲本的细胞核遗传信息。牡豆 10 号是具有丰富选种经验的育种家经过连续选择祖先亲本特有的遗传性状，获得了较好的遗传基础，聚合了东北大豆核心种质遗传基因，使其具有早熟、抗倒、高产等理想株型特征特性，从而具有创造高产的遗传基础和增产潜力水平。

4.2 利用国外种质，拓宽遗传基础

通过对牡豆 10 号祖先亲本分析发现，在其遗传基础构成中，虽然祖先亲本数较多，相对遗传基础较宽，有 25.78%的国外种质的核遗传贡献率，国外品种资源类型多，与我国现有品种比，遗传基础丰富[12]，要想品种上有跨越式的成果，必须突破遗传基础狭窄的瓶颈，采用地理远缘、生态远缘的国外种质做供体，大面积的新审定主栽品种做受体，是拓宽品种遗传基础、选育新品种的有效途径。

基金项目

国家重点研发项目(2017YFD0101303–2)；黑龙江省应用技术与开发计划(GA18B01)，黑龙江省博士后特别资助项目(LBH–TZ1618)，黑龙江省农科院科研项目(2018YYYF001)，农业部东北作物基因资源与种质创制重点实验室开放课题(CXGC2018KFKT006–2)。

参考文献（略）

本文原载于《汉斯农业科学》2019 年 10 期。

牡豆 11 号亲本追溯及增产潜势分析

任海祥[1]，王玉莲[2]，王燕平[1]，宗春美[1]，孙晓环[1]，齐玉鑫[1]，白艳凤[1]，孙国宏[1]，李文[1]，杜维广[1]

(1.黑龙江省农业科学院牡丹江分院/国家大豆改良中心牡丹江试验站 黑龙江牡丹江 157041；2.黑龙江农业经济职业学院，黑龙江 牡丹江 157041)

摘要：牡豆 11 号是以黑农 51 为母本，绥农 31 为父本，经有性杂交，系谱法选育而成，具有高产、抗病、耐密植特点。本文建立牡豆 11 号亲本系谱树，追溯祖先亲本，分析祖先亲本的核遗传贡献率，分析系谱树中大面积推广的大豆核心种质，及其对牡豆 11 号增产潜力的遗传贡献。系谱分析表明，牡豆 11 号属于五顶株细胞质家族，传递过程是：五顶株→黑农 16→黑农 28→黑农 37→黑农 51→牡豆 11 号。核基因由26 个祖先亲本共同提供，前十位依次为永丰豆、金元、吉林四粒黄、克山白眉、小金黄、克山四粒黄、十胜长叶、哈 78–6289–10、五顶株、东农 33。祖先亲本核遗传的贡献率最大的是永丰豆（10.16%），金元、吉林四粒黄作为直接或间接亲本频次达到 22 次和 20 次，遗传贡献率为 10.11%和 9.91%，列前三位。系谱树中含有大面积推广品种：群选 1 号、黄宝珠、紫花 4 号、满仓金、丰收 6 号、黑农 16、绥农 4 号、垦农4 号等核心祖先亲本，牡豆 11 号聚合了东北核心种质高产遗传基因，这些优良种质基因杂交重组，使其具有高产遗传基础潜力。牡豆 11 号生育期较母本黑农 51 提早成熟 11d，较父本绥农 31 提早成熟 6d，集成了早熟祖先亲本品种的早熟基因，产生超亲遗传选择效果，牡豆 11 号适应有效积温 2300 ℃以上地区种植应用。

关键词：大豆；牡豆 11 号；系谱；核遗传贡献率

Analysis on Parent Traceability and Productivity Potential of Mudou 11

REN Hai-xiang[1], WANG Yu-lian[2], WANG Yan-ping[1], ZONG Chun-mei[1], SUN Xiao-huan[1], QI Yu-xin[1], BAI Yan-feng[1], LI Wen[1], SUN Guo-hong[1], DU Wei-guang[1]

(1. *Mudanjiang Branch of Heilongjiang Academy of Agricultural Sciences / Mudanjiang Experiment Station of the National Center for Soybean Improvement, Mudanjiang* 157041，*China*;

2. *Heilongjiang Agricultural Economy Vocational College, Mudanjiang* 157041，*China*)

Abstract: Mudou 11, high yield, disease and dense planting tolerance, was bred from female parent Heinong 51 and male parent Suinong 31 through sexual hybridization and pedigree selection. Based on the pedigree tree and ancestral parent of Mudou 11, we analyzed the nuclear genetic contribution rate of ancestral parents and the genetic contribution of the core soybean germplasm widely spread in pedigree tree to the yield-increasing potential of Mudou 11.The result showed that Mudou 11 belonged to Wudingzhu cytoplasmic family, and its transmission process was Wudingzhu → Heinong 16 → Heinong 28 → Heinong 37 → Heinong 51 → Mudou 11.The nuclear genes were provided by 26 ancestral parents followed by Yongfengdou, Jinyuan, Jilin four-grain yellow, Keshanbaimei, Xiaojinhuang, Keshansilihuang,Tokachinagaha,Ha 78–6289–10,Wudingzhu and Dongnong 33.The top three ancestor parents with larger nucleus inheritance contribution rate were Yongfengdou (10.16%), Jinyuan (10.11%) and Jilinsilihuang (9.91%) respectively, and the latter two parents were used 22 times and 20 times as direct or indirect parents. Some core ancestor parents, such as Qunxuan No.1, Huang Baozhu, Zihua No.4, MancangJin, FengshouNo.6, Heinong 16, Suinong No.4 and Kennong No.4, were used to be widely promoted and applied in soybean production in Northeast China. Mudou 11 had aggregated high-yield genetic genes of core germplasm in Northeast China, and the hybridization and recombination of these excellent genes made it have genetic basis potential for high-yield. Mudou 11, integrated the precocious genes of ancestral parents and resulted in the selection effect of transgressive inheritance, matured 11 days earlier than female parent Heinong 51 and 6 days earlier than male parent Suinong 31. It was suitable for planting in areas with effective accumulative temper-

ature (≥10 ℃) over 2 300 ℃.
KeyWords: Soybean; Mudou 11; Pedigree; Nuclear genetic contribution rate

大豆是世界上蛋白质的重要来源，更是重要的经济、饲料和工业原料作物。随着人们生活水平的提高，对优质大豆的需求不断增长。目前美国大豆平均单产达到 200 kg，供过于求，而国内大豆平均单产 125 kg，差距较大，供不应求，大量进口。受到中美贸易摩擦的影响，国内大豆供应受到严重威胁，为了应对粮食安全问题，提升国内大豆有效供给，提高国内大豆生产能力，释放大豆增产潜能，是有效解决途径。因此，加快培育高产优质早熟大豆新品种，提高单产，改善品质，发挥国产非转基因大豆优势，满足人民需要和市场需求，增加农民种植大豆比较效益，具有重要现实战略意义。牡豆 11 号是高产、高油、抗病、耐密植的早熟大豆新品种。在适应区出苗至成熟生育日数 115 d 左右，需≥10 ℃活动积温 2 300 ℃左右。四年平均品质分析结果：蛋白质含量 38.51%，平均脂肪含量 21.40%。三年抗病接种鉴定结果为中抗灰斑[1]。本文旨在建立牡豆 11 号系谱树，解析其祖先亲本的遗传贡献，总结选用亲本的经验，分析其遗传增产潜势，为今后育种亲本的选择与高产品种创制提供理论参考。

1 材料与方法

1.1 材 料

牡豆 11 号母本（黑农 51）由黑龙江省农科院大豆研究所提供，父本（绥农 31）由黑龙江省农科院绥化分院提供，同时提供了相应的系谱资料。系谱分析部分资料源于《中国大豆育成品种系谱与种质基础（1923—2005）》[2]。

1.2 方 法

从牡豆 11 号逐级向上追溯父母本，直至祖先亲本(主要指地方品种、国外引种材料和无法再进一步追溯其遗传来源的育种品系)建立系谱树。计算牡豆 11 号的细胞质遗传和核遗传贡献率。细胞质属于母系遗传，贡献率 100%。细胞核遗传贡献率的计算参照《中国大豆育成品种及其系谱分析(1923—1995)》的分析方法。计算祖先亲本遗传贡献率，凡由亲本通过自然变异选择法、辐射育种方法育成的品种其亲本的核遗传贡献率为 100%，凡由杂交育成的品种其双亲的核遗传贡献率均为 50%，每一亲本再按均等分割方法上推至双亲，直至终极的祖先亲本[3]。

2 结果与分析

2.1 牡豆 11 号表型性状选择效果

黑农 51 大豆品种是黑龙江省第一积温带主栽品种，生育日数 126d，活动积温 2 553 ℃。株高 110cm，亚有限结荚习性，白花尖叶，节间短，每节结荚多。籽粒圆形，百粒重 20g。秆强抗倒，适应性强。蛋白质含量 41.37%，脂肪含量 19.74%，属超高产、稳产、抗病型品种[4]。绥农 31 大豆品种适宜在黑龙江省第二积温带，生育期 121d，活动积温 2 400 ℃左右，长叶、紫花、无限结荚习性[5]。百粒重 21.1g。接种鉴定，中感灰斑病，中抗花叶病毒病 1 号株系，感花叶病毒病 3 号株系。粗蛋白含量 39.74%，粗脂肪含量 21.84%。牡豆 11 号的直接亲本是黑农 51 和绥农 31，经有性杂交，优良性状基因进行重组与交换，由双亲的遗传物质形成了牡豆 11 号的遗传基础。通过田间进行表型选择，牡豆 11 号遗传了黑农 51 的亚有限结荚习性、白花、节间短、结荚密的特点；继承了绥农 31 的分枝、早熟、高油的特性；集成了双亲抗病、长叶、高产稳产的优点，产生超亲遗传选择效果。牡豆 11 号新品种性状特征为亚有限结荚习性，株高 90cm 左右，茎秆韧性好抗倒伏，有分枝，白花，尖叶，灰色茸毛，荚弯镰形，成熟时呈淡褐色。籽粒圆形，种皮黄色，种脐黄色，有光泽，百粒重 21.0g 左右。

2.2 牡豆 11 号系谱树

由图 1 可见，牡豆 11 号属于五顶株细胞质家族，通过五轮传递到牡豆 11 号，传递过程是：五顶珠→黑农 16→黑农 28→黑农 37→黑农 51→牡豆 11 号。

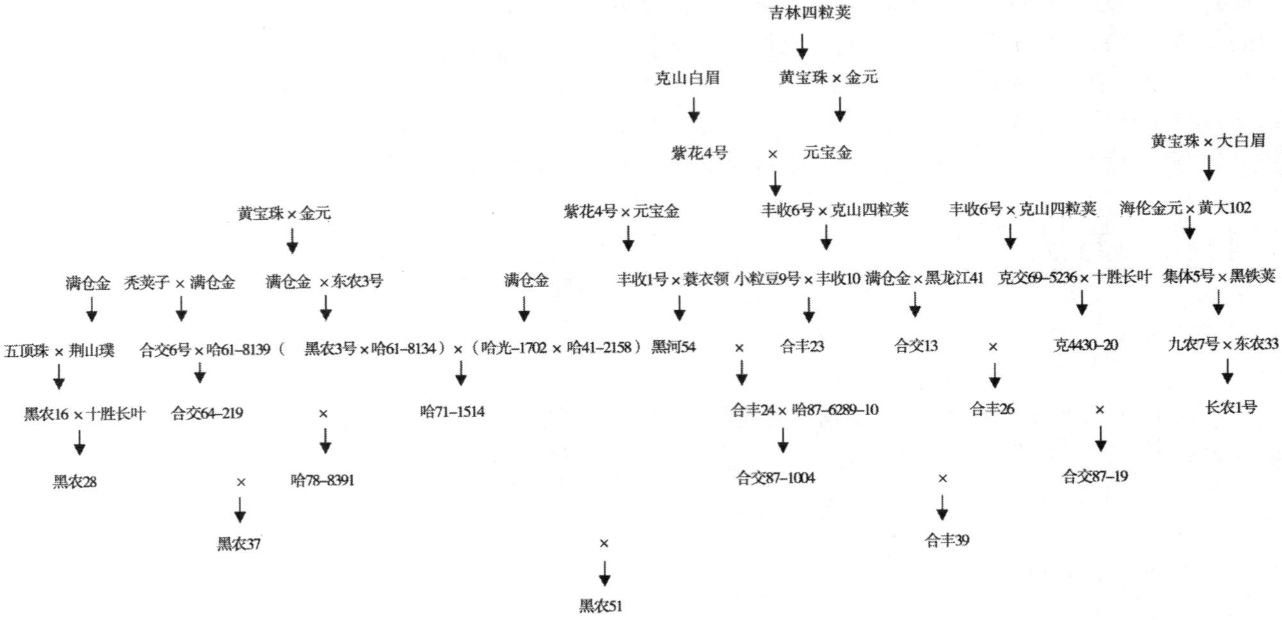

图 1　牡豆 11 母本系谱树
Fig. 1　The pedigree tree of Mudou 11 female parent

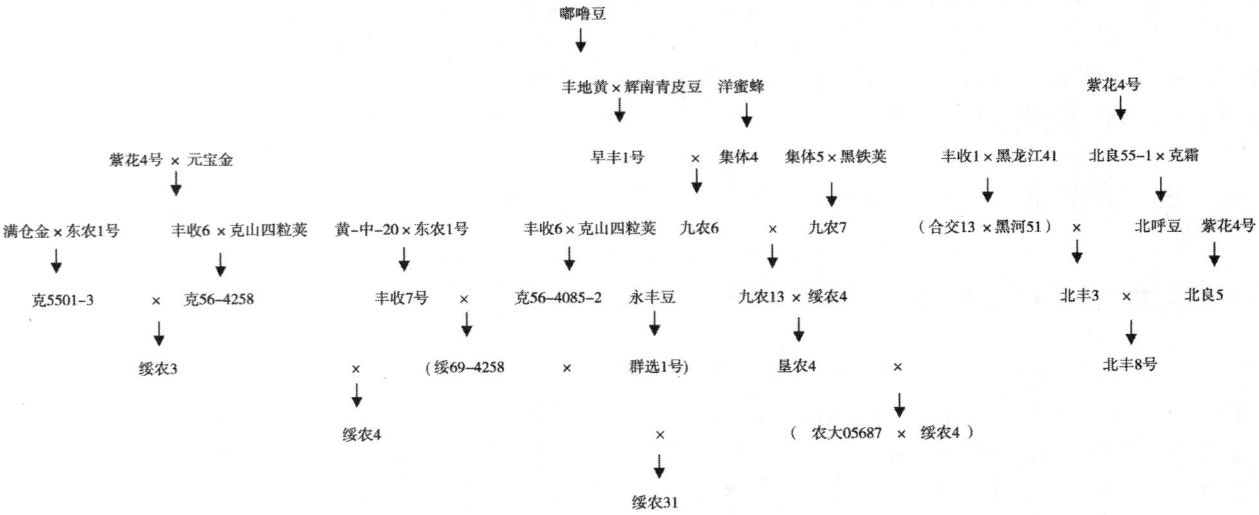

图 2　牡豆 11 父本系谱图
Fig. 2　The pedigree tree of Mudou 11 male parent

由图 1、图 2 可知核基因由 26 个祖先亲本共同提供，依次为永丰豆、金元、吉林四粒黄、克山白眉、小金黄、克山四粒黄、十胜长叶、哈 78–6289–10、五顶株、东农 33、黄–中–中 20、黑龙江 41、黑铁荚、秃荚子、长叶大豆、衰衣领、小粒豆 9 号、哈 49–2158、哈 61–8134、海伦金元、克霜、洋蜜蜂、东农 3

386

号、大白眉、嘟噜豆和辉南青皮豆。牡豆 11 号祖先亲本数为全国平均每个育成品种使用祖先亲本数 7.44[2] 的 3.49 倍，从牡豆 11 号品种系谱看出其遗传基础有所拓宽。从系谱树上看出哈 78–6289–10、东农 33、黄 –中–中 20、哈 49–2158、哈 61–8134、东农 3 号六个亲本祖先不详。

2.3 祖先亲本核遗传贡献率

从表 1 看出牡豆 11 号祖先亲本核遗传的贡献率最大的是永丰豆为 10.16%。位列前十位的依次永丰豆、金元、吉林四粒黄、克山白眉、小金黄、克山四粒黄、十胜长叶、哈 78–6289–10、五顶株、东农 33，累计遗传贡献率达 77.74%。国外种质十胜长叶、黑龙江 41 分别提供 7.81%、2.34% 的遗传基础。吉林四粒黄、金元作为直接或间接亲本频次达到 22 次和 20 次，遗传贡献率为 10.11% 和 9.91%，成为核心种质。嘟噜豆和辉南青皮豆的核遗传贡献率较小，为 0.39%。

表 1　牡豆 11 祖先亲本核遗传贡献率
Table 1　Genetic contribution rate of Mudou 11 parent materials

祖先亲本 Parent	频次 Frequence	遗传贡献率 Genetic contribution rate/%	位次 Rank	祖先亲本 Parent	频次 Frequence	遗传贡献率 Genetic contribution rate/%	位次 Rank
永丰豆 Yongfengdou	3	10.16	1	秃荚子 Tujiazi	1	1.56	13
金元 Jinyuan	20	10.11	2	长叶大豆 Changyedadou	1	1.56	14
吉林四粒黄 Jilinsilihuang	22	9.91	3	衰衣领 Shuaiyiling	1	1.56	14
克山白眉 Keshanbaimei	12	9.28	4	小粒豆 9 号 Xiaolidou 9	1	1.56	14
小金黄 Xiaojinhuang	7	9.18	5	哈 49-2158 Ha 49-2158	1	1.56	14
克山四粒黄 Keshansilihuang	8	8.78	6	哈 61-8134 Ha 61-8134	1	1.56	14
十胜长叶 Tokachi nagaha	2	7.81	7	海伦金元 Hailunjinyuan	2	1.17	14
哈 78-6289-10 Ha 78-6289-10	1	6.25	8	克霜 Keshuang	1	0.78	15
五顶株 Wudingzhu	1	3.13	9	洋蜜蜂 Yangmifeng	1	0.78	16
东农 33 Dongnong 33	1	3.13	10	东农 3 号 Dongnong 3	1	0.78	16
黄 – 中 – 中 20 Huang-Zhong-Zhong 20	3	2.54	11	大白眉 Dabaimei	2	0.59	16
黑龙江 41 Heilongjiang 41	3	2.34	12	嘟噜豆 Duludou	2	0.39	17
黑铁荚 Heitiejia	2	2.34	13	辉南青皮豆 Huinanqingpidou	1	0.39	18

2.4 核心祖先亲本

盖钧镒等[2]认为，系谱分析结果表明一些重要的祖先亲本早期育成了一些优异品种或种质，以这些品种或种质作为直接或间接亲本又育成了新的品种，通过多轮育种过程衍生了大量的现在育成品种，这些遗传贡献率较大的祖先亲本称之为核心祖先亲本。牡豆 11 的核心祖先亲本，核遗传贡献率达到 6.25%以上品种为：绥农 4 号、合丰 39、绥农 3 号、满仓金、群选 1 号、金元、黄宝珠、紫花 4 号、东农 1 号、丰收 6 号、黑农 16、垦农 4 号。它们是东北地区主要的核心种质。黄宝珠在系谱树中出现的频次最多，金元出现频次次之。绥农 4 号遗传贡献率达到 40.63%，居于首位，绥农 4 号在系谱树中出现 3 次。大面积品种绥农 4 号茎秆强壮、株型收敛，增产潜力大，生产上替代了绥农 3 号[6]。绥农 4 号回交一次育成绥农 31 大豆新品种，表明核心祖先亲本的重要作用。满仓金是中国第一个杂交种，在系谱树中出现 10 次，遗传贡献率 13.29%，在黑龙江省中南部、东部及吉林省中北部地区大面积种植。群选 1 号在吉林曾大面积推广品种。紫花 4 号丰产性好、喜肥耐湿，茎秆强抗倒伏，品质好。紫花 4 号与元宝金杂交，育成丰产性好的丰收 6 号，成为大面积推广品种[7]。垦农 4 号优质、抗病、耐密植。牡豆 11 号聚合了上述大面积生产应用的东北核心种质遗传基因，具有早熟、高油、抗病、耐密植的遗传基础和表现特征。

表 2 牡豆 11 核心祖先亲本核遗传贡献率
Table 2 Mudou 11 core ancestors genetic contribution rate

核心祖先亲本 Core ancestors	频 次 Frequence	贡献率 Genetic contribution rate /%	位次 Rank
绥农 4 号 Suinong 4	3	40.63	1
合丰 39 Hefeng 39	1	25.00	2
绥农 3 号 Suinong 3	3	20.31	3
满仓金 Mancangjin	10	13.29	4
群选 1 号 Qunxuan 1	3	10.16	5
金元 Jinyuan	20	10.11	6
黄宝珠 Huangbaozhu	22	9.91	7
紫花 4 号 Zihua 4	12	9.28	8
东农 1 号 Dongnong 1	7	9.18	9
丰收 6 号 Fengshou 6	8	8.79	10
黑农 16 Heinong 16	1	6.25	11
垦农 4 号 Kennong 4	1	6.25	12

2.5 国外种质的间接应用

牡豆 11 号含有国外种质遗传基础，十胜长叶和黑龙江 41 是间接祖先亲本，核遗传贡献率分别为 7.81%、2.34%（见表 1）。十胜长叶是日本品种，具有节间短、结荚密、秆强、多花多节、适应性广、配合力高等特点[8]，十胜长叶与黑农 16 杂交育成了黑农 28。十胜长叶与克 69-5236 杂交育成了核心种质克 4430-20[9]。黑龙江 41 是俄罗斯品种，具有超早熟、抗病特点。黑龙江 41 与满仓金杂交育成了大面积品种合交 13，黑龙江 41 与丰收 1 号杂交育成了东北超早熟品种黑河 51。牡豆 11 号生育期较母本黑农 51 提早成熟 11d，较父本绥农 31 提早成熟 6d，聚合了早熟祖先亲本品种的早熟基因，产生超亲遗传选择效果。

2.6 增产潜势分析

通过对牡豆 11 号核心祖先亲本遗传分析得知，绥农 4 号、合丰 39、绥农 3 号、满仓金等遗传贡献大，通过核心祖先亲本遗传基础分析，可以预见其遗传增产潜势。牡豆 11 号继承了核心祖先亲本茎秆强壮、株型收敛、增产潜力大的遗传基础。抗倒伏性明显提高，株型结构比较合理，适于密植栽培。牡豆 11 号两年区域试验平均产量结果较对照品种增产幅度 2.3%~15.8%，两年生产试验平均产量结果较对照品种增产幅度 4.9%~16.3%，牡豆 11 号大豆新品种两年区域试验平均增产 9.2%，两年生产试验平均增产 10.5%，增产幅度比较接近，说明牡豆 11 号品种在四年试验中产量表现稳定增产，因而具有创造高产的遗传潜势。

3 小结与讨论

国内外大豆育种家都重视大豆育成品种及其亲本的研究，着重分析品种的系谱，获得品种间亲缘关系信息，为大豆育种理论与应用研究提供参考。

3.1 亲本选择

牡豆 11 号系谱分析表明，其遗传物质由 26 个祖先亲本提供。牡豆 11 号祖先亲本数为全国平均每个育成品种使用祖先亲本数 7.44 个的 3.49 倍，从单个育成品种看牡豆 11 号遗传基础比较宽广。核心祖先亲本绥农 4 号、合丰 39、绥农 3 号、满仓金、群选 1 号、金元等间接亲本的核遗传贡献率比较大，遗传倾向高，性状表现明显。通过系统选择，集聚了优异遗传基础，培育出较好的育种资源。常规育种方法仍然是育种的主要途径。选择亲本组配时，受体[2]亲本主要选择具有广适应性的主栽品种，而供体[2]亲本侧重选择地理远源和生态类型差异大的间接亲本，如绥农 3 号、绥农 4 号、黑农 16、黑河 51、合交 13、北丰 3、垦农 4 号、合丰 39 等大面积品种即用此法育成。受体亲本能提供给衍生品种更多的细胞质遗传基础和细胞核遗传信息，所以多数性状与其类似，选择育种亲本时，要更多考虑受体亲本的特征特性，同时掌握供体亲本的细胞核遗传信息。如黑农 51 是亚有限结荚习性，白花尖叶、节间短，结荚密，是黑龙江省第一积温带产量高且不容易打败的主栽品种，生育期晚熟，不适合第三积温带种植。供体亲本绥农 31 号是高油品种，抗倒、耐密植、含有早熟亲本遗传基因。生物性状的表达是细胞质和细胞核共同作用的结果[10]，所以，牡豆 11 号是具有丰富选种经验的育种家经过连续选择祖先亲本特有的遗传性状，获得了较好的遗传基础，聚合了东北大豆核心种质遗传基因，使其具有早熟、抗倒、耐密植等理想株型特征特性。从而具有创造高产的遗传基础和增产潜力水平。

3.2 利用国外种质，拓宽遗传基础

通过对牡豆 11 号祖先亲本分析发现，在其遗传基础构成中，虽然祖先亲本数较多，相对遗传基础较宽，但是只有 10.15% 的国外种质（十胜长叶和黑龙江 41）的核遗传贡献率，品种遗传基础仍然比较狭窄。国外品种资源类型多，与我国现有品种比，遗传基础丰富[11]，要想品种上有跨越式的成果，必须突破遗传基础狭窄的瓶颈，采用地理远缘、生态远缘的国外种质做供体，大面积的新审定主栽品种做受体，是拓宽品种遗传基础、选育新品种的有效途径。

参考文献（略）
本文原载于《大豆科学》2019 年 05 期。

高产多抗大豆品种牡豆12亲本追溯及遗传解析

齐玉鑫，任海祥，王燕平，宗春美，孙晓环，白艳凤，李文，孙国宏，刘长远

（黑龙江省农业科学院牡丹江分院/国家大豆改良中心牡丹江试验站/牡丹江大豆研发中心，黑龙江牡丹江157041）

摘　要：牡豆12是黑龙江省农业科学院牡丹江分院2018年审定的大豆品种。该品种具有高产、优质、抗病等优点。本文追溯了牡豆12的祖先亲本，建立了系谱树，揭示了其遗传基础，并对主要亲本的农艺性状进行了分析。系谱分析结果表明：牡豆12属四粒黄细胞质家族，传递过程为：四粒黄→黄宝珠→满仓金→克5501－3→绥农3→黑农33→黑农41→牡豆12。牡豆12核基因来自21个祖先亲本，其中clark63的核遗传贡献率最高（25%），四粒黄和金元应用次数最多（11次）。牡豆12亲本病、虫粒率解析结果表明：牡豆12抗虫基因主要来自克拉克63，抗病基因来自尤比列；产量及相关农艺性状分析结果表明：在保证大豆一定株高的前提下提高主茎节数、增加单株粒重和增加单株荚数可以实现大豆产量的提升。

关键词：牡豆12；亲本追溯；遗传解析

Ancestors Tracking and Genetic Dissection for High Yield and Multi Resistant Soybean Cultivar Mudou 12

QI Yu-xin, REN Hai-xiang, WANG Yan-ping, ZONG Chun-mei, SUN Xiao-huan, BAI Yan-feng, LI Wen, SUN Guo-hong, LIU Chang-yuan

(*Mudanjiang Branch of Heilongjiang Academy of Agricultural Sciences / Mudanjiang Experiment Station of the National Center for Soybean Improvement, Mudanjiang* 157041，*China*)

Abstract: Mudou 12, with the characteristics of high yield , high quality and resistant to disease，was approved by Mudanjiang Branch of Heilongjiang Academy of Agricultural Sciences in 2018. In this study, the ancestral parents of Mudou 12 were traced, the pedigree tree was established, the genetic basis was revealed, and the agronomic traits of its main parents were analyzed. The results showed that Mudou 12 belonged to Silihuang cytoplasmic family, and its transmission process was Silihuang→Huangbaozhu→Manchangjin→Ke5501－03→Suinong3→Heinong 33→Heinong 41→Mudou 12. The nuclear genes of Mudou 12 were provided by 21 ancestral parents, among them, the highest contribution rate of nuclear inheritance was clark63(25%), Silihuang and Jinyuan were used most frequently(11times). The insect-resistance gene of Mudou 12 came from Clark 63, and the disease resistance gene came from Youbilet. The result of field and related agronomic character showed that increasing the node number of main stem under the condition of constant plant height, increasing the seed weight per plant and increasing the pod number per plant could improve the yield of soybean.

Keywords: Mudou 12; Ancestors tracking; Genetic dissection

　　大豆起源于中国，在农业生产中有着举足轻重的地位[1]，但我国大豆与美国、巴西等国相比，大豆单产水平差、生产成本高、市场竞争力弱[2]。目前，我国大豆贸易格局大致为出少进多，其中，出口主要为食用大豆，进口主要为油用、畜牧饲料用大豆。国产大豆要明确新型营养健康和绿色生态的自身定位，形成不同于进口大豆的错位竞争优势，大力实施差异化发展、多样化发展，才能增强国产大豆的竞争力[3]。

　　育成品种的系谱构建对育种者来说是具有重要参考价值的工具，通过系谱能够直观地反映出品种的遗传基础，总结已育成优良品种的系谱，发现亲本选配的规律对于指导大豆育种有着重要作用。国内外育种者进行了包括绘制系谱图表、分析遗传贡献值、编写品种志等许多大豆育成品种的系谱分析工作。20世纪80年代，Bernard等人就已经着手美国大豆育成品种的系谱分析工作，Allen[4]和Carter[5]等人以共祖先度作为指标研究了美国大豆育成品种之间的亲缘关系。Gizlic等[6]分析1947—1988年北美258个育成品种的遗传基础，并以亲本系数表示了80个祖先亲本对258个育成品种的遗传贡献。崔章林等[7]分析了中国

1923-1992 年育成的大豆品种共计 651 个品种的系谱，盖钧镒等[8]以 1923—1995 年育成的 651 个大豆品种系谱为基础，归纳出 348 个祖先亲本，并选出 38 个对全国和三大生态区遗传贡献最大的种质。笔者所在研究团队从系谱追踪和遗传贡献率角度对近几年育成的大豆品种亲缘关系和遗传关系进行分析，解析大豆育种过程中产量、品质、抗性等在大豆遗传改良过程中的变化和传递规律，探讨大豆育种中产量突破的方法，对于优良种质在大豆育种中的应用和培育特殊用途大豆新品种具有重要的理论和实际意义[9-12]。

1 材料和方法

1.1 材料

牡豆 12 号是黑龙江省农业科学院牡丹江分院于 2008 年以黑农 41 为母本，绥 03－3068 为父本，经有性杂交，系谱法选育而成。2008 年配置杂交组合，同年冬在海南种 F_1 代，2009 年在分院选种圃内种 F_2 代，同年冬在海南种 F_3 代，2010 年在分院选种圃内种 F_4 代，2011 年在分院选种圃内种 F5 代并决选。2012 年和 2013 年在分院产量鉴定圃和品比圃参加鉴定试验，2014 年参加省预备试验，2015 年和 2016 年参加省区域试验，2017 年参加省生产试验。2018 年通过黑龙江省农作物品种审定。

牡豆 12 株高 90 厘米左右，紫花，尖叶，亚有限结荚习性，密度适宜时下部有小分枝，灰色茸毛，荚弯镰形，成熟时呈褐色。籽粒圆形，种皮黄色，种脐黄色，有光泽，百粒重 21g 左右，经农业部谷物及制品监督检验测试中心（哈尔滨）三年平均品质分析结果：蛋白质含量 40.75%，平均脂肪含量 20.87%，蛋脂和 61.44%。株型收敛，节间短，荚密，顶荚丰富，茎秆强，抗倒伏。该品种经过黑龙江省农科院佳木斯分院 2014—2018 年连续三年灰斑病接种鉴定，表现为中抗灰斑病。牡豆 12 号，在适应区出苗至成熟生育日数 120d 左右，需≥10℃活动积温 2 450℃左右。

1.2 方法

从牡豆 12 父母本开始向上追溯，直至祖先亲本为止。一些地方品种、国外材料以及一些无法获知亲本的品系材料均视为祖先亲本。凡由杂交育成的品种其双亲的核遗传贡献率均为 50%，辐射育种法育成的品种其亲本的核遗传贡献率为 100%。每一亲本再按均等分割方法上推至双亲，直至终极的祖先亲本，最后育成品种的各祖先亲本核遗传贡献值总和应等于 100%。细胞质通过母本遗传，按贡献率 100% 计算。牡豆 12 的系谱分析材料参考《中国大豆品种志（1978—1992）》[13]、《中国大豆品种志（1993—2004）》[14]以及《中国大豆育成品种系谱与种质基础（1923—2005）》[15]。贡献率的计算和系谱树的绘制参照盖钧镒[16]的方法。

田间试验于 2019 年在黑龙江省农业科学院牡丹江分院大豆试验田中进行，试验采用随机区组设计，行长 3 m，行距 65 cm，公顷保苗 25 万株，3 次重复。试验采用人工点播，出苗后进行定苗，确保试验密度。成熟后每小区取样 5 株，每品种 15 株进行产量和品质性状测定。

2 结果与分析

2.1 牡豆 12 的系谱分析

从图 1 和图 2 可知，牡豆 12 属四粒黄细胞质家族，传递过程为：四粒黄→黄宝珠→满仓金→克 5501－3→绥农 3→黑农 33→黑农 41→牡豆 12。除个别亲本系谱不详外，共涉及 66 个亲本。祖先品种主要有黑龙江的克山四粒荚、白眉、小粒黄，吉林的四粒黄、黄宝珠，辽宁的金元；育成品种与品系材料主要来源于黑龙江省，包括了东农、丰收、黑河、合丰、黑农、黑交、北丰、哈、绥、克交等系列的品种与品系；

还有来源于美国的 clark63、日本的十胜长叶和俄罗斯的尤比列。以牡豆 12 双亲的系谱树为参考，结合不同时期东北大豆主栽品种的育成、推广和更替，我们将牡豆 12 的育成过程总结归纳为以下几个阶段：

第一阶段：主要是从地方品种中整理、提纯，育成四粒黄、白眉、金元、小粒黄、秃荚子、五顶珠、长叶大豆等农家品种，并通过杂交育成紫花 4 号、元宝金、满仓金等早期品种。

第二阶段：主要包括地方品系的继续整理和早期以单交为主的杂交育种，选育出克山四粒荚、治安小粒豆、丰收 6 号、丰收 10、黑河 3 号、东农 3 号、等品种（系）。

第三阶段：引进了一些国外品种作为育种亲本，丰富了我国大豆的遗传基础。与此同时辐射育种技术也广泛应用到了大豆育种中。在这一阶段育成了合丰 23、合丰 24、合丰 25、合丰 34、黑农 28、黑农 37 等推广面积很大的优良大豆品种以及克 4430‑20、哈光 1657 等在大豆育种中有突出贡献的优良品系。

第四阶段：分子模块概念的提出、分子标记辅助育种的应用使得大豆育种进程更快、方式更多样化。育种者对受体亲本的改良也从简单的单交升级为多代的复合杂交来实现。牡豆 12 是在这一阶段以高光效、高产、抗病品种黑农 41 为母本，以早熟、高产品系绥 03‑3068 为父本通过有性杂交，系谱法选育而成的。

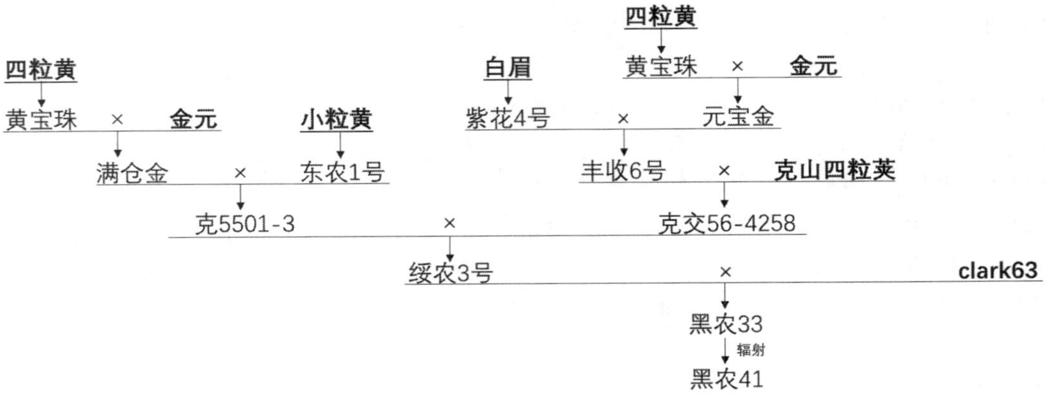

图 1 牡豆 12 母本系谱树

Fig.1 The pedigree tree of Mudou 12 female parent

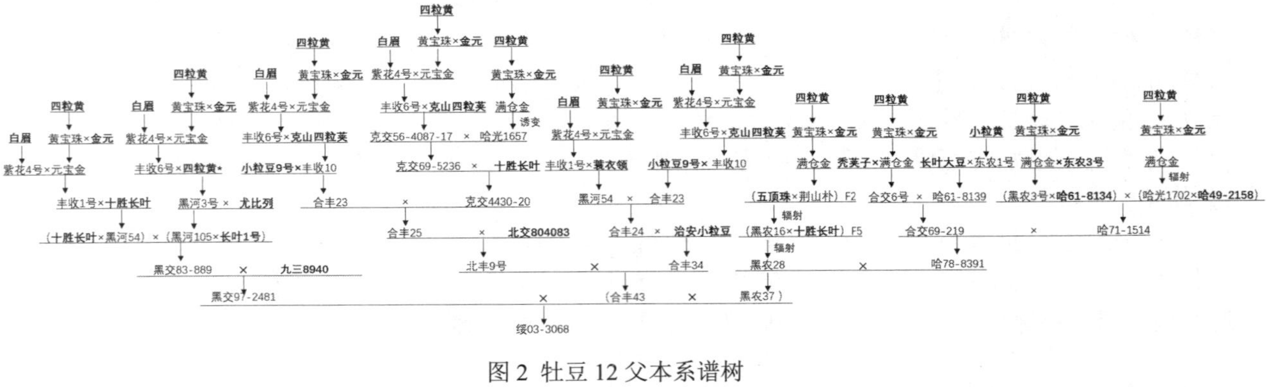

图 2 牡豆 12 父本系谱树

Fig.2 The pedigree tree of Mudou 12 male parent

注：四粒黄为吉林地方品种，四粒黄*为黑龙江地方品种。

Silihuang is a local variety in Jilin,Silihuang* is a local variety inHeilongjiang

2.2 牡豆 12 祖先亲本的遗传贡献率

牡豆 12 核基因来自 21 个祖先亲本，包括：四粒黄（吉林）、白眉、金元、克山四粒荚、小粒黄、长叶 1 号、尤比列、小粒豆 9 号、五顶珠、四粒黄（黑龙江）、秃荚子、长叶大豆、东农 3 号、北交 804083、治安小粒豆、clark63、九三 8940、十胜长叶、哈 61－8134、哈 49－2158，其中黑龙江省 16 个，吉林省 1 个，辽宁省 1 个，国外 3 个，详见表 1。其中 clark63 的核遗传贡献率最高（25.00%），四粒黄（吉）和金元应用次数最多（11 次）。来自国外的亲本 clark63、十胜长叶、尤比列的遗传贡献率达到了 35.15%，这也可以看出该品种亲本生态类型差异大，类型多，具有丰富的遗传多样性，为后续的品种改良创新打下了良好的基础。

表 1 牡豆 12 祖先亲本的核基因遗传贡献率

Table 1 Nuclear genetic contribution rates of ancestor parents of Mudou 12

祖先亲本 Ancestral ancestor	核遗传贡献率 Nuclear genetic contribution rate	应用次数 Number of applications	来源 Source
克拉克 63 clark63	25.00	1	美国品种
九三 8940 Jiusan 8940	12.50	1	黑龙江省农垦总局九三科研所品系
十胜长叶 Tokachi nagaha	8.59	5	日本品种
四粒黄（吉）Silihuang	7.67	11	吉林省公主岭地方品种
金元 Jinyuan	7.67	11	辽宁省开原地方品种
克山四粒荚 Keshansilijia	7.23	3	黑龙江省克山地方品种
小粒黄 Xiaolihuang	7.03	1	黑龙江省地方品种
白眉 Baimei	5.18	6	黑龙江省克山地方品种
长叶 1 号 Changye 1	3.13	1	黑龙江省地方品种
北交 804083 Beijiao 804083	3.13	1	黑龙江省北安农科所品系
治安小粒豆 Zhianxiaolidou	3.13	1	黑龙江治安地方品种
尤比列 Youbilet	1.56	1	俄罗斯品种
小粒豆 9 号 Xiaolidou 9	1.56	2	黑龙江省勃利地方品种
五顶珠 Wudingzhu	1.56	1	黑龙江省绥化地方品种
四粒黄（黑）Silihuang	0.78	1	黑龙江省中东部地方品种
秃荚子 Tujiazi	0.78	1	黑龙江省木兰地方品种
蓑衣领 Suoyiling	0.78	1	黑龙江地方品种
长叶大豆 Changyedadou	0.78	1	黑龙江省地方品种
哈 61-8134 Ha 61-8134	0.78	1	黑龙江省农科院品系
哈 49-2158 Ha 49-2158	0.78	1	黑龙江省农科院品系
东农 3 号 Dongnong 3	0.39	1	东北农业大学品种

2.3 牡豆 12 系谱主要亲本的农艺性状分析

由表 2 可知，在本研究收集到的牡豆 12 的系谱亲本中，株高最小的是丰收 10（64.6 cm），最大的是满仓金(104.2 cm)；主茎节数最少的是尤比列（12.7），最多的是满仓金（18.7）；病粒率尤比列和黑农 28（0.6%）最小，满仓金（4.7%）最大；虫食率克拉克 63（5.1%）最小，黑农 28（11.9%）最大。株高对于大豆来说是一项重要的农艺性状，在适当的范围内，增加株高会使大豆冠层结构更合理，会给大豆提供更大的产量形成空间，但株高过高会使得大豆容易倒伏，反而影响产量。只分析株高一项数据，很难发现其在牡豆 12 系谱中的传递规律，但结合株高与主茎节数两项数据可以看出，早世代亲本节间长度（株高与主茎节数的比值）普遍要比晚世代亲本的节间长度要大，这也从一个侧面说明了大豆的育种方向是保证株高在合理范围内的同时要增加主茎节数，从而达到增产的目的。在牡豆 12 的系谱中，从祖先亲本四粒黄、金元到牡豆 12 病虫害抗性呈增强的趋势。

表 2 牡豆 12 系谱主要亲本株高、主茎节数及籽粒病虫粒率

Table2　Plant height , node numbers of main stem , percentage of disease seeds and percentage of damaged seeds in pedigree of Mudou12

品种 Cultivar	株高 Plant height (cm)	主茎节数 Node numbers of main stem	病粒率 Percentage of disease seeds (%)	虫食率 Percentage of damaged seeds (%)
四粒黄 Silihuang	102.4±3.33	17.6±2.05	4.3±0.35	10.4±1.37
金元 Jinyuan	87.7±2.52	14.7±0.58	4.2±0.61	10.5±0.95
满仓金 Manchangjin	104.2±12.06	18.7±1.59	4.7±0.42	6.4±2.19
黄宝珠 Huangbaozhu	102.1±6.39	18.3±3.77	2.0±0.40	11.5±0.21
绥农 3 Suinong 3	81.2±12.67	16.6±2.02	2.4±0.42	7.3±0.25
元宝金 Yuanbaojin	87.5±5.20	15.8±1.46	1.9±0.06	6.0±2.28
紫花 4 号 Zihuan 4	92.2±8.05	16.6±1.72	1.2±0.36	10.5±0.15
克山四粒荚 Keshansilijia	85.3±2.52	16.0±1.00	1.3±0.21	11.7±1.61
小粒豆 9 号 Xiaolidou 9	102.7±3.06	15.7±1.53	1.0±0.46	9.9±1.07
丰收 6 Fengshou 6	73.3±2.91	15.3±1.21	1.3±0.21	11.7±0.84
丰收 10 Fengshou 10	64.6±14.55	14.2±0.78	0.8±0.40	10.1±0.65
黑农 28 Heinong 28	89.9±3.52	17.8±1.15	0.6±0.06	11.9±1.28
克 4430-20 Ke 4430-20	76.3±2.61	15.7±0.17	0.7±0.15	11.0±0.96
十胜长叶 Tokachi nagaha	79.2±1.10	16.1±1.61	4.5±0.64	9.8±1.18
尤比列 Youbilet	82.0±2.00	12.7±0.58	0.6±0.17	9.7±0.64
合丰 23 Hefeng 23	82.5±9.11	16.8±1.64	0.8±0.44	10.6±1.37
荆山璞 Jingshanpu	93.5±5.72	15.7±1.91	1.0±0.35	10.4±0.6
克拉克 63 Clark63	87.4±11.4	17.6±0.17	4.7±0.10	5.1±2.48
合丰 24 Hefeng 24	83.7±3.21	16.7±0.58	0.7±0.10	10.5±1.49
北丰 9 Beifeng 9	75.6±4.60	16.0±0.72	0.8±0.20	11.0±1.29
合丰 34 Hefeng 34	84.0±4.58	16.3±1.53	1.0±0.06	10.3±0.47
黑农 33 Heinong 33	91.2±2.65	16.0±1.33	0.8±0.21	5.5±1.80
合丰 25 Hefeng 25	76.9±4.94	16.7±1.55	0.7±0.12	6.9±1.42
黑农 41 Heinong 41	73.7±1.54	16.9±0.44	0.7±0.29	10.7±0.20
牡豆 12 Mudou 12	93.3±1.53	18.7±0.58	0.9±0.15	6.5±1.82

　　由表 3 结合前文划分牡豆 12 育成的 4 个阶段，在母本系谱和父本系谱中分别选取一组亲本来进行分析。母本系谱中四粒黄→满仓金→绥农 3→牡豆 12 的传递中，满仓金比四粒黄单株粒重提高 7.43%，百粒重降低 5.34%，单株荚数提高 8.83%，产量提高 13.50%；绥农 3 比满仓金单株粒重提高 4.52%，百粒重降低 8.99%，单株荚数提高 5.35%，产量提高 2.68%；牡豆 12 比绥农 3 单株粒重提高 12.92%，百粒重提高 10.84%，单株荚数提高 9.94%，产量提高 19.60%。父本系谱中四粒黄→丰收 10→合丰 25→牡豆 12 的传递中，丰收 10 比四粒黄单株粒重提高 3.90%，百粒重降低 10.15%，单株荚数提高 13.42%，产量提高 14.21%；合丰 25 比丰收 10 单株粒重提高 10.98%，百粒重提高 12.44%，产量提高 9.16%；牡豆 12 比合丰 25 单株粒重提高 2.81%，百粒重降低 6.13%，产量提高 1.20%。通过以上分析和表 3 牡豆 12 系谱中亲本的产量及相关性状的比较可以看出，单株粒重、单株荚数和产量的总体趋势是逐代增加，百粒重变化无明显规律，这说明提高单株粒重、单株荚数是提高大豆产量的有效手段。

394

表 3 牡豆 12 系谱主要亲本产量及产量性状组成

Table 3 Yield and yield components in pedigree of Mudou12

品种 Cultivar	单株粒重 Grain weight per plant /g	百粒重 100-seed weight /g	单株荚数 Pods per plant	产量 Yield /(kg/hm²)
四粒黄 Silihuang	13.7±0.40	21.7±1.18	25.8±0.99	2 338.8±51.63
金元 Jinyuan	15.9±0.81	21.2±1.13	28.4±1.35	2 467.9±43.82
满仓金 Manchangjin	14.8±1.71	20.6±0.69	28.3±1.03	2 706.2±31.20
黄宝珠 Huangbaozhu	13.1±0.61	20.5±1.35	22.5±1.08	2 780.7±51.29
绥农 3 Suinong 3	15.5±1.35	18.9±0.35	29.9±0.95	2 681.7±51.62
元宝金 Yuanbaojin	14.1±1.11	20.9±1.92	33.7±1.21	2 797.8±51.28
紫花 4 号 Zihuan 4	11.8±0.58	20.1±0.08	20.9±0.78	2 214.9±47.65
克山四粒荚 Keshansilijia	13.9±1.56	20.6±0.92	30.1±2.47	2 678.2±31.20
小粒豆 9 号 Xiaolidou 9	13.7±1.36	17.2±0.67	25.2±2.08	2 520.0±31.19
丰收 6 Fengshou 6	15.0±0.63	18.1±0.19	30.1±0.38	2 686.3±31.19
丰收 10 Fengshou 10	15.4±1.68	19.7±0.77	29.8±0.99	2 726.3±31.20
黑农 28 Heinong 28	15.2±0.91	19.5±0.94	29.0±2.41	2 703.0±31.20
克 4430-20 Ke 4430-20	15.8±1.32	20.0±2.10	29.8±1.44	2 990.0±43.82
十胜长叶 Tokachi nagaha	16.8±1.94	18.7±0.53	29.2±3.65	2 710.3±43.82
尤比列 Youbilet	16.7±0.13	16.9±1.01	26.7±1.15	2 193.3±43.82
合丰 23 Hefeng 23	15.7±0.80	21.2±1.37	28.2±1.84	2 870.8±51.28
荆山璞 Jingshanpu	11.6±0.78	16.3±0.35	22.4±0.79	2 328.2±31.19
克拉克 63 Clark63	11.8±1.27	20.6±0.98	21.1±1.39	2 670.0±51.29
合丰 24 Hefeng 24	15.1±1.39	19.0±0.35	34.7±1.34	3 164.4±53.37
北丰 9 Beifeng 9	16.1±1.10	18.4±0.29	31.5±0.85	3 054.9±47.65
合丰 34 Hefeng 34	17.0±0.99	19.7±0.67	28.8±0.80	3 172.5±53.38
黑农 33 Heinong 33	16.7±0.98	18.7±0.76	31.5±0.68	3 220.5±53.38
合丰 25 Hefeng 25	17.3±0.84	22.5±0.51	32.8±0.34	3 025.3±53.37
黑农 41 Heinong 41	16.9±0.38	20.7±0.69	33.2±2.42	2 997.0±47.65
牡豆 12 Mudou 12	17.8±0.74	21.2±0.50	33.2±0.88	3 460.9±53.37

由表 4 可知，牡豆 12 系谱中，蛋白含量尤比列（37.1%）最低，丰收 10（43.2%）最高；脂肪含量合丰 34（19.4%）最低，十胜长叶（23.5%）最高；蛋脂和尤比列（58.8%）最低，丰收 10（64.3%）最高。早代亲本和晚代亲本间并没有明显的规律。

表 4 牡豆 12 系谱主要亲本蛋白质、脂肪含量

Table 4 Protein and oil in pedigree of Mudou12

品种 Cultivar	蛋白含量 Protein content /%	脂肪含量 Oil content /%	蛋脂和 Protein and oil content /%
四粒黄 Silihuang	41.9±0.64	21.4±0.29	63.3±0.50
金元 Jinyuan	37.9±0.38	21.2±0.67	59.2±0.64
满仓金 Manchangjin	40.6±1.08	21.2±0.26	61.8±0.96
黄宝珠 Huangbaozhu	40.2±0.43	21.4±0.36	61.6±0.78
绥农 3 Suinong 3	39.7±1.58	22.2±0.39	61.9±1.61
元宝金 Yuanbaojin	39.5±1.56	22.2±0.30	61.8±1.52
紫花 4 号 Zihuan 4	39.4±1.00	21.6±0.93	61.0±1.84

克山四粒荚 Keshansilijia	38.9±0.36	20.8±0.61	59.7±0.92
小粒豆9号 Xiaolidou 9	39.1±0.66	20.8±0.40	59.9±0.52
丰收6 Fengshou 6	42.2±1.11	21.5±0.62	63.7±0.49
丰收10 Fengshou 10	43.2±1.25	21.1±1.07	64.3±2.16
黑农28 Heinong 28	40.1±0.60	22.0±0.37	62.0±0.61
克4430-20 Ke 4430-20	40.0±0.41	21.4±0.59	61.5±0.67
十胜长叶 Tokachi nagaha	38.5±0.71	23.5±0.18	62.0±0.63
尤比列 Youbilet	37.1±0.36	21.7±0.59	58.8±0.35
合丰23 Hefeng 23	40.0±0.25	21.8±0.18	61.8±0.33
荆山璞 Jingshanpu	37.6±0.80	21.9±0.50	59.4±0.75
克拉克63 Clark63	40.7±0.79	21.9±0.21	62.6±0.64
合丰24 Hefeng 24	38.8±0.25	21.8±0.20	60.6±0.38
北丰9 Beifeng 9	39.8±0.53	23.2±0.29	63.0±0.27
合丰34 Hefeng 34	42.2±0.47	19.4±0.42	61.5±0.76
黑农33 Heinong 33	39.8±0.59	22.1±1.10	61.9±0.97
合丰25 Hefeng 25	41.6±0.90	20.6±0.49	62.2±0.73
黑农41 Heinong 41	38.3±0.18	22.7±0.09	60.9±0.10
牡豆12 Mudou 12	40.9±0.13	20.8±0.22	61.6±0.14

3 结论与讨论

从牡豆12系谱的分析可以看出,其祖先亲本数量有21个,大大超出了全国7.44个的平均水平,且国外亲本的育成贡献率达到了35.15%,从牡豆12主要亲本病粒率和虫食率的数据来分析,牡豆12对病虫害的抗性基因主要来自尤比列和克拉克63这2个国外亲本,克拉克63的抗虫性是通过克拉克63→黑农33→黑农41→牡豆12传递的,尤比列的抗病性是通过尤比列→黑河105→黑交83-889→黑交97-2481→绥03-3068→牡豆12传递的。这说明了以抗性优良的地理远缘种质作为亲本来改良本地品种这种方法切实可行。

对作物基因型进行遗传改良是作物产量提升的重要途径[16]大豆产量是单株荚数、单株粒数、单株粒重、百粒重等众多性状的综合表现[17]。本文通过对牡豆12及其系谱亲本的产量性状的分析可以看出,通过提高单株粒重、单株荚数实现了大豆产量的逐年提升。现阶段的大豆高产育种,多是以适应当地生态条件的优良品种(品系)为母本,通过有性杂交引入能够弥补母本不足的高产基因,并筛选出优良的中间材料为骨干亲本,再对骨干亲本进行进一步改造,选育出高产大豆品种。要在大豆育种上取得长足的进步,关键是要突破遗传基础狭窄的瓶颈[18]。在早期的大豆育种中,是以地方品种和农家品种作为亲本,在之后的育种中,地方品种和农家品种逐步被其衍生系和其他品种替代,并引入国外品种和国内地理远缘品种的优良基因。目前,笔者所在研究团队利用黄淮海及南方夏大豆材料来改良现有的优良东北大豆品系,创造了一系列主茎节数多、单株荚数多的中间材料。由于大豆对光温反应比较敏感,夏大豆材料无法直接被东北大豆育种者利用,需要通过多代回交和复合杂交等手段将其优良基因导入骨干亲本中,实现东北大豆遗传基础的拓宽。

目前黑龙江大豆市场中,蛋白含量40%以上、百粒重22~24 g的大豆市场收购价格较高,大粒、高蛋白的大豆品种在黑龙江大豆种植户中备受推崇,未来的大豆品种选育在注重提高大豆单产的同时,还要在高品质、抗旱、抗病等方面有所突破,才能更好地适应我国大豆种植业结构的调整,培育出优良的大豆品种以推动大豆产业的发展。孙晓环等[10]对牡试6号的亲本解析中指出,选择高蛋白亲本,可以优化高蛋白的遗传基础,从而选育出高蛋白品种。刘秀林等[19]对黑农48进行亲本追溯及蛋白遗传解析中指出,高蛋白大豆育种在选择育种亲本时,应以适应当地气候条件的具有广适性的主栽高蛋白品种为母本,以融入地理远缘基因和生态远缘基因的材料为父本。本研究对牡豆 12 系谱亲本蛋白分析结果中蛋白含量最高的为丰收 10（43.2%），其母本丰收 6（42.2%）蛋白含量较高，父本克山四粒荚（38.9%）蛋白含量偏低，可见即使父本蛋白含量偏低，也会出现蛋白含量超亲的后代。

参考文献（略）

该文章尚未见刊。

牡豆 13 亲本追溯及遗传解析

李文，王燕平，宗春美，齐玉鑫，孙晓环，白艳凤，孙国宏，杜维广，任海祥

（黑龙江省农业科学院牡丹江分院/国家大豆改良中心牡丹江试验站/牡丹江大豆研发中心，黑龙江 牡丹江 157041，中国）

摘 要：牡豆 13 是黑龙江省农业科学院牡丹江分院选育的大豆品种，具有高产、抗倒伏等优点。本文通过对其亲本进行追溯，建立系谱树，分析其亲本的地理来源及核遗传贡献率，揭示其遗传基础，为大豆育种亲本的选择提供参考。结果表明：牡豆 13 属于白眉细胞质家族，传递过程是：白眉→紫花 4 号→丰收 1 号→黑河 54→合丰 35→垦丰 23→牡豆 13。细胞核基因由白眉、四粒黄、金元、克山四粒荚、蓑衣领等 31 个祖先亲本共同提供，总贡献率为 62.83%；【结论】在品种育种的遗传改良时，可以用适应当地气候条件的品种为母本，用带有目标性状的材料为父本。

关键词：大豆；牡豆 13；祖先亲本；系谱分析

Traceability and Genetic Analysis of the Parents of Mudou 13

LI Wen, WANG Yan-ping, ZONG Chun-mei, QI Yu-xin, SUN Xiao-huan, BAI Yan-feng, SUN Guo-hong, DU Wei-guang, REN Hai-xiang

(*Mudanjiang Branch of Heilongjiang Academy of Agricultural Sciences / Mudanjiang Experiment Station of the National Center for Soybean Improvement / Soybean Research and Development center of Mudanjiang, Mudanjiang 157041, China*)

Abstract: Mudou 13 was a soybean variety bred by Mudanjiang Branch of Heilongjiang Academy of Agricultural Sciences. It had the advantages of high yield and lodging resistance. This article traces its parents to establish a pedigree tree, analyzed the geographical origin and nuclear genetic contribution rate of its parents, and revealed the genetic basic. The genetic basis provided a reference for the selection of soybean breeding parents. The results showed that Mudou 13 belonged to the white eyebrow cytoplasmic family, and the transmission process is: Baimei→Zihua No.4→Fengshou No.1→Heihe 54→Hefeng 35→Kenfeng 23→Mudou 13. The nuclear genes were provided by 31 ancestral parents including Baimei, Silihuang, Jinyuan, Keshan silijia and Collar, with a total contribution rate of 62.83%.in the genetic improvement of variety breeding, varieties adapted to local climatic conditions could be used as female parents and materials with tarfet shape could be used as male parents.

KeyWords: Soybean; Mudou 13; ancestor; Pedigree analysis

品种改良是实现大豆高产、优质、高效的重要途径之一，这一过程依赖于丰富的遗传基础。牡豆 13 是黑龙江省农业科学院牡丹江分院选育的大豆品种，具有高产、抗倒伏等优点。本研究以大豆牡豆 13 为供试材料，通过对其系谱进行分析，明确其高产的细胞核和细胞质来源，旨在为以后培育高产大豆品种提供参考。

1 材料和方法

1.1 材 料

牡豆 13 是黑龙江省农业科学院牡丹江分院以垦丰 23 与绥农 30 杂交选育大豆品种。

1.2 分析方法

从牡豆 13 开始逐级向上追溯亲本，直至祖先亲本（主要指地方品种、国外引种材料和无法再进一步

追溯其遗传来源的育种品种），分析牡豆 13 的细胞遗传路径。细胞质通过母本遗传，贡献率 100%； 计算出祖先亲本细胞核遗传贡献率，凡由亲本通过自然变异选择法、辐射育种法育成的品种其亲本的核遗传贡献率为 100%，凡由杂交育成的品种其双亲的核遗传贡献率均为 50%，每一亲本再按均等分割方法上推至双亲，直至终极的祖先亲本，这样育成品种的各祖先亲本核遗传贡献值总和应等于 100%。系谱树图绘制及贡献率的计算参照《中国大豆育种的核心祖先亲本分析》[1]、《中国大豆育成品种及其系谱分析(1923—2005)》的分析方法[2,3]。

2. 结果与分析

2.1 牡豆 13 的系谱树

由图 1 可知，牡豆 13 的细胞质基因是由白眉提供，贡献率为 100%，其传递过程为：白眉→紫花 4 号→丰收 1 号→黑河 54→合丰 35→垦丰 23→牡豆 13。细胞核基因由白眉、四粒黄、金元、克山四粒荚、蓑衣领、佳木斯秃荚子、嘟噜豆、Amsoy、Clark 63、海 8008、辉南青皮豆、洋蜜蜂、永丰豆、铁荚四粒黄、大白眉、海伦金元、一窝蜂、十胜长叶、辐-2-16、小粒豆 9 号、熊岳小黄豆、小粒黄、黄客豆、东农 20、铁荚子、合交 742、紫花矬子、北 804083、大粒青、东农 23、秋田 2 号等 31 个地方品种提供（排名不分先后）。

2.2 牡豆 13 的遗传来源

分析牡豆 13 系谱树母本和父本分枝上的亲本，发现系谱树上聚合了大量不同生态区的基因型，它们的优良基因经杂交重组，在自然选择、人工选择的作用下，有益增效基因不断累加、减效基因不断剔除，构成了牡豆 13 优秀特征特性的遗传基础[3]。

牡豆 13 经历了 7 轮杂交选育而来，第 1 轮育种工作主要是对农家种和 1949 年前育成品种的搜集、整理和提纯，整理出白眉、四粒黄、克山四粒荚、佳木斯突荚子、紫花 4 号、东农 1 号、满仓金、元宝金、平地黄、熊岳小黄豆等地方品种，部分育成品种以及部分品种如紫花 4 号和元宝金选育出的丰收 6 号、由紫花 4 号和佳木斯突荚子选育的克交 5610、丰地黄和熊岳小黄豆选育品种 5621。第 2 轮育种工作主要包括早期杂交育成品种(系)以及部分地方品种的诱变系，如铁 6831、7253、哈光 1657、黑农 4 号、满仓金、克山四粒荚、绥农 1 号姊妹系、荆山璞、九农 6 号、九农 7 号等地方品种以及国外血缘秋田 2 号、十胜长叶。第 3 轮除了国内育成品种(系)外，还有外引种质，如绥 69－4258、绥农 3 号、群选 1 号（永丰豆自然变异选系）、丰收 10、克交 69－5236、45－115、绥 70－18 以及国外血缘种质材料 Amsoy、Clark63 等。第 4 轮主要育成品种（系）有 103－4、绥农 4 号、绥 77－5047、绥 79－5097、克交 77－207、九交 7226－2、铁丰 18 以及吉林 20。第 5 轮育成的主要品种有绥 84－988、北丰 9 号、公交 8420 以及铁丰 23。第 6 轮育成牡豆 13 的母本垦丰 23 以及父本绥农 30。第 7 轮育成牡豆 13。

2.3 牡豆 13 的亲本分析

吉林省公主岭地区科研人员从吉林地方品种四粒黄中系选出黄宝珠，黄宝珠和分布在吉林省南部与辽宁省北部的地方品种金元杂交，育成满金仓和元宝金，满仓金耐盐碱、对光照反应敏感、抗蚜虫能力强，但不耐肥水，易倒伏、食心虫害重，元宝金是满仓金的姊妹系，同时育成推广，但较满仓金耐肥水、不易倒伏、食心虫害轻，满金仓和元宝金在 20 世纪 50 年代和 60 年代初在黑龙江省中南部、东部及吉林省中北部地区大面积种植[3]；白眉是黑龙江省克山的地方品种，而黑龙江省农业科院克山分院由白眉中选出的紫花 4 号，则具有丰产性好、喜肥耐湿、秆强、品质好等特点[2]，是 20 世纪五六十年代黑龙江省的主栽品种。紫花4号与元宝金杂交，育成丰产性好的丰收4号和丰收6号，生产上取代了紫花4号[4]。荆山璞（满仓金自然选系）是黑龙江、吉林、内蒙古的地方品种，具有较好的适应性[5]。由紫花4号与荆山璞杂交选系于1971年选育出铁丰8号，在吉林省东部广泛推广[5]。克山四粒荚具有粒大、虫食率少、品质好等特点[6]，丰收6号与克山四粒荚杂交，育成丰收10号，具有早熟、丰产、喜水耐肥和较强的菌核病抵抗力[7]，生产上取代了丰收6号。由黑龙江省地方品种小粒黄的自然选系后代中选育出东农1号[5]，满仓金和东农1号的杂交选育出品种克5501-3，丰收6号与克山四粒荚的杂交选育出克交56-4258。

母本在早期杂交选育的基础上，黑龙江省农业科学院黑河分院通过丰收1号与蓑衣领（黑龙江地方品种）杂交，育成了黑河54，在黑河地区大面积推广[8]。同时，黑龙江省农业科学院绥化分院通过绥77-5047与吉林市农科院的九交7226-2杂交，选育了绥农7号大豆具有高产、抗病、优质等特点。1994年黑龙江省农业科学院合江农科所由中间材料合交8009-1612（黑河54×Amsoy与黑河54的回交材料）与绥农7号杂交选育了合丰35，具有增产显著、抗灰斑病、抗倒伏、耐重迎茬性好、虫食粒率低等特点，在黑龙江省第二、三积温带广大地区和第一、四积温带的部分地区种植及内蒙古自治区、吉林等省部分地区大面积种植。吉林市农业科学院利用辽宁省铁岭大豆所的铁7533与九农13×九交7273-2-1的F_1代杂交，选育了九交8320-6-3。1995年更在其基础上与公8448-31进行杂交，选育了九农23。该品种完全粒率高、高产、稳产、抗逆性强，2002年获吉林市科技进步二等奖，其蛋白质含量为42.03%[9]。1997年黑龙江省农垦科学院以合丰35与九农23杂交选育了垦丰23大豆品种，具有中熟、高产、稳产、耐旱、适应性广等特点，在黑龙江农垦区大面积推广[10]。

父本在早期杂交选育的基础上，黑龙江省农业科学院绥化分院通过克5501-3与克交56-4258杂交，育成绥农3号。绥农3号具有茎秆富有韧性、喜肥水、耐湿性好等特点[7]。东农20与东农1号杂交育成了丰收7号，用丰收7号与丰收10号杂交，育成品种绥69-4258，融入吉林地方品种永丰豆的后代群选1号的基因的绥69-4258与绥农3号杂交，育成绥农4号[4]。绥农4号茎秆强壮、株型收敛，在高肥水条件下增产潜力大，生产上替代了绥农3号[4]。由黑龙江省克山分院选育的克交69-5236与日本品种十胜长叶育成克交4430-20，并与合丰23杂交选育出合丰25，在黑龙江省二、三积温带广泛推广[11,12]。其中十胜长叶由日本十胜农场在海岛生态环境下由本育65号×大豆本第326号于1947年选育而成，具有节间短、结荚密、秆强、多花多荚、适应性广、配合力高等特点，对黑龙江省乃至东北地区大豆育种影响深远[11]。黑龙江省国营农场总局北安农管局农科所1995年由合丰25与北804083杂交，选育了北丰9号大豆，具有较好的耐旱性和耐湿性，在北安地区广泛推广[13]。黑龙江省农业科学院绥化分院由绥79-5097与合交77-20杂交选育的品种绥84-988，具有喜水耐肥、高蛋白等特点。2002年更在绥84-988基础上与北丰9号和吉林20的杂交系进行杂交，选育了绥农18，具有抗灰斑病、秆强硬、抗倒伏等特点[4]。之后黑龙江省农业科学院绥化分院利用黑龙江省农业科学院大豆研究所的黑农19与绥农18杂交，其后代品种绥00-152表现较好。2009年黑龙江省农业科学院绥化分院由绥00-152与黑农55×合丰47的F_1代杂交选育了绥农30，在内蒙古自治区呼伦贝尔市广泛推广。

2.4 牡豆13的祖先亲本核遗传贡献率

牡豆13的细胞核基因由白眉、四粒黄、金元、克山四粒荚、蓑衣领、佳木斯秃荚子、嘟噜豆、Amsoy、Clark 63、海8008、辉南青皮豆、洋蜜蜂、永丰豆、铁荚四粒黄、大白眉、海伦金元、一窝蜂、十胜长叶、辐-2-16、小粒豆9号、熊岳小黄豆、小粒黄、黄客豆、东农20、铁荚子、合交742、紫花矬子、北804083、大粒青、东农23、秋田2号等31个地方品种提供（见表1）。

表 1 祖先亲本的应用构成了牡豆 13 的**祖先亲本和遗产贡献率**

Table 1 Genetic offer ratio of ancestral parents of Mudou 13

序号 Serialnumber	品种名称 Cultivar	来源 Source	核遗传贡献率 Genetic offer ratio /%
1	白眉 Baimei	黑龙江 Heilongjiang	3.76
2	四粒黄 Silihuang	黑龙江 Heilongjiang	3.51
3	金元 Jinyuan	辽宁 Liaoning	2.90
4	克山四粒荚 Keshansilijia	黑龙江 Heilongjiang	6.49
5	蓑衣领 Suoyiling	黑龙江 Heilongjiang	5.86
6	佳木斯秃荚子 Jiamusituojiazi	黑龙江 Heilongjiang	0.27
7	嘟噜豆 Duludou	吉林 Jilin	1.37
8	Amsoy	美国 USA	6.05
9	Clark 63	美国 USA	3.13
10	海 8008Hai8008	吉林 Jilin	3.13
11	辉南青皮豆 Huinanqingpidou	吉林 Jilin	0.98
12	洋蜜蜂 Yangmifeng	吉林 Jilin	1.17
13	永丰豆 Yongfengdou	吉林 Jilin	0.39
14	铁荚四粒黄 Tiejiasilihuang	吉林 Jilin	3.52
15	大白眉 Dabaimei	辽宁 Liaoning	0.49
16	海伦金元 Hailunjinyuan	黑龙江 Heilongjiang	0.98
17	一窝蜂 Yiwofeng	吉林 Jilin	0.78
18	十胜长叶 Tokachi nagaha	日本 Japan	1.17
19	辐-2-16Fu-2-16	不详 Unknown	1.56
20	小粒豆 9 号 Xiaolidou9	黑龙江 Heilongjiang	0.39
21	熊岳小黄豆 Xiongyuexiaohuangdou	辽宁 Liaoning	0.49
22	小粒黄 Xiaolihuang	吉林 Jilin	0.78
23	黄客豆 Huangkedou	辽宁 Liaoning	0.39
24	东农 20 Dongnong 20	黑龙江 Heilongjiang	0.20
25	铁荚子 Tiejiazi	辽宁 Liaoning	0.20
26	合交 742 Hejiao 742	黑龙江 Heilongjiang	3.13
27	紫花矬子 Zihuacuozi	黑龙江 Heilongjiang	0.39
28	北 804083Bei804083	黑龙江 Heilongjiang	1.56
29	大粒青 Daliqing	辽宁 Liaoning	3.13
30	东农 23 Dongnong 23	黑龙江 Heilongjiang	1.56
31	秋田 2 号 Qiutian 2	日本 Japan	3.13
汇总			62.83

四粒黄

四粒黄　　白眉　　黄宝珠×金元

黄宝珠×金元　　(紫花 4 号×元宝金)F7×佳木斯秃荚子

满仓金　克交 5610×克山四粒荚　嘟噜豆　　　　四粒黄　　　　　　小金黄

四粒黄 黑农 4×克 56-10013-2　丰地黄×辉南青皮豆　洋蜜蜂　海伦金元×(黄宝珠×大白眉)　集体 1×铁荚四粒黄 丰地黄×熊岳小黄豆

白眉 黄宝珠×金元 绥 70-6×Amsoy 早丰 1×集体 4　集体 5×铁荚四粒黄 (丰地黄×5621)×(丰地黄×吉林 1 号) 永丰豆 铁丰 3 号×5621

紫花 4 号×元宝金 克山四粒荚×7253 九农 6×九农 7 铁 6831×大粒青 九农 6×九农 7 群选 1 号×东农 23 铁丰 19×秋田 2 号 吉林 5×吉林 1 号

丰收 1 号×蓑衣领 绥 77-5047×九交 7226-2　　　铁 7533×(九农 13×九交 7273-2-1)　　铁丰 23×吉林 20

[(黑河 54×Amsoy)×黑河 54]×绥农 7 号　　　　九交 8320-6-3×公交 8448-31

合丰 35　　　　×　　　　九农 23

垦丰 23

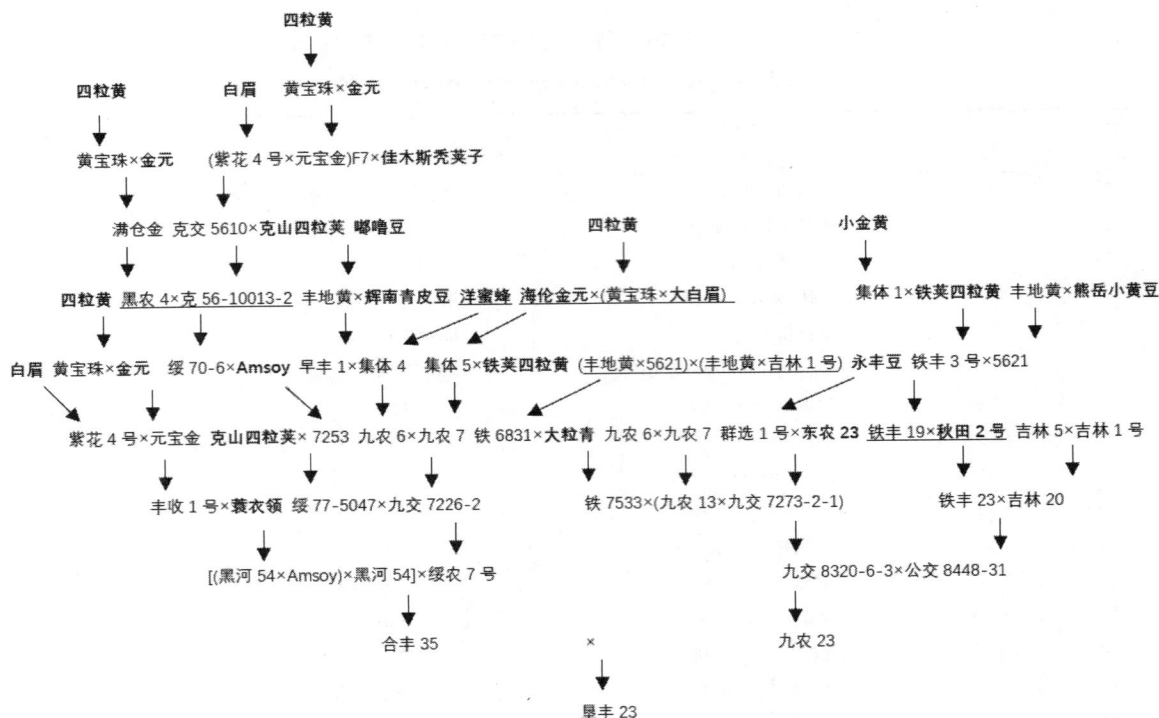

图 1　　牡豆 13 母本系谱树

Fig. 1　The genealogical tree of Mudou 13 female parent

3 讨 论

牡豆 13 的细胞核遗传来源于 31 个祖先亲本，特别是 1990~2010 年引入的国外血缘，拓宽育种遗传基础。这是育种发展进步的必然趋势，也是育种水平进步的标志[9,11,14]。丰富的遗传基础是牡豆 13 大豆育种成功的主要因素。在育种进程中融入了不同的种质基因，一是适应性强的地方品种，如满仓金、金元、四粒黄等；二是国外品种，如 Amsoy、Clark 63、十胜长叶等；还有高产和高蛋白的种质，如绥字号大豆、黑农 55 等。说明牡豆 13 的选育是将各系谱亲本的优良性状基因进行聚合、优化。

牡豆 13 的细胞质遗传来源于黑龙江省地方品种白眉，其贡献率为 100%。但是通过阅读文献发现，黑龙江省相对成功的绥农号大豆、合丰号大豆的细胞质来源有从四粒黄、白眉等地方品种向小粒豆 9 号的趋势[4,12]。因此，我们育种工作者可以在配制杂交组合时多考虑一下细胞质的影响以适应当地的条件。4 份国外种质的核遗传贡献率达到 13.48%，说明国外种质资源在一定程度上丰富了牡豆 13 中遗传背景。熊冬金等报道，引进的外来种质，对提高产量、增强抗逆性和改善品质等均已发挥了重要作用，如十胜长叶、秋田 2 号、Amsoy、Clark 63 等在中国大豆育种中均起到了重要的作用，今后这些材料仍可作为供体亲本使用。

牡豆 13 的祖先亲本除了 4 个引自国外（美国 2 个，Amsoy、Clark 63，日本 2 个，十胜长叶、秋田 2 号），其余的 27 个均引自东北三省。在系谱亲本中，国内大豆品种对牡豆 13 的总核遗传贡献率为 49.35%，占比最大。说明国内大豆种质资源中存在着大量的优异性状基因，有待于进一步发掘和利用；但同时，也从客观上反映了这些亲本间存在较近的亲缘关系，这样容易导致遗传基础过于狭窄。盖钧镒院士指出东北地区对黄淮海及南方大豆材料利用极少[16]，牡豆 13 也不例外，南方夏大豆的许多优良核、质遗传贡献为 1.89%。但由于大豆对温、光反应较敏感，夏大豆很难在黑龙江直接利用[20]。可以利用人工控制温光、在南方做杂交或 DNA 导入等方法配合适当的组配方式利用夏大豆创造出带有各地优良基因的材料，继续拓宽东北大豆的遗传基础[12]，这是未来需要努力的方向[20]。

参考文献（略）

该文章尚未见刊。

牡豆 14 祖先亲本追述及遗传解析

孙国宏，任海祥，王燕平，宗春美，孙晓环，齐玉鑫，白艳凤，李文，赵鹤，王丽，张帅，徐德海

（黑龙江省农业科学院牡丹江分院，黑龙江 牡丹江 157041）

摘 要：牡豆 14 是黑龙江省农业科学院牡丹江分院 2020 年审定的高产大豆新品种，具有高产、抗旱、优质等特点。本文根据亲本追溯建立的系谱树，分析亲本地理来源及核遗传贡献率，揭示其遗传基础，为大豆育种亲本的选择利用提供参考。结果表明：牡豆 14 是四粒黄细胞质家族，传递过程是：四粒黄→黄宝珠→满仓金→克 5501－3→绥农 3 号→绥农 4 号→绥 81－242→黑农 40→牡豆 14。核基因祖先亲本由十胜长叶、嘟噜豆、哈 76－6045、滨海大白花、金元、四粒黄、Amsoy、大白麻、日本大白眉、永丰豆、通州小黄豆、克山四粒荚、熊岳小黄豆、小粒黄、Mamotam、铜山天鹅蛋、白眉、榆次小黄豆、东农 20、佳木斯秃荚子共 20 个品种共同提供。核遗传贡献率分别是：14.05%、12.10%、9.37%、6.25%、5.71%、5.71%、5.68%、4.68%、4.68%、4.68%、4.68%、4.68%、3.51%、3.51%、3.12%、3.12%、2.05%、1.56%、1.17%、0.58%。牡豆 14 亲本的选择发掘了本地区理想株型受体、并具有很好配合力的主栽品种黑农 40，引进晋豆 23 抗旱基因和黄淮海地理远缘基因拓宽其遗传基础，使双亲优异性状得以叠加、优缺点得到互补。

关键词：大豆；牡豆 14；祖先亲本；遗传贡献率

Ancestors Tracking and Genetic Dissection for Released Soybean Cultivar Mudou 14

SUN Guo-hong, REN Hai-xiang, WANG Yan-ping, ZONG Chun-mei, SUN Xiao-huan, QI Yu-xin, BAI Yan-feng, LI Wen, ZHAO He, WANG Li, ZHANG Shuai, XU De-hai

(*Mudanjiang Branch of Heilongjiang Academy of Agricultural Sciences, Heilongjiang Mudanjiang157041,China*)

Abstract: Mudou 14, bred by Mudanjiang Branch of Heilongjiang Academy of Agricultural Sciences, had strong drought resistance and was harmonious in high yield, good quality. Based on ancestors tracking and pedigree tree building, we analyzed Mudou 14 parent geographical origin and nuclear genetic contribution, and reveal its genetic basis,which could provide a reference for soybean breeding parent selection and use. The result showed that Mudou 14 belonged to Silihuang cytoplasm family, transfer process was: Silihuang → Huangbaozhu→ Mancangjin→Ke5501–3→Suinong No.3→ Suinong No.4→Sui81–242→Heinong 40→Mudou 14.Nuclear genes were provided by the ancestors, including Shishengchangye, Duludou, Ha 76–6045, Binhaidabaihua, Jinyuan, Silihuang, Amsoy, Abaima, Ribendabaimei, Yongfengdou, Tongzhouxiaohuangdou, Keshansilijia, Xiongyuexiaohuangdou, Xiaolihuang, Mamotam, Tongshantianedan, Baimei, Yucixiaohuangdou, Dongnong 20, Jiamusitujiazi. Nuclear genetic contribution rate respectively was 14.05%, 12.10%, 9.37%, 6.25%, 5.71%, 5.71%, 5.68%, 4.68%, 4.68%, 4.68%, 4.68%, 4.68%, 3.51%, 3.51%, 3.12%, 3.12%, 2.05%, 1.56%, 1.17%, 0.58%. The seletion of parents of Mudou 14 explored ideal plant type of this area with good combining ability of main cultivation heinong40, utilization of jindou 23 drought-tolerant gene and exogenous gene in the north china plain，excellent characters of the advantages and disadvantages of parents could be superimposed and complemented.

Keywords: Soybean; Mudou 14; Ancestral parents; Genetic contribution rate

　　大豆是黑龙江省最主要的经济作物，单产与世界平均水平差距明显，更是远低于美国、巴西、阿根廷等国家，因此提高大豆单产是目前大豆育种和栽培最迫切的核心目标。在大豆产量性状改良过程中，亲本的血缘较近，基因狭窄，难以育出突破性品种，已成为限制品种改良的瓶颈。在育种工作中，发掘本地区品种，充分利用地理远缘基因拓宽其遗传基础，从而创造出具有目标性状和新遗传背景材料，进而达到早熟、高产的育种目的。本研究通过对牡豆 14 亲本追述和遗传解析，有助于在实际育种过程中有目的、有针对性地加以利用，发挥优异亲本最大价值。

1 材料与方法

1.1 材料

牡豆14（黑审豆2020008）是黑龙江省农业科学院牡丹江分院以高产高光效大豆品种黑农40为轮回亲本，以耐旱高产大豆品种晋豆23为非轮回亲本，回交1次经系谱法选育而成。黑农40由黑龙江省农业科学院大豆研究所栾晓燕研究员提供，晋豆29由山西省农业科学院经济作物研究所刘学义研究员提供。该品种属无限型结荚习性，株高108 cm，带小分枝；紫花，长叶，棕色茸毛；子粒圆形、种皮黄色有光泽、种脐黄色；百粒重21.8 g，蛋白质含量40.43%，脂肪含量20.4%；根系发达，秆强壮，具有较好抗旱性；中抗灰斑病，兼抗霜霉病和大豆花叶病，在适应地区生育日数117 d，从出苗到成熟需活动积温2350 ℃。2017年和2018年生产试验中分别较对照增产8.9%和10.0%。

1.2 方法

系谱分析资料主要来源于《中国大豆品种志》[1]、《中国大豆品种志(1978—1992)》[2]和相关育种单位在各类刊物上发表的相关资料[3-8]。逐级追溯牡豆14亲本至原始祖先亲本(地方品种、国外引种材料和无法再进一步追溯其遗传来源的育种品系)，建立牡豆14的系谱，计算遗传贡献率。系谱图绘制及贡献率的计算参照《中国大豆育种的核心祖先亲本分析》[9]、《中国大豆育成品种及其系谱分析(1923—1995)》[10]的分析方法并参考相关文献。细胞质通过母本遗传，即原始祖先母本的细胞质贡献率为100%；计算祖先亲本细胞核遗传贡献率，自然变异选择法、辐射育种法育成的品种其亲本的核遗传贡献率为100%；杂交育成的品种其双亲的细胞核遗传贡献率各为50%，每一亲本均按此法上推，直至原始祖先亲本，这样育成品种的各祖先亲本核遗传贡献值总和应等于100%。

2 结果与分析

2.1 牡豆14系谱世代

由图1可见，四粒黄提供细胞质基因，贡献率为100%，传递过程为:四粒黄→黄宝珠→满仓金→克5501－3→绥农3号→绥农4号→绥81－242→黑农40→牡豆14。核基因由祖先亲本十胜长叶、嘟噜豆、哈76－6045、滨海大白花、金元、四粒黄、Amsoy、大白麻、日本大白眉、永丰豆、通州小黄豆、克山四粒荚、熊岳小黄豆、小粒黄、Mamotam、铜山天鹅蛋、白眉、榆次小黄豆、东农20、佳木斯秃荚子20个品种、品系共同提供。

2.2 牡豆14的遗传来源分析

牡豆14集合了东北、黄淮和国外种质优良基因。黑、吉、辽等东北地区的祖先亲本包括四粒黄、金元、小粒黄、白眉、克山四粒荚、永丰豆、佳木斯秃荚子、嘟噜豆、熊岳小黄豆等地方品种；黄淮海地区祖先亲本包括通州小黄豆、滨海大白花、铜山天鹅蛋、大白麻，榆次小黄豆；以及国外材料十胜长叶、日本大白眉、Amsoy、Mamotam。遗传基础相对比较广泛。牡豆14经过7轮杂交选育而来，第1轮是公主岭农试场育种工作者以整理出的四粒黄为母本、金元为父本杂交育成第一个杂品种满仓金。第2轮是满仓金与东农1号杂交育成品系克5501－3。第3轮是克5501－3与克56－4258杂交育成绥农3号。第4轮以绥农3号为母本与绥69－4258×群选1号F₁杂交育成绥农4号。第5轮绥农4号与（绥76－686×哈76－6054)杂交育成品系绥81－242。第6轮以绥81－242为母本，铁丰25为父本育成黑农40。第七轮以黑农 40 为轮回亲本，晋豆 23 为非轮回亲本育成牡豆 14。

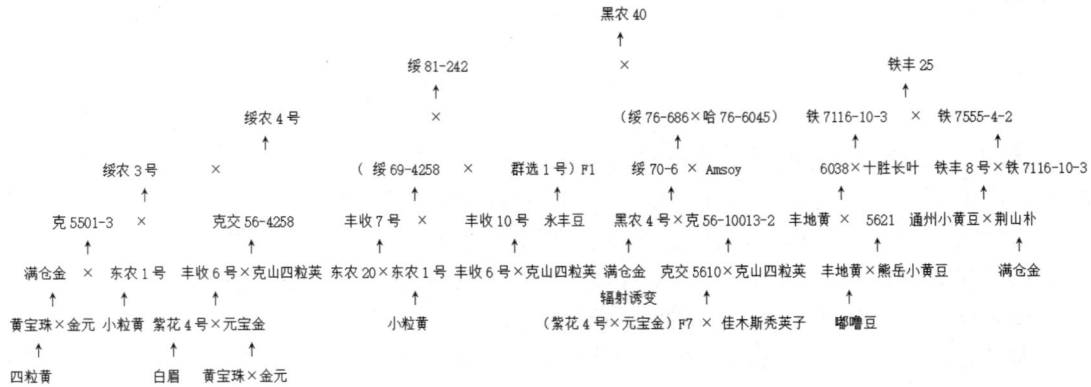

图 1 牡豆 14 母本和回交亲本的母本系谱树
Fig. 1 Female pedigree tree of female parent and backcross parent of Mudou 14

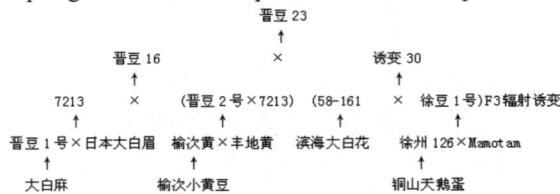

图 2 牡豆 14 回交亲本的父本系谱树
Fig.2 Male pedigree tree of backcross parents Mudou 14

2.3 牡豆 14 遗传性状解析

牡豆 14 新品种育成主要包含 2 个步骤，第一步是利用现有优异品种或种质，引进外来种质拓宽遗传基础，将有益于优异性状基因聚合而提高产量、增强抗逆性和改善品质。第二步是用当地的优良高光效大豆品种黑农 40 进行回交改良，通过育种过程选择，决选出适应当地生态条件的品系，进而育成大豆新品种牡豆 14。

牡豆 14 母本黑农 40 品种性状特点：亚有限结荚习性，株高 100cm 左右，披针叶深绿色，紫花，灰毛。生育日数 125d，需活动积温 2 680 ℃。百粒重 22g，蛋白质含量 40.94%，脂肪含量 20.37%。较对照品种黑农 37 增产 8.4%。2000 年在新疆石河子市"黑农 40"创造 4.9 t/hm² 的高产纪录。

牡豆 14 父本国审晋豆 23 大豆品种特点：白花，棕毛，圆叶，无限结荚习性。百粒重 22.5g。种皮黄色，有光泽，脐色黑，粒椭圆形。抗旱性强，韧性好，抗病毒病能力强。平均粗蛋白质含量 40.11%，粗脂肪含量 18.48%。2000 年国家大豆生产试验，平均单产 2 898 kg/hm²，较对照增产 2.4%。

牡豆 14 继承了母本长叶、百粒重大、株高、高产的遗传基础，继承了父本棕毛、抗旱、秆强、抗病、高产的遗传基因。通过回交转育，丰富杂交后代的遗传基础，增大变异幅度，提高后代性状互补，缩短晋豆 23 的生育期，增强适应自然和栽培条件的能力，能够适应黑龙江省生态特点，使牡豆 14 具有早熟、长叶、棕毛、粒大、抗旱、秆强、抗病、高产的遗传性状，具备高产的遗传基础。

2.4 祖先亲本核遗传贡献率

表 1 是牡豆 14 祖先亲本核遗传贡献率表，祖先亲本如四粒黄(在选系黄宝珠的基础选育出满仓金和元宝金)和金元应用了 12 次，遗传贡献率均为 5.71%;嘟噜豆(选系出丰地黄)应用 9 次，遗传贡献率为 12.10%;白眉（选系出紫花 4 号）和克山四粒荚各应用了 6 次，核遗传贡献率为 2.05% 和 4.68%;熊岳小黄豆应用了 4 次,核遗传贡献率为 3.51%;十胜长叶、小粒黄分别应用 4 次,遗传贡献率达 14.06% 和 3.51%;哈 76-6045

（没有查到相关的资料，无法继续追踪其亲本）、Amsoy、永丰豆、通州小黄豆、日本大白眉、大白麻、东农 20、佳木斯秃荚子各应用 2 次，分别贡献 9.37%、4.68%、4.68%、4.68%、4.68%、4.68%、1.17%、0.58%；滨海大白花、铜山天鹅蛋、榆次小黄豆、Mamotam 各应用 1 次，分别贡献 6.25%、3.12%、1.56% 和 3.12% 的遗传贡献率；这些祖先亲本的应用构成了牡豆 14 的遗传基础。

表 1 牡豆 14 祖先亲本核遗传贡献率

Table 1 Genetic offer ratio of ancestral parents of Mudou 14

亲本 Ancestral parent	应用次数 Application	核遗传贡献率 Genetic offer ratio/%
十胜长叶 Tokachi nagaha	4	14.06
嘟噜豆 Duludou	9	12.10
哈 76-6045 Ha 76-6045	2	9.37
滨海大白花 Binhaidabaihua	1	6.25
金元 Jinyuan	12	5.71
四粒黄 Silihuang	12	5.71
Amsoy	2	5.68
大白麻 Dabaima	2	4.68
日本大白眉 Ribendabaimei	2	4.68
永丰豆 Yongfengdou	2	4.68
通州小黄豆 Tongzhouxiaohuangdou	2	4.68
克山四粒荚 Keshansilijia	6	4.68
熊岳小黄豆 Xiongyuexiaohuangdou	4	3.51
小粒黄 Xiaolihuang	4	3.51
Mamotam	1	3.12
铜山天鹅蛋 Tongtiantianedan	1	3.12
白眉 Baimei	6	2.05
榆次小黄豆 Yucixiaohuangdou	1	1.56
东农 20 Dongnong 20	2	1.17
佳木斯秃荚子 Jiamusitujiazi	2	0.58

3 讨 论

3.1 拓宽品种的遗传基础

牡豆 14 重要的原始亲本由四粒黄、金元、白眉、咕噜豆、克山四粒荚、佳木斯突荚子、通州小黄豆、熊岳小黄豆、小粒黄以及 Amsoy 和十胜长叶等品种组成，其中四粒黄提供细胞质。祖先亲本来源单一，甚至多次参与基础材料的创制，造成了遗传基础狭窄，如四粒黄和金元应用了 12 次；嘟噜豆应用了 9 次；白眉和克山四粒荚应用了 6 次；十胜长叶、熊岳小黄豆和小粒黄分别应用 4 次，这些祖先亲本的应用构成了牡豆 14 的遗传基础，祖先亲本虽然是东北生态区域的优良品种，但要在大豆育种上取得新进展，还需要引进地理远缘、生态远缘种质，拓宽品种遗传基础。牡豆 14 发掘了耐旱种质晋豆 23 作为非轮回亲本的遗传贡献率为 25%，其中包含黄淮海地区原始亲本如滨海大白花、铜山天鹅蛋、Mamotam、榆次小黄豆各应用 1 次，日本大白眉、大白麻分别应用 2 次。在保留了黑农 40 高光效的基础上不断修补短板基因，提高品种抗旱性，组成了牡豆 14 高产的遗传基础。

3.2 育种亲本

众所周知轮回亲本的选择需要缺点少、形态与生理特点符合当地的自然条件与耕作栽培条件满足人们的利用要求；而非轮回亲本则选择融入地理远源基因和生态远源基因的品种，弥补轮回亲本个别性状的不足。黑农 40 株形收敛，尖叶深绿色,利于通风透光及光合效率高，茎秆粗壮有弹性，喜肥抗倒，抗花叶病毒。该品种是依据黑龙江生态条件发掘的理想株型的受体亲本，是具有很好配合力的主栽品种。黑龙江省农业科学院大豆研究所以黑农 40 为基础先后培育出黑农 47、黑农 48、黑农 54、黑农 65 等品种，促进了黑龙江地区大豆产量和品质，并在基础理论和应用基础研究有较大创新和突破。牡豆 14 中黑农 40 为轮回亲本的遗传贡献率达到 75%，在此遗传基础上，引进晋豆 23 抗旱基因和黄淮海地理远缘基因拓宽其遗传基础。晋豆 23 通过连续性半干旱和诱导重病田连续选育而成，植株紧凑收敛，茎秆柔韧性好，分枝多，结荚密，鼓粒早，落黄好，粒大饱满，抗旱性较强，抗病毒病能力强。依据优×优亲本选配原理，选用高产、稳产、抗病的本地品种黑农 40 作母本，优质、高产、多抗的国审大豆品种晋豆 23 作父本，进行杂交组合，使双亲优异性状得以叠加、优缺点得到互补。

参考文献（略）
该文章尚未见刊。

浅析大豆育成品种系谱分析

王玉莲[1]，宗春美[2]，王燕平[2]，杜维广[2]

（1.黑龙江农业经济职业学院，黑龙江 牡丹江 157041；2.黑龙江省农业科学院牡丹江分院/国家大豆改良中心牡丹江试验站，黑龙江 牡丹江 157041）

摘 要：浅述了大豆育成品种系谱分析的作用和研究进展，介绍了大豆系谱分析采用的常规方法和术语。对初始进行这方面研究的研究者可能有所启迪。

关键词：大豆；系谱分析；育种

Pedigree of Analysis of Soybean Varieties

WANG Yu-lian[1], ZONG Chun-mei[2],WANG Yan-ping[2],DU Wei—guang[2]

(1.; *Heilongjiang Agricultural Economy Vocational College, Mudanjiang* 157041，*China*
2. *Mudanjiang Branch of Heilongjiang Academy of Agricultural Sciences / Mudanjiang Experiment Station of the National Center for Soybean Improvement, Mudanjiang* 157041，*China*)

Abstract: The fanction and research progress of soybean pedigree analysis were introduced.It may be enlightening to the researchers who initially carried out this research.

Keyword: Soybean ; Pedigree analysis ; Breeding

大豆起源于中国，长期自然和人工选择的结果形成了大量适合不同地理、气候条件的地方品种，为现代大豆育种提供了丰富的资源。大豆育种最初的直接亲本即来自地方品种，中国最早育成的"黄宝珠"和"金大 332"就是由地方品种选育的。早期的育成品种都是以地方品种为直接亲本通过系统选育或杂交育成的。这些早期的育成品种再作为直接亲本，或渗入新的外来种质又育成了新的品种，如此多轮循环，育成更新的品种。所以充分认识和掌握每一轮育成品种的来源和遗传基础，进行系谱分析和遗传构成解析，对指导育种工作是十分重要的。

1 大豆育成品种系谱分析在育种中的作用

育成品种的系谱分析对指导育种者的育种工作具有重要的参考价值，它能较好地阐明作物育种的整体遗传基础，发现育成品种性状的演变和品种更替演变规律，总结出在育种过程中亲本选择和组合配制上的规律，发现用于育种中的受体和供体亲本。在此基础上解析受体和供体亲本遗传构成，挖掘其重要农艺性状相关的特异染色体位点和区段并揭示其遗传效应，将有利于提高育种工作中亲本选配的准确性和效率，为创造新的受体和供体亲本提供理论指导。

2 中国大豆育成品种系谱分析研究进展概况

盖钧镒分析了 1923—1995 年中国 651 个大豆育成品种直接亲本组成和组配方式，归纳出了 348 个祖先亲本及其地理来源和遗传贡献，将育成品种归属为 348 个细胞核家族和 214 个细胞质家族，并提出 75 个对中国大豆育成品种遗传贡献最大的核心祖先亲本[1-5]。在此基础上，熊冬金等分析了 1923—2005 年全国 6 个生态区育成的 1 300 个大豆育成品种的系谱资料，研究其祖先亲本和直接亲本组成，计算其核遗传贡献值[6]。认为与 1923—1995 年的相比，近十年来中国大豆育成品种遗传基础有所拓宽，祖先亲本和直接亲本群体扩大了近一倍，地理来源更广泛。但遗传贡献有向少数祖先亲本集中的趋势，各生态区间的种质交流仍少，中国大豆品种遗传基础有待进一步拓宽。张军等从 1923—2005 年育成的 1 300 个品种中抽选 378 份中国大豆育成品种组成代表性样本，选用大豆核基因组 64 个 SSR 标记进行群体遗传结构分析、亚群体分化分析和遗传多样性与遗传特异性分析[7]。证明中国大豆育成品种群体存在遗传结构上的地理生态分化和育成时期分化，因而各亚群具有相对遗传特异性，体现在血缘构成和特有、特缺及互补等位变异上，构成了未来大豆育种中亚群间种质或基因交流的遗传基础。王彩洁等[8]分析了 20 世纪 40 年代以来我国东北和黄淮海地区大面积种植的大豆品种 113 份，通过系谱分析，总结出大面积种植品种的直接亲本和祖先亲本，指出以大面积种植品种作为"平台亲本"培育的新品种更容易在生产上种植应用，更有希望成为新的大面积种植品种。

3 大豆育成品种系谱分析主要方法和相关术语

大豆育成品种系谱分析主要根据大豆品种系谱资料列出祖先亲本（系谱资料来源主要是大豆品种志和咨询大豆育种家），并绘制系谱图。在此基础上计算出每一个育成品种的祖先亲本贡献值。盖钧镒[2]在中国大豆育成品种系谱分析的基础上，计算出每一育成品种的祖先亲本细胞核遗传贡献值和细胞质遗传贡献值。凡由祖先亲本经自然变异选择法育成的品种其祖先亲本的细胞核遗传贡献值为 1；凡由杂交育成的品种其双亲的核遗传贡献均为 0.5，每一亲本均再按均等分割方法上推其双亲，直至终极的祖先亲本，这样每一育成品种的各祖先亲本核遗传贡献值总和应等于 1。由诱变育成的品种，其祖先亲本核遗传贡献值的计算与自然变异选择育成品种的方法相同；由杂交与诱变相结合的方法育成的品种，其祖先亲本核遗传贡献值的计算与杂交育种相同。育成品种祖先亲本的细胞质遗传贡献值计算较简单，不论何种育种方法只需检视其用作母本的亲本，上推至其终极的细胞质祖先亲本，每一育成品种只有 1 个细胞质祖先亲本，其细胞质遗传贡献值为 1，没有分数或小数。

对骨干亲本和育成品种进行共祖先度（亲本系数）分析。亲本系数是度量两个个体共同血缘多少或亲缘关系密切程度的指标，它是指从两个个体各随机抽取一个配子，这对配子所携带的相应座上的基因属相同的概率。亲本系数也可定义为两个亲本在一个随机位点的两个等位基因后裔相同的概率，一般被用来反映两个亲本间的血缘关系和遗传差异。也有用亲缘系数（coefficient of parentage，cop）方法反映整体的基因流向和品种间的遗传相似程度[9]，是对基因组的宏观分析。近年来，依据长期的育种进程中所形成的系谱信息，用亲缘系数度量品种间的亲缘关系，已在大豆、玉米、小麦等作物上进行分析。研究表明，对于已知系谱信息的自花授粉作物来说，cop 是一种简便的评价遗传多样性方法。

近年来，研究者常利用大豆育成品种表型分析、SSR 分析、聚类图、系谱分析和亲本系数分析来阐明育成品种遗传多样性，揭示优异种质在育种过程中的交流现状，分析育成品种间的遗传相似性和亲缘关系，揭示其遗传基础。聚类分析是以分子数据和农艺性状表型数据构建矩阵，形成聚类图来分析育成品种的遗传基础。

参考文献（略）

本文原载于《大豆科技》2014 年 02 期。

大豆蛋白质和脂肪含量积累规律

邵广忠，任海祥，宗春美，岳岩磊

（黑龙江省农业科学院牡丹江分院，黑龙江 牡丹江 157041）

摘　要：概述了大豆籽粒中蛋白质和脂肪的积累规律，并对影响大豆脂肪和蛋白质积累的因素（纬度、温度、肥料、光照和水分）及其积累特点进行了总结。

关键词：大豆；蛋白质；脂肪

Research on Accummulation Rule of Soybean Protein and Fat

SHAO Guang-zhong, REN Hai-xiang, ZONG Chun-me, YUE Yan-lei

(*Mudanjiang Branch of Heilongjiang Academy of Agricultural Sciences, Heilongjiang Mudanjiang 157041,China*)

Abstract: The accumulation rule of protein and fat in soybean seeds was summarized. A s well as the influencing factors (latitude, temperature, fertilizer, light and water) and characteristics of accumulation fat and protein were reviewed.

Keywords: Soybean; Protein; Fat

对近 20 年来国内外部分学者对大豆脂肪、蛋白质的形成和积累的研究进行了概述，总结不同品种、不同的环境因子对大豆蛋白质和脂肪含量积累的影响，为今后的品质育种提供参考。

1 不同类型大豆蛋白质和脂肪含量的积累

干物质含量是大豆重要的经济指标，不同大豆品种的干物质合成规律均在籽粒形成 20 d 内缓慢增加，随后干物质含量快速增加，直到籽粒形成后期再次缓慢增加[1]。大豆干物质的积累随脂肪积累的增加而增加，但不随蛋白质积累规律的变化而变化。大豆籽粒形成过程中，在初期是脂肪和蛋白质同时积累，后期以合成蛋白质为主，蛋白质积累的主要时期是籽粒形成中期到后期。大豆籽粒在发育过程中脂肪和蛋白质的积累是一个动态过程，脂肪和蛋白质的积累在各品种间略有差异。

1.1 不同类型大豆品种脂肪相对积累规律

大豆是重要的油料作物，高油已成为主要的育种目标之一。大豆脂肪相对含量积累动态在不同品种中呈现前低、中高、后期平稳下滑的趋势[2]。有研究表明多数品种脂肪含量随着鼓粒天数的增加而增加，直至成熟[3]，只有极个别高油品种在鼓粒盛期后约 20 d 达到最大值 21%，成熟时略有降低[4]。高蛋白品种在发育中晚期脂肪积累几乎停滞，而蛋白质积累速率高[5]。总体看来，脂肪含量在鼓粒盛期最高，鼓粒盛期后 10~20 d 明显降低，成熟时又明显回升[6]。就高油大豆而言脂肪含量积累呈现"低—高—低"的趋势，并并且种子成熟后的脂肪含量要高于初期测量时的含量。

1.2 不同类型大豆品种蛋白质相对积累规律

不同品种大豆蛋白质积累规律有所不同，这与大豆发育过程中蛋白质积累受气候条件影响比较显著有关[7]。高油品种的蛋白质含量在鼓粒盛期达到最高，随着鼓粒天数的增加而降低直至成熟，有时成熟时会略有回升。有研究表明种子成熟后的蛋白质含量要小于初期测量时的含量[8]。高蛋白品种蛋白质相对含量随着鼓粒天数增加而增加，到鼓粒盛期后 10 d 达到最大值，成熟时又明显降低。高产品种蛋白质含量在鼓粒盛期高，此后随着鼓粒天数的增加而降低直至成熟，但不同高蛋白和高产品种不同年份间蛋白质相对积累趋势和速度有所不同[5]。

2 环境因子对大豆籽粒蛋白和脂肪积累的影响

2.1 纬度对大豆籽粒蛋白和脂肪积累的影响

籽粒中的蛋白质含量与脂肪含量呈负相关，并且不同基因型品种在蛋白质含量和脂肪含量上有显著差异并受环境影响[9]。有研究表明大豆籽粒蛋白、脂肪含量积累受纬度高低的影响[10]，高纬度地区的品种脂肪相对含量较高，低纬度地区的品种蛋白质相对含量较高一些[11]。

2.2 温度对籽粒发育过程中蛋白质和脂肪积累的影响

温度可直接或间接地影响植物生长、发育以及最终产量。有研究发现成熟大豆籽粒中的蛋白质和脂肪含量受籽粒发育期生长温度的影响。在温度达 28 ℃时籽粒脂肪含量最高，当温度继续升高则脂肪含量下降。而蛋白质含量却在温度超过 28 ℃后随着温度的升高而增加[9]。籽粒发育过程中，低温条件下，蛋白质和脂肪含量均随着其发育而增加，两者呈正相关；当温度从 16 ℃升高至 24 ℃时，成熟籽粒中脂肪和蛋白质含量均随温度升高而增加，两者呈正相关[12]；当在高温（31 ℃）和中温（24 ℃）条件下，籽粒获得总干重的 60%以前，蛋白质和脂肪含量随发育而增加，在获得总干重的 60%以后，脂肪含量不再增加并略有下降，而蛋白质含量持续增加。当温度从 16 ℃升高到 31 ℃，成熟种子中的蛋白质含量呈上升趋势[9]。综上，提高籽粒发育后期的温度对提高种子蛋白质含量具有十分重要的意义。温度对籽粒脂肪积累的影响：温度影响籽粒的组成成分，有研究表明高温可降低种子脂肪含量，温度从 16 ℃上升到 24 ℃，籽粒中脂肪含量增加，但是当温度升高到 31 ℃时，脂肪含量不再增加，并略有下降[12]。温度对脂肪积累模式的影响与其生长有关，由于低温降低了籽粒的生长速度而降低脂肪的合成速率，使整个籽粒发育过程中脂肪含量均低于高温和中温条件。高温，特别是发育早期的高温能使籽粒短时间快速积累脂肪，但随着高温对后期生长的影响使积累脂肪受到了抑制[13]。因此，温度对脂肪积累的影响不显著。

2.3 施肥对大豆籽粒蛋白质积累的影响

氮肥对大豆籽粒产量和品质的作用因其施用量、施用时期和施用方式等不同而异[14]。有研究表明，在籽粒形成过程中，缺氮会导致种子蛋白质含量显著下降[15]。而籽粒形成前期施氮会抑制蛋白质的合成，随着籽粒的形成，抑制作用逐渐消失。因此在施用氮肥后，蛋白质含量在生育前期增加不明显，生育后期才表现为有所增加。不同品质类型大豆品种对氮肥反应也不同，高蛋白品种对氮肥的需求量高于其他品种[16]。

钾肥既是作物生长发育必需的营养元素，同时又是参与品质形成的重要元素，大豆是需钾较多的作物，但过高的钾肥反而不利于干物质的积累[17]。钾肥对大豆品质的影响不同的研究者所得结论各异。有研究发现钾肥能够增加大豆蛋白质含量，降低脂肪含量[18]；也有研究[19]认为钾肥可提高大豆脂肪而降低蛋白质含量，钾肥效应的差异可能与试验气候条件的差异有关，也可能与土壤中钾含量有关。总体而言在含钾较高的北方土壤上施用钾肥会降低蛋白质提高脂肪含量。随着钾肥用量的增加，蛋白质含量下降，而脂肪含量则上升[17]。

2.4 水分对大豆籽粒蛋白质和脂肪积累的影响

在大豆各发育时期控制水分会直接影响其蛋白质和脂肪的含量。适宜的水分供给自然是籽粒蛋白质、脂肪积累所必需。有研究表明大豆在开花、结荚及鼓粒期干旱，蛋白质含量均上升，脂肪含量及脂肪蛋白总量则下降，其中鼓粒期干旱最为显著，荚期的干旱提高不饱和脂肪酸含量，降低饱和脂肪酸含量，这种影响均极为显著[20]。

2.5 光照对大豆籽粒蛋白质和脂肪含量的影响

在所有环境条件中，光是影响大豆产量的最显著因素之一。光对同化物的运输和分配具有决定性的作用。光富集和遮阴处理，改变了大豆光合产物在源库中的分配。大豆产量构成要素中单株荚数和粒数是对产量影响较大的因素。有研究表明，开花初期光富集能提高大豆产量，光富集可增加每荚粒数，而遮阴则降低每荚粒数[21]。生殖生长期进行光富集可增加蛋白质含量而降低脂肪含量。蛋白质积累一方面受到源供应的影响，而更多地却受到籽粒潜在库能力的调节，当源小库大时利于蛋白质积累，而当源大库小时利于脂肪的合成[22]。遮阴可降低籽粒蛋白质含量，而增加脂肪含量。

3 结 论

蛋白质含量和脂肪含量均属微效多基因控制的数量性状。在其合成并积累的过程中都存在剧增时期，并且剧增期在不同品种中表现各异。在其剧增期，对蛋白质、脂肪合成的物质及水肥的供应量会直接影响到籽粒中蛋白质、脂肪的含量，从而影响大豆的品质[23]。脂肪含量在整个生育期呈现前低、中高、后降的趋势[24]。蛋白质含量呈现前高、中降或降后稍回升趋势。施肥类型和水平对蛋白质的含量有显著影响。对大豆施氮肥和磷肥可增加蛋白的含量。关于产量与脂肪、蛋白质含量的关系：一般情况下脂肪含量在一定范围内与产量呈显著正相关，蛋白质含量与产量呈极显著负相关，蛋白质含量高的大豆往往产量低，脂肪含量高的产量往往较高[10]。

综上所述，根据脂肪积累规律，提高脂肪含量的栽培措施应在鼓粒盛期和鼓粒盛期后约10 d进行，鼓粒盛期采取措施最为重要，且在完熟期收获有利于提高脂肪含量。而根据蛋白质积累速度和趋势，提高蛋白质含量的栽培措施应在鼓粒始期和鼓粒盛期实施，在完熟期以前收获有利于提高蛋白质含量。

参考文献（略）

本文原载于《黑龙江农业科学》2010年08期。

第六章　大豆高产栽培生理

覆膜栽培大豆的土壤生态效应研究进展

王海泉 [1,2]，栾晓燕 [2]，满为群 [2]，刘鑫磊 [2]，马岩松 [2]，来永才 [3]，陈怡 [2]，何云霞 [1,4]，李柱刚 [4]，杜维广 [2]

（1.沈阳农业大学农学院，辽宁 沈阳 100161；2.黑龙江省农业科学院大豆研究所，黑龙江 哈尔滨 150086；3.黑龙江省农业科学院耕作栽培研究所，黑龙江 哈尔滨 150086；4.黑龙江省农业科学院生物技术研究所，黑龙江 哈尔滨 150086）

摘　要：地膜覆盖栽培是人为控制土壤温度、水分、养分、耕层结构、微生物等综合技术的一项农田生态系统工程学。作者综述了覆膜栽培大豆条件下由温度、水分、通透性、pH 值、微生物、根系空间分布、土壤肥力诸因素构成的土壤生态效应及其在提高作物产量中的应用前景。

关键词：生态效应；覆膜栽培；大豆

Research Progress of the Soil Ecological Effects of Soybean with Film Mulching Cultivation

WANG Hai-quan[1,2], LUAN Xiao-yan[2], MAN Wei-qun[2], LIU Xin-lei[2], MA Yan-song[2], LAI Yong-cai[3], CHEN Yi[2], HE Yun-xia[1,4], LI Zhu-gang[4], DU Wei-guang[2]

(1. *Agronomy College of Shenyang Agricultural University, Shenyang* 100161, *China*;
2. *Soybean Institute of Heilongjiang Academy of Agricultural Sciences, Harbin* 150086, *China*;
3. *Crop Tillage and Cultivation Institute of Heilongjiang Academy of Agricultural Sciences, Harbin* 150086, *China*;
4. *Biology Institute of Heilongjiang Academy of Agricultural Sciences, Harbin* 150086, *China*)

Abstract: Film mulching cultivation is an all-around technology controlling temperature, water, nutrient, structure and microorgan is m of soil about crop and eco-system project. The author sum marized the ecological effects of soil about temperature, water, penetration, pH, microorganism, root distribution and soil fertility and predicted the fore ground in increasing the crop yield for the soybean mulched by plastic film.

Keywords: Ecological effects; Film mulching cultivation; Soybean

　　根据我国实际情况，为促进我国半干旱地区的农业发展与水土保持，我国首先推行了农田基本建设，旱地农业技术发展趋向之一是半干旱地区的保护性耕作。保护性耕作主要包括少耕、免耕和残茬、秸杆覆盖两项基本内容[1]。地膜覆盖栽培技术可认为是保护性耕作内容之一。地膜覆盖栽培技术的研究始于 1948年[2]，1956 年应用于生产。1978 年，我国从日本引进该技术[2]，开始在蔬菜栽培上应用，继而发展到近百种作物，随着地膜覆盖栽培技术的推广普及，地膜覆盖栽培技术存在的最主要问题——残留地膜污染也逐渐被重视。为此，国内外众多机构着眼于开发降解性地膜、生物降解地膜、光—生物降解地膜、非完全降解的淀粉填充塑料膜等方面，已取得了一定成果。

　　地膜覆盖栽培技术在大豆栽培上应用相对落后于玉米等作物。大豆覆膜栽培与裸地栽培相比，具有增加土壤温度，增强蓄水性能，提高水分利用率，提高土壤微生物量及速效养分含量，改善大豆根系空间分布，增加产量等显著效应[3-13]。

1 覆膜栽培大豆的增温效应

　　大豆覆膜栽培后明显地提高土壤温度[3-4,13]，原因是地膜能够透过日光中的短波辐射，阻止地表的长波辐射，又能避免地表的乱流热交换以及减少因水分蒸发而损失的汽化热，地膜与土壤表面之间形成小温室效应，从而有明显的增温作用。

1.1　土壤不同层次的增温效应

王海泉等研究结果表明，大豆进入封垄前（黑农 40 品种在哈尔滨于 7 月 15 日即 R2~R3 期封垄）行间覆膜能明显增加地温，5~25 cm 土层地温比未覆膜增加 0.63~0.90 ℃，增温效果随土层加深降低。在封垄后（7 月 20 日到 9 月 20 日）覆膜增温效果不明显（待发表）。

周宝库等[3]报道，大豆覆膜能显著提高地温，从 5 月 28 日开始到 7 月 28 日 61 d 观察，苗带内 10 cm 地温增加 1.38 ℃，15 cm 地温增加 0.59 ℃；膜内地温与不覆膜相比 10 cm 增加 1.68 ℃，15cm 增加 2.87 ℃。从 7 月 30 日到收获，覆膜与不覆膜相比地温都有所下降，苗带内 10 cm 地温增加-0.28 ℃，15 cm 地温增加-0.44 ℃；膜内地温与不覆相比 10 cm 增加-0.96 ℃。即地膜覆盖增加了大豆生育前期的土壤温度，而到生育后期，由于地膜覆盖，大豆生长繁茂，降低了地表接受阳光照射的机会，从而使地温有所降低。

1.2　土壤温度的日变化

土壤温度的日变化主要决定于辐射平衡的日变化和土壤的导热率，同时还受地面和大气间乱流热交换的影响。地膜覆盖下的土壤导热率降低，热量损失较少，因而在夜间气温急剧下降时，仍保持比裸地较高的温度。据张玉先等[4]报道，23 d 晴天中 5 cm 土层覆膜区积温 8：00 比未覆膜对照区高 36 ℃，14：00 比对照区高 57.5 ℃。杨智超等[13]报道，土层 5 cm 处 8：00 和 14：00 覆膜处理地温低于对照，日平均值分别低 0.59 ℃和 0.90℃，20：00 覆膜处理具有明显增温作用，日均增温 0.61 ℃。而土层 10 cm、15 cm 和 20 cm 处的增温效果趋于一致，20：00 表现最好，14：00 次之，8：00 最差。

上述研究者的结果虽有一定差异，但都表现地膜覆盖对土壤温度影响不仅存在于大豆生育期间封垄前后增温效果的差异；而且也存在明显日变化，其规律有待进一步研究。

1.3　物候期的变化效应

虽然大豆覆膜栽培技术提高了封垄前土壤温度，促进早出苗和营养体生长旺盛，但并不显著提早大豆成熟。虽然张玉先等[4]报道，大豆覆膜比对照早出苗 5 d，营养生长各阶段，覆膜处理揭膜后要比对照提前 2~6 d，覆膜比对照早开花 2 d，提前进入生殖生长期，但笔者研究结果表明覆膜栽培未有提前黑农 40 和绥农 14 熟期作用。而玉米覆膜后，前、中期增温效果显著，早春温度补偿效应明显[14]。据于永梅等[14]报道，四单 19 春玉米行间覆膜与直播相比，出苗期早 2 d，吐丝、成熟期早 5~6 d。刘建等[15]报道，苏玉 9 号春玉米在同期播种、适期移栽的情况下，覆膜移栽比露地移栽的拔节期提早 2~3 d，吐丝开花期提早 3~4 d，成熟期提早 3~4 d。因此，覆膜栽培对玉米和大豆成熟期的影响有显著差异，其原因主要是大豆为典型短光照作物，其品种间生育期的生理本质差别，是对温度与光照长短综合的要求与反应的差别[16]，而对于玉米的不同品种，这种差别中温度所起的作用远大于大豆。

2　覆膜栽培大豆的保墒节水效应

地膜改变了土壤水分的规律，即地膜与地面之间形成狭小的空间，切断土壤水分与大气水分的交换通道，膜内温度增高，蒸发作用加强，有提水上升现象。膜内大量水汽凝结于膜壁，充满雾气。夜间降温时，雾气凝结成水滴，渗入土壤，这样由蒸发—凝结—下渗—蒸发形成了地膜与土壤间的水分循环，故能保墒节水。王海泉等研究结果表明，大豆覆膜栽培 V1~R6 期 10 cm 土壤相对含水量比未覆膜（CK）提高 2.1~9.3 个百分点，20 cm 提高 1.5~5.5 个百分点。李丽君等[5]报道，从播种期到分枝期，大豆田行间覆膜、行上覆膜 0~40 cm 土体贮水量分别比不覆膜高 5.35%和 0.59%；40~100 cm 土体则分别比对照高 11.56%和 8.81%；0~100 cm 土体比对照高 9.46%和 6.03%。分枝期到结荚期，不同覆膜方式对 0~40 cm、40~100 cm、0~100 cm

土体贮水量影响均表现为覆膜处理大于不覆膜处理，但行间覆膜和垄上覆膜之间差异则较小。结荚期到成熟期，大豆植株几乎全部遮盖地表，地膜起不到保水的效果，不同覆膜处理之间土壤贮水量差异较小。大豆水利用效率与不同覆膜方式有关，不同处理对其水分利用效率影响依次为行间覆膜>垄上覆膜>不覆膜，行间覆膜和垄上覆膜分别比不覆膜提高 26.9%和 15.9%，说明地膜覆盖能明显地提高大豆水分利用效率。孙继颖等[6]报道，覆膜均能够提高大豆叶片水分利用效率、土壤水分利用效率及降水水分利用效率，与对照差异显著，结果与春玉米[17]和谷子[18]的研究结果相一致。

3 覆膜栽培大豆的土壤通透性及 pH 值变化效应

土壤容重就是一定容积土壤的重量，容重的大小说明土壤团聚体的排列，即土壤的紧密或疏松程度，可作为较粗的土壤结构指标。王海泉等研究表明，黑农 40 品种各生长发育时期行间覆膜栽培容重低于未覆膜栽培（对照）。在 0~10 cm 土层行间覆膜比不覆膜 V1~R6 期平均容重降低 0.09 g·cm^{-3}，10~20 cm 土层容重降低 0.07 g·cm^{-3}。表明覆膜有效防止了土壤板结，有利于改善土壤耕层物理性状，其覆膜 pH 值比未覆膜低 0.12。这与玉米覆膜 pH 值明显低于裸地[19]的结果相似。但与周宝库等[3]地膜覆盖使土壤 pH 值增加了 0.71 个单位的结果不同。

4 覆膜栽培大豆土壤微生物的变化效应

4.1 覆膜栽培大豆根系空间分布变化效应

李丽君等[11]报道，随着土层深度和离主茎距离的增加，根系干重、活力、活跃吸收面积明显减少；同时宽行分布根系的干重、活力及活跃吸收面积均高于窄行分布的根系干重、活力及活跃吸收面积。不同覆膜方式对根系干重和活力的影响表现为：行间覆膜>行上覆膜>不覆膜；对根系活跃吸收面积的影响则表现为：行上覆膜>行间覆膜>不覆膜。

4.2 覆膜栽培大豆土壤微生物的变化效应

王海泉等研究表明，在行间覆膜大豆的各生育期，土壤微生物种群的数量都有明显变化，覆膜比不覆膜前期（5 月 8 日~6 月 5 日）微生物总数增加 275~681 万个·g^{-1} 土，后期（6 月 28 日~8 月 10 日）增加为 252~456 万个·g^{-1} 土，但微生物中的细菌、放线菌和真菌数量增加值情况略有不同。

5 覆膜栽培大豆的土壤肥力变化

有关覆膜对土壤养分及有机质含量影响报道较多[20]。而覆膜后有关土壤氮、磷、钾含量变化的报道亦较多[20-21]，但结果不尽一致，这与测试手段、试验条件等诸多因素有关。在上述报道中多集中于玉米和小麦。关于大豆覆膜栽培对土壤养分的影响报道较少，覆膜增加了土壤速效养分含量[3,12]。王海泉等研究表明，大豆行间覆膜栽培试验，黑农 40 品种覆膜和不覆膜各生育时期全 N、全 P、全 K 含量差异不明显。但速效 N、速效 P、速效 K 则是覆膜各生长发育时期高于不覆膜（CK），速效 N、速效 P、速效 K 覆膜栽培比不覆膜分别提高 2.0~9.9 mg·kg^{-1}、2.5~29.0 mg·kg^{-1}、5.5~19.3 mg·kg^{-1}。

6 结 语

地膜覆盖栽培是我国近 30 年发展起来的一项栽培技术，是半干旱地区的保护性耕作措施之一。增产效果显著，故在我国玉米、小麦作物广泛应用，大豆地膜覆盖栽培相对滞后于玉米等作物。覆膜栽培大豆增加了地温，改变了土壤水分的运动规律，提高了土壤相对含水量，促进了土壤养分的转化，协调稳定了土壤生态环境中的热量、水分、养分、气体诸因素，促进了大豆生长发育，增加了大豆群体光合面和群体光合势，提高了光能利用率，有利于干物质积累和产量的提高[22]。有关大豆覆膜栽培下土壤生态效应中温度和水分状况的研究较深入，而土壤养分、微生物区系、土壤结构等在生育期中动态研究仍处于探索阶段，有关作物覆膜栽培所带来的残留污染等负面影响的研定，也仍处于探索阶段。深入研究上述这些问题，必将促进地膜覆盖栽培技术的成熟与发展，在提高作物产量中发挥重要作用。

参考文献（略）

本文原载于《大豆科学》2009 年 02 期。

SMV 胁迫对大豆苗期叶绿素荧光参数的影响

齐玉鑫，王燕平，宗春美，孙晓环，白艳凤，杜维广，任海祥

（黑龙江省农业科学院牡丹江分院，黑龙江 牡丹江，157041）

关键词：大豆；胁迫；荧光动力学参数

Effect of SMV Stress on Chlorophyll Fluorescence Parameters of Soybean Seedling

QI Yu-xin, WANG Yan-ping, ZONG Chun-mei, SUN Xiao-huan, BAI Yan-feng, DU Wei-guang, REN Hai-xiang

(*Mudanjiang Branch of Heilongjiang Academy of Agricultural Sciences, Mudanjiang* 157041, *China*)

Keywords: Soybean; Stress; Fluorescence kinetic parameters

大豆花叶病毒（Soybean mosaic virus，SMV）病是影响世界大豆生产的主要病害之一，感染后的大豆叶片中叶绿素含量下降，叶绿体内发生病毒积累，放氧复合体（OCE）中的多肽成分发生变化，光系统 II（PS II）电子传递显著降低，同时，病毒外壳蛋白 CP 积累于叶绿体内光化学反应中心之间，诱导产生光抑制，从而降低植物的光合作用。

本研究以大豆合丰 25 为感病品种、牡 304 为抗病品种，以 SMV 东北 1 号株系为毒源，比较了抗病品种和感病品种苗期接种 SMV 后 15d 内叶绿素荧光参数变化的差异，揭示了 SMV 对大豆苗期光合作用的影响。试验设置 4 个处理，分别为：接种的合丰 25，未接种的合丰 25，接种的牡 304，未接种的牡 304，3 次重复。供试大豆幼苗载于营养钵中，接种病毒时期为大豆对生真叶期，接种病毒方法采用人工汁液摩擦法。幼苗接种后在智能温室中培养，温度设定 25 ℃，光照 18h，黑暗 6h；从接种第 3d 开始，每隔 3d 对第一片复叶进行叶绿素荧光参数的测定。结果表明，与对照相比，SMV 胁迫下，除 F_0、q_N 升高外，其他荧光参数均有所降低，抗 SMV 品种（品系）变化幅度较小。随着胁迫时间的推移，F_m、$F_{m,}$、$\Phi PS II$ 和 F_v/F_m 逐渐降低，F_0 和 q_N 逐渐升高，q_P 先降低后升高，且抗 SMV 品系牡 304 和感 SMV 品种合丰 25 分别在 6 d 和 12 d 出现最低值。SMV 胁迫下，抗病和感病品种（品系）的系统捕捉光能的能力、反应中心活性和电子传递都受到影响，抗病品种（品系）受到的影响较小。

参考文献（略）

本文原载于 2014 年《第 24 届全国大豆科研生产研讨会论文摘要集》。

大豆杂交期间气象因子对杂交成活率影响的通径分析

宗春美¹，邵广忠¹，齐玉鑫¹，孙晓环¹，段崇慧¹，马启慧²，张庆文³，任海祥¹

（1.黑龙江省农业科学院牡丹江分院/国家大豆改良中心牡丹江试验站，黑龙江 牡丹江 157041；2.黑龙江省农业科学院海南繁育基地，海南 三亚 572011；3.依安县气象局，黑龙江 依安 161500）

摘 要：选取 3 种熟期类型杂交组合（早熟×晚熟、相近熟期×相近熟期、晚熟×早熟）各 10 个，对杂交期间的日平均温度、日平均湿度、日降雨量及不同类型杂交组合成活率进行统计，并进行了通径分析。结果表明：气象因子对杂交成活率影响较大，不同气象因子对不同杂交类型影响效应不同，早熟×晚熟组合在较低温度、较小湿度、无降雨的天气下成活率较高；类似熟期亲本组合对天气要求宽泛，在常温、低湿天气下杂交成活率更高；晚熟×早熟组合在温度较高、空气湿度小、无降雨的天气具有较高的杂交成活率。

关键词：大豆；气象因子；杂交成活率；通径分析

Effect of Meteorological Factors on Hybrid Survival Rate during Soybean Hybriding

ZONG Chun-mei¹, SHAO Guang-zhong¹, QI Yu-xin¹, SUN Xiao-huan¹, DUAN Chong-hui¹, MA Qi-hui², ZHANG Qing-wen³, REN Hai-xiang¹

(1. *Mudanjiang Branch of Heilongjiang Academy of Agricultural Sciences / Mudanjiang Experimental Station of National Center for Soybean Improvement, Mudanjiang 157041, China;*
2. *Hainan Breeding Base of Heilongjiang Academy of Agricultural Sciences, Sanya 572011, China;*
3. *Yian Meteorological Bureau, Yian 161500, China*)

Abstract: Three kinds of soybean hybrid combinations with different maturity including early-mature × late-mature, similar maturity × similar maturity and late-mature × early-mature, were used in this study, each group had 10 combinations. Daily average temperature, daily average humidity, the daily precipitation, and survival rate of different cross during hybrid season were recorded and path analysis between meteorological factors and hybrid survival rate were investigated. Meteorological factors had strong influenceron the success of hybrid survival rate, and this influence varied with soybean hybrid combinations. Early-mature × late mature combinations had higher success rate under the condition of lower temperature, lower humidity and no rainfall. Similar maturity × similar maturity combinations tended to get higher success rate under a broad condition of normal daily temperature and lower humidity. However, under the condition of higher daily temperature, lower humidity and no rainfall, the combinations of late-mature × early-mature had higher success rate.

Keywords: Soybean; Meteorological factors; Hybrid survival rate; Path analysis

 有性杂交至今仍是大豆育种创造变异的有效方法之一，但由于大豆是严格闭花授粉作物，花器小，杂交授粉难度较大，普遍成活率低，因此，如何提高杂交成活率是国内外大豆育种工作者长期以来探讨的问题。Hicks[1]认为，大豆杂交成活率与杂交技术和外界条件有关。樊翠芹等[2]研究表明，大豆杂交花荚对水分比较敏感，干旱时成荚率极低，田间湿润成荚率会显著提高。王连铮[3]认为大豆开花的最适温度为20~26 ℃，低于 20 ℃或高于 28 ℃对大豆开花不利。本研究针对 2009 年大豆杂交期间气象因子以及不同杂交类型组合对大豆成活率的影响进行了研究，以期为进一步提高大豆杂交成活率、加速育种进程奠定基础。

1 材料与方法

1.1 试验设计

试验于 2009 年在黑龙江省农业科学院牡丹江分院试验区进行，设置 3 种杂交类型：I，早熟×晚熟；II，相近熟期×相近熟期；III，晚熟×早熟；各 10 个组合，亲本均为北方春大豆。供试杂交组合父母本相邻种植，中间空 1 行；行长 3 m，行距 65 cm，株距 10 cm，常规田间管理；于盛花期开始杂交授粉，下午 3：00~5：00 去雄，次日上午 5：00~9：00 授粉。杂交后包叶，5 d 后检查成活情况。为保证不同类型杂交组合均能正常杂交，适当调节早熟及晚熟亲本的播期，采取早熟亲本分批次播种，晚熟亲本提前播种的方式。试验的 30 个组合由同一人在每天同一时间段进行。

1.2 调查统计项目

每个组合每天授粉完毕记录杂交花数，并详细记录杂交当天的日平均温度（x_1）、日平均空气湿度（x_2）以及日降雨量（x_3）；杂交 5d 后记录相应时间的成活荚数；杂交成功率计算公式如下：

杂交成活率=成活荚数/杂交花数×100%。

1.3 数据分析

以杂交当天的日平均温度（x_1）、日平均空气湿度（x_2）以及日降雨量（x_3）为自变量，以杂交成活率（Y）为因变量，利用 Excel 2010 进行数据整理，SPSS 13.0 进行方差分析和通径分析。

2 结果与分析

2.1 不同类型杂交组合成活率的比较

选取杂交期间有代表性的 6 d 的日平均温度、日平均湿度、日降雨量及不同类型杂交组合成活率列于表 1。分析可知，不同日期的气象因子不同，杂交成活率也存在着显著差异。7 月 16 日和 7 月 19 日的杂交成活率显著高于其他日期，说明日平均气温在 24 ℃左右，平均空气湿度 67%左右，降雨量较小或无降雨的天气条件下杂交成活率较高；在同等天气条件下，各种杂交类型成活率大小依次为 II>III> I 。

表1 气象因子与不同类型杂交组合成活率
Table 1 Meteorological factors and survival rate of different hybrid combinations

日期 Date/ M-D	气象因子 Meteorological factors			杂交成活率 Hybrid survival rate/%			
	日平均温度 Daily average temperature/℃	日平均湿度 Daily average humidity/%	日降雨量 Daily rainfall/mm•d^{-1}	I	II	III	平均 Mean
7-12	20	74	2.3	47.3	40.5	32.9	40.23b
7-13	23	71	1.9	39.3	40.3	32.6	37.40b
7-14	22	78	3.1	36.0	46.2	43.3	41.83b
7-16	24	67	0.2	36.5	60.0	49.6	48.70a
7-18	23	65	0	41.5	51.7	38.1	43.77b
7-19	24	68	0	47.5	56.4	60.6	54.83a
平均 Mean	23.7	70.3	7.5	41.35	49.18	42.85	44.46

2.2 不同类型杂交组合多元线性分析

分别以 3 种不同类型杂交组合成功率（Y_1、Y_2、Y_3）为因变量，以气象因子（x_1，x_2，x_3）为自变量，进行多元线性分析，得到各自变量与相应的类型组合因变量的回归方程，由表 2 可知，各回归方程 $F>F_{0.01}$，且均大于决定系数 R^2，表明各自变量（气象因子）对因变量（杂交成活率）具有较大的影响。

表 2　杂交成活率与气象因子的线性回归分析

Table 2　Linear regression analysis between meteorological factors and hybrid combinations survival rate

回归方程 Regression equation	F	$F_{0.01}$	R^2
$Y_1 = 42.55 - 3.39\,x_1 + 1.21\,x_2 - 7.69\,x_3$	0.8891	0.5680	0.57147
$Y_2 = -148.57 + 1.70\,x_1 + 2.47\,x_2 - 11.93\,x_3$	4.0304	0.2052	0.85807
$Y_3 = -420.48 + 2.84\,x_1 + 6.06\,x_2 - 22.91\,x_3$	160.3991	0.0062	0.99586
$\bar{Y} = -175.41 + 0.38\,x_1 + 3.25\,x_2 - 14.18\,x_3$	122.9483	0.0081	0.99461

2.3 气象因子与杂交成活率的相关分析

通过对 3 种不同组合类型的相关系数的分解可知（表 3），早熟×晚熟组合的成活率与日平均温度、日平均湿度和日降雨量均呈负相关；其他 2 种类型以及 3 种杂交类型的平均杂交成活率均与日平均温度呈正相关，与日平均湿度和日降雨量呈负相关，尤其是类型Ⅱ，日平均温度与杂交成活率呈显著正相关，日降雨量与杂交成活率呈显著负相关；说明在授粉期间，日平均温度较高、日平均空气湿度低、日降雨量少的天气有利于提高熟期相近亲本类型的杂交成活率。

表 3　不同类型杂交组合相关分析

Table 3　Correlation analysis for different types of hybrid combination

变量 Variable	Y_1	Y_2	Y_3	$\bar{Y}$
x_1	-0.2900	0.76*	0.6600	0.6300
x_2	-0.1600	-0.6400	-0.3000	-0.4900
x_3	-0.2300	-0.79*	-0.5400	-0.7100

2.4 各变量的通径分析

对 3 个自变量和 4 个因变量进行通径分析，得出自变量和因变量的直接通径系数（表 4），某因素的直接通径系数绝对值越大，表示该因素对杂交成功率的直接影响越大；本研究中 3 种杂交类型的直接通径系数绝对值排序不同，说明相对于某一种杂交类型，主要影响因素存在差异，影响类型Ⅰ杂交组合的因素由主到次依次为：日降雨量、日平均温度、日平均空气湿度；类型Ⅱ为：日平均空气湿度、日降雨量、日平均温度；类型Ⅲ为：日平均温度、日平均湿度、日降雨量。

表 4　各变量的直接通径系数

Table 4　Direct path coefficients for each variable

变量 Variable	Y_1	Y_2	Y_3	$\bar{Y}$
x_1	-0.2932	0.3196	0.7842	0.5069
x_2	0.2230	-0.8252	0.1692	-0.2017
x_2	-0.7726	0.5368	0.0645	0.0625

3 讨 论

同一杂交组合在不同天气条件下，杂交成活率存在显著差异，原因是不同亲本对环境的适应能力存在差异[4-5]，这与马恢等[6]的结论相同。不同熟期杂交亲本组合在不同的天气条件下对成活率影响不同；同等天气条件下，相近熟期亲本杂交成活率最高，其次为晚熟×早熟、早熟×晚熟类型。究其原因，笔者认为，授粉期间，父本花粉活性及母本柱头对花粉的亲和力均随开花时间的持续而降低，相近熟期亲本盛花期相近，此时花粉活性及雌蕊柱头对花粉的亲和力均为较理想的时期，因此杂交成活率达到较高的水平；两亲本熟期差异较大时，虽然采取错期播种方式调节花期，但其双亲在花粉活性或花粉亲和性较正常开花情况下低，因此成活率较低，而选择相近熟期亲本杂交不仅有利于提高杂交成活率，还可以有效减少工作量。

对各变量的相关分析和通径分析结果表明，气象因子是影响杂交成功率的重要因素之一，但相对于不同类型杂交组合，各气象因子影响效应不同；对于早熟×晚熟组合，在较低温度、较小湿度、无降雨的天气下杂交较为适合，成活率较高；类似熟期亲本组合则对天气要求较为宽泛，在常温、低湿天气下杂交成活率会更高；而对于晚熟×早熟组合来说，则需要选择在温度较高、空气湿度小、无降雨的天气以保证杂交成活率。郭凤霞[7]认为高温干旱的晴天，杂交成活率降低，在日照时数较短的多云天气及阴天，湿度大，温度较低，杂交成活率较高，与本研究结论略有不同。

不论哪种杂交组合类型，降雨都是较为消极的因素，尤其是早晨降雨对杂交极为不利，冒雨授粉，成效甚微[8]。究其原因，早晨降雨会导致父本的花粉聚团，很难散开，大豆花粉散开会延迟[9]，增加了母本接受花粉的难度；同理，空气湿度较高也不利于杂交成活率。

参考文献（略）

本文原载于《大豆科学》2012 年 04 期。

栽培密度、施肥量及有效含量对大豆产量的影响

徐督 [1,2]，任海祥 [2]，宁海龙 [1]

（1.东北农业大学农学院，黑龙江 哈尔滨 150030；2.黑龙江省农业科学院牡丹江分院，黑龙江 牡丹江 157041）

摘 要：本研究以牡丰 7 号为试验材料，研究栽培密度、施肥量及有效含量 3 方面因素对产量的影响，每个因素设置 5 个水平，采用三元二次正交旋转组合设计方法。结果表明，对产量影响因子效应的大小依次为有效含量>栽培密度>施肥量，适当增加施肥量、减小栽培密度将获得牡丰 7 号大豆的高产。

关键词：大豆；产量；栽培密度；施肥量；有效含量

Effect of Planting Density, Fertilization rate and Effective Concentration on Soybean Yield

XU Du[1,2], REN Hai-xiang[2], NING Hai-long[1]

（1. *Northeast Agricultural University, Heilongjiang Harbin* 150030, *China*;

2. *Mudanjiang branch of Heilongjiang Academy of Agricultural, Heilongjiang Mudanjiang* 157041, *China*）

Abstract: The effects of the planting density, fertilization arate and effective concentration on the yield of Mufeng No.7, a high-yielding cultivar were investigated with the method of three-factor quadratic orthogonal rotation combination design. The result showed that the order magnitude affecting soybean yield was effective concentration, planting density, and then fertilization rate; It was proposed that proper increase in fertilization rate with effective concentration and reduced planting density could obtain high yield of Mufeng 7.

Keywords: Soybean; Yield; Cultivation density; Fertilizer; Effective concentration

大豆产量受基因型和环境条件的共同影响，在相同基因型下，栽培密度、施肥量等栽培措施是影响大豆产量的主要因素，只有采取良种良法才是获得大豆高产的关键[1]。大豆栽培技术对提高大豆单产起着重要作用，对产量贡献率占 40%~50%[2]；随着土壤肥力的逐年下降，化肥施用量逐渐增加，肥料的合理搭配使用是提高大豆生产水平的关键。因此，怎样发挥大豆品种的增产潜力，解决生产中合理密植、施肥有效含量问题，促使大豆植株吸收养分平衡，使个体与群体发育、营养生长与生殖生长协调[3]，是大豆生产获得高产的关键之一。

2010 年，选用黑龙江省大面积种植的高产大豆品种牡丰 7 号为供试材料，试验设密度、施肥量、施肥有效含量 3 个因素，每个因素 5 个水平，采用三元二次正交旋转组合设计方法，研究栽培密度、施肥量及有效含量 3 个栽培因子对牡丰 7 号的综合影响，为大豆的高效栽培提供理论基础，实现良种良法相配套，为指导大豆生产、普及大豆高效高产栽培技术提供理论依据。

1 材料与方法

1.1 试验材料

1.1.1 试验品种

由黑龙江省农科院牡丹江分院选育并提供的大豆品种牡丰 7 号，主要特性见表 1。

1.1.2 试验肥料

氮肥：尿素（含纯 N 46%）；磷肥：磷酸二铵（含 P_2O_5 46%，含 N 18%）；钾肥：氯化钾（含 K_2O 62%）。

表1　高产大豆品种牡丰7号的主要特征特性

品种	生长习性	生育期 (d)	百粒重 (g)	蛋白质含量 (%)	脂肪含量 (%)	育成年份
牡丰7号	亚有限	125	21.5	41.67	20.31	2007

1.2　试验地概况

试验于 2009 年在黑龙江农业经济职业学院试验田（北纬 44°26'，东经 129°31'）中进行，位于黑龙江省东部半山间平原区，为暗棕壤性草甸土，地势平坦，土质松软，有机质含量较高，肥力中等均匀，前茬为玉米，pH 值 6.28，有机质含量 29.90 g/kg，全氮 2.60 g/kg，全磷 0.71 g/kg，全钾 22.20 g/kg。

1.3　试验设计

选用密度（X_1）、施肥量（X_2）、有效含量（X_3）为试验因素，采用三元二次正交旋转组合设计，3 个因素 5 个水平（见表 2）。

播种前施用底肥，按照试验设计，所施肥料的有效含量按照 -1.682~1.682 的 5 个设计水平分别施用 39.91%~60.09% 这 5 个含量水平不等。田间试验共 23 个小区，完全随机排列，6 行区，行长 5 m，行距 65 cm，面积 19.5 m^2，3 次重复。收获时每小区去 2 行边行，中间 2 行全部收获计产，计产面积 6.5 m^2。

1.4　测定项目及方法

在各处理完熟期后收获，取 10 株标准单株测定各处理生物产量及构成因子、经济产量、经济系数。

1.5　数据分析

用 Excel 2016、DPSV 7.05 统计软件进行数据统计分析。
测产结果如表 3 所示。

2　结果与分析

2.1　数学模型的建立

建立牡丰 7 号大豆产量与密度、施肥量、有效含量这 3 个因子的数学模型。

$$Y=3\ 801.16+37.66X_1+27.67X_2+57.87X_3-68.96X_{12}-16.15X_{22}-68.78X_{32}-54.13X_1X_2+69.78X_1X_3-17.85X_2X_3$$

如表 4 所示，对该数学模型进行有效性检验，$F_1=0.976<F_{0.05}=3.69$，失拟不显著，说明未知因素对实验结果影响不显著；$F_2=9.213>F_{0.01}=4.19$，表明方程回归关系达到极显著水平，说明产量目标回归方程与实际情况拟合很好，能反映栽培密度、施肥量及有效含量与产量之间的关系，可以进行效应分析及预测。

对产量目标回归方程进行显著性检验，通过显著性检验后，将不显著的回归系数从回归方程中剔除后得到新的回归方程。以下是 $a=0.05$ 显著水平剔除不显著项后的回归方程：

$$Y=3\ 801.16+37.66X_1+57.87X_3-68.96X_{12}-68.78X_{32}-54.13X_1X_2+69.78X_1X_3$$

表2　试验因子水平及编码表

因素	变化间距△	变量设计水平				
		−1.682	−1	0	1	1.682
密度 X_1 (万株/hm²)	2	30.64	32	34	36	37.36
施肥量 X_2 (kg/hm²)	60	321.09	345	390	435	458.91
有效含量 X_3 (%)	6	39.91	44	50	56	60.09

表3　试验的小区组合及产量结果

处理	密度 X_1 (万株/hm²)	施肥量 X_2 (kg/hm²)	有效含量 X_3 (%)	产量 (kg/hm²)
T1	1	1	1	3 789.744
T2	1	1	−1	3 594.359
T3	1	−1	1	3 918.462
T4	1	−1	−1	3 552.051
T5	−1	1	1	3 694.872
T6	−1	1	−1	3 678.974
T7	−1	−1	1	3 507.436
T8	−1	−1	−1	3 519.769
T9	−1.682	0	0	3 574.359
T10	1.682	0	0	3 610.513
T11	0	−1.682	0	3 706.846
T12	0	1.682	0	3 776.769
T13	0	0	−1.682	3 526.051
T14	0	0	1.682	3 659.821
T15	0	0	0	3 754.359
T16	0	0	0	3 747.872
T17	0	0	0	3 784.974
T18	0	0	0	3 842.356
T19	0	0	0	3 879.257
T20	0	0	0	3 869.824
T21	0	0	0	3 857.638
T22	0	0	0	3 737.269
T23	0	0	0	3 741.628

表4 试验结果方差分析

变异来源	平方和	自由度	均方	偏相关	F	P
X_1	19 373.010	1	19 373.010	0.54	5.470	0.036
X_2	10 452.851	1	10 452.860	0.43	2.975	0.110
X_3	45 737.311	1	45 737.311	0.71	12.910	0.003
X_1^2	75 556.341	1	75 556.341	−0.79	21.320	0.001
X_2^2	4 142.711	1	4 142.711	−0.29	1.170	0.299
X_3^2	75 169.451	1	75 169.451	−0.79	21.210	0.001
X_1X_2	23 441.650	1	23 441.650	−0.58	6.610	0.023
X_1X_3	38 952.730	1	38 952.730	0.68	10.990	0.006
X_2X_3	2 548.800	1	2 548.810	−0.23	0.720	0.412
回归	293 868.380	9	32 652.040	$F_2=9.213$		0.001
剩余	46 071.470	13	3 543.950			
失拟	17 455.150	5	3 491.030	$F_1=0.976$		0.468
误差	28 616.320	8	3 577.040			
总和	339 939.840	22				

2.2 效应分析

2.2.1 主因素重要性分析

经过无量纲线性编码代换后,偏回归系数已经标准化,直接比较其绝对值大小,就可以判断各因子对产量影响的重要程度[4]。

从回归模型中可知,栽培密度(X_1)、有效含量(X_3)、施肥量(X_2)的偏回归系数分别为37.66、27.67、57.87,可知增加栽培密度、施肥量及有效含量均能增加大豆牡丰7号的产量,从3者的绝对值可知对产量的影响效应重要性为有效含量(X_3)>栽培密度(X_1)>施肥量(X_2),影响效应表现较显著。

2.2.2 单因素效应分析

为了研究试验中各因素在模型中的作用以及在生产中的定量标准,用降维法分别固定3个自变量取零水平,计算出另一变量与产量的回归子模型如下:

$Y_1=3\ 801.16+37.66X_1-68.96X_{12}$

$Y_2=3\ 801.16+27.67X_2-16.15X_{22}$

$Y_3=3\ 801.16+57.87X_3-68.78X_{32}$

根据回归子模型的效应方程,绘制出试验因子单因素效应抛物线,如图1所示。

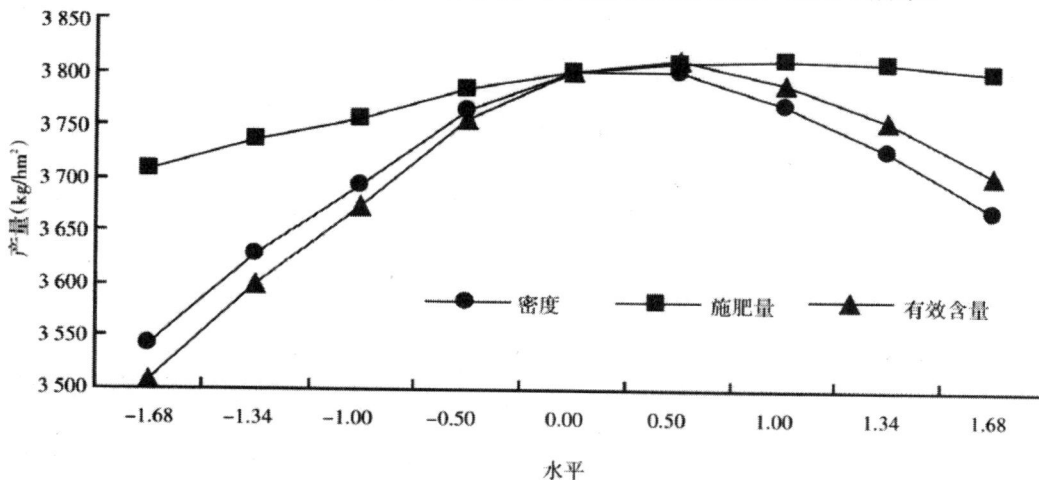

附图 三因素对产量的单因素效应分析

可以看出各因素变化对产量均有不同程度的影响，呈现出曲线相关。三因素在[-1.68,1.68]范围内，产量均呈现先升高后降低的趋势，当密度水平为 0.27 时，产量最高为 3 806.30 kg/hm²；施肥量水平为 0.86 时，最高为 3 813.01 kg/hm²；而有效含量为 0.42 时，最高为 3 813.33 kg/hm²。由此可见提高牡丰 7 号大豆新品种的经济产量，需要采取合理密植、适度施肥、并适当增加有效含量的方法。

2.2.3 互作效应分析

试验中，密度、施肥量、有效含量对产量的效应分析表明，密度、施肥量之间互作达到了显著水平，密度、有效含量之间的互作项则达到了极显著水平。

对产量回归方程进行降维分析，寻求两因素对产量的交互作用，其对应的数学模型如下：

$Y_{12}=3\ 801.16+37.66X_1-27.67X_2-68.96X_{12}-16.15X_{22}+54.13X_1X_2$

$Y_{13}=3\ 801.16+37.66X_1+57.87X_3-68.96X_{12}-68.78X_{32}+69.78X_1X_3$

2.3 数学模型最大值分析

通过数学模型，要使产量（Y）达到最大值，根据各因素与产量的相关关系可知，当密度（X_1）为 1.682 水平，即 37.36 万株/hm²，施肥量（X_2）为-1.682 水平即 321.09 kg/hm²；相应的有效含量为 1 水平时，即施肥有效含量为 56%，牡丰 7 号大豆产量达到了最大值 3 929.02 kg/hm²，此数学模型模拟的最佳方案在生产上可行。

3 讨 论

本试验中，3 个因素对牡丰 7 号产量作用效应大小为:有效含量（X_3）>施肥量（X_2）>密度（X_1）；3 因素中密度分别与施肥量和有效含量存在互作效应，作用方向有正有负；在牡丰 7 号大豆生产中应适当调控，需要采取合理密植，保持合理的施肥量，并适当增加有效含量的方法，有利于增产增收，达到高产高效的目的。因为栽培措施对大豆本身的株型结构产生巨大的调节作用，密度不同使大豆的生长空间、光照、水肥吸收等发生了变化，进而影响产量[5]；而氮磷钾肥对产量的影响是通过其生理过程实现的。本试验数学模型最大值分析可知：当密度为 37.36 万株/hm²，施肥量为 321.09 kg/hm²，相应的有效含量为 56%时，牡丰 7 号大豆产量达到了最大值 3 929.02 kg/hm²。

参考文献（略）

本文原载于《大豆科技》2013 年 01 期。

东北春大豆耐涝品种的筛选

任海祥，王燕平，邵广忠，宗春美，孙晓环，齐玉鑫

（黑龙江省农业科学院牡丹江分院/国家大豆改良中心牡丹江试验站，黑龙江 牡丹江 157041）

摘　要：利用 361 个东北大豆优异亲本材料，在辽宁、吉林、黑龙江三省 8 个点进行试验。在 2013 年自然湿涝条件下，通过分析品种在各试验点的苗情、生育期和产量差异，对参试品种进行耐涝筛选，将其分为强耐涝、耐涝、中耐涝和弱耐涝 4 种类型。描述了强耐涝优异品种的特征特性，为大豆耐涝育种提供亲本材料。

关键词：大豆；耐涝性；筛选；种质资源；材料平台

Screening Waterlogging-tolerant Soybean Varieties in Northeast China

REN Hai-xiang, WANG Yan-ping, SHAO Guang-zhong, ZONG Chun-mei, SUN Xiao-huan, QI Yu-xin

(*Mudanjiang Branch of Heilongjiang Academy of Agricultural Sciences / Mudanjiang Experiment Station of the National Center for Soybean Improvement, Mudanjiang* 157041, *China*)

Abstract: Three hundred and sixty-one elite spring soybean parent materials were planted at 8 locations in Liaoning, Jilin and Heilongjiang province under the natural waterlogging conditions in 2013. Based on the performance of seedling growth, growth period and yield differences at each location, the waterlogging tolerance of soybean varieties was divided into 4 types: strong waterlogging tolerance, waterlogging tolerance, medium waterlogging tolerance and less waterlogging tolerance. The characteristics of strong waterlogging tolerance varieties provide references in selecting excellent parental materials for soybean waterlogging tolerance breeding.

Keywords: Soybean; Waterlogging tolerance; Screening; Germplasm resource; Material platform

大豆是需水量大的作物，但不耐涝。水分是大豆生长的重要生态因子，涝害对大豆生产造成严重影响。水分过多对植物的危害称涝害（flood injury），植物对积水或土壤过湿的适应力和抵抗力称植物的耐涝性（flood resistance）[1]。大豆遭受涝害后由于根系缺氧，造成根系发育不良、生育期延迟、落花落荚、病害严重，甚至植株死亡，给大豆生产带来严重损失。不同大豆品种对涝害的耐性存在差异[2]。近年来，相关研究多集中于涝害对于大豆生长发育及根部生理指标的影响，但植物耐涝性是一个综合的性状，单一的性状不能较全面地衡量耐涝性[3]。在育种领域中，除高产品种需求占 39% 以外，耐逆及耐旱品种的需求共占样本总体接近一半，说明提高对非生物逆境的抗性是大豆育种的重要任务[4]。因此，筛选耐涝性强的大豆种质资源，对培育选择耐涝品种具有重要的意义。2013 年东北地区发生严重的湿涝灾害，为研究大豆涝害提供了难得的机遇。为此，开展筛选试验。

1 材料与方法

1.1 试验材料

以东北三省一区 1960—2011 年间培育的代表性大豆品种和部分祖先亲本为研究材料，共 361 份（分为极早熟、早熟、中早熟、中熟、中晚熟、晚熟等 6 组，其中中晚熟组 61 份，其他熟期均为 60 份）。试验在辽宁省铁岭，吉林省长春和白城，黑龙江省牡丹江、佳木斯、大庆、北安和克山 8 个试验点进行。

1.2 试验设计

将供试材料按生育期分成极早熟、早熟、中早熟、中熟、中晚熟、晚熟等 6 组，每组进行 4 次重复（区组）随机区组试验，按生育期早晚排列在土壤肥力相对一致的试验田。小区面积 1 m²，单行区采用穴播种植，每行 4 穴，每穴 4 株。确保 1 次播种保全苗，按照当地常规管理进行。

1.3 调查性状

按 Fehr 提出的大豆生育时期进行调查。包括播种期、出苗期（VE）、始花期（R1）、盛花期（R2）、成熟始期（R7）、成熟期（R8）、倒伏等级。按照常规方法考种项目包括株高、主茎节数、地上部生物产量、单株粒重。

1.4 数据分析

以小区的考种性状平均值，各试验点 4 月至 9 月平均降雨量，进行数据分析。

2 结果与分析

2.1 2013 年东北区降雨量多造成大豆涝害

2012 年 11 月至 2013 年 4 月，东北区平均降水量达 111.3 mm，较常年同期偏多 58.5%，为 1961 年以来历史同期次多，导致部分地区土壤过湿，发生严重春涝现象。春涝伴随低温对东北农区春耕备耕和适时春播造成不利影响。2013 年 6 月以来，东北大部和内蒙古东北部降水较常年同期偏多，其中黑龙江大部、吉林中东部、辽宁东部和内蒙古东北部偏多二至五成，黑龙江西部和内蒙古东北部部分地区偏多八成至两倍。从黑龙江省气候中心获悉，2013 年 7 月全省平均降水量为 217.2 mm，比常年偏多 57%，为 1961 年以来历史第三位，全省 13 个市（地）的 59 个县（市、区）发生暴雨洪涝灾害。吉林省以长春市为例，6 月累计降雨量达 213.1 mm，远超常年 6 月平均降雨量 99.7 mm，创了新纪录，成为史上最多雨的一个 6 月。从辽宁省气象局获悉，2013 年 7 月 1 日至 23 日期间全省平均降水量为 226.7 mm，较历史同期（115.1 mm）偏多 97.0%，为 1961 年以来同期第二多值。造成大豆开花鼓粒期发生严重的湿涝灾害，出现一些绝产地块。

2.2 试验点降水量变化曲线

2013 年东北地区从春天到秋天大豆生产发生严重的阶段性湿涝灾害，从降雨量的变化曲线（图 1）中可以看出月平均降雨量最大值出现在黑龙江省的干旱地区克山县，第二高值出现在北安市。

从表 1 可知，黑龙江省克山县 7 月降雨量 339.6 mm，较常年多 1.2 倍；吉林省长春、黑龙江省北安 6 月降雨量是常年的 1.1 倍；大庆、佳木斯、白城降雨量超过常年六至九成；辽宁省铁岭 8 月至 9 月降雨量较常年偏多四至五成。黑龙江省牡丹江 7 月降雨量偏多两成。各试验点在大豆苗期、开花结荚期、鼓粒成熟期出现不同程度的强降雨，发生涝害。

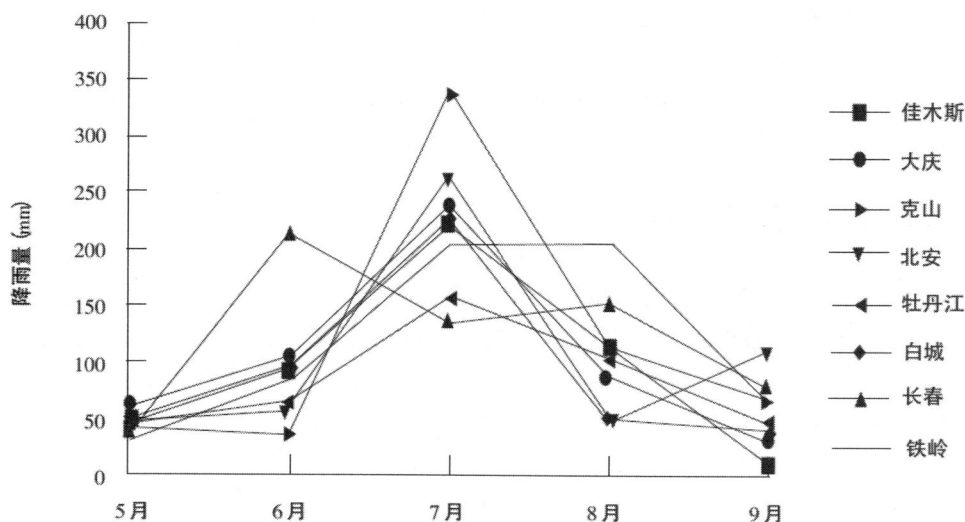

图1 大豆生长期联合试验点降水量变化曲线

表1 大豆生育期间降水量与常年同期比较表 mm

地点	5月		6月		7月		8月		9月	
	2013	常年	2013	常年	2013	常年	2013	常年	2013	常年
佳木斯	45.0	49.9	92.9	90.9	221.4	115.9	117.1	129.2	11.9	51.7
大庆	60.4	31.4	104.3	69.9	239.5	132.0	87.7	95.7	29.1	36.1
克山	41.7	36.9	35.4	80.0	339.6	155.4	114.6	122.5	70.0	52.5
北安	48.8	65.2	56.6	87.9	263.5	126.8	48.9	103.6	111.0	77.3
牡丹江	46.0	36.3	63.3	80.6	156.8	126.2	103.5	104.3	45.6	49.8
白城	48.7	28.1	94.1	70.6	227.7	140.0	50.2	91.9	40.1	38.5
长春	37.2	47.7	213.1	99.7	136.0	161.9	153.1	126.5	79.7	44.5
铁岭	32.4	60.6	84.1	115.7	206.2	202.0	207.3	138.2	67.6	43.7

2.3 涝害对大豆生长发育的影响

2.3.1 涝害对大豆播种和出苗的影响

黑龙江、吉林、辽宁三省2012年秋整地不能进行，2013年发生严重春涝，机械春整地拖后，导致大豆生产不能及时播种。大豆播种比正常年份延迟7~10 d；大豆出苗期，较历年晚出苗10 d左右。铁岭试验点2013年出苗情况很好，但是由于6月份的连续降雨造成严重的涝灾，大豆幼苗叶片生长受阻变小，叶色变黄，根系逐渐变褐、腐烂，致使383个小区出现不同程度的死苗，尽管后期部分植株又重新发出分枝，但是最终剩3穴的小区118个，剩2穴的小区214个，剩1穴的小区39个，绝收的小区16个。

2.3.2 涝害对大豆生育期的影响

大豆植株营养生长期渍水，中熟、中晚熟和晚熟试验材料中圆叶出现徒长现象，植株高度偏高，部分大豆生育期延迟；植株高大、秆软、分枝性强品种出现倒伏现象。花荚期渍水造成大量落花落荚；鼓粒期渍水致使百粒重严重下降等灾害性效应，从而造成大豆严重减产[5]。北安 127 份，佳木斯 84 份，克山、大庆各有 69 份，牡丹江 19 份，白城 13 份，长春 10 份试验材料未能正常成熟。不同品种有不同的耐逆性反应。耐涝性较好的品种大豆，在湿涝环境中，自身调节能力增强，恢复生长快，降低了涝害对大豆植株的严重影响，获得较好的经济产量。

2.4 不同大豆品种产量的变化

湿涝灾害严重影响大豆产量，不同品种反应不同，有些品种的适应范围较宽，多点表现产量较高，而另一些品种生态适应较窄，表现产量降低。现将各熟期组中产量居前十位的试验材料列入表 2。

从表 2 中可以看出，在涝害条件下不同熟期大豆品种在不同试验点的产量变化，表现出大豆品种产量差异和耐涝性强弱，增产点次多的大豆品种能充分发挥其产量潜力并保持较稳定的产量，表明其抵御湿涝环境的能力较强，具有强耐涝性。

表2　不同大豆品种产量变化频次表

品种编号	牡丹江	大庆	佳木斯	克山	北安	白城	长春	铁岭	增产点次
p007	●	●	●	●				●	5
p018	●	●		●				●	4
p021		●	●	●	●	●		●	6
p024	●	●	●			●	●	●	6
p027			●	●		●	●		4
p039		●		●		●	●		4
p042		●			●	●	●		4
p045		●	●	●				●	4
p047	●	●	●	●	●		●	●	7
p052		●	●	●			●	●	5
p054				●	●		●	●	4
p060		●		●		●	●	●	5
p071	●	●					●	●	4
p078		●	●			●		●	4
p081	●	●		●				●	4
p082	●	●		●		●			4
p083	●	●	●	●				●	5
p098	●	●	●			●			4
p100			●	●		●	●		4
p104			●			●	●	●	4
p113	●	●	●				●		4
p116		●	●		●	●			4
p123		●		●			●	●	5
p133	●		●	●				●	4
p145	●	●	●	●	●		●	●	7
p163	●		●	●	●				4
p177	●	●			●	●			4
p183		●	●		●			●	4
p199	●		●			●	●	●	5
p202				●	●	●		●	4
p204	●			●		●		●	4
p238	●		●		●	●		●	5
p243	●	●		●		●			4
p264	●	●	●	●				●	5
p275	●	●		●				●	4
p278	●	●				●	●		4
p282	●		●				●	●	4
p287	●		●			●	●	●	5
p295	●		●			●	●		4
p305				●		●	●	●	4
p324		●		●	●				3
p325		●			●	●			3
p326		●				●			2
p331	●							●	2
p335		●				●			2
p337		●				●			2
p339		●					●		2
p353						●	●		2
p360							●	●	2

3 耐涝品种的筛选

在 2013 年自然湿涝条件下对东北春大豆品种进行筛选鉴定调查表明，大豆品种出苗比较齐全，没有发生死苗烂苗现象，开花鼓粒期落花落荚相对较少，成熟期获得相对较高产量，是耐涝大豆品种的表现，具有较强的生态适应性。并且按照大豆一生对湿涝环境的适应能力、收获大豆经济产量的高低，将参试材料分为强耐涝、耐涝、中耐涝和弱耐涝大豆品种 4 种类型。

3.1 强耐涝品种

在当地正常成熟，75%以上的点次大豆植株生长健壮，在同熟期组中产量较高的品种为强耐涝品种。黑河 53、丰收 17、蒙豆 12、合丰 51、垦丰 10、绥农 33、黑农 62、满仓金、长农 13、铁豆 39 等品种多个点均表现高产，属于强耐涝品种。

3.2 耐涝品种

50%以上的点次大豆植株生长健壮，在同熟期组中产量较高的品种为耐涝品种。黑河 36、北疆 2 号、东农 45、丰收 2 号、北豆 21、黑农 10、垦豆 25、抗线 7 号、十胜长叶、九农 28、吉育 83、吉育 71、铁丰 19 等品种均表现较高产量，属于耐涝品种。

3.3 中耐涝品种

只有 30%左右的点次大豆植株生长健壮，在同熟期组中产量表现一般的品种为中耐涝品种。

3.4 弱耐涝品种

苗期不耐涝，出苗较差，出苗后淹水而死亡的品种，或落花落荚严重、产量较低、不结实（空秆）的品种均为弱耐涝品种。

致谢：辽宁省铁岭农科院，吉林省长春和白城农科院，黑龙江省佳木斯农垦科学院作物所、北安农垦科研所、黑龙江农科院大庆和克山分院。各试验点作了大量表型鉴定工作，提供试验数据资料，表示衷心感谢！

参考文献（略）

本文原载于《大豆科技》2014 年 02 期。

牡丹江丘陵半山区大豆蚜虫发生规律及防治措施

齐玉鑫，时新瑞，王爱武，梁嘉陵

（黑龙江省农业科学院牡丹江分院，黑龙江 牡丹江，157041）

摘　要：本文针对牡丹江丘陵半山区气候特点，研究提出了大豆蚜虫的发生规律与相关气象因素的关系；提出了以天敌防控为主，农作物合理间作，生、化防综合防治大豆蚜虫的措施。对指导类似地区大豆蚜虫综合防治具有一定的实际意义。

关键词：丘陵半山区；大豆蚜虫；综合防治

Occurrence regularity and control measures of soybean aphid in Mudanjiang hilly and semi mountainous area

QI Yu-xin, SHI Xin-rui, WANG Ai-wu, LIANG Jia-ling

(*Mudanjiang Branch of Heilongjiang Academy of Agricultural Sciences, Heilongjiang Mudanjiang*, 157041)

Abstract: According to the climatic characteristics of the hilly and semi mountainous area of Mudanjiang, the relationship between the occurrence law of soybean aphids and related meteorological factors was studied and put forward in this paper; The measures of natural enemy prevention and control, reasonable intercropping of crops and comprehensive biological and chemical control of soybean aphids were put forward. It has certain practical significance to guide the comprehensive control of soybean aphids in similar areas.

Keywords: Hilly and semi mountainous area; Soybean aphid; Integrated control

牡丹江丘陵半山区主要是指北纬 43°24'48″，东经 128°02'36″~133°56'24″之间的山区、半山区和丘陵地区。由于张广才岭的天然屏障和全区处在本省寒流末端的特殊的地理位置，使小区气候产生了一些特殊的"阳坡效益"，而造成了局部区域的高温、少雨、干旱，在"圈椅式"地形的南向"背风"处形成了牡丹江地区特殊的大豆种植区域。在这一大豆种植区域内也正是大豆蚜虫寄主分布广而多、危害的年频率高、受害较其他地区较重的区域。大豆蚜虫对该区大豆质量和产量的影响也成了继大豆因重迎茬（两病一虫）造成对大豆产量影响又一大主要隐患。为此，牡丹江分院在国家"大豆蚜综合防控技术与示范"的援救项目中，重点针对牡丹江丘陵半山区的气候特点，研究大豆蚜虫的发生规律与相关气象因素的关系、越冬寄住、天敌种类及综合防治技术，旨在为指导该地区大豆蚜虫的综合防治、提高大豆的品质与产量，提供科学合理的理论依据。

1　牡丹江丘陵半山区大豆蚜虫种群动态的研究

为明确牡丹江丘陵半山区大豆蚜虫的种群动态及发生规律，在大豆蚜发生期间，每 7 天调查一次大豆蚜的数量，经田间调查结果显示：牡丹江丘陵半山区大豆蚜虫始发期在 6 月中下询，高峰期出现在 7 月中旬左右；无翅与有翅蚜同步发生，无翅蚜数量大于有翅蚜数量（详见图 1）。

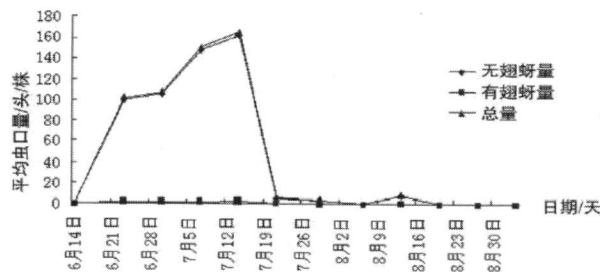

图 1　牡丹江丘陵半山区大豆蚜虫种群动态及发生规律

2 牡丹江丘陵半山区相关气象因素对大豆蚜虫种群动态的影响

针对牡丹江丘陵半山区的特点，外面选择了有代表性的几个相关气象因素于 6 月 14 日—9 月 3 日连续调查其变化情况，分析其对大豆蚜虫种群动态的影响，从调查结果看，气温、相对空气湿度、风速变化不明显，对大豆蚜虫种群动态变化影响不大。而降水量在此期间变化明显，对大豆蚜虫种群数量影响很大（详见图 2）。

由图 2 可以看出，随降雨量的不断增加，田间大豆蚜虫种群数量随之下降，当日降水量达到 33.2 mm，形成暴雨时（7 月 19 日的调查结果），大豆蚜虫的种群数量下降为零，并且以后随降雨量的减少，大豆蚜虫的种群数量也难以恢复。

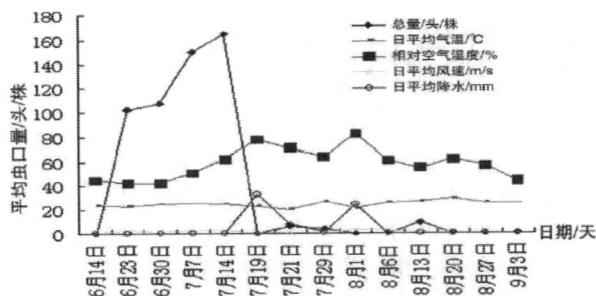

图 2　牡丹江丘陵半山区气象因素对大豆蚜虫种群动态的影响

3 牡丹江丘陵半山区大豆蚜虫的综合防治

（1）利用优势天敌：牡丹江丘陵半山区大豆蚜虫天敌种类主要有小花蝽、龟纹瓢虫、异色瓢虫、七星瓢虫、叶色草蛉、丽草蛉、黑带食蚜蝇，其中优势天敌为龟纹瓢虫、异色瓢虫、草蛉、黑带食蚜蝇。在 6 月中上旬于大豆苗期有针对性地选择部分天敌，释放于田间，对大豆蚜虫的防控起到积极的作用。

（2）农作物的合理间作：试验表明，大豆与烟草、马铃薯等作物间作，可以利用马铃薯、烟草田中的大豆蚜虫天敌进行生物防治，在一定程度上控制大豆蚜的数量。

（3）生物防治与化学防治相结合：在进行生物防治的同时辅以化学防治，防治时期应选在 5%~10% 大豆植株卷叶；或蚜株率达 50%，百株蚜虫量 1 300 头以上，天敌数量较少，平均气温在 24 ℃ 以上，平均相对湿度在 75% 以下。使用 40% 乐果或氧化乐果乳油 1.5 kg/hm² 对水 300 kg/hm² 喷雾，或 5% 来福灵乳油 150~300 mL/hm²、10% 大功臣（一遍净、吡虫啉）150~300 g/hm² 或 2.5% 绿色功夫 225 mL/hm²；或 25% 辉丰快克 300 mL/hm²；或 25% 快杀灵 300 mL/hm²，以上药剂对水 450 kg/hm²，同时加入适量叶面肥，均匀喷雾。

参考文献（略）

本文原载于《牡丹江师范学院学报（自然科学版）》2009 年 01 期。

突出宁安特色优势 推进现代农业建设

——记黑龙江省农业科学院与宁安市农业科技合作共建

于文全[1]，王蕊[1]，王延锋[1]，姜龙[1]，邵广忠[1]，孙新功[2]，柴永山[1]，任海祥[1]

(1.黑龙江省农业科学院牡丹江分院，黑龙江 牡丹江 157041；2.宁安市农业委员会，黑龙江 宁安 157400)

摘　要：黑龙江省农业科学院率先提出"论文写在大地上，成果留在农民家"的理念，从体制创新入手，与市县签约共建，双方合作双赢。2006—2008 年，黑龙江省农业科学院与宁安市开展农业科技合作共建工作，以科学发展观为指导，立足宁安市情，科学定位，突出特色优势，积极稳妥、扎实有效地推进具有宁安特色的现代农业建设，取得了巨大的成效。

关键词：农业科技；合作共建；宁安特色优势

Highlighting the characteristic advantages of Ning'an and promoting the construction of modern agriculture

——On the cooperative construction of agricultural science and technology between Heilongjiang Academy of Agricultural Sciences and Ning'an City

YU Wenquan[1],WANG Rui[1], WANG Yanfeng[1], JIANG long[1], SHAO Guangzhong[1], SUN Xingong[1], CHAI Yongshan[1], REN Haixiang[1]

(1. *Mudanjiang Branch of Heilongjiang Academy of Agricultural Sciences, Heilongjiang Mudanjiang,* 157041; 2. *Ning'an Agricultural Committee, Heilongjiang Ning'an,* 157400)

Abstract: Heilongjiang Academy of Agricultural Sciences took the lead in putting forward the concept of "writing papers on the earth and leaving achievements in farmers' homes". Starting with system innovation, it signed a contract with cities and counties to build a win-win cooperation. From 2006 to 2008, Heilongjiang Academy of Agricultural Sciences and Ning'an city carried out agricultural science and technology cooperation and co construction, guided by the scientific outlook on development, based on the situation of Ning'an City, made a scientific positioning, highlighted characteristic advantages, actively, steadily, solidly and effectively promoted the construction of modern agriculture with Ning'an characteristics, and achieved great results.

Keywords: Agricultural Science and technology; Cooperation and joint construction; Characteristic advantages of Ning'an

　　黑龙江省农业科技合作共建得到了中央有关领导的充分肯定，被农业部确定为全国农业技术推广十大模式之一。农业科技合作共建，始创于 2004 年黑龙江省农业科学院以科技帮扶十弱县为主要内容的"院县共建"。在帮扶过程中，黑龙江省农业科学院率先提出"论文写在大地上，成果留在农民家"的理念，从体制创新入手，与市县签约共建，双方合作双赢。随着院县合作成果和作用不断显现，黑龙江省委、省政府决定组织全省 15 家科研院所、涉农大专院校、农业帮扶推广部门与全省 67 个县（市、区）开展科技合作共建活动。其中，黑龙江省农业科学院承担了全省 34 个县（市、区）的科技合作共建任务。

　　2006—2008 年，黑龙江省农科院与宁安市开展农业科技合作共建工作，以科学发展观为指导，立足宁安市情，科学定位，突出特色优势，积极稳妥、扎实有效地推进具有宁安特色的现代农业建设，取得了巨大成效。

1 突出宁安农业特色，建设现代农业示范园区

　　按照宁安的实际情况，由黑龙江省农业科学院出技术、出成果、出管理，宁安市出土地，双方采取公益性、市场化等多种方式，投资 30 余万元建立了农业科技示范园区，园区包括 4 个核心示范区和 7 个辐射区，并在每个乡镇建一个 100 亩乡镇级示范园区，总面积 2.6 万亩，其中核心示范区 1500 亩，主要示范了大豆、玉米、水稻、果树、马铃薯、烤烟、晒烟、甜菜、甜葫芦、尖椒、圆葱、香瓜、大蒜等 13 类作

物，80 多个试验示范品种，20 余项综合高产栽培技术，成果总数为 100 余项。以田间博览会、新成果发布会、标准化技术现场会等形式，发挥科技园区"做给农民看、带领农民干"的突出作用。通过示范展示、宣传与推介，共筛选出了适合当地种植的各种农作物品种 31 个，主推玉米大垄双行地膜覆盖、寒地水稻两段式育苗、甜菜大垄双行覆膜及纸筒育苗移栽技术等综合配套优质、高产、高效栽培技术 11 项，筛选出圆葱栽培的无公害专用肥料、棚室番茄主要病害的高效低毒低残留农药 9 种，夯实了宁安市农业生产的科技基础。

2 建设科技专家大院，为农民提供及时快捷的服务

为了满足农民对农业新技术的经常性和及时性需求，黑龙江省农科院在东京城和海浪镇两处建成了集科技培训、技术咨询、农业信息服务为一体的农业科技专家大院，专家大院有独立的专家值班室、咨询培训室，总面积 400 多平方米。专家大院内制作了作物品种实物样本，水稻、大豆、玉米栽培及病虫害图谱，出口蔬菜品种、无公害栽培模式挂图等，开设专家咨询热线，院县专家常年驻守大院，提供答疑解难、咨询服务，购置了电脑、科技资料、科普书籍、光盘等。每年有 3 500 余人次到专家大院查阅资料和技术咨询，有 2 000 余人次通过热线电话进行咨询，发放资料 10 万余份，解决技术难题 160 余项，收到了良好的服务效果，充分发挥了专家大院的咨询和服务功能。

3 推广科技致富项目，切实实现农民增收

黑龙江省农科院为宁安量身定制、精心谋划了多项科技致富项目，通过致富项目的实施富裕了农民，推进了"一村一品"进程，打出了特色品牌。优质大豆品种示范及繁育基地建设项目，在海浪镇庆城村实施，面积为 750 亩，以大豆"垄三"栽培模式为主体，配以秋整地、测土配方施肥，分层深施肥，综合防治病、虫、草害的栽培模式，惠及农户 189 户，亩增产 60 多千克，增收 120 元。优质大米生产基地建设项目，在渤海镇江西、小朱家等村实施，面积 600 亩，惠及农户 130 户，引入大钵体多蘖壮秧、宽行超稀植、应用生物有机肥、安全低毒农药等技术。农户与响水米业签订了订单，产出大米供不应求，项目区平均亩增产 100 多千克，增收 300 多元。2008 年 10 月，省委书记吉炳轩到小朱家视察，村支书程守华汇报时自豪地说："我们种一亩水稻，顶别人种二亩水稻的效益。"

4 狠抓科技培训工作，提高农业标准化生产水平

为实现科技人员直接到户、良种良法直接到田、技术要领直接到人的要求，共建双方坚持院市结合、分级培训的原则，结合"春雨行动""冬春专家科技入户行动"，充分利用现代传媒技术，如电话热线查询系统、科技培训直通车、"三电合一"咨询系统、远程视频讲座及远程视频科教片等，市训师资及技术骨干，乡镇培训种植大户、科技示范户及农业经济人，村级普及培训。年平均培训 8 万人次，培训次数超过 120 次，参加培训的科技专家超过 500 人次、200 天，电视、广播等的讲座次数达到 60 多次、220 个小时，编写发放资料超过 20 多万份，田间课堂现场观摩培训达 3 万多人，达到每户至少有一个科技种田明白人，科学技术普及率达 95%以上。

5 协调多方争取资金，促进市域经济跨越发展

三年来，黑龙江省农科院还积极帮助宁安市申请农业科技项目，研究编写了《有害生物预警与监控区域站建设》《标准粮田建设》《"三电合一"农业信息服务试点建设》《国家测土配方施肥补贴项目》《农产品安全质量检验检测站》《渤海镇国家级新农村建设科技示范乡镇》等项目建议书及可研报告，获批资

金近 2 000 万元，促成了上亿元的"源丰对俄果蔬国际物流园区项目"正式签约，协助争得千万元以上的省级现代农业综合示范区项目，推动了宁安市农业经济的跨越式发展。

农业科技合作共建，是新形势下农业依靠科技进步，促进专家与农民、科研与农业紧密结合，实现农业发展方式转变的成功做法。通过黑龙江省农业科学院与宁安市的院市农业科技共建，宁安农业产业化步伐进一步加快，农业结构不断优化，农业科技进步成效突出，农业效益不断增强，农业综合生产能力大幅度提升。2008 年宁安市粮食总产达到 6.3 亿千克，农村经济总收入达到 39.7 亿元，农村人均纯收入达到 7 499.6 元。院市科技合作共建突显了宁安的特色农业优势，为宁安市现代农业建设的进程提供了强大的科技支撑，开创了新农村建设的新局面。

参考文献（略）

本文原载于《山西财经大学学报》2011 年 01 期。

行间覆膜栽培对大豆根际土壤微生物区系和土壤肥力的影响

王海泉 [1,2]，王英 [3]，周宝库 [3]，李柱刚 [4]，何云霞 [1,4]，满为群 [2]，陈怡 [2]，杜维广 [2]

(1.沈阳农业大学农学院，辽宁 沈阳 100161；2.黑龙江省农业科学院大豆研究所，黑龙江 哈尔滨 150086；3.黑龙江省农业科学院土肥所，黑龙江 哈尔滨 150086；4.黑龙江省农业科学院生物技术研究所，黑龙江 哈尔滨 150086)

摘　要：为了解大豆行间覆膜栽培增产的产量生理基础，以高光效大豆品种黑农 40 为材料，进行了行间覆膜和不覆膜处理，对行间覆膜栽培大豆根际土壤微生物区系和土壤肥力进行了研究。结果表明：行间覆膜并没有改变土壤根际微生物主要的三大类群种类的变化，仍是细菌总量最高，其次为放线菌，真菌数量最少。覆膜比不覆膜增加了大豆根际土壤微生物总量，细菌、放线菌、真菌增量高峰期分别出现在 R1、R2、R1 时期，总数量高峰出现在 V2 期；覆膜比不覆膜增加了大豆根际土壤微生物生物碳含量，覆膜栽培大豆各生育时期速率 N、速效 P、速效 K 的含量高于不覆膜（CK）。因此，行间覆膜栽培是增产的产量生理基础之一，提高了大豆根际土壤微生物数量和生物碳的含量，促进了土壤养分转化，促进了大豆生长发育，提高了大豆群体光能利用效率，并提高了产量。

关键词：大豆；行间覆膜；微生物区系；土壤肥力

Effects of Film Mulching Cultivation between Rows on Soil Microorganism Regions and Soil Fertility of Soybean Root System

WANG Hai-quan[1,2], WANG Ying[3], ZHOU Bao-ku[3], LI Zhu-gang[4], HE Yun-xia[1,4], MAN Wei-qun[2], CHEN Yi[2], DU Wei-guang[2]

(1. *Agronomy College of Shenyang Agriculture University, Shenyang* 100161, *China*;
2. *Soybean Institute of Heilongjiang Academy of Agricultural Sciences, Harbin* 150086, *China*;
3. *Soil and Fertility Institute of Heilongjiang Academy of Agricultural Sciences, Harbin* 150086, *China*;4. *Biolo-gyInstitute of Heilongjiang Academy of Agricultural Sciences, Harbin* 150086, *China*)

Abstract: Tounderst and the physiological bases of soybean yield with film mulching between rows, the soil microorganism regions and soil fertility of soybean root system with film mulching between rows for Heinong40 were researched compared with the control. Results suggested that the amount of three major soil microorganism didn't change under film mulching between rows, with bacteria the most, fungi the least. Film mulching between rows increased the total number soft microorganism and the increments of bacteria, actinomyces and fungi appeared fast igium at R1, R2 and R1. The fast igium of total numbers appeared at V2. Film mulching increased the content of biology carbon of soil microorganism regions. Film mulching also increased the contents of N, P and K which canbe used by roots compared with the control at different soybean growth stage. Thus, we considered that the increasing contents of the number soft soil microorganism and biology carbon were one of the physiological bases of soybean high-yielding with film mulching between rows, which can advance the transformation of soil nutrient, improve the growth of soybean, increase the using efficiency of the light energy of soybean population and enhance the final yield.

Keywords: Soybean; Film mulching between rows; Microorganism regions; Soil fertility

　　黑龙江省是我国春大豆主产区。黑龙江省常有十年九春旱和大豆结荚鼓粒期时天气干旱现象。大豆生长发育对水分要求比较敏感，因此干旱是影响黑龙江省大豆产量主要限制因素之一。大豆覆膜栽培与裸地栽培相比，具有增加土壤温度，增强蓄水性能提高水分利用率，提高土壤微生物量及速效养分含量，改善大豆根系空间分布，增加产量等显著效应[1]。国内对覆膜栽培大豆对土壤温度、水分、生育进程、根系空间分布、产量的影响曾有许多报道[2-4]。但对覆膜大豆对土壤微生物区系数量、活性等影响的研究较少。土壤是绝大多数微生物生活的良好环境，土壤中微生物总数和各生理群的数量反映了土壤综合生态环境的特点，体现了土壤的生物活性。通过分析行间覆膜下大豆根部土壤微生物数量和土壤肥力变化，为大豆行间覆膜栽培技术增产的产量生理基础提供理论依据。

1 材料与方法

1.1 试验设计

试验在黑龙江省农科院大豆研究所（哈尔滨）展览田试验地（平地）进行，土壤为黑土，品种为高光效大豆黑农 40。采取平播行间覆膜和不覆膜（对照）2 个处理，其他措施相同。大豆行间覆膜在大豆 1、2 行间，3、4 行间，5、6 行间机械覆膜，依此类推。人工单条播，株距 5 cm，行距 70 cm，常规田间管理，小区对比法，小区面积 42 m²，3 次重复。按 Fehr 等[5]的标准记载各生育期。

1.2 土样采集

按大豆生长期，依次于 5 月 8 日（播种期）、6 月 5 日（V2）、6 月 28 日（R1）、7 月 18 日（R2）、8 月 10 日（R4）进行 5 次采样。在大豆根部取以根为中心直径 10 cm 范围内深 0~20 cm 的耕作层土壤多点混匀后测定。

1.3 微生物测定

采用土壤微生物分析方法手册[6]中常规测定方法对好气性细菌、放线菌、真菌的数量进行测定。

1.4 土壤微生物生物碳含量测定

土壤进行熏蒸与不熏蒸以 0.5 mol·L⁻¹ K₂SO₄ 浸提，以浸提液中碳、氮含量之差乘以系数 K 为土壤微生物生物碳含量。

1.5 土壤养分测定

采用常规土壤养分分析法，分析土壤全 N%、全 P%、全 K%、速效 N、速效 P、速效 K 含量和酸度。

2 结果与分析

2.1 行间覆膜对大豆根际微生物类群和数量变化的影响

对大豆不同生长期行间覆膜和不覆膜大豆根际微生物类群和数量进行测定。结果表明，在覆膜和不覆膜条件下，土壤根际微生物三大类群变化的主要特征均是细菌总量最高，其次是放线菌，真菌总数最低。行间覆膜比不覆膜增加了土壤微生物三大类群总数量，从播种期~R4 期细菌增加 1 189 万·g⁻¹ 土、放线菌增加 791 万·g⁻¹ 土、真菌增加 40 万·g⁻¹ 土。前期（5 月 8 日—6 月 6 日）、微生物总数量增加 275~681 万·g⁻¹ 土，后期（6 月 28 日—8 月 10 日），增加 252~456 万·g⁻¹ 土（表 1）。

表 1 大豆覆膜和未覆膜对土壤微生物类群和数量的影响

表 1 大豆覆膜和未覆膜对土壤微生物类群和数量的影响

Table 1 Effects of film mulching and no film mulching on types and the numbers of soil microorganism$\times 10^4 \cdot g^{-1}$

微生物类群 Types	处理 Treatment	5月8日播种 Sowing	6月5日 V2	6月28日 R1	7月18日 R2	8月10日 R4	总数 Total number	增量 Increment
细菌 Bacteirium	未覆膜 No film mulch-ing(CK)	3 243	5 687	4 834	6 652	6 787	27 203	
	覆膜 Film mulching	3 412	6 032	5 267	6 831	6 850	28 392	1 189
放线菌 Actinomyce	未覆膜 Nofilm mulching(CK)	1 234	2 232	1 988	3 369	3 287	12 110	
	覆膜 Film mulching	1 368	2 456	1 856	3 655	3 566	12 901	791
真菌 Fungi	未覆膜 Nofilm mulching(CK)	276	566	645	766	870	3 123	
	覆膜 Film mulching	248	678	800	657	780	3 163	40
总数 Totalnumbe	未覆膜 Nofilm mulching(CK)	4 753	8 485	7 467	10 787	10 944	42 436	
	覆膜 Film mulching	5 028	9 166	7 923	11 143	11 196	44 456	2 020

2.2 行间覆膜的作用与生长发育时期的关系

结果表明，黑农 40 大豆品种覆膜不同生育时期对土壤根际微生物类群数量的影响存在明显差异，其增加数量高峰出现的生育时期不同。细菌、放线菌、真菌增量高峰期分别为 R1、R2、R1 时期，根际微生物总数增量高峰出现在 V2 期。总趋势是随着黑农 40 品种生育时期推进，微生物增量减小（表 2）。

表 2 黑农 40 品种覆膜对土壤根际微生物数量的影响

Table 2 Effects of the numbers of soil microorganism on film mulching in different periods of Heinong 40

微生物类群 Types	增量 Increment$\times 10^4 \cdot g^{-1}$				
	5月8日播种 Sowing	6月5日 V2	6月28日 R1	7月18日 R2	8月14日 R4
细菌 Bacteirium	169	345	433	179	63
放线菌 Actinomyce	134	224	-132	286	279
真菌 Fungi	-28	112	155	-109	-90
总数 Totalnumbe	275	681	456	356	252

2.3 行间覆膜对土壤根际微生物区系生物碳含量的影响

土壤中微生物生物碳的含量在一定程度上表示土壤中微生物的重量和数量。结果表明，黑农 40 品种覆膜和不覆膜不同生育时期土壤根际微生物生物碳含量存在差异，依次是 V2 期>R4 期>R2 期。覆膜可明显地增加黑农 40 品种不同生育时期土壤根际微生物生物碳的含量。但随着生育期推进，增加量的百分比依次为 R2 期最大，V2 期次之，R4 期最小（表 3）。

表 3 大豆行间覆膜对土壤根际微生物碳含量的影响

Table3 Effects of the content of biology carbon of soil microorganism of soybean on film mulching

mg/kg

处理 Treatment	V2	增加量 Increment /%	R2	增加量 Increment /%	R4	增加量 Increment /%
未覆膜 No film mulch- ing	165.33	—	103.39	—	111.67	—
覆膜 Film mulching	201.73	22.02	130.66	26.38	134.84	20.75

2.4 行间覆膜对田间土壤化学性状的影响

大豆行间覆膜栽培黑农 40 品种覆膜和未覆膜各生育时期全 N、全 P、全 K 含量差异不明显。但速效 N、速效 P、速效 K 则是覆膜各生育期高于未覆膜（CK），速效 N、速效 P、速效 K 覆膜栽培比未覆膜栽培分别提高 2.00~9.90 mg·kg^{-1}、2.50~29.00 mg·kg^{-1}、5.50~19.25 mg·kg^{-1}（表 4）。覆膜和未覆膜栽培黑农 40 V1~R6 期 pH 值分别为 6.72 和 6.75，有机质含量为 3.12%和 3.13%，表明略有降低，但差异不显著（表 4）。

表 4 黑农 40 覆膜和未覆膜栽培各生育时期土壤养分变化

Table 4 Changes of soil nutrient of different periods of Heinong40 with film mulching and no film mulching

处理 Treatment	生育时期 Period	全N Total N/%	全P Total P/%	全K Total K/%	速效N /mg·kg^{-1}	速效P /mg·kg^{-1}	速效K /mg·kg^{-1}	pH 值	有机质 Organ- icmat- ter/%
未覆膜 No film mulch- ing(CK)	V1	0.170	0.164	2.37	127.88	190.0	146.60	6.64	3.33
	V2	0.140	0.155	2.60	129.57	214.0	226.70	6.68	3.32
	R2	0.140	0.153	2.51	119.90	235.0	219.99	6.85	3.07
	R4	0.146	0.162	1.82	131.70	208.0	199.20	6.80	3.11
	R6	0.130	0.139	2.64	114.00	206.0	251.40	6.78	2.86
覆膜 Film mulching	V1	0.170	0.166	2.69	132.93	198.0	165.84	6.64	3.28
	V2	0.140	0.153	2.37	134.61	234.0	232.90	6.65	3.37
	R2	0.140	0.161	2.46	129.80	237.5	237.50	6.74	3.09
	R4	0.143	0.157	2.17	141.60	211.0	210.50	6.62	2.99
	R6	0.150	0.131	2.55	116.00	196.0	256.90	6.93	2.88

3 讨 论

土壤微生物三大类群中，细菌数量多，其次为放线菌，真菌数量最少[7]。我国研究者分别对黑土、白浆土和草甸土区大豆轮作、迎茬和连作 1~6 年大豆田土壤微生物变化进行了大量研究，一致认为与轮作相比，连作 1~6a 土壤微生物三大类群变化的主要特征是细菌总量减少，真菌总量增加和放线菌变化表现不规律[8]。结果表明，覆膜并没有改变土壤根际微生物三大类群数量变化，仍是细菌总量最高，其次为放线菌、真菌数量最少。覆膜比未覆膜增加了土壤根际微生物类群总数量，能有效地提高土壤的生物活性。由于覆膜可提高地温，保持水分[2]，促进微生物的生长繁殖和代谢活动，加速了营养物质的分解释放，植物可给态养分增加，使土壤速效 N、速效 P、速效 K 含量增加，有利于黑农 40 品种的生长发育。覆膜使大豆根际微生物总数高峰期出现在 V2 期，则有利使黑农 40 根际微生物的生命活动提早。而且根际微生物总数次高峰出现在 R1 期，从而提高了土壤肥力的转化，促进了黑农 40V2 期、R1 期生长发育，为各个时期的生长发育和增产奠定了基础。

土壤微生物量指土壤体积为 5~105 μm³ 活的微生物量，是土壤有机质中最活跃和最易变化因子，主要包括微生物生物碳（MBC）和微生物生物氮（MBN）两部分。近期研究表明，土壤微生物生物量与土壤中 C、N、P 和 S 等养分循环密切相关，其变化可直接或间接反映土壤耕作制度和土壤肥力的变化以及土壤污染程度。

本研究结果表明，覆膜增加黑农 40 大豆不同生育期土壤根际微生物生物碳的含量，即增加了土壤的活性成分，提高了土壤养分的矿化量。

有关覆膜对玉米和小麦土壤养分及有机质含量影响报道较多[9]。但关于大豆行间覆膜栽培对土壤养分的影响报道较少。结果表明，黑农 40 大豆行间覆膜栽培提高了各生育时期的速效 N、速效 P、速效 K 的含量，这与行间覆膜栽培提高了土壤微生物类群数量及微生物生物碳的含量有密切关系。

总之，行间覆膜栽培大豆增加了地温，提高土壤相对含水量和水分利用率[10]。本研究结果表明，行间覆膜栽培大豆增加了土壤微生物类群数量及微生物生物碳的含量，促进了土壤养分的转化，使速效 N、速效 P、速效 K 含量增加。因此，促进了黑农 40 大豆生长发育，增加了大豆群体光合面积和群体光合势，提高光能利用率，有利于干物质积累和产量的提高[4]。因此，大豆行间覆膜栽培是增产的产量生理基础之一，提高了大豆根际微生物数量和生物碳的含量，促进了土壤养分转化，促进了大豆生长发育，提高了大豆群体光能利用效率，从而提高了产量。

参考文献（略）

本文原载于《大豆科学》2009 年 05 期。

发挥牡丹江地区生态优势，促进高蛋白大豆生产

任海祥，邵广忠，宗春美，岳岩磊，杜维广

（黑龙江省农科院牡丹江分院 牡丹江 157041）

摘 要：为发挥牡丹江地区高蛋白大豆生态优势，促进该区高蛋白大豆生产的发展，介绍黑龙江省大豆品质区划和牡丹江地区生态优势，阐明牡丹江地区是黑龙江省主要高蛋白大豆区产，指出应加强扶持该区高蛋白大豆生产，建议建设大豆产业技术体系牡丹江试验站，建设高蛋白大豆产业带，对推进我国高蛋白食用大豆产业发展具有重要意义。

关键词：高蛋白大豆；牡丹江生态区；发展生产

大豆是典型短日照作物，具有严格的生态区和区域性，遵照大豆作物品种和品质区划种植，对发挥大豆品种生产潜力和促进大豆产业发展均具有十分重要的意义。目前我国大豆生产和运储方面存在着严重的混种、混收、混储等现象，这是造成大豆品质下降、影响产量提高主要因素之一，影响国产大豆市场竞争力，所以必须尽快实施大豆品种和品质区划种植。

王彬茹，翁秀英、杜维广等 [3]指出，黑龙江省大豆品种区划分为：北部高寒区、黑河、克拜丘陵、东部合江低湿平原、松哈平原、西部干旱和碳酸盐黑土、牡丹江半山间平原七个生态区。王全陵 [2]阐述了黑龙江省大豆脂肪与蛋白质含量生态地理分布，认为黑龙江省北部地区寒冷地带，脂肪含量偏低；而西部干旱农区所产大豆脂肪偏高，木兰、依兰、牡丹江山地农区，大豆的蛋白质含量偏高。北起嫩江、德都至克山、海伦、绥化、哈尔滨广大黑土地带，不但大豆产量高，外观品质优良，而且脂肪与蛋白质均保持在较高含量水平，表现了稳定的"双高"状态。

牡丹江地区位于黑龙江省东南部，按农业气候地区划分属于牡丹江半山间农业气候区。本区位于张广才岭东部，老爷岭北部，多低山丘陵，属于半山间地区，土壤肥沃，为黑土和山地土。本区地形复杂，热量和水分受地形影响差异较大，本区水利资源较丰富，热量资源有较大优势。本区生产季在 120~140 d，≥10 ℃积温在 2 400 ℃左右，有的区域达到 2 700 ℃以上，含盖黑龙江省第 1、2、3 积温带。春季气温稳定通过 0 ℃日期在 4 月初，稳通过 10 ℃日期平均在 5 月上旬。枯霜日在 9 月 25 日前后，由于地形影响，各地差异较大。本区年降水量在 550 mm 左右。生长季干燥指数 K 为 0.8~1.0，属于半湿润类型。春季湿润系数为 0.8 左右，春旱的概率为 20%~30%。夏季属湿润类型，7-8 月干燥指数在 0.7~0.8 之间。牡丹江山间农业气候区的气候类型属于温和半湿润、春旱夏半湿润类型。该区生态特点非常适宜高蛋白大豆生长，所以该区划为黑龙江省重要高蛋白大豆产区。

黑龙江省牡丹江地区包括牡丹江、海林、宁安、东宁、绥芬河、穆棱、鸡西、鸡东、密山、林口、勃利、依兰等市县和所属海林、宁安农场等 9 个国营农场。其含盖黑龙江省第 1、2、3 积温带，大豆种植面积 700 多万亩，占黑龙江省大豆种植面积 14% 以上，推广相应高蛋白品种，其蛋白质含量能达到 45%，脂肪含量 18% 以上。它是黑龙江省大豆主产区，是重要高蛋白大豆产区，是我国发展高蛋白食用大豆并具有商业价值的重要生产基地。本区高蛋白大豆品种可推广到吉林省东部高蛋白大豆产区，如郭化、蛟河等市县及西部高蛋白产区，如白城、大安、前郭等市县。

在牡丹江生态区，坐落着黑龙江省农科院牡丹江分院，其高蛋白大豆育种和推广研究工作曾取得较大成绩，例如，1989 年经黑龙江省农作物品种审定委员会审定推广的牡丰 6 号，蛋白质含量 43.2%，脂肪含量 19.8%，1987—1988 年生产试验，平均亩产 148.4 kg，比合丰 25、黑农 29（CK）平均增产 4.2%[3]，曾是牡丹江地区主栽品种，并批量出口。现在该分院将高蛋白育种作为大豆育种工作重要定位之一，并已取得了较大进展，将对该区高蛋白大豆生产不断提供高蛋白大豆品种和相应栽培技术做出一定贡献。

牡丹江地区是黑龙江省重要高蛋白大豆产区，不但具有高蛋白大豆生长的优越生态条件，700 多万亩种植面积和辐射到吉林省高蛋白大豆产区，而且逐渐形成一支研究队伍，为发展黑龙江省乃至全国高蛋白食用大豆产业，建议加强支撑力度，建立大豆产业技术体系牡丹江试验站。该建议得到了国内有关领导和

著名大豆专家赞同和支持。其还建议应该在该区建立高蛋白大豆产业带，为实现落实按大豆品种和品质区划种植，实现纯品种和相同品质品种种植、收获、储运，从而提高国产大豆市场竞争力；为发展国产高蛋白食用大豆生产，应汇聚各方面优势，尽快做出应有贡献。

参考文献（略）

本文原载于《大豆科技》2010 年 02 期。

第七章　大豆分子模块设计与种质创制

大豆转基因技术研究进展

任海祥[1]，南海洋[2]，曹东[2]，刘晓冰[2,3]，刘宝辉[2,3]，孔凡江[2,3]

（1.黑龙江省农业科学院牡丹江分院，黑龙江 牡丹江 157041；2.中国科学院黑土区农业生态重点实验室，中国科学院东北地理与农业生态研究所，黑龙江哈尔滨 150081；3.东北农业大学农学院，大豆生物学教育部重点实验室，黑龙江哈尔滨 150030）

摘 要：目前，转基因大豆研究已成为国内外大豆分子生物学的研究热点，国外已成功将转基因大豆作为推动大豆产业发展的动力。我国转基因大豆研究处于起步阶段，缺乏具有自主知识产权的高效转基因大豆品种，应借鉴国外先进的转化技术和成功经验，立足现有技术，改进遗传转化体系。文章综述转基因大豆的应用概况和研究现状，介绍大豆遗传转化体系和大豆转基因方法，阐述目前转基因大豆存在的问题及应用前景。

关键词：大豆；遗传转化；分子育种

Progress and Perspective on Soybean Genetic Transformation

REN Hai-xiang[1], NAN Hai-yang[2], CAO Dong[2], LIU Xiao-bing[2,3], LIU Bao-hui[2,3], KONG Fan-jiang[2,3]

(1. Mudanjiang Branch, Heilongjiang Academy of Agricultural Sciences, Mudanjiang 157041, China;

2. Key Laboratory of Mollisols Agroecology, Northeast Institute of Geography and Agroecology, Chinese Academy of Sciences, Harbin 150081, China;

3. Key Laboratory of Soybean Biology, Ministry of Education, School of Agriculture, Northeast Agricultural University, Harbin 150030, China)

Abstract: Soybean genetic transformation becomes the most important research area in soybean molecular biology. Commercialization of transgenic soybean varieties in North America and South America had significantly promoted the development of the soybean industry economically. In China, soybean genetic transformation was in the preliminary stage and it was very important to adopt new transformation techniques abroad to improve our genetic transformation system. This paper summarized the research progress and development of soybean genetic transformation. The problems and perspectives of soybean genetic transformation were also discussed.

Keywords: Soybean; Genetic transformation; Molecular breeding

大豆起源于中国，不仅是人类主要的油料作物和植物性蛋白来源，而且是重要的工业原料，在我国粮食安全及国民经济中占有重要地位。我国大豆种植受自然条件等逆境因子制约常造成减产，同时大豆品种适种范围窄，严重影响优良品种的大面积种植。作物常规育种在提高产量、品质及抗性等方面发挥主导作用，但受有益突变效率和生殖隔离等特性制约，利用有限。而利用转基因技术能把外源抗逆基因（转录因子）引入作物中，可提高作物抗逆性，被动地提高作物产量。

转基因大豆与其他主要作物相比，遗传转化体系不够稳定，有待完善，转化率有待提高。实现此目标，需要以下体系作支持：①良好的植株再生体系（受体系统）；②DNA 导入再生细胞的转化体系（转化方法）；③良好的筛选系统和稳定的转化效率。国内大豆生产与加工转基因技术自主研发实力不足，存在转化效率低、重复性差等问题，不少研究者针对不同的遗传转化系统进行改进，以期提高大豆遗传转化效率。

1 转基因大豆种植现状及研究概况

1.1 转基因大豆的种植现状

国际农业生技产业应用服务中心（International service for the acquisition of agri-biotech applications，ISAAA）资料显示，1996 年转基因作物的种植面积为 170 万 hm²，2011 年已达到 1.6 亿 hm²，增长 94 倍，

转基因大豆作为主要的转基因作物，占据全球转基因作物种植面积的47%（7 540万hm²）。其中以抗草甘膦转基因大豆（Round up ready soybean，RRS）种植为主[1]。由于转基因大豆带来巨大的经济效益，种植规模逐年扩大。近几年，中国转基因作物发展迅速，主要是以转基因抗虫棉为主，但转基因大豆尚未进入商业化生产阶段[2]。

1.2 转基因大豆的研究概况

Hinchee[3]首次报道成功获得大豆转基因植株，抗草甘膦转基因大豆（RR大豆）和高油酸大豆（HO大豆）在国际上的种植面积不断增加，转基因大豆类型不断增加。我国研究者主要在大豆抗病虫害、抗逆性及大豆油分等重要农艺性状方面获得转基因植株。徐香玲等[4-5]将PKT54B7C5上的B、T、K-δ内毒蛋白基因通过农杆菌介导法导入大豆黑农37、黑农39等品种，获得再生大豆植株，并且利用同样的方法将抗真菌的几丁酶基因导入大豆品种东农37号、吉林28号等14个品种，得到转化植株。尹青女等[6]向大豆受体导入热激转录因子8（Heat shock factor 8，hsf 8）基因，以加强目的基因hsf70的表达和增加转基因大豆的抗逆性。李小平等[7]采用农杆菌介导大豆子叶节转化法，共获得3株转基因植株。该植株RT-PCR分析表明，rlpk2基因已被成功敲减，并发现敲减大豆叶片中的rlpk2基因，明显改善叶片的光合能力。张秀春等[8]经农杆菌介导，采用子叶节转化法转化大豆，获得批携带有玻璃苣Δ6-脂肪酸脱氢酶基因的转基因大豆。国内关于转基因大豆的研究绝大多数都是对转基因植株进行抗性标记筛选、PCR检测以及Southern杂交，仅证明外源基因已整合到大豆基因组中。与国内相比，国外不仅具有自主知识产权的载体和像Bt和EPSP基因一样具有重大应用前景的基因，且基因转化和筛选效率比国内高[9]。

国外转基因大豆产业化引领世界转基因作物的快速发展。如美国Monsanto公司利用基因枪轰击方法将编码5-烯醇-丙酮酸莽草酸-磷酸合成酶（EPSPS）基因转入大豆，培育出Round up Ready转基因大豆并大面积产业化[10]。相同品质改良的转基因大豆研究也取得重要进展，如转Δ12脂肪酸脱氢酶基因（FAD2-1）大豆，油酸含量达70%，并于1997年获准推广[11]；通过抑制大豆Δ12脂肪酸脱氢酶（FAD2）基因和ACP-1棕榈酸硫激酶（Fat B）基因的表达，减少种子中Δ12脂肪酸脱氢酶含量，同时控制棕榈酸产量，从而实现富集油酸，获得油酸含量高达85%的大豆新品系并已开始大规模种植[12]。

2 大豆遗传转化再生体系研究

大豆遗传转化依赖于高效受体系统和转化方法的有效结合，因此，能否建立良好的受体系统是实现基因转化的先决条件，关系到基因转化的成败[13]。一个良好的转化受体系统应具备高效稳定的再生能力、稳定的可遗传性、对选择性抗生素敏感、对农杆菌侵染有敏感性以及具有稳定的外植体来源。自转基因技术问世以来，研究者先后建立了许多受体系统：①直接分化再生系统；②体细胞胚受体系统；③原生质体再生系统；④愈伤组织再生系统；⑤生殖细胞再生受体系统[14]。

随着组织培养技术的不断发展和完善，大豆再生受体系统包括直接分化再生系统和体细胞胚受体系统。

2.1 大豆器官发生再生系统

Cheng等[15]首次报道无菌苗的子叶节为外植体，诱导丛生芽获得高频率的再生植株。此外，无菌苗茎尖，成熟胚子叶、幼胚轴以及下胚轴均可作为诱导再生植株的外植体[3]。陈云召等[16]从大豆下胚轴和小真叶离体培养成再生植株。薛仁镐等培养幼胚、幼胚子叶、成熟子叶节、成熟子叶等再次从大豆下胚轴和小真叶离体培养成再生植株[17]。不同的外植体再生频率差异较大，其中子叶节的再生频率较高；并且不同的大豆品种诱导分化芽的能力差别较大，选择再生频率高的基因型、外植体和培养基对大豆组织培养很重要[18]。由于子叶节的再生频率较高，目前常被作为农杆菌介导转化的受体材料，它具有再生时间短、外植体容易获得、不受季节限制、再生过程简单、再生频率高等优点，但运用此法在切子叶节时需要精细的人工操作，且不定芽起源于多细胞，所形成的再生植株有较多的嵌合体，加大后代的筛选难度，同时子叶节受体系统还存在转化效率较低等缺陷，使其应用受到限制。Paz 等[19]通过改进子叶节受体系统，以半种子作为外植体，减少切子叶划伤过程，不但简化了试验流程，而且提高转化效率（因品种不同转化效率在1.4%~8.7%，平均为3.8%）。

除子叶节受体系统外，直接分化再生系统还包括大豆胚轴和胚尖等受体系统[20-21]。

2.2 大豆体细胞胚胎发生再生系统

大豆遗传转化受体材料中的细胞胚主要以未成熟胚的子叶为外植体，经诱导后形成体细胞胚。Christionson 等[22]观察到大豆细胞悬浮培养时体细胞胚胎发生，以幼胚轴为外植体，首先获得再生植株。随后 Ranch 及 Lazzeri 等[23-24]对 2，4-D 诱导的体细胞胚进行较为详细的研究，发现 2，4-D 诱导大豆体细胞胚胎发生频率高，但形态不正常，难以萌发形成完整植株。而 NAA 诱导的大豆体细胞胚胎发生频率低，但形态正常，可不经过愈伤组织而直接生成子叶期体细胞胚，说明不同植物激素对体细胞胚的形成及正常生长产生影响。Finer 等[25]对体细胞胚胎发生体系进行改进，用于遗传转化，使只有转化部位细胞可以增殖，因而能进行有效筛选，解决嵌合体问题。曲桂芹等[26]通过研究大豆体细胞胚诱导因素发现，除不同植物激素会对体细胞胚产生影响外，大豆基因型、生长素浓度、外植体大小、光周期及培养基中碳源等都对大豆体细胞胚的诱导有显著影响。体细胞胚胎是基因枪转化较为理想的转化受体，为目前大豆转化适宜的受体再生体系。但是此系统再生频率低，诱导出的体细胞胚畸形多，不能发育成正常植株，而且体细胞胚多次继代增殖后，胚性丧失及体细胞变异等问题是影响其用于遗传转化的主要因素，需要进一步研究解决[27]。

2.3 原生质体再生系统

卫志明等[28]首次报道大豆原生质体再生系统，获得愈伤组织并诱导成苗，得到再生植株。随后，罗希明和 Dhir 等[29-30]以相似方法获得不同品种的大豆原生质体再生植株。肖文言等[31]经大豆幼胚子叶原生质体培养获得再生植株。这些研究成果证明通过原生质体获得再生植株的途径可行，可为大豆遗传转化受体系统的研究提供依据。但由于原生质体再生频率较低、操作较为复杂、不同基因型差异很大、可重复性差以及原生质体再生植株易发生变异现象等缺点，近年来少有研究报道。

3 大豆转基因的方法及成效

随着转基因作物种植面积的日益扩大，转化技术在作物新品种培育、基因功能研究等领域中的作用越来越大，中国大豆转基因所用的方法包括花粉管通道法、农杆菌介导法、基因枪法、PEG 法、电击法、超声波法等。其中前两种方法应用较多，后几种方法应用较少。国外大豆的转基因方法主要以农杆菌介导法、基因枪法为主；国内主要是超声波辅助农杆菌转化法和花粉管通道法。农杆菌介导法是获得第一个转基因植物的方法，迄今为止，农杆菌介导法获得的转基因植物占转基因植物总数85%，已成为植物基因转化首选方法。

3.1 农杆菌介导法

农杆菌介导法是指农杆菌侵染植物时，受到植物受伤后释放的酚类物质的刺激，活化质粒上 Vir 区基因的表达，将质粒上的另一段 DNA（T - DNA）共价整合到植物基因组上，在植物体内表达而改变植物的遗传特性。农杆菌介导法的转化效率受众多因素影响，如农杆菌侵染外植体的影响因素、外植体再生能力的内在因素和环境条件（pH 值、温度和光照条件）等[32]，此法具有流程简单、仪器设备便宜、拷贝数低[33]、基因沉默少、转移的基因片段长等优点。

在大豆中，农杆菌介导法是应用最早、最常用的方法。Hinchee 等[3]第一次利用大豆叶盘，获得大豆转基因植株，以子叶节[34]、成熟种子[19]、胚尖[20]和叶柄[35]等获得大豆转基因植株。近年来，研究者通过各种尝试对农杆菌介导大豆遗传转化技术进行改良，如辅助试剂的加入，包括乙酰丁香酮、DTT 等硫醇类化合物[19,36]，以及表面活性剂[37]、AgNO₃[38]、bar 基因的使用及筛选策略的改变[39]，超声波[40]、针簇[41]和刷子[42]等辅助技术的使用，目前转化效率达 3%以上，但各实验室间的转化效率存在较大差异。

农杆菌介导大豆遗传转化系统受到多种因素影响，对其影响因素深入研究，有利于提高转化系统的稳定性和转化效率，实现对转化体系的优化和改良。首先是对受体基因型筛选，受体材料不仅必须具有农杆菌易感染性，还需有良好的再生能力。在大豆遗传转化研究中，研究人员筛选出一些适于转化的大面积推广品种[43]。其次是外植体的选择，子叶节、体细胞胚、胚尖分生组织、器官愈伤组织等可作为外植体进行遗传转化，针对不同外植体的转化弱点加以改进，如降低子叶节方法再生植株中嵌合体比例。体系胞胚为外植体的遗传转化方法虽然可以解决嵌合体比例高的问题，但其受基因型和取材季节限制较大，因此有必要大量筛选出适合该方法的大豆基因型。

3.2 基因枪介导法

基因枪法又称微弹轰击法，是将外源基因包裹在直径 1~2 nm 的钨或金颗粒表面，加速轰击植物外植体靶组织，穿过植物细胞壁和细胞膜而将外源基因带入植物细胞。因此，通过该方法进行 DNA 的转移过程不受外植体基因型的限制，可以将外源基因转移至几乎所有的植物细胞、组织器官和原生质体中。基因枪介导法在小麦中应用最多，其次是玉米和水稻。优点[44]是不受外植体范围的限制，且载体构建相对简单，但基因枪介导法存在转化效率低、外源 DNA 片段大小不明确、多拷贝整合比较多、容易发生基因沉默现象等缺点，不利于外源基因在宿主中的稳定表达，而且成本高，操作比较复杂，在实际应用中有一定局限性。

茎尖分生组织是大豆中利用此法首次报道的外植体，Mccabe 等[45]利用外源 DNA 包被的钨粉粒轰击大豆茎尖分生组织，获得转基因大豆。体细胞胚系统成为主要的受体系统，利用基因枪介导的大豆转基因报道不断出现[46-47]。Rech 等[21]用无菌水浸泡大豆成熟种子 16 h 获得大豆胚尖，以此作为外植体，利用基因枪介导法进行大豆遗传转化，其平均转化效率高达 9%，是目前大豆遗传转化效率最高的研究报道。

3.3 其他转基因方法

其他方法由于或多或少存在缺陷，因此研究者把目光投向没有筛选基因的转化方法。此外，Liu 等[48]利用花粉管法直接把 DNA 导入大豆基因组中，获得转基因大豆，其转化效率为 3.2%]。由于此法将 DNA 直接导入，而不需要报告基因，目的基因转入也不需要在载体上，因此不会带入多余的载体骨架，环境安全性好。

4 选择策略

为提高大豆转化率，获得非嵌合体转基因植株，采用一定的筛选策略是植物遗传转化体系中的一个关键步骤。常用的筛选策略有抗性基因的使用、具有表型或生理筛选功能基因（如亚硝酸还原酶 NIR 基因的应用）和 PCR 筛选[32]。由于抗性基因的筛选策略可使转基因组织获得竞争优势，降低非转化体的逃逸率、减少嵌合体的形成、提高再生植株的阳性率，因此使用最为广泛。目前，在大豆用于抗性筛选的基因主要有编码抗生素抗性基因和编码除草剂抗性基因两类。前者包括卡那霉素抗性基因[20]（新霉素磷酸转移酶 nptII）、潮霉素抗性基因（hpt）[49]和壮观霉素抗性基因（aada）[50]。后者包括草甘膦抗性基因（epsps）[51]、草丁膦抗性基因（bar）[34]、乙酰辅酶抑制抗性基因（ahas）[21]、ALS[52]以及 a - tubulin 突变基因[53]。除以上两类常用的抗性筛选基因外，在大豆发根中还有利用氨基酸合成酶反馈抑制突变体基因（ASA2）作为选择标记基因[54]。

bar 基因选择策略的使用是大豆遗传转化过程的进步。bar 基因编码草胺膦乙酰转移酶（Phosphinothricin acetyl transferase，PAT），能使草胺膦（Phosphinothricin，PPT）转变为乙酰草胺膦，从而使草丁膦代谢失活。属降解除草剂类系统，对除草剂专一性强、效率高，且对大豆本身生长负效应小，是目前大豆筛选策略中的主流形式[34,36,39]。Zhang 等通[34]过比较不同浓度草丁膦对大豆转化过程中不同阶段的影响，发现在诱导阶段使用 5 mg·L^{-1}、在伸长阶段使用 25 mg·L^{-1} 时能获得较好的转化效率。Flores 等[39]报道利用在第一、第二诱导和伸长阶段分别使用 0、10、5 mg·L^{-1} 时，能获得较好的转化效率。

5 问题与展望

大豆遗传转化技术不断完善，根癌农杆菌介导法和基因枪法快速发展，其转化效率不断提高。但与其他主要作物（如水稻、玉米等）相比差距较大。根癌农杆菌介导法流程相对简单、仪器设备便宜、拷贝数低[33]，且转基因较少沉默，可转移基因片段较长。由于受大豆基因型、组织类型、时龄（age）、菌液浓度和培养温度等众多因素的影响，其转化效率较低（3%）；需要精细的人工操作，且不定芽源于多细胞，所形成的再生植株有较多的嵌合体，加大了后代的筛选难度；各个实验室间的转化率差距较大，重复性差，应用受到限制。而基因枪法基因沉默和拷贝数多，且其耗资大、技术难，微弹难以完全覆盖靶组织，转化有效性受到限制。近年来，不断有新的方法[48]（如花粉管导入法和晶须介导法[55]）、新的菌种（发根农杆菌）[56]和新的受体材料[35]等出现，但由于方法自身特点，在大豆中的应用尚未普及。

在基因克隆、载体构建和转化方面都尽量减少选择基因使用，如花粉管导入法[48]，以及利用双 T - DNA，一个载体中含有选择标记基因（bar），另一个载体中含目的基因（AAD - 12），获得只含 AAD - 12 转基因大豆[57]。此外，减少载体骨架整合率[58]、基因精确定位[59]以及多基因共转化[60]也是未来大豆遗传转化的发展趋势。

参考文献（略）
本文原载于《东北农业大学学报》2012 年 07 期。

Exploring the QTL–allele Constitution of Main Stem Node Number and Its Differentiation among Maturity Groups in a Northeast China Soybean Population

Mengmeng Fu[1], Yanping Wang[2], Haixiang Ren[2], Weiguang Du[2],Xingyong Yang[3],Deliang Wang[4], Yanxi Cheng[5] ,Jinming Zhao[1,2] ,Junyi Gai[1,2]

(1. *Soybean Research Institute / MARA National Center for Soybean Improvement / MARA Key Lab. of Biology and Genetic Improvement of Soybean / National Key Lab. for Crop Genetics and Germplasm Enhancement / Jiangsu Collaborative Innovation Center for Modern Crop Production, Nanjing Agricultural Univ.,　Jiangsu 210095, China;*

2. Mudanjiang Research and Development Center for Soybean/Mudanjiang Experiment Station of the National Center for Soybean Improvement, Mudanjiang Branch of Heilongjiang Academy of Agricultural Sciences, Mudanjiang157041, China;

3. Keshan Branch of Heilongjiang Academy of Agricultural Sciences, Keshan,161606, China;

4. Heilongjiang Academy of Land-reclamation Sciences, Jiamusi 154007, China;

5. Changchun Academy of Agricultural Sciences, Changchun 130111, China)

Abstract: Northeast China (NEC) is a major soybean [*Glycine max* (L.) Merr.] production region in China, where the germplasm of American soybeans are mainly from. The main stem node number (MSN) is a trait related to plant type and yield potential. With the soybeans expanded to higher latitudes in NEC, earlier maturity groups (MG 0, MG 00, and MG 000) formed based on MGI+ MG Ⅱ(MG Ⅰ + Ⅱ), and correspondingly the MSN decreased. To explore the MSN quantitative trait locus (QTL)–allele constitution, 306 accessions from NEC were studied using the restricted two-stage multilocus genome-wide association study (RTM‐GWAS) procedure. In total, 76 MSN QTLs and 183 alleles were identified, with their genetic contribution about 0.04%–9.83% per locus for a total of 65.63% for all loci. With the MSN reduction from MG Ⅰ + Ⅱ to MG 0, MG 00, and MG 000 (17.89 to 13.11), the changed alleles accounted for 28.42% of all alleles (6.56% for new allele emergence plus 21.86% for old allele exclusion), whereas the major part of the alleles were those inherited from MG Ⅰ + Ⅱ (71.58%). Thus in the evolution of MSN in the NEC soybean population, inheritance was the first genetic motivation, exclusion and selection (positive allele exclusion, 65.00%) was the second, emergence and mutation (negative allele emergence, 95.67%) was the third, and recombination among retained alleles was the fourth. A potential of 2–5 MSN improvement keeping the MG earliness was predicted, and 49 candidate genes were identified.

Abbreviations: GWAS, genome-wide association study; MG, maturity group; MSN, main stem node number; NCSP, Northeast China soybean population; NEC, Northeast China; PV, phenotypic variance; QEI, quantitative trait locus × environment interaction; QTL, quantitative trait locus; RIL, recombinant inbred line; RTM, restricted two-stage multilocus; SNP, single nucleotide polymorphism; SNPLDB, single nucleotide polymorphism linkage disequilibrium block.

1 Introduction

Soybean [*Glycine max* (L.) Merr.], originated in ancient central China, has been disseminated to all around the world, especially to the Americas where 85% of world soybean production is from, due to its high protein and oil contents (Chang, Lee and Hungria, 2015; Hartman, West and Herman, 2011; Liu et al., 2017; Watanabe, Harada, and Abe, 2012). Northeast China (NEC) is a major soybean production region in China, where the soybean germplasm is a secondary gene pool derived from those in central China (Liu, 2015). It is commonly understood that the major germplasm sources in the Americas are mainly from NEC (e.g., Mandarin [Ottawa], S‐100, and

Richland) and are the core ancestors of the America soybeans (Bernard, 1988; Cui et al., 2001; Wolfgang and An, 2017). Thus, studies on the NEC germplasm are of very important meaning in global soybean improvement.

Main stem node number (MSN) is the number of nodes above the cotyledon node on the main stem (Fehr and Caviness, 1977). Main stem node number is a growth trait related to plant type (plant architecture) on which internodes and therefore plant height formed and branches developed and is also a trait related to yield potential on which pods and seeds developed (Fehr and Caviness, 1977). As a plant growth trait, MSN is also related to days to flowering or maturity. The longer the growth period, the greater the MSN (Egli, 1993, 2010; Fu et al., 2017). Fu et al. (2017) showed that the higher yielding varieties usually have more MSN in NEC, which indicates that the increase of MSN is a way to increase yield capacity. However, a significant positive correlation between MSN and lodging score was observed, with correlation coefficient varying from 0.34 to 0.47 in different soybean populations (Zhong et al., 2012; Zhou et al., 2007). Liu (2015) indicated that the MSN varied from 11.10 to 18.30 among varieties from NEC to South China, from 16.03 to 19.40 from the northern to southern United States, and up to 26.04 from Southeast Asia, but was only 6.69 from southern Sweden.

Soybean is a short-day plant sensitive to photoperiod. Its growth period or days to flowering or maturity varied with its geographic conditions. Hartwig (1973) introduced the maturity group (MG) classification system in the United States, which was accepted worldwide to characterize soybeans. Up to now, 13 MGs have been recognized. The MG of a variety is determined with a series of MG checks, and the range within each MG is approximately 10–15 d at its most adapted area (Hartwig, 1973; Norman, 1978). The first seven MGs were designated as MG I –VII from early to late; afterward, earlier ones adapted to higher latitudes and later ones adapted to lower latitudes were added as MG 0, MG 00, and MG 000 and MG VIII, MG IX, and MG X, respectively (Hartwig, 1973; Norman, 1978). It was reported that the MSN decreased with earlier MGs and increased with later MGs (Egli, 1993, 2010; Fu et al., 2017). Northeast China is located roughly from 38° to 53° N where the light and temperature conditions are quite different, with MG 000 and MG 00 varieties adapted to the higher latitudes in northern Heilongjiang Province and Inner Mongolia, MG 0 and MG I adapted to the medium latitudes in Heilongjiang and Jilin Provinces, and MG II and MG III adapted to the lower latitudes in Liaoning Province (Fu et al., 2016b; Jia et al., 2014). For the improvement of plant architecture and yield potential in NEC, it is of vital importance to explore the genetic system of the NEC germplasm population. A number of quantitative trait loci (QTLs) conferring MSN in soybean have been identified using linkage mapping and association mapping, among which 35 QTLs were reported in SoyBase (http://soybase.org) and 30 QTLs were detected by Liu,et al. (2017), Chang et al. (2018), Liu,et al. (2017), and Wang et al. (2012). As indicated above, MSN varies among MGs and geographic conditions. For example, to explore the MSN QTL system in NEC germplasm, a large population and multiple geographic locations should be involved.

Genome-wide association study (GWAS) has been widely used in detecting QTLs of complex traits in natural populations. The previous GWAS procedures concentrate on finding a handful of major loci, including widely applied methods such as the mixed linear model (MLM) procedure (Yu et al., 2006). However, a few major loci cannot address the primary concern for plant breeders in both forward selection and background control in breeding programs. Furthermore, single nucleotide polymorphism (SNP) markers that involve only two alleles do not fit the multiple-allele property well in germplasm population. A novel restricted two-stage multilocus model GWAS (RTM‑GWAS) was developed, which can handle the multi-allele characteristic of the natural population, achieving a high QTL detection power and efficiency, with the total phenotypic contribution of the detected QTLs close to the heritability value (He et al., 2017; Li, et al.,2017; Meng et al., 2016; Pan et al., 2018; Zhang et al., 2015). The resulting QTL–allele matrix allows researchers to directly compare population structure changes (QTL–allele structure changes) among populations, as well as to predict the genome-wide optimal crosses for the improvement of traits in which plant breeders are interested (He et al., 2017).

The present study aimed at to explore the MSN QTL–allele system of the NEC germplasm population, to identify the QTL–allele differentiation among different growth period subpopulations or MG subpopulations (related to geographic subpopulations), to predict the genome-wide breeding potentials, and then to annotate the candidate gene system. A group of varieties composed of 361 NEC soybean accessions varying from MG 000 to MG

III were recollected from all the related institutions in NEC and tested at nine sites in 2013–2014. Of these, 306 varieties covering MG 000 – MG II and grown normally with a complete MSN dataset at the central four sites were used for the present study (Fu et al., 2016a, 2016b). A relatively thorough identification of the MSN QTL–allele constitution was performed using an RTM‑GWAS procedure, and further analysis was based on the obtained QTL–allele results.

2 Materials and methods

2.1 Plant materials

A group of varieties composed of 361 NEC soybean accessions varying from MG 000 to MG III were tested at nine sites in 2013–2014. Of these, 306 varieties covering MG 000– MG II (Supplemental Table S1) and grown normally with a complete MSN dataset at the central four sites—Keshan (48°02′ N), Jiamusi (46°80′ N) and Mudanjiang (44°33′ N) in Heilongjiang Province and Changchun (43°88′ N) in Jilin Province—were used for the present study (Supplemental Table S2; Fu et al., 2016b).

2.2 Field experiments and evaluation of main stem node number

All collected 361 accessions were tested at the above four locations in 2013–2014 (Supplemental Table S2). A randomized complete block design was used for the field experiment with the accessions organized into six groups according to their MGs, four replications, and four hills in a row-plot, with row-plots 1.0 m in length and 1.0 m row spacing. Each hill was thinned to four plants at the V2 stage (the trifoliate leaf above the unifoliate node fully developed). The MSN was investigated at the R8 stage (95% of pods that have reached their matured pod color), which is the number of nodes above the cotyledon node on main stem, as described by Fehr and Caviness (1977). The soybeans in MG III were not included in final data analysis due to their late maturity and abnormal growth at the four sites; therefore, 306 accessions in MG 000– II were included in final data analysis.

2.3 Statistical analysis

The descriptive statistics and ANOVA were carried out using PROC MEANS and PROC GLM of SAS 9.1 software package (SAS Institute), respectively. For simplicity, the joint randomized complete blocks design analysis was used for the experiment with the linear model:

$$Y_{ijk} = \mu + \alpha_i + \beta_j + \gamma_{k(j)} + (\alpha\beta)ij + \varepsilon_{ijk}$$

where μ is the population mean, α_i is the effect of the ith genotype, β_j is the effect of jth environment, $\gamma_{k(j)}$ is the effect of kth replication within j^{th} environment, $(\alpha\beta)ij$ is the genotype × environment effect, and ε_{ijk} is the random error. All effects were treated as random effects. The variance components were estimated using the PROC VARCOMP Type 1 model in SAS. Here, the year (2) and location (4) are combined into environment (2×4=8), because in association analysis, RTM‑GWAS can identify QTL × environment interaction (QEI) QTLs but limited for a single environment factor rather than multiple environment factors, such as year and location (Supplementary Table S3).

The heritability (h^2) was calculated as

$$h^2 = \frac{\sigma_g^2}{(\sigma_g^2 + \sigma_{ge}^2/n + \sigma_e^2/nr)}$$

where σ^2_g, σ^2_{ge}, and σ^2_e are genotype, genotype × environment, and error variance, respectively; n is the number of environments; and r is the number of replications. The genotype × environment interaction heritability was calculated as

$$h_{ge}^2 = \frac{\sigma_{ge}^2/n}{(\sigma_g^2 + \sigma_{ge}^2/n + \sigma_{ge}^2/nr)}$$

The Duncan's new multiple range test was used to determine the significance of the MSN means among testing sites or MGs.

2.4 Genotyping and multihaplotype genomic marker assembly

The tested accessions were genotyped with restriction-site association DNA sequencing (RAD-seq) (Miller, et al.,2007) which was done at BGI Tech, Shenzhen, China. The genomic DNA samples were extracted from soybean leaves using the cetyltrimethylammonium bromide (CTAB) method (Murray and Thompson, 1980). The sequences of the 361 varieties were obtained using Illumina HiSeq 2000 instrument through the multiplexed shotgun genotyping method (Andolfatto et al., 2011) with DNA fragments between 400 and 600 bp, generating a total of 1.227 23 billion paired-end reads of 100 bp (including a 6 bp index) in length (a total of 115.36 Gb of sequence), approximately 4.21 × greater in depth and 3.42% coverage. All sequence reads were aligned against the reference genome Wm82. v. 1.1 (Schmutz et al., 2010) using SOAP2 software (Li et al., 2009). The Real SFS software (Yi et al., 2010) was applied for population SNP calling. The SNPs of the 361 accessions were polymorphic with a rate of missing and heterozygous allele calling $\leqslant$ 20% and minor allele frequency (MAF) $\geqslant$0.01. The fast PHASE software (Scheet and Stephens, 2006) was used for SNP genotype imputation after heterozygous alleles were turned into missing alleles.

The whole-genome sequence was separated into SNP linkage disequilibrium blocks (SNPLDBs) as genomic markers with their haplotypes as multiple alleles. Thus, an SNPLDB is a chromosome fragment organized at a certain linkage disequilibrium value (D $'$ > 0.7, where D $'$ is an indicator measuring the content to which alleles at two loci depart from random combination) using Haploview software (He et al., 2017). In the Northeast China soybean population (NCSP), a total of 82,966 SNPs and 15,501 SNPLDBs with 41,337 haplotypes were identified.

2.5 Association mapping analysis

The RTM $-$ GWAS procedure with the genotype × environment model (He et al., 2017) was used to identify the QTLs and respective alleles conferring MSN. At the first stage of RTM–GWAS, under the single-locus model, 294 markers were pre-selected for further analysis. At the second stage of RTM–GWAS, under the multi loci multi-allele with QEI model, stepwise regression with forward selection and backward elimination was performed to identify the QTLs with their allele effects. The threshold P value of the two steps was both 0.05. The output includes the main-effect QTLs with their P values and corresponding allele effects and QEI QTLs with their P values and corresponding QEI values. Finally, the dataset of the estimated allele effects for all the main QTLs was organized into a QTL–allele matrix.

2.6 Analysis of genetic differentiation of main stem node number among maturity groups based on QTL–allele matrices

In order to reveal the evolutionary mechanism of MSN from later to earlier MGs, the QTL–allele matrices for the related MGs were established and compared. From the direct comparisons among the MSN QTL–allele matrices of MGs, the dynamic process of inherited alleles, newly emerged alleles, and excluded old alleles were identified. In other words, the present study is characterized with direct comparisons of MSN genetic constitutions among MG populations.

2.7 Optimal cross prediction

Based on the QTL–allele matrix, the optimal crosses were predicted for MSN improvement, keeping MG earliness, in NEC. All possible 46,665 single crosses among 306 accessions were simulated in silico under both linkage and independent assortment models (He et al., 2017). For each cross, the predicted genotypic MSN value was calculated based on 2,000 continuously inbred progenies derived from F_2 individuals based on the MSN QTL–allele matrix. The 95th percentile value of a cross was used as its predicted value for comparisons among the crosses. From the simulated results, the top 10 optimal crosses of all varieties and the top 10 optimal crosses with one parent from MG 000 or MG 00 were chosen for comparisons.

2.8 Annotation of candidate genes

The candidate genes were annotated from the detected QTLs based on Wm82.v.1.1 genome in SoyBase (http://www. soybase.org) as follows: (1) a gene located in ± 300 kb flanking the detected SNPLDB; and (2) a gene in SoyBase with its SNPs coincident with those in the detected SNPLDB using χ^2 criterion ($P \leqslant 0.05$) (He et al., 2017). If several genes met the criterion, the one with the most significant SNPs and the highest significance level was accepted.

3 Results

3.1 Main stem node number determined by both environments and maturity groups for the Northeast China soybean population

In Table 1, the average of MSN over all varieties and all testing sites was 16.82 nodes on main stem, ranging from 10.81 to 20.94 nodes among the 306 varieties, indicating quite large variation of MSN in the NCSP. The MSN of the 306 varieties varied significantly among the four testing locations (geographic environments), with the highest being 18.53 nodes (ranging from 11.23 to 24.33) at the northernmost testing location, Keshan (48°02′ N), and the lowest being 15.33 nodes (ranging from 10.94 to 19.19) at the southernmost testing location, Changchun (43°88′ N). There was a tendency for the MSN to increase from the south to the north for a same set of materials. The MSN was lower under a warmer and shorter growth period conditions but higher under a cooler and longer growth period conditions, since to reach the same effective accumulative temperature, more growth days were needed at cooler sites than at warmer sites. In addition to the significance among varieties, testing locations, and years, the ANOVA also showed a significant genotype × location interaction and genotype × location × year interaction, or simply a genotype × environment interaction if the two testing factors, location and year, were combined into one factor of environment ($P < 0.01$; Table 1, Supplemental Table S3).

TABLE 1 Frequency distribution and descriptive statistics of main stem node number above the cotyledon node in the Northeast China soybean population composed of 306 varieties

Testing site or maturity group (MG)	Class midpoint (nodes)								No.	Mean (nodes)	Range (nodes)	CV	h²
	9.5	11.5	13.5	15.5	17.5	19.5	21.5	23.5					%
Keshan (48.02° N)	0	5	17	32	83	101	61	7	306	18.53a	11.23–24.33	13.25	91.42
Jiamusi (46.80° N)	0	4	17	33	126	116	8	0	304	17.82b	10.8–21.72	10.35	82.51
Mudanjiang (44.33° N)	4	26	72	95	51	45	11	2	306	15.75c	8.80–24.08	17.04	76.73
Changchun (43.88° N)	0	12	61	174	58	1	0	0	306	15.33d	10.94–19.19	8.91	90.80
Avg.	0	9	27	83	130	56	1	0	306	16.82	10.81–20.94	11.02	93.44
MG 000	0	5	9	1	0	0	0	0	15	13.11d	11.49–15.32	8.83	
MG 00	0	3	12	17	12	1	0	0	45	15.45c	11.71–19.58	12.06	
MG 0	0	1	6	49	78	23	0	0	157	17.02b	10.81–20.39	8.89	
MG I	0	0	0	13	34	27	0	0	74	17.77a	15.08–19.87	6.80	
MG II	0	0	0	3	6	5	1	0	15	17.89a	15.94–20.94	8.30	

Note. For testing site, the value in parentheses is the latitude of the testing site. Heritability is calculated from expected mean squares in ANOVA. Different lowercase letters for means denote significant differences ($P < .05$) among testing sites or MGs using Duncan's new multiple range test.

The plant growth, including MSN, is related to its growth period, and the 306 tested varieties can be grouped into five MGs (Fu et al., 2016a). In Table 1, the average of MSN of MG II was 17.89 nodes (ranging from 15.94 to 20.94) and decreased gradually to 13.11 nodes (ranging from 11.49 to15.32) in MG 000. The joint tendency between change in MSN and MG was very obvious. As MSN is a trait important to plant type and yield potential, the plant breeders expect to increase MSN relative to normal in a given MG.

The heritability (h^2) of MSN in the NCSP was as high (93.44% for all testing sites and 76.73%–91.42% for the individual testing sites, Table 1), whereas the heritability of genotype × environment was only 4.59% for all testing sites (Tables 2 and 3). That means a very large part of the phenotypic variation being inheritable or traceable to its QTLs or genes, which provides a sound base in detecting the MSN QTL–allele system thoroughly.

3.2 Main effect and QTL × environment interaction QTL–allele constitution of main stem node number detected in the Northeast China soybean population

A total of 76 QTLs on 19 chromosomes, except chromosome 13, with 65.63% contribution to phenotypic variance (PV) were detected (Tables 2 and 3, Fig. 1a). The number of QTLs distributed on chromosomes varied greatly. Seven to ten QTLs were concentrated on each of chromosomes 6, 12, and 18, and two to five QTLs were distributed on each other chromosome. The R^2 distribution of the 76 QTLs indicates strongly that MSN is conferred by many continuously varied QTLs, with their contributions to PV each varying from 0.04% to 9.83%, rather than a handful of major QTLs. There were 58 QTLs with $R^2 < 1\%$, explaining a total of 19.50% of PV, and 18 QTLs with $R^2 \geqslant 1\%$, explaining a total contribution of 46.13% of PV (Tables 2 and 3, Fig. 1b, Supplemental Table S4). In addition, 27.81% of genetic variation (93.44% − 65.63% = 27.81%) was due to a collective of unmapped QTLs. In addition to the main effect QTLs, three of the 76 QTLs (qMSN-4-1, q-MSN-18-6, and q-MSN-18-7) performed as QEI QTLs at the same time, with a total contribution of 4.46% to PV (1.07%–2.12% to PV each). Only 0.13% (4.59–4.46) of genotype × environment interaction heritability was due to a collective of unmapped QEI QTLs.

In comparison with the literature, only 13 of 76 QTLs and one of three QEI QTLs overlapped with those reported in SoyBase (http://soybase.org) or by Liu, ,et al. (2017), Chang et al. (2018), Liu, et al. (2017), and Wang et al. (2012). In addition, two QTLs also overlapped with reported E1 and E4 genes conferring flowering or maturity, and one QTL (which was also one of the three QEI QTLs) overlapped with a reported gene DT2, which regulates stem termination (Liu et al., 2008; Ping et al., 2014; Xia et al., 2012). In other words, 82.89% (63/76) of detected QTLs contributing 50.07% to PV were new ones, which indicates that the genetic system controlling MSN in NCSP might by hugely different from those reported in literature in later MGs.

A total of 183 alleles on 76 QTLs were identified with two to five alleles per locus, with 73.68% of QTLs containing two alleles, 15.79% containing three alleles, 6.58% containing four alleles, and only three loci containing five alleles. Their allele effects varied from − 6.50 to 2.42 nodes, of which 89 allele effects were negative and the other 94 allele effects were positive (Fig. 1c). Fig. 1d shows the QTL–allele constitutions of 306 varieties as a QTL–allele matrix of MSN, which in fact is the whole genetic structure of the NCSP.

3.3 Main stem node number QTL–allele structure differentiation among maturity groups in the Northeast China soybean population

In NEC, the soybean was extended from the south to the north, correspondingly, from late MGs to early MGs or longer growth period to shorter growth period, and therefore from higher MSN to lower MSN (Fu et al., 2016a, 2017; Liu, 2018; Yang, 1982; Zhang, 1981; Zhao, 2016). The present study is characterized with direct comparisons of MSN QTL–allele structure between the old MGs and newly emerged MGs to see the evolutionary genetic changes. Fig. 2 shows the dynamic MSN QTL–allele structure changes from the old MG I + II (MG I + MG II, treated as one set) to the newly emerged MG 0, MG 00, and MG 000. From MG I + II to MG 0 to MG 00 and then MG 000, some alleles were excluded and some emerged, of which the lowercase "x," "y," and "z" are alleles excluded and the uppercase of "X," "Y," and "Z" are alleles emerged in MG 0, MG 00, and MG 000, respectively, compared with MG I + II.

In the background MG (MG I + II), there were 171 (78 negative + 93 positive) MSN alleles on the 76 loci. In MG 0 vs. MG I + II, the total of MSN alleles was 180 (88 negative + 92 positive), of which 169 (78 negative + 91 positive) alleles were inherited (nearly all alleles, 169/171) from MG I + II, with 10 negative alleles increased; in total, 13 (10 negative + 3 positive) alleles on 13 loci changed, including 11 (10 negative + 1 positive) alleles that emerged on 11 loci and two (0 negative + 2 positive) alleles excluded on two loci. It is obvious that the decrease of MSN in MG 0 compared with MG I + II (from 17.77–17.89 to 17.02 nodes) is mainly due to the new negative allele emergence.

TABLE 2 The detected quantitative trait locus (QTL) system conferring main stem node number above the cotyledonary node (MSN) in the Northeast China soybean population

QTL(allele no.)	$-\log_{10}(P)$	R^2	QTL(allele no.)	$-\log_{10}(P)$	R^2	QTL(allele no.)	$-\log_{10}(P)$	R^2
		%			%			%
q-MSN-1-1(2)	15.17	0.54	q-MSN-6-8(2)	18.92	0.68	q-MSN-12-10(3)	10.30	0.39
q-MSN-1-2(2)	8.86	0.30	q-MSN-7-1(3)	62.63	2.59	q-MSN-14-1(3)	7.03	0.26
q-MSN-1-3(2)	14.58	0.52	q-MSN-7-2(2)	80.60	3.37	q-MSN-14-2(2)	53.40	2.12
q-MSN-1-4(2)	20.94	0.76	q-MSN-7-3(2)	26.58	0.99	q-MSN-15-1(2)	7.25	0.24
q-MSN-1-5(2)	19.75	0.72	q-MSN-7-4(2)	9.24	0.31	q-MSN-15-2(3)	4.32	0.16
q-MSN-2-1(2)	4.19	0.13	q-MSN-7-5(2)	3.92	0.12	q-MSN-15-3(2)	6.14	0.20
q-MSN-2-2(3)	6.91	0.26	q-MSN-8-1(2)	1.62	0.04	q-MSN-17-1(2)	5.40	0.17
q-MSN-3-1(2)	8.71	0.30	q-MSN-8-2(4)	4.94	0.21	q-MSN-17-2(2)	7.81	0.26
q-MSN-3-2(2)	36.20	1.38	q-MSN-8-3(2)	57.78	2.31	q-MSN-17-3(3)	28.60	1.12
q-MSN-3-3(2)	28.95	1.08	q-MSN-8-4(2)	3.89	0.12	q-MSN-18-1(2)	32.64	1.23
q-MSN-3-4(2)	7.28	0.24	q-MSN-9-1(4)	5.81	0.24	q-MSN-18-2(4)	57.80	2.42
q-MSN-3-5(2)	4.99	0.16	q-MSN-9-2(3)	2.61	0.10	q-MSN-18-3(2)	2.02	0.05
q-MSN-4-1(4)	8.41	0.34	q-MSN-9-3(2)	9.40	0.32	q-MSN-18-4(2)	8.48	0.29
q-MSN-4-2(2)	13.50	0.48	q-MSN-10-1(3)*	59.93(24.14)	2.46 (1.27)	q-MSN-18-5(4)	24.50	0.99
q-MSN-4-3(5)	86.76	3.85	q-MSN-10-2(2)	4.16	0.13	q-MSN-18-6(2)*	191.84 (23.58)	9.83 (1.07)
q-MSN-5-1(2)	6.61	0.22	q-MSN-11-1(2)	5.20	0.17	q-MSN-18-7(2)*	61.03 (47.64)	2.46 (2.12)
q-MSN-5-2(2)	2.76	0.08	q-MSN-11-2(2)	7.31	0.24	q-MSN-19-1(5)	7.27	0.32
q-MSN-5-3(2)	6.53	0.21	q-MSN-12-1(2)	3.29	0.10	q-MSN-19-2(2)	3.06	0.09
q-MSN-5-4(2)	1.61	0.04	q-MSN-12-2(3)	3.84	0.14	q-MSN-19-3(2)	11.64	0.40
q-MSN-6-1(2)	1.94	0.05	q-MSN-12-3(3)	18.39	0.71	q-MSN-19-4(3)	3.05	0.11
q-MSN-6-2(2)	26.15	0.97	q-MSN-12-4(2)	1.84	0.05	q-MSN-19-5(5)	33.77	1.41
q-MSN-6-3(2)	3.15	0.09	q-MSN-12-5(2)	13.34	0.47	q-MSN-20-1(2)	20.21	0.74
q-MSN-6-4(2)	12.63	0.44	q-MSN-12-6(2)	56.67	2.26	q-MSN-20-2(2)	44.67	1.74
q-MSN-6-5(3)	12.70	0.48	q-MSN-12-7(2)	73.71	3.04	q-MSN-20-3(2)	38.08	1.46
q-MSN-6-6(2)	13.45	0.47	q-MSN-12-8(2)	19.08	0.69			
q-MSN-6-7(2)	24.56	0.91	q-MSN-12-9(2)	8.48	0.29			

Note. R^2, genetic contribution of a QTL. A QTL is designated as q-MSN-1-1 where -1 represents chromosome 1, and -1 represents its order on the chromosome according to its physical position. A QTL in boldface means the locus is a large-contribution, major QTL with $R^2 > 1\%$, whereas a QTL in lowercase is a small-contribution, major QTL, with $R^2 < 1\%$. A QTL with an asterisk is a QTL the interacted with environment (QEI), and the value in parentheses after the main effect $-\log_{10}(P)$ or R^2 is its corresponding QEI value.

In MG 00 vs. MG 0, the total number of MSN alleles was 160 (78 negative + 82 positive), of which 158 (78 negative + 80 positive) alleles were inherited from MG 0, with 20 alleles decreased; in total, 24 (10 negative + 14 positive) alleles changed on 24 loci, including two (0 negative + 2 positive) alleles that emerged on two loci and 22 (10 negative + 12 positive) alleles excluded on 22 loci. It is obvious that the genetic mechanism of the MSN decrease at MG 00 is quite different from that at MG 0. The reduction of MSN from 17.02 nodes at MG 0 down to 15.45 nodes at MG 00 was mainly due to more positive alleles being excluded.

In MG 000 vs. MG 00, the total number of MSN alleles was 146 (77 negative + 69 positive), of which 134 (68 negative plus 66 positive) alleles were inherited from MG 00 with 14 alleles decreased; totally 38 (19 negative plus 19 positive) alleles changed on 35 loci, including 12 (9 negative plus 3 positive) alleles emerged on 12 loci and 26 (10 negative plus 16 positive) alleles excluded on 23 loci. It is obvious that the genetic mechanism of the MSN decrease from 15.45 nodes at MG 00 to 13.11 nodes at MG 000 was due to both more negative alleles emerging and more positive alleles being excluded.

If compared with MG I + II, in MG 00, among the 160 alleles, 153 (72 negative + 81 positive) were inherited from MG I + II. That means that five alleles (158–153) were inherited not from MG I + II but from MG 0-emerged alleles. In total, 25 (12 negative + 13 positive) alleles changed on 24 loci compared with MG I + II, including seven (6 negative + 1 positive) alleles that emerged on seven loci and 18 (6 negative + 12 positive) alleles excluded on 18 loci. That means the six (11 + 2 − 7) alleles that emerged in MG 0 were not passed to MG 00, and the six (2 + 22 − 18) alleles of more exclusion in MG 00 were in fact the emerged alleles in MG 0 but were not passed to MG 00. As for MG 000 vs. MG I + II, among the 146 alleles, 139 (68 negative + 71 positive) were inherited from MG I + II, which means five (139–134) alleles were not the excluded ones in MG 0 and MG 00, compared with MG I + II. In total, 39 (16 negative + 23 positive) alleles changed on 35 loci compared with MG I + II, including seven (7 negative + 0 positive) alleles that emerged on seven loci and 32 (9 negative + 23 positive) alleles excluded on 29 loci. That means the 18 (11 + 2 + 12 − 7) alleles that emerged in MG 0 and MG 00 were not passed to MG 000, and the six (2 + 22 + 26 − 32) alleles of greater exclusion in MG 000 were in fact the emerged alleles in MG 0 and MG 00 but were not passed to MG 000.

TABLE 3 Summary of the detected quantitative trait locus (QTL)–allele system conferring main stem node number in the Northeast China soybean population

QTL	Main-effect QTL contribution	QEI QTL contribution	Allele	Allele no.
	%			
Total	65.63 (76, 0.04–9.83)	4.46	Total	183 (2.41, 2–5)
LC-major QTL	46.13 (18, 1.08–9.83)	4.46 (3, 1.07–2.12)	Positive allele	94 (0.0003–2.42)
SC-major QTL	19.50 (58, 0.04–0.99)		Negative allele	89 (−6.50 to −0.0009)
Unmapped QTL	27.81	0.13		
Total contribution (h^2)	93.44	4.59		
QTLs in literature	15.56 (13, 0.09~9.83)	1.07 (1, 1.07)		

Note. Main effect QTL contribution and QTL × environment interaction (QEI) QTL contribution: the number outside the parentheses is the total R^2 of the corresponding QTLs, the first number in parentheses is the number of QTLs, and the second is the range of R^2 for the individual QTLs. Allele no.: the number outside the parentheses is total alleles, the first number in parentheses for "total" is the average number of alleles per locus, followed by a range of allele numbers per locus, and the number in parentheses for "positive" and "negative" is the range of corresponding positive and negative allele effects, respectively. LC-major QTL: large-contribution, major QTL with $R^2 > 1\%$. SC-major QTL: small-contribution, major QTL with $R^2 < 1\%$. Unmapped QTL: the genetic variation not included in the detected QTLs, which is calculated from h^2 − total QTL contribution. QTLs in literature: the mapped QTLs shared with those reported in literature.

Combining all the results from MG 0 vs. MG I + II, MG 00 vs. MG I + II, and MG 000 vs. MG I + II (or MG 0-00-000 vs. MG I + II), a total of 183 (89 negative + 94 positive) alleles in MG 0-00-000, among which 131 (65 negative + 66 positive) alleles on 76 loci were passed from MG I + II, (counted from the blank cells in upper part of Fig. 2). In total, 52 (24 negative + 28 positive) alleles changed on 47 loci, including 12 (11 negative + 1 positive) emerged alleles on 12 loci and 40 (13 negative + 27 positive) excluded alleles on 36 loci (counted from the excluded letter-marked cells in the upper part of Fig. 2). That means that from MG I + II to MG 0, MG 00, and MG 000, the MSN changed from 17.89 nodes to 13.11 nodes, correspondingly; the genetic structure changed mainly in increase of 11 negative alleles emerged and increase of 27 positive alleles excluded on ~ 38 (11 + 27) loci. Here, the number of emerged alleles is far less than excluded alleles. However, during the progress of MG earliness, the accumulated number of emerged alleles was 25 (11 + 2 + 12), but the total emerged alleles in MG 0-00-000 was 12, and the accumulated number of excluded alleles was 50 (2 + 22 + 26), but the total excluded alleles in MG 0-00-000 was 40. This means that part of the changed alleles were repeated ones among MG 0, MG 00, and MG 000 or those not passed down to the next MG. In summary, with the MSN reduction from MG I + II to MG 0, 00, and 000, the genetic mechanism was mainly due to new allele emergence (12/52 = 23.08%) and old allele exclusion (40/52 = 76.92%), especially negative allele emergence (11/12 = 91.67%) and positive allele exclusion (27/40 = 67.50%).

However, even the allele exclusion and emergence are the major reason for MSN evolutionary changes along with the MG earliness, but a major part of the genetic constitution is inherited from the old MG I + II, which means that 71.58% (131/183) of alleles were due to inheritance, whereas 28.42% (52/183) of alleles changed (of which 6.56% were due to new allele emergence and 21.86% were due to old allele exclusion). Thus in the evolutionary process of MSN in the NCSP, inheritance is still the first genetic motivation, exclusion or selection against is the second, and emergence or mutation is the third. The three factors caused the population structure changes in allele types and frequencies. There should be another factor to cause genotypic changes in individual plants in the population, which cause MSN genotype as well as phenotype changes. This factor is recombination among all the retained MSN loci–alleles.

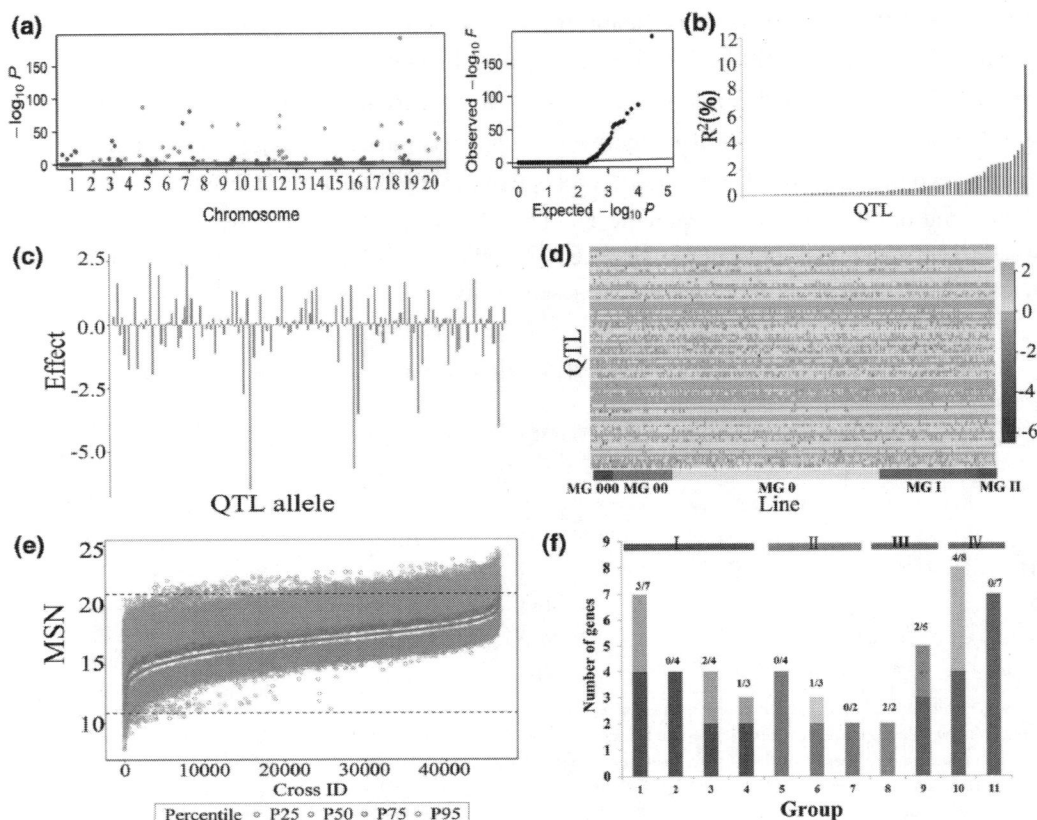

FIGURE 1 The main stem node number (MSN) quantitative trait locus (QTL)–allele information detected using the restricted two-stage multilocus genome-wide association study (RTM-GWAS). (a) Manhattan (left) and quantile-quantile plots (right). The vertical axis indicates the $-\log_{10}(P)$ value, and the horizontal solid red line indicates the genome-wide threshold of .05. (b) The phenotypic contribution of the detected 76 MSN QTLs. The vertical and horizontal axes indicate the genetic contribution (R^2, %) and the order of QTLs according to their genetic contribution. (c) The MSN allele effects of the 76 detected QTLs. The alternating red and green bars represent different QTLs. (d) The MSN QTL–allele matrix. The horizontal axis is variety organized in maturity groups (MGs) expressed in color bars, whereas the vertical axis is the QTLs detected on chromosomes. The allele effects are expressed as colors, where yellow indicates a positive value, blue indicates a negative value, and darker colors indicate larger absolute values. (e) The predicted MSN of progenies in the optimal crosses among the 306 varieties based on linkage model. On the horizontal axis, the crosses are arranged in increasing order of the predicted 50th percentile (P50) MSN from the left to right. The black dotted horizontal lines are the minimum and maximum value in the Northeast China soybean population, which was 10.81 and 20.94 nodes, respectively. The vertical axis is the predicted MSN value of crosses. (f) The functional classification of the MSN candidate genes is shown according to SoyBase (http://soybase.org). The I–IV above the bars indicate the four categories of biological processes for the candidate genes of MSN, with Category I being related to flowering and adaptation, Category II being response to environmental stimuli, Category III being related to metabolism, and Category IV being related to other biological process. On the horizontal axis are the groups in each category (i.e., Group 1: flower and seed development; Group 2: response to cell growth; Group 3: photoperiodism; Group 4: response to light stimulus; Group 5: defense response; Group 6: transport; Group 7: regulation of transcription; Group 8: primary metabolism; Group 9: secondary metabolism; Group 10: biological process; Group 11: unknown function). A bar with light color means that part is composed of candidate gene(s) from some major MSN QTL(s), whereas a group without light color bar means there are no major QTL in the group. The ratio above a vertical bar is the number of candidate genes on major QTLs vs. those from all QTLs

QTL	a1	a2	a3	a4	a5	QTL	a1	a2	a3	a4	a5	QTL	a1	a2	a3	a4	a5
1-1		z				6-8						12-10					
1-2		y z				7-1			z			14-1					
1-3						7-2	X					14-2					
1-4	X Y Z					7-3		z				15-1			z		
1-5	y					7-4						15-2				z	
2-1		y z				7-5		y z				15-3					
2-2	X Z					8-1		z				17-1			z		
3-1						8-2	X Y Z					17-2			z		
3-2		z				8-3			y z			17-3	y				
3-3	X Z					8-4						18-1	z				
3-4						9-1						18-2					
3-5	z					9-2			y			18-3			y z		
4-1	z					9-3			y z			18-4					
4-2						10-1			x z			18-5	X Y Z		y z		
4-3			z	z		10-2			y z			18-6					
5-1		Y Z				11-1						18-7					
5-2						11-2						19-1		z	z		y
5-3		y				12-1						19-2	X Z				
5-4	y					12-2	x	z	z			19-3			y z		
6-1						12-3						19-4					
6-2						12-4						19-5	y				
6-3	X Y Z					12-5			z			20-1					
6-4						12-6		Z				20-2	X Y				
6-5						12-7	y					20-3					
6-6		z				12-8	X Y										
6-7		y z				12-9			z								

MG	Total allele		Inherent allele		Changed allele		Emerged allele		Excluded allele	
	Allele no.	QTL no.	Allele no.	QTL no.	Allele no.	QTL no.	Allele no.	QTL no.	Allele no.	QTL no.
I+II	171(78,93)	76	[I: 167(76,91); II: 136(64,72)]							
0 vs. I+II	180(88,92)	76	169(78,91)	76	13(10,3)	13	11(10,1)	11	2(0,2)	2
00 vs. 0	160(78,82)	76	158(78,80)	76	24(10,14)	24	2(0,2)	2	22(10,12)	22
000 vs. 00	146(77,69)	76	134(68,66)	76	38(19,19)	35	12(9,3)	12	26(10,16)	23
00 vs. I+II	160(78,82)	76	153(72,81)	76	25(12,13)	24	7(6,1)	7	18(6,12)	18
000 vs. I+II	146(77,69)	76	139(68,71)	76	39(16,23)	35	7(7,0)	7	32(9,23)	29
0-00-000 vs. I+II	183(89,94)	76	131(65,66)	76	52(24,28)	47	12(11,1)	12	40(13,27)	36

FIGURE 2 Alleles changed in Maturity Group (MG) 0, MG 00 and MG 000 compared with those in MG I+II in the Northeast China soybean population. MG I+II is equivalent to MG I + MG II or I + II, which means the total of the two MG populations. In the upper part: a1–a5 are the alleles of each quantitative trait locus (QTL), arranged in increasing order according to their effect value. The cells marked with white (negative effect) and gray (positive effect) are all alleles in MGI+II. The cells with lowercase "x," "y," and "z" are alleles excluded in MG0, MG00, and MG000 (vs. MGI+II), respectively. The uppercase "X," "Y," and "Z" in cells with light yellow (negative effect) and dark yellow (positive effect) mean the alleles emerged in MG0, MG00, and MG000 (but not exist in MGI+II), respectively. In the QTL column, the QTL name is simplified, such as 1-1, with "q-MSN-" omitted. In the lower part: in the MG column, 0 vs. I+II means comparison of alleles between MG 0 and MG I+II; the similar is for 00 vs. I+II and 000 vs. I+II, as well as 00 vs 0 and 000 vs. 00. MG 0-00-000 is equivalent to 0-00-000; 0-00-00 vs. I+II means combined results merged from 0 vs. I+II, 00 vs. I+II, and 000 vs. I+II, respectively (in this row, total alleles are the counts of all the cells, inherent alleles are the counts of the blank cells; changed alleles, emerged alleles, and excluded alleles are the counts of the cells with corresponding letter[s], respectively, in the upper part). Inherent allele means alleles passed from MG I+II; changed allele includes the alleles excluded and emerged; emerged allele means the alleles new to the partner of I+II, 0, and 00, respectively; excluded allele means the alleles excluded in the MG

3.4 The major QTL–alleles, genetic potentials, and candidate gene system of main stem node number in the Northeast China soybean population

In the present results, 76 QTLs along with their 183 alleles were detected for MSN in MG II–MG 000 of the NCSP. They should all be important for the increase of MSN in different MGs, but some should be more important for MSN increase in keeping MG earliness. We suppose that two types of QTL–alleles should be more relevant to the future MSN increase keeping MG earliness. The first is the QTLs with larger contribution and larger allele effect (to be kept) or smaller allele effect (to be excluded). The second is the QTLs active in allele changes, including those major QTL–alleles changed from MG I + II to MG 0, 00, and 000 and those QTLs with

463

more alleles changed. For the first point, 18 of the 76 MSN QTLs with $R^2 > 1\%$ can be considered as the possible major ones. For the second point, from the above results, 47 QTLs had allele changes during the formation of MG 0, MG 00, and MG 000, which could be QTLs active in allele changes, but among them, four QTLs with not only one but two or three alleles changed could more likely be QTLs active in allele changes. Accordingly, 21 possible major MSN QTLs in MSN increase in keeping MG earliness along, with their 21 alleles (potential through excluding small effect alleles and/or adding large effect alleles), were picked up and listed in Table 4. The 21 major QTLs accounted for a total of 47.58% contribution to PV, among which were 5, 12, and 4 major QTLs containing zero, one, and two to three large-effect or active alleles, respectively. These major QTL–alleles should be studied further.

From the obtained QTL–allele matrix, the MSN improvement potentials can be predicted from the 46,665 possible crosses among the 306 varieties. The 10 best parental combinations are shown in Table 5 and Fig.1e. Using the 95th percentile as the prediction value, the predicted MSN is about 23–24 nodes from the linkage model and independent assortment model, about four to five nodes more than their parents and two to three nodes more than the best accession (20.94 nodes). However, the 10 best crosses were among MG 0, MG Ⅰ, and MG Ⅱ, such as Jiyu86 × Dongnong (a MG 0 × MG Ⅰ cross), rather than any MG 00or MG 000-related crosses. We further picked up the top 10 best crosses with one parent from MG 00 or MG 000 and listed them in the lower part of Table 5. It seems that the predicted MSN value of this set of optimal crosses can provide progeny with about one to three nodes less than the first set of the top 10 best parental combinations. This result showed that in developing more MSN soybeans in NEC, crosses with parents from MG 0–Ⅱ is possible, but if the early-MG (MG 00 and MG 000) parent is used with another appropriate parent, elite crosses and progenies with about two to seven nodes more than their parents and 1.5–2.5 nodes more than the best accession (20.94 nodes) can also be expected. That means this trait has potential for future improvement, especially the best combinations not necessarily from MG Ⅱ × MG Ⅱ (or larger MSN × larger MSN), because MG 0 × MG 0 (Ⅰ), MG 00 × MG Ⅰ (Ⅱ), and MG 000 × MG Ⅰ (Ⅱ) all showed good potential, indicating that recombination can achieve transgressive progenies. Among the parents in Table 5, Heinong 16, Jiyu 86, Dongnong 52, Dongnong 45, and Tiejiasilihuang are potential MSN improvement parents in NEC.

From the detected 76 QTLs, 49 candidate genes (Supplemental Table S4) were identified based on SoyBase (http://soybase.org). The gene ontology enrichment analysis grouped them into four categories and 11 groups of biological processes (Fig.1f; Supplemental Table S4):
• Category Ⅰ: harboring 18 candidate genes (36.73%), involving four groups (flower and seed development, response to cell growth, photoperiodism, and response to light stimulus)
• Category Ⅱ: harboring nine candidate genes (18.37%) related to three groups (defense response, transport, and regulation of transcription)
• Category ⅠI: harboring seven candidate genes (14.28%) associated with two groups (primary metabolism and secondary metabolism)
• Category Ⅳ: containing 15 candidate genes (30.61%) associated with two groups (biological process and unknown function).

Thus, the MSN genetic system is in fact a gene system involving multiple biological processes rather than only a few major genes.

TABLE 4 The major quantitative trait loci (QTLs) involved in the genetic differentiation among maturity groups (MGs)

Major QTL	R^2	Important allele	Candidate gene	Gene ontology category-group
	%			
q-MSN-3-2 (1)	1.38	a2 (2.42)		
q-MSN-3-3 (1)	1.08	a1 (−1.96)		
q-MSN-4-3 (2)	3.85	a4 (0.70)	Glyma04g42951	Vegetative phase change (I-1)
		a5 (2.30)		
q-MSN-7-1 (1)	2.59	a3 (1.01)	Glyma07g08011	Biological process (IV-10)
q-MSN-7-2 (1)	3.37	a1 (−6.50)		
q-MSN-8-3 (1)	2.31	a2 (1.48)		
q-MSN-10-1 (1)	2.46	a3 (1.31)	Glyma10g08660	Biological process (IV-10)
q-MSN-12-2 (2)	0.14	a2 (0.04)	Glyma12g11573	Regulation of telomere maintenance (III-9)
		a3 (0.72)		
q-MSN-12-6 (1)	2.26	a1 (−5.69)		
q-MSN-12-7 (1)	3.04	a1 (−3.55)		
q-MSN-14-2 (0)	2.12		Glyma14g40190	Lipid metabolic process (III-8)
q-MSN-17-3 (1)	1.12	a1 (−2.24)	Glyma17g36230	Photomorphogenesis (I-3)
q-MSN-18-1 (1)	1.23	a1 (−3.53)	Glyma18g01143	Biological process (IV-10)
q-MSN-18-2 (0)	2.42		Glyma18g12556	Post-embryonic development (I-1)
q-MSN-18-5 (2)	0.99	a1 (−0.31)	Glyma18g48100	Nucleobase-containing compound transport (II-6)
		a3 (0.16)		
q-MSN-18-6 (0)	9.83		Glyma18g49000	Oxidation-reduction process (III-9)
q-MSN-18-7 (0)	2.46		Glyma18g50910 (DT2)	Maintenance of inflorescence meristem identity (I-1)
q-MSN-19-1 (3)	0.32	a1 (−1.13)	Glyma19g02328	Protein phosphorylation (III-8)
		a2 (−0.99)		
		a5 (0.86)		
q-MSN-19-5 (1)	1.41	a1 (−1.31)	Glyma19g13070	Photoperiodism (I-3)
q-MSN-20-2 (1)	1.74	a1 (−4.1)	Glyma20g22160(E4)	Response to far red light (I-4)
q-MSN-20-3 (0)	1.46		Glyma20g30351	Biological process (IV-10)

Note. Major QTL: the number in parentheses is the number of changed alleles. Important allele: the alleles emerged or excluded from MG I+II to MG 0, MG00, and MG000; a1–a5 are alleles with their effects from lower to higher on a respective locus. For gene ontology category-group, four categories are included—I: flower seed or stem development, response to light stimulus; II: transport, defense response, and regulation of transcription; III: primary metabolism and secondary metabolism; IV: biological process and unknown function. In addition, 11 groups are included—Group 1: flower and seed development; Group 2: response to cell growth; Group 3: photoperiodism; Group 4: response to light stimulus; Group 5: defense response; Group 6: transport; Group 7: regulation of transcription; Group 8: primary metabolism; Group 9: secondary metabolism; Group 10: biological process; Group 11: unknown function.

Table 4 indicates 15 candidate genes annotated from the 21 major MSN QTLs. Among them, six, one, four, and four candidate genes were grouped into their respective category groups, accounting for 33, 11, 57, and 22% of the corresponding categories (Fig.1f), which should be more important than the others in MSN differentiation among MGs. In addition to the total candidate gene system, Table 4 and Supplemental Table S4 also show that three reported or confirmed genes conferring growth period and stem termination (i.e., E1 [Glyma06g23026], E4 [Glyma20g22160], and DT2 [Glyma20g22160]) were included in the 49 MSN candidate genes, of which the latter two are also included in the 15 major candidate genes annotated from the 21 major QTLs. It indicates further that the genetic system of MSN is closely related to the genetic system of the growth period and stem termination traits.

TABLE 5 The predicted optimal crosses towards the increase of main stem node number (MSN)

P₁			P₂			Progeny (node)	
Accession	MG	MSN (node)	Accession	MG	MSN (node)	Mean	95th percentile
Jiyu 86	MG 0	19.94	Dongnong 52	MG I	19.33	19.56 (19.73)	24.65 (24.73)
Dongnong 52	MG I	19.33	Tiejiasilihuang	MG II	20.94	20.11 (20.24)	24.45 (24.81)
Suiwuxing 1	MG 0	18.85	Tiejiasilihuang	MG II	20.94	19.80 (19.91)	24.38 (24.35)
Jiyu 48	MG II	19.59	Dongnong 52	MG I	19.33	19.50 (19.38)	24.27 (24.36)
Jiyu 48	MG II	19.59	Tiejiasilihuang	MG II	20.94	20.32 (20.28)	24.16 (24.27)
Jiyu 48	MG II	19.59	Tiejiasilihuang	MG II	20.94	20.38 (20.51)	24.12 (24.40)
Suiwuxing 1	MG 0	18.85	Dongnong 52	MG I	19.33	19.06 (19.02)	24.11 (24.51)
Heinong 16	MG 0	19.67	Jiyu 86	MG 0	19.94	19.78 (19.91)	24.05 (24.25)
Kangxian 3	MG I	19.87	Dongnong 52	MG I	19.33	19.64 (19.54)	24.03 (23.91)
Heinong 11	MG 0	19.96	Dongnong 52	MG I	19.33	19.77 (19.68)	24.01 (23.78)
Mengdou 6	MG 00	19.58	Tiejiasilihuang	MG II	20.94	20.35 (20.25)	23.79 (23.69)
Hefeng 29	MG 00	18.02	Dongnong 52	MG I	19.33	18.64 (18.58)	23.50 (23.47)
Beidou 14	MG 00	17.39	Dongnong 52	MG I	19.33	18.26 (18.38)	23.32 (23.45)
Jiyu 48	MG II	19.59	Mengdou 6	MG 00	19.58	19.55 (19.58)	23.31 (23.47)
Beidou 14	MG 00	17.39	Tiejiasilihuang	MG II	20.94	19.15 (19.11)	23.13 (23.18)
Dongnong 45	MG 000	15.32	Tiejiasilihuang	MG II	20.94	18.05 (18.19)	22.49 (22.41)
Dongnong 45	MG 000	15.32	Kangxian 3	MG I	19.87	17.59 (17.51)	22.42 (21.66)
Jiyu 48	MG II	19.59	Dongnong 45	MG 000	15.32	17.55 (17.37)	22.08 (21.88)
Dongnong 45	MG 000	15.32	Dongnong 52	MG I	19.33	17.33 (17.18)	22.06 (22.40)
Dongnong 45	MG 000	15.32	Tiedou 42	MG I	18.74	17.10 (17.05)	21.89 (21.44)

Note. The prediction is based on the MSN quantitative trait locus (QTL)–allele matrix. The numbers outside parentheses are the predicted values based on the linkage model, whereas those in parentheses are based on independent assortment model. The top 10 optimal crosses of all varieties are shown in the upper part of the table, whereas the 10 optimal crosses with one parent from MG 000 or MG 00 are shown in the lower part of the table.

4 Discussion

4.1 The main stem node number QTL–gene system detected in the Northeast China soybean population vs. those reported in the literature

Although MSN is an important plant architecture trait, there have not been many reports involving the trait. After a careful search of SoyBase (http://soybase.org) and journals, altogether 65 MSN QTLs were published in 12 reports, each with 1–14 QTLs, including those identified from biparental populations, such as recombinant inbred line (RIL) populations, and those identified from germplasm populations (Chang et al., 2018; Chen et al., 2007; Fang et al., 2017; Gai, Wang, Wu, and Chen, 2007; Li et al., 2010; Liu, Li, Fan. et al., 2017; Liu et al., 2011; Liu et al., 2017; Moongkanna et al., 2011; Wang et al., 2012; Yao et al., 2015; Zhang et al., 2004). In comparison, 76 QTLs with 183 alleles and three QEI QTLs, with total contribution of 70.09% to PV, were identified from a single germplasm population in our results. There are 13 QTLs jointly detected in the present study and in the literature (within 1 Mb distance), whereas 63 QTLs in the present study are new ones (Oki et al., 2019; Zhang et al., 2015).

The results of our study and those found in the literature are different for the following reasons:

1. Different mapping populations were used in different studies. Among the 12 reports, nine of used biparental populations with only 13 parents involved, whereas another three reports (Chang et al., 2018; Fang et al., 2017; Liu, et al., 2017) used germplasm populations. The materials in the literature are mainly from later MGs than those in the present study.

2. Different mapping procedures were used in different studies. Mostly for the RIL populations, linkage mapping was used, which was not powerful enough in QTL identification, whereas for germplasm populations, a single locus model was generally used. However, in the present study, RTM‑GWAS was used and performed powerfully, as demonstrated by the above comparisons; therefore, much more genetic information was obtained,

even in a single population.

3. In the present study, a precise experiment with four locations and two years, each environment with four replications was designed and carried out to minimize experiment error, and the plot-based dataset was directly submitted to RTM‒GWAS, using minimized error to test the QTL significance. That means there is a built-in error control mechanism in RTM‒GWAS that is integrated with experiment design, whereas this was not considered in other mapping programs.

As for the gene system, the candidate genes in the present QTLs were grouped into four categories and 11 groups of biological processes, which implies that the MSN genetic system involves a series of genes conferring various cell or plant growth and development, photoperiod and temperature responses, metabolism, and other biological processes; therefore, it is a composite gene system or a gene network. This understanding of the overall concept of the MSN genetic system benefited from a relatively thorough QTL–allele detection using RTM‒GWAS. Otherwise, only a handful of QTLs and alleles (or genes) could be explored.

On the other hand, in the present candidate gene system, some confirmed genes reported in the literature such as *E1* (*Glyma06g23026*), *E4* (*Glyma20g22160*), and *Dt2* (*Glyma20g22160*) were also included (the latter two were also included in the 21 major QTLs). In the literature, the soybean stem growth habit genes (*Dt1* and *Dt2*) and *E* genes conferring flowering and maturity were considered to be related to MSN (Chang, et al., 2018; Fang, et al., 2017), but the *Dt1* gene was not identified in our study. That might be because the breeding priority in NEC tended to be semi-determinant stem termination conferred by a dominant allele *Dt2* in the genetic background of *Dt1* (Bernard, 1972; Liu et al., 2016; Xue et al., 2015). The present candidate MSN gene results as a gene system are to be further validated, which may take great future effort. Anyway, this genetic system is limited in the NCSP (MG 000 ~ MG II), which is only a small part of the Chinese soybean germplasm. However, from the above, the results have indicated that the identified QTL–allele system can provide both information on the whole genetic system or gene network and individual major gene findings.

In addition, in the present study, MSN as a growth trait was studied for its genetic constitution (QTL–allele matrix) integrated with growth period (MG) in NCSP. However, MSN relates to not only growth period but also to a number of traits, such as internode length and its derivative plant height, number of branches and their comprehensive plant types, and pod number and seed number, as well as the final seed yield. The genetic constitutions of these MSN-related traits should also be studied for their relationship to the MSN QTL–allele matrix. This should be the next step for further studies.

4.2 The genetic mechanism of population differentiation for main stem node number among maturity groups and related major QTL–alleles

As indicated above, along with soybeans extended to more northern latitudes, new MGs formed but the plant growth, including MSN, decreased correspondingly, and the genetic constitution changed from later MG to earlier MG. According to the above MG population differentiation results, we found that the allele exclusion and emergence are the major reason for MSN evolution changing along with the MG earliness. In MG 0-00-000 vs. MG I + II, however, the changed alleles accounted for 28.42% of the total alleles (6.56% due to new allele emergence, and 21.86% due to old allele exclusion), whereas a major part of the alleles were those inherited from MG I + II (71.58%). Thus, we concluded that in the evolutionary process of MSN in the NCSP, inheritance is the primary genetic motivation, exclusion or selection against is the second, emergence or mutation is the third, and recombination among retained alleles is the fourth. It seems that the direct comparison of QTL–allele structure among populations is a powerful approach in the study of evolutionary motivations and population genetics, providing the QTL–allele matrix can be thoroughly explored.

In our prediction results from all the possible crosses among the 306 accessions, using 95th percentile as an indicator, the predicted MSN of top 10 parental combinations is about 23–24 nodes, four to five nodes more than their parents and two to three nodes more than the best accession (20.94 nodes), whereas 1.5–2.5 nodes more than the best accession (20.94 nodes) may be expected in crosses with one parent from MG 00 or MG 000 with smaller

MSN. This prediction supports the importance of recombination among alleles as the fourth factor, even though prediction was made from all 306 accessions rather than from the newly emerged MGs.

In addition, the genetic structure differentiation mainly happened on some major loci–alleles rather than all loci–alleles. Among the emerged alleles, some of their loci (e.g., *q-MSN-1-4, q-MSN-3-3, q-MSN-5-1, q-MSN-6-3, q-MSN-72, q-MSN-12-8, q-MSN-19-2 and q-MSN-20-2*) did not have allele differentiation before the new ones emerged; these loci formed due to the new alleles emerging. We are not sure whether all eight loci had formed in the history elsewhere, but we are sure that the eight emerged alleles are not in MG I + II and are new to the NCSP. The mechanism that the genetic structure differentiation mainly happened on some major loci and alleles should be studied further. However, our finding makes us realize that new loci are always emerging.

4.3 The advantages of a restricted two-stage multilocus genome-wide association study in studying population structure changes

From the present results, an MSN QTL–allele matrix composed of 76 QTLs and their 183 alleles (including three QEI QTLs) in the 306 NEC varieties was established (another QEI QTL–allele matrix can also be established but was not here due to only three QEI QTLs), which can explain 70.09% (65.63% + 4.46%) of PV. The matrix provides relatively complete genetic information of the population and individual accessions, as well as information on each QTL. The whole QTL–allele matrix can be separated into component QTL– allele matrices of subpopulations, which can be used for evolutionary population genetic study through direct comparisons among populations or subpopulations, and each allele or locus with its effect and frequency can be evaluated and traced among populations. On the other hand, from the matrix, the breeding potential can be predicted and the candidate gene system can be annotated for gene cloning and studying. This outcome benefited from the RTM–GWAS procedure. As we understand, two features of the procedure are especially powerful. One is that it can explore as many QTLs as possible, with the total phenotypic contribution of the detected QTLs limited within the whole experiment heritability value if the experimental precision is well controlled. The other is that it can explore multiple alleles, as many as the population holds, especially the natural populations adapted to its historical environment, since the genomic marker SNPLDB is usually composed of multiple haplotypes. In summary, the RTM–GWAS procedure, along with its QTL–allele matrix, might provide a potential approach in population genetic study (He et al., 2017; Meng et al., 2016; Zhang et al., 2015).

Acknowledgments

This work was financially supported through grants from the National Key R & D Program for Crop Breeding in China (2016YFD0100304, 2017YFD0101500, and 2017YFD0102002), the Natural Science Foundation of China (31371651, 31671718, and 31571695), the MOE 111 Project (B08025), the MOE Program for Changjiang Scholars and Innovative Research Team in University (PCSIRT_17R55), the MARA CARS-04 program, the Jiangsu Higher Education PAPD Program, the Fundamental Research Funds for the Central Universities (KYT201801), and the Jiangsu JCICMCP. The funders had no role in work design, data collection and analysis, and decision and preparation of the manuscript.

Conflict of interest

The authors declare that there is no conflict of interest.

参考文献（略）

本文原载于《Crop Science》2020 年 04 期。

Genetic Dynamics of Earlier Maturity Group Emergence in South-to-north Extension of Northeast China Soybeans

Mengmeng Fu[1],Yanping Wang[2],Haixiang Ren[2],Weiguang Du[2],Deliang Wang[3],Rongjun Bao[4],Xingyong Yang[5] ,hongyan Tian[6], Lianshun Fu[7],Yanxi Cheng[8],Jiangshun Su[9],Bincheng Sun[10],Jinming Zhao[1,2],Junyi Gai[1,2]

(1. *Soybean Research Institute; MARA National Center for Soybean Improvement; MARA Key Laboratory of Biology and Genetic Improvement of Soybean; National Key Laboratory for Crop Genetics and Germplasm Enhancement; Jiangsu Collaborative Innovation Center for Modern Crop Production, Nanjing Agricultural University, Nanjing 210095,China;*

2. Mudanjiang Research and Development Center for Soybean; Mudanjiang Experiment Station of the National Center for Soybean Improvement, Mudanjiang Branch of Heilongjiang Academy of Agricultural Sciences, Mudanjiang 157041, China;

3. Heilongjiang Academy of Land-reclamation Sciences, Jiamusi 154007, China;

4. Bei'an Branch of Heilongjiang Academy of Agricultural Sciences, Bei'an 164009, China;

5. Keshan Branch of Heilongjiang Academy of Agricultural Sciences, Keshan 161606, China;

6. Daqing Branch of Heilongjiang Academy of Agricultural Sciences, Daqing 163316, China;

7. Tieling Academy of Agricultural Sciences, Tieling 112616, China;

8. Changchun Academy of Agricultural Sciences, Changchun 130111, China;

9. Baicheng Academy of Agricultural Sciences, Baicheng 137000, China;

10. Hulunbeier Academy of Agricultural Sciences, Hulunbeier 162650, China)

Key message

This population genetic study is characterized with direct comparisons of days to flowering QTL–allele matrices between newly evolved and originally old maturity groups of soybeans to explore its evolutionary dynamics using the RTM‐GWAS procedure.

Abstract:The Northeast China (NEC) soybeans are the major germplasm source of modern soybean production in Americas (> 80% of the world total). NEC is a relatively new soybean area in China, expanded after its nomadic status in the seventeenth century. At nine sites of four ecoregions in NEC, 361 varieties were tested for their days to flowering (DTF), a geography-sensitive trait as an indicator for maturity groups (MGs). The DTF reduced obviously along with soybeans extended to higher latitudes, ranging in 41–83 d and MG 000‐III. Using the RTM‐GWAS (restricted two-stage multi-locus model genome-wide association study) procedure, 81 QTLs with 342 alleles were identified, accounting for 77.85% genetic contribution (R^2=0.01–7.74%/locus), and other 20.75% (98.60–77.85%, h^2=98.60%) genetic variation was due to a collective of unmapped QTLs. With soybeans northward, breeding effort made the original MG I–III evolved to MG 0-00-000. In direct comparisons of QTL–allele matrices among MGs, the genetic dynamics are identified with local exotic introduction/migration (58.48%) as the first and selection against/exclusion of positive alleles causing new recombination (40.64%) as the second, while only a few allele emergence/mutation happened (0.88%, limited in MG 0, not in MG 00-000).In new MG emergence, 24 QTLs with 19 candidate genes are the major sources. A genetic potential of further DTF shortening (13–21 d) is predicted for NEC population. The QTL detection in individual ecoregions showed various ecoregion-specific QTLs–alleles/genes after co-localization treatment (removing the random environment shifting ones).

1 Introduction

Soybean [*Glycine max* (L.) Merr.] has been one of the crops extended most fast worldwide in the recent century, covering at least from 35° S to 53° N latitudes in all the six continents due to its plentiful protein (~40%) and oil (~20%) contents (Hartman et al.,2011; Jia et al.,2014; Watanabe et al.,2012). Soybean is a typical short-photoperiod crop, along with its extension from the temperate zone northward to cold zone and southward to subtropical and tropical zone, and the soybeans got accustomed to the local geographic climate conditions with its total growth period changed, shortened in higher latitudes and extended in lower latitudes (Langewisch et al., 2017; Liu et al., 2017). This kind of adaptation is virtually the adaptation to the local day length and temperature conditions.

Based on the response of soybean growth period to day length or photoperiod at local latitudes, a maturity group (MG) classification system was established by USDA, with the first suggestion of 7 MGs made by Carter and designated as MG Ⅰ,Ⅱ and Ⅲ–Ⅶ (Hartwig,1973). At present, 13 MGs, i.e., MG 000, 00, 0, Ⅰ, –, Ⅹ, were formed in the world with MG 0, MG 00 and MG 000 emerged in higher latitudes and other new MGs (Ⅷ–Ⅹ) formed in lower latitudes, due to the expansion of soybean planting areas. The difference in maturity date between two adjacent groups was approximately 10–15 days in an adapted area (Norman,1978). Categorizing soybeans into different MGs has made the introduction of varieties more accurate and frequent, which has benefited the soybean breeders in allocation of their breeding materials (Liu et al., 2017).

It is well known that soybean was domesticated in ancient central China (south of the Great Wall) with its major production area. Although the agricultural civilization in Northeast China (NEC) had been established in Liao and Jin dynasties (907–1234), the farming economy was often destroyed by numerous and complicated local battles, leading to the formation of nomadic non-claimed area in the northern part of NEC before the later Jin empire unified Jurchen (1583–1619) (Liu,,2018; Zhao, 2016). Until the early Qing dynasty (1644–1668), soybean with immigrants was successfully introduced to NEC along Liao River valleys (Yang, 1982). The soybean planting areas in NEC were extended northward from the Liao River valleys to Songhua River valleys, Mudan River valleys and Nen River valleys after Russo‐Japanese War (1904–1905). Furthermore, the extension to the high-latitude regions over 47° N along Heilongjiang River south valleys happened since 1945 (Yang, 1982; Zhang, 1981). Therefore, NEC in fact is a newly developed soybean production area since seventeenth century. A total of four ecoregions were formed with the expansion of soybean production from Liao River valleys northward (with stock varieties in MG Ⅰ–Ⅲ), including ERA (Liao River valleys), ERB (Songhua–Mudan River valleys), ERC (Nen River valleys) and ERD (Heilongjiang River south valleys), accompanied with new MGs (MG 0–MG 000) emerged. The basic ecological features of the four ecoregions are significantly different. The ecoregion A (ERA) is located in most areas of Liaoning Province where the accumulated temperature is relatively higher and fits MG Ⅱ and MG Ⅲ. The ecoregion B (ERB) is located in the area from the southern Heilongjiang Province to northern of Jilin Province where the accumulated temperature varied from 2 300 to 3 050 °C and is suitable for MG 0 and MG. The ecoregion C (ERC) is located in the area from southwest Heilongjiang Province to northeast Jilin Province where there is a lack of rainfall and which fits mainly MG 0 and MG Ⅰ. The ecoregion D (ERD) belongs to high-latitude regions which are located in the northern region of Heilongjiang Province and north-eastern region of Inner Mongolia where the accumulated temperature is relatively lower than other ecoregions and fits MG 000 and MG 00 (Fu et al. ,2016a).

In the USA, the earliest introductions of soybean germplasm originated mainly from NEC. As pioneers, Dorsett and Morse primarily collected soybean germplasm in the mid-1920s (Hymowitz,1984). Numerous researches suggested that the population of the US soybean may trace to a subset of the Chinese soybean varieties and the major ancestries of the US soybeans were from NEC introductions, such as Mandarin (Ottawa), S‐100, Richland (Bernard,1988; Cui et al.,2001; Wolfgang and An,2017). Now the soybean production has been extended from the USA to North and South Americas where total soybean production accounted for more than 80% of the world soybean production (Chang et al., 2015). Therefore, study on the soybean germplasm from NEC is of particular meaning in world soybean extension.

Just like in the northern North America and the northern Europe along with the northward extension of soybeans, similar new MGs (MG 0, MG 00 and MG 000) have also emerged in NEC in the recent half century. It is very interesting that the three early MGs were relatively independently evolved in the three continents using their local soybean sources. However, the genetic mechanism causing the new MG emergence and the dynamics of the artificial evolution were rarely explored and reported.

MG was a comprehensive response of growth period to day length and temperature, which varies with the geographic locations. The genetic structure can be directly explored by total days to maturity (DTM) as a major indicator. Meanwhile, the flowering date (DTF) can be employed for revealing the genetic structure, due to the fact that DTF possessed highly correlation with DTM and can be evaluated in northern geographic regions wider than DTM does (Fu et al., 2016b). Regarding the genetics of DTM or DTF, 11 major genes/loci have been reported, including the loci of *E1* and *E2* (Bernard 1971), *E3* (Buzzell 1971), *E4* (Buzzell and Voldeng 1980), *E5* (Mcblain and Bernard 1987), *E6* (Bonato and Vello 1999), *E7* (Cober and Voldeng 2001), *E8* (Cober et al. ,2010), *E9* (Kong et al., 2014), *E10* (Samanfar et al., 2017) and *J* (Ray et al. 1995), of which *E1–E4, E9–E10* and *J* have been identified for their underlying genes (Liu et al., 2008; Lu et al., 2017; Samanfar et al., 2017; Watanabe et al., 2009, 2011; Xia et al., 2012). Meanwhile, *GmFT5a, E1La, E1Lb, DT1* and *DT2* were identified also to confer flowering date (Kong et al., 2010; Liu et al., 2010; Ping et al., 2014; Xia et al., 2012). In addition, a total of 104 QTLs for DTF on 17 chromosomes (except Chr. 03, 05 and 17) were recorded in SoyBase (http://www.soyba se.org, up to 2017-04). These QTL results were basically obtained from some biparental populations. However, the recent QTL mapping reported by Li et al. (2017), Pan et al. (2018) and Liu (2015) identified 36~139 QTLs from both biparental and germplasm populations; the authors indicated that these QTLs involved in different biological processes as a network. A thorough exploration for the genetic system of DTF in the germplasm populations should be considered in addition to the above 11 + 5 genes known already and a large number of identified QTLs.

Genome-wide association study (GWAS) in natural populations based on linkage disequilibrium (LD) has been widely used in dissecting the genetic architecture of complex traits in many crops. The GWAS procedure previously used is mainly the mixed linear model (MLM) procedure (Yu et al., 2006) based on a single-locus model and identified only some major loci which may cause an overestimation of the total contribution of the detected QTLs and false positive (Li et al., 2017). Recently, a novel restricted two-stage multi-locus model GWAS (RTM‐GWAS) has been developed to handle with the multi-allele characteristic of natural population, which possessed a high QTL detection power and efficiency, and exhibited the total phenotypic contribution of the detected QTLs close to the heritability value (He et al., 2017; Li et al., 2017; Meng et al., 2016; Pan et al., 2018; Zhang et al., 2015). The resulted QTL–allele matrix can be employed to understand the population genetic structure and evolutionary differentiation among populations through comparing their QTL–allele matrices. Therefore, RTM‐GWAS procedure fits to explore the dynamic genetic bases of new MG emergence in the germplasm because of the detection of all the genes/QTLs with their all alleles.

In the present study for exploring the genetic mechanism of emergence of new early MGs as well as new ecotypes in NEC soybeans, the DTF of 361 varieties collected from all the four ecoregions in NEC, varying from MG 000 to MG Ⅲ, was recorded as the indicator of MG at nine locations of the four ecoregions in 2013–2014. Using the RTM‐GWAS procedure, a relatively thorough identification of the DTF QTL–allele constitution in the NEC population was carried out for direct comparisons of QTL–allele structures among MG populations, as well as ecotypes, to infer the genetic dynamics of the new MG (MG 0, MG 00 and MG 000) emergence or the artificial evolution of MGs. Furthermore, the breeding potential for further early MGs was predicted based on the established QTL–allele matrix. In addition, the differential identification of the QTL–allele structures under different ecoregional conditions was analyzed and co-localized; then, the candidate gene system was annotated for the NEC soybean germplasm population.

2 Materials and Methods

2.1 Plant materials and their maturity groups

A total of 361 varieties used in NEC were collected from institutions in the four soybean ecoregions (ERA–ERD, corresponding to four ecotypes ETA–ETD), designated the Northeast China Soybean Population (NECSP), covering from MG 000 to MG Ⅲ(Supplementary Fig. 1, Supplementary Table 1). In NECSP, ETA was the original ecotype in NEC, while ETB was the derived ecotype based on ETA, and in turn, ETC and ETD were derived. Several MGs in a same ecoregion were adapted and used in prodiction, such as MG Ⅰ–Ⅲ are the original types in ETA, all six MGs exist in ETB with MG 0–000 newly emerged, and these new MGs mostly emerged in ETC, especially in ETD (Supplementary Table 1).

2.2 Field experiments and evaluation of DTF

The DTF of these materials was tested at nine locations of the four ecoregions of NEC in 2013–2014 (Supplementary Fig. 1, see Supplementary Table 2 for the details). In each year at each location, a 'Blocks in Replication' design was used, with 4 hills in a row plot, 1.0 m in length, 1.0 m row space and 4 replications. The days from sowing to first flowering (DTF) were recorded according to Fehr and Caviness (1977). The data of DTM were incomplete because not all the materials can mature naturally in northern ecoregions, while the DTF data were complete at all the nine sites. The MG of each variety was determined by Fu et al., (2016a), which showed that DTM and DTF were highly correlated (Supplementary Table 3).

All the DTF data were used in two ways: One is the total nine location dataset (coded as the total dataset) which is used for the overall phenotypic and QTL mapping analyses and is separated into ETA–ETD and MG 000–MG Ⅲ for multiple comparisons, and the other is the four ecoregion datasets (each with all 361 varieties), which were used for individual ecoregional QTL mapping (coded as regional or ERA, ERB, ERC and ERD datasets).

2.3 Statistical analysis procedures

The descriptive statistics and the analysis of variance were carried for all the datasets using the PROC MEANS and PROC GLM of SAS 9.1 software package (SAS institute, Cary, NC), respectively. For simplicity, the joint randomized complete blocks design analysis was used for the experiment as an approximation, with the linear model: $Y_{ijk} = \mu + \alpha_i + \beta_j + \gamma_{k(j)} + (\alpha\beta)ij + \varepsilon_{ijk}$, where is the population mean, α_i is the effect of ith variety, β_j is the effect of jth environment, $\gamma_{k(j)}$ is the effect of kth replication within j^{th} environment, $(\alpha\beta)ij$ is variety by environment interaction effect and ε_{ijk} is random error.

All effects were treated as random effects. The variance components were estimated using the PROC VARCOMP, type 1 model in SAS.The her itability (h^2) was calculated as: $h^2 = \sigma_g^2/(\sigma_g^2 + \sigma_{ge}^2/n + \sigma_e^2/nr)$, where σ_g^2, σ_{ge}^2 and σ_e are variety, variety × environment and error variance, respectively, n is the number of environments and r is the number of replocations in each environment.

The Duncan's new multiple range test was used to determine the significance of the DTF means among ecotypes or ecoregions or MGs.

2.4 Genotyping and multi-allele genomic markers assembly

The 361 varieties were genotyped with restriction-site-associated DNA sequencing (RAD-seq) (Miller et al., 2007) which was done at BGI tech, Shenzhen, China. The genomic DNA samples were extracted from soybean leaves using the CTAB method (Murray and Thompson,1980). The sequences of the 361 varieties were obtained using

472

Illumina HiSeq 2000 instrument through the multiplexed shotgun genotyping method (Andolfatto et al., 2011) with DNA fragments between 400 and 600 bp, generating a total of 1 227.23 million paired-end reads of 100 bp (including 6 bp index) in length (a total of 115.36 Gb of sequence), approximately 4.21× in depth and 3.42% coverage. All sequence reads were aligned against the reference genome Wm82.v.1.1 (Schmutz et al., 2010) using SOAP2 software (Li et al., 2009). The RealSFS software (Yi et al., 2010) was applied for population SNP calling. The SNPs of the 361 accessions were polymorphic with a rate of missing and heterozygous allele calling ≤20% and minor allele frequency (MAF) ≥0.01. The fastPHASE software (Paul Scheet, 2006) was used for genotyping SNP imputation after heterozygous alleles were turned into missing alleles.

The whole genome sequence was separated into SNP linkage disequilibrium blocks (SNPLDBs) as genomic markers with multihaplotypes or multialleles. The SNPLDB is a chromosomal fragment organized at a certain LD value ($D' > 0.7$) using Haploview software (He et al., 2017). In the NECSP, a total of 82,966 SNPs and 15,501 SNPLDBs with 41,337 haplotypes/alleles were identified. The position, starting point, ending point, length and SNP nucleotide for each SNPLDB are all known from each accession's genome sequence.

2.5 Association mapping analysis and genetic structure analysis

The RTM－GWAS procedure (He et al.,2017) characterized with multi-allele markers and restricted two-stage multi-locus model, especially fitting the germplasm population that was used to identify the DTF QTLs for the total dataset as well as individual ecoregional datasets. The top 10 eigenvectors (accounting for 82.49% of the total variation) of the genetic similarity coefficient matrix built on SNPLDBs were incorporated as covariates for population structure correction. The first stage of association mapping is performed by a single-locus association test, and the second stage of association mapping is carried out using stepwise regression featured with forward selection and backward elimination to confirm the QTLs and their allele effects finally. The threshold P values of the two steps were both 0.05. Finally, the dataset of the estimated allele effects for all the QTLs was organized as a QTL–allele matrix.

The genetic distance among varieties was calculated based on all SNPLDBs using RTM－GWAS procedure. Based on genetic distance, cluster analysis was performed and a neighbor-joining tree was generated from FigTree version 1.4.2 (http://tree.bio.ed.ac.uk/softw are/figtr ee/).

2.6 Identifying genetic differentiation among ecoregions or maturity groups based on QTL–allele matrix

The Chi-squared test was used to detect the differentiation of allele frequencies distribution among the ETs or MGs for each locus. Duncan's new multiple range test which was calculated from the accumulative allele effects for each variety was used to identify the significant difference of the average genotypic means among different ERs or MGs. Based on the above results, direct comparisons of QTL–allele matrices among ecoregions or MGs were made for identifying dynamics of the new ecotype and new MG emergence as well as the major loci and alleles involved.

2.7 Optimal cross prediction

Based on the total dataset QTL–allele matrix, the optimal crosses were predicted for further early variants. All possible single crosses among 361 cultivars were generated in silico under both linkage and independent assortment models for exploring the recombination potential toward further early DTF (He et al., 2017). For each cross, the predicted genotypic DTF value was calculated based on 2000 continuously inbred progenies derived from F_1 individuals and the QTL–allele matrix. The 25th percentile of a cross was used as its predicted cross value.

2.8 Co-localization of DTF QTLs detected in various environments and exploration of candidate gene networks

Different phenotypic frequency distributions among ecoregions and different QTL–allele matrices for the same set of 361 varieties were analyzed, some QTLs might be ecoregion-specific, and some QTLs might be random shifting due to inadequacy of mapping precision. For a reasonable treatment, we tried to co-localize the shifting QTLs, which treated the QTLs within no more than 2.5 Mb flanking a marker as the same locus.

The candidate genes were predicted from the co-localized QTLs/segments as follows: (1) a gene located in ± 100 Kb flanking the detected SNPLDB according to SoyBase (http://soyba se.org); (2) a gene in SoyBase with its SNPs coincident with those in the detected SNPLDB using Chi-square criterion ($P \leq 0.05$). If several genes meeting the criterion, the one with maximum significant SNPs and highest significant level or its molecular function most closely related to DTF was picked up. These genes were annotated from the Wm82.v.1.1 genome in SoyBase.

3 Results

3.1 DTF shortened along with the production areas extended to the higher latitudes in NEC

The DTF grand average of the NECSP over 9 locations was 49.80 d, ranging in 41–83 d, while the averages for ETA through ETD were 68.81 d down gradually to 45.02 d with their ranges shortened, and those for MG III through MG 000 were 70.98 days down to 44.48 days with less and less varied ranges, respectively (Table 1). The differences among ecotypes and among MGs were all significantly different at $P < 0.05$ under Duncan's new multiple range test, respectively. The difference of DTF between adjacent two MGs was not as large as 10–15 d because of averaged over 9 different environments.

The means of the 361 varieties in ERA was 43.09 d, while it extended northern to gradually to 59.85 d in the ecoregions (ERB – ERD, Table 1). The scattering of the frequency distributions was different, narrower in southern ecoregion, wider in northern ecoregion(s). This is because the DTF of late MGs (such as MG III) expressed much longer in northern ecoregions than in southern ecoregions. The heritability (h^2) of DTF in the NECSP was as high as 98.60% for the total dataset and 92.13%–97.88% for the ecoregional datasets (Table 1, Supplementary Table 4).

3.2 That means a very large part of the phenotypic variation being inheritable or traceable to their QTLs/genes.

The QTL – allele system conferring DTF detected in the NECSP.

Totally 81 QTLs on 19 chromosomes except Chr. 11, with 77.85% contribution to phenotypic variance (PV) were detected, based on no obvious population structure bias in NECSP (Table 2, Figs. 1b, 2a, b). The R^2 distribution of the 81 QTLs indicates strongly that DTF is conferred by many continuously varied QTLs with their contributions to PV from 0.01% to 7.74%, rather than a handful of major QTLs/genes (Table 2). Of the R^2 curve, the inflection point was located about $R^2 = 1\%$; there were 22 loci with $R^2 \geq 1\%$, explaining a total contribution of 63.30% to PV, designated as large contribution (LC) major QTLs, while 59 loci were with $R^2 < 1\%$, explaining a total of 14.55% to PV, called small contribution major QTLs (Table 2, Fig. 2c). In addition, other 20.75% (98.60%–77.8%) genetic variation was due to a collective of unmapped QTLs. If the mapping precision can be improved, more SC QTLs might be detected further.

On the 81 QTLs, 342 alleles were identified with an average of 4.22 alleles per locus (varied from 2 to 10), 37% QTLs containing 2 alleles, 6%–16% containing 3–7 alleles and 1%–5% containing 8–10 alleles. These allele effects varied from − 17.39 d to 22.80 d (Fig. 2d, Supplementary Table 5). Fig. 2e shows the QTL–allele constitutions of all 361 varieties as a QTL–allele matrix of DTF, which in fact is the whole genetic structure of the NECSP.

Table 1 Frequency distribution and descriptive statistics of the days from sowing to flowering (DTF) in the NECSP

Source/MG/ ecoregion	Class midpoint (day)									No.	Mean (day)	CV (%)	Range (day)	h^2 (%)
	40	46	52	58	64	70	76	82	91					
Source: ecotypes in NECSP (averaging over total dataset composed of 4 ecoregions and 9 locations in 2013–2014)														
NECSP	14	198	93	34	9	1	4	8		361	49.80	14.41	41–83	98.60
ETA			2	5	2	1	4	7		21	68.81 a	16.13	49–80	
ETB	2	110	69	29	7			1		218	50.12 b	10.45	42–83	
ETC		32	15							47	47.47 c	3.40	44–51	
ETD	12	56	7							75	45.02 d	5.38	41–52	
MG: maturity groups in NECSP (averaging over total dataset composed of 4 ecoregions and 9 locations in 2013–2014)														
MG III				5	4	1	4	7		21	70.98 a	11.84	57–83	
MG II			14	23	5			1		43	59.50 b	7.59	50–79	
MG I		26	47	6						79	52.10 c	6.24	46–59	
MG 0		128	29							157	49.26 d	4.10	43–54	
MG 00	6	37	2							45	46.29 e	4.13	42–50	
MG 000	8	7	1							16	44.48 f	3.42	41–50	
Ecoregion: NECSP tested at different ecoregions in Northeast China (averaging over individual ecoregion datasets)														
ERA	239	101	7	1	8	5				361	43.09 d	11.96	37–72	94.54
ERB	15	211	80	37	5	1	4	7	1	361	49.54 b	14.76	41–87	97.88
ERC	79	201	43	20	5	2	1	8	2	361	46.73 c	17.06	39–87	96.14
ERD		14	69	151	57	37	23	5	5	361	59.85 a	13.90	46–93	92.13

NECSP: Northeast China soybean population which composed of 361 tested materials. Source: The tested materials (361 varieties) are composed of four ecotypes, i.e., ETA–ETD in their respective ecoregions. The experiments were conducted at 9 locations, i.e., Tieling (ERA), Keshan, Jiamusi, Mudanjiang, Changchun (ERB), Daqing, Baicheng (ERC) and Beian, Zhalantun (ERD), in 2013–2014. MG: maturity group, including MG 000–MG III. Ecoregion: Northeast China includes four ecoregions, i.e., ERA–ERD (Fig. S1). CV: coefficient of variation. h^2: heritability which is calculated from ANOVA. Mean: Different lowercase letters in the column denote significant differences ($P < 0.05$) among ecotypes or maturity groups or ecoregions using Duncan's new multiple range test

Table 2 Detected QTL system conferring DTF in NECSP calculated from total dataset composed of 4 ecoregions and 9 locations in 2013–2014

QTL (allele no.)	$-\text{Log } P$	R^2 (%)	QTL (allele no.)	$-\text{Log } P$	R^2 (%)	QTL (allele no.)	$-\text{Log } P$	R^2 (%)
q-DTF-1-2 (3)	164.91	1.04	**q-DTF-5-13** (2)	281.32	1.79	q-DTF-14-2 (4)	43.01	0.28
q-DTF-1-3 (2)	89.57	0.55	**q-DTF-5-14** (6)	307.65	7.74	q-DTF-14-4 (10)	136.9	0.91
q-DTF-1-5 (2)	2.14	0.01	**q-DTF-6-2** (6)	307.65	2.83	q-DTF-14-9 (3)	129.35	0.82
q-DTF-1-8 (5)	307.65	7.27	q-DTF-6-3 (6)	11.87	0.09	**q-DTF-14-15** (4)	195.10	1.25
q-DTF-2-1 (4)	267.86	1.72	q-DTF-6-7 (4)	71.86	0.46	q-DTF-15-4 (2)	1.42	0.01
q-DTF-2-2 (3)	8.59	0.05	q-DTF-6-8 (2)	7.81	0.04	q-DTF-15-6 (4)	12.48	0.08
q-DTF-2-9 (4)	149.16	0.95	q-DTF-6-9 (2)	20.31	0.12	q-DTF-15-12 (7)	8.22	0.07
q-DTF-2-10 (5)	122.23	0.79	**q-DTF-6-10** (4)	307.65	2.11	q-DTF-15-13 (2)	20.17	0.12
q-DTF-2-12 (5)	203.28	1.31	q-DTF-6-16 (6)	10.37	0.08	q-DTF-15-16 (6)	61.21	0.40
q-DTF-2-15 (5)	73.64	0.47	q-DTF-6-20 (2)	8.61	0.05	q-DTF-16-3 (2)	14.82	0.09
q-DTF-3-1 (6)	20.53	0.14	q-DTF-6-23 (2)	4.09	0.02	q-DTF-16-6 (9)	30.58	0.22
q-DTF-3-6 (9)	307.65	3.30	**q-DTF-7-3** (4)	246.26	1.58	q-DTF-17-1 (2)	30.36	0.18
q-DTF-3-11 (5)	13.93	0.10	**q-DTF-7-9** (2)	307.65	2.10	q-DTF-17-3 (2)	1.40	0.01
q-DTF-3-12 (6)	307.65	2.69	**q-DTF-7-14** (3)	307.65	2.00	**q-DTF-17-4** (7)	307.65	2.39
q-DTF-3-14 (6)	101.32	0.66	q-DTF-7-15 (6)	16.71	0.12	**q-DTF-18-3** (7)	226.48	1.48
q-DTF-3-17 (2)	2.46	0.01	q-DTF-8-1 (2)	3.03	0.01	q-DTF-18-8 (2)	2.25	0.01
q-DTF-3-18 (4)	197.85	1.27	q-DTF-8-13 (2)	78.12	0.48	**q-DTF-18-13** (5)	211.60	1.36
q-DTF-4-5 (6)	100.32	0.65	q-DTF-9-7 (2)	1.99	0.01	q-DTF-18-14 (7)	135.00	0.88
q-DTF-4-7 (7)	307.65	3.74	**q-DTF-10-13** (2)	307.65	4.39	q-DTF-18-18 (6)	24.37	0.17
q-DTF-4-11 (4)	45.32	0.29	q-DTF-12-3 (2)	2.03	0.01	q-DTF-18-21 (2)	1.71	0.01
q-DTF-4-14 (9)	42.48	0.30	q-DTF-12-6 (2)	4.80	0.03	q-DTF-19-1 (2)	11.20	0.06
q-DTF-5-1 (4)	27.12	0.18	q-DTF-13-2 (6)	49.34	0.33	q-DTF-19-4 (2)	32.29	0.19
q-DTF-5-3 (2)	27.89	0.17	q-DTF-13-5 (2)	1.32	0.01	q-DTF-19-5 (2)	26.53	0.16
q-DTF-5-4 (2)	307.65	2.94	q-DTF-13-6 (5)	14.37	0.10	q-DTF-20-4 (8)	34.37	0.24
q-DTF-5-8 (5)	62.01	0.40	**q-DTF-13-7** (4)	307.65	7.00	q-DTF-20-9 (2)	2.64	0.01
q-DTF-5-9 (8)	135.59	0.89	q-DTF-13-11 (2)	4.05	0.02	Total		77.85
q-DTF-5-10 (9)	96.76	0.65	q-DTF-13-13 (4)	11.74	0.08	Unmapped		20.75
q-DTF-5-11 (6)	43.33	0.29	q-DTF-14-1 (3)	2.91	0.02	h^2		98.60

Class midpoint of R^2 (%)											Σf	Mean (%)	Range (%)	Reported QTLs (%)
0.25	0.75	1.25	1.75	2.25	2.75	3.25	3.75	4.25	…	7.25				
49	10	6	3	4	3	1	1	1	…	3	81	0.96	0.01–7.74	43 (45.18)

NECSP: Northeast China soybean population which composed of 361 tested materials. Total dataset composed of 4 ecoregions and 9 locations, i.e., Tieling (ERA), Keshan, Jiamusi, Mudanjiang, Changchun (ERB), Daqing, Baicheng (ERC) and Beian, Zhalantun (ERD), in 2013-2014; $-\text{Log } P$: $-\text{Log }_{10}P$. R^2: phenotypic contribution of a QTL. Reported QTLs: The mapped QTLs in our study are consistent with previous reported QTLs/genes, which is from SoyBase (http://www.soybase.org), Li et al. (2017), Pan et al. (2018) and Cao et al. (2017); QTL name: The QTL name is designated as q-DTF-1-2, where DTF means days from sowing to first flowering, -1 represents Chromosome 1, and -2 represents its order on the Chromosome according to its physical position. In parentheses of the QTL column is the allele number of the QTL. The boldface indicates the locus is a large contribution major QTL with R^2 more than 1%. Unmapped: the genetic variation not included in the detected QTL, which is calculated from h^2-total contribution of identified QTLs

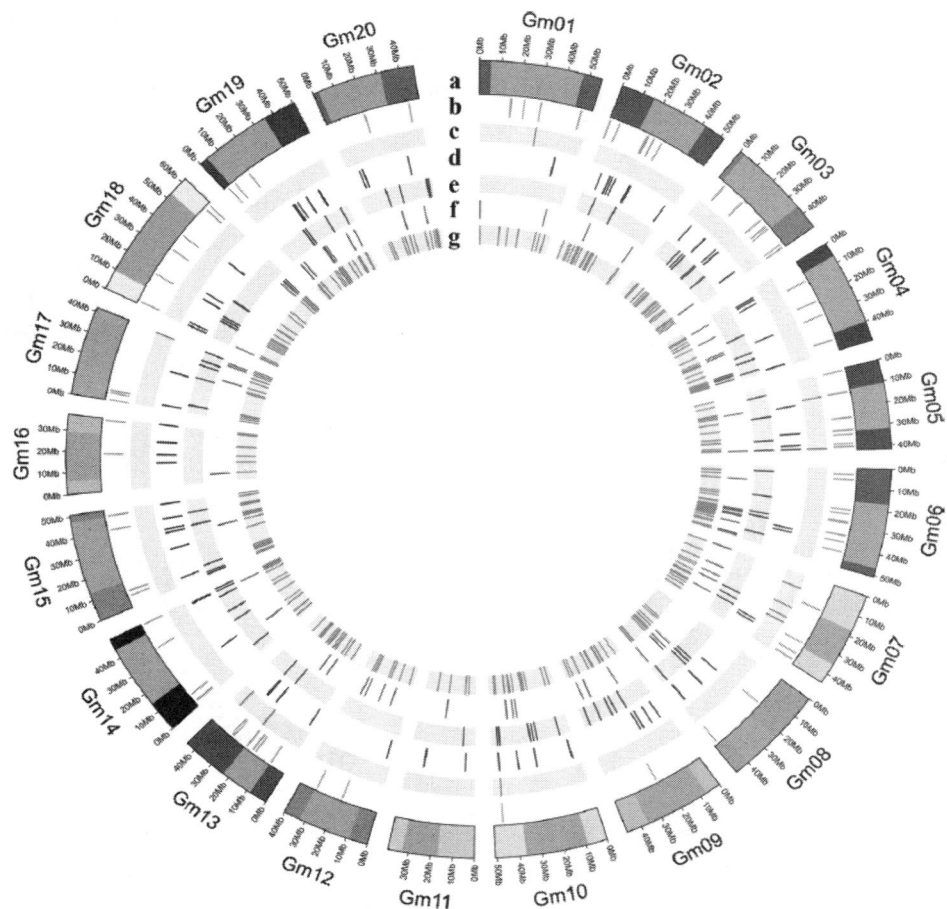

Fig. 1 Genome-wide DTF QTL distributions on chromosomes detected from the total dataset and individual ecoregional datasets using RTM-GWAS procedure. (a) Chromosome structure with heterochromatin in pink color (Mb). (b–f) DTF QTLs detected from total dataset (b), ERA dataset (c), ERB dataset (d), ERC dataset (e) and ERD dataset (f). (g) Co-localization of DTF QTLs detected from total dataset and individual ecoregional datasets (color figure online)

In comparison, the 43 of 81 QTLs were overlapped with those reported in SoyBase (http://www.soyba se.org), Li et al. (2017), Pan et al. (2018) and Cao et al. (2017), which explained 45.18% PV in the present results, while the other 38 QTLs were new ones (Supplementary Table 6).

3.3 QTL‑allele structure changes from the southern to the northern ecotypes of the NECSP

The genotypic values (total allele values per variety) decreased from ETA through ETD significantly, indicating significant genetic DTF differentiation among the four ecotypes in NEC (Table 3). This is mainly due to the significant differentiation in allele frequency distribution on a large part of loci among ecoregions according to Chi-squared tests (Supplementary Table 7). In Venn diagram of alleles among ecotypes (Supplementary Fig. 2a), all the 258 alleles in ETA have passed to ETB; all 341 alleles exist in ETB with 83 alleles increased, among which 7 alleles were unique in ETB. Only 255 and 289 alleles passed from ETA to ETC and ETD, respectively, and there were no new alleles emerged in the two ecotypes.

Comparing the dynamic allele structures from ETA to ETB through ETD, some alleles excluded and some emerged, and the QTL–allele changes are directly given in Table 4 (upper part). The statistics of the changed alleles (Table 4, lower part) showed that QTLs–alleles changed from ETA (258 alleles with 129 negative and 129 positive alleles) to ETB (341 with 167 negative and 174 positive alleles), then to ETC (255 with 126 negative and 129 positive alleles) and to ETD (289 with 141 negative and 148 positive alleles). In ETB, ETC and ETD, 258, 207 and 220 alleles were passed from ETA, but 83 alleles, 99 alleles and 107 alleles are changed ones, among which 83, 48 and 69 alleles were new or emerged alleles, while 0, 51 and 38 alleles are excluded alleles, respectively. In comparison with the original ETA, the combined results merged from the above three comparisons (ETB vs. ETA, ETC vs. ETA and ETD vs. ETA or ETB–ETC–ETD) showed a total of 342 alleles on 81 loci, among which 188 alleles were passed from ETA with 154 alleles on 69 loci, 84 emerged alleles on 40 loci and 70 excluded alleles on 44 loci, respectively (Table 4). The QTL–allele structure changes from ETA northward through ETD indicate that along with the soybeans extended to higher latitudes with growth period reduced, the allele constitution was also changed, and the new alleles were some more than the excluded ones.

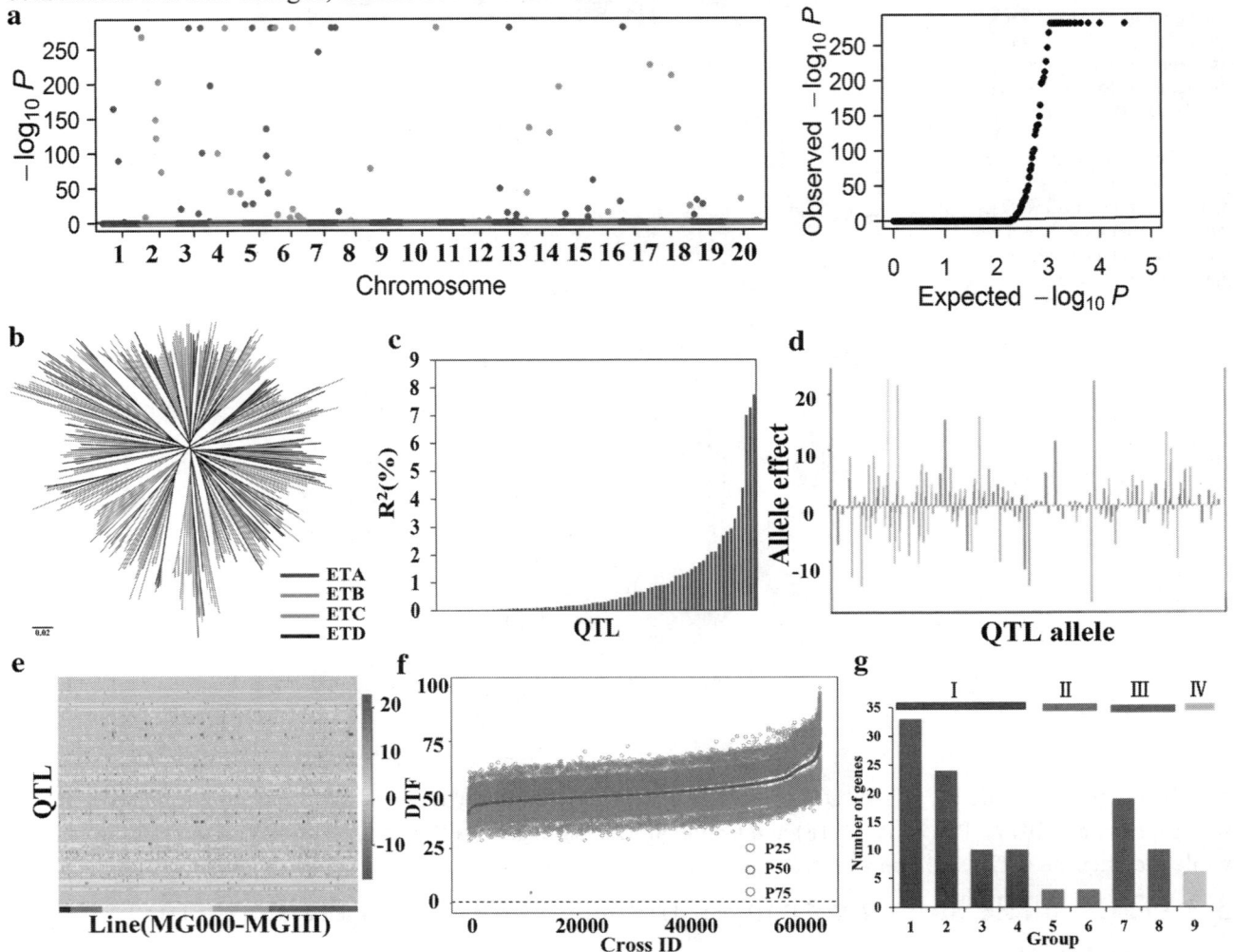

Fig. 2 DTF QTL–allele information detected from the total dataset using RTM – GWAS

a. Manhattan (left) and quantile–quantile plot (right). The vertical axis indicates the $-\log_{10}P$ value, and the horizontal solid red line indicates the genome-wide threshold of 0.05.

b. Neighbor-joining tree of NECESP based on SNPLDB. Varieties from different ecoregions in the neighbor-joining tree are denoted by different colors.

c. Phenotypic contribution of the detected 81 DTF QTLs (arranged from the smallest to the largest for each QTL rely on its phenotypic contribution).

d..DTF allele effects of the detected 81 QTLs (from smallest to the largest for each QTL).

e. DTF QTL–allele matrix. The horizontal axis is variety organized in maturity groups expressed in color bars, while the vertical axis is the detected QTLs on chromosomes. The allele effects are expressed in colors where red color indicates positive value, blue color indicates negative value and the darker the color, the larger the absolute value.

f. Predicted DTF of progenies in the optimal crosses. On the horizontal axis, the crosses are arranged in increasing order of the predicted 50th percentile DTF from the left to right. On the vertical axis, the number is the predicted DTF days. P25, P50 and P75 are the 25, 50 and 75 percentile of each crosses, respectively.

g. Gene ontology groups and categories in NECSP.

The functional classification of the DTF candidate genes is according to SoyBase (http://www.soyba se.org). I – IV above the top bars indicate the four categories of biological processes for the candidate genes of DTF with

Category I as related to flowering, Category II as plant development regulation, Category III as metabolism and Category IV as unknown biological pathways. On the horizontal axis are Group 1: flower development; Group 2: response to light stimulus; Group 3: photoperiodism; Group 4: seed development; Group 5: regulation of transcription; Group 6: phytohormone; Group 7: pri-mary metabolism; Group 8: other biological process; and Group 9: unknown biological pathways (color figure online).

3.4 QTL–allele structure changes from MG I–III to MG0, MG00 and MG000

The genotypic values of the MGs decreased from MG III to MG 000 significantly, indicating the genetic differentiation happened among the six MGs in NEC (Table 3). This is mainly due to the significant differentiation of allele frequency distribution on a large part of loci among MGs according to Chi-squared tests (Supplementary Table 7). The Venn diagram of alleles among MGs (Supplementary Fig. 2b) shows that all the allele number in MG III through MG 000 was 259, 290, 299, 331, 259 and 211, respectively. From MG I–III (i.e., MG I + MG II + MG III or I+ II + III) to MG 0, four alleles emerged, among them 3 and one share with MG 00 and MG 000, respectively.

Table 3 Means of accumulated allele effects per variety of different ecoregions and maturity groups in the NECSP

ET/MG	All QTLs	Significant QTLs			Nonsignificant QTLs
		Total	LC	SC	
ET A	15.00 a	15.79 a	16.45 a	−0.66 a	−0.78 a
ET B	−0.52 b	−0.68 b	−0.26 b	−0.48 a	0.17 a
ET C	−2.68 c	−3.45 c	−2.97 c	−0.42 a	0.77 a
ET D	−3.63 c	−2.85 c	−1.93 bc	−0.92 a	−0.80 a
MG III	17.27 a	13.56 a	15.42 a	−1.86 b	3.71 a
MG II	4.36 b	3.27 b	4.03 b	−0.77 ab	1.094 a
MG I	−0.44 c	−1.97 c	−1.22 c	−0.75 ab	1.54 a
MG 0	−2.60 d	−1.79 c	−1.40 c	−0.39 ab	−0.81 ab
MG 00	−4.30 d	−2.42 c	−2.41 c	0.64 a	−1.88 b
MG 000	−6.88 e	−4.75 d	−3.06 c	−2.35 b	−2.13 b

Significant QTLs are the QTLs with their frequency distribution independent from ecoregions or maturity groups tested with Chi-square criterion 0.05, while nonsignificant QTLs are those not independent from ecoregions or maturity groups at 0.05 level. Different lowercase letters in a same column denote statistically significant differences ($P < 0.05$) among ETs or MGs using Duncan's new multiple range test

ET ecoregion, *MG* maturity group, *LC* large contribution QTL with phenotypic contribution more than 1.0%; *SC* small contribution QTL with phenotypic contribution less than 1.0%

Dynamic QTL–allele structure changes (including origi-nal allele exclusions and new allele emergence) from MG I–III with 338 alleles to MG 0 with 331 alleles, MG 00 with 259 alleles and MG 000 with 211 alleles on the 81 QTLs/loci were observed (Table 5). In MG 0, 00 and 000, 327, 256 and 210 original alleles on the 81 loci were passed from MG I–III, respectively, but 11, 82 and 128 alleles on 11, 52 and 64 loci were excluded, and 4, 3 and 1 alleles on 3, 2 and 1 loci were newly emerged, respectively. In comparison with the original MG I–III, the combined results merged from the above three comparisons (MG 0 vs. MG I–III, MG 00 vs. MG I–III and MG 000 vs. MG I–III or MG 0-00-000 or 0-00-000) showed a total of 342 alleles on 81 loci, among which 199 alleles passed from MG I–III to all of the three newly emerged early MG 0, MG 00 and MG 000 and 143 are changed alleles (at least in one MG) on 67 loci, including 139 excluded (at least in one MG) alleles on 66 loci and only 4 newly emerged alleles (at least in one MG) on 3 loci (Table 5).

The QTL–allele structure changes from MG I–III to MG 0, MG 00 and MG 000 indicate that the changes are coincided with DTF reduced along with the soybeans extended to higher latitudes, and that the obviously shortened DTF in newly emerged MG 0, MG 00 and MG 000 is mainly because some original alleles excluded, while only 1–4 new alleles emerged in each of the new MGs. However, during the breeding for earlier MGs, the selection direction should be in favor of keeping negative alleles and against positive alleles, but in fact, both negative and positive alleles were almost equally changed or excluded although the emerged one are mainly negative one, but it was very little and only during the formation of MG 0. That means the genetic response to human selection is not necessarily one-directional, even both negative and positive alleles changed, but the resulted varieties in the MG 0, MG 00 and MG 000 can fit the shortened growth period. Therefore, the shortened DTF in MG 0, MG 00 and MG 000 must be the results of the recombination among the remained alleles.

The number of changed alleles (mainly excluded alleles) from MG I –III to MG 0, 00 and 000 varies greatly (Table 5). Among the 81 DTF loci, 143 alleles on 67 loci changed during the new MG emergence, including 6, 6, 10, 14, 31 loci with 5, 4, 3, 2, 1 alleles changed, respectively. The QTL with more changed alleles may be more important in DTF shortening and therefore in the emergence of a new MG (Table 6, upper part).

To identify the major QTLs for new MG emergence from Table 5 integrated with the information on QTL genetic contribution in Table 2, the loci with more positive alleles excluded and more genetic contribution explained should be more important than the others. Among the 81 loci, 24 QTLs were identified in the bottom part of Table 6. On the locus *q-DTF-18-14*, all the 4 positive alleles were excluded during the breeding process, especially in MG 00 and MG 000; there were five loci *(q-DTF-3-6, q-DTF-4-14, q-DTF-6-3, q-DTF-17-4, q-DTF-18-3)* with 3 positive alleles excluded, 14 loci with 2 positive alleles excluded and 4 large contribution loci with 1 allele excluded. The total positive alleles excluded were 8, 38 and 65 on all 81 QTLs and 6, 35 and 47 on the 24 major QTLs in formation of MG 0, 00 and 000, respectively.

The emergence of MG 0 involved only 15 alleles on 13 loci (including 6 of the 24 major loci); that of MG 00 involved 85 alleles on 52 loci (including 23 of the 24 major loci); and that of MG 000 involved 129 alleles on 65 loci (including all 24 major loci). There were 5 alleles on 5 loci jointly changed/excluded in the MG 0–MG 000, and 66 alleles on 46 loci jointly changed/excluded in MG 00–MG 000. The more jointly changed/excluded alleles, the more important of the QTL in the emergence of new MGs, especially those QTLs with more positive alleles excluded and more new negative alleles emerged. This should be the major genetic basis of the new MG emergence.

Table 4 Alleles changed from ETA to ETB, ETC and ETD in the NECSP (color table online)

QTL	a1	a2	a3	a4	a5	a6	a7	a8	a9	QTL	a1	a2	a3	a4	a5	a6	a7	a8	a9	a10
q-DTF-1-2		BCD								q-DTF-7-14	c d									
q-DTF-1-3	B C D									q-DTF-7-15						B C D				
q-DTF-1-5	c									q-DTF-8-1										
q-DTF-1-8		B			c	c				q-DTF-8-13		B C								
q-DTF-2-1	c									q-DTF-9-7	B D									
q-DTF-2-2			c							q-DTF-10-13			d							
q-DTF-2-9										q-DTF-12-3										
q-DTF-2-10	d									q-DTF-12-6	B D									
q-DTF-2-12	B D									q-DTF-13-2	BCD	BCD		d						
q-DTF-2-15				BCD						q-DTF-13-5	d									
q-DTF-3-1					BCD					q-DTF-13-6	B D				B C D					
q-DTF-3-6		d			B	BCD	B D	cd		q-DTF-13-7	B D			c d						
q-DTF-3-11	B D	B D	B D							q-DTF-13-11										
q-DTF-3-12	B D	c			c	c				q-DTF-13-13	d									
q-DTF-3-14		c	B D			B D				q-DTF-14-1										
q-DTF-3-17										q-DTF-14-2	d	c d								
q-DTF-3-18	c d		BCD							q-DTF-14-4	BCD					B D			BCD	BCD
q-DTF-4-5		d			cd	B D				q-DTF-14-9	B D	BC								
q-DTF-4-7	B D	d	c d		cd	c				q-DTF-14-15	B D									
q-DTF-4-11	B CD		c	BCD						q-DTF-15-4										
q-DTF-4-14	c			c		BCD		d	d	q-DTF-15-6	BCD		B							
q-DTF-5-1			BCD							q-DTF-15-12	BCD						c d	BC		
q-DTF-5-3		c								q-DTF-15-13										
q-DTF-5-4		c d								q-DTF-15-16	c d			c		B C D				
q-DTF-5-8	B C			B D	BCD					q-DTF-16-3	BCD									
q-DTF-5-9		d	CD			d				q-DTF-16-6	BCD			B D		B C D		cd	c	
q-DTF-5-10				cd	c		c			q-DTF-17-1		c								
q-DTF-5-11	B D			c	BCD	BC				q-DTF-17-3										
q-DTF-5-13	d									q-DTF-17-4		c d					d	c		
q-DTF-5-14	B CD			BC	c					q-DTF-18-3	c		B CD		c	B	D	c d		
q-DTF-6-2	B C				c					q-DTF-18-8	BCD									
q-DTF-6-3	c			BCD	B	c				q-DTF-18-13	c		c d	B CD	B C D					
q-DTF-6-7		BCD		B						q-DTF-18-14	d	c d		B	D B C D	B C		B D		
q-DTF-6-8		c								q-DTF-18-18				B	B CD	d				
q-DTF-6-9		d								q-DTF-18-21										
q-DTF-6-10	c d									q-DTF-19-1		B								
q-DTF-6-16		B D	B D		BCD					q-DTF-19-4		B D								
q-DTF-6-20										q-DTF-19-5										
q-DTF-6-23	d									q-DTF-20-4	BC	BCD			B C D		B D			
q-DTF-7-3	B CD		BCD							q-DTF-20-9		c								
q-DTF-7-9	B D																			

Ecotype	Total allele		Inherent allele		Changed allele		Emerged allele		Excluded allele	
	Allele no.	QTL no.	Allele no.	QTL no.	Allele No.	QTL no.	Allele No.	QTL no.	Allele No.	QTL no.
ET A	258 (129, 129)	81								
ET B vs. ETA	341 (167, 174)	81	258 (129, 129)	81	83 (38, 45)	48	83 (38, 45)	48		
ET C vs. ETA	255 (126, 129)	81	207 (107, 100)	81	99 (41, 58)	54	48 (19, 29)	35	51 (22, 29)	34
ET D vs. ETA	289 (141, 148)	81	220 (107, 113)	81	107 (56, 51)	58	69 (34, 35)	45	38 (22, 16)	29
ET B-C-D vs. ETA	342 (168, 174)	81	188 (95, 93)	81	154 (73, 81)	69	84 (39, 45)	49	70 (34, 36)	44

ETA, ETB, ETC and ETD are four ecotypes from the corresponding ecoregions in Northeast China. In the upper part: a1–a10 are the alleles of each QTL, arranged in a rising order according to their effect value. The cells marked with white (negative effect) and gray (positive effect) are all alleles in ETA. The cells with lowercase b, c and d are alleles excluded in ETB, ETC and ETD (vs. ETA), respectively. The uppercase of B, C and D in cells with light yellow (negative effect) and dark yellow (positive effect) means the alleles emerged in ETB, ETC and ETD (but not existed in ETA). In the lower part: In Ecotype column, ETB versus ETA means comparison of between ETB and ETA; the similar is for ETC versus ETA and ETD versus ETA. ETB–ETC–ETD versus ETA means combined results merged from ETB versus ETA, ETC versus ETA and

Table 4 (continued)

ETD versus ETA. (In this row, total alleles are the counts of all the cells, inherent alleles are the counts of the blank cells, and changed alleles, emerged alleles and excluded alleles are the counts of the cells with corresponding letter(s), respectively, in the upper part table.) Inherent allele means alleles passed from ETA; changed allele includes the alleles excluded and emerged; emerged allele means the alleles emerged in the ecotype; excluded allele means the alleles excluded in the ecotype. In columns of allele number, the number outside parentheses is the number of alleles, while the numbers in parentheses are the number of negative and positive alleles, respectively

3.5 The genetic dynamics of the soybean extended from MG Ⅰ–Ⅲ to MG 0 through MG 000

The newly emerged MGs (0, 00 and 000) were developed in Northeast China relatively independent from those in the America and Europe with only 5 MG 0 introductions (four, such as 'Amsoy' from the USA and one 'Tokachi nagaha' from Japan), but without any MG 00-000 introductions involved. Among the 5 MG 0 introductions, only one brought a new allele to the NEC MG 0, which was the a4 allele of *q-DTF-18-18*, but with positive effect, not necessarily involving the emergence of MG 0. Therefore, the emergence of MG 00 and MG 000 was the result of breeding effort using the local materials (QTLs/genes). From this fact (Table 5), the genetic dynamics of the MG artificial evolution can be understood using the DTF QTL–allele matrices (the genetic constitutions) among the MGs. A total of 342 DTF alleles on 81 QTLs were involved in the NECSP, of which 338 alleles were the original stock. During the breeding process, 199 alleles (104 negative alleles plus 95 positive alleles, accounting for 58.19% of the NECSP) were passed from the stock to the newly emerged MGs, while 143 alleles (71 negative alleles plus 72 positive alleles, accounting for 41.81% of the NECSP) changed during the breeding process, in which 139 alleles excluded (68 negative alleles plus 71 positive alleles accounting for 40.64% of the NECSP) and 4 new alleles on 3 loci emerged (3 negative alleles plus one positive allele accounting for 1.17% of the NECSP). In each of the MG 0, MG 00 and MG 000, the similar genetic dynamics was kept with the changed QTLs–alleles increased step by step.

Thus, the genetic dynamics for the artificial evolution of MGs were as follows: the major factor should be the introduction or migration of alleles from original local MGs, which accounting for 58.19% of the DTF genetic constitution in the NECSP. The second factor should be the exclusion of alleles during the breeding process, which accounts for 40.64% of the DTF constitution in the NECSP. The excluded alleles caused the recombination among the remained alleles, so allele exclusion and retailed allele recombination are a joint function. The third factor should be new allele emergence or mutation, but in the new MG formation, this factor is not important because only 3 alleles or 0.88% of the total alleles with negative effect (related to early DTF) are new ones, while another allele is a new positive allele (not related to early DTF) which was brought in from an exotic introduction (0.29%) by tracing its source. The new negative allele emergence happened only for MG 0, while no any new allele, negative or positive, emerged or mutated in the formation of MG 00 and MG 000.

In addition, during the breeding process, selection is a dynamic driving the new MG formation, but the genetic response to the strong selection pressure was not completely selection-directed since both negative and positive alleles were excluded. In summary, for the genetic dynamics of new MG emergence, the number one factor is introduction/migration (including both local and exotic introductions, 58.19% + 0.29% = 58.48%); the second factor is positive allele exclusion or selection and retailed allele recombination (40.64%); the possible but not strong factor is new negative allele emergence or mutation (0.88%, limited for MG 0). From the MG dynamics, it seems that further DTF shortening is still possible through recombination after selection against of positive alleles.

Table 5 Alleles changed from MG I–III to MG 0, MG 00 and MG 000 in NECSP (color table online)

QTL	a1	a2	a3	a4	a5	a6	a7	a8	a9
q-DTF-1-2									
q-DTF-1-3									
q-DTF-1-5	y z								
q-DTF-1-8		yz		z	y				
q-DTF-2-1	z								
q-DTF-2-2									
q-DTF-2-9									
q-DTF-2-10	yz								
q-DTF-2-12	x y	yz							
q-DTF-2-15				z					
q-DTF-3-1					z				
q-DTF-3-6		yz			yz	z		yz	
q-DTF-3-11		x z	z						
q-DTF-3-12		z			z	yz			
q-DTF-3-14	yz	z	z		yz				
q-DTF-3-17									
q-DTF-3-18	yz								
q-DTF-4-5		yz		yz					
q-DTF-4-7		yz	yz	x yz	yz				
q-DTF-4-11	x z		y						
q-DTF-4-14	y			z		yz		yz	x z
q-DTF-5-1	z								
q-DTF-5-3		z							
q-DTF-5-4		x yz							
q-DTF-5-8	yz				z				
q-DTF-5-9	z	yz	yz			y			
q-DTF-5-10	z		yz	z		yz			z
q-DTF-5-11	yz					yz			
q-DTF-5-13	yz								
q-DTF-5-14	z				yz				
q-DTF-6-2	yz				z	z			
q-DTF-6-3	z			yz	yz	yz			
q-DTF-6-7				yz					
q-DTF-6-8		y							
q-DTF-6-9		z							
q-DTF-6-10	yz								
q-DTF-6-16		z	yz			yz			
q-DTF-6-20									
q-DTF-6-23	yz								
q-DTF-7-3	z								
q-DTF-7-9	z								

QTL	a1	a2	a3	a4	a5	a6	a7	a8	a9	a10
q-DTF-7-14	y z	z								
q-DTF-7-15					z		z			
q-DTF-8-1										
q-DTF-8-13		yz								
q-DTF-9-7	y z									
q-DTF-10-13		yz								
q-DTF-12-3										
q-DTF-12-6	x	z								
q-DTF-13-2	z		yz		z					
q-DTF-13-5	y z									
q-DTF-13-6		z				z				
q-DTF-13-7	y z			x y z						
q-DTF-13-11										
q-DTF-13-13	y z									
q-DTF-14-1										
q-DTF-14-2	z	yz								
q-DTF-14-4	X Y			x y z		X Y			yz	y
q-DTF-14-9	y	yz								
q-DTF-14-15	z									
q-DTF-15-4										
q-DTF-15-6	z			yz						
q-DTF-15-12	y						z	yz		
q-DTF-15-13		y								
q-DTF-15-16	y z				z		yz			
q-DTF-16-3										
q-DTF-16-6	z				z			z	yz	
q-DTF-17-1	y z									
q-DTF-17-3	z									
q-DTF-17-4	z	z				z	yz	x z		
q-DTF-18-3						z	yz	yz		
q-DTF-18-8	y z									
q-DTF-18-13	y z			yz		yz				
q-DTF-18-14	y z				z	yz	yz	z		
q-DTF-18-18				X Y		yz	yz			
q-DTF-18-21										
q-DTF-19-1			x yz							
q-DTF-19-4	X Z									
q-DTF-19-5		yz								
q-DTF-20-4	z	z	z		z		y			
q-DTF-20-9										

MG	Total allele		Inherent allele		Changed allele		New allele		Excluded allele	
	Allele no.	QTL no.	Allele no.	QTL no.	Allele no.	QTL no.	Allele no.	QTL no.	Allele no.	QTL no.
I+II+III	338 (165, 173)	81	[I: 299 (145,154);		II: 290 (143,147);		III : 259 (123,136)]			
0 vs. I+II+III	331 (163, 168)	81	327 (160,167)	81	15 (8, 7)	13	4 (3, 1)	3	11 (5, 6)	11
00 vs. I+II+III	259 (131, 128)	81	256 (129, 127)	81	85 (38,47)	52	3 (2, 1)	2	82 (36, 46)	52
000 vs.I+II+III	211 (102, 109)	81	210 (101, 109)	81	129 (65,64)	65	1 (1, 0)	1	128 (64, 64)	64
0-00-000vs.I+II+III	337 (167, 170)	81	199 (104,95)	81	143 (71,72)	67	4 (3, 1)	3	139 (68, 71)	66

MG I–III is equivalent to MG I+MG II+MG III or MG I+II+III or I+II+III which means the total of the three MG populations. In the upper part: a1–a10 are the alleles of each QTL, arranged in a rising order according to their effect value. The cells marked with white (negative effect) and gray (positive effect) are all alleles in MG I–III. The cells with lowercase 'x,' 'y' and 'z' are alleles excluded in MG 0, MG 00 and MG 000 (vs. MG I–III), respectively. The uppercase of 'X,' 'Y' and 'Z' in cells with light yellow (negative effect) and dark yellow (positive effect) means the alleles emerged in MG 0, MG 00 and MG 000 (but not existed in MG I–III), respectively. In the lower part: In MG column, 0 versus I+II+III means comparison of alleles between MG 0 and MG I+II+III, and the similar is for 00 versus I+II+III and 000 versus I+II+III. MG 0-00-000 is equivalent to 0-00-000. 0-00-00 versus I+II+III means combined results merged from 0 versus I+II+III, 00 versus I+II+III and 000 versus I+II+III, respectively. (In this row, total alleles are the counts of all the cells, inherent alleles are the counts of the blank cells, and changed alleles, new alleles and excluded alleles are the counts of the cells with corresponding letter(s), respectively, in the upper part table.) Inherent allele means alleles passed from MG I–III; changed allele includes the alleles excluded and emerged; new allele means the alleles new to those in I+II+III; excluded allele means the alleles excluded in the MG. In columns of allele number, the number outside parentheses is the number of alleles, and the numbers in parentheses are the number of negative and positive alleles, respectively

Table 6 QTL–allele changes that caused new maturity groups emerged based on MG I–III

Changed alleles/locus	Changed alleles (QTLs)	Joint changed in MG 0-000	Joint changed in MG 00-000	MG 0	MG 00	MG 000
1	31 (31)	2 (2)	15 (15)	4 (4)	19 (19)	29 (29)
2	28 (14)	1 (1)	12 (10)	4 (4)	16 (11)	25 (14)
3	30 (10)	0 (0)	16 (10)	1 (1)	19 (10)	27 (10)
4	24 (6)	1 (1)	14 (6)	1 (1)	16 (6)	23 (6)
5	30 (6)	1 (1)	9 (5)	5 (3)	15 (6)	25 (6)
Sum	143 (67)	5 (5)	66 (46)	15 (13)	85 (52)	129 (65)

The major QTLs–alleles which caused new maturity groups emerged

QTL	R^2	Changed +alleles MG 0	MG 00	MG 000	Candidate gene	Gene ontology group (category)
q-DTF-18-14 (4)	0.88	0	2	4	Glyma18g36960	Anther development (I)
q-DTF-3-6 (3)	3.30	0	2	3		
q-DTF-4-14 (3)	0.30	1	2	2	Glyma04g33410	Regulation of transcription (II)
q-DTF-6-3 (3)	0.09	0	3	3	Glyma06g07920	Regulation of flower development (I)
q-DTF-17-4 (3)	2.39	1	1	3	Glyma17g06871	Response to abscisic acid stimulus (II)
q-DTF-18-3 (3)	1.36	0	2	3	Glyma18g03130	Response to karrikin (II)
q-DTF-1-8 (2)	7.27	0	1	1	Glyma01g39520	Flower development (I)
q-DTF-3-12 (2)	2.69	0	1	2	Glyma03g26285	Photoperiodism (I)
q-DTF-4-7 (2)	3.74	1	2	2		
q-DTF-5-10 (2)	0.65	0	1	2	Glyma05g25460	Embryo development ending in seed dormancy (I)
q-DTF-6-2 (2)	2.83	0	2	2	Glyma06g04640	Gibberellic acid mediated signaling pathway (II)
q-DTF-6-16 (2)	0.08	0	2	2		
q-DTF-7-15 (2)	0.12	0	0	2	Glyma07g37670	Methionine biosynthetic process (III)
q-DTF-14-4 (2)	0.91	0	2	1	Glyma14g08380	Response to other organism (I)
q-DTF-15-12 (2)	0.07	0	1	2	Glyma15g35900	Photoperiodism (I)
q-DTF-15-16 (2)	0.40	0	1	2	Glyma15g40990	Glutamine secretion (III)
q-DTF-16-6 (2)	0.22	0	1	2	Glyma16g33391	Photoperiodism (I)
q-DTF-18-13 (2)	1.36	0	2	2	Glyma18g28130	Seed development (I)
q-DTF-18-18 (2)	0.17	1	2	2	Glyma18g50910 (DT2)	Ovule development (I)
q-DTF-20-4 (2)	0.24	0	1	1		
q-DTF-5-4 (1)	2.94	1	1	1		
q-DTF-5-14 (1)	7.74	0	1	1	Glyma05g36140	Embryo development ending in seed dormancy (I)
q-DTF-10-13 (1)	4.39	0	1	1	Glyma10g38770	Flower morphogenesis (I)
q-DTF-13-7 (1)	7.00	1	1	1	Glyma13g18851	Regulation of flower development (I)
Total changed +alleles		6/8	35/38	47/65	50/71(in MG 0-000)	

In the upper part: Changed alleles/locus means the allele number changed per locus based on MG I–III, which ranges from 0 to 5 per locus on each of the 81 loci. Changed alleles (QTLs): The changed alleles in total on the QTLs. Joint changed alleles in MG 0-000: The alleles changed jointly on the QTLs in MG 0-000; joint changed alleles in MG 00-000: The alleles changed on the QTLs both in MG 00-000. The number outside parentheses is the number of changed alleles, and the number in parentheses is the number of QTLs. In the lower part: QTL: The 24 QTLs are major ones with their positive alleles excluded which involving the emergence of new MGs in Table 5; in parentheses is the number of excluded positive alleles on respective locus. +allele: allele with positive effect. Total changed +alleles is the changed positive alleles divided by the total changed alleles in the MG. Gene ontology group (category): including 9 groups of gene ontology function in four categories, including I: related to flowering; II: plant development regulation; III: metabolism; IV: unknown biological pathways

Table 7 Predicted optimal crosses toward short DTF improvement

| P1 | | | P2 | | | Progeny (days) | |
Accession	MG	DTF (d)	Accession	MG	DTF (d)	Mean	25th percentile
Hongfeng 8	0	49	Yuanbaojin	0	50	49.45 (47.05)	28.80 (37.21)
Hongfeng 8	0	49	Mengdou 5	00	42	45.66 (44.06)	28.84 (32.94)
Hongfeng 8	0	49	Dongnong 45	000	42	44.42 (44.61)	28.92 (33.84)
Hongfeng 8	0	49	Mengdou 26	00	46	47.81 (45.41)	28.99 (34.40)
Jiyu 93	II	53	Yuanbaojin	0	50	50.79 (50.30)	29.40 (38.70)
Hongfeng 8	0	49	Heihe 24	00	42	44.79 (44.66)	29.46 (33.34)
Hongfeng 8	0	49	Sunwudabaimei	000	45	46.63 (43.81)	30.50 (32.50)
Hongfeng 8	0	49	Mengdou 6	00	48	47.18 (46.20)	30.50 (34.64)
Hongfeng 8	0	49	Heihe 18	00	44	46.39 (45.00)	30.55 (33.39)
Hongfeng 8	0	49	Huajiang 2	000	42	45.50 (44.85)	30.62 (32.26)

The prediction was based on the QTL–allele matrix from the total dataset. The numbers outside parentheses are the predicted value based on linkage model, while those in parentheses are based on independent assortment model

MG maturity group

3.6 The genetic potential of the NECSP in breeding for further early maturity group(s)

Using the obtained QTL–allele matrix, we estimated the DTF/MG improvement potentials with the results shown in Table 7 and Fig. 2f. Among the 64,980 possible parental combinations, 10 best ones are chosen. The 25th percentile was used as the prediction value, and the predicted DTFs were 28.80–30.62 d for linkage model and 32.50–38.70 d for independent assortment model, about 13–21 d earlier than their parents. That means further early DTF breeding was possible from the present NECSP. In Table 7, the predicted best combinations were not necessarily those between the earliest parents, even appropriate between Jiyu 93 (MG II) and Yuanbaojin (MG 0), which depends on the QTL–allele complementary relationship between the two parents.

3.7 The differential DTF QTL‑allele matrices among ecoregions, co‑localization of the detected QTLs and annotation of candidate genes in the NECSP

The QTL–allele systems expressed at each ecoregion were detected individually for the NECSP. The four sets of detected QTLs along with the 81 total data QTLs are summarized in Supplementary Table 8. Altogether, 290 QTLs/loci were detected, among which only 15 QTLs/loci shared by two or more ecoregions, which means in addition to ecoregion-specific loci, a number of identified loci may deviate from the real loci due to certain reasons, such as environment shift and inadequacy of markers (Fig. 1b–f) (Korte and Farlow, 2013; Visscher et al., 2017). Therefore, the co-localization analysis was used between the total dataset QTLs and ecoregional dataset QTLs. There is no standard quantitative approach for co-localization of QTLs, yet a certain amount of physical distance was often used in some plants for co-localizing QTLs, such as 4.4 Mb in Arabidopsis thaliana and 1.5 Mb in rapeseed (Dittmar et al., 2014; Oakley et al., 2014; Wang et al., 2016). Here, we have to choose a reasonable threshold fitting the present situation to make balance between no and all markers co-localized. With reference to the literature, assuming a possible 200 loci room, each one will have 1.0 Gb/200, about 5 Mb moving window, so a criterion of 2.5 Mb flanking the QTL was used. A total of 183 segments/QTLs were identified from the 290 QTLs (Fig. 1f, Supplementary Table 8). Among these segments, the 81 QTLs from total dataset were located on 81 segments, while the QTLs from the individual ecoregional datasets were inserted in the segments. There appeared a large number of QTLs not shared even the random shift has been balanced through co-localization. The numbers of specifically expressed QTLs in ERA–ERD were 2, 36, 28 and 34, while the major shared ones were 9,

34, 35 and 25, respectively. The total specific ones (119) were much more than the shared ones (64), indicating obvious differentiation of the expressed QTLs among ecoregional environments. In the 81 total data QTLs, there are 62 QTLs shared, but 19 not shared with the ecoregional QTLs. These results indicate the overall genetic system is composed of at least 183 segments/QTLs, but only expressed a part of them under individual ecoregion environments, which further emphasizes the genetic complexity of DTF due to the historical accumulation.

From the co-localized 183 segments, 118 candidate genes (Supplementary Table 8) were annotated based on SoyBase (http://www.soyba se.org). The gene functional analysis grouped them into 4 categories with 9 groups of biological processes (Fig. 2g; Supplementary Table 8.), including (1) Category I, harboring 77 of the 118 candidate genes (65.25%), involving 4 candidate gene groups (flower development, response to light stimulus photoperiodism and seed development); (2) Category II, harboring 6 candidate genes (5.08%) related to two groups (regulation of transcription and phytohormone); (3) Category III, harboring 29 candidate genes (24.58%) associated with two groups (primary metabolism and other biological process); and (4) Category IV, containing 6 candidate genes (5.08%) associated with a group of unknown biological pathways. In addition, a total of 57 candidate genes located in the total dataset 81 QTLs with their GO categories: 39, 6, 10 and 2 for Categories I, II, III and IV respectively (Table 8, Supplementary Table 6 and Supplementary Table 8). Both GO analyses indicated Categories I and III have the most members in the four categories. These candidate gene function results imply that the DTF genetic system is a composite gene system comprised of different categories of genes or a gene network.

As for the 11 genes/loci and those related to DTF (*E1La*, *E1Lb*, *DT1*, *DT2*) reported in the literature, they were checked in the NEC DTF candidate gene system. *E1La*, *E1*, *E1Lb*, *Dt2* and *E3* were annotated in the co-localized 183 segments (Supplementary Table 8), *E1La*, *E1* and *DT2* were in the 81 total data QTLs (Supplementary Table 6), and only *DT2* was in the 24 major QTLs involved in new MG emergence (Table 6). That means the reported 11 DTF/DTM and its 4 related loci/genes not necessarily all important to the NECSP and not necessarily important to new MG emergence in the NECSP except DT2.

4 Discussion

4.1 The DTF QTL/gene system detected in the NECSP in comparison with the literature and the major ones for new MG emergence

In this study, 81 DTF loci were identified from the total dataset; along with those from the ecoregional datasets, a total of 290 DTF QTLs were detected, after co-localization, 64 shared and 119 ecoregion-specific in a total of 183 QTLs/segments identified. In comparison with the literature, 101 of the 183 segments/QTLs were new ones (Supplementary Table 6, Supplementary Table 8).

The genetic contribution of the QTLs changed continuously (Fig. 2c), as a quantitatively inherited trait, these different QTLs may associate with different biological path-ways and finally contribute to the variation in flowering data (Gai, 2013; Weinig et al., 2002). The annotation of candidate genes from the 183 segments/QTLs indicates 118 candidate genes involved which were grouped into 9 groups in 4 categories (Supplementary Table 6, Supplementary Table 8). This study and some other studies also confirmed that many genes involving different biological processes may confer flowering date (Li et al., 2017; Pan et al., 2018). This should be very important information for understanding the DTF genetic system as a QTL/gene network.

However, among the hundreds of reported DTF QTLs/genes, only several genes (*E* maturity genes and *J* gene) were considered previously as major genes conferring DTF among different MGs or geographic regions (Jia et al., 2014; Langewisch et al., 2017; Lu et al., 2017; Tsubokura et al., 2014; Zhai et al., 2015). While in the present results, among the previously reported 11 genes and the 4 related genes for DTF/DTM, only 5 were included in the NECSP DTF QTL system and only *DT2* (in *q-DTF-18-18*) was included in the most important 24 out of 81 total data QTLs for the emer-gence of new MGs (Table 6, Supplementary Table 6, Sup-plementary Table 8). Obviously, the already reported genes (*E* maturity genes and *J* gene) were not seriously involved in the emergence of new MGs. That means NECSP is a population quite different from the general ones (MG I –Ⅶ), and the DTF gene system detection in the NECSP is far from complete since the present results indicated a large number of new QTLs involved, and so is for the whole Chinese germplasm population.

In addition, the present results indicate that the new MG emergence was not mainly due to the loci number changes and allele mutations, but depended on a great number of alleles excluded during the breeding process, thereby forming new allele combinations. This conclusion supports the results of previous studies, i.e., the combination of different alleles has an important influence on population differentiation (Gai et al., 2015; Krishnamurthy et al.,2014). So further genetic study on new MG emergence should be on gene–allele constitutions and combinations.

Table 8 Gene ontology distribution based on biological process of the candidate genes

Gene ontology category	Total QTL	Major QTLs in formation of new maturity groups			
		MG 0-000	MG 0	MG 00	MG 000
Flower development (I)	15	4	1	4	4
Response to light stimulus (I)	9	0	0	0	0
Photoperiodism (I)	6	3	0	3	3
Seed development (I)	9	5	1	5	5
Regulation of transcription (II)	3	1	1	1	1
Phytohormone (II)	3	3	1	3	3
Primary metabolism (III)	5	2	0	1	2
Other biological process (III)	5	1	0	1	1
Unknown (IV)	2	0	0	0	0
Not confirmed candidate genes	24	5	2	5	5
Sum	81	24	6	23	24

In column of gene ontology description, I: flower development; II: plant development regulation; III: primary metabolism; IV: other biological pathways

4.2 The genetic mechanism of artificial evolution and potential of the NECSP for a further earlier MG

The genetic mechanism of new MG emergence has always been concerned. However, the previous studies mainly focused on finding a handful of DTF and DTM genes, but were not able to explain the genetic mechanism on the differentiation among MGs clearly using the constitution of several major genes (E and J genes) (Jia et al., 2014; Langewisch et al., 2017; Lu et al., 2017; Tsubokura et al., 2014; Zhai et al., 2015). In this study, the genetic mechanism of new MG emergence is characterized with direct comparisons among population genetic constitutions based on a relatively thorough detection of QTL–allele structure using a novel procedure of RTM‑GWAS. The materials were evaluated and grouped with MGs from which the DTF QTL–allele matrices for MGs were organized, and the conclusion is made for MGs. As many as 82.72% QTLs were changed their alleles from original MG I –Ⅲ to newly emerged MGs (MG 0, MG 00 and MG 000), which can explain the confusion of previous studies that a few of major genes/QTLs cannot clearly explore the genetic mechanism of new MG emergence. In NEC, the genetic dynamics of new MG emergence from original MGs were local exotic introduction or migration (58.48%), exclusion of alleles (40.64%) and new allele emergence or mutation (0.88%). The allele changed (58.48% + 0.88% = 59.36%) suggested a vital potential role of gene combinations in evolution of new MGs. This concept implies the potential in further enhancement of the earliness which is supported by the prediction of recombination potential based on the inherent linkage model and independent assortment model. In fact, Liu et al. (2017) have reported that 'Dengke 2,' 'Hujiao 07‑2479' and 'Hujiao 07‑2123' in Heihe of Heilongjiang Province flowering 3–5 d and matured 7–13 d earlier than 'Maple Presto' and 'OAC Vision' (MG 000 checks). Jia et al., (2014) reported that 'Hujiao 07‑2479' and 'Hujiao 07‑2123' obviously matured earlier than the checks and suggested classifying them into a new maturity group.

That means the breeding evidence had validated our prediction already.

In breeding for early MGs, the selection pressure was acted on shortening DTF. We supposed the plant response should be on excluding positive effect alleles. But out of our expectation, the plant response appeared both positive and negative alleles almost equally excluded, in addition to only 3 negative alleles newly emerged in MG 0, but no more new emergence in MG 00 and MG 000. In Table 5, some loci only negative alleles excluded, some loci only positive alleles excluded, and many loci both positive and negative alleles excluded, but with different ratios. In addition, the 24 major QTLs have more positive alleles excluded, especially the first 6 QTLs with 3 positive alleles per locus excluded (Table 6). It seems that some loci involve exclusion more often than the others. What is the genetic mechanism to explain the above phenomenon is to be studied further.

4.3 The ecoregion differentially expressed QTLs under multiple environments and the potential utilization of RTM-GWAS in artificial evolution Studies

Northeast China covers a wide geographic area, roughly from 38° N to 53° N, which causes great variation in photo-thermal conditions as well as soybean MGs. The RTM‐GWAS can analyze QTL × environment data, but unfortunately failed to analyze the present dataset on plot basis due to the limitation of computer capacity, so we ran the analysis for the total dataset and individual ecoregional datasets separately to see whether there are differences due to that the genotype × environment was significant in ANOVA. For a check, the same total dataset was analyzed in a reduced model on a single-year variety mean basis, which showed approximately 80 main effect loci and about 60 QTL × environment loci identified (Supplementary Table 9); therefore, using co-localization analysis between the total dataset and ecoregional dataset QTLs was reasonable. However, there is no standard quantitative approach for evaluating co-localization of QTL (Dittmar et al. 2014). A credible 1/4 interval length of the shortest chromosome in Arabidopsis thaliana (nearly 17.5/4=4.4 Mb) was imposed as the co-localization interval size and was already used in several studies (Dittmar et al., 2014; Oakley et al., 2014; The Arabidopsis Genome 2000). In rapeseed (*Brassica napus L.*), the causal SNPs within 1.5 Mb were treated as a single locus (Wang et al., 2016). Zhang et al., (2015) and Oki et al., (2019) treated the novel QTL as the reported QTL in soybean [Glycine max (L.) Merr.] when the physical distance between the novel and reported QTLs was within about 2–2.1 Mb. Totally 290 QTLs conferring DTF were detected from total dataset and four ecoregional datasets, among which only 15 QTLs shared by two or more ecoregions. According to the QTLs conferring DTF reported in the literature, SoyBase (http://www.soyba se.org) contained 104 QTLs, and Li et al., (2017) and Pan et al., (2018) reported 84 and 29 novel QTLs, respectively. Because the number of QTLs in other individual studies was far less than that in the above data and two studies, the number of QTL conferring DTF was assumed about 200. When the ± 2.5 Mb as a threshold to identify the same QTL, 64 shared and co-localized 119 ecoregion-specific in a total of 183 QTLs/segments (Table 8, Supplementary Table 8) were identified. Because the number of co-localized QTLs was similar to our estimate, it seems that the threshold is relatively appropriate to the present study.

Studies in other crops have shown that the QTLs of the same population under various environments were hugely different, such as in spring wheat [*Triticum aestivum* L.] (Turuspekov et al., 2017), foxtail millet [*Setaria italic*] (Jia et al. 2013) and *Arabidopsis thaliana* (Brachi et al., 2010; Weinig et al., 2002). In general, co-localization of QTLs was just an effort to explain the large differences among the QTLs from different materials and environment datasets. Even with a rough standard (± 2.5 Mb), there were still differences among results from different ecoregions. Anyway, the co-localization technique is to be further studied.

In this study, we found that the RTM‐GWAS is especially useful for population genetic study, which can compare population genetic structures or QTL–allele matrices directly among the evolved populations. Two advantages are most relevant: one is that it can identify relative thoroughly the QTLs with their PV contribution up to its heritability value and the other is that it can detect multiple alleles on each locus which is especially required for germplasm or natural populations since multiple alleles accumulated in the long history. In addition, Table 5 shows an efficient and effective form in comparing the QTL–allele matrices (4 QTL–allele matrices expressed in a same table), from which the basic statistics regarding the differences among the compared populations can be sum -marized. Furthermore, in the improvement in QTL–allele detection using RTM‐GWAS, SNPLDB worked very well for identifying QTLs along with their corresponding alleles.

Acknowledgements

This work was financially supported through the grants from the National Key R&D Program for Crop Breeding in China (2016YFD0100304, 2017YFD0101500, 2017YFD0102002), the Natural Science Foundation of China (31371651, 31671718, 31571695), the MOE 111 Project (B08025), the MOE Program for Changjiang Scholars and Innovative Research Team in University (PCSIRT_17R55), the MARA CARS-04 program, the Jiangsu Higher Education PAPD Program, the Fundamental Research Funds for the Central Universities (KYT201801) and the Jiangsu JCIC－MCP, The funders had no role in work design, data collection and analysis, and decision and preparation of the manuscript.

Author contribution

Statement JG conceived and designed the experiments. MF, YW, HR, DW, RB, XY, ZT, LF, YC, JS, BS and WD performed the field experiments. MF and JZ performed the genome sequencing. MF analyzed the data. MF and JG drafted the manuscript.Compliance with ethical standards Conflict of interest. The authors have declared that no competing or conflicts of interest exist.

参考文献（略）

本文原载于《Theoretical and Applied Genetics》2020 年。

Allelic Variations at Four Major Maturity *E* Genes and Transcriptional Abundance of the *E1* Gene Are Associated with Flowering Time and Maturity of Soybean Cultivars

Hong Zhai[1], Shixiang Lv[1,2], Yueqiang Wang[3], Xin Chen[4], Haixiang Ren[5], Jiayin Yang[6], Wen Cheng[7], Chunmei Zong[5], Heping Gu[4], Hongmei Qiu[3], Hongyan Wu[1], Xingzheng Zhang[1,2], Tingting Cui[1], Zhengjun Xia[1]

(1. *Key Laboratory of Soybean Molecular Design Breeding, Northeast Institute of Geography and Agroecology, Chinese Academy of Sciences, Harbin150086 , China;*

2. *University of Chinese Academy of Sciences, Beijing100049, China;*

3. *Soybean Research Institute, Jilin Academy of Agricultural Sciences, Changchun130111, China;*

4. *Jiangsu Academy of Agricultural Sciences, Nanjing210095, China;*

5. *Mudanjiang Branch of Heilongjiang Academy of Agricultural Sciences, Mudanjiang157041, China;*

6. *Huaiyin Institute of Agricultural Sciences of Xuhuai Region in Jiangsu, Huaian223000, China;*

7. *College of Life Sciences, Shandong Normal University, Jinan250000, China)*

Abstract: The time to flowering and maturity are ecologically and agronomic ally important traits for soybean landrace and cultivar adaptation. As a typical short-day crop, long day conditions in the high-latitude regions require soybean cultivars with photoperiod insensitivity that can mature before frost. Although the molecular basis of four major *E* loci (*E1* to *E4*) have been deciphered, it is not quite clear whether, or to what degree, genetic variation and the expression level of the four Egenes are associated with the time to flowering and maturity of soybean cultivars. In this study, we genotyped 180 cultivars at *E1* to *E4* genes, meanwhile, the time to flowering and maturity of those cultivars were investigated at six geographic locations in China from 2011 to 2012 and further confirmed in 2013. The percentages of recessive alleles at *E1*, *E2*, *E3* and *E4* loci were 38.34%, 84.45%, 36.33%, and 7.20%, respectively. Statistical analysis showed that allelic variations at each of four loci had a significant effect on flowering time as well as maturity. We classified the 180 cultivars into eight genotypic groups based on allelic variations of the four major *E* loci. The genetic group of *e1-nf* representing dysfunctional alleles at the *E1* locus flowered earliest in all the geographic locations. In contrast, cultivars in the E1E2E3E4 group originated from the southern areas flowered very late or did not flower before frost at high latitude locations. The transcriptional abundance of functional *E1* gene was significantly associated with flowering time. However, the ranges of time to flowering and maturity were quite large within some genotypic groups, implying the presence of some other unknown genetic factors that are involved in control of flowering time or maturity. Known genes (e.g. *E3* and *E4*) and other unknown factors may function, at least partially, through regulation of the expression of the *E1* gene.

1 Introduction

It is generally considered that soybean has been domesticated in China for several thousand years[1]. During the domestication and breeding processes, the time to flowering and maturity underwent natural and human selections since these traits affect geographic distribution, sowing time and final yield of soybean cultivars. Latitudinal distribution for a given cultivar is typically restricted to a limited north south zone for the maximal yield. Since soybean is a short-day crop, soybean cultivar acquired as certain photoperiodic insensitivity to adapt to higher latitude regions where there is a longer day length in the summer and shorter frost-free period a year. A maturity group (MG 000, MG 00, MG 0, MG Ⅰ, MG Ⅹ) system has been well developed to estimate the range of adaptability to latitudinal or geographic zones of soybean cultivars in the USA and Canada[2,3]. MG 000,MG 00, and MG 0 are the earliest maturity cultivars and are mainly distributed in production areas of the southern Canada [4],while MG

I and MG II are typically grown in the northern region of the USA, the rest of the groups are succeeding grown further south[5]. Although this system has been practically used forseveral decades in soybean breeding and soybean production,assignment of a cultivar into a maturity group is time-consuming, and is sometimes hard due to the ambiguous phenotypic data[5].

As early as 1920s, researchers began to study the genetic factorsregulating flowering time[6]. *E1* to *E8* loci, known as the *E* series, have been genetically identified (*E1* and *E2*[7], *E3*[8], *E4*[9], *E5*[10], *E6*[11], E7[4], and E8[12]). Additionally, the *J* locus forlong juvenile was also genetically detected[13]. The *E* series of locialso underlie the maturity or the duration of the reproductive phase (DRP) in soybean[14]. Relationship between maturitygroups and genotypes of the *E* loci was inferred by genetic study using Harosoy or Clark near isogeneic lines (NILs)[5]. Recently, the availability of soybean genomic information has accelerated positional cloning in soybean[15]. To date, the molecular bases for *E1* to *E4* loci have been uncovered[16–19], although other loci e.g. *E5* to *E8* loci still remain unknown. Geneticanalysis indicated the *E3* gene is partially dominant over *E4*[20], and both genes respond to the quality of light[20,21]. Recentprogress made out that the *E3* and *E4* genes encode twophytochromes, GmPhyA3 and GmPhyA2[16–17]. In *Arabidopsis*, the *GIGANTEA(GI)* gene plays an important role in the GI – CO – FT photoperiodic flowering pathway and also can directly regulatethe FT gene[22,23]. Positional cloning revealed that *GmGIa*, anortholog of *GI* gene is responsible for the *E2* locus in soybean[18].The *E2* locus is reported to have no strong association with photoperiodic response, and functional mechanism of the *E2* genein soybean is still needed to be elucidated further[18].

Generally, the *E1* locus has major impact on flowering andmaturity. The notice of its effect on flowering could trace back asearly as 1920s when photoperiodism was discovered[24].Although the *E1* was named in 1971[7], the cloning of this genewas rather difficult since this locus is located in the pericentromericregion[25]. Xia and co-researchers successfully disclosed themolecular identity for the *E1* locus through nearly 10 years of fine-mapping and functional confirmation[19]. The *E1* gene has abipartite nuclear localization signal and a domain distantly relatedto the AP2 domain. Functional analysis showed nonfunctional E1alleles displayed an early flowering time phenotype, regardless ofthe genetic background at other E loci or daylength condition[19]. The strongly suppressed expression in short day conditionalso infers that this gene is strongly related to photoperiodic response as a flowering repressor, which is consistent with theresults obtained in previous genetic studies[19]. In addition, the E1locus might have pleiotropic effects on other important agronomic traits[26], e.g. branching[27] and chilling tolerance[28].

Recently, Tsubokura et al. genotyped 63 accessions at the *E1*, *E2*, *E3* and *E4* genes using DNA markers, and also sequenced the promoter and coding regions of those genes to detect the genetic variation at single nucleotide level for 39 accessions[29]. The result showed that these allelic variations could explain about 62% to 66% of the phenotypic variation of flowering time among the 63 plant accessions used[29]. Xu et al (2013) studied 53 photoperiod insensitive soybean accessions including some cultivars from Heilongjiang, the most northern province in China, and classified them into 6 genotypic groups using genotype data of *E1* to E4[30]. However, the general information on genotypic variations atthe four known *E* loci among cultivars from different soybean growing areas or geographic regions with different range of photoperiod sensitivity in China is still lacking. Therefore, the aims of this study were to investigate the extent to which the genetic variation at *E1* through *E4*, as well as expression of the *E1* gene could explain the phenotypic variation of the time to flowering and maturity for cultivars collected from different soybean growing areas in China. The results obtained in this study will be useful for identification and cloning of new genes involved in flowering time or maturity, as well as for marker assisted selection in soybean breeding.

2 Materials and methods

2.1 Soybean cultivars and accessions

A total of 180 cultivars were mainly obtained from the Gene Resource Center of Jilin Academy of Agricultural

Sciences, China.The origin and other traits for these cultivars are listed in Table S1 in detail.

2.2 Genotyping

A standard CTAB DNA extraction protocol was followed [31]. The genotyping of all cultivars at the *E1*, *E2*, *E3* and *E4* genes was performed using known DNA markers (Table S2). Electrophoresis was conducted by either agarose gel or high-efficiency genomescanning (HEGS) with non-denaturing 11%–13% polyacrylamide separating gels and 5% stacking gels [32,33]. The gels were stained with GelStain (Transgen, Beijing, China), and visualized with GelDoc XR Molecular Imager System (Bio-Rad, USA).

(1) Genotyping of the *E1* Gene. Genomic DNA was amplified with primer pair of TI-Fw and TI-Rv [19]. The PCR was performed using the following program: 30 cycles at 94℃ for 20 s, 58℃ for 30 s, and 72℃ for 30 s. A 443/444 bp fragment(Fig. 1A) was amplified and subjected to Taq I or Hinf I digestion.The banding patterns were used to distinguish among *E1*, *e1-as*,and *e1-fs* [19]. The PCR product amplified from *e1-as* allele wascut into two fragments, 410 bp and 34 bp by *Taq* I (arrows in Fig. 1B,) while that amplified from *E1* or *e1-fs* allele remainedun cut. For discrimination between *E1* and *e1-fs* alleles, the fragment amplified from *e1-fs* allele could be cut into four fragments (234,117,47 and 34 bp), while only three fragments were present for the *E1* allele. Besides, the *e1-nl* allele lacking the 443 bp band was indicated by triangles in Fig. 1A to 1C.

(2) Genotyping of the *E2* Gene. The 142 bp fragment was amplified with primer pair SoyGI_dCAP_Dra_fw and SoyGI_dCAP_Dra_rv [18,29] and subjected to *Dra* I digestion. The fragment amplified from *E2* allele remained uncut, while that from *e2* allele could be cut into 115 bp and 27 bp fragments(Fig. 1D).

(3) Genotyping of the *E3* Gene. Genomic DNA was amplified with a primer set consisting of four primers, E3_08557FW, E3_09908RV, E3Ha_1000RV and E3T_0716RV [29]. A 1 406 bp fragment could be specifically amplified from *E3-Mi* allele, while a 269 bp fragment could be specifically amplified from *e3-tr* allele. A 557 bp fragment could beamplified from either *E3-Ha* or *e3-Mo* alleles (Triangle, Fig. 1E).For further discrimination between *E3-Ha* and *e3-Mo*, the PCR product was subsequently amplified with a primer pair ofE3_08094FW and E3_08417RV, and subjected to *Mse* I digestion(Fig. 1F). The fragment amplified from the *E3-Ha* alleleremained uncut; while that from *e3-Mo* allele could be cut into 223 bp and 101 bp fragments. For specifically identification of e3-fs allele, the fragment (758 bp) was amplified with primer pair of e3-fs*FW* and e3-fs*RV* and subjected to Ale I digestion. The fragment amplified from the *e3-fs* allele remained uncut, whilethat amplified from the *E3-Ha* was cut into 552 bp and 206 bp fragments (arrows in Fig. 1G).

(4) Genotyping of the *E4* Gene. Using a set of primers, PhyA2-For, PhyA2-Rev/E4 and PhyA2-Rev/E4 [29], an 837 bpfragment could be specifically amplified from the *e4-SORE1* allele,while a 1,229 bp fragment could be generated from other types of *E4* alleles (Fig. 1H). For discrimination between *e4-kam*, *e4-kes*and the *E4* alleles, the PCR product was amplified with primerpair of e4-*kam*FW and e4-kamRV, and was digested with *Afl* II or *BspH* I . The fragment from *e4-kam* allele could be cut into 286 and208 bp fragments by *Afl* II (Fig.1 I). Also the fragments amplified from *e4-kes* allele could be cut into 399 and 95 bp by *BspH* I (Fig. 1J). While the fragment from the *E4* allele remained uncutby either *Afl* II or *BspH* I .

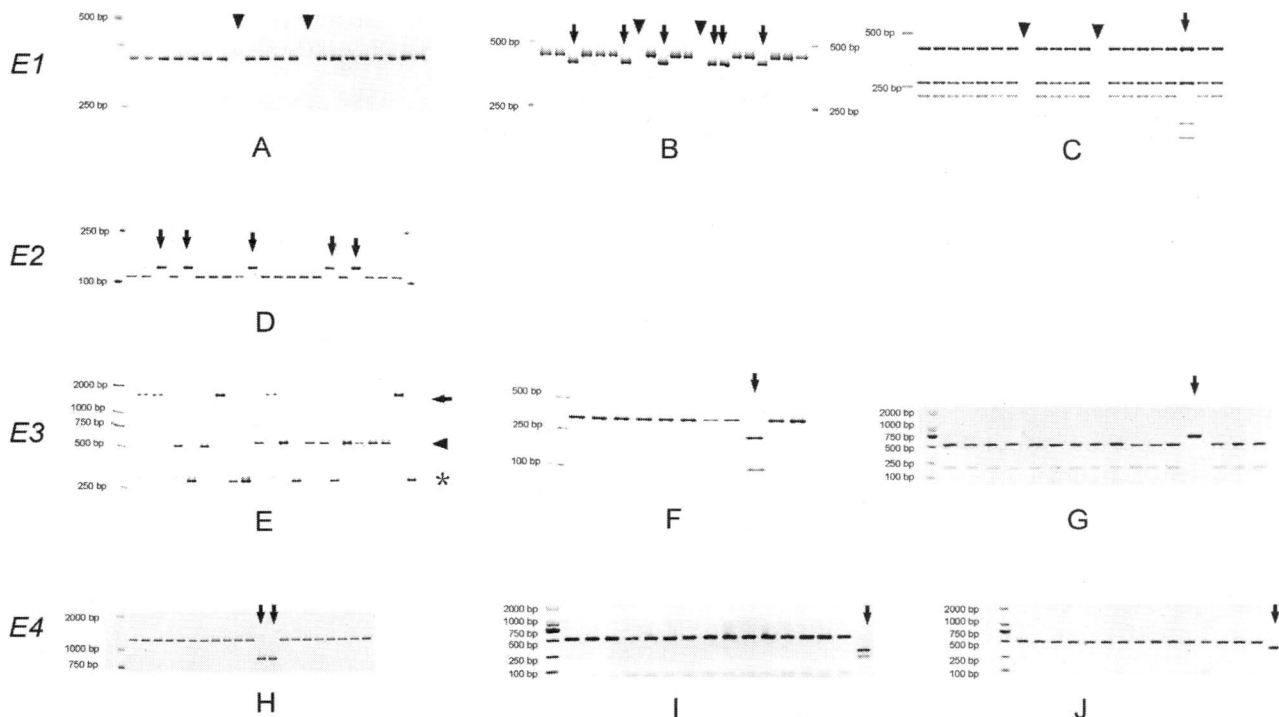

Figure 1. Genotyping methods for E1 to E4 loci. A–C: Genotyping of the E1 gene. Fragment was amplified by primer pair of TI-Fw and TI-Rv (A), subsequently subjected to TaqI digestion (B) and HinfI (C). The triangle represents the e1-nl type (lacking of fragment). The arrows in B and in C are representing e1-as and e1-fs genotypes, respectively. D: Genotyping of the E2 gene, fragment was amplified with primer pair of SoyGI_dCAP_Dra_fw and SoyGI_dCAP_Dra_rv, after digestion of DraI, the e2 was cut into two fragments, while E2 genotype remained uncut (arrows). E–G: Genotyping of the E3 gene. E: bands with three sizes were generated using the mixed primers. Band specific for E3-Mi and e3-tr were indicated by arrow and star, respectively. A 557 bp fragment (triangle) could be amplified either for E3-Ha or e3-Mo genotypes. F: PCR product yielded from primer pair E3_08094FW and E3_08417RV were digested with MseI. The E3-Ha genotype remained uncut, while e3-Mo allele (arrow) could be cut into 223 bp and 101 bp. G: specific determination of E3-fs type (arrow). CAPE primer pair E3-fsFW/E3-fsRV, restriction enzyme: AleI. H–J: Genotyping of the E4 gene. H: Using three mixed primers, a 837 fragment was specifically amplified from the E4 allele (arrow). I: CAPE primer pair e4-kam specific for e4-kam gene (arrow), enzyme AflII. J: CAPE primer pair e4-kes specific for e4-kes genotype (arrow), enzyme BspHI.
doi:10.1371/journal.pone.0097636.g001

2.3 Phenotypic observation

R1 to R8, the reproductive stages of soybean, were defined according to Fehr's system [34]. R1 refers the beginning of bloom when the opening of the first flower was found at any node on the main stem. R7 stands for the beginning of maturity when one normal pod on the main stem has reached its mature pod color(normally brown or tan); R8 refers full maturity when 95 percent of the pods have reached their mature pod color. For a given cultivar, each specific R stage is defined only when at least 50% of individual plants reached that stage. At least 15 plants for each cultivar per geographic location were grown for the phenotypic evaluation. For convenience, the data for R1, R7 or R8 of a givencultivar presented in a format of means 6 standard derivation(s.d.) in this study were recorded as the number of days after emergence to the stage of R1, R7 and R8, respectively.

Six geographic locations were chosen for evaluating photoperiodic responses. Three of them were located within Northern latitudes of 43°N to 46°N , the critical regions for photoperiod response since most cultivars can mature during the frost freeperiod and display contrasting differences in time to flowering.The other three different latitudinal locations were located successively in southern area (Fig. 2A). Six locations are: 1Harbin (HRB): Research field at the Campus of Northeast Institute of Geography and Agroecology, Harbin, Heilongjiang(45°70' N, 126°64' E); 2. Mudanjiang (MDJ): Mudanjiang Research Station, Heilongjiang Academy of Agricultural Science(44°42'N, 129°52'E); 3. Gongzhuling (GZL): Gongzhuling Research Station, Jilin Academy of Agricultural Science, Gongzhuling, Jilin (43°53' N, 124°84' E); 4. Jinan (JN): Campus of Shandong Normal University, Jinan, Shandong (36°66' N,117°17' E); 5. Huaian (HA): Huaiyin Research Station, Jiangsu Academy of Agricultural Science, Huaian, Jiangsu (33°57' N,119°04' E); 6. Nanjing (NJ): Luhe Research Station, Jiangsu Academy of Agricultural Science, Nanjing, Jiangsu (32°31' N,118°82' E) (Fig. 2A). We did not include locations further norththan

Harbin (45°70' N, 126°64' E), considering the most cultivars collected from the South might not reach flowering (R1) beforefrost. Also we did not include any location further south than Nanjing (32°31' N, 118°82' E), since flowering time or maturitytime in the short-day condition become shorter and similar for the majority of cultivars collected. Based on the first two years' (2011 and 2012) results (Table S3), around 50 representative cultivars mainly showing contrasting R1 or R7 or R8 within the same genetic group (see "Results" section) were selected for further phenotypic confirmation in 2013.

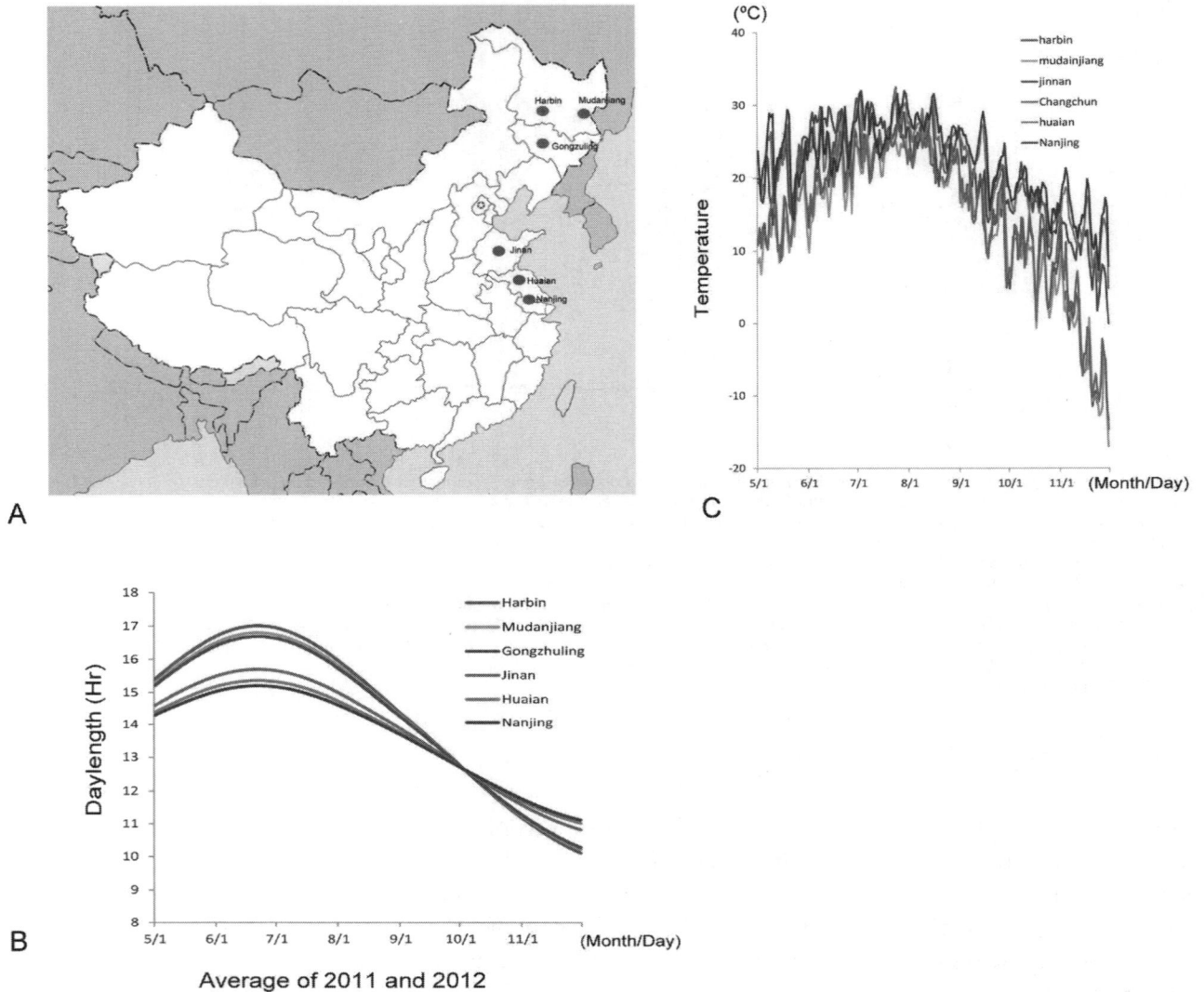

Figure 2. Geographic locations, daylength, and temperature of six experimental sites. A: The geographic locations of the six experimental sites. B: the average day length (hr) between 2011 and 2012. C: The changes in temperature recorded in 2011. Since there was no temperature data available in Gongzhuling (43°53' N, 124°84'E), we used the data from the neighboring city Changchun (43°88' N, 125°35' E) (60 Km apart) instead. doi:10.1371/journal.pone.0097636.g002

2.4 Quantitative real-time PCR

Quantitative real-time PCR (qRT‐PCR) analysis was performed for plant materials taken from the location of Harbin on May 20,2012 when the day length was 16.10 h. The cultivars were performed for qRT‐PCR at this location were star (*) marked in the accession column in Table S1. The upmost fully expanded leaves from the apical meristem were sampled from 2.5 to 3 h after dawn, 14 d after emergence. Total RNA was extracted using TRIzol (Life Technologies) method. The isolated RNA was then subjected to reverse transcription using the SuperScript III. Reverse Transcriptase kit. Quantitative real-time PCR was performed on each cDNA sample with the SYBR Green Master Mix (TransStart Top Green qPCR SuperMix) on Bio-Rad Chromo4 Detection System

494

according to the manufacturer's protocol. The measured Ct values were converted to relative copynumbers using the DDCt method. Amplification of *TUA5(Glyme05g29000.1)* was used as an internal control to normalizeall data. *E1* expression level of Kariyutaka was used as a reference. Primers used were *TUA5-F* 59 – TGCCACCATCAAGACTAA-GAGG and *TUA5-R* 59 – CTCTAATGGCGGCATCAAG;*E1-F* 59–CACTCAAATTAAGCCCTTTCA and *E1*-R 59 – TTCATCTCCTCTTCATTTTTGTTG; Three fully independent biological replicates were obtained and subjected to real-time PCR run in triplicate. Raw data were standardized as described previously[35].

2.5 Weather data collection and statistical analysis

The temperature data were downloaded from the National Meteorological Information Center (http://cdc.cma.gov.cn. Accessed 2014, March 30). The day length data were calculated at time.ac.cn/calendar/calendar.htm for the six sites where we performed the phenotypic observation. In order to statistically evaluate the effects of allelic variation for each *E* locus and theircombinations on flowering time and maturity, multivariate analysis was performed using IBM SPSS Statistics 17.0, www.01.ibm.com/software/analytics/spss, based on generalized linear models. The Type III Sum of Squares was used to test effects between subjects. All other statistical analysis, e.g. comparison between different genetic groups, was performed using GraphPad Prism Version 5.0 for Windows, GraphPad Software (San Diego California USA, www.graphpad.com).

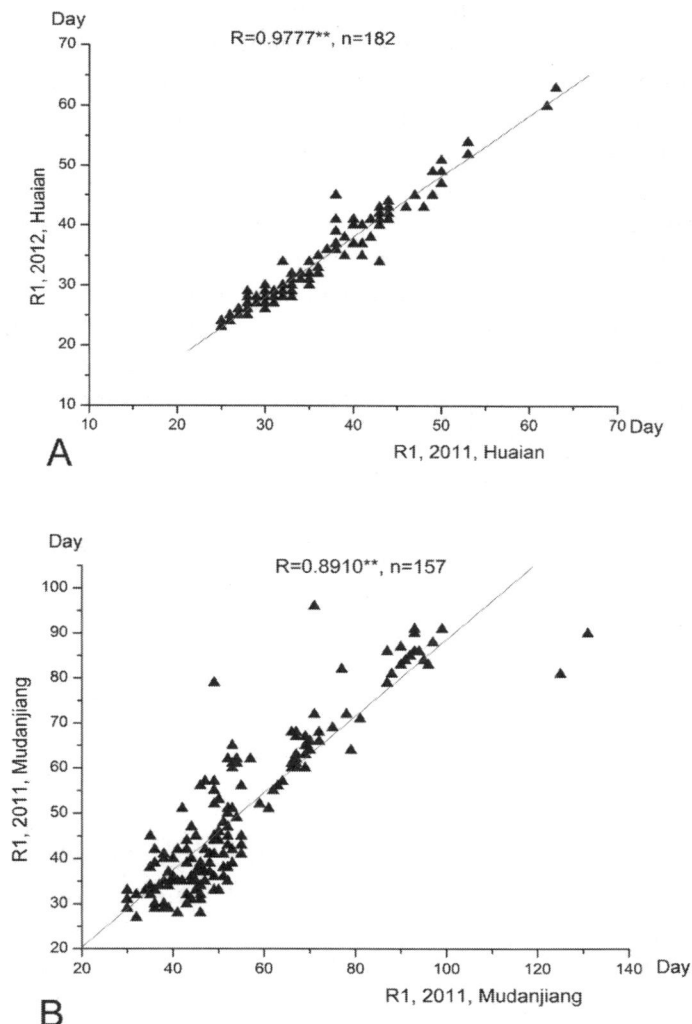

Figure 3. The correlation analyses of the time to flowering (R1) between 2011 and 2012. A: Huaian; B: Mudanjiang.
doi:10.1371/journal.pone.0097636.g003

3 Results

3.1. Correlation of time to flowering and maturity amongdifferent geographic locations

After careful selection, 180 cultivars were used in this study, most of which were elite germplasm lines or cultivars extensively used in China, previously or currently. Also, cultivars from the USA, Japan, and European were included for comparison. Several cultivars carrying a specific genotype, e.g. Sakamotowase for *e1-fs*, Kariyutaka for *E1e3e4* were also included as control for monitoring the performance in genotyping and phenotypicevaluation. The phenotypic evaluation for the time to flowering and to maturity, as well as the other agronomic traits was conducted in the six locations from 2011 to 2012 (Fig.2, TableS1).

Daylength during growth season at different sites was variable as shown in Fig. 2. Considering the frost-free period and temperature, we generally sowed seeds as the local farmers did from late April to the middle of May for the northern sites:Harbin, Mudanjiang and Gongzhuling, or in June for the three southern sites, Jinan, Huaian, and Nanjing. The number of days from sowing to emergence was depending on temperature and soil moisture. For individual plant, R1 was recorded as the number of days from emergence to first flowering open. At the population level of a cultivar, R1 was recorded when more than 50% percentage of individual plants reached the R1 stage. Some data for R1 or R8 were missing mainly because cultivars did not reach the R1 stage before frost or died from diseases during germination.The cultivars originally from southern regions, e.g. nearby the Yangtze River, flowered late in the three northern sites, Harbin,Gongzhuling and Mudanjiang.

Generally, R1 is a relatively stable ecological character for acultivar as indicated by higher correlation coefficients between different sites. At the southern sites of Huaian and Nanjing, the R1 of 2011 and 2012 were significantly correlated with correlation coefficient of 0.977** (hereinafter ** stands $P,0.01$) and 0.938**(Table 1, Fig.3). However, for the other sites, the correlation coefficients ranged from 0.790** to 0.923** (Table 1, Fig.3), the fluctuations in correlation coefficients were possibly due to the influence of fluctuated environmental factors e.g. soil moisture, temperature from sowing to emergence between different years or between different sites.

The number of days after emergence to the beginning of maturity (R7) and to fully maturity (R8) were measured in 2011 and 2012, statistical analysis showed a high correlation for R7 between 2011 and 2012 in Nanjing with a correlation coefficients of 0.941**. Generally, the correlation coefficient for R7 or R8 between different sites was lower than that for R1 (Table 2, Fig. 3). Correlation coefficients between R1 and R3 were higher than that between R1 and R7 or R8 for all the sites (Fig. 4).

Table 1. The correlation matrix for flowering time (R1) between all possible pairs at six locations in 2011 and 2012.

	Harbin, 2011	Harbin, 2012	Mudanjiang, 2011	Mudanjiang, 2012	Gongzhuling, 2011	Gongzhuling, 2012	Jinan, 2011	Jinan, 2012	Huaian, 2011	Huaian, 2012	Nanjing, 2011	Nanjing, 2012
Harbin, 2011	1.000											
Harbin, 2012	0.923	1.000										
Mudanjiang, 2011	0.774	0.812	1.000									
Mudanjiang, 2012	0.751	0.799	0.891	1.000								
Gongzhuling, 2011	0.873	0.914	0.785	0.819	1.000							
Gongzhuling, 2012	0.800	0.747	0.663	0.633	0.790	1.000						
Jinan, 2011	0.741	0.793	0.759	0.825	0.790	0.553	1.000					
Jinan, 2012	0.768	0.882	0.801	0.871	0.844	0.557	0.874	1.000				
Huaian, 2011	0.873	0.902	0.837	0.868	0.880	0.693	0.877	0.889	1.000			
Huaian, 2012	0.876	0.906	0.832	0.863	0.878	0.710	0.881	0.895	0.978	1.000		
Nanjing, 2011	0.651	0.664	0.741	0.795	0.690	0.511	0.743	0.706	0.800	0.798	1.000	
Nanjing, 2012	0.626	0.629	0.708	0.767	0.686	0.476	0.696	0.704	0.776	0.779	0.938	1.000

doi:10.1371/journal.pone.0097636.t001

3.2 Allelic variations at four major alleles and their effectson flowering time and maturity

We genotyped all the 180 cultivars (accessions) at the *E1*, *E2*, *E3*and *E4* genes in this study. Four allelic variations, *E1*, *e1-as*, *e1-fs*,*e1-nl*, were identified at the *E1* locus[19] (Fig. 1A to C).According to multivariate analysis (Generalized Linear Models,Type III Sum of Squares in IBM SPSS), statistical significance level (*P*) for the effect of the E1 allelic variation was within a range between 0.003 and 0.207 with an average of 0.079 on flowering time (R1, Table S4) and a range between 0 and 0.435 with an average of 0.092 on maturity (R7 or R8, Table S5) in all geographic locations in 2011 and 2012.

Only two allelic variations, *E2* and *e2* were observed in this study (Fig. 1D,[18]). The effect of *E2* allelic variations is reflected by significance levels (*P*) ranging from 0.005 to 0.657 with an average of 0.233 on flowering time (R1, Table S4), from 0.011 to 0.903 with an average of 0.449 on maturity (R7 or R8, TableS5).

Five allelic variations including three recessive alleles, *e3-fs*, *e3-tr*, *e3-Mo*, and two dominant alleles (*E3-Ha*, *E3-Mi*) were identified at the *E3* locus (Figure 1E to 1G) [17,29,36]. The statistical *P* values for the effects of *E3* allelic variations on flowering time were within a range from 0.02 to 0.422 with an average of 0.201 in 2011 and 2012 (Table S4). Also, effect of *E3* allelic variation on maturity (R7 or R8) was within a range from *P* = 0.02 to 0.964 with an average of 0.361 (Table S5).

For the *E4* allelic variations, *E4*, *e4-SORE1*, *e4-Kes*, and *e4-kam* were found among the 180 cultivars, the latter three alleles were recessive (Fig. 1H to 1J) [16,29,30]. The significance levels (*P* value) for the effect of *E4* allelic variation were ranged from 0.029 to 0.869 with an average of 0.342 on flowering time (Table S4), and ranged from 0.022 to 0.238 with an average of 0.097 on maturity (R7 or R8, Table S5).

The percentages of recessive allele for *E1*, E2, E3 and E4, were 38.34%, 84.45%, 36.33%, and 7.20%, respectively. Based on statistical analysis, interaction effects of *E1*E2*, *E1*E3* and *E2*E3* on flowering time (R1) were within statistical *P* values ranging from 0.056

to 0.892 (average 0.463), from 0.008 to 0.375 (average 0.109), and from 0.024 to 0.674 (average 0.336), respectively, among different geographic locations. The significant level (P) for the interaction effect for $E1*E2*E3$ was from 0.052 to 0.974 with an average of 0.591 (Table S4).

Similarly, interaction effects on maturity (R7 or R8) for $E1*E2$, $E1*E3$, $E2*E3$ were within ranges from 0.262 to 0.962 (average 0.628), from 0.003 to 0.873 (average 0.500), and from 0.013 to 0.659 (average 0.284), respectively, among different geographic locations.

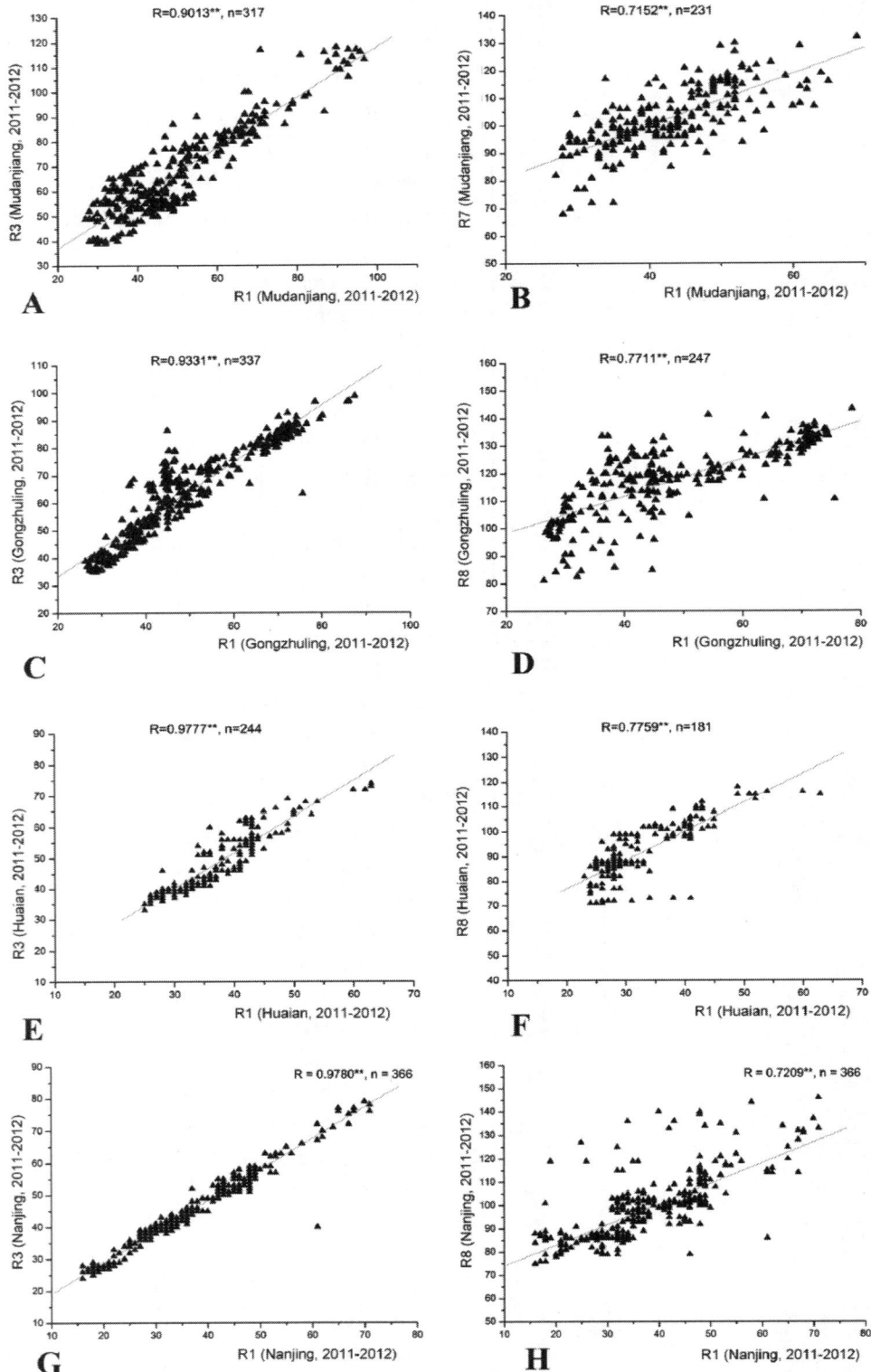

Figure 4. The correlation between R1 and R3, R7 or R8 at Nanjing, Huaian, Gongzhuling and Mudanjiang locations, average of the two years of 2011 and 2012. A: Correlation between R1 and R3 in Mudanjiang; B: Correlation between R1 and R7 in Mudanjiang. C: correlation between R1 and R3 in Gongzhuling; D: Correlation between R1 and R8 in Gongzhuling; E: Correlation between R1 and R3 in Huaian; F: Correlation between R1 and R8 in Huaian. G: Correlation between R1 and R3 in Nanjing; H: Correlation between R1 and R8 in Nanjing.
doi:10.1371/journal.pone.0097636.g004

Table 2. The correlation matrix for the maturity (R7 or R8) between all possible pairs at six locations in 2011 and 2012.

	R7_MDJ_11	R8_MDJ_11	R7_MDJ_12	R8_MDJ_12	R7_GZL_11	R8_GZL_11	R7_GZL_12	R8_GZL_12	R7_HA_11	R8_HA_11	R7_HA_12	R7_NJ_11	R7_NJ_12
R7_MDJ_11	1.000												
R8_MDJ_11	0.789	1.000											
R7_MDJ_12	0.554	0.545	1.000										
R8_MDJ_12	0.520	0.510	0.867	1.000									
R7_GZL_11	0.516	0.542	0.728	0.767	1.000								
R8_GZL_11	0.484	0.460	0.751	0.762	0.990	1.000							
R7_GZL_12	0.468	0.473	0.554	0.524	0.680	0.570	1.000						
R8_GZL_12	0.440	0.455	0.531	0.532	0.614	0.492	0.952	1.000					
R7_HA_11	0.525	0.605	0.639	0.666	0.629	0.700	0.635	0.596	1.000				
R8_HA_11	0.169	0.210	0.255	0.385	0.318	0.374	0.369	0.366	0.911	1.000			
R7_HA_12	0.133	0.109	0.358	0.332	0.313	0.232	0.506	0.500	0.766	0.740	1.000		
R7_NJ_11	0.169	0.215	0.291	0.269	0.277	0.318	0.196	0.189	0.623	0.670	0.668	1.000	
R7_NJ_12	0.163	0.157	0.271	0.287	0.249	0.271	0.252	0.258	0.683	0.691	0.723	0.941	1.000

Note: MDJ, Mudanjiang; GZL, Gongzhuling; HA, Huaian; NJ, Nanjing; 11, 2011; 12, 2012.
doi:10.1371/journal.pone.0097636.t002

3.3 Eight Genotypic Groups Were Classified

All the 180 cultivars were classified into eight genotypic groups based on the combinations of allelic variations at the four major E loci, $E1$, $E2$, $E3$, and $E4$ (Table 3).

(1) $e1$-nf Group. Cultivars in this group refer to as nonfunctional $E1$ gene, consisting of three subtypes: $e1$-fs (frame-shift), $e1$-nl (null type), and $e1$-as ($e2$, $e3$, $e4$) (Tables 1, S1). First, cultivars Satamotowase and 9E carry $e1$-fs allele. Second, cultivars, Dongda2, Toshidai 7910, Toyosuzu, and Yukihomare, are of $e1$-nl, lacking the $E1$ gene and its proximate sequence. Third, the genotype of $e1$-as,$e2$,$e3$,$e4$ is included in this group, considering that $e1$-as ispartially functional and its expression is totally suppressed under long day condition under ($e2$) $e3e4$ genetic background[19], e.g. Fiskeby V, a Sweden photoperiod insensitive cultivar (Table S1).The genotypes of several cultivars, e.g. Sakamotowase andToyosuzu, are consistent with the result of Tsubokura et al.[29]. Geographically, three Chinese cultivars were coming from Heilongjiang, the most northern province of China. In addition, one, two, two, five accessions were from Sweden, the USA, Canada, and Japan, respectively.

Average R1 of this genotypic group was 34.35610.01 d for all the six sites from 2011 to 2012. The longest R1 with an average of 49.54 d was observed in Harbin; and the shortest one was observed in Nanjing with an average of 20.31 d (Fig.5).This group matured very early in all sites when compared with the other groups, and the ranges of R7 or R8 in the three northern sites were not significantly different from that in Southern sites(Fig. 6). At the all sites, the averages of R7 and R8 were 85.83614.58 d and 94.95616.57 d, respectively.

(2) e1-asE4 Group. Cultivars or accessions of this group carry $e1$-as at the $E1$ locus with dominant $E4$ allele, while $e2$ and $e3$ are recessive (Tables 3, S1). Most cultivars in this group are being widely used in soybean cultivation in Heilongjiang, the major soybean production area in China, e.g. Heinong 44,

Kengfeng 17, Hefeng 50, and Hefeng 55 (Table S1). Also some landraces from the northern regions of China are within this group. Average R1 of this genotypic group was 37.65±10.04 d for all six sites in 2011 and 2012 (Fig. 6, Table S1). The longest R1 was observed in Harbin with an average of 52.31 d while the shortest R1 was observed in Nanjing with an average of 24.10 d..

(3) e1-asE3E4 group. Cultivars with genotypes of *e1-as*, recessive *e2*, and dominant *E3* and *E4* are classified into this group (Tables 3, S1). Cultivars in this group are mainly from Jilin and Liaoning provinces, both of which are located a few hundred kilometers south of Heilongjiang, in the northeast part of China. However, cultivars Hefeng 51 and Suinong 22 are widely used in Heilongjiang province (Table S1). Also cultivar Amsoy from the USA belongs to this group.

Average R1 of this genotypic group was (38.86±10.47) d for all the six sites in 2011 and 2012. The longest R1 was observed in Harbin with an average of 57.06 d while the shortest one was observed in Nanjing with an average of 27.88 d..

(4) e1-as E2 (E3) E4 Group. Cultivars of this genotype aregenerally composed of two ecological types, *e1-asE2E4* and *e1-asE2E3E4* (Tables 3, S1). Although nine cultivars are classified intothis genetic group, their origins are quite different; apart from three landraces and two foreign accessions, three cultivars, Gaofeng 1, Handou 5 and Sidou 11, were bred geographically in the Yellow River regions (Shandong, Hebei and the North-ernregion of Jiangsu province). The landraces, Moshidougong 503 and Xiaolimushidou are classified into the *e1-as-E2e3-MoE4* genotype (Table S1). The cultivar Moshidougong 503 has beenused for linkage map construc-tion and gene cloning of *E2* and *E3*[17,18,19,37]. Cultivars with *e1-asE2E3E4* genotype were mainly coming from Shandong, Hebei or Northern Jiangsu, in downstream of the Yellow river.

Average R1 of this genotypic group was (46.13±14.29) d (Fig.5) for the six sites and in 2011 and 2012. The longest R1 of 58.56 d was observed in Harbin, and the shortest R1 with anaverage of 31.11 d was observed in Nanjing.

Average R7 and R8 of this genotypic group was (102.25±15.06)d for all six sites in 2011 and 2012. Average R8 of this genotypic group was (110.8±17.29)d for all six sites in 2011 and2012 (Fig. 6).

(5) E1 Group. Cultivars of this genetic group are characterized by dominant *E1* and recessive alleles of *e2*, *e3* and *e4* (Tables 3, S1). Apart from an American cultivar, three cultivars, Kariyutaka,130 L and Iwahime, from Ja-pan are of this genotype. No cultivar from China was classified into this group in this study.

Average R1 of this genotypic group was (36.64±10.56) d at the all six sites in 2011 and 2012 (Fig.5). The longest R1 was observed in Harbin with an average of 55.25 d, and the shortestone, an average of 21.25 d, was observed in Nanjing.

Average R7 of this genotypic group were (92.33±15.46) d for all six sites and in 2011 and 2012 (Fig. 6). While average R8 of this genotypic group was (101.87±14.25) d for all six sites in 2011 and 2012.

(6) E1E4 Group. This genetic group had dominant *E1* and *E4* alleles but with recessive *e2* and *e3* alleles (Ta-bles 1, S1). Apart from some landraces and foreign cultivars, cultivars of this genotype are elite cultivars currently largely used in Heilongjiang, Jilin, and Liaoning Provinces.

Average R1 of this genotypic group was (43.76±16.96) ds for all six sites in 2011 and 2012 (Fig. 5). The longest R1 was observed in Harbin with an average of 65.81 d, while the shortest ones were observed in Nanjing with an average of 27.71d.

Average R7 of this genotypic group was 98.22±13.23 d for all six sites in 2011 and 2012 (Fig. 6). Average R8 of this genotypic group was 108.20±16.22 d for all six sites in 2011 and 2012 (Fig. 6).

(7) E1E3E4 Group. Except for the recessive *e2* allele, *E1*, *E3* and *E4* alleles were dominant for this genetic group (Tables 3, S1).Of all 180 cultivars, 67 cultivars or accessions are classified into this group (Table 1), the largest one of eight groups classified in this study. The geographic distribution of this group is much diversified, from the northern Heilongjiang Province, to southern Jiangsu Province (the region along the Yangtze River).

Average R1 of this genotypic group was 53.21±18.98 d at all the six sites in 2011 and 2012 (Fig. 5). The longest R1 was observed in Harbin with an average of 78.53 d, while the shortest one with an average of 31.54 d was observed in Huaian (Fig. 5). At the maturity stage, average R7 and R8 of this genotypic group were 104.22±16.06 and 114.23±16.06 d at all the six sites in 2011 and 2012, respectively.

(8) E1E2E3E4 Group. Cultivars of this genetic group have all dominant *E1* to *E4* alleles, most of which are geographically from the southern areas, Jiangsu, Shanghai and Anhui Provinces (Tables 3, S1).

Average R1 of this genotypic group was (61.71±22.74) d for all the six sites in 2011 and 2012 (Fig. 5). The longest R1 was observed in Harbin with an average of (90.83±40.16) d. The shortest one was observed in Nanjing with an average of 40.16 d (Fig. 5). Average R7 of this genotypic group was (109.62±15.17) d for all six sites in 2011 and 2012. Average R8 of this genotypic group was (115.77±14.16) d for all six sites in 2011 and 2012 (Fig. 6).

Some outliers (shown as dots in Fig. 5 and 6) and representative cultivars showing contrasting R1 or R7 or R8 within the same genetic groups were selected for further phenotypic confirmation in 2013. The result showed that phenotypic performance in 2013 was consistent with that in 2011 and 2012 with high correlation coefficients (Table S6).

Table 3. Genotypic groups were classified based on the allelic variations in *E1*, *E2*, *E3* and *E4* genes.

Genetic group	Genotype at *E1,E2L,E3, E4* genes	No of Cultivars	Geographic origin (frequency)
e1-nf	e1-as,e2,e3-fs,e4-kes	1	Heilongjiang(1)
	e1-as,e2,e3-tr,e4-SORE1	1	Heilongjiang(1)
	e1-fs,e2,e3-tr,E4	2	Japan(2)
	e1-n1,e2,E3-Ha,e4-SORE1	2	USA(2)
	e1-n1,e2,E3-Mi,E4	1	Japan(1)
	e1-n1,e2,E3-Mi,e4-SORE1	1	Japan(1)
	e1-n1,e2,e3-tr,E4	2	Heilongjiang(1), Canada(1)
	e1-n1,e2,e3-tr,e4-SORE1	3	Japan(1), Canada(1), Sweden(1)
e1-asE4	e1-as,e2,e3-fs,E4	5	Heilongjiang(1), Jilin(1), USA(3)
	e1-as,e2,e3-tr,E4	25	Heilongjiang(21), Jilin(3), Inner Mongolia(1)
E1-asE3E4	e1-as,e2,E3-Ha,E4	10	Jilin(3), Liaoning(1), Heilongjiang(1), China*(1), USA(4)
	e1-as,e2,E3-Mi,E4	7	Heilongjiang(4), Jilin(2), Liaoning(1)
e1-asE2(E3)E4	e1-as,E2,e3-fs,E4	1	Heilongjiang(1)
	e1-as,E2,e3-Mo,E4	2	Jilin(1), China* (1)
	e1-as,E2,E3-Ha,E4	5	Jilin(1), Shandong(1), Jiangsu(1), USA(2)
	e1-as,E2,E3-Mi,E4	1	Shandong(1)
E1	E1,e2,e3-tr,e4-SORE1	3	Japan(2), USA(1)
	E1,e2,e3-tr,e4-kam	1	Japan(1)
E1E4(E3)	E1,e2,e3-fs,E4	1	Jilin(1)
	E1,e2,e3-tr,E4	19	Heilongjiang(9), Liaoning(3), Jiangsu(1), Jilin(1), Japan(3), USA(2)
	E1,e2,E3-Ha,e4-kes	1	Jilin(1)
E1E3E4	E1,e2,E3-Ha,E4	20	Jilin(7), Jiangsu(3), Heilongjiang(2), Shandong(2), Xinjiang(1), Beijing(1), Henan(1), Anhui(1), USA(2)
	E1,e2,E3-Mi,E4	47	Jiangsu(20), Jilin (12), Liaoning(3), Heilongjiang(2), Beijing(2), China* (2), Gansu(1), Henan(1), Hubei(1), Xinjiang(1), Shandong(1), Japan(1),
E1E2E3E4	E1,E2,E3-Ha,E4	8	Jilin(2), Jiangsu(2), Heilongjiang(1), Liaoning(1), Shandong(1), USA(1)
	E1,E2,E3-Mi,E4	11	Jiangsu(6), Jilin(1), Heilongjiang(1), Beijing(1), Shanghai(1), Japan(1)
Total	25	180	

*No more detailed geographic information available.
doi:10.1371/journal.pone.0097636.t003

3.4 Comparison of phenotypic performance between different genetic groups

We performed statistical comparisons of the time to flowering (R1) and maturity (R7 or R8) among different genetic groups.

(1) e1-nf vs E1. The genetic group of e1-nf carries either nonfunctional type of *e1* or partial functional *e1-as*

coupled with recessive *e2*, *e3* and *e4* background. Flowering time (R1) or maturity (R7 or R8) of the e1-nf group were the earliest ones among all genetic groups. The E1 genetic group flowered a little later than the e1-nf group but not statistically different at all sites (Tables S7, S5). The E1 genetic group was only found in cultivars from Japan and the USA, including Kariyutaka, which was used for transformation of the *E1* gene for functional confirmation.Since recessive *e3e4* can suppress the expression of the *E1* or *e1-as* gene, E1 genotype carrying recessive *e2*, *e3* and *e4*, is phenotypically similar to the e1-nf. The subtle differences between the two groups might be detected if more cultivars of the *E1* type are used.

(2) e1-asE4 vs E1E4. The average difference of 14.31 d in flowering time (R1) between these two groups evaluated in Harbin 2012 reached a significant level of $P<0.001$ (Table S7). At the same site, the difference in R1 between the two groups in 2011 was also statistically significant (P<0.05). At another northern location Gongzhuling in 2011, the difference in R1 between the two groups was also significant at $P<0.01$ (Table S7). At Mudanjiang, another northern site, the difference in R1 was between 6.51 and 8.58 d($P<0.05$) in the two years (Table S7). For R7 or R8 at all the six sites, the maximum difference between the two groups was up to 7.55 d, not statistically different (Table S8).

Assuming no other genes are involved in, the difference between two groups merely reflects the functional difference between *E1* and *e1-as* under a genetic background of *e2* and e3. The differencein R1 between the two groups appeared significantly only in the northern sites with longer day in this study.

(3) e1-asE3E4 vs E1E3E4. R1 observed at the north four sites between the two groups in 2011 and 2012 were all significantly different, while the difference at Huaian and Nanjing sites was not significant (Table S7). The difference in R7 between the two groups at Huaian in 2011 was significant (P<0.05); whileboth differences in R7 and R8 in Gongzhuling in 2012 were over10 d, significantly different at P< 0.01 (Table S8).

Since the E3E4 background and long day condition canpromote the expression of *E1* or *e1-as*, theoretically the functionaldifference between *E1* and *e1-as* can be clearly discerned under such genetic and environmental conditions.

(4) e1-as E2 (E3) E4 vs E1E2E3E4. At all the sites the difference in R1 between two groups was from 8 to 28 d. In the most southern site Nanjing, the difference in R1 between the two groups in 2011 and 2012 was 8–9 d, although not significantly different (Table S7). For all other sites, the difference in R1 reached statistical significance (Table S7) in either 2011, or 2012, or both years.

At the most southern site, Nanjing, the difference in R7 between the two groups in 2011 and 2012 was 18–19 d, significantly at P<0.001 (Table S8). At another southern site, Huaian, the differences for R8 in 2011 and for R7 in 2012 between two groups were significant at $P<0.01$. The differences in R7 or R8 in the most northern sites, Mudanjiang and Gongzhuling did not occur at any statistical significant level possibly due to most cultivars in the *E1E2E3E4* genetic group not reaching the stages of R7 or R8before frost. The comparisons between two genotypes indicated that the phenotypic difference in R1 between e*1-as* and *E1* under *E2E3E4* background were significantly larger than the other backgrounds.

(5) E1 vs E1E4. The differences in R1 at all locations in 2011 and 2012 between the two groups did not reach statistical significance (Table S7). However, the significant difference (P<0.05) in R7 and R8 was not detected at any site in 2011 or 2012 between the two groups, except for R8 at Gongzhuling in 2012 at P<0.05 (Table S8). This result indicates that difference infunctional effect of the E1 gene under e2e3E4 background rather than under the *e2e3e4* background is quantitative, but not significant.

(6) E1E4 vs E1E3E4. The differences in R1 between the two groups at Harbin site both in 2011 and 2012 were between 14.22 and 16.53 d (P<0.001) (Table S7). Also the differences at Gongzhuling in both 2011 and 2012 were 12.54 and 13.35 d, respectively, reaching statistical significance at $P,0.001$ (TableS7). At the all other sites, the differences between two groups were between 5 and 13 d, not significantly different (Table S7).

At maturity stage, the differences in R7 or R8 between two groups in Gongzhuling in 2011 and 2012 were significant at various level of P<0.05, P<0.01 or P<0.001. The differences in R7 in Huaian and Jinan in 2011 also reached significant level atP<0.05 and P<0.001, respectively (Table S8).

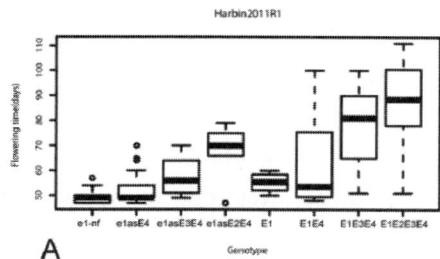

Harbin 2011 R1

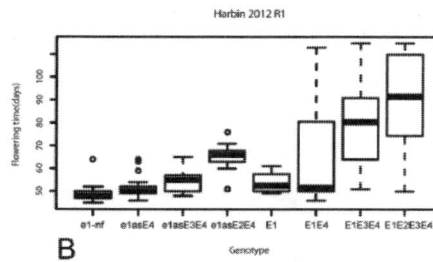

Harbin 2012 R1

A

B

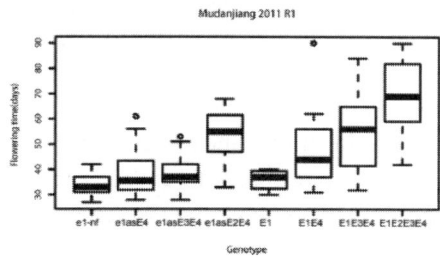

Mudanjiang 2011 R1

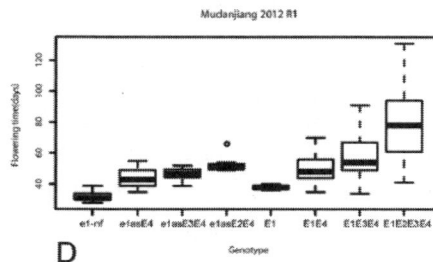

Mudanjiang 2012 R1

C

D

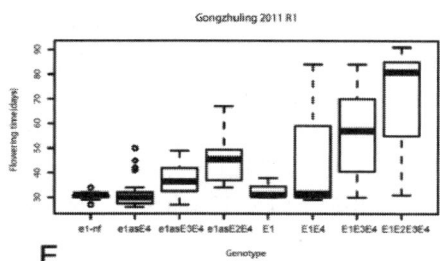

Gongzhuling 2011 R1

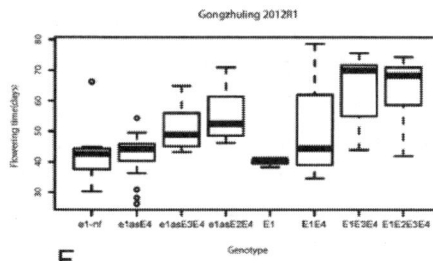

Gongzhuling 2012R1

E

F

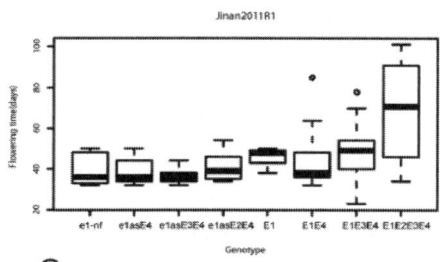

Jinan2011R1

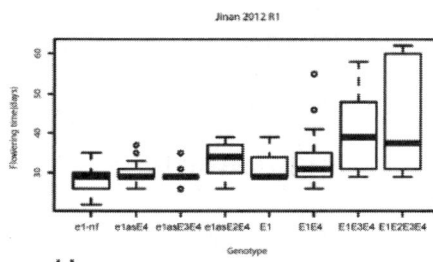

Jinan 2012 R1

G

H

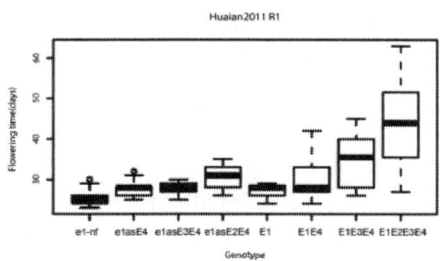

Huaian2011 R1

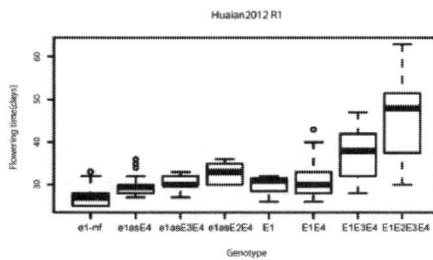

Huaian2012 R1

I

J

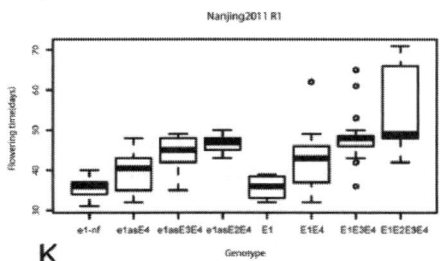

Nanjing2011 R1

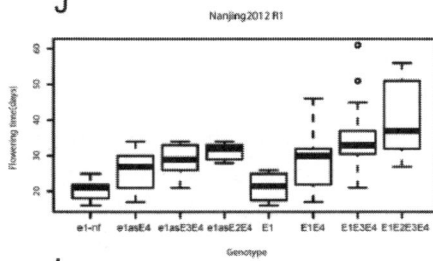

Nanjing2012 R1

K

L

Figure 5. The phenotypic variations in R1 among different genotypic groups. The phenotypic segregation is shown in box-plot format. The interquartile region, median, and range are indicated by the box, the bold horizontal line, and the vertical line, respectively. The 12 panels (A to L) represented 6 experimental locations in 2011 and 2012, respectively. A: Harbin in 2011; B: Harbin in 2012; C: Mudanjiang in 2011; D: Mudanjiang in 2012; E: Gongzhuling in 2011; F: Gongzhuling in 2012; G: Jinan in 2011; H: Jinan in 2012; I: Huaian in 2011; J: Huaian in 2012; K: Nanjing in 2011; L: Nanjing in 2012.
doi:10.1371/journal.pone.0097636.g005

These results indicate that the function of the *E1* gene under *E3E4* background was more prominent than that under *e3E4* background; however, the difference between two backgrounds was reduced in the southern areas with shorter daylength at vegetative growing stage.

(7) E1E4 vs E1E2E3E4. Except for Jinan in 2012, the differences in R1 between two groups at all the locations in the two years were from 10 to 29 d, reaching statistical significant level at $P<0.01$, mostly at $P<0.001$ (Table S7).

At the later maturity stages, the differences in R7 or R8 between the two groups at the three northern locations were not significantly different. In contrast, at the three southern locations, the differences in R7 or R8 between two groups were larger, mostly at $P<0.001$ (Table S8). For example, the differences in R7 between two groups at Nanjing were from 17.82 to 18.54 d ($P<0.001$, Table S8). In Mudanjiang and Gongzhuling, most cultivars in the *E1E2E3E4* genetic group could not mature before frost.

(8) E1E3E4 vs E1E2E3E4. Large differences of 15–21 d in R1 between the two groups were observed in Mudanjiang in 2011 and 2012 ($P<0.001$) (Table S7). In the most southern location Nanjing, no significant difference (6–7 d) in R1 between two groups was detected. In other sites, e.g. Harbin, Gongzhuling, Jinan, and Huaian, the differences in R1 between the two groups in 2011 and 2012 reached significant levels at $P<0.05$, $P<0.01$ or $P<0.001$ (Table S7).

At the later maturity stage, the difference in R7 and R8 at Huaian site in 2012 reached significance ($P<0.01$ or $P<0.001$) (Table S8). Similarly, in Nanjing, the differences in R7 in 2011 and 2012 reached significance level at $P<0.001$ level (Table S8).

The difference between two groups reflects the functions of the *E2* gene, which might not strongly be associated with photoperiod response [18].

3.5 Transcript abundance of a functional e1 allele wassignificantly related to flowering time and maturity

Due to the prominent effect of the *E1* gene on flowering time, we analyzed the correlation between expression levels of functional *E1* gene and the flowering time. In the northern location of Harbin, we sampled the leaves of cultivars carrying the *E1* allele or *e1-as* allele within 2.5 to 3.0 h after dawn at seedling stage (14d after emergence) on May 20 (the day length was 16.10 h). The exact zeitgeber time (after dawn) for sampling was considered the first peak of a bimodal diurnal pattern for *E1* expression appears around 2–4 h after dawn (Abe et al, unpublished data). We analyzed the correlation between R1 and the expression levels of the *E1* (*e1-as*) gene, and a significant correlation was detected for the *E1* gene ($r=0.8600$**, $P,<0.01$) and for the e1-asgene ($R=0.7293$**, $P< 0.01$) (Fig. 7). This result is consistent with that our previous work where the transcriptional level of the*E1* gene in transgenic soybean was significantly related to the flowering phenotype[19]. Also we can conclude that *e1-as* is also afunctional allele at the *E1* locus, though its function in repressing flowering is not as strong as the *E1* gene.

4 Discussion

Each soybean cultivar generally has a specific geographic or latitudinal distribution for its high yield. In soybean production, the northern cultivars with high photoperiod insensitivity flower very early when grown in the southern area, which limits biomass accumulation before flowering, and results a lower yield. On the other hand, the southern cultivars grown in the northern area might not be able to mature before frost. In Northern America, cultivars are classified into thirteen maturity groups based on the flowering time and maturity data. In China, researchers have also developed a system for classification of cultivars based on flowering time and maturity[38].

Some researchers have tried to synchronize different maturity group systems used in the USA and in China [39]. Understanding of the molecular basis or mechanisms involved in controlling maturing is very important for marker assisted selection (MAS) and for breeding by molecular design in the future.

4.1 The magnitude of effects of four e genes and their combinations on flowering time and maturity

In this study, cultivars of the e1-nf group either having nonfunctional allele or putatively suppressed expression level of the *e1-as* gene displayed a very early flowering time phenotype, which confirmed that the *E1* is the most important locus for this trait. Similar to that of the *E1* gene, transcript abundance of *e1-as* gene was significantly correlated with flowering time, indicating *e1-as* is also a functional allele. Previous studies demonstrated that functional pathways of *E3* and *E4* are different but overlapping, at least partially through regulation of E1 expression[19,40]. Also, the effects of *E3* and *E4* revealed in this study are consistent with the results obtained in the previous genetic studies using Harosoyor Clark isogenic lines[20,26]. The percentages of recessive alleles for the *E1*, *E2*, *E3* and *E4* loci were 38.34%, 84.45%, 36.33%, and7.20%, respectively. This result indicates that dominant *E4* and recessive *e2* are the most common genetic makeups among Chinese cultivars, whereas the *E1* and *E3* loci have been undergone a high selection pressure in breeding in China.

4.2 Genes other than the four major $E1$ genes exist

Among the known loci controlling flowering and maturity, *E5* to *E8*, and locus *J* have not been cloned. Recently, in some specific genotype backgrounds, some *Arabidopsis* flowering homologs were identified to be responsible for flowering time by QTL using mapping although further functional confirmation is needed (Watanabe et al, unpublished data). Since we have not sequenced the coding region or promoter region of *E1* to *E4* loci, there might be some structural or indel or SNP variations not yet detected[29]. As indicated in this study as well as the previous genetic study, some new genes are involved in control of flowering time, atleast partially through regulation of the expression level of the *E1*(*e1-as*) gene.

4.3 Similar phenotypic performance for flowering time can be achieved with different allelic combination atthe $E1$ to $E4$ loci

As revealed in this and previous studies [29,30], there are alarge number of allelic variations among the coding regions and promoter regions. Additionally, there are other known (e.g. *E5* to *E8*, J) or unknown genetic factors that are involved in the control of flowering time and maturity. More than one genetic groups identified in this study displayed similar or overlapping range of phenotypic performance among the cultivars. Theoretically, the improvement of a given trait can be achieved by various genetic combinations in breeding. On the other hand, if two cultivars displaying similar phenotype can have different genotypes, transgressive inheritance may occur in a cross between two such cultivars.

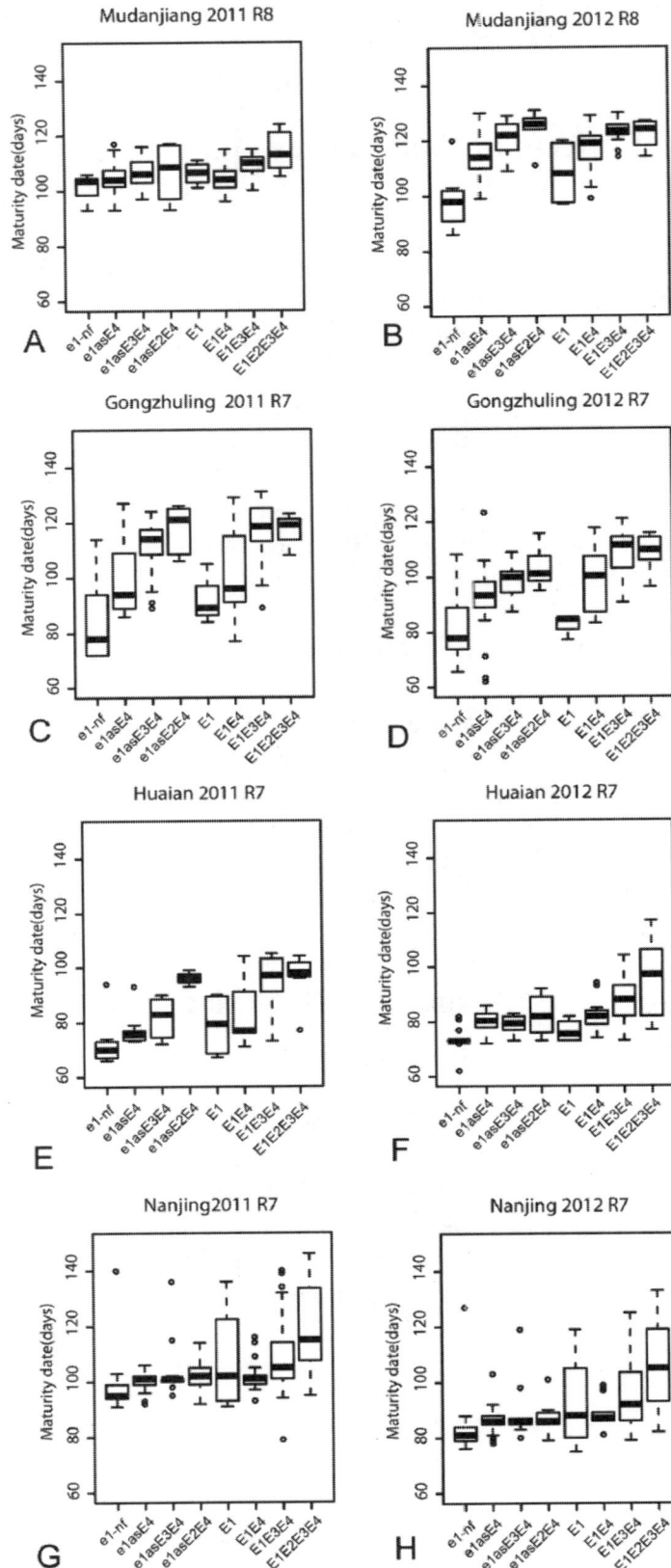

Figure 6. The phenotypic variations in R7 or R8 among different genotypic groups. The phenotypic segregation is shown in box-plot format. The interquartile region, median, and range are indicated by the box, the bold horizontal line, and the vertical line, respectively. A: R8 at Mudanjiang in 2011; B: R8 at Mudanjiang in 2012; C: R7 at Gongzhuling in 2011; D: R7 at Gongzhuling in 2012; E: R7 at Huaian in 2011; F: R7 at Huaian in 2012; G: R7 at Nanjing in 2011; H: R7 at Nanjing in 2012.

doi:10.1371/journal.pone.0097636.g006

4.4 Future prospective and conclusion

Flowering time and maturity affect yield directly. Appropriate flowering time or maturity period are fundamentally required for soybean cultivars grown in different geographic regions. In Brazil, the introduce of the *J* locus, controlling the long juvenile trait, allowed the expansion of the soybean production area near north. Secondly, the *E* genes have effects on branching and growth habit. In 1930s, the breeding pioneer Jinling Wang already developed the most precocious cultivars, extending the frontier of soybean production zone further to the north by several hundred Kilometers in China[41]. Now we gradually understand that *e1-nf* genetic groups are approximately corresponding to cultivars of MG 000, MG 00, or MG 0 groups, since two cultivars from Canada and the cultivars from the most northern soybean production area, Heilongjiang, China belong to this e1-nf group.

According to a previous study, the *E1* gene also plays an important role in seed yield, plant height lodging and seed composition[26], since it can control TFL1 expression[30]. On the other hand, the function of *E1* might also be related to branching trait, as indicated by a QTL mapping study[27]. In Canada, Cober and Morrison tried to use the *E1e3e4dt1* genotypic combination to elevate the position of the first pod[26].

One of the important goals for breeding is to improve yield of soybean cultivars. Considering that the flowering time and maturity are the simple but important traits affecting geographic adaption and yield[26], a full understanding of their precise regulation mechanism will enable us to breed cultivars with the appropriate flowering or maturity characters by design, possibly serve as a model for other more complicated traits e.g. yield and quality in soybean.

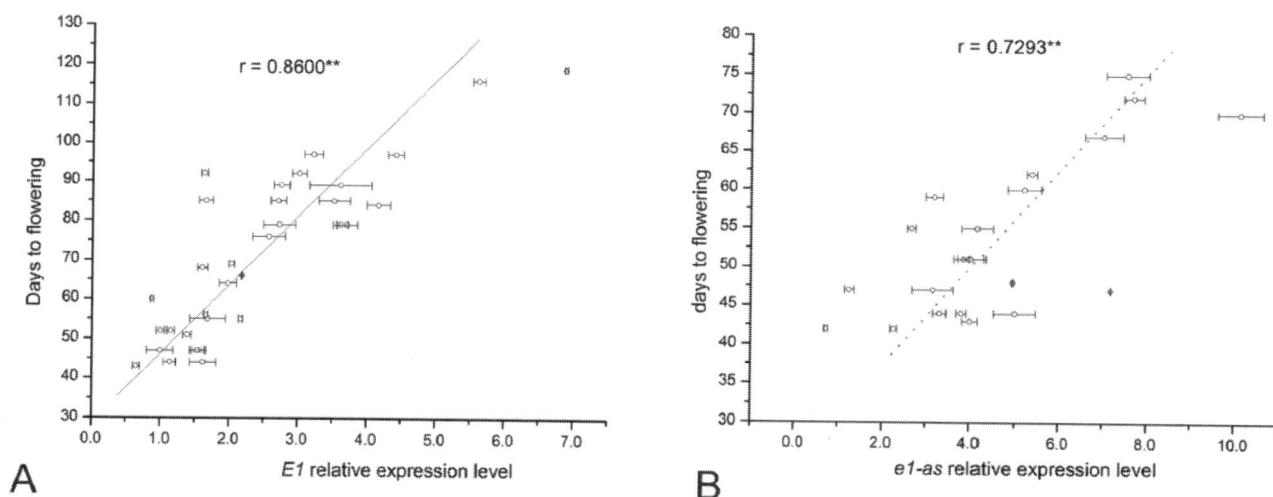

Figure 7. Correlation coefficients between the transcript abundance of the *E1* (A) or *e1-as* (B) genes and flowering time of cultivars grown at Harbin, in 2012.
doi:10.1371/journal.pone.0097636.g007

Supporting Information

Table S1 Generally information and phenotypic data of 180 accessions used in this study. (XLSX)

Table S2 Primers used for genotyping in this study. (XLSX)

Table S3 Flowering time (R1) and maturity (R7 or R8) data in different geographic locations in 2011 and 2012. (XLSX)

Table S4 Multivariate analysis of allelic variations at *E1*, *E2*, *E3*, and *E4* and their combinations on flowering time (R1) using IBM SPSS Statistics 17.0 (www-01.ibm.-com/software/analytics/spss) based on Generalized Linear Models (GML) and Type III Sum of Squares.(XLSX)

Table S5 Multivariate analysis of allelic variations at *E1*, *E2*, *E3*, and E4 and their combination on maturity(R7 or R8) using IBM SPSS Statistics 17.0 (www-01.ibm.com/software/analytics/spss) based on Generalized

Linear Models and Type III Sum of Squares.(XLSX)

Table S6 The correlation analysis of flowering time (R1) and R7 or R8 for about 50 cultivars (accessions) between 2013 and 2011/2012 at four experimental locations. (XLSX)

Table S7 Two-way ANOVA analysis with Bonferroni posttests' test for flowering time (R1) of different genetic groups among different locations in 2011 and 2012 using GraphPad Prism version 5.00.(XLSX)

Table S8 Two-way ANOVA analysis with Bonferroni posttests' test for maturity (R7 or R8) data of differentgenetic groups among different locations in 2011 and 2012 using GraphPad Prism version 5.00.(XLSX)

Acknowledgments

We would like to thank Y Tsukubora, S Watanabe, K Harada from National Institute of Agrobiological Sciences, Japan for proving the DNA marker information, Shuming Wang from Jilin Academy of Agricultural Science, for providing most accessions used in this study, W Fu from GeoData Service Center of Northeast, Northeast Institute of Geography and Agroecology, for collecting the weather data, Professor Cober ER from Agric. & Agri-Food Canada, Eastern Cereal and Oilseed Research Centre for language editing.

Author contributions

Conceived and designed the experiments: ZX HZ SL. Performed the experiments: HZ SL JY WC CZ HG HQ XZ TC. Analyzed the data: ZXHZ SL. Contributed reagents/materials/analysis tools: YW XC HR. Wrote the paper: ZX SL HZ.

参考文献（略）

本文原载于《PLOS ONE》2014 年 05 期。

Genotyping of Soybean Cultivars With Medium-Density Array Reveals the Population Structure and QTNs Underlying Maturity and Seed Traits

Yaying Wang[1,2], Yuqiu Li[1,2,3], Hongyan Wu[1], Bo Hu[1,2], Jiajia Zheng[1,2], Hong Zhai[1], Shixiang Lv[1,4,] Xinlei Liu[4], Xin Chen[5], Hongmei Qiu[3], Jiayin Yang[6], Chunmei Zong[7], Dezhi Han[8], Zixiang Wen[9], Dechun Wang[9], Zhengjun Xia[1]

(1. *Key Laboratory of Soybean Molecular Design Breeding, Northeast Institute of Geography and Agroecology, Chinese Academy of Sciences, Harbin150000, China;*

2. *University of Chinese Academy of Sciences, Beijing100000, China;*

3. *Soybean Research Institute, Jilin Academy of Agricultural Sciences, Changchun130033, China;*

4. *Heilongjiang Academy of Agricultural Sciences, Harbin150000, China;*

5. *Jiangsu Academy of Agricultural Sciences, Nanjing210095, China;*

6. *Huaiyin Institute of Agricultural Sciences in Xuhuai Region of Jiangsu Province, Huaian223000, China;*

7. *Mudanjiang Branch of Heilongjiang Academy of Agricultural Sciences, Mudanjiang157041, China;*

8. *Heihe Branch of Heilongjiang Academy of Agricultural Sciences, Heihe1643000, China;*

9. *Department of Plant, Soil and Microbial Sciences, Michigan State University, East Lansing, MI, United States)*

Abstract:Soybean was domesticated about 5,000 to 6,000 years ago in China. Although genotyping technologies such as genotyping by sequencing (GBS) and high-density array are available, it is convenient and economical to genotype cultivars or populations using medium-density SNP array in genetic study as well as in molecular breeding. In this study, 235 cultivars, collected from China, Japan, USA, Canada and some other countries, were genotyped using SoySNP8k iSelect Bead Chip with 7,189 single nucleotide polymorphisms (SNPs). In total, 4,471 polymorphic SNP markers were used to analyze population structure and perform genome-wide association study (GWAS). The most likely K value was 7, indicating this population can be divided into7 subpopulations, which is well in accordance with the geographic origins of cultivars or accession studied. The LD decay rate was estimated at 184 kb, where r^2 dropped to half of its maximum value (0.205). GWAS using Farm CPU detected a stable quantitative trait nucleotide (QTN) for hilum color and seed color, which is consistent with the known loci or genes. Although no universal QTNs for flowering time and maturity were identified across all environments, a total of 30 consistent QTNs were detected for flowering time (R1) or maturity (R7 and R8) on 16 chromosomes, most of them were corresponding to known E1 to $E4$ genes or QTL region reported in SoyBase (soybase.org). Of 16 consistent QTNs for protein and oil contents, 11 QTNs were detected having antagonistic effects on protein and oil content, while 4 QTNs soy for oil content, and one QTN soy for protein content. The information gained in this study demonstrated that the usefulness of the medium-density SNP array in genotyping for genetic study and molecular breeding.

Keywords: Soybean; GWAS; Flowering time; Protein content; Oil content; Population structure; Farm CPU

1 Introduction

Soybean [*Glycine max* (L.) Merr.] is one of important crops worldwide, providing a sustainable source of high-quality protein feed and vegetable oil. Soybean was domesticated in China more than 5,000–6,000 years ago. Soybean can grow across a wide range of latitudes from 50°N to 35°S (Norman, 1978). Soybean yield related traits such as flowering, maturity and protein/oil contents are quantitatively inherited traits controlled by internal and external factors (Xia et al., 2013).

Each soybean cultivar adapts to a limited latitudinal region for its maximal yield since soybean is a short day plants with photoperiod sensitivity (Xia et al., 2012b). Flowering time and maturity are important agronomic traits related to soybean adaptability and productivity. More than 200 loci or genes have been mapped to control flowering time in soybean (SoyBase, www.soybase.org). Previous studies identified eleven major-effect loci affecting flowering and maturity in soybean, which have been designated as *E1* to *E10*, and the *J* locus for "long juvenileperiod" (Bernard, 1971; Buzzell, 1971; Buzzell and Voldeng,1980; McBlain and Bernard, 1987; Ray et al., 1995; Bonato andVello, 1999; Cober and Voldeng, 2001; Cober et al., 2010; Konget al., 2014; Samanfar et al., 2017). Of these genes, *E1*, *E2*, *E3*, *E4*, *E6*, *E9*, *E10*, and *J* have been cloned and functionallycharacterized (Liu et al., 2008; Watanabe et al., 2009, 2011; Xiaet al., 2012a; Zhai et al., 2014a; Zhao et al., 2016; Lu et al.,2017; Samanfar et al., 2017). *E1* encodes a nuclear-localized B3 domain-containing protein, suppresses both *GmFT2a* and *GmFT5a* expression, two *FT* orthologs promoting early flowering in soybean (Xia et al., 2012a). *E1* expression is suppressed inshort day, which is regarded as the main factor for soybean beinga short day plant (Xia et al., 2012a; Zhai et al., 2015; Zhanget al., 2016). *E2* encodes a homolog of *GIGANTEA*, controls soybean flowering through regulation of *GmFT2a* expression but not *GmFT5a* (Watanabe et al., 2011). *E3* and *E4* are *PhytochromeA* (*PHYA*) genes of *GmPHYA3* and *GmPHYA2* (Liu et al., 2008; Watanabe et al., 2009). Various allelic combinations of *E1*, *E3* or *E4* lead to various photoperiod insensitivity, enabling soybeanto adapt to high-latitude environments (Zhai et al., 2014b). *J* loci is identified as the ortholog of Arabidopsis thaliana *EARLYFLOWERING 3* (*ELF3*), which control flowering time through regulation of *E1* expression (Lu et al., 2017). Higher *E1* expressionin short day enables soybean to grow in the area of lower latitude near equator. *E9* and *E10* are *GmFT2a* and *GmFT4*, *FT* homolog of Arabidopsis (Zhai et al., 2014a; Zhao et al., 2016). Apart from negative report on existence of *E5* loci (Dissanayakaet al., 2016), molecular identities of *E7* and *E8* are still unknown. Many quantitative trait loci (QTL) or quantitative trait nucleotide(QTN) related to soybean flowering time (first flowering, R1)and maturity have also been documented at SoyBase (http://soybase.org). Many genes or QTL might regulate flowering time through regulation of the expression of the *E1* gene (Zhai et al.,2015).

Soybean seed compositions traits such as protein and oil contents are important quality traits in breeding programs. Patil et al. (2017) reviewed molecular mapping and genomic of soybean seed protein, and concluded genetic improvement of soybean protein meal is a complex process because of negative correlation with oil, yield, and the temperature (Patil et al., 2017). Major QTL were repeated detected on chromosome 20(LG I) and 15 (LG E) (Patil et al., 2017). Leamy et al. (2017) studied seed composition traits in wild soybean (*Glycine soja*) and found 29 SNPs located on ten different chromosomes that are significantly associated with the seven seed compositiontraits, of which eight SNPs co-localized with QTLs previously uncovered in linkage or association mapping studies conducted with cultivated soybean samples (Leamy et al., 2017). Zhou et al.(2015) mapped major QTN for protein on chromosome 13, 3, 17,12, 11, and 15 using a 302 accessions (Zhou et al., 2015). Morethan 100 quantitative trait loci (QTLs) for soybean oil content have been documented at SoyBase (https://www.soybase.org).Cao et al. (2017) found 8 QTLs explained a range of phenotypic variance from 6.3% to 26.3% using RIL population, and *qOil-5-1*, *qOil-10-1*, and *qOil-14-1* were detected in different environments(Cao et al., 2017). And *qOil-5-1* was also detected using natural population and further localized to a linkage disequilibrium block region of approximately 440 kb (Zhang et al., 2017). *WRINKLED1*(*WRI1*), *LEAFY COTYLEDON1* (*LEC1*), and *LEC2* are involved in the regulatory pathways modulating seed oil content in Arabidopsis. However, their homologs have been modified in the palaeopolyploid soybean, each exhibiting similarintensities of purifying selection to their respective duplicatessince these pairs were formed by a 13 mya (million years ago) whole-genome duplication (WGD) event (Zhang et al., 2017).

Recently, researchers have been   applied GWAS in soybean (Bandillo et al., 2015; Wen et al., 2015; Zhang et al., 2015, 2016;Zhou et al., 2015; Contreras-Soto et al., 2017; Fang et al., 2017). Zhang et al. (2015) revealed that genetic loci underlying some agronomically important traits, such as days to flowering, days to maturity, duration of flowering-to-maturity, and plant height in early maturity soybean. The ability of GWAS to capture one trait often depends on the frequency of the accessions with contrast phenotypic value in the population being investigated. Recently, as the great advance in sequencing technology, genotyping by sequencing (GBS) has been a choice over other genotyping method, SNP array and traditional SSR markers.

In comparison of traditional linage analysis, genome-wide association study (GWAS) takes advantage of morehistoric recombination events that have occurred within natural populations. GWAS has been widely applied to crop plants suchas maize (Tian et al., 2011), rice (Huang et al., 2010; Ma et al.,2016). However, in rice, recently studies demonstrates the power of GWAS in combination of biparental association mapping and fine-mapping in dissect agronomic important trait (Huang et al.,2010; Ma et al., 2016).

In this study, we genotyped 235 cultivars using Illumina SoySNP8k iSelect BeadChip; and 4471 core SNP markers were selected. A relatively complex population structure ($K = 7$) was revealed. GWAS were performed to identify the QTN associated with flowering time and the protein/oil contents using FarmCPU.More than 30 QTN were identified under multiple environments for flowering time and maturity; while 16 consistent QTNs were detected for protein and oil contents.

2 Materials and methods

2.1 Cultivars and growth condition

A set of 235 cultivars collected from China, Japan, USA, and Canada were mainly obtained from the Gene Resource Center of Jilin Academy of Agricultural Sciences, China. The origin and other traits for these cultivars are listed in Table S1.

2.2 Phenotypic observation

Soybean accessions were evaluated for photoperiodic responsesat six geographic locations: (1) Harbin (hereafter termed as HRB): Research field at the Campus of Northeast Institute of Geography and Agroecology, Harbin, Heilongjiang (45° 70′ N,126° 64′ E); (2) Mudanjiang (hereafter termed as MDJ):Mudanjiang Research Station, Heilongjiang Academy of Agricultural Science (44° 42′ N, 129° 52′ E); (3) Gongzhuling (hereafter termed as GZL): Gongzhuling Research Station, Jilin Academy of Agricultural Science, Gongzhuling, Jilin (43° 53 ′N,124 ° 84′ E); (4) Jinan (JN): Campus of Shandong Normal University, Jinan, Shandong (36° 66′ N,117° 17′ E); (5) Huaian (hereafter termed as HA): Huaiyin Research Station, Jiangsu Academy of Agricultural Science, Huaian, Jiangsu (33° 57′ N,119° 04′ E); (6) Nanjing (hereafter termed as NJ): Luhe Research Station, Jiangsu Academy of Agricultural Science, Nanjing,Jiangsu (32° 31′ N, 118° 82′ E). At least 15 plants for each cultivaror accession per geographic location were grown in a single row with 20 cm apart for phenotypic evaluation. Days from plantingto flowering (R1) and maturity (R7 and R8) were recorded according to Fehr's description (Fehr et al., 1971). R1 refers the beginning of bloom (the opening of the first flower at any node on the main stem). R7 represents the beginning of maturity (one normal pod on the main stem has reached its mature pod color, normally brown or tan); R8 stands for full maturity (95 percent of the pods having reached their mature pod color). For a given cultivar, each specific R stage is defined only when at least 50% of individual plants reached that stage.

Seed were harvested upon maturity. In HRB, GZL, MDJ locations, cultivars that did not reach mature stage (R8) were precluded for maturity and protein/oil content.

Seed coat or hilum color were classified into four groupsand coded as follows: (1) yellow or yellowish; (2) green or light brown; (3) brown; (4) black. Seed-weight (100-seedweight) was determined by weighing 3 different set of randomly selected 100 seeds for each cultivar or accession. Seed protein and oil contents of cultivars were measured using MATRIX-I FT-NIR spectrometer (Bruker). The protein or oil contents weremeasured three times using different bulk seeds of a given cultivar.

The heritability estimates were calculated using variance components obtained by lme4 of R package (Fehr, 1987).

2.3 Genotyping With SNP Markers

DNA was extracted from fresh leaves using the hexadecyltrimethylammonium bromide (CTAB) method with slight modification (Murray and Thompson, 1980; Xiaet al., 2007). Due to availability of financial budget, cultivars were divided into two batches (95 cultivars and 140 cultivars) to proceed genotyping. Genotyping using Illumina SoySNP8k iSelect BeadChip (Akond et al., 2013; Yang et al., 2017), which contained a total of 7,189 SNPs and was specifically manufactured by Infinium HD Ultra. SNP genotyping was performed with the Illumina Iscan platform (Illumina, Inc., San Diego, CA). A series of procedures, such as incubation, DNA amplification, preparation of bead assay, hybridization of samples for the bead assay, extension, staining of samples, and imaging of the bead assay, were conducted following previously reported methods (Song et al., 2013). The SNP alleles were called with the Genome Studio Genotyping module (Illumina, Inc.) (Song et al., 2013), and SNP data is available at ftp://159.226.208.134/public/SNP_data.zip (Data Sheet 1).

2.4 Population structure analysis and gwas

Population structure analysis was performed using STRUCTURE (Pritchard et al., 2000) and to choose the appropriate numberof inferred clusters to model the data, 5 independent runs were performed for each K cluster [$2 < K < 13$, the length of the burn-in is 10,000, the length of MCMC (Markov chain Monte Carlo) is 10,000]. After several attempts, we found that our parameter set was sufficient, longer length of burn-in and MCMC did not change the result significantly. Furthermore, population structure was assessed for K values ranging from 2 to 13 on the entire panel using high quality SNPs. Thecalculation method of STRUCTURE is based on the Bayesian model. For the simulation result of each K value, STRUCTURE will correspondingly produce the log maximum likelihood value, "LnP(D)." As LnP(D) increases, the K value is closer to the realcase. The simulation result with largest LnP(D) and smallest Kvalue is the optimal result (Evanno et al., 2005). The neighborjoining tree was analyzed using the TASSEL (Version 5.2.38) (Bradbury et al., 2007).

By analyzing r^2value of all pairs of SNPs located within 1 Mb of physical distance, the LD decay trend was found following the regression of negative natural logarithm. Heterozygosis, linkage disequilibrium decade, and kinship plot were generated using GAPIT (Lipka et al., 2012) with default parameters. For kinshipplot, a heat map of the values in the values in the kinship matrixis created. Kinship matrix was using the VanRaden kinship algorithm (Tang et al., 2016).

GWAS was conducted the fixed and random model.circulating probability unification (FarmCPU; Liu X. L. et al.,2016) with Bonferroni-corrected threshold with 0.01. This recently developed model selection algorithm takes into accountthe confounding problem between covariates and test marker by using both fixed effect model (FEM) and a random effect model(REM) (Arora et al., 2017). The first three principal components calculated using GAPIT were used as covariates. The quantile–quantile (Q–Q) plot was used for assessing how fit the model was to account for population structure.

3 Result and discussion

3.1 Polymorphic SNPs among the tested accessions

Of total 5,039 polymorphic SNP makers, 4,961 were mapped into 20 chromosome (Chr) and 31 scaffolds. Apart from unmapped 78 markers, 4,930 SNP markers were successfully mapped onto 20 chromosomes of the soybean genome (Gmax_275_Wm82.a2. v1;http://phytozome.jgi.doe.gov/pz/portal.html#!info?alias=O rg_Gmax) using the stand-alone BLAST applications (BLAST+) (ftp://ftp.ncbi.nlm.nih.gov/blast/executables/ blast+/LATESTATEST) (Data Sheet 1, ftp://159.226.208.134/public/SNP_data.zip). Inorder to delimit the in fluence of batch specific or biased SNPmarkers on GWAS and population structure analysis, we deleted4 59 batch specific or biased SNPs. The unbiased SNP was defined as the frequency of two homogenous nucleotide identities (e.g., AA, GG, or AG) at a given locus in a batch was 0.85 or higher. An unbiase d marker having the same two nucleotide identities in two batches were kept for further analysis. Accor ding to this threshold of 0.85, 4,471 polymorphic SNP markers were enclosed for population structure an d GWAS analysis (Data Sheet 1, ftp://159.226.208.134/public/SNP_data.zip).

Rare SNPs other than two majority nucleotide identities were treated as unknown. Heterozygosis was calculated for both individuals and makers (Fig. S1A). By analyzing r^2 value of all pairs of SNPs locat

512

ed within 1 Mb of physical distance, the LD decay trend was found following the regression of negative natural logarithm (Fig.1D). The LD decay rate was estimated at 184 kb, where r^2 drop to half of its ma ximum value (0.205). Also this trend was confirmed using GAPIT (Fig. S1B). This LD rate calculated is well consistent with previous studies (Zhanget al., 2015; Song et al., 2016).

3.2 Population structures

Two hundred thirtyfive cultivars were originally obtained from different geographic origins, e.g., different latitudinal regions of China, Japan, USA. Apart from 5 landraces, the majority of set of germplasms are modern cultivars (Table S1). According to the population structure, the most likely value of K was 7and such a portioning of the population was consistent with the significant delta K value (Figures 1 A, B). Moreover, this result is also well in accordance with the neighbor- joining tree (Fig. 1A). All cultivars are classified into 7 subgroups, which are generally in accordance with their geographic origins, Japan, Northern America, central China, Huang-huai region China, Northern area China, landraces (wild soybean) (Fig. 1). This classification was also supported by the VanRaden kinship algorithm (Fig. 2).

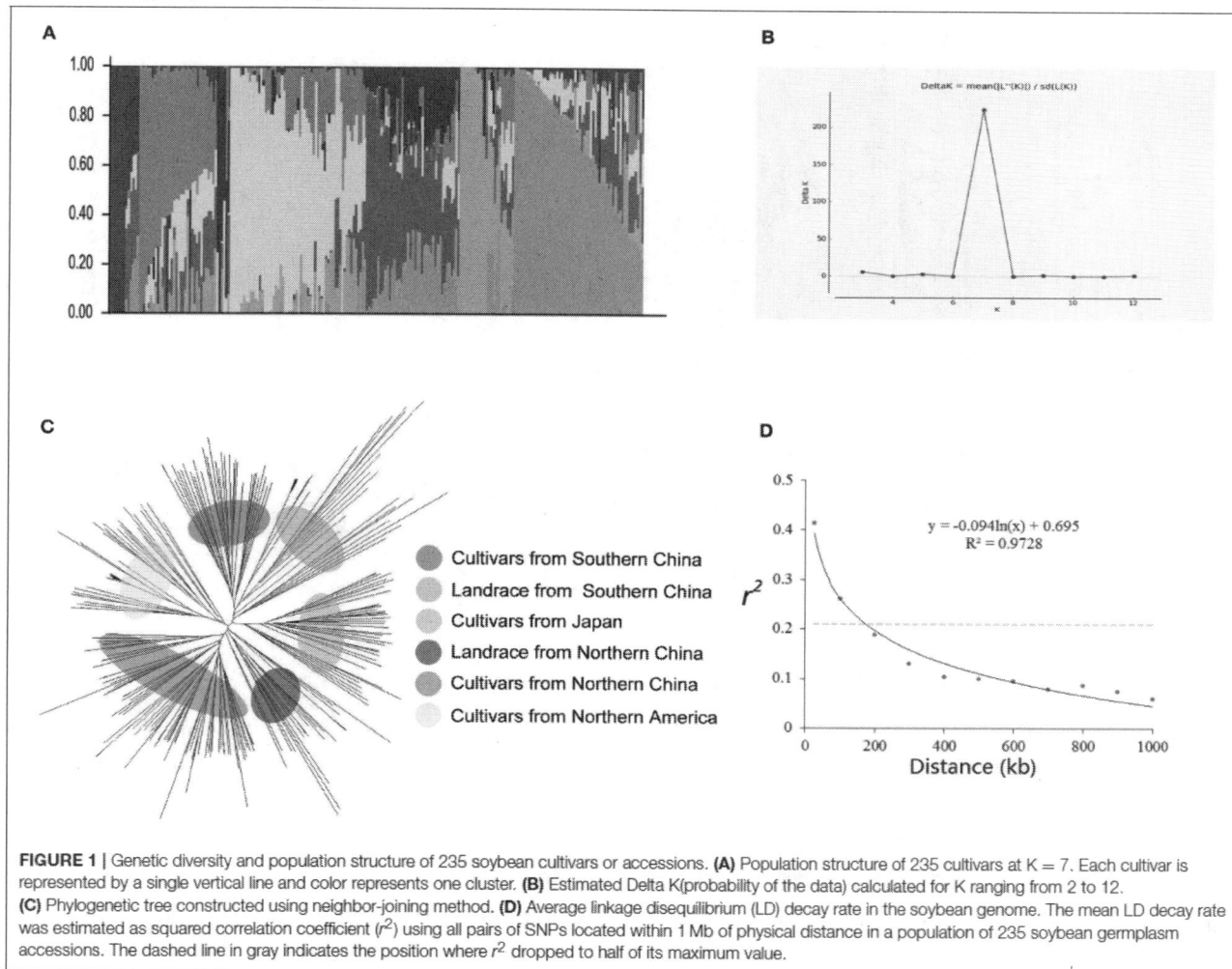

FIGURE 1 | Genetic diversity and population structure of 235 soybean cultivars or accessions. **(A)** Population structure of 235 cultivars at K = 7. Each cultivar is represented by a single vertical line and color represents one cluster. **(B)** Estimated Delta K(probability of the data) calculated for K ranging from 2 to 12. **(C)** Phylogenetic tree constructed using neighbor-joining method. **(D)** Average linkage disequilibrium (LD) decay rate in the soybean genome. The mean LD decay rate was estimated as squared correlation coefficient (r^2) using all pairs of SNPs located within 1 Mb of physical distance in a population of 235 soybean germplasm accessions. The dashed line in gray indicates the position where r^2 dropped to half of its maximum value.

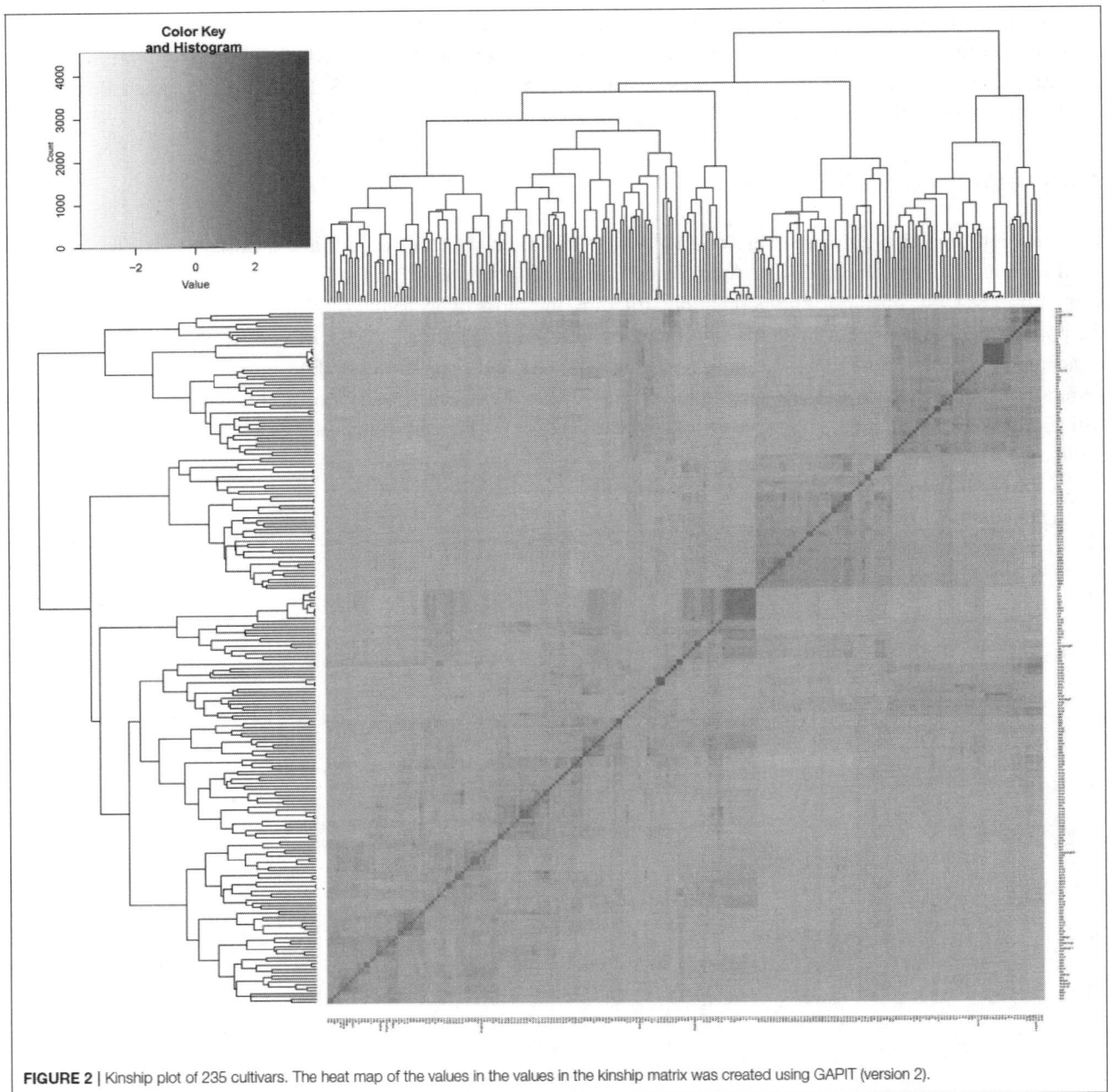

FIGURE 2 | Kinship plot of 235 cultivars. The heat map of the values in the values in the kinship matrix was created using GAPIT (version 2).

In this study, a relatively complex population structure ($K = 7$) was revealed in comparison of previous reports in which population structures $(K = 2, 4, 9)$ were disclosed (Sonah et al.,2015; Liu Z. X. et al., 2016; Fang et al., 2017). After eliminating batch specific or biased markers, the set of 4 471 markers might represents the core markers for this set of germplasm (Data Sheet 1, ftp://159.226.208.134/public/SNP_data.zip).

3.3 GWAS on hilum color and seed coat color

Genetic control of seed hilum color has been well documented(Githiri et al., 2007; Oyoo et al., 2011; Cho et al., 2017).We used this trait as a control to monitor the accuracy of our GWAS analysis (Sonah et al., 2015). In this study, only one significant QTN peaked at Gm08_8571052_A_G-0_T_F_2177931718 (Chr08:8601055) was detected (Fig.3A, Table S2). *Chalcone synthase* (*CHS*) gene has been proved to regulate the hilum color. The significant QTN overlapped a *CHS* gene clustered region in chromosome 8 (Githiri et al., 2007; Oyoo et al., 2011; Fang et al., 2017). These CHS genes areCHS5 (Glyma.08G110400.1, Chr08: 8478834..8480215 reverse),

CHS3 (*Glyma.08G110900.1*, Chr08: 8517799..8519303 reverse),*CHS4(Glyma.08G110500.1*, Chr08: 85044 79..8506020 reverse),*CHS3(Glyma.08G110300.1*, Chr08: 8475793..8477410 forward),*CHS9(Glyma.08G109500.*

514

1, Chr08: 8397944. 8399751 forward) (Cho et al., 2017).

We detected four significant QTNs for seed coat color using FarmCPU (Fig.3B). The major QTN was also located at 8 622 793 bp of chromosome 08. The major QTN detected for seedcoat color was about 20 kb away from that for hilum (Fig.3).

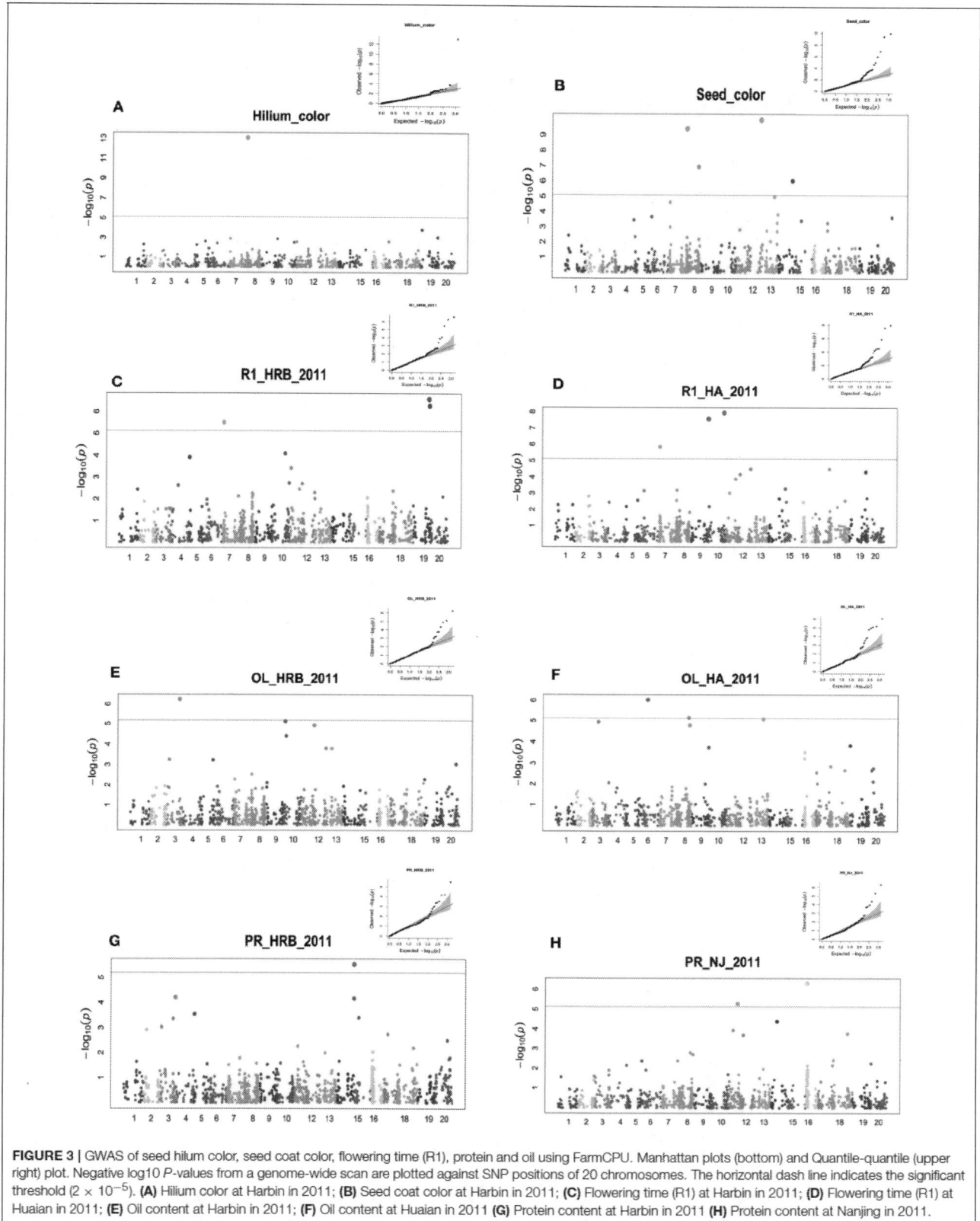

FIGURE 3 | GWAS of seed hilum color, seed coat color, flowering time (R1), protein and oil using FarmCPU. Manhattan plots (bottom) and Quantile-quantile (upper right) plot. Negative log10 *P*-values from a genome-wide scan are plotted against SNP positions of 20 chromosomes. The horizontal dash line indicates the significant threshold (2×10^{-5}). **(A)** Hilium color at Harbin in 2011; **(B)** Seed coat color at Harbin in 2011; **(C)** Flowering time (R1) at Harbin in 2011; **(D)** Flowering time (R1) at Huaian in 2011; **(E)** Oil content at Harbin in 2011; **(F)** Oil content at Huaian in 2011 **(G)** Protein content at Harbin in 2011 **(H)** Protein content at Nanjing in 2011.

The clustered CHS family is considered to be candidate genes responsible for the seed coat color (Cho et al., 2017). Also other three QTNs were detected on chromosome 08 (41,212,762bp), chromosome 12 (37,411,186 bp) and chromosome 14 (41,162,011 bp). A peak but not over the threshold was present on chromosome 13. Recently, seed coat bloom in wild soybeans is mainly controlled by Bloom1 (B1) on chromosome 13, which encodes a transmembrane transporter-like protein for biosynthesis of the bloom in pod endocarp (Zhang et al.,2018). Interestingly, this gene also elevated seed oil content in domesticated soybeans.

3.4 GWAS on flowering time and maturity

In this study, flowering time R1 and maturity R7 and R8 were evaluated in six geographic locations. For flowering time, the basic statistics of flowering time (R1) of cultivars were presented in Table 1. It took longer days to reach R1 in the northern locations, HRB, MDJ, and GZL (Fig.4). Other parameters such as Skewness, Kurtosis, KS distance, K-S probability, SWilk W, SWilk probability indicated these traits were quantitatively inherited (Table 1). The correlation coefficients with a range of 0.592 to 0.978 between R1 of soybean cultivars grown at different locations in 2011 or 2012 (Table 2) were all statistically significant, which indicates this trait is genetically inherited, and also phenotypic data are validated.

Statistical analysis (Table 3) showed that broad sense heritability was 0.583 3.

TABLE 1 | The basic statistics of flowering time (R1) of cultivars grown at different locations in 2011 or 2012.

	N	Mean	Std dev	Std. error	Max	Min	Skewness	Kurtosis	K-S dist.	K-S Prob.	SWilk W	SWilk prob
HRB_11	154	66.182	16.937	1.365	111.00	47.00	0.62	−0.87	0.17	<0.001	0.89	<0.001
HRB_12	156	66.622	19.244	1.541	115.00	45.00	0.89	−0.38	0.17	<0.001	0.87	<0.001
MDJ_11	158	51.076	17.882	1.423	96.00	27.00	0.78	−0.46	0.14	<0.001	0.91	<0.001
MDJ_12	164	54.848	18.49	1.444	131.00	28.00	1.39	2.23	0.20	<0.001	0.88	<0.001
GZL_11	150	46.84	18.684	1.526	91.00	26.00	0.77	−0.79	0.18	<0.001	0.86	<0.001
GZL_12	147	54.455	13.179	1.087	78.67	26.33	0.10	−1.27	0.14	<0.001	0.93	<0.001
JN_11	168	47.417	16.306	1.258	101.00	23.00	1.47	1.64	0.17	<0.001	0.83	<0.001
JN_12	150	36.053	10.031	0.819	62.00	22.00	1.28	0.51	0.26	<0.001	0.80	<0.001
HA_11	173	32.52	7.599	0.578	63.00	23.00	1.35	1.70	0.22	<0.001	0.85	<0.001
HA_12	174	34.529	7.338	0.556	63.00	25.00	1.22	1.45	0.18	<0.001	0.88	<0.001
NJ_11	174	45.546	8.302	0.629	71.00	31.00	0.93	1.51	0.22	<0.001	0.89	<0.001
NJ_12	174	31.489	8.796	0.667	61.00	16.00	0.87	1.17	0.16	<0.001	0.93	<0.001

Name in the first column or the first row is composed of location, and year. For location, HRB, Harbin; MDJ, Mudanjiang; JN, Jinan; HA, Huaian; NJ, Najing. For years, 11, 2011; 12, 2012. For protein or oil contents, PR, protein content; OL, oil content.

TABLE 2 | The correlation coefficients between R1 (first flower) of soybean cultivars grown at different locations in 2011 or 2012.

	HRB_11	HRB_12	MDJ_11	MDJ_12	GZL_11	GZL_12	JN_11	JN_12	HA_11	HA_12	NJ_11	NJ_12
HRB_11		0.928**	0.768**	0.744**	0.878**	0.797**	0.753**	0.769**	0.870**	0.873**	0.648**	0.616**
HRB_12	0.928**		0.808**	0.793**	0.914**	0.780**	0.791**	0.882**	0.911**	0.913**	0.665**	0.625**
MDJ_11	0.768**	0.808**		0.888**	0.789**	0.685**	0.762**	0.795**	0.830**	0.827**	0.735**	0.697**
MDJ_12	0.744**	0.793**	0.888**		0.825**	0.665**	0.830**	0.871**	0.863**	0.858**	0.789**	0.758**
GZL_11	0.878**	0.914**	0.789**	0.825**		0.795**	0.797**	0.847**	0.885**	0.884**	0.699**	0.695**
GZL_12	0.797**	0.780**	0.685**	0.665**	0.795**		0.592**	0.578**	0.708**	0.723**	0.530**	0.482**
JN_11	0.753**	0.791**	0.762**	0.830**	0.797**	0.592**		0.877**	0.886**	0.890**	0.751**	0.703**
JN_12	0.769**	0.882**	0.795**	0.871**	0.847**	0.578**	0.877**		0.897**	0.896**	0.698**	0.698**
HA_11	0.870**	0.911**	0.830**	0.863**	0.885**	0.708**	0.886**	0.897**		0.978**	0.796**	0.768**
HA_12	0.873**	0.913**	0.827**	0.858**	0.884**	0.723**	0.890**	0.896**	0.978**		0.791**	0.768**
NJ_11	0.648**	0.665**	0.735**	0.789**	0.699**	0.530**	0.751**	0.698**	0.796**	0.791**		0.935**
NJ_12	0.616**	0.625**	0.697**	0.758**	0.695**	0.482**	0.703**	0.698**	0.768**	0.768**	0.935**	

*Name in the first column or the first row is composed of triat, location, and year. For location, HRB, Harbin; MDJ, Mudanjiang; JN, Jinan; HA, Huaian; NJ, Najing. For years, 11, 2011; 12, 2012. For protein or oil contents, R1, from emergence to first flower. **, Correlation coefficient is statistically highly significant (P < 0.01); *, Correlation coefficient is statistically significant (P < 0.05).*

Although phenotypic data for R7 and R8 were not conductedin all locations, the basic distributions were presented in Fig.S2, which was similar to R1 trait. Since some cultivars could not reached R7 or R8 before frost in northern locations, HRB, MDJ, and GZL.

In order to analyze the relationship between R1 and R7/R8, the correlation coefficients matrix were generated and listed in Table S2. The correlation coefficients of R7 (R8) between different geographic locations or years were statistically significant except for that between MDJ and southern location, HA and NJ. The correlation coefficients between R1 and R7 or R8 were higher in the same location than in different location. Considering maturity genes, such as *E1–E4*, are controlling flowering time as well as maturity, we also enclosed R7 and R8 for GWAS.

Although no consistent QTNs for flowering time and maturity were identified across all environments, a total of 30 consistent QTNs were detected for flowering time (R1) or maturity (R7 and R8) on 16 chromosomes (Fig.3C–H; Table 4; Fig. S3–S6; Table S3). In Table 4 and Table S3, we only listed the QTN that has been detected more than three environments. In Table 4, we listed the corresponding QTLs listed in SoyBase or known genes with a physical distance less than 5 Mb.

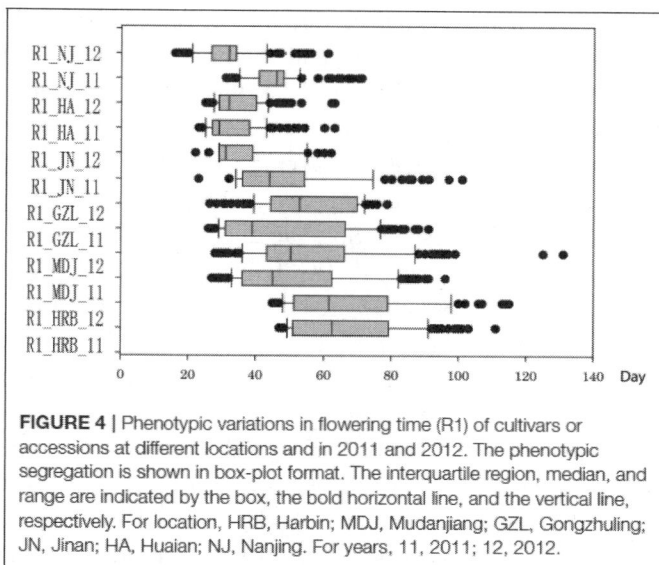

FIGURE 4 | Phenotypic variations in flowering time (R1) of cultivars or accessions at different locations and in 2011 and 2012. The phenotypic segregation is shown in box-plot format. The interquartile region, median, and range are indicated by the box, the bold horizontal line, and the vertical line, respectively. For location, HRB, Harbin; MDJ, Mudanjiang; GZL, Gongzhuling; JN, Jinan; HA, Huaian; NJ, Nanjing. For years, 11, 2011; 12, 2012.

TABLE 3 | The heritability estimates were calculated using variance components obtained by lme4 of R package.

Groups	Variance	Std. dev.	F	Heritability
STASTICAL ANALYSIS FOR FLOWERING TIME (R1)				
Cultivar*YEAR	0.9737	0.9868	0.4869	
Cultivar*LOC	244.9000	15.6500	48.9800	
Cultivar	72.8300	8.5340		
YEAR	0.0000	0.0000	0.0000	
REP in LOC*YEAR	2.6090	1.6150	0.2609	
LOC	47.4000	6.8840		
Residual	23.0200	4.7980	2.3020	
				0.5833

Groups name	Variance	Std. dev.	F	Heritability
STASTICAL ANALYSIS FOR OIL CONTENT (OL)				
Cultivar*YEAR	0.3205	0.5661	0.16025	
Cultivar*LOC	2.8742	1.6953	0.57484	
Cultivar	1.4405	1.2002		
YEAR	0.1168	0.3417	0.0584	
REP in LOC*YEAR	0.1153	0.3396	0.01153	
LOC	0.1414	0.376		
Residual	0.7645	0.8744	0.07645	
				0.6364

Cultivar*YEAR	Variance	Std. dev.	F	Heritability
STASTICAL ANALYSIS FOR PROTEIN CONTENT (PR)				
Cultivar*LOC	3.11	1.7635	1.555	
Cultivar	1.6388	1.2801	0.32776	
YEAR	1.6875	1.299		
REP in LOC*YEAR	0.4832	0.6951	0.2416	
LOC	4.6175	2.1488	0.46175	
Residual	1.0955	1.0466		
Residual	2.4393	1.5618	0.24393	
				0.3947

In chromose 10 (LG O), we detected a QTN at 45054578 with effect of 7.40 (Table 4; Table S3), which is about 240 kb away from the reported gene (Watanabe et al., 2009).This gene is a major genetic factor controlling flowering time, maturity, geo-graphic adaption in Chinese cultivars (Zhai et al., 2014a; Wang et al., 2016; Fang et al., 2017; Langewisch et al.,2017). In chromosome 19 (LG L), 4 QTN were detected to be significantly associated with flowering time or maturity (Table 4 Table S3). Three QTN at 44839670, 46634511, 46730237 were detected in 5, 12, and 5 environments respectively. QTN atposition of 44839670 on chromosome 19 exhibited consist enteffect on flowering time or maturity with average of 2.17. QTN at 46634511, displayed homogeneous effect on flowering or maturity with average of − 3. 21 d. In thisregion, *E3* gene, encoding phytochrome A (PHYA), is locatedfrom 47633059 to 47641958. The QTN (Gm19_46611973_C_T-1_B_F_2179344248) at 46730237 were detected having four location with positive (suppressing flowering) effect (average of, while in QTN for R1 in GZL in 2011 displayed an opposing effect of − 6.27 d. In generally, the E3 region is strongly associated with flowering time and domestication (Watanabeet al., 2009; Zhai et al., 2014a; Zhou et al., 2015; Langewisch et al.,2017). The

QTN disclosed in this study might this region is very important in term of regulation of flowering time or maturity. However, the authenticity of these QTNs or the relationship with the *E3* gene merits further investigation.

On chromosome 6, a QTN (Gm06_10891060_T_C-1_B_F_2179335984) was detected at 10919417 with effect of 2.47 d. The *E1* gene is located in the pericentromeric region from 20207253 to 20207829 (Xia et al., 2012b) of chromosome 6. Glyma.06G207800.1 in phytozome is physically corresponding to the *E1* gene, however, this coding region of this gene was annotated from 20207077 to 2020794. The lack of polymorphic SNP in the *E1* region might account for not being able to detect this major gene. A nother Phytochrome Agene, *E4*, located at Chr20: 33236018..33241692 (forward), was reported to be less diversified among Chinese and American cultivars (Zhai et al., 2014b; Langewisch et al., 2017). A QTN(Gm20_34881595_C_T-1_B_F_2179344630) was detected about 3 Mb away from *E4* gene. *GmFT5a*, an FT homolog,located at Chr16:4135885...4137742 (reverse) about 89 kb from the QTN (Gm16_3598173_C_T-1_B_F_2179342018with average effect of 3.09) detected (Table 4; Table S3).Other QTNs detected over 3 environments were mappedon chromosome 3, 4, 7, 8, 9, 11, 12, 14, 15, 16, 17, 18, 19(Figures 3C–H; Table 4; Figures S3–S6; Table S3). Among them, QTN (Gm11_10721006_A_G-1_T_F_2179339194) at10752436 bp on Chr 11 (LG B1), QTN (Gm12_37315664_A_G-1_T_F_2179339946) at 37271658 on Chr 12 (LG H),QTN(Gm15_1349135_T_C-1_B_F_2179341354) at 1348441of on Chr 15 (LG E); QTL (Gm18_34401760_G_A-1_T_F_2179343324) at 24606904 on Chr 18 (LG G) were identified in 7 or more environments. Fang et al. (2017) also reported a QTN on chromosome 18 (Fang et al., 2017), whether QTN (Gm18_34401760_G_A-1_T_F_2179343324) is the same as the QTLs reported by other researchers (SoyBase, www.soybase.org) merits further investigation.

In our previous study, the genotypes at *E1*, *E2*, *E3*, and *E4* of 180 cultivars revealed great allelic variations at *E1* and *E3* genes (Zhai et al., 2014b). The power of GWAS to capture a certain trait often depends on the frequency of the accessions with contrast phenotypic value in the population being investigated (Yan et al., 2017). In the previous GWAS studies, fewer QTNs were detected for this trait. When the modern cultivars only a QTN corresponding to *E3* was detected at a natural population of 304 short-season soybean lines ($K = 9$) (Sonah et al., 2015). While using 892 cultivars ($K = 4$), only a QTN corresponds to *E2* locus was identified (Fang et al., 2017).

No universal QTN was detected over all environments in this study. Common QTNs detected in three or more environments are also informative for us to understand this trait, although authenticity of these QTNs detected in this study need to be verified. GWAS and biparental linkage mapping are commentary each other in mapping and thereafter gene cloning. At present, around 50 biparental populations were generated using the cultivars in this study. We will use these populations to verify the QTN obtained in this study. Fine-mapping or positional cloning will be performed when a novel gene or QTN is verified.

TABLE 4 | Physical position, *P*-value, effect, and distance to known QTL or known genes of QTN for flowering time (R1) and maturity (R7 and R8) detected using FarmCPU.

Chr	Position	LG	Average of *P*. value	Average of effect	Distance to known QTL or gene (Kb)	QTL in SoyBase or known gene
3	1094352	N	4.05×10^{-3}	−2.38	4,570	Pod maturity19-3 (Guzman et al., 2007)
4	6130517	C1	4.36×10^{-3}	2.94	266	Pod maturity 1-1 (Keim et al., 1990)
4	36583411	C1	1.78×10^{-3}	−2.66		
4	39484122	C1	4.23×10^{-3}	0.46		
6	10919417	C2	1.29×10^{-3}	2.47	2,130	Pod maturity13-3 (Specht et al., 2001)
7	4918268	M	2.20×10^{-6}	−5.99	92	First flower 2-2 (Mansur et al., 1993).
7	4928246	M	4.40×10^{-6}	8.22	82.45	First flower 2-2 (Mansur et al., 1993)
7	8251563	M	3.16×10^{-3}	4.01	2,260	First flower 6-2 (Orf et al., 1999)
8	18036672	A2	3.92×10^{-3}	3.74		
9	49446558	K	1.02×10^{-3}	−2.07	4,730	First flower 24-4 (Kuroda et al., 2013)
10	45054578	O	7.56×10^{-6}	7.40	240	E2 (Watanabe et al., 2011)
11	10752436	B1	2.97×10^{-4}	3.66	83.7	First flower 11-2 (Gai et al., 2007)
11	28002694	B1	2.70×10^{-3}	2.42	966	First flower 8-4 (Yamanaka et al., 2001)
12	37271658	H	9.74×10^{-4}	3.74$	535	Pod maturity 37-3 (Panthee et al., 2007)
14	5766604	B2	8.81×10^{-4}	5.52		
14	44255110	B2	2.98×10^{-4}	−4.11	540	First flower 21-1 (Reinprecht et al., 2006)
15	1348441	E	1.22×10^{-3}	−4.14	1,170	Pod maturity 34-4 (Yao et al., 2015)
16	2643365	J	3.94×10^{-3}	−1.58	995	Pod maturity 19-6 (Guzman et al., 2007)
16	3623089	J	4.29×10^{-3}	3.09	89	GmFT5a (Takeshima et al., 2016)
17	5422636	D2	4.14×10^{-3}	−2.19		
18	1883973	G	2.18×10^{-5}	−4.97	87.5	First flower 21-4 (Reinprecht et al., 2006)
18	3737376	G	3.52×10^{-3}	2.42	3,290	Pod maturity 16-2 (Kabelka et al., 2004)
18	24606904	G	3.03×10^{-3}	2.44	2,230	Pod maturity 34-5 (Yao et al., 2015)
18	45935966	G	3.68×10^{-3}	−3.09	3,240	First flower 10-2 (Tasma et al., 2001)
19	35744249	L	9.82×10^{-6}	−4.16	1,440	First flower 15-2 (Komatsu et al., 2007)
19	44839670	L	2.48×10^{-3}	2.17	343	First flower 2-3 (Mansur et al., 1993)
19	46634511	L	2.84×10^{-3}	−3.21	125 / 406	Pod maturity 4-3 (Mansur et al., 1996); First flower 16-4 (Khan et al., 2008)
19	46730237	L	2.77×10^{-3}	0.27$^{\&}$	437	E3 (Watanabe et al., 2009)
20	36021032	I	4.61×10^{-4}	2.48	821	E4 (Liu et al., 2008)

Only QTN that was detected more than three environments were listed.

$Effect of−3.524 for R1_MDJ_2012 was not counted due to the oppositing effect; $^{\&}$ effect of−6.267737 for R1_GZL_2011 was not counted due to the oppositing effect.

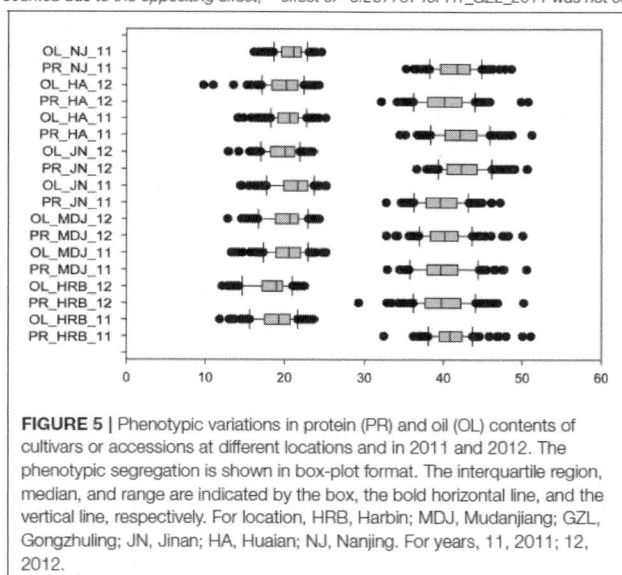

FIGURE 5 | Phenotypic variations in protein (PR) and oil (OL) contents of cultivars or accessions at different locations and in 2011 and 2012. The phenotypic segregation is shown in box-plot format. The interquartile region, median, and range are indicated by the box, the bold horizontal line, and the vertical line, respectively. For location, HRB, Harbin; MDJ, Mudanjiang; GZL, Gongzhuling; JN, Jinan; HA, Huaian; NJ, Nanjing. For years, 11, 2011; 12, 2012.

3.5 GWAS of protein and oil contents of cultivar seeds

In this study, protein and oil contents were simultaneously measured in 5 geographic location in 2011 and 2012. The basic statistics of two traits were listed in Table 5 and presented in Fig.5. The parameters such as Skewness, Kurtosis, K－Sdistance, K－S probability, SWilk W, SWilk probability indicatedthis trait were quantitatively inherited (Table 5). The correlation coefficients between protein and oil were presented in Table 6. From the correlation coefficients, the protein contents werenegatively and significantly correlated to oil content in the same environments or different environments; while the protein contents in an environments was positively correlated to protein contents in other environments (Table 6, Fig.5). The t-rend was the same for oil contents. According to statistical analysis, the broad sense heritability for oil   and protein were 0.636 4 and 0.394 7. When we used data for protein and oil contents obtained in 9   environments for GWAS using FarmCPU, 16 consistent QTNs for protein and oil contents were detected for oil or protein over 3 environments (Table 7; Table S4; Fig. 3G, H, Fig. S7, S8). Eleven QTNs we-re detected having antagonistic effects on protein and oil content, while4 QTNs soly for oil content, and one QTN soly for protein content. Of eleven QTN for both traits detected over 3 environments, each QTN showed antagonistic effects on protein and oil contents, which indicated these QTNs are involved in-biological pathway affecting both oil and protein. Major QTL were repeatedly detected on Chromosome 20 (LG I) and 15 (LGE) using America cultivars (Patil et al., 2017). In this study, we detected three QTNs on Chromosome 20 (LG O). Two QTNs were identified for both traits, QTN (Gm20_2372509_T_C-1_T_R_2179344425) at position of 2366428 with antagonistic effects on protein (0.431 691) and oil (0.452 03) and QTN(Gm20_7927513_A_G-1_T_F_2179344472) with antagonistic effects on protein (0.761 46) and oil (0.479 98). Another QTN(Gm20_38151772_C_T-1_T_R_2179344711) for oil with effect of $-$ 0.533 53 was identified on chromosome 20. We did not detectany consistent QTN on Chr 15 (LG E).   All 16 QTNs mapped in this study (Table 7) were physically near (less than 5 Mb) QTL reported in SoyBase.

TABLE 5 | The basic statistics of protein and oil contents of cultivars grown at different locations in 2011 or 2012.

	N	Mean	Std dev	Std. error	Max	Min	Skewness	Kurtosis	K-S dist.	K-S Prob.	SWilk W	SWilk prob
PR_HRB_11	143	40.979	2.59	0.217	51.08	32.47	0.61	2.43	0.06	0.145	0.96	<0.001
OL_HRB_11	143	18.952	2.325	0.194	23.61	11.83	−0.55	0.05	0.07	0.103	0.98	0.016
PR_HRB_12	145	39.955	3.297	0.274	50.18	29.28	0.10	0.41	0.05	0.391	0.99	0.673
OL_HRB_12	145	18.347	2.26	0.188	22.53	12.13	−0.74	0.12	0.12	<0.001	0.95	<0.001
PR_MDJ_11	126	39.938	3.184	0.284	50.57	32.93	0.55	0.37	0.08	0.033	0.98	0.025
OL_MDJ_11	126	20.334	2.262	0.201	25.11	13.28	−0.67	0.54	0.09	0.01	0.97	0.006
PR_MDJ_12	129	40.299	2.789	0.246	50.06	32.79	0.51	1.38	0.07	0.164	0.98	0.018
OL_MDJ_12	129	20.184	2.28	0.201	24.24	12.82	−0.66	0.06	0.09	0.015	0.96	0.001
PR_JN_11	140	39.679	2.672	0.226	47.21	32.75	0.20	−0.21	0.04	0.653	0.99	0.712
OL_JN_11	140	21.187	2.31	0.195	25.16	14.44	−0.74	0.14	0.10	<0.001	0.96	<0.001
PR_JN_12	150	42.474	2.717	0.222	50.63	36.61	0.60	0.19	0.07	0.109	0.98	0.008
OL_JN_12	150	19.612	2.033	0.166	23.54	12.86	−0.71	0.45	0.10	0.001	0.96	<0.001
PR_HA_11	164	42.222	2.949	0.23	51.19	34.47	0.14	−0.08	0.04	0.649	1.00	0.953
OL_HA_11	164	20.393	1.918	0.15	25.09	14.09	−0.55	0.84	0.05	0.273	0.98	0.011
PR_HA_12	168	40.091	3.002	0.232	50.72	32.13	0.33	0.52	0.04	0.651	0.99	0.175
OL_HA_12	168	19.928	2.298	0.177	24.18	9.78	−1.02	2.44	0.07	0.066	0.95	<0.001
PR_NJ_11	159	41.598	2.523	0.2	48.59	35.23	0.06	−0.29	0.06	0.264	0.99	0.478
OL_NJ_11	159	20.867	1.676	0.133	24.51	16.11	−0.36	−0.29	0.07	0.039	0.99	0.091

Name in the first column or the first row is composed of tran, location, and year. For trait, PR, protein content; OL, oil content; For location, HRB, Harbin; MDJ, Mudanjiang; JN, Jinan; HA, Huaian; NJ, Najing. For years, 11, 2011; 12, 2012. For protein or oil contents, PR, protein content; OL, oil content.

4 Conclusion and further consideration

Instead of traditional molecular markers, e.g., SSR, AFLP, advances in sequencing technologies have enabled high-density array and GBS to be widely applied to genomic and genetic study to dissect genetic population structure and GWAS (Sonah et al., 2013; Bandillo et al.,   2015; Wen et al., 2015; Zhang et al., 2015;Contreras-Soto et al., 2017; Fang et al., 2017; Yan et al., 2017).However, this study employed a medium density array to reveal population genetic structure, the result showed the quality of the population genetic study has been improved by elimination of some batch specific or biased SNPs. Also the GWAS quality has been monitored using hilum color and seed coat color. Fast geno typing method e.g., using a set of core SNP array is in high demand for genetic study or molecular breeding (Chaudhary et al., 2015).

TABLE 6 | The correlation coefficients between seed protein content and oil content of soybean cultivars grown at different locations in 2011 or 2012.

	PR_HRB_11	OL_HRB_11	PR_HRB_12	OL_HRB_12	PR_MDJ_11	OL_MDJ_11	PR_MDJ_12	OL_MDJ_12	PR_JN_11	OL_JN_11	PR_JN_12	OL_JN_12	PR_HA_11	OL_HA_11	PR_HA_12	OL_HA_12	PR_NJ_11	OL_NJ_11
PR_HRB_11																		
OL_HRB_11	−0.373**																	
PR_HRB_12	0.358**	−0.565**																
OL_HRB_12	−0.208*	0.789**	−0.754**															
PR_MDJ_11	0.676**	−0.470**	0.537**	−0.429**														
OL_MDJ_11	−0.502**	0.790**	−0.540**	0.722**	−0.679**													
PR_MDJ_12	0.507**	−0.523**	0.423**	−0.495**	0.487**	−0.549**												
OL_MDJ_12	−0.330**	0.760**	−0.474**	0.746**	−0.390**	0.716**	−0.754**											
PR_JN_11	0.738**	−0.697**	0.577**	−0.591**	0.605**	−0.642**	0.658**	−0.620**										
OL_JN_11	−0.447**	0.860**	−0.532**	0.759**	−0.482**	0.787**	−0.643**	0.813**	−0.778**									
PR_JN_12	0.624**	−0.377**	0.416**	−0.352**	0.455**	−0.420**	0.570**	−0.443**	0.718**	−0.535**								
OL_JN_12	−0.462**	0.638**	−0.366**	0.537**	−0.483**	0.698**	−0.609**	0.706**	−0.746**	0.870**	−0.720**							
PR_HA_11	0.477**	−0.470**	0.386**	−0.478**	0.336**	−0.441**	0.568**	−0.576**	0.659**	−0.578**	0.569**	−0.571**						
OL_HA_11	−0.499**	0.631**	−0.431**	0.632**	−0.394**	0.605**	−0.549**	0.652**	−0.656**	0.689**	−0.534**	0.666**	−0.753**					
PR_HA_12	0.442**	−0.446**	0.475**	−0.514**	0.288**	−0.374**	0.432**	−0.442**	0.558**	−0.455**	0.450**	−0.405**	0.667**	−0.657**				
OL_HA_12	−0.534**	0.648**	−0.491**	0.630**	−0.365**	0.588**	−0.467**	0.536**	−0.661**	0.677**	−0.491**	0.576**	−0.638**	0.784**	−0.830*			
PR_NJ_11	0.395**	−0.474**	0.525**	−0.491**	0.332**	−0.450**	0.526**	−0.507**	0.651**	−0.611**	0.532**	−0.587**	0.661**	−0.544**	0.519*	−0.552**		
OL_NJ_11	−0.351**	0.660**	−0.438**	0.590**	−0.360**	0.606**	−0.535**	0.663**	−0.677**	0.717**	−0.516**	0.693**	−0.576**	0.715**	−0.491**	0.669**	−0.726**	

Name in the first column or the first row is composed of trait, location, and year. For location, HRB, Harbin; MDJ, Mudanjiang; JN, Jinan; HA, Huaian; NJ, Najing. For years, 11, 2011; 12, 2012. For protein or oil contents, PR, protein content; OL, oil content. **, Correlation coefficient is statistically highly significant (P < 0.01); *, Correlation coefficient is statistically significant (P < 0.05).

The information gained in this study demonstrated that the usefulness of the medium-density SNP array in geno typing for genetic study and molecular breeding.

Up to date, there are a large number of loci or QTL have been identified by GWAS using different set of natural population or by linkage or association mapping using biparental populations under different environments in different years. In generally, the effect of each locus is rather small, its detection might be influenced by population size, population structure, accuracy of phenotyping, physical location of the causal gene (e.g., pericentromeric region), epistatic association between QTLs as well as environmental factors. High negative correlationcoefficients between oil and protein content in soybean was revealed in this study, which is consistent with previous reports (Boydak et al., 2002; Karaaslan et al., 2008); common regionsor loci might have favorable effect on one and unfavorable effect on the other. The higher negative correlation coefficients of two traits might reflect that we might be ableto detect QTL or QTN with higher effect on both traits. Hwang et al.(2014) found seven of 13 regions associated with oil content also have effect on protein content (Hwang et al., 2014).Similarly, in this study, we have detected 11 common QTNs associated with oil and antagonistically associated with protein,although no universal QTN detected over all environments.However, the overall oil and protein content can be varied toa great extent, also the environmental effect e.g., latitudinal location, temperature can also influence the balance of two contents, there are a lot loci affecting most to one content,but not the other, at least not significantly (Eskandari et al., 2013).

Overall, a large number of loci have been identified to underlie some important agronomic traits e.g., flowering time, maturity, oil and protein contents; however, a detailed study may only detect some of them. Ideally, a large numbers of natural population can be subtracted into a subpopulation each member of which carries higher or lower phenotypic values for a given trait; GWAS for the given trait can be performed using in this subpopulation (Yan et al., 2017).

A large number of QTLs or loci underlying agronomically important traits have been identified by GWAS or linkage mapping, some of which were detected in different environments or in different populations while some are environmental or population specific. Although molecular identities of genes or QTL underlying some important agronomic traits e.g., maturity have been disclosed, vast of loci underlying quantitative traits like soybean seed protein /oil content are still largely unknown. GWAS in combination with biparental populations such as RIL, NIL, CSSL, is very powerful for QTL identification and their gene cloning. As high throughput sequencing data aggregate, the important QTL or QTN detected by traditional linkage mapping or GWAS will be verified and subsequently cloned. As most components of a molecular or signaling pathway have been identified (Gentzbittel et al., 2015), information of generegulation or crosstalk with different pathways will enable us to build a genetic network that can be used in molecular design breeding.

TABLE 7 | Physical position, *P*-value, effect, and distance to known QTL or known genes of QTN for protein and oil content (PR/OL), oil content only (OL) and protein content only (PR) using FarmCPU.

Trait	Chr	LG	Position	P-value	Effect on PR	Effect on OL	Distance to known QTL or gene	QTL information from SoyBase
PR/OL	1	D1a	8869097	0.002549	0.00955	−0.62331	1,140	Seed protein 3-5 (Brummer et al., 1997)
							1,140	Seed oil 42-20 (Han et al., 2015)
	5	A1	37361373	0.002501	−0.5009	0.387996	2,900	Seed protein 41-1(Jun et al., 2008)
							346	Seed oil 4-2 (Brummer et al., 1997)
	8	A2	8613057	0.001182	2.506472	−1.08523	17	Seed protein 26-1 (Reinprecht et al., 2006)
							579	Seed oil 30-3 (Liang et al., 2010)
	13	F	13865497	0.000118	1.287005	−0.82343	753	Seed protein 36-22 (Mao et al., 2013)
							1,441	Seed oil 24-4 (Qi et al., 2011)
	16	J	4582681	0.003177	1.316393	−0.75341	382	Seed protein 4-7 (Lee et al., 1996)
							370	Seed oil 43-20 (Mao et al., 2013)
	17	D2	11939572	0.002254	1.1395	−0.50493	302	Seed protein 37-6 (Wang et al., 2014)
							570	Seed Oil-011 (Qi et al., 2011)
	18	G	3737376	0.004217	0.477983	−0.31451	111	Seed protein 20-1 (Panthee et al., 2005)
							1,431	Seed oil 42-31 (Han et al., 2015)
	18	G	43143230	0.000556	1.004969	−0.44686		
							1,612	Seed oil 42-33 (Han et al., 2015)
	19	L	809351	0.002534	−0.93037	0.502982	34	Seed protein 41-8 (Jun et al., 2008)
							423	Seed oil 43-27 (Mao et al., 2013)
	20	I	2366428	0.003448	0.431691	−0.45203	319	Seed protein 26-4 (Reinprecht et al., 2006)
							319	Seed oil 14-3 (Csanádi et al., 2001)
	20	I	20469935	0.002656	0.76146	−0.47998	3,710	Seed protein 1-2 (Diers et al., 1992)
							3,708	Seed oil 2-2 (Csanádi et al., 2001)
PR	5	A1	37987063	0.002457	0.621571	−	1,850	Seed protein-011 (Pathan et al., 2013)
OL	7	M	8251563	0.000152	−	−0.87557	31	Seed oil 23-6 (Hyten et al., 2004)
	8	A2	3823489	0.00048	−	0.420013	1,949	Seed oil 24-1 (Qi et al., 2011)
	11	B1	10752436	0.001861	−	−0.77553	749	Seed oil 39-2 (Wang et al., 2014)
	20	I	39264676	0.002104	−	−0.53353	1,002	Seed oil 42-39 (Han et al., 2015)

Only QTN that was detected more than three environments were listed.

Author contributions

ZX conceived this project; YW, YL performed the most experiments in the laboratory; HW, BH, HZ, SL, XL, XC, HQ, JY, CZ, DH conducted field experiment and phenotypic observation; JZ, ZW, ZX: performed data analysis including GWAS; ZX, YW, and YL wrote the article; DW contributed to scientific discussions and critical revision of manuscript. All authors reviewed the final manuscript.

Funding

This work was supported by National Key R&D Program of China (2016YFD0101902 and 2016YFD0100201);

by Strategic Priority Research Program of the Chinese Academy of Sciences (XDA0801010503); and by Programs (31471518, 31771869,31771818) from National Natural Science Foundation of China.The funders had no role in study design, data collection and analysis, decision to publish, or preparation of the manuscript.

Acknowledgments

We thank Professor Kyuya Harada (Dept. of Biotechnology, Osaka University, Japan) and Professor Liuling Yan (Dept.of Plant and Soil Sciences, Oklahoma State University, USA) for critical comments and English editing. Also thanks to Scientific Data Center of Northeast Black Soil, National EarthSystem Science Data Sharing Infrastructure, National Science and Technology Infrastructure of China(http://northeast.geodata.cn).

Supplementary material

The Supplementary Material for this article can be found online at: https://www.frontiersin.org/articles/10.3 389/fpls.2018.00610/full#supplementary-material

参考文献（略）

本文原载于《Frontiers in Plant Science》2018 年 05 期。

A *PP2C-1* Allele Underlying a Quantitative Trait Locus Enhances Soybean 100-Seed Weight

Xiang Lu[1,2,5], Qing Xiong[1,2,5], Tong Cheng[1,2], Qingtian Li[1,2], Xinlei Liu[3], Yingdong Bi[4], Wei Li[4], Wanke Zhang[1], Biao Ma[1], Yongcai Lai[4], Weiguang Du[3], Weiqun Man[3], Shouyi Chen[1], and Jinsong Zhang[1,2]

(1. *State Key Lab of Plant Genomics, Institute of Genetics and Developmental Biology, Chinese Academy of Sciences, Beijing* 100101, *China;*

2. *University of Chinese Academy of Sciences, Beijing* 100049, *China;*

3. *Institute of Soybean Research, Heilongjiang Provincial Academy of Agricultural Sciences, Harbin* 150086, *China;*

4. *Institute of Farming and Cultivation, Heilongjiang Provincial Academy of Agricultural Sciences, Harbin* 150086, *China;*

5. *These authors contributed equally to this article.*)

*Correspondence: Wei-Qun Man (manweiqun@163.com), Shou-Yi Chen (sychen@genetics.ac.cn), Jin-Song Zhang (jszhang@genetics.ac.cn)

Abstract: Cultivated soybeans may lose some useful genetic loci during domestication. Introgression of genes from wild soybeans could broaden the genetic background and improve soybean agronomic traits. In this study, through whole-genome sequencing of a recombinant inbred line population derived from across between a wild soybean ZYD7 and a cultivated soybean HN44, and mapping of quantitative trait loci for seed weight, we discovered that a phosphatase 2C-1 (*PP2C-1*) allele from wild soybean ZYD7 contributes to the increase in seed weight/size. *PP2C-1* may achieve this function by enhancing cell size of integument and activating a subset of seed trait-related genes. We found that *PP2C-1* is associated with *GmBZR1*, a soybean ortholog of *Arabidopsis BZR1*, one of key transcription factors in brassinosteroid (BR) signaling, and facilitate accumulation of dephosphorylated *GmBZR1*. In contrast, the PP2C-2 allele with variations of a few amino acids at the N-terminus did not exhibit this function. Moreover, we showed that *GmBZR1* could promote seed weight/size in transgenic plants. Through analysis of cultivated soybean accessions, we found that 40% of the examined accessions do not have the *PP2C-1* allele, suggesting that these accessions can be improved by introduction of this allele. Taken together, our study identifies an elite allele *PP2C-1*, which can enhance seed weight and/or size in soybean, and pinpoints that manipulation of this allele by molecular-assisted breeding may increase production in soybean and other legumes/crops.

Keywords: soybean; 100-seed weight; *PP2C-1*; BZR1

1 Introduction

Soybean (*Glycine max* L. Merr.) is a crop of great economic importance, providing resources such as edible oil and proteins for human and animals (Lu et al., 2016). Various food products are made from soybean seeds (Kato et al., 2014), and substantial efforts have been made to increase soybean yield to meet the requirements (Van et al., 2004; Stupar, 2010; Kimet al., 2012). The 100-seed weight is an important yield determinant of soybean (Smith and Camper, 1975) and thus has been a prime target for genetic breeding (Liang et al., 2005). Moreover, larger seeds, which have more energy stores, may improve seedling establishment (Sedbrook et al., 2014).

Given the importance of 100-seed weight of soybean, a number of quantitative trait loci (QTLs) associated with this trait have been identified in the past decade (Teng et al., 2008; Han et al., 2012; Niu et al., 2013; Kato et al., 2014), but genes underlying QTLs and their functions remain largely unknown. Due to bottlenecks and human selection, cultivated soybeans have much lower genetic diversity than their wild counter parts (Hyten et al., 2006; Lam et al., 2010; Li et al., 2013b). This reduced diversity has potentially resulted in the higher level of linkage disequilibrium (LD) in cultivated soybeans in comparison with that of wild soybeans (Lamet al., 2010; Chan et al.,

2012; Chung et al., 2014). In addition, the long LD in cultivated soybeans hinders the pinpointing of causal genes in QTLs related to the agronomic traits (Chung et al., 2014).

Wild soybeans (*Glycine soja* Sieb. & Zucc) is the closest wild relative of soybean and is generally considered to be the undomesticated progenitor of cultivated soybeans (Kim et al., 2010; Stupar, 2010). The allelic diversity in wild soybeans is greater than that of cultivated soybeans (Lam et al., 2010; Qi et al., 2014), and they do not show reproductive isolation (Stupar, 2010; Li et al., 2013b; Qi et al., 2014). This makes wild soybeans a promising resource of genetic diversity to break long LD and improve cultivated soybean traits by gene introgression of wild soybeans (Stupar, 2010; Qi et al., 2014).In fact, several QTLs have been identified for which the locus of wild soybeans is more favorable than the locus of cultivated soybeans for specific qualitative and quantitative traits of interest (Sebolt et al., 2000; Concibido et al., 2003; Nichols et al., 2006; Li et al., 2008; Lee et al., 2009; Cooket al., 2012; Kim and Diers, 2013; Xu et al., 2013; Qi et al., 2014).

Mapping resolution of QTLs is dependent on marker density and population size (Xu et al., 2013). The array-based platforms allow for the simultaneous genotyping of a considerable number of single-nucleotide polymorphisms (SNPs) in a large set of individuals in soybean, but for a majority of investigators the cost makes it prohibitive for genotype mapping of populations (Xuet al., 2013). Advances in next-generation sequencing have driven a revolution in genomic analyses and their use for crop improvement (Qi et al., 2014). Some whole-genome sequencing projects for mapping populations of soybeans have already successfully unveiled causal genes of QTL, for example, salt resistance (Qi et al., 2014) and nematode resistance (Xu et al.,2013).

Here we used a population of recombinant inbred lines (RILs) derived from a cross between wild soybean ZYD7 and a cultivated soybean HN44 to conduct the whole-genome resequencing and construct the genetic map. QTLs of 100-seed weight were mapped and in one of the QTLs, an allelic variation inPP2C gene from wild soybean was identified to be the potential locus for seed weight regulation. The PP2C may further target GmBZR1 for seed weight control.

2 Results

2.1 Resequencing of the RIL population and construction of a high-density genetic map

Genetically stable RILs (*n*=1 036) were generated from a cross between wild soybean (*Glycine soja* Sieb. & Zucc) line ZYD7 and cultivated soybean (*Glycine max* L. Merr.) line HN44. The 100-seed weight and seed oil data of RIL populations were measured and are shown in Fig.1A–1C. From these RILs, an elite germplasm R245 with 100-seed weight higher than those of the two parents was identified (Fig.1 Dand 1E). Meanwhile, this germplasm also exhibited higher seed numbers per pod, higher pod number per plant, and higher seed yield per plant (Supplemental Fig.1). This result indicates that some elite alleles from wild soybeans may contribute to the genetic improvement of cultivated soybeans.

To investigate the genetic basis of the seed weight control, we first resequenced the RIL population and then constructed a genetic map. As shown in Supplemental Fig.2, the whole-genome resequencing was performed in RILs and the parents, and the genome sequences of *G. max* L. Merr. Williams 82 was used as a reference genome. ZYD7, HN44, and R245 were sequenced in an independent lane of the Illumina Hiseq 2000, respectively. A core panel of 198 RILs and two parental lines were sequenced using the multiplexed sequencing strategy. Twenty indexed DNA samples were combined and sequenced in a lane of Illumina Hiseq 2000. Then the clean reads were aligned to a reference genome using BWA v0.7.5a. SNPs among the two parent and RIL genome sequences were identified using GATK v2.5－2 and then filtered as makers for genotyping (see Methods). In total, 1 180 SNPs/Mb were identified between ZYD7 and HN44, and 236 SNPs/Mb were identified among RILs. Using genotype data shown in Fig.2A, we generated a high-density genetic map using the R/qtl software package (Fig.2B). The total length of this genetic map is 1 867 cM with a mean interval between markers of 0.47 cM. More than 65% of the recombinant events are identified at the chromosome distal ends (Fig.2B) owing to the low frequency of meiotic recombinant events at the pericentromeric regions (Du et al.,2012), consistent with a recent report (Xu et al., 2013; Qi et al.,2014).

2.2 QTL mapping for 100-seed weight and other agronomic traits

We evaluated five agronomic traits including subdeterminacy, seed-coat color, leaflet shape, seed oil conte nt, and 100-seed weight from RILs and the two parents from different years (Fig. 1A–1C and 3A). The data of seed oil content and 100-seed weight exhibited a normal distribution (Fig.1A and 1B), and were quantitative (Fig.3A). For each agronomic trait, the logarithm-of-odds (LOD) score curves were depicted and sharp peaks were obtained spanning 13 of the 20 chromosomes (Fig.3A). The LOD score distributions calculated from trait data of seed oil content and 100-seed weight collected over 3 years are substantially consistent (Fig.3A). For subdeterminacy, seed-coat color, and leaflet shape, the mapped QTLs were overlapped with previously identified respective causal genes (Fig.3B). We identified three major QTLs fo r seed oil content and 14 major QTLs for 100-seed weight. One of the 100-seed weight QTLs was over lapped with one of our previously identified causal genes, *GA20OX* (Fig.3B). These results demonstrate the high quality and high accuracy of this map. Among the 14 QTLs related to seed weight, one 100-seed weight QTL was derived from wild soybean ZYD7. Based on this result, we further resequenced the genome of elite line R245 in the RILs and genotyped it. We found that R245 contains all 13 QTLs of 100-seed weight derived from HN44 and one QTL derived from ZYD7. Meanwhile, the leaflet shape Q TL from ZYD7 was also present in R245 lines. All of the QTLs in the R245 line may contribute to its improved agronomic traits (Fig.1 and Supplemental Fig.1). These results indicate that a QTL covering a region of 285.8 kb from wild soybean ZYD7 is identified, and this locus may be used for increasing t he genetic diversity of seed weight control in cultivated soybeans.

2.3 Identification of causal gene for 100-seed weight in the QTL from wild soybean ZYD7

Since the QTL from wild soybean ZYD7 may contribute to the increase in seed weight in the R245 line, the locus was further investigated. In the 285.8 kb genomic region of the QTL, we found 22 genes based on the current annotation of the Williams 82 reference genome. We then amplified, sequenced, and compared all gene sequences from wild soybean ZYD7 and cultivated soybean HN44. Among these genes, 18 did not show any changes in nucleotide sequences. However, we found that Glyma17g33631, Glyma17g33690, Glyma17g33790, and Glyma17g33800 possessed nucleotide sequence variations in coding regions (Fig.4A), and only variations in   Glyma17g33690 and Glyma17g33790 genes changed the encoded protein sequences (Fig.4A). These two genes may be the candidate causal genes in this QTL region. Glyma17g33690 encodes a putative phosphatase 2C protein, and its homologs in *Arabidopsis* were AT4G31750 (WIN2), AT5G24940, AT5G10740, AT1G43900, and AT5G53140 (*e* value < 1.9×10^{-9}). The gene at the Glyma17g33690 locus was named *PP2C* (Fig.4B). Glyma17g33790 encodes an EamA-like transporter family protein, and its homolog in *Arabidopsis* is AT4G32140 (*e* value = 1.9×10^{-7}). The gene at the Glyma17g33790 locus was named *EamA-like* (*EAL*) (Fig.4C).

2.4 The PP2C version from wild soybean ZYD7 contributes to the increase in seed weight in transgenic plants

Because only PP2C and EamA-like proteins show alterations in amino acids between ZYD7 and HN44, we then studied whether these changes would affect the seed weight of the transgenic plants. The gene expression pattern was first examined and the *PP2C* gene was found to be expressed in each organ and showed relatively higher expression in roots, flowers, and seeds (Fig.4D). The *EAL* gene was highly expressed in the seeds of soybean (Fig.4E). To investigate the functions of *PP2C* and *EAL*, we cloned different versions/alleles of the two genes from wild soybean ZYD7 and cultivated soybean HN44. The alle-

les from wild soybean ZYD7 were named *PP2C-1* and EAL-1(Fig.4B), and the alleles from cultivated so
ybean HN44 were named *PP2C-2* and *EAL-2* (Fig.4C). The residues at L27 and E37 in PP2C-1 were ch
-anged to LLLL and D in PP2C-2, respectively, and the residue at N62 of EAL-1 was changed to S in
EAL-2(Fig.4A). All four gene versions/alleles were transformed into *Arabidopsis* (Columbia-0 [Col-0]) for
over expression, under the control of 35S promoter. For each version/allele, three homozygous transgeni
c lines (Ox) with relatively higher expression of the transgenes were selected for further analysis (Fig.4F
–4I, upper panel).

When grown in a growth chamber at 22C with a photoperiod of14 h/10 h (light/dark), the rosette size of the
transgenic lines over expressing the *PP2C-1* was apparently larger than that of the wild-type (WT) plant (Fig.4G,
middle panel). Meanwhile *PP2C-1* also significantly enhanced the 1000-seedweight of the overexpressing plants
(Fig.4G, bottom panel). In contrast, the rosette size of the transgenic lines over expressing *PP2C-2-*, *EAL-1-*, or
EAL-2- was very similar to that of the WT plant (Fig.4F, 4H, and 4I, middle panel). The 1000-seed weight was
also comparable between these transgenic lines and the WT plants (Fig.4F, 4H, and 4I,bottom panel). These re-
sults indicate that *PP2C-1* is an eliteallele underlying the QTLs for seed weight regulation in wild soybeans.

2.5 *PP2C-1* promotes cell size and expression of seed size-related genes

Since the *PP2C-1* enhanced rosette size and seed weight intrans genic plants, we further analyzed the si
ze of seed and cotyledon in *PP2C-1* overexpression lines. Compared with the WT, we found that *PP2C-
1* significantly enhanced the size of seeds and cotyledons of seedlings (Fig.5A, 5B, 5D–5F). Because the
integument size influences the final size of seeds and is determined by cell proliferation and cell expans
ion, the outer integument cells were observed in seeds of WT Col-0 and *PP2C-1*-overexpressing plants.
We found that the size of outer integument cells was significantly increased in seeds of *PP2C-1*-overexp
ressing plants compared with that of WT Col-0 (Fig.5C and 5G). These results indicate that *PP2C-1* incr
eases cell size in the integuments of developing seeds.

To further investigate whether *PP2C-1* enhances seed weight/size through affection of relevant downstream
genes, we measured the expression of 32 seed size-related genes (Supplemental Table 1) and compared them in
the siliques of Col-0 and *PP2C-1*-overexpressing plants. We found that 11 out of 32 genes were differentially ex-
pressed in the siliques of *PP2C-1*-overexpressing plants in comparison with that of Col-0 (Fig.5H). These results
suggest that the *PP2C-1* may regulate a subset of genes for seed weight/size control.

2.6 Subcellular localization of PP2C-1 and PP2C-2

By blast alignment, we identified three other duplicated homologs of PP2C in soybean genome (*e* value
=0). These genes are located at Glyma14g12220, Glyma04g06250, and Glyma06g06310 loci. There is an
additional novel N-terminal domain of 45 residues in the PP2C from Glyma14g12220 locus in comparis
on with the PP2Cs from Glyma04g06250 and Glyma06g06310 loci (Supplemental Fig.4). This additional
N-terminal domain is also present in PP2C-1 and PP2C-2, and the variation sites be-tween PP2C-1 and
PP2C-2 also occurred in this domain, implying that this N-terminal domain may have a novel function.

To investigate whether intracellular distribution of PP2C-1 and PP2C-2 protein was perturbed by sequence
variation, we transiently expressed PP2C-1-GFP (green fluorescent protein) and PP2C-2-GFP fusion proteins in
Nicotiana benthamiana leaf cells and observed the fluorescence. Similar to the free GFP signal, the PP2C-1-GFP
and PP2C-2-GFP signals were detected in the nucleus and cytoplasm (Supplemental Fig.5). Furthermore,
PP2C-1-GFP and PP2C-2-GFP signals colocalized with the nucleus marker HY5-RFP (red fluorescent protein)
(Supplemental Fig.5). In addition, after salt treatment the extracellular space in the plasmolyzed cells expressing
PP2C-1-GFP or PP2C-2-GFP did not display fluorescence signal (Supplemental Fig.5). These results indicate that
the variation between PP2C-1 and PP2C-2 did not change the subcellular localization.

2.7 PP2C-1 interacts with GmBZR1 and facilitates dephosphorylation of

GmBZR1

Among PP2C-1 affected seed size-related genes, *HSF15*, *SHB1*, *AP2*, and *ARF2* were directly regulated by brass inosteroid (BR) signaling through BZR1 and/or BES1/BZR2 (Jiang et al., 2013). Previous study showed that BZR1 and BES1 were phosphorylated by BIN2 and dephosphorylated by PP2A and BSU1. We then investigated the possibility of whether PP2C-1 could interact with BZR1 homologs and dephosphorylate it in soybean. We firstly identified four soybean orthologs of Arabidopsis BZR1 and/or BZS1. These genes arelocated at Glyma17g36730 (GmBZR1, *e* value = 7.3E-91), Glyma06g03700 (GmBZR2, e value=1.2E-90), Glyma14g08320 (GmBZR3, *e* value=6.4E-89), and Glyma04g03610 (GmBZR4, *e* value = 5.9E-88) loci (Supplemental Fig.6). We examined the subcellular localization of PP2C-1 and GmBZR1 and found that the signal of PP2C-1-GFP and GmBZR1-RFP mainly colocalized in nucleus (Fig.6A). A bimolecular fluorescence complementation (BiFC) assay was further performed to verify the interaction of PP2C-1 and GmBZR1. A yellow florescencesignal was detected in the nucleus using confocal microscopy when nYFP-PP2C-1 (N terminus of yellow fluorescence protein, nYFP) and cYFP-GmBZR1 (C terminus of yellow fluorescenceprotein, cYFP) were co-expressed in tobacco leaf epidermal cells (Fig.6B). These results indicate that PP2C-1 and GmBZR1 co-localize and interact in the nucleus.

To further determine whether the variation between PP2C-1 and PP2C-2 would affect the protein–protein interaction between PP2C-1, PP2C-2, and BZRs, we performed a luciferase comple mentary imaging (LCI) assay. The c LUC (C terminus of luciferase) was fused with PP2C-1, PP2C-2, or dnPP2C-1 (45 amino acid N terminus deletion from PP2C-1), and nLUC (N terminus of luciferase) was fused with AtBZR1, AtBES1, GmBZR1, GmBZR2, GmBZR3, or GmBZR4. The fused c LUC proteins and n LUC proteins were co-expressed in tobacco leaf epidermal cells andthe protein–protein interaction was compared. As shown in Fig.6C, cLUC-PP2C-1 and GmBZR1-nLUC co-expression led to strong LUC activity that can be readily detected with a low-light imaging system after the addition of luciferin, the substrate for firefly LUC. In contrast, co-expression of cLUC-PP2C-2 or cLUC-dnPP2C-1 with nLUC-GmBZR1 produced only background level of LUC activity (Fig.6C and 6D). Similarly, PP2C-1 showed interaction with GmBZR2, GmBZR3, GmBZR4, AtBZR1, and AtBES1, but PP2C-2 and dnPP2C-1 did not have interactions with these proteins (Fig.6C–6H). These results indicate that the variation between PP2C-1 and PP2C-2 disturbs their interaction with GmBZRs, and the 45 residues at the N-terminal domain play an important role in the formation of novel protein–protein interaction.

We further used a co-immunoprecipitation assay to examinein vivo interactions between PP2C-1 and BZR protein. GmBZR1-FLAG, GmBZR2-FLAG, GmBZR3-FLAG, or GmBZR4-FLAG was co-expressed with PP2C-1-GFP in the tobacco leaf cells. As shown in Fig.6I, GmBZR1-FLAG, GmBZR2-FLAG, GmBZR3-FLAG, and GmBZR4-FLAG could be coimmuno precipitated with the PP2C-1-GFP protein using anti-GFP antibody. Interestingly, two bands were detected for GmBZR1-FLAG, GmBZR2-FLAG, GmBZR3-FLAG, and GmBZR4-FLAG; the upper band may represent the phosphorylated form whereas the lower band may represent the unphosphorylated form.

Since the PP2C-1 interacted with GmBZRs, we further tested whether PP2C-1 could facilitate dephosphorylation of GmBZR1.Generally the dephosphorylated form of BZR plays positive rolesin BR signaling of soybean and *Arabidopsis* (Tang et al., 2011; Zhang et al., 2016). We expressed GmBZR1-FLAG with or without 250 nM brassinolide (BL) treatment in tobacco leaf cells, and co-expressed GmBZR1-FLAG with PP2C-1-GFP or PP2C-2-GFP in tobacco leaf cells. The total proteins were extracted for western blotting analysis. When GmBZR1-FLAG was expressed in tobacco leaves without BL treatment, the upper phosphory-lated form (pGmBZR1-FLAG) seemed to be at a higher level than the lower unphosphorylated form (Fig.6J). BL treatment enhanced the ratio of lower unphosphorylated GmBZR1-FLAGprotein (Fig.6J). Similar to the BL treatment, co-expression of PP2C-1-GFP and GmBZR1-FLAG enhanced the ratio of lower unphosphorylated GmBZR1 protein. In contrast, the presence of PP2C-2-GFP did not affect the ratio of two GmBZR1 forms and the protein pattern was very similar to that of GmBZR1-FLAG without any treatment (Fig.6J). These results indicate that PP2C-1, but not PP2C-2, interacts with GmBZR1 and facilitates GmBZR1 dephosphorylation.

2.8 Overexpression of *GmBZR1* enhanced seed size and seed weight of transgenic *Arabidopsi*s plants

Since PP2C-1 enhanced seed size and seed weight, and interacted with GmBZR1, we examined whether *GmBZR1* has any effects on seed traits in transgenic plants. The GmBZR1 was cloned and transformed into *Arabidopsis* (Col-0) for overexpression.

Three homozygous transgenic lines with the relatively higher expressions of the transgenes were selected for further analysis (Fig.6K). When grown in a growth chamber at 22C with aphoto period of 14 h/10 h (light/dark), the rosette size of the*GmBZR1*-overexpressing lines was apparently larger than that of the WT plant (Supplemental Fig.7), which was similar to the phenotype of *AtBZR1*- and *AtBES1*-overexpressing plants (Zhao et al., 2002; Jiang et al., 2015). Meanwhile *GmBZR1*overexpression significantly enhanced 1000-seed weight and seed size in transgenic plants in comparison with those of WTCol-0 (Fig.6L and 6M). These results indicate that GmBZR1, interacting with and affected by PP2C-1, positively regulates seed size and seed weight in plants.

2.9 Association analysis of *PP2C* genotypes with 100-seed weight in different soybean populations

A total of 166 soybean accessions (72 wild soybeans and 94cultivars) were analyzed in this study (Fig.7 A). The materialsncluded 135 representative diverse accessions in our previous analysis (Lu et al.,2016), and an additional 13 wild soybeans and 18 cultivated soybeans from China. *PP2C*-genomicsequences from 94 cultivated soybeans and 72 wild soybeans were sequenced and genotyped. We found that both *PP2C-1*and *PP2C-2* genotypes were present in the wild and cultivated soybeans (Fig.7A). Using gene se-quences of *PP2C*, we explored phylogenetic relationships among the 166 accessions. In the phylogenetic tree of *PP2C*, 39 cultivated soybean accessions and 12 wild soybean accessions were clustered together as the *PP2C-2* group, while 55 cultivated soybean accessions were clustered with 60 WT accessions to form the*PP2C-1* group (Fig.7A). These results indicate that 40% of cultivated soybeans still do not contain the *PP2C-1* allele, and these cultivars may be improved through introduction of the elite allele *PP2C-1*. In addition, the phylogeny probably suggests that different cultivated soybeans may be derived from different subsets of wild soybeans during domestication.

To further explore the association between the *PP2C* genotypes and 100-seed weight, we compared the 100-seed weight in the representative diverse soybean lines harboring different *PP2C* genotypes. Soybean accessions with *PP2C-1* genotype exhibited higher 100-seed weight distribution than the soybean accessions with *PP2C-2* genotype in both wild and cultivated soybeans, the difference being especially significant in cultivated soybeans (Fig.7B). Meanwhile, the *PP2C* genotypes could explain the 12.1% phenotypic variation in cultivated soybeans.

To determine the genetic effect of *PP2C* genotypes on 100-seed weight, we further evaluated a segregated F2 population (with F3 seeds) derived from a cross between cultivar HF47 and wild soybean ZYD203 (Fig.7C). The F2 individuals with the *PP2C-1* allele had higher 100-seed weight distribution than the F2 individuals with the *PP2C-2* allele (Fig.7C). The relationship of *PP2C* genotype with 100-seed weight in the RIL population (Fig.1) derived from the cross between HN44 and ZYD7 was also examined. It is apparent that the RIL individuals with the *PP2C-1* allele had higher 100-seed weight distribution than the RIL individuals with the PP2C-2 allele (Fig.7D). Meanwhile, the PP2C genotypes could explain 19.6% and17.7% of phenotypic variation in populations derived from HF47 and ZYD203 cross and HN44 and ZYD7 cross, respectively. All of these results indicate that the *PP2C-1* is positively associated with the 100-seed weight of soybean.

3 Discussion

Soybean is one of the most important sources of plant oil and protein (Li et al., 2013a; Sedbrook et al., 2014; Lu et al., 2016), although its yield is low compared with other major crops. Our genomic and genetic studies on soybean aim to increase soybean yield. From an RIL population derived from a cross between the wild soybean ZYD7 and the elite cultivated soybean HN44, we identified a soybean access ion R245 with high seed yield and high 100-seed weight. The R245 contains 14 QTLs related to 100-seed weight, and one of these QTLs is derived from chromosome 17 of wild soybean ZYD7, which possessed bigger seeds in comparison with seeds from most other wild soybeans (Fig.1D and 1E; Supplemental Fig.1).

All the QTLs in this study were identified through whole-genome sequencing of a core set of 198 RIL populations and construction of high-density map. Usually, the obstacles for map-based cloning of genes in soybean include the insufficiency of molecular markers and the lack of highly efficient genotyping approaches (Xu et al., 2013). However, current next-generation sequencing technologies have been widely used to identify SNPs in high throughput (Xu et al., 2013; Qi et al., 2014; Huang et al., 2015,2016; Zhou et al., 2015). When SNPs were detected at a very low depth (0.013 to 0.330), a sliding window approach was applied to use a group of consecutive SNPs for genotyping due to the presence of minority SNPs resulting from sequence errors (Huang et al., 2009; Xu et al., 2013). With the increase of sequencing depth (103), however, SNPs could be genotyped with high accuracy and directly used to perform association and/or linkage analysis (Zhou et al., 2015). Presently, we sequenced each individual of the core RIL populations with an average of 2 3 depths, at which the high-quality SNPs were genotyped. The QTLs relevant to subdeterminacy, seed-coat color, leaflet shape, and 100-seed weight were then identified and overlapped with the corresponding genes $Dt2$ (Ping et al.,2014), I (Tuteja et al., 2009), Ln (Jeong et al., 2012), and $GA20OX$ (Lu et al., 2016), respectively (Fig.3A and 3B).These analyses support the accuracy of the soybean genetic map established in this study.

From extensive analysis of a seed weight-related QTL onchromosome 17, we find that the PP2C-1 allele from the wild soybean ZYD7, but not the PP2C-2 allele from cultivated soybean HN44, is responsible for the promotion of seed weight/size and rosette size, possibly through enlargement of cell size (Fig. 4 and 5). This locus may represent a novelone since no overlapped QTL was found in Soybase (http://soybase.org/sbt/). The effect exerted by PP2C-1 may be due to its association with GmBZRs, a possible component of the BR signaling pathway, hence facilitating dephosphorylation of GmBZRs for BR signal transduction. The GmBZR1 also confers high seed weight, large seed size, and large rosette in transgenic plants (Fig.6 and Supplemental Fig.7), consistent with the roles of PP2C-1 in the regulation of these traits (Fig. 4 and 5). The PP2C-2 allele has only a few amino acids difference at its N-terminal end compared with the PP2C-1 (Fig.4), and this difference may disrupt the possible interaction of PP2C-2 with GmBZRs, altering the connection with the BR signaling pathway for seed weight/size control. It is interesting to note that when the N-terminal end (45 amino acids) was removed from PP2C-1, the truncated PP2C lost its ability to interact with BZRs (Fig.6D, 6F, and 6H), implying the importance of the N-terminal end in connecting PP2C-1 with GmBZR1.

Gene duplication is a primary source to facilitate genomic novelties, playing an essential role in speciation and adaptation (Qian and Zhang, 2014; Wang et al., 2016). Soybean is an ancient palaeopolyploid which underwent a whole-genome duplicated event (Schmutz et al., 2010). A striking feature of the soybean genome is the extent to which blocks of duplicated genes have been retained (Schmutz et al., 2010). This could be driven by gene functional divergence (Zhang, 2003; Wang et al., 2015, 2016; Roque et al., 2016). In soybean genome, $PP2C$ ($Glyma17g33690$) possessed another three duplicated orthologs ($Glyma14g12220$, $Glyma04g06250$, and $Glyma06g06310$). An N-terminal extension of 45 amino acids was noted in PP2C (Glyma17g33690) and Glyma14g12220 compared with the other two homologs. By Blast analysis, we found that this N-terminal extension also existed inhomologs from other legume plants, e.g., Phvul.001G043400 (*Phaseolus vulgaris*), Medtr1g014640 (*Medicago truncatula*), and Medtr1g013400 (*M. truncatula*). However, homologs from non-legume plants seem not to have this N-terminal extension. This phenomenon suggests that the novel N-terminal extension may be generated in the early duplication event of legume whole genome, which occurred outside the papilionoid lineage

(Schmutz et al., 2010). Although the function of *Glyma14g12220*, *Phvul.001G043400*, *Medtr1g014640*, and*Medtr1g013400* with the N-terminal extension has yet to be elucidated, PP2C-1 has generated a new protein–protein interaction and connected with GmBZR1 for regulation of seed weight/size in soybean. This elite allele could be used for targeted breeding of soybeans and/or other crops.

Seed size is crucial for evolutionary fitness in plants (Li and Li,2015), and is also an important agronomic trait in crop domestication (Jiang et al., 2013; Li and Li, 2015). Although seed weight/size is affected by environmental cues, species-specific seed weight/size is predominantly determined by the internal developmental signals from maternal sporophytic and zygotic tissues (Jiang et al., 2013; Li and Li, 2015). BR promotesseed development and positively regulates seed weight and size directly by BZR1 (Wu et al., 2008; Jiang et al., 2013; Cheet al., 2016). When BR levels are low, BZR1 is phosphorylated by BIN2 in the nucleus (He et al., 2002; Vert and Chory, 2006; Ryu et al., 2010; Tang et al., 2011). Brassinosteroid promotes growth by inducing dephosphorylation of BZR1 or BES1 in *Arabidopsis* (Ryu et al., 2010; Tang et al., 2011) and GmBZL2 in soybean (Zhang et al., 2016). In *Arabidopsis*, PP2A and BSU1(protein phosphatase with an N-terminal Kelch-repeat domain) can dephosphorylate BZR1 and BES1 to promote growth (Ryuet al., 2010; Tang et al., 2011). It remains unknown whether other types of phosphatase could promote accumulation of unphosphorylated BZR1 or BES1. Here we found that a proteinphosphatase, PP2C-1, with a Leguminosae-specific N-terminaldomain (45 amino acids) from soybean could promote accumulation of unphosphorylated GmBZR1 in the nucleus. Given that   PP2C-1 mainly interacted with GmBZR1 in the nucleus (Fig.6), it remains unclear whether PP2C-1 directly dephosphorylates GmBZR1 or prevents BIN2 to phosphorylate GmBZR1. *In vitro* phosphorylation or phosphatase assays may further clarify this point. Like BZR1 and BES1 in *Arabidopsis* (Zhao et al., 2002; Jiang et al., 2015) and GmBZL2 in soybean (Zhang et al., 2016), overexpression of GmBZR1 also promotes leaf expansion (Supplemental Fig.7). However, there is no significant difference in seed weight between the WT and *bzr1-1D*, which is a BR signal-enhanced mutant. There may be a functional difference between *bzr1-1D* and BZR1 or between soybean GmBZR1 and *Arabidopsis* BZR1. Other possibilities cannot be excluded.

While the present soybean PP2C-1 may be involved in regulation of BR signaling for seed weight control, other PP2C family members, e.g., ABI1 and ABI2, have been found to act in abscisic acid (ABA) signaling (Schweighofer et al., 2004). Considering that the soybean PP2C-1 is not clustered with ABI1 and ABI2 (Supplemental Fig.8), it is unlikely that the PP2C-1 may play any roles in ABA signaling, although such a possibility could not be excluded. Further study may clarify this concern.

The distribution of the PP2C-1 and PP2C-2 in different wild and cultivated soybeans was compared. Unlike the genes for seed traits, e.g., *GmNFYA* for seed oil contents and *GmGA20OX* for seed weight, identified in our previous study, whose elite alleles have already dominated in most cultivated soybeans (Lu et al.,2016), the current PP2C-1 allele is only distributed in 60% of the examined soybeans, and the remaining 40% of soybean cultivars do not contain the PP2C-1 allele but harbor the PP2C-2 allele (Fig.7A). Considering that the PP2C-1 is closely related to seed weight/size increase (Fig.4, 5, and 7), these cultivars may be subjected to improvement for seed weight/size by introducing the PP2C-1 allele through breeding.

Our present study reveals a novel mechanism of selection by structural variation at the N-terminal end of PP2C, which is different from our previous finding that the selection is based on differential expression of genes (Lu et al., 2016). Co-existence of the two mechanisms may facilitate easy selection for seed traits during soybean domestication, broadening the abundance of genetic background for soybean improvement.

In conclusion, through whole-genome sequencing and map-based cloning, we found that a PP2C-1 allele from wild soybean promotes seed weight and size through association with GmBZR1. Introduction of this elite allele into soybean cultivars lacking this allele might facilitate improvement of soybean seed weight/size and yield. Knowledge from this study may also benefit the production of other legumes/crops.

4 Methods

4.1 Plant materials

The wild soybean (*Glycine soja* Sieb. & Zucc) line ZYD7 originates from Heilongjiang Province in China. The cultivated soybean (*Glycine maxL.* Merr.) line HN44 is an elite cultivar from the northeastern part of China.The F1 seeds were obtained from the reciprocal cross between the ZYD7and HN44. F1 selfpollinations were performed to create an F2 population. Single-seed descendants were propagated from F 2 to F8 for creating 1 036 genetically stable RILs. Starting from F8, mixed seeds were collected and propagated for each line. Soybean materials HN44, ZYD7, and RILs were planted and collected in the field at Harbin, China in the years 2012 and 2013, and in Beijing, China in 2014. A core panel of 198 RILs that exhibited a diverse spectrum of seed oil content and 100-seed weight was used for sequencing and mapping analyses.

4.2 Leaf sampling, DNA isolation, and population resequencing

Soybean leaves were collected and stored at 80℃ for DNA extraction. DNA was isolated using a DNeasy Plant Mini Kit (Qiagen, Germany). One microgram of DNA was sheared to be around 200–500 bp by a sonicator (Covaris, USA). The resequencing library was prepared using a NEB Next Ultra DNA Library Prep Kit for Illumina (NEB, USA) according to the manufacturer's protocol. Multiplex paired-end adapters (NEB, USA) were used to multiplex libraries. The resequencing libraries were quantified using Bioanalyzer (Agilent, USA) and then sequenced (paired-end,100-mer each) in the Illumina genome anal-yzer (Hiseq 2000). Resequencing data used in this study are deposited under the Bioproject PRJCA000155 at Beijing Institute of Genomics Genome Sequence Archive (GSA) (http://gsa.big.ac.cn).

4.3 SNP calling, genotyping, and QTL identification

Reads containing >2 Ns were filtered and then clean reads were mapped to *Glycine max* v1.1 genome using BWA v 0.7.5a with parameter (-n 1) (Liand Durbin, 2009). Properly paired and uniquely mapped reads were then used to call SNPs. Reads that could not be properly paired or resulted inmultiple alignment sites were discarded.

SNPs of the population were called and filtered with the parameters "QD < 2.0 Ⅱ MQ < 40.0 Ⅱ FS > 60.0 Ⅱ HaplotypeScore > 13.0 ⅡMQRankSum < −12.5 ⅡReadPosRankSum < −8.0\" by GATK v2.5.2 (DePristo et al., 2011). Filtered SNPs were used to genotype the RILspopulation. The SNPs were further filtered by the following criteria: SNPs were of the two parental genotypes and homozygous, and there were at least 15 RILs with SNPs at a single site.

The R/qtl package (Arends et al., 2010) was used to identify recombinant break points, generate bins, calculate the genetic distance, and identify QTLs. In brief, the function calc. genoprob calculated genotype probabilities only at the marker locations, and the multiple imputation method (Sen and Churchill, 2001) was used to determine LOD scores and t significance threshold by 1 000 times. The boundary of each major QTL was then defined by a LOD score drop of 1.5 (Dupuis and Siegmund, 1999).

4.4 Identification of putative causative genes

In chromosome 17, 285.8 kb of 100-seed weight QTL region contained 22 genes, which were amplified and sequenced. The total RNA of soybean leaf and seed was extracted using CTAB buffer according to Lu et al. (2016). The first-strand cDNA was synthesized using Super Script Ⅲ Reverse Transcriptase (Invitrogen, USA). The PCR products containingthe complete coding sequence were subjected to sequencing. For genes that did not show expression at leaf and seed, DNA was extracted as described above and the PCR products containing generegions were subjected to sequencing. After alignment, PP2C (*Glyma17 g33690*) and *EamA-like* (*Glyma17g33790*) were selected as candidate causative genes.

4.5 Generation of transgenic plants

The coding sequence (CDS) of PP2C (*Glyma17g33690*) or *EamA-like* (Glyma17g33790) was amplified from cultivated and wild soybean seed cDNA, cloned into the expression vector pGWB411, transfected into Agrobacterium tumefaciens strain GV3101, and further transformed into *Arabidopsis* Col-0 according to Lu et al. (2016). The individual transgenic plants were selected on Murashige and Skoog mediumcontaining 50 mg/L kanamycin. The T3 homozygous transgenic lines were used for further analysis. PCR primers are listed in Supplemental Table 1.

4.6 Quantitative real-time PCR

The total RNA of soybean was extracted using CTAB buffer according to Lu et al. (2016). *Arabidopsis* total RNA was extracted using TRIzol reagent (Ambion, USA) according to the manufacturer's instructions. The total RNA was then treated by a DNA-free DNA Removal Kit (Ambion, USA). Real-time qPCR was performed using SYBR Green PCR Master Mix (Takara, China) as described previously (Lu et al., 2016). The relative expression level was quantified by using an internal control. The UKN1(*Glyma12g02 310*) (Hu et al., 2009; Li et al., 2012; Lu et al., 2016) gene and *AtActin2* (AT3G18780) (Lu et al.,2016) gene were selected asinternal control gene for soybean and *Arabidopsis*, respectively. PCR primers are listed in Supplemental Table 1.

4.7 Measurements of seed weight and size

For *Arabidopsis* seed weighing, a scale capable of stably measuring10^{-5}g was used and 200 seeds were measured in each experiment. The *Arabidopsis* seed samples were observed using stereomicroscopy (Leica,M165 FC). To measure seed size, we photographed dry seeds of the WT and ectopic transgenic lines under a Leica microscope (Leica, M165 FC). The seed size of WT and ectopic lines was measured using ImageJ software. The weight of four sample batches was measured.

4.8 Analysis of allele genotype from wild and cultivated soybean accessions

The 2 kb genomic sequences of *PP2C*-containing variation sites were amplified from the genomic DNA from different cultivars and wild soybeans using Prime STAR HS DNA Polymerase (Takara, China). The PCR product was then purified and sequenced. After sequencing, sequences were analyzed using CHRO MAS software and low-quality sequence was removed. The sequences were aligned using CLUSTAL X (Larkinet al., 2007). The phylogenetic tree was conducted with 1 000 bootstrap replicates in PHYLIP using the neighbor-joining method (Saitou and Nei, 1987). Supplemental Table 1 lists the amplification and sequencing primers.

4.9 Subcellular localization

The coding sequence of *PP2C-1* and *PP2C-2* was cloned into pGWB405to fuse inframe to the coding sequence of a GFP. The coding sequenceof HY5 (AT3G17609) or GmBZR1 (Glyma17g36730) was cloned into pGWB454 to fuse in-frame to the coding sequence of RFP. The fusion genes were under the control of the cauliflower mosaic virus 35S promoter, and the constructs were transformed into leaf epidermal cells of 4-week-old *N. benthamiana* plants by *Agrobacterium* infiltration. The transformed leaf epidermal cells were observed and photographed through a microscope.

4.10 Protein–protein interaction assays

The BiFC assay was carried out to confirm the interaction of *PP2C-1* with GmBZRs by following the procedure of Tao et al. (2015). The coding region of *PP2C-1* was amplified and ligated into the pSPYN E(R)173 vector, and the coding region of *GmBZR1* was amplified and ligated into the pSPYCE (MR) vector. The fusion plasmids were co-transformed into leaf epidermal cells of 4-week-old *N. benthamiana* plants by *Agrobacterium* infiltration. The transformed leaf epidermal cells were observed and photographed through a microscope.

The LCI assays were used to determine whether the 45 amino acid residues at N-terminal domain of PP2C and the variation between PP2C-1 and PP2C-2 could change protein–protein interaction by following the procedure of Chen et al. (2008).

The Co-immunoprecipitation experiments were carried out to verify the interaction of PP2C-1 with GmBZR1, GmBZR2, GmBZR3, or GmBZR4 *in vivo* by following the procedure of Serino and Deng (2007). In brief, total protein was extracted by the immunoprecipitation buffer (150 mM NaCl, 50 mM Tris–HCl [pH 7.5], 0.5% NP－40, two pieces of complete protease inhibitortablet). The protein extracts were precipitated with GFP-trap agarose beads (Chromotek) for 2 h at 4℃, and the beads were then washed three times in washing buffer (150 mM NaCl, 10 mM Tris–HCl [pH 7.5], 0.1%NP－40, one piece of complete protease inhibitor tablet). Total proteins and immunoprecipitates were analyzed by western blotting using eitheran anti-FLAG or anti-GFP antibody (Invitrogen) to detect the interaction of PP2C-1-GmBZR1, PP2C-1-GmBZR2, PP2C-1-GmBZR3, or PP2C-1-GmBZR4, respectively.

Supplemental information

Supplemental Information is available at Molecular Plant Online.

Funding

This work is supported by the CAS leading project (XDA08020106), the National Transgenic Research Projects (2016ZX08009003-004, 2014ZX0800926B), the National Key R&D Program for CropBreeding (2016YFD0100504, 2016YFD0100304), the 973 Project (2013CBB835205), the project "New cultivar breeding for northern soy-bean with better quality, high yield and wide adaptability", and the StateKey Lab of Plant Genomics.

Author contributions

X.L., Q.X., S.-Y.C., and J.-S.Z. conceived and designed the experiments; X.L. and Q.X. performed the experiments; T.C., Q.-T.L., X.-L.L., Y.-D.B., W.L., W.-K.Z., B.M., Y.-C.L., W.-G.D., and W.-Q.M. contributed to somematerial preparation; X.L. and J.-S.Z. wrote the article; all authors reviewed the manuscript.

Supporting information
Additional Supporting Information may be found in the online version of this article:
Fig. S1 The phenotype analysis of the line R245.
The line R245 has narrow leaves which are inherited from *G. soja* ZYD7, and also exhibits higher pod number per plant and seed yield per plant than that of *G. max* HN44. Bars indicate SD (n = 4), and the asterisks indicate significant difference compared to the HN44 value (P < 0.05).

Fig. S2. Procedure of the sequence-based high-throughput genotyping.
Genome sequences of the two parents and 198 accessions of RILs 936 were aligned and SNPs were identified. Genomes of the RILs were re-sequenced using the multiplexed sequencing strategy. In-

534

dexed DNAs of 20 RILs were combined and sequenced in one lane. Detected SNPs were arranged along chromosomes according to their physical locations with genotypes indicated.

Fig. S3 Statistics of sequencing depth and mapping rate of RILs.
In total, 198 RILs (RILs03169) soybean accessions were sequenced in an average of 2 × depth. About 59% reads could be uniquely mapped to the genome.

Fig. S4 Sequence comparison of PP2C homologues in soybean.
In addition toPP2C-1 and PP2C-2, there are three homologues of PP2C in soybean genome. Like PP2C-1, Glyma14g12220 has the novel N terminal domain in comparison to Glyma04g06250 and Glyma06g06310.

Fig. S5 The subcellular localization of PP2C-1 and PP2C-2.
PP2C-1-GFP and PP2C-2-GFP signal could be detected in the nucleus and cytoplasm. The HY5-RFP is
used as a nucleus marker and HY5 is a transcription factor. The plasmolyzed cells expressing PP2C-1-GFP and PP2C-2-GFP did not display Hechtian strands and did not localize in the extra-cellular space.

Fig. S6 Sequence comparison of BZR homologues in Arabidopsis and soybean.
There are four homologues of AtBZR1 and AtBES1 in soybean genome. These proteins are located at Glyma17g36730 (GmBZR1, evalue = 7.3E-91), Glyma06g03700 (GmBZR2, evalue = 1.2E-90), Glyma14g08320 (GmBZR3, evalue = 6.4E-89) and Glyma04g03610 (GmBZR4, evalue = 5.9E-88) loci. Amino acid residues shaded in red indicate identity among the six proteins.

Fig. S7 The overexpression of *GmBZR1* enhanced seedling 964 growth of the
transgenic plants. The three lines of *GmBZR1* overexpression plants (GmBZR1-Ox3, -Ox5 and -Ox14) grown for two- and three-weeks were shown, and the rosette size of these plants was larger than that of WT.

Fig. S8 Phylogenetic tree of PP2C homologues in Arabidopsis. Phylogenetic analysis of Arabidopsis type-2C protein phosphatases and Glyma1733690 (PP2C) using Clustal X and PHYLIP.

Table S1. List of primers used in this study.

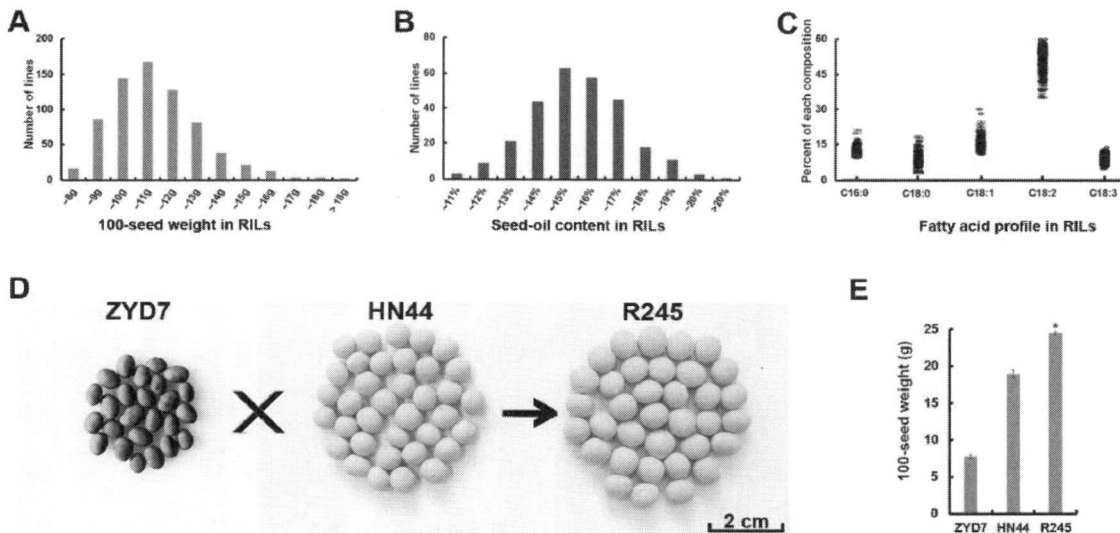

Fig. 1 Analysis of seed traits in RILs derived from *G. soja* ZYD7 and *G. max* HN44
(A) Distribution of the 100-seed weight in the RILs. (B) Distribution of theseed oil-contents in the

RILs. (C) Seed fatty acid profile in RILs. (D) The line R245 with larger seeds is found from the RILs derived from ZYD7 and HN44. (E) Comparison of 100-seed weight. Bars indicate SD ($n = 4$), and the asterisk indicates significant difference compared to the control 825 ($P < 0.05$)

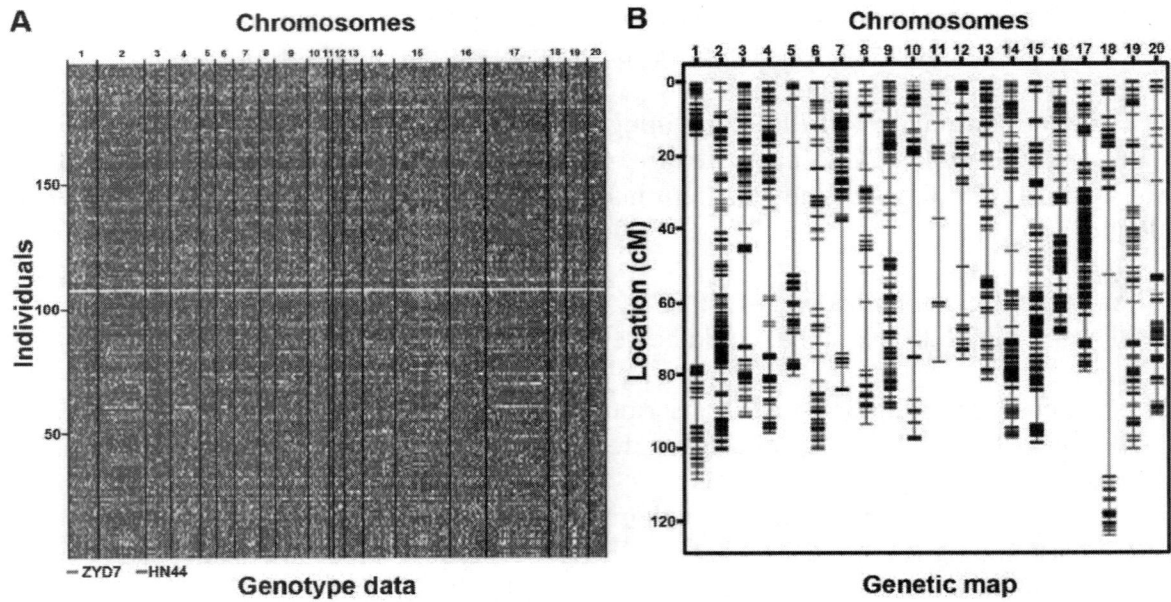

Fig.2 The genotyping map and genetic map constructed from resequencing data of the RILs
(A) The genotyping map was constructed from SNPs with high accuracy and quality called by using GATK. (B) Construction of the genetic map by using R/qtl based on the genotyping information

A

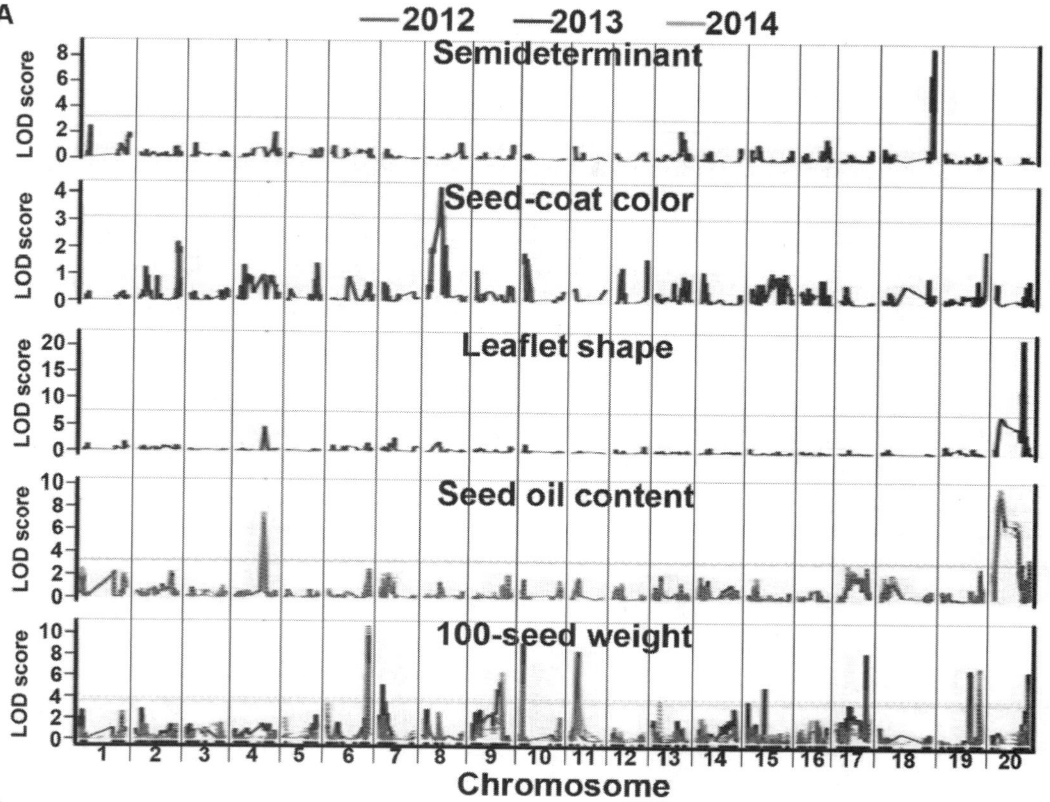

—2012　—2013　—2014

Semideterminant

Seed-coat color

Leaflet shape

Seed oil content

100-seed weight

Chromosome: 1 2 3 4 5 6 7 8 9 10 11 12 13 14 15 16 17 18 19 20

(Y-axes labeled "LOD score")

B

Agronomic traits	LOD cutoff	Chr. no.	Var (%)	Positive allele	Additive effect	QTL position Start position	QTL position End position	Physical length (Kb)	Putative causal genes identified in previous study
Subdeterminacy	3.2	18	20.35	C	-	59,105,039	61,442,682	2337.6	Dt2 (Ping, et al., 2014)
Seed-coat color	3.1	8	10.04	C	-	4,980,330	16,759,993	11779.7	I (CHS gene cluster) (Zhang, et al., 2009)
Leaflet	7.5	20	42.22	W	-	33,802,605	36,745,077	2942.4	Ln (Gm-JAGGED1) (Jeong, et al., 2012)
Seed-oil content	3.2	4	15.72	C	0.29	32,172,238	35,452,695	3280.5	--
		20	19.06	C	0.57	3,071,688	23,449,018	20377.3	--
		20	18.34	C	0.26	25,425,208	33,429,498	8004.3	--
100-seed weight	3.6	6	20.54	C	0.87	47,693,375	49,511,503	1818.1	--
		7	11.48	C	3.35	3,121,571	5,056,146	1934.6	--
		7	8.16	C	0.67	7,335,075	7,989,942	654.9	GA20OX (Lu, et al., 2016)
		9	11.96	C	5.29	29,826,972	38,235,387	8408.4	--
		10	19.27	C	0.41	3,089,275	3,901,531	812.3	--
		11	17.9	C	0.41	5,667,799	10,449,634	4781.8	--
		13	1.41	C	0.22	7,868,224	10,342,432	2474.2	--
		15	5.21	C	0.55	1,901,425	2,855,666	954.2	--
		15	11.21	C	0.63	21,469,070	22,465,649	996.6	--
		17	17.7	W	0.52	37,511,263	37,797,093	285.8	--
		19	14.36	C	0.14	35,655,180	36,232,285	577.1	--
		19	8.38	C	0.15	46,787,672	48,696,119	1908.4	--
		20	7.41	C	0.54	39,019,893	40,995,941	1976.0	--
		20	14.27	C	0.67	44,440,102	45,158,372	718.3	--

Fig. 3 Quantitative trait loci mapping

(A) QTLs related to semi-determinant, seed-coat color, leaflet shape, seed oil-content and 100-seed weight of soybean were mapped by using genetic map and information of each trait. For seed oil-content and 100-seed weight, data from three years were presented. (B) Position and other information of each QTL. For the column of positive allele, 'C' indicates that the allele is derived

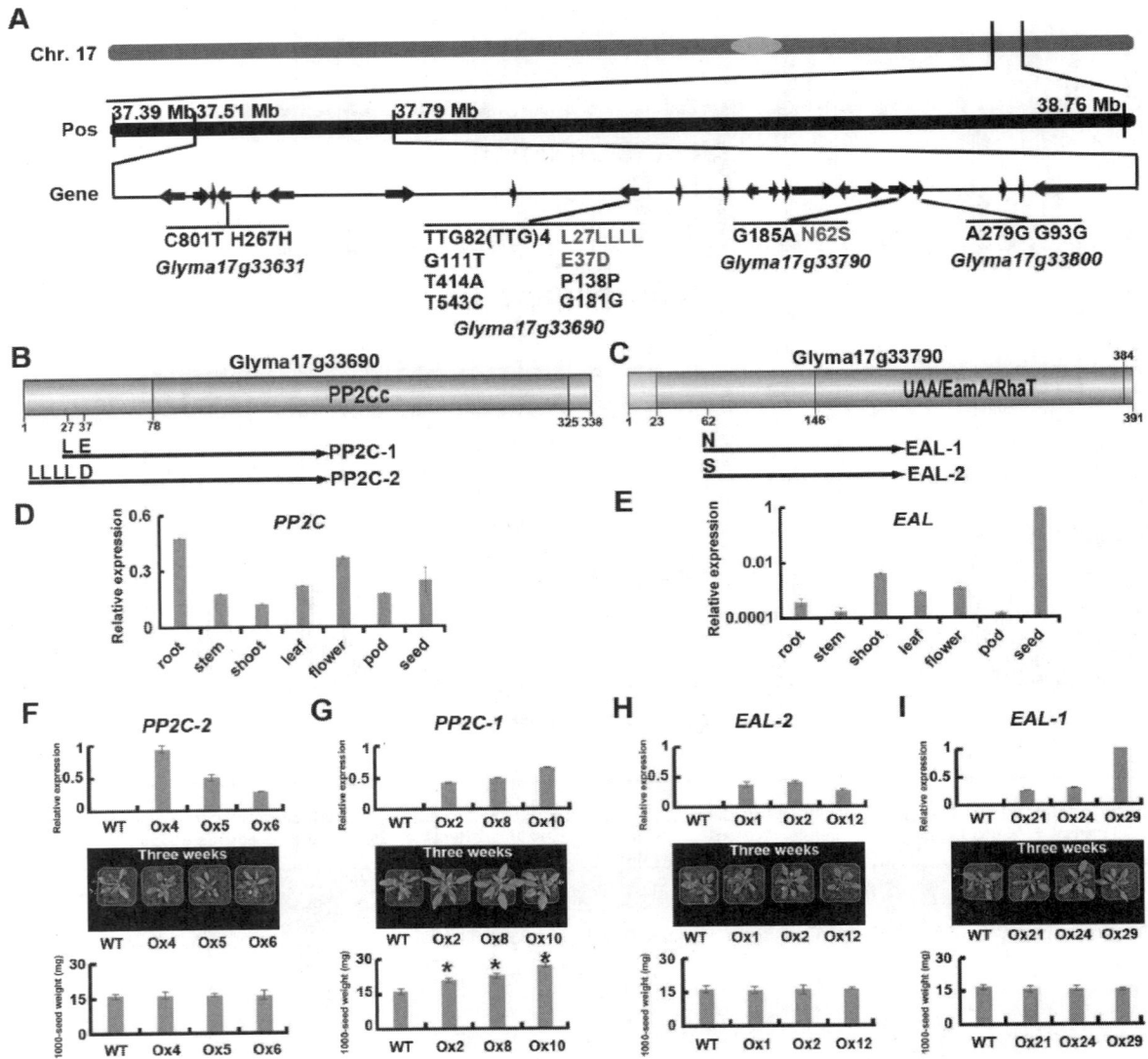

Fig.4 Identification of genes related to 100-seed weight of soybean

(A) 841 Candidate genes related to 100-seed weight. By PCR amplification and sequencing, we found four genes (*Glyma17g33631*, *Glyma17g33690*, *Glyma17g33790* and *Glyma17g33800*) with nucleotide variation at the coding regions between *G. soja* ZYD7 and *G. max* HN44, and variations at two of them (*Glyma17g33690*, *Glyma17g33790*) resulted in amino acid changes. These two genes (*Glyma17g33690*, *Glyma17g33790*) were identified as causal candidate genes. (B) *Glyma17g33690* encodes a protein with PP2C domain and the protein was named as PP2C. *PP2C-1* was cloned from ZYD7 and *PP2C-2* was cloned from HN44. PP2C-1 has a 27L and 37E, whereas PP2C-2 has four L residue and D at the two positions respectively. (C) *Glyma17g33790* encodes a protein with an EamA-like domain, and was named as EAL. *EAL-1* was cloned from ZYD7 and *EAL-2* was cloned from HN44. The EAL-1 has a 62N whereas the EAL-2 has a 62S. (D) *PP2C* expression pattern in different soybean organs. (E) *EAL* expression pattern in different soybean organs. (F) The overexpression of *PP2C-2* did not enhance seed weight of the transgenic plants. (G) The overexpression of *PP2C-1* enhanced seed weight of the transgenic plants. (H) The overexpression of *EAL-1* did not enhance seed weight of the transgenic plants. (I) The overexpression of

EAL-2 did not enhance seed weight of the transgenic plants. For gene expression in (D) to (I), bars indicate SD (*n*=4). For seed weight in (f) to (I), bars indicate SD (*n*=3) and *indicates significant difference compared to WT (*P* < 0.05)

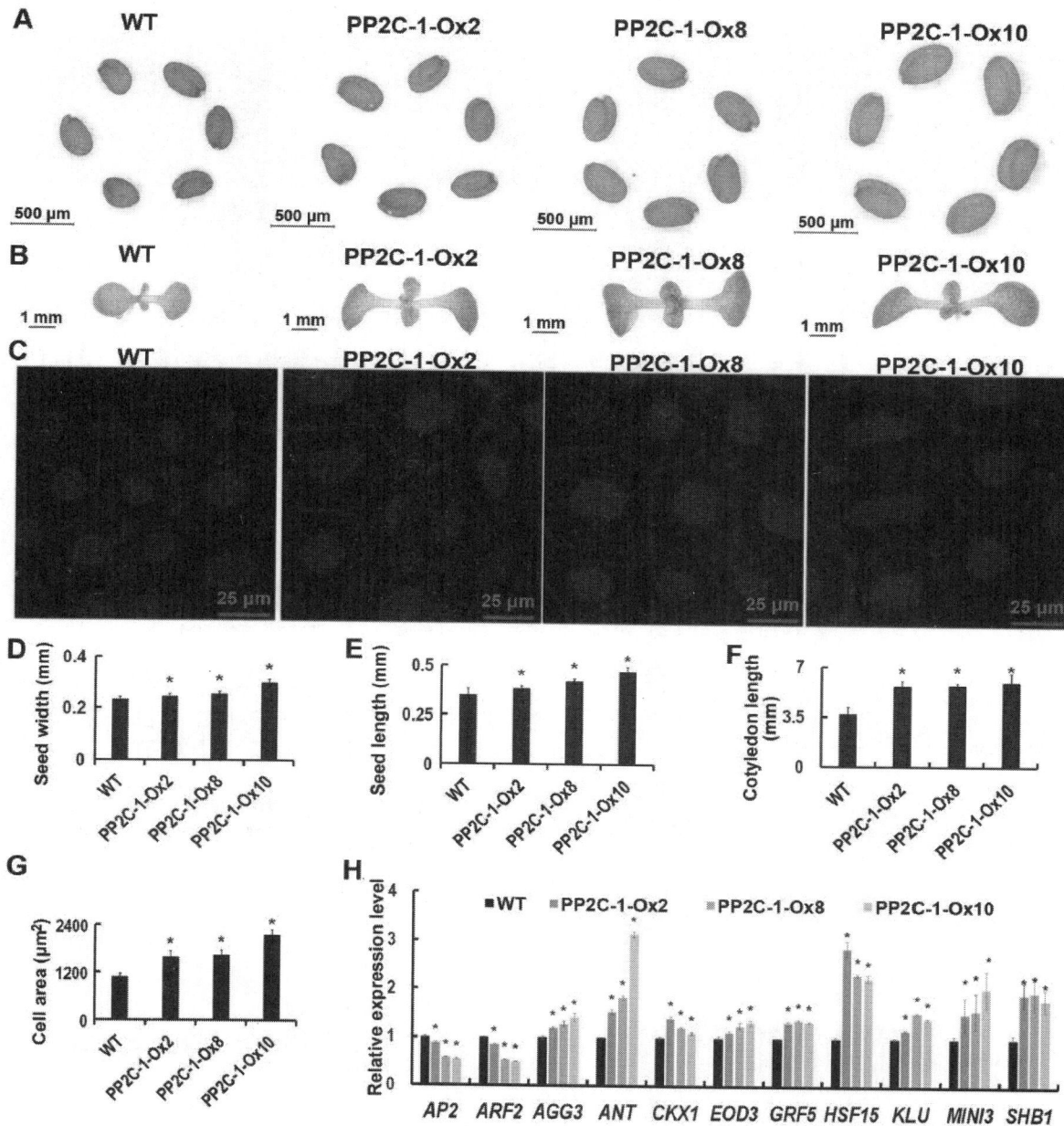

Fig. 5 Measurement of seed size, cotyledon size and integument cell size in *PP2C-1* transgenic plant and wild type Col-0

(A) The comparison of seed size between *PP2C-1* transgenic plant and wild type Col-0. (B) The comparison of cotyledon size from five-day-old seedlings between *PP2C-1* transgenic plant and wild type Col-0. (C) The comparison of seed integument cells fifteen d after pollination between *PP2C-1* transgenic plant and wild type Col-0. (D) Measurement of seed width in various transgenic plants. (E) Measurement of seed length in various plants. (F) Measurement of seedling cotyledon in various plants. (G) Measurement of seed integument cell size in various plants. For (D), (E), (F) and (G), bars indicate SD (*n* = 6), and the asterisks indicate significant difference compared to the control (*P* < 0.05). (H) Expression of seed weight/size-related genes in transgenic plants. The siliques from wild type Col-0 and *PP2C-1*-overexpression plants were collected at 5 d after hand pollination.

Bars indicate SD ($n=4$) and the asterisks indicate significant difference compared to the corresponding controls ($P < 0.05$)

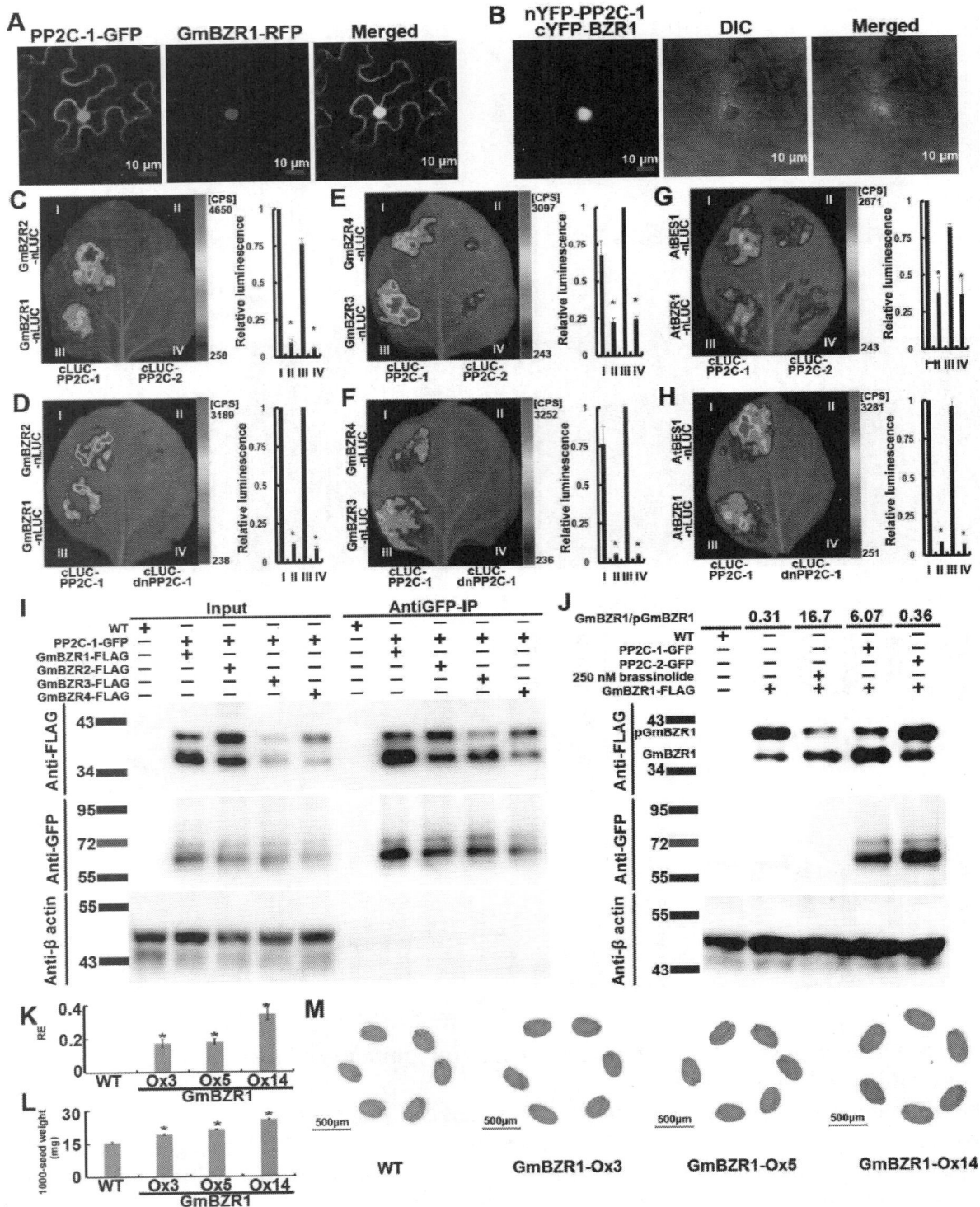

Fig. 6 The analysis of interaction between PP2C-1 and GmBZRs

(A) PP2C-1 and GmBZR1 co-localized in nucleus in epidermal cells of tobacco. (B) PP2C-1 and GmBZR1 exhibited interaction in nucleus in epidermal cells of tobacco by BiFC analysis. (C) PP2C-1, but not PP2C-2, interacted with GmBZR1 and GmBZR2 as revealed by luciferase complementary imaging (LCI) analysis. 881 Right panel: quantification of the luciferase activity in the left panel. Ⅰ, Ⅱ, Ⅲ and Ⅵ indicate different combinations of interactions. (D) Deletion of the N-terminus from PP2C-1 disrupted the interaction between PP2C-1 and GmBZR1 or GmBZR2. dnPP2C-1 has a deletion of N terminus from PP2C-1. (E) PP2C-1 interacted with GmBZR3 and GmBZR4, whereas PP2C-2 was not as revealed by LCI analysis. (F) Removal of the N-terminus from PP2C-1 disrupted the interaction between PP2C-1 and GmBZR3 or GmBZR4. dnPP2C-1 has a deletion of N terminus from PP2C-1. (G) PP2C-1 but not PP2C-2 interacted with AtBZR1 and AtBES1 as revealed by LCI analysis. (H) Deletion of N-terminus from PP2C-1 blocked the interaction between PP2C-1 with AtBZR1 or AtBES1. dnPP2C-1 has a deletion of N terminus from PP2C-1. (I) Anti-GFP immunoprecipitation (IP) of PP2C-1-GFP with GmBZR1-FLAG, GmBZR2-FLAG, GmBZR3-FLAG and GmBZR4-FLAG, respectively. Wild-type (WT) is the sample from leaves of tobacco plants. PP2C-1-GFP was 895 immunoprecipitated using GFP-trap Agarose beads, and the immunoblots were 896 probed with antibodies against GFP or FLAG. (J) Brassinolide treatment and PP2C-1897 both promoted accumulation of dephosphorylated GmBZR1 whereas PP2C-2 did not have the function. Tobacco leaves from a 35S::GmBZR1-FLAG transgenic plant were treated with 250 nM brassinolide (BL) for 1 h. The immunoblots were probed with antibodies against GFP, FLAG or actin. (K) Relative expression (RE) of *GmBZR1* in the three lines of *GmBZR1* overexpression plants. Bars indicate SD ($n=4$). *indicates significant difference from WT ($P<0.05$). (L) The overexpression of *GmBZR1* enhances seed weight of the transgenic plants. Bars indicate SD ($n=4$). * indicates significant difference from WT ($P<0.05$). (M) The seeds from wild type and *GmBZR1*-overexpression plant were shown

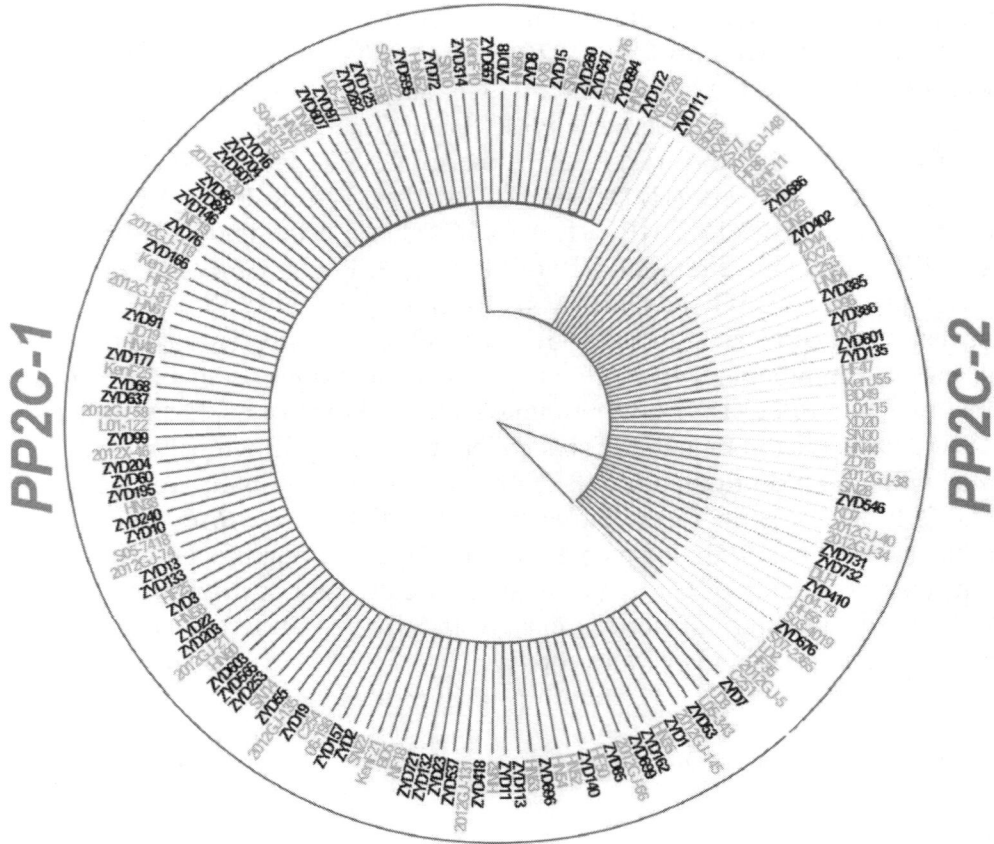

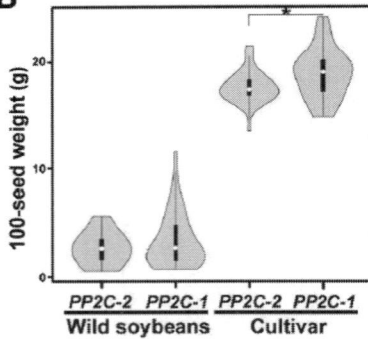

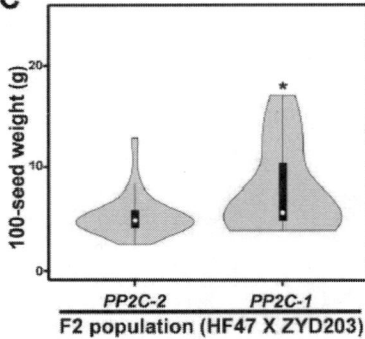

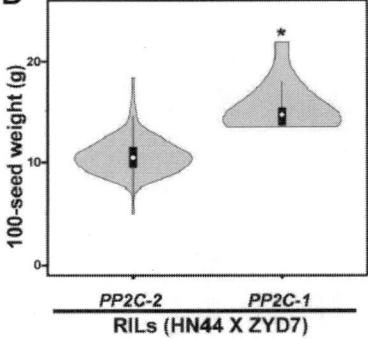

Fig. 7 The association and linkage analysis of *PP2C* genotypes with soybean 100-seed weight in different populations

(A) The phylogenetic tree of *PP2C-1* and *PP2C-2* genotypes from different cultivated soybeans and wild 909 soybeans. Names in yellow indicate cultivated soybeans and names in black indicate wild soybeans. The blue lines on the left indicate that the connected accessions have *PP2C-1* allele. The red lines on the right indicate that the connected accessions have *PP2C-2* allele. (B) Association analysis of the 100-seed weight with *PP2C* haplotypes in cultivated soybeans and wild soybeans. There are 60 wild soybean accessions and 55 cultivated soybean accessions with *PP2C-1* genotype, and there are 12 wild soybean accessions and 39 cultivated soybean accessions with *PP2C-2* genotype. (C) Linkage analysis of the 100-seed weight with *PP2C* haplotypes in F2 populations (with F3 seeds) derived from a cross between cultivar HF47 and wild soybean ZYD203. Among F2 populations, there are 34 F2 individuals with *PP2C-2* allele and 56 F2 individuals with *PP2C-1* allele. (D)

Linkage analysis of the 100-seed weight with *PP2C* haplotypes in RILs derived from a cross between cultivar HN44 and wild soybean ZYD7. Among RILs, there are 180 RILs with *PP2C-2* allele and 18 RILs with *PP2C-1* allele. For (B), (C) and (D), the asterisk * indicates significantly different distribution between two groups (*P*-value < 0.05, Kruskal–Wallis test).

参考文献（略）

本文原载于《Molecular Plant》2017 年 05 期。

Quantitative Trait Locus Mapping of Flowering Time and Maturity in Soybean Using Next-Generation Sequencing-Based Analysis

Lingping Kong[1,2†], Sijia Lu[1†], Yanping Wang[3†], Chao Fang[2,4†], Feifei Wang[2], Haiyang Nan[1], Tong Su[2,4], Shichen Li[2,4], Fengge Zhang[2,4], Xiaoming Li[2], Xiaohui Zhao[1], Xiaohui Yuan[2], Baohui Liu[1,2*] and Fanjiang Kong[1,2*]

(1. *School of Life Sciences, Guangzhou University, Guangzhou510006, China;*
2. *The Key Laboratory of Soybean Molecular Design Breeding, Northeast Institute of Geography and Agro ecology, Chinese Academy of Sciences, Harbin150086, China;*
3. *Mudanjiang Branch of Heilongjiang Academy of Agricultural Sciences, Mudanjiang157000, China;*
4. *University of Chinese Academy of Sciences, Beijing100101, China)*

Abstract: Soybean (*Glycine max* L.) is a major legume crop that is mainly distributed in temperate regions. The adaptability of soybean to grow at relatively high latitudes is attributed to natural variations in major genes and quantitative trait loci (QTLs) that control flowering time and maturity. Identification of new QTLs and map-based cloning of candidate genes are the fundamental approaches in elucidating the mechanism underlying soybean flowering and adaptation. To identify novel QTLs/genes, we developed two F_8:10 recombinant inbred lines (RILs) and evaluated the traits of time to flowering (R1), maturity (R8), and reproductive period (RP) in the field. To rapidly and efficiently identify QTLs that control these traits, next-generation sequencing (NGS)-based QTL analysis was performed. This study demonstrates that only one major QTL on chromosome 4 simultaneously controls R1, R8, and RP traits in the Dongnong 50 × Williams 82 (DW) RIL population. Furthermore, three QTLs were mapped to chromosomes 6, 11, and 16 in the Suinong 14 × Enrei (SE) RIL population. Two major pleiotropic QTLs on chromosomes 4 and 6 were shown to affect flowering time, maturity, and RP. A QTL influencing RP was identified on chromosome 11, and QTL on chromosome 16 was associated with time to flowering responses. All these QTLs contributed to soybean maturation. The QTLs identified in this study may be utilized in fine mapping and map-based cloning of candidate genes to elucidate the mechanisms underlying flowering and soybean adaptation to different latitudes and to breed novel soybean cultivars with optimal yield-related traits.

Keywords: Soybean; Flowering time; Maturity; Reproduction period; Quantitative trait loci

1 Introduction

Flowering time and maturity traits play crucial roles in economic crop production. An intricate network with various (epi-)genetic regulators responding to environmental and endogenous triggers controls the timely onset of flowering and maturity in plants. The pleiotropic effects on important agronomic characters influence adaptation to new geographical/climatic conditions and future perspectives for crop improvement (Blümel et al., 2015). Soybean (*Glycine max* L.) is a major legume crop that is mainly distributed in temperate regions, and days to flowering and maturity are key factors for developing soybean cultivars with wider geographical adaptation (Lu et al., 2017). Flowering time and reproductive period (RP) greatly impact soybean maturity; however, RP is also an important soybean trait that is closely related to yield, seed quality, and tolerance to various environmental stresses (Xu et al., 2013). Both time of flowering and maturity in soybean are quantitative traits that are controlled by multiple genes. To date, 12 major genes/loci related to time of flowering and maturity [*E1* and *E2* (Bernard, 1971), *E3* (Buzzell,1971), *E4* (Buzzell and Voldeng, 1980; Saindon et al., 1989a,b), *E5* (McBlain and Bernard, 1987), *E6* (Bonato and Vello, 1999), *E7* (Cober and Voldeng, 2001), *E8* (Cober et al., 2010), *E9* (Konget al., 2014; Zhao et al., 2016), *E10* (Samanfar et al., 2017), *J* (Rayet al., 1995), and *Dt1* (Liu et al., 2010; Tian et al., 2010)] have been reported in soybean. A previous study has shown that no unique *E5* gene exists and has been misidentified by unexpected outcrossing contamination of the E2 locus (Dissanayaka et al., 2016). Test crossing, genetic mapping, and sequencing suggest that the *E6* and *J* loci might be tightly linked (Li et al., 2017). *E7*, which is situated on MLG C2, has been reported in linkage with *E1* (Molnar et al., 2003). Genes within the maturity loci *E1–E4,E9*,

E10, *J*, and *Dt1* have been identified by map-based cloning, and their functions have been characterized (Liu et al., 2008, 2010; Watanabe et al., 2009, 2011; Tian et al., 2010; Xia et al., 2012; Zhao et al., 2016; Samanfar et al., 2017; Lu et al., 2017); however, candidate genes within the maturity-related *E6*, *E7*, and *E8* loci remain unknown.

Although the functions of some flowering loci/genes have been characterized, current understanding of the underlying mechanism of time to flowering and maturity in soybean remains limited. The *E1* family genes have only been reported in legumes, and the failure to detect a specific phenotype that is caused by the overexpression of *E1* in *Arabidopsis* and rice suggests that the exogenous E1 gene is independent of the regulatory networks of photoperiodic flowering in these species (Zhang et al., 2016). The flowering regulatory pathway in soybean may be distinct from that in model plants such as *Arabidopsis* and rice (Zhang et al., 2016). *E1* is a key gene in the regulatory network of flowering in soybean. It is negatively correlated to GmFT2a and GmFT5a, which are homologs of FLOWERING LOCUST that promotes flowering (Xia et al., 2012). *J* the ortholog of *A. thaliana* EARLY FLOWERING 3 (*AtELF3*). The J protein physically associates with the *E1* promoter to downregulate its transcription, relieving repression of two important *FT* genes and promoting flowering under short-day conditions. In addition, *J* might also function at least partially downstream of *E3* and *E4* under short-day conditions (Lu et al., 2017). The function of *J* under long-day conditions remains unclear. The exact molecular function of flowering- and maturity-related genes remain elusive. Therefore, identification of novel loci or genes for photoperiodic flowering and maturity may improve our understanding of soybean flowering and adaptation to different latitudes. Different soybean genetic resources and populations have been used to identify novel QTLs of important agronomic traits using multiple approaches. One of these, next-generation sequencing (NGS), is a powerful method for the identification of single-nucleotide polymorphism (SNP) markers on a largescale for the construction of a high-density genetic map for QTL mapping (Zhou et al., 2016). In this study, we used diverse genetic resources to develop two RIL populations as well as the NGS-based approach to identify QTLs for photoperiodic flowering and maturity.

2 Materials and methods

2.1 Plant materials and field trials

The two F_8:10 RILs used in mapping were developed using the single-seed descent method. One RIL population that consisted of 140 genotypes was developed from a cross between cultivars Suinong 14 (*E1e2e3E4Dt1*) and Enrei (*E1e2e3E4dt1*) and designated as SE. The other RIL population consisted of 126 genotypes and was developed from a cross between cultivars Dongnong 50 (*e1asE2E3E4Dt1*) and Williams 82 (*e1asE2E3E4Dt1*) and designated as DW.

The F_8:9 seeds of both RILs that were used for mapping were grown in the experimental field in Harbin (45°43′N, 126°45′E), China in May 2016 and Mudanjiang (44°36′N, 129°35′E), China in May 2016. The F9:10 seeds were grown in Harbin, China in May 2017. The seeds of each RIL genotype and the parental lines were planted at a row length of 5 m, row space of 60 cm, and plant distance from each other of about 20 cm. There were about 25 plants in each row. Standard cultivation practices to control insects and weeds were used for all trials.

The date of emergence of the ～25 plants in each row was recorded. Each plant was assigned a number for identification purposes. The flowering and maturity time of each plant was recorded, and the length of the RP was calculated. Days to flowering were recorded at the R1 (Fehr et al., 1971) stage (days from emergence to first open flower in 50% of the plants). Days to maturity were recorded at the R8 (Fehr et al., 1971) stage (95% of the pods have turned their mature color in 50% of the plants). Day length of reproduction period (RP) were recorded as R8 minus R1 (RP = R8－R1). One-way ANOVA was used to test the significance of the differences in all traits between parents. SPSS 18.0 (SPSS Inc., Chicago, IL, United States) was also used for correlation analysis, descriptive statistics, and two-way ANOVA analysis using R1, R8, and RP trait data of RILs in different environments. Broad-sense heritability (h^2b) was estimated for three traits in combined environments (R1 of year 2016 in Mudanjiang and Harbin and 2017 in Harbin;R8 and RP of year 2016 and 2017 in Harbin) according to the following equation: $h^2b = VG/(VG + VE)$, where VG and VE are estimated using QTL Network 2.1 (Yang et al.,2008).

2.2 DNA extraction

Young and fully developed trifoliate leaves from parents and the RIL individuals were collected and frozen in liquid nitrogen and then transferred to a -80°C freezer. Total genomic DNA was extracted from each parental and RIL leaf sample using the CTAB DNA extraction method. The integrity and quality of the extracted DNA were evaluated by 1% agarose gel electrophoresis. DNA concentrations of each sample were determined using a Qubit® 2.0 Fluorimeter (Invitrogen, Carlsbad, CA, United States) and NanoDrop 2000 (Thermo Scientific, Wilmington, DE, United States).

2.3 Genotyping by high-throughput sequencing

For each of the four parents, a total of 1.5 μg of the DNA sample were prepared for whole genome resequencing. Sequencing libraries were generated as described by Cheng et al. (2015). These parental libraries were sequenced on an Illumina HiSeq 2000 platform (Illumina, Inc., San Diego, CA, United States), and 125bp paired-end reads with insert sizes of around 350 bp were generated.

The SE population was genotyped using specific-locusamplified fragment sequencing (SLAF), and the DW population was genotyped using the genotyping-by-sequencing (GBS)technology. Based on the reference parental polymorphic loci, genotypes of SNPs were identified by low-coverage sequencing of the two RIL populations (Huang et al., 2009; Davey et al., 2013).

For the DW RIL population, genomic DNA was incubated at 37 °C with Mse I [New England Biolabs (NEB), Ipswich, MA, United States], T4 DNA ligase (NEB), ATP (NEB), and a MseI Y-adapter N containing barcode. Restriction-ligation reactions were heat-inactivated at 65°C, and then digested by additional restriction enzymes Nl aIII and EcoRI at 37°C.

For the SE RIL population, the RsaI enzyme was used to digest the genomic DNA. A single nucleotide (A) overhang was subsequently added to the digested fragments using aKlenow fragment (3 '→5 ' exo－) (NEB) and dATP at 37 °C.Duplex tag-labeled sequencing adapters (PAGE-purified, Life Technologies, Wilmington, DE, United States) werethen ligated to the A-tailed fragments using T4 DNA ligase.

Polymerase chain reaction (PCR) was performed using diluted restriction ligation DNA samples, dNTPs, Q5 R High-Fidelity DNA polymerase, and PCR primers. The PCR products were purified using Agencourt AMPure XP (Beckman, Irvine, CA, United States) and pooled, then separated by 2% agarosegel electrophoresis. Fragments that were 375 to 400bp (with indexes and adaptors) in size were isolated using agel extraction kit (Qiagen). These fragment products were then purified using Agencourt AMPure XP (Beckman, Irvine, CA, United States) and then diluted for sequencing. Then, pair-end sequencing (each end was 125 bp in length) was performed on an Illumina HiSeq 2 500 system (Illumina, Inc., San Diego, CA, United States) according to the manufacturer's recommendations.

2.4 Sequence data grouping and SNP identification

The sequences of each sample were sorted according to the barcodes. To ensure that the reads were reliable and without artificial bias (low-quality paired reads, which mainly resulted from base-calling duplicates and adapter contamination) in the following analyses, raw data (raw reads) were first processed through a series of quality control (QC) procedures using in-house C programs. The QC standards included removal of the following: (1) reads with ≥10% unidentified nucleotides(N); (2) reads with >50% bases having Phred quality < 5; (3) reads with >10 nt aligned to the adapter, which allow ≤10% mismatches; and (4) reads that contain Mse I , NlaIII, EcoR I , or Rsa I cut-site remnant sequences. The Burrows-Wheeler Aligner (BWA v0.7.10) (Li and Durbin,

2009) was used to align the clean reads of each sample against the reference genome (settings: mem -t 4 -k 32 -M -R), where -t is the number of threads, -k is the minimum seed length, -M is an option used to mark shorter split alignment hits as secondary alignments, and -R is the read group header line. Alignment files were converted to BAM files using SAM tools software (v1.6) (Li et al., 2009). If multiple read pairs have identical external coordinates, then only the pair with the highest mapping quality was retained. Variant calling was performed for all samples using the GATK(v3.0-0-g6bad1c6) (Wang et al., 2010) software. SNPs were filtered using a Perl script. ANNOVAR (v20170716) (Wang et al.,2010) was used to annotate SNPs based on the GFF files of the reference genome. Parent polymorphic markers were classified into eight segregation patterns (ab × cd, ef × eg, hk × hk, lm × ll, nn × np, aa × bb, ab × cc, and cc × ab). The aa × bb type is suitable for inbreeding groups [F$_2$ (the resultof selfing the F$_1$ of a cross between two fully homozygous diploid parents), RILs, doubled haploid (DH) populations: the result of doubling the gametes of a single heterozygous diploid individual)], and the remaining markers were applied to the hybrid groups [e.g., CP (a population resulting from a cross between two heterogeneously heterozygous and homozygous diploid parents)].

The aa × bb segregation pattern markers were then selected for genetic linkage map construction of two RIL populations. Prior to the map construction, markers with segregation distortion ($P < 0.01$), markers with >30% missing genotype data (the threshold of missing ratio was set to 40% for chromosome 11 of the SE population to ensure that molecular markers were evenly distributed), or containing abnormal bases were filtered.

2.5 Map construction

Chi-square (χ^2) tests were conducted for all SNPs to detect segregation distortion. For bin mapping, markers with the same genotype were divided into bin markers using a Perl script. Based on physical position, the markers were divided into 20 linkage groups (or chromosomes), and then High Map software (Liu et al., 2014) was used to order the markers in every linkage group. A total of 5,255 SNP markers and 2,063 bin markers were detected for the SE and DW populations, respectively. Compared to the DW population, SE had more markers and relatively higher genotype datalosing ratio (the proportion of unsuccessfully genotyped individuals at a molecular marker locus). Despite incomplete genotypic data, the data integrity of all markers remained high.

2.6 QTL analysis using high-density genetic maps

Quantitative trait loci for flowering time, maturity, and reproduction period in different environments were detected by multiple-QTL model (MQM) mapping using the MapQTL5 package (Van Ooijen, 2004). Windows QTL Cartographer 2.5 (WinQTLCart 2.5) (Wang et al., 2001) was also employed toidentify QTLs by composite interval mapping (CIM) method (Zeng, 1994). The LOD threshold for declaring significant QTL sincluded the QTLs across environments and the average data of three traits in different environments that was calculated using a permutation test (PT) at a significance level of $P < 0.05$, $n = 1,000$. To compare the results with the QTLs detected in previous studies with a lower criterion (lower LOD scores), non-significant QTLs with a LOD score of >2.5 were also included in the analysis. LOD score values between 2.5 and the permutation test LOD threshold were used to declare suggestive QTLs.

2.7 Candidate gene identification

The markers in the confidence intervals of the major QTLs that can be steadily detected in different environments and by different methods of QTL analysis were selected to identifythe candidate genes. The sequences of these markers were then mapped to the reference genome Gmax_275_Wm82.a2.v1 (Schmutz et al., 2010) in Phytozome database. Based on the position of these flanking markers, all the genes within the confidence interval were identified as candidate genes. To show the confidence intervals of the map positions of each QTL, one-LOD and two-LOD support intervals (Lander and Botstein, 1989) were constructed, in which the LOD values are less than one and two from the maximum, respectively. One-LOD support intervals were defined by the points on the genetic map at which the likelihood ratio decreased by a factor of 10 from the maximum (Lander and Botstein, 1989). In this study, the high confidence interval for each QTL was assigned as a 1.5-LOD drop relative to the peak LOD (Zhou et al., 2016). The candidate genes in the high-confidence interval of the major QTLs were categorized using Gene Ontology (GO) analysis. The filtered working gene list of the soybean genome was downloaded from Phytozome 1to identify possible candidate genes within each QTL confidence interval. We analyzed SNPs and Insertion deletions (Indels) between parents. In addition, the accurate position of these SNPs and Indels were determined to assess whether these lead to amino acid substitutions. We selected the most likely candidate genes within the confidence interval by testing for either associations with gene functions or associations between the gene and the pathways in which the phenotype is involved.

Nucleotide sequence polymorphisms between parents were analyzed using the following methods. The details on their sequencing data of the parents are shown in Supplementary Table 1 SNPs were called from the re-sequencing data of the parents. Paired-end resequencing reads were mapped to the Williams 82 soybean reference genome sequence (Gmax_275_Wm82.a2.v1; Schmutz et al., 2010) using BWA1(v0.7.10) (Li and Durbin, 2009) using default parameters.SAM tools (v1.6) (Li et al., 2009) was used to convert mapping results into a binary alignment/map (BAM) format, then the resulting BAM files were sorted based on chromosomal positions of the SNPs. Duplicated reads were filtered using the Picard package (v1.90) 2. The GATK software (v3.0-0-g6bad1c6)(McKenna et al., 2010) was used to realign the reads around Indels and produce a realigned BAM file for each accession as follows: the Realigned Target Creator tool (McKenna et al., 2010)was used to identify regions where realignment was needed, and then the Indel Realigned tool was used to realign these regions.SNPs with quality scores of <40 were discarded. Five software programs were used to detect Indels, namely, SAMtools (v1.7) (Li, 2011), GATK software (v3.0-0-g6bad1c6) (McKenna et al.,2010), Vars can (v1.0) (Koboldt et al., 2009), Pindel (v1.0) (Yeet al., 2009), and Soapindel (v2.1) (Li et al., 2013). Compared to SNP calling, Indel calling is more difficult. Calling Indels from the mapping of short paired-end sequences to a reference genome is much more challenging than SNP calling because the indel itself interferes with accurate mapping (Li et al., 2008; Li and Durbin,2009). Furthermore, false-positive SNPs may occur around Indels and influence the accuracy of the Indel calling (Li et al., 2013). The powerful Indel calling approach has a low false-positive rate for long Indels. This will provide more reliable information for the identification of candidate genes and subsequent efforts infine mapping. To optimize the Indels, we trained the Support Vector Machine (SVM) filter by simulative data and filtered the Indels using the SVM filter. We used the libsvm software package (Chang and Lin, 2011) for the application of SVM. High-quality Indels among parents were selected for further analysis.

The candidate genes in the interval of two major QTLs on chromosomes 4 and 6 were categorized using GO analysis. Blast2GO 4.0 (BioBam Bioinformatics S.L. Valencia, Spain) or the Phytozome database was used to determine the GO ID of candidate genes. Then, WEGO 2.0 (Ye et al., 2006) was used for visualization, comparing, and plotting the results of GO   annotation. The process for obtaining the GO ID using Blast2GO- was as follows: First, CDS sequences were downloaded from the Phytozome database in FASTA format. Second, the sequences were aligned to the Nr database of NCBI for Nr annotation. Then, the Nr annotation result was converted to a trusted GO annotation using the Blast2GO database to obtain the GO ID. Default parameter settings were employed.

3 Results

3.1 Development of two RIL populations

Early maturity is critical for soybean to adapt to high latitudes and to reach successful grain yield harvest before frosting occurs. Identification of novel QTLs or genes is of great interest to understand soybean adaptation to high latitudes and molecular breeding. Suinong 14 is an elite cultivar in Northeast China that exhibits early flowering and maturity (Fig.1), where as Enrei is an elite cultivar developed in the central region of Japan (Nagano prefecture) that shows very late flowering and late maturity (Fig.1). Dongnong 50 is another cultivar developedin Northeast China, and Williams 82 is the soybean cultivar from Northern America and its genome sequence has been used as reference. However, the flowering time and maturity between Dongnong 50 and Williams 82 largely differ (Fig.2). Due to significant variations in flowering time and maturity between the parents (Fig. 1, 2), we assumed that there are novel QTLs or genes in these two RIL populations. Therefore, we conducted NGS to construct high-density genetic linkage maps and QTL identification for flowering time and maturity in the SE and DWRIL populations.

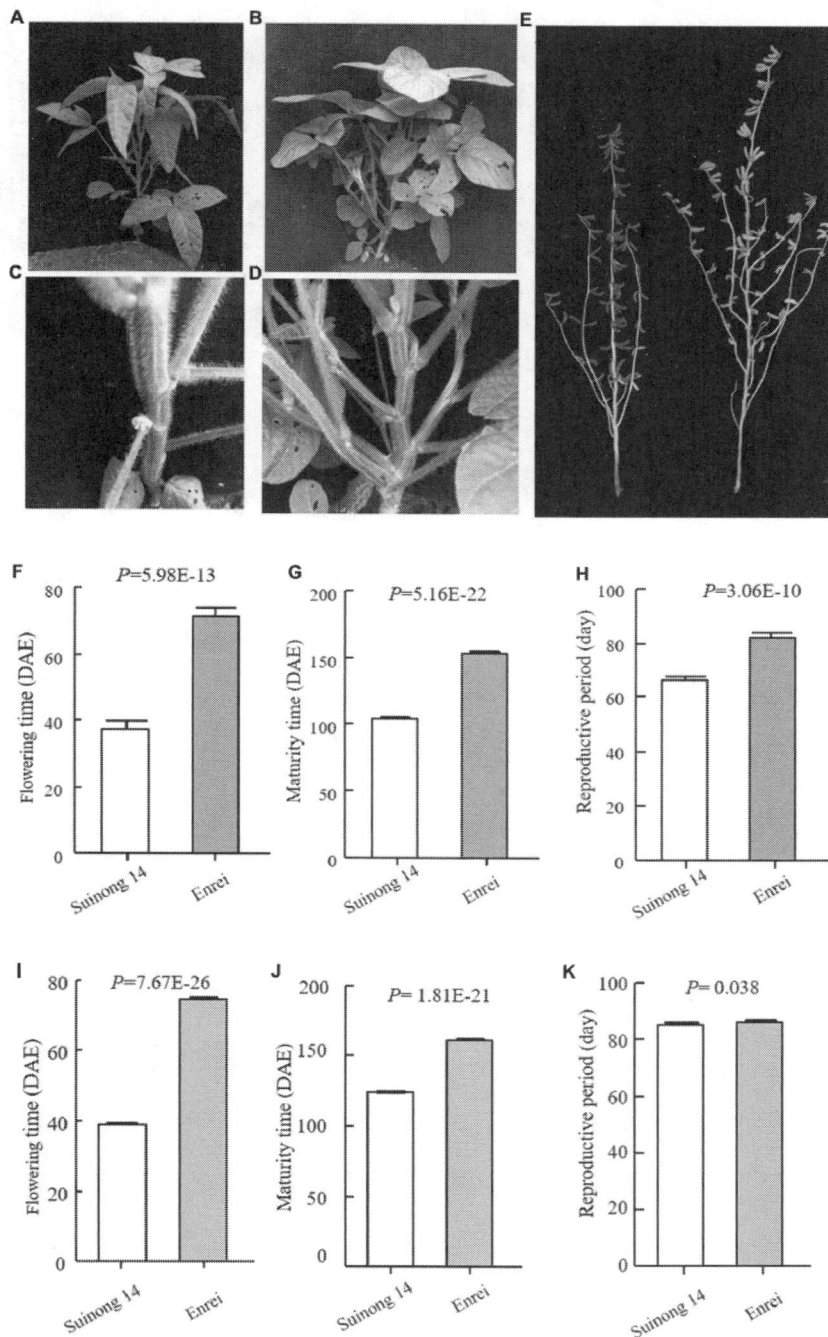

FIGURE 1 | Phenotypes of the parents of SE population. **(A–D)** Plants when Suinong 14 had flowered, while Enrei was still in the vegetative growth stage. **(A,C** Suinong 14; **B,D** Enrei). **(E)**. Plants when Suinong 14 has already fully matured, while Enrei was still in the seed filling growth stage. Left is Suinong 14 and right is Enrei. **(F–H)** Phenotypes data of the parents in 2016, Harbin. **(I–K)** Phenotypes data of the parents in 2017, Harbin. DAE, day after emergence.

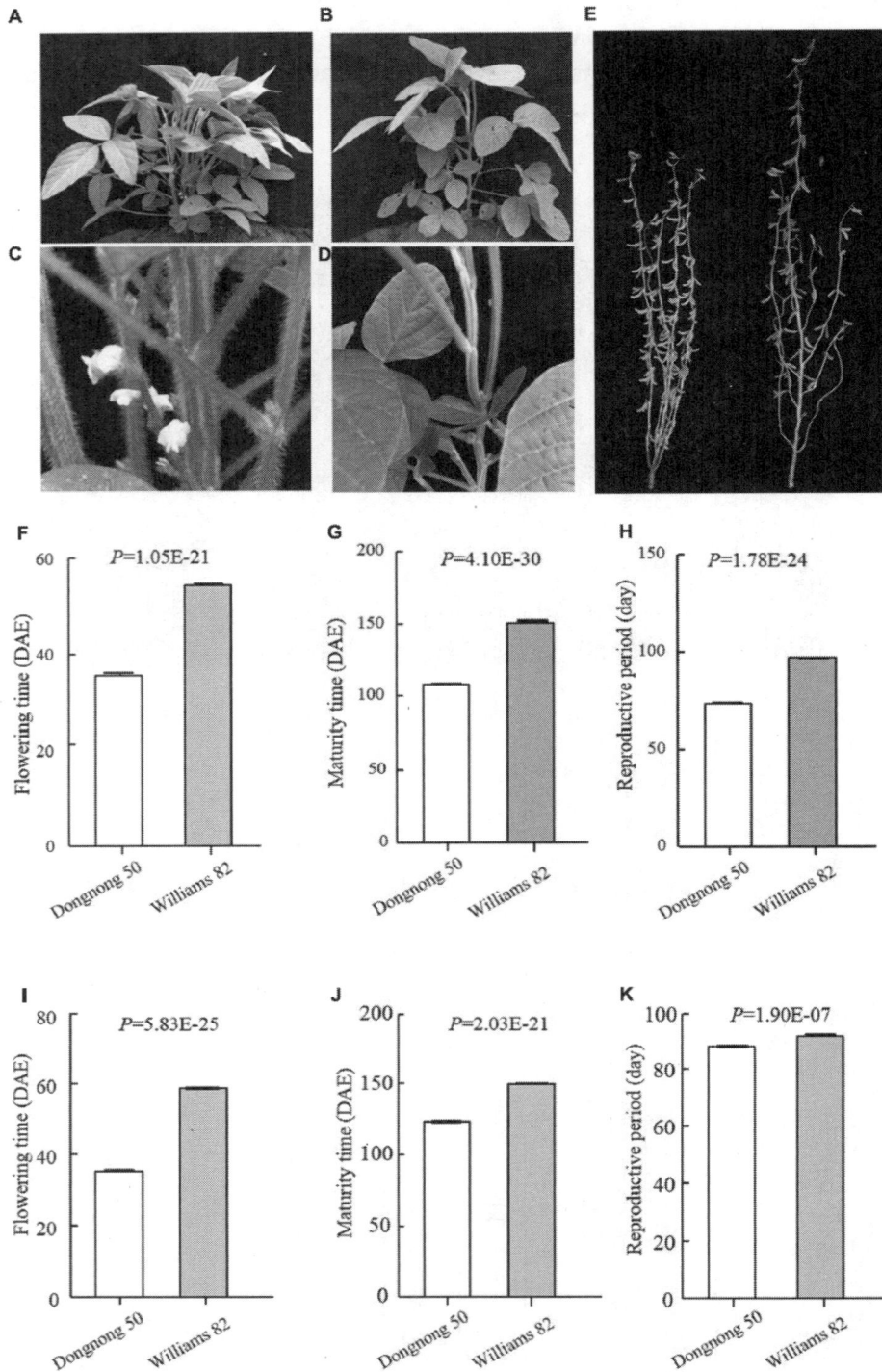

FIGURE 2 | Phenotypes of the parents of DW population. **(A–D)** Plants when Dongnong 50 had flowered, while Williams 82 was still in the vegetative growth stage. **(A,C** Dongnong 50; **B,D** Williams 82). **(E)** Plants when Dongnong 50 has already fully matured, while Williams 82 was still in the seed filling growth stage. Left is Dongnong 50 and right is Williams 82. **(F–H)** Phenotypes data of the parents in 2016 Harbin. **(I–K)** Phenotypes of the Parents in 2017, Harbin. DAE, day after emergence.

3.2 Analysis of sequencing data

The parents were sequenced at a higher coverage level to enhance the chances of detecting more SNP markers. The reference genome Gmax_275_Wm82.a2.v1 comprise 955,380,172 bp of assembled and anchored sequences.

550

The average sequencing depth of the parents Suinong 14, Enrei, Dongnong 50, and Williams 82 in this study was 12.1×, 14.5×, 16.23×, and 12.6×, respectively. For Suinong 14 and Enrei, a total of 43,711,421 and 52,956,053 reads were respectively generated by sequencing the two parents. Of the total reads, 98.38% and 98.21% of the reads were mapped to the reference genome, and a total of 13,113,426,300 and 15,886,815,900 base were identified in Suinong 14 and Enrei, respectively. Only reads aligned to unique positions on the reference genome were retained for subsequent SNP calling and genotyping. After datafiltering, 90.66% and 89.56% of the reads were of high quality, with a Q30 ratio and GC content of 35.73% and 35.73%, respectively (Supplementary Table 1). Approximately 159,017 polymorphic SNPs were identified between Suinong 14 and Enrei. For Dongnong 50 and Williams 82, 89.18% and 85.98% of the total reads were of high quality, with an average Q30 ratio and GC content of 39.55% and 40.41%, respectively. The proportion of reads mapped to the reference genome was 97.34% and 95.80%, respectively. A total of 18,045,843,300 and 13,605,185,700bases were identified, respectively (Supplementary Table 1). A total of 2,051,590 polymorphic SNPs were validated between Dongnong 50 and Williams 82 and used in linkage map construction.

In the RILs, SNPs segregate in a 1:1 ratio. After filtering out SNPs exhibiting significant segregation distortion ($P < 0.001$, X^2test), a total of 88,664 and 2,021,590 SNPs were retained as assessed whether these could be utilized as markers. Because the parents are homozygous inbred lines, for Suinong 14 and Enrei, 81,221 homozygous polymorphic SNPs were selected. For Dongnong 50 and Williams 82, 1,285,743 homozygous polymorphic SNPs wereidentified.

3.3 Construction of genetic linkage maps

For the SE RIL population, polymorphic SNPs mapped to the same position were defined as one SLAF locus. For the DW RIL population, adjacent 100kb intervals with the same genotype across the entire RIL population were considered as a single recombination bin locus (Huang et al., 2009; Davey et al., 2013). The chi-square test was performed to assess segregation distortion. Markers with significant segregation distortion were initially excluded from map construction. A total of 5,255 SLAF markers (Supplementary Table 2) and 2,063 bin markers (Supplementary Table 3) were identified in the SE and DW populations, respectively, which indicated that the majority of recombination events could be captured in the RIL populations. These markers were used in genetic map construction. In the SE genetic map, 5,255 SLAF markers fell within 20 linkage groups (LGs), and the genetic length was 2,756.17 M, with an average marker interval of 0.604 5 cM (Fig.3A and Supplementary Tables 2, 13). In the DW map, 2,063 bin markers fell within 20 LGs; the genetic length was 2,458.55 cM, with an average marker interval distance of 1.203 cM (Fig.3B, and Supplementary Tables 3, 15). A relatively high collinearity was observed between the 20 LGs and the reference genome (Supplementary Fig.1), making the annotation of genes within QTL intervals feasible.

3.4 Phenotypic variations

The traits of flowering time (R1), maturity (R8), and RP of individuals from the two RIL populations and the parents were recorded in different environments and years. R1 were recorded during three growth seasons (Harbin in 2016 and 2017 and Mudanjiang in 2016), whereas R8 and RP were only recorded during two growth seasons (Harbin in 2016 and 2017). The results showed that Suinong 14 flowered about 35 d earlier than Enrei in different environments and years (Fig.1 and Table 1), whereas Dongnong 50 flowered about 20 d earlier than Williams 82 in the two environments (Fig.2 and Table 2). One-way ANOVA indicated P-values of <0.05, suggesting significant variations among the three traits between the two parentsin different environments (Tables 1, 2). Phenotypic variations (PV) involving the three traits were also observed in the RIL populations across different environments. The absolute value of skewness of the mean value of the traits in the two RIL populations across different environments was <1, indicating an approximately normal distribution. In different environments, either a positive or the negative transgressive segregation of the three traits in the two RIL populations was observed.

Two-way ANOVA revealed significant differences among environments and lines in both RILs (Table 3).

Phenotypes were affected by both genotype and environment. Environmental effects contributed more to the total PVs than line effects, suggesting that there was a common photoperiod responsein R1, R8, and RP. The h^2b of the three growth duration-related traits in the SE and DW populations ranged from 0.77 to 0.99 and 0.55 to 0.88, respectively, among different environments. The estimated values of h^2b of corresponding traits in the SE population were higher than that of DW. The R1 and RP traits were observed with relatively higher h^2b values than R8 in both RIL populations, suggesting that the R1 and RP traits are mainly controlled by genetic factors (Table 3).

We then calculated the correlation coefficients among R1, R8, and RP from the two RIL populations in the two environments (Harbin in 2016 and 2017) and the average value of the three traits in the two environments. For the SE RIL population, positive correlation coefficients were observed between R1 and R8 and between RP and R8, whereas a negative correlation was detected between R1 and RP (Supplementary Fig.2 and Supplementary Table 4). Similar correlations were also observed among R1, RP, and R8 in the DW RIL population (Supplementary Fig.3 and Supplementary Table 4). These results suggest that maturity consists of flowering time and RP, and a balance between appropriate flowering time and RP is critical to maximize thematurity and yield productivity during short growth periods at high latitudes. In addition, different environmental conditions also influence maturity. Genetic and environmental interactions should thus be taken into the consideration to elucidate the underlying mechanism of flowering time and maturity.

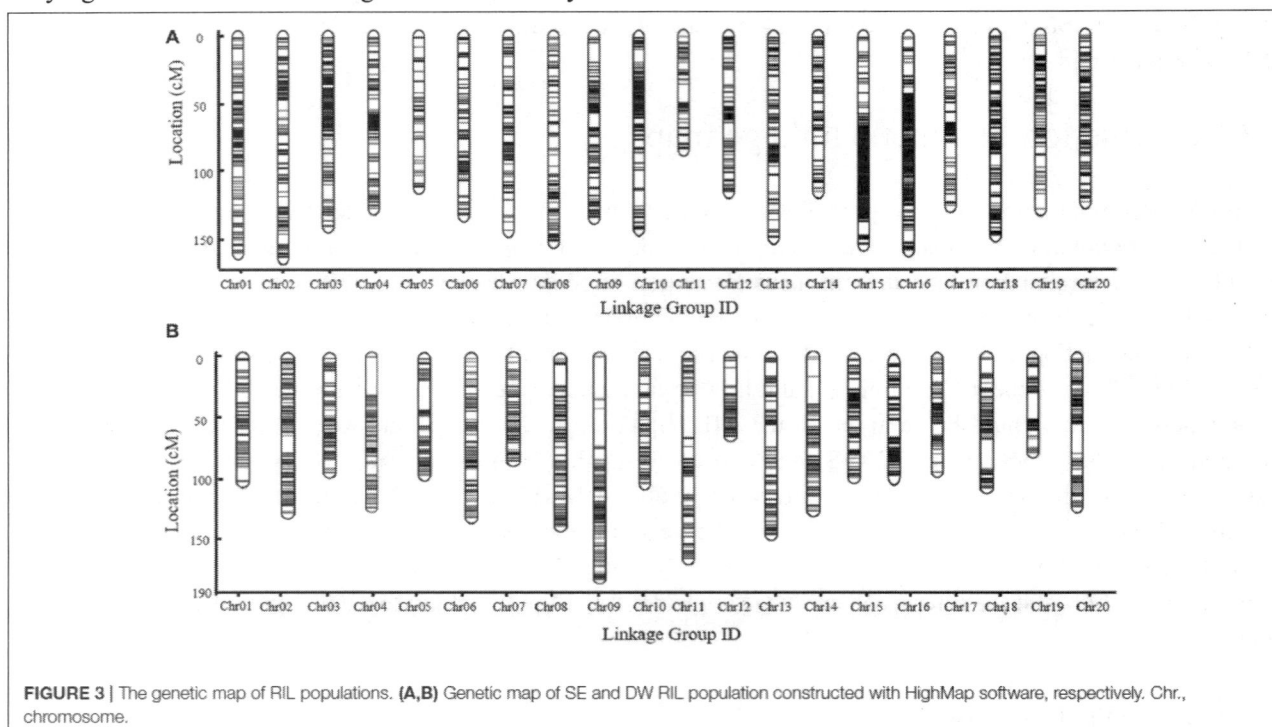

FIGURE 3 | The genetic map of RIL populations. **(A,B)** Genetic map of SE and DW RIL population constructed with HighMap software, respectively. Chr., chromosome.

3.5 QTL mapping for flowering time, maturity, and reproductive period

Next, we conducted QTL identification using the phenotypicdata across three environments in the two RIL populations. Due to environmental effects, the QTLs for the three traits were assessed separately in each environment, and the average values of different environments were also analyzed. Commonloci among multiple environments were considered as consistent QTLs. The threshold of the LOD scores for evaluating the statistical significance of QTL effects is shown in Supplementary Table 5.

TABLE 1 | Statistical analysis result of the parents and the whole SE population.

Trait	Environment	Parents				RILs						
		SN14	Enrei	Range	P-value	Min	Max	Range	Mean	CV (%)	Skewness	Kurtosis
R1	Harbin, 2016	37	72	34	5.98E-13	33	71	38	51.71	21.93	−0.17	−1.42
R1	Mudanjiang, 2016	#	#	#	#	38	73	35	54.44	15.72	−0.26	−0.83
R1	Harbin, 2017	39	75	36	7.67E-26	37	76	39	55.49	14.94	−0.11	0.13
R8	Harbin, 2016	104	154	50	5.16E-22	101	153	52	131.22	9.7	−0.59	−0.27
R8	Harbin, 2017	124	161(a)	37	1.81E-21	123	151	28	137	4.04	0.05	0.02
RP	Harbin, 2016	66	82	16	3.06E-10	56	115	59	79.59	15.32	0.85	0.23
RP	Harbin, 2017	85	86	1	0.038	67	103	36	82	9.43	1.02	0.90
Average R1		38	73	35	3.03E-32	37	73	36	53	16.69	−0.14	−0.95
Average R8		115	158	43	2.18E-17	113	152	39	134	6.52	−0.46	−0.21
Average RP		77	85	8	0.003	64	107	43	82	11.6	1.12	0.65

SN14 is the abbreviation of Suinong 14, # represents the missing data and (a) represents Enrei could not normally mature in low temperature. R1: flowering time trait that means days from emergence to first open flower appeared on 50% of the plants in one line. R8: maturity time trait that means days from emergence to 95% of pods have turned their mature color on 50% of the plants in one line. RP: represents reproduction period and RP = R1 – R8. Harbin, 2016: the data of year 2016 in Harbin. Mudanjiang, 2016: the data of year 2016 in Mudanjiang. Harbin, 2017: the data of year 2017 in Harbin. Average R1: the average data of R1 in three environments (2016 and 2017 in Harbin, 2016 in Mudanjiang). Average R8: the average data of R8 in two environments (2016 and 2017 in Harbin). Average RP: the average data of RP in two environments (2016 and 2017 in Harbin). Min represents the minimum value of the population. Max represents the maximum value of the population. Range = Max - min. Mean: the average data of the whole population. CV (%): coefficient of variance in percentage type. The same as below.

Quantitative trait loci analysis using the MQM and CIM methods (Table 4, Fig.4, Supplementary Fig.4, and Supplementary Table 7) indicated that in the SE RIL population, a QTL for the R1 trait, namely, *qR1-C2*, was consistently detected across the three environments (Harbin in 2016, Mudanjiang in 2016, and Harbin in 2017), and as expected, the QTL was also detected using the average data of the three environments (Table 4 and Fig.4). In this study, compared to the MQM method, CIM imparts similar detection results on the major QTL, CIM had relatively larger LOD values and smaller QTL intervals. The overlapping interval from Marker 381516 to Marker 400193 between the two methods was defined as the final QTL interval of the R1 trait on chromosome 6. QTL *qR1-C2* spanned a genetic distance encompassing 77.06 cM to 96.86 cM, physical positions of 15,588,950–45,035,341 to the reference genome and could explain 43.5%–78.9% of the observed PV (Table 4). The phenotypes of RP and R8 traits were surveyed only in two environments (Harbin in 2016 and 2017). The QTL named *qRP-C2* for the RP traits were detected in both growth seasons as well as using the average data and was located between Markers 386215 and 408436 on chromosome 6, at physical positions of 28,154,587–46,314,802 to the reference genome, and explained 14.2%–30.8% of the observed PV using the MQM method (Table 4). The QTLs of the RP traits on chromosome 6 that were detected using the CIM method were situated within the same QTL interval for the R1 trait and explained 5.06%–39.4% of the observed PV (Table 4 and Supplementary Table 7). QTL intervals of R8 traits on chromosome 6 overlapped with those thatof the R1 and RP traits. QTL *qR8-C2* explained 9.7–23.4% of the observed PV (Table 4 and Supplementary Table 7). We conclude that the QTLs, namely, *qR1-C2*, *qRP-C2*, and *qR8-C2*, which were mapped to chromosome 6, are the same QTLs simultaneously conditioning R1, RP, and R8 and are the major QTLs in the SE RIL population. Other minor QTLs (Supplementary Table 7) were also detected using the two QTL analysis methods. The QTL *qRP-B1* was detected only in Harbin in 2016 using the average data of the two growth seasons, was located within the intervalencompassing Markers 648557 to 670885 on chromosome 11, at physical position of 5,106,306–28,115,520 relative to thereference genome, and explained 10.3%–20.9% of the observed PV. This interval could also be detected in the R8 trait. *qR1-J* was located within the interval encompassing Markers 1081647 to 1097552 on chromosome 16 at physical positions of 30,795,613–35,841,366 and explained 2.5%–17.1% of the PV. These results suggest that maturity traits (R8) are not affected by either flowering time (R1) or RP alone, but both, which makes the genetic dissection of maturity traits more complicated. There might also be different molecular mechanisms regulating pre-flowering and post-flowering responses. Molecular cloning of the candidate genes of these QTLs and dissection of the functional interactions of these genes facilitate in elucidating the gene regulatory networks underlying soybean flowering and maturity.

TABLE 2 | Statistical analysis result of the parents and the whole DW population.

Trait	Environment	Parents				RILs						
		DN50	W82	Range	P-value	Min	Max	Range	Mean	CV (%)	Skewness	Kurtosis
R1	Harbin, 2016	35	54	19	1.05E-21	29	53	24	37.64	15.16	0.95	0.04
R1	Mudanjiang, 2016	#	#	#	#	36	58	22	45.63	13.19	0.08	−1.27
R1	Harbin, 2017	35	59	23	5.83E-25	35	59	24	44.10	16.07	0.64	−1.05
R8	Harbin, 2016	108	151	43	4.10E-30	103	144	41	122.92	8.66	−0.35	−0.93
R8	Harbin, 2017	123	150(b)	27	2.03E-21	121	146	25	133.29	3.55	0.24	−0.38
RP	Harbin, 2016	73	97	24	1.78E-24	67	103	36	85.35	9.51	−0.43	−0.44
RP	Harbin, 2017	88	92	4	1.90E-07	77	101	24	89.08	6.34	−0.02	−0.80
Average R1		35	56	21	2.44E-32	35	57	22	42.64	13.44	0.68	−0.67
Average R8		116	151	35	7.22E-22	114	142	28	128.57	5.63	−0.18	−0.98
Average RP		81	94	13	4.78E-09	75	100	25	87.33	6.29	0.02	−0.56

DN50, Dongnong 50; W82, Williams 82; #presents the missing data and (b) presents Williams 82 could not mature normally under low temperature.

TABLE 3 | Analysis of variance for three traits of two RILs in different environments.

RIL	Trait	Source of variation	DF	MS	F-value	P-value	h^2_b
SE	R1	Line	139	229.25	11.48	4.18E-64	0.97
		Environment	2	475.32	23.81	2.92E-10	
		Error	274	19.96			
		Total	416				
	R8	Line	139	153.07	3.88	7.58E-15	0.77
		Environment	1	2138.28	54.25	1.46E-11	
		Error	138	39.41			
		Total	279				
	RP	Line	139	167.74	4.23	4.22E-16	0.99
		Environment	1	313.63	7.91	5.70E-03	
		Error	134	39.66			
		Total	275				
DW	R1	Line	125	96.52	7.19	8.90E-40	0.71
		Environment	2	2260.32	168.45	5.41E-47	
		Error	249	13.42			
		Total	377				
	R8	Line	125	99.57	2.98	1.95E-09	0.52
		Environment	1	6455.02	193.36	7.54E-27	
		Error	121	33.38			
		Total	248				
	RP	Line	125	57.46	1.46	0.02	0.88
		Environment	1	836.78	21.20	1.04E-05	
		Error	120	39.48			
		Total	247				

DF, degrees of freedom; MS, mean square; h^2_b, broad sense heritability.

In the DW RIL population, QTLs of *qR1-C1*, *qRP-C1*, and *qR8-C1* that control the R1, RP, and R8 traits were all identified in the almost same position on chromosome 4 and were thusconsidered as one major QTL that simultaneously controls allthree traits (Fig.5, Table 5, and Supplementary Fig.4). This QTL interval was flanked by markers Gm04_58 and Gm04_84, with a physical position ranging from 9,226,038 to 44,180,506 and influenced all the three traits in different environments and could be consistently detected, except for the reproduction trait in Harbin of 2017. These three QTLs explained 34.2%–53.1%, 15.6%–59.4%, and 33.7%–59.9% of the PV of R1, RP, and R8, respectively. The minor QTLs detected with the two QTL analytical methodsare presented in Supplementary Table 8. These results suggest that PVs in R1, RP, and R8 were mainly contributed by the major QTL on chromosome 4. Cloning the candidate gene conditioning this major QTL and investigating its functions in relation to photoperiod flowering and yield improvement at high latitude environments are thus warranted.

TABLE 4 | Detail information about the stable QTLs in SE population.

Method	QTL name	Environment	Chr.	Flanking markers	Interval (cM)	Physical length	Max LOD	PVE (%)	ADD
MQM	qR1-C2	Harbin, 2016	6	Marker379905–Marker409386	70.59–108.81	14,777,378–47,223,902	38.66	78.9	10.06
	qR1-C2	Mudanjiang, 2016	6	Marker380087–Marker409386	71.73–108.81	14,823,291–47,223,902	28.44	66.3	6.95
	qR1-C2	Harbin, 2017	6	Marker380527–Marker409386	72.83–108.81	14,924,591–47,223,902	23.09	54.2	6.08
	qR1-C2	Average	6	Marker379905–Marker409386	70.59–108.81	14,777,378–47,223,902	37.28	72.6	7.51
	qR8-C2	Harbin, 2016	6	Marker386215–Marker393195	79.65–87.72	28,154,587–38,814,913	4.98	18.5	5.46
	qR8-C2	Average	6	Marker386215–Marker393195	79.65–87.72	28,154,587–38,814,913	4.88	18.1	3.72
	qRP-C2	Harbin,2016	6	Marker386215–Marker393195	87.36–87.72	28,154,587–38,814,913	4.65	14.2	−4.58
	qRP-C2	Harbin, 2017	6	Marker386215–Marker408436	87.36–102.77	28,154,587–46,314,802	10.78	30.8	−4.26
	qRP-C2	Average	6	Marker386215–Marker398081	87.36–94.08	28,154,587–44,645,578	8.55	25.3	−4.76
CIM	qR1-C2	Harbin, 2016	6	Marker381516–Marker400193	77.06–96.89	15,588,950–45,035,341	41.91	70.2	9.63
	qR1-C2	Mudanjiang, 2016	6	Marker381516–Marker400193	77.06–96.89	15,588,950–45,035,341	37.11	72.2	7.60
	qR1-C2	Harbin, 2017	6	Marker381516–Marker400193	77.06–96.89	15,588,950–45,035,341	26.06	43.5	5.88
	qR1-C2	Average	6	Marker381516–Marker400193	77.06–96.89	15,588,950–45,035,341	45.91	73.5	7.91
	qR8-C2	Harbin, 2016	6	Marker381516–Marker400193	77.06–96.89	15,588,950–45,035,341	8.18	23.4	6.18
	qRP-C2	Harbin, 2017	6	Marker381872–Marker400193	77.66–96.89	15,741,239–45,035,341	17.95	39.2	−5.09
	qRP-C2	Average	6	Marker381872–Marker400193	79.66–96.89	15,741,239–45,035,341	11.33	23.0	−4.64

MQM, multiple-QTL model; CIM, composite interval mapping; PVE (%), percentage of phenotypic variance explained by the QTL; ADD, The additive effects contributed by QTLs. We used letter A represented markers with paternal (Enrei) genotype, and letter B represented markers with maternal (Suinong14) genotype in QTL analysis. So positive value (+) of the additive effect indicates the allele from Enrie enhance phenotype, negative value (−) of the additive effect indicates the allele originating from Suinong 14 reduced phenotype; Max LOD, maximum logarithm-of-odds (LOD) scores.

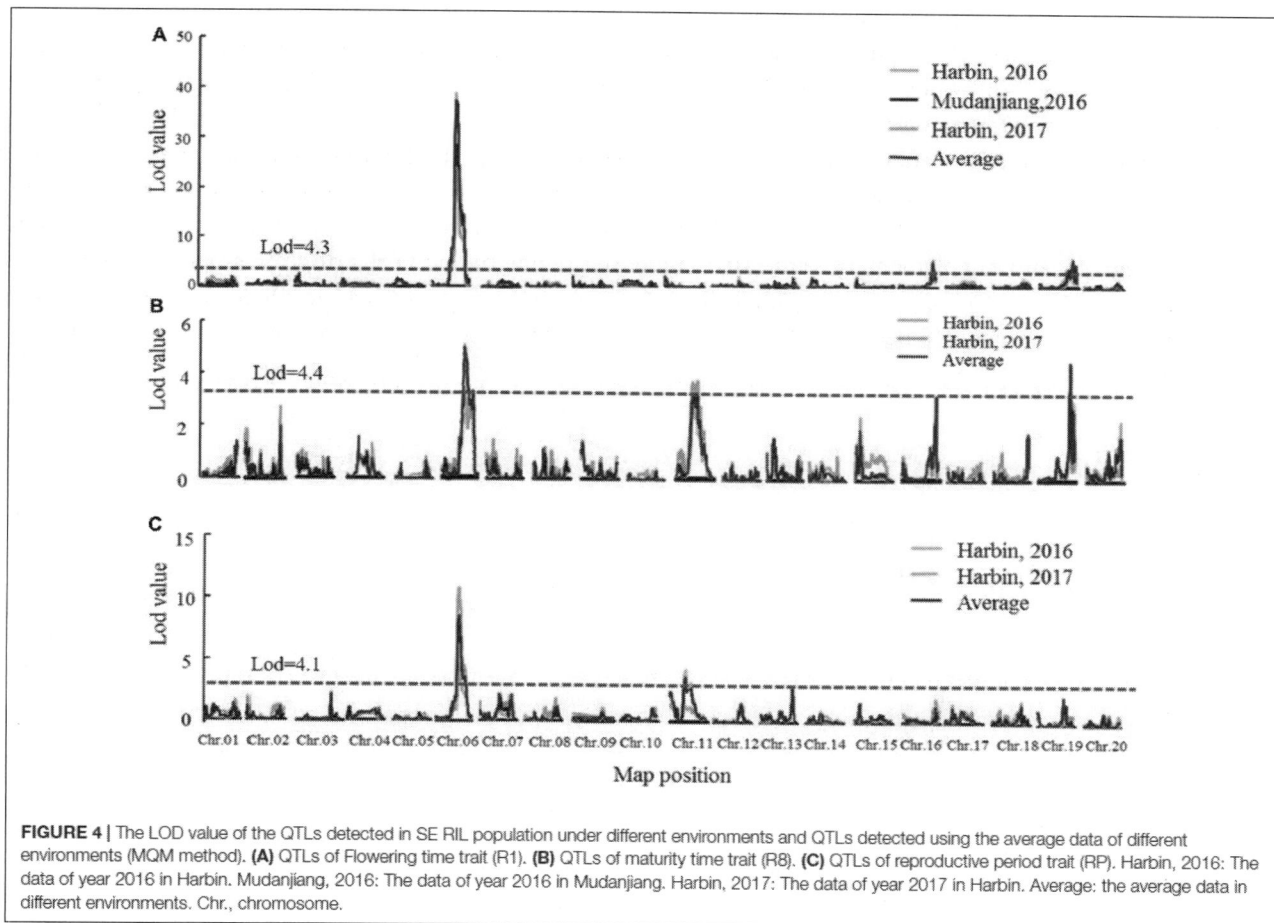

FIGURE 4 | The LOD value of the QTLs detected in SE RIL population under different environments and QTLs detected using the average data of different environments (MQM method). **(A)** QTLs of Flowering time trait (R1). **(B)** QTLs of maturity time trait (R8). **(C)** QTLs of reproductive period trait (RP). Harbin, 2016: The data of year 2016 in Harbin. Mudanjiang, 2016: The data of year 2016 in Mudanjiang. Harbin, 2017: The data of year 2017 in Harbin. Average: the average data in different environments. Chr., chromosome.

Sequencing of the SE population did not detect any recombination events between markers 381872 and 386215, with physical positions encompassing 15,741,239 to 28,154,637 (Fig.7 and Supplementary Table 14). Based on the soybean genome sequence (Schmutz et al., 2010), we determined that this interval is situated within a pericentromeric region, which generally features low recombination rates. In addition, with alarge confidence interval, the position of one marker flanking the confidence interval was too far from that of the nearest marker within that confidence interval. The region between these two markers should thus be excluded from candidate gene identification. In this study, we used a 1.5-LOD drop on eitherside of the peak marker to delimit the QTL of the SE RIL population on chromosome 6. Thus, the final high confidence interval was between Markers 386215 and 395918, encompassing positions 28,154,637–42,126,497 (Fig.7 and Supplementary Table 14). The high confidence interval of the major QTL inthe DW population was between Gm04_69 and Gm04_80, atpositions 13,212,370–43,843,500 (Fig.6 and SupplementaryTable 15).

3.6 Candidate gene prediction

In this study, the major QTL of the SE population was detected on chromosome 6. Resequencing of the parents localized the major QTL within the physical interval of 14,777,428–47,231,089 and harbored 20,866 polymorphism SNPs and Indels between Suinong 14 and Enrei (Fig.10B). Genetic backgrounds of the parents in a region (~20,000,000–30,000,000) surrounding centromere of chromosome 6 was relatively similar. Furthermore, fewer polymorphic loci were observed in the larger interval. The physical position of the peak LOD is about 28,154,587. The confidence interval of the flowering time QTL encompassed 15,742,176–42,126,497 and was assigned a 1.5-LOD drop relative to the peak LOD; a total of 389 SNPs and Indels were detected in genes (Fig.10D and Supplementary Table 11). Of these nucleotide variations, 99 SNPs/Indels were located within CDS regions, and 35 of these were synonymous mutations. The other 64 mutations are predicted to result in amino acid changes in 29 genes (Fig.10D and Supplementary Table 11), which were then classified as the most likely candidate genes.

The major QTL of the DW population was detected on chromosome 4, with a physical interval encompassing 9,622,245–44,284,689. According to the SNP and Indel calling results of resequencing the parents, there were 115,068 SNPs between Dongnong 50 and Williams 82 (Fig.10A). This high number of variations implies that the genetic background of the DW population significantly varies in this region of chromosome4. Approximately 846 SNPs and Indels that result in amino acid changes were identified within the 1.5-LOD drop QTL interval, with positions encompassing 13,212,370–43,843,500, of which 194 polymorphic loci were shared between the DW and SE parents (Fig.10C and Supplementary Table 10). In the SE population, no QTLs of growth period related traits were detectedon chromosome 4, suggesting that these 194 mutations may not lead to phenotypic differences in flowering time, maturity, and RP between Dongnong 50 and Williams 82. These variations canthus be preliminarily eliminated from candidate gene analysis.

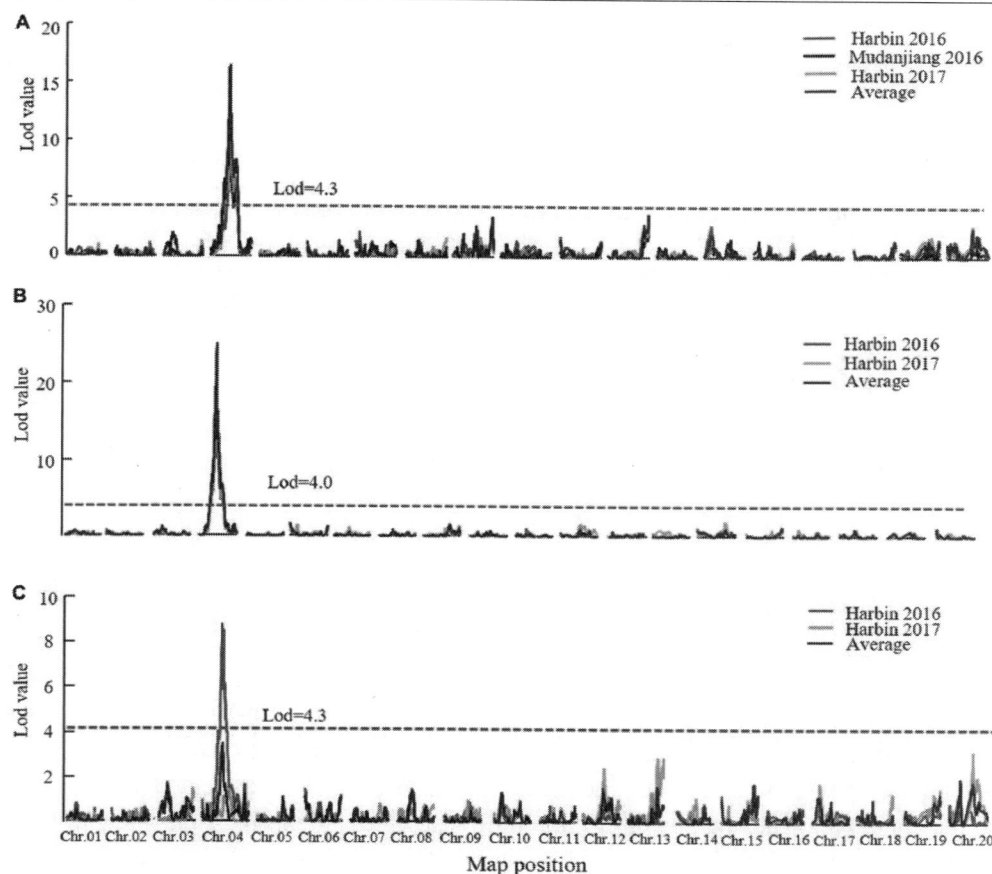

FIGURE 5 | The LOD value of the QTLs detected in DW RIL population under different environments and QTLs detected using the average data of different environments (MQM method). **(A)** QTLs of Flowering time trait (R1). **(B)** QTLs of maturity time trait (R8). **(C)** QTLs of reproductive period trait (RP). Harbin, 2016: The data of year 2016 in Harbin. Mudanjiang, 2016: The data of year 2016 in Mudanjiang. Harbin, 2017: The data of year 2017 in Harbin. Average: the average data in different environments. Chr., chromosome.

However, the DW and SE populations have different $E1$ genotype backgrounds, and thus whether the same mutations function differently under the $E1$ and $e1$-as genetic backgrounds requires further experimental verification. Other 652 polymorphic loci were only detected in the DW parents and not in the SE parents (Fig.10D and Supplementary Table 11).

The candidate genes in the high-confidence interval of the two major QTLs in two populations were categorized using GO analysis (Fig.8, 9). Within the high-confidence interval of the major QTL on chromosome 6, 298 genes could be functionally annotated using GO. Of these, 256, 264, and 265 were functionally annotated to the categories of cellular components and biological processes, respectively (Supplementary Table 17). Eighteen genes were related to transcription regulation activity, 20 genes were related to regulation of reproductive process, and 7 genes, namely, Glyma.06G238800, Glyma.06G239700, Glyma.06G241900, *Glyma.06G242100.1*, *Glyma.06G242100.2*, *Glyma.06G242100.3*, and *Glyma.06G248100*, were related to photoperiodism of flowering. Within the high-confidence interval of the major QTL on chromosome 4, 400 genes could be annotated using GO (Supplementary Table 16). Around 351, 132, and 268 of these were annotated to the functional categories of molecular, cellular component, and biological process, respectively. One gene, *Glyma.04G139100.1*, is related to the regulation of reproductive processes. Some reported orthologous genes related to photoperiod responses that regulate the flowering and reproduction in plants are listed in Supplementary Table 9. All these genes might be related to the traits assessed in the present study, but require further verification.

557

TABLE 5 | Detail information about the stable QTLs in DW population.

Method	QTL name	Environment	Chr.	Flanking markers	Interval (cM)	Physical length	Max LOD	PVE (%)	ADD
MQM	qR1-C1	Harbin, 2016	4	Gm04_58-Gm04_88	52.84–73.70	9,226,038–45,726,081	12.56	36.8	−3.58
	qR1-C1	Mudanjiang, 2016	4	Gm04_47-Gm04_84	40.05–65.40	7,218,438–44,180,506	12.70	37.1	−3.71
	qR1-C1	Harbin, 2017	4	Gm04_47-Gm04_88	40.05–73.70	7,218,438–45,726,081	11.35	34.2	−4.20
	qR1-C1	Average	4	Gm04_47-Gm04_88	40.05–73.70	7,218,438–45,726,081	16.48	45.2	−3.84
	qR8-C1	Harbin,2016	4	Gm04_47-Gm04_89	40.05–85.69	7,218,438–45,997,654	19.12	51.4	−7.66
	qR8-C1	Harbin,2017	4	Gm04_48-Gm04_90	40.55–86.50	7,501,700–46,095,409	18.83	49.8	−3.34
	qR8-C1	Average	4	Gm04_47-Gm04_89	40.05–85.69	7,218,438–45,997,654	24.98	59.9	−5.60
	qRP-C1	Harbin,2016	4	Gm04_56-Gm04_84	48.67–65.40	8,793,441–44,180,506	8.51	27.5	−4.27
CIM	qR1-C1	Harbin,2016	4	Gm04_57-Gm04_84	49.89–65.40	9,118,002–44,180,506	18.95	39.6	−3.85
	qR1-C1	Mudanjiang,2016	4	Gm04_56-Gm04_84	48.68–65.40	8,793,441–44,180,506	15.78	36.3	−3.78
	qR1-C1	Harbin,2017	4	Gm04_55-Gm04_84	47.88–65.40	8,628,734–44,180,506	18.21	40.5	−4.66
	qR1-C1	Average	4	Gm04_56-Gm04_84	48.68–65.40	8,793,441–44,180,506	24.36	53.1	−7.93
	qR8-C1	Harbin,2016	4	Gm04_55-Gm04_84	47.88–65.40	8,628,734–44,180,506	23.14	46.1	−3.24
	qR8-C1	Harbin,2017	4	Gm04_55-Gm04_84	47.88–65.40	8,628,734–44,180,506	13.26	33.7	−4.81
	qR8-C1	Average	4	Gm04_55-Gm04_84	47.88–65.40	8,628,734–44,180,506	24.92	49.9	−4.16
	qRP-C1	Harbin,2016	4	Gm04_52-Gm04_82	43.77–63.79	8,036,188–44,045,265	31.44	59.4	−5.67
	qRP-C1	Average	4	Gm04_58-Gm04_62	52.85–58.48	9,226,038–11,334,980	6.63	15.6	−2.21

ADD, the additive effects contributed by QTLs. Different from SE population, we used letter A represented markers with maternal (Dongnong 50) genotype and B represented markers with paternal (Williams 82) genotype in QTL analysis. So positive value (+) of the additive effect indicated the allele from Dongnong 50 reduced phenotype, negative value (−) of the additive effect indicated the allele originating from Williams 82 enhanced phenotype; Max LOD, maximum logarithm-of-odds (LOD) scores.

The QTL on chromosome 16 with the highest LOD score was located near Marker 1093929, with a physical position of 34,086,866. We analyzed sequence polymorphisms near Marker 1093929, with the 1.5-LOD drop on either side of the peak marker from positions 34,064,162–34,328,726 between Suinong14 and Enrei. The interval encompassed 62 genes, of which 25 had polymorphism within the CDSs (Supplementary Table 12). These 25 genes might be the candidate genes of flowering time trait. The QTL on chromosome 19 with the highest LOD score was located near Marker 1304107 whose physical position was 45,085,367, whereas the *Dt1* gene Glyma.19G194300 (*TERMINAL FLOWER1*) is located within the region. In addition, the parents harbored polymorphisms at the *Dt1* locus (Supplementary Fig.5), suggesting that the candidate gene for the QTL on chromosome19 might be *Dt1*.

4 Discussion

Legumes play critical roles in ensuring global food security and agricultural sustainability. Soybean is one of the most economically important plant oil and protein crops. Soybean is a short-day plant (SDP) and is highly sensitive to photoperiod and latitude. Incorporation of new genetic resources has enabled the gradual extension of commercial soybean cultivation toward higher latitudes (Cao et al., 2017). Absence of or low sensitivity to long-day photoperiod is necessary for short-day crops such as rice and soybean, to adapt to higher latitudes. Understanding the genetic diversity in flowering time, photoperiod insensitivity, and post-flowering photoperiodic responses may facilitate in improving final grain yield in specific regions (Xu et al., 2013).

Soybean undergoes different growth stages, starting from germination to maturity, when these are harvested. Flowering time is an important factor that affects the duration of the entire growth period of soybean. QTL analysis indicates that the QTL loci for R1 could also be detected in the R8 phenotype. The duration of post-flowering time is another important trait that influences growth rate, yield, and seed quality of soybean.

The maturity locus *E1* influences flowering time in soybean. The recessive allele *e1-as*, a non-synonymous substitution occurring in the putative nuclear localization signal, leads to loss of E1 protein localization specificity and represses earlier flowering (Xia et al., 2012). To eliminate the interference of the *E1* locus and find different flowering regulatory mechanisms under different E1 backgrounds, we created two RIL populations with *E1* and *e1-as* backgrounds, respectively, and their *E2–E4* gene loci were exactly the same. In this study, Suinong 14 and Enreiboth had dominant *E1* backgrounds, but Suinong 14 flowered about 35 d earlier and matured 50 d earlier than Enrei (Table 1). Dongnong 50 and Williams 82 were both recessive *e1- as*, but Williams 82 flowered 20 d late and matured about 50 d late (Table 2). These findings suggest that there are other genetic factors regulating flowering and maturation time in soybean that are influenced by genetic background. In the background of dominant *E1* cultivars, which still showed early flowering phenotypes, there might have been mutations in the upstream or downstream genes in the regulatory network of *E1* that eliminate the *E1* inhibitory effect on *FT* genes. In the *e1-as* background, which still flowered and matured late, flowering and maturation times might depend on other regulatory factors in a pathway that does not require *E1*. The factors might function similarly to *E1* to repress flowering and maturation in soybean. The four parents in this study were cultivars from different regions. Suinong 14 and Dongnong 50 were from China, Enrei was from Japan, and Williams 82 was from the United States. During breeding, different genotypes are selected, which inturn lead to differences in flowering time, maturity time, and other agronomic traits. SNP and Indels that may affect gene function provide a reservoir of novel genes and genetic variations for soybean improvement. Searching for polymorphisms that underlie variations in the agronomic traits of flowering and maturity and genes that exhibit a signature of artificial selection by breeders may help in the identification of candidate genes that play important roles in soybean domestication, diversification, and improvement.

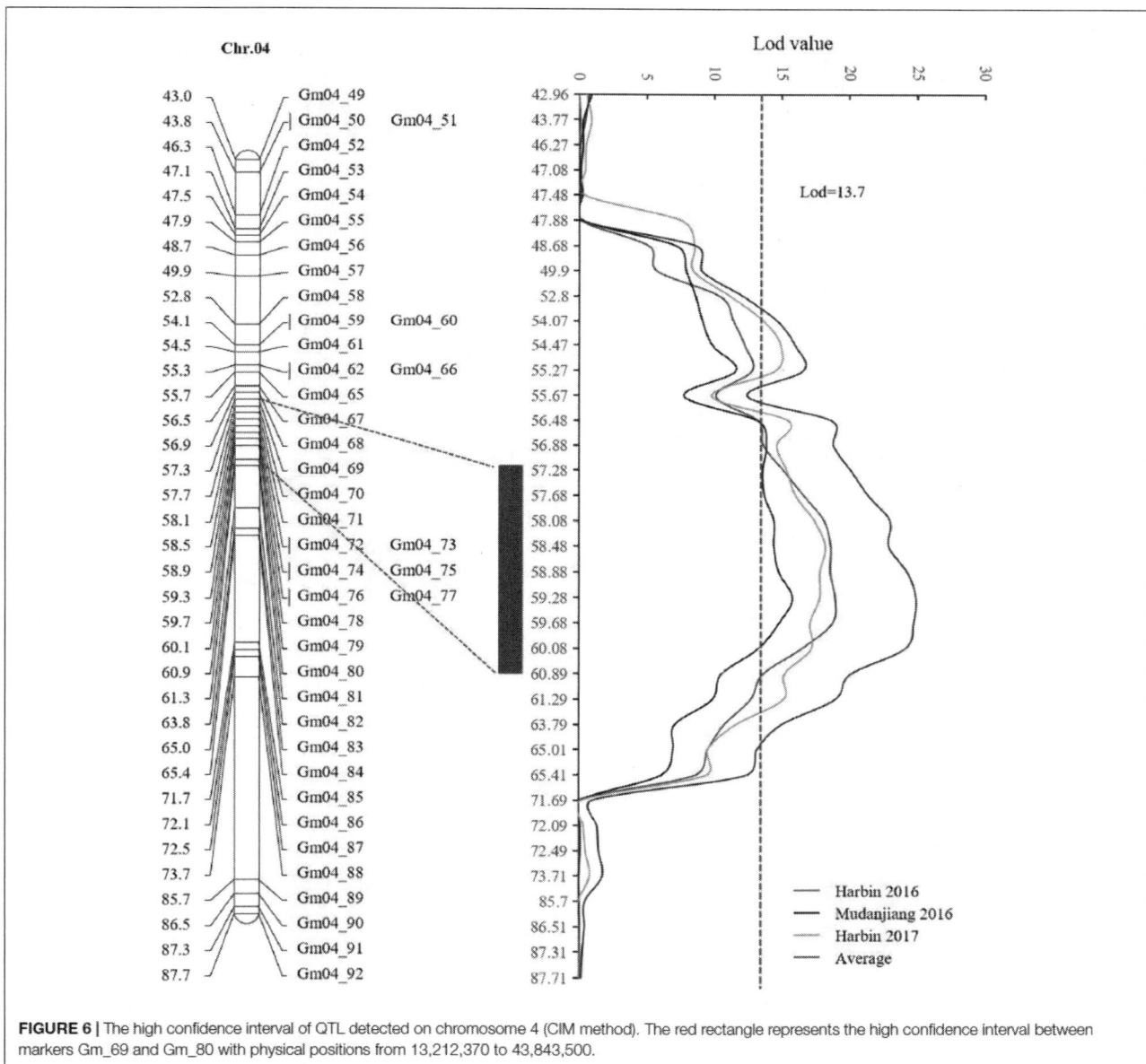

FIGURE 6 | The high confidence interval of QTL detected on chromosome 4 (CIM method). The red rectangle represents the high confidence interval between markers Gm_69 and Gm_80 with physical positions from 13,212,370 to 43,843,500.

Preliminary QTL mapping has established the approximate interval of QTLs for flowering time and maturity traits. Analysis of genetic backgrounds of the two RIL populations based on parental resequencing data provides

559

more information on the candidate genes that may be used in fine mapping QTLs. In this study, we mapped two major flowering and maturity QTLs, one was mapped to chromosome 6 of the SE RIL population and the other to chromosome 4 of the DW RIL population. The major QTL *qR1-C2* of the SE RIL population that showed the highest LOD score is located near Marker 386215, with a physical position near 28,154,637. *E1* is a major maturity gene that largely influences flowering time and is located within the same genomic position (Xia et al., 2012). Therefore, we also analyzed the resequencing data of Suinong 14 and Enrei, including the upstream, CDS, and downstream *E1* genomic sequences. The results showed no sequence differences within the CDS and the1.5 kb upstream fragment and no homozygous mutations within the 1.9 kb downstream fragment of the parents, Suinong 14, and Enrei. Another maturity locus, *E7*, has been reported to control photoperiod sensitivity and is genetically linked to *E1* and *T* (Cober and Voldeng, 2001), which indicates that the QTL on chromosome 6 in this study might be *E7*. In addition, there areother reported QTLs that overlap with the interval identified inthis study (Mansur et al., 1993; Orf et al., 1999; Funatsuki et al., 2005; Githiri et al., 2007; Liu and Abe, 2010; Oyoo et al., 2010; Sun et al., 2013; Hu et al., 2014; Zhang et al., 2015; Mao et al.,2017) (Supplementary Table 6). There may be several loci thataffect multiple growth period-related traits such as time of first flowering, pod maturity, RP, and time to full maturity. Pleiotropicgenes might affect multiple traits. The QTL intervals of First flower *18-1*, *Pod maturity 21-1*, and *Pod maturity 25-1* (Chenet al., 2007; Palomeque et al., 2009) show almost similar high-confidence intervals in our study.

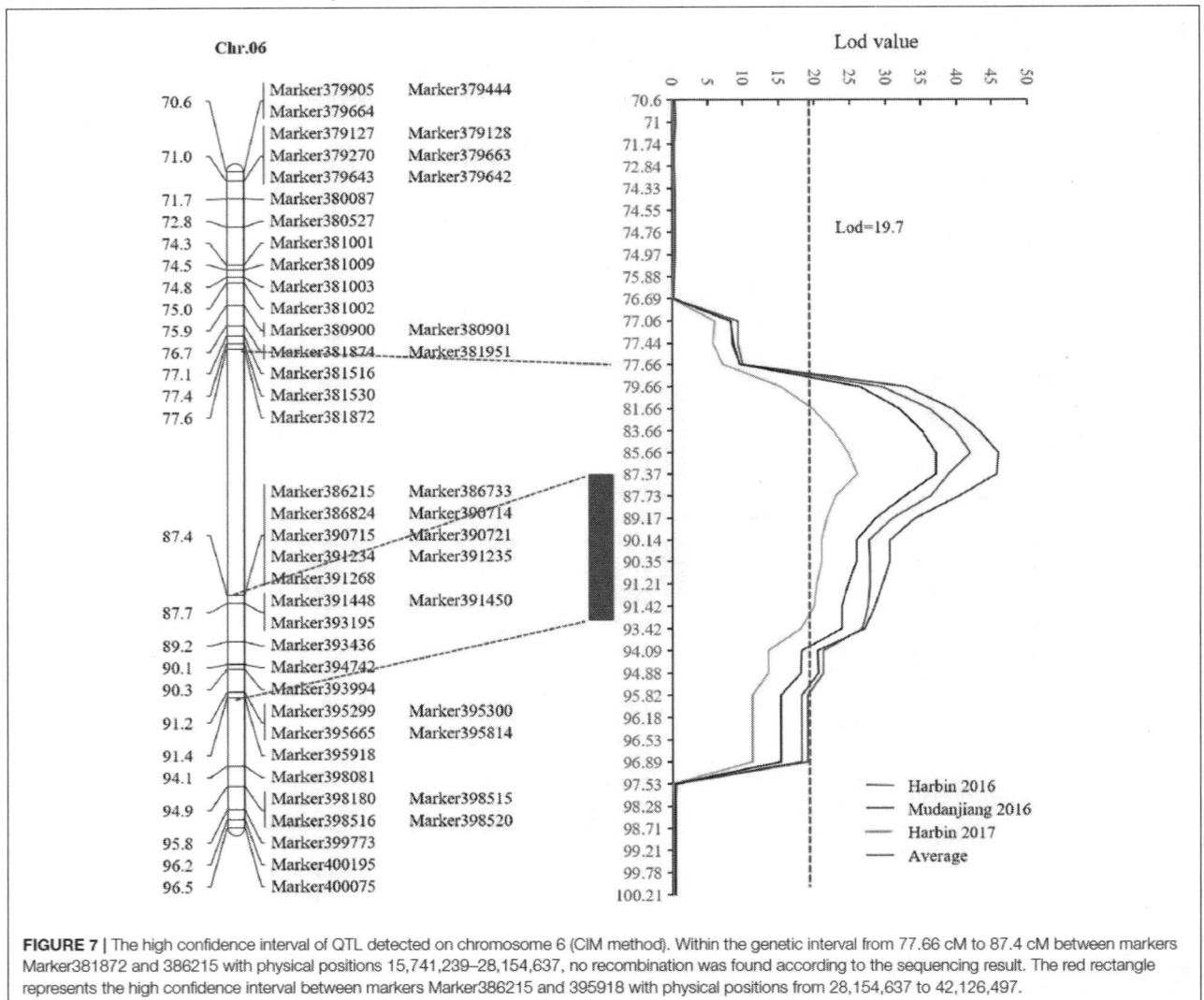

FIGURE 7 | The high confidence interval of QTL detected on chromosome 6 (CIM method). Within the genetic interval from 77.66 cM to 87.4 cM between markers Marker381872 and 386215 with physical positions 15,741,239–28,154,637, no recombination was found according to the sequencing result. The red rectangle represents the high confidence interval between markers Marker386215 and 395918 with physical positions from 28,154,637 to 42,126,497.

The other major QTL *qR1-C1* in this study was mapped to chromosome 4 of the DW RIL population. The *qR1-C1* locus spanned marker Gm04_69 to Gm04_80, within the 1.5-LOD drop on either side of the peak. The delimitated interval was about 6.493 cM, with a physical position encompassing 13,212,370–43,843,500, whereas *E8* was mapped between markers Sat_404 and Satt136, with a physical position from 13,613,713 to 16,984,318 (Cober et al., 2010). From the mapping information, we assume that the major QTL *qR1-C1* might be controlled by *E8*. The QTL on chromosome 4 in this study also overlapped with other reported QTLs for reproductive stage lengths, pod maturity and total growth duration in Soybase and previous reports (Cheng et al., 2011; Rossi et al., 2013; Wang et al., 2015). These reported QTLs (Supplementary Table 6) and those detected in our study suggest that the major QTL *qR1-C1* plays very important roles inflowering, maturity, and the length of the RP in diverse genetic backgrounds.

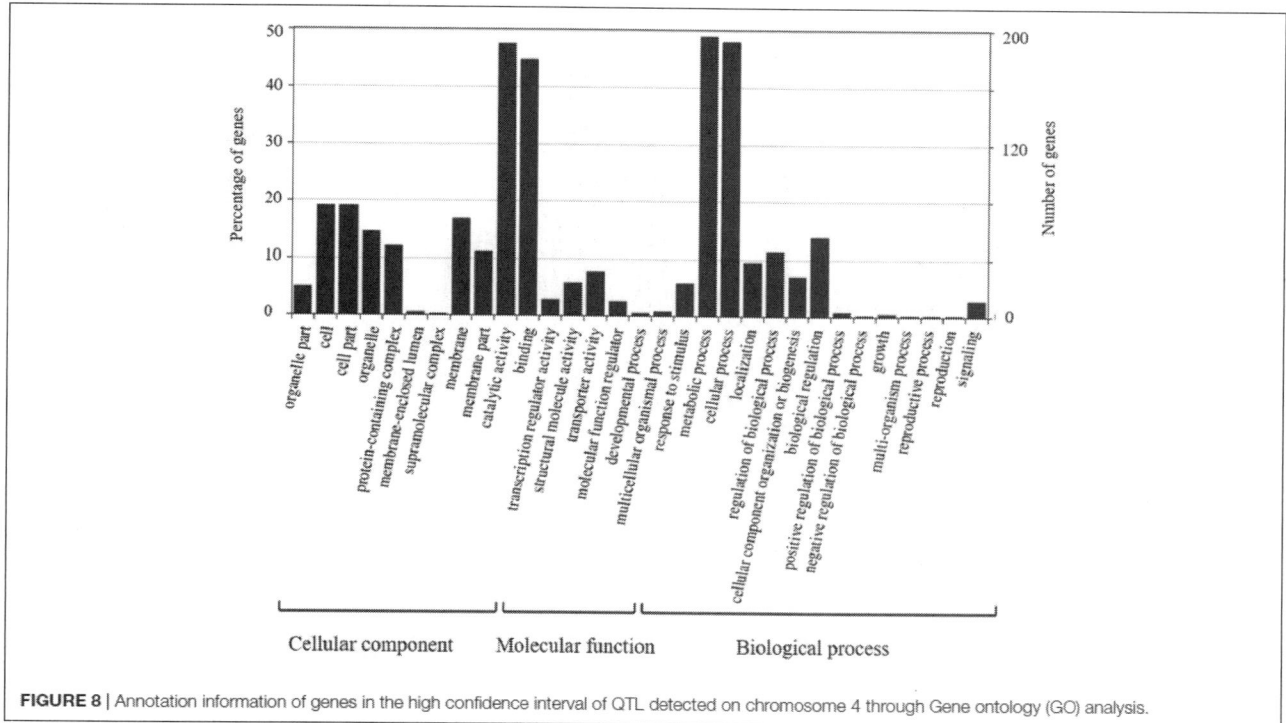

FIGURE 8 | Annotation information of genes in the high confidence interval of QTL detected on chromosome 4 through Gene ontology (GO) analysis.

The present study also detecte d several QTLs that separately controlling either flowering time or RP. For example, *qRP-B1*on chromosome 11 in the SE population was determined to play a role in RP traits but not in flowering time, whereas *qR1-J* on chromosome 16 and *qR1-L* on chromosome 19 is involved in flowering time. However, all of these loci affect time to full maturity. Both flowering time and the duration of the RP affect the final length of the whole growth period (Tables 4, 5). These results may suggest that flowering time and RP are controlled by different genes and have relatively independent genetic mechanisms. The QTL *qRP-B1* on chromosome 11 in ourstudy also overlapped with other reported QTLs for reproductive stage lengths and pod maturity (Lee et al., 1996, 2015; Zhanget al., 2004; Gai et al., 2007; Bachlava et al., 2009; Komatsuet al., 2012). All of these reported QTLs were mainly detected in reproductive development-related traits, which may suggest that *qRP-B1* contributes to yield improvement. RP is closely related to yield, quality, and tolerance to environmental stresses (Cheng et al., 2011). After flowering, soybeans advance to the pod-setting stage, and is the most vigorous period of soybean growth, which requires high amounts of water, nutrients, and light. During the seed-filling period, nutritional matter in the seeds gradually accumulates. An extremely short reproductive stage may lead to low levels of accumulation of dry matter inseeds, which in turn may severely impact production. However, when the reproductive stage is too long, the plants may be more vulnerable to the effects of cold snap at high latitudes, thereby leading to total loss of soybean yield. Therefore, in soybean breeding, we should balance the relation between RP and production. QTLs on chromosomes 6 and 11 may work together to regulate post-flowering biological processes. The previously reported QTL, photoperiod insensitivity 5–4, which is flanked by markers Satt244-BARC-041173-07927 and physical position from 33,818,897 to 36,781,596, overlapped with *qR1-J* on chromosome 16 in our study (Liu et al., 2011). The interval of QTL *qR1-L* on chromosome 19 encompasses positions 44,953,211–45,862,765, where it coincides with the *Dt1* gene *Glyma.19G194300 (TERMINAL FLOWER1,*

TFL1b) (Liuet al., 2010; Tian et al., 2010). *TFL1* is a key regulator of flowering time and the development of the inflorescence meristem in *Arabidopsis* thaliana (Hanano and Goto, 2011). In this study, QTL *qR1-L* detected on chromosome 19 in the SE population may influence flowering time, and *qR1-L* may be controlledby the *Dt1* gene because the parent Suinong 14 possesses adominant *Dt1* allele, whereas Enrei possesses a recessive *Dt1* allele (Supplementary Fig.5). Functional characterization of how *Dt1* regulates flowering time and maturity, in addition to its role in controlling grow habit, will be very interesting and allow expansion of its applications in soybean yield improvement.

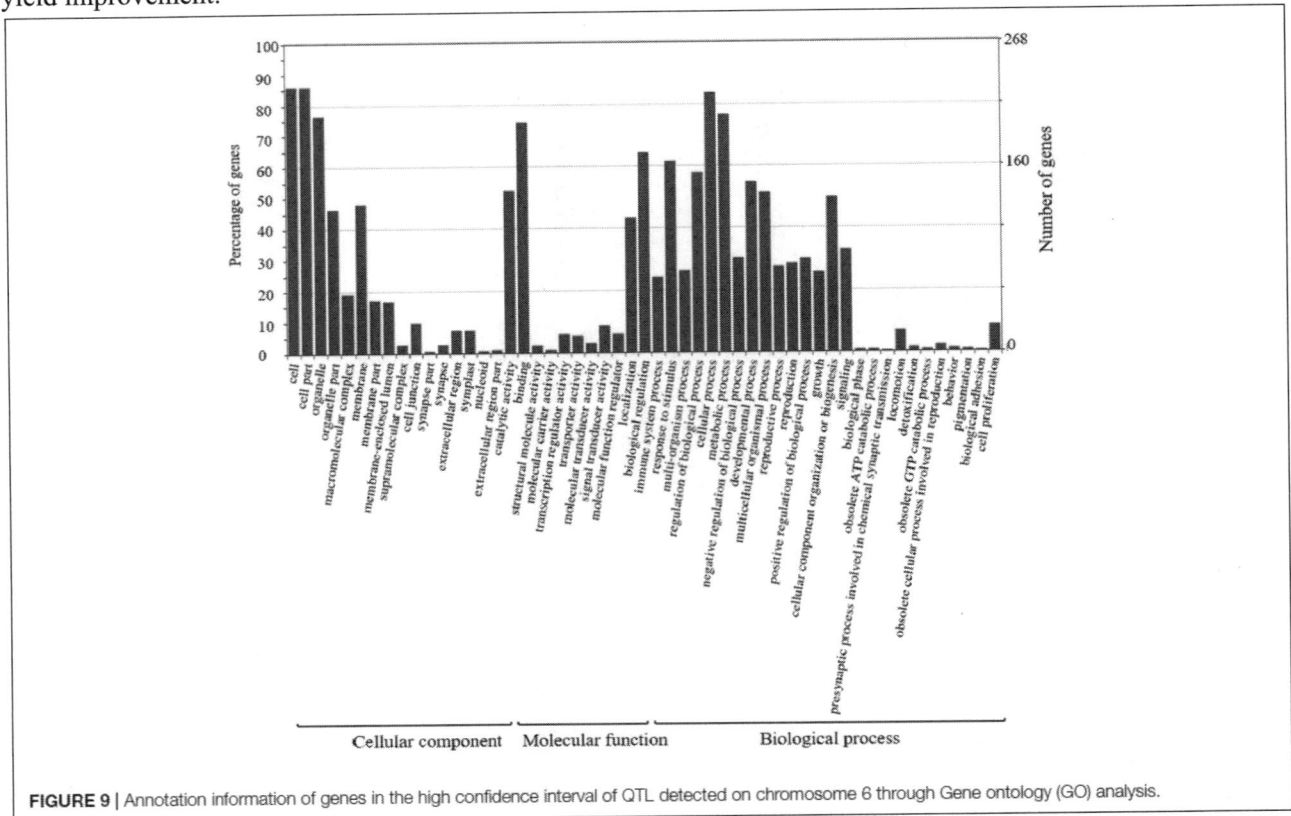

FIGURE 9 | Annotation information of genes in the high confidence interval of QTL detected on chromosome 6 through Gene ontology (GO) analysis.

Fine mapping is a key step in target gene cloning, where in recombinant individuals are screened using polymorphic markers within candidate regions and the genetic distances shortened by correlation analysis between phenotypes and genotypes of the recombinant individuals. Searching for polymorphic markers based on parental resequencing data is particularly more important for fine mapping of genes near the centromeric region. Heterochromatic regions surrounding the centromeres suppresses recombination (Schmutz et al., 2010). Estimating the ratio of the genetic distance to the physical position in this region is generally difficult to obtain, and thus increasing the density of molecular markers in a region far from the centromere may be futile. To obtain multiple recombinant individuals, the fine mapping population should be large. A previous study showed that only 10 extremely precious recombinants were obtained from 13,760 F_2:5 seeds during fine mapping of the *E1* gene near the centromeric region (Xia et al.,2012).

The accuracy of QTL mapping is also influenced by the genetic background and size of the study population, as well as the number of genetic markers employed in the analysis. In addition, investigating candidate genes based on the resequencing data of the parents is also influenced by sequencing depth and accuracy, as well as the accuracy of the reference genome assembly and annotation. The polymorphic loci information above helps in determining the genetic background of the two groups. The specific gene loci that actually result in phenotypic differences, their functional mechanisms, and the regulatory networks involved still need further investigations.

Fine mapping of the QTLs and validation of the potential candidate genes may be a reliable and feasible strategy for QTL cloning to isolate the candidate genes for the elucidation of the molecular mechanisms underlying photoperiod-regulated flowering and time to qR1-C1 maturity. Map-based cloning of *qR1-C2*, , *qR1-J*, and *qRP-B1* and the functional characterization of these candidate genes are underway in our laboratory. In addition, QTL flanking markers are valuable tools for soybean molecular breeding to obtain cultivars that exhibit higher levels of adaptation and yield productivity.

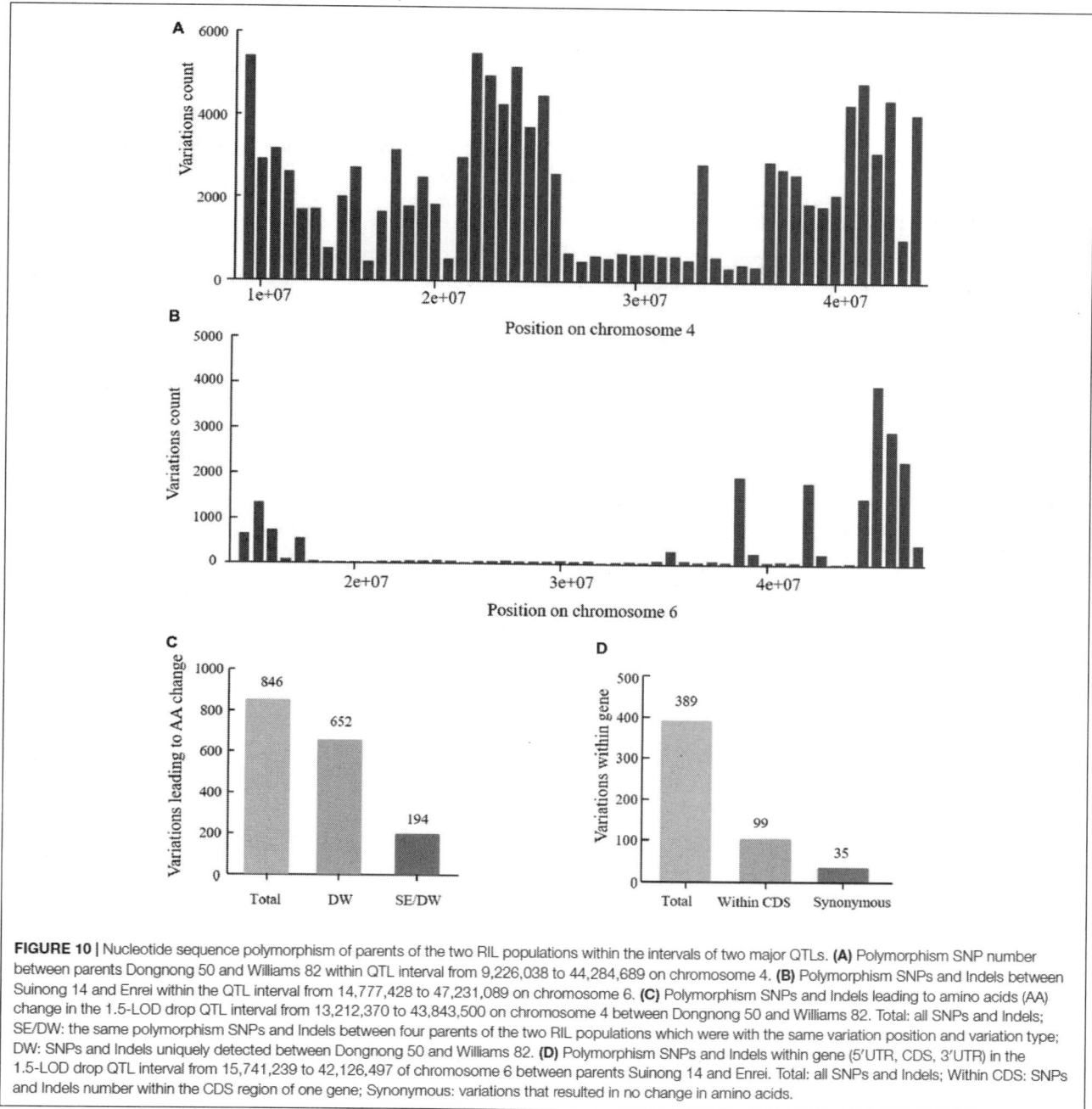

FIGURE 10 | Nucleotide sequence polymorphism of parents of the two RIL populations within the intervals of two major QTLs. **(A)** Polymorphism SNP number between parents Dongnong 50 and Williams 82 within QTL interval from 9,226,038 to 44,284,689 on chromosome 4. **(B)** Polymorphism SNPs and Indels between Suinong 14 and Enrei within the QTL interval from 14,777,428 to 47,231,089 on chromosome 6. **(C)** Polymorphism SNPs and Indels leading to amino acids (AA) change in the 1.5-LOD drop QTL interval from 13,212,370 to 43,843,500 on chromosome 4 between Dongnong 50 and Williams 82. Total: all SNPs and Indels; SE/DW: the same polymorphism SNPs and Indels between four parents of the two RIL populations which were with the same variation position and variation type; DW: SNPs and Indels uniquely detected between Dongnong 50 and Williams 82. **(D)** Polymorphism SNPs and Indels within gene (5′UTR, CDS, 3′UTR) in the 1.5-LOD drop QTL interval from 15,741,239 to 42,126,497 of chromosome 6 between parents Suinong 14 and Enrei. Total: all SNPs and Indels; Within CDS: SNPs and Indels number within the CDS region of one gene; Synonymous: variations that resulted in no change in amino acids.

Author contributions

FK designed the experiments. LK, SL, YW, CF, FW, HN, TS, SL, FZ, XL, XZ, and XY carried out the experiments. LK, BL, and FKanalyzed the data. LK and FK wrote the paper.

Funding

This work was funded by the National Key Research and Development Program (No. 2016YFD0100400); the

National Natural Science Foundation of China (31725021, 31371643,31571686, 31430065, and 31371651); the Strategic Action Planform Science and Technology Innovation of the Chinese Academy of Sciences (XDA08030108), and the Open Foundation of the Key Laboratory of Soybean Molecular Design Breeding, Chinese Academy of Sciences.

Acknowledgments

We would like to acknowledge Mrs. Yafeng Liu and Ms. XiaomeiRen for phenotyping and managing the filed.

Supplementary material

The Supplementary Material for this article can be found onlineat: https://www.frontiersin.org/articles/10.3389/fpls.2018.00995/full#supplementary-material

参考文献（略）

本文原载于《Frontiers in Plant Science》2018 年 07 期。

†：共同第一作者单位为黑龙江省农科院牡丹江分院。

Genetic Variation of World Soybean Maturity Date and Geographic Distribution of Maturity Groups

Xueqin Liu[1], Jian Wu[2], Haixiang Ren[3], Yuxin Qi[3], Chunyan Li[4], Jiqiu Cao[4], Xiaoyan Zhang[4], Zhipeng Zhang[1], Zhaoyan Cai[5], Junyi Gai[*1]

(1. *Soybean Research Institute, Nanjing Agricultural University; MOA National Center for Soybean Improvement; MOA Key Laboratory of Biology and Genetic Improvement of Soybean; National Key Laboratory for Crop Genetics and Germplasm Enhancement, Nanjing Agricultural University, Nanjing* 210095, *China*
2. *Heihe Academy of Agricultural Sciences, Heihe* 164300, *China*
3. *Mudanjiang Academy of Agricultural Sciences, Mudanjiang* 157041, *China*
4. *Shengfeng Experiment Station, Jining* 272400, *China*
5. *Guangxi Academy of Agricultural Sciences, Nanning* 530007, *China*)

Abstrat: The maturity date of soybean [*Glycine max* (L.) Merr.] is sensitive to photoperiod, which varies with latitude and growing seasons. The maturity group (MG) system, composed of 13 MGs, is a major approach in characterizing varieties ecological properties and adaptable areas. A total of 512 world soybean varieties, including 48 MG checks, were tested at a major site (Nanjing, 32.04°N) with portions tested in supplementary sites (Heihe, 50.22°N; Mudanjiang, 44.60°N; Jining, 35.38°N and Nanning, 22.84°N) in China to explore the worldwide MG distribution. The maturity date of the world soybean varied greatly (75–201 d) in Nanjing. Along with soybeans disseminated to new areas, the MGs further expanded during the last 70 years from MG Ⅰ–Ⅶ to the early MG 0–000 in the north continents and to the late MG Ⅷ–Ⅹ in the south continents with the growth period structure differentiated into two subgroups in each MG 0–Ⅷ except Ⅴ. The cluster analysis among MGs and subgroups using genome wide markers validated the MG sequential emergence order and the subgroup differentiation in eight MGs. For future evaluation, in addition to one major site (Nanjing), one supplementary southern site (Nanning) and one supplementary northern site (Heihe) are sufficient.

Keywords: Maturity date, Maturity group (MG), Soybean [*Glycine max* (L.) Merr.], World geographic distribution.

1 Introduction

Soybean [*Glycine max* (L.) Merr.] is an old crop in the eastern world but has been a new crop in the western world for the last two centuries. Soybean is rich in nutritional value due to its high protein and oil content as well as aspects of its functional composition, such as is flavones. Along with its dissemination worldwide, soybean has adapted to diverse ecological conditions, especially to the local day length and temperature conditions created by geographic latitude and altitude. The most significant trait related to adaptation to diverse environments is growth period, or maturity date. Originally, soybean was a short-day crop with a sensitive response to photoperiod, as well as temperature. Because day length changes with the seasons, cropping season is another ecological factor determining the maturity date of soybean. The maturity date varies greatly among soybean varieties around the world, even within a same geographic region. Initially, farmers and early soybean scientists classified soybeans as early, medium and late maturity types. This classification was extensively used everywhere. However, it was insufficient at comparing varieties from different ecological regions. An early maturing variety in one region may be considered a late variety in another region.

Hartwig (1973) noted that the Regional Soybean Laboratory of the USDA established a maturity group (MG) classification system, the first suggestion of 7 MGs designated as MG Ⅰ–Ⅶ was made by Carter, and the classification was based on the response to photoperiod or latitude (almost parallel to the latitude). Based on this grouping, earlier maturing varieties were developed in the northern USA, causing the maturity groups extended to MG 0 and MG 00, as well as further north in the USA and Canada to MG 000. With the expansion of soybean planting areas in the southern USA and lower latitudes of the Americas and in southern Asia and Africa, the MGs extended to MG Ⅷ–Ⅹ. Ultimately, 13 MGs, i.e. MG 000, 00, 0, Ⅰ, ... Ⅹ, were formed in the world. The difference in maturity date between two adjacent groups is approximately 10 to 15 d in an adapted area (Norman, 1978).

Zhang et al. (2007) used ArcGIS to modify the geographic distribution of different soybean varieties MG types in the USA, according to the data from 139 state soybean variety trials conducted from 1998 to 2003. They found that the adapted regions for the early maturing varieties (MG 0–Ⅲ) had not changed, but the adapted zones for MG Ⅳ–Ⅵ were much broader, MG Ⅶ and Ⅷ were only in limited areas. Categorizing soybeans into different MGs allows for more accurate and quick judgment of the prospects for introducing new varieties and plays an important role in the breeding and production of soybeans in North America.

Many soybean scientists in different countries have adopted this MG system and have classified their local varieties into different MGs. Saito and Hashimoto (1980) indicated the soybeans in Japan involved with eight MGs (MG 0–Ⅶ) with their geographic distribution in Japan illustrated in details. Indian soybeans are strong short-day and latematuring varieties and are mainly in MGⅥ–Ⅷ due to their low latitude environment (between 10°N–33°N) (Tiwari et al., 1999). In Europe, the soybean varieties in Italy are mainly from MG 0 to MG Ⅱ, and in France they are mainly from MG 000 to MGⅡ (Rüdelsheim and Smets, 2012). Monsanto was the first company to introduce the concept of maturity groups to Brazil (Penario, 2000). As an increasing number of private companies used the North American system, the traditional Brazilian method of classifying varieties into early, medium and late was gradually replaced with the MG system and was classified into MG Ⅵ–Ⅷ. Because of its imports of large amount of the commercial USA soybean germplasm (Abdurakhmonov and Abdukarimov, 2008), Argentina adopted the MG system earlier than Brazil and grouped varieties into MG Ⅱ–Ⅷ (Alliprandini et al., 2009).

In China, the traditional way of grouping soybeans was also early, medium and late, relative to a local area and even to the cropping system (Hao et al., 1992; Ren et al., 1987,; Wang, 1981). Gai et al. (2001) used the USA MG system to classify 256 Chinese soybean varieties into 12 MGs (MG 000–Ⅸ) by comparing their days from sowing to R8 (full maturity) with those of 48 MG checks introduced from North America. In addition, they found that the significant difference in flowering date was related to geographic locations and cropping systems in MG 0, Ⅰ, Ⅱ and Ⅲ and divided each group into two subgroups according to the days to R1 (beginning bloom). Wu et al. (2012) defined the MGs of 19 varieties in the National Soybean Uniform Trials by comparing the days from VE (emergence) to R7 (first pod matured) with those of the 38 MG checks from North America. Jia et al. (2014) found that certain high latitude cold region varieties matured much earlier than MG 000 based on the days from VE to R7. They proposed a new MG (MG 0000) for the varieties maturing much earlier than MG 000. It seemed that the early maturity group continued to increase as the soybean area expanded northward and new varieties developed. According to the trials at nine locations in Northeast China, Fu et al. (2016) proposed a MG grouping procedure (including the testing locations and grouping criteria) in Northeast China, using it the 361 northeast spring planted soybean varieties were grouped into MG 000–Ⅲ with their geographic distribution ascertained.

Fukui and Arai (1951) studied the ecological classification of soybean varieties in Japan based on the days from germination to blooming and from blooming to ripening with special reference to their geographical differentiation. They grouped soybean varieties into five vegetative stage groups and three reproductive stage groups in a total of nine combined groups. The growth period structure differentiation among varieties was also studied in China (Sun et al., 1990; Wang, 2008). Gai et al. (2001) indicated that the performed growth periods and the MG types of the Chinese varieties were affected by the geographic location (latitude) and sowing season (caused by different cropping systems). They found that a different structure of growth periods existed within each group of MG 0–Ⅲ and further divided them into two subgroups: one with a shorter vegetative period but a longer reproductive period, mainly in the northern spring planted area, and another with a longer vegetative period but a shorter reproductive period, mainly in the spring planted soybean of double cropping areas.

However, no study has been carried out to evaluate the variation of MG of the worldwide soybean varieties under a uniform environment, due to the extreme diversity of the sensitivity to day length and temperature. The present study aimed to reveal the variation of MGs of the world soybean varieties under a uniform environment (Nanjing, China in this study) and the distribution of MGs in world geographic regions. The first step was to establish a procedure to identify diverse MGs for a large number of varieties, i.e. to choose several major latitude sites for MG evaluation in the field. According to our previous experiences in identifying the MGs of Chinese soybeans (Gai et al., 2001), Nanjing was chosen as a major latitude site along with additional supplementary latitude sites scattered in the north and south of Nanjing for a normal maturity evaluation of the worldwide soybean varieties. In addition, with reference to the previous subdivision of MGs of Chinese varieties, the ratio of flowering date to maturity date (F/M) was also evaluated for the inspection of subgroups of worldwide soybeans. The knowledge of the world MG expansion and geographic distribution will benefit both the development of soybean varieties and the exploration of the evolutionary processes of growth period traits.

2 Materials and methods

2.1 Plant materials

A total of 512 world soybean varieties was sampled from the Germplasm Storage of the National Center for Soybean Improvement (NCSI) of China. These varieties were introduced from Sweden, Russia, China, Japan, the USA and 22 other countries. According to the dissemination paths described by Singh and Hymowitz (1999), they were further divided into 13 geographic populations: HuangHuai River Valleys in China (OHCHN), Changjiang River Valleys and south of it in China (OSCHN), Northeast China (ANCHN), Far East of Russia (A1RUFE), southern Sweden (A2 SSWE), the Korean Peninsula (BKORP), the Japan islands (BJPAN), Southeast Asia (B1SEAS), South Asia (B2SASI), Africa (B3AFRI), northern North America (CNNAM), southern North America (CSNAM) and Central and South America (C1CSAM) (Supplemental Table 1). The meanings of the prefix "O", "A", "B" and "C" were explained in the notes of Table 5. Of these varieties, 48 varieties were MG checks for respective MGs (MG 000–X), among them, 41 were PIs (USDA code) with their MGs calibrated in the USA. The other 7 were from China, with their MGs calibrated in China by Gai et al. (2001).

2.2 Experimental design

The field experiments were set in five locations: the major site for testing all materials was in Nanjing (32.04°N) with Jining (35.38°N) as its supplementary site, the two additional supplementary sites for early MGs were in Heihe (50.22°N) and Mudanjiang (44.60°N), and the additional supplementary site for late MGs was in Nanning (22.84°N). Table 1 shows the entire experimental scheme with the MG checks arranged.

Table 1. The trial sites for maturity group (MG) classification of soybeans

Trial site	Geographic coordinate		Year	Maturity type	Maturity group check												
	Latitude (°N)	Longitude (°E)		(No. of varieties)	000	00	0	I	II	III	IV	V	VI	VII	VIII	IX	X
Heihe	50.22	127.53	2011	Early (40)	√	√	√										
			2012	Early (74)	√	√	√										
Mudanjiang	44.60	129.58	2012	Early (172)	√	√	√	√	√								
Jining	35.38	116.59	2011	All (504)	√	√	√	√	√	√	√	√	√	√	√	√	√
			2012	All (505)	√	√	√	√	√	√	√	√	√	√	√	√	√
Nanjing	32.04	118.78	2011	All (504)	√	√	√	√	√	√	√	√	√	√	√	√	√
			2012	All (505)	√	√	√	√	√	√	√	√	√	√	√	√	√
			2013	Late (133)										√	√	√	√
Nanning	22.84	108.33	2012	Late (65)										√	√	√	√

In "Trail site" column, Heihe, and Mudanjiang are located in Heilongjiang province, China; Jining is located in Shandong province, China; Nanjing is located in Jiangsu province, China; and Nanning is located in Guanxi province, China.

The field tests at the major site of Nanjing and its supple mentary site of Jining were conducted in two years. In 2011, the 504 varieties were sown on April 28 in Nanjing (Nanjing I) and on May 13 in Jining. Here, spring planting was used for testing the full season response of the materials rather than the local summer planting which is the regular double cropping system after winter wheat. In 2012, one additional earliest variety (*Glycine max* (L.) Merr. 'Dengke 2) was added. The 505 varieties were sown on April 25 in Nanjing (Nanjing Ⅰ) and on May 15 in Jining.

An additional test for late MGs was conducted in Nanjing in 2013, in which 133 late varieties were sown approximately 10 d earlier than in 2011 and 2012. This was performed to make a clear distinction between adjacent MGs that included seven local MG checks for MG VⅡ–Ⅸ (Nanjing Ⅱ).

The field test at the supplementary site of Heihe was con ducted in two years. In 2011, 40 early varieties (around MG 000–0) were sown on May 17, and in 2012, 74 early varieties were sown on May 13. Another additional supplementary test was conducted in Mudanjiang in 2012, in which 172 early varieties (around MG 000–Ⅱ) were sown on May 12.

An additional supplementary test was conducted in Nanning, in which 65 late varieties were sown on July 12.

The soybeans were tested in single row plots, 1 m in length and 0.4 m apart, with 2 replications. After emergence, they were thinned to 6–8 seedlings.

2.3 Measurements and data analysis

The phonological stages of emergence (VE), beginning bloom (R1) and full maturity (R8) were recorded as Fehr and Caviness (1977) described. The flowering date and maturity date were calculated as the period from sowing to R1 and from sowing to R8, respectively. When some materials could not mature normally, the maturity date was estimated from the maturity date of MG Ⅷ checks plus the difference in the flowering date between the MG Ⅷ checks and the immature MG Ⅸ and Ⅹ checks.

The maturity dates of the 48 MG checks were used as standards for identifying the MGs of each tested material at each site. The MG type of a variety was identified from the results in Nanjing with reference to those in Jining. This was mainly for MG Ⅱ–Ⅸ, while the early MGs (MG 000–Ⅰ) were determined from the results in Heihe with reference to those in Mudanjiang and Nanjing/Jining. The reference range/limits for each MG was determined as the threshold to classify MGs using the two averages, one between the involved and lower MG checks, another between the involved and upper MG checks, keeping the range within each MG to be approximately 10 to 15 d (Gai et al., 2001). In the case of MGs with ranges too small or too large in the major site of Nanjing/Jining, the MG of a variety would be determined according to the supplementary site criteria with ranges of 10–15 d.

The days to flowering (R1) and days to maturity (R8) were calculated, from which the ratio of R1 to R8 (F/M) was obtained. The frequency distribution of F/M values in each MG was observed, from which some MGs were found to have lowest frequency or valley(s) around the midpoint of a MG. Therefore, some MGs were separated into subgroups (first subgroup and second subgroup). To save space, the detailed procedure will be explained in the corresponding results section.

2.4 Genotyping and clustering analysis

For revealing the genetic relationship among the MGs, 371 of the 512 varieties were genotyped using RAD seq (restriction site associated DNA sequencing). All the genotyping work was done at BGI Tech, Shenzhen, China. DNA was extracted from young leaves of one plant per variety according to the method of CTAB (Murray and Thompson, 1980). The sequences of the 371 varieties were obtained by using Illumina HisSeq2000 instrument through MSG (multiplexed shotgun genotyping) method (Andolfatto et al., 2011), which read length (120.17 Gb of sequence) with an approximately × 4.08 depth and 4.64% coverage. Using SOAP2 (Li et al., 2009) with parameters that included sequences similarity, pairend relationships and sequences quality, all sequence reads were aligned with the reference genome of Williams 82 (Schmutz et al., 2010). The SNPs of the population were identified by the RealSFS (Yi et al., 2010), and 98,482 SNPs were finally confirmed according to the criteria, from which the SNPs of 371 varieties were polymorphic with a rate of missing and heterozygous alleles calls ≤30% and minor allele frequencies ≥1%. The heterozygous loci were replaced by missing alleles, then filled by the software fast PHASE (Scheet and Stephens, 2006). The 98,482 SNPs were divided into haplotype blocks (SNP linkage disequilibrium block) by the software Haploview (Barrett et al., 2005; Wall and Pritchard, 2003) under linkage disequilibrium D′ > 0.7 criterion. Finally 20,701 SNPLDBs were identified.

Based on Neis (1983) genetic distances, a Neighbor joining dendrogram was constructed for analyzing the relationships among different MGs as well as subgroups using PowerMarker version 3.25 (Liu and Muse, 2005), then displayed by MEGA 4 (Tamura et al., 2007).

3 Results

3.1 Genetic diversity of the maturity date of the world soybean varieties

We found that when using the full season conditions in Nanjing, China (sown in early spring), all of the Chinese soybean varieties could mature naturally (Gai et al., 2001). That means to compare the maturity date of the world soybean varieties in a uniform environment in Nanjing, China (32.04°N) is possible. Therefore, the major site for evaluation of the worldwide soybean maturity date was set in Nanjing. Tables 2 and 3 show that under natural and full season conditions in Nanjing, all of the MGs except MG IX and X can mature naturally, while some MG IX varieties can mature under sowing 10 days earlier. The evaluation results in the Nanjing I environment indicated a very large variation in maturity date among the world soybeans, ranging from 75–201 d with an average of 124.2 d and a GCV of 25.5% (Table 2, Supplemental Table 2). Nanjing is better than Jining in its sensitivity for detecting maturity date differences (range between 73–181 d, an average of 126.4 d and a GCV of 19.7%). The frequency distribution of the world soybean maturity date in Nanjing comprised multiple peaks, this indicates that the population of world soybean varieties is a mixture of multiple subpopulations with the extremes as rare types (Table 2).

Table 2. The frequency distribution and descriptive statistics of the maturity date in world soybean varieties (including 48 MG checks)

Trial site	Class mid-value																	Σ^a	Mean	Range	GCV^b (%)	h^{2c} (%)
	73	82	91	100	109	118	127	136	145	154	163	172	181	190	199	208	217					
Nanjing I	8	43	66	48	55	50	61	32	8	37	28	26	30	2	10			504	124.2	75–201	25.5	96.7
Nanjing II									2	10	5	26	22	33	24	1	10	133	185.0	143–221	10.0	93.7
Jining	4	27	38	49	35	70	85	55	27	31	52	21	10					504	126.4	73–181	19.7	96.1
Heihe				12	6	4	6	4	8									40	119.5	98–145	12.6	96.3
Mudanjiang			1	18	18	28	29	34	44									172	126.7	95–145	11.7	97.0
Nanning			12	53														65	97.3	92–101	2.4	96.5

[a] Σ: total frequency.

[b] GCV: genotypic coefficient of variation.

[c] h^2: heritability value.

The maturity dates in Nanjing I, Jining and Heihe were the average data of 2011 and 2012.

The maturity dates in Nanjing II were the 2013 data, and the maturity dates in Mudanjiang and Nanning were the 2012 data.

3.2 Grouping criteria of MGs in different locations determined from the performances of the MG checks

Table 3 shows the maturity date of the MG checks at five trial sites. In the major site of Nanjing, the MG 000–VIII checks could normally mature, and the MG IX checks from China could normally mature too, but the MG IX and X checks from foreign countries did not mature normally, some reached R6 stage (full seed) (Fehr and Caviness 1977) at the first frost. In Jining, only the MG 000–VIII checks 226could normally mature. A similar trend was shown in the 13 MGs between those in Nanjing and Jining, with some early MGs (MG 000–IV) performing more days and some late MGs performing fewer days in Jining than in Nanjing. This might be because in the higher latitude of Jining (35.38°N), the temperature rose slower in spring and declined faster in autumn than in

Nanjing even the day length was somewhat longer than in the lower latitude of Nanjing (32.04°N) during the growing season.

Table 3. The maturity date of the 48 MG checks at each trial site

MG[a]	MG check	Nanjing I			Nanjing II	Jining			Heihe			Mudan[b]	Nanning
		2011	2012	Mean	2013	2011	2012	Mean	2011	2012	Mean	2012	2012
000	PI 548594	79	81	80		78	79	79	107	107	107	101	
	PI 567787	80	78	79		78	85	82	111	110	111	102	
00	PI 592523	84	83	84		84	91	88	121	121	121	109	
	PI 295952	83	81	82		87	93	90	128	114	121	111	
	PI 548648	77	78	78		84	77	81	113	121	117	105	
0	PI 424242	86	93	90		87	87	87	139	142	141	120	
	PI 607835	84	85	85		86	87	87	–[c]	140	140	124	
	PI 629004	93	81	87		84	89	87	129	140	135	119	
	PI 596541	84	90	87		100	88	94	126	126	126	–	
I	PI 507717	102	95	99		108	90	99				128	
	PI 608438	97	92	95		114	98	106				136	
	PI 548641	90	88	89		101	96	99				129	
	PI 614833	94	92	93		108	98	103				133	
II	PI 595843	101	108	105		116	115	116				138	
	PI 597383	104	108	106		123	120	122				145	
	PI 602059	105	108	107		125	108	117				145	
	PI 533655	103	112	108		122	119	121				145	
III	PI 547873	123	125	124		130	122	126					
	PI 597387	109	115	112		134	126	130					
	PI 612932	111	129	120		126	122	124					
IV	PI 598222	123	138	131		137	135	136					
	PI 590932	131	135	133		142	129	136					
	PI 606748	111	128	120		132	126	129					
V	PI 613195	143	151	147		154	138	146					
	PI 564849	127	142	135		144	137	141					
	PI 561400	136	163	150		149	137	143					
VI	PI 509104	145	163	154		154	157	156					
	PI 614702	151	163	157		167	160	164					
	PI 602597	154	167	161		155	163	159					
VII	PI 595645	169	171	170	181	169	157	163					92
	PI 617041	166	171	169	184	170	158	164					93
	N03325.2				190								
	N03328				191								
	N09978				175								
VIII	PI 133226	184	178	181	193	170	173	172					97
	PI 603953	174	178	176	200	172	161	167					93
	N04370.1				200								
	N05661.1				193								
IX	PI 323576	*202*	*200*	*201*	*221*	*180*	*181*	*181*					–
	PI 209834	*202*	*200*	*201*	*221*	*180*	*181*	*181*					99
	N04869.2				206								
	N04815				203								
X	PI 483251	*202*	*200*	*201*	*221*	*180*	*181*	*181*					99
	PI 240664	*202*	*200*	*201*	*221*	*180*	*181*	*181*					99
	PI 495016	*202*	*200*	*201*	*221*	*180*	*181*	*181*					97
	PI 341262	*202*	*200*	*201*	*221*	*180*	*181*	*181*					100
	PI 205910	*202*	*200*	*201*	*221*	*180*	*181*	*181*					98
	PI 285096	*202*	*200*	*201*	*221*	*180*	*181*	*181*					97

[a] MG: maturity group.

[b] Mudan: Mudanjiang.

[c] –: represents missing.

In "MG check" column: "PI" represents the code of USDA Germplasm Collection, "N" represents the code of Nanjing Agricultural University. The maturity dates in italics were estimated from the maturity dates of MG VIII checks plus the difference of the flowering dates between MG VIII checks and the immature MG IX and X checks.

According to the data of MG checks in Table 3, the reference ranges or boundaries of each MG at each site were determined and listed in Table 4. If a 10–15 d range is required for a normal grouping, MG II–VII/VIII in Nanjing and MG I–V in Jining can be identified normally. The determination of early MGs (MG 000–0) should refer to the grouping in the supplementary sites of Heihe and Mudanjiang. The determination of late MGs

(MG IX–X) should refer to the grouping in the supplementary site of Nanning. However, there was not a large enough range (10–15 d) for the distinction among MG VII–X. This is because of the delayed planting date (July 12). The reference ranges can be expected to expand to the required size if planted in spring. In any case, in the present study, we could classify varieties into MG 000–VIII but had to leave MG IX and X together as MG IX/X because the criteria in Nanning were yet to be determined.

Table 4. Performed the maturity date of the 48 MG checks at each trial site to be used for grouping the world varieties into MGs

MG[a]	Nanjing I				Nanjing II				Jining			
	Max	Min	Mean	RRs[b]	Max	Min	Mean	RRs	Max	Min	Mean	RRs
000	80	79	80	79–80					82	79	80	79–83
00	84	78	81	81–84					90	81	86	84–87
0	90	85	87	85–90					94	87	89	88–96
I	99	89	94	91–100					106	99	102	97–107
II	108	105	106	101–111					122	116	119	108–118
III	124	112	119	112–123					130	124	127	119–129
IV	133	120	128	124–136					136	129	134	130–140
V	150	135	144	137–150					146	141	143	141–151
VI	161	154	157	151–163					164	156	159	152–161
VII	170	169	169	164–174	191	175	184	175–190	164	163	164	162–166
VIII	181	176	179	175–181	200	193	197	191–201	172	167	169	167–172
IX	*201*	*201*	*201*	*182–201*	206	203	205	202–206	*181*	*181*	*181*	*173–181*
X	*201*	*201*	*201*	*182–201*	221	221	221	207–221	*181*	*181*	*181*	*173–181*

MG	Heihe				Mudanjiang				Nanning			
	Max	Min	Mean	RRs	Max	Min	Mean	RRs	Max	Min	Mean	RRs
000	111	107	109	101–112	102	101	102	101–105				
00	121	117	120	113–126	111	105	108	106–114				
0	141	126	135	127–141	124	119	121	115–126				
I					136	128	132	127–137				
II					145	138	143	138–145				
VII									93	92	93	92–94
VIII									97	93	95	95–97
IX									99	99	99	98–100
X									100	97	98	98–100

[a] MG: maturity group.
[b] RRs: Reference Ranges.
The maturity dates of Nanjing I, Jining and Heihe were the average data of 2011 and 2012.
The maturity dates of Nanjing II were the 2013 data.
The maturity dates of Mudanjiang and Nanning were the 2012 data.
The maturity dates in italics were estimated from the maturity dates of MG VIII checks plus the difference of the flowering dates between MG VIII checks and the immature MG IX and X checks.

3.3 Grouping the world soybean varieties into appropriate MGs

According to the grouping criteria in Table 4, the 464 world soybean varieties were first grouped according to the Nanjing I and Nanjing II criteria. Then, the early maturing varieties were further checked successively according to the criteria in Jining, Mudanjiang and Heihe. Some latematuring varieties that could not be distinguished between MG IX or X were grouped into MG IX/X. Accordingly, the 464 varieties were classified into MG 000–IX/X and were listed in Supplemental Table 3. Among the 464 varieties along with the 48 MG checks in a total of 512 world soybean varieties, the major part was MG 0–IV, this part accounted for 8.6%, 11.7%, 12.7%, 17.8% and 13.1%, respectively, in a total 63.9% of the entire varieties (Table 5). The second major part was MG VI–VIII, accounted for 8.2%, 9.6% and 5.3%, respectively, in a total 23.1% of the entire varieties, while the earliest part, MG 000 and 00, accounted for only 5.5% and 1.4%, respectively, in a total of 6.9% and the latest part, MG IX/X, accounted for only 2.3% (Table 5). This result implied that the major part of the world soybean varieties was in MG 0–IV, or geographically in northern East Asia and northern North America, while modern varieties tended to the early and late MGs along with the soybean expanded northward and southward.

Table 5. MG types of 512 world soybean varieties distributed in 13 geographic populations (including 48 MG checks)

MG[a]	O-HCHN[b]	O-SCHN	A-NCHN	A1-RUFE	A2-SSWE	B-KORP	B-JPAN	B1-SEAS	B2-SASI	B3-AFRI	C-NNAM	C-SNAM	C1-CSAM	All (%)
000			9		17						2			28 (5.5)
00			4	1							2			7 (1.4)
0			28	4		1	3				8			44 (8.6)
I	3		38	5		2	4				8			60 (11.7)
II	14	8	22	4		2	3				12			65 (12.7)
III	41	2	15	4		2	2	1			24			91 (17.8)
IV	28	7	2	1		6	8	2			12	1		67 (13.1)
V		1				1	6			1		10	1	20 (3.9)
VI		9				3	2		2		1	8	17	42 (8.2)
VII		10				2	6	9	7	2	1	8	4	49 (9.6)
VIII		6						11	3	2		4	1	27 (5.3)
IX/X		2						3	3	2			2	12 (2.3)
Total	86	45	118	19	17	19	34	26	15	7	70	31	25	512

[a] MG: maturity group.

[b] O represents the center of origin in both Huang-Huai River Valleys (HCHN) and Changjiang River Valleys and its south (SCHN); A and B represent the two secondary centers moved from the center of origin, the former to Northeast China (NCHN), the latter to Korea Peninsular (KORP) and Japan islands (JPAN); C represents the third center moved from O, A and B to northern North America (NNAM) and southern North America (SNAM); A1, A2, B1, B2, B3 and C1 represent the derived centers from A, B and C, i.e. Far-East of Russia (RUFE), southern Sweden (SSWE, it should be a sample from Europe, but we had to use southern Sweden due to the limited European varieties in our collection), Southeast Asia (SEAS), South Asia (SASI), Africa (AFRI), and Central and South America (CSAM).

In "All" column, the number in parenthesis was the percent of each MG varieties in the total 512 varieties.

3.4 The distribution of world soybean MGs in different geographic populations

Table 5 and Fig. 1 show the distribution of world soybean MGs in different geographic populations. In the center of the origin in China, the varieties in the HuangHuai River Valleys (OHCHN) covered MG I–IV due to the relatively simple cropping systems, usually summer-sowing soybean in the soybean-wheat double cropping system and a few spring-sowing soybeans. On the other hand, for those in the Changjiang River Valleys and south of it (OSCHN), the varieties covered a wider MG range (from MG II to MG IX/X) due to the complicated cropping systems involving springsowing soybean, summersowing soybean and autumn sowing soybean.

After soybeans were disseminated northward, the early MG varieties (MG 0–000) were developed in Northeast China (ANCHN), thus covering a wide range of MGs (from MG 000 to MG IV). Similar MGs were in the neighboring area of FarEast of Russia (A1RUFE). However, in southern Sweden (A2SSWE), the varieties were mainly in MG 000.

Soybeans were disseminated very early to eastern Asian countries, especially to the Korea peninsula (BKORP) and Japan islands (BJPAN). The varieties covered a wide range of MGs, from MG 0 to MG VII. It is very interesting that in this small area the varieties clearly differed in MGs. This might be due to the multiple cropping systems as well as the warm weather in sea and ocean environments.

Soybeans were disseminated southward and southwestward to Southeast Asia (B1SEAS), South Asia (B2SASI) and Africa (B3AFRI). The varieties in Southeast Asia covered some relatively early MGs (MG III–IV), but mainly the late ones of MG VII–IX/X. There were only late MGs (MG V–IX/X) in South Asia and Africa.

A tremendous improvement in soybean occurred in the Americas after it was disseminated to the USA. The latitude of northern North America (CNNAM) approximates that of the HuangHuai River Valleys (OHCHN) in China, but its MGs covered a wider spectrum, from MG 000 to MG VII. This might be due to that the USDA widely introduced soybean germplasm from all over the world and left some late MGs grown in this region. The latitude of southern North America (CSNAM) is also similar to that of the Changjiang River Valleys and south of it (OSCHN) in China, but its MGs only covered from MG IV to MG VIII, this was less than those in OSCHN because of the simple cropping system (full season soybean) in CSNAM. After soybeans disseminated from the USA southward to Central and South America (C1CSAM), both the introduced and derived varieties expanded very fast. The varieties covered MG V–IX/X, which was very similar to that in CSNAM.

In summary, the soybean maturity groups comprised only MG I–VII, seven groups in the 1940s, but 70 years later, this has been extended to 13 MGs. Soybean has also been disseminated throughout the whole world and has been genetically improved for adaptation to various latitudes. More MGs are expected to be possible in areas of high and low latitudes.

3.5 Growth period structure differentiation and subgrouping MGs of the world soybean varieties

Gai et al. (2001) distinguished each of the MG 0–III into two subgroups using the relative vegetative and reproductive growth lengths in Nanjing, China. In the present study, we also found that a similar phenomenon existed among the world soybeans using the F/M value (growth period structure). In the world soybean population, the ratio of F/M varied from 0.27–0.65 in Nanjing and from 0.24–0.66 in Jining (Supplemental Table 4). For individual MGs, the MG 000 and 00 varieties showed less variation in F/M in all testing sites. The MG 0, I and II varieties showed more diversity in F/M in Mudanjiang, and the MG II–IV and VI–IX/X varieties showed even more diversity in F/M in Nanjing and Jining (Supplemental Table 5). Only the early MGs (MG 000–II) were comparable for their F/M values among the different latitude locations since the varieties from southern latitudes could not mature naturally in northern latitudes. Here the early MG varieties had their F/M mean values and ranges in higher latitude (Heihe, Mudanjiang) larger than those in lower latitude (Nanjing). In addition, the worldwide variation of flowering date (Supplemental Table 6) showed a similar trend as F/M, flowering date (F) is a sensitive part to the geographic conditions in the constitution of maturity date (M).

The F/M frequency distribution in some MGs showed some valley(s), indicating different subgroups existing in a MG. For a comparable subgrouping, we used the F/M data set mainly from Nanjing supplemented with those of the early MGs from northern latitude. That means the F/M date set of 2012 in Mudanjiang were used in the MG 0–I subgrouping, the data set of the F/M averaging over 2011 and 2012 in Nanjing I were used in the MG II–IV and MG VI subgrouping, and the F/M data set of 2013 in Nanjing II was used in the MG VII–VIII subgrouping. The MG IX/X was not subgrouped due to the inadequate data for these two MGs. It was interesting that the F/M value of MG V varieties did not show large variation as the others did. Obviously, the growth period structure (F/M) varied greatly in each of the 8 MGs: i.e., 0.37–0.58 (MG 0), 0.38–0.55 (MG I), 0.32–0.50 (MG II), 0.29–0.53 (MG III), 0.27–0.52 (MG IV), 0.31–0.56 (MG VI), 0.27–0.60 (MG VII) and 0.33–0.67 (MG VIII), except MG V (0.31–0.43). Accordingly, each of the MG 0–IV and VI–VIII were separated into two subgroups with the subgroup boundaries listed in Table 6. The boundaries between the two subgroups in a MG were determined from the lowest frequency point in a MG with reference to the corresponding MG midvalue. The breaking value between the first subgroup and second subgroup in the MGs varied slightly, the two extreme MGs (MG 0 and VIII) were 0.50 and the others were between 0.40–0.50 (Table 6). Based on the criteria, all varieties in MG 0–IV and VI–VIII were checked and placed into subgroups (Supplemental Table 3, Table 7).

Table 6. The boundaries of MG subgroups of the world soybean varieties

F/M[a] limit	0_1	0_2	I_1	I_2	II_1	II_2	III_1	III_2	IV_1	IV_2	VI_1	VI_2	VII_1	VII_2	VIII_1	VIII_2
Lower limit	0.37	0.50	0.38	0.49	0.32	0.45	0.29	0.43	0.27	0.43	0.31	0.40	0.27	0.42	0.33	0.50
Upper limit	0.50	0.58	0.49	0.55	0.45	0.50	0.43	0.53	0.43	0.52	0.40	0.56	0.42	0.60	0.50	0.67

[a] F/M: the ratio of flowering date to maturity date.

The data of MG 0_1–I_2 were from 2012 in Mudanjiang, the data of MG II_1–VI_2 were the average data of 2011 and 2012 in Nanjing I, and the data of MG VII_1–VIII_2 were from 2013 in Nanjing II.

The upper limit of the first subgroup was equal to the lower limit of the second subgroup in each MG because of the continuity of the trait. When a variety's F/M value was equal to the first subgroup upper limit, this variety was classified into the second subgroup.

Table 7. Subgroups of MGs of world soybean varieties distributed in 13 geographic populations

MG[a]	O-HCHN[b]	O-SCHN	A-NCHN	A1-RUFE	A2-SSWE	B-KORP	B-JPAN	B1-SEAS	B2-SASI	B3-AFRI	C-NNAM	C-SNAM	C1-CSAM	All
0_1			28	4			1				6			39
0_2						1	2				2			5
I_1	2		38	5		1	1				8			55
I_2	1					1	3							5
II_1	12	3	22	4		2	2				12			57
II_2	2	5					1							8
III_1	36		15	4		2	2	1			24			84
III_2	5	2												7
IV_1	25	6	2	1		5	7				12	1		59
IV_2	3	1				1	1	2						8
VI_1		3				3	2		2		1	5		16
VI_2		6										3	17	26
VII_1		5				2	5	2	4		1	8	4	31
VII_2		5					1	7	3	2				18
VIII_1		2					1					4	1	8
VIII_2		4						10	3	2				19
Total	86	42	105	18	0	18	28	23	12	4	66	21	22	445

[a] MG: maturity group.

[b] O represents the center of origin in both Huang-Huai River Valleys (HCHN) and Changjiang River Valleys and its south (SCHN); A and B represent the two secondary centers moved from the center of origin, the former to Northeast China (NCHN), the latter to Korea Peninsular (KORP) and Japan islands (JPAN); C represents the third center moved from O, A and B to northern North America (NNAM) and southern North America (SNAM); A1, A2, B1, B2, B3 and C1 represent the derived centers from A, B and C, i.e. Far-East of Russia (RUFE), southern Sweden (SSWE, it should be a sample from Europe, but we had to use southern Sweden due to the limited European varieties in our collection), Southeast Asia (SEAS), South Asia (SASI), Africa (AFRI), and Central and South America (CSAM).

Table 7 shows that in the center of the origin in China, all 4 MGs in OHCHN and each of the 6 MGs in OSCHN involved two subgroups except only MG III 2 (without MG III 1) involved in the OSCHN region. However, only the first subgroup rather than the second subgroup in the 5 MGs (MG 0–IV) was involved in the northern regions (ANCHN, A1RUFE), while no subgroup differentiation was observed in A2SSWE. In BKORP and BJPAN, 2 and 5 of the 7 MGs (MG 0–IV, VI–VII) involved subgroup differentiation, respectively. In the southern regions (B1SEAS, B2SASI and B3AFRI), MG VII and VIII involving subgroup differentiation are dominated by the second subgroup. It was interesting that all the 6 MGs (MG Ⅰ–IV, VI–VII) except MG 0 in northern North America (CNNAM) involved only the first subgroup. This was quite different from the case in OHCHN, which might be due to lack of a double cropping system in CNNAM previously. A similar situation was observed in southern North America as well as in Central and South America (CSNAM and C1CSAM), only the first subgroup was involved in MG VII–VIII, while the second group was involved mainly in MG VI.

3.6 Genetic relationship among the world MGs and the subgroups

The genetic relationship among the MGs of the world cultivated soybeans [*Glycine max* (L.) Merr.] was studied using clustering analysis based on 20,701 SNPLDB markers obtained from genomewide 98,482 SNPs in 371 varieties. In the Neighborjoining dendrogram (Fig. 2A), at the genetic distance of 0.001, the 12 MGs were grouped into three clusters. The first cluster (Cluster i), comprising MG Ⅴ and MG Ⅵ, was the base of the three clusters. Its nearest cluster (Cluster ii) comprised MG Ⅳ up to MG 000 successively. The distant cluster (Cluster iii) comprised MG Ⅶ up to MG Ⅷ and MG Ⅸ/Ⅹ successively. This results indicated that among the 12 MGs,

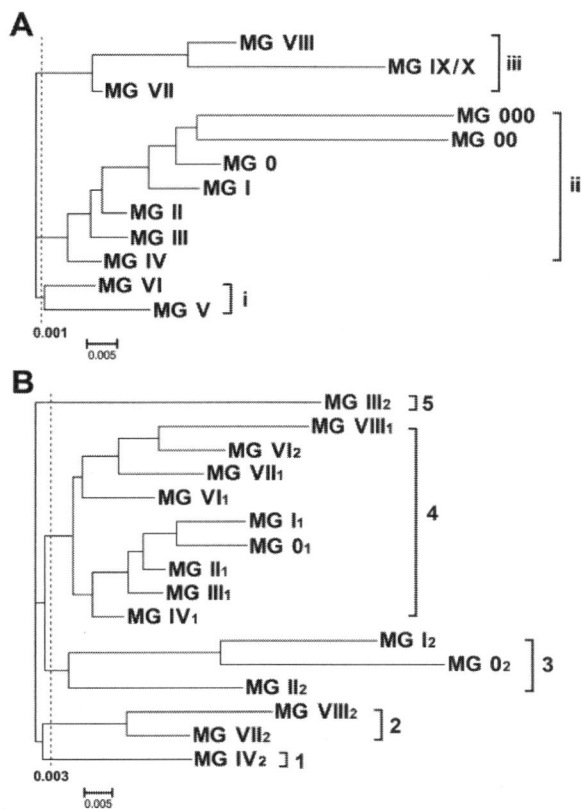

Fig. 2. Un-rooted trees showing the genetic relationship among 12 MGs and 16 subgroups. (A) Clustering among 12 MGs; (B) Clustering among 16 subgroups.

MG V and MG VI (Cluster i) was the base maturity groups in *Glycine max* (L.) Merr., between them MG VI was the relatively original one, from which early maturity groups (Cluster ii) formed and later on late maturity groups (Cluster iii) formed. It is very interesting that the evolutionary relationship is strictly in a sequential order based on the genomewide markers.

Fig. 2B shows that the 16 subgroups in MG 0–IV and MG VI–VIII (315 varieties) were grouped into five clusters at the genetic distance of 0.003. Among the five clusters, Cluster 1, 2, 3 and 5 were all the second subgroups (larger F/M value) while Cluster 4 were all the first subgroups (smaller F/M value) with only one exception of MG VI 2. The first subgroups concentrated in one cluster and the sec ond subgroups scattered in several clusters indicated that genetically all the first subgroups were close to each other and all the second subgroups were distinct from each other but more distinction appeared between the first and the sec ond subgroups. Therefore, the two subgroups in a MG must have their own specific properties, respectively. The sub grouping is concrete and meaningful, in which the mechanism is to be further studied.

4 Discussion

4.1 Measurement of maturity date and MG classifying strategy

Two different approaches exist in the literature regarding the measurement of the maturity date, one is the days from sowing to R8 (Gai et al., 2001), and another is the days from VE to R7 (Jia et al., 2014; Wu et al., 2012). There are two reasons to use the former approach. First, a plant initiates activity by absorbing water and moisture right after sowing in the soil. Second, R7 is the date that one normal pod at any node on the main stem reaches its mature pod color (brown or tan). In fact, at this time, the plant has not fully matured, and there are still an average of nine days to reach R8 (full maturity), although this differs from variety to variety.

In the present study, 148 of the 464 tested varieties were from the USA, and their MG was recorded (http://www.arsgrin.gov/npgs/acc/acc_queries.html). Another 25 varieties were also studied for their MGs (Gai et al., 2001; Jia et al., 2014; Wu et al., 2012). Among the 173 varieties evaluated in this study, 128 were completely consistent with the previous results, while the remaining 45 varieties showed roughly one group difference from the previous record, which might be due to environmental differences. Accordingly, the days from sowing to R8 should be a reasonable and accurate measurement of maturity date.

In classifying soybean varieties into respective MGs, the usual method is to compare the maturity date of the tested material with some possible checks at several locations, from which the best location results are chosen. For a large number of varieties to be classified, it is better to design a testing system to be used consistently. In this study, with reference to Gai et al. (2001), a major site near 32°N latitude such as Nanjing, a supplementary northern site near 50°N such as Heihe, and a supplementary southern site near 23°N such as Nanning enabled the evaluation of many types of maturity groups in China, as well as for soybeans worldwide. The study site may be ad-

4.2 Classification of MG subgroups

The maturity subgrouping of soybean was proposed by Gai et al. (2001) when they studied the maturity groups of Chinese landraces. The MG 0–III varieties were distributed in a large region, including the north and south of Qinling MountainHuai River in China. According to geographic distribution of the variation in flowering date in a same MG, the MG 0–III varieties from the north of Qinling Mountain Huai River with relatively shorter flowering date were divided into 0₁, I₁, II₁ and III₁; those from south of this area which had relatively longer flowering date were divided into 0₂, I₂, II₂ and III₂ (Gai et al., 2001). It is known that the subgroup differentiation in MG 0–III in China is mainly due to the soybeans growing in different seasons, a full season (sowing in spring) in the north and a short season (sowing in summer) in the south.

In this study, we found that in addition to the previous 4 MGs (MG 0–III), the later 4 MGs (MG IV and VI–VIII) could also be divided into subgroups according to the structure of growth periods (F/M) with the results also demonstrated by the genetic clustering analysis. Very similar with the previous 4 MGs, the growth period structures (F/M) of the later 4 MGs were obviously different among geographic populations (Table 7), the first subgroups were mostly from higher latitudes, but the second subgroups were mostly from lower latitudes. The photoperiod is different among geographic regions, of course, it its accompanied with temperature differences. The previous day length studies have demonstrated that long day length made the flowering date de layed, therefore influenced the F/M values (Cheng et al., 2011; Wang et al., 2015). Accordingly, the subgroup differentiation in the eight MGs (MG 0–IV, VI–VIII follows a similar mechanism and is likely due to the photoperiod accompanied with temperature differences among the geographic regions, as well as different cropping systems, multiple cropping in eastern Asia but single cropping in the southern South Americas for the later MGs. Anyway, more detailed mechanism merits further exploration.

4.3 Evolutionary relationship among the MGs and a possible new earliest MG

From Fig. 2A, the genetic relationship among the MGs implied that the early emerged maturity groups of the cultivated soybean (*G. max*) might be MG VI and MG V (Cluster i, mainly in southern latitudes, such as Changjiang valleys and south of it in China), rather than MG II, MG III and MG IV (Cluster ii, mainly in northern latitudes, such as HuangHuai valleys in China). This coincides with the southern origin hypothesis of the cultivated soybean (OSCHN), which was concluded from the results of all the cultivated soybeans having their genetic distances shortest with the annual wild soybean population from Changjiang valleys and south of it in China (Gai et al., 2000; Wen et al., 2009; Zhao and Gai, 2004).

Fig. 2A also shows that the earliest and the latest MGs were most evolutionary ones. In Heilongjiang, China, the earliest varieties were Mancangjin, Muckden, Zihua 4, etc. (introduced to the USA in early years of the last century) which were classified into MG I in our recent study (Fu et al., 2016). But now MG 0–000 varieties were developed due to the breeding effort for extending cultivation areas northward during the late half of the last century. Even further early varieties are coming out.

In the experiment in Heihe, we found that 'Dengke 2 (N27419), 'Hujiao 072479 (N27298) and 'Hujiao 072123 (N27299) matured 7–13 d earlier than 'Maple Presto and 'OAC Vision (MG 000 checks) (Table 8). Jia et al. (2014) reported that 'Hujiao 072479 and 'Hujiao 072123 obviously matured earlier than the checks and suggested classifying them into a new group as MG 0000. We believe these varieties are much earlier than the checks used, but whether a new MG should be defined for the two varieties requires further

Table 8. Maturity date of extremely early matured varieties in Heihe

Name of varieties	Heihe		
	2011	2012	Mean
Maple Presto (PI 548594)	107	107	107
OAC Vision (PI 567787)	111	110	111
Dengke 2 (N27419)	–[a]	98	98
Hujiao 07-2479 (N27298)	100	99	100
Hujiao 07-2123 (N27299)	100	96	98

[a] –: In 2011, 'Dengke 2' was not planted in Heihe.

study because only a few MG 000 checks were used in this study. However, earlier MG soybean is a potential breeding trend to increase the acreage in northern Heilongjiang, China, as well as in the northern part of Asia, Europe and North America.

Acknowledgments

This work was financially supported by the China National Key Basic Research Program (2011CB1093), the China National Hightech R&D Program (2012AA101106), the Natural Science Foundation of China (31571695), the MOE 111 Project (B08025), the MOE Program for Changjiang Scholars and Innovative Research Team in University (PCSIRT13073), the MOA CARS04 program, the Jiangsu Higher Education PAPD Program, the Fundamental Research Funds for the Central Universities, and the Jiangsu JCICMCP. We thank Prof. Tianfu Han from the Institute of Crop Science, the Chinese Academy of Agricultural Sciences, and Prof. Wanhai Zhang from the Hulunbeier Academy of Agricultural Sciences, who kindly provided the maturity checks and the extraearly materials, respectively, used in this study.

参考文献（略）

本文原载于《Breeding Science》2017 年 03 期。

QTL Mapping for Flowering Time in Different Latitude in Soybean

Sijia Lu, Ying Li, Jialin Wang, Peerasak Srinives, Haiyang Nan, Dong Cao, Yanping Wang, Jinliang Li, Xiaoming Li, Chao Fang, Xinyi Shi, Xiaohui Yuan, Satoshi Watanabe, Xianzhong Feng, Baohui Liu, Jun Abe, Fanjiang Kong

Abstract: Flowering represents the transition from the vegetative to reproductive phase and plays an important role in many agronomic traits. For soybean, a short day (SD) induced and photoperiod–sensitive plant, delaying flowering time under SD environments is very important and has been used by breeders to increase yields and enhance plant adaptabilities at lower latitudes. The purpose of this study was to identify quantitative trait loci (QTLs) associated with flowering time, especially QTLs underlying the long juvenile (LJ) trait which delays flowering time under SD environments. A population of 91 recombinant inbred lines derived from a cross between AGS292 and K3 was used for map construction and QTL analysis. The map covered 2 546.7 cM and included 52 new promoter–specific indel and 9 new exon–specific indel markers. The phenotypic days–to–flowering data were examined in nine environments, including four short–day (SD, low latitude) and five long–day photo period (LD, high latitude) environments. For the SD environments, six QTLs were detected. Five of them were associated with the LJ trait. Among the five LJ QTLs, four QTLs may be attributed to the known flowering time genes, including *qFT–J–1* for *FT5* alocus, *qFT–J–2* for the *FT2a* locus, *qFT–O* for the *E2* locus and *qFT–L* for the *E3* locus. This is the first report that the *E2*, *E3*, *FT2a* and *FT5a* loci may be associated with the LJ trait. Under the five LD environments, as expected, *qFT–O* for the *E2* locus and *qFT–L* for the *E3* locus were identified, suggesting that *E2* and *E3* loci are very important for soybean adaptation in LD photoperiod. Conjoint analysis of multiple environments identified nine additive QTLs and nine pairs of epistatic QTLs, among which most were involved in interactions with the environments. In total, five QTLs (*qFT–B2–1*, *qFT–C1–1*, *qFT–K*, *qFT–D2* and *qFT–F*) were identified that may represent novel flowering time genes. This provides a fundamental foundation for future studies of flowering time in soybean using fine mapping, map–based cloning, and molecular–assisted breeding.

Keywords: Additive effect; Epistatic effect; Flowering time; Long juvenile trait (LJ); Quantitative trait loci (QTLs)

1 Introduction

Flowering represents the transition from the vegetative to reproductive phase in plants and is influenced by many factors (Levy and Dean, 1998). One of the important cue is the photoperiod. Soybean [*Glycine max* (L.) Merr.] is sensitive to photoperiod, which makes each cultivar is restricted to a very narrow range of latitudes (Pooprompan et al., 2006). Widely adaptable soybean cultivars have been created by natural variation in the major genes and quantitative trait loci (QTLs) controlling flowering. By classic methods, ten major genes (*E1–E9*, and *J*) controlling flowering and maturity time have been characterized in soybean (Bernard, 1971; Buzzell, 1971; Buzzell and Voldeng, 1980; McBlain and Bernard, 1987; Ray et al., 1995; Bonato and Vello, 1999; Cober and Voldeng, 2001a, b; Cober and Morrison, 2010; Kong et al., 2014).Among these genes, *E1* has been cloned by a map-based approach and identified as a legume-specific transcription factor with a putative nuclear localization signal and a domain distantly related to the B3 domain (Xia et al., 2012), and *E2* has been identified as a soybean ortholog of the Arabidopsis *GIGANTEA* gene (Watanabe et al., 2011). *E3* has been confirmed as a *phyA* homolog by fine-mapping around a QTL for flowering time (*qFT3*) (Watanabe et al., 2009). Liuet al. (2008) have concluded that the *E4* gene also encodes a soybean *phyA* protein and that the recessive *E4* allele is a loss-of-function allele caused by the insertion of a *Ty1/copia*-like retrotransposon. In cultivated soybean, there are at least three mutated alleles in the *E1* gene (Xia et al., 2012), four in the *E3* gene (Xu et al., 2013) and six in the *E4* gene (Tsubokura et al. 2013). The diversity of the allelic variations and the different allelic combinations of the *E1*, *E3* and *E4* genes condition soybean flowering time, post-flowering responses and photoperiod insensitivity and greatly contribute to the wide adaptation of soybean (Xu et al., 2013; Jiang et al., 2014). In addition to these cloned maturity genes, among the more than ten copies of the *FLOWERING LOCUS T* (*FT*)homolog in the soybean genome, two homologs, *GmFT2a* and *GmFT5a*, have been found to encode components of "*florigen*", the mobile flowering promotion signal that is involved in the transition to flowering, and these two *FT* homologs coordinately control flowering in soybean (Kong et al., 2010). *GmFT2a* and *GmFT5a* redundantly and differentially regulate flowering through interactions with the bZIP transcription factor, GmFDL19, for the subsequent up-regulation of this protein in soybean (Nan et al., 2014).The *E1*, *E2*, *E3* and *E4* maturity genes have been shown to down-regulate *GmFT2a* and *GmFT5a* expression to delay flowering and maturation under LD conditions in soybean, suggesting that *GmFT2a* and *GmFT5a* are the soybean flowering integrators and major flowering regulation targets (Kong et al.,2010; Thakare et al., 2011; Watanabe et al., 2011).

In previous research, the genes mentioned above (*E1*, *E2*, *E3*, *E4*, *GmFT2a* and *GmFT5a*) were shown to play an important role only in LD photoperiod. It is known that soybean is a short-day (SD) plant, and most cultivars have a SD requirement for floral induction. When soybean cultivars are grown under SD conditions, cultivars with sensitivity to photoperiod flower early, result in low grain yield, and consequently limit the growing area. It is therefore important to research the genetic control on delaying flowering time under SD environments. This trait was termed the "long-juvenile (LJ) trait (Parvez and Gardner, 1987; Sinclair and Hinson, 1992; Ray et al., 1995). The LJ trait plays a pivotal role in extending the range of adaptation of soybean cultivars to lower latitudes and to new management schemes with shifted sowing dates in tropical countries. It has been reported that the northward expansion of soybean production in South America, where more extensive research has been performed, is dependent on the LJ trait (Spehar, 1995). However, the genetic control mechanism for this trait remains elusive. Two genes, *J* and *E6*, had been reported to play important role in LJ trait (Ray et al., 1995; Bonato and Vello, 1999). The single locus *J* has been identified in a number of crosses with PI 159925 (Ray et al., 1995). The single locus *E6* is created by natural variation in 'Parana'', and finally produces the long-juvenile 'Paranagoiana (Bonato and Vello， 1999). Recently, an F2 population resulting from a cross between conventional juvenile (CJ) lines OT94-47 and the LJ line Paranagoiana exhibited a 15:1 early: late flowering ratio in 12 h photoperiods. A similar 15:1 ratio was observed in offspring of a cross between CJ line OT94-47 and the LJ line PI 159925. These results suggest that the LJ trait is conditioned by at least two recessive alleles in PI 159925 and Paranagoiana (Cober, 2011). Further studies of LJ parents have shown that recessive alleles at two or three loci control the long-juvenile trait (Carpentieri-Pı́polo et al., 2000, 2002). Though so many researched had been conducted on LJ trait, but only one gene, *J*, has been mapped to the soybean linkage group Gm 04 between the SSR markersSat_337 and Satt396, where the genetic distance between the *J* allele and the closet marker Sat_337 is 0.7 cM (Cairo et al., 2002, 2009).

In addition to these major genes, many QTLs controlling flowering time have been reported (Keimet al., 1990; Lee et al., 1996; Tasma et al., 2001; Chapman et al., 2003; Funatsuki et al., 2005; Liu et al., 2007; Khan et al., 2008; Liu and Abe 2010; Cheng et al., 2011). Some of these QTLs most likely correspond with one of the known major genes, such as *E1*, *E2*, *E3*, *E4*, or *E8* (Watanabe et al., 2004; Funatsuki et al., 2005; Githiri et al., 2007; Khan et al., 2008; Liu and Abe, 2010; Cheng et al., 2011), while the others are described in the SoyBase database (http://soybase.org/). In addition to affecting flowering and maturity, the major genes and QTLs for flowering often influence agronomic traits, including plant height and yield (Leeet al., 1996; Chapman et al., 2003; Cober and Morrison, 2010), degree of cleistogamy (Khan et al., 2008), seed coat pigmentation, and cracking caused by chilling stress (Takahashi and Abe, 1999; Githiri et al., 2007).Therefore, the understanding of QTLs at the molecular level and their interactions with environmental factors will help to optimize the genotypic combinations that lead to higher or more stable yields during the cropping season in a particular region.

The objectives of the present study were as follows:(1) to identify QTLs associated with soybean flowering time using a recombinant inbred line (RIL) population exposed to different environments; (2) to identify QTLs associated with the LJ trait under different SD environments; and (3) to analyze the interactions between QTLs and the environments.

2 Materials and methods

2.1 Plant materials

A population of 91 F 9 soybean RILs obtained by single seed descent (SSD) from a cross between AGS292 and K3 was used. The vegetable soybean cultivar AGS292 was a pure line selected from the Japanese cultivar 'Taishoshiroge by the AVRDC (the World Vegetable Center, Taiwan). K3 was a grain soybean that delayed flowering than AGS292. It was a pure line derived by pedigree selection from a cross between 'G8891 and 'G7945 (both were obtained from the AVRDC collection) by the soybean breeding project of Kasetsart University, Thailand.

2.2 Field observation

Seeds from each RIL and the parents were planted at Kasetsart University, Kamphaeng Saen Campus, Nakhon Pathom Province, Thailand (13°82′N, 100°04′E). Field trials were carried out over two seasons (rainy and dry) and two years (August 2004–February 2005 and August 2010–February 2011). The plot was located between Equator and the Tropic of Cancer, where belonged to low latitudes, so is considered a SD environment.

The RILs were also grown under LD conditions in Japan and China. In Japan, seeds were sown in June of 2010 and 2011 in the research field of the National Institute of Aerobiological Sciences at Tsukuba (36°02′N, 140°11′E) and in May of 2010 in the field of Hokkaido University, Sapporo (43°07′N, 141°39′E). In China, the seeds were sown in May of 2010 in the field of the Northeast Institute of Geography and Agro ecology, Chinese Academy of Sciences, Harbin (45°44′N, 126°36′E) and in June of 2011 in the field of Shandong Normal University at Jinan (36°40′N, 117°00′E). These plots were located north of the Tropic of Cancer, where belonged to mid-latitude regions, so were considered LD environments.

In total, the QTLs were analyzed in nine different environments. On each of the nine experimental occasions, all 91 lines, together with their parents AGS292 and K3, were grown in three fully randomized block replications. Every block contained all 91 lines and parents. Each individual was sampled for analysis of the phenotypic parameter flowering time (R1), which was defined as the time from emergence to the opening of the first flower (Fehr et al., 1971). Flowering times were tested for deviations from normality using the parameters of kurtosis and skewness by SPSS 16.0 software (SPSS Inc., Chicago, IL, USA).

2.3 DNA isolation and molecular marker analysis

DNA was extracted from the young leaves of each RIL and the parents following a previously described method (Doyle et al., 1990). SSR analysis was built on using primers selected from an integrated soybean genetic linkage map (Cregan et al., 1999; Song et al., 2004; Hyten et al., 2010). The SSR primer sequences were obtained from the SoyBase web site of the USDA, ARS Soybean Genome Database (http://soybase.agron.iastate.edu/). In addition, we developed 52 promoter-specific indel (PSI) and 9 exonspecific indel (ESI) markers (Table S1). Five allelespecific markers for $E2$ (Watanabe et al., 2011), $E3$ (Xuet al., 2013), $E4$ (Liu et al., 2008), $FT2a$ and $FT3a$ (Kong et al., 2010) were also used. The polymerase chain reaction (PCR) mixture contained 30 ng of total genomic DNA, 0.25 µM of 50 and 30 primers, 200 µM of each dNTP, 0.5 U of Taq polymerase (TaKaRa, Otsu, Japan) and 1 X PCR buffer (10 mM Tris–HCl, pH 8.3, 50 mM KCl, and 1.5 mM $MgCl_2$) in a total volume of 20. µL. PCR was performed with a GeneAmp PCR System 9700 (Perkin Elmer/Applied Biosystems, Foster City, CA, USA) using the following program: 94 °C for 5 min, followed by 35 cycles of 30 s at 94 °C, 30 s at 48 °C, and 30 s at 72 °C, and a final step of 5 min at 72 °C. PCR products were separated on a 6 % denatured polyacrylamide gel (PAGE) by electrophoresis.

2.4 Genetic linkage map construction

In total, 338 polymorphic and informative markers, including 52 PSI, 9 ESI, 5 allele-specific and 272 SSR markers, were chosen as anchors to construct the linkage map covering all 20 linkage groups. Marker order and distance were determined by Map Manager program QTXb20 (http://mapmgr.roswellpark.org/mapmgr.html) using the Kosambi function and a criterion of 0.001 probability (d.f.=1). Most of the markers were assigned to the 20 linkage groups as expected from the integrated map (Cregan et al., 1999; Song et al., 2004). Finally, we used Map chart 2.1 to draw the linkage groups (Voorrips 2002).

2.5 Statistical analysis and QTL identification

Two models were used to detect QTLs and analyze the interactions between the QTLs and the environments: the multiple QTL model (MQM), implemented by MapQTL 5.0 (Van Ooijen, 2004), and mixed linear-based composite interval mapping (MCIM), implemented by QTL Network 2.1 (Yang et al., 2008).

For the MQM, a LOD score of 3.0 was used as a minimum to declare the significance of a QTL in a particular genomic region. 1000 permutations at a 0.05 probability were also conducted to identify the genome-wide LOD (Churchill and Doerge, 1994). QTLs with a LOD score exceeding the genome-wide LOD were declared as significant QTLs, whereas the other QTLs with LOD less than the genome-wide LOD but more than 3.0 were identified as suggestive QTLs.

MCIM was used to map QTLs with additive and epistatic effects as well as their interactions with the environments (additive by environment and epistaticby environment). This analysis was performed using a 2D genome scan, with a 1 cM walking speed and10 cM window size. Significant thresholds (critical F-values) for QTL detection were calculated with 1 000 permutations and a genome-wide error rate of 0.05.

3 Results

3.1 Phenotypic analysis

For different environments, the average flowering time for each RIL was used to analyze the segregation pattern (Table 1). We found that the skewness and kurtosis values of different environments deviated slightly from zero, except for the 2010 dry season in Thailand. These results show that the segregation pattern of this trait under different environments fits the normal distribution model and the RILs can be used for genetic map construction and QTL identification. The RILs under LD conditions flowered significantly later than those under SD conditions. The flowering time of the RILs grown at Harbin waste longest of the nine environments, which may be attributed to its high latitude (45°N).

Table 1 Statistical analysis of the flowering times of recombinant inbred lines (RILs) in multiple environments

Photoperiod	Environment ID[a]	RIL			Kurtosis[c]	Skewness[d]	Parents	
		Min	Max	Mean ± SD[b]			AGS292	K3
Short-day	1	26.2 ± 1.2	38.7 ± 1.6	32.4 ± 3.3[fg]	−0.46	0.32	25.3 ± 0.5	42.9 ± 0.8
	2	26.5 ± 0.6	40.2 ± 2.1	31.2 ± 2.7[g]	−0.33	0.37	27.5 ± 0.6	40.4 ± 0.2
	3	26.6 ± 0.3	46.6 ± 3.2	32.8 ± 0.4[fg]	0.7	0.89	26.7 ± 0.4	44.7 ± 1.2
	4	29.2 ± 2.1	53.5 ± 4.2	36.8 ± 4.0[e]	3.7	1.38	28.5 ± 0.5	45.5 ± 2.4
Long-day	5	29.4 ± 1.4	73.6 ± 3.8	52.7 ± 9.4[d]	0.02	−0.45	33.6 ± 1.2	86.7 ± 3.5
	6	33.7 ± 1.8	81.3 ± 5.7	57.4 ± 11.7[c]	−0.45	−0.25	32.8 ± 0.5	84.3 ± 2.5
	7	54.9 ± 2.7	121.5 ± 6.2	90.2 ± 16.9[a]	−0.11	−0.79	50.2 ± 1.5	110.9 ± 4.9
	8	50.4 ± 2.2	130.8 ± 6.5	91.3 ± 19.9[a]	−0.57	−0.5	54.5 ± 2.7	120.6 ± 3.7
	9	50.2 ± 2.5	121.8 ± 3.7	83.9 ± 18.1[b]	−0.73	−0.15	52.0 ± 2.2	117.2 ± 5.5

Different lowercase letters (a, b, c, d, e, fg and g) indicate the extremely significant differences among different environments ($p < 0.01$)

[a] Environment ID 1–9 represent the 9 environments respectively: 2004 Thailand in rainy season for 1, 2004 Thailand in dry season for 2, 2010 Thailand in rainy season for 3, 2010 Thailand in dry season for 4, 2010 Tsukuba for 5, 2011 Tsukuba for 6, 2010 Sapporo for 7, 2010 Harbin for 8, 2011 Jinan for 9

[b] Standard deviation of the phenotypic trait

[c] Kurtosis of the phenotypic trait

[d] Skewness of the phenotypic trait

3.2 Construction of genetic linkage map

Using polymorphic 338 markers, a genetic linkage map covering 2 546.7 cM was constructed using the Kosambi function (Figure S1). The main marker type contributing to this linkage map was the SSR markers, while the linkage gaps between the SSR markers were bridged by indel PSI and ESI markers. However, the Gm 18 chromosome still lacked polymorphic markers and was divided into Gm 18-1 and Gm 18-2. The map length is approximately consistent with the currently known recombination distance of 2 524 cM in the integrated soybean linkage map (Cregan et al., 1999; Song et al., 2004). The marker order of our map was in good accordance with that of the integrated map with only slight differences. However, all of the discordant marker orders occurred within 5 cM of their respective orders on the integrated map.

3.3 QTL identification of LJ trait under SD conditions

Under the four SD environments, a total of six QTLs was detected by the MQM (Table 2). They were distributed over four linkage groups and explained 15.2%–35.4 % of the phenotypic variation. The additive effect for *qFT–F* was positive, which indicated that the positive allele for this QTL originated from AGS292. The other five QTLs originated from K3, i.e. they delayed flowering time under SD and were associated with the LJ trait. Among the six QTLs, only *qFT–J–2* significantly ($P \leqslant 0.05$) affected flowering time as shown by genome-wide analyses with permutation tests for two rainy environments. It accounted for 34.4% and 35.4 % of the total variances observed for the two environments (Table 2). When we used MCIM to detect QTLs for single SD environment at a 0.001 significant probability level, only *qFT–J–2* and *qFT–O* were detected, and the other four were missed (Table S2). *qFT–J–2* was consistently detected under different SD environments by both MCIM and MQM approaches, suggesting that it is the major QTL conditioning LJ trait in this RIL population.

Table 2 Identification of main-effect QTLs for single environment by multiple QTL mapping (MQM), implemented by MapQTL 5.0

Environment ID[a]	QTL	Linkage group	Marker or interval[b]	Position (cM)[c]	LOD[d]	R² (%)[e]	A[f]
1	qFT-F	Gm13	Sat_154	47.9	3.19	15.2	1.30
	qFT-J-1	Gm16	FT3a-PSI2406	37.1	3.89	26.5	−1.74
	qFT-J-2	Gm16	FT2a-GMES5332	85.4	6.97[sp]	34.4	−2.02
3	qFT-J-2	Gm16	Sat_366-FT2a	82.5	7.58[sp]	35.4	−2.54
	qFT-J-3	Gm16	PSI2406-GMES6898	52.3	3.67	19.4	−1.84
4	qFT-O	Gm10	E2	104.1	3.59	16.6	−1.61
	qFT-L	Gm19	E3	105.4	3.48	16.2	−1.60
5	qFT-O	Gm10	E2-Satt153	105.1	4.13	21.1	−4.32
	qFT-L	Gm19	E3	105.4	10.00[sp]	40.8	−6.05
6	qFT-O	Gm10	E2-Satt153	105.1	4.27	21.8	−5.43
	qFT-L	Gm19	E3	105.4	10.90[sp]	43.8	−7.75
7	qFT-L	Gm19	E3	105.4	13.13[sp]	50.5	−12.15
8	qFT-L	Gm19	E3-Satt373	108.4	5.89[sp]	34.5	−11.65
9	qFT-O	Gm10	E2-Satt153	105.1	3.52	18.1	−7.71
	qFT-L	Gm19	E3	105.4	10.19[sp]	41.7	−11.79

sp significance at 0.05 probability by 1000 permutation tests

[a] Environment ID 2-9 8 environments respectively: 2004 Thailand in rainy season for 1, 2010 Thailand in rainy season for 3, 2010 Thailand in dry season for 4, 2010 Tsukuba for 5, 2011 Tsukuba for 6, 2010 Sapporo for 7, 2010 Harbin for 8, 2011 Jinan for 9

[b] Marker or interval: markers or support intervals on the linkage map in which the LOD is the largest

[c] Position: The LOD peak for candidate QTL on the genetic linkage map in centiMorgans

[d] LOD: Log of odd

[e] R²(%): Percentage of phenotypic variance explained by the QTL

[f] A: The additive effects contributed by QTL. A positive value (+) of the additive effect indicates that the allele originating from AGS292; a negative value (−) of the additive effect indicates that the allele originating from K3

3.4 QTL identification of flowering time under LD conditions

Under the five LD environments, two QTLs, qFT–O and qFT–L, were identified by the MQM (Table 2). They were located near the allele–specific markers for E2 and E3, respectively, and explained 18.1%–50.5 % of the phenotypic variance, with additive effects ranging from 4.32 to 12.15, suggesting that these two QTLs may be attributed to the E2 and E3 loci. Either the qFT–L or the E3 locus affected flowering time as shown by genome–wide analyses of all five LD environments with permutation tests. When we detected QTLs byMCIM at a 0.001 significant probability level, in addition to qFT–O and q–FT–L, qFT–I was also identified. qFT–I was located near the allele–specific markers for E4 suggesting that qFT–I may be conferred by the E4 locus; it was found to exist in four LD environments except at Jinan in 2011 (Table S2). Using allele–specific markers of E1, E2, E3 and E4 genes, the genotypes at these four loci of the two parents AGS292 and K3 were identified as E1e2e3e4 and E1E2E3E4, respectively. The genotyping results confirmed that flowering QTLs qFT–O, qFT–L and qFT–I were conditioned by E2, E3 and E4 genes, respectively. Our results also suggest that the two approaches for detecting QTL, MCIM and MQM, can complement each other to pyramid QTLs in RIL population. qFT–I had an epistatic effect with qFT–L in four LD environments (Table S3). This epistasis contributed 2.45–8.58 d to the flowering time and accounted for 5.63%–12.09 % of the phenotypic variance.

3.5 QTLs with additive and additive-by-environment interaction effects under nine environments

In order to analyze the interactions between QTLs and environments, we performed a conjoint analysis. Compared with the single environment analysis, we detected four additional minor QTLs: *qFT–B2–1*, *qFT–C1–1*, *qFT–D2* and *qFT–J–4* (Table 3). These four QTLs demonstrated weak interactions with the environment. The other five QTLs, which were also detected in the single environment analysis, displayed additive–by–environment interaction effects with multiple environments. These additive–by–environment interaction effects were opposite between the LD and SD environments, which indicated that the environments had different roles on the genes for these QTLs (LD and SD). Of the nine QTLs, the *qFT–L* or *E3* locus was responsible for the largest phenotypic variation due to both additive and additive–by–environment effects, and the heritability of the additive effect was higher than that of the additive–by–environment effect, which showed that genotypic background had a greater effect on this QTL than the environment.

3.6 QTLs with epistasis and epistasis-by-environment interaction effects for nine environments

Nine pairs of QTLs with epistatic effects were detected (Table 4). Among these effects, the epistasis occurring between *qFT–I* and *qFT–L* was the largest, contributing 2.26 d to the delayed flowering time and accounting for 1.96 % of the phenotypic variance by epistasis in multiple environments. This epistasis also had significant interaction effects with five environments ($P<0.001$) (Table 4). We detected three other QTLs by epistatic effects only: *qFT–B2–2*, *qFT–K* and *qFT–C1–2*. These results indicate that analysis of the interactions between the environment and the QTLs allowed for the detection of more minor QTLs.

4 Discussion

4.1 QTLs for LJ trait

Delayed flowering and maturity time under SD conditions in soybean was termed the LJ trait (Hartwigand Kiihl, 1979; Ray et al., 1995; Spehar, 1995). This trait is especially important for extending the range of adaptation of soybean to lower latitudes and to new management schemes with shifted sowing dates to increase soybean productivity in such regions (Hart–wig and Kiihl, 1979; Ray et al., 1995; Spehar, 1995). Todate, there are few reports of the detection of LJ QTLs through multiple environments using RILs (Liu et al., 2011). In our study, we grew RILs under four SD environments and identified five QTLs for the LJ trait, including *qFT–O*, *qFT–J–1*, *qFT–J–2*, *qFT–J–3* and *qFT–L*, in which all the alleles originating from K3 delayed flowering time and were considered to condition the LJ trait. Among the five LJ QTLs, *qFT–O*, *qFT–J–1*, *qFT–J–2* and *qFT–L* were localized to the regions near the allele–specific DNA markers for *E2*, *GmFT5a*, *GmFT2a* and *E3*, respectively (Watanabe et al., 2009; Kong et al., 2010; Watanabe et al., 2011). Previous research suggests that maturity genes *E2*, *E3* and *E4* do not have any effect on flowering time and maturity under SD conditions (Cober et al., 1996). Surprisingly, we found that *qFT–O* (*E2* gene) and *qFT–L* (*E3* gene) can be detected under a SD environment and in association with the LJ trait (Table 2). To our knowledge, this is the first report that the *E2* and *E3* genes condition flowering time (or the LJ trait) under SD conditions. In addition, while in other genetic models the recessive allele conditioned the LJ trait (Carpentieri–Pı´polo et al., 2000, 2002), the dominant allele from the *E2* and *E3* loci conditioned the LJ trait in our study. Further study is needed to confirm this new finding. *qFT–J–1* and *qFT–J–2* mapped very tightly to allele–specific markers of *GmFT5a* and *GmFT2a*, the two florigens of soybean (Kong et al.,2010), suggesting that *GmFT5a* and *GmFT2a* may condition the LJ trait in soybean.

Table 3 QTLs with additive effects and additive-by-environment interaction effects detected in nine environments

QTL	Interval[a]	Linkage group	Position (cM)[b]	A (Ei)[c]	$R^2_{(Ai)}$ (%)[d]	$R^2_{(AEi)}$ (%)[e]
qFT-Cl-1	GMES2745-Satt646	Gm04	74.9	−0.54***	1.74	1.84
qFT-O	E2-Satt153	Gm10	104.1	−3.44***	5.69	3.96
qFT-B2-1	PSI2113-Satt467	Gm14	8.0	0.81***	0.69	0.67
qFT-J-3	BARCSOYSSR_16_0245-Sat_389	Gm16	17.3	−3.35***	4.32	3.66
qFT-J-2	FT2a-GMES5332	Gm16	85.4	−0.61***	0.15	1.42
qFT-J-4	BARCSOYSSR_16_1202-GMES6655	Gm16	100.7	−1.09***	0.60	0.63
qFT-D2	Sct_192-Satt458	Gm17	10.0	−0.74***	0.25	0.50
qFT-L	E3-Satt373	Gm19	107.4	−6.77***	23.75	15.94
qFT-I	E4-Satt354	Gm20	12.3	−4.10***	4.12	4.40

QTL	Additive QTLs by environments interaction (AE)[f]								
	AEi1	AEi2	AEi3	AEi4	AEi5	AEi6	AEi7	AEi8	AEi9
qFT-Cl-1	0.89*	0.88*						−2.85***	
qFT-O	2.25***	3.01***	2.14***	1.61**	−0.98*	−1.98***	−1.15*		−4.51***
qFT-B2-1									0.80*
qFT-J-3	2.56***	2.17***	2.17***	1.96***				−5.91***	−3.34***
qFT-J-2			−1.29**					2.82***	
qFT-J-4									−1.07**
qFT-D2									
qFT-L	6.18***	6.45***	5.49***	5.19***		−2.27***	−7.49***	−7.37***	−5.98***
qFT-I	3.53***	3.86***	3.03***	2.66***			−4.62***	−7.49***	

*, **, *** *p* value is significant at 0.05, 0.01 and 0.001 probability levels, respectively

[a] Interval: Support intervals on the linkage map in which the LOD is the largest

[b] Position: The LOD peak for candidate QTL on the genetic linkage map in centiMorgans

[c] A(Ei): The additive effects contributed by additive QTLs mapped in the environments. A positive value (+) of the additive effect indicates that the allele originating from AGS292; a negative value (−) of the additive effect indicates that the allele originating from K3

[d] $R^2_{(Ai)}$(%): Phenotypic variation explained by additive effects

[e] $R^2_{(Ai)}$(%): Phenotypic variation explained by additive-by-environment interaction effects

[f] AEi1, AEi2, AEi3, AEi4, AEi5, AEi6, AEi7, AEi8 and AEi9 represent the additive effects contributed by environments interactions: 2004 Thailand in rainy season for 1, 2004 Thailand in dry season for 2, 2010 Thailand in rainy season for 3, 2010 Thailand in dry season for 4, 2010 Tsukuba for 5, 2011 Tsukuba for 6, 2010 Sapporo for 7, 2010 Harbin for 8, 2011 Jinan for 9, respectively

To minimum the influence of environmental factors affecting flowering time of the LJ trait, the 91 RILs and the parental lines were grown at 25 °C under SD conditions (12L/12D) with three replications in growth chambers. Any three of the seeds were grown in one plant pot and all of the plant pots were randomly placed. The flowering time for every seed was detected. The phenotypic data for them can find in Table S4. The four QTLs *qFT-J-1*, *qFT-J-2*, *qFT-J-3* and *qFT-L* could also be detected by the MQM (Table S5). These results confirm that these four QTLs, particularly those located in association with the *E3* locus, were truly present under a SD environment in both indoor and outdoor conditions. The interval for *qFT-J-2* and *qFT-J-3* had already been found to be associated with flowering time in previous studies (Tasma et al., 2001; Pooprompan et al., 2006). It will be of great interest to perform fine mapping to further elucidate the underlying genetic mechanisms of these QTLs.

Table 4 QTLs with epistatic effects and epistasis-by-environment interaction effects detected in multiple environments

QTL_i[a]	Linkage group	Position_i (cM)[b]	Interval_i[c]	QTL_j[a]	Linkage group	Position_j (cM)[b]	Interval_j[c]	AA (Eij)[d]	$R^2_{(AAij)}$ (%)[e]
qFT-C1-1	Gm04	74.9	GMES2745-Satt646	qFT-J-3	Gm16	17.3	BARCSOYSSR_16_0245-Sat_389	−0.41*	0.01
qFT-B2-1	Gm14	8.0	PSI2113-Satt467	qFT-C1-1	Gm04	74.9	GMES2745-Satt646	−0.34*	0.02
qFT-B2-1	Gm14	8.0	PSI2113-Satt467	qFT-I	Gm20	12.3	E4-Satt354	0.47**	0.19
qFT-B2-1	Gm14	8.0	PSI2113-Satt467	qFT-J-2	Gm16	85.4	FT2a-GMES5332	0.74***	0.03
qFT-B2-2	Gm14	55.5	Satt474-Satt066	qFT-C1-2	Gm04	46.3	Sat_140-GMES0780	0.58***	0.50
qFT-J-2	Gm16	85.4	FT2a-GMES5332	qFT-L	Gm19	107.4	E3-Satt373	−0.52**	0.05
qFT-D2	Gm17	10.0	Sct_192-Satt458	qFT-K	Gm09	102.3	BARCSOYSSR_09-1311-Satt475	−0.32*	0.15
qFT-I	Gm20	12.3	E4-Satt354	qFT-J-2	Gm16	85.4	FT2a-GMES5332	−0.63***	0.33
qFT-I	Gm20	12.3	E4-Satt354	qFT-L	Gm19	107.4	E3-Satt373	−2.26***	1.96

QTL_i[a]	$R^2_{(AAEij)}$ (%)[f]	Epistatic QTLs by environments interaction (AAE)[g]						
		AAEij1	AAEij2	AAEij3	AAEij4	AAEij7	AAEij8	AAEij9
qFT-C1-1	0.33							−1.10**
qFT-B2-1	0.17						−1.56***	
qFT-B2-1	0.19						−1.31**	
qFT-B2-1	0.32					0.99*		
qFT-B2-2	0.25							0.75*
qFT-J-2	0.13						−1.18**	
qFT-D2	0.29						−0.96*	
qFT-I	0.27							−0.74*
qFT-I	2.50	2.13***	2.40***	2.74***	2.74**	−3.79***	−4.46***	

*, **, *** p value is significant at 0.05, 0.01 and 0.001 probability levels respectively

[a] The QTL involved in epistatic effect in multiple environments

[b] Position: The LOD peak for candidate QTL on the genetic linkage map in centiMorgans

[c] Interval: Support intervals on the linkage map in which the LOD is the largest

[d] AA(Eij): The significant epistatic effects contributed by epistatic QTLs mapped in multiple environment

[e] $R^2_{(AAij)}$(%): Phenotypic variation explained by epistasis in multiple environment

[f] $R^2_{(AAEij)}$(%): Phenotypic variation explained by epistasis-by-environment interaction effects

[g] AEi1, AEi2, AEi3, AEi4, AEi7, AEi8 and AEi9 represent the additive effects contributed by environments interactions: 2004 Thailand in rainy season for 1, 2004 Thailand in dry season for 2, 2010 Thailand in rainy season for 3, 2010 Thailand in dry season for 4, 2010 Sapporo for 7, 2010 Harbin for 8, 2011 Jinan for 9, respectively

4.2 Relationships between QTLs and the environments

The results of single environment analysis do not always provide valid predictions of the effects of QTLs controlling a target trait. Analysis by MCIM has been proven to be effective for detecting minor-effect QTLs in a variety of crops (Wang et al., 1999; Gutierrez-Gonzalez et al., 2009, 2010; Xu et al., 2014). In the present study, we used multiple environments to perform an integrated analysis by MCIM, identifying nine additive QTLs. Compared with single environment analysis, four additional QTLs (qFT-B2-1, qFT-C1-1, qFT-D2 and qFT-J-4) were detected and had little interactions with the environments. qFT-B2-1 was located near the marker Satt467. In the SoyBase database (http://soybase.org/), there was only one QTL for flowering time near the marker Satt534 onGm 14. Compared with the integrated soybean linkage map, Satt467 is located at 19.17 cM and Satt534 is located at 75.73 cM (Hyten et al., 2010). They were far from each other, therefore, qFT-B2-1 may be a new QTL for flowering time (Reinprecht et al., 2006).

Using multiple environments to perform integrated analysis by MCIM not only greatly facilitated the detection of QTLs but also allowed for the identification of epistatic and epistasis-by-environment interaction effects. These results further elucidate the mechanisms underlying the genetic control of flowering time. In this study, three QTLs (*qFT-B2-2*, *qFT-K* and *qFT-C1-2*) were detected with only epistatic effects (Table 4). *qFT-C1-2* was located between Sat_140 and GMES0780. This interval was very close to the marker Sat_337, which harbored the J allele that is associated with the LJ trait (Cairo et al., 2009). Thus, it was clear that analysis of interactions between the QTLs and the environments facilitated the detection of QTLs. None of these QTLs had major effects, but they were able to influence flowering time through interactions with other loci, an observation in accordance with those reported by Jannink (2007). Furthermore, for *qFT-K*, no QTL associated with flowering has been previously identified (Li et al., 2010; Ha et al., 2012).

5 Conclusions

The objective of this study was to identify QTLs associated with flowering time, especially for the LJ trait. Under SD environments, we identified a total of six QTLs. Of these, *qFT-F* has not been previously reported, suggesting that it is a novel QTL for flowering time. The other five QTLs originated form K3 and were associated with the LJ trait. Among the five LJ QTLs, four QTLs, *qFT-J-1*, *qFT-J-2*, *qFT-O* and *qFT-L*, may control the known genes *GmFT5a*, *GmFT2a*, *E2* and *E3*, and this is the first report that these genes may be associated with the LJ trait. Additional studies are necessary to confirm these new findings. In addition, we also identified five QTLs (*qFT-B2-1*, *qFT-C1-1*, *qFT-K*, *qFT-D2* and *qFT-F*) by the integrated analysis, which may represent novel flowering time genes.

In conclusion, our research provides insights into the mechanisms of flowering time, especially with regard to the LJ trait. The information obtained from our findings will facilitate gene cloning and functional elucidation for soybean molecular breeding under different environmental conditions.

Acknowledgments

This work was funded by the National Natural Science Foundation of China (31430065, 31071445,31171579, 31201222, 31230050, 31371651 and 31371643); the Open Foundation of the Key Laboratory of Soybean Molecular Design Breeding, Chinese Academy of Sciences; "Hundred Talents Program of Chinese Academy of Sciences; Strategic Action Plan for Science and Technology Innovation of Chinese Academy of Sciences (XDA08030108); and Heilongjiang Natural Science Foundation of China (ZD201001, JC201313).

Compliance with ethical standards

Conflict of interest The authors declare that they have no conflict of interest.

Ethical standard This article does not contain any studies with human participants or animals performed by any of the authors.

Informed consent Informed consent was obtained from all individual participants included in the study.

参考文献（略）

本文原载于《Euphytica》2015 年 07 期。

Identification of Quantitative Trait Loci Underlying Seed Protein Content of Soybean including Main, Epistatic and QTL × Environment Effects in Different Regions of Northeast China

Weili Teng, Qi Zhang, Wen Li, Depeng Wu, Xue Zhao, Haiyan Li, Yingpeng Han, Wenbin Li

Key Laboratory of Soybean Biology in Chinese Ministry of Education (Northeastern Key Laboratory of Soybean Biology and Genetics & Breeding in Chinese Ministry of Agriculture), Northeast Agricultural University, Harbin 150030, China

Abstract: Soybean protein content (PC), one of the primary traits in soybean, affects the oil and hydrocarbon content. The objective here was to identify quantitative trait loci (QTL), their epistatic effects and QTLs×environments interaction underlying soybean protein content (PC). The mapping population, consisted of 129 recombinant inbred lines (RILs), was created by crossing 'Dongnong 46 (PC, 40.14%) and 'L-100 (PC, 48.66%). Phenotypic data of the parents and RILs were collected for four years in three locations of Heilongjiang Province of China including Harbin in 2012, 2013, 2014 and 2015, Hulan in 2013, 2014 and 2015, and Acheng in 2013, 2014 and 2015, respectively. A total of 213 simple sequence repeat markers were used to construct a genetic linkage map. Eight QTLs, located on seven chromosomes (Chr), were identified to be associated with PC among the ten tested environments. Of the seven QTLs, five QTLs, *qPR-2* (Satt710, on Chr9), *qPR-3* (Sat_122, on Chr12), *qPR-5* (Satt543, on Chr17), *qPR-7* (Satt163, on Chr18) and *qPR-8* (Satt614, on Chr20), were detected in 6, 7, 7, 6 and 7 environments, respectively, implying relatively stable QTLs. *qPR-3* could explain 3.33% to 11.26% of the phenotypic variation across eight tested environments. *qPR-5* and *qPR-8* explained 3.64% to10.1% and 11.86% to 18.40% of the phenotypic variation, respectively, across seven tested environments. All eight QTLs associated with PC exhibited additive and/or additive×environment interaction effects. The results showed that environment-independent QTLs often had higher additive effects. Moreover, five epistatic pairwise QTLs were identified in the ten environments. The novel QTL information of PC obtained from the study could be beneficial to facilitate high PC breeding programs by molecular marker assistant selection.

Keywords: Soybean; QTL; Additive effect; Epistatic effect; Protein Content

1 Introduction

Soybean seed protein is an important source of functional and nutritional ingredients for human food and livestock feed (Erdman, 2000; Singh et al., 2008; Chiari et al., 2004; Yesudas et al., 2013) and accounts for 77% of worldwide plant protein consumption (Kerley and Allee, 2003). High soybean protein content (PC) is associated with low oil content (Wang et al., 2015); however, the high-protein allele does not exhibit any pleiotropic effects or demonstrate tight linkage with the low oil allele (Chung et al., 2003). The protein content (PC) in soybean germplasm has large variation range in different locations. For example, PC varies from 31.7% to 58.9% on the dry weight basis of seed in regular climate conditions of Southern China (Zhang et al., 2015). Indeed, PC has become an important breeding objective because of market and industry requirements (Warrington et al., 2015; Wang et al., 2015). It is possible for soybean breeder to develop soybean lines with higher PC through transgressive segregation of the genetic population derived from the cross by higher PC accessions (Panthee et al., 2005), and numbers of high PC varieties were released by traditional breeding procession (Hartwig, 1990; Leffel 1992; Chung et al., 2003). However, PC of soybean seed is a typical quantitative trait that primarily is controlled by multiple genes, with either small or large effects, which reflect significant interactions with environment matter (Hyten et al., 2004; Yesudas et al., 2013). Therefore, selection for soybean cultivars with high PC requires evaluation in multiple environments, which is time consuming and labor intensive.

Higher PC related genes were less isolated and applied in marker-assisted selection (MAS, Zhang et al., 2015). Identifying PC quantitative trait loci (QTL) based on molecular markers will facilitate the development of soybean lines with improved PC to meet the widespread demand for soybean protein (Jun et al., 2008). Presently, two strategies have been used to analyze the genetic basis of PC, including association mapping and linkage analyses. Association mapping was based on natural population, which has two main advantages including high mapping resolution and rich allele number. Presently, only less QTL based on association analysis, were reported. For association analysis, Jun et al. (2008) used association analysis of 150 SSR markers and 96 germplasm accessions to identify 11 QTLs associated with PC. Hwang et al. (2014) detected 40 SNPs in 17 different genomic regions using more than 50,000 SNPs and 298 soybean germplasm accessions. Linkage analysis was the essential strategy for the identification of QTL using bi-parental mapping populations and has relatively high power and a low false positive rate. By earlier of 2017, approximately 150 QTLs associated with PC have been reported (www.soybase.org). Most of the PC QTLs were identified using F_2 and recombinant inbred line (RIL) populations (Lee et al., 1996; Csanadi et al., 2001; Yesudas et al., 2013; Wang et al., 2015; Qi et al., 2016). Very few QTLs have been found to be stable across multiple environments and different genetic background (Csanadi et al., 2001; Diers et al., 1992; Brummer et al., 1997). A QTL located on chromosome 20 (Chr 20, linkage group (LG) I) had a large additive effect and was stable across multiple environments and genetic backgrounds (Csanadi et al., 2001; Diers et al., 1992; Brummer et al., 1997). A favorable allele of this QTL was found to increase PC from 18 to 24 g/kg (Bolon et al., 2010). Fine mapping of this QTL using a near-isogenic line was performed by Nichols et al. (2006), and Bolon et al. (2010) identified 12 candidate genes in the QTL genomic region. Moreover, Li et al. (2007) detected conditional and unconditional QTLs associated with the PCs developmental behavior in six different seed developmental stages using 'Dongnong 594 × Charleston RIL populations. Jiang et al. (2010) obtained dynamic QTLs for developmental rate of PC in six different seed dynamic stages using the same populations as Li et al. (2007). The genetic population in these studies mainly derived from the cross between cultivated soybean varieties. Hence, phenotypic difference between parents in these studies was too small to be difficult to effectively detect these QTLs with minor effects. To improve the accuracy of QTL identification, some soybean breeders have utilized wild/semi-wild soybeanes to construct mapping populations to identify PC QTL (Diers et al., 1992). Furthermore, some studies also indicated that most PC QTLs were affected by both epistatic effects and QTLs by environmental interaction effects (Li et al., 2007; Jiang et al., 2010). However, there was a lack to analyze the different effects of PC QTLs from a RILs derived from wild or semi-wild soybean.

The objective herein was to identify QTLs associated with PC by using SSR markers in a RILs population, created from a cultivated soybean 'Dongnong 46 and a semi-wild line 'L-100 in three locations of Northeast China for four years, and to evaluate the additive and epistatic effects of the QTLs.

2 Materials and methods

2.1 Plant materials

The mapping population consisted of 129 $F_{5:8}$ RILs that were advanced by the single-seed descent method from the cross of 'Dongnong 46and 'L-100. 'Dongnong 46 was an extensively planted spring soybean cultivar in Heilongjiang Province of Northeast China, containing higher seed oil (> 23%) and relatively lower seed protein (40.1%). 'L-100 was a semi-wild soybean line from Heilongjiang Province, which has higher seed protein (48.7%) and stronger resistance to abiotic stresses.

2.2 Field experiment

Seeds from the mapping population and the parents were planted at Harbin (44.04°N, 127.00°E, heat unite > 2 500, annual rainfall > 550 mm, fine-mesic chernozem soil) in 2012, 2013, 2014 and 2015; at Hulan (46.04°N, 125.42°E, heat unite > 2 300, annual rainfall > 500 mm, fine-mesic chernozem soil) in 2013, 2014 and 2015 and at Acheng (45.23°N, 127.00°E, heat unite > 2 400, annual rainfall > 500 mm, fine-mesic chernozem soil) in 2013, 2014 and 2015. So, the PC of the mapping population and parents were evaluated in three locations of Northeast China for four years. The field experiments were conducted as a randomized complete block design with three replications. Each plot had one row with 3 m long and 0.65 m row spacing. There was a 6 cm space between each two plants. The seeds from ten plants of each RIL were collected and served as the subsequent PC measurements.

2.3 Protein content analysis

Seed PC was measured on a 13% moisture basis using near infrared reflectance spectroscopy as described by Lee et al. (2010).

2.4 SSR analyses

Genomic DNA was isolated from freeze-dried leaf tissue according to the CTAB methods described by Doyle (1990). A total of 727 SSR markers that were derived from the integrated genetic linkage map defined by Cregan et al. (1999) and evenly distributed on 20 chromosomes, were used to screen polymorphic markers between the two parents. Subsequently, the polymorphic markers were further used to genotype the RILs population and to construct the genetic linkage map. The PCR reaction was conducted according to the previous described methods with minor modifications (Han et al. 2008). PCR products were detected by electrophoresis on a 6% (w/v) denaturing polyacrylamide gel for 1 h at 100 V, followed by rapid silver straining (Trigizano et al. 1998) for visualization.

2.5 Statistical analysis

Mapmaker 3.0b was used to analyze the linkage between markers (Lander et al. 1987). The Kosambi mapping function was utilized to determine genetic distances (centimorgan, cM). A genetic map was constructed using MapChart (Voorrips, 2002).

The broad-sense heritability of seed PC was calculated as described by Blum et al. (2001). PC QTL detection with single-factor analysis of variance was performed using SAS software 9.2 (PROC. GLM. SAS) as described by Primomo et al. (2005) based on the PC of RILs in each tested location and year. GT biplot software was used to assess the stability of the identified PC QTLs in different locations and years (Yan 2001).

3 Results

3.1 Phenotypic variation

In the present study, the PC of high-protein parent 'L-100 was consistently higher than that of 'Dongnong 46 in three tested locations for four years. On average, 'L-100 had a 8.52% higher of PC than that of 'Dongnong 46 (Table 1). The variation range of *CV* value of the RILs population was 0.04–0.60. A transgressive segregation of PC existed in the 'L-100 × 'Dongnong 46 population. Additionally, the mean protein content of RILs was close to the parental means (Table 1). The broad-sense heritability of PC RILs population was relatively high (0.57). The PC of RILs population was approximately normally distributed (the skewness and kurtosis values in most location and year were less than 1.0), indicating that the mapping population was suitable for QTL analyses.

3.2 Construction of the genetic linkage map

Among the 727 screened SSR markers (derived from the integrated genetic linkage map defined by Cregan et al. (1999)), 260 SSR markers were polymorphic between the two parents. The polymorphic markers were further used to genotype the mapping population. A total of 213 SSR markers were finally used to construct the genetic map. This map consisted of 18 chromosomes (or LGs), as defined by Cregan et al. (1999), Song et al. (2004) and Hyten et al. (2010), which encompassed approximately 3 623.39 cM, with an average distance of 17.01 cM between markers (data not shown).

Table 1. Range, average, standard deviation, coefficient of variation, skewness, and kurtosis for the protein content of RILs in multiple environments of Northeast China.

Environment	Parents		RILs						BSH[c]
	'Dongnong 46' (%)	'L-100' (%)	Range (%)	Average (%)	SD[a]	CV[b]	Skewness	Kurtosis	
2012 Harbin	39.98	48.92	39.50–50.90	45.75	2.35	0.05	−0.79	−0.06	0.57
2013 Harbin	40.01	47.78	39.31–48.80	44.08	1.96	0.04	−0.42	0.28	
2013 Hulan	40.80	48.67	39.90–49.10	44.41	1.99	0.04	−0.43	0.27	
2013 Acheng	41.14	48.49	40.06–49.82	44.53	2.19	0.05	−0.54	0.32	
2014 Harbin	40.25	47.99	39.92–48.02	45.01	2.78	0.06	−0.81	−0.04	
2014 Hulan	39.12	49.70	39.10–49.77	44.94	2.22	0.05	−0.66	0.47	
2014 Acheng	40.14	48.92	38.97–49.05	45.12	2.65	0.06	−0.97	−0.12	
2015 Harbin	39.91	48.67	39.90–49.13	44.53	2.87	0.06	−0.39	0.28	
2015 Hulan	40.09	48.73	40.08–48.88	44.67	2.31	0.05	−0.82	0.33	
2015 Acheng	39.97	48.67	39.97–48.95	45.13	2.00	0.04	−0.72	0.38	

[a]SD, standard deviation.

[b]CV, coefficient of variation.

[c]BSH, broad-sense heritability.

Table 2. Markers associated with soybean seed protein content in multiple environments of Northeast China.

QTL	Chr(LG)[a]	Marker	Position (cM)	Environment	P	R[2b] (%)	Allelic means ± SEM[c]	
							'Dongnong 46'	'L-100'
qPR-1	Chr7(LGM)	Satt494	220.7	2012 Harbin	<0.0001	1.49	43.02±3.11	47.54±2.92
				2013 Harbin	0.0002	2.02	42.51±3.45	46.77±3.03
				2014 Harbin	0.0005	2.66	42.08±3.76	46.21±3.02
				2015 Harbin	<0.0001	5.43	42.56±3.87	47.05±3.65
qPR-2	Chr9(LGK)	Satt710	80.4	2013 Harbin	0.0007	1.43	42.94±3.00	46.83±2.99
				2014 Hulan	0.0012	8.81	43.51±4.51	47.52±4.07
				2014 Acheng	0.0009	7.87	42.11±4.52	47.65±4.17
				2015 Harbin	<0.0001	2.35	42.83±4.00	47.14±3.89
				2015 Hulan	<0.0001	4.99	41.64±3.83	46.56±4.02
				2015 Acheng	0.0006	1.00	41.05±4.00	46.62±4.00
qPR-3	Chr12(LGH)	Sat_122	174.9	2013 Hulan	0.0003	4.36	42.56±3.86	47.34±3.87
				2013 Acheng	0.0007	5.05	42.87±4.00	47.00±4.00
				2014 Harbin	0.0009	11.26	42.11±3.54	46.30±2.98
				2014 Hulan	0.0008	10.57	43.67±4.00	47.64±3.85
				2014 Acheng	0.0002	4.87	42.05±2.87	47.14±3.03
				2015 Harbin	0.0005	9.54	42.46±3.84	46.98±3.82
				2015 Hulan	<0.0001	8.77	41.72±3.03	46.87±3.05
				2015 Acheng	0.0007	3.33	41.11±3.89	46.58±3.89
qPR-4	Chr14(LGB2)	Satt577	13.2	2013 Acheng	0.0003	7.45	43.84±3.65	46.93±3.84
				2014 Hulan	0.0002	5.96	43.15±3.98	47.42±3.72
				2014 Acheng	<0.0001	8.07	42.24±3.03	47.62±3.03
				2015 Harbin	0.0005	6.82	42.54±4.03	47.00±3.94
				2015 Hulan	0.0006	8.45	41.59±4.21	46.64±4.19
qPR-5	Chr17(LGD2)	Satt543	148.7	2013 Harbin	0.0004	6.64	42.73±3.44	47.09±3.32
				2013 Hulan	0.0006	3.82	41.87±4.05	46.99±4.04
				2013 Acheng	0.0007	9.79	42.25±3.65	47.36±3.81
				2014 Hulan	0.0009	5.63	43.01±4.51	47.15±4.04
				2014 Acheng	0.0003	3.64	42.11±4.00	47.45±4.00
				2015 Hulan	<0.0001	10.10	41.30±3.87	46.66±3.99
				2015 Acheng	0.0008	4.74	41.25±4.00	46.73±4.01
qPR-6	Chr18(LGG)	Satt217	17.2	2012 Harbin	<0.0001	2.50	43.14±3.00	46.99±4.97
				2013 Harbin	<0.0001	2.89	43.65±4.37	46.47±4.05
				2014 Hulan	<0.0001	5.11	43.07±3.66	47.45±3.65
				2015 Hulan	0.0002	4.84	41.12±4.00	46.89±3.99
qPR-7	Chr18(LGG)	Satt163	54.7	2013 Hulan	0.0003	6.68	41.36±3.94	46.98±3.96
				2014 Hulan	0.0004	7.63	42.95±4.59	47.49±4.12
				2014 Acheng	0.0005	13.62	42.27±3.99	47.38±4.00
				2015 Harbin	0.0007	3.08	42.67±4.21	46.93±3.93
				2015 Hulan	0.0002	5.77	41.29±4.12	46.31±4.11
				2015 Acheng	<0.0001	7.43	41.07±3.99	46.43±4.00
qPR-8	Chr20(LGI)	Satt614	47.1	2012 Harbin	<0.0001	12.84	43.44±2.99	47.51±2.99
				2013 Harbin	0.0005	16.96	42.88±3.87	47.45±2.92
				2013 Acheng	0.0002	15.60	42.83±4.00	46.74±4.00
				2014 Harbin	0.0002	12.25	42.00±4.42	46.61±4.41
				2014 Hulan	0.0003	11.86	42.87±3.65	47.55±4.04
				2015 Harbin	<0.0001	15.53	42.05±3.98	47.14±3.98
				2015 Acheng	0.0007	18.40	41.20±4.00	46.68±4.00

[a]Chr(LG), chromosome (linkage group).

[b]R[2], R-squared or the proportion of the phenotypic data explained by the marker locus.

[c]SEM, standard error of the mean: $SD\sqrt{N}$, where N is the number of each of allele.

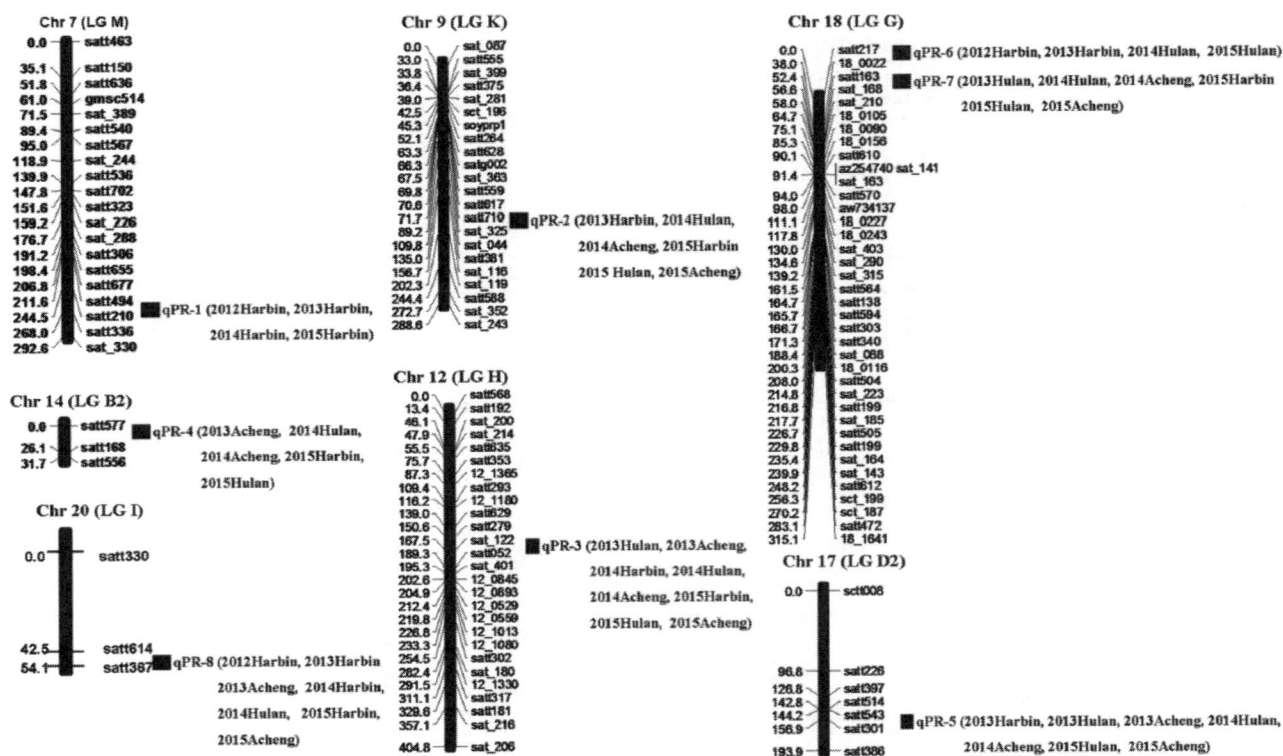

Fig. 1. Genomic locations of the identified QTL for protein content. The tested environment delegated by year and location. For example, 2012Harbin delegated at Harbin in 2012.

3.3 QTLs associated with protein content

Eight QTLs associated with seed PC were identified, including *qPR-1* (Satt494), *qPR-2* (Satt710), *qPR-3* (Sat_122), *qPR-4* (Satt577), *qPR-5* (Satt543), *qPR-6* (Satt217), *qPR-7* (Satt163) and *qPR-8* (Satt614). They were located on 220.7 cM of Chr7 (LGM), 80. 4 cM of Chr9 (LGK), 174.9 cM of Chr12 (LGH), 13.2 cM of Chr14 (LGB2), 148.7 cM of Chr17 (LGD2), 17.2 cM of Chr18 (LGG), 54.7 cM of Chr18 (LGG) and 47.1 cM of Chr20 (LGI), respectively (Table 2, Fig.1). Of the detected QTLs, *qPR-3* explained 3.33% to 11.26% of the phenotypic variation across the eight tested environments. *qPR-5* and *qPR-8* explained 3.64% to 10.1% and 11.86% to18.40% of the phenotypic variation, respectively, across seven tested environments. *qPR-2* and *qPR-7* explained 1.00% to 8.81% and 3.08% to13.62% of the phenotypic variation, respectively, across six environment. *qPR-4* explained 5.96% to 8.45% of the phenotypic variation in five environments, while *qPR-1* and *qPR-6* explained 1.49% to 5.43%, and 2.50% to 5.11% of the phenotypic variation, respectively, in four tested environments.

3.4 Analysis of QTL × environment interactions

Eight QTLs, spanning seven chromosomes (LGs), were identified with an additive main effect (*a*) and/or additive × environment interaction effects (*ae*) in three tested locations for four years (Table 3). Three QTLs [*qPR-3* (Sat_122), *qPR-5* (Satt543) and *qPR-8* (Satt614)] contributed the allele that increased PC through significant *a* effects, and three QTLs [*qPR-2* (Satt710), *qPR-4* (Satt577) and *qPR-7* (Satt163)] contributed the allele that decreased PC through significant *a* effects. The impact of *ae* effects of the QTLs on PC differed depending on the environments. For example, *qPR-1*, an unstable QTL, could increase PC through significant *ae* effects at Harbin in 2012, but also could reduce PC through significant *ae* effects at Harbin in 2013 and 2015. The instability of *qPR-1* was inferred to be caused by significant ae effects. Two QTLs, *qPR-1* (Satt494) and *qPR-6* (Satt217), exhibited only ae effects and without significant a effects. Other QTLs had both significant *a* effects and *ae* effects.

3.5 Epistatic analysis of QTLs across different locations and years

Five epistatic pairwise QTLs were identified in different environments, three of which exhibited significant epistatic effects (Table 4). Among the three pairs of QTLs, one pair of QTLs (*qPR-1-qPR-5*) increased PC through significant *aa* effects, while two pairs of QTLs (*qPR-2-qPR-4* and *qPR-7-qPR-8*) decreased PC through significant aa effects. Two pairs of QTLs (*qPR-1-qPR-6*, *qPR-6-qPR-7*) were detected with only *aae* effects. Other pairs of epistatic QTLs had both *aa* and *aae* effects.

3.6 QTL stability analysis

These five QTLs (identified in more than six environments) could explain 92% of the total variation in the standardized data (Fig. 2). The QTLs *qPR-2*, *qPR-3*, *qPR-5*, *qPR-7* and *qPR-8* were set as the corner QTLs for the nine tested environments. *qPR-8* was the most stable QTL across five test environments (at Harbin in 2012, 2013 and 2014; at Acheng in 2013 and 2015) as these five tested environments fell within the *qPR-8* sector (Fig. 1). *qPR-3* was the most stable QTL for the three tested environments (at Hulan in 2014 and 2015 and at Acheng in 2014). *qPR-5* and *qPR-7* were the most stable QTLs in one test environment (at Harbin in 2015).

Table 3. Additive and additive × environment interaction effect of QTLs associated with protein content in soybean seed.

| | | | Additive effect | | Additive × environment | | | | | | | | | | |
| | | | | | ae^c | ae | ae | ae | ae | ae | ae | ae | ae | ae | |
QTL	Chr(LG)^a	Marker	a^b	H² (%)	2012 Harbin	2013 Harbin	2013 Hulan	2013 Acheng	2014 Harbin	2014 Hulan	2014 Acheng	2015 Harbin	2015 Hulan	2015 Acheng	H² (%)
qPR-1	Chr7(LGM)	Satt494	—	—	-0.12*	0.09*	—	—	—	—	—	0.04*	—	—	1.55
qPR-2	Chr9(LGK)	Satt710	-0.77**	2.59	—	0.17*	—	—	—	-0.27*	0.18*	0.07*	-0.19*	0.05*	2.78
qPR-3	Chr12(LGH)	Sat_122	0.87**	1.43	—	—	0.04*	0.11*	0.06*	-0.22*	-0.17*	-0.24*	0.25*	0.17*	3.23
qPR-4	Chr14(LGB2)	Satt577	-0.13*	3.83	—	—	—	0.27*	—	-0.19*	-0.08*	0.09*	-0.10*	—	1.96
qPR-5	Chr17(LGD2)	Satt543	0.70**	3.66	—	0.08*	0.11*	0.07*	—	-0.26*	0.27*	—	-0.22*	-0.05*	2.22
qPR-6	Chr18(LGG)	Satt217	—	—	0.44*	-0.27*	—	—	—	-0.11*	—	—	-0.06*	—	1.81
qPR-7	Chr18(LGG)	Satt163	-0.66**	4.57	—	—	0.04*	—	—	0.22*	-0.27*	0.18*	-0.21*	0.05*	0.96
qPR-8	Chr20(LGI)	Satt614	0.89**	4.91	0.39*	-0.11*	—	-0.09*	0.11	0.12*	—	-0.09*	—	-0.33*	2.71

Note: *, P < 0.05; **, P < 0.01.

^aChr(LG), chromosome (linkage group).

^ba, additive effect.

^cae, additive × environment interaction effect.

Table 4. Additive × additive (aa) and aa × environment interaction effect of QTLs associated with seed protein content.

| | | | | | Epistatic effect | | aa × environment | | | | | | | | | | |
| | | | | | aa^b | H² (%) | aae^c | aae | aae | aae | aae | aae | aae | aae | aae | aae | |
QTL	Chr(LG)^a	Marker	QTL	Chr(LG)	Marker		2012 Harbin^a	2013 Harbin	2013 Hulan	2013 Acheng	2014 Harbin	2014 Hulan	2014 Acheng	2015 Harbin	2015 Hulan	2015 Acheng	H² (%)
qPR-1	Chr7(LGM)	Satt494	qPR-5	Chr17(LGD2)	Satt543	0.11*	4.52	-0.23*	0.34*	—	—	—	-0.12*	—	—	—	—	2.51
qPR-1	Chr7(LGM)	Satt494	qPR-6	Chr18(LGG)	Satt217	—	—	0.14*	0.19*	—	—	—	-0.27*	—	—	-0.08*	—	0.94
qPR-2	Chr9(LGK)	Satt710	qPR-4	Chr14(LGB2)	Satt577	-0.56*	3.82	—	-0.10*	—	—	—	0.43*	—	-0.21*	0.17*	-0.30*	1.44
qPR-6	Chr18(LGG)	Satt217	qPR-7	Chr18(LGG)	Satt163	—	—	-0.13*	—	0.24*	—	—	—	0.19*	-0.35*	—	0.05*	2.05
qPR-7	Chr18(LGG)	Satt163	qPR-8	Chr20(LGI)	Satt614	-0.35*	2.70	-0.11*	0.21*	—	0.40*	-0.47*	—	—	-0.04	—	—	3.00

Note: *, P < 0.05.

^aChr(LG), chromosome (linkage group).

^baa, additive × additive effect.

^caae, aa × environment interaction effect.

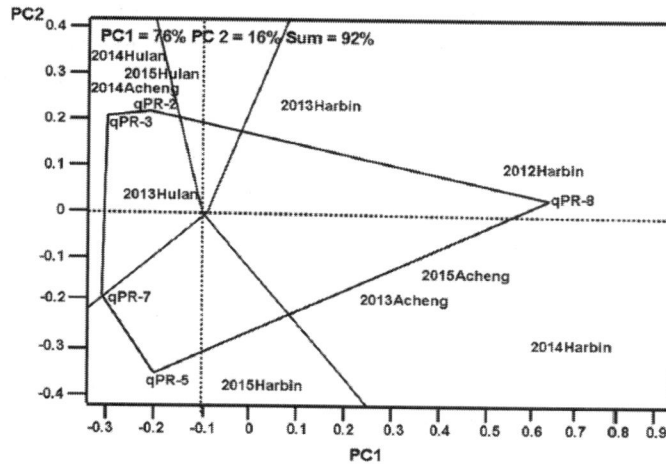

Fig. 2. GT biplot analysis of the relatedness of QTLs and the tested environments. PC1, first principle component; PC2, second principle component. The tested environment delegated by year and location. For example, 2012Harbin delegated at Harbin in 2012.

4 Discussion

Seed PC is a critical trait for both food quality and the appearance of soybean products (Lu et al. 2013). Here, parent lines 'Dongnong 46 and 'L-100 exhibited stable and large differences (8.52%) in PC across all ten tested environments. Compared with other studies (Lee et al., 1996; Csanadi et al., 2001; Yesudas et al., 2013; Wang et al., 2015; Qi et al., 2016), the large genetic variation, generated from cultivar 'Dongnong 46 × semi-wild line 'L-100 in this study, allowed for the detection of PC QTLs with both large and small genetic effects. Previous studies indicated that the estimates of heritability for PC varied from 0.56 to 0.94 depending on different populations and environments examined (Lee et al., 1996; Csanadi et al., 2001, Wang et al., 2014), which were conducted using the population from a cross between cultivated soybean lines. In this study, the heritability of PC was only 0.57, lower than most of other studies (Lee et al., 1996; Csanadi et al., 2001, Wang et al., 2014). The lower heritability of PC in the present work might be caused by using a mapping population with a semi-wild parent.

In this study, a total of eight QTLs, located on seven chromosomes (LG), were identified to be associated with seed PC. These QTls explained 1.00% to 18.4% of the observed phenotypic variation in three locations and four years. The explained largest and smallest variation range of these eight QTLs among different environments, were *qPR-7* (10.54%) and *qPR-4* (1%), respectively, which was similar to the other studies for PC QTL (Qi et al., 2016). Five QTLs (*qPR-2*, *qPR-3*, *qPR-5*, *qPR-7* and *qPR-8*) were weakly influenced by different locations and years, and could be identified in 6, 7, 7, 6 and 7 environments, respectively. Reinprecht et al. (2006) reported one PC QTL (located near Satt389 of Chr17) using an RIL population from a cross between RG10 and OX948. Wang et al. (2014) also verified this QTL using another two different populations. In the present study, *qPR-5* was proximate to the marker interval of the two previous studies (Reinprecht et al., 2006; Wang et al., 2014) and could be detected in seven tested environments, which indicated that this QTL was weakly affected by genetic backgrounds and environments. In the present study, QPR-8 [located near Satt614 of Chr20 (LGI)] explained 11.86% to18.40% of the phenotypic variation in seven tested environments. This QTL was found in the same genomic region as QTL detected previously in several other studies (Rodrigues et al., 2010; Nichols et al., 2006; Specht et al., 2001; Sebolt et al., 2000; Diers et al., 1992; Wang et al., 2014). The QTL was associated with a significant increase in soybean seed PC (from 18 to 24 g/kg, Bolon et al., 2010). It should be noted that the germplasm used in the other studies (Rodrigues et al., 2010; Nichols et al., 2006; Specht et al., 2001; Sebolt et al., 2000; Diers et al., 1992; Wang et al., 2014) was different from the plant material used here. MAS based on QTL analysis, optimal cross design and progeny selection has been considered as an innovative approach for precision soybean breeding in the twenty-frst century (Zhang et al., 2015). In this study, QPR-8 could be identified in both China and North American germplasm across highly divergent environmental conditions. Therefore, MAS based on this QTL should be reliable. Additionally, six other QTLs (QPR-1 to 4 and QPR-6 to 7) were novel PC QTLs and not located near the genomic region reported by the previous studies. The reasons that more novel PC QTLs were found might be that 'L-100 was a semi-wild soybean and contained some rare QTLs/alleles, which were not evident in other study populations, and also could be because parent 'Dongnong 46 and 'L-100 were derived from the maturity group 0. We note that QTL identified in a variety of other maturity groups are not present in the mapping population used in this study. This phenomenon has also been verified in a previous study (Hwang et al., 2014).

Understanding the additive, epistatic, QTL × environment effects of QTL and their relation with the target trait was valuable for MAS, because genetic effect of QTL could give breeder helps in the choice of QTL and prediction of the final outcomes of MAS (Jannink et al., 2009). The results of a previous study showed that the environment significantly affects PC, even in early PC developmental stages (Li et al., 2007; Jiang et al., 2010). QTLs with greater additive effects are often more stable across multiple environments and different soybean seed developmental stages (Li et al., 2007; Jiang et al., 2010; Hyten et al., 2004; Yesudas et al., 2013). For example qPR-3 (additive effect: 0.87) could be identified in eight environments; however, *qPR-4* (additive effect: 0.13) was found in only four environments (Table 3) in this study. The genetic architecture of quantitative variation in PC also includes epistatic interactions between QTLs (Qi et al., 2016). Ignoring epistatic interactions also may result in underestimating genetic variance and overestimating of individual QTL effects (Carlborg and Haley, 2004), which could result in considerable loss in the genetic response to MAS (Liu et al., 2004). Qi et al. (2016) reported that a pair of epistatic QTL, located on Chr19, could explain nearly 30% of PC variation, however, the phenotypic variation by the individual QTL among this epistatic QTL was very low (< 4%). It also indicated that epistasis of a QTL was important in selecting PC QTLs for MAS. Hence, the QTLs, with higher additive effects, could explain the higher phenotypic variation including itself and combination with other QTLs (epistatic interaction effects), which was valuable in MAS. For Example, Zhang et al. (2015) reported that some transgressive lines in PC were obtained through MAS based on full consideration of the genetic effect of QTLs. Therefore, we believe that the knowledge of QTLs and their genetic effect provided in this study could facilitate MAS in breeding programs that aim to transfer high PC alleles from 'L-100 to other elite breeding lines.

Acknowledgements

This study was conducted in the Key Laboratory of Soybean Biology of the Chinese Education Ministry, Soybean Research & Development Center (CARS) and the Key Laboratory of Northeastern Soybean Biology and Breeding/Genetics of the Chinese Agriculture Ministry and was financially supported by the National Key R & D Program for Crop Breeding (2016YFD0100300), the Heilongjiang Provincial Natural Science Foundation (C2015011), the 948 Project (2015—2016), the National Supporting Project (2014BAD22B01), the Youth Leading Talent Project of the Ministry of Science and Technology in China (2015RA228), the Chinese National Natural Science Foundation (31471517, 31301339, 31201227, 31671717), the Provincial/National Education Ministry Project (1252G014, 1253-NCET-005, 20122325120012), the "Academic Backbone" Project of Northeast Agricultural University (15XG04) and the "Young Talents" Project of Northeast Agricultural University (14QC27).

参考文献（略）

本文原载于《Genome》2017 年 08 期。

Identification of Quantitative Trait Loci Underlying Seed Shape in Soybean Aacross Multiple Environments

(Weili Teng, Meinan Sui, Wen Li, Depeng Wu, Xue Zhao, Haiyan Li, Yingpeng Han, Wenbin Li)

Key Laboratory of Soybean Biology in Chinese Ministry of Education (Northeastern Key Laboratory of Soybean Biology and Genetics & Breeding in Chinese Ministry of Agriculture), Northeast Agricultural University, Harbin, 150030, China)

Abstract: Seed shape (SS) significantly affects the yield and appearance of soybean seeds. However, little detailed information about the quantitative trait loci (QTL) affecting seed shape, especially seed shape components such as seed length (SL), seed width (SW) and seed thickness (ST), SLW (SL/SW), SLT (SL/ST) and SWT (SW/ST) has been reported. The aim of this study was to identify QTL underlying seed shape components using 129 recombinant inbred lines (RIL) derived from a cross between Dongnong46 and L-100. Phenotypic data were collected from this population after it was grown in nine environments. Five QTL associated with SL, five QTL associated with SW, three QTL associated with ST, four QTL associated with SLW, two QTL associated with SLT, and three QTL associated with SWT were identified. These QTL could explain 1.46% to 22.16% of the phenotypic variation in the SS component traits, with most of the explained variation being 5%–10%. Three QTL [qSL-1 (Satt150 on Chromosome 7 (Chr7, linkage group M (LGM)], qSL-3 [Satt052 on Chr12 (LG H)], qSL-4 [13_0102 on Chr13 (LG F)] for SL, two QTL (qSW-2 (Satt192 on Chr12 (LG H), qSW-5 [Satt514 on Chr17 (LG D2)] for SW, one QTL (qST-2 (Satt192 of Chr12 (LG H)) for ST, two QTL [qSLW-1 (Satt192 of Chr12 (LGH)), qSLW-4 (Satt163 on Chr18 (LG G)] for SLW and one QTL [qSLT-2 (Satt150 on Chr7 (LGM)] were identified in more than six tested environments. These QTL have great potential value for the marker-assistant selection (MAS) of ideal SS in soybean seeds.

Keywords: Quantitative trait loci; Simple sequence repeat; Marker-assistant selection; Soybean; Seed shape

Introduction

Seed shape (SS), defined as seed length (SL), seed width (SW) and seed thickness (ST), is a morphological trait of soybean (*Glycine max* L.) that is associated with seed weight and also affects soybean yield (Liang et al., 2005; Hu et al., 2013). Nelson and Wang (1989) reported that SS in soybean has significant variation among different varieties. Liang et al. (2005) analyzed the inheritance of SS components (SL, SW and ST) via an incomplete diallelic cross of eight varieties with their F_1 and F_2 populations, with the results showing that SL was mainly controlled by cytoplasmic effects and that SW and ST were mainly determined by maternal effects. Recently, SS has become an important breeding objective because of market and industry requirements (Liang et al., 2005). For example, soybean varieties with round SS are often used as food-type soybeans, which are liked by traditional soybean-derived food customers (Salas et al., 2006). SS are complex and polygenic traits (Salas et al., 2006) with moderate heritability (59%—79%, estimated by Cober et al., 1997). The results of Cober et al. (1997) suggested that a soybean with an ideal SS could be effectively selected from earlier generations of crosses. Traditionally, selection for SS in soybean has been ineffective and complicated by significant genotype × environment (GE) interactions. Thus, a reliable method that selects ideal SS should be developed.

Recently, genetic mapping with molecular markers and marker-assisted selection (MAS) have been widely used in soybean breeding programs. Molecular markers have been used to analyze the genetic basis of SS using linkage or association analyses methods. Salas et al. (2006) detected a total of 19 significant QTL for SS on 10 chromosomes [Chr, or linkage groups (LGs)] via three recombinant inbred line (RIL) populations from three crosses: Minsoy × Archer, Minsoy × Noir1, and Noir1 × Archer. Of these 19 QTL, one QTL [located in SSR marker Satt578 on Chr4 (LG C1)] could be detected across three populations and two environments, and six were stable in at least two populations in both environments. Hu et al. (2013) found that six QTL and seven single nucleotide polymorphisms were associated with SS using an RIL population from a cross between Kefeng 1 and Nannong 1138-2 and 219 cultivated soybean accessions via combination linkage with association analyses. Niu et al. (2013) identified 59 main-effect QTL and 31 QTL-by-environment interactions for SS and SS components, including SL, SW and ST, through association analyses. Of these identified QTL, only a few QTL have been fine mapped. Xie et al. (2014) fine mapped a QTL (located in the Satt640–Satt422 interval on Chr6) in an RIL population from a cross between Lishuizhongzihuang and Nannong 493-1; the result showed that eight candidate genes were found to be associated with SS. QTL/SS-associated genes have been verified and cloned in some crops such as rice (*GS3*, Fan et al., 2006; Mao et al. 2010; *GS5*, Li et al. 2011a, b; *qGW5*, Song et al. 2007; *GW8*, Wang et al., 2012), tomato (*ovate*, Liu et al. 2002; sun, van der Knaap and Tanksley 2001) and Arabidopsis (*AP2*, Jofuku et al., 2005); (Ohto et al., 2005); *MINI3*, (Zhou and Ni 2010); *IKU1*, (Wang et al., 2010); *IKU2*, (Zhou et al. 2009); *SHB1*, (*Sun* et al., 2010); *AFR2*, (Schruff et al., 2006). In soybean, SS QTL seldom are verified in other populations and cloned; only a few genes were proven to affect SW and SL (Singh et al., 2011). However, to our knowledge, little research has been performed to study the molecular mechanism regulating the SS components of soybean varieties in northeastern China.

The objective here was to identify QTL associated with SS in the RIL population resulting from the cross Dongnong46 × L-100 in multiple environments using SSR markers.

2 Materials and methods

2.1 lant materials

The mapping population consisted of 129 F_2-derived F_{5-8} ($F_{2:5-8}$) RIL derived from a cross between 'Dongnong 46 (developed by Northeast Agricultural University, Harbin, China) and L-100 (a semi-wild line in northeast China). L-100 exhibited lower SL (5.83 mm), SW (3.91 mm), and ST (3.29 mm). Dongnong46 had higher SL (7.62 mm), SW (6.87 mm), and ST (6.01 mm). The mutual ratios of SL, SW and ST, including SLW (SL/SW), SLT (SL/ST) and SWT (SW/ST), were also calculated to evaluate SS. 'L-100 had higher SLW (1.48), SLT (1.78) and SWT (1.24). Dongnong 46 had lower SLW (1.10), SLT (1.27) and SWT (1.14).

2.2 Field experiment

Field trials were conducted at Harbin (fine-mesic Chernozem soil) in 2013, 2014 and 2015, at Hulan (fine-mesic Chernozem soil) in 2013, 2014 and 2015, and at Acheng (fine-mesic Chernozem soil) in 2013, 2014 and 2015. Plants were planted 6 cm apart in a single row that was 3 m long, with 0.65 m between rows; three replications were included using a randomized complete block design. At maturity, 20 plants from each line in each plot, used as seed source, were harvested to evaluate SS component.

2.3 Evaluation of Phenotypic value

SL, SW and ST were measured using digital Vernier calipers according to the methods described by Xie et al. (2014). SLW, SLT and SWT were calculated as SL/SW, SL/ST and SSW/ST.

2.4 SSR analyses

Total DNA from the RIL was isolated from freeze-dried leaf tissue *via* the CTAB method (Han et al., 2008). The PCR reaction was conducted according to our previous method, with minor modification (Han et al., 2008). It was performed in a volume of 20 μL containing 2 μL 10× PCR buffer, 1.5 μL MgCl2 (25 mM), 0.3 μL dNTP mixture (10 mM), 0.2 μL Taq polymerase enzyme (10 units/ul), 2 μL SSR primer (2 μM), 2 μL genomic DNA (50 ng), and 12 μL ddH$_2$0 water. The amplification temperature protocol included 2 min at 94 °C, followed by 35 cycles of 30 s at 94 °C, 30 s at 47 °C, 30 s at 72 °C, then 5 min at 72 °C. PCR products were detected on a 6% denatured polyacrylamide gel using the rapid silver staining method (Han et al., 2008).

2.5 Linkage analysis

Linkage and the genetic distance between SSR markers were calculated *via* Mapmaker 3.0b (Lander et al., 1987). The genetic map was drawn with MapChart (Voorrips, 2002).

2.6 Data analysis

The broad-sense heritability of SL, SW, ST, SLW, SLT and SWT was calculated as described by Blum et al. (2001). QTL were identified using single-factor analysis of variance (PROC GLM, SAS) as described by Primomo et al. (2005), based on the SL, SW, ST, SLW, SLT and SWT value of the RIL in each tested environment. The interaction between the QTL and 9 different tested environments was analyzed using GT (Genotype by Trait) biplot methodology (Yan, 2001).

3 Results

3.1 Phenotypic variation

SS components, including SL, SW and ST as well as their mutual ratios SLW, SLT and SWT, were measured and calculated in the RIL population grown in nine different environments (Harbin in 2013, 2014 and 2015, Hulan in 2013, 2014 and 2015 and Acheng in 2013, 2014 and 2015). The genetic parameters of the parents and the RIL population, including mean values, standard deviations, and coefficients of variation, are indicated in Table 1. The SL, SW and ST values of 'Dongnong46 were significantly higher than those of 'L-100 across the nine environments; however, the SLW, SLT and SWT of 'Dongnong46 were lower than those of 'L-100. The ranges of the coefficients of variation for SL, SW and ST, and SLW, SLT and SWT in the RIL population were 0.07—0.12 and 0.07—0.22, which suggested that SS behaved in a relatively stable manner among these nine tested environments (Table 1). Though the SL, SW and ST values of a few RI lines exceeded those of Dongnong46 in the different environments, the SL, SW and ST values of most RI lines were more similar to those of L-100. The transgressive segregation of most RI lines in terms of SLW, SLT and SWT behaved between L-100 and Dongnong46. The heritability of SL, SW and ST in the mapping population was higher (SL: 0.67—0.91, SW: 0.73—0.91 and ST: 0.72—0.90), and SLW, SLT and SWT in the mapping population were relatively moderate (SLW: 0.61—0.76, SLT: 0.58—0.66 and SWT: 0.40—0.51). Both the skew and kurtosis values of these six SS traits, including SL, SW, ST SLW, SLT and SWT, were less than 1.0 in most environments, which fit an approximately normal distribution.

Table 1. Range, average, standard deviation (s.d.), coefficient of variation (CV), skewness and kurtosis for seed shape of recombinant inbred lines (RIL) under multiple environments

Trait	Environment	Parents		RIL						
		Dongnong46 (mm)	L-100 (mm)	Range (mm)	Average (mm)	s.d.	CV	Skewness	Kurtosis	BSH
SL	Harbin 2013	7·87	5·73	4·21–8·23	6·80	0·54	0·08	0·37	−0·26	0·77
	Hulan 2013	7·60	5·71	4·02–7·90	6·66	0·62	0·09	−0·24	−0·19	0·76
	Acheng 2013	7·78	5·62	4·34–8·21	6·70	0·55	0·08	0·61	0·74	0·89
	Harbin 2014	7·44	6·77	4·77–7·89	7·11	0·53	0·07	0·50	−0·22	0·82
	Hulan 2014	7·17	6·76	4·27–7·59	6·97	0·67	0·10	0·26	−0·29	0·91
	Acheng 2014	7·54	6·26	4·81–8·18	6·90	0·65	0·09	−0·08	−0·04	0·85
	Harbin 2015	7·63	4·24	4·82–7·50	5·94	0·56	0·09	−0·03	0·04	0·67
	Hulan 2015	7·30	6·56	4·22–8·36	6·93	0·73	0·11	0·57	0·02	0·90
	Acheng 2015	8·21	4·90	4·97–7·60	6·56	0·53	0·08	0·09	0·27	0·87
SW	Harbin 2013	7·14	3·70	2·11–6·48	5·42	0·40	0·07	0·73	−0·60	0·91
	Hulan 2013	7·04	3·81	2·58–6·37	5·43	0·52	0·10	0·23	−0·39	0·84
	Acheng 2013	7·12	3·57	2·98–6·14	5·35	0·44	0·08	−0·13	−0·20	0·86
	Harbin 2014	6·69	4·34	2·27–6·34	5·52	0·38	0·07	0·14	−0·27	0·82
	Hulan 2014	6·6	4·44	2·36–6·29	5·52	0·46	0·08	1·40	−0·60	0·77
	Acheng 2014	6·79	4·00	2·95–6·32	5·40	0·40	0·07	−0·08	0·03	0·73
	Harbin 2015	6·69	3·42	2·94–6·26	5·06	0·41	0·08	0·10	−0·12	0·88
	Hulan 2015	6·64	4·37	2·60–6·31	5·50	0·51	0·09	0·35	0·05	0·84
	Acheng 2015	7·08	3·52	2·73–6·20	5·30	0·44	0·08	0·27	−0·07	0·88
ST	Harbin 2013	6·25	3·53	2·23–6·67	4·89	0·39	0·08	0·72	−0·83	0·83
	Hulan 2013	5·89	3·41	2·63–6·55	4·65	0·54	0·12	1·33	−0·87	0·87
	Acheng 2013	5·60	3·27	2·45–6·47	4·44	0·45	0·10	−0·35	−0·08	0·90
	Harbin 2014	6·31	3·80	2·66–6·74	5·06	0·37	0·07	−0·06	0·12	0·72
	Hulan 2014	5·94	3·69	2·35–6·23	4·82	0·5	0·10	1·45	−1·22	0·77
	Acheng 2014	5·65	3·16	2·19–6·40	4·41	0·41	0·09	−0·29	−0·03	0·79
	Harbin 2015	6·01	2·51	2·90–6·23	4·26	0·44	0·10	0·72	−0·34	0·79
	Hulan 2015	6·08	3·64	2·66–6·46	4·86	0·52	0·11	0·70	−0·49	0·82
	Acheng 2015	6·40	2·54	2·81–6·39	4·47	0·49	0·11	0·13	−0·34	0·85
	Harbin 2013	1·10	1·55	0·98–1·72	1·25	0·11	0·08	−0·59	0·44	0·75
	Hulan 2013	1·08	1·50	0·92–1·73	1·23	0·14	0·11	0·11	0·54	0·71
	Acheng 2013	1·09	1·57	0·90–1·66	1·25	0·13	0·10	0·45	0·87	0·69
	Harbin 2014	1·11	1·56	0·90–1·72	1·29	0·10	0·07	0·08	0·53	0·76
	Hulan 2014	1·09	1·52	0·93–1·76	1·26	0·12	0·09	−0·35	0·36	0·75
	Acheng 2014	1·11	1·57	0·91–1·71	1·28	0·14	0·11	−0·54	0·01	0·70
	Harbin 2015	1·14	1·24	0·92–1·64	1·17	0·11	0·09	0·05	0·52	0·61
	Hulan 2015	1·10	1·50	0·91–1·65	1·26	0·12	0·09	0·88	0·82	0·76
	Acheng 2015	1·16	1·39	0·90–1·85	1·24	0·13	0·10	1·04	0·99	0·67
SLW	Harbin 2013	1·26	1·62	0·96–2·01	1·49	0·17	0·11	1·19	0·97	0·60
	Hulan 2013	1·29	1·67	0·51–1·94	1·43	0·20	0·13	−0·92	1·43	0·58
	Acheng 2013	1·39	1·72	0·92–1·97	1·51	0·16	0·11	−1·48	1·21	0·61
	Harbin 2014	1·18	1·78	0·98–1·95	1·41	0·13	0·09	1·65	1·40	0·64

(Continued)

Table 1. (*Continued.*)

Trait	Environment	Parents		RIL						
		Dongnong46 (mm)	L-100 (mm)	Range (mm)	Average (mm)	S.D.	CV	Skewness	Kurtosis	BSH
	Hulan 2014	1·21	1·83	0·88–1·99	1·45	0·20	0·14	−1·56	1·36	0·66
	Acheng 2014	1·33	1·98	0·92–2·10	1·56	0·14	0·09	1·03	0·97	0·64
	Harbin 2015	1·27	1·69	0·90–1·95	1·49	0·19	0·13	−1·45	1·12	0·64
	Hulan 2015	1·21	1·80	0·94–1·91	1·43	0·24	0·17	1·08	−0·97	0·63
	Acheng 2015	1·28	1·93	1·00–2·12	1·47	0·19	0·13	1·41	1·33	0·60
SWT	Harbin 2013	1·14	1·15	0·82–1·36	1·11	0·24	0·22	1·31	1·61	0·43
	Hulan 2013	1·20	1·22	0·98–1·39	1·17	0·22	0·19	−1·25	1·13	0·46
	Acheng 2013	1·27	1·29	0·99–1·45	1·20	0·19	0·16	0·86	−1·47	0·40
	Harbin 2014	1·06	1·14	0·92–1·30	1·09	0·20	0·18	−0·90	1·30	0·51
	Hulan 2014	1·11	1·20	0·88–1·36	1·15	0·17	0·15	−1·22	1·15	0·46
	Acheng 2014	1·20	1·27	0·92–1·41	1·22	0·16	0·13	−1·51	−0·99	0·49
	Harbin 2015	1·11	1·36	0·97–1·44	1·19	0·18	0·15	0·95	−1·17	0·48
	Hulan 2015	1·09	1·20	0·97–1·39	1·13	0·19	0·17	1·24	1·54	0·50
	Acheng 2015	1·11	1·39	0·99–1·41	1·19	0·20	0·17	1·33	1·21	0·44

BSH, broad-sense heritability; SL, seed length; SW, seed width; ST, seed thickness; SLW, seed length-to-width; SLT, seed length-to-thickness; SWT, seed width-to-thickness.

3.2 Construction of genetic linkage map

To identify SSR markers associated with SS, more than 700 SSR markers were used to analyze polymorphisms between Dongnong46 and L-100, and a total of 260 polymorphic SSR markers were obtained. These SSR markers were further used to screen the RIL population, and 213 polymorphic SSR markers in the RIL population were found. These 213 SSR markers were distributed on 18 chromosomes (LG) defined by Cregan et al. (1999), Song et al. (2004) and Hyten et al. (2010) and were used to construct a molecular genetic linkage group. The map developed encompassed approximately 3 623.39 cM, with an average distance of 17.01 cM between markers (data not shown).

3.3 QTL associated with seed shape

Five QTL, *qSL-1* (Satt150), *qSL-2* (Satt353), *qSL-3* (Satt052), *qSL-4* (13_0102) and *qSL-5* (Satt514), associated with SL were located on Chr7 (LG M), Chr12 (LG H), Chr12 (LG H), Chr13 (LG F) and Chr17 (LG D2), respectively (Fig.1 Table 2). Among them, *qSL-1* explained 2.29%, 2.00%, and 5.43% of the phenotypic variation at Harbin in 2013, 2014, and 2015, respectively, 6.16% and 1.91% of the phenotypic variation at Hulan in 2013 and 2014, respectively, and 7.66% of the phenotypic variation at Acheng in 2015. qSL-2 explained 4.43% of the observed phenotypic variation at Acheng in 2013, 9.98% of the observed phenotypic variation at Hulan in 2014, and 10.81% and 5.54% of the phenotypic variation at Harbin in 2014 and 2015, respectively. The phenotypic contribution of *qSL-3* was 22.16% and 14.11% at Hulan in 2013 and 2014, respectively, 17.64%, 15.38%, and 12.44% at Acheng in 2013, 2014, and 2015, respectively, and 15.09% and 10.82% at Harbin in 2014 and 2015, respectively. *qSL-4* explained 5.66% and 1.74% of the phenotypic variation at Hulan in 2013 and 2014, respectively, 9.00% and 3.59% of the phenotypic variation at Acheng in 2013 and 2014, respectively, and 2.33% and 10.98% of the phenotypic variation at Harbin in 2014 and 2015, respectively. *qSL-5* could explain 5.65% of the phenotypic variation at Harbin in 2013, 5.01% and 7.74% of the phenotypic variation at Hulan in 2015 and 2013, respectively, and 5.54% of the phenotypic variation at Acheng in 2014.

Five QTL, *qSW*-1 (Satt052), *qSW*-2 (Satt192), *qSW*-3 (Satt635), *qSW*-4 (13_1088) and *qSW*-4 (Satt514), were associated with SW and located on Chr12 (LG H), Chr12 (LG H), Chr12 (LG H), Chr13 (LG F) and Chr17 (LGD2), respectively (Fig.1, Table 2). Of them, qSW-2 could explain 5.42% to 8.79% of the observed phenotypic

601

variation across eight tested environments. *qSW*-5 and *qSW*-3 explained 2%—10% and 9%—14% of the phenotypic variation across seven and six tested environments, respectively. *qSW*-1 and *qSW*-4 could explain 2%—9% and 4%—6% of the phenotypic variation at four and five tested environments, respectively.

Three QTL underlying ST were detected and mapped to three chromosomes [Chr9 (LG K), Chr12 (LGH), Chr13 (LG F)] (Fig.1 Table 2); these QTL explained 2.96%—7.87%, 2%—14.2%, and 4.56%—10.25% of the phenotypic variation at three locations in three years. Of these QTL, qST-1 (Satt588) and qST-2 (Satt192) were identified in five and six environments, respectively. However, qST-3 (13_0116) was detected in only four environments.

Four QTL, *qSLW*-1 (Satt192), *qSLW*-2 (13_1093), *qSLW*-3 (Satt577) and *qSLW*-4 (Satt163) that were associated with SLW were identified on Chr12 (LGH), Chr13 (LGF), Chr14 (LGB2) and Chr18 (LGG), respectively. The phenotypic variation ranged from 1.46% to 12.03% at three locations in three years (Fig.1, Table 2). Of them, *qSLW*-1, *qSLW*-3 and *qSLW*-4 were identified in six, five and seven environments, respectively; however, qSLW-2 was detected in only four environments.

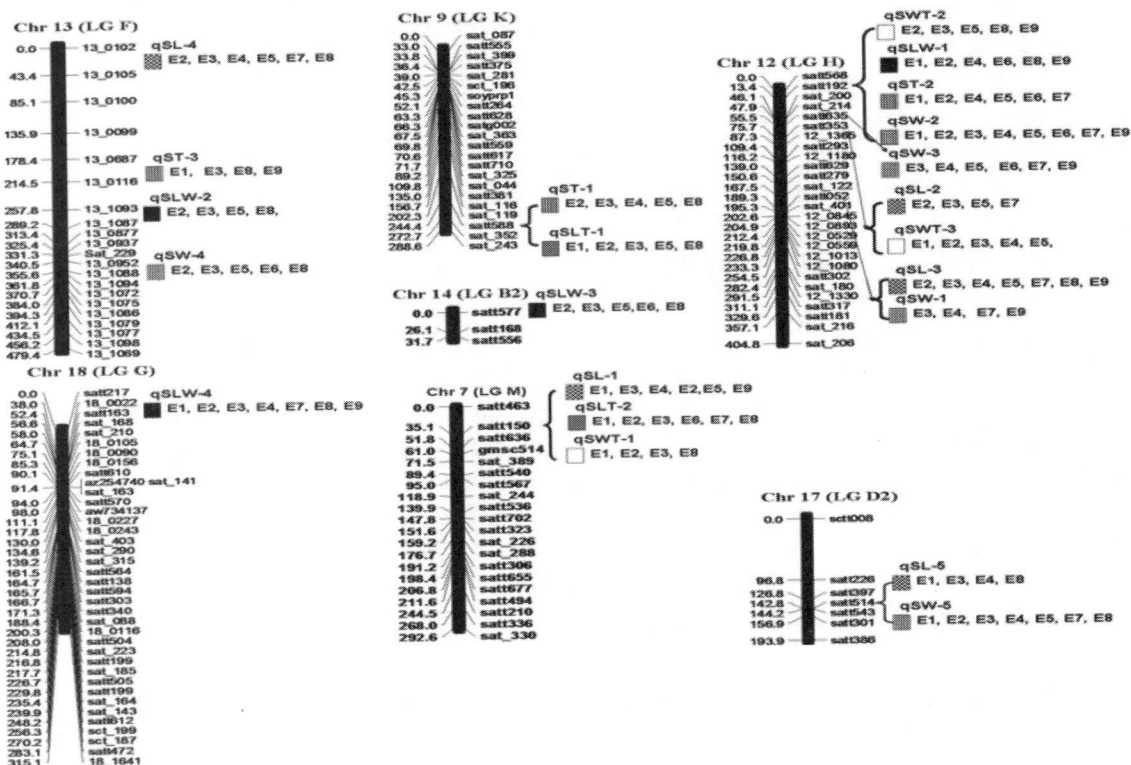

Fig. 1. Genomic locations of the identified quantitative trait loci (QTL) affecting seed shape (SS) components. The map distances in cM are shown on the left. The QTL locations are indicated on the right. ▨ seed length (SL), ▤ seed width (SW), ▥ seed thickness (ST), ▦ seed length-to-width (SLW), ▧ seed length-to-thickness (SLT), ▢ seed width-to-thickness (SWT). E1: at Harbin in 2013, E2: at Harbin in 2014, E3: at Harbin in 2015, E4: at Hulan in 2013, E5: at Hulan in 2014, E6: at Hulan in 2015, E7: at Acheng in 2013, E8: at Acheng in 2014, E9: at Acheng in 2015.

Two QTL, *qSLT*-1 [Satt588 on Chr9 (LG K)] and *qSLT*-2 [Satt150 on Chr7 (LGM)] were identified to be associated with SLT (Fig.1 Table 2). Of them, *qSLT*-2 could explain 5.88%, 11.59%, and 3.98% of the phenotypic variation at Harbin in 2013, 2014 and 2015, respectively; 9.14% and 2.76% of the phenotypic variation at Acheng in 2013 and 2014, respectively, and 5% of the phenotypic variation at Hulan in 2015. The phenotypic contribution of *qSLT*-1 was 10.27%, 5.51%, and 7.30% of the phenotypic variation at Harbin in 2013, 2014 and 2015, respectively, 8.03% of the phenotypic variation at Hulan in 2014 and 6.66% of the phenotypic variation at Acheng in 2014.

Three QTL underlying SWT were identified and mapped to two chromosomes, Chr7 (LGM) and Chr12 (LGH) (Fig.1 Table 2); these QTL explained 4.34%—11.27% of the phenotypic variation at three locations in three years. Of these, *qSWT*-1 [Satt150 on Chr7 (LGM)], *qSWT*-2 [Satt192 on Chr12 (LGH)] and *qSWT*-3 [Satt353 on Chr12 (LG H)] were identified in four, five and five environments, respectively.

Table 2. Markers associated with seed shape of soybean in multiple environments

Trait	QTL	Chr(LG)[a]	Marker	Environment	P	R^{2b}	Allelic means ± s.e.m.[c]	
							Dongnong46	L-100
SL	qSL-1	Chr7(LGM)	Satt150	Harbin 2013	<0·001	2·29	6·42 ± 1·09	5·51 ± 0·90
				Hulan 2013	<0·001	6·16	6·15 ± 1·21	5·39 ± 0·87
				Harbin 2014	<0·001	2·00	6·87 ± 1·20	5·91 ± 0·93
				Hulan 2014	<0·001	1·91	6·92 ± 1·05	5·44 ± 0·81
				Harbin 2015	<0·001	5·43	6·08 ± 1·17	5·00 ± 0·91
				Acheng 2015	<0·0001	7·66	6·00 ± 1·06	5·12 ± 0·84
	qSL-2	Chr12(LGH)	Satt353	Acheng 2013	<0·001	4·43	6·79 ± 0·98	5·56 ± 0·72
				Harbin 2014	<0·001	10·81	6·13 ± 1·17	5·01 ± 0·67
				Hulan 2014	<0·001	9·98	6·89 ± 1·06	5·72 ± 0·80
				Harbin 2015	<0·001	5·54	6·40 ± 1·19	5·17 ± 0·68
	qSL-3	Chr12(LGH)	Satt052	Hulan 2013	<0·001	22·16	6·65 ± 0·85	5·64 ± 0·74
				Acheng 2013	<0·001	17·64	6·16 ± 0·90	5·30 ± 0·57
				Harbin 2014	<0·001	15·09	6·99 ± 1·33	5·72 ± 0·80
				Hulan 2014	<0·001	14·11	6·94 ± 1·05	5·08 ± 0·66
				Acheng 2014	<0·001	15·38	6·76 ± 1·14	5·61 ± 0·71
				Harbin 2015	<0·001	10·82	6·84 ± 0·99	5·25 ± 0·68
				Acheng 2015	<0·001	12·44	6·39 ± 1·21	5·07 ± 0·59
	qSL-4	Chr13(LGF)	13_0102	Hulan 2013	<0·001	5·66	6·90 ± 0·87	5·04 ± 0·55
				Acheng 2013	<0·001	9·00	6·26 ± 1·10	5·07 ± 0·60
				Harbin 2014	<0·01	2·33	6·85 ± 1·19	5·00 ± 0·59
				Hulan 2014	<0·001	1·74	6·11 ± 0·95	5·02 ± 0·66
				Acheng 2014	<0·001	3·59	6·00 ± 1·15	5·03 ± 0·74
				Harbin 2015	<0·001	10·98	6·53 ± 1·21	5·00 ± 0·72
	qSL-5	Chr17(LGD2)	Satt514	Harbin 2013	<0·001	5·65	6·97 ± 1·02	5·44 ± 0·80
				Hulan 2013	<0·001	7·74	6·30 ± 1·06	5·10 ± 0·91
				Acheng 2014	<0·001	8·98	6·18 ± 1·11	5·08 ± 0·72
				Harbin 2015	<0·001	5·01	6·90 ± 0·98	5·00 ± 0·67
SW	qSW-1	Chr12(LGH)	Satt052	Acheng 2013	<0·001	2·74	5·12 ± 0·69	4·23 ± 0·40
				Hulan 2013	<0·001	8·86	5·89 ± 0·71	4·27 ± 0·63
				Harbin 2015	<0·001	6·45	5·43 ± 0·63	4·04 ± 0·42
				Acheng 2015	<0·01	6·69	5·55 ± 0·69	3·97 ± 0·50
	qSW-2	Chr12(LGH)	Satt192	Harbin 2013	<0·001	8·79	5·10 ± 0·88	3·79 ± 0·51
				Hulan 2013	<0·001	5·55	5·76 ± 0·85	3·96 ± 0·56
				Acheng 2013	<0·001	8·28	5·24 ± 0·65	3·97 ± 0·49
				Harbin 2014	<0·001	6·34	5·83 ± 0·77	3·80 ± 0·47
				Hulan 2014	<0·001	7·91	5·45 ± 0·73	4·21 ± 0·44
				Harbin 2015	<0·01	5·42	5·93 ± 0·80	4·14 ± 0·68
				Hulan 2015	<0·001	6·17	5·68 ± 1·01	4·01 ± 0·57
				Acheng 2015	<0·001	7·63	5·00 ± 0·92	3·94 ± 0·40
	qSW-3	Chr12(LGH)	Satt635	Hulan 2013	<0·001	13·47	5·02 ± 0·90	3·77 ± 0·44
				Acheng 2013	<0·001	10·84	5·10 ± 1·00	3·84 ± 0·59
				Hulan 2014	<0·001	9·79	5·56 ± 0·68	3·90 ± 0·51

(Continued)

Table 2. (*Continued.*)

Trait	QTL	Chr(LG)[a]	Marker	Environment	P	R^{2b}	Allelic means ± s.e.m.[c]	
							Dongnong46	L-100
				Harbin 2015	<0·001	12·20	5·79 ± 0·81	3·86 ± 0·58
				Hulan 2015	<0·001	8·99	5·38 ± 0·73	3·82 ± 0·44
				Acheng 2015	<0·001	9·43	5·42 ± 0·65	3·95 ± 0·50
	qSW-4	Chr13(LGF)	13_1088	Harbin 2014	<0·001	4·76	5·68 ± 0·73	4·02 ± 0·47
				Hulan 2014	<0·001	5·30	5·14 ± 0·69	3·98 ± 0·52
				Acheng 2014	<0·001	5·52	5·87 ± 0·77	4·07 ± 0·48
				Harbin 2015	<0·001	4·87	5·03 ± 0·82	3·96 ± 0·40
				Hulan 2015	<0·001	5·66	5·81 ± 0·97	3·87 ± 0·43
	qSW-5	Chr17(LGD2)	Satt514	Harbin 2013	<0·001	8·10	5·20 ± 0·95	4·41 ± 0·57
				Hulan 2013	<0·001	6·67	5·19 ± 0·60	3·58 ± 0·56
				Acheng 2013	<0·001	7·22	5·44 ± 0·68	4·14 ± 0·63
				Harbin 2014	<0·001	5·98	5·79 ± 0·76	3·76 ± 0·45
				Hulan 2014	<0·001	6·39	5·00 ± 0·85	3·88 ± 0·49
				Acheng 2014	<0·001	9·91	5·94 ± 0·80	3·95 ± 0·56
				Harbin 2015	<0·001	2·32	5·87 ± 0·92	4·02 ± 0·57
ST	qST-1	Chr9(LGK)	Satt588	Hulan 2013	<0·001	3·38	5·03 ± 0·66	3·17 ± 0·41
				Harbin 2014	<0·001	4·04	5·08 ± 0·72	3·65 ± 0·44
				Hulan 2014	<0·001	2·96	5·10 ± 0·63	3·51 ± 0·46
				Acheng 2014	<0·001	7·87	5·08 ± 0·59	3·74 ± 0·52
				Harbin 2015	<0·001	5·43	5·06 ± 0·67	3·39 ± 0·40
	qST-2	Chr12(LGH)	Satt192	Harbin 2013	<0·001	8·39	5·08 ± 0·60	3·26 ± 0·38
				Hulan 2013	<0·001	13·37	5·00 ± 0·55	3·51 ± 0·46
				Acheng 2013	<0·001	2·00	5·01 ± 0·65	3·44 ± 0·33
				Harbin 2014	<0·001	14·20	4·98 ± 0·50	3·56 ± 0·39
				Hulan 2014	<0·01	9·89	5·06 ± 0·64	3·69 ± 0·41
				Hulan 2015	<0·001	7·63	5·00 ± 0·58	3·54 ± 0·37
	qST-3	Chr13(LGF)	13_0116	Harbin 2013	<0·001	10·25	5·01 ± 0·65	3·33 ± 0·45
				Acheng 2014	<0·001	4·56	5·03 ± 0·59	3·47 ± 0·39
				Harbin 2015	<0·001	7·77	4·82 ± 0·70	3·61 ± 0·35
				Acheng 2015	<0·01	8·48	5·04 ± 0·55	3·50 ± 0·40
SLW	qSLW-1	Chr12(LGH)	Satt192	Harbin 2013	<0·001	3·33	1·13 ± 0·21	1·37 ± 0·27
				Hulan 2013	<0·001	5·40	1·13 ± 0·19	1·35 ± 0·31
				Harbin 2014	<0·001	4·98	1·14 ± 0·20	1·32 ± 0·25
				Acheng 2014	<0·001	10·76	1·20 ± 0·17	1·41 ± 0·28
				Hulan 2015	<0·001	9·09	1·15 ± 0·18	1·38 ± 0·22
				Acheng 2015	<0·001	6·36	1·15 ± 0·22	1·37 ± 0·34
	qSLW-2	Chr13(LGF)	13_1093	Harbin 2014	<0·001	7·72	1·00 ± 0·15	1·34 ± 0·29
				Hulan 2014	<0·001	4·84	1·12 ± 0·16	1·35 ± 0·31
				Acheng 2014	<0·01	10·11	1·13 ± 0·18	1·31 ± 0·26
				Harbin 2015	<0·001	12·03	1·17 ± 0·22	1·40 ± 0·29
	qSLW-3	Chr14(LGB2)	Satt577	Hulan 2013	<0·001	5·51	1·20 ± 0·14	1·37 ± 0·31
				Acheng 2013	<0·001	4·32	1·08 ± 0·18	1·33 ± 0·26

(*Continued*)

604

Table 2. (*Continued.*)

Trait	QTL	Chr(LG)[a]	Marker	Environment	P	R^{2b}	Allelic means ± s.e.m.[c] Dongnong46	L-100
				Harbin 2014	<0·001	9·89	1·12 ± 0·16	1·36 ± 0·24
				Harbin 2015	<0·001	2·00	1·20 ± 0·17	1·41 ± 0·22
				Hulan 2015	<0·01	1·46	1·08 ± 0·20	1·29 ± 0·28
	qSLW-4	Chr18(LG G)	Satt163	Harbin 2013	<0·001	2·72	1·16 ± 0·12	1·33 ± 0·25
				Hulan 2013	<0·001	3·38	1·15 ± 0·15	1·38 ± 0·26
				Acheng 2013	<0·001	2·59	1·19 ± 0·16	1·36 ± 0·31
				Harbin 2014	<0·001	4·87	1·21 ± 0·21	1·33 ± 0·32
				Acheng 2014	<0·001	4·44	1·24 ± 0·19	1·35 ± 0·30
				Harbin 2015	<0·001	3·90	1·20 ± 0·18	1·37 ± 0·26
				Acheng 2015	<0·001	2·22	1·18 ± 0·17	1·38 ± 0·28
SLT	qSLT-1	Chr9(LGK)	Satt588	Harbin 2013	<0·001	10·27	1·22 ± 0·09	1·52 ± 0·18
				Harbin 2014	<0·001	5·51	1·34 ± 0·10	1·54 ± 0·21
				Hulan 2014	<0·001	8·03	1·25 ± 0·14	1·59 ± 0·12
				Acheng 2014	<0·001	6·66	1·27 ± 0·12	1·53 ± 0·13
				Harbin 2015	<0·001	7·30	1·19 ± 0·11	1·51 ± 0·17
	qSLT-2	Chr7(LGM)	Satt150	Harbin 2013	<0·001	5·88	1·26 ± 0·10	1·55 ± 0·14
				Acheng 2013	<0·01	9·14	1·19 ± 0·17	1·57 ± 0·16
				Harbin 2014	<0·001	11·59	1·25 ± 0·19	1·59 ± 0·23
				Acheng 2014	<0·001	2·76	1·27 ± 0·20	1·55 ± 0·24
				Harbin 2015	<0·001	3·98	1·28 ± 0·18	1·51 ± 0·21
				Hulan 2015	<0·001	5·00	1·30 ± 0·14	1·50 ± 0·22
SWT	qSWT-1	Chr7(LGM)	Satt150	Harbin 2013	<0·001	5·68	1·04 ± 0·07	1·20 ± 0·04
				Harbin 2014	<0·01	4·34	1·00 ± 0·11	1·15 ± 0·09
				Acheng 2014	<0·001	5·22	1·05 ± 0·12	1·22 ± 0·11
				Harbin 2015	<0·001	6·79	1·08 ± 0·09	1·21 ± 0·03
	qSWT-2	Chr12(LGH)	Satt192	Harbin 2014	<0·001	9·84	1·00 ± 0·05	1·19 ± 0·04
				Hulan 2014	<0·001	7·67	1·05 ± 0·08	1·18 ± 0·07
				Acheng 2014	<0·001	10·51	1·04 ± 0·06	1·19 ± 0·07
				Harbin 2015	<0·001	8·88	1·00 ± 0·05	1·18 ± 0·05
				Acheng 2015	<0·001	6·20	1·05 ± 0·11	1·19 ± 0·09
	qSWT-3	Chr12(LGH)	Satt353	Harbin 2013	<0·001	11·27	1·06 ± 0·12	1·20 ± 0·10
				Hulan 2013	<0·001	8·32	1·08 ± 0·06	1·18 ± 0·04
				Harbin 2014	<0·001	9·43	1·00 ± 0·08	1·20 ± 0·05
				Hulan 2014	<0·001	4·65	1·03 ± 0·07	1·17 ± 0·07
				Harbin 2015	<0·001	9·87	1·04 ± 0·09	1·19 ± 0·09

QTL, quantitative trait loci; s.e.m., standard error of the means, SL, seed length; SW, seed width; ST, seed thickness; SLW, seed length-to-width; SLT, seed length-to-thickness; SWT, seed width-to-thickness.
[a]Chr(LG) indicates the chromosome (linkage group).
[b]R^2 is R-squared or the proportion of the phenotypic data explained by the marker locus.
[c]s.e.m. (standard error of the mean): s.d. $\sqrt{N}$; where N is the number of individuals with each allele.

3.4 Stability evaluation of QTL associated with SS across the tested environments

In the GT biplot analysis evaluating the stability of the QTL associated with SS across the tested environments, nine QTL (identified in more than six environments) associated with SS components and explained 70% of the total variation in the standardized data (Fig. 2). When the QTL *qSL*-3, *qSL*-4, *qSLW*-4, *qSLW*-1 and *qST*-2 were set as the corner QTL for nine tested environments, seven tested environments (at Harbin in 2014, at Harbin in 2015, at Hulan in 2013, at Hulan in 2014, at Acheng in 2013, at Acheng in 2014 and at Acheng in 2015) fell within the sector in which *qS*L-3 was the best QTL for these seven tested environments (Fig. 2). qSW-2 and qST-2 were the best QTL for two tested environments (at Harbin in 2013 and at Hulan in 2015). The other QTL were not the best for any tested environments.

Discussion

The SS of soybean, which is controlled by multiple genes (Salas et al., 2006), could play an important role in determining the weight and appearance of soybeans. Thus, selecting soybean lines with ideal SS is an important breeding target for soybean. The results of some studies (Nelson and Wang 1989; Cober et al., 1997) indicated that SS has a moderate heritability and is relatively stable across environments. In the present study, the variation ranges for the broad-sense heritability of SL, SW, ST, SLW, SLT and SWT in the RIL population across multiple environments were 0.67—0.91, 0.73—0.91, 0.72—0.90, 0.61—0.76, 0.68—0.66, and 0.40—0.51, respectively. The CV values for SL, SW, ST, SLW, SLT and SWT in the RIL population across multiple environments were 0.07—0.11, 0.07—0.10, 0.07—0.12, 0.07—0.11, 0.09—0.17, and 0.13—0.22, respectively. The results of this study also verified the results of previous studies (Nelson and Wang 1989; Cober et al., 1997). (Cober et al., 1997) reported that SS could be effectively selected in earlier generations. In this study, transgressive segregation was also found in the RI line. Additionally, the SL, SW, ST, SLW, SLT and SWT values of these transgressive lines were significantly different from those in 'L-100 and 'Dongnong46, which were also stable across multiple environments (Table 1). This phenomenon occurred because these transgressive lines interacted with the positive QTL alleles from parents (Mansur et al. 1996); (Mian et al., 1996); (Orf et al., 1999) or with undetected QTLs or exhibited epistatic interactions. Therefore, it is possible for soybean breeders to select transgressive segregants through molecular markers even if the parents do not have ideal SS. This has been proven for the maturity and yield of soybean through the Minsoy x Noir1 cross by Mansur et al. (1996).

In the present study, five QTL associated with SL, five QTL associated with SW, three QTL associated with ST, four QTL associated with SLW, two QTL associated with SLT, and three QTL associated with SWT located on four, three, three, four, two and two chromosomes (LG), respectively, were identified. The phenotypic variation explained by these QTL ranged from 1.46% to 22.16% for these SS traits in the nine different environments, with most of the explained variation being 5%—10%. This result also proved that SS was controlled by multiple genes with minor effects, which was similar to the result of other studies (Salas et al., 2006).

In this study, *qS*L-1 [Satt150 on Chr7 (LG M)], which associated with SL across six environments; qSW-5 [Satt514 on Chr17 (LGD2)], which associated with SW across seven environments; and *qSWT*-1 [Satt150 on Chr7 (LG M)], which associated with SWT across four environments, were identified (Table 2). These three QTL corresponded to the same interval of three QTL (*qSL*-7e, *qSW*-17e-1, and *qSWT*-7) associated with SL, SW and SWT detected previously by Niu et al. (2013), who used 257 soybean accessions and three environments in southern China in association analyses. It should be noted that the tested material and identified method reported by Niu et al. (2013) were different from those in this study. These three QTL (*qSL*-1, *qSW*-5, and *qSWT*-1) associated with SL, SW and SWT, respectively, were identified in northeastern China and southern China through linkage and association analysis across

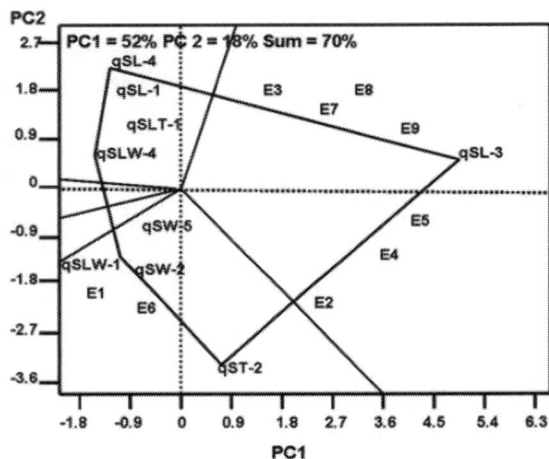

Fig. 2. Genotype × trait (GT) biplot analysis of the relatedness of quantitative trait loci (QTL) and tested environments. PC1: first principle component; PC2: second principle component. E1, at Harbin in 2013; E2, at Harbin in 2014; E3, at Harbin in 2015; E4, at Hulan in 2013; E5, at Hulan in 2014; E6, at Hulan in 2015; E7, at Acheng in 2013; E8, at Acheng in 2014; E9, at Acheng in 2015.

mega-environment conditions. This suggests that these three QTL were weakly influenced by genetic background and environment.

In this study, genetic correlations among these six SS traits were observed, and the same marker was associated with more than one SS trait. For example, Satt192 on Chr12 (LGH) was associated with SW across eight environments, ST across five environments, SLW across six environments and SWT across five environments. It is possible that the different QTL influencing these traits are inherited in clusters as tightly linked loci. This phenomenon was also found in a previous study (Xu et al., 2011; Salas et al. 2006; Niu et al., 2013). For example, Salas et al. (2006) reported that the Satt289–Sat_252 interval simultaneously controlled SL, SW, SL and SWT. However, Aastveit and Aastveit (1993) believe that these genetic correlations between common QTL and many traits may be related to the pleiotropy of QTL. Fine mapping is the possible way to answer this issue.

Acknowledgements

This study was conducted in the Key Laboratory of Soybean Biology of the Chinese Education Ministry, Soybean Research & Development Center (CARS) and the Key Laboratory of Northeastern Soybean Biology and Breeding/Genetics of the Chinese Agriculture Ministry and was financially supported by the National Key R & D Program for Crop Breeding (2016YFD0100300), the Heilongjiang Provincial Natural Science Foundation (C2015011), the 948 Project (2015-Z53), the Youth Leading Talent Project of the Ministry of Science and Technology in China (2015RA228), the Chinese National Natural Science Foundation (31471517, 31671717), the "Academic Backbone" Project of Northeast Agricultural University (15XG04).

参考文献（略）

本文原载于《Journal of Agricultura Science》2017 年 11 期。

Genome-wide Association Studies Dissect the Genetic Networks Underlying Agronomical Traits in Soybean

Chao Fang[1,11†], Yanming Ma[1†], Shiwen Wu[2†], Zhi Liu[1,11], Zheng Wang[1], Rui Yang[1], Guanghui Hu[3], Zhengkui Zhou[4], Hong Yu[2], Min Zhang[1], Yi Pan[1], Guoan Zhou[1], Haixiang Ren[5], Weiguang Du[6], Hongrui Yan[7], Yanping Wang[5], Dezhi Han[6], Yanting Shen[1,11], Shulin Liu[1,11], Tengfei Liu[1,11], Jixiang Zhang[1,11], Hao Qin[2], Jia Yuan[2], Xiaohui Yuan[8], Fanjiang Kong[9], Baohui Liu[9], Jiayang Li[2], Zhiwu Zhang[10*], Guodong Wang[2,11*], Baoge Zhu1[*], Zhixi Tian[1,11]

(1. *State Key Laboratory of Plant Cell and Chromosome Engineering, Institute of Genetics and Developmental Biology, Chinese Academy of Sciences, Beijing 100101, China;*

2. *State Key Laboratory of Plant Genomics, Institute of Genetics and Developmental Biology, Chinese Academy of Sciences, Beijing 100101, China;*

3. *Institute of maize research, Heilongjiang Academy of Agricultural Sciences, Harbin 150086, China;*

4. *Institute of Animal Science, Chinese Academy of Agricultural Sciences, Beijing 100193, China;*

5. *Mudanjiang Branch of Heilongjiang Academy of Agricultural Sciences, Mudanjiang 157041, China;*

6. *Institute of Soybean Research, Heilongjiang Academy of Agricultural Sciences, Harbin 150086, China;*

7. *Heihe Branch of Heilongjiang Academy of Agricultural Sciences, Heihe 164300, China;*

8. *School of Computer Science and Technology, Wuhan University of Technology, Wuhan 430070, China;*

9. *Key Laboratory of Soybean Molecular Design Breeding, Northeast Institute of Geography and Agroecology, Chinese Academy of Sciences, Harbin 130102, China;*

10. *Department of Crop and Soil Sciences, Washington State University, Pullman, WA 99164, USA;*

11. *University of Chinese Academy of Sciences, Beijing 100039, China)*

Abstract: Background: Soybean [*Glycine max* (L.) Merr.] is one of the most important oil and protein crops. Ever-increasing soybean consumption necessitates the improvement of varieties for more efficient production. However, both correlations among different traits and genetic interactions among genes that affect a single trait pose a challenge to soybean breeding. Results: To understand the genetic networks underlying phenotypic correlations, we collected 809 soybean accessions worldwide and phenotyped them for two years at three locations for 84 agronomic traits. Genome-wide association studies identified 245 significant genetic loci, among which 95 genetically interacted with other loci. We determined that 14 oil synthesis-related genes are responsible for fatty acid accumulation in soybean and function in line with an additive model. Network analyses demonstrated that 51 traits could be linked through the linkage disequilibrium of 115 associated loci and these links reflect phenotypic correlations. We revealed that 23 loci, including the known *Dt*1, *E*2, *E*1, *Ln*, *Dt*2, *Fan*, and *Fap* loci, as well as 16 undefined associated loci, have pleiotropic effects on different traits. Conclusions: This study provides insights into the genetic correlation among complex traits and will facilitate future soybean functional studies and breeding through molecular design.

Keywords: Soybean;, Agronomic traits; GWAS; Network

1 Background

Soybean [*Glycine max* (L.) Merr.] is a major crop of agronomic importance as a predominant source of protein and oil[1]. To meet the needs of the rapidly increasing human population, soybean breeders are challenged with finding a high-efficiency breeding strategy for developing soybean varieties with higher yield and improved quality[2]. Molecular breeding has been proposed to be a powerful and effective approach for crop breeding, but requires a better understanding of the genetic architecture and networks underlying agronomical traits[3,4]. Therefore, a priority task for accelerating the development of soybean varieties is a global dissection of the genetic basis of agronomical traits.

Quantitative trait loci (QTL) and positional cloning identified a set of loci that are responsible for flowering and maturity, biotic and abiotic stresses, and growth habits (see review from Xia et al.[5]). However, our understanding of the genetic regulation of agronomic traits remains limited because most of them are naturally adapted into complex traits[6]. Genome-wide association study (GWAS) is a powerful approach for dissecting complex traits[7] and has been successfully applied for the study of many plants, such as *Arabidopsis*[8], rice[9−11], maize[12,13], and foxtail millet[14]. In soybean, genotyping by either the Illumina Bead Chip or specific locus amplified fragment sequencing, the evaluation of several specific agronomic traits, including seed protein and oil concentration[15,16], sudden death syndrome resistance[17], cyst nematode resistance[18,19], and flowering time[20] were conducted through GWAS. These studies provided valuable resources for future molecular breeding of soybean.

Nevertheless, the dissection of a specific trait is insufficient for molecular breeding because many complex traits exhibit correlation and tend to be tightly integrated, resulting in heritable covariation[21,22], which add the complexity for breeding[23]. For instance, it is difficult to simultaneously increase grain yield and protein content for most crops because these two traits exhibit negative correlation and tend to change together[24−26]. The objectives of soybean breeding have expanded beyond yield; in fact, multiple selection criteria including oil content and protein content have been applied. Therefore, an understanding of how traits covariation is essential for the genetic improvement of multiple complex traits[27].

In this study, we collected 809 diverse soybean accessions, cultivated them at three locations for two years, and phenotyped them for 84 agronomic traits. Whole genome sequencing (WGS) at an 8.3 × depth produced more than 11 million genetic markers. The endeavor from comprehensive GWAS analyses enabled the identification of the underlying genetic loci, loci interaction, and genetic networks across traits.

2 Results

2.1 Genotyping and phenotyping of 809 diverse soybean accessions

On the basis of our previous investigated 130 landraces and 110 cultivars[28], we collected additional 291 landraces and 278 cultivars in this study, which composed a population with a total of 809 soybean accessions (Additional file 1: Table S1). The population consisted of 70 previously reported representative accessions[29], 160 Chinese core collection accessions[30], and 579 other accessions from different countries and regions. The 421 landraces and the 388 cultivars covered the main soybean producing areas, including China, Korea, Japan, Russia, the United States, and Canada, but not South America (Fig. 1a; Additional file 1: Table S1). Of the 809 accessions, 240 were sequenced in a previous study and the other 569 lines were sequenced in the present study. In total, 66.8 billion paired-end reads (7.0 Tb of sequences) were generated with a mean depth of approximately 8.3 × for each accession (Additional file 1: Table S1). After mapping against the reference genome, single-nucleotide polymorphism (SNP) calling, and imputation (see " Methods "), a total of 10,415,168 SNPs and 1,033,071 small indels (≤ 6 bp) were identified (Additional file 2: Table S2). To assess the quality of the genotype data, we validated 37 randomly selected SNPs in 96 accessions using the Sanger method (see " Methods ") and the results demonstrated that the accuracy of the identified SNPs was 99.8% (Additional file 3: Table S3; Additional file 4: Table S4).

The neighbor-joining tree suggested that the 809 accessions could be classified into four main clades (Fig. 1b), which were associated with their geographical distribution (Fig. 1c and d). An investigation of population structures with varying levels of K-means using fastStructure[31] also predicted that the optimal number of subpopulations was approximately K=4 (Additional file 5: Fig S1). The analyses suggested that the accessions exhibited a subpopulation structure, which was used as a covariate within the GWAS model.

We grew all of the 809 accessions in Beijing for two years (in 2013 and 2014). We assayed 45 morphology traits each year, including those related to yield, color, architecture, organ shape, and growth period (Additional file 6: Table S5). In 2013, we also measured 39 nutrient composition traits that related to oil content, protein content, fatty acid components, and amino acid components (Additional file 6: Table S5) through gas chromatography mass spectrometry (GC–MS).

Soybean grows across a range of latitudes from 50°N to 35°S[32]. We found significant differences in some of the traits, such as those related to the growth period, architecture, yield, and nutrient composition, between the accessions from higher latitudes (above 40.5°N) and those from lower latitudes (below 40.5°N) (Additional file 5: Fig S2). These differences may have been caused by the tendency of soybean to adapt to a limited latitudinal region due to its photoperiod sensitivity[33]. As a result, we replanted the accessions that from high latitudes ($n = 275$) at a location northeast to Beijing (Mudanjiang, Heilongjiang Province) and the rest from low latitudes (534) at a southern location (Zhoukou, Henan Province) to fully assess their potentials. For both locations, most of the morphology trait measurements were repeated in 2014 and 2015, and the nutrient composition trait measurements were repeated in 2014. The overall performances of the 809 accessions were predicted as the best linear unbiased prediction (BLUP) using a mixed linear model (MLM), which was implemented using the lme4 package for R.

2.2 Whole-genome screening for significantly associated loci (SAL)

We conducted a GWAS on the 84 traits based on more than four million of the markers [SNPs with a minor allele frequency (MAF ≥ 0.05)] genotyped from the 809 accessions through a MLM implemented in Efficient Mixed Model Association eXpedited (EMMAX) software. The population structure was represented by the first three principal components, which was fitted as fixed effects. Kinship was used to define the variance structure of the random variables for the total genetic effects of the 809 accessions. No inflated P values were found and most markers (99%) exhibited P values equal to those expected under the null hypothesis, suggesting that the MLM controlled population structure and cryptic relationships well. To control both false positives and false negatives, we also conducted permutation tests by randomly shuffling the phenotypes to break their relationship with genotypes to derive a genome-wide threshold (see "Methods" and Additional file 7: Table S6). By using the empirical threshold, we identified 150 SAL that significantly associated with 57 of the 84 traits, using all 809 accessions (Additional file 8: Table S7; Additional file 5: Fig S3 – 86).

Epistasis, or the interaction between genes, plays an important role in controlling complex inheritance[34]. For instance, $Dt1$ exerts an epistatic effect on $Dt2$ in the regulation of plant height in soybean[35,36]. In this study, we detected three SAL for plant height using all tested accessions (Fig. 2a – c). Among these SAL, one overlapped with the $Dt1$ locus[37,38] and another overlapped with $E2$, a locus that is responsible for bloom date[39]. However, the $Dt2$ locus was not detected. If an epistatic gene exhibits a significantly strong effect, it can hinder the identification of other interactive genes that exert minor effects[34,40]. We then classified the entire population into two sub-populations (termed $Dt1$ and $dt1$ subgroups), based on the genotypes of the highest association site of the $Dt1$ locus. A GWAS of the plant height in each of these two subgroups revealed two additional SAL in the $Dt1$ subgroup, which included the $Dt2$ locus (Fig. 2e and f). However, the $Dt2$ locus cannot be detected in the dt1 subgroup (Fig. 2h and i). This finding confirmed the results of previous epistasis analyses[35,36]. In contrast, the $E2$ locus was detected in both the $Dt1$ and $dt1$ subgroups (Fig. 2e and h), suggesting that $E2$ and $Dt1$ does not exert an epistatic effect. The $Dt2$ locus precisely explains the phenotypic variation in plant height within the subgroup of the $Dt1$ allele (Fig. 2g) compared with the $Dt1$ locus alone (Fig. 2d).

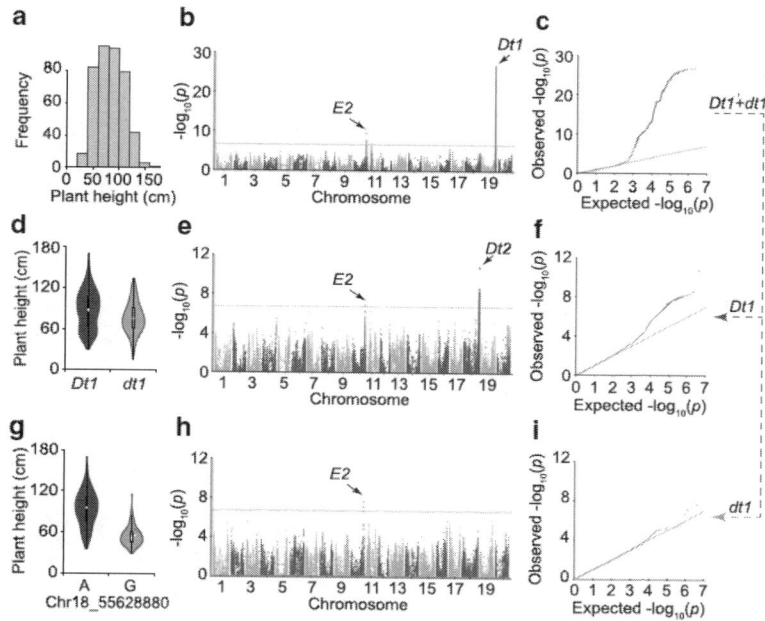

Fig. 2 GWAS of the soybean plant height. **a** Distribution of the plant height values across all of the 809 soybean accessions. **b** GWAS result from all accessions. In the GWAS result, both known genes *Dt1* and *E2* are identified. **c** Quantile–quantile plot for plant height. **d** The plant height variation between different *Dt1* alleles in all 809 accessions. The known gene *Dt1* separates the 809 accessions into two subgroups with different plant height means. **e** The GWAS result of plant height using the accessions from the *Dt1* subgroup. **f** Quantile–quantile plot for plant height of *Dt1* subgroup. **g** Plant height variation between different *Dt2* genotypes in the *Dt1* subgroup. **h** The GWAS result of plant height using the accessions from the *dt1* subgroup. **i** Quantile–quantile plot for plant height of *dt1* subgroup. GWAS results are presented by negative log$_{10}$ *P* values against position on each of 20 chromosomes. *Horizontal dashed lines* indicate the genome-wide significant threshold (2×10^{-7})

To validate our method, we performed a new investigation of association loci using the previously reported methods of SNP-fixing[41] and multiple loci analysis[42]. These approaches provided the same results as our method (Additional file 5: Fig S87). We further investigated another trait, namely leaf area. The results obtained from our method, the SNP-fixing, and multiple loci analysis all demonstrated that the locus of Chr19_45150769 can interact with *Ln* to control leaf area (Additional file 5: Fig S88), confirming the reliability of our method. Following this method, for each of the primary 150 SAL, we subdivided the 809 accessions into two subgroups according to the genotypes of the locus with the lowest *P* value within the primary SAL. We also conducted permutation tests to derive the empirical thresholds and thereby to determine the secondary associated loci. We found very similar trends for the primary and secondary SAL within each trait type (Additional file 7: Table S6). Under these empirical thresholds, we identified 95 additional secondary SAL (Additional file 9: Table S8). In total, we identified 245 SAL, which included 46 SAL that overlapped with previously reported genes, 64 SAL that overlapped with reported QTLs, and 135 SAL that have not been characterized (Additional file 8: Table S7; Additional file 9: Table S8).

2.3 Genetic architecture of fatty acid content

Soybean is an important oilseed crop. Our analyses dissected the genetic architecture of the fatty acid content in the soybean natural population. Fatty acid biosynthesis-related genes, such as the genes encoding fatty acyl-ACP thioesterases B (FatB), plant stearoylacyl-carrier protein desaturase (SAD), and fatty acid desaturase 3 (FAD3), have been reported to be responsible for fatty acid accumulation in soybean[43–45]. In this study, we found five additional fatty acid biosynthesis related genes located within the SAL regions (Fig. 3a; Additional file 10: Table S9). The differential alleles of these eight genes exhibited significant differences in the total fatty acid (TFA) content (Additional file 5: Figure S89). In addition to the genes involved in fatty acid biosynthesis, the genes that participate in lipid biosynthesis could also affect the fatty acid accumulation[46]. We identified six lipid biosynthesis-related genes in the fatty acid-related SAL regions (Additional file 11: Table S10). The different alleles of these lipid biosynthesis-related genes also showed significant differences in the TFA content (Additional file 5: Fig

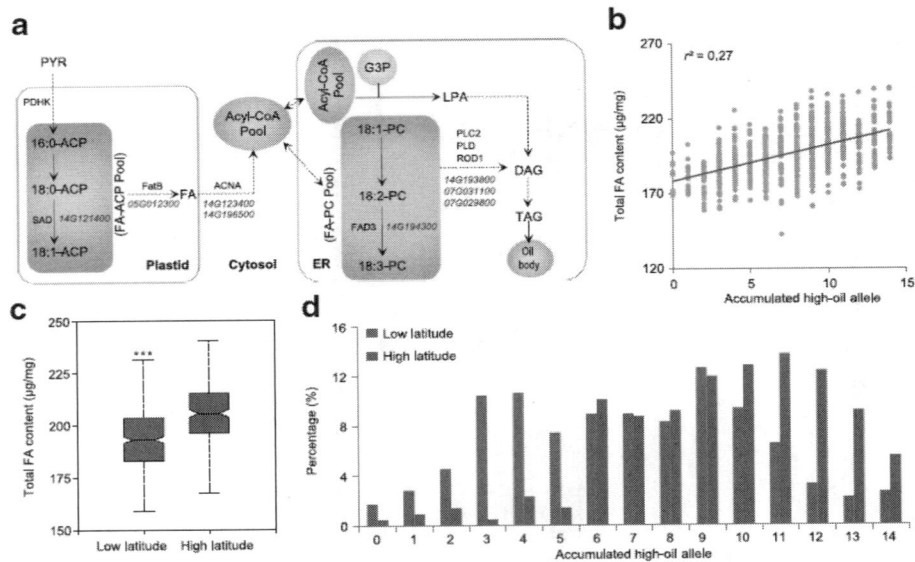

Fig. 3 Dissection of genetic regulation of the fatty acid content in soybean. **a** Candidate genes in the lipid metabolic pathway that are responsible for the variation of fatty acid (FA) synthesis in soybean germplasm. The pathway is modified from *Arabidopsis*. The *dotted lines* represent multiple reaction steps. **b** *Plot* of the total FA content against the accumulation of high-oil-content alleles. The *x-axis* indicates the number of accumulated high-oil alleles from all candidate genes in the soybean germplasm; the *y-axis* shows the total FA content in the corresponding population. **c** Total FA content of the germplasm from low-latitude and high-latitude areas. ***$P < 0.001$ (one-sided Student's t-test, n = 461, 219). **d** Proportion of accumulated high-oil alleles in low-latitude and high-latitude populations. *ACP* acyl carrier protein, *DAG* diacylglycerol, *G3P* glycerol-3-phosphate, *FA* fatty acid, *LPA* lysophosphatidic acid, *PC* phosphatidylcholine, *PYR* pyruvate, *TAG* triacylglycerol, *ACNA* acyl-CoA n-acyltransferase, *FAD* fatty acid desaturase, *FatB* fatty acyl-ACP thioesterase B, *PDHK* pyruvate dehydrogenase kinase, *PLC* phospholipase C, *PLD* phospholipase D, *ROD1* reduced oleate desaturation 1, *SAD* stearoyl-acyl-carrier-protein desaturase, *ER* endoplasmic reticulum

We observed that the TFA content increased with the accumulation of high-fatty-acid alleles of these genes in the soybean germplasm (Fig. 3b). Further analysis demonstrated that the TFA content in high-latitude accessions was significantly higher than that of low-latitude accessions (Fig. 3c). Correspondingly, we found that high latitude accessions accumulated more high-fatty-acid alleles than low-latitude accessions (Fig. 3d; Additional file 5: Fig S91a). The results indicated that, similar to those in maize[13], the oil synthesis-related genes in soybean functioned additively to accumulate fatty acid. A genotype investigation of the ten most widely cultivated high-oil cultivars in China illuminated that they did not possess all of the high-fatty-acid alleles in the 14 genes (Additional file 5: Fig S91b), which suggested that the pyramiding of more high-fatty-acid alleles in these lines will allow the development of a soybean variety with a higher oil content.

2.4 Genetic network of loci associated with phenotypes

We found that the 84 traits related to growth period, architecture, color, seed development, oil content, or protein content tended to be correlated within these trait classifications (Additional file 5: Fig S92), suggesting that they might be genetically co-regulated. The plotting of the SAL across the soybean genome revealed that they were clustered according to the phylogeny relationship of traits rather than distributed randomly on the chromosomes (Additional file 5: Figure S93).

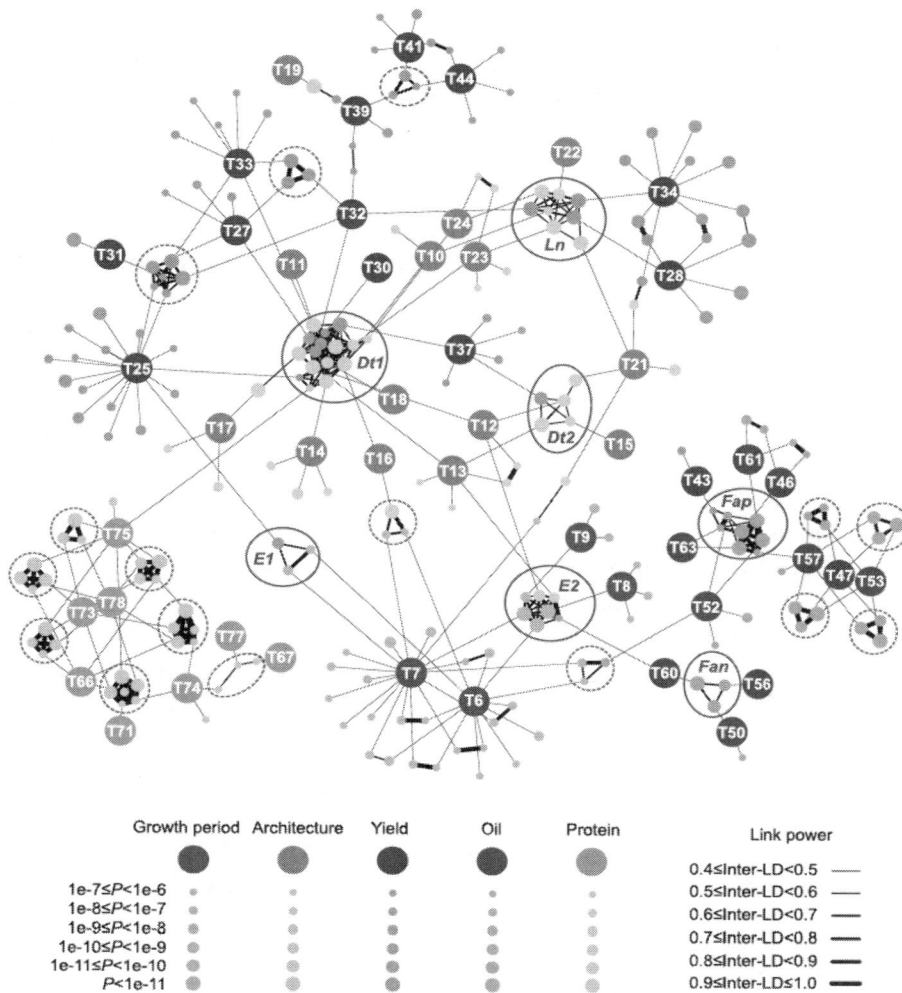

Fig. 4 Association networks across different traits in soybean. The nodes represent traits and their responsible SAL. The edges between the SAL from different traits are linked by LD. Only the edges with an average LD ≥ 0.4 are displayed. The trait abbreviations match those in Additional file 6: Table S5. The overlapped SAL covering *Dt1, Dt2, E1, E2, Ln, Fan,* and *Fap* are indicated by the actual *circles*. Other linked SAL covering unknown QTL are indicated by the *dotted circles*

Pleiotropy and linkage disequilibrium (LD) play important roles in identifying correlations among phenotypes[23]. To dissect the genetic architecture of the correlations across different traits, we analyzed the association networks using a previously reported method[47] with slight modification (see "Methods"). The network analysis revealed that the SAL were connected for most of the traits (Fig. 4), with the exception of two traits related to color (Additional file 5: Figure S94). Consistent with the correlation pattern of the traits (Additional file 5: Fig S92), the SAL controlling association phenotypes, such as growth period, architecture, yield, oil biosynthesis, or protein biosynthesis prefer to cluster as more closely linked networks (Fig. 4; Additional file 12: Table S11). Additionally, we determined that a number of SAL, such as the *E2, E1, Dt1, Dt2, Ln, Fan,* Fap, and several newly identified loci, played roles as key nodes in the regulation of different traits (Fig. 4; Additional file 5: Fig S93). One noteworthy example is the *Dt1* locus. We revealed that, besides controlling plant height, the *Dt1* locus also affected other yield related traits, such as the branch density, stem pod density, stem node number, number of three-seed per pod, and total seed number (Additional file 12: Table S11), which was validated by the comparison of these traits in *Dt1* and dt1 isogenic lines (Additional file 5: Fig S95).

Yield and quality are two major considerations in variety development for almost all crops. However, the loci simultaneously controlling yield-related and qualityrelated traits have seldom been reported[48]. In this study, we found that *E2* may exhibit pleiotropy across the traits related to yield and seed quality. Plant height (PH) and beginning bloom date (BBD) exhibited a significantly positive correlation (Fig. 5a). We found that these two traits shared a common SAL, which overlapped with the *E2* locus (Fig. 5b). This finding was consistent with previous reports that the major genes and QTLs are shared for flowering, maturity, and plant height in soybean[33,49]. Interestingly, we found that the ratio of linolenic acid to linoleic acid (FA18:3 to FA18:2, R3:2) also exhibited significantly positive correlations to PH and BBD (Fig. 5a), and shared *E2* with these two traits in the association network (Fig. 5b), suggesting that *E2* exhibits pleiotropy across PH, BBD, and R3:2. To verify the effects of the *E2* locus in the association network, PH, BBD, and R3:2 were compared between two pairs of *E2* and *e2* isogenic lines (PI 547553, *E1E2s-tt* vs. PI 547549, *E1e2s-tt*; ZK164, *E1E2E3E4* vs. ZK166, *E1e2E3E4*). The results showed that the values of PH, BBD, and R3:2 in the *E2* lines were significantly higher values than those in the *e2* lines (Fig. 5c–e), confirming that the *E2* locus plays an important role in regulating these three important agronomic traits in a simultaneous manner.

3 Discussion

Plant breeding aims to pyramid multiple desirable traits into a single variety. However, due to trait correlations, breeders must choose to either simultaneously improve correlated traits or accept potentially undesirable effects associated with the correlation[23]. A better understanding of the genetic networks underlying these different traits helps breeders to develop effective strategies for variety development. For example, in past decades, rice functional genomics has progressed rapidly, resulting in the identification of some key genes that control both yield and grain quality[50]. The well-established genetic information has allowed scientists to propose a clear path to design the breeding of high-yield, superior-quality, hybrid super rice[4]. However, compared with rice, fundamental studies on the genetic dissection of complex traits in soybean have to take more progress to reach the same level.

Epistasis, or the interaction between genes associated with a trait, add the complexity to the genetic dissection of complex traits. The SNP-fixing[41] and multiple loci analysis[42] have been proven to be two robust methods for the identification of epistasis loci. In this study, we developed another method to identify the epistasis loci by splitting the entire population into sub-populations based on the genotypes of the highest association site and subsequently performing a second-round GWAS for each sub-population. The reliability of our results was comparable to that of the results obtained through the SNP-fixing approach and multiple loci analysis (Fig.2; Additional file 5: Fig S87 and 88), but is an advantage in determining the epistasis relationship between different haplotypes. For instance, our analysis clearly showed that an epistatic effect was only detected between *Dt1* and *Dt2* but not between *dt1* and *Dt2*, suggesting that dt1 is a loss/weak-of-function allele compared with *Dt1* (Fig.2). Further validation of detailed epistatic relationship between different alleles we identified (Additional file 9: Table S8) using F2 or recombinant inbred line populations will be helpful for future functional study.

In total, we identified 245 SAL for 57 agronomical traits. Most of the reported genes that have been identified through forward genetics to control related agronomical traits, such as *Dt1*, *Dt2*, *E1*, *E2*, *Ln*, *PDH1*, *Fan*, and *Fap*, were identified. In addition, a total of 135 SAL were previously unchartered (Additional file 8: Table S7; Additional file 9: Table S8), such as the three SAL for flowering time in Chr5, Chr11, and Chr19 (Additional file 5: Fig S96). However, we indeed failed to detect the SAL for 27 traits.

We evaluated the statistical power of our analysis (Additional file 5: Fig S97, see "Methods") and the results demonstrated that the statistical power was mainly determined by the number of quantitative trait nucleotides (QTNs) although it increased with the increase of the heritability. For instance, when a trait is controlled by small number of QTNs, such as QTN=2, even with a heritability as low as 0.25, the statistical power reached 86%. However, for a trait that is controlled by more QTNs, such as QTN=10, the statistical power only reached 70% even with a heritability as high as 0.75.

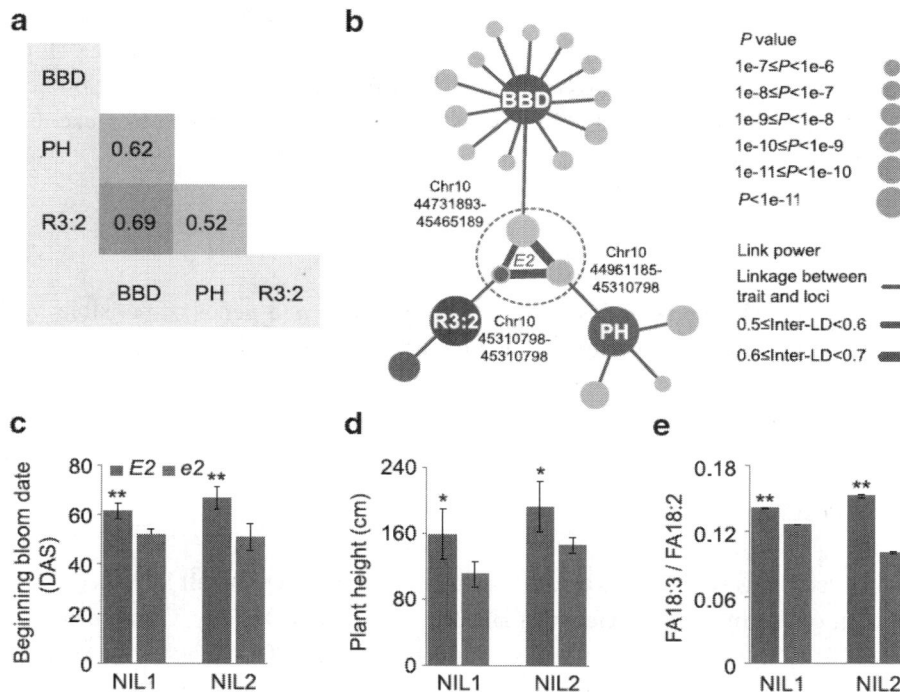

Fig. 5 Phenotype correlations and genetic networks of associated loci. **a** The correlation among three traits: BBD, PH, and R3:2 of linolenic acid (FA18:3) to linoleic acid (FA18:2). **b** The association networks across PH, BBD, and R3:2. The genetic network presents the SAL with average LD ≥ 0.4. An overlapped SAL covering *E2* is indicated by the *dotted circle*. Phenotype data (mean ± s.d., n = 4) of different alleles of *E2* in different *E2* near isogenic lines are illustrated for BBC (**c**), PH (**d**), and R3:2 of linolenic to linoleic acid (**e**). NIL1 (PI 547553, *E1E2s-tt* vs. PI 547549, *E1e2s-tt*). NIL2 (ZK164, *E1E2E3E4* vs. ZK166, *E1e2E3E4*). *E1, E2, E3, E4*: loci controlling flowering ability, *s-t*: locus controlling plant height, *T*: locus controlling pubescence color. *DAS* day after sowing. *$P < 0.05$; **$P < 0.01$ (one-sided Student's t-test)

Thereafter, we speculated that genetic complexity and lack of a major QTL are the main reasons for the inability to detect traits without SAL. For instance, we found that the seed weight exhibited a heritability of approximately 0.62 in the studied population, but no SAL for this trait was detected, which might be due to the fact that dozens of genes are responsible for the seed weight of plants[51]. Another reason might be due to the stringent threshold applied in this study. For many traits for which we did not find SAL, such as the 100-seed weight (Additional file 5: Figure S40), number of two-seed pod (Additional file 5: Fig S28), seed length (Additional file 5: Fig S42), and FA18:1 content (Additional file 5: Fig S50), clear association signals were detected, even though these signals did not pass the threshold. Taking the flowering time as an example, although a number of GWAS signals did not reach the threshold (Additional file 5: Fig S96), the homologues of the reported Arabidopsis flowering time-related genes were identified surrounding the highest-association loci of the GWAS signals. The stringent criterion might have caused false negatives, but guaranteed a lower false discovery rate (FDR) for every trait. We anticipate that the scientists working in similar areas will be quite interested in the information from this study, which will likely facilitate the identification of the responsible genes. Nevertheless, we also found that the positions of a small number of SAL might be inaccurate due to genome assembly errors (an example is shown in Additional file 5: Fig S98). Consequently, future studies should also use additional genomic approaches to confirm these SAL.

In addition to the identification of many SAL, we revealed the association networks across different traits. For example, we identified some SAL that functioned as key nodes for connecting different traits, whereas most SAL specifically controlled individual traits (Fig. 4). This information will be helpful guidance for the breeders attempting to establish a clear strategy for variety development. If the heritable covariation between different traits needs to be broken, using the specific SAL for individual traits might be more effective than the node SAL. In contrast, if the heritable covariation needs to be increased, the selection of the node SAL might be a better choice. Furthermore, the amount of genomic data provided a better understanding of the allelic variation for the genetic resource collections and will also facilitate breeders to propose an efficient path for variety improvement by design. For instance, we found that the five well cultivated high-yield varieties in the middle of China (Huang Huai

Hai region) possessed less high-fattyacid alleles for the 14 fatty acid-related SAL (Additional file 5: Figure S91b). Because the yield-related and fattyacid-related networks were relatively independent (Fig. 4), by pyramiding all the high-fatty-acid SAL alleles into these high-yield varieties will potentially highly develop both high-yield and high-oil new varieties. Of course, a strict background selection should be performed because the favor alleles for other traits from these high-yield varieties should be maximally maintained.

4 Conclusions

In summary, our work presented here provides a large dataset of loci and genes responsible for important agronomic traits in soybean, which will facilitate future functional studies and variety development.

5 Methods

5.1 Planting and phenotyping

A total of 809 soybean accessions were selected for this study. For phenotyping, all 809 accessions were planted at the Experimental Station of the Institute of Genetics and Developmental Biology, Chinese Academy of Sciences, Beijing (40°22′N and 116°23′E) during the summer seasons in 2013 and 2014. The 275 accessions collected from northern areas were planted in Mudanjiang (44°58′N and 129°60′E), Heilongjiang Province during the summer seasons in 2014 and 2015. The remaining 534 accessions collected from Huang Huai Hai and southern areas were planted in Zhoukou (33°62′N and 114°65′E), Henan Province during the summer seasons in 2014 and 2015. Normal seeds were selected and sowed in deeply ploughed fields with proper moisture content (15%—20%). The seed was planted in three-row plots in a randomized complete block design with three replications for each environment. Only one accession was planted in each plot and the plots were 5 m in length with a row spacing of 0.4 m. The space between two plots was 0.4 m. After three weeks, the seedlings were manually thinned to achieve an equal density of 120,000 individuals per hectare.

We used the same phenotyping procedure and scoring standards in all six environments. In total, we characterized 84 sets of phenotypes related to yield, coloration, architecture, growth period, and seed composition with a miss rate<10%. The identification of growth periods, including BBD, full bloom date, pod maturity date, and reproduction stage length, was based on a previous description of reproductive stages[52]. Traits related to flower and leaf were observed and measured at the fullbloom stage. Yield-related traits, such as pod number, seed number, and seed weight, were counted or measured in the laboratory after harvest. Detailed information regarding the phenotyping procedure and scoring standards is provided in Additional file 6: Table S5. For the assessment of the traits that need to be evaluated during the growing season, at least five healthy individuals from each plot were randomly selected and used for phenotyping. For the traits that need to be evaluated after harvesting, the healthy plants from the three replications of each accession were first collected and at least five individuals were randomly selected and used for phenotyping. The narrow-sense heritability was estimated by using GAPIT[53]. For the correlation analysis, we treated the binary traits as continued traits and converted the values into 0 or 1 and then did the correlation analysis with other quantitative traits.

5.2 Oil and protein sample preparation and GC-MS analysis

After drying at 80 °C for 2 h, approximately 5 g of mature and well-rounded seeds were milled to a fine powder with an electric grinder. Solid fractions were filtered out using a 0.25 mm sieve. The powders were divided into two sub-samples and measured at the same time. Six micrograms of soybean power were used to determine the lipid content, according to a previously reported protocol with minor modifications[54]. Fatty acids were released from the total lipids and methylated by adding 0.8 mL of 1.25M HCl-methanol and 20 μL of 5 mg/mL heptadecanoic acid (used as an internal standard) for 4 h at 50 °C. Then, 1 mL of hexane and 1.5 mL of 0.9% NaCl (v/v) were added to the cooled vial. After shaking for 5 min, 750 µ L of the hexane layer was transferred to a new injection vial after centrifugation for 10 min at 3,000 g and dried by flow nitrogen. The dried samples were re-dissolved in 500 µ L of hexane for further GC-MS analysis.

For total amino acid analysis, 6 mg of soybean power was completely hydrolyzed by adding 300 µL of 6M HCl spiked in 0.5 mg/mL L-norleucine (used as an internal standard) for 24 h at 100 °C[55]. After centrifugation for 30 min at 16,500 g, 50 µL of supernatant was transferred to a new 1.5 mL Eppendorf tube and dried at 100 °C. The dried samples were derivatized according to Fiehn s protocol[56].

One microliter of the prepared sample (for both fatty acid and amino acid analysis) was injected into the Trace DSQII GC-MS system (Thermo Fisher Scientific), which was equipped with a DB-23 column (Agilent Technologies, 60 m × 0.25 mm × 0.25 µ m) at a split ratio of 1:20 for fatty acid analysis and a DB-5MS column (Agilent Technologies, 30 m × 0.25 mm × 0.25 µ m) at a split ratio of 1:50 for amino acid analysis. For fatty acid measurement, the oven was programmed as follows: 150 °C for 1 min, ramp to 200 °C at 4 °C/min, ramp to 220 °C at 2 °C/min, and finally ramp to 250 °C at 25 °C/min, holding 5 min with 1.1 mL/min helium as carrier gas[57,58]. The temperatures of the injector, transfer line, and ion source were set to 250 °C, 250 °C, and 230 °C, respectively. For amino acid measurement, the oven was programmed as follows: 100 °C for 1 min, ramp to 240 °C at 10 °C/min, and finally ramp to 300 °C at 30 °C/min, holding 5 min with 1.1 mL/min helium as carrier gas. The temperatures of the injector, transfer line, and ion source were set to 250 °C, 250 °C, and 280 °C, respectively.

5.3 Overall performances of the 809 soybean accessions across environments

The overall performances of the 809 soybean accessions were calculated as the best linear unbiased prediction (BLUP), the same method used to calculate the overall performances of 5,000 maize inbred lines to eliminate environment effects[12]. The calculation was performed by using the function of "lmer" in the lme4 package. The fixed effects in the MLM included the overall mean and the effects of the planting environment. The planting environments were defined as each combination of year and location. The random effects in the MLM included the line effects, the interaction between environments and lines, and the residuals. The solutions of line effects (i.e. BLUP) were used as the overall performances of the 809 soybean accessions across environments.

5.4 DNA preparation and sequencing

Among the 809 soybean accessions, 240 were obtained from our previous study[28] (Additional file 1: Table S1). The genomic DNA of the other 569 additional accessions was extracted from the young leaves of a single soybean plant for each accession, after three weeks of growth. DNA extraction was performed using the cetyltrimethylammonium bromide (CTAB) method[59]. The library of each accession was constructed with an insert size of approximately 500 bp, following the manufacturer s instructions (Illumina Inc., 9885 Towne Centre Drive, San Diego, CA 92121, USA). All soybean varieties were sequenced on Illumina HiSeq 2000 sequencer and Illumina HiSeq 2500 sequencer at BerryGenomics Company (http://www.berrygenomics.com/. Beijing, China). Detailed information of the 809 accessions, including geographical distribution and sequencing depth, is provided in Additional file 1: Table S1.

5.5 Read alignment and variation calling

The re-sequencing reads of the 809 accessions were mapped to the soybean reference genome[60] (Williams 82 assembly V2.0) at the Phytozome v11.0 website (http:// www.phytozome.net/soybean) with BWA[61] (version 0.7.5a-r405) using the default parameters. We generated the BAM format of the mapping results and filtered the non-unique and unmapped reads with SAM tools[62] (version:0.1.19). The Picard package (http://broadinstitute.github.io/picard/, version: 1.87) was applied to filter the duplicated reads.

The Genome Analysis Toolkit[63] (GATK, version: 3.1-1-g07a4bf8) was applied for SNP and INDEL calling.

Annotations of SNP and INDEL were performed based on gene model set v2.0 from Phytozome v11.0 using ANNOVAR[64] (version: 2015-03-22). The k-nearest neighbor-based method (http://202.127.18.228/fimg/intr. php) was then used for missing data imputation, after which the miss rate decreased from 2.1% to 0.057% and the heterozygous rate decreased from 3.4% to 0.17%. To evaluate the SNPs calling and imputation accuracy, we randomly selected ten fragments (primers information is listed in Additional file 3: Table S3) across the genome that contained 37 SNPs for additional validation. These fragments were amplified in 96 randomly selected soybean accessions and sequenced using the Sanger method. The comparisons between SNP calling and Sanger sequencing are shown in Additional file 4: Table S4.

The results showed that the accuracy rate of imputation SNP reached 99.8%. According to the genome annotation, the varieties were divided into exonic regions, splicing sites (within 2 bp of a splicing junction), 5 UTRs, 3 UTRs, intragenic regions, upstream and downstream regions (within a 1 kb region upstream / downstream from the transcription start / end site), and intergenic regions. The SNPs in coding regions were further categorized into nonsynonymous SNPs (cause amino acid changes), synonymous SNPs (do not cause amino acid changes), stopgain SNPs (create a stop codon), and stoploss SNPs (eliminate a stop codon). The INDELs in coding regions were further categorized into non-frameshift (do not cause frameshift changes), frameshift (cause frameshift changes), stopgain, and stoploss INDELs.

5.6 Population genetics analysis and GWAS

A neighbor-joining tree was constructed using the PHYLIP software[65] (version 3.68) on the basis of a distance matrix, using the whole-genome SNPs shared by all the accessions. A principal component analysis (PCA) of the population was performed via EIGENSOFT software[66] (version 4.2). The population structure was calculated using the Bayesian clustering program fast Structure[31]. LD was calculated using PLINK[67] (version: 1.90) with the parameter–ld-window-r2 0–ld-window 99999–ldwindow-kb 1000. Only SNPs with MAF⩾0.05 and missing rate < 0.1 in the population were used in the GWAS. An association analysis was performed using the EMMAX (beta version)[68] software package. The matrix of pairwise genetic distances, which were derived from the simple matching coefficients, as the variance-covariance matrix of the random effects, was also calculated by EMMAX.

5.7 Determination of genome-wide threshold

We randomly shuffled observed real phenotypes to break the connections between these phenotypes and their corresponding genotypes. Then, we applied the GWAS on the permuted phenotypes by using the same model that was used for real observed phenotypes. The most significant P value across the whole genome was recorded. This random process was repeated 1,000 times. The distribution of the most significant P values across the 1,000 replicates was used to determine the threshold, which was the P value corresponding to a 5% chance of a type I error.

Ideally, each trait should have its own threshold. To derive robust thresholds, we grouped the 84 traits into four types based on their phenotypic distribution. We found the thresholds were very similar within each of the types we defined as follows:

1. Binary traits: examples include color (purple vs. white)
2. Quantitative traits with normal distribution
3. Quantitative traits with skewed distribution
4. Binary-like quantitative traits: examples include four-seed pod number and ratio with extremely skewed frequency distributions

We tested multiple traits in each category and randomly selected one trait out of each category to illustrate the empirical thresholds (Additional file 7: Table S6). The first three types of traits had very similar thresholds (negative $\log_{10} P$ values=6.5–6.7). We used the most stringent threshold (6.7) as the criterion for these three types of traits. Although this criterion may have caused false negatives, it guaranteed that the type I error was below 5% for every trait. The last type of traits had much more stringent criteria. For example, the four-seed per pod ratio had threshold of 8.3 (negative $\log_{10} P$ value). We used this threshold for all binary-like quantitative traits.

5.8 Identification of additional minor-effect loci

To identify minor-effect loci by eliminating the effect of epistasis or interactions between genes, additional GWAS were performed. We first divided the 809 accessions into two subgroups according to the genotype of the SNP with the lowest P value out of all SAL across the whole genome. Next, association analysis was performed only if the subgroup consisted of more than 100 accessions. With the same method, the significant thresholds of minor loci were determined (Additional file 7: Table S6). Negative log P value of 8.4 was used as threshold for all binary-like quantitative traits. We used the more stringent threshold (6.6) as the criterion for the traits in other two categories. The significant associated loci and not having been identified before grouping were considered as new identified association signals.

5.9 Assessment of statistical examination

Using the genotype data of 809 soybean accessions, a set of SNPs (2, 5, and 10) were randomly selected as causal loci for the simulated traits using the method described previously[69]. Three levels of heritability (h^2=0.25, 0.5, and 0.75) were evaluated for examination of statistical power in all settings of causal loci. For each combination of heritability and number of causal loci, a total of 1,000 replicates were conducted for the simulation of phenotypes and association tests. In each of GWAS, the threshold was set as 2×10^{-7}, the cutoff from permutation tests on real traits with normal distribution. Statistical power and false positive rate (FDR) were evaluated on the intervals around the loci above the threshold. An interval was defined as the consecutive region with SNPs in LD (above 0.6) around the associated locus. Statistical power was calculated as the proportion of intervals containing causal loci over the total number of causal loci weighted by variance they explained. FDR was calculated as the proportion of the intervals without causal locus over the total number of intervals with a SNP above the threshold. The averages and standard error of statistical power and FDR over the 1,000 replicates were reported.

5.10 Construction of association networks

The association networks were constructed using the software Cytoscape[70] (Version: 3.2.1), with traits and their corresponding SAL as nodes, and the link between trait and SAL, SAL and SAL (average $r^2 \geqslant 0.4$) as edges. The effective score for each SAL was represented by the lowest P value. The link between each two SAL was represented by their average LD (Inter-LD). Inter-LD was calculated as follows:

$$Inter - LD = 1/2 \times \left(\frac{LD(SAL1, SAL2)}{PmaxLD(SAL1)} + \frac{LD(SAL1, SAL2)}{PmaxLD(SAL2)} \right)$$

where LD (SAL_1, SAL_2) equals the mean of pairwise LD value (r^2) between all the SNPs from SAL_1 to all the SNPs from SAL_2; PmaxLD (SAL_1) equals the largest possible LD value within the SAL_1 region, obtained by calculating the mean r^2 of each SNP to all SNPs from the SAL 1 region, and then choosing the maximum mean of the LD value to represent this region s PmaxLD; and PmaxLD (SAL_2) equals the largest possible LD value within the SAL_2 region, obtained by calculating the mean r^2 of each SNP to all SNPs from SAL_2 region, and then choosing the maximum mean of the LD value to represent this region s PmaxLD. Pairwise r^2 values were calculated between all significant SNPs using PLINK[67].

Acknowledgements

We thank the Platform of National Crop Germplasm Resources of China, the USDA GRIN database, SoyBase, and Dr. Lijuan Qiu for providing publicly available resources. We thank Dr. Songnian Hu (Beijing Institute of Genomics, Chinese Academy of Sciences) for helping us to upload the sequencing data and Dr. Linda R. Klein for providing valuable writing advice and editing the manuscript.

Funding

This work was supported by the " Strategic Priority Research Program " of the Chinese Academy of Sciences (Grant No. XDA08000000); the National Natural Science Foundation of China (Grant Nos. 31525018 and 91531304); the National Key Research and Development Program (2016YFD0100401, 2017YFD0101401); an Emerging Research Issues Internal Competitive Grant from the Agricultural Research Center in the College of Agricultural, Human, and the Natural Resource Sciences at Washington State University; the Washington Grain Commission (Endowment and Award No. 126593); and the National Institute of Food and Agriculture, U.S. Department of Agriculture (Award Nos. o2015-05798 and 2016-68004-24770).

Availability of data and materials

The sequencing data used in this study have been deposited into the Genome Sequence Archive (GSA) database in BIG Data Center (http:// gsa.big.ac.cn/index.jsp) under Accession Number PRJCA000205. The previously reported sequence data were deposited into the NCBI database under accession number SRA: SRP045129 and the sequence data newly generated from this study are deposited into Sequence Read Archive (SRA) database in NCBI under Accession Number PRJNA394629.

参考文献（略）

本文原载于《Genome Biology》2017 年 18 卷。

Development and validation of InDel markers for identification of QTL underlying flowering time in soybean

Jialin Wan[1], Lingping Kong[1,5], Kanchao Yu[3,6], Fengge Zhang[1,5], Xinyi Shi[1], Yanping Wang[4], Haiyang Nan[1], Xiaohui Zhao[1,2], Sijia Lu[1,2], Dong Cao[1], Xiaoming Li[1,5], Chao Fang[1,5], Feifei Wang[1,5], Tong Su[1,5], Shichen Li[1,5], Xiaohui Yuan[1,*], Baohui Liu[1,2,**], Fanjiang Kong[1,2,**]

(1. *The Key Laboratory of Soybean Molecular Design Breeding, Northeast Institute of Geography and Agro ecology, Chinese Academy of Sciences, Harbin* 150081,, *China*;
2. *School of Life Sciences, Guangzhou University, Guangzhou* 510006, *Guangdong, China*;
3. *Qiqihar Branch of Heilongjiang Academy of Agricultural Sciences, Qiqihar* 161006, , *China*;
4. *Mudanjiang Branch of Heilongjiang Academy of Agricultural Sciences, Mudanjiang* 157041,, *China*;
5. *University of Chinese Academy of Sciences, Beijing* 100049, *China*;
6. *College of Agriculture, Northeast Agricultural University, Harbin* 150030,, *China*)

Abstract: Soybean [*Glycine max* (L.) Merrill] is a major plant source of protein and oil. An accurate and well-saturated molecular linkage map is a prerequisite for forward genetic studies of gene function and for modern breeding for many useful agronomic traits. Next-generation sequence data available in public databases provides valuable information and offers new insights for rapid and efficient development of molecular markers. In this study, we attempted to show the feasibility and facility of using genomic resequencing data as raw material for identifying putative InDel markers. First, we identified 17,613 InDel sites among 56 soybean accessions and obtained 12,619 primer pairs. Second, we constructed a genetic map with a random subset of 2841 primer pairs and aligned 300 polymorphic markers with the 20 consensus linkage groups (LG). The total genetic distance was 2,347.3 cM and the number of mapped markers per LG ranged from 10 to 23 with an average of 15 markers. The largest and smallest genetic distances between adjacent markers were 52.3 cM and 0.1 cM, respectively. Finally, we validated the genetic map constructed by newly developed InDel markers by QTL analysis of days to flowering (DTF) under different environments. One major QTL (*qDTF*4) and four minor QTL (*qDTF*20, *qDTF*13, *qDTF*12, and *qDTF*11) on 5 LGs were detected. These results demonstrate the utility of the InDel markers developed in this work for map-based cloning and molecular breeding in soybean.

Keywords: Soybean; Resequencing data; InDel markers; Genetic map; QTL analysis

1 Introduction

Soybean [*Glycine max* (L.) Merrill] is a globally important crop that provides a steady source of high-quality vegetable protein and oil for food products and industrial materials. Accordingly, many useful agronomic trait loci associated with growth, product quality, tolerance to biotic and abiotic stresses, and other characteristics have been identified in the past few decades. Accurate and well-saturated genetic linkage maps have become a valuable tool for genetics and plant breeding, as have genome assembly, QTL analysis, gene tagging, and marker-assisted selection (MAS). Since the first genetic map of soybean was constructed with phenotypic traits[1], various types of molecular markers including restriction fragment length polymorphism (RFLP), random amplification of polymorphic DNA (RAPD), amplified fragment length polymorphism (AFLP), and simple sequence repeat (SSR) markers have been used to construct linkage maps[2–5]. Although the current BARCSOYSSR_1.0 database has a total of 33,065 SSR primer sets and the average density of SSR loci in the whole genome is one SSR marker per 0.072 cM[6], many genomic intervals contain no SSR markers, and they are not sufficient for positional cloning and fine mapping in all possible parental crosses.

A functional gene can be identified via forward and reverse genetics strategies[7,8]. Positional cloning is widely used as a forward genetics approach to isolate genes in different organisms[9], and its utility can be fully exploited in modern molecular plant breeding systems, such as corn and soybean, when markers linked to genes of interest are discovered[10]. The principle of positional cloning is to systematically narrow down the genetic interval containing a causal mutation by sequentially excluding all other regions in the genome[11]. All rely on the development of highly dense genetic markers that are polymorphic between the accessions used for generating the mapping population(s) to provide adequate mapping resolution. This dependence is a major limiting factor for the rate of mapping progress.

With the decreasing cost of next-generation sequencing, there have been several proposals to exploit single-nucleotide polymorphisms (SNPs) and Insertion/Deletions (InDels) for genetic mapping with high-density markers. In contrast to SNPs, InDel polymorphisms, another form of natural genetic variation, have received relatively little attention. Mechanisms such as transposable elements, slippage in simple sequence replication, and unequal crossover events can result in the formation of InDels[12]. They can be converted to a user-friendly marker type, show high variation and codominant inheritance, and are relatively abundant and uniformly distributed throughout the genome[13,14]. InDel markers are PCR-based and readily genotyped by fragment length polymorphism with minimal laboratory equipment. Recently InDel markers have been widely applied for genotyping, genetic diversity analysis, QTL mapping, map-based cloning, and even marker-assisted selection in Arabidopsis, rice, wheat, turnip, sunflower, pepper, sesame, cotton, and citrus[14–27]. However, InDel markers have seldom been identified and used in soybean. A recent study used 73,327 InDels in six soybean cultivars to build a soybean barcode system for comparing data from different sources[28]. In another study, 165 validated InDel markers were used to develop an InDel-based linkage map for a mapping population between Hedou 12 and Williams 82[29]. By exploiting the reference genome sequence of soybean and the large amount of intensive resequencing data available in public databases[30–35], it is now possible to detect genome-wide InDel polymorphisms amongst different accessions using whole-genome resequencing to guide rapid and efficient development of InDel markers for high-resolution genetic analysis.

In this study, we attempted to develop InDel markers using genomic resequencing data using a series of bioinformatic approaches. In total, these methods yielded 12,619 new markers that were variously polymorphic amongst 56 soybean accessions. An InDel-based genetic map of soybean was constructed with 300 polymorphic InDel markers. QTL analysis was performed to identify genomic regions associated with flowering time. One major QTL (*qDTF*4) was identified in 2015 and confirmed in 2016. The InDel markers, genetic map, and QTL identified in this study will lay a foundation for the genetic/QTL analysis and isolation of genes underlying variation in flowering time and provide useful information for MAS breeding in soybean.

2 Materials and methods

2.1 Plant materials and trait evaluation

The $F_{7:8}$ seeds for the mapping populations were grown in walk-in plant growth chambers at 22 °C, 65% relative humidity, and long-day (LD) photoperiod (16 h light/8 h dark) in October 2015 and in the field in Harbin (45°43′ N, 126°45′ E) and Mudanjiang (44°36′ N, 129°35′ E), China in May 2016.

Days to flowering were recorded at the R1 stage (days from emergence to first open flower appearing on 50% of plants). For chamber experiments, seeds from each line were sown in pots. After germination, the seedlings were thinned until each pot contained five uniform plants. Populations were sown in the field with a single seed every 20 cM in 5 m rows spaced 60 cM apart and 25 seeds per line. All trials received standard cultural practices to control insects and weeds.

2.2 Mapping populations and sequence data sets

The BA population, derived from a cross between Mufu12-604 × HB-2 and consisting of 156 F_2 genotypes, was used to test the newly developed markers and construct a high-density InDel linkage map. The DW population (144 RILs), derived from a cross between Dongnong 50 (early-flowering in LD photoperiod) and Williams 82 (late-flowering in LD photoperiod), was used to evaluate the InDel markers for QTL mapping.

Table 1–Soybean accessions used in the study

Sample ID	Species	Origin	Sequencing depth	Reference
Suinong 14	Cultivar	Heilongjiang, China	4.44	Li et al. [42]
Suinong 20	Cultivar	Heilongjiang, China	4.39	Li et al. [42]
Pixiansilicao	Cultivar	Jiangsu, China	4.81	Li et al. [42]
Zheng92116	Cultivar	Henan, China	2.67	Li et al. [42]
Zhonghuang 13	Cultivar	Hebei, China	2.95	Li et al. [42]
ZYD04186	Wild	Jiangsu, China	5.98	Li et al. [42]
ZYD04734	Wild	Guizhou, China	4.30	Li et al. [42]
ZYD02738	Wild	Hebei, China	4.35	Li et al. [42]
Sowon	Cultivar	Republic of Korea	30.20	Chung et al. [34]
Pureun	Cultivar	Republic of Korea	29.40	Chung et al. [34]
Kwangkyo	Cultivar	Republic of Korea	22.70	Chung et al. [34]
Ilpumgeomjeong	Cultivar	Republic of Korea	17.90	Chung et al. [34]
Seoritae	Landrace	Cheongwon, Republic of Korea	19.70	Chung et al. [34]
PI96983	Landrace	Shariin, Republic of Korea	19.00	Chung et al. [34]
Haman	Landrace	Haman, Republic of Korea	22.00	Chung et al. [34]
Geomjeongol	Landrace	Milyang, Republic of Korea	17.00	Chung et al. [34]
Hwangkeum	Cultivar	Republic of Korea	20.80	Chung et al. [34]
Williams 82 K	Cultivar	Republic of Korea	19.80	Chung et al. [34]
IT162825	Wild	Yecheon, Republic of Korea	19.90	Chung et al. [34]
IT178480	Wild	Boeun, Republic of Korea	22.40	Chung et al. [34]
IT182869	Wild	Jinju, Republic of Korea	19.70	Chung et al. [34]
IT182840	Wild	Imsil, Republic of Korea	21.10	Chung et al. [34]
IT182848	Wild	Gokseong, Republic of Korea	19.10	Chung et al. [34]
Williams 82	Cultivar	United States	60.18	Kim et al. [33]
Hwanggeum	Cultivar	Republic of Korea	45.78	Kim et al. [33]
Daepoong	Cultivar	Republic of Korea	41.67	Kim et al. [33]
Baekun	Cultivar	Republic of Korea	60.94	Kim et al. [33]
Shingi	Cultivar	Republic of Korea	61.53	Kim et al. [33]
Sinpaldal 2	Cultivar	Republic of Korea	60.57	Kim et al. [33]
Fengshou 2	Cultivar	Heilongjiang, China	6.21	This study
Fengshou 11	Cultivar	Heilongjiang, China	5.58	This study
Fengshou 12	Cultivar	Heilongjiang, China	5.76	This study
Fengshou 17	Cultivar	Heilongjiang, China	7.24	This study
Fengshou 21	Cultivar	Heilongjiang, China	5.89	This study
Hefeng 29	Cultivar	Heilongjiang, China	5.94	This study
Hefeng 33	Cultivar	Heilongjiang, China	5.82	This study
Hefeng 39	Cultivar	Heilongjiang, China	6.09	This study
Hefeng 40	Cultivar	Heilongjiang, China	6.14	This study
Hefeng 45	Cultivar	Heilongjiang, China	10.57	This study
Hefeng 50	Cultivar	Heilongjiang, China	6.41	This study
Heihe 18	Cultivar	Heilongjiang, China	5.99	This study
Dongnong 50	Cultivar	Heilongjiang, China	10.75	This study
Parana	Cultivar	Brazil	12.36	This study
Paranagoiana	Cultivar	Brazil	11.27	This study
Glycine H	Cultivar	Lima, Peru	10.54	This study
Garimpo	Cultivar	Brazil	12.23	This study
Bedford	Cultivar	Tennessee, United States	10.95	This study
H3	Cultivar	Brazil	11.16	This study
BR121	Cultivar	Brazil	11.45	This study
Bragg	Cultivar	Florida, United States	9.85	This study
Bossier	Cultivar	Louisiana, United States	10.56	This study
Tokei 780	Cultivar	Japan	12.65	This study
Hidaka 4	Wild	Japan	13.24	This study
AGS292	Cultivar	Taiwan, China	11.03	This study
K3	Cultivar	Thailand	10.67	This study
Harosoy	Cultivar	Ontario, Canada	11.17	This study

Fifty-six accessions, including 29 from three recent research papers and 27 from this study, were used for InDel polymorphism validation (Table 1). Young leaves from 27 accessions were collected three weeks after planting in growth chambers and separately quick-frozen in liquid nitrogen. Total DNA was extracted by the improved cetyltrimethylammonium bromide (CTAB) method[36]. A sequencing library was constructed with at least 6 µg of genomic DNA following the manufacturer's instructions (Illumina Inc., San Diego, CA). Paired-end sequencing libraries with an insert size of approximately 500 bp were sequenced on an Illumina HiSeq 2000 sequencer.

623

2.3 InDel detection and marker development

The process used to detect InDel sites involved three steps. (i) Alignment of paired-end (PE) short reads. BWA (Burrows-Wheeler Aligner) software[37] was used to align paired reads to the reference genome with default parameters and Picard (http://broadinstitute.github.io/picard/) to mark duplicate reads. (ii) Detection of InDels. Five software tools: Samtools[38], GATK Unique Genotyper[39], Varscan[40], Pindel[41], and Soapindel[42], were used to identify InDels 5– 50 bp in length. (iii) Optimization of InDels. A support vector machine (SVM) filter was trained on simulated data using a library for support vector machines (LIBSVM)[43] and the InDels were filtered with the SVM filter. The InDels with high polymorphism (MAF>0.4) among 56 individuals were chosen as molecular markers.

Primer 3 software[44] was employed to identify primers for each InDel site with the following parameters: predicted products ranged from 100 to 300 bp; the length of primers was limited to 18–24 bp with an optimum size of 20 bp; the annealing temperature was restricted to 57–62 °C; the GC content was set to 35%, 50%, and 65% as the minimum, optimum, and maximum, respectively. Only primers with one hit in the genome assembly were retained.

2.4 Nomenclature

In order to provide the user with valuable information on marker distribution, the markers were named using the format IDNNXXXX, where ID represents InDel, NN the chromosome number (01–20), and the Xs the ordered number of each marker on its chromosome. For example, InDel marker ID06006 is the sixth marker on chromosome Gm06.

2.5 Screening and genotyping of InDel markers

Total genomic DNA was extracted from young leaves or seed flour of individual samples using the improved CTAB method. PCR amplification was performed in a 10 μL reaction consisting of a final concentration of 1 × Easy Taq PCR Super Mix for PAGE (Trans Bionovo Co., Ltd., Beijing, China), 0.2 μmol L^{-1} forward/reverse primers, and approximately 30– 50 ng of genomic DNA as a template. The amplification protocol comprised an initial denaturation for 2 min at 94 °C, 35 cycles of denaturation for 30 s at 94 °C, annealing for 30 s at 56 °C, and extension for 30 s at 72 °C, followed by a final extension for 5 min at 72 °C. PCR products were resolved by 12% SDS-polyacrylamide gel electrophoresis. The gels were stained with ethidium bromide, and the bands were visualized and photographed under ultraviolet light.

2.6 Construction of a linkage map and QTL analysis of flowering time

The F 2 population, BA, was used to evaluate the utility of InDel makers for mapping. Join Map 4.0[45] was used to build the genetic map with 347 markers that were polymorphic between the two parents. The groups and orders of segregated markers were determined on the basis of an LOD (logarithm of the odds ratio for linkage) score of ⩾7.0 and a minimum LOD score of 1.0, with the threshold of 0.4 in each LG. Markers were tested for deviation from expected Mendelian segregation using a chi-squared test and sorted on the basis of the test (P < 0.05). Both inclusive composite interval mapping (ICIM) and multiple-QTL mapping (MQM) were initially applied to detect QTL (LOD > 2.0) for flowering time, using QTL Ici Mapping 4.0[46] and Map QTL 5[47], respectively.

3 Results

3.1 InDel identification and marker development in 56 soybean accessions

Many accurate strategies with corresponding cost and throughput have been developed to detect SNPs as new polymorphic markers for the success of a map-based cloning project. However, detecting InDels is a more challenging task and requires substantial bioinformatic analysis. Several factors affect the discovery of InDels. The phylogenetic relationship between the genotypes used for InDel discovery is important. In this study, based on the alignment of the sequencing reads to a reference genome, 17,613 InDel sites were identified among 56 soybean accessions including nine wild soybeans, four landraces, and 43 cultivars from many countries (Table 1).

The InDel sites were filtered by size and those with a size of 5–50 bp were retained. In total, 12,619 primer pairs were obtained with a dense distribution across each of the 20 soybean chromosomes (Table S1). The frequency of InDel markers varied across the chromosomes, falling within the range of approximately 275–1,207 markers per chromosome (Table 2). Based on this distribution of InDel markers, it was possible to construct high-density genetic maps and select InDels within specific regions for fine mapping.

To evaluate the performance of the InDel markers, 1,000 random markers were tested by PCR with Williams 82 as the template. A total of 930 markers (93%) generated single and clear bands as expected, and only 70 markers (7%) either yielded no amplification product or were difficult to score. We next examined the distribution of the 12,619 InDels relative to genes of soybean and found that 429 (3.4%) were located within the exons of annotated genes, where gene function may be expected to be influenced. Of these, 135 (1.1%) were non-3-nucleotide InDels, which were predicted to cause frameshift mutations. This finding indicates that the devel- oped InDel markers are useful for identifying the genetic composition of soybean and provide a valuable source of allelic diversity for genetic and molecular dissection of traits.

Table 2–Statistics of the BA map based on inDel makers

Linkage group	Chromosome	No. of markers			Marker distance (cM)		
		InDel	Polymorphic	Mapped	Average	Min	Max
D1a	Gm01	571	15	12	6.6	1.0	26.4
D1b	Gm02	582	21	21	7.5	0.9	32.2
N	Gm03	804	18	13	9.0	0.5	29.0
C1	Gm04	498	17	15	7.9	0.3	23.5
A1	Gm05	470	30	22	6.0	0.3	29.2
C2	Gm06	758	15	14	9.3	0.3	36.6
M	Gm07	521	23	17	3.8	0.2	12.0
A2	Gm08	469	23	23	6.6	0.3	21.8
K	Gm09	617	15	13	8.1	1.6	29.2
O	Gm10	542	15	13	12.2	1.9	29.1
B1	Gm11	275	16	17	5.9	2.0	32.0
H	Gm12	426	12	10	8.0	0.2	35.2
F	Gm13	815	13	11	9.1	2.1	23.8
B2	Gm14	418	21	14	5.3	0.1	25.8
E	Gm15	1110	11	11	11.2	1.8	52.3
J	Gm16	711	18	17	8.9	0.6	29.9
D2	Gm17	483	10	10	11.4	1.9	37.6
G	Gm18	1207	22	21	7.1	0.3	26.2
L	Gm19	820	20	14	8.0	1.1	26.4
I	Gm20	522	12	12	10.9	0.4	33.9
Total		12,619	347	300			

3.2 Genetic map construction

The developed InDel markers should be useful for genetic map construction because there are on average about 630 markers on each chromosome. We used a F_2 mapping population to illustrate their application to linkage analysis. The F_2 population consisted of 156 progeny derived from the cross Mufu 12-604 × HB-2, which were not included in the 56 soybean accessions. A random subset of 2,841 primer pairs were chosen to identify polymorphism between the parental lines, and 347 (12.21%) polymorphic markers were validated. This finding shows that these InDel markers have universal applicability of performance and application, and can be expanded to all soybean germplasm, although these InDel markers were designed to capture the variation within 56 soybean accessions.

A total of 347 polymorphic markers were scored in the genotype analysis of 156 progeny in the BA F_2 population, with each primer pair yielding polymorphic bands at a single locus. After exclusion of 47 unlinked markers, 300 marker loci were grouped into 20 LGs, which matched the 20 consensus LGs. Finally, a genetic map (Fig. 1), designated as the BA map, was constructed with 20 LGs covering a total genetic distance of 2,347.30 cM with an average density of one marker for every 7.82 cM (Table 2). The number of mapped markers per LG ranged from 10 (H and D2) to 23 (A2) with an average of 15 markers. The largest and smallest genetic distances between adjacent markers were 52.3 cM and 0.1 cM, respectively. Because of low marker density (Fig. 2) and infrequent recombination compared with distal regions, our map did not cover all centromeric blocks, resulting in coverage of only a portion of some chromosomes (N, C2, M, O, H, and F) or of two clusters of markers, one from each arm (K and B1) in the F_2 mapping study. Six marker orders (N, A1, M, B2, and E) in our genetic map that were in conflict with the physical map could be due to sequence assembly errors, inversions, and segregation distortion

3.3 QTL analysis of flowering time

The DW population (144 RILs) originated from a cross between the Chinese cultivar Dongnong 50 and the American cultivar Williams 82 and was used to evaluate the InDel markers for QTL mapping. The $F_{7:8}$ seeds were grown in walk-in plant growth chambers in October 2015. A total of 4 QTL, including one major (qDTF4) and three minor QTL (qDTF20, qDTF13, and qDTF12), were detected on four chromosomes using either ICIM or MQM. These QTL explained from 6.0% to 11.3% of phenotypic variation (PEV), with LOD scores ranging from 2.09 to 2.93 (Table 3).

To confirm the QTL results, the $F_{7:9}$ seeds were grown in the field in Harbin and Mudanjiang on May 2016. The major QTL, which was assumed to be identical to qDTF4, was repeatedly identified by both ICIM and MQM in two environments. This result showed that the effect of qDTF4 was little affected by the environment and was consistent with the characterization of high heritability of flowering time. In addition, another minor QTL (qDTF11) was mapped on chromosome 11, and explained 6.5% and 9.4% of the phenotypic variation, with LOD scores 2.58 and 3.31, by ICIM and MQM, respectively (Table 3).

4 Discussion

Genetic diversity in soybean as in other crops has decreased during domestication and improvement[35]. The phylogenetic relationship between the genotypes used for InDel discovery is important. In this study, we collected 56 soybean accessions from several regions around the world, including nine wild soybeans, four landraces, and 43 cultivars. The germplasm from wild soybeans and landraces would therefore be useful in broadening the genetic basis and the detection of InDels. This report presents an optimized algorithm with no special requirements for the number of accessions and InDel detection software tools. Additional software can be added to this InDel detection procedure to further improve the performance of the proposed algorithms.

InDels identification has become routine with the abundance of next-generation sequence data. The InDel markers developed in this study could be widely used in genotyping with minimum lab equipment and PCR options. The potential utility of InDel markers in multiplex PCR could reduce the cost of genotyping by reducing the quantity of reagents and DNA in PCR reactions. Furthermore, this strategy is efficient when hundreds of markers are screened but DNA availability is limited. Our InDel markers closely match many of the criteria for multiplex PCR. The critical parameters of the primers in multiplex PCR should be 18–34 bp or more in length, GC content of 35%–60%, and annealing at 55–58 °C. In addition, the primer length should be up to 28–30 bp and the annealing temperature should be increased for reducing non-specific PCR products. However, owing to the finite polymerase and DNA resources, many specific loci strongly suppress non-specific amplification. Thus, 54 °C is the appropriate temperature for amplifying multiple loci at the same time[48]. All primers reported here were designed with a length of 18–24 bp and GC content of 35%–65% and were amplified at 56 °C, indicating the potential utility of these markers for multiplex PCR.

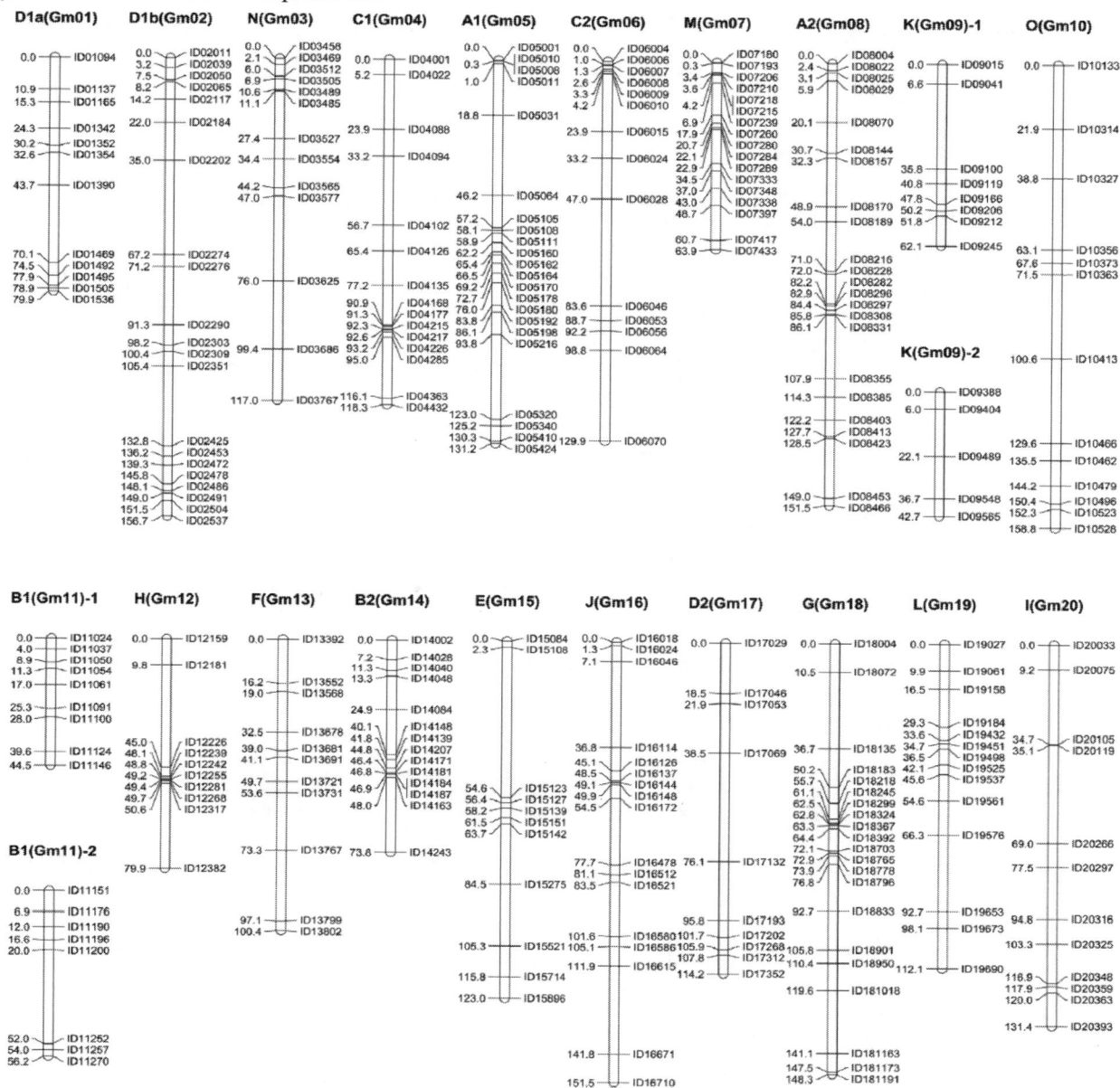

Fig. 1 – Genetic linkage map of soybean constructed with InDel markers. Genetic positions and marker names are indicated on the left and right side of each chromosome, respectively.

Mapping QTL requires a genetic map covered with a high density of polymorphic markers. However, although reduction in the cost of next-generation sequencing technologies will allow the sequencing of numerous soybean accessions, the specialized expertise and the skilled applications of bioinformatics analysis will become a rate-limiting step in uncovering the molecular basis of natural variation. To avoid map-based cloning, a tedious task beset with complications, several recent papers have reported workflows for next-generation sequencing-based strategies for mutation mapping. The approach we advocate here is using resequenced genomes to rapidly facilitate InDel marker design for application to conventional mapping. Interestingly, Dongnong 50 and Williams 82 carry the same genotype (e1-as/ E3/E4) for known major maturity loci, but a large difference of 30 days in R1 between the two cultivars was observed under long-day conditions. Thus, some new genes may be involved in control of flowering time and be strongly associated with photoperiod response. The main-effect QTL (qDTF4)

627

was located in the same region as the E8 locus [49,50] and contained candidate genes E1-like-a and E1-like-b, two E1 homologs, which function similarly to E1 in adjusting flowering time in soybean[51]. The frequencies of InDel markers developed in this study varied over chromosomes, falling within the range of 275–1207 markers per chromosome, indicating that it was possible to construct high-density genetic maps and select InDels within specific regions for fine mapping.

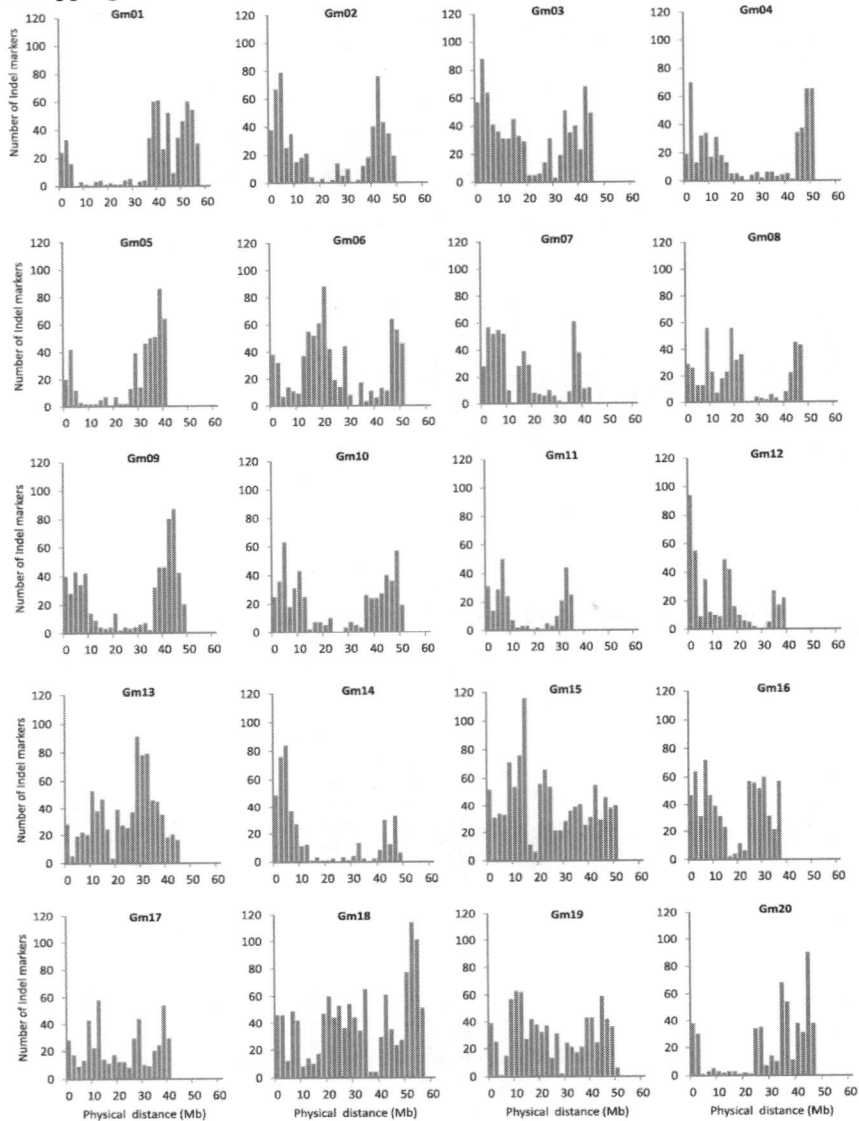

Fig. 2 – Physical distribution of 12,619 InDel markers across 20 chromosomes of soybean. The x axis shows the chromosome length in Mbp and the y axis the frequency of InDel markers.

Table 3–QTL of flowing time identified by two mapping methods

Year	Method	QTL	Environment	Chromosome	Interval	LOD	PEV (%)	Add
2015	ICIM	qDTF4	Growth chamber	4	ID04194–ID04206	2.93	7.90	−1.01
	MQM	qDTF4	Growth chamber	4	ID04154–ID04303	2.66	7.90	−1.00
		qDTF20	Growth chamber	20	ID20038–ID20217	2.09	6.30	0.90
		qDTF13	Growth chamber	13	ID13727–ID13765	2.15	6.00	0.89
		qDTF12	Growth chamber	12	ID12166–ID12196	2.12	11.30	−1.22
2016	ICIM	qDTF4	Harbin, China	4	ID04235–ID04242	3.96	10.00	−3.21
		qDTF11	Harbin, China	11	ID11241–ID11244	2.58	6.50	2.59
		qDTF4	Mudanjiang, China	4	ID04119–ID04291	13.57	33.40	−3.45
	MQM	qDTF4	Harbin, China	4	ID04119–ID04291	24.15	54.90	−4.91
		qDTF11	Harbin, China	11	ID11198–ID11267	3.31	9.40	2.09
		qDTF4	Mudanjiang, China	4	ID04194–ID04291	9.25	28.00	−3.01

ICIM, inclusive composite interval mapping; MQM, multiple-QTL mapping; PEV, phenotypic variation.

Acknowledgments

This work was supported by National Natural Science Foundation of China (31430065, 31571686, 31371643, 31071445), National Key Research and Development Program (2016YFD0100401), "Strategic Priority Research Program" of the Chinese Academy of Sciences (XDA08030108), the Open Foundation of the Key Laboratory of Soybean Molecular Design Breeding of Chinese Academy of Sciences, "One-hundred Talents" Startup Funds from Chinese Academy of Sciences, Scientific Research Foundation for Returned Chinese Scholars of Heilongjiang Province, China (LC201417), and the Science Foundation for Creative Research Talents of Harbin Science and Technology Bureau, China (2014RFQYJ046).

参考文献（略）

本文原载于《The Crop Journal》2018 年 04 期。

The Soybean Gene *J* Contributes to Salt Stress Tolerance by Up-Regulating Salt-Responsive Genes

Qun Cheng[1†], Zhuoran Gan[1†], Yanping Wang[2†], Sijia Lu[1], Zhihong Hou[1], Haiyang Li[1], Hongtao Xiang[3], Baohui Liu[1,4*], Fanjiang Kong[1,4*] and Lidong Dong[1*]

(1. *Innovative Center of Molecular Genetics and Evolution, School of Life Sciences, Guangzhou University, Guangzhou 511006, China;*

2. *Heilongjiang Academy of Agricultural Sciences, Mudanjiang 157000, China;*

3. *Institute of Farming and Cultivation, Heilongjiang Academy of Agricultural Sciences, Harbin 150030, China;*

4. *The Innovative Academy of Seed Design, Key Laboratory of Soybean Molecular Design Breeding, Northeast Institute of Geography and Agroecology, Chinese Academy of Sciences, Harbin 150030, China)*

Abstract: Soybean [*Glycine max* (L.) Merr.] is an important crop for oil and protein resources world wide, and its farming is impacted by increasing soil salinity levels. In *Arabidopsis*the gene *EARLY FLOWERING* 3 (*ELF*3), increased salt tolerance by suppressing salt stress response pathways. *J* is the ortholog of *AtELF*3 in soybean, and loss-of-function*J* alleles greatly prolong soybean maturity and enhance grain yield. The exact role of J inabiotic stress response in soybean, however, remains unclear. In this study, we showed that *J* expression was induced by NaCl treatment and that the J protein was located in the nucleus. Compared to NIL-*J*, tolerance to NaCl was significantly lower in the NIL jmutant. We also demonstrated that overexpression of *J* increased NaCl tolerance intransgenic soybean hairy roots. J positively regulated expression of downstream salt stress response genes, including *GmWRKY*12, *GmWRKY*27, *GmWRKY*54, *GmNAC*, and *GmSIN*1. Our study disclosed a mechanism in soybean for regulation of the salt stress response. Manipulation of these genes should facilitate improvements in salt tolerance in soybean.

Keywords: Soybean; *J*; Transcription factor; Hairy roots; Salt tolerance; RNA-seq

1 Introduction

Soybean [*Glycine max* (L.) Merr.] is classified as a moderately salt-sensitive crop, and salt stress has negatively affected soybean yields (Parker et al., 1983; Ashraf, 1994; Munns and Tester, 2008). With increasing salinity levels, soybean production can be reduced by as much as 40% (Papiernik et al., 2005). Therefore, improving salt tolerance in soybean is essential to ensure future soybean yields. Some natural variations at the seedling stage in soybean have been identified through quantitative trait locus (QTL) mapping and genome-wide association studies (Lee et al., 2004; Chen et al., 2008; Hamwieh and Xu, 2008; Hamwieh et al., 2011; Ha et al., 2013; Guan et al., 2014; Patil et al., 2016; Zeng et al., 2017; Do et al., 2018). For instance, a major salt-tolerant QTL located on Chr.3 (linkage group N) has been identified repeatedly using different soybean-mapping populations (Lee et al.,2004; Hamwieh and Xu, 2008; Hamwieh et al., 2011; Ha et al., 2013). This QTL has been cloned with a whole-genome resequencing and map-based cloning approach and found to encode an ion transporter (Guan et al.,2014; Qi et al., 2014; Do et al., 2016). The function of this gene in NaCl tolerance was confirmed by using the transgenic hairy root and B2Y cell overexpression assay (Qi et al., 2014). Moreover, by using reverse genetics, several transcription factor (TF) genes and ion−exchanger genes have been identified to contribute to NaCl stress tolerance in soybean (Chen et al., 2014; Li et al., 2017; Xuet al., 2018). For instance, *GmWRKY*27 encoded a WRKY TF and improved NaCl tolerance in transgenic soybean hairy roots (Wang et al., 2015). An NAC TF encoded by *SALT INDUCEDNAC 1* (*GmSIN*1) and overexpression of *GmSIN*1 promoted root growth and NaCl tolerance and increased yield under NaCl stress in soybean (Li et al., 2019). Ectopic expression of the*GmERF*3 gene in transgenic tobacco plants gave tolerance to high salinity (Zhang et al., 2009). In addition, *GmCLC*1 encodedCl$^-$/H$^+$ antiporter and overexpression of *GmCLC*1 enhanced NaCl tolerance in transgenic plants (Wei et al., 2016). However, few of circadian genes have been demonstrated to respond and adapt to high salinity.

*EARLY FLOWERING*3 (*ELF*3) functions as one of the corecircadian-clock components and was first determined to be a flowering repressor. For example, *elf*3 mutants flower early in aphoto period insensitive manner (Zagotta et al., 1996) and *ELF*3-overexpressing (*ELF*3-*OX*) plants bloom very late only under long-day conditions in *Arabidopsis* (Liu et al., 2001). In addition, *ELF*3 interacts with other circadian clock components, *ELF*4 and LUX, called the evening complex (Nusinow et al., 2011). This complex (*ELF*3-*ELF*4-*LUX*) binds to the promoters of *PIF*4and *PIF*5 to repress hypocotyl growth in the evening (Nusinowet al., 2011). A recent report showed that *AtELF*3-*OX* plants are tolerant to high NaCl and that elf3 mutants are hypersensitive to high NaCl in *Arabidopsis* (Sakuraba et al., 2017). Whether or not *AtELF*3 homologous are involved in NaCl stress responses in soybean plant, however, remains largely unknown.

Our previous research showed that *J* is a coortholog of the *Arabidopsis* flowering-time gene *AtELF*3 (Lu et al., 2017). However, whether this gene can respond to NaCl stress and the molecular mechanism, is largely unclear. In the present study, we demonstrated that expression of *J* was induced by NaCl and *J* protein was located in the nucleus. Transgenic soybean hairy roots overexpressing the *J* gene enhanced NaCl tolerance. *J* positively regulated the transcription levels of NaCl tolerance related genes *GmWRKY*12, *GmWRKY*27, *GmWRKY*54, *GmNAC*11, and *GmSIN*1 in soybean, leading to NaCl stress tolerance. These studies allow for the elucidation of *J* roles in NaCl stress responses.

2 Material and methods

2.1 Plant materials and NaCl stress treatment

Seedlings of soybean (NIL-*J* and NIL-*j* from Lu et al., 2017) were cultivated in a 8 × 8 cm flowerpot (vermiculite: nutritious soil is 1:3) and grown in a greenhouse under a photo period of 16 h light/8 h dark at 25 °C and 60% humidity. For NaCl treatment, 12 d-old seedlings were watered with 200 mM sodium chloride (NaCl). For phenotype observations, we treated12-day-old seedlings for 3 d.

2.2 Measurements of pro line and malondialdehyde contents

Twelve-day-old NIL-*J* and NIL-*j* soybean seedings were watered with 200 mM NaCl treatment 2 d, leaves of NIL-*J* and NIL-*j* were harvested and immediately used. Both proline (Pro) and malondialdehyde (MDA) content were measured with the Proassay kit (Yuanye, Shanghai, China, R30341) and MDA assaykit (Yuanye, R21870) based on the manufacturers protocols. All measurements were taken from three biological replicates.

2.3 Quantitative PCR analysis

For tissue-specific expression analyses, root, hypocotyl, cotyledon, leaf, stem, shoot apex, were collected from seedlingsat first trifoliate (V1) stage, and flowers were collected from seedlings at first flowering (R1) stage. For total RNA extraction, leaf samples was harvested after 0, 1, 3, 6, 12, and 24 h of NaCl treatment, immediately frozen in liquid nitrogen, and stored at −80 ° C. Total RNA was isolated using TRIzol reagent (Invitrogen, Carlsbad, CA, United States, catalog number 15596018) and reverse-transcribed the total RNA accordingto the manufacturers instructions (Invitrogen). cDNA was synthesized from 1 μg of total RNA using a Super Scriptfirst-strand cDNA synthesis system (Takara, Dalian, China). Quantitative reverse transcription polymerase chain reaction (qRT-PCR) analysis was performed to measure *J* transcription levels on a Roche LightCycler480 system (Roche, Mannheim,Germany) using a real-time PCR (RT-PCR) kit (Roche). Briefly, the cDNA was diluted to 10-fold and used 1 μL of diluted cDNA as the template in a 20 μL qPCR reaction, which was predenatured at 95 ° C for 5 min, followed by a 40-cycle program (95 ° C, 10 s; 60 ° C, 10 s; 72 ° C, 20 s per cycle). The soybean house keeping genes *GmTUB* (*Glyma*.05*G*157300) (Cheng et al., 2019) and *GmEF1β* (*Glyma*.17*G*001400) (Jian et al., 2008) were used as an internal reference for normalization. The relative transcription level of the target gene was calculated using the 2-11*CT* method. We used three biological replicates and three technical repeats in all assays.

2.4 Subcellular localization of the *J*-GFP fusion proteins

The coding sequence of *J* was amplified by RT-PCR using primers *J-GFPF* and *J-GFPR* (Supplementary Table S1), fused to the N-terminus of green fluorescent protein (GFP) under the control of the constitutive Cauliflower Mosaic Virus 35S (CaMV35S) promoter. The resulting expression vector, *p35S: J-GFP*, was inserted into *A. tumefaciens* strain GV3101 cells, and transfected into healthy leaves of 21 d-old *Nicotianabenthamiana* (*N. benthamiana*) tobacco leaves by agroinfiltrationas described previously (Cheng et al., 2018). The fluorescencesignals were imaged using an LSM800 spectral confocal microscope imaging system (Zeiss, Oberkochen, Germany). The *p35S-GFP* vector was used as a control.

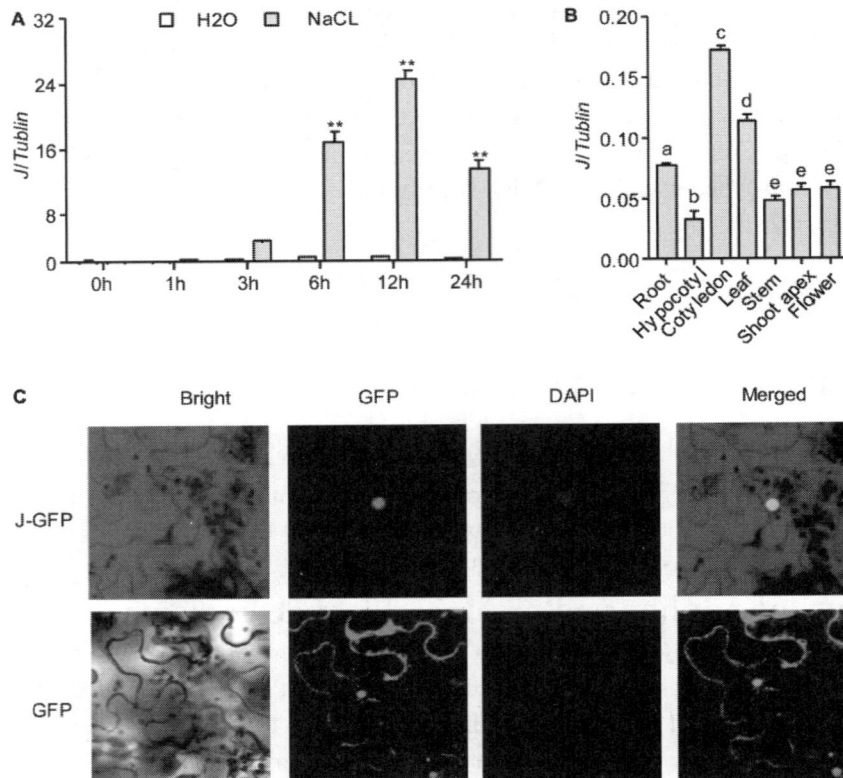

FIGURE 1 | *J* gene expression and protein localization. **(A)** *J* expression levels in response to NaCl treatment in soybean seedlings as revealed by qRT-PCR analysis. Significant differences were analyzed based on the results of three biological replications (Student's *t* test: **$P < 0.01$). Bars indicate standard error of the mean. The presence of the same lowercase letter above the histogram bars in a–e denotes non-significant differences across the two panels ($P > 0.05$). **(B)** *J* expression in various organs of soybean plants. **(C)** Subcellular localization of *J* protein in in tobacco leaf cells. DAPI, fluorescence of 4′,6-diamidino-2-phenylindole; Merge, merge of GFP and DAPI.

2.5 Agrobacterium rhizogenes–mediated transformation of soybean hairy roots

The full-length coding sequence of *J* from Harosoy was cloned into the pTF101-Gene vector (containing the bar gene forglufosinate resistance), between *Avr* II and *Mlu* I sites downstream of the constitutive CaMV35S promoter. As a negative control, the gene for the *GFP* was cloned and instead of J using the same vector and promoter. Both constructs (*p35S-J* and *p35S-GFP*) were introduced into *Agrobacterium rhizogenes* strain K599. Soybean hairy root transformation was performedas previously described by Cheng et al. (2018) with some modifications. Surface-sterilized soybean seeds were germinatedon a germination medium [3.21 g/L Gamborg Basal salt mixture (Gamborg et al., 1968), 1.0 mg/L 6-BA, 2% sucrose, 0.8% agar, pH 5.8] for 5 ds (16 h light/8 h dark). Agrobacterium rhizogenesstrain K599 containing the recombinant construct was grown in yeast extract peptone medium containing 50 mg/L kanamycinand 25 mg/L rifampicin at 28 ° C for 16 h. We then used the construct to infect the cotyledons through scalpel incisions. The cotyledons were co-cultivated with A. *rhizogenes* on root-inducing medium [4.3 g/L Murashige and Skoog (MS) medium (Murashige and Skoog, 1962), 3% sucrose, 0.6 g/L MES, 250 mg/Lcefotaxime and 250 mg/L carbenicillin]. After 2 weeks, cotyledons with roots emerging from the incision sites were transferred to new root-inducing medium with NaCl or medium without NaCl as untreated control. Root mass was weighed about 1 week after treatment and used the soybean plant NIL-j for transformation. The overexpression of the J gene was tested in transgenic hairy roots using qRT-PCR.

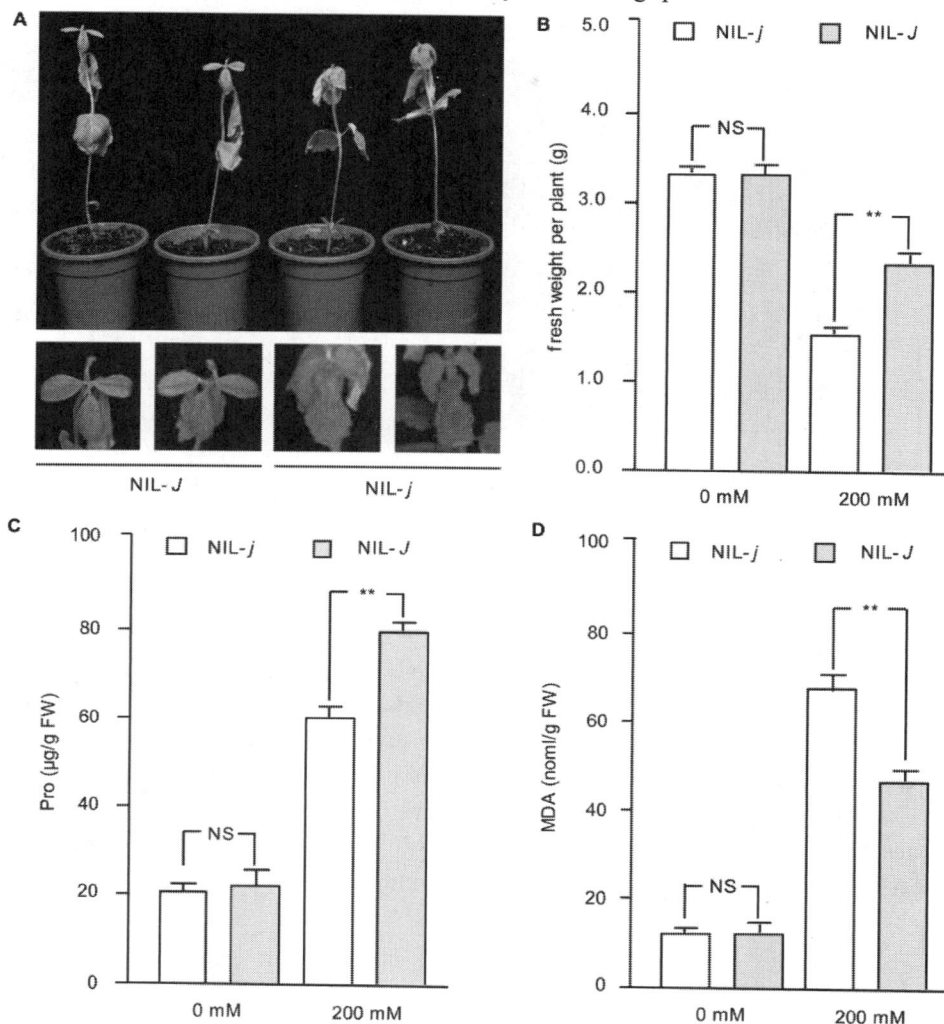

FIGURE 2 | Phenotype identification of J under NaCl treatment in NIL-J and NIL-j soybean plants. **(A)** Phenotypes of 14 days NIL-J and NIL-j seedings after planting, treated with 200 mM NaCl for 3 days, Bottom photos: second leaves. $N = 12$. **(B)** Fresh weight of NIL-J and NIL-j soybean plants with 0 mM or 200 mM NaCl treatment. **(C)** Proline contents in NIL-J and NIL-j soybean seedlings under 0 mM or 200 mM NaCl treatment. **(D)** MDA contents in NIL-J and NIL-j soybean seedlings under 0 mM or 200 mM NaCl treatment. Error bars, s.e.m. Data were analyzed using Student's t test. NS, not significant. **$P < 0.01$.

2.6 Transcriptomic analysis

NIL-J and NIL-j soybean plants grown for 4 weeks under non-stress conditions were used for transcriptomic analysis. Total RNA was extracted from the samples with three biological replications using the Spectrum Plant Total RNA Kit (Sigma-Aldrich, St. Louis, MO, United States, STRN10-1KT). These quencing libraries were generated using NEB Next Ultra RNA Library Prep Kit for Illumina (New England Biolabs, Ipswich, MA, United States) following the manufacturers recommendations and added index codes to attribute sequencesto each sample. The clustering of the index-coded samples was performed on a cBot Cluster Generation System using TruSeq PECluster Kit v4-cBot-HS (Illumia) according to the manufacturers instructions. After cluster analysis, we sequenced the RNA onan Illumina Hiseq 2500 platform to generate paired-end reads. We mapped the total reads to the soybean genome[1] using the Tophat tools software (Trapnell et al., 2009). Read counts foreach gene were generated using HTSeq with a union mode. Differentially expressed genes (DEGs) among samples were defined by

DESeq using two separate models (Anders and Huber, 2010), based on fold change greater than two and a false discovery rate (FDR)–adjusted P value < 0.05. We implemented geneontology (GO) enrichment analysis of the DEGs using the GOseqR packages based on Wallenius non-central hypergeometric distribution (Young et al., 2010), which can adjust for genelength bias in DEGs.

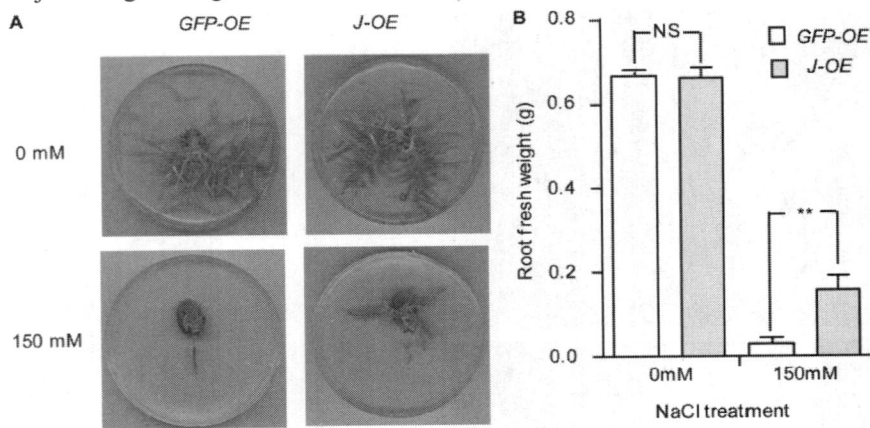

FIGURE 3 | Phenotype identification of J under salt treatment in transgenic hairy roots. **(A)** Phenotypes of transgenic hairy roots expressing either GFP or J with or without NaCl treatment. Photos were taken 2 weeks after treatment. **(B)** Fresh weight of hairy roots with or without NaCl treatment. $N = 12$. Error bars, s.e.m. Data were analyzed using Student's t test. NS, not significant. **$P < 0.01$.

2.7 Statistical analyses

For phenotypic evaluation, we analyzed at least 10 NIL-J and NIL-j soybean plants, or *GFP-OE* and *J-OE* transgenic hairyroots. The exact numbers of individuals (n) are presented in the figure legends. For expression analyses using qRT-PCR, we pooled at least three individuals per tissue sample and performed at least three qRT–PCR reactions (technical replicates). The exact number of replicates is given in the figure legends. We compared mean values for each measured parameter using one-way analysis of variance from SPSS (version 20, IBM, Chicago, IL, United States) or one-tailed, two-sample Students t tests from Microsoft Excel, whenever appropriate. The statistical tests used for each experiment were given in the figure legends.

3 Results

3.1 J Gene expression and protein localization

Our previous research showed that J is a co-ortholog of the *Arabidopsis* flowering-time gene *AtELF3*. J promotes flowering of soybean by directly repressing the expression of $E1$ (Lu et al.,2017). To understand whether J was involved in the response to NaCl stress in soybean, we first investigated the expression of Jin soybean seedlings exposed for 2 weeks to NaCl (200 mM). The results showed that J expression was significantly induced and reached a peak at 12 h under NaCl exposure (Fig 1A). We next investigated the expression pattern of J by quantifying the relative abundance of the mRNA in different organs. J was constitutively expressed in soybean organs (root, hypocotyl, cotyledon, leaf, stem, shoot apex, flower) and highly expressed in the cotyledons, but it was expressed moderately in leaves and roots (Fig 1B). We further determined the subcellular localization of J. The *p35S-J-GFP* construct was transiently transformed into *N. benthamiana* leaf cells. The results show that J is located in the nucleus, and the GFP control is located primarily in the cytoplasm (Fig 1C and Supplementary Fig S1). These results indicate that J is a nuclear protein, and that the expression of J is induced by NaCl treatment.

3.2 J improves salt tolerance in soybean

Because the expression of J was induced under NaCl treatment, we hypothesized the J gene may have a role in

634

salt tolerance in soybean. To confirm this potential function, we examined seedlings from near-isogenic lines (NILs) carrying the functional *J* allele (NIL-*J*) or the non-functional *j* allele (NIL-*j*) (Lu et al., 2017) for their sensitivity to 200 mM NaCl. NIL-*j* seedlings were severely wilted and almost 99% of the leaves exhibited serious dehydration and drying (Fig 2A). Although old leaves of NIL-*J* soybean seedlings wilted, new leaves still grewvigorously (Fig 2A). The fresh weight was measured under NaCl treatment, and the results showed that the fresh weight of NIL-*J* soybean seedlings was significantly higher than that of NIL-*j* plants (Fig 2B). Next, we measured MDA and Pro content to compare stress impact between NIL-*J* and NIL-*j*. The results showed that NIL-*J* soybean seedlings increased Pro content to a larger extend than the NIL-*j* lines (Fig 2C), whereas the MDA content was less increased in the NIL-*J* lines under NaCl stress (Fig 2D). These measurements suggest the impact of the NaCl treatment is lower in the NIL-*J* lines.

To further evaluate whether *J* is a NaCl-tolerant gene, a construct for *J* overexpression (*pTF*101-*J*) was generated and transformed into the soybean hairy roots of NIL-*j*. We confirmed the expression of the transgene by qRT-PCR (Supplementary Figure S1). In the absence of NaCl treatment, both root cultures transformed with either *J* or green fluorescent protein (GFP; control) gave healthy hairy roots (Fig 3A). When subjected to NaCl treatment, however, roots transformed with *J* showed significantly higher root fresh weights than the control (Fig 3B). This result support the idea that *J* could reduce NaCl stress.

3.3 Transcriptomic analysis of NIL-*J* and NIL-*j* soybean plants

To identify genes possibly related to the *J*-mediated reduction of NaCl impact, we performed mRNA-sequence (RNA-Seq) analysis of the full transcripts from NIL-*J* and NIL-*j* soybean plants. We identified 2567 DEG that were affected more than two-fold in NIL-*j* compared with NIL-*J* under non-stress conditions (FDRP < 0.05; Fig 4A and Supplementary Data S1). Among the 2567 DEG, 452 genes were significantly upregulated and 2115 genes were significantly downregulated (Figure 4A and Supplementary Data S1). The GO terms specifically enriched in the downregulated DEGs were primarily genes involved in stress responses, in transcription, in secondary metabolite biosynthesis, in transport of organic ions, and signal transduction (Fig 4B).

Biotechnological and RNA-Seq approaches have identified some TF families, such as WRKY, NAC, MYB, and bHLH proteins, that respond to NaCl stress in soybean. Here, we found that 64 WRKY-family genes, 16 NAC-family genes, 10 MYB-family genes, and 5 bHLH-family genes were significantly down regulated in NIL-*j* plants in comparison to NIL-*J* (fold-change > 2, and *P* > 0.5) under normal conditions (Fig 4C,D). To further explore the effect of *J* on the transcription of NaCl related genes, we determined, for all of these genes, whether they respond to NaCl stress. As a result, we identified that 24 of 64 WRKY-family genes and 2 of 16NAC-family genes that could respond to NaCl stress in soybean. Therefore, we speculated that *J* may positively regulate the expression of these genes and contribute to improvements in NaCl tolerance in soybean.

3.4 *J* Improves salt tolerance by positively regulating salt stress response genes

The comparison of the transcriptomes of 12 d-old NIL-*J* and NIL-*j* soybean seedlings, showed higher expression of *GmWRKY*12, *GmWRKY*27, *GmWRKY*54, *GmNAC*11, and *GmSIN*1 in NIL-*J* lines. To confirm these differential expressions, and simultaneously test expression changes under NaCl treatment, we used qRT-PCR in NIL-*J* and NIL-*j* soybean plants and in *J*-overexpressing (*J-OE*) soybean hairy roots. These genes were all upregulated in NIL-*J* soybean plants (Fig 5Aand Supplementary Fig S2) and *J-OE* soybean hairy roots (Fig 5B and Supplementary Fig S2). Additionally, they all showed earlier or higher induction in NIL-J than NIL-j soybean plants or in *J-OE* hairy roots than in WT plants in response to NaCl (Fig 5A, B and Supplementary Fig S2). These data suggested that *J* expression regulates to some extend the expression of *GmWRKY*12, *GmWRKY*27, *GmWRKY*54, *GmNAC*11, and *GmSIN*1 and can improve NaCl tolerance in soybean.

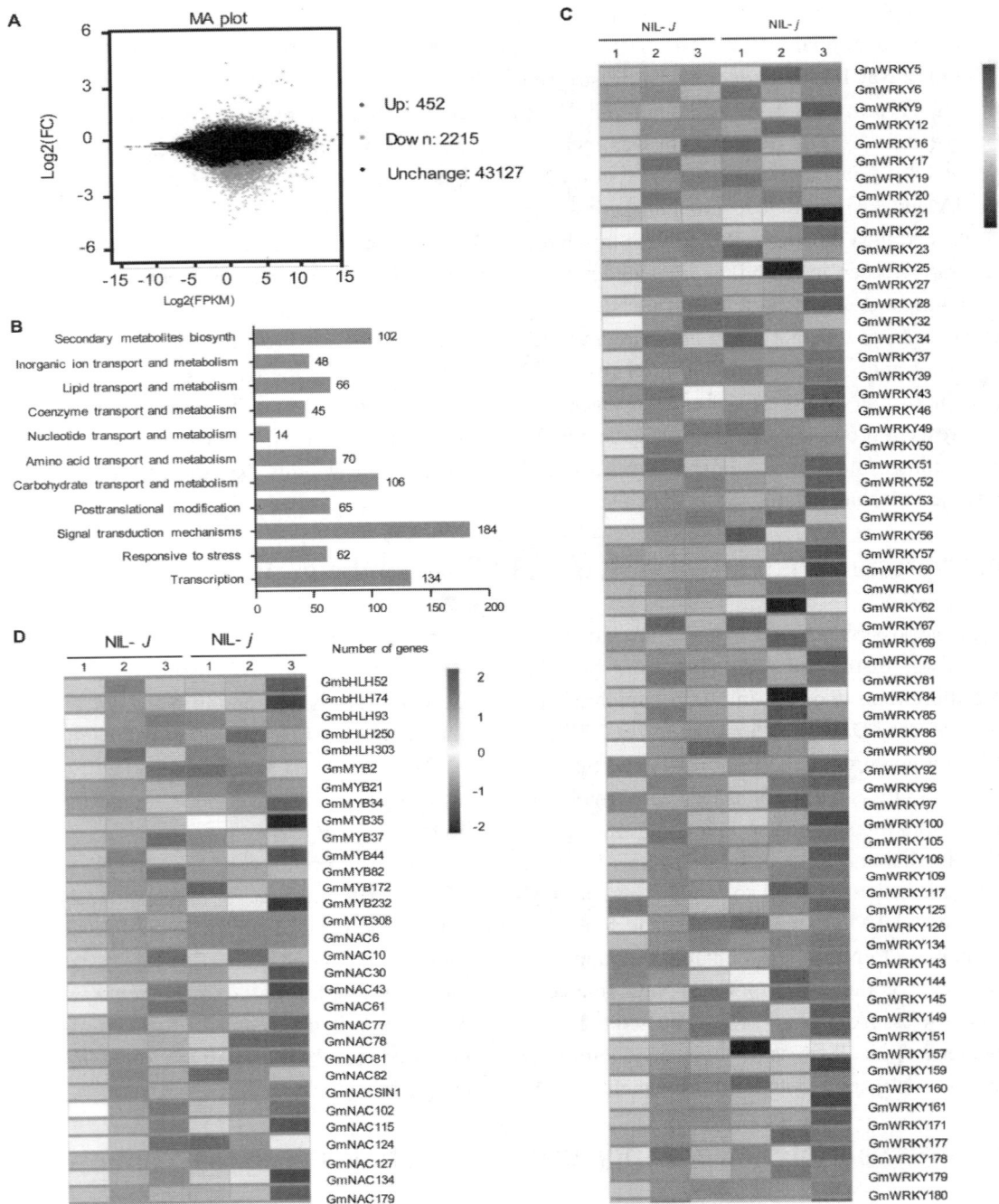

FIGURE 4 | Transcriptomic analysis of NIL-*J* and NIL-*j* soybean plant. **(A)** Numbers of genes showing differential expression between NIL-*J* and NIL-*j* soybean plant in non-NaCl-stressed seedings. **(B)** GO terms that were statistically enriched in differentially expressed genes in NIL-*J* and NIL-*j* RNA-seq assay. The numbers near the columns indicate the number of differentially expressed genes. **(C,D)** The heat map of differential expression of WRKY, bHLH, MYB, and NAC family genes in NIL-*J* and NIL-*j*. The numerical values for the blue-to-red gradient bar represent log2-fold change relative to the control sample.

4 Discussion

To engineer salt-tolerant soybean varieties, it is crucial to identify key components of the plant salt-tolerance network. Although some salt-tolerance genes have been identified in soybean, knowledge about the mechanisms by which they work is still scarce. In this study we investigated the potential role and mechanism for one such candidate, named *J*, for which the Arabidopsis-ortholog *AtELF*3 may be involved in stress responses (Lu et al., 2017). Recently, research showed that *AtELF*3 enhances the resilience to NaCl stress and plays a key role in the repression of ROS production under NaCl stress in *Arabidopsis* (Sakuraba et al., 2017). Consistent with these observations, we demonstrated that *J* improved NaCl tolerance in soybean plants. This finding suggested that the *ELF* 3homologous gene may have a similar function in response to NaCl stress in other crops.

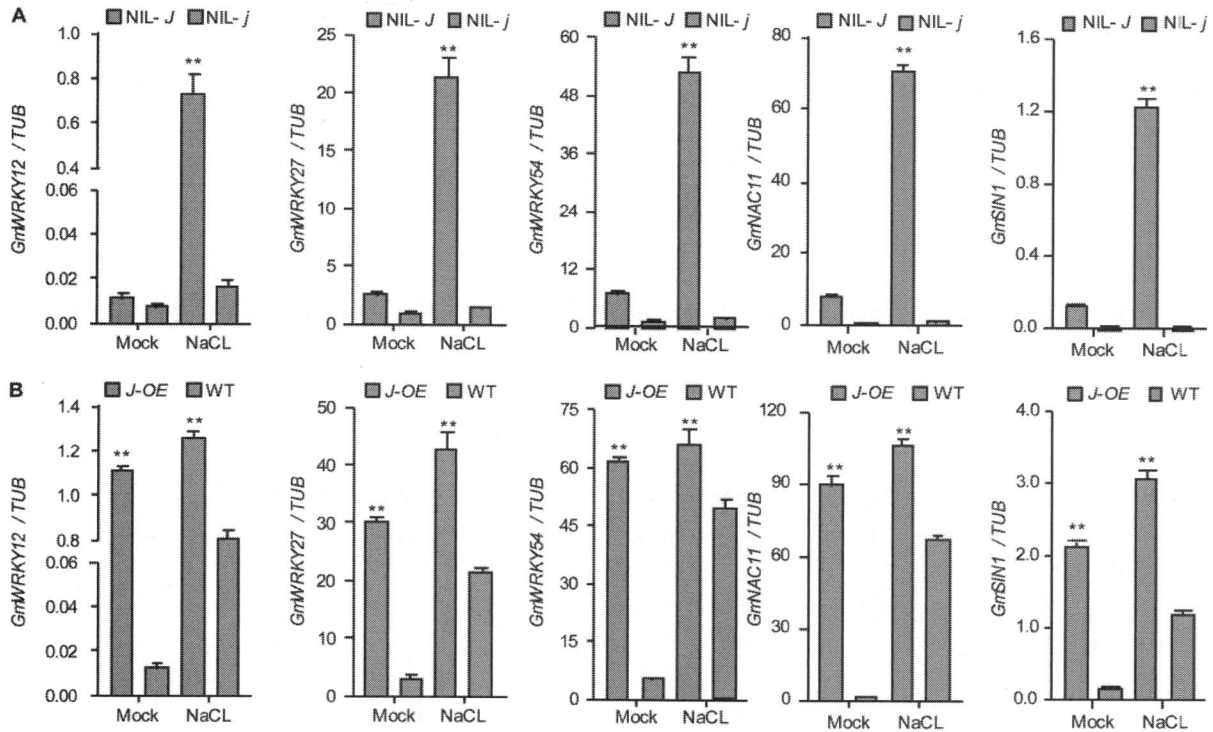

FIGURE 5 | *J* positively regulating the expression of salt stress–tolerant genes in soybean. **(A)** The transcription levels of *GmWRKY12*, *GmWRKY27*, *GmWRKY54*, *GmNAC11*, and *GmSIN1* in 15-day-old seedlings of NIL-*J* and NIL-*j* soybean plant exposed to either 0 mM (mock) or 150 mM NaCl for 6 h; data obtained by qRT-PCR. **(B)** The transcription levels of *GmWRKY12*, *GmWRKY27*, *GmWRKY54*, *GmNAC11*, and *GmSIN1* in *J* or *GFP* (Control) overexpressing soybean hairy root and exposed to either 0 mM (mock) or 150 mM NaCl; data obtained by qRT-PCR. Significant differences were analyzed based on the results of three biological replications (Student's *t*-test: **P < 0.01). Bars indicate standard error of the mean.

It has been reported that WRKY family TFs play an important role in response to NaCl stress in soybean (Zhou et al., 2008; Wang et al., 2015; Song et al., 2016; Shi et al.,2018; Xu et al., 2018). Zhou et al. (2008) identified 64*GmWRKY* genes before the soybean genome was sequenced and confirmed that *GmWRKY*13, 21 and 54 genes were involved in NaCl stress. Yu et al. (2016) identified 188 soybean WRKY genes genome-wide, and 66 of the genes have been shown to respond rapidly and transiently to the imposition of NaCl stress. In the latest version of the soybean genome (Wm82.a2v1), 176 *GmWRKY* TFs were identified and the expression of three *GmWRKY* genes increased under NaCl treatment (Song et al., 2016). In addition, some NAC TFs have been involved in NaCl stress responses (Hao et al.,2011; Melo et al., 2018; Li et al., 2019). For example, overexpression of *GmNAC*11 resulted in enhanced tolerance to NaCl stress (Hao et al., 2011). In this study, we found that J upregulated 64 WRKY-family genes and 16 NAC-family genes by transcriptomic analysis. Based on RNA-Seq and bioinformatics methods, we found that 24 WRKY-familygenes and two NAC-family genes may have participated in response to NaCl in soybean. We also confirmed that J positively regulated the expression of *GmWRKY*12, *GmWRKY*27, *GmWRKY*54, *GmNAC*11, and *GmSIN*1, which encoded a positive effect on NaCl tolerance in soybean (Zhou et al., 2008; Haoet al., 2011; Wang et al., 2015; Shi et al., 2018; Li et al.,2019). AtELF3 participated in the evening (AtELF3-AtELF4-AtLUX) complex of the transcriptional repression of downstream genes (Nusinow et al., 2011). A recent study revealed that AtELF3 indirectly binds to the *AtPIF*4 promoter and represses the expression of *AtPIF*4. *AtPIF*4 directly downregulates the transcription of *JUNGBRUNNEN*1 (*JUB1/ANAC*042), encodinga TF that upregulates the expression of NaCl stress-tolerantgenes (Sakuraba et al., 2017). Thus, we speculated that *J* may indirectly regulate the transcription of *GmWRKY* and *GmNAC* genes, which positively regulated NaCl stress response pathways in soybean. In future work, we will identify whether or not *J* directly regulates genes in soybean NaCl stress response pathways.

Overall, our results showed that *J* transcription was activated under NaCl stress in soybean. and *J* could positively regulate the expression of salt-responsive genes in soybean. Our findings indicate that *J* may function in plant survival under high NaCl levels, and may provide a target for genetically designing and breeding of more salt-tolerant soybean.

Data availability statement

The datasets generated by this study can be found in the NCBI using accession number PRJNA605480.

Author contributions

LD, FK, and BL designed the experiments and managed the projects. QC, ZG, and YW performed the experiments. SL, ZH, HL, and HX performed the data analysis. LD and QC wrote the manuscript.

Funding

This work was supported by the National Natural Science Foundation of China (31901568, 31725021, 31771815, and31701445). This work was also funded by the National Key R&D Program of China (2017YFE0111000 and 2016YFD0100400).

Acknowledgments

We thank Let Pub (www.letpub.com) for its linguistic assistance during the preparation of this manuscript. We also thank editorHA for revision of the manuscript.

Supplementary material

The Supplementary Material for this article can be found online at: https://www.frontiersin.org/articles/10.3389/fpls.2020.00272/full#supplementary-materia

参考文献（略）

本文原载于《Frontiers Plant Science》2020 年 11 卷。

†：共同第一作者单位为黑龙江省农科院牡丹江分院。

第八章　大豆品种改良与培育

大豆品种牡试 2 号育种实践及品种设计育种的思考

宗春美 [1, 2]，王燕平 [1]，齐玉鑫 [1]，王吴彬 [2]，孙晓环 [1]，白艳凤 [1]，李文 [1]，孙国宏 [1]，王磊 [2, 1]，刘长远 [1]，赵晋铭 [2]，任海祥 [1]，杜维广 [1]，盖钧镒 [2]

（1 黑龙江省农业科学院牡丹江分院/牡丹江大豆研发中心/国家大豆改良中心牡丹江试验站，黑龙江 牡丹江，157010；2 南京农业大学大豆研究所/国家大豆改良中心/农业部大豆生物学与遗传育种重点实验室/作物遗传与种质创新国家重点实验室，江苏 南京，210095）

摘 要：牡试2号是国家大豆改良中心与黑龙江省农业科学院牡丹江分院合作，以哈北46–1为母本，东生4805为父本，采用改良系谱法育成的大豆新品种，初步实现育种之初对品种设计理念。在分析牡试2号育成过程基础上，对黑龙江省品种设计育种进行了一些思考。提出大豆育种应重视中间材料的创制、积累及合理利用，提高育种机械化水平，扩大育种群体规模，提高育种效率，育种应与栽培有机结合，共同为大豆产业服务。

关键词：大豆；牡试2号；选育；品种设计育种

　　黑龙江省是我国大豆主产区，年种植面积和总产占全国的近半壁江山[1]。黑龙江省大豆生产水平虽高于全国，但在品种单产、品质和配套技术等较世界主产国仍有较大差距[2]。因此强化高产广适性品种选育和推广是保证黑龙江省乃至全国粮食生产压舱石的重要措施之一。近年来，我省审定了一大批适应不同生态区及市场需求的高产优质大豆新品种，分析其特征演化可知，育成品种绝大部分以高产为主，株高为中高杆，百粒重逐渐增大，近 26 年来增加了 4.4%，脂肪含量也呈明显上升趋势，蛋脂总和也保持了较高水平[3]。以上品种特征的演化和积累是长期遗传改良的结果，也是品种与生态区相互适应的结果。为适宜市场对高产广适大豆品种的需求，国家大豆改良中心与黑龙江省农业科学院牡丹江分院合作，于 2018 年共同审定高产广适大豆新品种牡试 2 号。本研究试分析牡试 2 号新品种的选育过程，以期找到一些可供育种借鉴的做法和思路，供设计育种者参考。

1 牡试 2 号品种选育进程及育种程序的优化

1.1 育种目标及品种设计

　　近年来，黑龙江省七成以上耕地有机质含量下降，土壤肥力退化，灰斑病、菌核病等病害日益严重[4]。因此在制定大豆育种目标之初，除注重品种的稳产高产，还着重考虑耐逆性和抗病性，为了使品种更贴近实际生产需求，我们进一步细化了育种指标。

　　根据黑龙江省中早熟区大豆生产的实际情况，认真总结前期育种经验基础上我们提出了进一步细化了大豆育种目标[5]：耐贫瘠，中等栽培密度群体下（28万~30万株/hm²），中高杆，杆强，节间短，有效分枝多，每节座荚多，植株塔形（复叶下披上挺）。叶片衰老迟、持绿时间长（R6~R8期长）、花荚脱落率低、收获指数高、均匀主茎型或曲茎分枝并重型；根系活力高，稳产、抗倒、产量水平3 600 kg/hm²、产量潜力大，品质性状优良、中抗灰斑病、菌核病等生产上的主要病害，适应性广。在此基础上选择合适亲本进行组合，在各世代严格选择以实现此育种目标。

1.2 双亲的选择依据

合理的组合配置是实现育种目标的关键。筛选目标性状突出且互补、生态型和系统来源均不同的品种（或中间材料）作亲本才能在杂交后代出现优良变异并选出好品种[6]。牡试 2 号双亲哈北 46–1、东生 4805 都曾是黑龙江省第三积温带生产上大面积推广的高产优质品系，遗传基础丰富。

哈北 46–1 是高蛋白高产品系，至今仍有较大种植面积，蛋白质含量 44.8%，该品系叶片冠层呈下坡上挺结构，豆荚空间分布呈塔形结构，产量构成属于主茎与分枝并重的理想株型，且抗病性与耐旱性较强，具有较多的优点[7]；东生 4805 也是高产品系，亚有限结荚习性，中高杆，杆强抗倒伏，具高产稳产的优点，不足之处为百粒重偏小（19 g 左右）。双亲均具有优质、高产、稳产等共性，且在抗病、熟期等方面有一定的互补性，遗传基础丰富，是较为理想的组合亲本。

1.3 应用改良系谱法保留优异变异，抓住关键性状定向选择

为加速育种进程，牡试 2 号采用南繁北育相结合方式选育，本课题组采用改良系谱法进行新品种的选育。对 F_1、F_3 进行南繁加代，F_2、F_4 这两个关键世代对育种群体进行严格单株选择；对 F_5 代品系决选，F_6~F_7 代对决选优良品系进行本地、异地鉴定结合及品比试验。在南繁的 $F_{2:3}$ 和北育的 $F_{3:4}$ 世代，对所采用的系谱法进行了改良，扩大了优良系统的繁育规模，具体做法为：在 F_2 代选择单株后，为尽可能保留整个群体的优异变异，将所选单株 80% 以上的种子进行南繁加代，在海南按株行种植 $F_{2:3}$ 代，收获时行内各单株摘取 1 个 2-3 粒荚后混合；由于 F_3 代收获较多的种子，在种植北育 $F_{3:4}$ 世代时，采取双行区设计，在本世代选择优异单株前，首先考察组合内各家系的综合表现，重点选择表现优良的家系，再从中选优良单株，通过此优中选优的方式，使优异基因在后代中得以充分表现；通过这两个关键世代对系谱法的改良，很大程度地保留了育种群体的优异变异，并提高了 F_4 世代选择优良亲本的效率。

2008 年配置杂交组合，同年冬进行 F_1 加代，单粒点播，稀植，淘汰伪杂种及个别生长不良单株，单株收获；F_2 代田间分离类型广泛，针对株高、生育期、抗病、抗倒伏性等遗传力较高的典型性状，共选 14 个不同类型单株；在 F_2 代单株脱粒南繁时，将每单株至少经 F_3 代南繁加代摘荚收获后，继续种植 14 个 F_4 代系统；由于 F_4 代各性状已趋于稳定，选择单株时注重丰收性，针对分枝数、主茎节数、每节荚数、单株总荚数、百粒重等与产量高度相关的性状加以选择，共选择 6 株优良单株，经室内考种均表现优良，单株全部决选。2011 年对各决选株系的一致性和综合表现进行考察，结合室内考种，淘汰了其他 5 个表现平平的姊妹系品系，最终决选品系 11–50488。2012—2013 年以合丰 55 为对照进行本地、异地鉴定和品比试验，两年平均单产 3 219.9 kg/hm², 比合丰 55 增产 10.75%，确定参试名称牡试 311；2014—2017 年起参加黑龙江省二积温带南部区中间试验（1 年预备试验，2 年区域试验，1 年生产试验），2018 年通过黑龙江省审定，正式定名为牡试 2 号（黑审豆 2018009），具体选育程序详见表 1。

表 1 大豆品种牡试 2 号优化系谱法选育过程
Table1 Breeding Process of Soybean Variety of by Pedigree Method Mushi 2

年次	年份	世代	主要工作	育种程序	选择情况及成果
1	2008	F_0	杂交组合配置		收获杂交种子 26 粒
		F_1	南繁加代，点播选株	F1组合	去除伪杂种，收获 18 株 F_1 代单株
2	2009	F_2	稀植条播选单株	株行	种植 18 行 $F_{1:2}$ 代株行，选择 14 个不同类型单株
		F_3	南繁加代	大群体混合摘荚	南繁加代，不选择
3	2010	F_4	条播选单株	选择单株	从 14 个系统中选择 6 个优良单株
4	2011	F_5	株系测产选株系	株行	决选 11 - 50488 株系
5	2012	F_6	当选株系本地及异地产量鉴定	鉴定圃一年　株系圃	两地均较对照大幅度增产，继续下一步试验
6	2013	F_7	品系比较试验	品比圃1年	产量稳定增产，确定参加2014年省预备试验，参试名称牡试 311
7	2014	F_8	参加省第二积温带南部区预备试验，6 点次	省中间试验4年	较对照显著增产 16.2%，晋级下一年度区域试验
8	2015	F_9	参加省一年区试，6 点次	品种审定示范	较对照平均增产 12.3%，晋级二年区域试验
9	2016	F_{10}	参加省二年区试，7 点次		较对照平均增产 9.9%，晋级生产试验
10	2017	F_{11}	参加省生产试验，6 点次	品种繁殖推广	较对照显著增产，拟审定
11	2018	F_{12}	审定推广		审定编号：黑审豆 2018009，正式定名牡试 2 号

2 牡试 2 号主要特征特性

2.1 较好的丰产稳产性、优质、抗病

牡试 2 号在黑龙江省多年多点中间试验中，综合性状表现优良，高产稳产，比对照增产显著，3 年省区域及生产试验共 19 个点次，点点增产，最高产量为 3 913.5 kg/hm²，达到了预定的育种目标；平均蛋白质含量 38.31%，平均脂肪含量 21.72%，蛋脂和 60.03%。中抗灰斑病；各级试验数据详见表 2。

牡试 2 号双亲哈北 46–1、东生 4805 都是生产上大面积推广的优良品系，遗传基础丰富，是高产、广适应性、抗病等优良性状的基础。

表 2 牡试 2 号多年多点试验结果
Table2 Multi - year and multi - spot test resultsof Soybean Variety of Mushi 2

年份	试验类别	试验点次	生育日数	株高	有效节数	有效分枝	百粒重	单产	较对照（%）	蛋白质（%）	脂肪（%）	蛋脂和（%）	灰斑病抗性
2014	预验	6						3137.4	+16.2				
2015	区验	6	119.5	97	16.5	1.8	21.9	3050.2	+12.3	39.27	21.18	60.45	中抗
2016	区验	7	120.1	109	17.1	2.2	20.9	2823.5	+9.9	37.06	22.48	59.54	中抗
2017	生验	6	121.2	114.7	19.1	1.7	21.4	2904.5	+10.9	38.59	21.50	60.09	中抗
平均			120.3	106.9	17.6	1.9	21.4	2920.7	+11.0	38.31	21.72	60.03	中抗

2.2 中早熟、适应性较强，基本达到既定育种目标

多年的试验表明：牡试2号全生育期120.3 d，较合丰55早熟2～3 d，生育期前移，且叶片持绿时间长，籽粒成熟度好，籽粒外观优良，百粒重较大，一般年份为21～22 g左右，在环境适宜的年份，可达25～26 g。中高杆，杆强不倒伏，节间较短（5.3 cm左右），有效分枝多（17.6节），每节座荚多，植株收敛。整体株型为主茎分枝并重型；稳产广适、产量潜力大，品质性状优良，中抗灰斑病、菌核病等病害。

3 黑龙江省大豆高产育种的思考

3.1 重视种质创新利用工作，创造遗传变异广泛的中间材料

选对合适骨干亲本是作物育种成功的关键环节，同时合理利用创新改良的中间材料也是获得超亲后代的有效措施[6]。优异中间材料是含有控制某些优良性状特殊基因的育种材料，合理利用中间材料，能扩大后代群体分离范围，在新品种培育中发挥至关重要的作用。当前育种亲本选择范围较窄，育种单位急于求成，导致修饰型育种较多、拓展亲本遗传距离的工作相对较少、育成品种的同质化现象较为普遍，限制了突破性品种选育进展。所以，应在广泛收集、鉴定和利用优异种质资源基础上创制中间育种材料，并通过与骨干亲本杂交，构建目标性状突出、遗传基础丰富的遗传育种群体，进行有利基因的累加。重点加强抗病虫（灰斑病、菌核病、蚜虫等）、优质（高蛋白、高脂肪含量、优质蛋白、高油酸等）、耐逆（耐盐碱、耐旱、抗除草剂等）资源的引进利用。

3.2 应注重育种机械化，扩大育种群体规模，提高育种效率

育种就是不断将优良基因聚合到后代中的过程，也是种子产业化及商业化育种的必然结果[8]。育种机械化不仅可以增大育种规模，减轻劳动强度，而且可以提高育种试验的精确度，增加对优良基因型选择的机会[9]。因此在育种工作中，应在强调基因资源、育种理论和方法以及现代生物技术研究和应用的同时，实现育种机械化，扩大育种规模，以提高育种效率。

在本研究牡试2号选育过程中，为提高优良品种的选择效率，对经典系谱法适当加以改良，南繁北育进程均增加了各育种世代的群体规模，使优异基因通过聚合并在后代群体中得以表达，提高了品种的选择效率，建议在今后育种工作中对各个世代适度扩大群体规模，增加优异基因聚合体充分表达的概率。

3.3 栽培与育种相结合，共同为大豆产业服务

好品种配套好的栽培技术才能充分体现出品种产量潜力[8]。育种者在设计品种时，应设计与生产上主推栽培模式相适应的个体和群体株型，将栽培技术渗透到育种早期乃至全育种过程。在品种比较时就增加肥力和密度的设计，真正地把育种和栽培结合在一起，才能真正选出耐密和适应选地环境的品种。

近年来农村劳动力逐步转移，大豆生产成本上升，机械化、轻简化管理等节能型栽培方式得以快速发展，因此育种之初就要确定与节能高效的栽培方式配套的品种也是育种者的首要任务。

参考文献（略）

该文章尚未见刊。

超高产、抗病、广适应性大豆黑农 51 的选育研究

栾晓燕，陈怡，杜维广，满为群，刘鑫磊，马岩松，林蔚刚

（黑龙江省农业科学院大豆研究所，黑龙江 哈尔滨，150086）

摘　要：黑农 51 是黑龙江省农业科学院大豆研究所以黑农 37 为母本，合交 93–1538（合丰 39）为父本有性杂交，经高光效育种程序选育而成，2007 年由黑龙江省农作物审定委员会审定推广。黑农 51 具有高产、稳产、抗病、优质、广适应性等特点，并具有理想的光合生态型，高光合速率、高光饱和点及低 CO_2 补偿点，最高产量为 4 650 $kg \cdot hm^{-2}$。适宜的栽培方法是垄作栽培，穴播或垄上双行条播，最适宜的密度是 20 万～25 万株·hm^{-2}。适于黑龙江省第一、二积温带及吉林、辽宁、内蒙、新疆的部分地区种植。

关键词：黑农 51；超高产；广适应性；光合生态型品种

Breeding Research of Super High Yeild, Disease Resistance, Broad Adaptability Soybean Variety Heinong 51

LUAN Xiao-yan, CHEN Yi, DU Wei-guang, MAN Wei-qun, LIU Xin-lei, MA Yan-song, LIN Wei-gang

(*Soybean Research Institute of Heilongjiang Academy of Agricultural Sciences*, *Harbin* 150086, *China*)

Abstract: The new soybean variety Heinong 51was developed from a cross between "Heinong 37" (female par-ent) and 'He93－1538' (male parent) by Soybean Research Institute of Heilongjiang Academy of Agricultural Sciences. It was released by Heilongjiang Crop Variety Approval Committee in 2007. Heinong 51 has character-with high yield, disease resistance, high quality, broad adaptability, and high photosynthetic ecotype. The highest yield can reach 4 650 $kg \cdot hm^{-2}$. The suitable cultivation pattern is ridge cultivation, the suitable density is 200 thousand to 250 thousand plants per hectare. It is suitable for planting in first and second accumulative tempera-ture zone of Heilongjiang province and part area of Jilin, Liaoning, Inner Mongolia, Xinjiang, etc.

Keywords: Heinong 51; Super high yield; Broad adaptability; Photosynthetic ecotype

黑龙江省常年大豆种植面积 300 万 hm^2，占全国 33.3%，占北方春豆区 67%。发展黑龙江省大豆对全国大豆生产发展起着重要作用。黑龙江省大豆生产存在单产低、脂肪含量低和生产成本高等问题，是限制大豆生产发展的主要因素。努力提高单产、改善品质才能促进大豆生产快速发展。现依据高产、稳产、优质、抗病、适应性广的育种目标，采用高光效育种技术，实现了遗传育种和植物生理生化的密切结合，历经 11 年育成高产、稳产、抗病、广适应性的大豆新品种黑农 51。

1 选育方法及经过

1996 年黑龙江省农业科学院大豆研究所育种一室以高产、稳产、适应性广的黑农 37 为母本，中早熟高产的合交 93–1538（合丰 39）为父本进行杂交，后经 2 次南繁加代，按大豆高光效育种程序和方法育成。其选择程序为 $F_2 \sim F_4$，主要依据比叶重和生态类型重点考察形态、株型、生育期、光合叶面积、株高、主

645

茎节数、每节荚数、秆强度、结荚习性、抗病毒病和灰斑病等。F$_5$ 以光合速率和产量指标选择决选品系，品系号为哈 99–5307，其系谱见图 1。

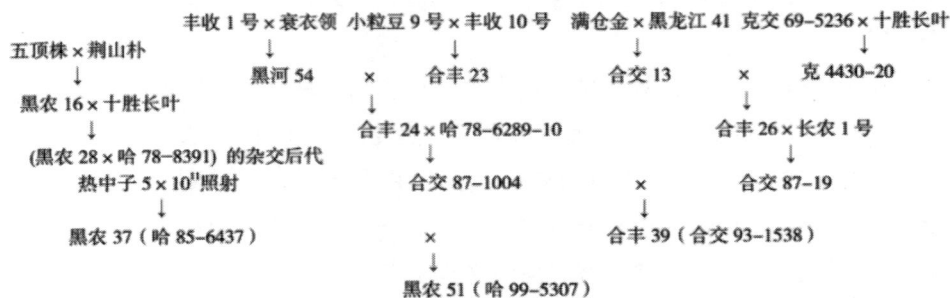

丰收 1 号 × 衰衣领　小粒豆 9 号 × 丰收 10 号　满仓金 × 黑龙江 41　克交 69–5236 × 十胜长叶

五顶株 × 荆山朴

黑河 54　×　合丰 23　　合交 13　×　克 4430–20

黑农 16 × 十胜长叶

（黑农 28 × 哈 78–8391）的杂交后代　　合丰 24 × 哈 78–6289–10　　合丰 26 × 长农 1 号

热中子 5 × 10^{11} 照射　　合交 87–1004　×　合交 87–19

黑农 37（哈 85–6437）　　×　　合丰 39（合交 93–1538）

黑农 51（哈 99–5307）

图 1　黑农 51 大豆亲本系谱图

Fig. 1　Heinong 51 family tree

2000—2001 年所内产量鉴定试验，进一步进行光合速率、RuBP 羧化酶活性等光合生理指标测定，同时进行抗病鉴定和品质分析，2002 年参加黑龙江省第一积温带 1 区预备试验，2003—2004 年参加黑龙江省第一积温带 1 区区域试验。2005 年参加黑龙江省第一积温带 1 区生产试验，2007 年经黑龙江省农作物品种审定委员会审定推广，定名为黑农 51，同年申请品种保护，获品种保护权。2011 年在吉林省审定推广。

2　产量表现

2.1　产量鉴定试验

2000—2001 年所内及异地产量鉴定，平均产量 3 042.5 kg·hm^{-2}，较对照黑农 37 增产 10.8%（见表 1）。

表 1　黑农 51 产量鉴定试验结果

Table 1　The results of Heinong 51 identification test

年份 Year	产量/kg·hm^{-2} Yield	增产/% Rate of yield increasing	对照品种 The control variety
2000	3049.00	12.6	黑农 37
2001	3036.00	8.9	黑农 37
平均 Average	3042.50	10.8	

2.2　区域试验结果

2003—2004 年参加黑龙江省第一积温区区域试验，2 年的 11 个点次平均产量 2 723.0 kg·hm^{-2}，平均较对照黑农 37 增产 9.90%（见表 2）。

表 2　黑农 51 历年区域试验产量结果
表 2　黑农 51 历年区域试验产量结果

Table 2　Theresults of Heinong 51 regional test

年份 Year	产量/kg·hm⁻² Yield	增产/% Rate of yield increasing	对照品种 The control variety
2003	2894. 14	7. 77	黑农 37
2004	2580. 30	11. 60	黑农 37
平均 Average	2723. 00	9. 90	

2.3　生产试验结果

2005 年参加黑龙江省第一积温区生产试验，6 点平均产量为 2 996.5 kg·hm⁻²，平均较对照黑农 37 增产 11.4%（见表 3）。

表 3　黑农 51 历年生产试验产量结果

Table 3　Theresults of Heinong51 production test

年份 Year	产量/kg·hm⁻² Yield	增产/% Rate of yield increasing	对照品种 The control variety
2005	2996. 5	11. 4	黑农 37

2.4　生产示范结果

黑农 51 在不同省、地进行生产、示范，都收到了很好的产量结果，2007 年五常县向阳乡 8.6 hm² 的黑农 51，创造了 4 650 kg·hm⁻² 的高产纪录。2008 年在黑龙江省遭遇特大干旱的情况下，在黑龙江省双城市"好好农业"示范区，5 hm² 的黑农 51，产量达到了 3 050 kg·hm⁻²，2008—2009 年在吉林省示范推广，最高产量达到了 3 790 kg·hm⁻²，2011—2012 年在黑龙江省示范，最高产量 4 030 kg·hm⁻²（见表 4）。

表 4　黑农 51 生产示范产量结果

Table 4　The yield results of Heinong 51 production demonstration

年份 Year	示范地点 Demonstration site	示范面积/hm² Demonstration area	产量/kg·hm⁻² Yield
2007	黑龙江省五常县向阳乡	8. 6	4650
2007	黑龙江省宾县鸟河乡	15. 0	4110
2008	黑龙江双城"好好农业"示范区	5. 0	3050
2008	吉林省扶余县	32. 0	3360
2009	吉林省敦化雁鸣湖	28. 0	3790
2009	黑龙江省肇源县新肇镇	56. 0	3570
2010	黑龙江省宝清县 852 农场	30. 0	3910
2011	黑龙江省东宁县	25. 0	4030

3 特征特性及评价

株高 100~110 cm，株型收敛，以主茎结荚为主，分枝较少。白花，尖叶，亚有限结荚习性，茸毛灰白色，主茎 20~22 节，节间短，结荚密，每节结荚多，4 粒荚多，荚熟色为褐色，籽粒圆形，种皮黄色，有光泽，脐黄色，百粒重 18~20 g。蛋白质含量 41.37%，脂肪含量 19.74%。生育日数 126 d，所需活动积温 2 583 ℃。根系发达，秆强不倒，抗旱性较好，中抗大豆灰斑病（FLS）和大豆花叶病毒病（SMV）。

3.1 高产、稳产

2003—2005 年黑农 51 参加黑龙江省第一积温带 1 区区域试验和生产试验，最高产量是 3 488.3 kg·hm^{-2}，比对照品种黑农 37 增产 16.6%，增产幅度 4.3%~16.6%，且年度间产量表现稳定，3 年平均变异系数为 13.8%，说明黑农 51 属高产、稳产型品种。

3.2 抗病、抗逆

2004—2005 年经东北农业大学大豆研究所、黑龙江省农业科学院大豆研究所鉴定，中抗大豆花叶病毒病（SMV）1 号株系；2005—2006 年经黑龙江省农业科学院佳木斯分院鉴定，中抗大豆灰斑病。2008 年在黑龙江省遭遇特大干旱的情况下，黑农 51 仍获得较好产量；2007~2009 年在三肇地区的轻盐碱地或重茬地块也获得了较好的产量。说明黑农 51 根系发达，抗旱性较强，较耐轻盐碱。

3.3 优质、广适应性

2004 年分析结果：蛋白质含量 40.01%，脂肪含量 20.15%。2005 年分析结果：蛋白质含量 42.73%，脂肪含量 19.33%，2 年平均脂肪含量 19.74%，蛋白质含量 41.37%，蛋脂总和达 61.11%，是蛋白质、脂肪兼用型品种。

黑农 51 的审定区域是在黑龙江省的第一积温带，现已种植推广至第二、第三积温带的林口、桦南、宝清、密山、红兴隆管局农场、木兰、青冈、肇源和泰康等地，以至吉林、辽宁、内蒙古、新疆的部分地区，跨 5.7 个纬度（南到辽阳 N41.3°，北至杜尔伯特 N47°）和黑龙江省的 4 个生态区（松嫩平原区、西部干旱区、中部平原区和东部低湿区），说明黑农 51 对光温反应不敏感，具有较好的广适应性。

3.4 高光合效率

3.4.1 光合效率

黑农 51 株型收敛，具有理想的光合生态型，高光合速率、高光饱和点及低 CO_2 补偿点。在适宜温度和相同光强条件下，R_5 时期，光合速率大于对照品种黑农 37，与高光效的黑农 41 相仿。黑农 51 光饱和点 PFD 在 1 690 μE·m^{-2}·s^{-1} 左右，比黑农 37（1 446 μE·m^{-2}·s^{-1}）高 9.96%（见图 2）；黑农 51CO_2 补偿点为

（95.6±6.42）mg·kg⁻¹CO₂，比黑农 37（112.01±5.85 mg·kg⁻¹CO₂）降低了 14.7%（见表 5）。

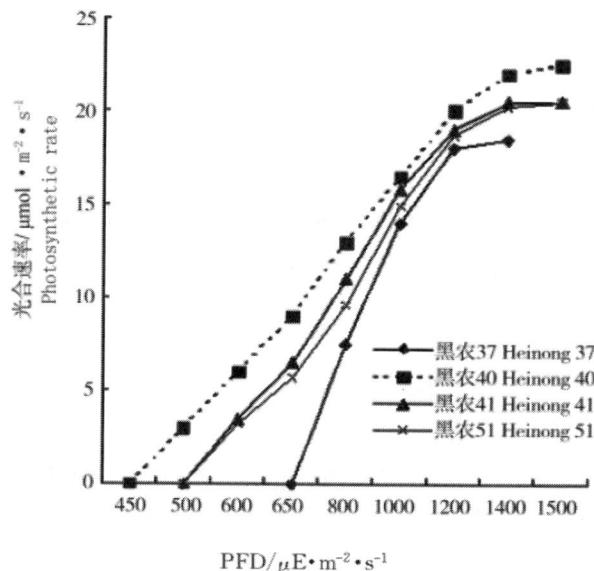

图 2　大豆品种在不同光量子通量密度（PFD）
下的光合速率比较

Fig. 2　Comparison on photosynthetic rate of
soybean varieties in different PFD

表 5　黑农 51 与对照黑农 37 在 R₅ 时期适宜温度下的 CO₂ 补偿点比较（哈尔滨，2007 年）

Table 5　Comparison of CO₂ compensation point between Heinong 51 with Heinong 37 at R₅ stage

品种 Variety	CO₂/mg·kg⁻¹	相对百分率/% Relative percentage
黑农 51 Heinong 51	95.6±6.42	85.3
黑农 41 Heinong 41	98.8±6.09	88.2
黑农 40 Heinong 40	86.1±8.53	76.9
黑农 37（CK）Heinong 37	112.01±5.85	100

3.4.2　光合酶活性

黑农 51 豆荚在结荚期、鼓粒期和衰老期 RuBPCase 活性和 C4 途径 4 种关键酶活性显著高于对照品种黑农 37（见表 6）。

表 6　黑农 51 与对照黑农 37 不同发育时期豆荚几种光合酶活性的比较

Table 6　Comparison of photosynthetic enzyme activity between Heinong 51
with Heinong 37 at different stages

品种 Variety	时期 Stage	RuBPCase	PEPCase	NADP-MDH	NADP ME	PPDK
黑农 51	结荚期	0.70	0.32	4.48	0.38	0.78
Heinong 51	鼓粒期	0.72	0.36	7.00	1.20	3.70
	衰老期	0.38	0.25	4.74	0.30	0.75
黑农 37	结荚期	0.58	0.24	4.45	0.38	0.69
Heinong 37	鼓粒期	0.60	0.30	6.26	0.81	2.72
	衰老期	0.24	0.19	4.70	0.58	0.52

4 栽培方法

4.1 栽培方式和密度

2007—2008 年对黑农 51 进行了不同密度下传统垄作和正方形平作栽培的对比研究，通过不同群体配置优化出黑农 51 最适宜的栽培方法是垄作栽培，最佳密度为 20 株·m^{-2}。

4.2 播 法

在对黑农 51 进行群体配置优化出最适宜密度的基础上，2008 年对其进行了相同密度不同播法的研究，结果表明，密度在 20 株·m^{-2} 条件下，穴播栽培能使黑农 51 达到试验产量的最高值，蛋脂总和也居首位。既验证了群体配置优化结果的准确性，也为黑农 51 的生产找到了最合适的栽培方法：垄作栽培和最适宜的密度范围：20~25 株·m^{-2}，穴播或垄上双条播。

5 讨 论

5.1 育种目标

高产、稳产始终是植物育种者追求的目标。大豆育种的实质是连续地从不同的祖先亲本中积累目标性状的增效基因，而淘汰减效基因[9]，研究者所利用的亲本黑农 37 和合丰 39（合交 93 - 1538）聚合了很多优异资源（满仓金、十胜长叶、荆山朴、黑农 16、合丰 24 和长农 1 号等）的优势性状，以此作为超高产、抗病、优质的遗传基础，采用了高光效育种手段育成了黑农 51，将高产、稳产、高光效、抗病、优质有机地结合在一起，进一步佐证了高光效育种是选育高产、优质、抗病大豆新品种的重要途径之一。

5.2 选育方法

对作物基因型进行遗传改良是提高作物产量的重要途径[8]，其方法种类繁多。我国大豆新品种选育仍以常规育种为主，但是大豆超高产品种选育是在常规育种基础上，以提高光能利用效率为核心，开展注重形态特征和自身生理功能改善的高光效育种、理想株型育种、高产优质多抗性状基因聚合育种，通过各种杂交方式、轮回选择、穿梭育种技术，分子标记辅助育种技术等选育过程来实现的。黑农 51 是通过杂交与辐射相结合的手段聚合了多个目标性状（高产、抗病、优质）基因，利用高光效育种程序在 F$_2$~F$_4$ 主要依据比叶重、生态类型重点考察形态、株型、生育期、光合叶面积、株高、主茎节数、每节荚数、秆强度、结荚习性、抗病性等。F$_5$ 以光合速率、产量指标、品质指标选择决选品系来完成选择的。生态类型和光合速率并重选择是高光效育种程序和方法的重要内容，也是高光效育种成功的关键。

5.3 栽培方法

中国大豆栽培历史悠久，在传统农业向现代农业的发展过程中形成了许多适合不同地域、不同生态条件、不同土壤类型、不同品种类型的栽培模式和方法。大豆高产栽培模式是以优良品种为基础，以豆田平衡施肥、合理排灌和精细管理为核心的栽培措施，结合精量点播、种子包衣、地膜覆盖、育苗移栽、断根掐尖、合理密植、化学调控及其他种植技术逐步形成的。"垄三栽培模式""永常栽培模式""高寒栽培模式""兴福栽培模式""波浪冠层栽培模式""原垄卡种""覆膜技术""改良的窄行密植"等高产栽培技术，对提高黑龙江省大豆单产起到了重要作用。有研究表明，大豆群体在正常密度下，越接近下层光照越弱，而冠层 CO_2 浓度的分布则与之相反。因此为了进一步提高大豆产量，应改良大豆株型，改良群体结构，增加冠层中下层的光照、促进 CO_2 的对流及协调光合作用的"源"和"库"，以积累更多的干物质[6]。研究者根据黑农 51 的形态特征，致力于通过适当增加 LAI 和提高大豆的光能利用效率及协调碳氮代谢功能来实现高产的目标，进行了不同密度下传统垄作和正方形平作栽培的对比研究，旨在通过不同群体配置优化出黑农 51 最适宜的栽培方法和密度。结果表明，垄作栽培、穴播或垄上双条播；密度 20~25 株·m^{-2}，为黑农 51 的最佳栽培方式。是良种良法的完美结合，可实现 4 650 kg·hm^{-2} 的高产目标。

参考文献（略）

本文原载于《黑龙江农业科学》2012 年 10 期。

国审高油高产大豆黑农 61 品种选育

栾晓燕，刘鑫磊，马岩松，陈怡，杜维广，满为群，王家军，于佰双

（黑龙江省农业科学院 大豆研究所，黑龙江 哈尔滨，150086）

摘　要：黑农 61 是黑龙江省农业科学院大豆研究所以合 97–793 为母本、绥农 14 为父本，经有性杂交选育而成，2010 年黑龙江省审，2014 年通过国审。该品种集高油、高产、抗病、广适应性于一体，适宜北方春大豆中早熟区域黑龙江省第一、二积温带以及吉林省、内蒙古、新疆的部分地区春播种植。

关键词：大豆；黑农 61；品种选育；栽培技术

Breeding of Soybean Variety Heinong 61 with High Oil and High Yield

LUAN Xiao-yan, LIU Xin-lei, MA Yan-song, CHEN Yi, DU Wei-guang, MAN Wei-qun, WANG Jia-jun, YU Bai-shuang

(*Soybean Research Institute, Heilongjiang Academy of Agricultural Sciences, Harbin* 150086, *China*)

Abstract: Heinong 61 was released by the Soybean Research Institute, Heilongjiang Academy of Agricultural Sciences using Suinong 14 and He 97–793 as male and female parents with pedigree method. It was approved by Heilongjiang and National Crop Approved Committee in 2010 and 2015. It has good properties of high oil, yield, good resistance to disease and wide adaption. Heinong 61 is greatly adaptive to large spring sowing area in part area of Heilongjiang, Jilin, Inner Mongolia and Xinjiang.

Keywords: Soybean variety; Heinong 61; Breeding; Cultivation techniques

1 选育过程

黑农 61 是黑龙江省农业科学院大豆研究所选育的高油高产型大豆品种。该品种是以综合性状优良的品系合 97－793 为母本，高产、优质广适应性的绥农 14 为父本进行有性杂交，采用高光效高产育种体系与常规育种相结合方法进行选择，2003 年 F₅ 代决选，品系号为哈 03－3764 是国内外 30 余个亲本优异性状的聚合体，其系谱见图 1。2004—2005 年参加黑龙江省农业科学院大豆研究所所内鉴定试验，2006 年参加黑龙江省第一积温带 1 区预备试验，2007—2008 年参加黑龙江省第一积温带 1 区区域试验。2009 年参加黑龙江省第一积温带 1 区生产试验，2010 年经黑龙江省农作物品种审定委员会审定推广，定名黑农 61，审定号：黑审豆 2010001。2011—2012 年参加东北春大豆中早熟组区域试验，2013 年参加生产试验，

2014 年通过国家农作物品种审定委员会审定，审定号：国审豆 2014003。

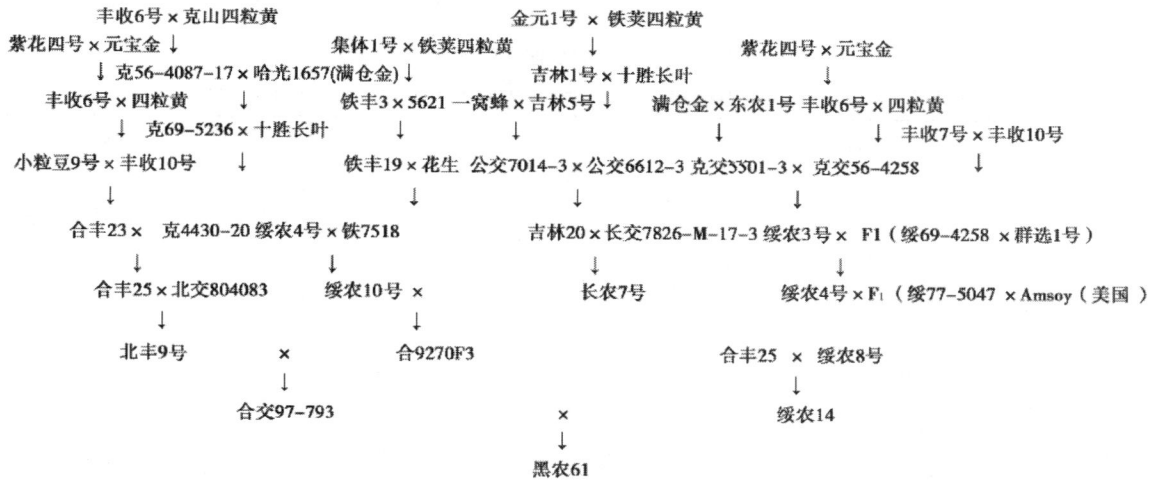

图1　黑农61大豆亲本系谱图
Fig. 1　Heinong 61 family tree

2　特征特性

黑农61生育日数120~123 d，活动积温2 500 ℃。该品种为紫花，尖叶，灰色茸毛，亚有限结荚习性。株高80 cm，主茎有效节16个，有效分枝0.2个，单株有效荚数38.4个，单株粒数77.2粒，单株粒重15.9 g，百粒重22.2 g。荚微弯镰形，成熟时呈褐色。籽粒圆形，种皮黄色，种脐黄色，微光。粗蛋白质含量38.06%，粗脂肪含量22.21%。接种鉴定中抗灰斑病，中抗大豆花叶病毒病1号株系。

2.1　产量表现

2.1.1　黑龙江省试验结果

2007—2008年参加黑龙江省第一积温带1区区域试验，两年12个点平均产量2 230.9 kg·hm²，较对照品种黑农37增产9.3%。2009年参加黑龙江省第一积温带1区生产试验，6点平均产量为2 823.8 kg·hm²，较对照品种黑农51增产9.4%(表1)。

表1　黑农61黑龙江省区生试试验产量结果
Table 1　Yield result of Heinong 61 in Heilongjiang regional and production test

试验类别 Test type	年份 Year	产量 Yield/（kg·hm²）	增产比 Yield increase/%	对照品种 CK
区域试验 Region	2007	2245.5	9.7	黑农37
	2008	2216.3	8.9	Heinong 37
	平均 Mean	2230.9	9.3	
生产试验 Production	2009	2823.8	9.4	黑农51 Heinong 51

2.1.2　东北春大豆试验结果

2011—2012年参加东北春大豆中早熟组区域试验，两年17个点平均产量2 817.0 kg·hm²，较平均值对照增产 3.1%。2013 年参加生产试验，8 点平均产量为 2 967.0 kg·hm²，平均较对照合交 02 - 69 增产 9.5%。

表2　黑农 61 东北春大豆区生试试验结果

Table 2　Yield result of Heinong 61 in national regional and production test

试验类别 Test type	年份 Year	产量 Yield/(kg·hm²)	增产比 Yield increase/%	对照品种 CK
区域试验	2011	2611.5	1.3	合交 02-69
Region	2012	3022.5	4.3	Hejiao02-69
	平均 Mean	2817.0	3.1	
生产试验	2013	2967.0	9.5	
Production				

2.1.3 品质分析

经农业部谷物质量监督检验中心(长春)两年品质分析，黑农 61 粗蛋白质含量 38.06%，粗脂肪含量 22.21%(表3)。

2.1.4 抗病性鉴定

2008—2009 年东北农业大学、黑龙江省农业科学院佳木斯分院接种鉴定，黑农 61 中抗大豆花叶病毒病 1 号株系，中抗大豆灰斑病；2011—2012 年经吉林省农业科学院大豆研究中心鉴定，黑农 61 中抗大豆花叶病毒病 1 号株系，中感大豆花叶病毒病 3 号株系，中抗大豆灰斑病。田间表现抗大豆花叶病毒病和灰斑病。

表3 黑农 61 品质分析

Table3 Quality analysis vesults of Heinong 61

年份 Year	蛋白质含量 Protein content /%	脂肪含量 Fat content /%	蛋脂总和 Total protein and fat content/%
2011	37.32	23.07	60.39
2012	38.79	21.34	60.12
平均 Mean	38.06	22.21	

2.1.5 适应地区

适宜北方春大豆中早熟区域黑龙江省第一、二积温带；吉林省东部半山区；内蒙古兴安盟地区；新疆昌吉州等地区春播种植。

3 栽培要点

3.1 播种日期

在北方春大豆中早熟区 5 月上旬播种。

3.2 播种方式

适宜垄作栽培，条播或穴播，条播行距 65 cm，穴播行距 70 cm。

3.3 种植密度

高肥力地块 20 万株·hm⁻²，中等肥力地块 22 万株·hm⁻²，低肥力地块 25 万株·hm⁻²。

3.4 施 肥

施腐熟有机肥 7 500 kg·hm⁻²；施底肥磷酸二铵 150~225 kg·hm⁻²，硫酸钾 30~45 kg·hm⁻²，或 225 kg·hm⁻² 氮磷钾三元复合肥。

3.5 田间管理

生产上注意控制密度，生育期间三铲三趟或化学除草，及时防治病虫害。

参考文献（略）

本文原载于《大豆科学》2016 年 05 期。

大豆新品种"牡豆8号"的选育

任海祥[1]，邵广忠[1]，宗春美[1]，王红华[2]，黄艳胜[1]，马启慧[3]，王燕平[1]，孙晓环[1]，齐玉鑫[1]，孙殷会[1]，
岳岩磊[1]，杜维广[1]

（1.黑龙江省农业科学院牡丹江分院/国家大豆改良中心牡丹江试验站，黑龙江 牡丹江，157041；2.牡丹江市种子管理处，黑龙江 牡丹江，157000；3.黑龙江省农业科学院海南繁育基地，海南 三亚，572011）

摘 要："牡豆8号"是黑龙江省农业科学院牡丹江分院2002年以垦农19为母本，2003为父本进行有性杂交，采用系谱法经多年鉴定选育而成。该品种需≥10℃积温2 450 ℃左右，在适应区域出苗至成熟生育日数120 d左右，2009—2011年在各级产量试验中均表现早熟、高产、优质、多抗等优点，2012年1月通过黑龙江省农作物品种审定委员会审定。适宜黑龙江省第二积温带和吉林省东部半山区相同条件的地区种植，种植密度一般为24~30万株·hm^{-2}。

关键词：大豆；牡豆8号；品种选育

Breeding Report of New Soybean Cultivar Mudou 8

REN Hai-xiang[1], SHAO Guang-zhong[1], ZONG Chun-mei[1], WANG Hong-hua[2], HUANG Yan-sheng[1], MA Qi-hui[3], WANG Yan-ping[1], SUN Xiao-huan[1], QI Yu-xin1, SUN Yin-hui[1], YUE Yan-lei[1], DU Wei-guang[1]

(1. *Mudanjiang Branch of Heilongjiang Academy of Agricultural Sciences / Mudanjiang Experimental Station, National Center for Soybean Improvement, Mudanjiang* 157041, *China;*

2. *Seed Management Office of Mudanjiang, Mudanjiang* 157041, *China;*

3. *Hainan Breeding Base of Heilongjiang Academy of Agricultural Sciences, Sanya* 572011, *China)*

Abstract: The new soybean variety Mudou 8, using Kennong 19 and Di 2003 as female and male parent and selected with pedigree method science 2002, was bred by Mudanjiang Branch of Heilongjiang Academy of Agricultural Sciences, and approved and released by Crop Variety Approval Committee of Heilongjiang Province in 2012. The annual accumulation temperature (≥10℃) was about 2 450 ℃ for Mudou 8 and the growth duration was 120 d in suitable area. Mudou 8 had high quality, high and stable yield, broad adaptability and strong resistance and, suitable to be planted in the second accumulated temperature zone of Heilongjiang Province and mid-levels of eastern Jilin Province with the suitable planting density of $2.4×10^5$～$3.0×10^5$ plants per hectare.

Keywords: Soybean; Mudou 8; Variety breeding

1 选育经过

2002年以高产、优质的垦农19为母本，2003为父本配制杂交组合，原组合号为02057，收获F_0世代种子，同年冬季在海南种植F_1代；2003年在黑龙江省农业科学院牡丹江分院种植F_2代，当年南繁种植F_3；2004年、2005年在黑龙江省农业科学院牡丹江分院种植F_4、F_5，并于F_5代决选品系，编号为牡06–310。2006—2007年进行产量鉴定试验和异地鉴定试验；2008年参加黑龙江省预备试验；2009~2010年参加黑龙

江省区域试验；2011 年区域生产试验同时进行，完成全部试验程序，2012 年 1 月通过黑龙江省农作物品种审定委员会审定命名。

2 品种特征特性

2.1 农艺性状

牡豆 8 号为亚有限结荚习性；株高 102 cm，主茎型无分枝；紫花，尖叶，灰色茸毛；荚弯镰形，成熟时呈褐色；百粒重 20 g 左右；秆较强，根系发达，抗旱性较好。

2.2 籽粒品质

牡豆 8 号籽粒圆形，种皮黄色，种脐黄色，有光泽，经农业部谷物及制品监督检验测试中心（哈尔滨）分析，3 年平均蛋白质含量 37.56%，脂肪平均含量 21.24%；属高产高油品种[1]。

2.3 抗病抗逆性

牡豆 8 号经过黑龙江省农业科学院佳木斯分院 2009—2011 年连续 3 年灰斑病接种鉴定，均表现为中抗，兼抗霜霉病和大豆花叶病。抗逆性强，丰产性好。

2.4 生育期

牡豆 8 号为中早熟品种，在适应区域出苗至成熟生育日数 120 d 左右，需要≥10 ℃活动积温 2 450 ℃。

3 产量表现

3.1 分院试验

2006—2007 年黑龙江省农业科学院牡丹江分院内产量鉴定试验平均产量 2 817 kg·hm^{-2}，较标准品种绥农 10 平均增产 17.7%。

3.2 区域试验

2009 年黑龙江省 5 点区域试验的平均产量为 2 595.5 kg·hm^{-2}，较标准品种黑农 44 平均增产 9.3%。2010

年全省 6 点区域试验平均产量 2 650.4 kg·hm^{-2}，较标准品种黑农 44 平均增产 4.4%。2011 年全省 5 点区域试验平均产量 2 470.9 kg·hm^{-2}，较标准品种合丰 55 平均增产 10.9%。2009—2011 年全省 3 年 16 点区域试验平均产量 2 429.3 kg·hm^{-2}，较标准品种合丰 55 平均增产 8.0%。

表 1　2009～2011 年区域试验产量结果

Table 1　The yield results of regional test in 2009–2011

试验地点 Site	2009		2010		2011	
	产量 Yield/kg·hm^{-2}	比对照增产 Yield increase/%	产量 Yield/kg·hm^{-2}	比对照增产 Yield increase/%	产量 Yield/kg·hm^{-2}	比对照增产 Yield increase/%
巴彦县种子管理站	2370.4	11.0	2137.8	0.0	2678.1	12.3
明水种子站	2225.6	12.9	1846.2	−2.0	1642.3	14.5
牡丹江市金穗种业	2224.2	6.2	3603.0	11.8	2861.5	16.3
绥化市种子管理处	—	—	2661.9	−5.8	2702.6	4.5
望奎种子站	2880.7	5.8	2423.0	14.5	2470.0	6.9
宁安农场试验站	3276.4	10.6	3076.9	8.0	—	—
平均 Average	2595.5	9.3	2650.4	4.4	2572.3	10.9

3.3 生产试验

2011 年黑龙江省 5 点区域试验平均产量 2 519.3 kg·hm^{-2}，较标准品种合丰 55 平均增产 12.5%。

表 2　牡豆 8 号 2011 年生产试验产量结果

Table 2　The yield results of production test

试验地点 Site	产量 Yield /kg·hm^{-2}	比对照增产 Yield increase/%
巴彦县种子管理站	3030.4	20.7
明水种子站	1833.3	8.4
牡丹江市金穗种业	2525.0	26.3
绥化市种子管理处	2830.0	−3.4
望奎种子站	2378.0	10.6
平均 Average	2519.3	12.5

4 适宜种植区域

牡豆 8 号适宜在黑龙江省第二积温带和吉林省东部半山区相同条件的地区种植。

5 栽培技术要点

5.1 选地与整地

选择中等肥力的地块种植，尽量种植正茬或迎茬，避免重茬；整地要求土壤进行秋翻或早春适时顶浆打垄，达到良好种植状态。

5.2 施 肥

在一般栽培条件下，施用磷酸二铵 180 kg·hm^{-2}、尿素 20~30 kg·hm^{-2}、钾肥 50~70 kg·hm^{-2}，在生育期间根据大豆生长情况适当追肥。

5.3 种子处理

播种前可以对种子进行包衣处理，以防治地下害虫的危害，保证全苗。

5.4 合理密植

牡豆 8 号适宜种植密度为 25 万株·hm^{-2} 左右，播种量为 50~60 kg·hm^{-2}。

5.5 田间管理

在黑龙江省一般五月上中旬播种，生育期间要求三铲三趟，或采用化学除草，8 月 8~15 日喷施甲铵磷或 DDV 800~1 000 倍液防治大豆食心虫 1~2 次[2]，提高大豆商品质量，及时收获。

参考文献（略）
本文原载于《大豆科学》2012 年 05 期。

大豆新品种牡豆9号的选育

任海祥，王燕平，宗春美，孙晓环，齐玉鑫，白艳凤，王玉莲，杜维广，徐德海，侯国强

（黑龙江省农科院牡丹江分院/国家大豆改良中心牡丹江试验站，黑龙江 牡丹江，157041）

摘　要：牡豆9号是黑龙江省农科院牡丹江分院2005年以黑农48×绥04-5474的F_1为母本，与黑农48为父本进行有性杂交，采用系谱法经多年鉴定选育而成。该品种需≥10 ℃积温2 330℃左右，2012—2014年在各级产量试验中均表现早熟、高产、高油、多抗等优点，2015年通过黑龙江省农作物品种审定委员会审定命名。适宜黑龙江省第二积温带和吉林省东部半山区相同条件的地区种植应用，种植密度一般以每公顷保苗25万～30万株。

关键词：大豆；牡豆9号；品种选育

Selection Report of New Soybean Variety Mudou 9

REN Hai-Xiang, WANG Yan-Ping, ZONG Chun-Mei, SUN Xiao-Huan, QI Yu-Xin, BAI Yan-Feng, WANG Yu-lian, DU Wei-Guang, XU De-Hai, HOU Guo-Qiang

(*Mudanjiang Branch of Heilongjiang Academy of Agricultural Sciences / Mudanjiang Experimental Station National Center for Soybean Improvement, Mudanjiang 157041, China*)

Abstract: The new soybean varietyMudou 9, using F_1 Heinong 48×Sui 04－5474 and Heinong 48 as female and male parent respectively , was bred by Mudanjiang Branch of Heilongjiang Academy of Agricultural Sciences in 2005, with pedigree method for several years. The annual accumulation temperature(≥10℃) was about 2 330 ℃, the test result showed Mudou 9 had features of early maturity, high yield, high oil and multi-resistance during 2012—2014, it was approved and released by Crop Variety Approval Committee of Heilongjiang Province in 2015, and suitable for the second accumulated temperature zone of Heilongjiang Province and the same condition region of eastern Jilin Province, mid-levels area planted application, the suitable planting density was $2.5×10^5$-$3.0×10^5$ plants per hectare.

Keywords: Soybean; 'Mudou 9'; Variety breeding

1 选育经过

牡豆9号是2005年以黑农48×绥04-5474的F_1为母本，以黑农48为父本，进行回交，系谱法选育而成。2005年配置杂交组合，同年冬在海南种BC_1F_1代，2006年在分院内种BC_1F_2代，同年冬在海南种BC_1F_3代，2007年在分院内种BC_1F_4代，2008年在分院内BC_1F_5代并决选。2009年、2010在分院内参加鉴定试验，2011年参加黑龙江省预备试验，2012—2013年参加全省区域试验，2014年参加全省生产试验。2015年5月通过黑龙江省农作物品种审定委员会审定命名。

2 品种的特征特性

2.1 农艺性状

该品种为亚有限结荚习性。株高 81 cm 左右，有分枝，紫花，尖叶，灰色茸毛，荚弯镰形，成熟时呈褐色。籽粒圆形，种皮黄色，种脐黄色，有光泽，百粒重 20.1 g 左右。秆较强，根系发达，抗旱性较好。

2.2 籽粒品质

牡豆 9 号籽粒圆形，种皮黄色，种脐黄色，有光泽，经农业部谷物及制品监督检验测试中心（哈尔滨）三年平均品质分析结果：蛋白质含量 40.70%，平均脂肪含量 21.23%；属高产高油品种[1]。

2.3 抗病抗逆性

该品种经过黑龙江省农科院佳木斯分院 2012—2014 年连续三年灰斑病接种鉴定，表现为中抗灰斑病，兼抗霜霉病和大豆花叶病，抗逆性强，丰产性好。

2.4 生育期

牡豆 9 号为中早熟品种，在适应区出苗至成熟生育日数 116 d 左右，需≥10 ℃活动积温 2 330 ℃左右。

3 产量情况

3.1 分院试验

该品种 2010—2011 年分院内产量鉴定试验平均公顷产量 2 947 kg，较标准品种绥农 28 平均增产 15.9%。

3.2 区域试验

该品种 2012 年黑龙江省 6 点区域试验平均公顷产量 2 650.1 kg，较标准品种绥农 28 平均增产 10.0%。2013 年全省 5 点区域试验平均公顷产量 2 948.2 kg，较标准品种绥农 28 平均增产 7.2%。2012—2013 年全省 11 点区域试验两年平均公顷产量 2 799.2 kg，较标准品种绥农 28 平均增产 8.6%(见表 1)。.1

表 1 历年区域试验产量结果表

Table 1 The yield results of regional test over the years

试验地点 Site	2012 年		2013 年		两年平均	
	产量 Yield/(kg.hm⁻²)	比对照增产 Yield increase /%	产量 Yield/(kg.hm⁻²)	比对照增产 Yield increase /%	产量 Yield/(kg.hm⁻²)	比对照增产 Yield increase /%
穆棱市种子管理站 Seed station of Muling	1 538.5	11.1	3 461.5	13.9	2 500.0	12.5
延寿种子站 Seed station of Yanshou	3 033.3	15.9	2 416.7	—4.3	2 725.0	5.8
林口奎山良种场 Seed multiplication farm of Kuishan Linkou	3 205.1	13.6	2 988.5	10.5	3 096.8	12.1
鸡西市种子管理处 Seed management office of Jixi	1 974.4	8.5	3 320.5	8.8	2 647.5	8.7
尚志市种子站 Seed station of Shangzhi	2 774.4	11.3	—	—	2 774.4	11.3
宁安原种场 Foundation Seed farm of Ning an	3 375.0	—0.3	2 553.9	7.1	2 964.5	3.4
平均 Average	2 650.1	10.0	2 948.2	7.2	2 799.2	8.6

3.3 生产试验

该品种 2014 年黑龙江省 5 点生产试验平均公顷产量 2 871.3 kg， 较标准品种绥农 28 平均增产 8.2%。

表 2 牡豆 9 号 2014 年生产试验产量结果

Table2 The yield results of production test of Mudou 9 in 2014

试验地点 Site	产量 Yield/(kg.hm⁻²)	比对照增产 Yield increase /%
穆棱市种子管理站 Seed station of Muling	3 331.7	9.7
延寿种子站 Seed station of Yanshou	2 400.0	4.3
林口奎山良种场 Seed multiplication farm of Kuishan Linkou	2 979.0	9.2
鸡西市种子管理处 Seed management office of Jixi	3 365.4	8.0
宁安原种 Foundation seed farm of Ning an	2 281.4	9.7
平均 Average	2 871.3	8.2

4 适宜种植区域

该品种适宜黑龙江省第二积温带和吉林省东部半山区相同条件的地区种植应用。

5 栽培技术要点

（1）选地与整地：选择中等肥力的地块种植，尽量种植正茬或迎茬，避免重茬；整地要求土壤进行秋翻秋整地或早春适时顶浆漩耕打垄，达到良好种植状态。

（2）施肥：在一般栽培条件下，公顷施用磷酸二铵 180 kg、尿素 20~30 kg、钾肥 50~70 kg，在生育期间根据大豆生长情况在结荚和鼓粒期进行叶面追肥。

（3）种子处理：播种前可以对种子进行包衣处理，以防治地下害虫的危害，达到全苗的目的。

（4）合理密植：该品种适宜种植密度为公顷 25 万～30 万株左右，公顷播种量为 50~60 kg。

（5）田间管理：在黑龙江省一般五月上中旬播种，生育期间要求三铲三趟，或采用化学除草，8 月 8~15 日喷施甲铵磷或 DDV 800~1 000 倍液防治大豆食心虫 1~2 次[2]，提高大豆商品质量，及时收获。

参考文献（略）
本文原载于《大豆科技》2015 年 06 期。

大豆新品种牡豆 10 号的选育

王燕平，齐玉鑫，宗春美，孙晓环，白艳凤，王玉莲，李文，徐德海，侯国强，张帅，胡颖慧，任海祥，杜维广

（黑龙江省农业科学院牡丹江分院/国家大豆改良中心牡丹江试验站，黑龙江 牡丹江，157041）

摘　要：牡豆 10 号是黑龙江省农业科学院牡丹江分院以黑农 48 为母本，黑河 46 为父本，杂交选育而成的大豆新品种。该品种丰产性和稳产性好，抗倒性好，籽粒较大，有光泽，商品性好，田间表现中抗灰斑病。2012—2013 年全省 10 点区域试验两年平均产量 3 125.0 kg/hm²，2014 年黑龙江省 5 点生产试验平均产量 2918.1 kg/hm²，适宜黑龙江省第二积温带种植。

关键词：大豆；牡豆 10 号；选育栽培技术

牡豆 10 号是黑龙江省农业科学院牡丹江分院经十余年选育而成的优质高产大豆新品种，该品种丰产性和稳产性好，抗倒性好，籽粒较大，有光泽，商品性好，田间表现中抗灰斑病。适宜黑龙江省第二积温带种植，于 2016 年 5 月通过黑龙江省农作物品种审定委员会审定，审定编号：黑审豆 2016004。

1　选育经过

牡豆 10 号是黑龙江省农业科学院牡丹江分院 2006 年以黑农 48 为母本，黑河 46 为父本，有性杂交，系谱法选育而成。2006 年配置杂交组合，同年冬在海南种 F_1 代，2007 年在分院内种 F_2 代，同年冬在海南种 F_3 代，2008 年在分院内种 F_4 代，2009 年在分院内 F_5 代并决选。2010—2011 年在分院内参加鉴定试验，2012 年参加省预备试验，2013—2014 年参加省区域试验，2015 年参加省生产试验，牡豆 10 号完成育种试验程序，2016 年 5 月通过黑龙江省农作物品种审定委员会审定推广。

2　品种的特征特性

2.1　农艺性状

该品种为亚有限结荚习性，株高 90 cm 左右，茎秆强，抗倒伏，有分枝，株型收敛；尖叶，紫花，灰毛；荚弯镰形，成熟时呈褐色；百粒重 20.8 g 左右。

2.2　籽粒品质

牡豆 10 号籽粒圆形，种皮黄色，种脐黄色，有光泽，经农业部谷物及制品监督检验测试中心（哈尔滨）检测三年平均蛋白质含量 40.24%，脂肪含量 21.35%[1]。

2.3 抗病性

经过黑龙江省农科院佳木斯分院 2013—2015 年连续三年灰斑病接种鉴定为中抗灰斑病。抗倒性好，丰产性好。

2.4 生育期

牡豆 10 号为中早熟品种，出苗至成熟生育日数 116 d 左右，需≥10 ℃活动积温 2 325 ℃左右。

3 产量情况

3.1 区域试验

2013 年黑龙江省 5 点区域试验平均产量 3 007.7 kg/hm²，较对照绥农 28 平均增产 9.9%。2013 年全省 5 点区域试验平均产量 3 242.3 kg/hm²，较对照绥农 28 平均增产 9.9%。2012—2013 年全省 10 点区域试验两年平均产量 3 125.0 kg/hm²，较对照绥农 28 平均增产 9.9%（见表 1）。

表 1　历年区域试验产量结果

试验地点	2013 年		2014 年		两年平均	
	产量（公斤/公顷）	比对照增产（%）	产量（公斤/公顷）	比对照增产（%）	产量（公斤/公顷）	比对照增产（%）
穆棱市种子管理站	3 346.0	10.1	3 384.6	8.6	3 365.3	9.35
延寿种子站	3 000.0	18.9	2 893.0	8.0	2 946.5	13.45
林口奎山良种场	2 819.2	4.3	3 385.0	18.9	3 102.1	11.60
鸡西市种子管理处	3 307.0	8.4	3 141.0	0.8	3 224.6	4.60
宁安市原种场	2 565.4	7.6	3 408.0	12.9	2 986.7	10.25
平均	3 007.7	9.9	3 242.3	9.9	3 125.0	9.90

3.2 生产试验

2014 年黑龙江省 5 点生产试验平均产量 2 918.1 kg/hm²，较标准品种绥农 28 平均增产 12.9%（见表 2）。

表2　牡豆10号2015年生产试验产量结果

试验地点	产量 (公斤/公顷)	比对照增产 (%)
穆棱市种子管理站	3 798.1	11.6
桦南县种子管理站	2 845.0	11.1
林口奎山良种场	2 578.9	11.3
黑龙江省农业科学院 牡丹江分院	2 586.8	19.2
宁安原种	2 840.0	15.9
平均	2 918.1	12.9

4 适宜种植区域

该品种适宜于黑龙江省第二积温带地区种植。

5 栽培技术要点

5.1 选地与整地

选择中等以上肥力的地块种植，避免重茬，条件允许情况下要求土壤进行秋翻秋整地或早春适时顶浆打垄，达到良好种植状态。

5.2 种子处理

播种前进行种子进行包衣处理，可以有效降低根腐病发病率，同时防治地下害虫，保证苗全、苗壮。

5.3 施 肥

在一般栽培条件下，施用磷酸二铵 180 kg/hm^2、尿素 20~30 kg/hm^2、钾肥 50~70 kg/hm^2，也可使用 NPK 含量 45% 以上大豆专用肥 250~300 kg/hm^2。在生育期间根据大豆生长情况在结荚和鼓粒期进行叶面追肥。

5.4 合理密植

该品种在中低等肥力地块，适宜种植密度为 25 万株/hm² 左右，在高肥力水平地块应适当降低密度，不超过 22 万株/hm²。

5.5 田间管理

在黑龙江省一般五月上中旬播种，生育期间要求三铲三趟，或采用化学除草。8 月 8 日至 15 日喷施甲铵磷或 DDV 800~1 000 倍液防治大豆食心虫 1~2 次[2]，降低虫食率，提高大豆商品质量。根据土壤肥力控制密度，并在植株生长过旺时，运用多效唑或矮壮素等进行控制，防治倒伏。在茎秆变黄褐色，植株摇铃期后，适时收获。

参考文献（略）

本文原载于《大豆科技》2016 年 05 期。

大豆新品种牡豆 11 号的选育及栽培技术

王玉莲，王燕平，宗春美，齐玉鑫，孙晓环，白艳凤，李文，孙国宏，任海祥，杜维广

（1 龙江农业经济职业学院 黑龙江省 牡丹江，157041；2 龙江省农业科学院牡丹江分院 黑龙江省 牡丹江，157041）

摘　要：牡豆 11 号系黑龙江省农业科学院牡丹江分院以黑农 51 为母本，绥农 31 为父本，经有性杂交，系谱法选育而成，具有高产、抗病、耐密植特点。本文从品种来源、选育过程、品种特征特性、增产效果、高产稳产、栽培技术要点等方面论述了牡豆 11 号大豆新品种，适应黑龙江省第三积温带种植应用。

关键词：牡豆 11 号；品种选育；高蛋白品种；栽培技术

1 品种来源

牡豆 11 号以黑农 51 为母本，绥农 31 为父本，经有性杂交，系谱法选育而成。2019 年经黑龙江省农作物品种审定委员会审定命名推广。

2 选育经过

2009 年黑龙江省农业科学院牡丹江分院大豆研究所以高产大豆品种黑农 51 为母本，高产抗倒伏品种绥农 31 为父本配制杂交组合，同年冬在海南种 F_1 代，拔除伪杂种，单株收获；2010 年在分院内种 F_2 代，优选中秆抗倒抗病单株，建立抗倒耐密选种[1]，同年冬在海南种 F_3 代，株行摘荚收获；2011 年在分院大豆试验田种 F_4 代，决选优异单株；2012 年在分院大豆试验田种 F_5 代，决选优异株行测抗逆性鉴定试验；2015 年参加省大豆一年区域试验，2016 年参加省二年区域试验，2017 和 2018 年参加省生产试验。

3 特征特性

普通品种。该品种为亚有限结荚习性。在适应区出苗至成熟生育日数 115d 左右，需≥10 ℃活动积温 2 300 ℃左右。株高 90 cm 左右，有分枝，白花，尖叶，灰色茸毛，节间短，荚密，顶荚丰富，荚弯镰形，成熟时呈黄褐色。籽粒圆形，种皮黄色，种脐黄色，有光泽，百粒重 21.0g 左右。四年品质分析结果：平均蛋白质含量 38.51%，平均脂肪含量 21.40%。三年抗病接种鉴定结果：中抗灰斑病。

4 增产效果

2015 年第一年区域试验平均公顷产量 3 022.6 kg，比对照北豆 40 增产 6.6%，2016 年第二年区域试验平均公顷产量 2636.6 kg，比对照北豆 40 增产 11.3%。两年平均产量结果较对照品种增产 9.2%，见表 1。讷河德顺种业只有 2016 年区试产量结果，比对照品种增产 10.0%。

表 1 2015—2016 生产试验平均产量结果表

Table 1 Average yield results of production test in 2015—2016

试验地点 Site	平均产量 Average yield （kg/hm²）	平均增产 Average yield increase %	对照品种 Control variety
甘南齐丰种业	3 289.2	15.8	北豆 40
海伦试验站	2 378.4	5.4	北豆 40
克山分院	3 069.2	9.1	北豆 40
讷河鑫丰种业	3 096.2	13.5	北豆 40
绥棱种子站	2 821.8	8.9	北豆 40
依安原种场	2 417.9	2.3	北豆 40
平均	2 845.5	9.2	
幅度	2 417.9～3 289.2	2.3～15.8	

2017 年生产试验平均公顷产量 2 665.1 kg，比对照北豆 40 增产 12.2%，2018 年生产试验平均公顷产量 2 877.3 kg，比对照北豆 40 增产 8.8%。两年生产试验平均公顷产量 2 743.4 kg，比对照北豆 40 增产 10.7%。

表 2 2017—2018 生产试验平均产量结果表

Table2 Average yield results of production test in 2017—2018

试验地点 Site	平均产量 Average yield （kg/hm²）	平均增产 Average yield increase %	对照品种 Control variety
甘南齐丰种业	3 083.7	11.6	北豆 40
海伦试验站	2 460.9	7.1	北豆 40
克山分院	2 421.4	11.9	北豆 40
讷河鑫丰种业	3 290.8	12.2	北豆 40
绥棱种子站	2 654.7	4.9	北豆 40
依安原种场	2 435.2	9.6	北豆 40
讷河顺德种业	3 051.8	16.3	北豆 40
平均	2 771.2	10.5	
幅度	2 421.4～3 290.8	4.9～16.3	

5 高产稳产性分析

牡豆 11 号大豆新品种两年区域试验平均增产 9.2%，两年生产试验平均增产 10.5%，增产幅度比较接近，说明牡豆 11 号品种在四年试验中产量表现稳定增产。

牡豆 11 号品种 2015 年在讷河鑫丰种业区试产量 3 423.1 kg/hm²，2016 年在甘南齐丰种业区试产量 3 296.2 kg/hm²，2017 年在讷河鑫丰种业生产试验产量 3 326.9 kg/hm²，2018 年在讷河德顺种业生产试验产量 3 710 kg/hm²。该品种祖先亲本有克 4 430–20[2]的血缘，具有节间短、结荚密、秆强、多花多节、适应性广、配合力高等特点，因而具有创造高产的遗传基础和增产潜力水平。

6 栽培要点

在适应区五月上旬播种，选择中等肥力地块种植，采用垄三栽培方式，公顷保苗 28～30 万株。2018 年在虎林市示范面积 50 亩，种植密度达到 33 万株，公顷产量 3 100 kg，证明该品种适宜大密度种植。一般栽培条件下公顷施基肥磷酸二铵 115 kg，尿素 35 kg，钾肥 40 kg，施种肥磷酸二铵 35 kg，尿素 10 kg，钾肥 10 kg，初花期追施氮肥 45 kg。生育期间及时铲耥、防治病虫害，拔大草 2 次或采用除草剂除草，及时收获。

7 适应区域

适宜在≥10 ℃活动积温 2 300 ℃区域种植。

参考文献（略）

本文原载于《大豆科技》2019 年 04 期。

牡试1号（牡试401）大豆新品种选育报告

（国家大豆改良中心/黑龙江省农业科学院牡丹江分院）

1 品种来源及选育经过

国家大豆改良中心和黑龙江省农业科学院牡丹江分院以选育优质、高产、抗病、适应性广，适宜我省第二积温带种植的中早熟大豆新品种为育种目标，2005年以黑农48×垦丰16为母本，垦丰16为父本进行回交，BC_1经过两次南繁加代，采用系谱法育成。2005年配置杂交组合，同年冬在海南种BC_1F_1代，2006年在院内种BC_1F_2代，同年冬在海南种BC_1F_3代，2007年在院内种BC_1F_4代，2008年在院内BC_1F_5代并决选。2009年、2010在院内参加鉴定试验，2011年参加全省预备试验，2012—2013年参加全省区域试验，2014年参加全省生产试验。

2 品种特征特性

高油高产品种。在适应区出苗至成熟生育日数118d左右，需≥10℃活动积温2 400℃左右。该品种为高油品种。属亚有限结荚习性。株高85cm左右，有分枝，白花，圆叶，灰色茸毛，荚弯镰形，成熟时呈浅褐色。籽粒圆形，种皮黄色，种脐黄色，有光泽，百粒重20.2g左右。品质分析结果：平均蛋白质含量37.8%，平均脂肪含量22.6%，该品种为高油品种。抗病性接种鉴定结果：中抗灰斑病。茎秆强抗倒伏，节间短，荚密，顶荚丰富，株型收敛，群体通风透光性好，适应性较广。

3 品种增产效果

2009—2010两年院内鉴定试验平均公顷产量3 012.4 kg，比对照品种绥农28增产14.6%。2012年第一年区域试验平均公顷产量2 558.3 kg，比对照品种绥农28增产6.2%，2013年第二年区域试验平均公顷产量2 915.3 kg，比对照品种绥农28增产5.8%，2014年生产试验平均公顷产量3 010.9 kg，比对照品种绥农28增产13.8%。两年区域试验和生产试验平均公顷产量2 873.85 kg，比对照品种绥农28增产9.8%

4 栽培要点

该品种在适应区五月上旬播种，选择中等肥水条件地块种植，采用垄三栽培方式，公顷保苗株数25万株左右。

施肥方法及公顷施肥量：采用精量播种机垄底测深施肥方法，施肥量为每公顷磷酸二铵150 kg，尿素40 kg，钾肥50 kg。

田间管理及收获：适时播种，及时铲趟，于开花至鼓粒期根据大豆长势喷施叶面肥一次，及时防治病、虫、草害，完熟收获。

5 适应区域

黑龙江省第二积温带。

牡试2号（牡试311）大豆新品种选育报告

（南京农业大学/黑龙江省农业科学院牡丹江分院）

1 品种来源及选育经过

以选育高产、优质、抗病，适宜我省第二积温带种植的中早熟大豆新品种为育种目标。南京农业大学和黑龙江省农业科学院牡丹江分院合作研究，于2008年以哈北46－1为母本，东生4805为父本，经有性杂交，系谱法选育而成。2008年配置杂交组合，同年冬在海南种F_1代，2009年在分院内种F_2代，同年冬在海南种F_3代，2010年在分院内种F_4代，2011年在分院内种F_5代并决选。2012年和2013年在分院内参加鉴定试验，2014年参加省预备试验，2015年和2016年参加省区域试验，2017年参加省生产试验。

2 品种特征特性

普通品种。在适应区出苗至成熟生育日数120 d左右，需≥10 ℃活动积温2 450 ℃左右。该品种为无限结荚习性。株高106 cm左右，有分枝，白花，尖叶，灰色茸毛，节间短，荚密且均匀，株型收敛，叶片下披上举，荚弯镰形，成熟时呈褐色。子粒圆形，种皮黄色，种脐黄色，有光泽，百粒重21.5 g左右。二年平均品质分析结果：蛋白质含量38.17%，平均脂肪含量21.83%，蛋脂和60.00%。三年抗病接种鉴定结果：2015年中抗灰斑病，2016年中抗灰斑病，2017年中抗灰斑病。

3 品种增产效果

2012-2013两年在牡丹江分院参加鉴定试验平均公顷产量3052.4 kg，比对照品种合丰55增产10.0%。2015年第一年区域试验平均公顷产量3 050.2 kg，比对照品种合丰55增产12.3%，2016年第二年区域试验平均公顷产量2 823.5 kg，比对照品种合丰55增产9.9%。2017年生产试验平均公顷产量2 904.5 kg，比对照品种合丰55增产10.9%。两年区域试验和生产试验平均公顷产量2 920.7 kg，比对照品种合丰55增产11.0%，故该品种属高产品种。

4 栽培要点

该品种在适应区5月上旬播种，选择中等肥水条件地块种植，采用垄三栽培方式，公顷保苗株数25万株左右。

施肥方法及公顷施肥量：采用精量播种机垄底侧深施肥的方法，施肥量为每公顷磷酸二铵150 kg，尿素45 kg，钾肥50 kg。

田间管理及收获：采用播后苗前除草剂除草，生育期间及时铲趟、中耕2～3次，防治病虫害，生育后期拔大草 1～2 次，成熟及时收获。

5 适应区域

适宜在≥10 ℃活动积温 2 600 ℃以上区域种植。

高蛋白大豆新品种牡试 6 号选育报告

（南京农业大学/黑龙江省农业科学院牡丹江分院）

1 品种来源

以高蛋白大豆品种黑农 48 为母本，高蛋白种质龙品 8807 为父本，经有性杂交，系谱法选育而成。

2 选育经过

2010年以高蛋白大豆品种黑农48为母本，高蛋白种质龙品8807为父本配制杂交组合，同年冬在海南种 F_1 代，拔除伪杂种，单株收获；2011年在分院内种 F_2 代，使用近红外谷物分析仪对全部单株进行品质测定，建立高蛋白选种圃，同年冬在海南种 F_3 代，单行摘荚收获；2012年在分院大豆试验田种 F_4 代，对决选优异单株进行品质测定；2013年在分院大豆试验田种 F_5 代，决选优异株行测产并进行品质测定；2014年—2016年在黑龙江省农业科学院牡丹江分院内对高蛋白品系进行两年产量和抗逆性鉴定试验；2017年参加省高蛋白大豆一年区域试验，2018年参加省二年区域试验，2019年参加省生产试验。

3 特征特性

高蛋白品种。在适应区出苗至成熟生育日数 120d 左右，需≥10 ℃活动积温 2 450 ℃左右。该品种为亚有限结荚习性。株高 95 cm左右，有分枝，紫花，尖叶，灰色茸毛，节间短，荚密，顶荚丰富，荚弯镰形，成熟时呈褐色。子粒圆形，种皮黄色，种脐黄色，有光泽，百粒重 20.1g左右。三年平均品质分析结果：蛋白质含量 45.99%；脂肪含量 17.64%。三年抗病接种鉴定结果：中抗灰斑病。

4 增产效果

2014—2016 三年在牡丹江分院参加产量鉴定试验平均公顷产量 3 005 kg，比对照品种合丰 55 增产 7.1%。2017 年一年区域试验平均公顷产量 2 783.7 kg，比对照品种合丰 55 增产 7.0%，2018 年二年区域试验平均公顷产量 3 152.8 kg，比对照品种合丰 55 增产 9.7%。2019 年生产试验平均公顷产量 2 871.0 kg，比对照品种合丰 55 增产 10.2%。两年区域试验和生产试验平均公顷产量 2 935.8 kg，比对照品种合丰 55 增产 9.0%。

5 栽培要点

　　该品种在适应区五月上旬播种，选择中等肥力地块种植，采用垄三栽培方式，公顷保苗24万~25万株。一般栽培条件下公顷施基肥磷酸二铵115 kg，尿素35 kg，钾肥40 kg，施种肥磷酸二铵35 kg，尿素10 kg，钾肥10 kg，初花期追施氮肥45 kg。生育期间及时铲趟、防治病虫害，拔大草2次或采用除草剂除草，及时收获。高密度栽培慎用。

六、适应区域

　　适宜在≥10 ℃活动积温2600 ℃区域种植。

东生 77（牡 602）大豆新品种选育

（中国科学院东北地理与农业生态研究所，黑龙江省农业科学院牡丹江分院）

1 品种来源及选育经过

中国科学院东北地理与农业生态研究所和黑龙江省农业科学院牡丹江分院开展合作研究，以选育高产、优质、抗病、适应性广，适宜我省第二、三积温带种植的中早熟大豆新品种为育种目标，于 2005 年以（黑农 48×垦鉴 35）的 F_0 为母本，垦鉴 35 为父本进行回交，BC_1 经过两次南繁加代，采用分子模块设计育种技术路线，通过将早熟模块 eⅠ-as 导入底盘品种中，育成初级分子模块设计型高油高产稳产新品种东生 77。2005 年在牡丹江分院配置杂交组合，同年冬在海南种 BC_1F_1 代，2006 年在牡丹江分院种 BC_1F_2 代，同年冬在海南种 BC_1F_3 代，2007 年在院内种 BC_1F_4 代，2008 年在院内 BC_1F_5 代并决选。2009 年、2010 在院内参加鉴定试验，2011 年参加全省预备试验，2012-2013 年参加全省区域试验，2014 年参加全省生产试验。

2 品种特征特性

高油品种。在适应区出苗至成熟生育日数 118 d 左右，需≥10 ℃活动积温 2350 ℃左右。该品种为亚有限结荚习性。株高 93 cm 左右，无分枝，紫花，尖叶，灰色茸毛，荚弯镰形，成熟时呈褐色。子粒圆形，种皮黄色，种脐黄色，有光泽，百粒重 20.7 g 左右。三年平均品质分析结果：蛋白质含量 40.4%，平均脂肪含量 21.5%。三年抗病接种鉴定结果：2012 年抗灰斑病，2013 年中抗灰斑病，2014 年抗灰斑病。节间短，荚密，顶荚丰富，株型收敛，群体通风透光性好，丰产性好，抗倒性强，适应性较广。

3 品种增产效果

2009—2010 两年院内鉴定试验平均公顷产量 3 215.2 kg，比对照品种绥农 26 增产 14.2%。2012 年第一年区域试验平均公顷产量 3 000.5 kg，比对照品种绥农 26 增产 7.6%，2013 年第二年区域试验平均公顷产量 3 452.1 kg，比对照品种绥农 26 增产 7.0%，2014 年生产试验平均公顷产量 3 407.1 kg，比对照品种绥农 26 增产 6.9%。两区域试验和生产试验平均公顷产量 3 316.7 kg，比对照品种绥农 26 增产 7.1%。故该品种属高油高产品种。

4 栽培要点

该品种在适应区五月上旬播种，选择中等肥水条件地块种植，采用垄三栽培方式，公顷保苗株数24万株左右。

施肥方法及公顷施肥量：采用精量播种机垄底测深施肥方法，施肥量为每公顷磷酸二铵 150 kg，尿素 40 kg，钾肥 50 kg。

田间管理及收获：适时播种，及时铲趟，及时防治病、虫、草害，完熟收获。

5 适应区域

黑龙江省第二、三积温带。

东生 78（圣牡 406）大豆新品种选育报告

（中国科学院东北地理与农业生态研究所/黑龙江省农业科学院牡丹江分院）

1 品种来源及选育经过

中国科学院东北地理与农业生态研究所和黑龙江省农业科学院牡丹江分院开展合作研究，以选育高产、优质、抗病，适宜我省第二积温带种植的中早熟大豆新品种为育种目标。2006 年以黑农 48 为母本，黑河 46 为父本，采用分子模块设计育种技术路线，通过将早熟模块 eI–as 导入底盘品种中，育成初级分子模块设计型高油高产稳产新品种。2006 年配置杂交组合，同年冬在海南种 F_1 代，2007 年在分院内种 F_2 代，同年冬在海南种 F_3 代，2008 年在分院内种 F_4 代，2009 年在分院内种 F_5 代并决选。2010 年和 2011 年在分院内参加鉴定试验，2012 年参加省预备试验，2013 年和 2014 年参加省区域试验，2015 年和 2016 年参加省生产试验。

2 品种特征特性

高油品种。在适应区出苗至成熟生育日数 117 d 左右，需 $\geq$10 ℃活动积温 2 338 ℃左右。该品种为亚有限结荚习性。株高 91 cm 左右，有分枝，紫花，尖叶，灰色茸毛，荚弯镰形，成熟时呈褐色。茎秆强，抗倒伏，株型收敛，子粒圆形，种皮黄色，种脐黄色，有光泽，百粒重 20.6 g 左右。四年平均品质分析结果：蛋白质含量 40.25%，平均脂肪含量 21.22%。四年抗病接种鉴定结果：中抗灰斑。

3 品种增产效果

2010—2011 两年在牡丹江分院内鉴定试验平均公顷产量 3 042.5 kg，比对照品种绥农 28 增产 10.6%。2012 年全省预备试验平均公顷产量 2 717.7 kg，平均比对照绥农 28 增产 8.7%。2013 年第一年区域试验平均公顷产量 3 054.8 kg，比对照品种绥农 28 增产 11.8%，2014 年第二年区域试验平均公顷产量 3 193.6 kg，比对照品种绥农 28 增产 7.9%。2015 年生产试验平均公顷产量 2 827.2 kg，比对照品种绥农 28 增产 9.3%。2016 年生产试验平均公顷产量 2 813.7 kg，比对照品种绥农 28 增产 9.8%。两年区域试验和两年生产试验平均公顷产量 2 972.3 kg，比对照品种绥农 28 增产 9.8%，故该品种属高油高产品种。

4 栽培要点

该品种在适应区 5 月上旬播种，选择中等肥水条件地块种植，采用垄三栽培方式，公顷保苗株数 25 万株左右。

施肥方法及公顷施肥量：采用精量播种机垄底侧深施肥的方法，施肥量为每公顷磷酸二铵 150 kg，尿素 45 kg，钾肥 50 kg。

田间管理及收获：适时播种，及时铲趟、防治病虫害，适时收获。

5　适应区域

黑龙江省第二积温带。

东生 79（中牡 511）大豆新品种选育报告

（中国科学院东北地理与农业生态研究所/黑龙江省农业科学院牡丹江分院）

1 品种来源及选育经过

中国科学院东北地理与农业生态研究所和黑龙江省农业科学院牡丹江分院合作研究，于 2008 年以哈 04–1824 为母本，绥 02－282 为父本，采用分子模块设计育种技术路线，通过将早熟模块 eI–as 导入底盘品种中，育成初级分子模块设计型高油高产稳产新品种。同年冬在海南种 F_1 代，2009 年在分院内种 F_2 代，同年冬在海南种 F_3 代，2010 年在分院内种 F_4 代，2011 年在分院内 F_5 代并决选。2012 年和 2013 年在分院内参加鉴定试验，2014 年参加省预备试验，2015 年和 2016 年参加省区域试验，2017 年参加省生产试验。

2 品种特征特性

高油品种。在适应区出苗至成熟生育日数 118 d 左右，需 ≥10 ℃活动积温 2 350 ℃左右。该品种为亚有限结荚习性。株高 101 cm 左右，有分枝，白花，尖叶，灰色茸毛，节间短，荚密，顶荚丰富，株型收敛，荚弯镰形，成熟时呈褐色。子粒圆形，种皮黄色，种脐黄色，有光泽，百粒重 18.8 g 左右。二年平均品质分析结果：蛋白质含量 36.33%，平均脂肪含量 24.16%，蛋脂和 60.49%。三年抗病接种鉴定结果：中抗灰斑病。

3 品种增产效果

2012-2013 两年在牡丹江分院参加鉴定试验平均公顷产量 3 002.6 kg，比对照品种合丰 50 增产 8.8%。2015 年第一年区域试验平均公顷产量 3 052.6 kg，比对照品种合丰 50 增产 7.1%，2016 年第二年区域试验平均公顷产量 2 940.6 kg，比对照品种合丰 50 增产 8.8%。2017 年生产试验平均公顷产量 2 868.1 kg，比对照品种合丰 50 增产 9.5%。两年区域试验和生产试验平均公顷产量 2 953.8 kg，比对照品种合丰 50 增产 8.5%，故该品种属高油高产品种。

4 栽培要点

该品种在适应区 5 月上旬播种，选择中等肥水条件地块种植，采用垄三栽培方式，公顷保苗株数 25 万株左右。

施肥方法及公顷施肥量：采用精量播种机垄底侧深施肥的方法，施肥量为每公顷磷酸二铵 150 kg，尿素 45 kg，钾肥 50 kg。

田间管理及收获：采用播后苗前除草剂除草，生育期间及时铲耥、中耕 2～3 次，防治病虫害，生育后期拔大草 1～2 次，成熟及时收获。

5 适应区域

适宜在 ≥10 ℃ 活动积温 2 500 ℃ 区域种植。

东生 83 大豆新品种选育报告

（中国科学院东北地理与农业生态研究所/黑龙江省农业科学院牡丹江分院）

1 品种来源及选育经过

中国科学院东北地理与农业生态研究所和黑龙江省农业科学院牡丹江分院合作，于 2010 年以东农 53 为母本，{黑农 51×[(黑农 48×黑农 40)×黑农 48]}F_1 为父本，经多基因聚合育种育成高产稳产新品种。2010 年配置杂交组合，同年冬在海南种 F_1 代，2011 年在中国科学院东北地理与农业生态研究所种 F_2 代，同年冬在海南种 F_3 代，2012 年在中国科学院东北地理与农业生态研究所种 F_4 代，2013 年在中国科学院东北地理与农业生态研究所种 F_5 代并决选。2014 年和 2015 年在中国科学院东北地理与农业生态研究所参加鉴定试验，2016 年参加省品种比较试验，2017 年和 2018 年参加省区域试验，2019 年参加省生产试验。

2 品种特征特性

普通品种。在适应区出苗至成熟生育日数 120 d 左右，需≥10 ℃活动积温 2450 ℃左右。该品种为无限结荚习性。株高 104 cm 左右，有分枝，白花，尖叶，灰色茸毛，荚弯镰形，成熟时呈黄褐色。子粒圆形，种皮黄色，种脐黄色，有光泽，百粒重 21.2 g 左右。三年平均品质分析结果：蛋白质含量 40.81%，平均脂肪含量 20.07%。三年抗病接种鉴定结果：中抗灰斑病。

3 品种增产效果

2014—2015 两年在东北地理所试验区参加鉴定试验平均公顷产量 3 020.8 kg，比对照品种绥农 26 平均增产 7.8%。2016 年参加省第二积温带品种比较试验，比对照品种绥农 26 平均增产 9.5%。2017 年参加省第二积温带第一年区域试验，平均公顷产量 2 809.1 kg，比对照品种绥农 26 平均增产 5.5%；2018 年参加省第二积温带第二年区域试验，平均公顷产量 2 951.5 kg，比对照品种绥农 26 平均增产 4.0%；两年区域试验平均公顷产量 2 880.3 kg，比对照品种绥农 26 平均增产 4.8%。2019 年参加省第二积温带生产试验，平均公顷产量 2 780.6 kg，比对照品种绥农 26 平均增产 6.3%。两年区域试验和生产试验平均公顷产量 2 847.1 kg，比对照品种绥农 26 平均增产 5.3%。

4 栽培要点

该品种在适应区 5 月上旬播种，选择中等肥力地块种植，采用垄三栽培方式，公顷保苗 26 万~28 万株。

施肥方法及公顷施肥量：采用精量播种机垄底侧深施肥的方法，施肥量为每公顷磷酸二铵 150 kg，尿素 45 kg，钾肥 50 kg。

田间管理及收获：采用播后苗前除草剂除草，生育期间及时铲蹚、中耕 2~3 次，防治病虫害，生育后期拔大草 1~2 次，成熟及时收获。

5 适应区域

适宜在 ≥10 ℃活动积温 2 600 ℃区域种植。

东生 85 大豆新品种选育报告

（中国科学院东北地理与农业生态研究所/黑龙江省农业科学院牡丹江分院）

1 品种来源及选育经过

中国科学院东北地理与农业生态研究所（东北地理所）和黑龙江省农业科学院牡丹江分院，于 2010 年以黑农 51 为母本，（黑农 51×绥 05－6022）F0 为父本，经分子模块设计和回交转育系谱法选育而成。2010 年以含有早熟分子模块 e1-as 的（黑农 51×绥 05-6022）F₀ 为父本配置回交组合，同年冬在海南种 BC₁F₁ 代，2011 年在东北地理所种 BC₁F₂ 代，同年冬在海南种 BC₁F₃ 代，2012 年在东北地理所种 BC₁F₄ 代，2013 年在东北地理所种 BC₁F₅ 代并决选。决选株行的遗传背景为底牌品种黑农 51 的 82%，其熟期比底牌品种黑农 51 提前 20 d，且含有 e1-as。2014 年和 2015 年在东北地理所参加鉴定试验，2016 年参加省品种比较试验，2017 年和 2018 年参加省区域试验，2019 年参加省生产试验。东生 85 是采用初级分子模块设计型育种技术路线，通过将早熟分子模块 e1-as 导入底盘品中，育成的 2 级耐旱高产高油品种。

2 品种特征特性

高油品种。在适应区出苗至成熟生育日数 115 d 左右，需≥10 ℃活动积温 2 300 ℃左右。该品种为无限结荚习性。株高 90 cm 左右，有分枝，紫花，尖叶，灰色茸毛，荚弯镰形，成熟时呈褐色。子粒圆形，种皮黄色，种脐黄色，有光泽，百粒重 18.8 g 左右。三年平均品质分析结果：蛋白质含量 37.29%，平均脂肪含量 22.32%。三年抗病接种鉴定结果：中抗灰斑病。

3 品种增产效果

2014—2015 两年在东北地理所试验区参加鉴定试验平均公顷产量 2 960.5 kg，比对照品种北豆 40 平均增产 7.8%。2016 年参加省第三积温带品种比较试验，比对照品种北豆 40 平均增产 8.8%。2017 年参加省第三积温带第一年区域试验，平均公顷产量 2 708.0 kg，比对照品种北豆 40 平均增产 10.3%；2018 年参加省第三积温带第二年区域试验，平均公顷产量 2 752.2 kg，比对照品种北豆 40 平均增产 4.1%；两年区域试验平均公顷产量 2 730.1 kg，比对照品种北豆 40 平均增产 7.2%。2019 年参加省第三积温带生产试验，平均公顷产量 2 667.7 kg，比对照品种北豆 40 平均增产 9.2%。两年区域试验和生产试验平均公顷产量 2 709.3 kg，比对照品种北豆 40 平均增产 7.9%。

4 栽培要点

该品种在适应区 5 月上旬播种，选择中等肥力地块种植，采用垄三栽培方式，公顷保苗 28 万~30 万株。

施肥方法及公顷施肥量：采用精量播种机垄底侧深施肥的方法，施肥量为每公顷磷酸二铵 150kg，尿素 45 kg，钾肥 50 kg。

田间管理及收获：采用播后苗前除草剂除草，生育期间及时铲趟、中耕 2~3 次，防治病虫害，生育后期拔大草 1~2 次，成熟及时收获。

5 适应区域

适宜在≥10 ℃活动积温 2 450 ℃区域种植。

东生 89 大豆新品种选育报告

（中国科学院东北地理与农业生态研究所/黑龙江省农业科学院牡丹江分院）

1 品种来源及选育经过

中国科学院东北地理与农业生态研究所（东北地理所）和黑龙江省农业科学院牡丹江分院，于 2011 年以黑农 35 为材料，经 ^{60}Co 辐射处理，系谱法选育而成。2011 年通过 $^{60}Co-\gamma$ 射线 150GY 剂量处理黑农 35 原种后，在东北地理所试验区种植 M_0 种子，并收获 M_1 代种子。同年冬在海南种 M_1 代，2012 年在东北地理所试验区种 M_2 代，同年冬在海南种 M_3 代，2013 年在东北地理所试验区种 M_4 代，2014 年在东北地理所试验区内种 M_5 代并决选。2015 年和 2016 年在东北地理所试验区参加鉴定试验，2017 年参加省特用豆区域试验，2018 年同时参加省特用豆区域试验和生产试验。

2 品种特征

特种品种。在适应区出苗至成熟生育日数 115 d 左右，需 ≥10 ℃活动积温 2 300 ℃左右。该品种为亚有限结荚习性。株高 70 cm 左右，有分枝，白花，尖叶，灰色茸毛，荚弯镰形，成熟时呈黄褐色。子粒圆形，种皮黄色，种脐黄色，有光泽，百粒重 15 g 左右。两年平均品质分析结果:蛋白质含量 42.05%，平均脂肪含量 20.80%。两年抗病接种鉴定结果：中抗灰斑。

3 品种增产效果

2015—2016 两年在东北地理所试验区参加鉴定试验平均公顷产量 3 024.5 kg，比对照品种北豆 40 平均增产 8.5%。2017 年参加特用豆自布点第一年区域试验，平均公顷产量 2 572 kg，比对照品种北豆 40 平均增产 9.5%；2018 年参加特用豆自布点第二年区域试验，平均公顷产量 2 789 kg，比对照品种北豆 40 平均增产 10.1%；两年区域试验平均公顷产量 2 681 kg，比对照品种北豆 40 平均增产 9.8%。2018 年同时参加特用豆自布点生产试验，平均公顷产量 2 891 kg，比对照品种北豆 40 平均增产 9.9%。两年区域试验和生产试验平均公顷产量 2 751 kg，比对照品种北豆 40 平均增产 9.8%。

4 栽培要点

该品种在适应区 5 月上旬播种，选择中等肥力地块种植，采用垄三栽培方式，公顷保苗 34 万~36 万株。施肥方法及公顷施肥量：采用精量播种机垄底侧深施肥的方法，施肥量为每公顷磷酸二铵 150 kg，尿素 45 kg，钾肥 50 kg。田间管理及收获：采用播后苗前除草剂除草，生育期间及时铲趟、中耕 2~3 次，防治病虫害，生育后期拔大草 1~2 次，成熟及时收获。

5 适应区域

适宜在≥10 ℃活动积温 2 450 ℃区域种植。

东生 202 大豆新品种选育报告

（中国科学院东北地理与农业生态研究所/黑龙江省农业科学院牡丹江分院/大兴安岭地区农业林业科学研究院）

1 品种来源及选育经过

中国科学院东北地理与农业生态研究所（东北地理所）、黑龙江省农业科学院牡丹江分院和大兴安岭地区农业林业科学研究院，于 2011 年以蒙豆 36 为母本，嫩奥 4 号为父本，经有性杂交，系谱法选育而成。2011 年配置杂交组合，同年冬在海南种 F_1 代，2012 年在东北地理所种 F_2 代，同年冬在海南种 F_3 代，2013 年在东北地理所种 F_4 代，2014 年在东北地理所种 F_5 代并决选。2015 年和 2016 年在东北地理所参加鉴定试验，2017 年和 2018 年参加省区域试验，2019 年参加省生产试验。

2 品种特征特性

普通品种。在适应区出苗至成熟生育日数 95 d 左右，需 ≥10 ℃活动积温 1800 ℃左右。该品种为亚有限结荚习性。株高 78 cm 左右，无分枝，紫花，尖叶，灰色茸毛，荚弯镰形，成熟时呈褐色。子粒圆形，种皮黄色，种脐黄色，有光泽，百粒重 20.0 g 左右。三年平均品质分析结果：蛋白质含量 39.99%，平均脂肪含量 21.27%。三年抗病接种鉴定结果：中抗灰斑病。

3 品种增产效果

2015—2016 两年在东北地理所试验区参加鉴定试验平均公顷产量 2685.4 kg，比对照品种黑河 49 平均增产 11.5%。2017 年参加省第六积温带第一年区域试验，平均公顷产量 2046.6 kg，比对照品种黑河 49 平均增产 15.7%；2018 年参加省第六积温带第二年区域试验，平均公顷产量 1812.5 kg，比对照品种黑河 49 平均增产 11.9%；两年区域试验平均公顷产量 1929.6 kg，比对照品种黑河 49 平均增产 13.8%。2019 年参加省第六积温带生产试验，平均公顷产量 1851.9 kg，比对照品种黑河 49 平均增产 14.6%。两年区域试验和生产试验平均公顷产量 1903.7 kg，比对照品种黑河 49 平均增产 14.1%。

4 栽培要点

该品种在适应区 5 月上旬播种，选择中等肥力地块种植，采用垄三栽培方式，公顷保苗 30~32 万株。

施肥方法及公顷施肥量：采用精量播种机垄底侧深施肥的方法，施肥量为每公顷磷酸二铵 150 kg，尿素 45 kg，钾肥 50 kg。

田间管理及收获：采用播后苗前除草剂除草，生育期间及时铲趟、中耕 2~3 次，防治病虫害，生育后期拔大草 1~2 次，成熟及时收获。

5 适应区域

适宜在≥10 ℃活动积温 1850 ℃区域种植。

牡豆 12（牡 310）大豆新品种选育报告

（黑龙江省农业科学院牡丹江分院）

1 品种来源及选育经过

以选育高产、优质、抗病，适宜我省第二积温带种植的中早熟大豆新品种为育种目标。黑龙江省农业科学院牡丹江分院于 2008 年以黑农 41 为母本，绥 03-3068 为父本，经有性杂交，系谱法选育而成。2008 年配置杂交组合，同年冬在海南种 F_1 代，2009 年在分院内种 F_2 代，同年冬在海南种 F_3 代，2010 年在分院内种 F_4 代，2011 年在分院内 F_5 代并决选。2012 年和 2013 年在分院内参加鉴定试验，2014 年参加省预备试验，2015 年和 2016 年参加省区域试验，2017 年参加省生产试验。

2 品种特征特性

普通品种。在适应区出苗至成熟生育日数 120 d 左右，需 ≥10 ℃活动积温 2 450 ℃左右。该品种为亚有限结荚习性。株高 90 cm 左右，有分枝，紫花，尖叶，灰色茸毛，节间短，荚密，顶荚丰富，株型收敛，荚弯镰形，成熟时呈褐色。子粒圆形，种皮黄色，种脐黄色，有光泽，百粒重 21.0 g 左右。二年平均品质分析结果：蛋白质含量 40.75%，平均脂肪含量 20.87%，蛋脂和 61.44%。三年抗病接种鉴定结果：中抗灰斑病。

3 品种增产效果

2012—2013 两年在牡丹江分院参加鉴定试验平均公顷产量 3 012.2 kg，比对照品种合丰 55 增产 9.8%。2015 年第一年区域试验平均公顷产量 3 012.0 kg，比对照品种合丰 55 增产 10.8%，2016 年第二年区域试验平均公顷产量 2 796.7 kg，比对照品种合丰 55 增产 8.5%。2017 年生产试验平均公顷产量 2 866.8 kg，比对照品种合丰 55 增产 9.1%。两年区域试验和生产试验平均公顷产量 2 891.8 kg，比对照品种合丰 55 增产 9.4%，故该品种属高产品种。

4 栽培要点

该品种在适应区 5 月上旬播种，选择中等肥水条件地块种植，采用垄三栽培方式，公顷保苗株数 25 万株左右。

施肥方法及公顷施肥量：采用精量播种机垄底侧深施肥的方法，施肥量为每公顷磷酸二铵 150 kg，尿素 45 kg，钾肥 50 kg。

田间管理及收获：采用播后苗前除草剂除草，生育期间及时铲趟、中耕 2～3 次，防治病虫害，生育后期拔大草1~2次，成熟及时收获。

5 适应区域

适宜在≥10 ℃活动积温2 600 ℃区域种植。

牡豆 13 大豆新品种选育报告

（黑龙江省农业科学院牡丹江分院）

1 品种来源及选育经过

以选育高产、优质、抗病，适宜我省第二积温带种植的中早熟大豆新品种为育种目标。黑龙江省农业科学院牡丹江分院，于 2010 年以垦丰 23 为母本，绥农 30 为父本，有性杂交，系谱法选育而成，同年冬在海南种 F_1 代，2011 年在分院内种 F_2 代，同年冬在海南种 F_3 代，2012 年在分院内种 F_4 代，2013 年在分院内 F_5 代并决选。2014 年和 2015 年在分院内参加鉴定试验，2016 年参加省品比试验，2017 年和 2018 年参加省区域试验，2019 年参加省生产试验。

2 品种特征特性

普通品种。在适应区出苗至成熟生育日数 125 d 左右，需 ≥10 ℃ 活动积温 2 600 ℃ 左右。该品种为亚有限结荚习性。株高 92.0 cm 左右，有分枝，紫花，尖叶，灰色茸毛，荚弯镰形，成熟时呈褐色。子粒圆形，种皮黄色，种脐黄色，有光泽，百粒重 18.9 g 左右。三年平均品质分析结果：蛋白质含量 40.58%，平均脂肪含量 20.35%。三年抗病接种鉴定结果：中抗灰斑病。

3 品种增产效果

2017~2018 年区域试验平均公顷产量 3147.3 kg，较对照品种黑农 63 增产 7.4%；2019 年生产试验平均公顷产量 3035.8 kg，较对照品种黑农 63 增产 6.9%。两年区域试验和生产试验平均公顷产量 3091.6 kg，比对照品种黑农 63 增产 7.2%。

4 栽培要点

该品种在适应区 5 月上旬播种，选择中等肥力地块种植，采用垄三栽培方式，公顷保苗 25 万株。施肥方法及公顷施肥量：一般栽培条件下公顷施基肥磷酸二铵 115 kg，尿素 35 kg，钾肥 40 kg，施种肥磷酸二铵 35 kg，尿素 10 kg，钾肥 10 kg，初花期追施氮肥 45 kg。田间管理及收获：生育期间及时铲趟、防治病虫害，拔大草 2 次或采用除草剂除草，及时收获。

5 适应区域

黑龙江省≥10 ℃活动积温 2 700 ℃区域种植。

牡豆 14 大豆新品种选育报告

（黑龙江省农业科学院牡丹江分院）

1 品种来源及选育经过

黑龙江省农业科学院牡丹江分院 2010 年以（黑农 40×晋豆 23）F_1 为母本，以黑农 40 为父本，进行回交，系谱法选育而成。2010 年配置杂交组合，同年冬在海南种 BC_1F_1 代，2011 年在分院内种 BC_1F_2 代，同年冬在海南种 BC_1F_3 代，2012 年在分院内种 BC_1F_4 代，2013 年在分院内 BC_1F_5 代并决选。2014 年、2015 在分院内参加鉴定试验，2016 年参加省品比试验，2017-2018 年参加省区域试验，2019 年参加省生产试验。

2 品种特征特性

普通品种。在适应区出苗至成熟生育日数 120d 左右，需 ≥10 ℃活动积温 2 450 ℃左右。该品种为无限结荚习性。株高 107 cm 左右，有分枝，紫花，尖叶，棕色茸毛，荚弯镰形，成熟时呈棕褐色。籽粒圆形，种皮黄色，种脐黄色，有光泽，百粒重 19.2 g 左右。三年平均品质分析结果：蛋白质含量 41.04%，平均脂肪含量 20.4%。三年抗病接种鉴定结果：中抗灰斑。其他特性：秆强，抗倒伏，节间短，荚密，顶荚多，不炸荚，群体通风透光性好，适应性较强

3 品种增产效果

2017 年第一年区域试验平均公顷产量 2 823.3 kg，比对照品种合丰 55 增产 8.9%，2018 年第二年区域试验平均公顷产量 3 174.8 kg，比对照品种合丰 55 增产 10.8%，2019 年生产试验平均公顷产量 2 866.6 kg，比对照品种合丰 55 增产 10.1%。两年区域试验和生产试验平均公顷产量 2 954.9 kg，比对照品种合丰 55 增产 9.9%。

4 栽培要点

该品种在适应区 5 月上旬播种，选择中等肥力地块种植，采用垄三栽培方式，公顷保苗 25 万株。施肥方法及公顷施肥量：一般栽培条件下公顷施基肥磷酸二铵 115 kg，尿素 35 kg，钾肥 40 kg，施种肥磷酸二铵 35 kg，尿素 10 kg，钾肥 10 kg，初花期追施氮肥 45 kg。田间管理及收获：生育期间及时铲趟、防治病虫害，拔大草 2 次或采用除草剂除草，及时收获。

5 适应区域

适宜黑龙江省第二积温带≥10 ℃活动积温 2 600 ℃区域种植。

高蛋白大豆新品种牡豆 15 的选育报告

（黑龙江省农业科学院牡丹江分院）

大豆起源于中国，已有 5 000 多年的栽培历史，《诗经》中就有中原有菽，庶民采之的诗句。大豆不仅是重要的粮食和油料作物，也是人类植物蛋白的重要来源。随着人民生活水平的提高，对大豆的需求逐年攀升，2017 年我国大豆进口总量 9 554 万吨，创历史新高，2018 年预计突破 1 亿吨，可以说大豆是我国的绝对刚需，而国产大豆总量徘徊在 1 500 万吨左右，远不能满足消费需求。黑龙江省作是我国大豆主产区，单产低，比较效益差仍然是我省大豆产业发展的限制因素。而培育高产高蛋白，特别是食用型高蛋白品种，形成进口转基因大豆和国产非转基因大豆差异化发展格局，是解决这一问题较经济、有效的途径。课题组针对大豆产业发展形势，选育出牡豆 15 高蛋白大豆新品种。

1 品种来源

以高蛋白大豆品种黑农 48 为母本，高蛋白种质龙品 8807 为父本，经有性杂交，系谱法选育而成。品种系谱见 1～3 图。

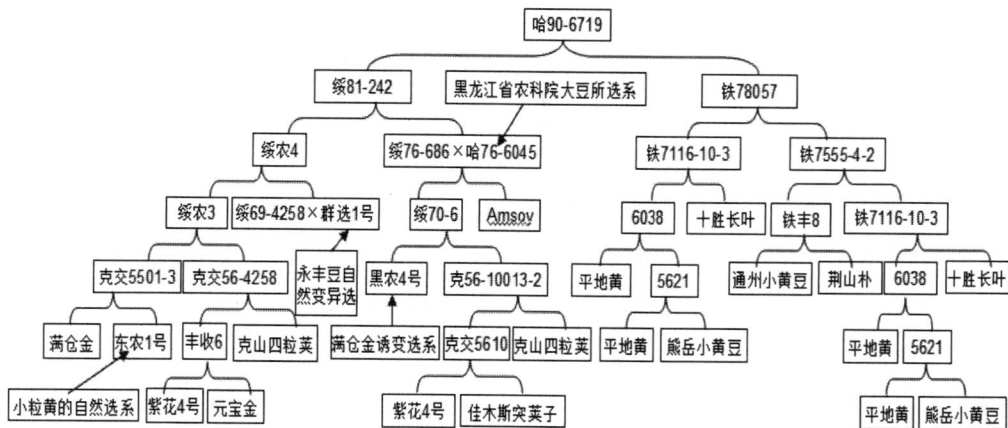

图 1 黑农 48 母本黑农 40 的系谱图

Fig.1 Genealogy of Heinong40, the parent of Heinong48

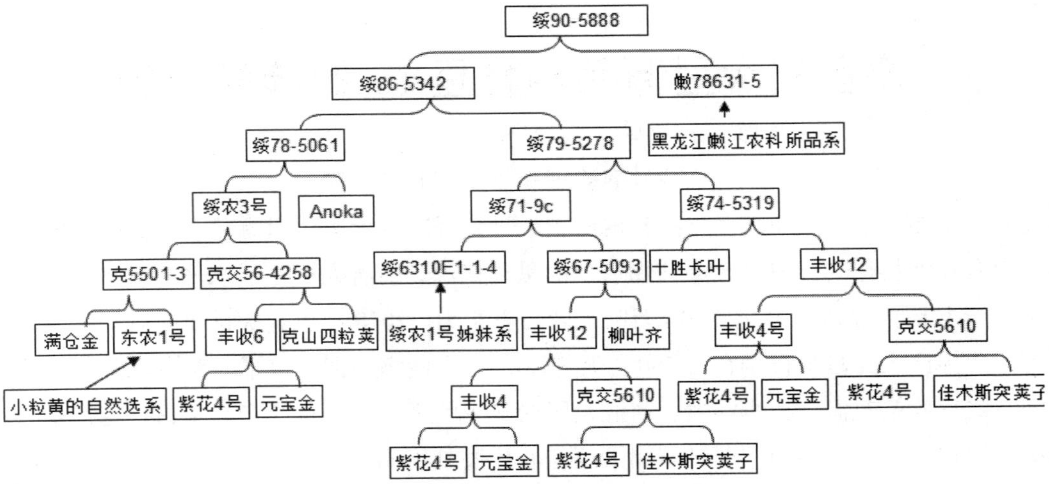

图 2 黑农 48 父本绥 90-5888 的系谱图

Fig.2 Genealogy of Sui 90－5888, parent of Heinong48

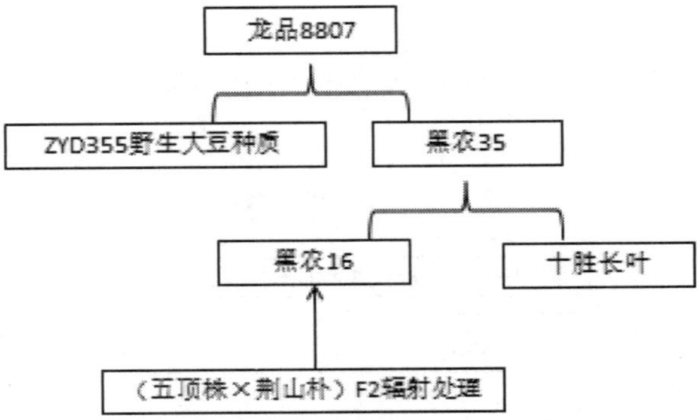

图 3 龙品 8807 的系谱树

Fig.3 Long pin 8807 pedigree tree

2 选育经过

2010 年以高蛋白大豆品种黑农 48 为母本，高蛋白种质龙品 8807 为父本配制杂交组合，同年冬在海南种 F_1 代，拔除伪杂种，单株收获；2011 年在分院内种 F_2 代，使用近红外谷物分析仪对全部单株进行品质测定，建立高蛋白选种圃，同年冬在海南种 F_3 代，单行摘荚收获；2012 年在分院大豆试验田种 F_4 代，对决选优异单株进行品质测定；2013 年在分院大豆试验田种 F_5 代，决选优异株行测产并进行品质测定；2014 年和 2015 年在分院内对高蛋白品系进行两年产量和抗逆性鉴定试验；2016 年参加省高蛋白大豆一年区域试验，2017 年参加省二年区域试验，2018 年参加省生产试验。

3 特征特性

高蛋白品种。在适应区出苗至成熟生育日数 120d 左右，需≥10 ℃活动积温 2 450 ℃左右。该品种为亚有限结荚习性。株高 95 cm 左右，有分枝，紫花，尖叶，灰色茸毛，节间短，荚密，顶荚丰富，荚弯镰形，成熟时呈褐色。子粒圆形，种皮黄色，种脐黄色，有光泽，百粒重 20.1 g 左右。三年平均品质分析结果：蛋白质含量 45.08%，平均脂肪含量 17.50%，蛋脂和 62.58%。三年抗病接种鉴定结果：中抗灰斑病。

4 增产效果

2014—2015 两年在牡丹江分院参加产量鉴定试验平均公顷产量 3005 kg，比对照品种绥农 26 增产 7.1%。2016 年一年区域试验平均公顷产量 2 287.6 kg，比对照品种绥农 26 增产 4.1%，2017 年二年区域试验平均公顷产量 2 847.3 kg，比对照品种绥农 26 增产 6.9%。2018 年生产试验平均公顷产量 2 992.7 kg，比对照品种绥农 26 增产 5.7%。两年区域试验和生产试验平均公顷产量 2709.2 kg，比对照品种绥农 26 增产 5.6%。

5 栽培要点

该品种在适应区上旬播种，选择中等肥力地块种植，采用垄三栽培方式，公顷保苗 25 万株。应用小型精量播种机，播种时，分层施肥，种肥施肥深度为 10 cm，底肥施肥深度 18 cm 左右。施肥量为每公顷磷酸二铵 150 kg，尿素 45 kg，钾肥 50 kg。根据田间杂草发生情况，播前或播后苗前施药及苗后早期或苗后施药除草 2 次，生育期间适时中耕培土 2～3 次，苗期重点防治蚜虫，始荚期重点防治食心虫，遇低温、多雨、寡照时，及时防治病害，生育后期拔大草 1～2 次，成熟及时收获。

6 适应区域

适宜在≥10 ℃活动积温 2 600 ℃区域种植。

牡小粒豆 1 号大豆新品种选育报告

（黑龙江省农业科学院牡丹江分院）

1 品种来源

用 ^{60}Co-γ 射线物理诱变龙小粒豆 1 号种子，系谱法选育而成。

2 选育经过

2011 年 ^{60}Co-γ 射线物理诱变处理龙小粒豆 1 号种子，同年冬在海南种 M_1 代，单株收获；2012 年在分院内种 M_2 代，决选有利突变单株，2013 年在分院内种植 M_3（微突变关键世代）并决选目标变异单株；2014 年在分院内种 M_4 代，决选优异品系并进行测产和品质测定；2015 年和 2016 年在分院内参加鉴定试验，2017 年参加省大豆特用组一年区域试验，2018 年参加省大豆特用组二年区域试验和生产试验。

3 特征特性

特种品种。在适应区出苗至成熟生育日数 120 d 左右，需 ≥10 ℃活动积温 2 450 ℃左右。该品种为亚有限结荚习性。株高 75 cm 左右，有分枝，紫花，尖叶，灰色茸毛，节间短，荚密，顶荚丰富，荚弯镰形，成熟时呈黄褐色。子粒圆形，种皮黄色，种脐黄色，有光泽，百粒重 14.8 g 左右。四年平均品质分析结果：蛋白质含量 39.75%，平均脂肪含量 21.62%，蛋脂和 61.37%。两年抗病接种鉴定结果：2017 年抗灰斑病，2018 年高抗灰斑病。

4 增产效果

2017 年特用组自布点一年区域试验平均公顷产量 3 260.0 kg，比对照品种绥小粒豆 2 号增产 8.3%，2018 年特用自自布点二年区域试验平均公顷产量 3 230.0 kg，比对照品种绥小粒豆 2 号增产 8.7%。2018 年特用组自布点生产试验平均公顷产量 3 260.0 kg，比对照品种绥小粒豆 2 号增产 8.0%。两年区域试验和生产试验平均公顷产量 3 245.0 kg，比对照品种绥小粒豆 2 号增产 8.3%。

5 栽培要点

在适应区五月上旬播种，选择中等肥力地块种植，采用垄三栽培方式，公顷保苗 25 万~28 万株。一般栽培条件下公顷施基肥磷酸二铵 115 kg，尿素 35 kg，钾肥 40 kg，施种肥磷酸二铵 35 kg，尿素 10 kg，钾肥 10 kg，初花期追施氮肥 45 kg。生育期间及时铲耥、防治病虫害，拔大草 2 次或采用除草剂除草，及时收获。贫瘠地块稀植慎用。

6 适应区域

适宜在≥10 ℃活动积温 2 600 ℃区域种植。